메카트로닉스

+

Mechatronics

+

Sabri Cetinkunt

김정하 / 곽문규 / 김경수 / 유정래 / 임미섭 공역

Mechatronics

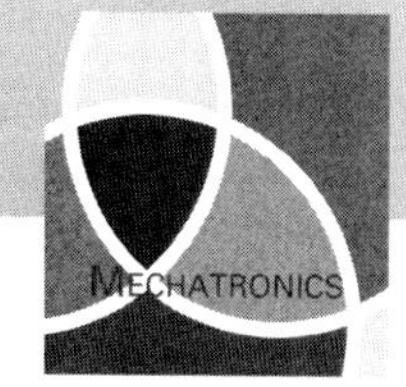

머리말

이 책은 최신 컴퓨터 제어기와 공정 설계에 대한 기초 과학 이론 및 기술을 담았다. 오늘날, 자동화 기계 및 컴포넌트 또는 프로세서 설계를 하는 공학도들에게 꼭 필요한 기술적 배경 지식은 30년 전과 매우 다르다. 근본적인 차이는 그런 기계들을 제어하기 위해 사용하는 내장형 컴퓨터의 유용성에 있다. 30년 전에 설계된 자동화 기계는 복잡한 구조의 링크와 캠이 서로 다른 측점 사이에서 조화롭게 작동될 수 있도록 결합된 형태이다. 오늘날, 그런 관계는 컴퓨터 제어 소프트웨어가 담당하고 있다. 컴퓨터를 제어하는 전기-기계 시스템 설계자는 고유의 기계 설계 이론뿐만 아니라 내장형 컴퓨터 제어 하드웨어 및 소프트웨어 그리고 관심 있는 인자의 측정을 위한 센서와 구동 기술에 대해 알아야 한다.

기계 설계와 내장형 제어기와 같은 컴퓨터를 이용한 설계 도구는 설계자들이 이러한 분야에서 설계를 할 때, 광범위한 분야에서 효과적으로 설계할 수 있도록 정보를 제공해준다. 이 책은 공학을 처음 접하는 학부 2학년 또는 학부 신입생에게 유용하다. 이 책의 목적은 자동화된 기계 또는 공정 설계에 필요한 모든 기술적인 사전 지식을 제공함에 있다. 이 책에서 다루는 기술 분야는 기계, 항공, 화학, 전자, 컴퓨터와 같은 전통적인 공학 분야를 총망라하고 있다. 이 책은 두 학기 강의에 필요한 충분한 내용을 가지고 있다. 만약 이 책의 내용을 한 학기 동안 강의하려면 먼저 1~6장을 강의하고 다른 장은 선택하여 강의하면 된다. 10장과 11장은 학생들이 스스로 공부하거나 참고할 수 있도록 하면 된다. 만약 시간이 허락한다면 10장과 11장은 최신 설계 과제에서 모든 메카트로닉스 영역의 관점을 함께 가져갈 수 있는 포괄적인 실험실 과제로 사용할 수 있다. 독자는 각 영역의 내용을 충분히 이해하기 위해서 스스로 좋은 참고 도서를 찾아야만 한다. 왜냐하면 이 책 대부분의 주제는 메카트로닉스 영역의 각 주제에서 기본 지식만을 다루고 있기 때문에 깊은 부분까지는 포함하고 있지 않다.

중요한 것은 설계자의 관점이다. 설계에서 컴포넌트나 서브시스템을 효과적으로 사용하기 위해서 필요한 것이 무엇인가? 각 영역에서 기본 이론에 대한 학습을 하는 동안 역사적 견해와 긴 복습은 생략하고 각 영역의 첨단기술에 대하여 바로 토론에 들어가도록 했다. 긴 수식의 유도나 증명도 생략한다. 그러나 유도식이나 증명을 찾을 수 있는 적당한 참고자료를 제공했다. 이 책에서 모든 질문에 대해서 수식이나 해답을 찾으려고 노력하지 마라.

매우 종종, 경험 설계에 의지하고 그들의 역학적 근거를 가진 확실성을 정당화한다. 좋은 설계는 기본적인 이론에서의 정확한 이해와 정확한 판단을 필요로 한다. 본문의 예제와 각 장 끝의 연습문제는 학생의 요구와 반대되는 설계 관점의 답과 수학적인 계산을 하도록 의도했다. 그러므로 독자는 문제를 해결하기 위한 해답(복수의 가능성 있는 해답)을 제공하는 특별한 웹 페이지나 도움이 되는 참고도서를 준비해야 한다.

참고 문헌 부분에서 다른 제품들을 취급하는 주요 회사에 대한 정보를 제공했다. 최신 메카트로닉스 공학자는 시스템 통합 설계자이다. 설계 과제를 위해 드문 경우지만 모든 시스템 컴포넌트는 개략적으로 설계된다. 매우 종종, 설계자는 컴포넌트와 서브시스템을 선택하고 나서 그것들의 맞춤 하드웨어와 통합 소프트웨어를 설계한다.

이 책의 자료는 필자가 회사에서 다양한 연구와 개발 프로젝트를 하며 여러 해를 거듭하여 일하면서 얻은 경험과 지난 5년간 시카고에 있는 일리노이 대학교에서 가르쳐왔던 수업의 결과이다. 나와 함께 일하고 나에게 가르침을 준 사람들로부터 많은 도움을 받았다. 나와 함께 일했던 우수하고, 밝고, 재능 있는 많은 젊은 학생들은 나에게 좋은 재산이었다: U.Pinsopon, A.Egelja, M.Cobo, C.Chen, S.Haggag, G.Larsen, S.Ku, T.Hwang, F.Riordan, D.Norlen, D.Alstrom, J.Woloszko, M.Nakamura, S.Velamakanni, D.Vecchiato, and M.Bhanabhagvanwala. 또한 나는 여러 면에서 이 분야의 전문가적 지식을 공유하고 나에게 가르침을 줬던 다음의 동료들이 있었다: R.Ingram, J.Aardema, J.Krone, J.Schimpf, J.Mount, M.Sorokine, M.Vanderham, S.Kherat, S.Anwar, M.Guven of Caterpillar Inc., D.Wohlsdorf of Sauer-Danfoss, L.Schrader of Parker, H.Yamamoto of Neomax, D.Hirschberger of Moog Gmbh, G.Al-ahmad of Hydraforce, W.Fisher of OilGear, M.Brown, P.Eck, T.Klikuszowian of Abbott Labs, and J.Gamble of Magnet-Schultz, C.Wilson of Delta Tau, C.Johnson, A.Donmez of National Institute of Standards and Technology, and R.Cesur of Servo Tech. 또한 John Wiley & Sons의 편집자 Hayton, 사설 보조자 Mary Moran, 상급 제작 편집자 Sujin Hong에게 이 책을 쓰는 과정에서의 그들의 인내력과 친절한 지도에 감사하고 싶다.

다음에 열거한 대학에서 다양한 단계로 이 책을 검토했음을 밝혀둔다: Hon Zhang-Rowan University, Michael Goldfarb-Vanderbuilt University, George Chiu-Purdue University, Sandford Meek-University of Utah, Ji Wang-San Jose State University, Kazuo Yamazaki-University of California at Davis, and Mark Nagurka-Marquette University.

Sabri Cetinkunt

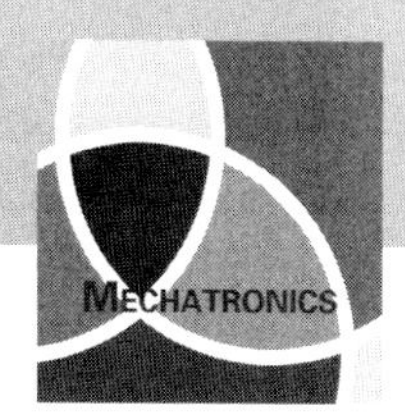

역자머리말

이 책은 메카트로닉스에 관련된 연구와 학문을 수행하는 공학도로서 갖추어야 할 기본적인 개념과 실제 설계에 있어서 필요한 요소 기술들을 소개하고 있다. 또한 기계, 항공, 화공, 전기, 컴퓨터 공학 분야 등에서 접할 수 있는 다양한 사례들을 통해 기계적인 시스템에서부터 유체 흐름, 모터 제어 등과 센서를 이용한 계측 그리고 마이크로 프로세서 및 컴퓨터를 이용한 프로그래밍까지 실질적인 이론과 응용을 함께 기술하고 있다. 이 책이 가지고 있는 주요 특징을 요약하면 다음과 같다.

- 운동학과 일반적인 동작 변환 기구들에 대한 기초적 개념 복습을 다루고 있다.
- 비 전자 공학자들이 전자 부품들을 포함하고 있는 시스템을 해석하고 설계할 수 있도록 그들에게 초점을 맞춘 전자 공학의 적용 범위를 제공하고 있다.
- 건설 장비 산업에 있어 실제적인 예로써의 유압 시스템을 포괄적인 적용범위로 제공하고 있다.
- 측정과 실험이 포함된 프로젝트를 수행할 수 있도록 다양한 종류의 센서에 대해 심도 있고 정확한 내용을 포함하고 있다.
- 공장 자동화나 로봇 프로젝터 설계자들에게 필수적인 지식인 DC모터, 스텝모터, AC모터, SR모터 등 전기 모터들에 대한 상세한 논의를 포함하고 있다.
- PIC18F452 마이크로 컨트롤러를 예로 사용함으로써 마이크로 컨트롤러를 이용한 하드웨어와 소프트웨어의 적용 결과를 제공하고 있다.
- 공장 자동화의 가장 기본이 되지만 종종 소홀하게 다뤄질 수 있는, 프로그램 가능한 로직 컨트롤러(PLCs) 등을 포함하고 있다.
- 운동 제어기와 서보 모터들(특히 인쇄기, 코일 감는 기계, 기계 기구, 로보틱스)을 사용하는 산업에 적용할 수 있는 좌표 운동 제어 개념을 포함한 첫 번째 교과서이다.
- 실시간 제어 소프트웨어의 프로그래밍과 전자적 연결 회로의 구축 등을 포함한 다양한 운동 제어에 관련된 실습을 포함하고 있다.
- 메카트로닉스 시스템과 부품의 모형화, 제어 시스템 설계, MATLAB을 사용한 분석과 시뮬레이션에 관한 논의가 있다.

- 예제와 활용을 통해 실제적인 장치와 부품들을 참조할 수 있다.
- 메카트로닉스 시스템들에 쓰이는 부품 공급자들의 포괄적인 목록을 제공하고 있다.

이 책을 준비하면서 메카트로닉스가 다루고 있는 분야와 양이 너무 방대하여 내용의 깊이에 대해 많은 고심을 했었다. 그러나 메카트로닉스는 실질적으로 응용 가능한 학문이기 때문에 여러 분야의 공학도들에게 계측과 제어에 대한 기본적인 개념을 심어주고, 메카트로닉스 시스템을 설계하는 데 도움을 줄 수 있어야 한다고 판단했다. 이 역서가 역자들의 바람대로 이 분야에 관심이 있는 많은 사람들에게 도움이 됐으면 한다.

끝으로 이 책이 나오기까지 많은 수고를 하신 동국대학교 기계공학과 곽문규 교수님, 서울산업대학교 제어계측공학과 유정래 교수님, 경기공대 메카트로닉스과 임미섭 교수님, 한국산업기술대학교 기계공학과 김경수 교수님 마지막으로 국민대학교 기계자동차공학부 김정하 교수님께 감사를 전한다. 또한 어려운 여건에서도 이 책이 출간될 때까지 참고 기다려준 ITC 관계자 여러분들과 특히, 최규학 사장님께 깊은 감사를 드린다.

2008년 12월

역자 일동

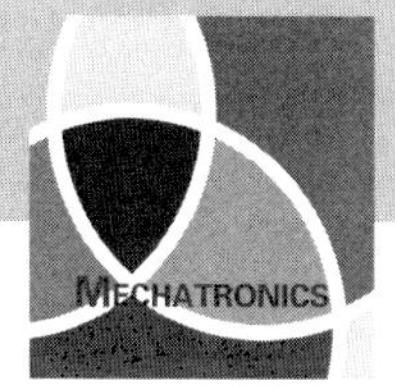

차 례

CHAPTER 08 전기 구동기: 모터와 구동 기술 417

CHAPTER 01

메카트로닉스 소개

1.1 소 개

메카트로닉스(mechatronics) 분야는 3개의 독특한 전통 공학 분야가 시스템 차원의 설계 과정을 통해 융합된 분야이다. 3개의 분야는 다음과 같다.

1. 기계 공학, 이로부터 단어 "mecha"를 가져왔다.
2. 전기 또는 전자 공학, 이로부터 단어 "tronics"를 가져왔다.
3. 컴퓨터 과학

메카트로닉스 분야는 단순히 이들 세 분야를 합한 것이 아니라 시스템 설계 차원에서 이 세 분야의 교집합으로 정의된 것이다(그림 1.1). 이 분야는 제어되는 전자 기계 시스템(electromechanical system)의 설계를 처리하는 진화 단계에 있는 공학 분야라고 말할 수 있다. 단어 메카트로닉스는 야스카와(Yaskawa) 전기회사[1, 2]의 공학자들에 의해 처음 사용되었다. 거의 모든 최신 전자 기계 시스템은 내장형(embedded) 컴퓨터 제어기를 가지고 있다. 그러므로 컴퓨터 하드웨어와 소프트웨어 문제들(전자 기계 시스템 제어에 응용하는 관점에서)은 메카트로닉스 분야의 한 부분에 속한다. 저가의 마이크로컨트롤러(microcontroller)가 대량 생산되어 제공되지 못했다면 현재 우리가 알고 있는 메카트로닉스 분야는 존재하지 못했을 것이다[2a]. 대량 생산으로 인해 내장형 마이크로프로세서(embeded microprocessor)의 단가는 계속 낮아지고 있지만 성능은 계속 향상시킬 수 있는 관계로 수천 가지의 일상 가전 제품을 컴퓨터로 제어할 수 있게 되었다.

전자 기계 제품 설계 팀의 예전 모델은 다음과 같다.

1. 제품의 기계요소를 설계하는 공학자
2. 구동기, 센서, 증폭기, 제어 논리와 알고리즘을 설계하는 공학자
3. 제품을 실시간으로 제어하기 위해 컴퓨터 하드웨어와 소프트웨어를 제작하는 공학자

메카트로닉스 공학자는 위에서 언급한 세 기능을 모두 갖추도록 학습된 사람이다. 또한 설계 과정은 기계 설계, 전기와 컴퓨터 제어 시스템 설계로 이어지는 연속 과정이라기보다는 모든 분야(기계, 전기, 컴퓨터 제어)의 설계가 최적화된 제품 설계를 위해 동시에 이루어

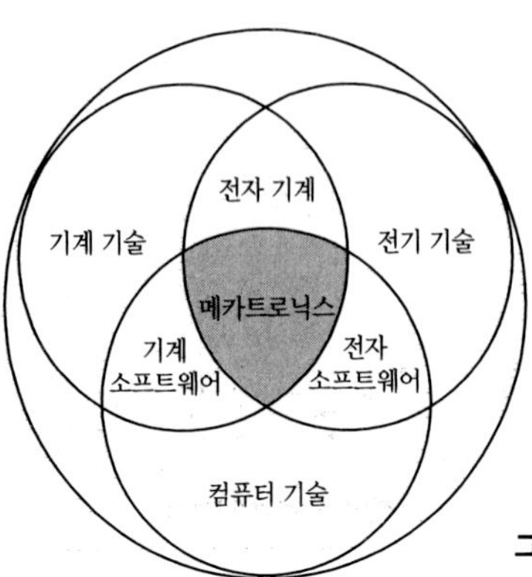

그림 1.1 ■ 메카트로닉스 분야: 기계, 전기, 컴퓨터 과학의 교집합

지는 과정이라고 보아야 한다. 명백하게 메카트로닉스는 새로운 공학 분야는 아니며 전자 기계 시스템 설계에 필요한 공학 전공 분야들을 혁신적으로 결합해 놓은 형태이다. 메카트로닉스 공학자의 작업에 의한 최종적인 제품은 내장형 컴퓨터로 제어되는 전자 기계 장치 또는 시스템의 움직임이 가능한 원기(prototype)이다. 이 책은 공학자가 그런 설계를 하기 위해 기본적으로 필요한 기술적인 내용을 포함하고 있다. 이 책에서 단어 "**장치**(device)"는 마이크로웨이브 오븐(microwave oven)과 같이 단독으로 작동할 수 있는 전용 제품으로 정의한다. 반면에 **시스템**(system)은 자동화된 로봇 조립 라인과 같이 여러 개의 장치가 모여 있는 것으로 정의된다.

결과적으로 이 책은 자동화된 기계와 로봇 응용 부분에서 사용되는 다양한 기구들의 기계 설계에 관한 것을 다루고 있다. 그런 기구들은 백년 이상 된, 오래되고 기본적인 설계이지만 아직도 현대 응용 문제에 사용되고 있다. 기계 설계는 전자 기계 제품의 근간을 이루며 이를 바탕으로 다른 기능들(예를 들어, 눈, 근육, 지능)이 추가된다. 이들 기구들의 기능과 공통적인 설계 변수들에 관해서는 뒤에서 토론할 것이다. 이들 기구들에 대한 응력과 힘 해석은 전통적인 응력 해석 교과목과 기계 설계 교과목에서 다루기 때문에 상세하게 다루지 않을 것이다.

인간이 제어하는 시스템과 컴퓨터가 제어하는 시스템의 유사성은 그림 1.2에 보이는 바와 같다. 만일 공정(process)이 사용자에 의해 제어되거나 구동된다면 사용자가 시스템의 거동을 관찰(즉, 눈으로 관찰)하고 어떤 행동을 취할 것인지 결정한 다음, 근육을 사용해 특정 제어를 하게 된다. 의사 결정 과정은 낮은 구동력의 제어나 결정 신호로, 근육의 행동은 제어(의사 결정) 신호의 증폭된 형식인 구동 신호로 볼 수 있다. 그림에서 보는 바와 같이 시스템의 동일한 기능을 디지털 컴퓨터로 자동화할 수 있다.

센서는 눈을 대체하며 구동기는 근육을 대체한다. 그리고 컴퓨터는 인간의 뇌를 대체한다. 컴퓨터로 제어되는 모든 시스템은 다음과 같은 4개의 기능을 가지는 블록들로 이루어져 있다.

1. 제어 대상 공정
2. 구동기(Actuators)
3. 센서(Sensors)
4. 제어기(즉, 디지털 컴퓨터)

마이크로프로세서(μp; microprocessor)와 디지털 신호 처리(DSP; Digital Signal Processing) 기술은 제어 세계에 두 가지 형태의 영향을 주었다.

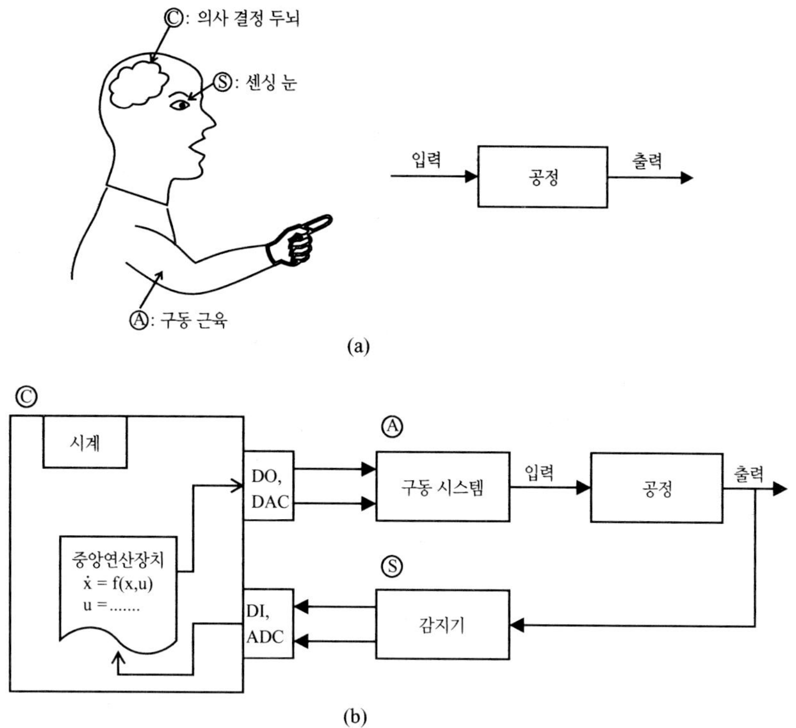

그림 1.2 ■ 수동과 자동 제어 시스템의 유사성. (a) 인간이 제어하는 경우, (b) 컴퓨터가 제어하는 경우

1. 현존하는 아날로그 제어기를 대체
2. 연료 분사 시스템, 능동 현가 장치, 주택 온도 제어, 전자 오븐, 자동 초점 조절 카메라와 같은 신제품과 설계의 구현

모든 메카트로닉스 시스템은 공정 변수를 계측하기 위한 몇 가지 센서들을 가지고 있다. 센서들은 컴퓨터로 제어되는 시스템의 "눈" 역할을 한다. 우리는 전자 기계 시스템에 있어 온도, 압력, 힘, 위치, 속력, 가속도, 유량 등과 같은 것을 계측하는 데 보편적으로 사용되는 센서들을 공부했다(그림 1.3). 이 목록은 현재 사용 중인 센서를 모두 열거한 것은 아니고 큰 범주 내에서 센서의 종류를 제시하였다.

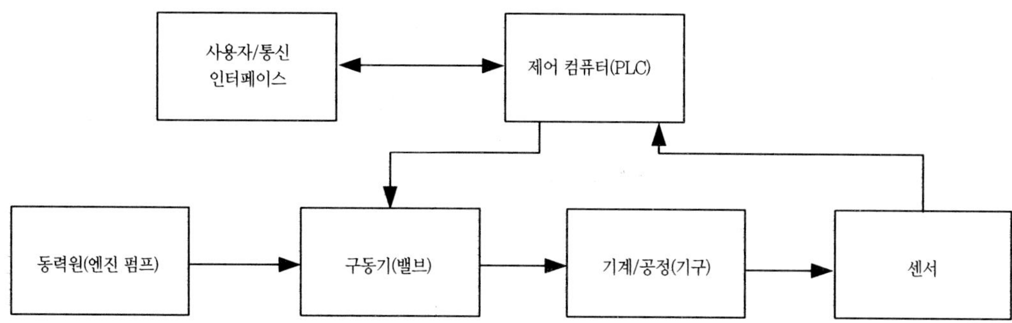

그림 1.3 ■ 메카트로닉스 시스템의 주요 구성원: 기계 구조물, 센서, 구동기, 의사 결정 요소(마이크로컨트롤러), 동력원, 인간/감독 인터페이스

구동기는 컴퓨터가 제어하는 시스템의 "근육"이다. 우리는 단순한 ON/OFF 구동 장치와 대비되는 고성능의 제어를 제공하는 구동 장치를 살펴볼 것이다. 특히, 유압과 전기 구동기를 상세하게 다룬다. 공압(압축된 공기 동력) 구동 시스템은 여기서 다루지 않는다. 공압은 주로 ON/OFF 형태와 같은 낮은 성능의 제어 문제에서 사용된다(컴퓨터 제어 알고리즘의 발달로 인해 공압 제어 역시 고성능 시스템으로 변화하고 있다). 공압 시스템의 각 부품의 기능은 유압 시스템의 각 부품의 기능과 유사하다. 그러나 각 부품의 구성은 전혀 다르다. 예를 들어, 유압과 공압 시스템 모두 파이프의 액체를 압축하는 부품(펌프나 압축기), 액체 유동 방향, 유량, 압력을 제어하기 위한 밸브, 액체 유동을 운동으로 변환하는 병진 실린더를 필요로 한다. 그러나 유압 시스템에서 사용하는 펌프, 밸브, 실린더는 공압 시스템에서 사용하는 것과 전혀 다르다.

내장형 컴퓨터, 마이크로프로세서, 디지털 신호 처리기(DSP)에 대한 기초적인 하드웨어와 소프트웨어는 전자 기계 장치를 염두에 두고 다루어보자. 특히 하드웨어 I/O 인터페이스, 마이크로프로세서 하드웨어 구조, 소프트웨어 개념에 대해 토의해보자. 기초적인 전자 회로들이 컴퓨터의 디지털 세계와 아날로그 바깥세상 간의 인터페이스를 형성하기 때문에 이 전자 회로들을 다룰 필요가 있다. 내장형 컴퓨터의 하드웨어의 측면에서 하드웨어 인터페이스는 대부분 표준화되어 있어 다른 응용 문제에 대해서도 크게 변하지 않는다. 그러나 메카트로닉스 설계상의 소프트웨어 측면은 제품에 따라 달라진다. 개발 도구는 동일하지만 제품을 위해 만들어진 최종 소프트웨어(응용 소프트웨어로 불린다)는 각각의 제품에 따라 달라진다. 메카트로닉스 제품의 개발 단계에서 소프트웨어 개발에만 전체 개발 노력의 80%가 사용된다는 사실은 내장형 컴퓨터에 적용되는 소프트웨어의 중요성을 잘 말해준다.

메카트로닉스 장치와 시스템은 자동화 시스템의 자연적인 진화과정에서 파생된 제품들이다. 이 진화 과정을 3개의 흐름으로 분류하면 다음과 같다.

1. 완전히 기계적인 자동화 시스템(1900년 전후)
2. 릴레이(relay), 트랜지스터(transistor), 연산 증폭기(OP-amp)와 같은 전자 부품을 사용하는 자동화 장치(1900~1970)
3. 컴퓨터로 제어되는 자동화 시스템(1970~현재)

초기 자동화 제어 시스템은 전적으로 기계적인 방법을 이용해 자동화 기능을 수행하였다. 예를 들어 물탱크의 물 조절 장치는 링크 기구로 밸브에 연결된 부유 부품을 사용하였다(그림 1.4). 탱크의 물 높이는 부유체의 높이 또는 링크를 밸브에 연결하는 팔 길이를 조절함으

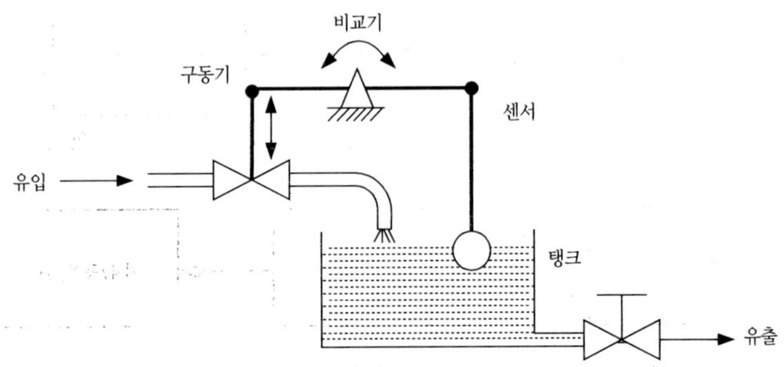

그림 1.4 ■ 액체 높이 조절 장치를 위한 완전 기계적인 폐루프 제어 시스템

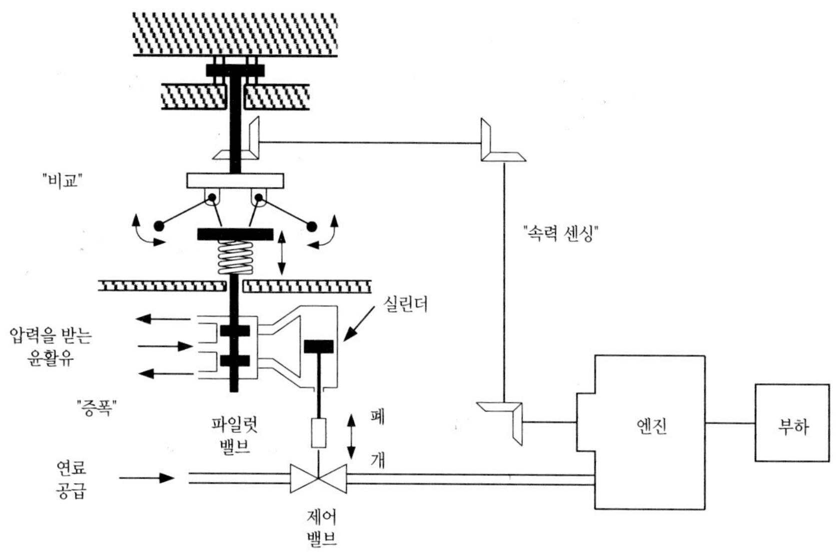

그림 1.5 ■ 모두 기계적인 부품을 사용하는 자동 엔진 속력 제어에 대한 기계적인 "조속기" 개념도

로서 제어된다. 원하는 물 높이를 유지하기 위해 부유체는 밸브를 여닫이하게 된다. 또 다른 고전적인 자동 제어 시스템은 모두 기계적인 부품(전자적인것 없이)으로 구성된 Watt의 회전 구형 조속기(flyball governor)이다. 이 장치는 엔진의 속력을 조절하기 위해 사용되었다(그림 1.5). 같은 개념이 현재에도 일부 엔진에서 사용되고 있다. 엔진의 속력은 연료 공급 라인의 연료 제어 밸브를 제어함으로써 조절된다. 회전바퀴(flywheel) 기구의 스프링 압축 정도에 따라 원하는 속력이 고정되고, 이런 기구가 밸브를 이용해 연료 공급량을 제어한다. 엔진의 속력이 원하는 속력보다 커지면 회전구가 원심력에 의해 밖으로 이동하고 이로 인해 밸브의 여닫음이 조절된다. 원하는 속력과 실제 속력 사이의 차이가 밸브의 움직임에 의해 제어력으로 변환되고, 밸브의 움직임은 연료 제어 밸브를 제어하는 데 사용된다. 현재 사용되는 엔진들은 연료 공급률이 전자식 센서에 의해 감지되고(즉, 타코미터, 펄스 카운터, 엔코더) 내장 컴퓨터 제어기는 원하는 엔진 속력과 실제 속력 사이의 차이에 근거해 연료를 얼마나 분사할지 결정한다(그림 1.8).

연산 증폭기를 사용하는 아날로그 서보 제어기는 메카트로닉스 시스템에 두 번째 큰 변화를 가져왔다. 현재 사용하고 있는 자동화 시스템 중 전부 기계적인 것은 없다. 연산 증폭기는 원하는 응답(아날로그 전압값으로 나타나는)과 전자식 센서가 계측한 응답(역시 아날로그 전압값으로 나타난다)을 비교하고 그 차이에 근거해 전자 장치(솔레노이드나 전자 모터)를 구동한다. 이 장치로 인해 많은 전자 기계 서보 제어 시스템이 나타나게 되었다(그림 1.6과 1.7). 그림 1.6은 장력 제어를 통해 직조를 하는 기계를 보여주고 있다. 줄을 푸는 통의 속력이 변할 수 있는데 줄을 감는 통이 직조 속력에 관계없이 작동해야 한다. 그러기 위해서는 직물의 장력이 일정하게 유지되어야 한다. 그러므로 직물의 변위 센서가 간접적으로 직물의 장력을 계측한다. 센서는 스프링의 변위를 이용해 장력을 계산한다. 계측한 장력은 연산 증폭기에 의해 원하는 장력(그림에서 명령 신호)과 비교된다. 연산 증폭기는 장력 오차에 근거해 모터 증폭기에 속력이나 전류 명령을 보낸다. 최근 장력 제어 시스템은 아날로그 방식의 증폭기 제어 대신에 디지털

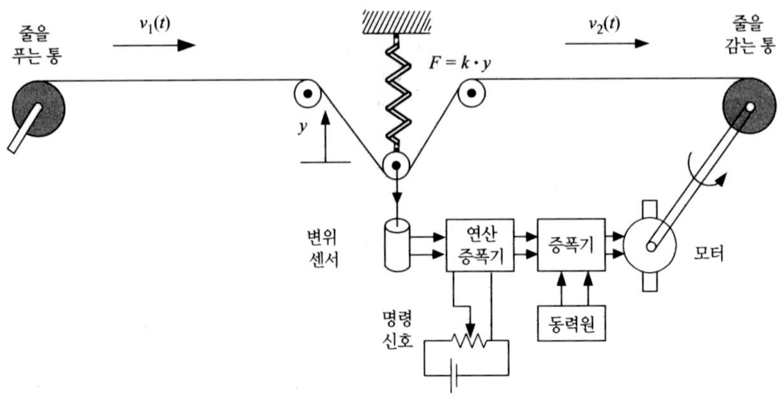

그림 1.6 ■ 직조 운동 제어 시스템. 직물은 원하는 장력을 유지하면서 고속으로 움직여야 한다. 장력 제어 시스템은 메카트로닉스 시스템으로 간주할 수 있는데 여기서 제어결정은 아날로그 연산 증폭기에 의해 이루어지는데 디지털 컴퓨터로 대체할 수 있다.

컴퓨터 제어기를 사용한다. 더 나아가서 디지털 제어기는 줄을 푸는 통이나 줄이 감기는 쪽의 속력 센서를 사용하여 보다 빠르게 장력 변화에 대처하고 시스템의 동적 성능을 개선한다.

그림 1.7은 실내나 오븐의 온도를 올리는데 사용될 수 있는 온도 제어 시스템을 보여주고 있다. 전기 히터에 의해 열이 생성되고 열의 일부는 벽을 통해 손실된다. 온도계(thermometer)를 이용해 온도를 계측한다. 아날로그 제어기는 원하는 온도에 맞추어져 있다. 지정한 온도와 계측된 온도의 차이에 바탕을 두고 연산 증폭기가 릴레이를 ON/OFF하게 되고 이를

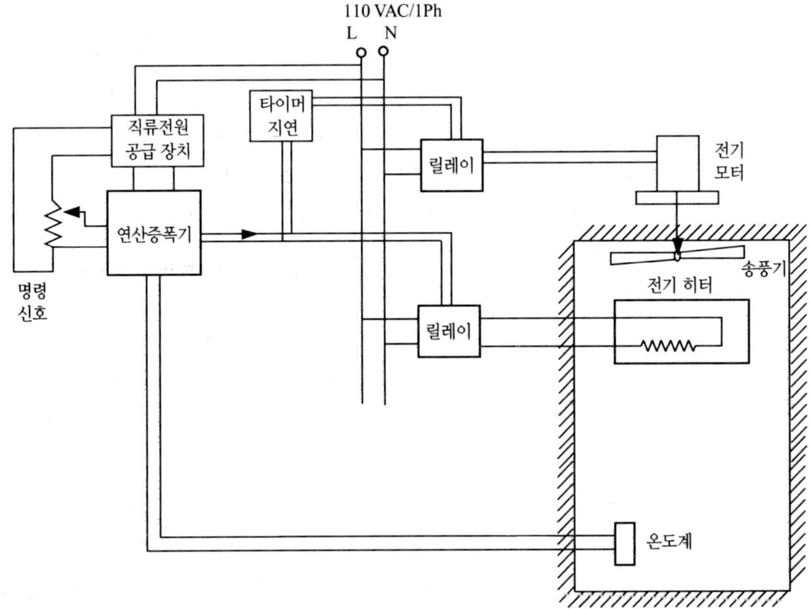

그림 1.7 ■ 아날로그 연산 증폭기를 제어기로 사용하는 오븐이나 실내 온도 제어 시스템과 부품 구성. 전기 모터로 구동되는 송풍기를 사용해 히터로부터 실내로 공기를 순환시킴을 주목하라. 그리고 타이머를 사용해 히터가 ON 또는 OFF 상태에서 일정 시간이 흐른 다음 송풍기 모터의 시간을 ON 또는 OFF하도록 한다. 마이크로컨트롤러 기반 디지털 제어기는 연산 증폭기와 타이머 부품들을 대체할 수 있다.

통해 히터가 ON/OFF된다. 일반적으로 지정한 온도에서 약간의 변동이 있을 경우에 릴레이가 ON과 OFF를 왔다 갔다 하지 않도록 연산 증폭기는 일반적으로 전자 회로상에 히스테리시스(hysteresis) 기능을 가지고 있다. 뒷장에서는 히스테리시스를 가지는 릴레이 제어에 대해 상세히 다룰 것이다.

마지막으로 1970년대에 마이크로프로세서가 제어 세계에 도입됨에 따라 자동화 장비와 시스템에 프로그램이 가능한 제어와 지능적인 의사 결정이 도입되었다. 디지털 컴퓨터는 이전의 기계적인 또는 전자 기계적인 장비들의 자동제어 기능을 대체했을 뿐만 아니라 이전에는 가능하지 않았던 새로운 장비의 설계를 가능하게 만들었다. 설계에 제어 기능을 추가함에 따라 서보 제어 기능뿐만 아니라 다양한 연산 논리, 결함 진단, 부품 건전성 진단, 회로망 통신, 비선형, 최적, 적응 제어 기법의 적용도 가능하게 되었다(그림 1.3). 아날로그 연산 증폭기 회로를 사용해서는 이와 같은 많은 기능들의 구현이 불가능하다. 그러나 디지털 제어기를 사용하면 그런 기능들은 쉽게 구현된다. 단지 소프트웨어로 이 기능을 어떻게 구현하느냐가 문제이다. 이 문제는 작동이 되도록 어떻게 코드를 만들어내는가와 관련이 있다.

마이크로프로세서의 도입이후 자동차 산업(세계에서 가장 큰 산업)은 제품 자체(자동차의 내용물)와 제조 방법에 큰 변화를 가져왔다. 마이크로프로세서 기반 내장형 제어기는 제조 공정, 즉 조립 라인, CNC 가공 도구, 재료 취급 과정에서 로봇 기반의 프로그램이 가능한 공정 기법을 사용하게 만들었다. 이로 인해 자동차를 만드는 제작 과정이 바뀌게 되었으며 인건비를 절약하고 생산성을 높이게 되었다. 제품인 자동차 역시 많이 바뀌게 되었다. 8비트나 16비트 마이크로컨트롤러가 대량 생산되어 시장에 도입되기 전에는 자동차에 있어 전기 부품은 단지 라디오, 스타터, 교류 발전기, 축전지 충전 시스템이었다. 엔진, 트랜스미션, 브레이크와 같은 하부 시스템은 모두 기계식 또는 유압기계식 방법으로 제어되었다. 현재 사용 중인 자동차에 장착된 엔진은 부하, 속력, 온도, 압력 센서 값을 실시간으로 계측하여 연료 분사량과 시간을 최적으로 제어하는 전용 내장형 마이크로컨트롤러를 가지고 있다. 이로 인해 연료 효율이 높아지고, 배출가스가 줄어들었으며, 성능은 좋아졌다(그림 1.8). 이와 유

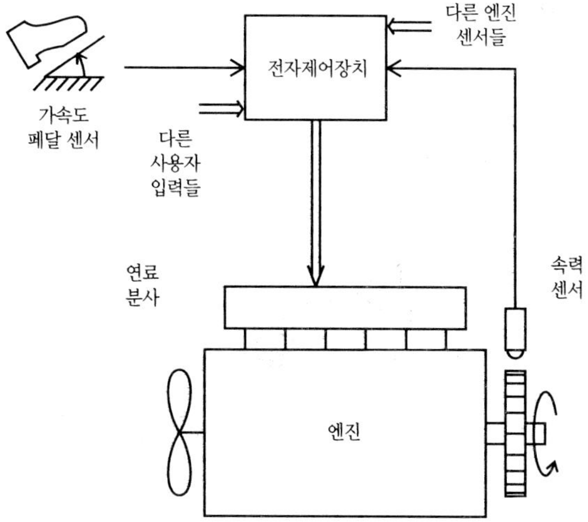

그림 1.8 ■ 내장형 마이크로컨트롤러를 사용하여 엔진 제어를 하는 전자식 조속기 개념. 전자 제어 장치(ECU)는 감지기 정보에 의해 실시간으로 연료 분사 시간과 양을 결정한다.

직류 전원은 일정한 전압의 직류 버스를 시스템에 제공하기 위해 사용하는데 보통 표준 교류 전원으로부터 직류 전압을 만들어낸다. 직류 전원을 선택할 경우 3개의 모터 증폭기를 지원할 수 있는 용량을 가진 것을 선택해야 한다.

전원, 증폭, 모터 조합은 운동 시스템의 구동 부품을 구성하게 된다. 이 경우의 센서는 각 모터의 위치와 속도를 계측하는 데 사용되며, 폐루프 형태의 동력증폭기를 통해 모터를 제어하는 각 축의 제어기는 이 정보를 활용한다. 시각 센서나 힘 센서 또는 근접 센서와 같이 구동 운동에 직접 연결되어 있지 않은 다른 외부 센서들은 관리 제어기가 로봇 운동을 다른 행위들과 조화롭게 움직일 수 있는지 확인하는 데 사용한다. 각 축은 전용 페루프 제어 알고리즘을 가지고 있지만 로봇이 직선 운동, 원 운동과 같이 조화로운 운동을 하기 위해서는 3개의 모터들을 조화시켜 움직이게 할 수 있는 관리 제어기가 있어야만 한다. 1개의 디지털 신호 처리/마이크로프로세서 또는 그림에 보이는 것과 같은 다수의 프로세서를 이용해 조화롭게 각 축을 제어할 수 있는 기능을 가진 하드웨어 기반을 만들 수 있다. 그림 1.11은 블록선도 형태로 로봇 매니퓰레이터의 부품들을 보여주고 있다. 1개의 디지털 신호 처리 하드웨어 또는 분산된 디지털 신호 처리 하드웨어로 제어 기능을 구현할 수 있다. 마지막으로 사람이 혼자 살 수 없듯이 로봇 매니퓰레이터도 혼자살 수 없다. 로봇 매니퓰레이터도 제조 공정상의 다른 조직들과 운동을 조화시켜야 하기 때문에 사용자 또는 다른 지능적인 장비들과 대화해야만 한다. 그러므로 로봇 매니퓰레이터는 1개 이상의 통신 인터페이스를 가지고 있는데 일반적으로 공통 필드 버스(즉, DeviceNET, CAN, ProfiBus, Ethernet)를 사용한다. 로봇 매니퓰레이터의 성능은 다음 항목들에 의해 결정된다.

1. 작업공간 : 매니퓰레이터의 말단 장치(end dffector)가 도달할 수 있는 부피와 경계선
2. 매니퓰레이터의 위치와 방위를 결정하는 자유도 수
3. 구동기, 전송 부품, 구조물의 크기에 의해 결정되는 최대 하중 용량
4. 최대 속력(최고 속력)과 미소 운동 대역폭
5. 말단 장치 위치의 반복성과 정확도
6. 매니퓰레이터의 실제 크기(매니퓰레이터가 다룰 수 있는 하중과 부피)

그림 1.12는 최신 건설 장비의 동력 흐름을 보여준다. 대부분의 이동 장비의 동력원은 내연기관인데 큰 동력을 필요로 하는 응용 문제에서는 디젤 엔진을 주로 사용한다. 동력은 엔진으로부터 전송 장치, 브레이크, 조타, 도구, 냉각 송풍기에 유압 기계적으로 전달된다. 모든 하부조직은 엔진에 기계적으로 연결된 펌프들로부터 유압 동력의 형태로 동력을 얻는다. 펌프들은 기계적인 동력을 유압 동력으로 전환한다. 자동차 설계를 살펴보면 엔진으로부터 전송 기어기구부로 연결되는 동력이 토크 변환기로 연결되어 있음을 알 수 있다. 다른 설계에서는 전송이 유체 정역학적으로 이루어지는데, 이 경우 기계적인 동력이 펌프에 의해 유압 동력으로 바뀌고 다시 유압 모터에 의해 기계적인 동력으로 바뀌게 된다. 대부분의 굴삭기 설계가 이 경우에 해당한나. 각각의 주요 부속 조직은 자신만의 전자 제어 모듈(ECM; electronic control module)을 가지고 있다. 각각의 전자 제어 모듈은 부속 조직의 제어를 다루며 가능하면 기계 수준의 총괄 제어기와 통신을 한다. 예를 들어, 엔진 전자 제어 모듈은 작동자의 페달의 지시에 따라 엔진의 속력을 유지하는 임무를 수행한다. 부하가 증가하고 이로 인해 엔진에 더 많은 동력을 요구하는 경우에는 전자 제어 모듈이 자동적으로 원하는 속력을 유지하기 위해 더 많은 연

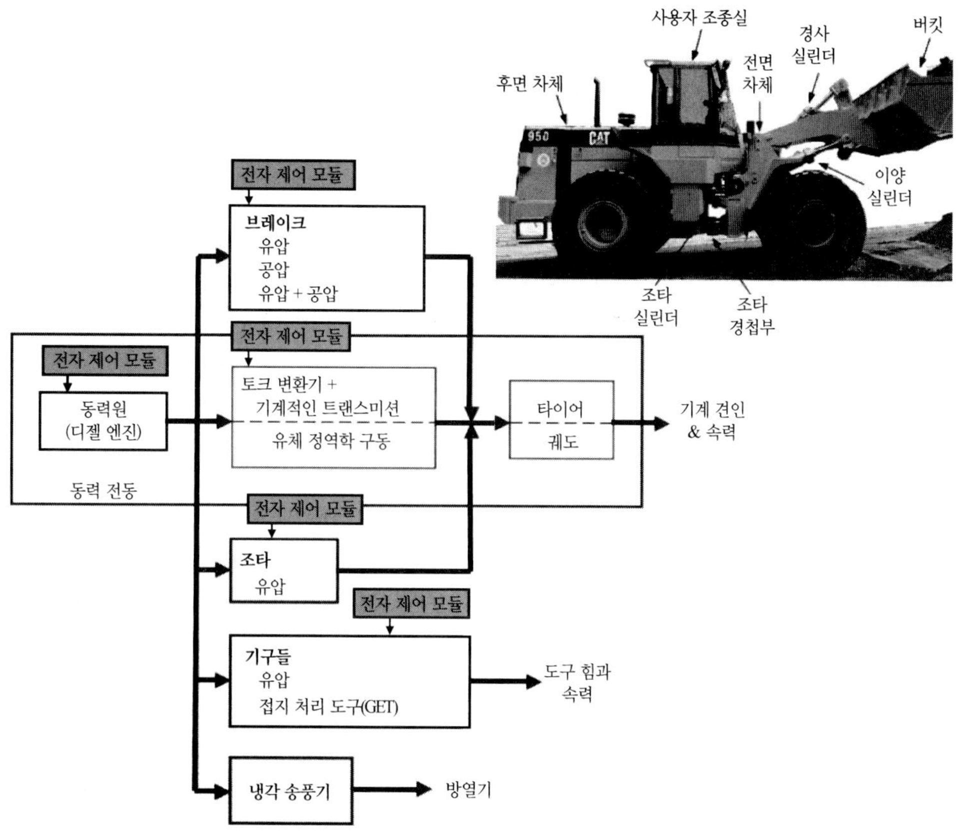

그림 1.12 ■ 건설 장비에 있어 제어되는 동력 전달 과정에 대한 블록선도. 자동차의 동력 전달도 이와 유사하다. 최신 건설 장비들은 엔진, 트랜스미션, 브레이크, 조타, 기구 하부 시스템과 같은 대부분의 부속 시스템에 대해 전자 제어 모듈(ECM)을 가지고 있다.

료를 요구하게 된다. 전송 전자 제어 모듈은 원하는 기어비를 선택하기 위해 솔레노이드로 구동되는 압력 밸브를 제어한다. 조타 전자 제어 모듈은 조타 실린더로 들어가는 유량 조절 밸브를 제어한다. 이와 비슷하게 다른 부속 조직의 전자 제어 모듈은 부속 조직에 사용되는 동력을 조절하기 위해 전자적으로 밸브와 구동 장치를 제어한다.

농업에서도 추수 장비를 사용하는데 자동차 산업에서 사용하는 것과 동일한 기본 부품을 장비 기술에 이용한다. 그러므로 자동차 기술은 농업 기술에도 영향을 주고 이익을 준다. 대단위 농업을 최적으로 수행하기 위해 위성항법 시스템(GPS; global posioning system)과 지도를 장착한 독자적으로 움직이는 추수 장비를 이용하게 되었다. 추수 장비는 위성항법 시스템에 의해 자동적으로 인도되고 조종된다. 농장의 비료는 이전에 수집한 인공위성 지도에 근거해 최적의 방법으로 살포된다. 예를 들어, 위성항법 시스템과 자율적으로 움직이는 무인 기계들을 이용해 도로 건설이나 건설 현장 준비 또는 농장 작업과 같이 흙을 옮기는 작업을 완벽하게 계획하고 시행할 수 있다. 자율적인 건설 장비나 농기구 운용을 위한 기술은 이미 성숙 단계에 있으나 안전성 문제로 인해 이와 같은 자율적인 기계의 도입이 늦어지고 있다(그림 1.13).

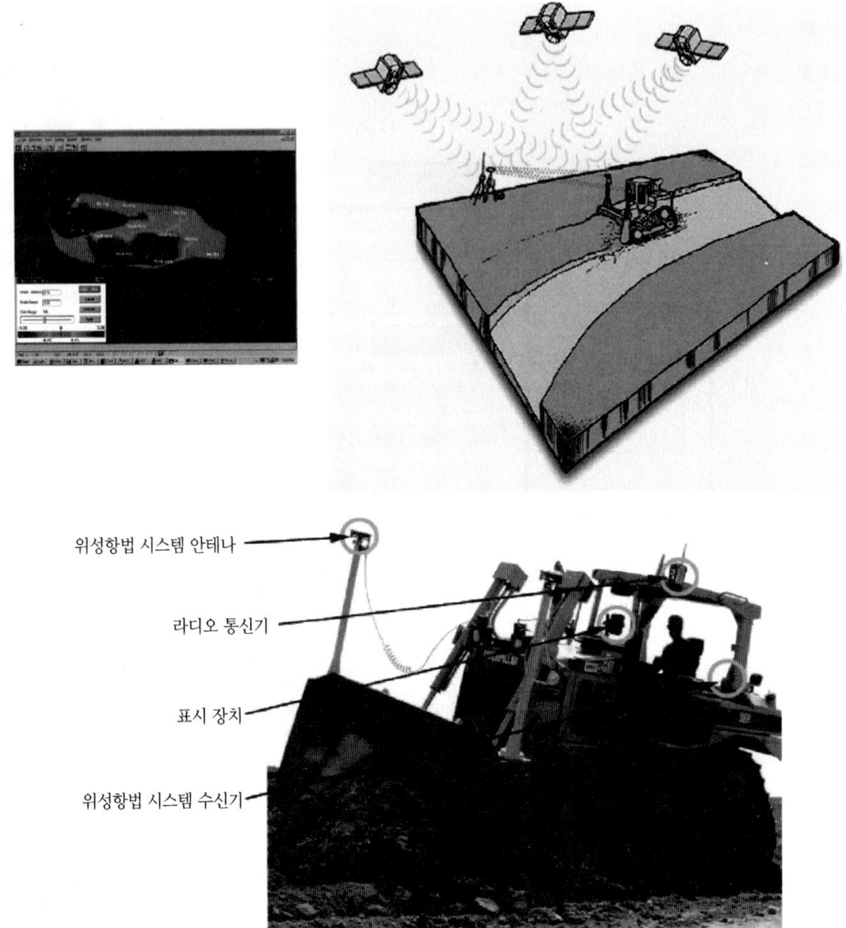

그림 1.13 ■ 폐루프 하부 조직 제어를 위해 위성항법 시스템, 국부 센서, 차량에 장착된 센서를 이용하는 반자율 건설 장비의 운용

화학 공정 산업은 대규모의 컴퓨터로 제어되는 공장들을 포함하고 있다. 컴퓨터로 제어되었던 이전 공장들에서 대형 중앙 컴퓨터가 대부분의 활동을 통제하였다. 이런 형태의 제어를 중앙화된 제어(centralized control)라고 부른다. 최근에 마이크로컨트롤러가 더욱 강력해지고 저가로 제공됨에 따라 대형 공장에 사용되는 제어 시스템이 여러 계층의 제어기를 이용해 설계되었다. 즉, 제어 논리가 물리적으로 많은 수의 마이크로컨트롤러들에 분산되었음을 의미한다. 각각의 마이크로컴퓨터는 물리적으로 담당해야할 구동기와 센서에 근접해 있다. 분산 제어기는 서로 통신하기도 하고 더 높은 차원의 제어기와 표준화된 통신 네트워크를 통해 통신한다. 계층 제어 시스템에 있어 각 층마다 독립적인 통신 네트워크가 있을 수 있다. 공정 산업에 있어 대표적인 제어 변수들은 유체 유속, 온도, 압력, 혼합비, 탱크의 유량, 습도 등이다.

대형빌딩의 에너지를 관리하고 제어하는 문제는 급성장하고 있는 최적 컴퓨터 제어의 또 다른 분야이다. 가전 제품들도 더욱더 마이크로프로세서로 제어되고 있다. 예를 들어, 옛날 오븐들은 릴레이와 아날로그 온도 제어기를 사용해 오븐의 전기 히터를 제어하였다. 그러나 최근의 오븐들은 마이크로컨트롤러를 사용해 오븐의 온도와 운용시간을 제어한다. 이와 같은 비슷한 변화가 세탁기와 건조기 같은 다른 가전 제품들에도 발생하고 있다.

마이크로 전자 기계 시스템(MEMS; micro electro mechanical system)과 MEMS 장비는 컴퓨터 제어, 전자, 기계적인 측면을 모두 직접 실리콘 기판에 포함하는데 실제로 각각의 기능을 구분해내기가 불가능하다. 마지막으로 금세기 최고의 유망 분야는 외과 수술 보조 장치, 로봇 수술, 지능적인 드릴과 같은 의료 장비에 메카트로닉스 설계 기술을 응용하는 것이 될 전망이다.

1.2 사례 연구: 연소 기관의 모델링과 제어

내연 기관은 자동차, 건설 장비, 농기구와 같은 대부분의 이동 장비에 사용되는 가장 강력한 동력원이다. 사실상 내연 기관은 대부분의 이동 장비에 있어 필수적인 부품이다. 여기서 우리는 메카트로닉스 관점에서 내연 기관의 모델링과 기초적인 제어 개념에 대해 토의하고자 한다. 사례 연구로 컴퓨터에 의해 제어되는 전자 기계 시스템에 대한 동적 모델과 제어 시스템을 어떻게 개발하는지를 보여줄 것이다. 동적 시스템의 기초적인 모델링과 제어 기법은 라플라스 변환 지식을 필요로 한다. 라플라스 변환은 다음 장에서 다룬다. 이 장에서는 라플라스 변환을 이용하는 상세한 해석을 최소 한도로 다루게 될 것이다.

우리는 디젤 엔진의 기본적인 특성을 메카트로닉스 관점에서 토의할 것이다. 모델링과 제어에 관한 연구는 시스템이 어떻게 동작하는지 이해하는 것에서부터 출발해야 한다. 이를 위해 주요 부품과 부속품을 구분한다. 그리고 각 부품을 모델링에서 입출력 관계로 표현한다. 그리고 제어 시스템 설계를 위해서 필요한 센서와 제어되는 구동기를 구분한다. 이런 지침아래 우리는 다음을 연구한다.

1. 엔진 부품들 – 엔진의 기본적인 기계 부품들
2. 동작 원리 및 성능 – 연소 과정을 통해 에너지가 생성되는 과정(화학 에너지로부터 기계적인 에너지로 변환되는 과정)
3. 전자 제어 시스템 부품 – 구동기, 센서, 전자 제어 모듈(ECM)
4. 메카트로닉스 공학도 관점에서 본 엔진의 동적 모델
5. 제어 알고리즘 – 연료 효율과 배기물 조건을 충족하는 기본적인 제어 알고리즘과 확장된 제어 알고리즘

엔진은 연료의 화학 에너지를 연소 과정을 통해 기계적인 에너지로 변환한다. 운송 장비에 있어, 하부 조직은 엔진으로부터 동력을 끌어온다. 내연 기관은 크게 (1) 클럭(Clerk) 행정(2행정) 엔진 (2) 오토(Otto) 행정(4행정) 엔진의 두 부류로 나눠진다. 2행정 엔진의 경우 크랭크축 한 회전 당 한 번의 연소가 실린더 내에서 이루어진다. 4행정 엔진의 경우에는 크랭크축 두 회전 당 한 번의 연소가 실린더 내에서 이루어진다. 여기서는 4행정 엔진만 다룬다.

4행정 내연 기관 역시 크게 (1) 가솔린 엔진과 (2) 디젤 엔진의 두 부류로 나뉜다. 이들 엔진들의 차이는 각 행정 당 연소가 실린더 내에서 어떻게 이루어지는가에 있다. 가솔린 엔진은 점화 플러그를 이용해 연소를 시작한다. 반면에 디젤 엔진의 경우에는 큰 압축비에 의해 온도가 고온으로 상승(압축 행정의 최종 단계에서는 실린더 내의 온도가 섭씨 700~900도이다) 하고 그 결과로 자연 발화되어 연소가 시작된다. 외부 온도가 아주 낮으면(즉, 아주 추운 상황) 공기 연료 혼합물을 압축한다고 해도 디젤 엔진의 실린더 내의 온도 상승이 충분하게 이루어지지 않아 자연적으로 발화가 안 될 수 있다. 그러므로 아주 추운 상황에서는 디젤 엔진을 구동하기 전에 전기 히터를 이용해 엔진 블록을 예열한다.

엔진의 기본적인 기계 설계와 크기는 최대 성능(속력, 토크, 동력, 연료 소모)의 테두리를 결정한다. 최대 성능 내에서의 엔진의 정격 성능은 엔진 제어기에 의해 설정된다. 센서 자료와 연료 분사 사이의 결정 블록은 엔진의 기계적인 크기에 의해 정해진 테두리 내에서 성능을 결정하게 된다. 결정 블록은 속력 조절, 연료 효율, 배기물 제어를 포함한다.

1.2.1 디젤 엔진 부품

디젤 엔진의 주요 기계 부품들은 엔진 블록에 위치한다(그림 1.14). 엔진 블록은 실린더, 피스톤, 1~2개 이상의 흡기 배기 밸브들, 그리고 연료 분사기로 이루어진 배기 연소방들을 위한 골격을 제공한다. 연소 과정을 통해 얻어진 동력은 피스톤의 왕복 직선 운동으로 전환된다. 피스톤의 직선 운동은 다시 연결봉을 통해 크랭크축의 한 방향 연속 회전으로 전환된다. 점화 불꽃을 이용하는 엔진(가솔린 엔진)의 경우에는 불꽃을 만들기 위한 점화 플러그가 있어야 한다. 가솔린 엔진과 디젤 엔진의 주요 차이점은 연소 과정이 시작되는 방법이다. 가솔

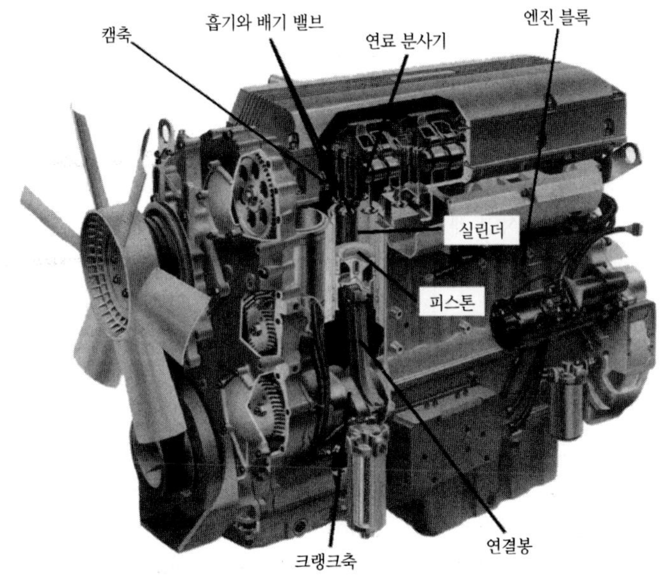

그림 1.14 ■ 엔진의 기계적인 부품: 엔진 블록, 실린더, 피스톤, 연결봉, 크랭크축, 캠축, 흡기 밸브, 배기 밸브, 연료 분사기

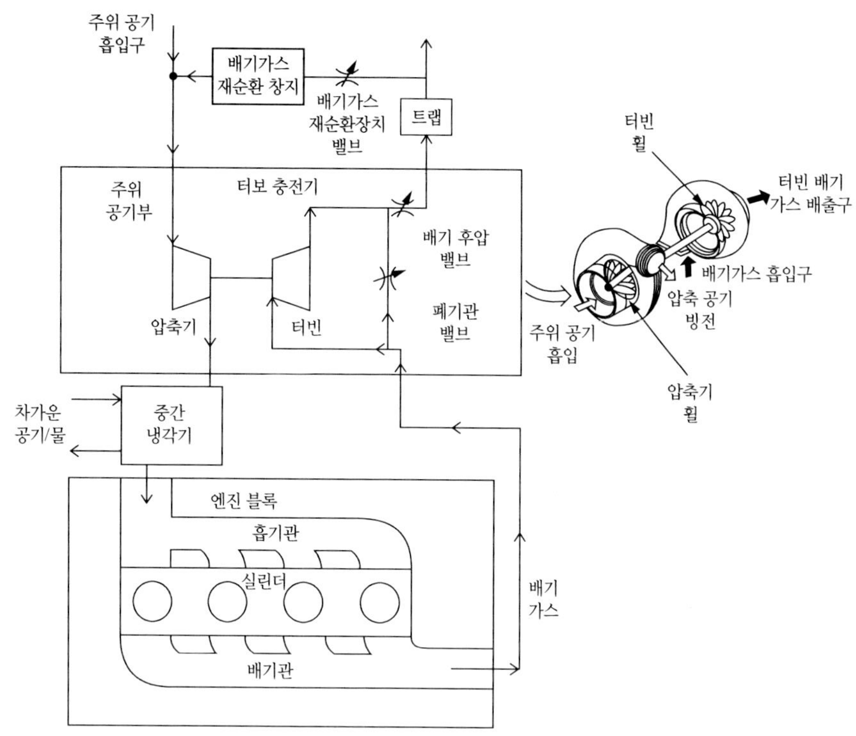

그림 1.15 ■ 엔진과 주위 하부 구조들: 흡기관, 배기관, 폐기관을 가지고 있는 터보 충전기, 충전 내부 냉각기, 배기가스 재순환 장치(EGR), 트랩 또는 촉매 변환기

린 엔진에서는 압축된 공기-연료 혼합물의 연소가 각 행정마다 점화 플러그에 의해 만들어진 불꽃으로 시작된다. 디젤 엔진에서는 연소가 높은 압축비의 결과로 만들어진 온도 상승에 의해 자연 발화되어 시작된다. 디젤 엔진의 압축비는 1:14−1:24의 범위에 있으며 가솔린 엔진의 압축비는 디젤 엔진의 압축비의 절반 정도이다.

일반적으로 요동하지 않는 동력을 만들어내기 위해 여러 개의 실린더(즉, 4, 6, 8, 12)를 이용하는데 각각의 실린더는 서로 다른 크랭크축 위상각을 가지고 동작하도록 만들어진다. 엔진의 동력 용량은 주로 실린더의 개수, 각 실린더의 부피(피스톤의 직경과 행정 거리), 압축비에 의해 결정된다. 그림 1.15는 엔진 블록과 주위의 부속 시스템들: 조절판, 배기관, 배기관, 터보 충전기, 충전 냉각기를 보여주고 있다. 대부분의 디젤 엔진의 경우 물리적인 조절판 밸브가 없다. 전형적인 디젤 엔진은 입력되는 공기를 제어하지 않는다. 다만 이용할 수 있는 공기를 받아들이고 대신 연료 분사율을 제어한다. 일부 디젤 엔진은 입력 공기(조절판 밸브를 통해서)와 연료 분사율을 모두 제어한다.

주변 부속 조직들은 연소전에 공기와 연료 혼합물을 준비하고 배출하는 기능을 가지고 있다. 흡기 밸브, 배기 밸브, 분사기의 시각(timing)은 기계적인 또는 전자적인 방법으로 제어된다. 순전히 기계적으로 제어되는 엔진에서는 기계적인 **캠축**이 2:1 기어비로 시각 벨트의 **크랭크축**에 연결되어 이들 부품들을 제어하는데 크랭크축의 두 회전 주기로 작동한다. **가변 밸브 제어 시스템**(variable valve control system)은 밸브의 시각을 조절하기 위해 기계적인 지레를 이용해 캠축의 위상을 조정한다. 이와 유사한 위상 조정 기구들이 각각의 연료 분사기 설계에 포함되기도 한다[2b, 2c]. 전자적으로 제어되는 엔진의 경우에는 몇 개 또는 전 부품들(연료 분사기, 흡기와 배기 밸브)이 전자식 구동기(솔레노이드로 구동되는 밸브)에 의해 개별적으로 제어된다. 현재 사용되는 디젤 엔진의 경우에는 분사기가 전자적으로 제어된다. 반면에 흡기와 배기 밸브들은 기계적인 캠축으로 제어된다. **캠이 없는 엔진**(camless engine)으로 불리는, 완전히 전자적으로 제어되는 엔진의 경우에는 흡기와 배기 밸브들도 전자적으로 제어된다.

터보 충전기(**슈퍼 충전기**로도 불린다)와 **충전 냉각기**(**내부 냉각기** 또는 **후냉각기**로도 불린다)는 엔진의 효율과 최대 동력 출력을 보조하는 수동형 기계 장치이다. 터보 충전기는 실린더로 들어오는(충전되는) 공기의 양을 증가시킨다. 터보 충전기는 배기가스로부터 펌프 기능을 수행하기 위해 필요한 에너지를 얻는다. 터보 충전기는 2개의 주요 부품을 가지고 있다. (1) 터빈과 (2) 압축기인데 이들은 같은 축에 연결되어 있다. 배기가스는 터빈을 돌리고 터빈은 펌프 구동을 수행하는 압축기를 회전시킨다. 배기가스로 배출될 수밖에 없는 에너지의 일부를 사용하여 터보 충전기는 더 많은 양의 공기를 펌프로 구동해 끌어들여 주어진 실린더 크기에 대해 더 많은 양의 연료를 분사시킬 수 있다. 그러므로 터보 충전기를 사용하는 경우 주어진 실린더 크기에서 더 많은 동력을 만들어낼 수 있다. 터보 충전기가 없는 엔진은 자연적으로 **공기를 보급하는 엔진**(naturally aspirated engine)이라고 불린다. 터보 충전기의 이득은 터빈 속력의 함수인데 이것은 엔진 속력과 연관이 있다. 그러므로 일부 터보 충전기는 가변 블레이드 방위 기능이나 유동 노즐(**가변형 터보 충전기**(VGT ; variable geometry turbo charger)로도 불린다)을 가지고 있어 저속에서 터빈 이득을 증가시킬 수 있으며 고속에서는 터빈 이득을 감소시킬 수 있다(그림 1.15).

터보 충전기의 주목적은 실린더로 입력되는 공기의 양을 증가시키는 것이지만 흡입 부양 압력을 최대값 이상으로 증가시키는 것은 바람직하지 않다. 몇몇 터보 충전기는 그런 목적으로 **폐기문**(waste-gate) 밸브를 이용한다. 부양 압력 센서가 압력이 어느 정도 이상이라고 가리키면 전자 제어 장치가 폐기문에 장착된 나비 형태의 밸브를 솔레노이드로 구동한다. 이렇게 하여 터빈을 우회해 배기가스를 배기관으로 보낸다. 따라서 폐기 가스 에너지를 소모하기 때문에 명칭 "폐기문"이 사용된다. 이렇게 하면 터빈과 압축기의 속력을 감소시킨다. 부양 압력이 어떤 값 이하로 떨어지면 폐기문 밸브가 다시 닫히게 되고 터보 충전기가 정상 모드로 작동하게 된다.

터보 충전기의 또 다른 기능은 **배기 후방 압력 장치**(exhaust back pressure device)이다. 나비 형태의 밸브를 사용해 배기가스 유동이 제한되면 배기 후방 압력이 증가된다. 그 결과 엔진은 보다 큰 배기 압력 저항을 경험하게 된다. 이렇게 하면 엔진 블록을 더 빨리 가열할 수 있다. 이 기능은 추운 날씨에서 엔진을 시동해 엔진을 빨리 뜨겁게 만들 때 사용한다.

몇몇 터보 충전기 설계에서 실린더 온도를 낮추기 위해 터보 충전기의 압축기 출력부와 흡기관 사이에 **충전 냉각기**(**내부 냉각기**로도 불린다)를 장착하여 사용한다. 터보 충전기의 압축기는 섭씨 150도 이상의 고온 공기를 내보낸다. 디젤 엔진에 흡입되는 공기의 이상적인 온도는 섭씨 35~40도 사이이다. 충전 냉각기는 흡입되는 공기의 냉각 기능을 수행하여 공기 밀도를 증가시킨다. 공기 온도가 올라가면 공기 밀도가 감소(즉, 공기-연료비가 감소된다)될 뿐만 아니라 연소방 부품의 마모가 증가된다.

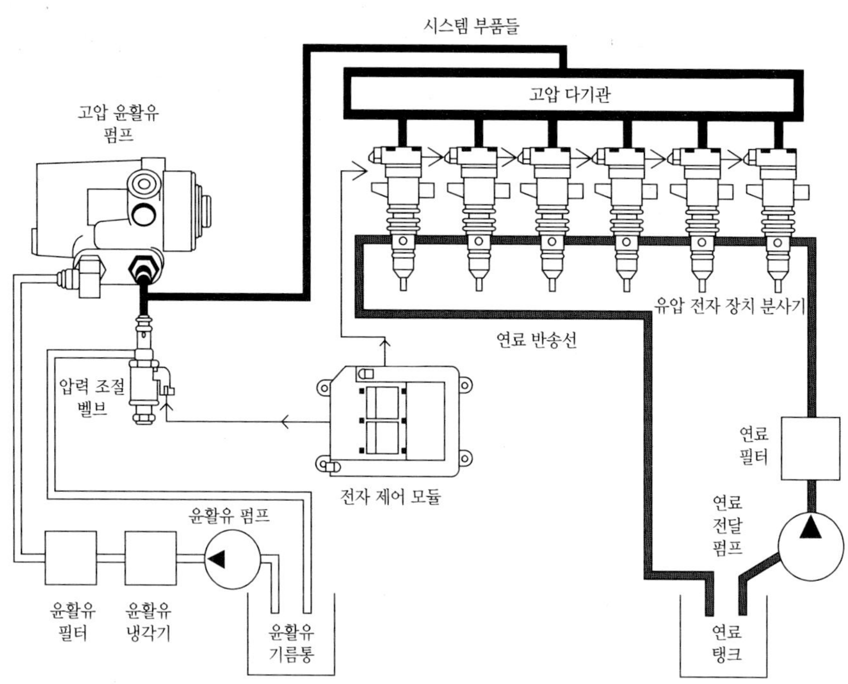

그림 1.16 ■ 디젤 엔진에서 사용되는 전자 제어 연료 분사 시스템: Caterpillar and Navistar Inc.의 HEUI 연료 분사 시스템

배기가스 재순환(EGR)은 연소를 위해 흡입되는 공기에 배기가스 양을 제어하여 섞는다. 배기가스 재순환의 주요 장점은 배출물의 NOx 성분을 감소시키는 것이다. 그러나 배기가스 재순환은 더 많은 엔진 마모를 가져오고 배출물에 있어 매연의 양과 미립자를 증가시킨다.

연료는 캠 구동(기계적인 제어) 또는 솔레노이드 구동(전자 제어)분사기에 의해 실린더에 분사된다. 분사기에 필요한 힘을 제공하기 위해 솔레노이드 구동력은 유압을 이용해 증폭된다. 그림 1.16은 전자로 제어되는 연료 분사기를 보여주고 있는데 유압관이 솔레노이드 신호와 분사력 사이의 증폭 장치로 사용된다. 연료 전달 시스템의 주요 부품들은 다음과 같다.

1. 연료 탱크
2. 연료 필터
3. 연료 펌프
4. 압력 조절 밸브
5. 고압 오일 펌프
6. 연료 분사기

연료 펌프는 분사기를 위한 연료관의 압력을 일정하게 유지시킨다. 공통 레일(CR; common rail)과 전자 장치 분사기(EUI; electronic unit injector) 형태의 연료 분사 시스템(Caterpillar and Navistar Inc.의 유압 전자 장치 분사기(HEUI; hydraulic electronic unit injector)와 같은)에 있어 고압의 오일 펌프와 압력 조절 밸브를 동시에 사용해 고압의 오일선을 만들어낸다. 이 선은 마치 분사기에 대해 증폭선의 역할을 한다. 분사기는 전자 제어 모듈

(ECU)로부터 나오는 저출력의 솔레노이드 신호로 제어된다. 연료 분사기에 필요한 더 높은 동력을 만들어내기 위해 솔레노이드 플런저의 운동은 고압의 오일선에 의해 증폭된다. 유압 전자 장치 분사기의 전형적인 구동 시각은 5 μsec 근처이다.

다음은 내연 기관에 사용되는 4개의 액체이다.

1. 연소용 연료
2. 연소와 냉각을 위한 공기
3. 윤활유
4. 냉각수

각각의 액체(액체 또는 기체) 회로는 엔진 내에서 저장, 상태 조절(필터, 가열 또는 냉각), 이동(펌프), 방향 조정(밸브)하는 부품들로 이루어진다.

냉각과 윤활 시스템들은 기어 배열에 의해 크랭크축으로부터 동력을 냉각 펌프, 오일 펌프로 내려 받는 폐회로 시스템이다. 저장 장치, 필터, 펌프, 밸브와 순환선은 다른 액체 회로와 유사하다. 냉각 시스템의 주요 부품은 방열 장치이다. 방열 장치는 열교환기인데 냉각수의 열을 대류관을 통해 공기 중으로 방출한다. 냉각수는 엔진 블록으로부터 열을 제어하기 위해 사용될 뿐만 아니라 윤활유의 열을 제거하는데도 사용된다. 마지막으로 열은 방열 장치에서 공기 중으로 소산된다. 방열 장치의 송풍기는 더 나은 열 교환 용량을 만들기 위해 공기를 강제적으로 불어넣는 기능을 수행한다. 일반적으로 냉각 시스템은 엔진이 추운 상태에서 냉각수의 흐름을 바꾸어 엔진의 온도를 빨리 높일 수 있도록 온도 조절 밸브를 가지고 있다.

윤활의 목적은 두 접촉면 사이의 기계적인 마찰을 감소시키는 데 있다. 마찰이 감소됨에 따라 마찰과 관련된 열이 감소된다. 윤활 오일은 2개의 움직이는 면(베어링) 사이에 얇은 막을 형성한다. 오일은 오일 펌프에 의해 오일 팬으로부터 끌어올려져서 오일 필터와 냉각기를 거쳐 실린더 블록, 피스톤, 연결봉, 크랭크축 베어링으로 옮겨진다. 윤활유의 온도는 섭씨 105~115℃ 사이에서 유지되어야 한다. 온도가 너무 높으면 부하를 처리할 수 있는 용량이 떨어지고 너무 온도가 낮으면 점성이 증가되어 윤활 성능이 감소된다. 압력 조절기가 정상 값(40~50 psi)을 유지할 수 있도록 윤활유의 압력을 조절한다.

연료 펌프, 윤활유 펌프, 냉각 송풍기, 냉각수 펌프 모두 기어와 벨트를 사용해 크랭크로부터 동력을 얻는다. 엔진 설계의 최근 경향은 부속 조직에 대해서는 엔진의 동력을 사용하지 않고 전자 발전기를 사용해 전자 모터로 구동하는 펌프들을 사용하는 것이다. 이렇게 되면 모든 동력이 기계적인 기어와 벨트를 사용하지 않게 되어 동력이 분산된다. 이와 같이 새로운 개념의 설계에서는 동력 분산을 위해 전자적인 발전기와 모터를 사용한다.

디젤 엔진 작동 원리 4행정 디젤 엔진(그림 1.17)의 실린더들 중 하나를 고려해 보자. 다른 실린더들도 크랭크축 위상각 차이만큼 벗어나는 것을 제외하고는 동일한 과정을 거친다. 4개의 실린더를 가지고 있는 디젤 엔진에서 각 실린더는 180°의 크랭크축 위상각 차이를 가지고 동일한 과정을 거친다. 만일 위상차가 120°라면 6개의 실린더 경우이고 90°라면 8개의 실린더 경우이다. 실린더 간의 위상차는 720°/실린더 개수이다. 흡기 행정에서 흡기 밸브가 열리고 배기 행정에서는 배기 밸브가 닫힌다. 피스톤이 아래로 움직여 실린더의 하사점(BDC; bottom dead center)에 다다를 때까지 공기가 실린더 내로 들어온다. 그 다음 행정은

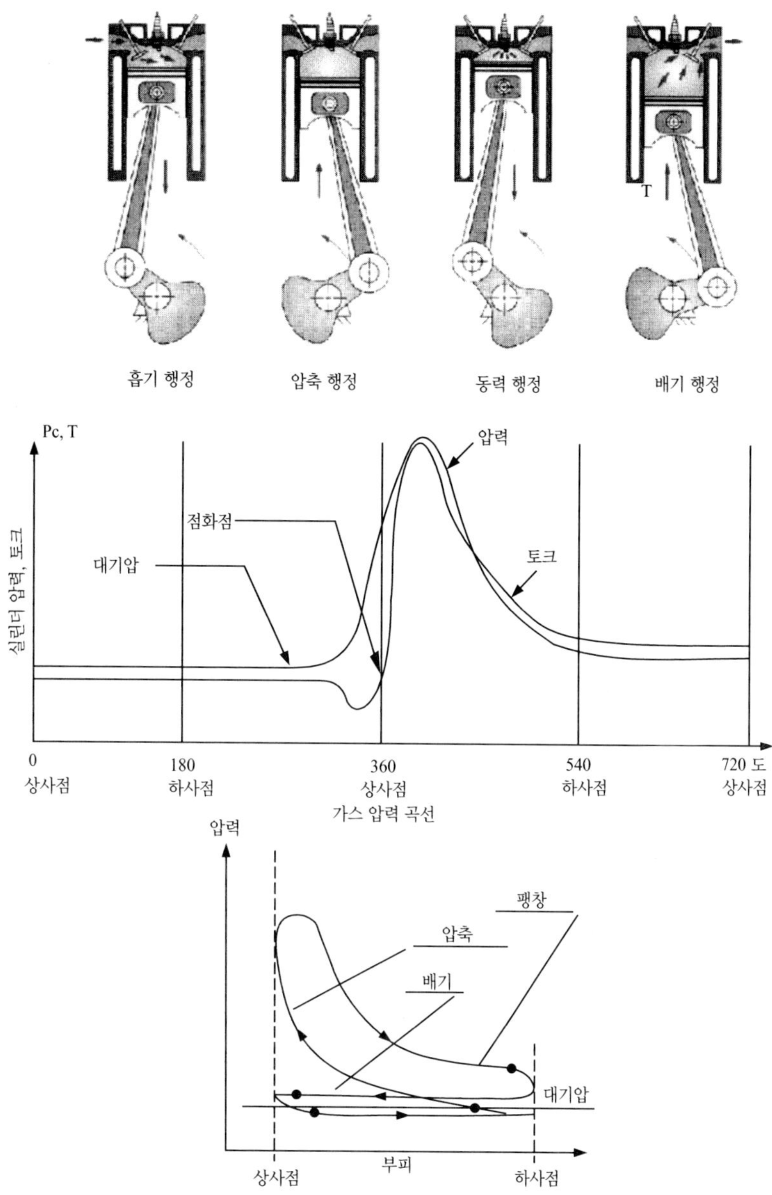

그림 1.17 ■ 디젤 엔진의 기본적인 4행정 작동: 흡기, 압축, 팽창, 배기 행정. 실린더의 압력은 크랭크축 위치의 함수이다. 다른 실린더들도 위상각 차이를 제외하고는 크랭크축 각도의 함수로 거의 동일한 압력을 가진다. 압축비는 하사점에서의 실린더 부피(V_{TDC}) 대 상사점에서의 실린더 부피(V_{BDC})의 비이다. 압축 행정 동안 실린더 압력은 크랭크 운동에 반대 방향으로 작용한다. 따라서 실제 토크는 음의 값이다. 팽창 행정에서 실린더 압력은 크랭크 운동을 지원한다. 따라서 실제 토크는 양의 값이다.

흡기 밸브가 닫히는 동안에 발생하는 압축 행정이다. 피스톤이 위로 움직이면서 공기가 압축된다. 연료 분사(SI엔진에서는 스파크 발화)는 피스톤이 상사점(TDC; top dead center)에 다다르기 전 위치에서 시작된다.

연소와 기계적인 에너지로의 최종 에너지 변환이 팽창 행정에서 성취된다. 이 행정에서 흡기 밸브와 배기 밸브가 모두 닫힌다. 마지막으로 피스톤이 하사점 위치에 도달하면 위로 움직이기 시작한다. 위로 움직이면서 배기 밸브가 열려 연소된 가스가 배출된다. 이 행정을 배기 행정이라고 부른다. 피스톤이 상사점 위치에 도달하면 한 주기가 끝난다.

이와 같은 4행정이 각 실린더에 대해 반복된다. 임의의 동일 시간대에 각각의 실린더는 위에서 언급한 행정 중의 하나에 걸리게 된다. 기본적인 작동 원리를 보여주기 위해 흡기 밸브와 배기 밸브가 각 행정의 끝 또는 시작에서 개폐된다고 말했다. 그러나 실제 엔진의 경우에는 이들 밸브들의 개폐 위치뿐만 아니라 연료 분사 시각과 지속 시간 모두 피스톤의 하사점 또는 상사점 위치와는 조금 다른 위치에서 발생한다.

사실상 흡기 밸브와 배기 밸브 시각, 그리고 연료 분사 시각(시작 시간, 지속 시간, 분사 펄스 형태) 결정은 전자 제어 모듈(ECM)에서 실시간으로 이루어진다. 센서 데이터를 바탕으로 크랭크축 회전 각도 위치에 대해 상대적으로 제어를 결정한다. 크랭크축 위치에 대한 상대 시간은 엔진의 성능을 극대화하기 위해 엔진 속력의 함수로 바뀔 수 있다. 분사기로 보내진 전류 펄스의 시간으로부터 연소가 완전히 이루어진 시간까지의 지연은 크랭크축 각도 15° 정도이다. 전형적인 4행정 동안의 실린더의 압력 변화는 그림 1.17에 보이는 바와 같다. 최대 연소 압력은 30 bar(3 MPa)~160 bar(16 MPa)의 범위안에 있다. 실린더 내의 압력이 양의 값을 가지지만 이 압력으로 인한 각 실린더의 토크 공헌도는 피스톤이 아래로 내려갈 때 양의 값을 가진다(압력이 운동을 도와 만들어낸 순수 토크 공헌은 양의 값이다). 그리고 피스톤이 위로 움직이는 경우에는 음의 값이다(압력이 운동에 반대로 작용해 만들어낸 크랭크축으로의 순수 토크 공헌도는 음의 값이다). 결과적으로 각 실린더가 생성한 순수 토크는 두 회전 주기로 크랭크축 각도의 함수로 진동한다. 모든 실린더에 의해 만들어진 평균 토크가 엔진의 성능을 평가하는 값으로 사용된다.

전자적으로 제어되는 엔진에서 크랭크축 위치에 대한 연료 분사 시간은 연소가 제대로 이루어질 수 있도록 충분한 시간을 주기 위해 엔진 속력의 함수로 바뀔 수 있다. 이런 것을 **가변 연료 분사 시각**(variable timing fuel injection) 제어라고 부른다. 엔진 속력이 증가되면 분사 시각도 전진한다. 즉, 연료가 압축 행정에서 실린더의 상사점보다 전에서 분사된다. 분사 시각은 연소 효율, 생성된 토크, 배기물 성분에 지대한 영향을 준다.

일반적으로 문헌에서는 4행정 동안 실린더의 압력을 연소방 부피의 관점에서 바라본다. 소위 p-v 선도가 그림 1.17에 보이고 있다. 연소 과정에서 만들어진 순수 에너지는 p-v 선도에 의해 만들어진 면적에 비례한다. 엔진에 의해 생성된 토크의 형상을 이해하기 위해서는 압력 선도를 크랭크축의 함수로 보는 것이 바람직하다(그림 1.17). 그다음 같은 압력 선도를 적절한 크랭크 축 위상각을 가진 다른 실린더들에 겹쳐본다. 그러면 각 실린더로부터의 압력들을 합할 수 있어 엔진에 의해 생성된 총 압력선도를 얻을 수 있다(그림 1.17). 압력에 피스톤의 윗부분의 면적을 곱하면 생성된 총 힘이 얻어진다. 연결봉의 유효 모멘트 암을 이 힘에 곱하면 크랭크축에 만들어진 토크가 얻어진다.

가속도의 총 변화는 총 토크를 관성으로 나누어 얻어진다. 만일 관성이 크다면 총 토크의 일시적인 변동은 작은 가속도 변동을 가져오게 되어 속력이 작게 변한다. 또한 다른 속력으로의 가속 또는 감속하는 시간이 오래 걸린다. 이것이 크랭크축에 사용되는 회전 속도 조절 바퀴(flywheel)의 장단점이다.

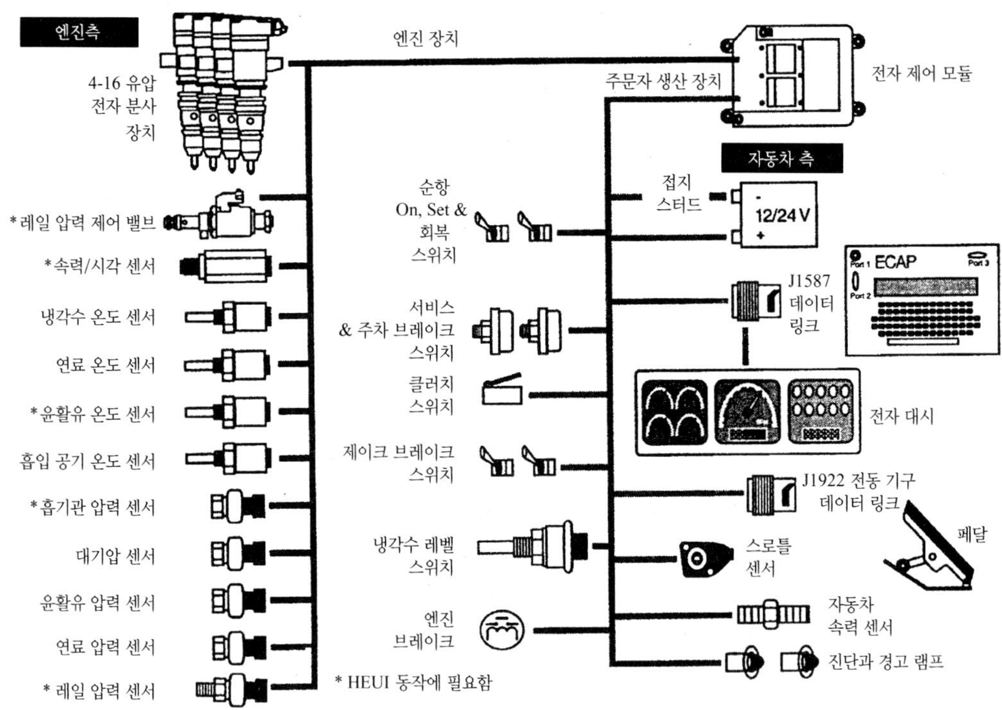

그림 1.18 ■ 현대 엔진 제어기의 제어 시스템 부품: 센서 입력, ECM(전자 제어 모듈), 구동기 출력

1.2.2 엔진 제어 시스템 부품

엔진 제어 시스템을 구성하는 세 가지 부품군이 있다: (1) 센서 (2) 구동기 (3) 전자 제어 모듈(ECM)(그림 1.18). 전자 엔진 제어기에 사용되는 센서의 수와 종류는 제조사 마다 다르다. 다음은 일반적으로 사용되는 센서 목록이다.

1. 가속도 페달 위치 센서
2. 스로틀 위치 센서(엔진에 스로틀이 있는 경우)
3. 엔진 속력 센서
4. 공기량 유속 센서
5. 흡기관 절대 압력 센서
6. 대기압 센서
7. 온도 센서
8. 주변 온도 센서
9. 배기가스 산소(EGO) 센서
10. 노크 감지기(압전 가속도 센서)

엔진 제어 구동기(출력)는 다음과 같다.

1. 연료 분사 구동: 분사 시각, 분사 시간(분사된 연료 양 또는 연료율), 펄스 형태 제어

2. 점화: 시각(점화 가솔린 엔진, 디젤 엔진에는 사용하지 않는다.)
3. 배기가스 재순환(EGR) 밸브
4. 공회전 공기 제어(IAC; idle air control) 밸브

전자 제어 모듈은 디지털 컴퓨터 제어기로 센서와 구동기를 위한 인터페이스 회로를 가지고 있으며 엔진 제어 알고리즘(엔진 제어 소프트웨어)을 실시간으로 실행한다. 엔진 제어 알고리즘은 센서와 구동기 제어 신호 사이의 제어 논리를 구현한다. 엔진 제어의 주요 목표는 다음과 같다.

1. 엔진 속력 제어
2. 연료 효율
3. 배기가스 성분

엔진 제어 알고리즘은 구동 페달 위치 센서에 의해 정해진 속력을 유지하기 위해 연료 분사기를 가장 간단한 형태로 제어한다.

전자 제어 모듈에 의해 능동적으로 제어될 수 있는 변수들은 분사기들(각 분사기에게 전달되는 아날로그 신호에 의해 연료 분사가 언제 얼마나 이루어지는 결정된다)과 오일선의 압력조절밸브(RPCV; regulating pressure control valve) 밸브이다. 결과적으로 6개의 실린더를 가지고 있는 4행정 디젤 엔진의 경우 엔진 제어기는 7개의 제어 출력, 즉 6개의 출력(각 분사기 솔레노이드에 대해 1개씩)과 RPCV 밸브를 위한 1개의 출력(그림 1.16)으로 이루어진다. 3000 rpm의 엔진 속력에서 크랭크축이 36도를 회전하는 데는 2.0 μsec 걸린다. 결국 이 짧은 시간이 연료 분사를 완결해야하는 기회의 창이다. 연료 분사 시작 시간을 크랭크축 1°의 정밀도로 제어하기 위해서는 연료 분사 제어 시스템의 시각이 55.5 μsec 단위로 반복성이 있어야 한다. 그러므로 엔진 속력이 다를 경우에 연료 분사 시작 시간과 지속 시간을 제어하는 정밀도가 아주 중요하다는 것을 알 수 있다. 연소와 분사 과정은 자연적인 현상이기 때문에 내재된 지연 시간이 있을 수 있다. 따라서 실시간 제어 알고리즘의 지연을 예상할 수 있다. 엔진 속력의 함수로 보았을 경우에는 분사 시간을 조금 앞서서 할 수도 있고 늦춰서 할 수도 있다. 이것을 엔진 제어의 **가변 분사 시각**(variable injection timing)이라고 부른다.

솔레노이드로 구동되는 연료 분사기들은 디지털 방식으로 제어된다. 그래서 각종 센서와 명령 자료에 근거해 실시간으로 분사 시작 시간과 지속 시간을 제어한다. 분사 시작 시간과 지속 시간은 솔레노이드로 보내진 신호에 의해 제어된다. 솔레노이드의 운동은 다시 고압의 유압선(Catapillar, Inc.의 HEUI 분사기의 경우) 또는 캠 구동 푸시 암(Catapillar Inc.의 EUI 분사기)에 의해 고압 분사 수준으로 증폭된다.

흡기관의 절대 압력은 엔진에 가해진 부하와 밀접하게 연결되어 있다. 부하가 증가되면 압력이 증가한다. 엔진 제어 알고리즘은 이 센서를 이용해 부하를 산정한다. 몇몇 엔진들은 큰 대역폭의 가속도 센서(압전 가속도계)를 엔진 실린더 헤드에 장착하여 엔진의 노크 상태를 감지하기도 한다. 공기 연료 혼합물이 아직 성숙되지 않은 상태에서 점화가 너무 빨리 이루어지면 엔진 실린더 내에 과도한 연소 압력(보통 엔진에 부하가 걸린 상태에서)이 만들어져 노크(knock) 현상이 발생한다. 압축비가 높을수록 노크가 발생할 확률이 높아진다. 노크를 진단하기 위해서는 먼저 계측한 가속도 신호를 디지털 필터로 이용해 다듬는다. 다듬어

진 신호는 제어 알고리즘에 근거하여 노크 상태를 평가하는 데 사용한다. 제어 알고리즘에 의해 어떤 실린더가 노크 상태인지 결정하면 감지된 실린더의 노크가 제어될 때까지 연료 분사 시간을 지연한다.

전자식 조속기가 장착된 디젤 엔진에서 운영자는 페달을 이용해 최대 속력의 퍼센트로 정의되는 원하는 속력을 지정한다. 전자 제어기는 그 속력을 유지하기 위해 연료 공급률을 최대까지 조절한다. 엔진은 요구되는 속력과 러그(lug)곡선 사이의 수직선을 따라 작동한다(그림 1.19). 만일 주어진 속력에서 엔진의 부하가 그 속력에서 제공할 수 있는 최대 토크보다 크다면 부하 토크와 엔진 토크의 균형이 이루어질 때까지 엔진 속력은 떨어지고 토크는 증가할 것이다. 대부분의 가솔린 엔진에서 운영자의 페달 명령은 원하는 엔진의 토크이다. 운전자는 차량의 속력을 관찰하고 이에 반응하면서 엔진 속력을 조절한다. 순항 제어기(cruise control)가 가동되면 전자 제어기는 원하는 차량 속력을 유지하기 위해 엔진의 연료 공급률을 조절한다.

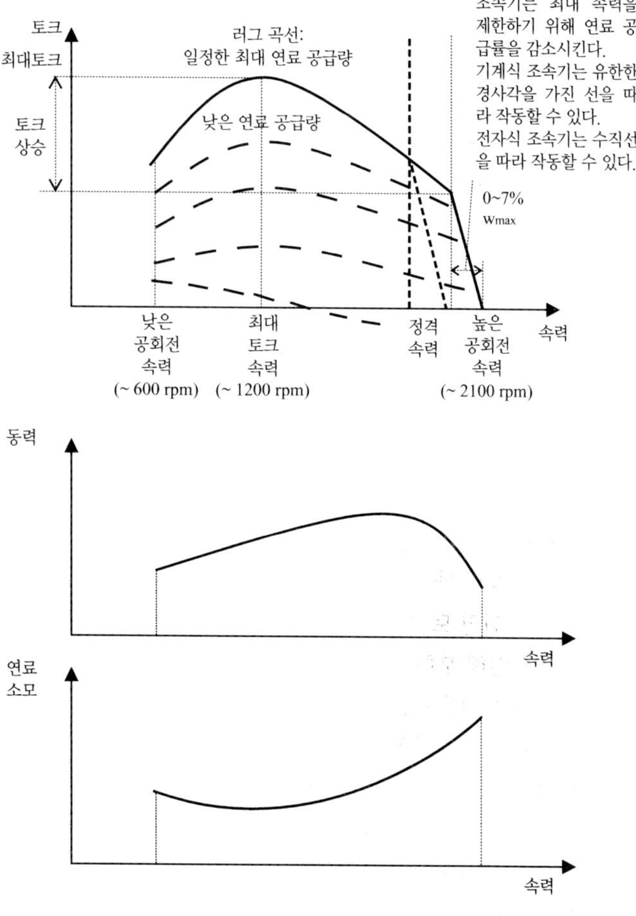

그림 1.19 ■ 정상 상태 엔진 성능: 엔진의 속력 대비 토크(러그), 동력, 연료 효율

1.2.3 러그곡선을 이용한 엔진 모델링

한 주기(크랭크 각도로는 두 회전) 동안 엔진 성능상의 일시적인 응답 지연과 엔진 토크의 요동을 무시한다면 엔진의 정상 상태의 성능을 매 주기당 평균 토크, 동력, 엔진 속력의 함수인 연료 효율로 나타낼 수 있다(그림 1.19). 아래의 세 가지 곡선중에서 엔진의 성능을 정의하는 가장 중요한 선은 토크 속력 곡선이다. 이 곡선은 그 형상으로 인해 러그(lug)곡선으로도 불린다. 연료 공급률이 일정하다는 가정 하에서는 속력이 정격 속력으로부터 감소되면 엔진이 생성하는 평균 토크는 증가한다. 그래서 만일 엔진을 천천히 돌려 부하가 증가하면 필연적으로 부하를 감당하기 위해 엔진은 토크를 증가시킨다. 주어진 엔진에 대해 러그곡선 모델을 정의하기 위해서는 최대 연료 공급률에 대한 엔진 속력 대비 토크 표가 필요하다. 중간점에서의 값을 가지고 선형 삽간 결과를 이용해도 초기 해석에 충분한 값을 얻을 수 있다. 그러나 표에는 최소한 저속 공회전, 고속 공회전, 최대 토크, 정격 속력 점(4개의 점)이 있어야 한다. 곡선 아래 점은 연료 공급률을 줄여서 얻을 수 있다. 연료 분사율이 최대값으로부터 감소하는 경우 러그곡선이 선형적으로 변하지 않는다. 아주 적은 연료 공급률에서는 내연 과정이 전혀 다른 형태의 러그곡선을 따라 작동한다(그림 1.19). 가장 좋은 연료 공급률은 엔진 속력이 최저와 최고 공회전 속력의 중간에서 성취된다.

러그 곡선에 의해 정의된 토크는 엔진의 **평균 유효** 정상 토크 허용치를 최대 연료 공급률의 속력 함수로 본 것이다. 이 곡선은 연소 과정의 결과인 총 토크의 주기적인 동요를 고려하지 않는다. 실제 엔진의 토크 출력은 두 회전 주기 당 각 4행정(흡기, 압축, 연소, 배기)의 주기로 크랭크축 각도의 함수에 대해 진동한다. 플라이휠의 임무는 엔진 속력의 요동을 감소시키는 것이다. 각 실린더는 두 회전당 한 주기의 총 토크 공헌도를 가지며 각 실린더의 토크 함수는 서로에 대해서 위상각을 가지고 있다.

주어진 기계 엔진의 크기는 이 곡선의 경계를 정의한다.

1. 베어링의 마찰과 필요한 연소 시간에 의해 결정되는 최대 엔진 속력(최고 공회전 속력)
2. 최대 연료 공급률로 엔진에 연료가 분사되는 경우에 토크 속력 관계에 관련된 곡선의 러그 부분. 이것은 엔진의 열용량과 분사기 크기에 의해 결정된다.

$$T_{eng}^{lug} = f_o^{lug}(w_{eng}) \quad \text{일 때} \quad u_{fuel} = u_{fuel}^{max} \tag{1.1}$$

기계 설계와 부품의 크기에 의해 엔진의 용량 한계가 정의되면 조속기, 즉 엔진 제어기를 이용해 곡선 아래 어느 점에서도 엔진의 운용이 가능하다. 러그 곡선의 왼편(최대 토크 아래 속력)은 엔진 토크 용량이 저하됨으로 인해 불안정하다. 이 점 아래 속력에서는 속력이 저하됨으로 인해 부하가 증가하고 엔진이 교착 상태(stall)에 빠진다. 최고 공회전 속력이 지정되는 경우의 기울기는 기계적으로 제어되는 엔진의 경우에 속력 변화의 3~7%이고, 전자적으로 제어되는 엔진의 경우에는 수직(거의 속력 변화가 없는 경우)으로 만들 수 있다. 조속기(엔진 제어기)는 엔진의 최고 속력을 제한하기 위해 연료 공급률을 감소시킨다. 러그 곡선에서 거의 수직에 가까운 급격한 선이 나타나는 이유는 속력을 제한하기 위해 연료 공급률을 정격 속력의 최대값에서부터 아주 작은 값으로 감소시키는 엔진 조속기의 임무 수행의 결과 때문이다. 따라서 전자적으로 제어되는 엔진의 경우에는 부하 조건을 0부터 엔진 토크의 최

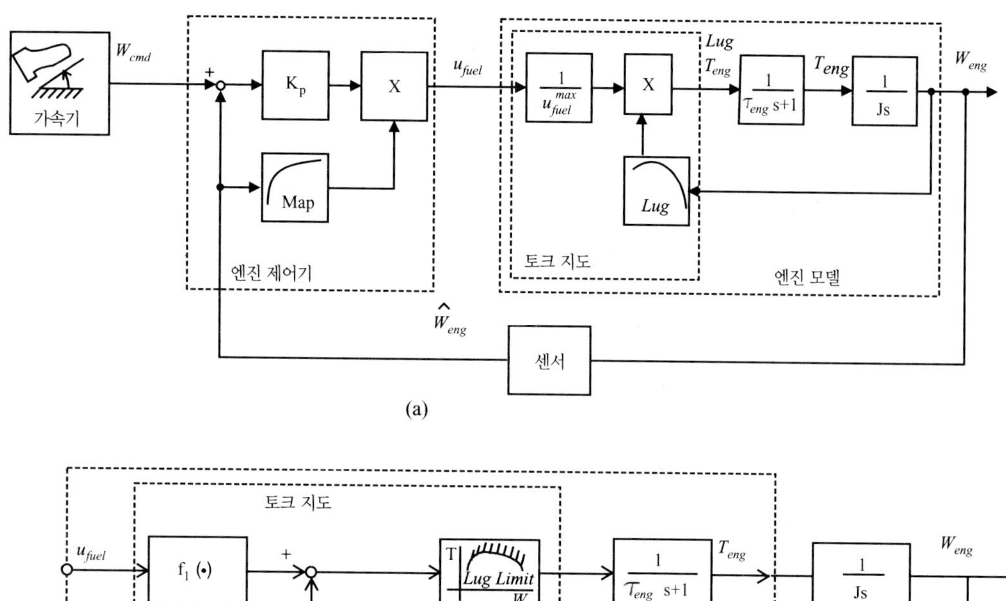

(a)

(b)

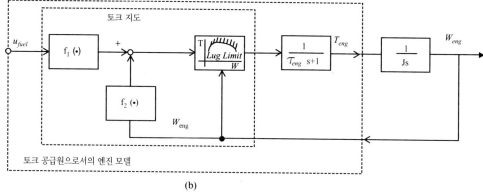

그림 1.20 ■ 엔진 모델과 이에 관련된 폐루프 제어. (a) 엔진은 연료 공급률과 생성 토크 사이의 관계로서 모델화된다. 연소와 분사로 인한 시간 지연과 필터 영향은 시정수 τ_{eng}를 가지는 1차 필터 동역학으로 고려된다. 각각의 실린더 연소로 인한 토크의 진동은 무시된다. 그러나 각각의 실린더에 대한 모델의 경우에는 고려될 수 있다. 이 모델은 러그 곡선이 연료 공급률에 따라서 선형으로 변화한다고 가정한다. (b) 이 모델은 토크가 2개의 함수 차이로 표현된다고 가정한다. 여기서 한 함수의 출력은 엔진 속력에 의해 결정되고 다른 하나는 연료 공급률에 의해 결정된다.

대 토크 용량까지 변화시켜 가면서 같은 속력을 유지할 수 있다.

러그 곡선의 변수화된 형태(토크 대비 엔진 속력)는 연료 공급률의 각 값에 대해 정의된 곡선을 말하는데 **토크 지도**(torque map)라고도 부른다. 엔진은 토크의 공급원(출력: 토크)을 2개의 입력 변수들, 즉 연료 공급률과 엔진 속력의 함수로 모델화한다. 연료 공급률이 토크로 변환되는 전달 함수를 만족하기 위해 필요한 공기가 충분히 공급된다는 가정하에 이 모델이 유도되었다(그림 1.19와 1.20).

$$T_{eng} = f_0(u_{fuel}, w_{eng}) \tag{1.2}$$

$u_{fuel} = u_{fuel}^{max}$ 일 경우에 함수 $f_0(\cdot, \cdot)$는 러그곡선을 나타냄을 주목하라. 러그곡선 아래 점들을 정의하기 위해 연료 공급률의 다른 값들에 대해 데이터 점들이 정의될 필요가 있다(그림 1.19). 이 모델의 해석적 모델은 다음과 같이 표현될 수 있다.

$$T_{eng} = \left(\frac{u_{fuel}}{u_{fuel}^{max}} \right) \cdot f_0 \left(u_{fuel}^{max}, w_{eng} \right) \tag{1.3}$$

실제로는 엔진 용량에 한계가 있다. 러그곡선의 한계는 비선형 블록으로 모델화하여 기존의 모델에 포함할 수 있다. 표준 러그곡선은 연료 분사가 최대로 이루어질 경우의 정상 상태 토크 속력 관계식을 정의한다. 이것은 토크 속력 곡선의 *rack stop* 한계라고 부르기도 한다. 조속기 제어 하에서는 곡선 아래 어느 점이든지 최대 연료 공급률보다 적은 연료 공급률에 의해 성취된다. 엔진 러그 곡선의 한계를 부여하기 위해서는 다음이 정의되어야만 한다.

1. $T_{eng}(w_{eng})$일 경우 최대 연료 공급률($u_{fuel} = u_{fuel}^{max}$)에 대한 토크 속력(러그 곡선)
2. 최대 연료 공급률보다 작은 연료 공급률에 대한 변수화된 토크 속력 곡선

이 모델과 러그 곡선 모델은 연소 과정의 일시적인 거동을 포함하지 않는다. 연료 공급률과 생성된 토크 사이의 시간 지연을 설명하는 가장 간단한 일시적인(동적인) 모델은 일차 필터 형태로 모델링할 수 있다. 다른 말로 말하면 주어진 연료 공급률과 엔진 속력에 대해 러그 곡선에서 얻어지는 토크와 엔진이 실제로 만들어내는 토크 사이에는 필터 형식의 시간 지연이 있다는 것을 의미한다.

$$\tau_e \frac{dT_{eng}(t)}{dt} + T_{eng}(t) = T_{eng}^{lug}(t) \tag{1.4}$$

이 식을 라플라스 변환(라플라스 변환에 익숙하지 않은 독자들은 이 절의 뒷부분을 건너뛰기 바란다) 형태로 표현하면 다음과 같다.

$$T_{eng}(s) = \frac{1}{(\tau_{eng} \cdot s + 1)} \cdot T_{eng}^{lug}(s) \tag{1.5}$$

여기서 τ_{eng}는 연소에서 토크 생성까지 걸리는 시간 정수를 나타내며 T_{eng}^{lug}는 러그 곡선에 근거한 예상 토크이고 T_{eng}는 필터 지연을 포함하여 생성된 토크를 나타낸다.

특수예: 간단한 엔진 모델 이 모델의 더 간단한 형태를 이용하면 엔진의 정상 상태 동역학을 다음과 같이 표현할 수 있다.

$$T_{eng} = f_1(u_{fuel}) - f_2(w_{eng}) \tag{1.6}$$

여기서 T_{eng}는 엔진이 생성한 토크, u_{fuel}는 연료 분사율, w_{eng}는 엔진 속력, $f_0(\cdot, \cdot)$는 2개의 독립 변수들(연료 공급률과 엔진 속력)과 생성 토크 사이의 비선형 사상(mapping) 함수를 나타낸다. 함수 $f_1(\cdot)$는 연소 과정을 통해 생성된 토크에 대한 연료 공급률을 나타낸다. $f_2(\cdot)$는 엔진 내의 마찰에 의해 부하 토크를 엔진 속력의 함수로 표현한 것이다(그림 1.20).

1.2.4 엔진 제어 알고리즘: 엔진 지도와 비례 제어 알고리즘을 이용한 엔진 속력 조절

가장 간단한 엔진 제어 알고리즘은 가속도 페달 위치와 엔진 속력 센서에 근거해 연료 공급률을 다음과 같이 결정하는 것이다(그림 1.20).

$$u_{fuel} = g_1(w_{eng}) \cdot K_p \cdot (w_{cmd} - w_{eng}) \tag{1.7}$$

여기서 $g_1(\cdot)$는 엔진 속력의 함수로 주어지는 연료 공급률 검색표이고 K_p는 속력 오차와 곱해지는 이득이다.

실제 엔진 제어 알고리즘은 좀 더 복잡한데 더 많은 센서 데이터와 검색표 형태의 내장 엔진 데이터, 평가기, 순항 제어 방식과 냉각 상태 출발 방식과 같은 여러 가지의 논리 함수들을 이용한다. 추가로 제어 알고리즘은 연료 공급률(u_{fuel}) 뿐만 아니라 크랭크축 위치에 대한 분사 시각에 대해 결정을 내린다. 다른 제어 변수들은 배기가스 재순환(EGR)과 공회전 공기 제어 밸브 등이다. 그러나 이와 같이 간단한 엔진 제어 알고리즘이 자동차 응용에 관한 제어 시스템 개발 과정의 여러 단계에서 유용하게 사용될 수 있다.

배기 문제 엔진 제어의 근본적인 도전 과제는 배기가스 요구 조건에서 온다. 여기 배기가스에 관한 다섯 가지 주요 문제가 있다.

1. 지구 온난화 영향으로 인한 CO_2 양
2. CO 보건 문제(무색, 무취, 무미, 그러나 공기에 0.3% 포함되어 흡입하면 30분 내로 사망하는 결과를 가져올 수 있다.)
3. NO_X 양 (NO와 NO_2)
4. HC가 NO_2와 결합되면 사망에 이르게 할 수 있다.
5. 배기가스에 포함되는 PM(미립자) 고체와 액체

연료 분사 시각은 연소와 이로 인한 배기가스 구성의 질에 지대한 영향을 준다. 연소를 효율적으로 하면서 동시에 배기가스에 원하지 않는 유해 성분을 감소시킬 수 있는 엔진과 제어기를 설계하는 것이 도전 과제이다.

1.3 문 제

1. 그림 1.4에 보이는 유량에 대한 기계적인 폐루프 제어 시스템을 고려하라.

(a) 원하는 유량을 유지하기 위해 어떻게 제어 시스템이 동작하는지 블록선도를 그려라.

(b) 디지털 제어기를 포함하는 전자기계 제어 시스템을 가지고 이 시스템을 수정하라. 수정 시스템의 부품들을 보이고 이들이 어떻게 동작하는지 설명하라.

(c) 디지털 제어 시스템 형식의 블록선도를 그려라.

2. 그림 1.5의 엔진 속력을 제어하는데 사용되는 기계 조속기를 고려하라.

(a) 시스템 블록선도를 그리고 어떻게 동작하는지 설명하라.

(b) 크랭크축에 속력 센서를 가지고 있고, 회전형구 기구에 의해 작동하는 밸브 대신에 전자적으로 구동하는 밸브와 마이크로컨트롤러를 가지고 있다고 가정하라. 디지털 제어 방식을 도입해 시스템 부품들을 수정하고 새로운 블록선도를 그려라.

3. 그림 1.6의 직조 제어 시스템을 고려하라.

(a) 시스템 블록선도를 그리고 어떻게 동작하는지 설명하라.

(b) 연산 증폭기와 명령 신호 공급에 대한 아날로그 전자 회로를 마이크로컨트롤러로 대체한다고 가정하라. 시스템에 대해 새로운 부품들과 블록선도를 그려라. 새로운 디지털 제어 시스템이 어떻게 동작하는지 설명하라.

(c) 줄을 감는 통의 모터 대신에 줄을 푸는 통의 모터의 속력을 마이크로컨트롤러로 제어하려고 한다면 실시간 제어 알고리즘이 어떻게 변형되어야 하는지 논하라.

4. 그림 1.7에 보이는 방 온도 제어 시스템을 고려하라. 전기 히터와 송풍기 모터는 실제 방의 온도와 원하는 방 온도의 차이에 근거해 켜지거나 꺼진다.

(a) 제어 시스템 블록선도를 그리고 어떻게 동작하는지 설명하라.

(b) 연산 증폭기, 명령 신호 공급원, 타이머 부품을 마이크로컨트롤러로 대체하라. 마이크로컨트롤러에서 작동할 실시간 소프트웨어의 주요 논리를 의사 코드(pseudocode)를 사용해 설명하라.

CHAPTER 02

폐루프 제어

이 장은 폐루프(closed-loop) 제어 시스템에 대한 기본적인 내용을 담고 있다. 폐루프를 의미하는 궤환(feedback)이란 용어를 사용하기 전에 개루프(open-loop) 제어의 가능성을 먼저 탐색하여야 한다. 다음과 같은 질문을 생각해보자.

- 개루프 제어에 비해 폐루프 제어의 장단점은 무엇인가?
- 개루프 제어 대신에 왜 폐루프 제어를 사용해야 하는가?
- 어떤 경우에 폐루프 제어가 개루프 제어보다 유효한가?

제어 시스템은 **우리가 원하는 대로 움직이도록** 설계된 시스템을 말한다. 그러므로 제어 시스템 설계자는 시스템으로부터 예상되는 거동이나 성능을 알 필요가 있다. 제어 시스템의 성능 사양은 안정성, 응답의 질, 강건성과 같은 기본적인 특성들을 포함해야 한다. 수없이 많은 다양한 제어 이론이 있음에도 불구하고 실제 궤환 제어기로 사용되는 제어기의 90% 이상이 비례-적분-미분(PID; proportional-integral-derivative) 형태의 제어기이다. PID 제어기는 실제 응용문제에 광범위하게 사용되고 있는 가장 근본적인 제어기 형태로 인식되고 있다. PID 제어기는 이 장의 마지막 절에서 다룬다.

제어 결정은 아날로그 제어 회로나 디지털 컴퓨터에 의해 만들어진다. 아날로그 제어 회로의 경우에는 제어기를 **아날로그 제어기**(analog controller)라고 부르며 디지털 컴퓨터의 경우에는 제어기를 **디지털 제어기**(digital controller)라고 부른다. 아날로그 제어의 경우 제어 결정 법칙은 아날로그 회로 하드웨어에 설계된다. 디지털 제어의 경우에는 제어 결정 법칙이 소프트웨어 코드로 만들어진다. 제어 결정 과정을 적용하는 소프트웨어 코드를 **디지털 제어 알고리즘**(digital control algorithm)이라고 부른다.

아날로그 제어와 비교하였을 경우 디지털 제어의 주요 장점은 다음과 같다.

1. **유연성의 증가**: 제어 알고리즘을 바꾸는 것은 곧 소프트웨어를 바꾸는 것이다. 디지털 제어에서 소프트웨어를 바꾸는 것은 아날로그 제어에서 아날로그 회로 설계를 바꾸는 것보다 훨씬 쉽다.
2. **의사 결정 과정의 성능 향상**: 비선형 제어 함수, 논리 결정 함수, 상태에 따른 행동, 경험에 의한 학습을 적용하는 것은 소프트웨어로 프로그램화할 수 있다. 그러나 이런 성능을 가진 아날로그 회로를 만든다는 것은 불가능하지는 않지만 아주 어려운 작업이다.

동적 시스템의 제어를 제어 시스템의 큰 그림 안에 놓고 생각하는 것이 중요하다. 실제 제어 시스템은 순차적이며 논리 결정을 포함하는 이산적인 사건을 제어하는 것을 포함한다. 이산적인 사건 제어는 ON/OFF 신호만을 제공하는 센서들(극한 스위치, 근접 센서)과 두 단계 ON/OFF만을 사용하는 구동기(ON/OFF 솔레노이드, 릴레이에 의해 제어되는 공압 실린더)들에 근거한 제어 논리를 의미한다. 순차 제어기는 ON/OFF 상태만을 가지고 있는 센서들과 구동기들을 사용하며 제어 알고리즘은 ON/OFF 센서와 ON/OFF 구동기간의 논리이다. 그런 제어들은 일반적으로 자동화 산업에서 프로그램 가능한 논리 제어기(PLC; programmable logic controller)를 이용해 실행된다. 서보 제어 루프도 이런 제어 시스템의 한 부분일 수 있다. 폐루프 서보 제어는 가끔 서보와 논리 제어가 계층적으로 구성된 논리 제어 시스템의 하부조직이 된다.

만일 제어 결정이 일부 센서 신호들에 근거하여 만들어 진다면 제어 시스템은 **폐루프**(closed loop)라고 불린다. 만일 제어 결정이 제어할 변수를 고려한 센서 신호가 없는 상태에서 만들어지거나 결정이 일부 미리 정해진 순서 또는 사용자 명령에 의해 만들어지면 이런 제어 시스템은 **개루프**(open loop)라고 불린다. 오래전부터 잘 알려진 사실은 제어 행동을 결정하는데 있어 제어할 변수에 대한 궤환 정보(센서 신호)를 사용하는 것이 변화하는 상태와 교란에 대해 보다 큰 강건성을 제공할 수 있다는 것이다.

2.1 디지털 제어 시스템의 부품

(1) 아날로그 제어(그림 2.1)와 (2) 디지털 제어(그림 2.2)를 이용해 공정을 제어하는 경우를 고려해보자. 차이점은 단지 제어기 상자이다. 아날로그 제어에 있어 모든 신호들은 연속이다. 반면에 디지털 제어에서는 센서 신호들을 디지털 형태로 변환해야만 하고 디지털 제어 결정은 구동 시스템에 보내지기 위해 다시 아날로그 신호로 변환되어야 한다.

디지털 제어기의 기본 부품들은 그림 2.2에 보이는 바와 같다.

1. 논리와 수학적인 제어 알고리즘(의사 결정 과정)을 적용하기 위한 중앙처리장치(CPU; central processing unit)
2. 이산 상태 입력과 출력 장치들(즉, 스위치와 램프)
3. 아날로그 센서 신호를 디지털 값으로 변환하기 위한 아날로그를 디지털로 변환하는 장치(A/D 또는 펄스폭 변조(PWM; pulse width modulation) 입력)
4. 중앙처리장치(CPU)의 제어 알고리즘에서 의해 만들어진 제어 결정을 변환하기 위한 디지털로부터 아날로그로 변환하는 장치(D/A 또는 PWM 출력). 아날로그 신호는 증폭을 위해 구동 시스템에 명령을 주는데 사용될 수 있다.
5. 디지털 컴퓨터의 운용을 제어하는 시계. 디지털 컴퓨터는 이산 장치이며 그 운용은 시계 주기에 의해 제어된다. 컴퓨터의 시계는 사람 몸의 심장과 같나.

그림 2.2에 있어서 센서로부터 제어 컴퓨터에 아날로그 형태의 신호가 운반됨을 알 수 있다.

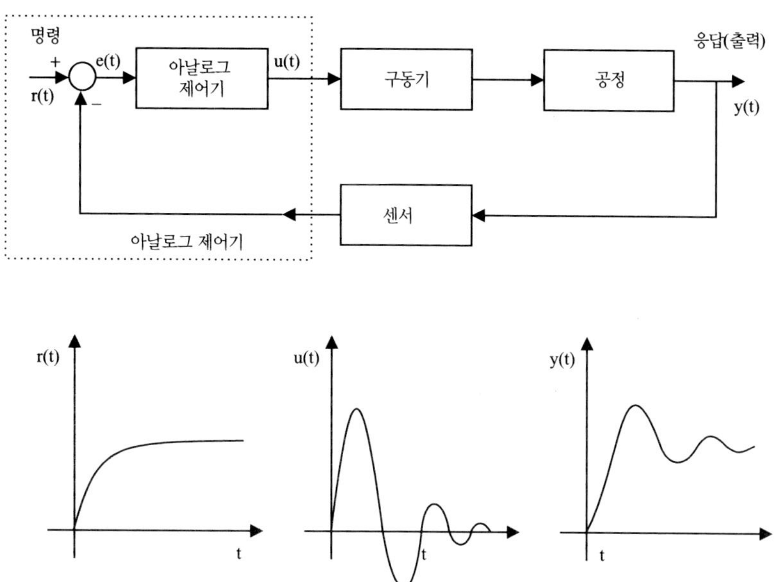

그림 2.1 ■ 아날로그 폐루프 제어 시스템과 포함된 신호의 본질

이와 유사하게 제어기에서 증폭기/구동기로 아날로그 형태의 신호가 운반된다. 아날로그에서 디지털 형태로의 신호 변환(A/D 변환기)은 제어 컴퓨터의 최종 단계에서 일어난다. 이와 유사하게 디지털 신호에서 아날로그 신호로의 변환(D/A 변환기)은 제어 컴퓨터의 최종 단계에서 일어나고 구동기에 아날로그 형태의 신호가 운반된다. 컴퓨터로 제어되는 시스템의

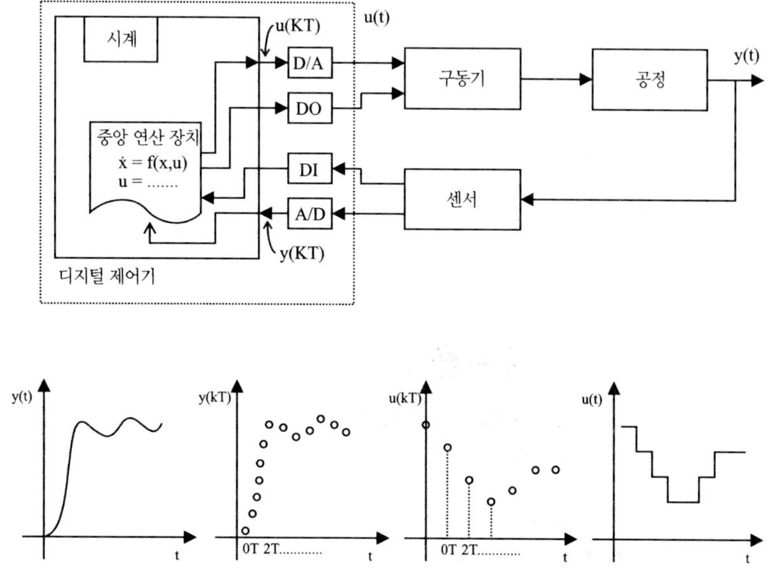

그림 2.2 ■ 디지털 폐루프 제어 시스템과 포함된 신호의 본질

최근 경향은 아날로그로부터 디지털, 디지털로부터 아날로그로의 변환이 센서와 구동기 지점에서 일어나는 것이다. 그런 센서와 구동기는 "지능 센서"와 "지능 구동기"로 명명되어 있다. 이런 접근 방식에서는 신호가 센서 지점에서 제어 컴퓨터로 운반되며 제어 컴퓨터로부터 구동기 지점으로 디지털 형태의 신호가 운반된다. 특히 광섬유 전달 매체를 사용하면 잡음에 대해 높은 면역성을 가지고 고속으로 데이터를 전송할 수 있다. 또한 컴퓨터, 센서와 증폭기 간의 인터페이스 문제도 단순화된다. 어떤 경우든 디지털 입출력(DI/DO), A/D와 D/A 운용은 컴퓨터의 디지털 세상과 실제 시스템의 아날로그 세상간의 인터페이스로서 컴퓨터 제어 시스템에 필요하다. 디지털과 아날로그 인터페이스 기능의 정확한 위치는 응용문제에 따라 달라진다.

디지털 제어 컴퓨터의 부품이 수행한 운용과 이 부품들을 아날로그 제어와 비교한 의미를 생각해보자.

1. 신호 변환과 관련된 시간 지연(A/D와 D/A에서)과 처리(CPU에서)
2. 표본 추출
3. 양자화
4. 재구성

디지털 컴퓨터는 이산화 사건 장치이다. 디지털 컴퓨터는 유한개의 신호 표본을 가지고 일을 할 수 있다. 표본 추출률은 시계 주파수에 근거해 프로그램화할 수 있다. 각 표본 추출 주기마다 센서 신호는 A/D 변환기에 의해 디지털 형태로 변환된다(표본 추출 운용). 명령 신호가 외부 아날로그 장치로부터 생성된다면 이것도 역시 추출되어야 한다. 동일한 표본 추출 주기 동안 제어 계산이 수행되어야만 하고 그 결과가 D/A 변환기를 통해 보내져야 한다. A/D와 D/A 변환은 유한한 정밀도의 동작이다. 그러므로 항상 양자화 오차가 발생한다.

2.2 표본 추출 동작과 신호 재구성

제어기가 디지털 컴퓨터라는 사실로 인해 신호 변환과 처리에 관련된 시간 지연, 표본 추출, 유한 정밀도로 인한 양자화 오차, 신호의 재구성 같은 추가적인 문제들이 폐루프 제어 시스템에 야기된다.

2.2.1 표본 추출: A/D 동작

이 절에서는 표본 추출에만 관심을 두고 그 의미를 살펴보는데, 다음과 같은 순서로 표본 추출 동작을 고려해보자.

1. 표본 추출기의 실제 회로
2. 표본 추출의 수학 모델
3. 표본 추출의 의미

2.2.2 표본 추출 회로

그림 2.3과 같이 표본을 추출해서 유지하는 회로를 고려해 보자. 스위치가 ON이 되면 출력은 입력 신호를 따라가게 된다. 이것을 표본 추출 동작이라고 한다. 스위치가 OFF가 되면 출력은 최종값을 유지하면서 일정한 값으로 남아있게 된다. 이것을 유지(hold) 동작이라고 한다.

스위치가 ON이 되는 동안 출력 전압은 다음과 같다.

$$\overline{y}(t) = \frac{1}{C}\int_0^t i(\tau)\,d\tau \tag{2.1}$$

여기서

$$i(t) = \frac{y(t) - \overline{y}(t)}{R} \tag{2.2}$$

미분 방정식에 라플라스 변환을 취하고 두 번째 방정식의 i값을 대입하면 표본 추출 및 유지(sample and hold) 회로의 입출력 전달 함수를 다음과 같이 유도할 수 있다.

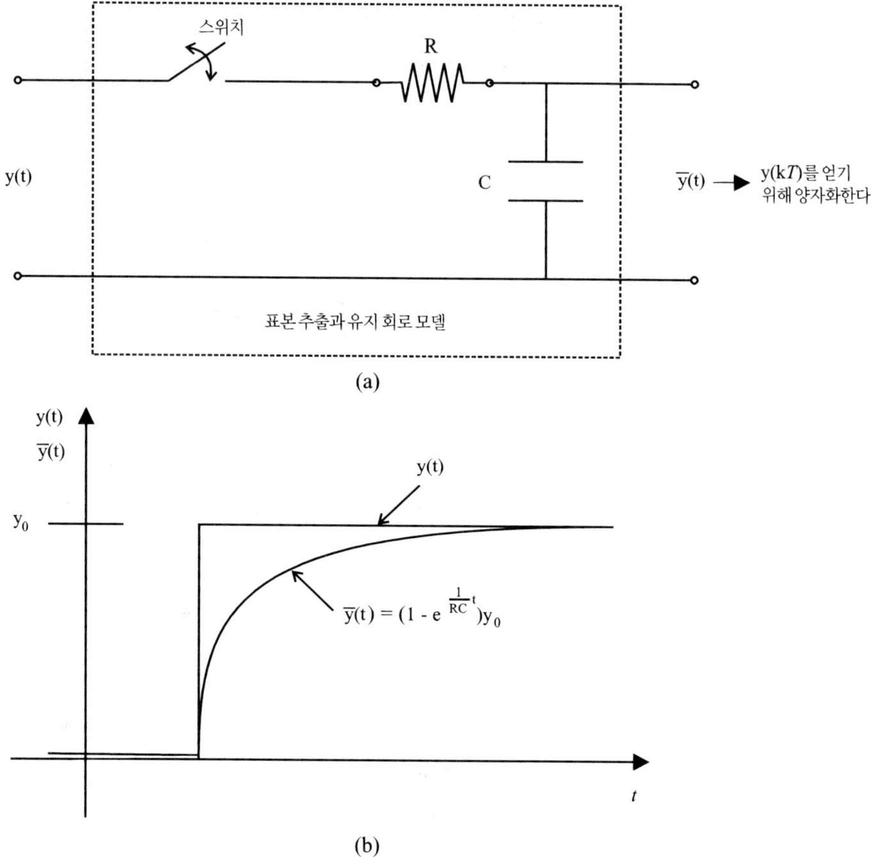

그림 2.3 ■ (a) 표본 추출 및 유지 회로 모델, (b) 표본 추출된 전압 출력

$$\overline{y}(s) = \frac{1}{(RCs+1)} y(s) \tag{2.3}$$

스위치가 OFF이면 즉, $i(t) = 0$; $\overline{y}$은 일정하게 유지된다(유지 동작).

T를 표본 추출 주기라고 하고, T의 일부 구간에서 스위치가 ON으로 되어 있는 시간을 T_0, 스위치가 OFF되어 있는 나머지 구간을 T_1이라고 하자(그림 2.4). 입력 신호 $y(t)$가 계단 함수로 변화하면 출력 신호는 계단 입력에 대한 응답으로 전달 함수의 해에 근거해 그 신호를 따라갈 것이다. 그림 2.4는 A/D 변환기에서 사용되는 실제 표본 추출 및 유지 회로의 전형적인 응답을 보여준다.

2.2.3 표본 추출 회로의 수학적인 이상화

표본 추출 회로의 경우를 수학적인 이상화로 국한해 분석해보자. RC 값이 0으로 가는 경우를 고려해 보자.

$$RC \to 0; \frac{1}{RC} \to \infty$$

이것은 스위치가 ON으로 되는 순간 $\overline{y}(t)$가 $y(t)$에 도달하게 됨을 의미한다. 그러므로 아주 짧은 시간 동안 스위치를 ON 상태로 더 유지할 필요는 없다. 스위치의 ON 시간은 0으로 갈 수 있다. $T_0 \to 0^+$ (그림 2.4)

$$y(t) \simeq y(kT) \tag{2.4}$$

이렇게 이상화하면 표본 추출 동작을 주기적인 충격 함수의 연속으로 볼 수 있다.

$$\sum_{k=-\infty}^{+\infty} \delta(t-kT)$$

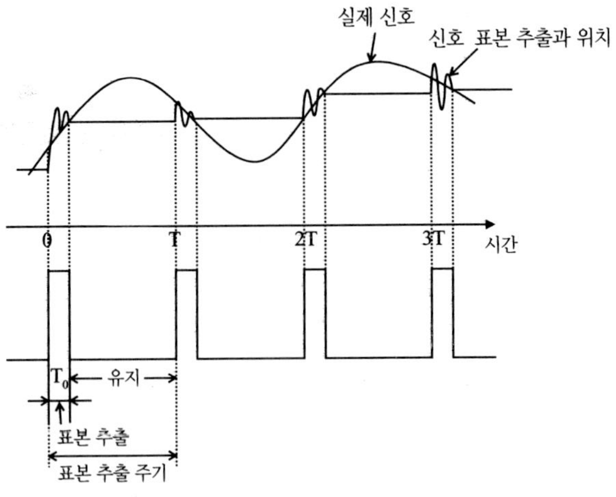

그림 2.4 ■ 표본 추출 및 유지 회로의 전형적인 응답

이것은 표본 추출 동작인 "빗(comb)" 함수(그림 2.5) 형태로 작동한다고도 불린다. 만일 신호의 표본 연속을 $\{y(kT)\}$로 표현하면 다음과 같은 관계식이 성립한다.

$$\{y(kT)\} = \sum_{k=-\infty}^{\infty} \delta(t - kT)y(t) \tag{2.5}$$

이제 연속 시간 신호 $y(t)$와 이 신호를 A/D 변환기(그림 2.6)에 의해 $w_s = 2\pi/T$의 표본 추출 주파수를 가지고 추출한 표본들 $y(kT)$와 관련된 세 가지 질문을 생각해 보자.

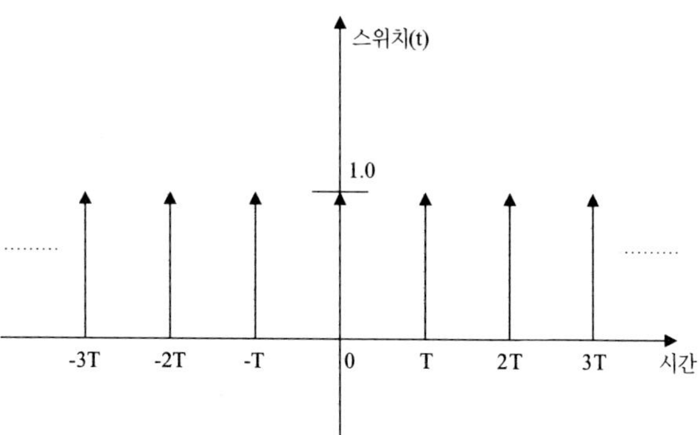

그림 2.5 ■ 빗 함수를 이용해 표본 추출 동작을 이상화한 수학 모델

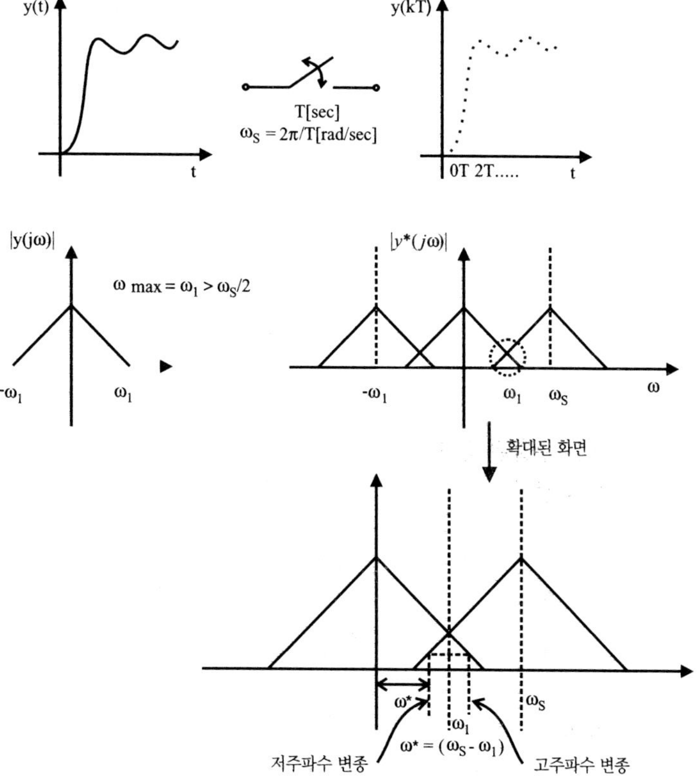

그림 2.6 ■ 연속 신호의 표본 추출, 원래 신호와 표본 추출된 신호 사이의 주파수 영역 관계식

- **질문 1:** 표본의 라플라스 변환과 원래 연속 신호의 라플라스 변환간의 관계는 무엇인가?

$$L\{y(kT)\} \ ? \ L\{y(t)\}$$

- **질문 2:** 표본의 푸리에 변환과 원래 연속 신호의 푸리에 변환간의 관계는 무엇인가? 섀넌(Shannon)의 표본 추출 이론은 이 질문에 대한 답을 준다.

$$F\{y(kT)\} \ ? \ F\{y(t)\}$$

- **질문 3:** 질문 2에서 유도한 관계식으로부터 만들어지는 표본 추출 이론의 세 가지 의미를 지적하라.

질문 1 표본 추출 "빗" 함수가 주기적이기 때문에 푸리에 급수의 합으로 표현될 수 있다.

$$\sum_{k=-\infty}^{\infty} \delta(t-kT) = \sum_{n=-\infty}^{\infty} C_n e^{j\frac{2\pi}{T}nt} \tag{2.6}$$

여기서

$$C_n = \frac{1}{T}\int_{-\frac{T}{2}}^{\frac{T}{2}} \sum \delta(t-kT)e^{-j\frac{2\pi}{T}\cdot n\cdot t}dt = \frac{1}{T} \tag{2.7}$$

그러므로

$$\sum_{k=-\infty}^{\infty} \delta(t-kT) = \frac{1}{T}\sum_{n=-\infty}^{\infty} e^{j(\frac{2\pi}{T})n\cdot t} \tag{2.8}$$

표본 추출된 신호의 라플라스 변환(양방향 라플라스 변환, [16] 참조)은 다음과 같다.

$$\begin{aligned} L\{y(kT)\} &= \int_{-\infty}^{\infty} y(t)\sum_{n=-\infty}^{\infty}\delta(t-kT)e^{-st}dt \\ &= \int_{-\infty}^{\infty} y(t)\frac{1}{T}\sum_{n=-\infty}^{\infty} e^{j\frac{2\pi}{T}nt}e^{-st}dt \\ &= \frac{1}{T}\sum_{n=-\infty}^{\infty}\int_{-\infty}^{\infty} y(t)e^{-(s-j\frac{2\pi}{T}n)t}dt \end{aligned} \tag{2.9}$$

표본 추출된 신호의 라플라스 변환과 원래 연속 신호의 라플라스 변환 사이의 관계식은 다음과 같다.

$$Y^*(s) = \frac{1}{T}\sum_{n=-\infty}^{\infty} Y(s-jw_s n) \tag{2.10}$$

여기서 $w_s = \frac{2\pi}{T}$는 표본 추출 주파수이고 T는 표본 추출 주기이다.

질문 2 신호의 푸리에 변환은 함수의 리플라스 변환에서 s 대신에 jw로 대체하여 얻어질 수 있다. 그러므로 표본 추출된 신호의 푸리에 변환과 연속 신호(그림 2.6)의 푸리에 변환식 사이의 관계식을 다음과 같이 얻을 수 있다.

$$Y^*(jw) = \frac{1}{T}\sum_{n=-\infty}^{\infty} Y(jw - jw_s n) \tag{2.11}$$

여기서 $Y^*(jw)$ – 표본 추출된 신호의 푸리에 변환, $Y(jw-jw_s n)$ – 원래 신호의 푸리에 변환이다.

표본 추출된 신호의 주파수 성분은 원래 신호의 주파수 성분 더하기 표본 추출 함수의 정수배에 의해 주파수 축에서 이동한 동일 성분이다. 덧붙여 주파수 성분의 크기는 표본 추출 주기에 의해 조정된다. 위 관계식의 실제 해석은 샤논의 표본 추출 이론이라고도 불리는 유명한 표본 추출 이론이다.

표본 추출 이론 표본들로부터 원래의 신호를 회복하기 위해서는 표본 추출 주파수 w_s가 신호의 제일 높은 주파수 성분 w_{wax}의 최소 두 배 이상이어야만 한다.

$$w_s \geq 2 \cdot w_{max} \tag{2.12}$$

질문 3 이제 표본 추출 동작의 여러 의미를 살펴보자.

(i) 변종(aliasing) 변종은 표본 추출 이론을 위반할 경우에 발생한다. 즉

$$w_s < 2 \cdot w_{max} \tag{2.13}$$

원래 신호의 제일 높은 주파수 성분이 마치 저주파수 성분처럼 표본 추출된 신호에 나타난다(그림 2.7). 이것을 **변종**(aliasing)이라고 부른다. 신호의 표본들에 나타나는 변종 주파수는 다음과 같다.

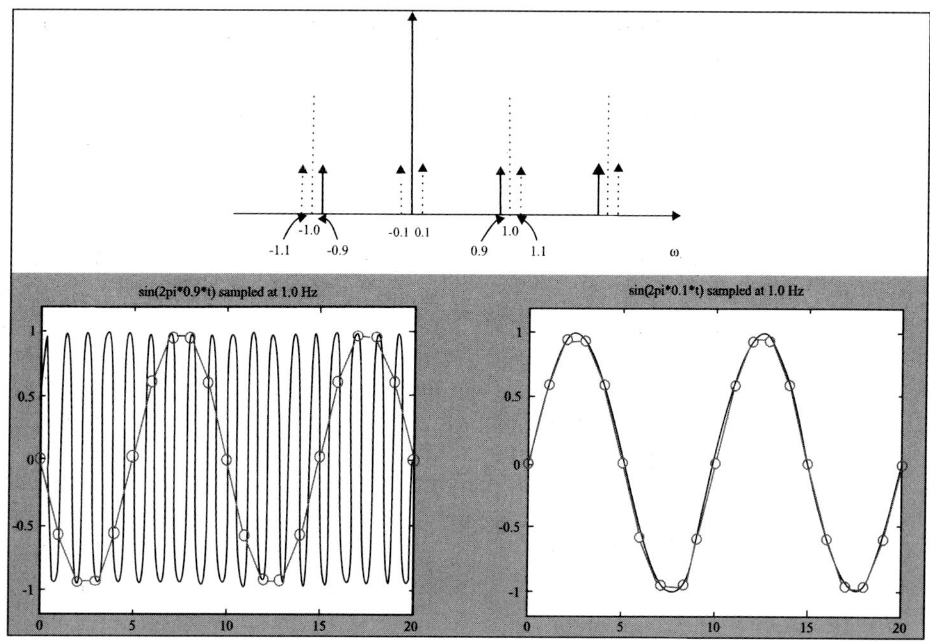

그림 2.7 ■ 표본 추출 동작의 결과로 나타나는 변종의 예와 표본 추출 신호의 잘못된 그림

$$w^* = \left|\left(w_1 + \frac{w_s}{2}\right) mod(w_s) - \left(\frac{w_s}{2}\right)\right| \tag{2.14}$$

여기서 w_1는 원래 신호의 주파수 성분이다. 간단하게 설명하기 위해 원래 신호의 특정 주파수 성분을 고려해 보자. 만일 표본 추출 이론이 위반되면(표본 추출 주파수가 원래 신호의 제일 높은 주파수의 두 배보다 작으면) 다음과 같다.

1. 표본들로부터 원래 신호를 재구성하는 것이 불가능하다.
2. 고주파수 성분이 저주파수 성분같이 보인다.

0.1 Hz와 0.9 Hz의 주파수들로 이루어진 2개의 사인(sine) 신호를 고려해 보자. 만일 두 신호를 $w_s = 1$ Hz로 표본 추출하면 표본 추출 이론이 첫 번째 신호에 대해서는 위반이 되지 않지만 두 번째 신호에 대해서는 위반된다. 변종에 의해 0.9 Hz사인 신호의 표본들은 0.1 Hz의 표본처럼 보이게 된다(그림 2.6). 그림 2.12는 다음 두 경우들을 보여준다.

1. 연속 신호 $sin(2\pi(0.9)t)$와 표본 추출 주파수 $w_s = 1.0$ Hz
2. 연속 신호 $sin(2\pi(0.1)t)$와 표본 추출 주파수 $w_s = 1.0$ Hz

1.0 Hz로 표본 추출할 경우에 변종의 결과로 인해 고주파수 신호 0.9 Hz가 0.1 Hz처럼 보인다.

$$\begin{aligned} w^* &= \left|\left(w_1 + \frac{w_s}{2}\right) mod(w_s) - \left(\frac{w_s}{2}\right)\right| \\ w^* &= |(0.9 + 0.5)\, mod(1.) - 0.5| = |0.4 - 0.5| \\ w^* &= 0.1 \text{ Hz} \end{aligned} \tag{2.15}$$

다른 예는 $w_1 = 3$ Hz의 사인 신호인데 $w_s = 4$ Hz로 표본 추출한다. 따라서 표본 추출 이론이 위반된다. 추출된 표본들은 원래의 신호에 존재하지 않았던 1 Hz의 진동을 보여주게 된다.

요약하면 표본 추출 이론이 위반되면 변종의 결과로 인해 신호의 고주파수 성분이 표본 추출 신호에 저주파수(변종 주파수) 성분으로 나타난다. 변종 주파수는 식 2.14에 주어져 있다.

(ii) 숨겨진 진동 만일 원래의 신호에 표본 추출 주파수의 정수배인 경우(표본 추출 이론이 위반된다), 숨겨진 진동이 있을 수 있다. 다른 말로 말하면 원래의 신호가 고주파수 진동을 하게 되더라도 추출된 신호에는 아무런 신호가 나타나지 않을 수 있다(그림 2.8). 만일 $w_{signal} = n \cdot w_s, n = 1, 2, \ldots\ldots$이면 이런 현상이 나타날 수 있다. $n = 1/2$이면 진동 주기에 대해 표본 추출 시간이 정확한 위상차를 가지게 되어 이 경우에도 진동이 숨겨져서 나타날 수 있다.

(iii) 맥놀이 현상(Beat phenomenon) 맥놀이 현상은 거의 같은 주파수 성분을 가지며 진폭이 거의 같은 두 신호가 중첩될 때 관찰된다. 결과는 두 신호들(하나는 천천히 변하고, 다른 하나는 빨리 변하는)이 곱해진 것과 같다.

이 현상은 표본 추출 주파수가 신호의 제일 높은 주파수 성분보다 약간 클 경우에 표본

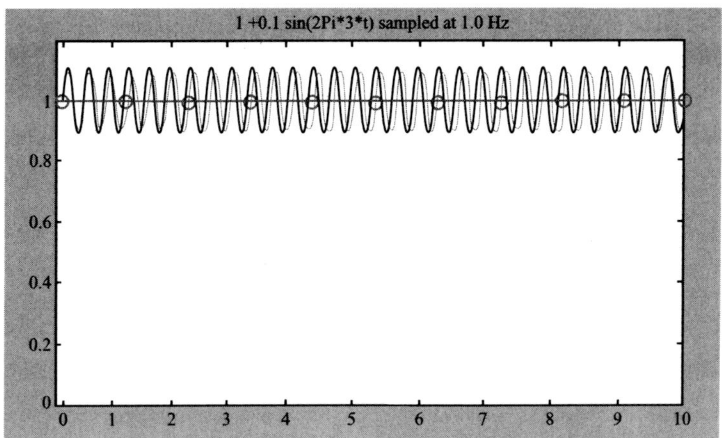

그림 2.8 ■ 표본 추출률이 연속 신호의 주파수 성분의 정수배인 경우에 추출된 표본들에 숨겨진 진동

추출 동작의 결과로 나타난다(그림 2.9). 표본 추출 이론이 위반되지는 않았음을 주목하기 바란다. 다음 신호를 고려해보자.

$$u(t) = A\,cos(w_1 t) + B\,cos(w_2 t) \tag{2.16}$$

$$= A\,cos((w_2 - w_1)/2)t) \cdot cos((w_2 + w_1)/2)t) \tag{2.17}$$

만일 w_1이 w_2에 아주 근접해 있다면, 즉 $w_1 = 5, w_2 = 5.2$라면 맥놀이 현상이 발생한다.

$$u(t) = A\,cos(w_{beat}t) \cdot cos(w_{ave}t) \tag{2.18}$$

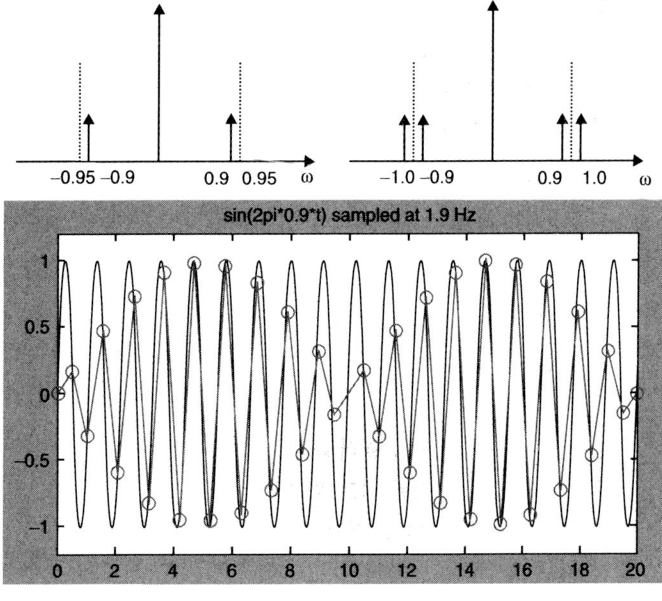

그림 2.9 ■ 맥놀이 현상과 이에 대한 주파수와 시간 영역에서 설명. 표본 추출 이론이 위반되지 않았음을 주목하라. 표본 추출 주파수는 최소 요구 조건에 아주 근접해 있다.

여기서 $w_{beat} = (w_2 - w_1)/2$, $w_{ave} = (w_2 + w_1)/2$. 같은 효과가 신호의 주파수가 요구되는 최소 표본 추출 주파수에 아주 근접하게 되는 경우에 발생한다. 그러나 표본 추출 이론은 위반되지 않는다. 다음과 같은 사인 신호를 고려해 보자.

$$y(t) = sin(2\pi 0.9t) \tag{2.19}$$

그리고 이 신호를 표본 추출 주파수 $w_s = 1.9$ Hz로 추출해보자. 표본 추출 이론 요구 조건은 만족된다. 그러나 신호를 추출해서 살펴보면 표본 추출 주기의 정수배에 해당하는 주파수 영역 성분에 속한 신호 성분들을 실질적으로 이동시키기 때문에 2개의 아주 가까운 주파수 성분을 합쳐 놓은 것과 같은 결과를 낳는다. 최종 표본 추출 신호는 맥놀이 현상(그림 2.9)을 보여준다.

2.2.4 신호 재구성: D/A 동작

D/A 변환기는 디지털 숫자를 아날로그 전압 신호를 변환하는데 사용된다. 이 장치는 신호 재구성 장치(signal reconstruction)로도 불린다. 연속 신호를 A/D 변환기를 통해 추출하고 이를 수정하지 않은 채 다시 D/A 변환기를 통해 내보낸다고 하자. 원래의 아날로그 신호(A/D 변환기에 입력된 것)와 D/A 변환기의 아날로그 출력 신호 사이의 차이는 표본 추출 과정, 양자화, 시간 지연, 재구성 오차(그림 2.1)에 기인하는 바람직하지 않은 신호의 왜곡이다. 예를 들어 통신 시스템의 경우 아날로그 음성 신호를 추출해서 전화선을 통해 디지털 방식으로 전송한 다음 전화선 상대방 측에서 아날로그 음성 신호로 다시 변환한다. 통신 시스템의 목표는 원래의 신호를 가능한 정확하게 재구성하는 것이다.

추출한 신호의 주파수 성분은 원래 주파수 성분에 표본 추출 주파수의 정수배만큼 주파수 축이 옮겨진 성분에 더해진 것이라는 것을 공부했다. 원래 신호의 주파수 성분을 회복하기 위해서는 정사각형 이득과 영의 위상 전달 함수를 가지는 이상적인 필터(그림 2.10)가 필요하다. 만일 변종이 있다면 이상적인 재구성 필터를 가지고도 원래의 신호를 회복하는 것이 불가능하다. 여기서 다음과 같은 2개의 재구성 D/A 변환기들을 고려해보자.

1. 이상적인 재구성 필터(샤논의 재구성)
2. ZOH(영차의 유지; zero-order-hold)

D/A 기능성과 표본들로부터 원래의 신호를 재구성할 수 있는 이 기기의 능력에 초점을 맞추어 공부해보자. 이를 위해 시간 지연과 양자화 오차들이 무시할 만하다고 가정하고 표본 추출 신호가 D/A 변환기로 아무런 수정 없이 보내진다고 가정하자.

(i) 이상적인 재구성 필터 D/A 변환기 표본 추출된 신호로부터 원래의 신호를 회복하기 위해서는 표본 추출된 신호의 주파수 성분으로부터 원래 신호의 주파수 성분을 회복할 필요가 있다(그림 2.10). 그러므로 다음과 같은 주파수 응답을 가지는 이상적인 필터, **이상적인 재구성 필터**가 필요하다.

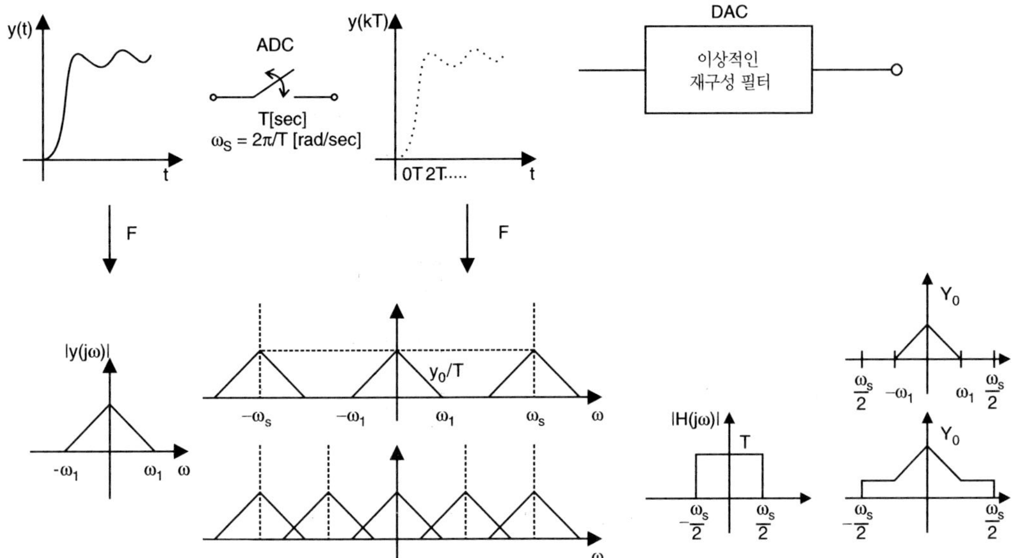

그림 2.10 ■ 이상적인 D/A 변환기에 의한 신호 재구성

$$\begin{cases} |H(j\omega)| = \begin{cases} T; & w \in \left[-\frac{\omega_s}{2}, \frac{\omega_s}{2}\right] \\ 0; & otherwise \end{cases} \\ \angle H(j\omega) = 0; \ \forall\omega \end{cases} \tag{2.20}$$

이와 같은 필터 전달 함수에 역 푸리에 변환을 취해 그런 필터가 어떤 종류의 충격 응답을 가지는지 결정해보자.

$$\begin{aligned} F^{-1}(H(jw)) &= \frac{1}{2\pi}\int_{-\frac{\pi}{T}}^{\frac{\pi}{T}} T \cdot e^{jwt} \cdot dw \\ &= \frac{T}{2\pi}\int_{-\frac{\pi}{T}}^{\frac{\pi}{T}} e^{j\omega t} \cdot dw \end{aligned} \tag{2.21}$$

$$h(t) = \frac{2}{w_s t} \cdot sin\left(\frac{w_s t}{2}\right) \tag{2.22}$$

이것은 이상적인 재구성 필터의 충격 응답이다. 이상적인 재구성 필터의 충격 응답은 비인과적인(noncausal) 것임(그림 2.11)을 주목하라.

실제 응용을 위해서는 표본 추출 주기와 비교해 충분히 큰 시간 지연을 시스템에 도입해야만 한다. 시간 지연이 일으킬지도 모르는 안정성 문제들로 인해 폐루프 제어 시스템에는 응용할 수 없다. 실제 응용은 불가능하지만 이론적으로는 원래 신호가 다음과 같이 재구성될 수 있다.

$$y(t) = \sum_{k=-\infty}^{\infty} y(kt) \cdot sinc\frac{\pi(t-kT)}{T} \tag{2.23}$$

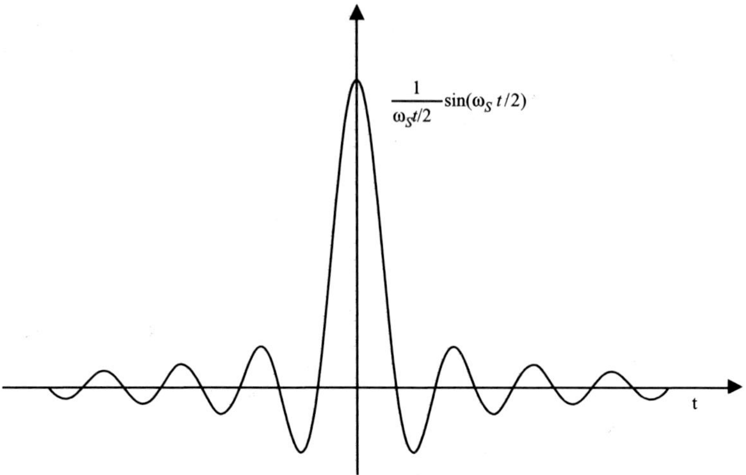

그림 2.11 ■ 이상적인 재구성 D/A 필터의 충격응답. 비인과적 필터인것에 주목하라.

(ii) D/A: 영차의 유지(ZOH) D/A 변환기들 대부분은 영차의 유지(zero-order-hold) 기능을 가지고 작동한다. 신호는 새로운 값이 들어오기 전까지 최종값으로 유지된다. 두 값의 변화는 계단식 변화가 된다. 영차의 유지(ZOH) D/A 변환기에 대해 전달 함수를 유도해 보자. 이를 위해 1개의 단위 펄스를 ZOH D/A에 보내는 것을 고려해보자(그림 2.12). ZOH D/A의 출력은 1개의 표본 추출 주기와 단위 크기를 가지는 1개의 펄스가 될 것이다. 이것의 전달 함수는 충격에서 표본 추출 주기만큼 지연된 것과 같은 응답을 감한 것에 대한 적분 응답이다.

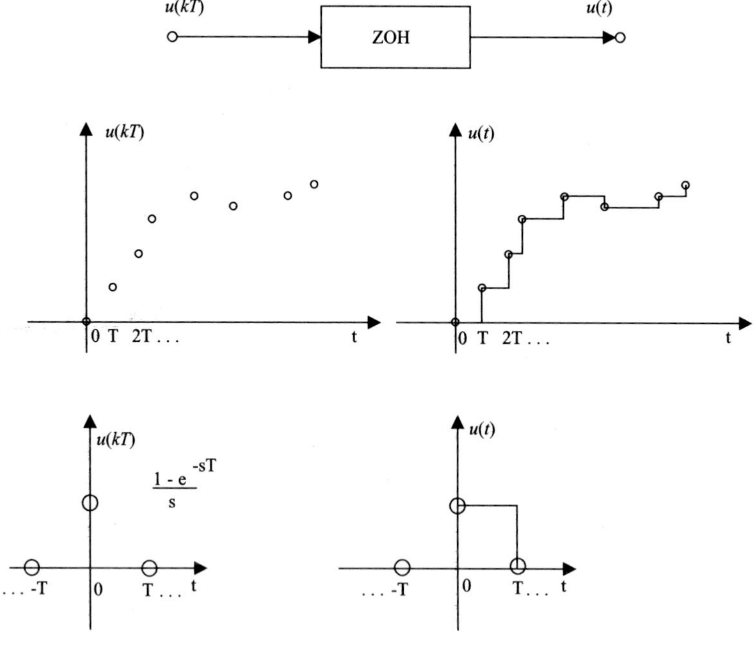

그림 2.12 ■ 영차의 유지형인 실질적인 D/A 변환기, 그것의 동작과 전달함수

$$\mathrm{ZOH}(s) = \left(\frac{1 - e^{-sT}}{s}\right) \tag{2.24}$$

ZOH D/A의 주파수 응답(필터 전달 함수)은 위 식에서 s 대신 jw로 대체하여 유도할 수 있다. 대수 유도 과정을 통해 ZOH D/A의 주파수 응답이 다음과 같이 됨을 알 수 있다.

$$\begin{aligned}\mathrm{ZOH}(j\omega) &= \left(\frac{1 - e^{-j\omega T}}{j\omega}\right)\\ &= e^{-\frac{j\omega T}{2}}\left(\frac{e^{\frac{j\omega T}{2}} - e^{-\frac{j\omega T}{2}}}{jw}\right)\\ &= T \cdot e^{-\frac{j\omega T}{2}}\frac{sin\frac{\omega T}{2}}{\frac{\omega T}{2}}\\ &= e^{-\frac{j\omega T}{2}} \cdot T \cdot \left(sinc\frac{\omega T}{2}\right)\end{aligned} \tag{2.25}$$

이상적인 재구성 필터 전달 함수를 나타내는 식 2.20과 비교해보면 ZOH 형태의 D/A변환기의 전달 함수는 이상적인 경우와 다름을 확실히 알 수 있다. 그러나 이것은 실제 응용이 가능한 형태이다.

2.2.5 실시간 제어 갱신 방법과 시간 지연

시간 지연은 제어 시스템에서 중요한 사안이다. 궤환 루프의 시간 지연은 위상 지연을 만들어 불안정을 야기할 수 있다. 디지털 제어의 경우에는 시간 지연을 피할 수 없다. A/D와 D/A 변환이 완결될 때까지 어느 정도 시간이 걸리기 때문이다. 또한 제어 계산을 수행하는 데에도 어느 정도 시간이 걸리게 된다. 따라서 표본 추출 주기는 이들 동작에 필요한 시간을 모두 더한 값에 의해 결정된다. 표본 추출 주기는 디지털 응용으로 인해 루프에 들어오는 시간 지연을 잘 나타내는 척도이다. 만일 표본 추출 주파수가 폐루프 시스템의 주파수 대역보다 아주 높다고 한다면(예를 들어 50배) 디지털 표본 추출 주기에 의한 시간 지연의 영향은 중요하지 않게 된다. 표본 추출 주파수가 제어 시스템의 주파수 대역에 근접하게 되면(예를 들어 2배) 표본 추출률과 관련된 시간 지연은 아주 중대한 안정성과 성능 문제를 가져올 수 있다. 그림 2.13은 표본 추출과 제어 갱신 시각 관점에서 2개의 서로 다른 폐루프 시스템들을 보여주고 있다.

제어 시스템은 주기적인 표본 추출 간격을 가지게 된다. 표본 추출 주기는 시계를 이용해 프로그램화 할 수 있다. 각 표본 추출 주기가 지날 때마다 인터럽트가 생성된다. 실시간 제어 소프트웨어는 다음과 같은 두 부류로 나눠진다.

1. 전면 프로그램
2. 배면 프로그램

일반적으로 CPU는 입출력 동작을 관장하는 운영자 프로그램을 배면 프로그램으로 실행하면서 오류와 오작동 여부를 점검한다. 그리고 제어 루프상에서 사용 중이지는 않지만 논리 순차 함수를 위해 사용되는 입출력 과정을 점검한다. 전면 프로그램은 표본 추출 시계가 인터럽트를 생성할 때마다 실행된다. 새로운 인터럽트가 매 표본 추출 주기마다 생성되면 CPU는 배면 프로그램에서 하고 있는 상태를 저장하고 가능한 빨리 전면 프로그램으로 되돌아온다. 전면 프로그램에서는 현재 표본 추출 주기에 대한 폐루프 제어를 갱신한다. 이 과정은 다음과 같은 과업들로 이루어진다.

1. 원하는 응답을 결정한다(가능하면 A/D로부터 표본을 추출한다).
2. 센서 신호에 대한 A/D변환기 값을 추출한다.
3. 제어 행동을 계산한다.
4. 제어 행동을 D/A로 보낸다.
5. 배면 프로그램으로 되돌아간다.

이것을 실행하는 것과 동작들의 순서 시간이 그림 2.13의 왼쪽에 보이고 있다. A/D 변환은 반복과정이며 변환 시간은 한 주기에서 다음 주기로 넘어가면서 변할 수 있음을 기억하라. 그 결과 제어 신호에 대한 실질적인 갱신 주기는 A/D변환 과정의 변동으로 인해 다음 주기에서 약간 달라질 수 있다. 제어 신호가 일정하게 유지되는 주기는 다음과 같다.

$$T_u = T - T_{c_k} + T_{c_{k+1}} \tag{2.26}$$

여기서 $T_{c_k} = (t_1 + t_2 + t_3 + t_4)_k$와 $T_{c_{k+1}} = (t_1 + t_2 + t_3 + t_4)_{k+1}$는 각각 표본 추출 구간 k와 $k + 1$에서 전면 프로그램을 실행하는데 소요된 총 시간들을 나타낸다. A/D변환 시간 t_2의 변동으로 인해 제어 실행을 위한 실질적인 갱신 주기 T_u는 추출 주기마다 달라질 수 있다. 따라서 제어 시스템이 일정한 표본 추출 주기를 가지지 못할 수도 있다. 이것은 사안에 따라 잠재적인 문제가 될 수 있다. 그러나 이것을 이용하면 제어 실행의 계산이 끝나자마자 갱신될 수 있기 때문에 시간 지연을 최소화할 수 있다. 디지털 제어기와 관련된 시간 지연을 최소화하는 것 보다 진정으로 일정한 표본 추출 주파수를 유지하는 것이 더 중요하다면 이것을 이용하는 것이 적당할 것이다. 다른 응용이 그림 2.13의 오른쪽에 보이고 있다. 전면 프로그램 동작의 순서는 조금 다르다.

1. 지난 주기에서 계산된 제어 실행을 D/A로 보낸다.
2. 원하는 응답을 결정한다(필요하면 A/D로부터 추출한다).
3. 센서 신호에 대해 A/D변환기로부터 추출한다.
4. 제어 실행을 계산하고 다음 표본 추출 주기까지 유지한다.
5. 배면 프로그램으로 되돌아간다.

차이는 제어 신호를 D/A변환기로 보내는 것이 각 표본 추출 주기마다 처음으로 실행하는 것이라는 것이다. 보내진 제어 신호는 지난 표본 추출 주기에서 계산된 신호이다. 이 주기 동안 계산된 신호는 다음 표본 추출 주기가 시작하자마자 D/A변환기에 보내신다. 이렇게 하는 것이 유리한 이유는 제어 신호가 신정으로 고정된 표본 추출 주기를 가지고 갱신된다는 것이다. 표본 추출 주기는 각 표본 추출 주기마다 전면 프로그램이 완결될 수 있도록 충분히 길어야 한다. 단점은 제어 신호의 디지털 처리 과정과 관련된 실질적인 시간 지연이 이전에 사용한 방법보다 길다는 것이다. 그러나 시간 지연은 길어봐야 하나의 표본 추출 주기이다.

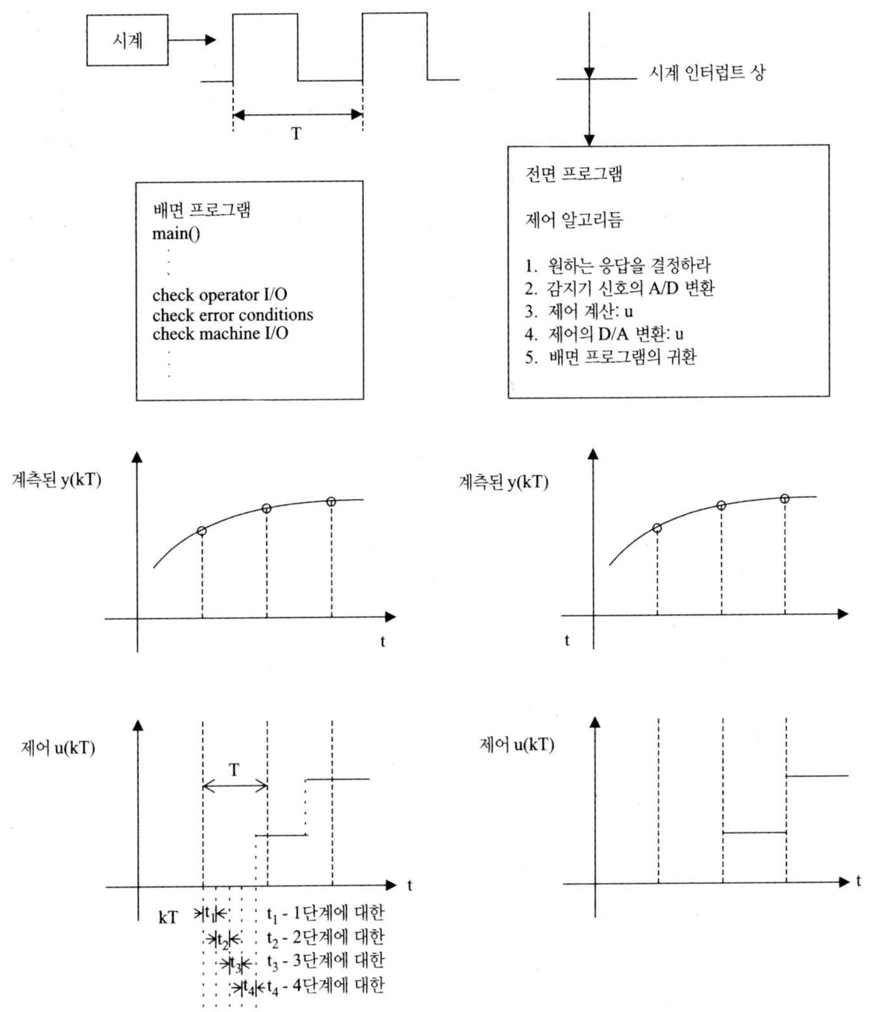

그림 2.13 ■ 디지털 제어 시스템에 있어 신호 변환, 공정, 갱신 방법에 따른 실질적인 시간 지연

표본 추출 주파수가 폐루프 시스템의 주파수 대역보다 아주 크다면 이런 것은 문제가 되지 않는다. 그러나 표본 추출 주파수가 폐루프 시스템의 주파수 대역에 근접하게 되면서 첫 번째 실행 방법과 비교해 보면 큰 시간 지연 문제를 가지고 있는 두 번째 실행 방법의 경우에는 성능이 저하되는 결과가 나오게 된다.

2.2.6 필터링과 주파수 대역 문제

표본 추출 이론에 근거하면 표본 추출 주기가 추출할 신호의 제일 높은 주파수 성분보다 적어도 2배 이상이 되어야 한다. 그러나 실제 세상의 신호들은 어느 정도의 잡음이 항상 포함되어 있다. 신호에 섞인 잡음 성분의 주파수는 일반적으로 매우 높다. 그러므로 잡음을 처리하기 위해 아주 빠른 표본 추출률을 사용하여 변종 문제를 피하려고 하는 것은 실용적이지 못하다. 더 나아가서 신호의 잡음 성분은 우리가 취득하려는 것이 아니어서 우리가 원하는 것이 아니다. 그러므로 신호들은 일반적으로 A/D 회로로 연결되기 전에 반변종(anti-aliasing) 필터를 거치게 된다. 이것을 **사전 필터링**(pre-filtering)이라고 부른다. 반변종 필터의 목적은 고주파수 잡음 성분을 제거하고 신호의 저주파수 성분을 통과시키는 것이다(그림 2.14). 반변종 필터(잡음 필터로도 불린다)의 주파수 대역은 표본추출 주파수의 반 이상의 신호 성분들을 통과시키지 않는 형태가 되어야 한다. 이상적인 필터는 이상적인 재구성 필터와 유사한 주파수 응답 특성을 가져야 한다. 이상적인 필터는 표본 추출 주파수의 절반까지의 모든 주파수 성분들을 동일하게 통과시키고 나머지는 제거한다. 그러나 제어와 데이터 획득 시스템에 있어 그런 필터는 실용적이지 못하다.

일반적으로 2차 이상의 필터가 잡음 필터로 사용된다. 2차 필터의 전달 함수는 다음과 같다.

$$G_F(s) = \frac{w_n^2}{s^2 + 2\xi_n w_n s + w_n^2}$$

고차의 필터가 필요하면 여러 개의 2차 필터를 직렬로 연결해 만들 수 있다. 잡음 필터의 변수들(ξ_n, w_n)이 필터 등급에 따라 선택되어야 한다. 버터워스(Butterworth), ITAE, 베셀(Bessel) 필터는 그런 목적으로 많이 사용되는 필터 변수들이다.

이와 비슷하게 D/A 변환기의 출력도 계단 변화의 연속이기 때문에 증폭 단계에 가기 전에 제어 신호를 매끄럽게 만드는 것이 좋다. 같은 종류의 잡음 필터를 제어 신호의 고주파수 성분을 감소시키기 위해 **사후 필터링**(post-filtering)으로 사용한다.

사전 필터와 사후 필터 모두 유한한 주파수 대역으로 인해 폐루프 시스템에 시간 지연을 추가한다. 폐루프 시스템의 주파수 대역에 영향을 크게 주지 않으면서 잡음을 제거하거나 매끄럽게 하는 목적으로 사전 및 사후 필터들을 사용하기 위해서는 다음과 같은 지침을 따라야 한다. 우리가 관심을 가져야하는 4개의 주파수는 다음과 같다.

1. 폐루프 시스템의 주파수 대역, w_{cls}
2. 표본 추출 주파수, w_s
3. 사전 및 사후 필터 주파수 대역, w_{filter}
4. A/D 변환기의 표본 추출 및 유지 회로에 존재하는 신호의 최고 주파수 성분, w_{signal}

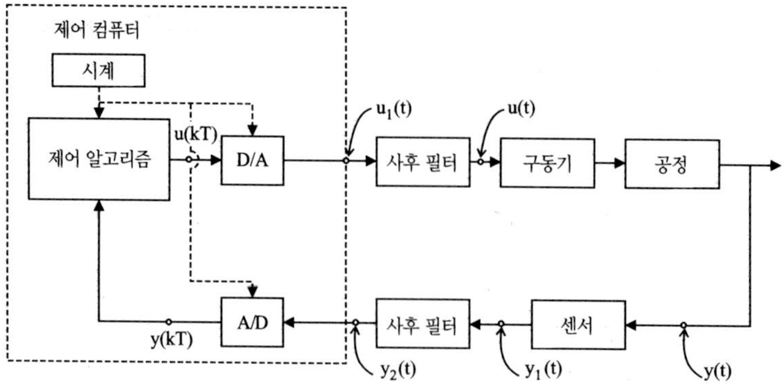

그림 2.14 ■ 디지털 폐루프 시스템에 있어 필터링과 주파수 대역 문제

사전 및 사후 필터링이 폐루프 시스템의 주파수 대역에 영향을 주지 않도록 만들기 위해서는 필터들이 적어도 폐루프 시스템의 주파수 대역보다 10배 이상 커야만 한다. 필터의 주파수대역은 표본 추출 회로에 들어오도록 허용되는 제일 높은 주파수 성분에 대한 좋은 평가 지표가 된다.

$$w_{filter} \approx w_{signal} \approx 5 \text{ to } 10 * w_{cls}$$

표본 추출 이론에 의하면

$$w_s \geq 2 * w_{signal}$$

실제로는 표본 추출 주파수가 표본 추출 이론에 근거한 최소 요구조건보다 많이 크면 된다. 즉,

$$w_s \approx 5 \text{ to } 20 * w_{signal}$$

그러므로 우리가 관심을 가지는 네 가지 주파수 사이의 크기 관계식이 다음과 같이 유도된다.

$$w_s \approx 5 \text{ to } 20 * w_{signal} \approx 5 \text{ to } 20 * w_{filter} \approx 25 \text{ to } 200 * w_{cls} \tag{2.27}$$

2.3 개루프 제어 대 폐루프 제어

개루프 제어는 제어 의사 결정이 시스템의 실제 응답을 계측하지 않고 만들어진다는 것을 의미한다. 개루프 제어 의사 결정은 센서를 필요로 하지 않는다. 폐루프 제어는 제어 의사 결정이 실제 시스템 응답을 계측한 값에 근거해 만들어진다는 것을 의미한다. 실제 응답은 제어기로 되먹임 되고 제어 의사결정은 되먹임 신호와 원하는 응답에 근거해 만들어진다. 비교를 위해 실제 문제들, 즉 **외란**(disturbances), **공정 동역학의 변화**(changes in process dynamics), **센서 잡음**(sensor noise) 문제들을 고려해보자. 모든 제어 시스템에 있어 중요도 차이는 있지만 이것들은 모두 공통된 실제 문제들이다. 개루프 제어 또는 폐루프 제어(그림 2.15)로 제어할 일반적인 동적 공정 모델, $G(s)$를 고려해 보자.

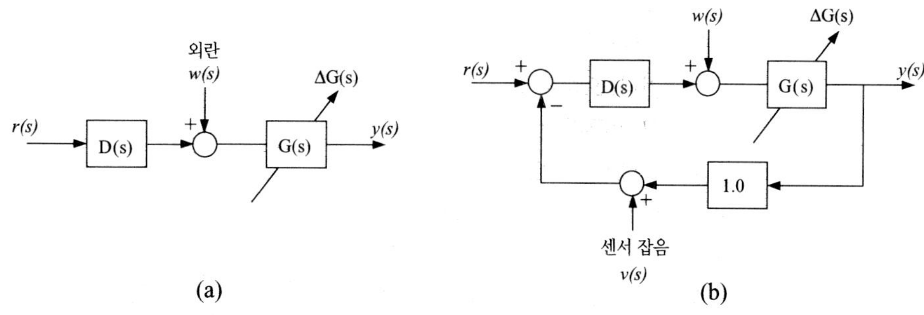

그림 2.15 ■ 개루프 대 폐루프 제어 시스템 비교

개루프 제어 경우의 응답은 다음과 같다.

$$y(s) = D(s)G(s)r(s) + G(s)w(s)$$

그리고 폐루프 제어 경우에 대해서는 다음과 같다.

$$y(s) = \frac{D(s)G(s)}{1 + D(s)G(s)}r(s) + \frac{G(s)}{1 + D(s)G(s)}w(s) - \frac{D(s)G(s)}{1 + D(s)G(s)}v(s)$$

실제 문제의 경우에는 다음과 같은 문제들을 언급할 필요가 있다.

1. **외란($w(s)$):** 우리가 제어할 수 없는 외란이 항상 존재한다. 이들은 시스템 응답에 오차를 발생시킨다. 예를 들어 바람은 비행기에 있어 항로를 바꾸는 외란으로 작용한다. 낮은 바깥 온도로 인해 보온이 되어있는 집의 벽을 통한 열손실이 생긴다. 바깥 온도는 우리가 제어할 수 없는 것이기 때문에 외란 형태로 작용하며 집의 온도에 영향을 준다.
2. **공정 동역학의 변화($\Delta G(s)$):** 공정 동역학은 구조적으로 또는 변수적으로 변할 수 있다. 동적 시스템에 있어 구조적인 변화는 비행기 동역학에 있어 엔진이나 날개의 손실과 같은 아주 큰 변화를 의미한다. 그러나 변수 변화는 연료 소모로 인한 비행기의 중량 변화와 날개 제어 표면의 열림과 같이 작은 변화 또는 매끄러운 변화를 의미한다.
3. **센서 잡음($v(s)$):** 폐루프 제어는 실제 응답(제어될 변수)의 계측을 필요로 한다. 센서 신호는 항상 계측 과정에 잡음이 포함된다. 잡음은 제어 의사결정에 포함되며 시스템의 전체 성능에 영향을 준다.

개루프와 폐루프 제어(그림 2.15(a))하에서 시스템의 성능에 이들 세 가지 실제 문제들이 어떻게 영향을 주는지 살펴보자. 개루프 제어에서 외란의 영향은 다음과 같다.

$$y_w(s) = G(s)w(s)$$

공정 동역학 변화의 영향은 다음과 같다.

$$\begin{aligned} y(s) &= (G_0(s) + \Delta G(s))r(s) \\ &= G_0(s)r(s) + \Delta G(s)r(s) \end{aligned}$$

개루프 제어에서는 되먹임 센서가 필요하지 않기 때문에 센서 잡음으로 인한 문제가 발생하지 않는다.

외란 $G(s)\cdot w(s)$에 의한 응답과 공정 동역학 변화 $\Delta G(s)\cdot r(s)$에 의한 응답은 우리가 원하는 것이 아니어서 오차로 고려된다. 개루프 제어의 경우에는 이들 오차들을 수정할 수 있는 방법이 없다. 오차는 외란 크기와 공정 동역학의 변화에 비례한다. 만일 공정 동역학이 잘 알려져 있고 아무런 변화가 일어나지 않는 경우와 외란이 없는 경우, 외란의 특징이 잘 알려져 있는 경우에는 개루프 제어가 탁월한 성능을 발휘할 수 있다. 반면에 공정 동역학이 변하고 특성을 알 수 없으며 반복적이지 않는 외란이 있는 경우에는 개루프 제어만으로 이들의 영향을 감소시킬 수 없다.

폐루프 제어에 있어 추가적인 부품이 있다. 바로 센서인데 공정의 실제 출력에 대한 되먹임 계측을 제공한다. 정의상 되먹임 제어 행동은 원하는 출력과 실제 출력의 차이에 의한 오차에 근거해 생성된다. 그러므로 오차는 그런 설계에서 필수부가결한 부분이다. 그림 2.15(b)에 보이는 바와 같은 시스템의 출력을 고려해보자.

$$y(s) = \frac{D(s)G(s)}{1 + D(s)G(s)}r(s) + \frac{G(s)}{1 + D(s)G(s)}w(s) - \frac{D(s)G(s)}{1 + D(s)G(s)}v(s)$$

이상적으로는 $y(s) = r(s)$가 되어야 함을 원하고, $w(s)$, $G(s)$의 변화, $v(s)$에 의한 출력이 없기를 원한다. 외란의 영향, 동적 공정 변화, 센서 잡음의 영향을 다음에서 살펴보자.

1. 외란 영향: $w(s)$

$$y_w(s) = \frac{G(s)}{1 + D(s)G(s)}w(s)$$

외란 $y_w(s)$에 의한 응답은 가능한 작거나 없어야 한다. 만일 $D(s)G(s) \gg G(s)$가 중요한 주파수 대역에 대해 $D(s)G(s) \gg 1$이 되게 만들 수 있다면 이 주파수 영역에 있어 외란에 의한 응답은 작을 것이다. 만일 외란에 의한 응답이 작거나 없다면 제어 시스템은 외란 거부(good disturbance rejection) 성능이 좋거나 외란에 민감하지 않다(insensitive to the disturbances)고 말한다. 즉, 제어기가 큰 이득을 가지는 것이 바람직하다는 것이다.

2. 공정 동역학의 변화: $G(s) = G_0(s) + \Delta G(s)$. 명령 신호와 공적 동역학 변화만을 고려하고 공정 동역학의 변화가 응답에 주는 영향을 분석해보자.

$$\begin{aligned} y_r(s) &= \frac{D(s)(G_0(s) + \Delta G(s))}{1 + D(s)(G_0(s) + \Delta G(s))}r(s) \\ &= \frac{D(s)G_0(s)}{1 + D(s)(G_0(s) + \Delta G(s))}r(s) + \frac{D(s)\Delta G(s)}{1 + D(s)(G_0(s) + \Delta G(s))}r(s) \end{aligned}$$

두 번째 항은 공정동역학의 변화가 출력에 영향을 주는 부분이다. 이 영향을 작게 하기 위해서는 다음과 같은 조건을 만족해야만 한다.

$$D(s)G(s) \gg D(s),\ D(s)G(s) \gg 1$$

만일 공정 동역학의 변화로 인한 응답이 작다면 제어 시스템은 공정 동역학 변화에 민감하지 않다(insensitive to the variations in process dynamics)라고 말하는데 이것이 우리가 원하는 성질이다.

여기까지 외란 거부를 위해서는 다음과 같은 성질이 필요함을 배웠다.

$$D(s)G(s) \gg G(s),\ D(s)G(s) \gg 1$$

그리고 공정 동역학 변화에 민감하지 않으려면 다음과 같은 성질이 필요하다는 것도 배웠다.

$$D(s)G(s) \gg D(s),\ D(s)G(s) \gg 1$$

$\{D(s)G(s) \gg G(s), D(s)G(s) \gg D(s)\}$ 그러므로 조건 $D(s)G(s) \gg 1$은 루프 이득이 외란 거부를 잘하고 공정 동역학 변화에 민감하지 않기 위해서 제어기와 공정 사이의 균형을 맞추어야 함을 의미한다.

3. **센서 잡음 영향:** 센서 잡음은 폐루프 제어 시스템에서만 문제가 된다. 개루프 제어에서는 되먹임 센서가 필요하지 않기 때문에 센서 잡음 문제가 일어나지 않는다. 센서 잡음, $y_v(s)$에 의한 폐루프 시스템의 응답을 고려해보자.

$$y_v(s) = -\frac{D(s)G(s)}{1 + D(s)G(s)}v(s)$$

$y_v(s)$를 작게 하기 위해서는 $D(s)G(s) \ll 1$이 되어야 한다. 그런데 이 조건은 앞에서 유도했던 루프 이득에 관한 두 조건, (1) 외란 거부 성능이 좋아야 한다는 조건과 (2) 공정 동역학 변화에 민감하지 않아야 하는 조건들에 상반된다. **이것이 되먹임 제어 시스템을 설계하는 데 있어 기본적으로 충돌되는 문제이다.** 외란과 공정 동역학의 변화들에 대한 강인성은 제어기와 공정 사이에서 균형 잡힌 루프 이득을 필요로 한다. 즉, $D(s)G(s) \gg 1$이다. 그러나 센서 잡음에 대한 강인성은 $D(s)G(s) \ll 1$을 요구한다. 이들이 상충되는 요구조건들인데 모두 주파수들에 대해 동시에 만족될 수 없다.

실제 제어 공학 문제들에 있어 일반적으로 외란과 공정 동역학의 변화가 천천히 변하며 저주파수 성분을 가지고 있다. 반면에 센서 잡음은 고주파수 성분을 가지고 있다. 만일 주어진 제어 문제가 여러 불확실성 사이에서 주파수 분리 성질을 가지고 있다면 $D(s)$, $G(s)$가 저주파수 영역에 대해서는 외란과 공정 동역학의 변화에 대해 좋은 강인성을 가지도록 즉, $D(s)G(s) \gg 1$이 되도록 설계하고 고주파수 영역에 대해서는 센서 잡음이 거부될 수 있도록 즉, $D(s)G(s) \ll 1$이 되도록 설계할 수 있다. **이것이 기초적인 되먹임 제어 시스템 설계의 타협점이 된다.** 외란, 공정 동역학의 변화와 센서 잡음 사이에 이런 주파수 분리가 없다면 실제 세상 문제들에 있어서 강인성을 가지는 되먹임 제어기를 설계할 수 없다.

요약하면 잘 설계된 제어 시스템의 루프 전달 함수는 주파수 함수로서 다음과 같은 바람직한 형상을 가진다. 즉, 루프 전달 함수가 외란과 공정 동역학의 변화에 대한 강인성을 가지기 위해 저주파수 영역에서는 가능한 커야하며 센서 잡음을 거부하기 위해서는 고주파수 영역에서 가능한 작아야 한다(그림 2.16). 더 나아가서 좋은 안정 여유를 확보하기 위해 20

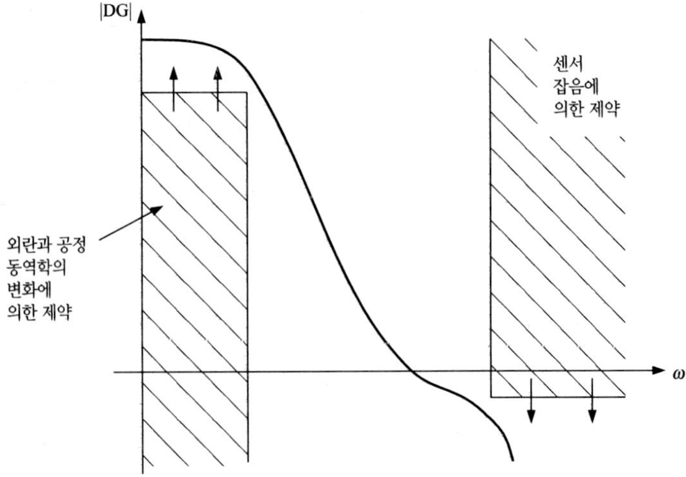

그림 2.16 ■ 주파수 영역에 있어 제어 시스템에 요구되는 성능 사양

$log_{10}|D(jw)G(jw)|$ 대 $log_{10}w$ 그림에서 -20Ddb/*decade* 경사를 가지고 0 db 크기를 지나쳐야 한다.

여기까지 폐루프 제어 대 개루프 제어의 장단점을 비교하였다. 폐루프 제어가 개루프 제어와 비교했을 때의 장점은 외란과 공정 동역학의 변화에 대한 시스템의 강인성을 증가시킨다는 것이다. 또한 원하지 않는 실제 세상의 제어 문제들에 대해 좋은 강인성을 가지기 위한 제어 시스템의 일반적인 특성을 루프 전달 함수의 형태로 토의하였다. 그러나 센서잡음과 센서 손상은 폐루프 시스템을 불안정하게 만들 수 있다. 만일 공정 동역학이 크게 변하지 않으며 외란이 잘 알려져 있다면 개루프 제어가 폐루프 제어보다 더 나은 선택이 될 수 있다. 개루프 제어는 센서 손상과 관련된 잠재적인 안정성 문제들로부터 자유롭기 때문이다.

2.4 제어 시스템에 대한 성능 사양

제어 시스템으로부터 요구되는 성능은 다음과 같은 3개의 부류로 표현될 수 있다.

1. 응답의 질
   (a) 과도 응답(transient response)
   (b) 정상 상태 응답(steady-state response)
2. 안정성
3. 외란, 공정 동역학의 변화와 센서 잡음과 같은 여러 불확실성에 대한 시스템의 안정성과 응답의 질적인 강인성

개루프 제어에 대한 되먹임 제어의 주요 장점은 되먹임 제어가 외란과 공정 동역학의 변화를 통해 시스템 응답의 질에 미치는 영향을 감소시킬 수 있다는 것이다. 즉, 되먹임 제어의 장점이 여러 불확실성에 대해 강인성을 제공할 수 있다는 것이다.

기초적인 되먹임 제어 시스템과 관련된 전형적인 불확실성이 그림 2.15(b)에 보인다. 앞 절에서 논의한 것처럼 명령, 외란, 센서 잡음에 기인한 시스템의 총응답($H = 1$인 경우)은 다음과 같다.

$$y = \frac{DG}{1+DG}r + \frac{G}{1+DG}w - \frac{DG}{1+DG}v$$

제어의 목적은 $y(t)$를 $r(t)$와 같게 만드는 것이다. 그러므로 $DG \gg 1$이 되어야 한다. 만일 $DG \gg G$이면 외란, w의 영향이 감소하지만 센서 잡음이 직접적으로 출력, y에 영향을 준다. r을 쫓아가면서 외란, w를 거부하기 위해서는 $DG \gg 1$(크게) 되어야 한다. 그러나 센서 잡음을 거부하기 위해서는 $DG \ll 1$(작게) 되어야 한다. 이것이 궤환제어 설계상의 기본적인 고충이다. 다음과 같은 공학적인 판단에 의해 타협점을 찾아야 한다. 외란, $w(t)$는 일반적으로 주파수 성분을 가진다. 반면에 센서 잡음 $v(t)$는 고주파수 성분으로 이루어진다. 그러므로 제어기는 저주파수 영역에서 외란 거부를 통해 $DG \gg 1$이 되게 하고 고주파수 영역에서는 센서 잡음을 거부할 수 있도록 $DG \ll 1$이 되게 하면 폐루프 시스템은 불확실성에 대해 좋은

강인성을 가지게 된다.

폐루프 시스템(CLS)의 강인성은 주파수 함수의 형태로 루프 전달 함수의 이득에 밀접하게 연결되어 있다(그림 2.16). 그러므로 강인성을 주파수 영역으로 표현하는 것이 바람직하다. 일반적으로 루프 전달 함수는 저주파수 외란과 천천히 변하는 공정 동역학을 거부하기 위해서 저주파수 영역에서 큰 이득을 가져야만 하고 센서 잡음을 거부하기 위해서는 고주파수 영역에서 낮은 루프 이득을 가져야 한다. 전달 함수의 s 평면상의 극점과 영점 표현은 이득 정보를 전달하지 못한다. 따라서 전달 함수를 s 평면상의 극점 영점 구조로 표현하는 것으로는 강인성을 잘 설명할 수 없다.

안정성 요구조건은 s 평면뿐만 아니라 주파수 영역으로도 잘 묘사된다. s 평면상에서는 모든 폐루프 시스템 극점이 왼쪽 면에 있어야만 한다. 주파수 영역에서는 이득 여유와 위상차 여유가 안정 여유를 제공할 수 있도록 충분히 커야한다. 바람직한 폐루프 시스템의 상대적인 안정 여유는 주파수 영역에서 이득과 위상차 여유로 나타낼 수도 있고 s 평면상의 폐루프 시스템의 극점이 허수축으로부터 떨어져 있는 거리로 나타낼 수도 있다.

마지막으로 응답의 질이 정의되어야 한다. 동적 시스템의 응답은 두 부분으로 나눠진다. (1) 과도 응답 부분과 (2) 정상 상태 응답 부분이다.

과도 응답은 새로운 출력을 명령할 때 발생하는 시스템의 즉각적인 응답이다. 정상 상태 응답은 충분한 시간이 흐른 다음에 나타나는 시스템의 응답이다. 정상 상태 응답의 질은 원하는 출력과 시스템이 응답하도록 충분한 시간이 흐른 다음에 나타나는 실제 출력의 오차에 의해 정량화된다. 동적 시스템의 응답은 확실히 입력에 의해 좌우된다. 과도 응답을 정의하는데 사용되는 표준적인 입력 신호는 계단 형태의 입력이다. 표준적인 시험 신호를 사용해 다양한 제어기와 공정 설계들의 성능을 비교해 볼 수 있다(그림 2.17).

일반적으로 폐루프 시스템의 계단 응답은 그림 2.17에 보이는 응답처럼 나타난다. 계단 명령에 대한 과도 응답은 최대 퍼센트 지나침, 최종 값의 몇 퍼센트 내로 응답이 안정화되기까지 걸리는 시간과 같은 응답의 몇 가지 정량적인 척도로 특징된다.

계단 입력에 대한 과도 응답은 일반적으로 최대 퍼센트 지나침, *P.O.%*(maximun percent overshoot)와 원하는 출력의 ±2% 또는 ±1% 내로 실제 출력이 안정화되기까지 걸리는 시간, 즉 안정화 시간, t_s로 묘사한다.

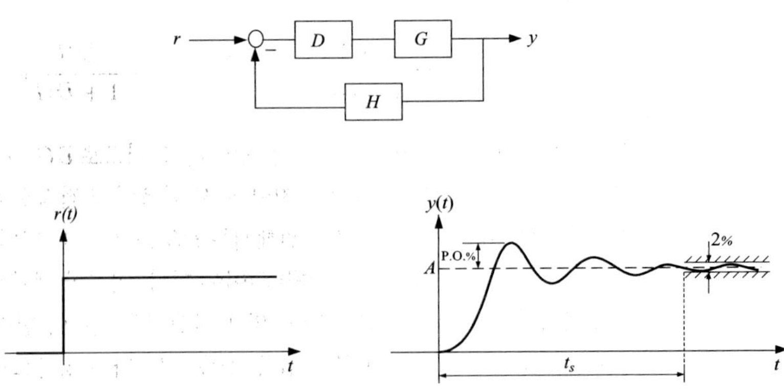

그림 2.17 ■ 전형적인 폐루프 제어 시스템의 계단 응답 형상. 계단 입력에 대한 일시적인 응답 특성에 대한 정량화는 지나침과 안정화 시간으로 표현될 수 있다.

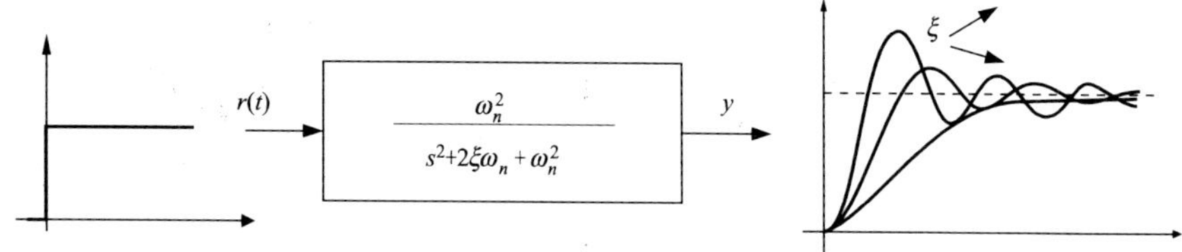

그림 2.18 ■ 표준 2차 시스템 모델과 계단 응답. 계단 응답은 감쇠비(ξ)와 고유 진동수(ω_n)에 의해 결정된다.

2차 시스템에 대해서는 ($P.O.\%$, t_s)와 2차 시스템(그림 2.17과 2.18)의 감쇠비와 고유 진동수 (ξ, ω_n)사이에 일대일 관계식이 존재한다. 그 관계식은 다음과 같다.

$$P.O.\% = e^{\frac{-\pi\xi}{\sqrt{1-\xi^2}}}$$

$$t_s = \begin{cases} \frac{4}{\xi\omega_n}, & \pm 2\% \\ \frac{4.6}{\xi\omega_n}, & \pm 1\% \end{cases}$$

그러므로 폐루프 시스템 계단 응답이 $P.O.\%$의 특정 양 이하여야 하며 t_s (sec) 내에 최종 값이 ±2% 내로 안정화되어야 한다면 설계자는 앞서 살펴본 관계식에 주어져 있는 2개의 극점을 가지는 2차 시스템과 같이 동일하게(또는 유사하게) 행동하는 폐루프 시스템을 만들어야 한다.

2.5 신호의 시간 영역과 s 영역 상호 관계

입력 신호, $r(t)$에 대한 선형 시간불변 동적 시스템의 응답, $y(t)$는 라플라스 변환을 이용해 다음과 같이 계산된다.

$$y(s) = G(s)r(s)$$

$y(s)$는 부분 분수전개(Partial Fraction Expansion: P.F.E)로 확장될 수 있는데 다음과 같은 일반적인 형태를 가지게 된다.

$$y(s) = \frac{1}{s} + \sum_{i=1}^{m} \frac{A_i}{s+\sigma_i} + \sum_{j=1}^{m} \frac{B_j}{s^2 + 2\alpha_j s + \left(\alpha_j^2 + \omega_i^2\right)}$$

$A_i, B_j - G(s)\ r(s)$의 부분 분수들의 나머지(residue)이다.

시간 영역 응답, $y(t)$는 각각의 부분 분수들은 라플라스 역 변환하여 얻어진다.

$$y(t) = 1(t) + \sum_{i=1}^{m} A_i e^{-\sigma_i t} + \sum_{j=1}^{m} B_j e^{-\alpha_j t} \left(\frac{1}{\omega_j} \sin \omega_j t\right)$$

시간 영역 응답(충격 응답)과 전달 함수의 극점간의 상호 관계가 그림 2.19에 보이고 있다.

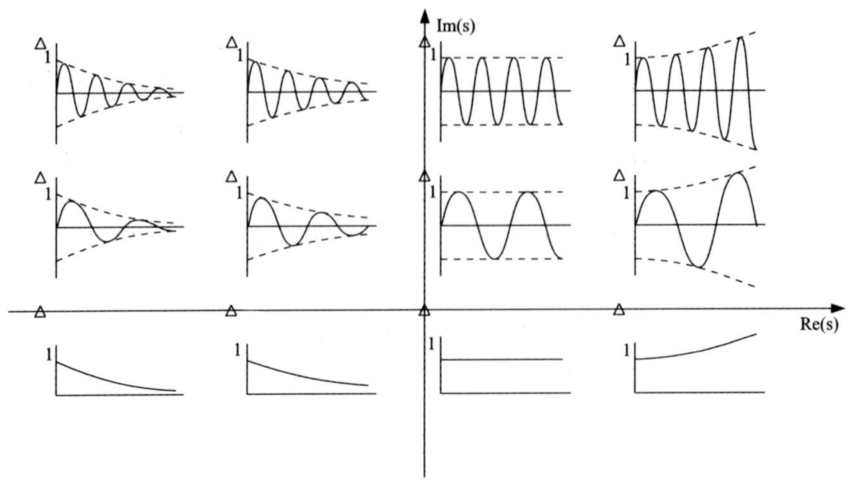

그림 2.19 ■ s 영역에서 여러 근의 위치들에 대한 충격 응답

2.5.1 극점 위치의 선택

궤환제어는 개루프 시스템을 폐루프 동작에 의해 원하는 형태로 바꾼다. 선형 시스템에서 폐루프 제어는 극점의 위치를 바꾼다. 요구되는 제어 노력은 극점 위치의 움직임(개루프와 폐루프 극점 위치사이의 차이)의 양과 비례한다. 극점을 많이 움직이려면 큰 구동력이 필요하다. 원하는 극점 위치는 제일 영향력이 큰 2차 모델의 계단 응답 거동으로 근사화하거나 베셀(Bessel)이나 버터워스(Butterworth) 필터와 같은 표준 필터의 극점 위치들로 근사화하도록 만들어질 수 있다. 가장 영향력이 큰 2차 시스템의 극점과 s 평면에서 좌측으로 멀리 떨어져 있는 나머지 극점들로 구성된 폐루프시스템을 설계함으로써 $t_{settling}$와 $P.O.\%$ 사양을 만족하는 2차 시스템 변수(ω_n, ξ)를 비교적 정확히 선택할 수 있다(그림 2.20).

2.5.2 2차 시스템의 계단 응답

계단 응답은 제어 시스템의 과도 응답 특성을 평가하는데 사용되는 표준 신호이다. 특히 계단 응답 거동은 최대 퍼센트 지나침($P.O.\%$), 지정 계단 응답의 1~2%내로 출력이 정착하기까지 걸린 시간(정착화 시간, t_s), 명령 상승 시간의 90%에 도달하기까지 걸린 시간, t_r과 최대값에 도달하는 시간(최고 시간, t_p)들로 요약된다. ($P.O.\%$, t_s, t_r, t_p) 모두 2차 시스템의 극점 위치들과 연결되어 있다. 다음과 같은 형태의 2차 시스템의 계단 응답을 고려해보자.

$$\frac{\omega_n^2}{s^2 + 2\xi\omega_n s + \omega_n^2}$$

더 나아가서 다음과 같이 추가적인 극점과 영점이 있을 경우의 계단 응답을 고려해보자.

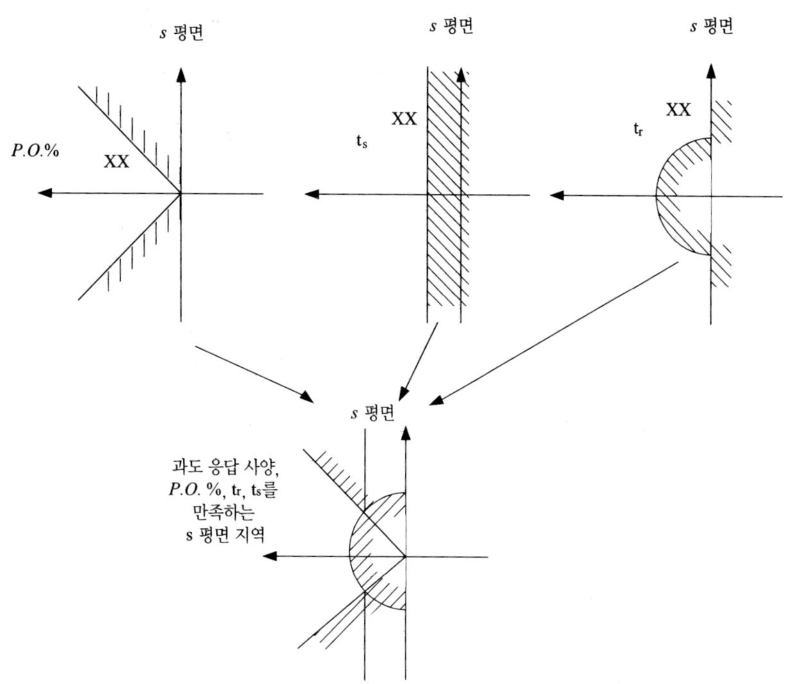

그림 2.20 ■ *s* 영역의 극점 위치들에 의한 원하는 응답의 성능 사양

$$\frac{\left(\frac{s}{a}+1\right)}{\left(\frac{s}{b}+1\right)}\frac{\omega_n^2}{s^2+\xi\omega_n s+\omega_n^2}$$

이를 사용하면 제어 시스템에 과도 응답 사양($P.O.\%$, t_s)이 주어져 있는 경우 이 사양을 만족하기 위해 가장 영향력이 큰 극점들을 어디다 두어야 하는지 결정할 수 있다. 우리가 다루는 시스템이 2차 시스템은 아니지만 2차 시스템의 극점과 영점의 위치를 설계할 경우에 좋은 지침이 된다. 특히 고차 시스템을 영향력 있는 2차 동적 거동을 가지도록 만들 수 있다.

2차 시스템의 계단 응답을 고려해보자(그림 2.21).

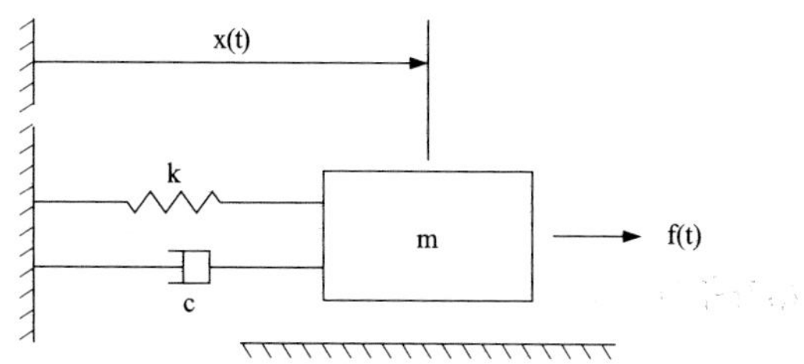

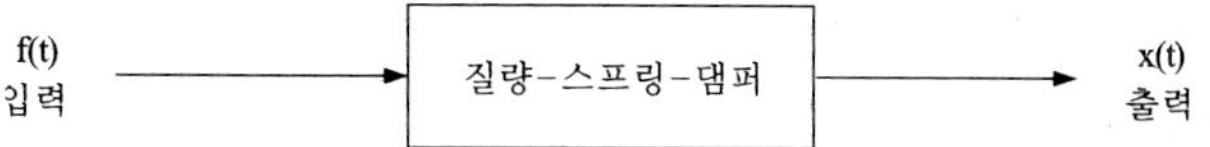

그림 2.21 ■ 질량-스프링 시스템 동역학과 그 위치 제어

$$m\ddot{x} + c\dot{x} + kx = f$$

$f(t) = kr(t)$라고 하면 다음과 같이 나타낼 수 있다.

$$\ddot{x} + \frac{c}{m}\dot{x} + \frac{k}{m}x = \frac{k}{m}r$$

$\frac{c}{m} = 2\xi\omega_n$, $\frac{k}{m} = \omega_n^2$라고 하고 영의 초기 조건하에 미분 방정식의 라플라스 변환을 취하면 다음과 같은 식이 유도된다.

$$\frac{x(s)}{r(s)} = \frac{\omega_n^2}{s^2 + 2\xi\omega_n s + \omega_n^2}$$

만일 $r(t)$가 계단 입력이라면, $r(s) = \frac{1}{s}$ 이고 응답 $x(s)$는 다음으로 주어진다.

$$x(s) = \frac{\omega_n^2}{s^2 + 2\xi\omega_n s + \omega_n^2} \cdot \frac{1}{s}$$

부분 분수로 전개하고 라플라스 역변환을 취하면 응답이 다음과 같이 얻어진다.

$$x(t) = 1 - e^{-\xi\omega_n t}\left(cos\sqrt{1-\xi^2}\omega_n t + \frac{\xi}{\sqrt{1-\xi^2}} sin\sqrt{1-\xi^2}\omega_n t\right) \quad \text{for } 0 \le \xi < 1 \text{ range}$$

최대 지나침은 x의 시간에 대한 도함수가 영이 되는 첫 번째 시간, t_p에서 발생한다. t_p가 발견되면 그 순간 응답의 최대값이 계산되고 퍼센트 지나침도 결정될 수 있다.

$$\frac{dx(t)}{dt} = 0 \Rightarrow \text{find } t_p : t_p = \frac{2.5}{\omega_n}$$

그러면

$$P.O.\% = \frac{x(t_p) - 1}{1} \times 100 = e^{\frac{-\pi\xi}{\sqrt{1-\xi^2}}}$$

정착 시간은 최종값의 ±1 또는 ±2% 내에 응답이 정착하기까지 걸린 시간인데 다음과 같이 표현된다.

$$t_s = \begin{cases} \frac{4.6}{\xi\omega_n}; & \pm 1\% \\ \frac{4.0}{\xi\omega_n}; & \pm 2\% \end{cases}$$

그러므로 $(P.O.\%, t_s)$가 주어진다면 이에 관한 2차 시스템의 극점 위치들 $\left(-\xi w_n \pm \sqrt{(1-\xi^2)w_n}\right)$이 바로 유도된다.

추가 영점의 영향 실수의 영점을 가시는 2차 시스템(그림 2.22)을 고려해보자. 실수축에 추가적인 영점을 가지고 있으며 2개의 공액 복소수 극점과 1의 D.C. 이득을 가지는 표준 2차 시스템과 동일하다.

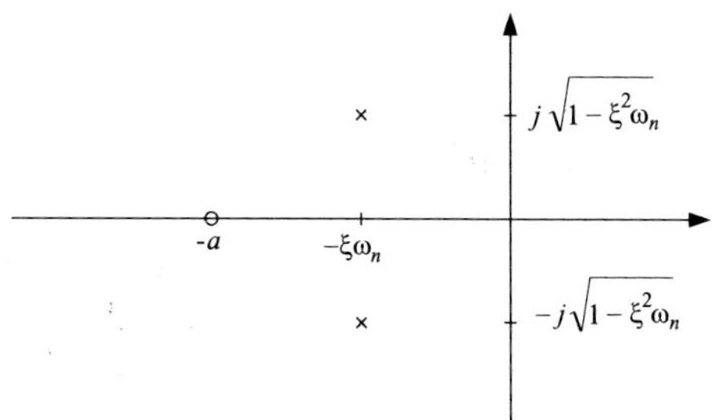

그림 2.22 ■ 2개의 공액 복소수 극점들과 실수 영점을 가지는 2차 시스템

$$G(s) = \left(\frac{s}{a} + 1\right) \frac{\omega_n^2}{s^2 + 2\xi\omega_n s + \omega_n^2}$$

$\omega_n = 1;\ a = \alpha\xi\omega_n$라고 하면 전달 함수가 다음과 같이 표현된다.

$$G(s) = \frac{\left(\frac{s}{\alpha\xi} + 1\right)}{s^2 + 2\xi s + 1} = \frac{1}{s^2 + 2\xi s + 1} + \frac{1}{\alpha\xi}\frac{s}{s^2 + 2\xi s + 1}$$

영점의 영향은 이차 시스템 응답에 계단 응답의 도함수를 $\frac{1}{\alpha\xi}$에 비례한 양만큼 추가한 것임을 주목하라. 만일 α가 커지면 a는 $\xi\omega_n$의 좌측으로 멀어지며 추가된 영점의 영향은 크지 않게 된다. α가 작아지면 a가 $\xi\omega_n$ 영역에 가까워지고 $(1/\alpha\xi)$가 증가하게 된다. 따라서 영점이 응답에 주는 영향이 증가한다. 영점이 $\xi\omega_n$에 가까워짐으로 인한 영점의 주요 영향은 퍼센트 지나침이 증가된다는 것이다. 만일 영점이 오른쪽 s 영역에 위치하면(비최소 위상 전달 함수, nonminimum phase transfer function) 계단 응답의 초기 값은 반대방향으로 진행한다. 다음 그림(그림 2.23과 2.24)에서 이를 도시한다.

좌측 평면상에 영점을 가지는 2차 시스템의 계단 응답은 다음과 같은 형태를 가진다.

$$x_{step}(t) + \frac{1}{\alpha\xi}\dot{x}_{step}(t)$$

우측 s 영역에 영점을 가지는 경우 (위 식에서 $(s/a + 1)$을 $(s/a - 1)$로 바꾼다.)의 응답은 다음과 같은 형태로 바뀐다(그림 2.24).

$$x_{step}(t) - \frac{1}{\alpha\xi}\dot{x}_{step}(t)$$

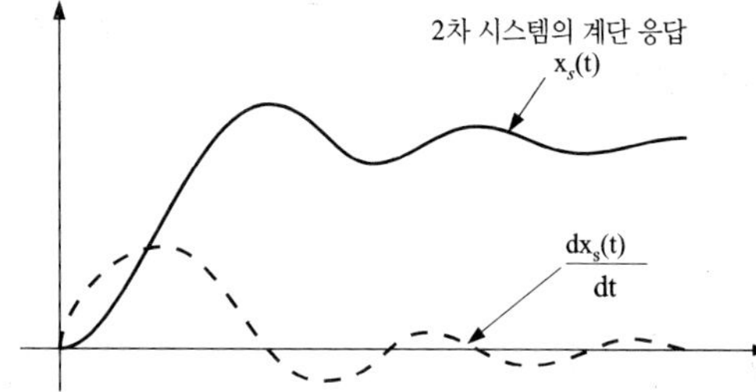

그림 2.23 ■ 2차 시스템의 계단 응답과 응답의 도함수

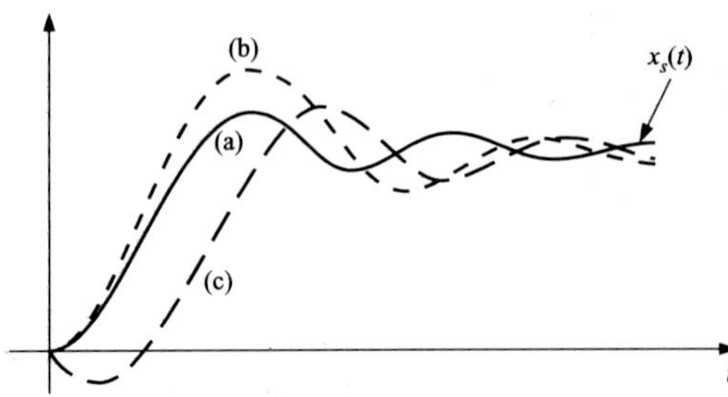

그림 2.24 ■ 2차 시스템에 영점이 추가되는 경우 계단 응답에 나타나는 영향. (a) 영점이 없는 경우, (b) 좌측 평면에 극점이 있는 경우, (c) 우측 평면에 극점이 있는 경우

추가 극점의 영향 2개의 공액 복소수 극점에 추가적으로 극점이 추가되면 시스템은 3차가 된다.

$$\left(\frac{1}{\frac{s}{b}+1}\right)\left(\frac{1}{\frac{s^2}{\omega_n^2}+\frac{2\xi}{\omega_n}s+1}\right)$$

만일 $b = \alpha\xi\omega_n$가 $\xi\omega_n$의 3~5배 정도 왼쪽에 있다면 추가 극점이 계단 응답에 미치는 영향은 미미하다. b가 $\xi\omega_n$에 근접하게 되면 상승시간이 증가하는 영향이 나타나며 시스템의 응답이 늦춰진다(그림 2.24).

2.5.3 표준 필터

대부분의 동적 시스템들은 2차 이상의 고차이다. 그러나 만일 2개의 가장 영향이 큰 극점이 있고 나머지 극점과 영점이 가장 영향력이 큰 이들 극점으로부터 좌측에 멀리 떨어져(3~5배) 있다면 고차 시스템은 표준 2차 시스템과 아주 유사하게 거동한다. 설계 목표로 영향력이 큰 2차 시스템 모델을 선택하는 대신에 고차 시스템 모델을 선택할 수도 있다(그림 2.25). 제어 시스템 성능을 위한 목표로 사용될 수 있는 보편적인 표준 필터들이 베셀, 버터워스와 ITAE 필터[13]이다.

이 필터의 계단 응답과 주파수 응답 특성은 제어 시스템과 디지털 신호 처리와 관련된 교재에 잘 정리되어 있다. 폐루프 제어 설계 문제에 대해 원하는 성능(즉 원하는 극점과 영점 위치)을 묘사하는데 지침으로 사용될 수 있다. 개루프 극점들이 원하는 폐루프 극점 위치로 움직여야만 한다면 제어력에 더 많은 노력이 필요하게 된다. 이 경우 기존의 구동기로는 충족이 되지 않아 일시적인 응답 성능이 저하되어 불필요하게 큰 구동기가 필요하게 되는 경우가 발생한다. 영향력이 큰 폐루프 시스템 극점들(대역으로도 불린다)은 s 영역에서 충분한 감쇠를 가지도록 가능한 커야 한다. 그러나 원하는 응답의 속력과 원하는 구동기 크기, 제어 노력 사이에 균형이 이루어지도록 선택되어야 한다.

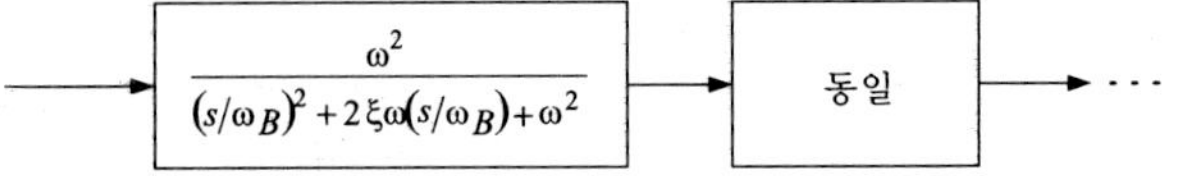

그림 2.25 ■ 2차 필터

2.5.4 정상 상태 응답

정상 상태 응답은 일반적으로 원하는 출력과 실제 출력 사이의 정상 상태 오차로 특징지어진다.

$$y(\cdot) = \frac{D(\cdot)G(\cdot)}{1 + D(\cdot)G(\cdot)} r(\cdot)$$

원하는 응답과 실제 응답 사이의 오차는 다음과 같다.

$$\begin{aligned} e(\cdot) &= r(\cdot) - y(\cdot) \\ &= \left(1 - \frac{D(\cdot)G(\cdot)}{1 + D(\cdot)G(\cdot)}\right) r(\cdot) \\ e(\cdot) &= \frac{1}{1 + D(\cdot)G(\cdot)} r(\cdot) \end{aligned}$$

s 영역에서 정상 상태 오차(연속 시간 시스템에 대해)는 다음과 같다.

$$e(s) = \frac{1}{1 + D(s)G(s)} r(s)$$

오랜 시간 후에 오차의 정상 상태 값이 $e(s)$의 안정 극점과 많아야 1개의 극점이 원점에 위치한다면 라플라스 변환의 최종값 정리를 이용해 결정할 수 있다.

$$\lim_{t\to\infty} e(t) = \lim_{s\to 0} s\, e(s) = \lim_{s\to 0} s \frac{1}{1 + D(s)G(s)} r(s)$$

다음과 같은 경우들을 고려해보자.

1. 루프 전달 함수, $D(s)G(s)$가 N개의 극점을 원점, $s = 0$에 가지고 있다.

$$D(s)G(s) = \frac{\prod_{i=1}^{m}(s + z_i)}{s^N \prod_{i=1}^{n}(s + p_i)}; \quad N = 0, 1, 2, \ldots.$$

2. 명령 신호가 계단, 경사, 포물선 신호(그림 2.26)이다.

$$r(s) = \frac{1}{s}, \frac{A}{s^2}, \frac{B}{2s^3}$$

계단, 경사와 포물선 명령 신호들에 대한 폐루프 시스템의 응답의 정상 상태 오차를 고려할 것이다. 여기서 루프 전달 함수 $D(s)G(s)$는 $N(N = 0, 1, 2)$개의 극점을 원점에 가지고 있다(그림 2.27).

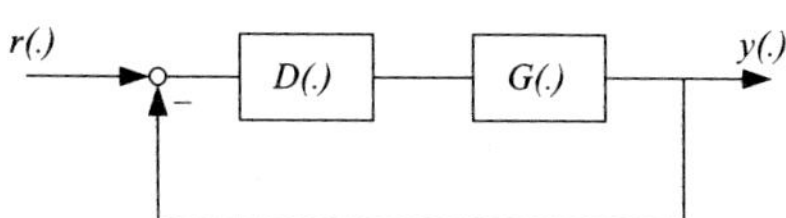

그림 2.26 ■ 표준 되먹임 제어 시스템의 블록선도

r(t) \ N	0	1	2
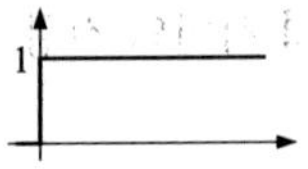 1 (step)	$\frac{1}{1+K_p}$	0	0
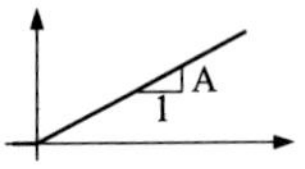 ramp, slope A	∞	$\frac{A}{K_v}$	0
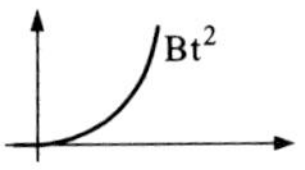 Bt^2	∞	∞	$\frac{B}{2K_a}$

그림 2.27 ■ 다양한 종류의 명령 신호에 대한 되먹임 제어 시스템의 응답의 정상 상태 오차는 루프 전달 함수의 원점에 위치하는 극점의 개수에 의해 좌우된다.

1. $N = 0$

(a) $$\lim_{t\to\infty} e_{step}(t) = \lim_{s\to 0} s\frac{1}{1+\dfrac{\prod(s+z_i)}{\prod(s+p_i)}}\frac{1}{s} = \frac{1}{1+D(0)G(0)} = \frac{1}{1+K_p}$$

(b) $$\lim_{t\to\infty} e_{ramp}(t) = \lim_{s\to 0} s\frac{1}{1+\dfrac{\prod(s+z_i)}{\prod(s+p_i)}}\frac{A}{s^2} = \frac{A}{0} \Rightarrow \infty$$

(c) $$\lim_{t\to\infty} e_{parab}(t) = \lim_{s\to 0} s\frac{1}{1+\dfrac{\prod(s+z_i)}{\prod(s+p_i)}}\frac{B}{2s^3} = \frac{1}{0} \Rightarrow \infty$$

2. $N = 1$

(a) $$\lim_{t\to\infty} e_{step}(t) = \lim_{s\to 0} s\frac{1}{1+\dfrac{1}{s}\dfrac{\prod(s+z_i)}{\prod(s+p_i)}}\frac{1}{s} = 0$$

(b) $$\lim_{t\to\infty} e_{ramp}(t) = \lim_{s\to 0} s\frac{1}{1+\dfrac{1}{s}\dfrac{\prod(s+z_i)}{\prod(s+p_i)}}\frac{A}{s^2} = \lim_{s\to 0}\frac{A}{sD(s)G(s)} = \frac{A}{K_v}$$

(c) $$\lim_{t\to\infty} e_{parab}(t) = \lim_{s\to 0} s\frac{1}{1+\dfrac{1}{s}\dfrac{\prod(s+z_i)}{\prod(s+p_i)}}\frac{B}{2s^3} = \frac{1}{0} \Rightarrow \infty$$

3. $N = 2$

(a) $$\lim_{t\to\infty} e_{step}(t) = \lim_{s\to 0} s\frac{1}{1+\dfrac{1}{s^2}\dfrac{\prod(s+z_i)}{\prod(s+p_i)}}\frac{1}{s} = 0$$

(b) $$\lim_{t\to\infty} e_{ramp}(t) = \lim_{s\to 0} s\frac{1}{1+\dfrac{1}{s^2}\dfrac{\prod(s+z_i)}{\prod(s+p_i)}}\frac{A}{s^2} = 0$$

$$\text{(c)}\ \lim_{t\to\infty} e_{parab}(t) = \lim_{s\to 0} s\frac{1}{1+\dfrac{1}{s^2}\dfrac{\prod(s+z_i)}{\prod(s+p_i)}}\frac{B}{2s^3}\lim_{s\to 0}\frac{B/2}{s^2D(s)G(s)} = \frac{B}{2K_a}$$

d.c. 이득 $(D(0)G(0))$와 루프 전달 함수가 원점에 가지고 있는 극점의 개수가 정상 상태 오차를 결정하는 중요한 인자임을 주목하라. 폐루프 시스템의 정상 상태 오차 거동을 묘사하는 3개의 상수, K_p 위치 오차 상수, K_v 속도 오차 상수와 K_a 가속도 오차 상수를 정의하면 편리하다.

$$K_p = \lim_{s\to 0} D(s)G(s)$$
$$K_v = \lim_{s\to 0} sD(s)G(s)$$
$$K_a = \lim_{s\to 0} s^2D(s)G(s)$$

2.6 동적 시스템의 안정

제어 시스템의 안정은 가장 기본적인 요구조건이다. 사실상 시스템이 안정되어야할 뿐만 아니라 시스템 동역학의 불확실성과 정당한 변화에 대해서도 안정적이어야 한다. 즉, 좋은 안정 강건성을 유지해야 한다는 말이 된다. 동적 시스템의 안정은 2개의 일반적인 항목들로 정의될 수 있다(그림 2.28).

1. 입출력 크기에 관해
2. 평형점에 대한 안정에 관해

모든 한계 입력에 대해 동적 시스템의 응답이 제한되어 있다면 동적 시스템이 한계 입력-출력(bounded input-bounded output, BIBO) 안정이라고 말한다. 이 정의는 **입출력 안정성** 또는 ***BIBO* 안정**이라고 불린다. 동적 시스템의 안정은 입력을 기준으로 하지 않고 평형

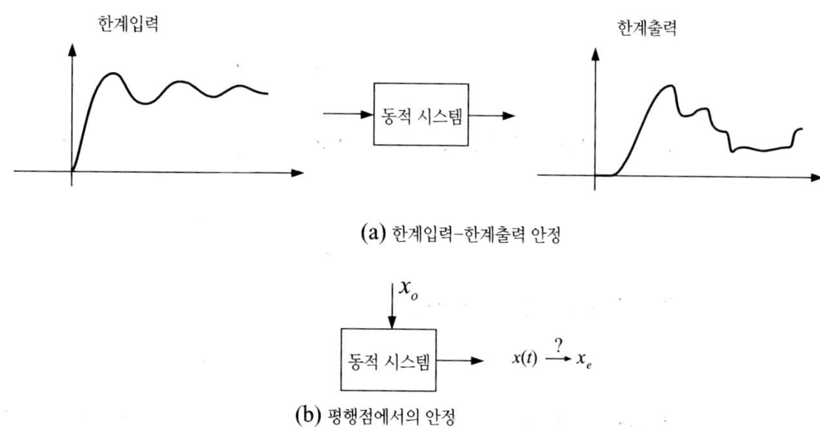

그림 2.28 ■ 2개의 다른 안정 개념의 정의

점들과 초기 조건들에 관해서만 정의될 수도 있다. 이 정의는 리아푸노프(Lyapunov) 감각의 안정 또는 리아푸노프 안정이라고 불린다.

2.6.1 한계 입력–한계 출력 안정

정의 모두 한계 입력에 대해 출력이 제한되어 있다면 동적 시스템(선형 또는 비선형)은 한계 입력-한계 출력(BIBO) 안정이라고 불린다.

선형 시간불변(LTI; linear time invariant) 시스템의 경우 특정 입력에 대한 출력은 다음과 같이 계산된다.

$$y(t) = \int_{-\infty}^{t} h(\tau)u(t-\tau)\,d\tau$$

여기서 $h(t)$는 LTI 시스템의 충격 응답이다. 입력이 제한되어 있다면 다음과 같은 상수 M이 존재해야만 한다.

$$|u(t)| \leq M < \infty$$

따라서

$$\begin{aligned} |y(t)| &= \left| \int_{-\infty}^{t} h(\tau)u(t-\tau)\,d\tau \right| \\ &\leq \int_{-\infty}^{t} |h(\tau)||u(t-\tau)|d\tau \\ &\leq M \int_{-\infty}^{t} |h(\tau)|d\tau \end{aligned}$$

LTI 시스템이 BIBO 안정이 되기 위해서는 $y(t)$가 $t \to \infty$로 진행되면서 모든 t에 대해 제한되어 있어야 한다. 그러므로 $y(t)$에 대해 다음과 같은 식으로 나타내야 한다.

$$\lim_{t\to\infty} |y(t)| \leq M \int_{-\infty}^{\infty} |h(z)|dz$$

위 식이 제한되기 위해서는 다음과 같은 표현식이 제한되어야 한다.

$$\int_{-\infty}^{\infty} |h(z)|dz$$

이 조건은 다음을 요구한다.

$$h(t) \to 0 \text{ as } t \to \infty$$

결론적으로 LTI 시스템이 BIBO 안정이라면 충격 응답이 시간이 흘러 무한대로 가면서 영으로 수렴됨을 의미한다. 반대의 경우도 성립한다. 만일 LTI 시스템의 충격 응답이 시간이

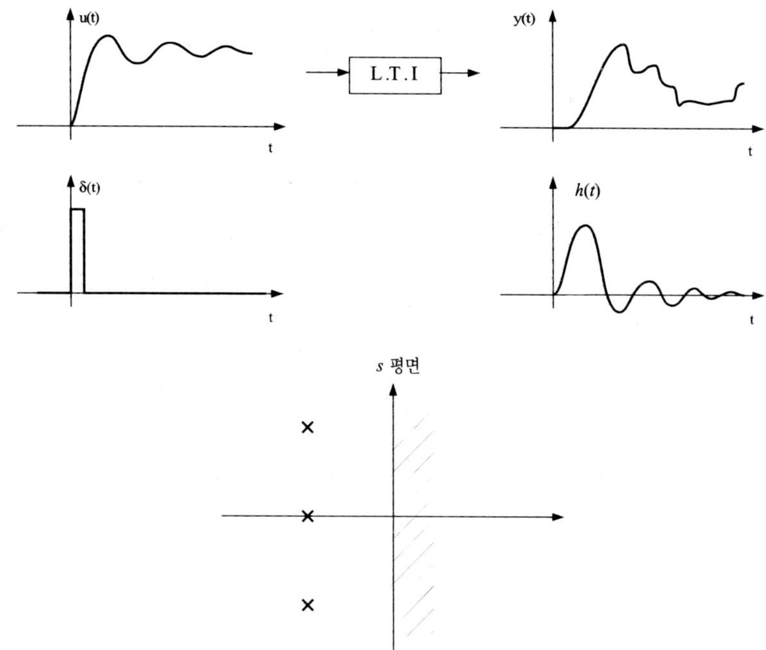

그림 2.29 ■ 선형 시간불변 시스템들의 한계입력-한계출력 안정.

흘러 무한대로 가면서 영으로 수렴되면 LTI 시스템은 BIBO 안정이다(그림 2.29).

참고 시간이 무한대로 가면서 충격 응답이 0으로 간다는 것은 동적 시스템의 극점들이 왼쪽 s 평면에 위치함을 의미한다. 그러므로 LTI 시스템에 대해 BIBO 안정은 모든 극점들이 s 평면상에서 음의 실수부를 가져야 함을 의미한다. 다음과 같은 표현식이 LTI 시스템에 대한 BIBO 안정을 요약한다.

$$\{BIBO \text{ 안정 } \Leftrightarrow \{h(t) \rightarrow 0 \text{ as } t \rightarrow \infty\} \Leftrightarrow \{\forall R_e(p_i) < 0\}$$

2.7 근궤적법

근궤적법(root locus method)은 1개 이상의 변수가 변하는 경우에 대수 방정식의 근들이 어떻게 변하는지를 도시하는 방법이다. 이 방법은 제어 시스템에 있어 한 변수의 변화가 폐루프 시스템의 극점 위치에 미치는 영향을 주로 조사하기 위해 사용된다. 다음 절에서는 PID 형태의 폐루프 제어기의 특성을 이해하기 위해 근궤적법을 사용할 것이다. 기본적인 수학적 기능은 변수의 여러 값에 대해 대수 방정식의 근들을 찾아 도시하는 것이다. 대수 방정식의 해는 디지털 컴퓨터를 사용해 수치적인 방법으로 쉽게 구할 수 있다. 1개 이상의 변수들이 여러 값의 해를 구하기 위해서는 수치과정에 단순히 반복 루프를 첨가하면 된다. 즉, 고차원 프로그래밍 언어에 있어서는 FOR 또는 DO 루프를 포함시키는 것이다. 이런 방법은 제어

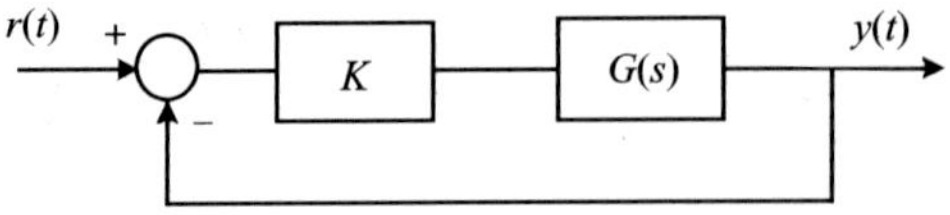

그림 2.30 ■ 기본적인 근궤적 문제

시스템 설계에 있어 CAD 도구가 제공됨에 따라 좀 더 효율적으로 사용될 수 있는 도구이다. 그러나 제어 공학도는 컴퓨터에 **쓰레기가 입력되면 쓰레기가 출력된다**는 것을 항상 기억해야 한다. 그러므로 설계자는 컴퓨터 계산 값을 손으로 간단하게 계산하거나 해석적인 방법으로 그 결과 값을 증명할 있어야 한다. 손으로 간단하게 그릴 수 있는 근궤적법은 그러한 목적으로 사용되는 손쉬운 도구이다. 그래프 형태의 근궤적법을 이해하고 사용하면 컴퓨터 계산 결과를 빨리 점검할 수 있을 뿐만 아니라 제어 시스템을 설계할 수 있는 통찰력도 가지게 된다.

다음과 같은 n차의 다항식인 대수 방정식을 고려해보자.

$$a_0 s^n + a_1 s^{n-1} + \cdots + a_{n-1} s + a_n = 0 \tag{2.28}$$

이 식은 n개의 근($s_1, s_2, \ldots, s_n$)을 가지고 있다. 만일 특정 a_i의 값이 변하면 새로운 n개의 근들($s_1, s_2, \ldots, s_n$)의 집합이 있게 된다. 만일 특정 변수 a_i가 한 값에서 다른 값으로 변화한다면 n개의 근 집합을 변수 a_i의 모든 값에 대해 구할 수 있다. 복소수 s 평면에 근을 그려 넣으면 방정식의 변수 변화에 따른 대수 방정식의 근궤적을 그래프로 표현하게 된다. 이것이 근궤적법의 기본적인 기능이다. 컴퓨터 알고리즘을 이용하면 수치적으로 이 과정을 수행할 수 있다.

그림 2.30에서 보여지는 궤환제어 시스템을 고려해 보자. 폐회로 시스템의 전달함수는

$$\frac{y(s)}{r(s)} = \frac{KG(s)}{1 + KG(s)} \tag{2.29}$$

여기서 폐루프 시스템의 극점들은 분모의 근으로, 다음과 같은 식의 해로 주어진다.

$$\Delta_{cls}(s) = 1 + KG(s) \tag{2.30}$$

표준 근궤적 해석 문제는 K값이 영부터 무한대 값으로 변화함에 따라 이 방정식의 근들이 지나가는 궤적을 그리는 것이다. 위에서 논의한 바에 근거하면 근궤적법은 문제의 형태에 국한되어 있지 않음을 알 수 있다. 이 방법은 대수 방정식 근의 1개 이상의 변수가 변함에 따라 어떤 궤적을 그리게 되는지를 찾아내는 방법이다. 그림 2.31과 같은 다른 예를 살펴보자. 여기서 a가 변수이다. 우리는 변수 a가 0부터 무한대 값으로 변함에 따라 폐루프 시스템 극점들의 위치를 조사하고자 한다.

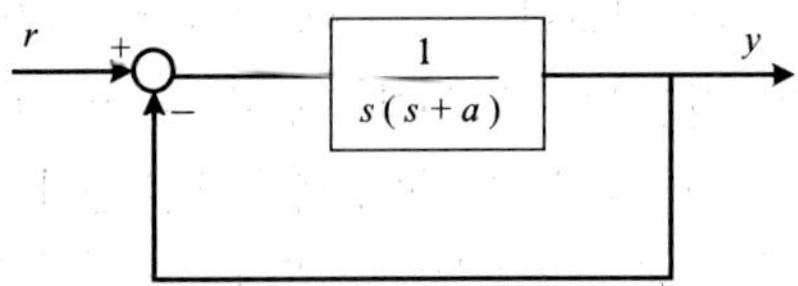

그림 2.31 ■ 예제: 변수 a가 변함에 따라 폐루프 전달함수 극점이 변하는 경우

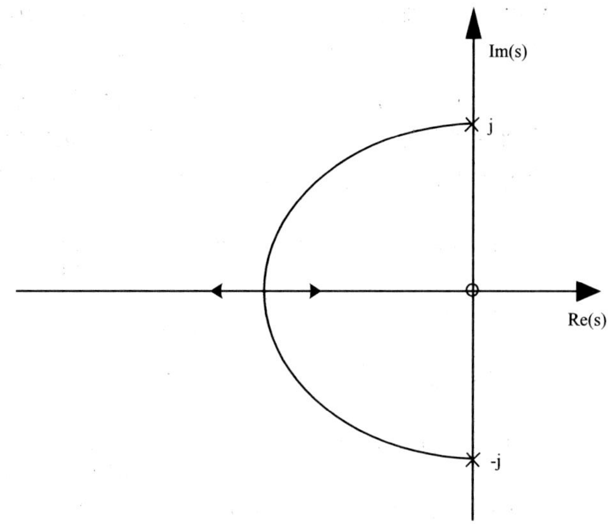

그림 2.32 ■ 근궤적 곡선을 따라 표현된 이득 값. 이를 이용해 근궤적상에서 선택된 점과 관련된 특정 이득 값을 계산할 수 있다.

$$\frac{y(s)}{r(s)} = \frac{1}{1+s(s+a)} = \frac{1}{s^2+as+1} \tag{2.31}$$

특성 방정식은 다음과 같다.

$$\Delta_{cls}(s) = s^2 + as + 1 = 0 \tag{2.32}$$

이 식은 그래프로 그리기에 적당한 형태의 표준 근궤적 정식화 형태로 표현될 수 있다.

$$1 + a\frac{s}{s^2+1} = 0 \tag{2.33}$$

그래프 근궤적 법칙은 1개의 변수가 변하는 경우에 다항식의 근들이 어떤 궤적을 그리는지 알기 위해 개발되었다(그림 2.32). 다항식은 항상 다음과 같은 형태로 표현되어야 된다.

$$1 + (\text{매개변수}) \cdot \frac{(\text{분자})}{(\text{분모})} \tag{2.34}$$

그러므로 근궤적은 단순히 전달 함수의 이득만이 아니라 폐루프 시스템의 어떤 특정 변수의 함수로도 조사될 수 있다. 변수 b가 영부터 무한대 값으로 변하는 경우에 다음 방정식의 근궤적이 어떻게 변하는지 조사해보자.

$$s^3 + 6s^2 + bs + 8 = 0 \tag{2.35}$$

이 문제는 근궤적 스케치 법칙에 합당한 형태로 다음과 같이 다시 표현할 수 있다.

$$1 + b\frac{s}{s^3+6s^2+8} = 0 \tag{2.36}$$

Matlab은 근궤적을 위해 *rlocus(. . .)* 함수를 제공한다. *rlocus()* 함수는 다양한 변수들을 받아들일 수 있다. 원칙적으로 이 함수는 루프 전달 함수를 받아들이며 변수 *K*가 궤한 루프에 존재한다고 가정한다. 그러므로 *rlocus()* 함수를 이용해 한 변수가 변화에 따른 전달 함수나 대수 방정식의 근을 해석하기 위해서는 *rlocus()* 함수를 부르기 전에 등가 근궤적문제를 형성해야 한다. 다음은 *rlocus()* 함수를 부르는 예제 프로그램들이다.

```
rlocus(sys) ; /* given LTI system, plot closed loop poles
                as K varies from 0 to infinity
rlocus(sys, K) ; /*.............for the values of the
                   parameter given in the vector K*/
[R]=rlocus(sys,K) ; /* Stores the closed loop roots in the
                       R for numerical reference. */

sys = tf(num,den) ; /* sys can be formed by tf, ss, zpk
                       function calls */
sys = zpk(z,p,k) ; /* sys= ( K (s-z1)(s-z2).../)(s-p1).
                     (s-p2)....) */
sys = ss(A,B,C,D) ; /* G(s) = C (sI-A)^-1 B + D */
```

근궤적 스케치 법칙 이 절에서는 손으로 근궤적을 근사적으로 그리기 위해 사용되는 법칙들을 열거한다. 이 법칙들의 유도는 제어 시스템과 관련된 많은 교재에 주어져 있다.

1. 문제를 $1 + KG(s) = 0$의 형태로 만든다. 여기서 *K*는 변하는 변수이다. $G(s) = n(s)/d(s)$의 극점들을 x로, 영점들을 o로 s 평면상에 표시한다. 근궤적은 $K = 0$인 경우 x에서 출발해 $K \to \infty$로 됨에 따라 o로 접근한다. x와 o는 폐루프 극점 위치들의 점근 위치를 나타낸다. 만일 *K*가 실제로 루프 전달 함수의 이득이라면 o는 개루프와 폐루프 시스템의 영점들이다. 그렇지 않은 경우에는 폐루프 시스템 극점들의 점근 위치만을 나타낸다.
2. 실수축상의 홀수개의 극점들과 영점을 왼쪽으로 하는 실수축 일부를 근궤적의 일부로 표시하라. 홀수개의 극점들과 영점들의 왼쪽에 있는 실수축상의 모든 점들은 각도 조건을 만족하며 근궤적의 일부가 된다. 근궤적은 전달 함수의 위상각이 180도가 되는 s 평면상의 점들의 집합임을 주목하라. 그 이유는 다음과 같다.

$$K = -\frac{1}{G(s)}; \tag{2.37}$$

   *K*가 양의 실수이기 때문에 복소수 함수 $G(s)$는 근궤적을 만드는 s 점들의 집합에서 음의 실수 값을 가지게 된다. 즉, 근궤적의 일부인 모든 점들에서 $G(s)$의 위상각은 180°가 된다.

$$G(s) = \frac{1}{K} = |\frac{1}{K}| \cdot e^{j180^\circ} \tag{2.38}$$

3. n개의 극점들과 m개의 영점들이 있다면 변수 *K*가 무한대로 진행함에 따라 m개의 극점들이 m개의 영점들로 이동하게 된다. 나머지 $n - m$개의 극점들은 점근선을 따라 무

한대로 움직인다. $n - m = 1$이라면 1개의 추가 극점이 음의 실수축을 따라 무한대로 움직인다. $n - m \geq 2$이면 다음과 같이 정의된 점근선의 중심과 각도로 정의되는 점근선을 따라 무한대로 움직인다.

$$\sigma = \frac{\sum p_i - \sum z_i}{n - m} \tag{2.39}$$

$$\psi_l = \frac{180 + l360}{n - m}\ ;\ l = 0, 1, 2, \ldots, n - m - 1 \tag{2.40}$$

손으로 근궤적을 빠르게 그리면 설계자가 컴퓨터 해석 결과를 신속하게 점검할 수 있고 제어기 설계에 가치 있는 직관을 가질 수 있게 된다.

2.8 기본적인 궤환 제어 형태

그림 2.33은 3개의 기본적인 궤환 제어기, 즉 (1) 비례 제어 (2) 적분 제어 (3) 미분 제어를 보여준다. 그림 2.34는 이들 제어기 형태의 입출력 거동을 보여준다. 실제로 비례 제어 행동은 현재 오차에 근거하여 생성되며 적분 제어 행동은 과거의 오차에 근거하여 생성되고 미분 제어 행동은 예상되는 미래 오차에 근거하여 생성된다. 오차의 적분은 오차의 지나간 정보로서 풀이된다. 오차의 미분은 미래 오차의 척도로 풀이된다. 제어 블록에 입력되는 오차 신호가 사다리꼴 형태라고 가정하자. 비례, 적분, 미분 제어에 의해 생성되는 제어 행동은 그

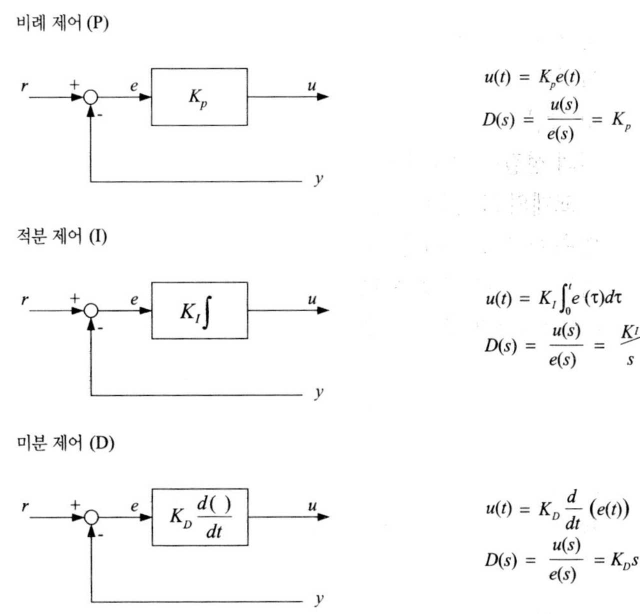

그림 2.33 ■ 기본적인 궤환 제어: 비례 제어, 적분 제어, 미분 제어

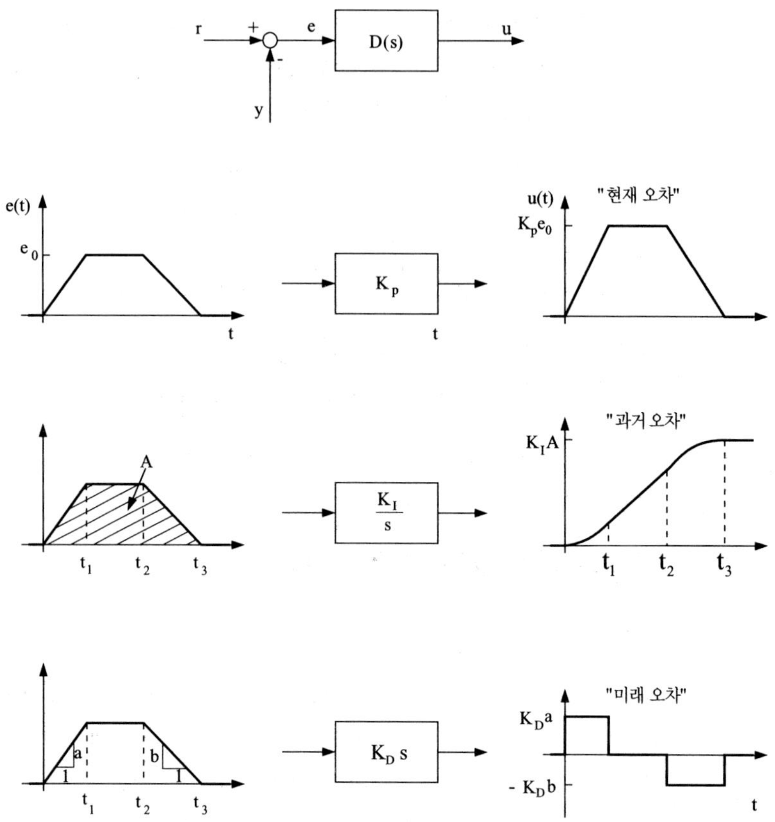

그림 2.34 ■ 기본적인 궤환 제어의 입출력 거동 예시: 비례, 적분, 미분 제어

림 2.34에 보이는 바와 같다. 비례, 적분, 미분(PID) 제어는 과거, 현재, 그리고 미래 오차를 고려해 제어 의사 결정을 한다. 어떤 면에서는 이 제어기가 오차의 모든 역사를 다루고 있다고 말할 수 있다. 그러므로 대부분의 실제 제어기들은 PID 제어기의 형태이거나 PID 제어기의 성질을 가지고 있다.

교재의 표준 PID 제어기에 대한 블록선도가 그림 2.35에 보이고 있다. 제어 알고리즘은 연속(아날로그) 시간 영역(연산증폭기를 이용해 구현된다)과 이산(디지털) 시간 영역(디지털 컴퓨터를 이용해 소프트웨어로 구현된다)에서 표현될 수 있다. 주어진 시간, t에서 제어 신호 $u(t)$는 다음과 같은 함수로 결정된다.

$$u(t) = K_p e(t) + K_I \int_0^t e(\tau)d\tau + K_D \dot{e}(t) \tag{2.41}$$

이 식은 제어 신호가 시간 t에서의 명령 신호와 계측된 출력 신호 사이의 오차 $e(t)$의 함수일 뿐만 아니라 오차 신호의 미분 $\dot{e}(t)$, 제어가 구동($t = 0$)된 이후의 오차 신호의 적분의 함수 $\int_0^t e(\tau)d\tau$ 가 됨을 보여준다.

PID 제어 알고리즘을 이산 시간으로 근사화하면 미분과 적분 함수를 유한 차분으로 근사화하여 구현할 수 있다. 디지털 구현에서는 제어 신호가 표본 추출 주기라고 불리는 주기적

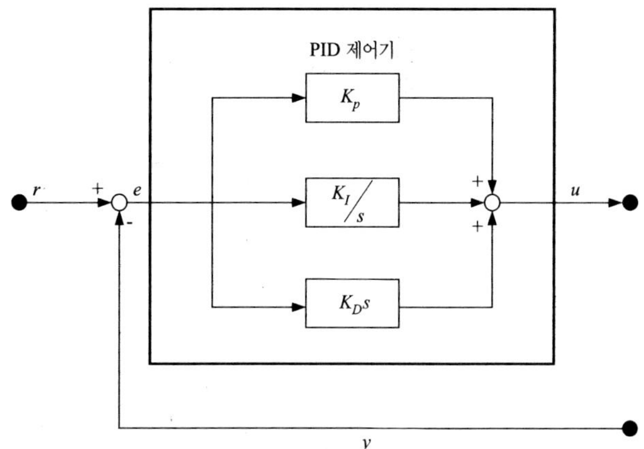

그림 2.35 ■ 표준 PID 제어기의 블록선도

인 구간, T 마다 갱신된다. 제어는 표본 추출 주기의 정수배되는 시간마다 갱신된다. 각 갱신 주기 사이에는 신호값이 일정한 값으로 유지된다. 갱신되는 어떤 시간, k에서 시간 $t = kT$가 되며 전에 갱신된 순간은 $t - T = kT - T$가 된다. 다음 갱신 시간은 $t = kT + T$가 되며 그 이후도 이런 방식으로 표현된다. 제어 신호는 $u(t) = u(kT)$로 표현된다.

$$u(kT) = K_p \cdot e(kT) + K_I \cdot u_I(kT) + K_D \left(\frac{(e(kT) - e(kT - T))}{T} \right) \tag{2.42}$$

여기서

$$u_I(kT) = u_I(kT - T) + e(kT) \cdot T \tag{2.43}$$

$$u_I(0) = 0.0; \text{ 초기화} \tag{2.44}$$

PID 제어의 연속 시간 영역(아날로그) 형태에 라플라스 변환을 취해 제어 시스템에 미치는 영향을 분석해보자. 기본적으로 폐루프 시스템의 주파수 대역보다 표본 추출 주기가 충분히 짧다면(높은 표본 추출 주파수) 이산 시간 형태(디지털 구현)의 경우에도 같은 결과가 얻어진다.

$$u(s) = \left(k_p + K_I \frac{1}{s} + K_D s \right) e(s) \tag{2.45}$$

$$D(s) = K_p + K_I \frac{1}{s} + K_D s \tag{2.46}$$

$$= K_p \left(1 + \frac{1}{T_I s} + T_D s \right) \tag{2.47}$$

PID 제어기의 다양한 형태에서 2차 질량-힘 시스템이 어떻게 거동하는지 조사해보자(그림 2.36).

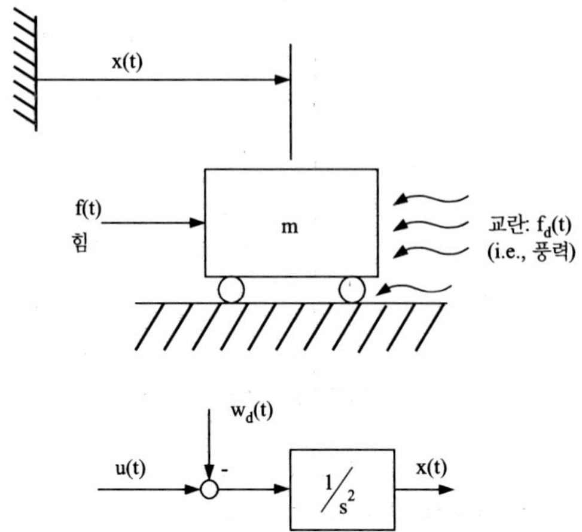

그림 2.36 ■ 질량-힘 시스템 모델. (a) 모델 부품, (b) 블록선도

$$m\ddot{x}(t) = f(t) - f_d(t)$$
$$\ddot{x}(t) = \frac{1}{m}f(t) - \frac{1}{m}f_d(t)$$
$$\ddot{x}(t) = u(t) - w_d(t)$$
$$s^2x(s) = u(s) - w_d(s)$$
$$x(s) = \frac{1}{s^2}u(s) - \frac{1}{s^2}w_d(s)$$

2.8.1 비례 제어

입출력 관계식을 고려해보자. 그러나 비례 제어 성질만 조사하기 위해 교란은 고려하지 말자(그림 2.37).

$$\frac{x(s)}{u(s)} = \frac{1}{s^2} \tag{2.48}$$

제어 행동 $u(t)$가 원하는 위치, $x_d(t)$와 실제 계측된 위치, $x(t)$ 사이의 오차에 근거한 비례 제어로 결정된다.

$$u(t) = K_p(x_d(t) - x(t)) \tag{2.49}$$

$$u(s) = K_p(x_d(s) - x(s)) \tag{2.50}$$

비례 제어를 하는 경우에 위치 명령값에 대한 실제 위치값의 폐루프 시스템의 전달 함수는 다음과 같다.

$$x(s) = \frac{K_p}{s^2 + K_p}x_d(s) \tag{2.51}$$

질량-힘 시스템에 비례 제어만을 적용하는 경우는 시스템에 스프링을 추가하는 것도 같다. 이 경우 스프링 상수는 비례 궤환 이득 K_p와 같다(그림 2.37). 위치의 계단식 변화에 이 시스템의 응답이 그림 2.37에 보이고 있다. 그림 2.39(a)는 K_p가 0부터 무한대 값으로 변함에 따른 폐루프 시스템의 근궤적을 보여주고 있다.

2.8.2 미분 제어

동일한 질량-힘 시스템에 미분 제어만을 적용하는 경우를 고려해보자. 제어는 위치의 미분에 비례하는데 이것은 속도에 비례함을 의미한다.

$$u(t) = -K_D\dot{x} \tag{2.52}$$

$$u(s) = -K_D s x(s) \tag{2.53}$$

$$s^2 x(s) = -K_D s x(s) \tag{2.54}$$

$$s(s + K_D)x(s) = 0 \tag{2.55}$$

만일 모델에 교란을 포함시킨다면 교란(풍력)대 질량 위치의 전달 함수는 다음과 같이 결정될 것이다.

$$m\ddot{x} = f(t) - f_d(t) \tag{2.56}$$

$$\ddot{x} = u(t) - w_d(t) \tag{2.57}$$

$$s(s + K_D)x(s) = -w_d(s) \tag{2.58}$$

$$x(s) = \frac{1}{s(s + K_D)}(-w_d(s)) \tag{2.59}$$

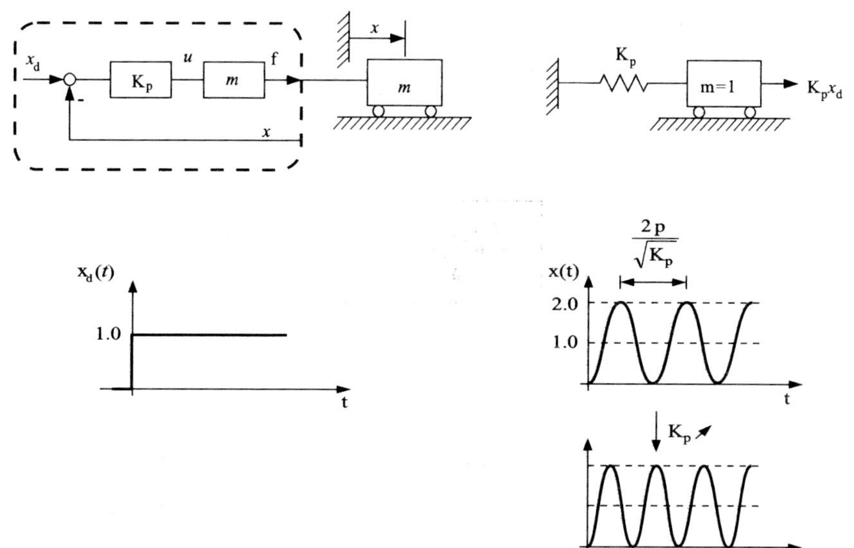

그림 2.37 ■ 위치 궤환 제어를 가지고 있는 질량-힘 시스템과 계단 응답

교란이 일정한 계단 함수인 경우를 고려해보자. 즉, $w_d = \frac{1}{s}$인 경우, 최종 응답은 다음과 같이 유도된다.

$$x(s) = -\frac{1}{s}\frac{1}{s(s+K_D)} \tag{2.60}$$

$$= \frac{a_1}{s^2} + \frac{a_2}{s} + \frac{a_3}{(s+K_D)} \tag{2.61}$$

여기서

$$a_1 = \lim_{s\to 0} s^2 x(s) = \frac{1}{K_D} \tag{2.62}$$

$$a_2 = \lim_{s\to 0} \frac{d}{ds}[s^2 x(s)] = \lim_{s\to 0} \frac{-1}{(s+K_D)^2} = -\frac{1}{K_D^2} \tag{2.63}$$

$$a_3 = \lim_{s\to K_D} [s+K_D]x(s) = \frac{1}{K_D^2} \tag{2.64}$$

일정한 교란이 가해지는 경우 미분 제어에 의한 질량의 위치는 다음과 같다.

$$x(t) = \frac{1}{K_D}t - \frac{1}{K_D^2}1(t) + \frac{1}{K_D^2}e^{-K_D t} \tag{2.65}$$

이 예에서 알 수 있듯이 미분 궤환 제어만으로는 2차의 질량-힘 시스템에 작용하는 일정한 교란을 대응할 수 없음을 알 수 있다. 미분 제어는 폐루프 시스템의 극점(그림 2.38)에 감쇠를 추가하여 안정성 여유를 증가시킨다.

2.8.3 적분 제어

제어 행동이 위치 오차의 적분 값에 근거한 경우를 고려해 보자.

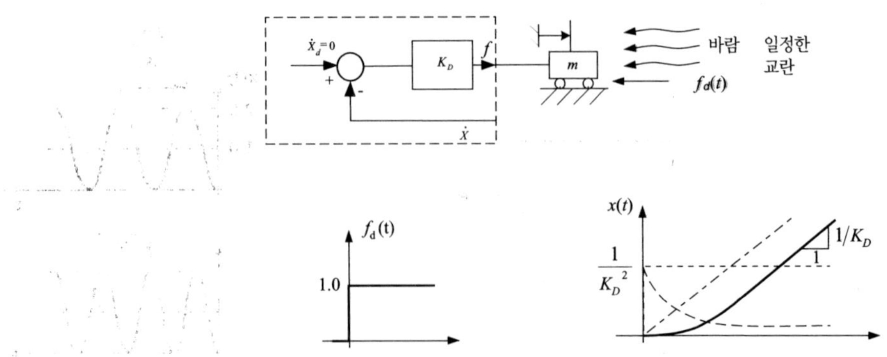

그림 2.38 ■ 속도 궤환 제어에 의한 질량-힘 시스템과 일정한 교란이 있는 경우의 응답

$$u(t) = K_I \int_0^t [x_d(\tau) - x(\tau)]d\tau \tag{2.66}$$

$$u(s) = \frac{K_I}{s}[x_d(s) - x(s)] \tag{2.67}$$

이 식을 질량-힘 모델(식 2.48)에 대입하면 다음과 같은 결과를 얻는다.

$$s^2 x(s) = u(s) = \frac{K_I}{s}[x_d(s) - x(s)] \tag{2.68}$$

$$s^3 x(s) + K_I x(s) = K_I x_d(s) \tag{2.69}$$

$$(s^3 + K_I)x(s) = K_I x_d(s) \tag{2.70}$$

폐루프 시스템의 극점들은 다음과 같이 주어진다(그림 2.39).

$$\Delta_{cl}(s) = 1 + K_I \frac{1}{s^3} \tag{2.71}$$

그림 2.39(b)는 K_I 값을 영부터 무한대 값까지의 변화에 따라 폐루프 시스템 극점의 궤적

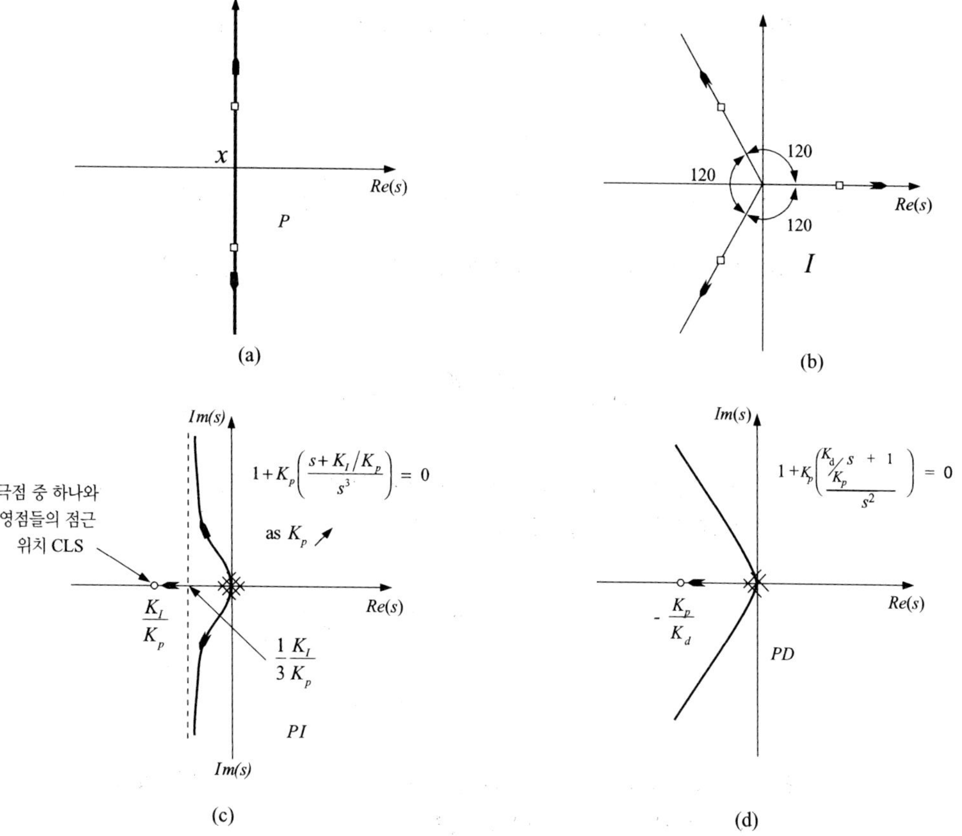

그림 2.39 ■ 이득이 0부터 무한대 값으로 변화함에 따라 나타나는 P, I, PI, PD 제어에 의한 시스템의 극점들(폐루프 시스템 극점들)의 궤적

을 보여준다. 적분 제어만으로 불안정한 질량-힘 시스템이 된다. 적분 제어는 시스템을 불안정하게 만드는 경향이 있다. 그러나 적분 제어의 주목적은 교란을 상쇄하고 정상 상태 오차를 감소시키는 것이다. 이에 대해서는 다음 절에서 소개한다.

2.8.4 PI 제어

비례와 적분(PI) 제어가 작용하는 질량-힘 시스템을 고려해보자. 제어 알고리즘은 다음과 같다.

$$u(t) = K_p(x_d(t) - x(t)) + K_I \int_0^t (x_d(\tau) - x(\tau))\,d\tau \tag{2.72}$$

이 식의 라플라스 변환은 다음과 같다.

$$u(s) = K_p(x_d(s) - x(s)) + K_I \frac{1}{s}(x_d(s) - x(s)) \tag{2.73}$$

$$= \left(K_p + \frac{K_I}{s}\right)(x_d(s) - x(s)) \tag{2.74}$$

질량-힘 시스템에 라플라스 변환을 취하고 $u(s)$에 대해 PI 제어를 대입하면 다음과 같은 결과를 얻는다.

$$\ddot{x} = u(t) - w_d(t)$$

$$s^2 x(s) = u(s) - w_d(s) = \left(K_p + \frac{K_I}{s}\right)(x_d(s) - x(s)) - w_d(s) \tag{2.75}$$

수학 연산 과정을 통한 위치와 원하는 위치, 교란 간의 전달 함수는 다음과 같이 유도됨을 알 수 있다.

$$x(s) = \frac{K_p(s) + K_I}{s^3 + K_p s + K_I} x_d(s) - \frac{s}{s^3 + K_p s + K_I} w_d(s) \tag{2.76}$$

위치 명령이 영, 즉 $x_d(t) = 0$이고 교란이 일정한 계단 함수, 즉 $w_d(s) = \frac{1}{s}$인 경우를 고려해보자. 교란에 의한 응답은 오차가 된다.

$$x(s) = -\frac{s}{s^3 + K_p s + K_I}\frac{1}{s}$$

$$x(s) = -\frac{1}{s^3 + K_p s + K_I} \tag{2.77}$$

만일 $\Delta_{cls}(s) = s^3 + K_p s + K_I$가 모두 안정한 근들을 가지고 있다면 일정한 교란에도 불구하고 시스템의 응답은 0이 될 것이다.

최종값 정리를 사용하면 다음을 얻는다.

$$\lim_{t\to\infty} e(t) = e_{ss}(\infty) = \lim_{s\to 0} se(s)$$

$$= \lim_{s\to 0} s\frac{1}{s^3 + K_p s + K_I} \tag{2.78}$$

$$e_{ss}(\infty) = 0$$

PI 형태의 제어를 적용하는 경우 일정한 교란에 의한 정상 상태 오차는 0이 된다. 만일 적분 제어 행동이 없다면, 즉 $K_I = 0$이라면 정상 상태 오차는 다음과 같이 나타나게 된다.

$$e(s) = \frac{s}{s(s^2 + K_p)}\frac{1}{s}$$

$$\lim_{s\to 0} se(s) = \frac{1}{s^2 + K_p} = \frac{1}{K_p} \to \neq 0$$

그러므로 궤환 제어에 사용되는 위치 오차의 적분이 제어 시스템으로 하여금 일정한 교란을 상쇄하게 만들고 정상 상태에서 $x(t) = x_d(t)$를 유지하게 함이 명백하게 나타난다. 교란이 없는 상태에서 원하는 위치를 계단 명령 변화로 주는 경우에 대한 과도 응답은 다음과 같이 주어진다.

$$w_d(t) = 0$$

$$x_d(t) = 1(t)$$

$$x(s) = \frac{K_p s + K_I}{s^3 + K_p s + K_I} x_d(s)$$

$$= \frac{\frac{1}{s^2}\left(K_p + \frac{K_I}{s}\right)}{1 + \frac{1}{s^2}\left(K_p + \frac{K_I}{s}\right)}$$

폐루프 시스템은 다음 위치에서 영점을 가진다.

$$-\frac{K_I}{K_p}$$

그리고 다음 식의 근으로 얻어지는 3개의 극점들을 가진다.

$$s^3 + K_p s + K_I = 0$$

$$1 + \frac{1}{s^2}\left(K_p + \frac{K_I}{s}\right) = 0$$

K_P, K_I의 여러 값에 대해 이 방정식의 근의 궤적을 조사해보자(그림 2.39(c)). 폐루프 시스템 영역 극점 감쇠는 $\left(\frac{1}{3}\frac{K_I}{K_p}\right)$에 의해 제한된다. 만일 더 많은 감쇠를 추가하길 원한다면 다른 제어 행동, 즉 미분(D) 제어와 같은 것을 적용해야 한다. 이에 대해서는 다음 절에서 다룬다.

2.8.5 PD 제어

이제 비례 미분 (PD) 제어가 적용되는 질량-힘 시스템의 특성을 고려해보자. PD 제어는 다음 식으로 주어진다.

$$u(t) = K_p(x_d(t) - x(t)) - K_D\dot{x}(t) \tag{2.79}$$

$$u(s) = K_p(x_d(s) - x(s)) - K_D\dot{x}(s) \tag{2.80}$$

이 식을 질량-힘 모델에 대입하면 다음식이 얻어진다.

$$s^2x(s) = u(s) - w_d(s) \tag{2.81}$$

$$(s^2 + K_Ds + K_p)x(s) = K_px_d(s) - w_d(s) \tag{2.82}$$

원하는 위치에 계단형의 명령을 주는 경우의 지배적인 응답과 일정한 교란에 대한 정상 상태 응답이 어떻게 나오는지 조사해 보자.

(i) s 영역에서의 과도 응답은 다음과 같다.

$$x(s) = \frac{K_p}{s^2 + K_Ds + K_p}(1/s) \tag{2.83}$$

그리고 시간 영역 응답은 위식에 라플라스 역변환을 취해 유도된다.

$$x(t) = 1 - e^{-\xi\omega_n t}\frac{1}{\sqrt{1-\xi^2}}sin\left(\sqrt{1-\xi^2}\omega_n t + \phi\right) \tag{2.84}$$

여기서

$$K_p = \omega_n^2 \tag{2.85}$$

$$K_D = 2\xi\omega_n \tag{2.86}$$

$$\phi = \tan^{-1}\left(\frac{\sqrt{1-\xi^2}}{\xi}\right) \tag{2.87}$$

PD 제어 이득이 폐루프 시스템의 고유 진동수와 감쇠비를 결정하기 때문에 PD 제어는 과도 응답의 형상을 구성하는데 효과적일 수 있다.

(ii) 명령은 0이고 일정한 계단 교란의 경우, 즉 $x_d = 0;\ w_d \neq 0;\ w_d(s) = \frac{1}{s}$. 계단 교란에 대한 응답은 다음 식으로 주어진다.

$$x(s) = -\frac{1}{s^2 + K_Ds + K_p}\frac{1}{s} \tag{2.88}$$

$$x(s) = e(s) = -\frac{1}{s^2 + K_Ds + K_p}\frac{1}{s} \tag{2.89}$$

교란에 대한 응답은 사실상 오차이다. PD 제어가 작용하는 경우, 오차의 크기는 다음과 같다.

$$\lim_{t\to\infty} e(t) = \lim_{s\to 0} s(s) \tag{2.90}$$

$$= \lim_{s\to 0}(-s)\frac{1}{s^2 + K_D s + K_p}\frac{1}{s} \tag{2.91}$$

$$= \frac{1}{K_p} \tag{2.92}$$

그러므로 일정한 교란이 있는 경우 PD 제어만으로는 0의 정상 상태 응답을 만들 수 없다.

2.8.6 PID 제어

PID 제어는 기본적으로 PD 제어 더하기 PI 제어이다. 즉, PD 제어의 성능과 PI 제어의 성능을 조합해놓은 것이다. PD 제어는 주로 과도 응답의 형상을 구성하고 시스템을 안정화하는 데 사용된다. D(미분) 제어는 폐루프 시스템에 감쇠를 더한다. 만일 정상 상태 오차가 일정하다면 이 값의 미분은 0이 되며 따라서 미분 행동은 정상 상태 응답에 아무런 영향을 주지 못한다. PID 제어는 정상 상태 오차를 줄이기 위해 사용되며 교란 상쇄 성능을 향상시킨다. 실제 사용되는 모든 제어기들은 PID 제어의 이런 특징들을 가지고 있다. 이들은 현재의 오차(비례-P 제어), 오차의 적분을 사용하는 과거 오차(적분-I 제어), 미분의 성질을 이용한 미래의 오차(미분-D 제어)를 처리하는 제어 행동 요소를 가지고 있다. PID 제어를 구현하는 많은 방법들이 있다. PID 제어의 가능한 구현 방법 중 하나를 아래에 소개한다. 이 구현 방법은 미분 행동이 오차가 아니고 궤환 신호에만 적용되는 것이다. 만일 명령 신호가 계단 변화와 같이 점프 불연속을 가지고 있다면 이와 같은 형태가 바람직할 경우가 있다.

$$u(t) = K_p(x_d(t) - x(t)) + K_I\left(\int_0^t (x_d(\tau) - x(\tau)\right)d\tau - K_D\dot{x}(t) \tag{2.93}$$

$$u(s) = K_p(x_d(s) - x(s)) + \frac{K_I}{s}(x_d(s) - x(s)) - K_D s x(s) \tag{2.94}$$

$$= -\left(K_p + \frac{K_I}{s} + K_D s\right)x(s) + \left(K_p + \frac{K_I}{s}\right)x_d(s) \tag{2.95}$$

만일 질량-힘 시스템의 위치 제어에 PID 제어기를 사용한다면 다음식이 유도된다.

$$s^2 x(s) = u(s) - w_d(s) \tag{2.96}$$

$$\left\{s^2 + \left(K_p + \frac{K_I}{s} + K_D s\right)\right\}x(s) = \left(K_p + \frac{K_I}{s}\right)x_d(s) - w_d(s) \tag{2.97}$$

$$(s^3 + K_D s^2 + K_p s + K_I)x(s) = (K_p s + K_I)x_d(s) - s w_d(s) \tag{2.98}$$

PID 제어기가 작용하는 경우에 질량-힘 시스템에 대한 폐루프 시스템 전달 함수는 다음과 같다.

$$x(s) = \frac{(K_p s + K_I)}{(s^3 + K_D s^2 + K_p s + K_I)}x_d(s) - \frac{s}{(s^3 + K_D s^2 + K_p s + K_I)}w_d(s) \tag{2.99}$$

2개의 다른 조건: (i) 명령 입력은 0이나 일정한 단위 크기의 교란이 있는 경우, $x_d(t) = 0$; $w_d(t) = 1(t)$ (ii) 단위 크기의 계단 명령이 있으나 교란은 없는 경우, $x_d(t) = 1(t)$ $w_d(t) = 0$에 대한 이 시스템의 거동을 조사해보자.

(i) $x_d(t) = 0.0$; $w_d(t) = 1(t)$ 교란에 의한 응답은 원하지 않는 응답인데 오차로 고려될 수 있다.

$$x(t) = e(t) \tag{2.100}$$

$$x(s) = e(s) \tag{2.101}$$

$$= -\frac{s}{(s^3 + K_D s^2 + K_p s + K_I)}\frac{1}{s} \tag{2.102}$$

PID 제어가 작용하는 경우 정상 상태에서 질량-힘 시스템의 위치는 명령을 내린 바와 같이 일정한 크기의 교란이 있음에도 불구하고 0이 된다.

$$\lim_{t\to\infty} x(t) = \lim_{s\to 0} x(s) = -\frac{s}{(s^3 + K_D s^2 + K_p s + K_I)} = 0 \tag{2.103}$$

적분 행동, 즉, $K_I = 0$이라면 응답은 다음과 같이 유한하며 비례 제어 이득에 반비례한다.

$$e(\infty) = \frac{1}{K_p}$$

교란을 상쇄하는데 있어 적분(I) 행동의 중요성에 주목하라. 적분 행동은 제어기 블록 다음에 시스템에 들어가는 교란과 관련된 시스템 형태 I를 만든다.

(ii) $x_d(t) = 1(t)$; $w_d(t) = 0$: 교란이 없는 경우의 시스템의 계단 응답을 조사해보자.

$$x_d(t) = 1(t);\ \text{계단 함수} \tag{2.104}$$

$$x(s) = \frac{K_p s + K_I}{(s^3 + K_D s^2 + K_p s + K_I)}\frac{1}{s} \tag{2.105}$$

PID 제어기는 PD와 PI 제어기를 연속으로 연결해놓은 것으로 설계할 수 있다. 먼저 PD 제어를 설계하는 것은 과도 응답의 형상을 구성하는 것이고 그 다음 PI 제어를 설계하는 것은 정상 상태 응답을 형성하기 위하는 것이다. PD 제어는 개루프와 폐루프 전달 함수에 영점을 추가한다. 그러므로 PD 제어는 s 영역의 왼쪽 편으로 근궤적을 미는 경향이 있다. 따라서 폐루프 시스템을 안정화시키는 영향을 준다. PI 제어는 영점과 극점을 원점에 근접하게 만든다. 일반적으로 PI 제어기의 영점이 시스템의 다른 극점들과 영점들에 비해 더 원점에 근접하게 된다. PID 제어의 영점을 원점의 극점에 근접하게 놓는 결과는 PD 제어에 의해 구성된 과도 응답에 영향을 주지 않기 위함이다. 그러나 루프 전달 함수의 형태가 하나 증가되게 된다. 그러므로 PI 제어는 근본적으로 정상 상태 오차에 영향을 준다. PI와 PD 제어 변수들의 함수로 주어지는 최종 PID 제어 변수들은 다음과 같이 유도된다.

$$D(s) = K_P\left(1 + \frac{1}{T_I s} + T_D s\right) \tag{2.106}$$

$$= K_P^* \left(1 + \frac{1}{T_I^* s}\right)(1 + T_D^* s) \tag{2.107}$$

여기서

$$K_P = K_P^*(1 + T_D^*/T_I^*) \tag{2.108}$$

$$T_I = T_I^* + T_D^* \tag{2.109}$$

$$T_D = (T_I^* T_D^*)/(T_I^* + T_D^*) \tag{2.110}$$

2.9 아날로그 제어에서 디지털 제어로의 변환

연속 시간 방법을 이용해 제어기를 완벽하게 해석하고 설계할 수 있다. 최종적인 제어기는 아날로그 제어기인데 연산증폭기를 이용하여 하드웨어적으로 구현될 수 있다. 디지털 제어기를 가지고도 근사적으로 구현할 수 있는데 이 경우에는 디지털 컴퓨터를 이용한다. 기본적인 도구는 유한 차분에 의한 미분의 근사이다.

근본적인 문제는 다음과 같다: $G_c(s)$(아날로그 제어기 전달 함수)가 주어질 경우 $H_c(z)$(디지털 제어기 전달 함수)를 발견하는 것이다. 이 경우 되도록이면 디지털 제어기가 작용하는 폐루프 시스템이 아날로그 제어기가 작용하는 경우의 폐루프 시스템에 성능상 근접하게 만드는 것이다(그림 2.40).

여기서 고려한 유한 차분 근사는 다음과 같다.

- 전방 차분 근사
- 후방 차분 근사
- 사다리꼴 근사

이외에도 주파수를 미리 왜곡한 사다리꼴 근사, 영차 유지(*ZOH*)와 동등한 근사, 극점-영점 사상, 1차 동등과 같은 방법들이 있다. 여기서는 토의하지 않는다.

표본 추출률이 제어기의 주파수 대역에 비해 아주 빠르게 되면(즉, 20배~50배 정도 크다면) 여러 종류의 근사 방법 사이의 차이는 무의미해진다. 이와 반대로 만일 표본 추출 주파수가 제어기의 주파수 대역에 비해 그렇게 크지 않다면(즉, 2~4배 정도) 여러 종류의 근사 방법 사이의 차이가 뚜렷하게 나타난다.

2.9.1 유한 차분 근사

디지털 필터를 이용해 아날로그 필터를 근사화하는 기본 개념은 미분과 적분을 유한 차분으로 근사화한다는 것이다. 오차 신호 $e(t)$를 고려하고 그 미분과 적분, 오차 신호의 표본$\{. . ., e(kT - T), e(kT), e(kT + T)\}$을 고려해보자.

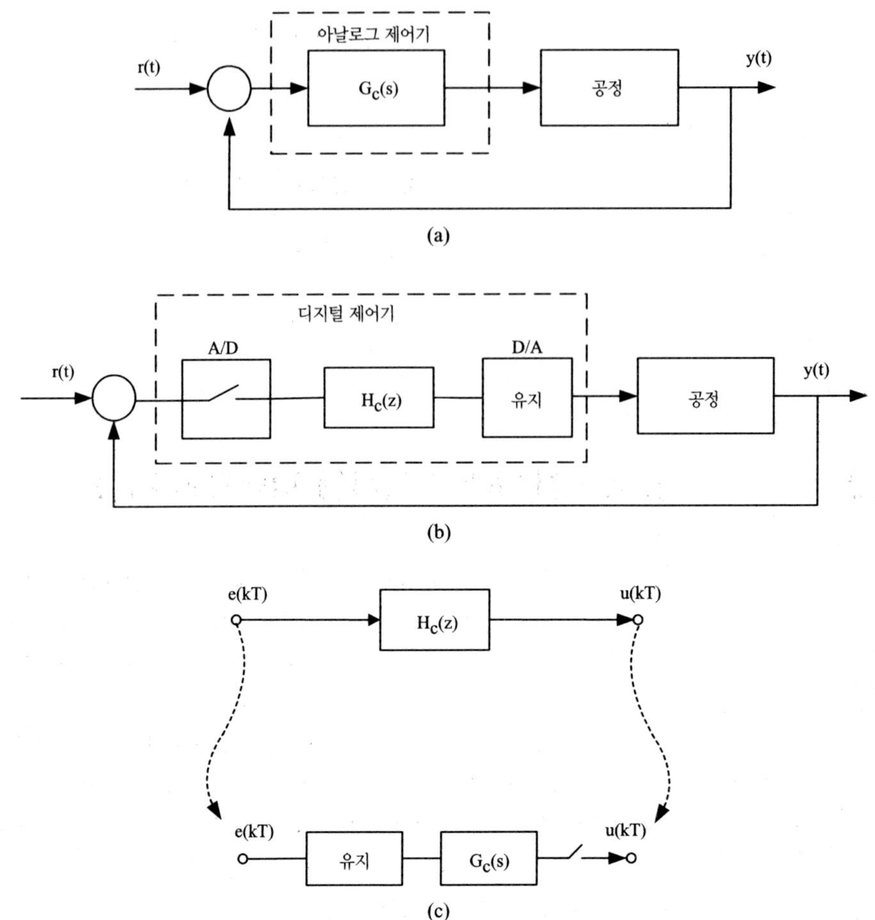

그림 2.40 ■ 아날로그 제어기의 디지털 근사

$$\frac{d}{dt}[e(t)], \left(\int_{t_o}^{t} e(\tau)d\tau\right) \Longleftrightarrow (e(kT), e(kT-T), \ldots) \tag{2.111}$$

1차 전달 함수 예제를 고려해보자.

$$\frac{u(s)}{e(s)} = G(s) = \frac{a}{s+a} \tag{2.112}$$

$$\dot{u}(t) + au(t) = ae(t) \tag{2.113}$$

$$u(t)|_{t=kT} = \int_{0}^{kT} [-au(\tau) + ae(\tau)]d\tau \tag{2.114}$$

적분을 이산화하면 다음 식과 같다.

$$u(kT) = \int_0^{kT-T} [-au(\tau) + ae(\tau)]d\tau + \int_{kT-T}^{kT} [-au(\tau) + ae(\tau)]d\tau \tag{2.115}$$

$$u(kT) = u(kT - T) + \int_{kT-T}^{kT} [-au(\tau) + ae(\tau)]d\tau \tag{2.116}$$

이제 3개의 다른 유한 차분 근사방법을 고려해보자. 여기서 각 방법은 위 식의 적분 항을 다른 방법으로 근사화한다.

(i) 전방 차분 근사

$$u(kT) = u(kT - T) + T[-au(kT - T) + ae(kT - T)] \tag{2.117}$$

$$u(kT) = (1 - aT)\, u(kT - T) + a\,T e(kT - T) \tag{2.118}$$

이 식은 디지털 컴퓨터에서 소프트웨어적으로 쉽게 구현된다. 각 제어 표본 추출 주기마다 앞선 주기에서의 출력과 오차값이 필요한 전부이다. 알고리즘은 두 번의 곱셈과 한 번의 덧셈 동작을 포함한다.

아날로그와 디지털 제어기 근사화 변환간의 좀 더 원천적인 관계식을 유도하기 위해 위의 차분 방정식에 Z 변환을 취해보자.

$$[1 - (1 - aT)z^{-1}]u(z) = aT z^{-1} e(z) \tag{2.119}$$

신호상의 단일 표본 추출 주기 지연은 신호 변환에 z^{-1}을 더하는 것이다. 이와 반대로 단일 표본 추출 주기의 앞선 진행은 신호 변환에 z를 더하는 것이다. 이 원리를 사용하면 차분 방정식에 Z 변환을 취하는 것과 차분 방정식을 구하기 위해 z 영역 전달 함수의 역 Z 변환이 쉽게 이루어짐을 알 수 있다. 실시간 알고리즘 구현을 위해서는 제어기를 차분 방정식 형태로 나타낼 필요가 있다.

$$\frac{u(z)}{e(z)} = \frac{aT z^{-1}}{1 - (1 - aT)z^{-1}} = \frac{a.T}{z - (1 - aT)} = \frac{a}{((z - 1)/T) + a} \tag{2.120}$$

이 근사를 사용하면 s와 z사이의 대체 관계식이 다음과 같음을 알 수 있다.

$$\frac{a}{s + a} \longrightarrow \frac{a}{\frac{z-1}{T} + a} \tag{2.121}$$

$$s \longrightarrow \frac{z - 1}{T}; \quad z = sT + 1 \tag{2.122}$$

(ii) 후방 차분 근사: 또 다른 가능한 근사 방법은 후방 차분 법칙이다.

$$u(kT) = u(kT - T) + T[-au(kT) + ae(kT)] \tag{2.123}$$

위 방정식도 소프트웨어적으로 실시간 구현에 적당한 형태임을 알 수 있다. 이런 형태의 근사에 대한 보다 원천적인 관계식을 구하기 위해서 위 방정식에 Z 변환을 취해보자.

$$u(z) = z^{-1}u(z) - Tau(z) + Tae(z) \tag{2.124}$$

$$(1 + Ta - z^{-1})u(z) = Tae(z) \tag{2.125}$$

$$\begin{aligned}\frac{u(z)}{e(z)} &= \frac{Ta}{1 + Ta - z^{-1}} = \frac{zTa}{z - 1 + Taz} \\ &= \frac{a}{\frac{z-1}{zT} + a}\end{aligned} \tag{2.126}$$

후방 근사는 s와 z사이에 다음과 같은 대체 관계식을 가지게 된다.

$$\frac{a}{s + a} \longrightarrow \frac{a}{\frac{z-1}{Tz} + a} \tag{2.127}$$

$$s \longrightarrow \frac{z - 1}{Tz} \tag{2.128}$$

(iii) 사다리꼴 근사(투스틴(Tustin) 방법, 쌍일차(Bilinear) 변환): 마지막으로 적분에 대한 유한 차분 근사방법으로 사다리꼴 법칙 근사를 고려해 보자.

$$\begin{aligned}u(kT) = u(kT - T) + \frac{T}{2}[&-a[u(kT - T) + u(kT)] \\ &+ [a(e(kT - T) + e(kT)]]\end{aligned} \tag{2.129}$$

이와 유사하게 위 방정식에 Z 변환을 취해보자.

$$zu(z) = u(z) + \frac{T}{2}[-a(1 + z)u(z) + a(1 + z)e(z)] \tag{2.130}$$

$$[z + \frac{Ta}{2}(1 + z) - 1]u(z) = \frac{T \cdot a}{2}(1 + z)e(z) \tag{2.131}$$

$$\begin{aligned}\frac{u(z)}{e(z)} &= \frac{\frac{T}{2} \cdot a(1 + z)}{(z - 1) + \frac{T \cdot a}{2}(1 + z)} \\ &= \frac{a}{\frac{2}{T}\frac{z-1}{z+1} + a}\end{aligned} \tag{2.132}$$

s와 z 사이의 동등한 대체 관계식은 다음과 같다.

$$\frac{a}{s + a} \longleftrightarrow \frac{a}{\frac{2}{T}\frac{z-1}{z+1} + a} \tag{2.133}$$

$$s \longleftrightarrow \frac{2}{T}\frac{z - 1}{z + 1} \tag{2.134}$$

유한 차분에 근거한 아날로그 필터의 디지털 근사에 대한 요약이 다음과 같다.

방법	근사
전방 차분 법칙	$s \longleftarrow \frac{z-1}{T}$
후방 차분 법칙	$s \longleftarrow \frac{z-1}{Tz}$
사다리꼴 법칙	$s \longleftarrow \frac{2}{T}\frac{z-1}{z+1}$

(2.135)

2.10 문 제

1. 주기적인 시간 영역 신호 $y(t) = 1.0 \cdot sin(2\pi \cdot 10t)$를 고려해보자. 다음과 같은 표본 추출 영향을 제시하기 위해 적당한 표본 추출 주파수를 선택해 시간 영역에서의 추출된 결과, 푸리에 급수와 원래 신호와 추출된 신호 간의 변환(보드선도 형태)을 도시하라.

(a) 정확한 추출에 충분할 정도로 빠르며, 표본 추출 정리를 위반하지 않는 표본 추출 주기
(b) 표본 추출 결과, 변종 문제가 발생하는 표본 추출 주기
(c) 표본 추출 결과, 맥놀이 현상을 보여주는 표본 추출 주기
(d) 표본 추출 결과, 숨겨진 요동 문제를 보여주는 표본 추출 주기
추출된 신호의 주파수 성분을 가지고 시간 영역 결과를 설명하라.

2. 질량-힘 시스템을 고려하라. $m = 5$ kg이라고 하자. 제어기는 위치 오차에 대해 PD 제어기를 사용해 힘을 결정한다. 폐루프 시스템의 계단 응답이 5% 미만 지나침을 가지며 안정화 시간은 2초 미만이 되도록 PD 제어기 이득을 선택하라. 계산 결과를 Simulink나 Matlab 수치모사를 이용해 확인하라.

3. 만일 $u(s) = (K_p + K_d s)(x(s) - x_{cmd}(s))$로 주어지는 제어기의 부호를 바꾸게 되면 어떤 영향을 주는지 설명하라. 이와 같은 일이 실제로 쉽게 일어나는데 명령 신호와 센서 신호 사이의 아날로그 PD 제어기로 들어가는 신호 입력선을 바꾸거나 제어기 출력의 극성을 바꾸는 경우(제어기의 부호를 한 번 변경) 발생한다. 만일 명령 신호와 센서 신호의 극성을 모두 바꾸고 제어기의 출력 극성도 바꾸면(제어기의 부호를 두 번 바꾸는 경우) 어떤 일이 벌어질까? PD 제어 알고리즘이 작용하는 간단한 질량-힘 시스템 모델을 사용해 해석을 수행하고 결과를 제시하라.

4. 질량-힘 시스템을 고려하고 $m = 5$ kg이라고 하자. 제어기는 속도 오차에 대해 PID(P 또는 PI)제어기를 이용해 힘을 결정한다. 다음과 같은 입력에 대해 유한한 정상 상태 추종 오차를 어떻게 보장할 수 있는가? (a) 램프 속도 명령 신호 (b) 포물선 속도 명령 신호. 결과를 Simulink나 Matlab 수치모사를 이용해 확인하라. 속도 명령은 $r(t) = 10 \cdot t$와 $r(t) = 10 \cdot t^2$ 라고 하라. 궤환 센서는 질량의 속도 계측 값을 제공한다고 가정하라. 제어기는 속도 오차에 따라 작동한다.

5. 직류 모터 속력 제어 시스템과 그 전류 모드 증폭기의 동역학을 고려하라. 모터 토크 속력 전달 함수는 1차 필터이며 전류 모드 증폭기의 입출력 동역학 역시 1차 필터로 고려하라.

$$\frac{w(s)}{T(s)} = \frac{100}{0.02s + 1} \tag{2.136}$$

$$T(s) = 10 \cdot i(s) \tag{2.137}$$

$$\frac{i(s)}{i_{cmd}(s)} = \frac{10}{0.005s + 1} \tag{2.138}$$

전류 명령은 궤환 신호로 모터 속력을 이용하고 명령으로 속도 신호를 이용하는 아날로그 제어기(PID 형태)를 통해 생성됨을 고려하라.

(a) 전류 증폭기의 필터 영향을 무시하고 세 가지 다른 제어기, P, PD, PI 제어기의 작용을 받는 폐루프 제어 시스템의 폐루프 극점들의 궤적(근궤적)을 결정하라. 각 경우에 있어 근궤적 변수로 비례 이득을 변화시키고 미분 이득과 적분 이득에 대해 여러 값을 선택해 사용하라.

$$i_{cmd}(s) = K_p \cdot (w_{cmd}(s) - w(s)\ ;\ P\ control \tag{2.139}$$

$$= (K_p + K_d s) \cdot (w_{cmd}(s) - w(s)\ ;\ PD\ control \tag{2.140}$$

$$= \left(K_p + \frac{K_i}{s}\right) \cdot (w_{cmd}(s) - w(s)\ ;\ PI\ control \tag{2.141}$$

(b) 해석 과정에 증폭기 동역학을 포함시켜 근궤적 해석을 수행하라. 구한 결과를 여러 제어기(P, PD, PI)와 이득을 선택해 그 영향과 제어 루프상에 필터 형태로 추가된 경우의 영향을 논하라.

6. 직류 모터 속력 제어 시스템과 전류 모드 증폭기의 동역학을 고려하라. 모터 토크 속력 전달 함수는 1차 필터이고 전류 모드 증폭기 역시 1차 필터로 고려하라.

$$\frac{w(s)}{T(s)} = \frac{K_m}{\tau_m s + 1} \tag{2.142}$$

$$T(s) = K_T \cdot i(s) \tag{2.143}$$

$$\frac{i(s)}{i_{cmd}(s)} = \frac{K_i}{\tau_a s + 1} \tag{2.144}$$

모터에 교란 형태로 부하 토크가 작용하고 그 형태가 (i) 계단 함수 (ii) 램프 함수로 주어진다고 가정하라. 부차 토크에 의한 정상 상태 속력 오차가 0으로 만들고자 한다면 교란(부하) 토크의 각 형태를 다루기 위해 요구되는 제어기의 형태는 무엇인가? 왜 PD 제어기는 이 임무를 수행할 수 없는가?

7. 아날로그 PD 제어기가 다음 식으로 주어진다.

$$G_c(s) = K_p + K_d \cdot s \tag{2.145}$$

(a) 앞에서 언급한 디지털 근사 방법들을 모두 사용하여 표본 추출 주기 T의 동등한 디지털 PD 제어기를 구하라.

(b) $K_p = 1.0, K_d = 0.7$이라고 하자. 아날로그와 디지털 근사에 대한 보드선도를 세 가지 각각 다른 값, $T = 1/5$초, $1/50$초, $1/500$초에 대해 그려라.

8. 아날로그 PI 제어기가 다음 식으로 주어진다.

$$G_c(s) = K_p + K_i \cdot (1/s) \tag{2.146}$$

(a) 위에서 언급한 디지털 근사화 방법을 모두 사용해 표본 추출 주기 T를 가지는 디지털 PI 제어기를 구하라.

(b) $K_p = 1.0$, $K_i = 0.1$이라고 하자. 아날로그와 디지털 근사에 대한 보드선도를 세 가지 각각 다른 값, $T = 1/5$초, $1/50$초, $1/500$초에 대해 그려라.

9. 아날로그 PID 제어기가 다음 식으로 주어진다.

$$G_c(s) = K_p + K_i \cdot (1/s) + K_d \cdot s \tag{2.147}$$

(a) 위에서 언급한 디지털 근사화 방법을 모두 사용해 표본 추출 주기 T를 가지는 디지털 PID 제어기를 구하라.

(b) $K_p = 1.0$, $K_i = 0.1$, $K_d = 0.7$이라고 하자. 아날로그와 디지털 근사에 대한 보드선도를 세 가지 각각 다른 값, $T = 1/5$초, $1/50$초, $1/500$초에 대해 그려라.

CHAPTER 03

운동 전달을 위한 기구

3.1 소 개

컴퓨터로 제어되어 움직이는 모든 기계 시스템은 구동기로 움직이는 도구에 전달하기 위해 사용되는 기구이다. 구동기는 오직 회전 또는 선형 운동만을 제공한다. 예를 들면 회전 전기 모터는 회전 운동원이고 유압 또는 공압 실린더는 선형 운동이다. 일반적으로 움직임이 필요한 어떤 도구의 바로 그 지점에 구동기를 위치하는 것은 실용적이지 못하다. 그러므로 운동 전달 기구부는 구동기와 도구 사이에 필요하다. 운동 전달 기구부는 다음과 같은 두 가지의 일을 한다.

1. 구동기를 도구에 직접 부착하여 요구되는 운동을 만들 수 없도록 설계되어 있으므로 구동기로부터 도구에 운동을 전달해야 한다.
2. 입력과 출력 간의 구동을 보존시키면서 입력축과 출력축 사이의 토크와 속력을 증가시키거나 감소시킨다(출력 구동은 입력 구동에서 구동 손실을 감한 값이다).

가장 일반적인 운동 전달 기구부는 다음과 같은 3개의 범주에 속한다.

1. 회전 운동에서 회전 운동으로 전달하는 기구부(기어, 벨트와 풀리)
2. 회전 운동에서 병진 운동으로 전달하는 기구부(리드 스크루, 랙 피니언, 벨트 풀리)
3. 주기적인 운동 전달 기구부(링크, 캠)

모든 기구부에 공통인 것은 입력축의 변위가 출력축의 변위와 확정된 기계적인 관계로 연결되어 있다는 것이다. 전달 과정에서 마찰로 인한 구동의 손실은 필연적이다. 그러나 해석을 목적으로 하는 이 장의 목적상 100%의 효율을 가진 이상적인 운동 기구부를 고려할 것이다.

운동 전달 기구부의 효율은 출력 구동과 입력 구동의 비로 다음과 같이 정의된다.

$$\eta = \frac{P_{out}}{P_{in}} \tag{3.1}$$

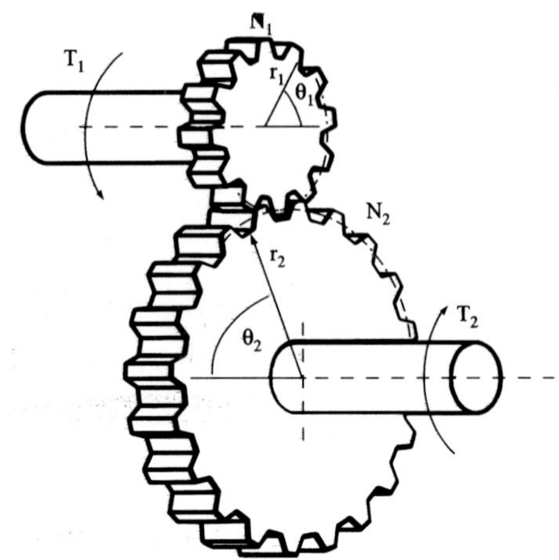

그림 3.1 ■ 회전-회전 운동 변환 기구: 기어 기구

효율은 운동 전달 기구부의 형태에 따라 75~95% 값을 가진다. 완벽한 효율을 가정한다면 다음과 같은 식이 성립된다.

$$P_{in} = P_{out} \tag{3.2}$$

이 식은 입력-출력 관계를 결정짓는 간단한 관계식이다.

기구부의 기계적인 구성은 입력 변위와 출력 변위 사이의 비율을 결정하는데 이를 등가 기어비(effective gear ratio)라고 한다. 등가 기어비는 효율의 영향을 받지 않는다. 어떤 기구부가 100% 효율이 아니라고 한다면 손실은 토크 또는 힘의 전달률이 된다. 기어비 $N = \Delta\theta_{in}/\Delta\theta_{out}$를 가지는 간단한 기어 연결(그림 3.1)을 고려해 보자.

$$P_{out} = \eta \cdot P_{in} \tag{3.3}$$

$$T_{out} \cdot \dot{\theta}_{out} = \eta \cdot T_{in} \cdot \dot{\theta}_{in} \tag{3.4}$$

효율에 관계없이

$$N = \frac{\dot{\theta}_{in}}{\dot{\theta}_{out}} \tag{3.5}$$

따라서

$$T_{out} = \eta \cdot N \cdot T_{in} \tag{3.6}$$

여기서 토크 출력은 기구부의 효율에 의해 감소됨을 알 수 있다.

기구부의 등가 기어비는 에너지 방정식에 의해 결정된다. 출력 도구부의 운동에너지는 출력부의 속력에 의해 표현된다. 그리고 출력부의 속력은 입력부의 속력의 함수로 표현된다. 두 표현식 모두 같은 운동에너지를 나타내기 때문에 등가 기어비가 유도된다. 다음 토의에서 부하 관성(J_l)과 부하 토크(T_l)를 출력축에 인가되는 양으로 하자. 다른 말로 $J_l = J_{out}$, $T_l = T_{out}$, 또한 입력축에서 이에 해당하는 값들을 $J_{in,eff} = J_{in}$, $T_{in,eff} = T_{in}$으로 하자. 예를 들어 회전 기어 감속기에서 KE_l을 관성 J_l과 출력 속력 $\dot{\theta}_{out}$를 가지는 부하의 운동에너

지라고 하면 에너지를 제공하기 위해서는 구동기가 운동에너지에 손실까지 합한 값을 제공해야 한다. 따라서

$$KE_l = \eta \cdot KE_{in} \tag{3.7}$$

$$KE_l = \frac{1}{2} \cdot J_l \cdot \dot{\theta}_{out}^2 \tag{3.8}$$

$$= \eta \cdot \frac{1}{2} \cdot J_{in,eff} \cdot \dot{\theta}_{in}^2 \tag{3.9}$$

$$= \frac{1}{2} \cdot J_l \cdot (\dot{\theta}_{in}/N)^2 \tag{3.10}$$

그러므로 모든 것이 반영된 등가 관성은 다음과 같이 표현된다.

$$J_{in,eff} = \frac{1}{\eta \cdot N^2} \cdot J_l \tag{3.11}$$

요약하면, 이상적인 운동 기구부(효율 100%, $\eta = 1.0$)는 입력축과 출력축 간에 다음과 같은 반영 성질을 가진다.

$$\dot{\theta}_{in} = N \cdot \dot{\theta}_{out} \tag{3.12}$$

$$J_{in,eff} = \frac{1}{N^2} \cdot J_l \tag{3.13}$$

$$T_{in,eff} = \frac{1}{N} \cdot T_l \tag{3.14}$$

여기서 N은 등가 기어비이다. 운동 전달 기구부의 효율 인자는 가끔 상대적으로 큰 안전계수에 의해 고려된다. 효율 인자가 구동기의 크기 계산에 명백하게 포함되어야 한다면 다음과 같은 관계식이 적용된다.

$$\dot{\theta}_{in} = N \cdot \dot{\theta}_{out} \tag{3.15}$$

$$J_{in,eff} = \frac{1}{N^2 \cdot \eta} \cdot J_l \tag{3.16}$$

$$T_{in,eff} = \frac{1}{N \cdot \eta} \cdot T_l \tag{3.17}$$

입력축으로부터 출력축으로 전달된 운동, 관성과 토크를 결정하는 식은 다음과 같다.

$$\theta_{out} = \frac{1}{N} \cdot \theta_{in} \tag{3.18}$$

$$J_{out,eff} = \frac{N^2}{\eta} \cdot J_{in} \tag{3.19}$$

$$T_{out,eff} = \frac{N}{\eta} \cdot T_{in} \tag{3.20}$$

구동 전달의 방향에 상관없이 효율 인자가 방정식의 분모에 있음을 주의하라. 이것은 어떤 방향으로도 전달 효율에 의해 구동이 손실됨을 가리킨다.

운동 전달 기구부는 다음과 같은 변수들로 특징지어진다.

1. **등가 기어비**(effective gear ratio): 운동 전달 기구부의 주요 특징은 기어비이다. 이것은 종종 등가 기어비로도 불리는데 그 이유는 운동 변환이 반드시 기어들에 의해서만 이루어지는 것이 아니기 때문이다.
2. **효율**(efficiency): 실제 전달 기구부의 효율은 항상 100% 미만이다. 대부분의 기어 기구부들에 대해 순방향 또는 역방향 효율은 리드 스크루, 볼 스크루 기구부 등을 제외하고는 동일하다. 그런 기구부에 대해서는 회전-선형 운동 변환 효율(순방향 효율) η_f와 선형-회전 운동 변환 효율(역방향 효율) η_b를 언급하는 것이 적절하다. 볼 스크루의 경우 전형적인 효율 계수들의 값이 $\eta_f = 0.9$, $\eta_b = 0.8$이다. 리드 스크루의 경우에는 리드 각도에 의해 변한다. 리드 각도(lead angle)는 리드 헬릭스(lead helix)가 회전축에 수직한 선과 이루는 각도로서 정의된다. 리드(회전당 전진한 선형 변위)가 증가됨에 따라 리드 각도도 증가되며 효율도 증가된다.
3. **백래시**(backlash): 운동 전달 기구부에는 항상 유효한 백래시가 발생한다. 백래시는 회전 기구부의 경우 아크분(arc minute) = 1/60도의 단위로 주어지며 선형 기구부의 경우에는 선형 변위로 주어진다. 백래시는 위치 정확도에 직접적으로 영향을 준다. 위치 센서가 부하가 아니고 모터에 연결되어 있다면 백래시에 의한 위치 오차를 계측할 수 없을 것이다. 그러므로 백래시가 위치 정확도에 문제를 일으킬 정도라면 백래시와 실제 위치를 계측하기 위한 센서가 부하에 연결되어 있어야 한다. 그런 시스템에 경우에는 2개의 위치 센서(이중 센서 되먹임 또는 이중 루프 제어)가 반드시 필요하다. 즉 하나의 위치 센서는 모터에 연결하고, 다른 하나는 부하에 연결한다. 모터에 연결된 센서는 폐루프 안정성을 유지하기 위해 속력 제어 루프에 주로 사용하고, 부하에 연결한 센서는 정확한 위치 감지와 제어를 위해 주로 사용한다. 모터에 연결되어 있는 센서가 없으면 폐루프 시스템이 불안정해질 수 있다. 부하에 연결된 센서가 없으면 요구되는 위치 정확도를 맞출 수 있다. 백래시가 요구하는 위치 정확도보다 훨씬 작은 시스템의 경우에는 백래시를 무시할 수 있다.
4. **강성**(stiffness): 전달 요소들은 완벽한 강체가 아니며 유한한 강성을 가지고 있다. 입력과 출력축 사이의 전달 박스의 강성은 비틀림(torsional) 또는 병진 강성(translational stiffness) 변수로 평가된다.
5. **이탈 마찰**(break-away friction): 마찰 토크(또는 힘)는 움직이는 요소들의 윤활 상태의 함수로서 표현되는 추정값이다. 이 값은 기구부를 움직이기 위해 입력축에 필요한 최소한의 토크나 힘을 나타낸다.
6. **역 구동성**(back driveability) : 운동 변환 기구부는 2개의 축, 즉 입력축과 출력축을 포함한다. 정상 상태 운용에 있어서 입력축의 운동과 토크는 유한한 효율을 가지고 출력축에 전달된다. 역 구동성은 반대방향으로의 구동 전달로 출력축에 운동이 제공되어 입력축으로 전달되는 것을 말한다. 대부분의 스퍼 기어, 벨트, 풀리 형태의 기구부는 양방향 동일한 효율을 가지고 운동이 전달된다. 리드 스크루와 볼 스크루와 같은

회전-선형 운동 변환 기구부에 있어서는 다른 효율을 가지며 역구동이 되지 않을 수도 있다. 볼 스크루는 모든 경우에 역구동이 가능하며 리드 스크루의 역 구동성은 리드 각도에 의해 결정된다. 리드 각도가 특정값(예를 들어 30°) 이하라면 역구동이 불가능해질 수 있다. 더 나아가서, 기구부를 역으로 구동하기 위해서는 마찰력을 극복해야 하기 때문에 기구부의 윤활 조건에도 좌우된다. 웜 기어 기구부는 역구동이 불가능하다. 역구동이 되지 않는다는 것이 장점이 될 수도 있는데, 아주 무거운 부하를 들어올리는 도중에 모터 입력축에 동력 고장이 발생하더라도 기구부가 중력에 의해 역구동이 발생하지 말아야 하는 경우가 그 예이다. 이런 경우 부하는 움직이지 말아야 한다. 간략하게 설명하면, 역 구동성이 요구되는 경우는 두 변수가 주 관심사가 된다. (1) 역구동 방향의 효율 η_b, (2) 구동을 시작하기 위해 극복해야 할 마찰력 F_{fric}이다. 이것은 윤활 조건에 의해 좌우된다.

3.2 회전-회전 운동 전달 기구부

3.2.1 기어

기어는 입력축과 출력축 간의 속력 비율을 높이거나 낮추고자 할 때 사용된다. 이 경우 등가 기어비는 쉽게 정의된다(그림 3.1). 기어가 미끄러지지 않는다고 가정하면 접촉점을 통해 각각의 기어가 진행한 선형 거리는 같아야만 한다. 따라서

$$s_1 = s_2 \tag{3.21}$$

$$\Delta\theta_1 \cdot r_1 = \Delta\theta_2 \cdot r_2 \tag{3.22}$$

$$N = \frac{\Delta\theta_1}{\Delta\theta_2} \tag{3.23}$$

$$N = \frac{r_2}{r_1} \tag{3.24}$$

또한 각 기어의 피치가 같아야 하므로 이(teeth)의 개수가 반지름에 비례하게 된다.

$$N = \frac{\dot{\theta}_1}{\dot{\theta}_2} = \frac{N_2}{N_1} = \frac{r_2}{r_1} \tag{3.25}$$

여기서 N_1과 N_2는 각 기어의 이 개수를 나타낸다. 이상적인 기어 박스(효율 100%의 동력 전달)에 대해서는 다음과 같이 쓸 수 있다.

$$P_{out} = P_{in} \tag{3.26}$$

$$T_{out} \cdot \dot{\theta}_{out} = T_{in} \cdot \dot{\theta}_{in} \tag{3.27}$$

따라서 다음 식이 성립한다.

$$N = \frac{N_2}{N_1} = \frac{\dot{\theta}_{in}}{\dot{\theta}_{out}} = \frac{T_{out}}{T_{in}} \tag{3.28}$$

출력축으로부터 입력축으로 관성과 토크가 어떻게 반영되는지는 에너지와 일 관계식을 통해 결정하면 된다. 출력축의 부하의 회전 관성을 J_l이라고 하고 부하 토크를 T_l이라고 하자. 그러면 부하의 운동에너지는 다음과 같이 표현할 수 있다.

$$KE = \frac{1}{2} \cdot J_l \cdot \dot{\theta}_{out}^2 \tag{3.29}$$

$$= \frac{1}{2} \cdot J_l \cdot (\dot{\theta}_{in}/N)^2 \tag{3.30}$$

$$= \frac{1}{2} \cdot J_l \cdot \frac{1}{N^2}(\dot{\theta}_{in})^2 \tag{3.31}$$

$$= \frac{1}{2} \cdot J_{in,eff}(\dot{\theta}_{in})^2 \tag{3.32}$$

여기서 반영된 관성(입력축이 느끼는 부하의 관성)은 다음과 같이 표현된다.

$$J_{in,eff} = \frac{J_l}{N^2} \tag{3.33}$$

유사한 방법으로 입력축이 느끼는 등가 부하 토크를 결정해 보자. 부하 토크 T_l에 의해 출력축 변위 $\Delta\theta_{out}$ 동안 한 일은 다음과 같다.

$$W = T_l \cdot \Delta\theta_{out} \tag{3.34}$$

$$= T_l \cdot \frac{\Delta\theta_{in}}{N} \tag{3.35}$$

$$= T_{in,eff} \cdot \Delta\theta_{in} \tag{3.36}$$

출력축에 인가되는 부하 토크의 결과로 입력축이 느끼는 등가 반영 토크는 다음과 같이 된다.

$$J_{in,eff} = \frac{J_l}{N^2} \tag{3.37}$$

모든 기구는 출력축과 입력축 간의 반영 관성(또는 질량)과 토크(또는 힘)를 결정하는 데 도구의 운동에너지와 일에 관한 동일한 개념이 사용되었음을 알 수 있다.

3.2.2 벨트와 풀리

벨트 풀리 기구의 기어비는 입력과 출력 지름 간의 비율이다. 벨트와 풀리 양축 간에 미끄러짐이 없다고 가정하면 벨트와 풀리 간의 선형 변위는 같아야만 한다(그림 3.2).

$$x = \Delta\theta_1 \cdot r_1 = \Delta\theta_2 \cdot r_2 \tag{3.38}$$

정의에 의해 등가 기어비는 다음과 같이 유도된다.

$$N = \frac{\Delta\theta_1}{\Delta\theta_2} \tag{3.39}$$

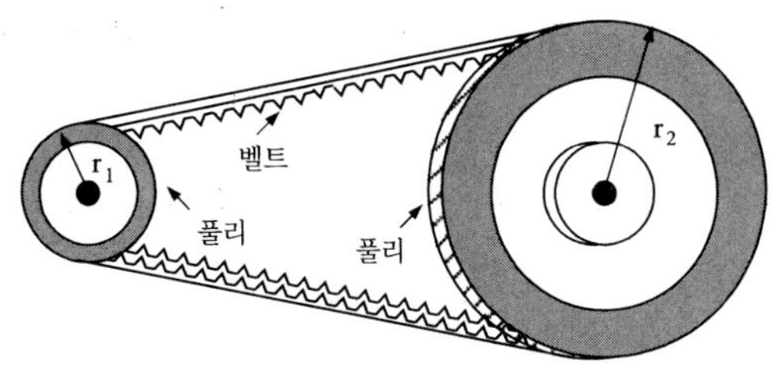

그림 3.2 ■ 회전-회전 운동 변환 기구: 타이밍 벨트와 이를 가진 풀리

$$= \frac{r_2}{r_1} \tag{3.40}$$

$$= \frac{d_2}{d_1} \tag{3.41}$$

입력축과 출력축 간의 반영된 관성과 토크는 기어 기구와 동일한 관계식을 가진다.

▶▶ 예제 기어비 $N = 10$을 가지는 스퍼 기어 기구를 고려해 보자. 출력축에 연결된 부하 관성이 지름 $d = 3.0$ in, 길이 $l = 2.0$ in의 강철로 된 강체라고 가정하자. 부하의 마찰과 관련된 토크는 $T_l = 200$ lb in이고, 부하에 요구되는 속력은 300 rev/min일 때 입력축이 필요로 하는 속력과 반영된 관성과 토크를 결정하라.

입력축에 필요한 속력은 기어비로 정의된 기구적인 관계식에 의해 출력축의 속력과 다음 식처럼 연결되어 있다.

$$\dot{\theta}_{in} = N \cdot \dot{\theta}_{out} = 10 \cdot 300\,[\text{rpm}] = 3000\,[\text{rpm}] \tag{3.42}$$

부하 단독에 의해 입력축이 느끼게 되는 관성과 토크(반영 관성과 토크라고 부르는)는 다음과 같이 표현된다.

$$J_{in,eff} = \frac{1}{N^2} \cdot J_l \tag{3.43}$$

$$T_{in,eff} = \frac{1}{N} \cdot T_l \tag{3.44}$$

실린더 부하의 질량 관성 모멘트는 다음과 같이 유도된다.

$$J_l = \frac{1}{2} \cdot m \cdot (d/2)^2 \tag{3.45}$$

$$= \frac{1}{2} \cdot \rho \cdot \pi \cdot (d/2)^2 \cdot l \cdot (d/2)^2 \tag{3.46}$$

$$= \frac{1}{2} \cdot \rho \cdot \pi \cdot l \cdot (d/2)^4 \tag{3.47}$$

$$= \frac{1}{2} \cdot (0.286/386) \cdot \pi \cdot 2.0 \cdot (3/2)^4\ [\text{lb in sec}^2] \tag{3.48}$$

$$= 0.0118\ [\text{lb in sec}^2] \tag{3.49}$$

이 식에서 중량 밀도를 질량 밀도로 바꾸기 위해 중력 가속도 $g = 386\ \text{in/sec}^2$가 사용되었다. 따라서 반영 관성과 토크는 다음과 같은 값을 가진다.

$$J_{in,eff} = \frac{1}{10^2} \cdot 0.0118 = 0.118 \times 10^{-3}\ [\text{lb in sec}^2] \tag{3.50}$$

$$T_{in,eff} = \frac{1}{10} \cdot 200 = 20.0\ [\text{lb in}] \tag{3.51}$$

3.3 회전-병진 운동 전달 기구

회전-병진 운동 전달 기구는 회전 운동을 선형의 병진 운동으로 전달한다. 병진 운동을 선형 운동으로 부르기도 한다. 다음 토의에서 이 두 용어가 섞어서 사용될 것이다. 이 기구에서 토크 입력은 출력축에서 힘으로 변환된다. 여기서 논의할 모든 회전-병진 운동 전달 기구들은 역구동이 가능하다. 즉 반대 방향으로의 전달도 가능하다.

3.3.1 리드 스크루와 볼 스크루 기구

리드 스크루와 볼 스크루 기구는 가장 보편적으로 사용되는 정밀 운동 전달 기구인데, 회전 운동을 선형 운동으로 전달할 수 있다(그림 3.3). 리드 스크루는 기본적으로 나사산을 가지는 스크루와 너트 한 쌍으로 이루어져 있다. 일반적으로 스크루와 너트 한 쌍을 사용할 경우, 너트를 회전하면 고정 스크루상에서 너트가 선형적으로 전진하게 된다. 운동 전달 기구상 리드 스크루의 너트는 스크루를 따라 회전하지 않도록 되어 있고 선형(병진) 베어링에 의해 지지되고 있다. 따라서 스크루가 회전하게 된다(전기 모터에 의해). 스크루가 전진하지 않고 회전만 하기 때문에 너트가 스크루를 따라 병진 운동을 하게 된다. 도구는 너트에 연결되어 있어서 스크루에 연결된 모터의 회전 운동이 너트와 도구의 병진 운동으로 변환되게 된다.

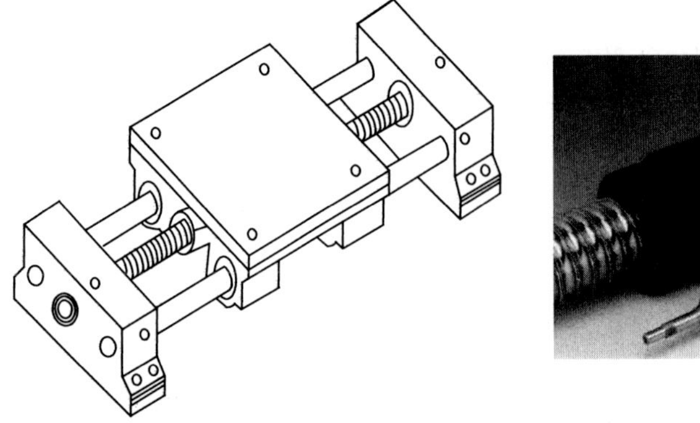

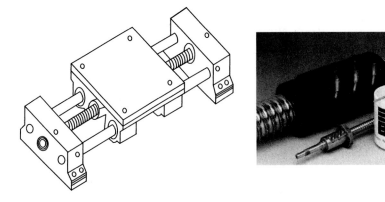

그림 3.3 ■ 회전-병진 운동 변환 기구: 선형 가이드 베어링을 가지는 리드 스크루와 볼 스크루

볼 스크루의 설계도를 살펴보면 운동 전달 기구의 백래시와 마찰을 감소시키기 위해 스크루와 너트 나사산 간의 홈에 정밀한 구형볼을 사용하고 있음을 알 수 있다. 어떤 리드 스크루라도 일반적으로 마이크로 미터 범위의 백래시는 가지고 있다. 그러나 볼 스크루 기구는 백래시를 줄이기 위해 구형 베어링에 이미 어느 정도 압축된 스프링을 연결해 사용한다. 이런 이유로 볼 스크루라고 불린다. 이와 같은 특징으로 인해 대부분의 XYZ 테이블 형태의 위치제어 장비는 리드 스크루 대신에 볼 스크루를 사용한다. 그러나 움직이는 부분(리드와 너트) 간의 접촉이 볼 간의 점 접촉에 의해 이루어지기 때문에 볼 스크루가 감당할 수 있는 부하는 리드 스크루보다 작다. 반면에 마찰에 대해서는 볼 스크루가 리드 스크루보다 작다.

리드 스크루의 기구적인 운동 변환 인자 또는 등가 기어비는 피치 p [rev/in] 또는 [rev/mm]로 특징된다. 피치 p는 나사산 한 회전에 의해 전진하는 거리의 역이 되는데, 전진 거리, $l = 1/p$ [in/rev] 또는 [mm/rev]를 리드(lead)라고 부른다. 리드축의 회전 변위([rad] 단위의 $\Delta\theta$)와 너트의 병진 변위(Δx) 간의 관계식은 다음과 같다.

$$\Delta\theta = 2\pi \cdot p \cdot \Delta x \tag{3.52}$$

$$\Delta x = \frac{1}{2\pi \cdot p} \cdot \Delta\theta \tag{3.53}$$

따라서 등가 기어비는 다음과 같이 표현된다.

$$N_{ls} = 2\pi \cdot p \tag{3.54}$$

너트에 가해지는 부하의 질량과 힘에 의해 입력축이 느끼는 관성과 토크를 결정해 보자. 앞에서 사용한 것과 동일한 방법을 채택하고 에너지-일 관계식을 사용한다. 먼저 속력 $\dot{x}$를 가지는 질량 m_l의 운동에너지는 다음과 같이 표현된다.

$$KE = \frac{1}{2} m_l \cdot \dot{x}^2 \tag{3.55}$$

위의 운동 변환 관계식으로부터는 다음 식이 유도된다.

$$\dot{x} = \frac{1}{2\pi \cdot p} \cdot \dot{\theta} \tag{3.56}$$

따라서

$$KE = \frac{1}{2} m_l \cdot \frac{1}{(2\pi \cdot p)^2} \cdot \dot{\theta}^2 \tag{3.57}$$

$$= \frac{1}{2} J_{eff} \cdot \dot{\theta}^2 \tag{3.58}$$

그러므로 너트의 병진 질량(m_l)에 의해 입력축이 느끼는 등가 회전 관성(J_{eff})은 다음과 같다.

$$J_{eff} = \frac{1}{(2\pi \cdot p)^2} \cdot m_l \tag{3.59}$$

$$= \frac{1}{N_{ls}^2} \cdot m_l \tag{3.60}$$

여기서 m_l은 질량 단위(중량이 아님. 중량 = 질량 · g)이고 J_{eff}는 질량 관성 모멘트임을 반드시 기억하라. 만일 부하의 중량 W_l이 주어진 경우라면

$$J_{eff} = \frac{1}{(2\pi \cdot p)^2} \cdot (W_l/g) \tag{3.61}$$

$$= \frac{1}{N_{ls}^2} \cdot (W_l/g) \tag{3.62}$$

리드 스크루는 아주 큰 등가 기어비를 가지고 있다. $p = 2, 5, 10$일 경우 총 기어비는 각각 $N = 4\pi, 10\pi, 20\pi$가 된다. 그리고 병진 질량의 관성 영향은 등가 기어비의 제곱에 의해 결정된다.

부하 F_l에 의해 입력축이 느끼는 반영 토크를 결정해 보자. 변위가 증가하는 동안 부하에 의한 일은 다음과 같이 표현된다.

$$Work = F_l \cdot \Delta x \tag{3.63}$$

이와 관련된 회전 변위는 다음과 같다.

$$\Delta x = \frac{1}{2\pi \cdot p} \cdot \Delta\theta \tag{3.64}$$

따라서

$$Work = F_l \cdot \Delta x \tag{3.65}$$

$$= F_l \cdot \frac{1}{2\pi \cdot p} \cdot \Delta\theta \tag{3.66}$$

$$= F_l \cdot \frac{1}{2\pi \cdot p} \cdot \Delta\theta \tag{3.67}$$

부하 F_l에 의해 리드 스크루의 입력축이 느끼는 등가 토크(T_{eff})는 다음과 같다.

$$T_{eff} = \frac{1}{2\pi \cdot p} \cdot F_l \tag{3.68}$$

$$= \frac{1}{N} \cdot F_l \tag{3.69}$$

▶▶ 예제 피치 $p = 10$ rev/in를 가지는 볼 스크루 운동 변화 기구를 고려해 보자. 테이블과 제품의 중량 $W_l = 1000$ lb이고 부하의 저항력 $F_l = 1000$ lb이다. 볼 스크루의 입력축에 연결된 모터가 느끼는 반영 회전 관성과 토크를 결정하라.

$$J_{eff} = \frac{1}{(2\pi \cdot 10)^2 [\text{rad/in}]^2} \cdot (1000/386)\ [\text{lb/(in/sec}^2)] \tag{3.70}$$

$$= 6.56 \times 10^{-3}\ [\text{lb.in. sec}^2] \tag{3.71}$$

부하 F_l에 의해 입력축으로 반영된 토크는 다음과 같다.

$$T_{eff} = \frac{1}{2\pi \cdot p} \cdot F_l \tag{3.72}$$

$$= \frac{1}{2\pi\,[\text{rad/rev}] \cdot 10\,[\text{rev/in}]} \cdot 1000\ [\text{lb}] \tag{3.73}$$

$$= \frac{100}{2\pi}\ [\text{lb.in}] \tag{3.74}$$

$$= 15.91\ [\text{lb.in}] \tag{3.75}$$

3.3.2 랙 피니언 기구

랙 피니언 기구는 회전을 선형 운동으로 변환하는 또 다른 기구이다(그림 3.4). 피니언은 작은 나사산을 가리키고, 랙은 병진(선형) 부품이다. 기어 기구와 유사한데 다른 점은 한 기어가 선형 기어라는 것이다. 등가 기어비는 기어 간에 미끄러짐이 없다고 가정하여 계산한다.

$$\Delta x = r \cdot \Delta\theta \tag{3.76}$$

$$\Delta \dot{x} = r \cdot \Delta\dot{\theta} \tag{3.77}$$

$$V = r \cdot w \tag{3.78}$$

여기서 $\Delta\theta$는 rad의 단위를 가진다. 따라서 등가 기어비는 다음과 같이 유도된다.

$$N = \frac{1}{r}; \quad if \quad \Delta\theta\text{는 [rad]는 단위 이거나 } w\text{는 [rad/sec] 단위라면} \tag{3.79}$$

$$= \frac{1}{2\pi \cdot r}; \quad \Delta\theta\text{는 [rev]는 단위 이거나 } w\text{는 [rev/sec] 단위라면} \tag{3.80}$$

리드 스크루에 대해 유도한 질량과 힘의 반영 관계식이 동일하게 랙 피니언 기구에도 적용된다. 다만 등가 기어비가 달라진다.

3.3.3 벨트와 풀리

벨트 풀리 기구부는 출력 지점의 요구 사항에 따라 회전을 회전으로 또는 회전을 선형 운동

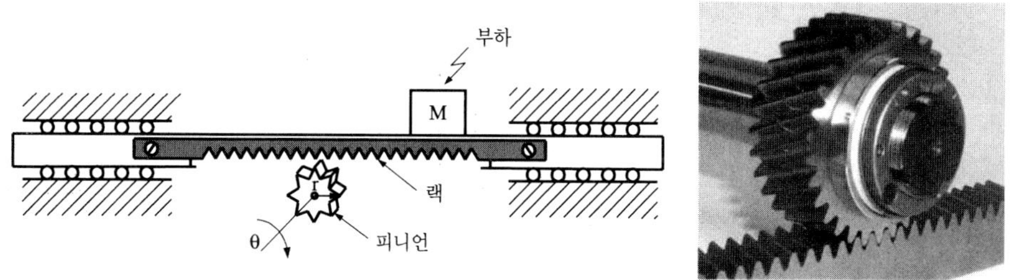

그림 3.4 ■ 회전-병진 운동 변환 기구: 랙 피니언 기구. 리드 스크루 기구에 대해 랙 피니언 기구가 가지는 장점은 병진 운동 거리 범위가 아주 길다는 점이다. 리드 스크루 길이는 비틀림 강성에 의해 제한된다. 랙 피니언 기구에 있어서는 병진 부품이 회전하지 않기 때문에 길이가 길어짐에 따라 나타나는 비틀림 강성 문제가 없다.

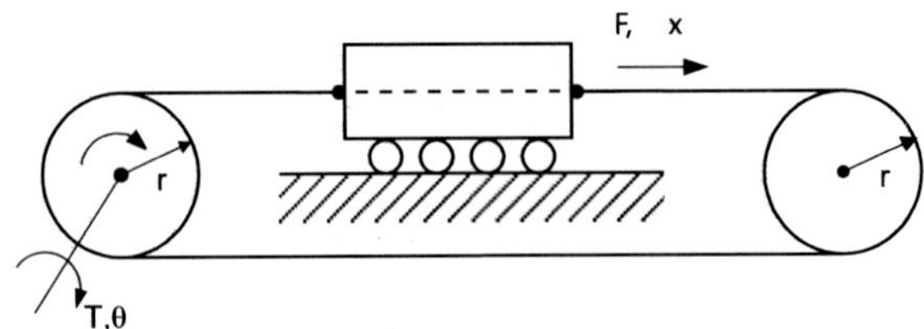

그림 3.5 ■ 회전-병진 운동 변환 기구: 풀리가 동일한 지름을 가지고 있는 경우의 벨트 풀리 기구. 출력 운동은 병진 운동처럼 벨트로부터 얻어진다.

으로 변환하는 경우에 사용된다. 만일 부하(도구)가 벨트에 연결되어 선형 운동을 얻는 데 사용된다면 회전-선형 운동 변환기로 작용한다(그림 3.5). 이 경우에 랙 피니언 기구에 대해 개발한 관계식이 동일하게 사용된다. 이 기구는 작은 관성, 작은 부하, 코일 감는 장비와 같이 높은 대역의 응용에 보편적으로 사용된다.

3.4 주기 운동 전달 기구

3.4.1 링크 장치

링크 장치는 일반적으로 1개의 자유도를 가지고 있으며 기구적으로는 닫혀 있는 사슬 형태의 로봇 매니퓰레이터이다. 링크 장치의 한 부품(출력 링크)의 운동이 다른 링크 부품(입력 링크)의 운동의 주기 함수로 주어진다. 가장 보편적인 링크 장치는 다음과 같다.

1. 슬라이더 크랭크 기구(예를 들면 내연 기관에 사용되는 기구(그림 3.6))
2. 4개의 막대로 이루어진 기구(그림 3.7)

슬라이더 크랭크 기구는 모든 내연 기관에서 사용됨으로 인해 가장 보편적으로 인식되는 기구이다. 이 기구는 슬라이더의 병진 변위를 크랭크의 회전 운동으로 변환하거나 그 반대 형태로 변환하는 데 사용될 수 있다. 크랭크 팔의 길이와 연결 링크의 길이는 슬라이더의

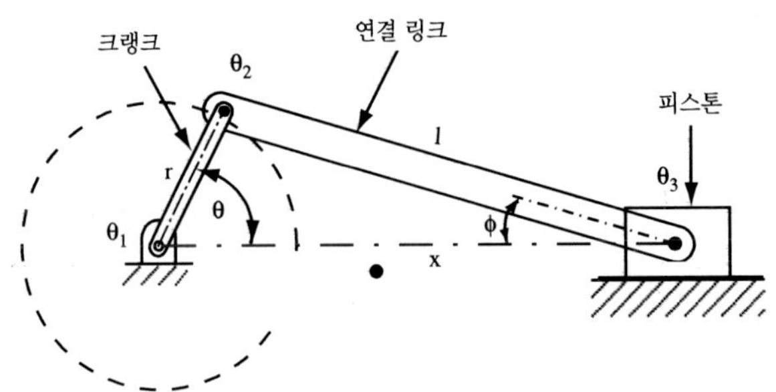

그림 3.6 ■ 회전-병진 운동 변환 기구: 슬라이더 크랭크 기구. 내연 기관에 있어 이 기구는 병진(피스톤 운동이 입력) 운동을 회전 운동(크랭크 축 회전이 출력이다)으로 변환하는 기구이다.

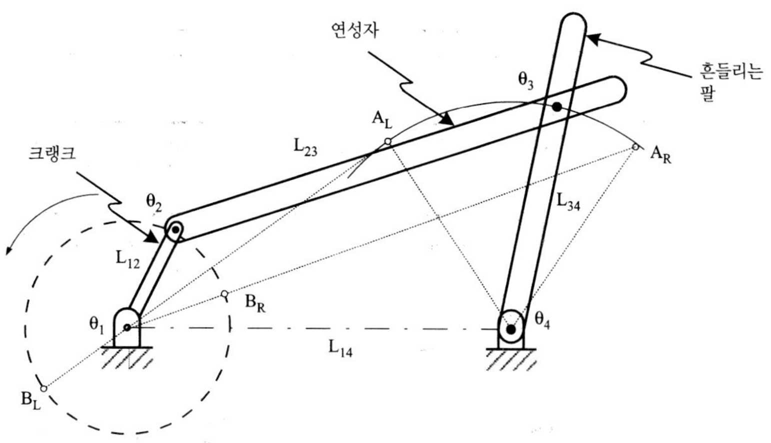

그림 3.7 ■ 4개의 막대 기구

병진 변위와 크랭크의 회전 각도 사이의 기하학적인 관계식을 결정한다.

4개의 막대 기구는 입력 팔의 주기 운동(예를 들어 입력 팔축의 한 회전)을 출력축의 제한된 범위 내의 주기 회전 운동으로 변환할 수 있다. 입력축과 출력축을 임의로 선택하고, 링크의 길이를 정함으로써 다양한 형태의 운동 변환 함수가 얻어진다. 그런 링크의 운동 제어는 입력축이 일정한 속력으로 움직이고 그 결과로 출력축에 운동이 얻어지기 때문에 상대적으로 단순하다.

슬라이더 크랭크 기구(그림 3.6)에 대해서는 기구학으로부터 다음과 같은 관계식이 유도될 수 있다.

$$x = r\, cos\theta + l\, cos\phi \tag{3.81}$$

$$l\, sin\phi = r\, sin\theta \tag{3.82}$$

$$cos\phi = [1 - sin^2\phi]^{1/2} \tag{3.83}$$

$$= \left[1 - \left(\frac{r}{l}\, sin\theta\right)^2\right]^{1/2} \tag{3.84}$$

$$x = r\, cos\theta + l\left[1 - \left(\frac{r}{l}\, sin\theta\right)^2\right]^{1/2} \tag{3.85}$$

$$\dot{x} = -r\,\dot{\theta}\left[sin\theta + \frac{r}{2l}\frac{sin(2\theta)}{[1 - (\frac{r}{l}sin\theta)^2]^{1/2}}\right] \tag{3.86}$$

여기서 r은 크랭크의 반지름(크랭크 링크의 길이), l은 연결 팔의 길이, x는 슬라이더의 변위, θ는 크랭크의 각변위, ϕ는 연결 팔과 변위축 사이의 각도이다. 피스톤 운동과 크랭크 운동의 위치와 속력은 위에서 유도한 기하학적인 관계식으로 연결되어 있다. 가속도 관계식은 속력 관계식을 시간에 대해 미분하여 얻어진다[7].

▸▸ **예제** 다음과 같은 기하학적인 변수값을 가지는 크랭크 슬라이더 기구를 고려하라. $r = 0.30$ m, $l = 1.0$ m. 크랭크 축이 일정한 속력, rpm으로 회전하는 조건을 고려하라. 크랭크

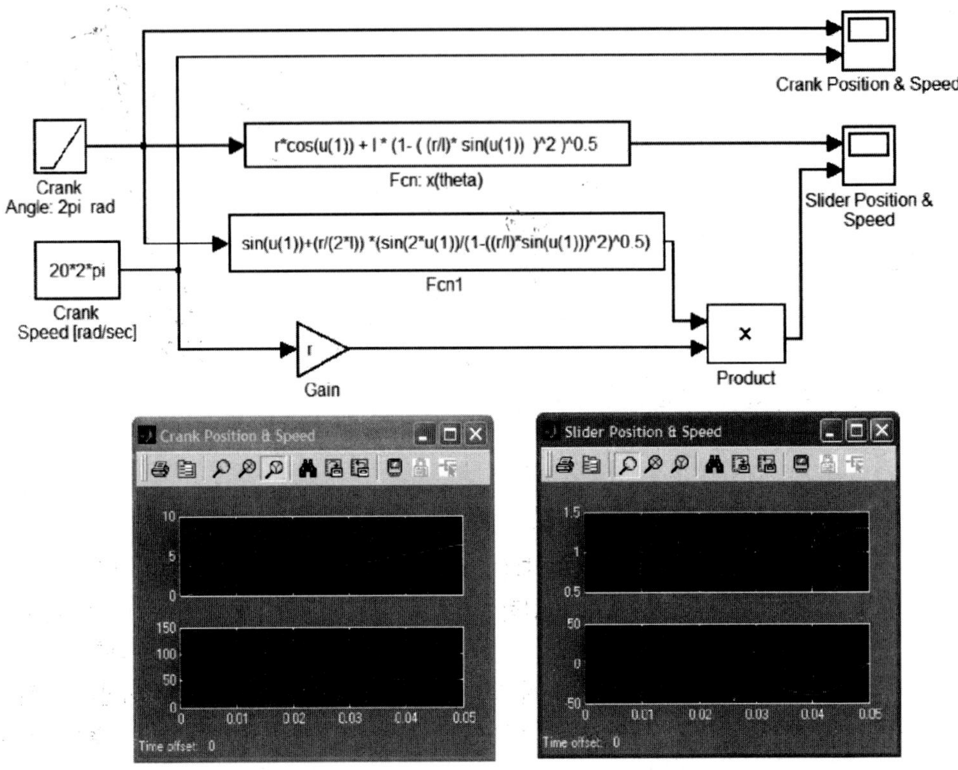

그림 3.8 ■ 슬라이더 크랭크 기구의 수치모사 결과: r = 0.3 m, l = 1.0 m, 크랭크 축의 일정한 속력 $\dot{\theta}$ = 1200 rpm일 때 슬라이더의 위치와 속력 함수를 보여준다.

축 각도가 0~360°까지 변함, 즉 한 회전함에 따라 나타나는 슬라이더의 변위와 슬라이더의 선속력을 그려라.

크랭크 축 각도와 각속도 대비 슬라이더의 위치와 속력(식 3.85와 3.86)의 기하학적인 관계식에 주어진 r과 l 값을 대입하여 $\dot{\theta} = 0 \sim 2\pi$ [rad], $\dot{\theta} = 1200 \cdot (1/60) \cdot 2\pi$ rad/sec에 대해 x와 $\dot{x}$를 계산해 보라. Matlab 또는 Simulink 환경을 이용하면 좀 더 쉽게 결과를 산출해낼 수 있을 것이다(그림 3.8).

3.4.2 캠

캠은 축의 회전 운동을 추종자(follower)의 병진 운동으로 변환한다(그림 3.9). 병진 운동과 회전 운동 사이의 관계식은 고정 기어비가 아니며 비선형 함수로 주어진다. 비선형 캠 함수는 가공한 캠의 형상에 의해 결정된다. 캠 기구는 다음과 같은 3개의 주요 부품으로 이루어진다.

1. 입력축
2. 캠
3. 추종자

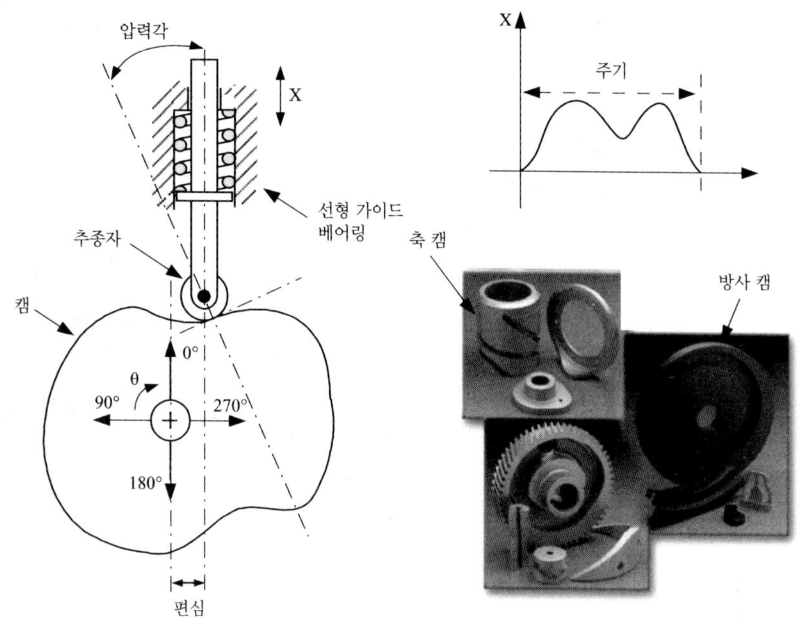

그림 3.9 ■ 회전-병진 운동 변환 기구: 캠 기구

만일 캠의 입력축이 추종자의 운동축과 평행을 이루고 있다면 그런 캠을 **축 캠**(axial cam)이라 한다. 이 경우 캠 함수는 입력축의 회전축을 따라 실린더형의 표면으로 가공된다. 만일 이들 축이 서로 직교한다면 **방사**(radial) 캠이라 한다. 이 경우 캠 함수는 바깥지름 또는 지름 방향 면을 따라 가공된다. 모든 캠의 형상은 **상승**(rise), **정지**(dwell), **하강**(fall)을 여러 형태로 조합한 여러 부분의 주기로 나눠진다. 말하자면 캠 형상은 입력축의 한 회전에 대해 추종자가 **상승, 정지, 하강**의 다양한 조합으로 이루어진 주기 운동을 하도록 설계된다. 다양한 조합의 예로는 **상승, 정지, 하강, 정지** 또는 **상승, 하강, 정지**를 들 수 있다. 또한 캠 함수는 추종자가 입력축의 한 회전에 대해 1개 또는 그 이상의 주기를 만들 수 있도록 설계될 수 있다. 예를 들어 입력축의 회전에 대해 하나, 1~4개의 추종자 주기를 만들어낼 수 있다. 일반적으로 캠의 상승기와 하강기는 대칭으로 설계한다. 따라서 정지기에는 추종자가 멈추게 된다. 그러므로 정지기 동안 추종자의 위치는 일정하고, 속력과 가속도는 0이 된다. 상승기와 하강기에 대해 대칭 캠 함수가 사용되면 상승기 동안의 캠 함수 설계만 신경 쓰면 된다.

캠 형상의 다음과 같은 관계식으로 정의된다.

$$x = f(\theta); \quad 0 < \theta < 2\pi \tag{3.87}$$

여기서 x는 추종자의 변위이고, θ는 입력축의 회전각이다. 캠 함수는 주기적이다. 캠의 추종자 운동은 입력축의 매 회전마다 되풀이된다.

적절한 캠 함수를 선택하는 것에 덧붙여 캠 설계 시 중요한 3개의 다른 변수가 있다.

1. **압력 각도**(Pressure angle): 추종자 운동축과 캠과 추종자의 접촉점의 공통 접선 방향에 수직한 축 사이의 각도로 계측된다(그림 3.9). 추종자의 접촉 부하가 너무 크지 않도록 만들기 위해서는 이 각도가 30° 이하가 되도록 캠을 가공해야 한다.

2. **편심거리**(Eccentricity): 캠 운동에 수직한 방향으로 추종자축과 캠 회전축 사이가 얼마나 벗어나 있는지를 나타낸다. 편심거리를 늘리면 유효 압력 각도를 줄일 수 있고, 추종자의 측면에 걸리는 힘도 줄일 수 있다. 그러나 편심거리가 증가하면 캠이 커지고 소형으로 만들 수 없다.
3. **곡률 반지름**(Radius of curvature): 캠의 바깥 둘레를 따라 함수의 곡률 반지름이 어떻게 변화하는지 보여준다. 곡률 반지름은 캠의 입력축의 각도 변위에 대한 연속 함수로 주어진다. 곡률 반지름에 불연속이 있으면 캠 표면에 매끄럽지 못한 부분이 반드시 있음을 의미한다. 일반적으로 곡률 반지름은 적어도 추종자의 두 배 이상 되어야만 한다. 그리고 추종자가 항상 캠과 접촉을 유지할 수 있는지에 대한 여부를 중점적으로 보아야 한다.

변위, 속도, 가속도, 급격한 움직임(jerk, 가속도의 시간 도함수) 모두 기구가 겪게 될 힘에 영향을 주기 때문에 중요하다. 캠 설계에 있어 캠 함수에 대해 시간 t 보다 θ에 대한 1차, 2차, 3차의 도함수를 주로 사용한다. 최종 해석 단계에서는 시간 도함수들을 고려하는데, 이 값들이 실제 속력, 가속도, 급격한 움직임을 결정짓기 때문이다. θ와 t에 대한 캠 함수의 도함수 관계식은 다음과 같다.

$$\frac{dx}{d\theta} = \frac{df(\theta)}{d\theta}\ ; \quad \frac{dx}{dt} = \frac{dx}{d\theta}\dot{\theta} \tag{3.88}$$

$$\frac{d^2x}{d\theta^2} = \frac{d^2f(\theta)}{d\theta^2}\ ; \quad \frac{d^2x}{dt^2} = \frac{d^2x}{d\theta^2}\dot{\theta}^2 + \frac{dx}{d\theta}\ddot{\theta} \tag{3.89}$$

$$\frac{d^3x}{d\theta^3} = \frac{d^3f(\theta)}{d\theta^3}\ ; \quad \frac{d^3x}{dt^3} = \frac{d^3x}{d\theta^3}\dot{\theta}^3 + \frac{d^2x}{d\theta^2}(3\cdot\dot{\theta}\cdot\ddot{\theta}) + \frac{dx}{d\theta}\frac{d\ddot{\theta}}{dt} \tag{3.90}$$

$\dot{\theta}$가 일정하면 $\ddot{\theta} = 0$이고 $d\ddot{\theta}/dt = 0$이 됨을 주목하라. 대부분의 응용에서 입력축의 캠 속력이 일정한데, 이때 캠 함수의 시간 도함수와 그 외 다른 도함수들은 다음과 같다.

$$\frac{dx}{d\theta} = \frac{df(\theta)}{d\theta}\ ; \quad \frac{dx}{dt} = \frac{dx}{d\theta}\dot{\theta} \tag{3.91}$$

$$\frac{d^2x}{d\theta^2} = \frac{d^2f(\theta)}{d\theta^2}\ ; \quad \frac{d^2x}{dt^2} = \frac{d^2x}{d\theta^2}\dot{\theta}^2 \tag{3.92}$$

$$\frac{d^3x}{d\theta^3} = \frac{d^3f(\theta)}{d\theta^3}\ ; \quad \frac{d^3x}{dt^3} = \frac{d^3x}{d\theta^3}\dot{\theta}^3 \tag{3.93}$$

캠 함수의 첫 번째, 두 번째, 세 번째 도함수 형상을 잘 만들어 원하는 결과(예를 들어 진동이 최소화되는)가 캠이 운동하는 동안 얻어지도록 캠 함수 $f(\theta)$를 선택하는 데 많은 노력을 기울여야 한다. **캠 설계의 일반적인 법칙은 캠 함수 자체, 첫 번째와 두 번째 도함수(변위, 속력, 가속도 함수)가 연속적이어야 하며, 세 번째 도함수(급격한 움직임 함수)의 불연속(만일 있다면)이 유한해야 한다는 것이다.** 일반적으로 연속 조건은 θ에 대한 캠 함수의 도함수에 적용된다. 입력 캠 속력이 일정하다면, 같은 연속 조건이 시간 도함수에 의해서도 만족된다. 예를 들어 사다리꼴 형태의 캠 함수는 불연속적인 속도 형상을 가지고 있으며 따라서 가속도가 무한대가 되는 지점이 있다. 그러므로 단순한 사다리꼴 형태의 캠 형상은 실제로 절

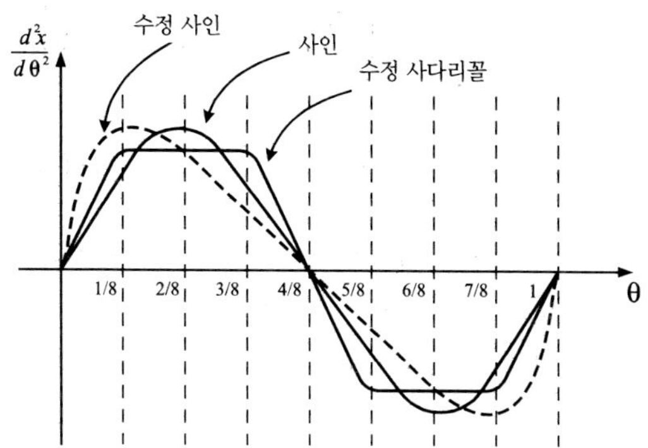

그림 3.10 ■ 주로 사용되는 캠 형상: 함수의 가속도가 구동축의 함수로 보이고 있다. 사인, 수정 사인, 수정 사다리꼴 함수가 주로 사용되는 캠 함수이다.

대 사용되지 않는다. 캠 함수에 있어 연속 조건을 만족시키는 함수는 많이 존재한다. 어떤 함수는 해석적인 형태로 정의되기도 하고(연속함수를 형성하기 위해 캠 함수의 일부 구간이 삼각 함수의 일부로 채워진다), 실험에 의해 개발된 경험 함수도 있는데 이 경우에는 캠 함수가 수치 형태로 저장된다. 가장 보편적인 캠 함수는 다음과 같다(그림 3.10).

1. **원호 변위(Cycloidal displacement)** 캠 함수는 상승 구간에 대해 1개의 주파수를 가지는 사인 함수의 가속도 선도를 가지고 있다.

$$\frac{d^2x(\theta)}{d\theta^2} = C_1 \cdot sin(f_1\theta) \tag{3.94}$$

여기서 C_1은 x의 변위 범위와 관련 있는 상수이고 f_1은 캠 운동의 상승 구간을 끝마치기 위한 입력축의 회전 구간으로 결정된다. 예를 들어 상승 운동을 $\theta_{rise} = 1/2\ \text{rev} = \pi\ \text{rad}$ 동안에 끝내야 한다면 주파수가 다음과 같이 계산된다.

$$f_1\theta_{rise} = 2\pi \tag{3.95}$$

$$f_1 = \frac{2\pi}{\theta_{rise}} \tag{3.96}$$

$$= \frac{2\pi}{\pi} \tag{3.97}$$

$$= 2 \tag{3.98}$$

이와 비슷한 방법을 사용하여 상승 운동이 $1/3\ \text{rev} = 2\pi/3\ \text{rad}$ 동안에 마무리되는 경우 $f_1 = 3$이 됨을 알 수 있다. 가속도 함수가 삼각 함수이기 때문에 변위와 속도 함수 모두 삼각 함수가 된다. 속력과 변위 함수는 가속도 선도를 적분해 쉽게 구할 수 있다.

$$\frac{dx(\theta)}{d\theta} = -C_1\frac{1}{f_1} \cdot cos(f_1\theta)|_0^\theta \tag{3.99}$$

$$= \frac{C_1}{f_1} - C_1\frac{1}{f_1} \cdot cos(f_1\theta) \tag{3.100}$$

$$x(\theta) = \left[\frac{C_1}{f_1}\theta - C_1\frac{1}{f_1^2} \cdot sin(f_1\theta) \right] \Bigg|_0^\theta \tag{3.101}$$

$$= \frac{C_1}{f_1}\theta - C_1\frac{1}{f_1^2} \cdot sin(f_1\theta); \quad for\ 0 \leq \theta \leq \theta_{rise} \tag{3.102}$$

상승 구간이 캠 입력축의 1/2 회전 동안에 일어난다고 가정하면 $f_1 = 2$가 된다. 상승 거리, $x_{rise} = 0.2$ m라고 한다면 상수 C_1은 $\theta = \pi$에서의 상승기 말기의 변위 캠 함수로부터 다음과 같이 계산된다.

$$0.2 = \frac{C_1}{2}\pi \tag{3.103}$$

$$C_1 = \frac{2 \cdot 0.2}{\pi} \tag{3.104}$$

캠이 정지 상태 없이 대칭 상승기와 하강기를 가지고 있다고 가정하면 캠의 완벽한 한 주기 운동은 $\theta = 0$에서 $2 \times \theta_{rise}$까지 운동이다. 하강 구간(전체 구간으로도 불린다)의 가속도, 속력, 변위 선도는 상승 구간의 경상(mirror image)이다. 경상과 원래의 함수 사이의 관계식은 다음과 같다. 상승 운동에 대한 원래의 함수는 x_{rise}이다.

$$x_{rise}(\theta) = f(\theta); \quad 0 \leq \theta \leq \theta_{rise} \tag{3.105}$$

그리고 경상(x_{down}이라 한다)은 다음과 같다.

$$x_{down}(\theta) = f(2\theta_{rise} - \theta)\ ; \quad \theta_{rise} \leq \theta \leq 2\theta_{rise} \tag{3.106}$$

따라서 변위 캠 함수 $x(\theta)$의 경상은 $x(2\theta_{rise} - \theta)$가 된다.

$$x(\theta) = \frac{C_1}{f_1}(2\theta_{rise} - \theta) - C_1\frac{1}{f_1^2} \cdot sin(f_1(2\theta_{rise} - \theta)); \quad \theta_{rise} \leq \theta \leq 2\theta_{rise} \tag{3.107}$$

그림 3.11은 캠 운동 한 주기 동안의 가속도, 속력, 변위 선도를 보여준다. 만일 입력축의 일정 범위[θ_{rise}, $\theta_{rise} + \theta_{dwell}$] 동안에 대해 정지 구간이 존재한다면 상승 구간 다음의 캠 함수의 정지 구간에 대해서는 다음과 같은 식을 가지게 된다.

$$x(\theta) = x_{rise}(\theta_{rise}); \quad \theta_{rise} \leq \theta \leq \theta_{rise} + \theta_{dwell} \tag{3.108}$$

$$\frac{dx(\theta)}{d\theta} = 0 \tag{3.109}$$

$$\frac{d^2x(\theta)}{d\theta^2} = 0 \tag{3.110}$$

그리고 캠의 하강 구간에 대해서는 다음과 같이 쓸 수 있다.

$$x(\theta) = \frac{C_1}{f_1}(2\theta_{rise} + \theta_{dwell} - \theta) - C_1\frac{1}{f_1^2} \cdot sin(f_1(2\theta_{rise} + \theta_{dwell} - \theta)); \tag{3.111}$$

$$\theta_{rise} + \theta_{dwell} \leq \theta \leq 2\theta_{rise} + \theta_{dwell} \tag{3.112}$$

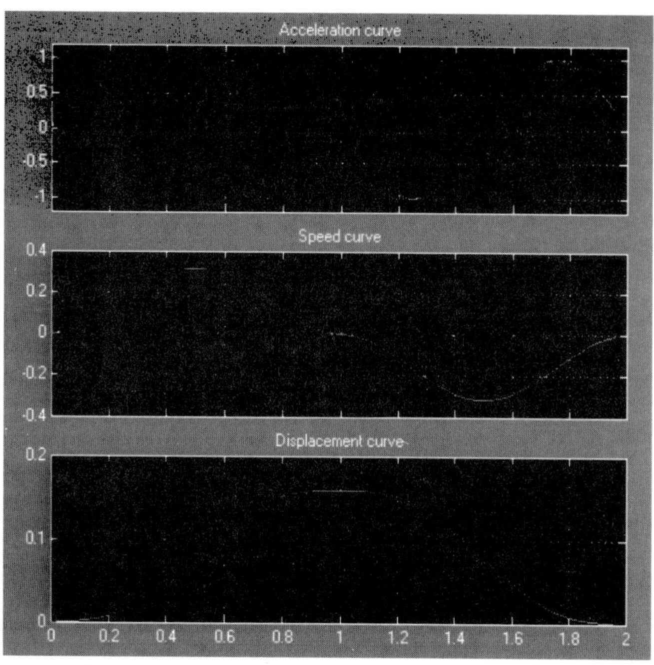

그림 3.11 ■ 삼각 함수 가속 캠 형태: 축 회전의 절반이 상승 운동이며 다른 절반이 대칭적인 하강 운동으로 설계된 캠의 가속도, 속력, 변위 함수

$$\frac{dx(\theta)}{d\theta} = -\frac{C_1}{f_1} + C_1\frac{1}{f_1} \cdot cos(f_1(2\theta_{rise} + \theta_{dwell} - \theta)) \tag{3.113}$$

$$\frac{d^2x(\theta)}{d\theta^2} = C_1 \cdot sin(f_1(2\theta_{rise} + \theta_{dwell} - \theta)) \tag{3.114}$$

2. 수정 사인(modified sine) 함수는 첫 번째 함수, 원호 변위 함수의 수정판이다. 원래의 형태에 대해 이 형태는 유사한 캠 변위 함수를 유지하면서도 가속도와 속력값의 최고점은 작게 된다. 이 캠 함수는 적어도 2개 이상의 주파수를 가지는 사인 형상을 사용한다. 2개의 사인 함수의 일부가 매끄러운 캠 함수를 구성하기 위해 조합된다.

$$\frac{d^2x(\theta)}{d\theta^2} = C_1 \cdot sin(f_1\theta) + C_2 \cdot sin(f_2\theta) \tag{3.115}$$

여기서 상수 C_1, C_2는 캠의 일부 구간에서는 0이 아닌 값을 가지고 다른 구간에서는 0이 된다. 다시 말하면, 캠 함수의 한 구간에서는 사인 함수의 일부가 사용되고 다른 구간에 대해서는 앞서 있는 곡선과 연결하여 다른 사인 함수를 사용한다. θ_{rise}를 상승기의 입력축의 회전 구간이라고 하자. 여기서 f_1, f_2는 2개의 주파수이다(그림 3.10).

$$f_1 = \frac{2\pi}{\theta_{rise}/2} = \frac{4\pi}{\theta_{rise}} \tag{3.116}$$

$$f_2 = \frac{2\pi}{3\theta_{rise}/2} = \frac{4\pi}{3\theta_{rise}} \tag{3.117}$$

가속도 함수는 2개의 사인 함수로부터 다음과 같이 형성된다.

$$\frac{d^2x(\theta)}{d\theta^2} = A_o \cdot sin\left(\frac{2\pi}{(\theta_{rise}/2)}\theta\right); \quad for \quad 0 \le \theta \le \frac{1}{8}\theta_{rise} \tag{3.118}$$

$$\frac{d^2x(\theta)}{d\theta^2} = A_o \cdot sin\left(\frac{2\pi}{(3\theta_{rise}/2)}\theta + (\pi/3)\right); \quad for \quad \frac{1}{8}\theta_{rise} \le \theta \le \frac{7}{8}\theta_{rise} \tag{3.119}$$

$$\frac{d^2x(\theta)}{d\theta^2} = A_o \cdot sin\left(\frac{2\pi}{(\theta_{rise}/2)}\theta - 2\pi\right); \quad for \quad \frac{7}{8}\theta_{rise} \le \theta \le \theta_{rise} \tag{3.120}$$

이와 같은 가속도 함수는 상승기의 추종자 움직임을 묘사한다. 만일 추종자 주기가 정지기가 없이 상승과 하강으로 이루어져 있다면 완벽한 변위 주기가 $\theta = 2\theta_{rise}$의 입력 회전 값에 대해 수행된다. 변위와 속력 선도는 속력과 변위에 대해 0의 초기값을 가지고 가속도 선도를 바로 적분함으로써 결정된다.

하강 운동 선도는 상승 운동 선도의 경상을 사용해 쉽게 얻어진다. 정지 구간 동안 (캠 설계에서 사용한다면) 캠 추종자 변위는 일정한 값을 유지하며, 속력과 가속도는 0이 된다.

3. 수정 사다리꼴(Modified trapezoidal) 가속도 함수는 가속도의 기울기가 변하는 지점 근처에서 표준 사다리꼴 가속도 함수를 수정하여 얻어진다. 가속도 함수를 삼각 함수와 같이 매끄러운 함수를 가지고 수정하는데 이를 통해 급격히 변하는 불연속 문제를 해결한다. 순수한 사다리꼴 가속도 형상을 사용하면 가속도 함수의 기울기가 0의 값(일정한 가속도)에서 어떤 값으로 변하기 때문에 급격한 움직임 함수에 불연속이 발생한다. 기구의 진동으로 나타나는 이런 영향을 감소하기 위해서는 가속도 형상 함수가 곡선의 코너에서 삼각 함수를 포함하게 하고 다른 부분에서는 일정한 가속도 함수를 가지도록 하는 것이 바람직하다. θ_{rise}를 상승기에 대한 입력축의 회전 기간이라고 하자. 수정 사다리꼴 가속도 형상은 $\theta_{rise}/2$ 동안은 삼각 함수를 사용하고 나머지 기간은 일정한 가속도 형상을 사용하여 구하게 된다.

   수정 사다리꼴 가속도 함수를 고려해 보자. 가속도 함수는 양 또는 음의 값(양의 값에 대칭)을 가지는 부분을 가지고 있다. 가속도 함수의 변하는 부분은 삼각 함수의 일부를 사용해 구하고 일정한 가속도 구간은 일정한 값을 가지고 구한다(그림 3.10).

$$\frac{d^2x}{d\theta^2} = A_o \cdot sin(2\pi\theta/(\theta_{rise}/2)); \quad for \quad 0 \le \theta \le \theta_{rise}/8 \tag{3.121}$$

$$\frac{d^2x}{d\theta^2} = A_o; \quad for \quad \frac{1}{8}\theta_{rise} \le \theta \le \frac{3}{8}\theta_{rise} \tag{3.122}$$

$$\frac{d^2x}{d\theta^2} = A_o \cdot sin(2\pi\theta/(\theta_{rise}/2) - \pi); \quad for \quad \frac{3}{8}\theta_{rise} \le \theta \le \frac{5}{8}\theta_{rise} \tag{3.123}$$

$$\frac{d^2x}{d\theta^2} = -A_o; \quad for \quad \frac{5}{8}\theta_{rise} \le \theta \le \frac{7}{8}\theta_{rise} \tag{3.124}$$

$$\frac{d^2x}{d\theta^2} = A_o \cdot sin(2\pi\theta/(\theta_{rise}/2) - 2\pi); \quad for \quad \frac{7}{8}\theta_{rise} \le \theta \le \theta_{rise} \tag{3.125}$$

다시 말하면, 가속도 함수는 추종자의 변위 주기의 절반을 묘사한다. 대칭 회귀 함수에 대해서 같은 가속도 함수의 경상이 캠 형상에 적용된다.

4. **다항식 함수**(Polynomial function)는 3차, 4차, 5차, 6차, 7차의 다항식 함수와 같은 다양한 형태로 캠 함수에 사용된다.

$$x(\theta) = C_0 + C_1\theta + C_2\theta^2 + C_3\theta^3 + \cdots + C_n\theta^n \tag{3.126}$$

입력축은 일반적으로 일정한 속력으로 구동되며 출력 추종자 운동은 입력축의 회전에 대해 주기 함수 형태로 얻어진다. 컴퓨터로 제어되며 프로그램이 가능한 기계를 개발하기 이전에 사용되던 대부분의 자동화 기계는 1개의 큰 동력원을 가지고 있었다. 동일 축으로부터 많은 종류의 다양한 캠을 사용해 각각의 부서에서 필요한 운동 형상을 만들어 사용했다. 이 경우 모든 부분의 운동은 주 회전축에 동기화되어 있다. 동기화는 캠의 가공 형상 결과의 고정이다. 만일 다른 자동 제어가 필요하면 캠 형상을 물리적으로 변형해야 한다. 프로그램이 가능한 컴퓨터 제어 기계가 고정 자동화 기계를 대체하게 됨에 따라 기계적인 캠을 사용하는 일이 줄어들고 있다(10장의 그림 10.2 참조). 대신에 캠 함수는 독립적으로 제어되는 운동축에 동기화하기 위해 소프트웨어적으로 적용된다. 만일 다른 형태의 동기화가 필요하다면 우리가 필요로 하는 것은 단지 캠 소프트웨어를 바꾸는 것이다. 기계적인 캠 동기화 시스템에서는 물리적으로 캠을 변형시켜야 한다.

▶▶ **예제** 그림 3.9와 같이 추종자를 가지는 캠을 고려해 보라. 수정 사인 캠 함수에 대해 변위, 속력, 가속도와 급격한 운동 변화 형상을 고려하자. 캠의 입력축이 일정 속력으로 구동된다고 가정하자. 즉 $\ddot{\theta} = 0$, $\frac{d}{dt}\ddot{\theta} = 0$. 캠의 입력축의 평상 운영 속력은 $\dot{\theta} = 2\pi \cdot 10$ [rad/sec] ($\dot{\theta} =$ 10 [rev/sec] = 600 [rev/min])이며, 캠 추종자의 총 변위는 2.0 in이다. 그리고 완전한 상승-하강기에 대한 캠 운동 주기는 입력축의 한 회전당 한 번이다. 입력축의 속력이 일정하기 때문에 입력축의 각도에 대한 시간 도함수와 다른 도함수들은 다음과 같이 연결되어 있다.

$$\dot{x} = \frac{dx}{d\theta}\dot{\theta}; \quad \ddot{x} = \frac{d^2x}{d\theta^2}(\dot{\theta})^2; \quad \frac{d}{dt}\ddot{x} = \frac{d^3x}{d\theta^3}(\dot{\theta})^3 \tag{3.127}$$

여기서 우리는 캠의 상승기와 하강기가 정지기 없이 연결되어 있다고 가정할 것이다. 따라서 $\theta_{rise} = \theta_{down} = \pi$이다. 절반 주기(상승기)에 대해 캠 형상은 입력축 변위의 함수로서 세 구간으로 정의된다. 세 구간은 $0 \le \theta \le \frac{1}{8}\theta_{rise}$, $\frac{1}{8}\theta_{rise} \le \theta \le \frac{7}{8}\theta_{rise}$, $\frac{7}{8}\theta_{rise} \le \theta \le \theta_{rise}$(식 3.118 ~3.120)이다.

상승기의 수정 사인 캠 함수는 다음과 같다($cam_1(\theta)$, 식 3.118):

$$\frac{d^2x(\theta)}{d\theta^2} = A_o \cdot sin\left(\frac{4\pi}{\theta_{rise}}\theta\right); \quad 0 \le \theta \le \frac{1}{8}\theta_{rise} \tag{3.128}$$

$$\frac{dx(\theta)}{d\theta} = \left(\frac{A_o\theta_{rise}}{4\pi}\right) \cdot \left(1 - cos\left(\frac{4\pi}{\theta_{rise}}\theta\right)\right) \tag{3.129}$$

$$x(\theta) = \frac{A_o\theta_{rise}}{4\pi} \cdot \left(\theta - \frac{\theta_{rise}}{4\pi} sin\left(\frac{4\pi}{\theta_{rise}}\theta\right)\right) \tag{3.130}$$

이와 유사하게 다른 운동 구간의 캠 함수는 다음과 같이 표현된다(cam2(θ), 식 3.119):

$$\frac{d^2x(\theta)}{d\theta^2} = A_o \cdot sin\left(\frac{4\pi}{3\theta_{rise}}\theta + \frac{\pi}{3}\right); \quad \frac{1}{8}\theta_{rise} \leq \theta \leq \frac{7}{8}\theta_{rise} \tag{3.131}$$

$$\frac{dx(\theta)}{d\theta} = V_{s1} - A_o \cdot \left(\frac{3\theta_{rise}}{4\pi}\right)\left(cos\left(\frac{4\pi}{3\theta_{rise}}\theta + \frac{\pi}{3}\right)\right) \tag{3.132}$$

$$x(\theta) = X_{s1} + V_{s1} \cdot \theta - A_o \cdot \left(\frac{3\theta_{rise}}{4\pi}\right)^2 \cdot \left(sin\left(\frac{4\pi}{3\theta_{rise}}\theta + \frac{\pi}{3}\right)\right) \tag{3.133}$$

이와 비슷한 방법으로 $\frac{7}{8}\theta_{rise} \leq \theta \leq \theta_{rise}$ 구간에 대해서 다음 결과가 유도된다($cam_3(\theta)$).

$$\frac{d^2x(\theta)}{d\theta^2} = A_o \cdot sin(4\pi\theta/\theta_{rise} - 2\pi); \quad \frac{7}{8}\theta_{rise} \leq \theta < \theta_{rise} \tag{3.134}$$

$$\frac{dx(\theta)}{d\theta} = V_{s2} - A_o \cdot \left(\frac{\theta_{rise}}{4\pi}\right)\left(cos\left(\frac{4\pi}{\theta_{rise}}\theta - 2\pi\right)\right) \tag{3.135}$$

$$x(\theta) = X_{s2} + V_{s2} \cdot \theta - A_o \cdot \left(\frac{\theta_{rise}}{4\pi}\right)^2 \cdot \left(sin\left(\frac{4\pi}{\theta_{rise}}\theta - 2\pi\right)\right) \tag{3.136}$$

여기서 상수 X_{s1}, X_{s2} , V_{s1}, V_{s2}의 값은 캠 함수 구간의 경계에서 연속 조건의 만족으로부터 결정된다. 추종자의 총 운동 범위를 사용하면 상수 A_o를 지정한 총 운동 범위의 함수로 결정할 수 있다. 이들 5개의 상수를 결정하기 위하여 다음과 같은 5개의 식을 사용하여 계산한다.

$$cam_1\left(\frac{1}{8}\theta_{rise}\right) = cam_2\left(\frac{1}{8}\theta_{rise}\right) \tag{3.137}$$

$$cam_2\left(\frac{7}{8}\theta_{rise}\right) = cam_3\left(\frac{7}{8}\theta_{rise}\right) \tag{3.138}$$

$$\frac{d}{dt}\left(cam_1\left(\frac{1}{8}\theta_{rise}\right)\right) = \frac{d}{dt}\left(cam_2\left(\frac{1}{8}\theta_{rise}\right)\right) \tag{3.139}$$

$$\frac{d}{dt}\left(cam_2\left(\frac{7}{8}\theta_{rise}\right)\right) = \frac{d}{dt}\left(cam_3\left(\frac{7}{8}\theta_{rise}\right)\right) \tag{3.140}$$

$$cam_3\,(\theta_{rise}) = x_{rise} \tag{3.141}$$

5개의 미지수에 대해 위 방정식을 풀어서 얻어진 결과는 다음과 같다.

$$[A_o, X_{s1}, V_{s1}, X_{s2}, V_{s2}] = [1.273, 0.443, 0.318, 1.000, 0.318]$$

캠 함수는 식 3.130, 3.133, 3.136의 조합과 이를 역으로 배열하고 캠 함수의 독립변수인 θ를 $2\theta_{rise} - \theta$로 치환한 경상이다. 따라서 캠 함수는 다음과 같다.

$$cam_1(\theta) = \frac{A_o\theta_{rise}}{4\pi} \cdot \left(\theta - \frac{\theta_{rise}}{4\pi}sin\left(\frac{4\pi}{\theta_{rise}}\theta\right)\right); \quad 0 \leq \theta \leq \frac{1}{8}\theta_{rise} \tag{3.142}$$

$$cam_2(\theta) = X_{s1} + V_{s1} \cdot \theta - A_o\left(\frac{3\theta_{rise}}{4\pi}\right)^2 \cdot \left(sin\left(\frac{4\pi}{3\theta_{rise}}\theta + \frac{\pi}{3}\right)\right);$$
$$\frac{1}{8}\theta_{rise} \leq \theta \leq \frac{7}{8}\theta_{rise} \tag{3.143}$$

$$cam_3(\theta) = X_{s2} + V_{s2} \cdot \theta - A_o \left(\frac{\theta_{rise}}{4\pi}\right)^2 \cdot \left(sin\left(\frac{4\pi}{\theta_{rise}}\theta - 2\pi\right)\right);$$

$$\frac{7}{8}\theta_{rise} \leq \theta \leq \theta_{rise} \tag{3.144}$$

$$cam_4(\theta) = cam_3(2\theta_{rise} - \theta); \quad \theta_{rise} \leq \theta \leq \frac{9}{8}\theta_{rise} \tag{3.145}$$

$$cam_5(\theta) = cam_2(2\theta_{rise} - \theta); \quad \frac{9}{8}\theta_{rise} \leq \theta \leq \frac{15}{8}\theta_{rise} \tag{3.146}$$

$$cam_5(\theta) = cam_2(2\theta_{rise} - \theta); \quad \frac{9}{8}\theta_{rise} \leq \theta \leq \frac{15}{8}\theta_{rise} \tag{3.147}$$

캠의 제조를 위해서는 입력축의 한 회전에 대한 변위 함수만 필요하다.

3.5 축의 어긋난 정렬과 유연 커플링

기계적인 시스템은 운동을 전달하기 위해 항상 2개 이상의 축을 가지고 있다. 이 때문에 축 방향으로 어느 정도의 정밀도를 가지고 2개의 축을 정렬해야 할 일이 항상 발생한다. 축의 정렬이 어긋나면 베어링에 무리한 부하가 가해지고 이로 인해 진동이 발생하며, 따라서 기계의 수명을 단축시킨다. 축의 어긋난 정렬로 인한 진동과 수명을 단축시키는 영향을 줄이기 위해 축 사이에 유연 커플링(flexible coupling)이 사용된다(그림 3.12).

유연 축 커플링은 2개의 범주로 나뉜다.

1. 축과 모터 사이에 큰 동력을 전달하기 위한 커플링
2. 축과 모터 사이에 작은 동력으로 운동을 정확하게 전달하기 위한 커플링

고정밀 운동 기계는 아주 작은 마찰력을 가지는 모터와 아주 섬세한 베어링으로 이루어진다. 그런 모터는 축의 어긋난 정렬에 매우 민감하다. 과도하게 어긋난 축의 정렬로 인한 베어링 파손은 신뢰도 문제와 연결되어 있다. 그러므로 고성능의 서보 모터 응용에서 모터축은 유연 커플링을 통해 부하와 연성되어 있다. 유연 커플링은 시스템이 축의 어긋난 정렬에 어느 정도 공차를 제공할 수 있다. 그러나 이로 인해 기계 시스템의 강성이 저하되는 결과를 초래한다. 따라서 설계자는 반드시 커플링의 강성이 원하는 운동 형태(특히 변속이나 주기적으로 위치를 반복하는 경우)를 방해하는 요인으로 작용하지 않도록 설계해야 한다.

커플링은 다음 변수들에 의해 규격화된다.

1. 최대 또는 정격 토크 용량
2. 비틀림 강성
3. 최대 허용축 어긋남
4. 커플링의 회전 관성과 질량
5. 입력축과 출력축의 지름

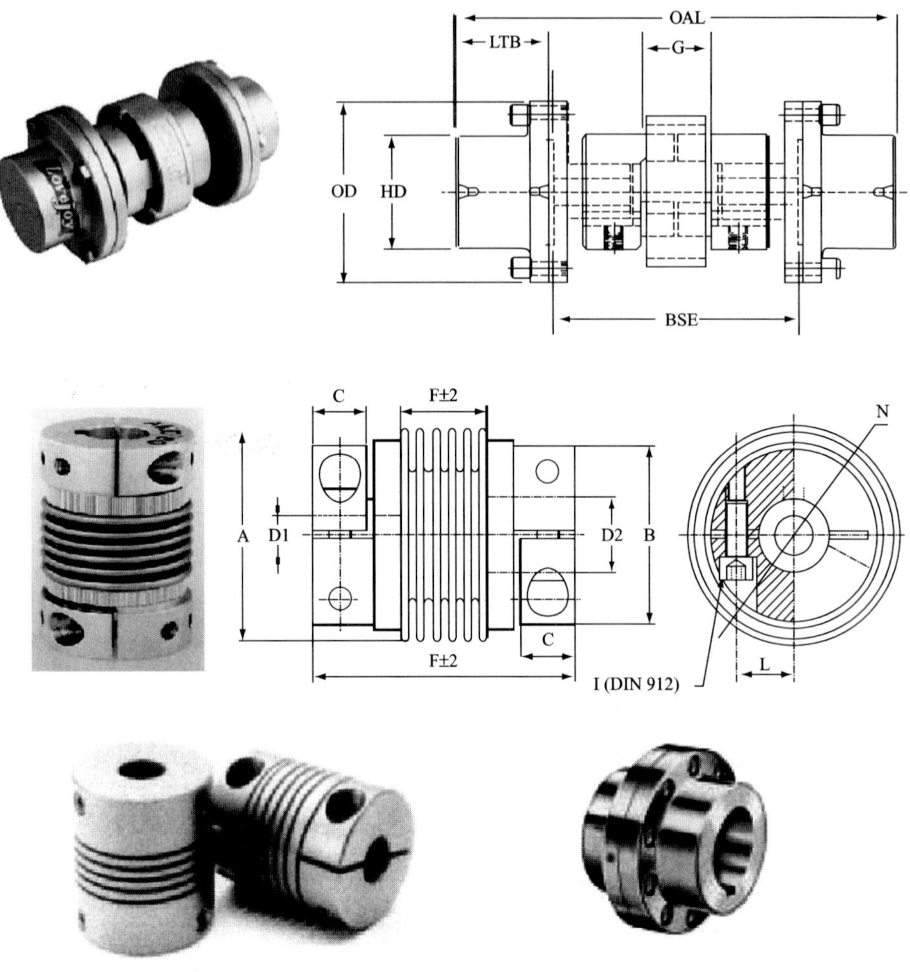

그림 3.12 ■ 유연 커플링은 운동을 전달하는 기구에서 축을 연결하는 데 있어 축의 정렬이 어긋난 것과 베어링을 보호하기 위해서 사용한다.

6. 입력축과 출력축의 연결 방법(세트 스크루, 키 결합)

7. 설계 형태(벨로우 또는 헬리컬 커플링)

3.6 구동기 크기

모든 운동축은 구동기에 의해서 구동된다. 구동기는 전기, 유압 또는 공압을 동력원으로 사용할 수 있다. 구동기의 크기는 동력원의 크기를 말하며 주어진 관성과 부하 또는 토크 조건에서 축을 움직일 수 있을 정도로 커야 한다. 만일 구동기의 크기가 작다면 축은 요구되는 운동을 전달할 수 없게 된다. 즉 요구되는 가속도나 속력을 전달할 수 없는 것이다. 만일 구동기가 너무 크면 비용이 많이 들고 커진 구동기(좀더 큰 동력원)로 인해 운동축의 운동 영역이 느려지게 된다. 따라서 허용 안전도를 고려하여 운동축에 적절한 구동기를 연결하는 것이 중요하다. 구동기가 직접 부하에 연결되지 못하는 경우에는 적절한 구동기 크기를 결정하는 것과 동시에 기어 기구부도 결정해야 한다(그림 3.13). 이 절에서는 회전 전기 모터 형태의 구동기의 크기를 결정하는 것에 주안점을 둘 것이다. 그렇지만 다른 형태의 구동기에 대해서도 같은 개념을 사용할 수 있다.

구동기 크기에 대한 질문은 가장 조건이 안 좋은 경우의 운용 조건(예를 들어 최대 예상 관성과 반발력)에서 축에 요구되는 다음과 같은 질문이다.

1. 요구되는 최대 토크(최고 토크로도 불린다) T_{max}
2. 요구되는 정격 토크(연속 또는 평균제곱의 근, RMS) T_r
3. 요구되는 최대 속력 $\dot{\theta}_{max}$
4. 요구되는 위치 정밀도 $\Delta\theta$
5. 기어 기구 변수: 기어비, 관성과 반발력 또는 토크, 강성, 백래시 특성

토크 요구 조건이 결정되면 앰프에 요구되는 전류와 전력이 바로 결정된다.

일반적으로 부하의 속력 정밀도와 최대 속력 조건은 기어비로 결정된다. 아래에서 우리는 적절한 기어비를 가지고 있는 기어 기구가 선택되었다고 가정하고 구동기 크기를 결정

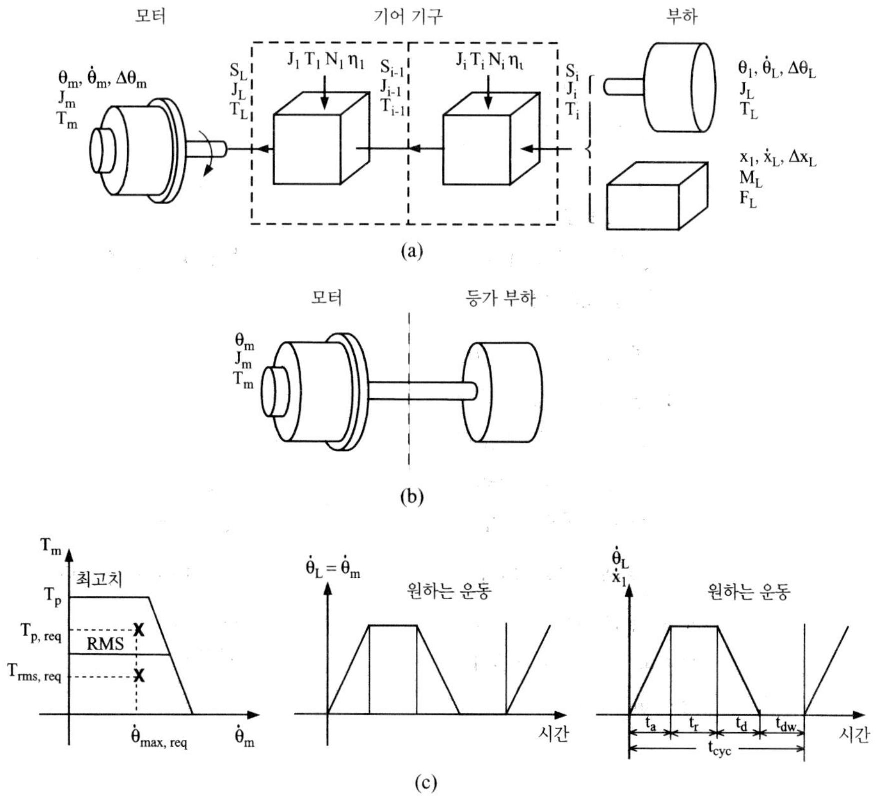

그림 3.13 ■ 구동기 크기: 부하(관성, 토크, 힘), 기어 기구와 요구되는 운동이 지정되어야 한다.

하는 데 주안점을 두게 될 것이다. 주어진 응용문제에 대해 부하 운동 요구 조건은 요구되는 위치 정밀도와 최대 속력을 가리킨다. 이를 각각 Δx와 $\dot{x}_{max}$라고 하자. 그러면 구동기(회전 모터)에 요구되는 위치 정밀도와 최대 속력은 다음 식으로 결정된다.

$$\Delta\theta = N \cdot \Delta x \tag{3.148}$$

$$\dot{\theta} = N \cdot \dot{x}_{max} \tag{3.149}$$

기어비의 범위는 최저 정밀도와 최대 속력 요구 조건에 의해 정의된다. 예를 들어 주어진 구동기의 위치 정밀도($\Delta\theta$)를 가지는 모터가 요구되는 정밀도(Δx)를 제공하기 위해서는 기어비가 다음과 같아야만 한다.

$$N \geq \frac{\Delta\theta}{\Delta x} \tag{3.150}$$

또한 모터의 최대 허용 속력을 넘지 않으면서 요구되는 최대 속력을 제공하기 위해서는 기어비가 다음과 같아야 한다.

$$N \leq \frac{\dot{\theta}_{max}}{\dot{x}_{max}} \tag{3.151}$$

따라서 기어비의 허용 범위는 정밀도와 최대 속력 요구 조건에 의해 다음과 같이 정의된다.

$$\frac{\Delta\theta}{\Delta x} \leq N \leq \frac{\dot{\theta}_{max}}{\dot{x}_{max}} \tag{3.152}$$

가장 많이 사용되는 운동 변환 기구(기어 기구)들이 그림 3.14에 보이고 있다. 기어 기구가 감속과 구동기를 부하에 연결하는 역할을 하지만 기구의 추가로 인해 운동축에 부가적인 관성과 부하 토크가 부과된다는 것을 기억하라. 정밀 위치 응용문제에서 가장 먼저 충족할 조건은 정밀도이다.

구동기는 관성 또는 부하의 서로 다른 두 종류의 대상을 움직이기 위해 토크 또는 힘을 생성할 필요가 있다(그림 3.13).

1. 부하 관성과 힘/토크(기어 기구 포함)
2. 구동기 자체의 관성(반발력 포함). 예를 들어 전기 모터는 어느 정도의 관성을 가지는 로터를 가지고 있는데 이 관성은 매우 빠른 주기의 자동화 기계 응용문제에서 모터를 얼마나 빨리 가속하거나 감속할 수 있느냐를 가름하는 중요한 인자이다. 유압 실린더도 유사하게 질량을 가지고 있는 피스톤과 큰 봉을 가지고 있다.

각 축에 대한 토크/힘과 운동 관계식은 뉴턴 제2법칙에 의해 결정된다. 회전 구동기에 대해 뉴턴 제2법칙을 고려해 보자. 회전 관성을 질량으로 토크를 힘으로 각가속도를 병진 가속도[$\{J_T, \ddot{\theta}, T_T\}$를 $\{m_T, \ddot{x}, F_T\}$로 치환]로 치환하면 병진 구동기에 대해서도 같은 관계식이 유도된다.

$$J_T \cdot \ddot{\theta} = T_T \tag{3.153}$$

여기서 J_T는 모터축에 반영된 총 관성이고, T_T는 모터축상에 작용하는 총 토크, $\ddot{\theta}$는 각가속도를 나타낸다. 반영된 관성 또는 토크는 기어 감속 영향이 일어난 후에 모터축에서 느끼

	기구 특성				입력 특성			출력 특성		
기구 형태	n_1	η_1	J_1	T_1	S_2	J_2	T_2	S_1	J_1	T_1
기어 1, r_1, 2, r_2	$\frac{r_2}{r_1}$	≤ 1.0	J_{r1} J_{r2}	$Tc.sgn(\dot{\theta}_1)$ $+c\,\dot{\theta}_1$	θ_2	J_2	T_2	$\theta_1 = n\,\theta_2$ $= \left(\frac{r_2}{r_1}\right)\theta_2$	$J_{r1} + \left(\frac{J_{r2}}{n^2\eta}\right)$	$T_i + \frac{1}{n\eta}T_2$
벨트 풀리 2, 1, r_2, r_1	$\frac{r_2}{r_1}$	≤ 1.0	J_{r1} J_{r2} W_{belt}	$Tc.sgn(\dot{\theta}_1)$ $+c\,\dot{\theta}_1$	θ_2	J_2	T_2	$\theta_1 = n\,\theta_2$ $= \left(\frac{r_2}{r_1}\right)\theta_2$	$J_{r1} + \left(\frac{J_{r2}+J^2}{n^2\eta}\right)$ $+\frac{1}{2}\left(\frac{W_{belt}}{g}\right)(r_1^2+r_2^2)$	$T_i + \frac{1}{n\eta}T_2$
볼 스크루 또는 캠 2, X, F_{load}, W_{load}, 1 $X = \theta/2\pi p$	$2\pi p$	≤ 1.0	J_{lead} W_{load}	$Tc.sgn(\dot{\theta}_1)$ $+c\,\dot{\theta}_1$	X	W_{load}	F_{load}	$\theta_1 = n\,X$ $= (2\pi p)\,X$	$J_{load} + \left(\frac{W_{load}}{g}\right)\left(\frac{1}{n^2\eta}\right)$	$T_i + \frac{1}{n\eta}F_{load}$
랙 피니언 1, r_p, X, F_{load}, W_{load}, 2, X	$\frac{1}{r_p}$	≤ 1.0	J_{pinion} W_{rack}	$Tc.sgn(\dot{\theta}_1)$ $+c\,\dot{\theta}_1$	X	W_{load}	F_{load}	$\theta_1 = n\,X$ $= \left(\frac{1}{r_p}\right)X$	J_{pinion} $+\left(\frac{W_{rack}}{g}\right)\left(\frac{1}{n^2\eta}\right)$ $+\left(\frac{W_{load}}{g}\right)\left(\frac{1}{n^2\eta}\right)$	$T_i + \frac{1}{n^2\eta}F_{load}$
컨베이어 벨트 X, F_{load}, W_{load}, 1, r_p, 2, r_p	$\frac{1}{r_p}$	≤ 1.0	J_{p1} J_{p2} W_{belt}	$Tc.sgn(\dot{\theta}_1)$ $+c\,\dot{\theta}_1$	X	W_{load}	F_{load}	$\theta_1 = n\,X$ $= \left(\frac{1}{r_p}\right)X$	$J_{p1} + J_{p2}$ $+\left(\frac{W_{belt}+W_{load}}{g}\right)\left(\frac{1}{n^2\eta}\right)$	$T_i + \frac{1}{n^2\eta}F_{load}$

그림 3.14 ■ 보편적으로 사용되는 운동 변환(기어) 기구들과 입출력 관계식

는 등가의 관성 또는 토크를 의미한다.

구동기의 크기를 결정하는 데에는 세 가지 문제가 있다(그림 3.13).

1. 그림 3.14의 순수한 관성을 결정하는 문제(그림 3.9의 운동 변환 기구의 경우 위치의 함수가 될 수 있다)
2. 순수 부하 토크를 결정하는 문제(운동 변환 기구의 위치와 속력의 함수일 수 있다)
3. 원하는 운동 형상을 결정하는 문제(그림 3.13, 3.15)

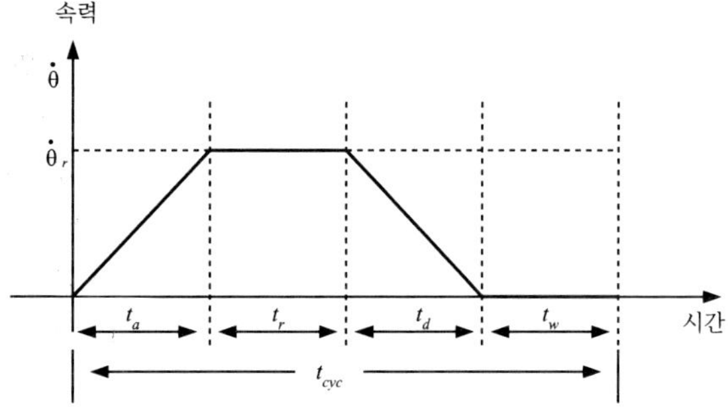

그림 3.15 ■ 자동 조립 기계와 로봇 매니퓰레이터와 같이 프로그램이 가능한 운동 제어 응용문제들에 있어서의 전형적으로 원하는 운동축의 속도 형상

첫 번째 항, 관성을 결정하는 문제를 고려해 보자. 총 관성은 회전 구동기의 관성과 반영된 관성의 합이다.

$$J_T = J_m + J_{l,eff} \tag{3.154}$$

여기서 $J_{l,eff}$는 모터축에 반영된 모든 부하 관성을 포함한다. 예를 들어 볼 스크루 기구의 경우 이 값은 모터축과 볼 스크루 사이에 위치한 유연 커플링의 관성(J_c), 볼 스크루 관성(J_{bs}), 부하 질량의 관성(W_l에 의한)을 모두 포함하게 된다.

$$J_{l,eff} = J_c + J_{bs} + \frac{1}{(2\pi p)^2}(W_l/g) \tag{3.155}$$

여기서 구동기가 움직여야 할 총 관성은 부하(운동 변환 기구 포함)와 구동기 내의 움직이는 모든 부품들의 관성의 합이라는 것을 주목하라.

총 토크는 모터에 의해 생성된 토크(T_m)에서 축의 반발 부하 토크(T_l)를 차감하여 얻어진다.

$$T_T = T_m - T_{l,eff} \tag{3.156}$$

여기서 T_l은 모든 외부 토크들의 합을 나타낸다. 만일 부하 토크가 운동을 지원하는 방향으로 작용한다면 음의 값을 가진다. 따라서 최종 결과는 두 토크의 합이 된다. T_l은 마찰(T_f), 중력(T_g), 공정과 관련된 토크와 힘(예를 들어 조립을 해야 하는 응용문제에서 요구된 압력 T_a를 제공해야 할 경우가 있다)이 있을 경우 비선형 운동과 관련된 힘/토크(예를 들어 코리올리스 힘과 토크 T_{nl})를 포함할 수 있다.

$$T_l = T_f + T_g + T_a + T_{nl} \tag{3.157}$$

$$T_{l,eff} = \frac{1}{N} \cdot T_l \tag{3.158}$$

마찰 토크가 쿨롱(Coulomb) 또는 점성 마찰을 표현하기 위해 일정한 값을 가지며 속력에 의해 좌우되는 성분 $T_f(\dot{\theta})$을 가지고 있음을 주목하라.

구동기 크기 결정을 하기 위해 이들 토크들은 가장 나쁜 경우를 고려해야 한다. 그러나 가장 심각한 경우를 가정해 너무 큰 안전 허용도를 고려하면 불필요하게 구동기 크기를 크게 할 수 있기 때문에 조심해야 한다. 유기적으로 구성된 기구에 있어 마찰, 중력 부하, 과업과 관련된 힘, 그리고 다른 비선형력이 연성된 영향들이 평가된 후에는 기구학을 이용해 구동축에 반영된 힘을 결정할 수 있다. 감속기어, 벨트 풀리, 리드 스크루와 같은 단순한 운동 변환 기구에 있어서는 이 반영된 값이 일정한 상수값으로 나타난다. 그러나 링크 기구, 캠, 다자 유도 기구 같이 복잡한 기구에서는 관성과 힘에 대한 기구학적인 반영 관계가 일정한 상수값으로 표현되지 못한다. 이들 관계식은 가장 심각한 경우를 고려해 단순한 형태로 만들어 취급하거나 기구에 대한 보다 상세한 비선형 기구 모델을 사용해 관계식을 유도해 처리한다(3.7절 참조).

마지막으로 축에 대해 우리가 원하는 운동 형상을 시간의 함수로 표현할 필요가 있다. 일반적으로 가장 심각한 주기 운동을 가정한다. 가장 보편적으로 사용하는 운동 형상은 시간 함수로 주어지는 사다리꼴 속도 형상(그림 3.15)이다. 사다리꼴 속도 형상은 일반적으로 일정한 가속도 구간과 속력 구간, 그리고 일정한 감속 구간과 정지(0의 속력) 구간으로 이루어진다.

$$\dot{\theta} = \dot{\theta}(t); \quad 0 \le t \le t_{cyc} \tag{3.159}$$

관성과 부하 토크, 그리고 원하는 운동 형상이 알려지면, 운동 한 주기 동안 필요한 토크가 다음 식으로부터 시간의 함수로 결정된다.

$$T_m(t) = J_T \cdot \ddot{\theta}(t) + T_{l,eff} \tag{3.160}$$

$$= J_T(\theta) \cdot \ddot{\theta}(t) + T_{f,eff}(\dot{\theta}) + T_{g,eff}(\theta) + T_{a,eff}(t) + T_{nl,eff}(\theta, \dot{\theta}) \tag{3.161}$$

토크 요구 조건을 계산하기 전에 아직 모르고 있는 구동기 자체의 관성을 추정할 필요가 있다. 그러므로 이 계산은 여러 번 반복될 수 있다.

요구되는 토크 형상이 시간의 함수로 결정되면, 이로부터 2개의 크기 값들, 최대 토크와 평균제곱근(RMS; root mean square) 토크가 결정된다.

$$T_{max} = max(T_m(t)); \tag{3.162}$$

$$T_r = T_{rms} = \left(\frac{1}{t_{cyc}} \int_0^{t_{cyc}} T_m(t)^2 \, dt \right)^{1/2} \tag{3.163}$$

원하는 운동 형상 사양으로부터 구동기가 기구적인 관계를 사용해 전달해야 하는 최대 속력이 결정된다. 최적의 운동 제어축을 설계하기 위해서는 구동기의 크기와 운동 변환 기구(등가 기어비)가 동시에 고려되어야 한다. 아주 작은 기어비는 아주 큰 토크를 만들면서도 저속으로 회전할 수 있는 모터를 필요로 한다. 따라서 모터가 만들어낼 수 있는 구동력의 적은 부분을 사용한다. 기어비를 증가시키면 작은 토크의 모터를 평균적으로 고속 운영하여 사용하게 된다. 따라서 모터 구동력의 대부분을 사용하는 것이다.

주어진 전기 모터 구동 시스템에 대해 토크 요구 조건을 알게 되면 구동 전류와 전력 전압 요구 조건을 바로 결정할 수 있다. 유사한 방법으로 유압 구동기에 대해서도 요구되는 힘이 결정되면 공급되어야 할 압력과 선형 실린더의 지름을 결정할 수 있다. 속력 요구 조건은 유동률을 결정하는 데 사용된다. 이것들을 알게 되면 밸브와 펌프의 크기를 결정할 수 있다.

구동기 크기 결정 알고리즘(그림 3.13과 3.14)

1. 구동기와 부하 간의 기하학적인 관계식을 정의한다. 즉 모터와 부하(N)간의 운동 전달 기구의 형태를 선택하는 것을 말한다.
2. 부하의 관성과 토크/힘 특성과 전달 기구를 정의한다. 예를 들면 도구의 관성뿐만 아니라 기어 감속 기구의 관성(J_l, T_l)을 정의하는 것이다.
3. 원하는 주기 운동 형상을 시간 대비 부하 속력의 형태로 정의한다($\dot{\theta}_l(t)$).
4. 위에서 유도한 반영식을 이용해 구동축뿐만 아니라 구동축의 원하는 운동($\dot{\theta}_m(t) = \dot{\theta}_{in}(t)$)에 실질적으로 작용하는 반영 부하 관성과 토크/힘($J_{l,eff}$, $T_{l,eff}$)을 계산한다.
5. 입수한 목록으로부터 구동기/모터의 관성을 추산하고(또는 모터 관성을 0으로 가정하고 계산을 먼저 한다), 원하는 운동 주기에 대한 토크 변천, $T_m(t)$을 계산한다. 그리고 $T_m(t)$으로부터 최고 토크값과 평균 제곱근 토크값을 계산한다.
6. 구동기가 최고 토크값과 평균 제곱근 토크값, 최대 속력 허용값(T_p, T_{rms}, $\dot{\theta}_{max}$)에 대해

요구되는 성능을 충족하는지 확인한다. 만일 입수한 목록으로부터 선택한 구동기/모터가 요구 조건을 충족하지 못한다면(예를 들어 너무 작거나 클 경우), 다른 모터를 선택해 앞의 단계별 계산들을 반복한다.

7. 대부분의 전기 서보 모터의 연속 토크 등급은 25°C의 온도 환경과 열 발산을 위해 알루미늄 면 장착이 되어 있는 환경에서 매겨진다. 만일 정격 주변 온도가 25°C와 다르다면, 전기 모터의 연속(RMS) 토크 용량은 다음 식에 보이는 바와 같이 온도가 높아짐에 따라 떨어질 수밖에 없다.

$$T_{rms} = T_{rms}(25^\circ C)\sqrt{(155 - Temp^\circ C)/130} \tag{3.164}$$

만일 T_{rms} 등급이 초과되면 모터 권선의 온도가 비례적으로 증가하게 된다. 만일 온도 상승이 모터의 권선 절연체에 대한 정격 온도 이상으로 되면 모터는 영구적인 손상을 입게 된다.

3.6.1 모터 관성과 부하 관성의 일치

모터의 로터 관성과 반영된 부하의 관성의 비는 고성능 운동 제어 응용문제에 있어 항상 신경 써야 할 문제이다. 모터 관성과 부하 관성의 비는 보통 1:1에서 1:10의 비어야 한다.

$$\frac{J_m}{J_l/N^2} = \frac{1}{1} \sim \frac{1}{10} \tag{3.165}$$

1:1 일치가 가장 최적의 조화인 것으로 고려된다. 아래에서 1:1 관성 조화 모터가 순수하게 관성 부하만 구동시키며 이 관성비가 **모터의 최소 발열** 결과로 나타난다는 이상적인 경우에만 **최적**이다.

모터가 등가 기어비를 통해 순수하게 관성 부하와 연성되어 있는 경우를 고려하자. 이 경우 토크와 운동의 관계식은 다음과 같다.

$$T_m(t) = (J_m + \frac{1}{N^2}J_l) \cdot \ddot{\theta}_m \tag{3.166}$$

$$= (J_m + \frac{1}{N^2}J_l) \cdot N \cdot \ddot{\theta}_l \tag{3.167}$$

최소 발열은 요구되는 토크가 최소화될 경우에 생긴다. 그 이유는 토크가 전류에 비례하며 발열은 전류와 관련이 있기 때문이다($P_{elec} = R \cdot i^2$, 여기서 P_{elec}는 전기 저항 R과 전류 i에 의해 모터 권선에서 나온 전력이다). T_m의 N에 대한 도함수가 0이 되는 기어비에서 토크가 최소로 된다.

$$\frac{d}{dN}(T_m) = \left(J_m + \frac{1}{N^2}J_l\right)\ddot{\theta}_l + \left(\frac{-2N}{N^4}J_l\right) \cdot N\ddot{\theta}_l \tag{3.168}$$

$$= \ddot{\theta}_l \cdot \left(J_m - \frac{1}{N^2}J_l\right) \tag{3.169}$$

$$= 0 \tag{3.170}$$

그러므로 토크 요구 조건을 최소화(즉 발열을 최소화)하는 모터와 순수한 관성 부하 간의 최적 기어비는 다음과 같다.

$$J_m = \frac{1}{N^2} J_l \tag{3.171}$$

$$= J_{l,reflected} \tag{3.172}$$

모터 로터 관성과 반영된 부하 관성 사이의 이런 이상적인 일치(1:1)는 순수한 관성 부하의 경우에 대해서만 최적임을 주목하라. 부하가 마찰이나 문제와 관련된 부하 토크 또는 힘에 의해 좌우되는 경우에는 이상적인 관성 조화 조건이 좋은 설계로 이어지지 않는다.

▶▶ **예제** 전기 서보 모터에 의해 구동되는 회전 운동축을 고려하자. 회전 부하는 기어 감속기를 사용하지 않고 직접 모터축에 연결되어 있다. 회전 부하는 강철 재료로 만들어진 실린더 형태의 강체, $d = 3.0$ in, $l = 2.0$ in, $\rho = 0.286$ lb/in^{3}이다. 원하는 부하의 운동은 주기 운동(그림 3.13)이다. 진행되어야 할 총 거리는 한 회전의 1/4이다. 운동의 주기 $t_{cyc} =$ 250 msec이며, 정지 구간 $t_{dw} = 100$ msec이다. 한 주기의 남은 부분은 가속, 일정 속력, 감속기로 동일하게 나누어져 있다. 즉 $t_a = t_r = t_d = 50$ msec이다. 이 응용문제에 대해 요구되는 모터 크기를 결정하라.

이 예제는 그림 3.14에 보이는 이상적인 모델과 일치한다. 부하의 관성은 다음과 같이 계산된다.

$$J_l = \frac{1}{2} \cdot m \cdot (d/2)^2 \tag{3.173}$$

$$= \frac{1}{2} \cdot \rho \cdot \pi \cdot (d/2)^2 \cdot l \cdot (d/2)^2 \tag{3.174}$$

$$= \frac{1}{2} \cdot \rho \cdot \pi \cdot l \cdot (d/2)^4 \tag{3.175}$$

$$= \frac{1}{2} \cdot (0.286/386) \cdot \pi \cdot 2.0 \cdot (3/2)^4 \text{ [lb in sec}^2\text{]} \tag{3.176}$$

$$= 0.0118 \text{ [lb in sec}^2\text{]} \tag{3.177}$$

부하와 동일한 로터 관성을 가지는 모터를 선택하여 이상적인 부하와 관성 일치 조건이 만족된다고 가정하자. 즉 $J_m = 0.0118$ [lb · in · sec^2]이 된다. 가속도, 최고 속력, 감속률은 기구학적인 관계식으로부터 다음과 같이 계산된다.

$$\theta_a = \frac{1}{2}\dot{\theta} \cdot t_a = \frac{1}{4} \cdot \frac{\pi}{2} \tag{3.178}$$

$$\dot{\theta} = 2 \cdot \theta_a / t_a = 2 \cdot (1/4) \cdot (\pi/2) \text{ [rad]}/(0.05 \text{ [sec]}) \tag{3.179}$$

$$= 80\pi/16 \text{ [rad/sec]} = 40/16 \text{ [rev/sec]} = 2400/16 \text{ [rev/min]} = 150 \text{ [rev/min]} \tag{3.180}$$

$$\ddot{\theta}_a = \dot{\theta}_a / t_a = (80\pi/16)(1/0.05) = 1600\pi/16 \text{ [rad/sec}^2\text{]} = 100\pi \text{ [rad/sec}^2\text{]} \tag{3.181}$$

$$\ddot{\theta}_r = 0.0 \tag{3.182}$$

$$\ddot{\theta}_d = -100\,\pi\ [\text{rad/sec}^2] \tag{3.183}$$

$$\ddot{\theta}_{dw} = 0.0 \tag{3.184}$$

원하는 주기 운동을 가지고 부하를 움직이기 위해 필요한 토크는 다음과 같이 계산된다.

$$T_a = (J_m + J_l)\cdot\ddot{\theta} = (0.0118 + 0.0118)\cdot(100\pi) = 7.414\ [\text{lb in}] \tag{3.185}$$

$$T_r = 0.0 \tag{3.186}$$

$$T_d = (J_m + J_l)\cdot\ddot{\theta} = (0.0118 + 0.0118)\cdot(-100\pi) = -7.414\ [\text{lb in}] \tag{3.187}$$

$$T_{dw} = 0.0 \tag{3.188}$$

따라서 최고 토크 요구 조건은 다음과 같다.

$$T_{max} = 7.414\ [\text{lb in}] \tag{3.189}$$

그리고 평균 제곱근 토크 요구 조건은 다음과 같다.

$$T_{rms} = \left(\frac{1}{0.250}\left(T_a^2\cdot t_a + T_r^2\cdot t_r + T_d^2\cdot t_d + T_{dw}^2\cdot t_{dw}\right)\right)^{1/2} \tag{3.190}$$

$$= \left(\frac{1}{0.250}(7.414^2\cdot 0.05 + 0.0\cdot 0.05 + (-7.414)^2\cdot 0.05 + 0.0\cdot 0.1)\right)^{1/2} \tag{3.191}$$

$$= 4.689\ [\text{lb in}] \tag{3.192}$$

그러므로 약 0.0118 [lb in sec^2]의 로터 관성, 150 [rev/min]의 최대 속력 용량 이상, 8.0 [lb in]와 5.0 [lb in]의 범위 안에 드는 최고 토크와 평균 제곱근 토크 등급을 가지는 모터를 선택하면 이 조건을 충족할 것이다.

다음 사항을 추가로 고려하면 설계가 개선될 수 있을 것이다. 위에서 계산한 모터의 최고 속력은 단지 150 rpm이다. 그러나 대부분의 전기 서보 모터는 1500~5000 rpm 범위에서 일정한 토크 용량을 유지하면서 가장 좋은 동력을 전달한다. 결론적으로 모터축과 부하를 10:1~20:1의 감속 기어를 고려하고 다시 모터 크기를 계산하는 것이 바람직하다고 말할 수 있다. 이렇게 하면 고속으로 구동하면서 요구되는 토크는 최소화할 수 있는 모터를 선택할 수 있다.

3.7 동차 변환 행렬

단순한 일자유도 기구의 기하학적인 관계식은 기초적인 벡터 대수학을 이용해 유도할 수 있다. 로봇 매니퓰레이터와 같은 다자 유도 기구에 대한 기하학적인 관계식은 3차원 벡터 대수학을 이용해야 하므로 조금 복잡하다. 그러나 (4 × 4) 동차 변환 행렬을 사용하면 기하학적인 관계를 아주 쉽게 묘사할 수 있다[11, 11a]. 이 행렬을 사용하면 기구에 있어 다음과 같은 절대값들 사이의 기하하적인 관계를 묘사할 수 있다.

1. 변위 변수
2. 변위 증분들 사이의 관계
3. 기구를 통한 힘과 토크의 전달

기준 좌표에 대한 3차원 물체의 위치 및 방위는 그 물체의 한 지점에 고정된 위치 좌표(3차원 공간상의 위치 정보에 대한 세 성분)와 그 좌표의 방위(3개의 각도로 표현되는)로 유일하게 묘사될 수 있다. 위치 좌표는 한 점과 관련이 있는데, 기준 좌표계에 관한한 그 점에 대해서는 유일하다. 방위는 점과 관련된 것이 아니고 물체와 관련이 있다. 물체의 위치와 방위를 표현하는 가장 좋은 방법은 좌표계를 물체에 부착시키고, 부착된 좌표계의 방위와 원점 위치를 기준 좌표계에 대해 묘사하는 것이다. 예를 들면 로봇 매니퓰레이터의 그리퍼가 붙잡고 있는 도구의 위치와 방위는 그 도구에 부착된 좌표계로 묘사될 수 있다(그림 3.16). 부착된 좌표계의 원점의 위치 좌표와 다른 기준 좌표계에 대한 그 위치 좌표의 방위는 좌표계가 붙어 있는 도구의 위치와 방위를 묘사한다.

2개의 서로 다른 방위 간의 물체의 변환은 3개의 독립적인 회전의 반복 진행에 의해 성취될 수 있다. 그러나 한 방위로부터 다른 방위로 옮겨가는 회전 각도의 개수와 순서는 유일하지 않다. 원하는 방위각 변화를 만들 수 있는 많은 수의 회전 조합이 존재한다. 예를 들면 두 좌표계의 서로 다른 2개의 방위 간의 방위각 변화는 다음과 같은 3개의 각도 순서로 성취될 수 있다.

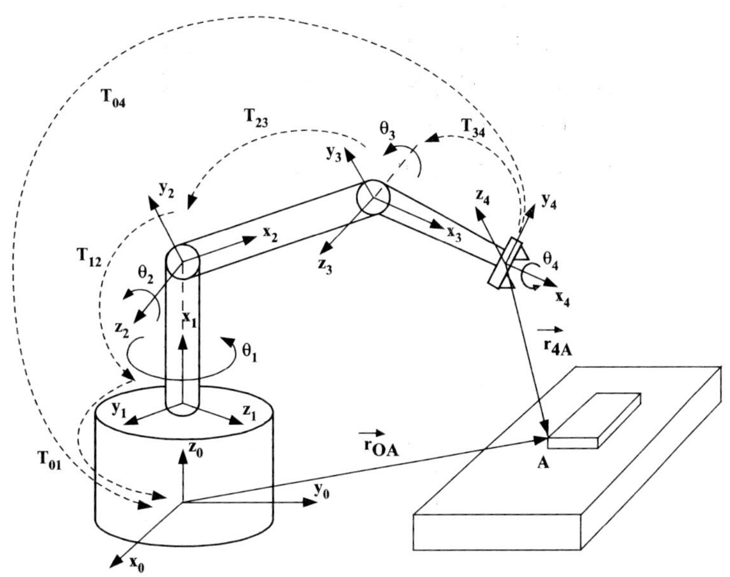

그림 3.16 ■ 다자 유도 기구들: 4개의 관절을 가지는 로봇 매니퓰레이터. 이 예제를 이용해 한 좌표계의 위치와 방향을 다른 좌표계를 이용해 어떻게 묘사하는지 보여준다. 만일 우리가 작업물에 좌표계를 부착하면 그 물체에 부착된 좌표계를 통해 다른 좌표계에 대한 그 물체의 위치와 방위각을 묘사할 수 있다.

1. 롤(roll), 피치(pitch), 요(yaw) 각도
2. Z, Y, X 오일러(Euler) 각도
3. X, Y, Z 오일러 각도

3개의 각도로 주어져 있지만 한 방위에서 다른 방위로 가는 24개의 가능한 조합이 존재한다. 유한 회전은 교환 가능하지 않지만 미소 회전은 교환 가능하다. 이 말은 유한 회전의 순서에 따라 최종 방위각에 차이가 발생한다는 것을 의미한다. 예를 들면 X축에 대한 90° 회전을 먼저하고 그 다음 Y축에 대한 90° 회전을 한 결과는 Y축에 대한 90° 회전을 하고 그 다음 X축에 대한 90° 회전을 한 결과와 다르다. 그러나 만일 회전 각도가 미소하다면 순서가 문제되지 않는다.

4 × 4 동차 변환 행렬은 물체상의 한 점의 위치와 3차원 공간내의 물체의 방위를 4 × 4 행렬을 이용해 묘사한다. 행렬 내의 첫 번째 3 × 3 행렬은 물체에 고정된 좌표계의 방위가 다른 기준 좌표계에 대해 어떤가를 정의하는 데 사용된다. 행렬의 마지막 열은 물체에 고정된 좌표계의 원점이 기준 좌표계의 원점에 대해 어떤가를 정의하는 데 사용된다. 행렬의 마지막 열은 [0001]이다. 일반적인 4 × 4 동차 변환 행렬, T는 다음과 같은 형태를 가진다(그림 3.17).

$$T = \begin{bmatrix} e_{11} & e_{12} & e_{13} & x_A \\ e_{21} & e_{22} & e_{23} & y_A \\ e_{31} & e_{32} & e_{33} & z_A \\ 0 & 0 & 0 & 1 \end{bmatrix} \tag{3.193}$$

이 변환 행렬은 좌표계 0에 대한 좌표계 A의 위치와 방위를 묘사한다. 방위 정보를 담고 있는 행렬의 (3 × 3) 부분의 열은 좌표계의 단위 벡터 간의 코사인 각도들이다. 우리가 다른 좌표계에 대한 한 좌표계의 방위를 3개의 각을 가지고 묘사할 수 있더라도 (4 × 4) 변환 행렬의 회전에 관한 부분((3 × 3) 행렬 부분)의 일반 형태는 9개의 변수를 필요로 함을 기억하라. 그러나 그것들이 모두 독립적이지는 않으며 오직 6개의 구속 조건이 존재해 오직 3개의 독립 변수만 남는다(그림 3.17). 6개의 구속 조건은 다음과 같다.

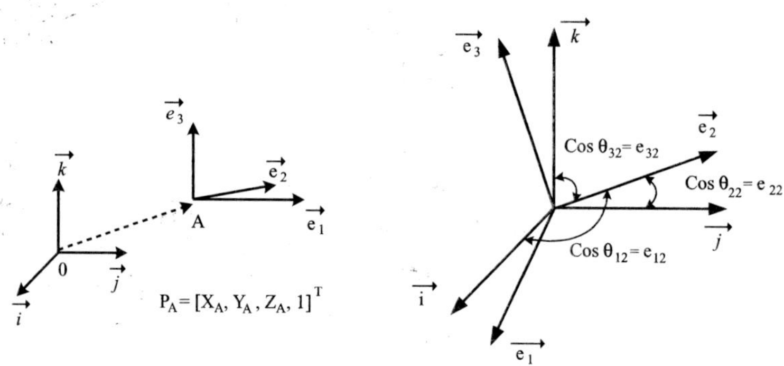

그림 3.17 ■ 3차원 공간상의 서로 다른 물체 간의 기구(기하학)적인 관계를 묘사하는 데 사용되는 (4 × 4) 좌표 변환 행렬. 좌표계의 세 위치 벡터를 이용해 기준 좌표에 대한 한 점의 위치를 묘사한다. 물체는 물체에 고정된 좌표계를 이용해 묘사되는데, 좌표계의 원점의 위치와 기준 좌표에 대한 좌표계의 방위로 묘사된다.

$$\vec{e}_1 \cdot \vec{e}_1 = 1.0 \tag{3.194}$$

$$\vec{e}_2 \cdot \vec{e}_2 = 1.0 \tag{3.195}$$

$$\vec{e}_3 \cdot \vec{e}_3 = 1.0 \tag{3.196}$$

$$\vec{e}_1 \cdot \vec{e}_2 = 0 \tag{3.197}$$

$$\vec{e}_1 \cdot \vec{e}_3 = 0 \tag{3.198}$$

$$\vec{e}_2 \cdot \vec{e}_3 = 0 \tag{3.199}$$

여기서

$$\vec{e}_i = e_{1i}\vec{i} + e_{2i}\vec{j} + e_{3i}\vec{k}; \quad i = 1, 2, 3 \tag{3.200}$$

는 다른 좌표계의 단위 벡터 성분들로 표현된 부착 좌표계 각 축상의 단위 벡터들이다. 다른 좌표계에 대한 한 좌표계의 방위를 표현함에 있어 코사인 각도를 사용하면 행렬의 요소를 아주 편리하게 결정할 수 있다.

(4 × 4) 동차 변환 행렬은 기구적인 관계식을 묘사하는 데 있어 아주 강력한 방법(계산이 효율적이지 않을 수도 있지만)으로 인식되고 있다. 변환 행렬의 대수학은 기초적인 행렬 대수학을 따른다. 숫자 1, 2, 3, 4가 붙여진 좌표계들을 고려하고, 한 점의 위치 좌표를 세 번째 좌표계에 대해 표현하는 물체의 한 점 ***A***를 r_{4A}로 묘사하자(그림 3.16). 좌표계 4의 묘사(원점의 위치와 방위)는 다음과 같이 표현된다.

$$T_{04} = T_{01} \cdot T_{12} \cdot T_{23} \cdot T_{34} \tag{3.201}$$

여기서 T_{02}, T_{12}, T_{23}와 T_{34}는 원점 위치 좌표와 0에 대한 좌표계 1의 방위, 1에 대한 2의 방위, 2에 대한 3의 방위를 나타낸다. 좌표계 2와 3에 대한 점 A의 위치 좌표 벡터는 다음과 같다(그림 3.16).

$$r_{3A} = T_{34} \cdot r_{4A} \tag{3.202}$$

$$r_{2A} = T_{23} \cdot r_{3A} = T_{23} \cdot T_{34} \cdot r_{4A} \tag{3.203}$$

$$r_{1A} = T_{12} \cdot r_{2A} = T_{12} \cdot T_{23} \cdot T_{34} \cdot r_{4A} \tag{3.204}$$

$$r_{0A} = T_{01} \cdot r_{1A} = T_{01} \cdot T_{12} \cdot T_{23} \cdot T_{34} \cdot r_{4A} \tag{3.205}$$

여기서 $r_{4A} = [x_{4A} \quad y_{4A} \quad z_{4A} \quad 1]^T$이다. r_{3A}, r_{2A}, r_{1A}와 r_{0A}는 이와 비슷하게 정의된다. 여기서 T_{12}는 좌표계 1에 대한 좌표계 2의 묘사(좌표계 1에 대한 좌표계 2의 원점의 위치 좌표와 각 축의 방위)이다. 이에 대한 역 표현, 즉 좌표계 2에 대한 좌표계 1의 묘사는 앞의 변환 행렬의 역행렬이다.

$$T_{21} = T_{12}^{-1} \tag{3.206}$$

(4 × 4) 변환 행렬은 특별한 형태를 가지고 있는데, 이로 인해 역행렬 역시 특수한 형태로 나타난다. 다음을 고려해 보자.

$$T_{12} = \begin{bmatrix} & R_{12} & & p_A \\ - & - & - & - \\ 0 & 0 & 0 & 1 \end{bmatrix} \tag{3.207}$$

역행렬은 다음과 같음을 보일 수 있다.

$$T_{12}^{-1} = \begin{bmatrix} R_{12}^T & -R_{12}^T \cdot p_A \\ - - - - - - - & \\ 0 \quad 0 \quad 0 & 1 \end{bmatrix} \tag{3.208}$$

또한 변환의 순서가 중요함을 주목하라(행렬의 곱은 순서에 의해 달라진다).

$$T_{12} \cdot T_{23} \neq T_{23} \cdot T_{12} \tag{3.209}$$

로봇 매니퓰레이터와 같은 일반적인 다자유도 기구에 있어서 도구에 부착된 좌표계(원점과 방위의 좌표)는 기단부(base)에 고정된 기준 좌표계로부터 순차적으로 변환 행렬을 곱해 나타낼 수 있다. 여기서 각 변환 행렬은 축의 위치 변수들의 함수로 주어진다. 예를 들어 4 자유도 로봇 매니퓰레이터의 경우 손목 관절에서의 좌표계는 기단부에 대해 다음과 같이 표현된다(그림 3.16).

$$T_{04} = T_{01}(\theta_1) \cdot T_{12}(\theta_2) \cdot T_{23}(\theta_3) \cdot T_{34}(\theta_4) \tag{3.210}$$

여기서 $\theta_1, \theta_2, \theta_3, \theta_4$는 모터가 구동하는 축의 각도를 나타낸다. 네 번째 좌표계에 대한 위치 벡터(r_{4A})는 기단부에 대해 다음과 같이 표현된다.

$$r_{0A} = T_{04} \cdot r_{4A} \tag{3.211}$$

$$= T_{01}(\theta_1) \cdot T_{12}(\theta_2) \cdot T_{23}(\theta_3) \cdot T_{34}(\theta_4) \cdot r_{4A} \tag{3.212}$$

여기서 $r_{4A} = [x_{4A}, y_{4A}, z_{4A}, 1]^T$, 즉 좌표계 4에 대한 점 A의 세 개의 좌표축이다.

Denavit-Hartenberg 방법[67]은 좌표계를 로봇 매니퓰레이터에 부착하는 기본적인 방법을 정의한다. 이 방법을 사용하면 기구적인 관계식을 나타내기 위해 1자유도 관절(joint) 당 오직 4개의 숫자(1개의 변수와 3개의 상수)가 필요하게 된다.

도구의 좌표와 관절의 변위 변수 간의 관계식은 다음과 같이 일반적인 형태로 표현될 수 있다.

$$\underline{x} = \underline{f}(\underline{\theta}) \tag{3.213}$$

벡터 변수 $\underline{x}$는 도구의 직각 좌표계의 좌표축들(즉 주어진 좌표계의 위치 좌표들 x_p, y_p, z_p와 3개의 각도로 묘사되는 방위각)을 나타낸다. 주어진 좌표계에 대한 위치 좌표의 묘사는 유일하다. 그러나 주어진 좌표계에 대해 물체의 방위는 다양한 각도의 조합으로 묘사될 수 있다. 따라서 방위 표현은 유일하지 않다. 벡터 변수 $\underline{\theta}$는 로봇 매니퓰레이터의 관절 변수를 나타낸다. 적, 관절이 6개인 로봇의 경우에는 $\underline{\theta} = [\theta_1, \theta_2, \theta_3, \theta_4, \theta_5, \theta_6]^T$가 된다.

$\underline{f}(\underline{\theta})$는 기구의 정 기구학(forward kinematics)이라고 불리는데 관절 변수의 벡터 비선형 함수이다.

$$\underline{f}(\underline{\theta}) = [f_1(\underline{\theta}), f_2(\underline{\theta}), f_3(\underline{\theta}), f_4(\underline{\theta}), f_5(\underline{\theta}), f_6(\underline{\theta})]^T \tag{3.214}$$

역의 관계, 즉 도구의 위치와 방위로 정의되는 축 위치에 대한 기하학적인 함수는 역 기구학(inverse kinematics)으로 불린다.

$$\underline{\theta} = \underline{f}^{-1}(\underline{x}) \tag{3.215}$$

모든 기구에 대해 하나의 해석적인 엄밀한 형태로 역 기구학 함수를 표현하는 것은 불가능하다. 역 기구학 함수는 각각의 특별한 기구에 대해 그 경우를 고려해 결정되어야 한다. 6개의 관절을 가지는 매니퓰레이터의 경우 역 기구학 해가 해석적인 형태로 존재할 수 있는 충분조건은 3개의 연속적인 관절 축들이 한 점에서 만나야 한다는 것이다. 기구의 전방 또는 역 기구학 함수는 관절 위치를 도구 위치에 연결한다.

정 기구학 함수를 미분하면 관절 축 변수와 도구 변수 간의 미분 관계식을 얻을 수 있다. 관절과 도구 위치 변수의 미분값들을 연결하는 최종 행렬을 기구의 자코비안(*Jacobian*) 행렬이라고 부른다(그림 3.16).

$$\dot{\underline{x}} = \frac{d\underline{f}(\underline{\theta})}{d\underline{\theta}} \cdot \dot{\underline{\theta}} \tag{3.216}$$

$$= J\dot{\underline{\theta}} \tag{3.217}$$

여기서 $\boldsymbol{J}$ 행렬을 기구의 자코비안이라고 부른다. 자코비안 행렬의 각 요소는 다음과 같이 정의된다.

$$J_{ij} = \frac{\partial f_i(\theta_1, \theta_2, \theta_3, \theta_4, \theta_5, \theta_6)}{\partial \theta_j} \tag{3.218}$$

여기서 $i = 1, 2, \ldots, m$이고 $j = 1, 2, \ldots, n$이며, n은 관절 변수의 갯수이다. 육자유도 기구에서 $n = m = 6$이다. 기구의 자유도가 6개 이하라면 자코비안 행렬은 정사각형 행렬이 아니다. 자코비안 행렬의 역행렬은 도구 위치 변화를 축 변위의 변화에 연결한다.

$$\dot{\underline{\theta}} = J^{-1} \cdot \dot{\underline{x}} \tag{3.219}$$

만일 자코비안 행렬이 특정 위치에서 역행렬을 허락하지 않으면 이들 위치를 기구의 기하학적인 특이점들(geometric singularities)이라고 부른다. 이 말은 이들 위치에서 관절 변수에 어떤 변화가 있더라도 도구가 움직일 수 없는 어떤 방향이 있음을 의미한다. 다른 말로 말하면 관절 축 변수를 어떻게 조합하더라도 특이점에서는 특정 방향으로 운동을 만들어낼 수 없음을 말한다. 로봇 매니퓰레이터는 작업 공간상에서 많은 특이점을 가질 수 있다. 기하학적인 특이점은 직접적으로 매니퓰레이터의 기계적인 형상의 함수이다. 특이점은 2개로 분류된다.

1. **작업 공간 경계**: 주어진 매니퓰레이터가 3차원 공간상에서 도달할 수 있는 유한 범위. 매니퓰레이터가 도달할 수 있는 위치를 작업 공간(workspace)이라고 부른다. 작업 공간의 경계에서 매니퓰레이터의 끝은 도달할 수 있는 최종 위치에 있기 때문에 더 이상 움직일 수 없다. 그래서 작업 공간의 경계면에 있는 모든 점들은 이들 점에서 매니퓰레이터의 끝이 움직일 수 없는 방향이 있기 때문에 특이점이다.
2. **작업 공간의 내부 점**: 매니퓰레이터의 작업 공간 내에 있는 특이점들. 이 점들은 매니퓰레이터의 기하학적인 형태에 좌우되며 일반적으로 2개 이상의 관절이 서로 겹치는 경우에 발생한다.

동일한 자코비안 행렬이 제어축의 토크/힘과 도구가 경험하는 토크/힘 사이의 관계를 묘사한다. 도구의 힘을 $\underline{Force}$라 하고 이와 관련된 도구의 위치 미소 변위를 $\delta \underline{x}$이라고 하자. 그러면 미소 일은 다음과 같이 표현된다.

$$Work = \underline{\delta x}^T \cdot \underline{Force} \tag{3.220}$$

자코비안 관계식이 다음과 같음을 주목하라.

$$\underline{\delta x} = J \cdot \underline{\delta \theta} \tag{3.221}$$

그리고 제어축과 관련된 토크에 의한 동등한 일은 다음과 같이 표현된다.

$$Work = \underline{\delta \theta}^T \cdot \underline{Torque} \tag{3.222}$$

$$= \delta x^T \cdot Force \tag{3.223}$$

$$= (J \cdot \delta \theta)^T \cdot Force \tag{3.224}$$

따라서 도구와 관절 변수간의 힘-토크 관계식은 다음과 같다.

$$\underline{Torque} = J^T \cdot \underline{Force} \tag{3.225}$$

그리고 역의 관계는 다음과 같다.

$$\underline{Force} = (J^T)^{-1} \cdot \underline{Torque} \tag{3.226}$$

기구의 **특이형상**(기하학적인 특이점), 즉 자코비안 행렬의 역행렬이 존재하지 않는 기구의 특정 형상에서는 도구에 어떤 방향으로 힘을 가해도 축에 가해지는 토크에 어떤 변화도 줄 수 없을 수 있다. 링크 기구에서는 반발력의 결과를 가져오게 되지만 구동축으로 전달되지 못한다. 이 결과를 다르게 해석하면 관절들에 어떤 토크의 조합을 가하더라도 힘을 만들어 낼 수 없는 도구 운동의 방향이 존재한다는 것이다.

기구의 자코비안 행렬을 계산하는 여러 가지 방법이 있다[8~14]. 역 자코비안 행렬은 기호 형태로 해석적 방법을 통해 구할 수 있으며 따로 또는 바로(실시간) 수치적인 방법으로 계산할 수도 있다. 그러나 역행렬을 실시간으로 수치 계산하는 것은 수치 계산양 문제와 기구학의 특이점상에서 발생할 수 있는 수치 불안정 문제를 야기할 수 있다. 자코비안 행렬과 실시간으로 그 역행렬을 계산하는 문제는 기구학에 근거를 두고 결정해야 한다.

▶▶ **예제** 그림 3.18에 보이는 바와 같이 숫자 1과 2가 붙여진 2개의 좌표계를 고려하자. 두 번째 좌표계의 원점 좌표가 다음과 같다고 하자. $r_{1A} = [x_{1A} \;\; y_{1A} \;\; Z_{1A} \;\; 1]^T = [-0.5 \;\; 0.5 \;\; 0.01]^T$. 축의 방위는 X_2가 Y_1에 평행하고, Y_2는 X_1에 평행하지만 방향이 반대다. 그리고 Z_2는 Z_1과 동일한 방향을 가지고 있다. 다음 값으로 주어져 있는 두 번째 좌표계를 이용해 점 P를 벡터로 표현하라. $r_{2p} = [x_{2p} \;\; y_{2p} \;\; z_{2p} \;\; 1]^T = [1.0 \;\; 1.0 \;\; 0.0 \;\; 1]^T$

좌표계 1과 2 사이의 동차 변환 행렬을 이용하면 다음 관계식을 얻는다.

$$r_{1P} = T_{12} \cdot r_{2P} \tag{3.227}$$

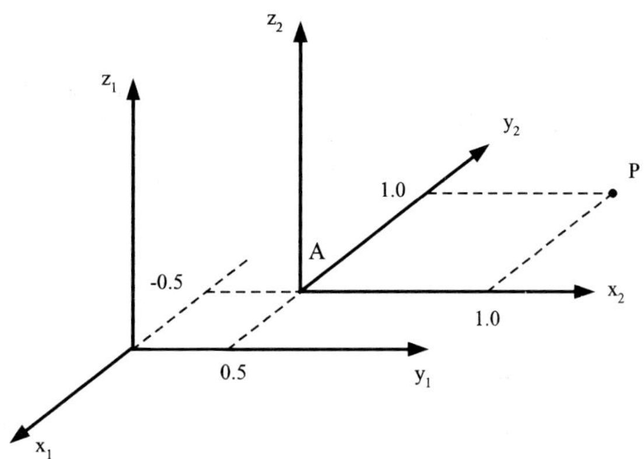

그림 3.18 ■ 한 좌표계를 다른 좌표계에 대해 그 위치와 방위를 표현하는 방법

여기서 T_{12}는 첫 번째 좌표계에 대한 두 번째 좌표계의 방위와 원점의 위치 좌표를 나타낸다.

$$T_{12} = \begin{bmatrix} e_{11} & e_{12} & e_{13} & x_{1A} \\ e_{21} & e_{22} & e_{23} & y_{1A} \\ e_{31} & e_{32} & e_{33} & z_{1A} \\ 0 & 0 & 0 & 1 \end{bmatrix} \tag{3.228}$$

$$= \begin{bmatrix} 0.0 & -1.0 & 0.0 & -0.5 \\ 1.0 & 0.0 & 0.0 & 0.5 \\ 0.0 & 0.0 & 1.0 & 0.0 \\ 0 & 0 & 0 & 1 \end{bmatrix} \tag{3.229}$$

행렬의 방위를 나타내는 부분이 단위벡터 간의 관계식 계수들임을 주목하라.

$$\vec{i} = cos\theta_{11} \cdot \vec{e}_1 + cos\theta_{12} \cdot \vec{e}_2 + cos\theta_{13} \cdot \vec{e}_3 \tag{3.230}$$

$$= e_{11} \cdot \vec{e}_1 + e_{12} \cdot \vec{e}_2 + e_{13} \cdot \vec{e}_3 \tag{3.231}$$

$$= 0.0 \cdot \vec{e}_1 + (-1.0) \cdot \vec{e}_2 + 0.0 \cdot \vec{e}_3 \tag{3.232}$$

$$\vec{j} = cos\theta_{21} \cdot \vec{e}_1 + cos\theta_{22} \cdot \vec{e}_2 + cos\theta_{23} \cdot \vec{e}_3 \tag{3.233}$$

$$= e_{21} \cdot \vec{e}_1 + e_{22} \cdot \vec{e}_2 + e_{23} \cdot \vec{e}_3 \tag{3.234}$$

$$= 1.0 \cdot \vec{e}_1 + (0.0) \cdot \vec{e}_2 + (0.0) \cdot \vec{e}_3 \tag{3.235}$$

$$\vec{k} = cos\theta_{31} \cdot \vec{e}_1 + cos\theta_{32} \cdot \vec{e}_2 + cos\theta_{33} \cdot \vec{e}_3 \tag{3.236}$$

$$= e_{31} \cdot \vec{e}_1 + e_{32} \cdot \vec{e}_2 + e_{33} \cdot \vec{e}_3 \tag{3.237}$$

$$= (0.0) \cdot \vec{e}_1 + (0.0) \cdot \vec{e}_2 + (1.0) \cdot \vec{e}_3 \tag{3.238}$$

따라서 다음과 같은 식을 나타낸다.

$$r_{1P} = T_{12} \cdot r_{2P} \tag{3.239}$$

$$= [-1.5 \quad 1.5 \quad 0.0 \quad 1]^T \tag{3.240}$$

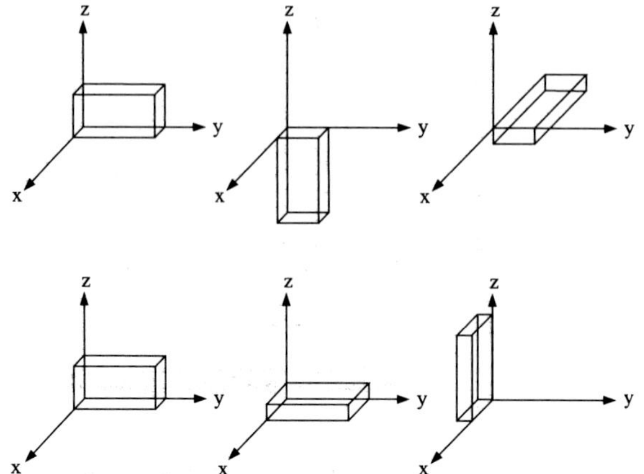

그림 3.19 ■ 역으로 수행된 2개의 유한 회전 순서. 마지막 방위가 달라진다. 유한 회전은 교환 불가능이다.

▸▸ **예제** 이 예제의 목적은 유한 회전의 순서가 중요하다는 것을 그래프를 이용해 보이고자 하는 것이다. 회전 순서를 바꾸면 최종 방위가 달라진다(그림 3.19). 다른 말로 말하면 $T_1 \cdot T_2 \neq T_2 \cdot T_1$이다. T_1은 X축에 대해 90° 회전이고 T_2는 Y축에 대한 90° 회전을 나타낸다. 그림 3.19는 T_1 다음 T_2를 수행한 결과와 T_2 다음 T_1을 수행한 결과를 보여주고 있다. 최종 방위는 회전 순서가 달라짐으로써 서로 다르다. 유한 회전은 교환 불가능이다. 대수적으로 이 경우를 살펴보자.

$$T_1 = \begin{bmatrix} 1.0 & 0.0 & 0.0 & 0.0 \\ 0.0 & 0.0 & 1.0 & 0.0 \\ 0.0 & -1.0 & 0.0 & 0.0 \\ 0 & 0 & 0 & 1 \end{bmatrix} \tag{3.241}$$

$$T_2 = \begin{bmatrix} 0.0 & 0.0 & -1.0 & 0.0 \\ 0.0 & 1.0 & 0.0 & 0.0 \\ 1.0 & 0.0 & 0.0 & 0.0 \\ 0 & 0 & 0 & 1 \end{bmatrix} \tag{3.242}$$

명백하게 $T_1 \cdot T_2 \neq T_2 \cdot T_1$임을 알 수 있다.

▸▸ **예제** 2개의 링크를 가지는 로봇 매니퓰레이터를 고려해 보자(그림 3.20). 기하학적인 변수(링크의 길이 l_1와 l_2)와 관절 변수는 그림에 나타난 바와 같다.

1. 끝단 P의 위치 좌표를 관절 변수의 함수로 유도하라(정 기구학 관계).
2. 관절의 속도를 끝단의 속도와 연결하는 자코비안 행렬을 유도하라.
3. 끝단에 중량 W가 매달려 있을 경우 평형을 이루기 위해 관절 1과 2에 필요한 토크를 결정하라.

이 예제에서는 다음 관계식을 결정해야 한다.

$$\underline{x} = \underline{f}(\underline{\theta}) \tag{3.243}$$

$$\underline{\dot{x}} = J(\theta)(\underline{\dot{\theta}}) \tag{3.244}$$

$$\underline{Torque} = J^T(\theta)(\underline{Force}) \tag{3.245}$$

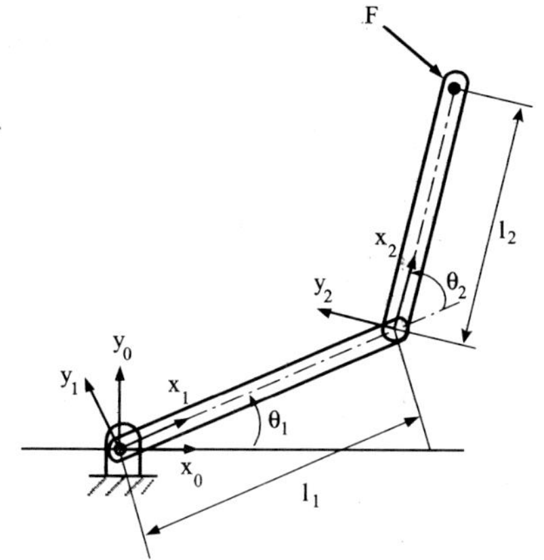

그림 3.20 ■ 2개의 링크를 가지는 평면 로봇 매니퓰레이터의 기구학적인 묘사

매니퓰레이터에 3개의 좌표계를 붙여보자. 좌표계 0은 기단부에 고정되어 있고 좌표계 1은 링크 1의 관절 1에 부착되어 있다(따라서 링크 1과 같이 움직인다). 좌표계 2는 링크 2의 관절 2에 부착되어 있다(따라서 링크 2와 같이 움직인다). 좌표계 2에 대한 끝단의 위치 벡터는 간단하게 다음과 같이 표현된다. $r_{2P} = [l_2 \quad 0 \quad 0 \quad 1]^T$. 세 개의 좌표계 간의 변환 행렬은 θ_1와 θ_2의 함수로 다음과 같이 표현된다.

$$T_{01} = \begin{bmatrix} cos(\theta_1) & -sin(\theta_1) & 0.0 & 0.0 \\ sin(\theta_1) & cos(\theta_1) & 0.0 & 0.0 \\ 0.0 & 0.0 & 1.0 & 0.0 \\ 0 & 0 & 0 & 1 \end{bmatrix} \tag{3.246}$$

$$T_{12} = \begin{bmatrix} cos(\theta_2) & -sin(\theta_2) & 0.0 & l_1 \\ sin(\theta_2) & cos(\theta_2) & 0.0 & 0.0 \\ 0.0 & 0.0 & 1.0 & 0.0 \\ 0 & 0 & 0 & 1 \end{bmatrix} \tag{3.247}$$

따라서 기단부에 대한 끝단의 벡터 표현은 다음과 같이 표현된다.

$$r_{0P} = [x_{0P} \quad y_{0P} \quad 0 \quad 1]^T = T_{01} \cdot T_{12} \cdot r_{2P} \tag{3.248}$$

r_{0P}의 벡터 성분을 좀 더 알기 쉽게 이해하기 위해 각 요소를 표현해 보자.

$$x_{0P} = x_{0P}(\theta_1, \theta_2; l_1, l_2) = l_1 \cdot cos(\theta_1) + l_2 \cdot cos(\theta_1 + \theta_2) \tag{3.249}$$

$$y_{0P} = y_{0P}(\theta_1, \theta_2; l_1, l_2) = l_1 \cdot sin(\theta_1) + l_2 \cdot sin(\theta_1 + \theta_2) \tag{3.250}$$

$$z_{0P} = 0.0 \tag{3.251}$$

정 기구학 관계식을 시간에 대해 미분하면 쉽게 자코비안 행렬을 구할 수 있다.

$$\dot{x}_{0P} = \frac{d}{dt}(x_{0P}(\theta_1, \theta_2; l_1, l_2)) = J_{11}\dot{\theta}_1 + J_{12}\dot{\theta}_2 \tag{3.252}$$

$$\dot{y}_{0P} = \frac{d}{dt}(y_{0P}(\theta_1, \theta_2; l_1, l_2)) = J_{21}\dot{\theta}_1 + J_{22}\dot{\theta}_2 \tag{3.253}$$

여기서 자코비안 행렬, J의 각 요소가 다음과 같이 됨을 쉽게 알 수 있다.

$$J = \begin{bmatrix} J_{11} & J_{12} \\ J_{21} & J_{22} \end{bmatrix} \tag{3.254}$$

$$= \begin{bmatrix} -l_1 \cdot sin(\theta_1) - l_2 \cdot sin(\theta_1 + \theta_2) & -l_2 \cdot sin(\theta_1 + \theta_2) \\ l_1 \cdot cos(\theta_1) + l_2 \cdot cos(\theta_1 + \theta_2) & l_2 \cdot cos(\theta_1 + \theta_2) \end{bmatrix} \tag{3.255}$$

하중, $F = [F_x \quad F_y]^T = [0 - W]^T$에 대응해 평형을 유지하기 위해서는 끝단에 다음과 같은 토크가 필요하다.

$$\begin{bmatrix} Torque_1 \\ Torque_2 \end{bmatrix} = \begin{bmatrix} J_{11} & J_{21} \\ J_{12} & J_{22} \end{bmatrix} \begin{bmatrix} 0.0 \\ -W \end{bmatrix} \tag{3.256}$$

이 식은 매니퓰레이터의 위치가 변하는 경우에 하중에 대응하여 평형을 유지하기 위한 각 관절의 정적 토크가 어떻게 되는지 보여준다. 자코비안 행렬이 2 × 2이기 때문에 해석적인 형태의 역행렬을 유도하는 것이 상대적으로 쉽다.

$$J^{-1} = \frac{1}{l_1 \cdot l_2 \cdot sin(\theta_2)} \begin{bmatrix} l_2 cos(\theta_1 + \theta_2) & l_2 \cdot sin(\theta_1 + \theta_2) \\ -l_1\ cos(\theta_1) - l_2\ cos(\theta_1 + \theta_2) & l_1\ sin(\theta_1) - l_2 \cdot sin(\theta_1 + \theta_2) \end{bmatrix} \tag{3.257}$$

$\theta_2 = 0.0$이 되는 경우 역 자코비안 행렬식의 분모에 있는 $sin(\theta_2)$로 인해 기구가 특이점에 위치하게 됨을 주목하라.

3.8 문제

1. 그림 3.1의 기어 감속기를 고려하라. 입력축의 기어 지름 $d_1 = 2.0$ in이고 폭 $w_1 = 0.5$ in이다. 기어 재질은 강철이고 구멍이 없는 강체라고 가정하라. 출력축의 기어는 같은 폭과 재질로 되어 있으며, 기어 감속비, $N = 5$, ($d_2 = 10.0$ in)이다. 기어의 옆면에 붙어 있는 축의 길이와 지름은 각각 $d_{s1} = 1.0$ in, $d_{s2} = 1.0$ in, $l_{s1} = 1.0$ in, $l_{s2} = 1.0$ in이다. 출력축에 총 부하 토크, $T_{L2} = 50$ lb/in가 가해진다고 가정하라.

(a) 두 기어와 두 축에 의해 입력축에 반영된 총 회전 관성을 결정하라.

(b) 부하 토크와 평형을 이루기 위해 입력축에 필요한 토크를 결정하라.

(c) 만일 입력축이 1/10도 정밀도로 제어되는 모터에 의해 구동된다면 출력축에 제공될 수 있는 각 위치 정밀도는 얼마인가?

2. 벨트와 풀리 기구에 대해 위에서 행한 분석과 계산을 반복하라. 기어비와 축의 크기는 동일하다.

출력축의 부하 토크도 동일하다. 벨트의 관성은 무시한다. 기능적인 유사성에 대해 서술하라. 또한 두 기구의 실제 차이점들을 토의하라.

3. 볼 스크루 기구를 사용하는 선형 위치 시스템을 고려해 보자. 볼 스크루는 전기 서보 모터에 의해 구동된다. 볼 스크루는 강철 재질이며, 길이 $l_{ls} = 40$ in이고 지름 $d_{ls} = 2.5$ in이다. 리드의 피치 $p = 4$ rev/in(또는 리드가 0.25 in/rev)이다. 리드 스크루 기구는 수직 방향으로 세워져 있으며 z 방향, 즉 중력 방향으로 100 lb의 하중을 위 아래로 움직이도록 만들어져 있다고 가정하자.

(a) 모터의 입력축에 반영되는 총 회전 관성을 결정하라.

(b) 중력에 의한 하중과 평형을 이루기 위해 입력축에 필요한 토크를 결정하라.

(c) 만일 입력축이 1/10도 정밀도로 제어되는 모터에 의해 구동된다면 출력축에 제공될 수 있는 병진 위치 정밀도는 얼마인가?

4. 문제 3에 대해 작업재가 사다리꼴 속도 형상에 정의된 주기 운동을 하는 경우를 고려하자. 하중은 300 msec 동안 1.0 in의 거리를 움직인 다음 200 msec 동안 기다리고, 그 다음 반대 방향으로 움직이도록 되어 있다. 운동은 지속적으로 반복된다. 300 msec 운동 시간이 가속, 등속, 감속 시간으로 동일하게 나뉘어 있다고, 즉 $t_a = t_r = t_d = 100$ msec(그림 3.15)라고 가정하자.

(a) 필요 토크(최대, 연속 정력)와 모터축에 필요한 최대 속력을 계산하라. 이 응용문제에 적합한 서보 모터를 선택하라.

(b) 만일 제어 목적으로 모터축에 증가형 위치 엔코더가 사용된다면, 도구 위치 정밀도, 40 μ in를 제공하기 위해 필요한 최소 분해능은 얼마인가?

(c) 모터축과 리드 스크루 사이에 사용될 수 있는 적합한 유연 커플링을 선택하라. 관성 계산과 모터 크기 계산에 유연 커플링의 관성을 포함하라. 1단계를 반복하라.

5. 만일 랙 피니언 기구가 모터의 회전을 도구의 병진 운동으로 전환하는 데 사용될 경우에 대해 문제 3과 4에서 수행한 동일한 해석과 계산을 반복하라.

(a) 먼저 볼 스크루 기구와 동일한 기어비(회전 운동에서 병진 운동으로 전환)를 만드는 랙 피니언 기어를 결정하라.

(b) 볼 스크루, 랙 피니언, 벨트 풀리(병진 형태) 기구 간의 차이점을 논하라.

6. 4개의 링크 구조(그림 3.7)에 대해 다음과 같은 기구의 운동 변수들 간의 기하학적인 관계식을 유도하라. 각 링크의 길이를 l_1, l_2, l_3, l_4라고 하자.

(a) 입력이 링크 1의 각위치($\theta_1(t)$)라고 하고 출력이 링크 3의 각위치, ($\theta_3(t)$)라고 하자. $\theta_3 = f(\theta_1)$를 유도하라. 링크 1의 한 회전에 대해 θ_3를 θ_1의 함수로 도시하라.

(b) 같은 운동 주기 동안 링크 3 끝단의 x와 y 좌표를 결정하라. x-y 평면상에 그 결과를 도시하라(링크 1의 한 회전 동안 링크 3 끝단의 궤적).

7. 그림 3.9에 보이는 캠과 추종자 기구를 고려하자. 추종자의 팔이 스프링에 연결되어 있다. 추종자는 캠의 한 회전에 대해 위 아래 운동을 하도록 되어 있다. 추종자의 진행 범위는 총 2.0 in이다.

(a) 이 작업에 필요한 수정 사다리꼴 캠 형상을 선택하라.

(b) 캠에 연결된 입력축이 1200 rpm의 일정한 속력으로 구동된다고 가정하자. 도구의 끝단이 경험하게 되는 최대 선형 속력과 가속도를 계산하라.

(c) 스프링의 강성 $k = 100$ lb/in, 추종자와 추종자가 연결된 도구의 질량 $m_f = 10$ lb라고 하자. 입력축 운동이 추종자와 도구의 동역학에 의해 영향을 받지 않는다고 가정하자. 입력축이 일정한 속력 1200 (rev/min)으로 회전하는 경우에 대해 운동 한 주기 동안 추종자와 도구 조립체에 발생하는 총 힘 함수를 결정하고 그 결과를 도시하라. 다음 식을 주목하라.

$$F(t) = m_f \ddot{x}(t) + k \cdot x(t) \tag{3.258}$$

여기서 $x(t)$, $\ddot{x}(t)$는 입력축의 운동과 캠 함수에 의해 결정된다. 총 힘 $F(t)$가 음의 값을 가지게 되는 경우에 어떤 일이 벌어질까? $F(t)$가 음의 값이 되지 않는다고 가정하는 한 방법은 사전에 어느 정도 압축이 되어 있는 스프링을 사용하는 것이다. 그렇다면 한 주기 동안 $F(t)$가 항상 양의 값이 되게 하려면 얼마만큼 하중을 가해 스프링을 미리 압축시킬 것인가? 미리 가해지는 스프링 힘은 위 식을 수정하여 다음과 같이 유도된다.

$$F(t) = m_f \ddot{x}(t) + k \cdot x(t) + F_{pre} \tag{3.259}$$

여기서 $F_{pre} = k \cdot x_o$는 스프링에 미리 하중을 준 경우에 발생하는 일정한 힘이다. 이 힘은 스프링 상수와 초기 압축 조건에 의해 결정되는 일정한 값이다.

8. 전기 서보 모터를 고려하고 서보 모터가 감속 기어를 이용해 구동하는 부하를 고려하자(그림 3.13).

(a) 모터 관성과 반영된 부하 관성 사이에 사용되는 일반적인 관계식은 무엇인가?

(b) 모터의 발열을 최소화하는 최적 관계식은 무엇인가?

(c) 최적 관계식을 유도하라.

9. 그림 3.16에 보이는 링크 구조의 링크 2에 부착된 좌표계 $x_2y_2z_2$와 링크 3에 부착된 좌표계 $x_3y_3z_3$를 고려하자. 링크 2의 길이를 l_2라고 하자.

(a) 관절 2와 관절 3의 축이 서로 평행(z_2가 z_3에 평행)일 경우 좌표계 2에 대해 좌표계 3을 묘사하는 4 × 4 변환 행렬을 기술하라. 즉, $T_{23} = \frac{2}{m}$이 어떻게 되는가?

(b) 좌표계 3에 대한 좌표계 2의 묘사 T_{32}를 결정하라(힌트: $T_{32} = T_{23}^{-1}$).

10. 그림 3.20의 문제를 고려하자. $l_1 = 0.5$ m, $l_2 = 0.25$ m이다. F는 $m = 100$ kg의 질량을 가지는 하중이다. 따라서 $F = 9.81 \times 100$ N 이다. 이 힘은 음의 Y_0 수직 방향으로 작용한다. 부하를 어떤 위치에 고정하기 위해 필요한 관절 토크를 결정하라.

(a) $\theta_1 = 0°, \theta_2 = 0°$

(b) $\theta_1 = 30°, \theta_2 = 30°$

(c) $\theta_1 = 90°, \theta_2 = 0°$

11. 이 문제의 목적은 운동 제어 시스템에 있어서 백래시 문제를 예시하고 이를 어떻게 처리하는지 보여주기 위함이다. 그림 10.4에 보이는 폐루프 위치 제어 시스템을 고려해 보자. 기어 운동 전달 기구가 리드 스크루 형태(그림 3.3)라고 가정하자. 더 나아가서 다음과 같이 부품을 모델하자.

- 모터 동역학을 감쇠 없이 관성(J_m)만 고려한다. 그리고 전류에서 토크로 바뀌는 이득을 K_T라고 한다.
- 모터에 연결된 위치 센서는 한 회전당 N_{s1} 만큼의 펄스 개수를 준다.
- 모든 필터의 영향을 무시하고 앰프는 오로지 전압에서 전류로 바뀌는 증폭비 K_a를 가진다.
- 리드 스크루와 리드 스크루가 운반하는 하중은 등가 기어비($N = 1/(2\pi p)$)로 모델링한다. 여기

서 p [rev/mm]는 피치이며 질량은 m(리드 스크루의 회전 관성은 무시한다)이다. 관성에 작용하는 부하(F_l)만 있다고 가정하고, 추가적으로 리드 스크루가 백래시 x_b가 있다고 가정한다. 백래시는 일정하다고 가정한다.

- PID 제어기 형태의 제어 알고리즘을 아날로그 연산 증폭기로 구현한다.

시스템 부품에 대해 다음 수치 값을 가정하자. $J_m = 10^{-5}\ kg \cdot m^2$, $K_T = 2.0\ Nm/A$, $N_{s1} = 2000$ count/rev, $K_a = 2A/V$, $p = 0.5$ rev/mm, $m = 100$ kq, $F_l = 0.0N$, $x_b = 0.1$ mm. 문제를 단순화하여 모터에 작용하는 총 관성(백래시가 유효하고 리드 스크루가 너트를 움직이지 않는 운동 주기 동안에는 부하 관성이 모터와 연성되지 않는다. 그러나 우리는 이를 무시할 것이다)과 모터 토크, 그리고 움직이는 질량에 전달된 힘에 대해 다음 관계식을 사용하라.

$$J_t = J_m + \frac{1}{(2\pi p)^2} \cdot m$$

$$T_l = \frac{1}{2\pi p} \cdot F_l$$

(a) 만일 부하에 요구되는 위치 정밀도가 0.001 mm라면, 이를 성취하기 위한 제어 시스템의 블록 선도와 센서를 도시하라(힌트: 백래시로 인해 부하와 연성된 위치 센서가 필요하다. 이 센서의 분해능을 N_{S2} [counts/mm]이라고 하자. 이 경우 센서는 요구되는 위치 정밀도보다 2~5배 정도 좋은 계측 정밀도를 가져야만 한다).

(b) 폐루프 제어 시스템의 동적 모델을 개발하라(즉 Simulink 사용). 사각 펄스에 대한 응답을 모사하라. 즉 $t = 1.0$ sec 동안은 초기 위치와 초기 명령 위치값이 0이고, 그 다음에 위치 명령값이 1.0 mm로 계단 위치 명령을 준다. 그리고 $t = 3.0$ sec에 0의 위치 명령값으로 되돌아온다. $t =$ 5.0 sec 동안 모사를 지속하라. 모터와 연성된 위치 센서를 사용해 P 이득만 가지고 속도 루프를 돌리고 부하의 위치와 연결된 센서를 이용해 PD 형태의 제어로 위치 루프를 돌린다. 좋은 응답을 얻을 때까지 이득을 조정하라.

(c) 부하와 연성된 센서는 사용하지 않고 모터와 연성된 센서만 사용하면 어떤 일이 일어나는가? 시뮬레이션 결과를 가지고 당신의 주장을 논하라. 당신의 요점을 예시하기 위해 필요하다면 부품의 변수값을 수정하라.

(d) 모터와 연성된 위치 센서는 사용하지 않고 부하와 연성된 위치 센서만 사용하면 어떤 일이 일어나는가? 시뮬레이션 결과를 가지고 당신의 주장을 논하라. 당신의 요점을 예시하기 위해 필요하다면 부품의 변수값을 수정하라.

IT 대한민국은 ITC(Info Tech Corea)가 함께 하겠습니다.
www.itcpub.co.kr

CHAPTER 04

마이크로컨트롤러

이 장에서는 PIC18F452를 기반으로 논의할 것이며 이 장에서 필요한 아래의 매뉴얼은 웹사이트 (www.microchip.com)에서 다운로드 할 수 있고 이 장에서 참조로 사용될 것이다.

1. PIC 18FXX2 Data Sheet(Users' Manual)
2. MPLAB IDE V6.xx Quick Start Guide
3. MPLAB C18 C Compiler Getting Started
4. MPLAB C18 C Compiler Users' Guide
5. MPLAB C18 C Compiler Libraries

4.1 내장형 컴퓨터와 비내장형 컴퓨터의 비교

디지털 컴퓨터는 메카트로닉스 시스템에서 두뇌와 같은 역할을 하며 이것이 기전 시스템에서 제어기능을 담당할 때 제어기라고 불린다. 입출력 장치(디지털, 아날로그 I/O)와 소프트웨어 도구를 내장한 컴퓨터는 제어기로서 사용된다. 예를 들어 데스크톱 PC에 제어 프로그램과 입출력 확장 보드를 부가하여 공정 제어기로 사용할 수 있다. 확실히 공정 제어 기능을 필요로 하지 않는 데스크톱 PC(비내장형 컴퓨터)는 많은 하드웨어 장치를 가지고 있다. 내장형 컴퓨터는 데스크톱 PC(비내장형 컴퓨터)와는 다르게 비해 매우 작으며 꼭 필요한 하드웨어 장치와 소프트웨어만을 사용한다. 메카트로닉스 시스템의 제어기로 사용되는 내장형 컴퓨터는 내장형 제어기라고 불린다. 마이크로컨트롤러는 내장형 컴퓨터의 주축을 구성하는 블록이다. 2000년에 전 세계의 8비트 마이크로컨트롤러 시장은 약 40억 달러 규모이며 16, 32 비트 마이크로컨트롤러 시장은 약 10억 달러 규모였다.

내장형(embedded) 컴퓨터와 비내장형(non embedded) 컴퓨터 제어 시스템의 주된 차이점은 다음과 같다(그림 4.1).

1. 내장형 컴퓨터는 일반적으로 실시간 응용에 활용된다. 그래서 엄격한 실시간 요구 조건을 갖는다. 엄격한 실시간 요구 조건이란 어떤 주어진 시간 동안에 작업을 완수해야 하

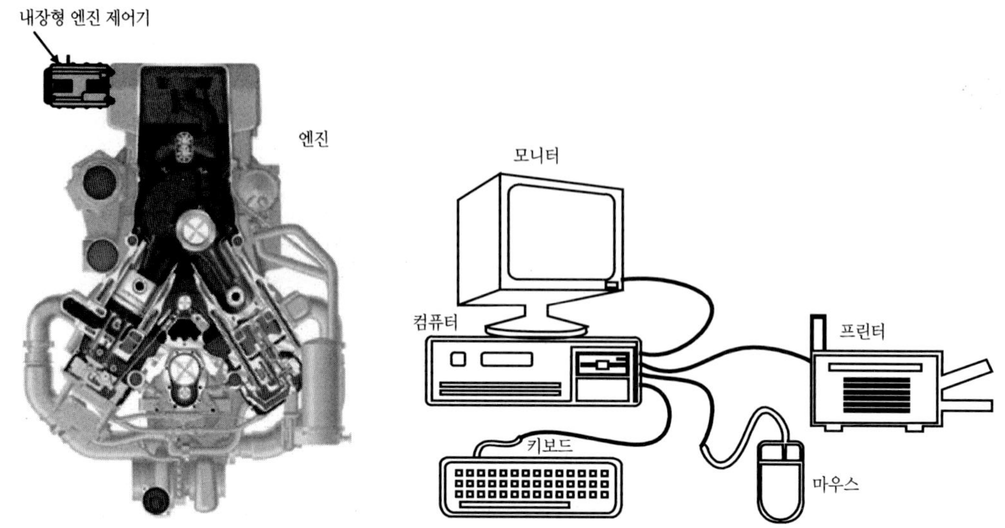

그림 4.1 ■ 내장형 컴퓨터와 비내장형 컴퓨터의 비교. 내장형 컴퓨터는 응용을 위한 재원만을 가지고 있으며 거친 환경에서 작동해야만 하고, 작은 크기와 실시간 요구 조건을 만족해야 한다.

는 것을 의미하거나, 어떤 시간 안에 외부의 조건에 컴퓨터가 반응해야 하는 것을 의미한다. 만약 이러한 조건을 만족하지 않으면 심각한 결과를 야기할 수 있다. 데스크톱 응용에 있어서는 실시간 응답 조건을 만족하지 못 한다 하더라도 심각한 문제는 아니다.

2. 내장형 컴퓨터는 일반적인 목적의 계산 장치가 아니지만 특화된 구조와 재원을 많이 가지고 있다. 예를 들어 데스크톱 컴퓨터는 영구적인 데이터 저장을 위한 하드 디스크 드라이브, 플로피 디스크 드라이브, CD/DVD 드라이브, 테이프 드라이브 등을 가지고 있다. 내장형 컴퓨터인 경우, 건전지로 보강되는 RAM(random access memory), Flash 또는 ROM(read only memory)이라는 저장 장치를 사용해 응용 소프트웨어를 저장할 것이다. 내장형 마이크로컨트롤러는 전원(건전지에 의해 전원이 공급되는 경우), 메모리, CPU 속도에 대해 제한적인 재원을 가지고 있다. 내장형 컴퓨터는 워드 프로세스나 그래픽 프로그램 등과 같은 일반적인 목적의 프로그램을 저장하지 못하지만 이와는 다른 특수한 기능을 제공한다.
3. 범용 컴퓨터와 비교해 내장형 컨트롤러와 입출력 인터페이스들은 칩 설계 단계에서 완성된다. ADC나 DAC와 같은 입출력 인터페이스 채널은 마이크로칩 하드웨어에 구현된다.
4. 내장형 컴퓨터의 크기는 일반적으로 매우 작은 것이 요구되며 적용 분야에 따라 달라진다.
5. 내장형 컴퓨터는 최악의 환경 상태에서 작동된다(디젤 엔진의 내장형 제어기는 높은 온도와 진동이 심한 상태에서 작동한다).
6. 내장형 컴퓨터는 작동 오류 시 시스템을 재구동(reset)할 수 있는 워치독 타이머(Watchdog Timer) 회로를 반드시 가지고 있다.
7. 내장형 마이크로컨트롤러는 디버깅(debugging) 회로를 가지고 있어서 모든 입출력 신호의 타이밍을 검사하고 응용 프로그램은 대상 하드웨어를 기반으로 수정된다. 디버깅

도구는 내장형 시스템 개발 장치에 있어서 매우 중요한 부분이다. 데스크톱 응용과는 다르게 최악의 상태에서 실시간 내장형 응용은 반드시 디버깅되어야 하고 입출력 신호 또한 점검되어야 한다.

8. 응용 소프트웨어 개발은 내장형 컴퓨터의 하드웨어 재원에 제약을 받기 때문에 개발자는 반드시 내장형 시스템의 하드웨어(bus architecture, registers, memory map, interrupt system)를 자세히 알아야 한다.
9. 인터럽트(Interrupt)는 대부분의 내장형 컨트롤러 적용에 있어서 중요한 역할을 담당한다. 내장형 컨트롤러와 제어된 공정과의 상호 작용, 이벤트(Event)에 실시간으로 반응하는 것은 인터럽트를 통해 일어난다.
10. 복잡한 경우가 늘어남에 따라 내장형 시스템은 실시간 작동 시스템(RTOS; real time operating system)을 필요로 한다. 실시간 작동 시스템은 이미 검증된 입출력과 재원 관리 소프트웨어 도구를 제공한다. 예를 들어 이더넷(Ethernet) 통신은 우리가 프로그램을 작성하기보다는 실시간 작동 시스템 기능으로 대체될 수 있을 것이다. 더욱이 실시간 작동 시스템은 작업 스케줄, 보장된 인터럽트 잠재(Guaranteed Interrupt Latency), 재원의 사용가능성을 제공한다.

아마도 데스크톱 컴퓨터와 내장형 컴퓨터 차이를 구분하는 가장 중요한 요소는 **실시간 요구, 제한된 재원 그리고 더욱 작은 물리적인 크기**이다. 내장형 시스템의 실시간 동작은 얼마나 빨리 인터럽트에 응답하고 얼마나 빨리 작업을 전환하는가에 따라 정의된다.

4.1.1 내장형 마이크로컨트롤러 기반의 메카트로닉스 시스템 설계

마이크로컨트롤러를 이용하여 메카트로닉스 시스템을 설계할 경우 다음과 같은 단계를 포함한다. 이 단계들은 기전 시스템의 마이크로컨트롤러와 인터페이스를 포함한다. 기전 시스템은 이미 설계된 상태라고 가정하자.

1단계 : **사양**–장치의 목적과 기능을 정의한다. 필요한 입력(센서와 통신 신호)과 출력(작동기와 통신 신호)이 무엇인가? 이것들은 마이크로컨트롤러의 하드웨어적 요구사항이다. 필요한 논리적 기능은 무엇인가? 이것은 마이크로컨트롤러의 소프트웨어적 요구사항이다.

2단계 : **선택**–하드웨어적 요구사항에 적합한 I/O 기능을 가지고 있고 소프트웨어적 요구사항을 만족하는 CPU, 메모리 용량을 내장한 적당한 마이크로컨트롤러를 선택한다.

3단계 : **선택**–마이크로컨트롤러를 설정하기 위한 적당한 개발 도구를 선택한다(디버깅을 위한 PC 기반의 소프트웨어, 하드웨어 개발 도구).

4단계 : **선택**–메카트로닉스 시스템에 마이크로컨트롤러를 결합하기 위한 전자 부품과 필요한 하위 부품을 확인한다.

5단계 : **설계**–각각 결합된 부품이 포함된 하드웨어 인터페이스 회로의 배선도를 완성한다.

6단계 : **설계**–응용 소프트웨어 구조, 순서도, 모듈의 가상 코드를 작성한다.

7단계 : **구현**–하드웨어를 완성하고 실험한다.

8단계 : 구현–프로그램을 작성한다.
9단계 : 구현–하드웨어와 소프트웨어를 실험하고 수정한다.

4.1.2 마이크로컨트롤러 개발 도구

내장형 컨트롤러 개발 환경 중에 대표적인 개발 도구는 (1)하드웨어 도구와 (2)소프트웨어 도구(그림 4.2)로 나누어진다. 하드웨어 도구는 다음과 같다.

1. 데스크톱 PC (개발 소프트웨어 도구의 주체)
2. 표적 처리 장치 (평가 보드, 최종 실행 보드)
3. 디버깅 도구(ROM 에뮬레이터, 논리 분석기)
4. EEPROM/EPROM/Flash 라이터 도구

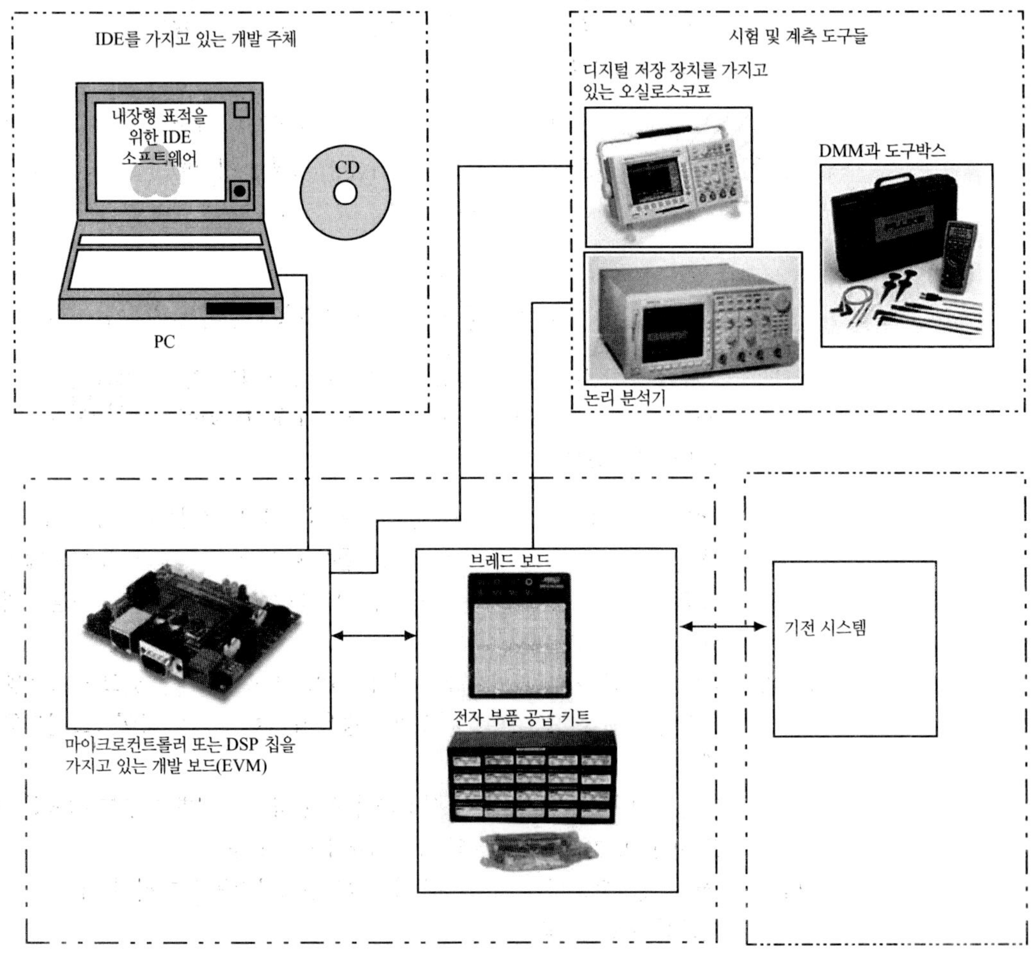

그림 4.2 ■ 마이크로컨트롤러 기반의 제어 시스템을 위한 개발 편제 구성: 마이크로컨트롤러용 개발 소프트웨어 도구, 통신 케이블, 마이크로컨트롤러 보드, 브레드 보드, 시험 및 계측 도구들, 전자 부품 공급 키트를 포함하는 주체 개발 환경으로서의 PC

소프트웨어 도구는 특별한 표적 처리 장치를 갖는다.

1. 컴파일러, 링커, 디버거
2. 실시간 운영 시스템(꼭 필요하지는 않다)

컴파일러는 RESET 시 시스템을 부팅하기 위한 내장형 시스템 **구동 코드**(start-up code)를 포함하며 재원의 완전함을 검사하고 알고 있는 위치로부터 응용 프로그램을 올려 실행한다. 더 나아가서 컴파일러는 **재배치 가능한 코드**(relocatable code)를 생성한다. 링커(linker)는 이 코드를 사용해 코드를 링커를 위한 응용 파일에 의해 선택된 실제 메모리의 특정 위치에 올려놓는다. 이 파일은 목적 시스템 메모리 재원을 사용하기 위해 개발자가 준비한다. 링커는 프로그램 코드와 데이터를 메모리의 어느 위치에 놓을 것인가를 결정한다.

특히 디버깅 도구는 특별한 주의가 필요하다. 내장형 응용에서 디버깅 요구 조건은 데스크톱의 요구 조건보다 상당히 엄격하다. 그 이유는 실시간 시스템에서 실패의 결과가 더욱 심각하기 때문이다.

디버깅 도구의 가장 단순한 형태는 표적 시스템의 디버그 커넬(kernel)을 포함한다. 디버그 커넬은 PC의 종합적인 디버깅 프로그램과 통신을 한다. 최근의 내장형 제어기는 칩에 디버깅 회로를 가지고 있어 디버깅 능력이 개선되었다. ROM 에뮬레이터를 사용하면 개발 단계에서 ROM 대신에 RAM을 사용할 수 있어 주체는 표적 코드를 표적 하드웨어에 쉽고 빠르게 기록할 수 있다.

4.1.3 PIC 18F452의 마이크로컨트롤러 개발 도구

PIC 18F452의 개발 보드는 PICDEM 2 Plus Demo board와 다양한 주변 하드웨어 장치인데 이를 이용하면 PIC 18F452 마이크로컨트롤러를 효과적으로 전기 기계 장치와 연결할 수 있다. 이 보드는 9 V AC/DC 어댑터를 통한 전원 공급과 레귤레이터, 4 MHz 클록, RS 232 통신 장치, LCD, 4개의 LED, 그리고 테스트 공간을 가지고 있다

MPLAB ICD 2는 PC와 PICDEM 2 Plus Demo 보드(또는 개발 보드)를 연결하여 PIC 18F452를 직접 디버깅할 수 있는 저가의 개발 도구이다(그림 4.2). 프로그램은 실시간 또는 단계별 실행이 가능하다. 정의된 변수, 중지점 설정, 읽기/쓰기가 된 메모리 등을 관찰할 수 있다. 마이크로컨트롤러 메모리에 프로그램을 다운로드하고 코드를 저장하기 위한 개발 프로그래머로 사용된다.

하드웨어 개발 도구는 다음과 같다.

1. 개발 도구를 위한 주체로서의 PC
2. PIC 18F452, 전원 공급 장치, 부가 회로, 사용자가 실험 회로를 구성할 수 있는 브레드보드(일명 빵판)를 위한 공간으로 구성되어 있는 PICDEM 2 Plus Demo 보드
3. 통신 케이블과 회로상의 디버거 하드웨어(MPLAB ICD 2)

PC에서 실행되며 통신 케이블로 연결된 소프트웨어 개발 도구는 다음과 같다.

1. PIC 칩을 위한 편집기, 어셈블러(MPASM), linker(MPLINK), 디버거 그리고 소프트웨어 시뮬레이터(SIM) 등을 포함하고 있는 MPLAB IDE V.6xx 종합 개발 환경(IDE)

2. MPLAB C18 C-컴파일러(MPLAB IDE V. 6xx에서 운용된다)

PIC 마이크로컨트롤러는 C와 어셈블리 언어로 프로그래밍이 가능하다. 수행할 실험은 PC에 설치한 MPLAB IDE와 MPLAB C18 ANSI C 컴파일러를 필요로 한다. 언어 도구는 MPASM 어셈블리 언어 해석기, MPLINK 객체 링커 그리고 디버거로 구성되어 있다. C18 컴파일러는 같은 파일에서 어셈블리어와 C 언어를 동시에 지원한다. C 프로그램에서 어셈블리 코드를 사용하려면 다음과 같은 명령어를 사용해야 한다.

```
_asm
  ....
_endasm
```

PIC 프로그래밍 기본 순서는 다음과 같다.

1. PC의 MPLAB IDE 환경에서 새로운 프로젝트를 생성한다. 사용할 PIC 마이크로컨트롤러를 선택하여 프로젝트 환경을 설정한다. 라이브러리 디렉터리를 지정한다. 프로젝트에 소스 코드를 등록하고 프로젝트 이름을 설정한다. 각각의 프로젝트에 대하여 다음 설정은 MPLAB IDE 환경에서 수행되어야 한다.

(a) PIC 마이크로컨트롤러를 선택한다. `MPLAB IDE> Configure> Select Device: PIC18F452`

(b) 프로젝트 옵션을 설정한다. `MPLAB IDE> Project> Select Language Toolsuite: Microchip C18 Toolsuite`

(c) 프로젝트 옵션을 설정한다. `MPLAB IDE> Project> Set Language Tool Locations: MPLAB C18 C Compiler and .... >Set Language Tool Locations: MPLINK Object Linker`

(d) 프로젝트 구축 옵션을 설정한다. `MPLAB IDE >Project> Build Options ..>Project`, 그리고 탭이 달린 창에서 옵션(전체, 어셈블러, 컴파일러, 링커)을 설정한다.

(e) 프로젝트에 소스 파일을 추가한다. 프로젝트 창의 "Source Files"에서 오른쪽을 클릭하고 "Add Files"을 선택한다.

(f) 링커를 위한 스크립트 파일을 선택한다. 프로젝트 창의 "Linker Scripts"에서 오른쪽을 클릭하여 "Add Files" 선택하고 "lkr" 디렉터리에서 "18f452.lkr" 파일을 선택한다.

2. 내장된 편집기 또는 ASCII 문자 편집기에서 C 언어로 프로그램을 작성한다. 그리고 "*filename.c*" 형식으로 저장을 한다. 작성한 프로젝트에 관련된 다른 파일을 추가한다.

3. MPLAB IDE 환경에서 프로젝트를 형성한다. 이 과정은 상위 언어인 C 프로그램을 HEX 파일로 변환하는 것으로 2진화된 기계어를 포함한다: `MPLAB IDE> Project >Build All`.

4. 먼저 PC에서 PIC 칩 전용 소프트웨어 시뮬레이터(SIM, MPLAB IDE의 일부로서 지원된다)를 사용하여 프로그램을 수정한다. 이것은 PIC 칩의 실시간 시뮬레이션은 아니다. 시뮬레이터(MPLAB SIM)를 사용하여 수정된 프로그램은 PIC 마이크로컨트롤러

에 전송될 수 있다. C 언어로 프로그램을 작성하면 다른 링커 스크립트 파일을 사용하여 반드시 재형성해야 한다(실제 PIC 18F452 칩에서 구동할 수 있는 프로그램으로, 형성할 수 있는 파일은 18*f*452*i.lkr* 파일이며 PC에서 프로그램을 디버깅하기 위한 파일은 18*f*452.*lkr* 파일이다). 이것이 끝나고 나면 MPLAB IDE 환경과 통신 케이블(MPLAB ICD 2)을 통해 PIC 보드에 프로그램을 전송한다.

```
MPLAB IDE>Programmer>Select programmer and
...>Settings and ...>Connect.
```

비실시간 소프트웨어 디버거(MPLAB SIM)와 하드웨어 디버거 MPLAB ICD2에서 사용되는 디버깅 명령어들은 거의 동일하다. 프로그램에서 오류를 찾는 전형적인 디버깅 명령어는 상위 프로그래밍 언어에서 사용되는 디버깅 명령어와 유사하다. 일반적으로 다음을 할 수 있어야 한다.

(a) 실행(Run), 중지(Halt), 프로그램 계속 수행(Continue)

(b) 한 단계, 다음 단계 기능, 단계를 뛰어넘는 기능들

(c) 프로그램 내에서 중지점(break point)설정. 프로그램이 설정한 중지점에 왔을 경우 실행중인 프로그램은 중지할 것이다.

(d) 선택한 변수값을 볼 수 있는 "watch window" 설정. 프로그램이 중지점에서 멈춘 경우 다양한 변수값은 오류 검사를 위해 조사될 수 있다.

(e) 한정된 클록 주기 동안 또는 중지점까지 프로그램의 모든 연산을 추적(코드 추적기)하기 위한 설정. 이것을 이용하면 프로그램 내에서 일어난 것을 확실하게 조사할 수 있다.

5. PC에서 실행 명령을 PIC 칩에 보낸다. 소프트웨어 및 하드웨어 디버깅 도구를 사용하여 PIC 칩의 코드를 수정한다(MPLAB ICD2). 프로그램을 수정할 때 워치독 타이머(WDT)를 중지시킨다. 그렇지 않으면 프로그램을 수정하는 동안 워치독 타이머는 마이크로컨트롤러를 재구동할 것이다. 워치독 타이머 기능은 IDE 메뉴에서 설정이 가능하다.

4.2 기본적인 컴퓨터 모델

기본적인 컴퓨터의 작동을 사람과 비교하여 생각해 보자(그림 4.3). 그림 4.3에서 보는 것과 같이 사람은 정보를 처리하기 위한 두뇌, 읽기 위한 눈, 다양한 요소를 잡기 위한 손 그리고 쓰기위한 손가락을 가지고 있다. 또한 시계도 있다. 책상 위에는 한 벌의 카드와 분필, 지우개, 칠판, 결재 서류가 있고 손쉽게 읽고 쓰기를 하기 위해 2개의 주머니에는 한 장의 카드가 있다.

사람 모델과 컴퓨터의 유사성은 다음과 같다.

뇌 -- 중앙연산장치(CPU)

벽시계 -- 클록 또는 시계(Clock)

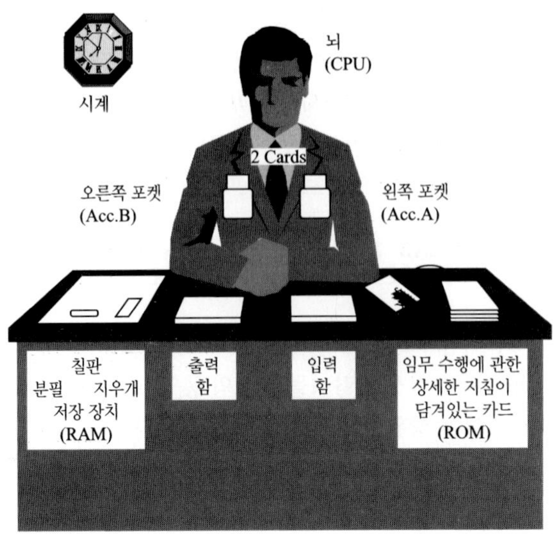

그림 4.3 ■ 기본적인 컴퓨터와 사람의 유사성

지침 카드	-- 읽기만 가능한 기억 장치(ROM)
분필-지우개-칠판	-- 자유롭게 읽기 쓰기가 가능한 기억 장치(RAM)
포켓 카드	-- 어큐뮬레이터(레지스터로도 불린다.)(accumulators or registers)
입출력함	-- 입출력 장치(I/O devices)
눈과 손, 팔	-- 재원에 접근하기 위한 버스(읽기/쓰기)(read/write)

컴퓨터에는 일곱 가지 기본 부품이 있다.

1. CPU는 컴퓨터의 두뇌 역할을 담당하며 산술 논리 연산 장치, 레지스터의 집합으로 구성되어 있다. 예를 들어 모든 CPU는 다음 부품을 가지고 있다.
  (a) 메모리에서 추출한 다음 지침 주소를 가지고 있는 PC(program count) 레지스터
  (b) 다른 레지스터에서 추출한 명령을 해석하고 다른 레지스터에 적당한 자료를 전달하는 명령어 해독기
  (c) 뇌 속의 뇌이며 수학적이고 논리적인 기능을 담당하는 산술 논리 연산 장치(ALU)

2. 클록—컴퓨터는 짧은 클록 주기 동안 가장 간단한 명령도 수행한다. 클록은 사람에 있어서 심장과 같은 역할을 한다. 클록 없이 컴퓨터는 작동하지 않는다.

3. ROM—읽기만 가능한 기억 장치(Read Only Memory), 기본적인 명령 집합을 어떻게 실행해야 하는지에 대한 정보를 포함한다. 읽기만 가능하고 쓸 수는 없다. EPROM(erasable programmable ROM)은 전원이 꺼지더라도 데이터를 보존한다. EPROM(electrically erasable programmable ROM)은 지우기와 프로그램이 가능한 ROM이다. EPROM은 창을 가지고 있는데 여기에 자외선을 비추면 프로그램이 지워진다. EEPROM은 전기작용으로 지우기와 프로그램이 가능한 ROM이다. 자외선을 이용하지 않고 통신 인터페이스를 통해 전기적인 신호로 기억 장치에 다시 쓸 수 있다.

4. RAM 기억 장치(Random Access Memory)는 지울 수 있는 칠판과 같은 기능을 제공

하는데 정보를 읽을 수도 있고 쓸 수도 있다. 하지만 전원이 꺼지면 데이터는 소실된다. RAM은 일반적으로 두 가지 종류, 정적(*Static*) RAM과 동적(*dynamic*) RAM으로 나누어진다. 정적 RAM은 플립플롭 회로에 데이터를 저장하기 때문에 전원이 공급되는 동안 데이터를 기억하기 위한 재생 쓰기 사이클이 필요 없다. 동적 RAM은 전원이 공급되는 동안에도 데이터를 기억하기 위해 재생 쓰기 사이클이 필요하다.

5. 레지스터는 다른 RAM 기억 장치의 위치보다 빠르게 접근하기 위해 특정 기억 장치의 위치를 나타낸다.
6. I/O 장치—모든 컴퓨터는 실용적인 기능을 수행하기 위해 사용자 및 외부 장치와 상호작용을 해야 한다. 즉 컴퓨터는 외부로부터 데이터를 읽을 수 있어야 하며 그것을 처리하여 외부로 데이터를 출력할 수 있어야 한다. 입출력 장치 연결 칩은 **주변 인터페이스 장치**(PIA; peripheral interface adaptor)라 불린다.
7. CPU와 주변 장치(메모리, 입출력 장치)와 통신을 가능하게 하는 버스(bus)는 전원, 주소, 데이터, 그리고 제어 신호를 공급하기 위한 통로를 포함한다.

어떤 사람이 시계의 매 분마다 한 벌의 카드(ROM)에서 하나의 새로운 카드를 꺼내서 그 내용을 읽어 명령을 실행하고, 중지라는 명령카드가 나올 때까지 이 과정을 계속한다고 가정하자. 여기에 명확한 예시가 있다. 프로그램은 입력함에서 수치를 읽는 것이다. 5개의 홀수 숫자를 읽을 때까지 읽는다. 마지막에는 5개의 홀수를 합산해 그 결과를 출력함에 기록한다. 그리고 프로그램을 중지한다. 1분, 2분, 3분, 4분, . . . 매분마다 한 벌의 카드(ROM)에서 하나의 새로운 카드를 꺼낸다. 처음 4개의 카드에는 다음과 같은 명령들이 있다고 가정하자.

카드 1: 입력함에서 수치를 읽는다. 좌측 주머니(누산기 A)에 있는 카드에 기록한다.

카드 2: 숫자가 홀수인가? 만약 홀수이면 칠판에 기록한다.

카드 3: 칠판에 5개의 숫자가 기록됐는가? 그렇다면 카드 4로 넘어가고 그렇지 않다면 카드 1로 돌아간다.

카드 4: 모든 수를 합산한다. 결과를 출력함에 기록하고 중지한다.

컴퓨터 프로그램에 있어 다음과 같은 특징을 주목하라.

- 일반적으로 프로그램 명령어는 순차적으로 실행된다.
- 순차적 명령어 처리는 조건문을 사용하여 변경이 가능하다.
- CPU, 클록, ROM, RAM 그리고 누산기, I/O는 기본적인 컴퓨터 기능의 핵심이다.

디지털 컴퓨터는 많은 ON/OFF 스위치의 집합이다. 트랜지스터 스위치는 아주 작아 1,000 × 1,000개의 트랜지스터 집합(1,000,000개의 트랜지스터 스위치)을 하나의 칩 안에 집적할 수 있다. 트랜지스터 스위치 결합으로 다양한 논리 함수(AND, OR, XOR) 뿐만 아니라 수학적인 연산(+, −, *, /)을 구현할 수 있다.

모든 CPU는 CPU가 이해할 수 있는 명령의 집합을 가지고 있다. 각각의 명령은 이것을 **기본 명령 집합**(Basic Instruction Set) 또는 **기계 명령어**(Machine Instructions)라고 부른다. 각각의 명령은 유일한 이진 코드(binary code)를 가지고 있는데, 이 코드는 CPU가 어떤 임무를 수행할지 가르쳐주고 데이터 소스에 대해 프로그래밍이 가능한 피연산자에게 일러준다. 일부 마이크로프로세서는 더 적은 수의 명령 집합을 가지도록 설계되어 있다. 적은 수의 명령을 가지고 있지만 범용 마이크로프로세서보다 빠르게 작동한다. 이런 마이크로프로세서를 RISC (reduced instruction set computers)라고 한다.

어셈블리 언어(Assembly language)는 기본적인 명령 집합에 대응하는 연상기호(mnemonic) 명령어 집합이다. 연상기호 명령어는 프로그래머에게 명령을 이진 코드로 기억하지 않아도 되게 만든다. 어셈블리 언어로 작성된 프로그램은 컴퓨터에서 실행하기 전에 기계어로 변환돼야 한다. 어셈블러(assembler)가 이 변환을 수행한다.

프로그램에서 상위 언어로 작성된 모든 명령은 먼저 CPU가 이해하는 기본 명령어 집합의 형태로 축소되어야 한다. 이와 같은 작업은 컴파일러와 링커에서 수행되며 이 과정에서 상위 명령어들이 하위 명령어인 기계어로 변환한다. 기본 명령어 집합은 마이크로프로세서에 따라 달라진다. C18 컴파일러의 구축(build) 과정(compile and link)은 확장자명이 "*.hex"를 가지는 실행파일을 포함해 다양한 파일들을 생성한다. 더욱이 확장자명이 "*.map" 인 파일은 변수 이름의 목록과 할당된 메모리 주소를 담고 있다. 확장자명이 "*.lst" 인 파일은 프로그램에서 어셈블리와 C 코드로 작성된 각 줄에 대해 생성된 기계 코드(disassembled)를 포함한다. 이런 파일은 디버깅 과정에서 유용하게 사용될 수 있다.

상위 프로그래밍 언어는 프로그래머에게 프로세서와 관련된 세부 사항을 감춘다. 따라서 프로그래머는 하나의 상위 언어를 가지고 다른 마이크로프로세서의 프로그램도 작성할 수 있다. 그러나 마이크로컨트롤러 응용에 있어서 완벽하게 마이크로컨트롤러의 기능을 사용하기 위해서는 마이크로컨트롤러의 하드웨어와 어셈블리 언어를 이해할 필요가 있다. 컴퓨터 프로그램은 최소한 다음과 같은 기계언어를 필요로 한다.

- 메모리(I/O 장치) 접속과 CPU 레지스터와 메모리(입출력 장치) 간의 읽기/쓰기 수행의 이러한 기능은 다음과 같이 불린다.

  ```
  LOAD address
  STORE address
  ```

- 다음과 같은 수학적 동작(더하기, 빼기, 곱하기)과 논리적 동작
  ADD address(하나의 내용을 누산기에 더하는 것을 의미)
  SUB address (하나의 내용을 누산기로부터 빼는 것을 의미)
  AND, OR, NOT, JUMP, CALL, RETURN

상위 언어에서 데이터 구조(변수, 구조, 클래스 등)는 정보를 관리하는 데 사용된다. 어셈블리 언어는 프로그램 내에서 데이터를 관리하기 위한 데이터 구조를 지원하지 않는다. 변수 선언과 메모리 공간 할당은 프로그래머의 몫이다. 어셈블리 언어는 데이터에 대한 출처와 목적지로서 기억 장치와 I/O 장치에 접속 명령어를 제공한다. 더 나아가서 어셈블리 언어는 연산자(수학적, 논리적 등)뿐만 아니라 GOTO, JUMP, CALL, RETURN과 같은 다양한 의사결정 명령어를 제공한다. 우리는 이러한 명령어를 사용하여 메모리와 입출력 장치의 데이터를 운용한다.

컴퓨터 CPU는 BUS를 통하여 ROM, RAM, 입출력 장치에 접속한다. 컴퓨터 요소들 간의 하드웨어 연결이 버스(Bus)이다. 버스는 네 가지 선으로 분류된다(그림 4.4).

1. 전력 버스(Power Bus)
2. 제어 버스(Control Bus)

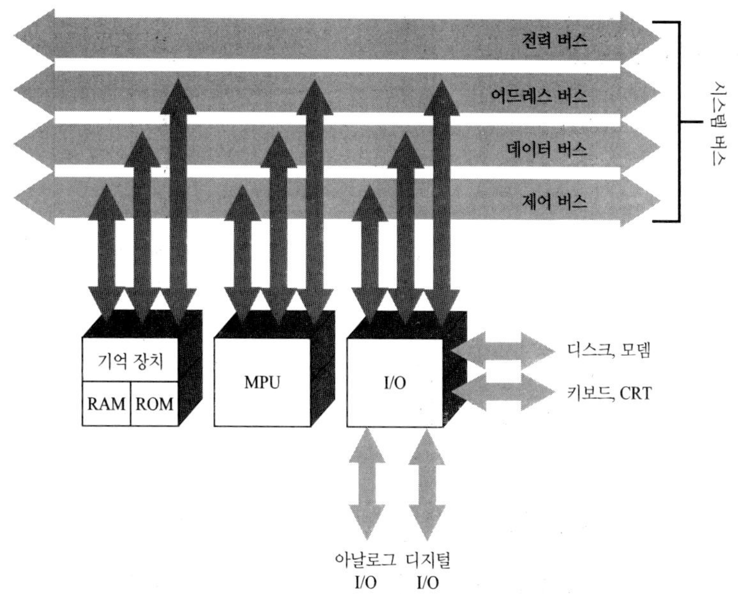

그림 4.4 ■ 컴퓨터 버스선 내의 일반적인 기능별 분류

3. 어드레스 버스(Address Bus)
4. 데이터 버스(Data Bus)

전력 버스는 요소들의 작동을 위한 전원을 공급한다. 각각의 선은 TTL 신호, 즉 0 VDC 또는 5 VDC(OFF 또는 ON)를 보낸다. 제어 버스는 CPU가 읽기 또는 쓰기를 원하는지에 대한 상태를 표시한다. 어드레스 버스는 주소값을 지정하여 특정 장치나 메모리 위치를 선택한다. 데이터 버스는 장치들 간의 데이터를 운반한다. 어드레스 버스가 16줄(16비트)임을 주목하면 CPU가 접속할 수 있는 주소는 $2^{16} = 65{,}536$개이다.

CPU와 메모리(또는 입출력 장치) 사이의 입출력 운영은 버스 인터페이스 수준에서 다음과 같은 단계를 포함한다.

- CPU는 어드레스 버스에 메모리 또는 입출력 장치의 주소를 배치한다.
- CPU는 제어 버스상의 적당한 제어선을 골라 입력 또는 출력 동작인지를 설정한다.
- 만약 입력 동작이면 CPU는 데이터 버스를 읽고, 쓰기 동작이면 데이터 버스에 데이터를 쓴다.

요약하면 CPU와 다른 컴퓨터 장치 사이의 입출력은 버스의 3요소인 (1) 어드레스 버스, (2) 제어 버스, (3) 데이터 버스를 제어하는 것을 포함한다. C의 상위 언어에서는 다음과 같은 코드 줄을 가진다.

```
x = 5.0 ;
```

컴파일러는 x의 메모리 주소를 할당 받기 위해 필요한 코드를 생성하고, 어드레스 버스에 그 주소를 배치한다. 그리고 제어 버스의 제어선에 쓰기 제어선을 작동시키고 데이터 버스를 통하여 "5.0" 데이터를 기록한다.

4.3 마이크로컨트롤러 하드웨어와 소프트웨어: PIC 18F452

마이크로프로세서라는 이름은 중앙처리 장치(CPU)와 칩의 기억 장치를 의미한다. 마이크로컨트롤러(μC)는 마이크로프로세서와 ADC, DAC, PWM, 디지털 I/O 장치, 그리고 통신 버스들(그림 4.5)과 같은 입출력 장치로 이루어진 칩을 의미한다. 마이크로컨트롤러는 수많은 입출력장치를 지닌 집적 마이크로프로세서 칩이다. 이로 인해 크기는 작고 가격은 저렴하다. 마이크로컨트롤러 응용 문제에 있어 일반적으로 데스크톱에서 수백 메가바이트(Megabyte)의 메모리를 사용하는 데 비해서 마이크로컨트롤러는 수십 킬로바이트(Kilobyte)의 메모리를 필요로 한다. 결과적으로 컨트롤러의 가격은 범용 컴퓨터와 비교했을 때 저렴하다. 이와 같은 이유로 내장형 컨트롤러 응용에 사용하기 아주 좋은 장치라고 말할 수 있다.

4.3.1 마이크로컨트롤러 하드웨어

메카트로닉스 시스템에 마이크로컨트롤러를 사용하는 사용자들처럼 우리도 마이크로컨트롤러의 하드웨어 구조를 이해할 필요가 있다. 내부 구조를 먼저 공부할 것이다. 마이크로컨트롤러 요소들이 어떻게 설계되고 제조되는지보다는 그 구성요소들의 기능에 대해 관심을 두고 논의할 것이다.

마이크로컨트롤러나 DSP를 이해하기 위해 필요한 주요 하드웨어의 구성은 다음과 같다.

1. 각 핀의 주요 기능을 설명하는 핀 배치
2. "뇌" 구조와 마이크로프로세서의 내부 작업을 정의하는 CPU의 레지스터
3. CPU가 메모리 및 I/O 장치들과 어떻게 통신하는지를 정의하는 버스 구조
4. 리얼타임 클록, 워치독 타이머, 인터럽트 컨트롤러, 프로그래머블 타이머/카운터, 아날로그 디지털 컨버터(ADC), 그리고 PWM 모듈과 같은 보조 기능을 하는 칩

마이크로컨트롤러는 칩 하나에 모든 기능이 탑재된 집적 회로(IC) 컴퓨터이다. PIC은 주

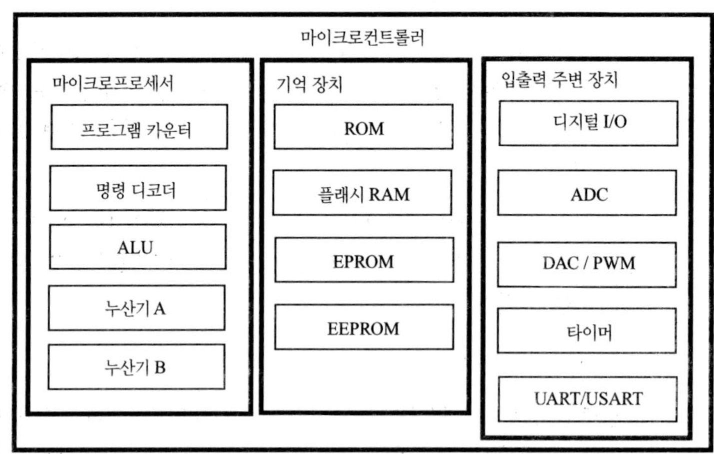

그림 4.5 ■ 마이크로프로세서와 마이크로컨트롤러의 비교: 마이크로컨트롤러는 마이크로프로세서와 입출력 장치를 둘다 가지고 있다.

변 장치 인터페이스 컨트롤러(peripheral interface controller)를 나타낸다. PIC이란 이름은 마이크로칩 테크놀로지사에서 제작된 마이크로컨트롤러 계열에 붙여진 상품명이다. 여기서는 PIC 18F452를 실습에 사용할 것이다. *PIC 18F452* 칩은 포트 A~E까지 5개의 양방향 입출력장치를 가지고 있다. 포트 A는 7비트 포트이고 반면에 포트 E는 3비트이다(그림 4.6). 나머지 포트 B, C, D는 모두 8비트이다. 각 포트의 핀들은 RA0에서 RA6, RB0~RB7, RC0~RC7, RD0~RD7, RE0~RE2로 표시되어 있다. 그러므로 포트 A~E까지 핀 수는 7 + 8 + 8 + 8 + 3 = 34로 PIC 18F452칩의 40 핀 DIP 패키지 중 34 핀을 차지한다(그림 4.6). 나머지 핀들은 V_{DD}(2핀), V_{SS}(2핀), *OSC1/CLK1*, *MCLR/V_{PP}*로 사용된다. 대부분의 핀들은 범용 I/O와 주변 I/O 간의 여러 가지 기능 중 하나를 소프트웨어적으로 설정할 수 있다. 칩 내부의 레지스터를 사용하면 소프트웨어로 각 핀마다 하나의 기능이 선택된다.

PIC 18F452는 하버드 구조에 근거한 8비트의 마이크로컨트롤러이다. 40핀 DIP 형태와 44핀 PLCC 그리고 44핀 TQFP형태의 제품이 있다. 44핀 제품의 핀들 중에서 4개는 NC라 표시되어 사용되지 않는다(그림 4.6). 하버드 구조에서는 프로그램 메모리와 데이터 메모리가 분리되어 있다. 하나의 명령이 수행되는 동안 프로그램 메모리와 데이터 메모리 모두 동시에 처리가 가능하다. PIC 18F452는 RISC 형태의 프로세서를 가지고 있다. 이 특별한 RISC 구조의 프로세서는 75워드의 명령어들을 가지고 있다.

PIC 18C452 칩은 4~40 MHz 사이의 클록 속도에 적합하다. 클록 속도는 다음의 두 가지 요소에 의해 결정된다.

1. ***Hardware:*** 커패시터와 저항을 몇 개 사용하는 외부 크리스털 오실레이터 또는 세라믹 레조네이터
2. ***Software:*** 프로세서의 작동 모드를 선택하기 위한 레지스터 구조 설정

PIC 18F452는 최대 31개의 스택 층을 지원한다. 이것은 31개의 하부 함수 호출과 인터럽트가 중첩될 수 있음을 의미한다. 이러한 제약은 C18 컴파일러를 이용하여 인터럽트를 소프

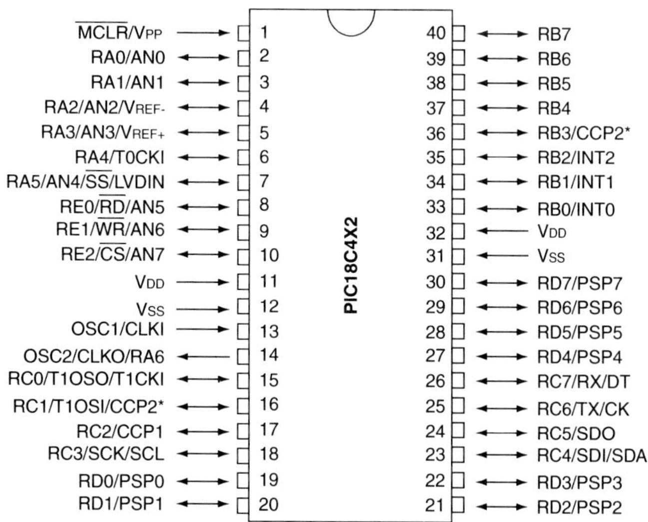

그림 4.6 ■ PIC 18F452의 핀 배치도(DIP 40핀 모델)

트웨어적으로 다룸으로써 극복할 수 있다. 메모리에서 스택 공간은 함수 호출과 인터럽트의 복귀 주소를 유지하고 있다. 스택 공간은 프로그램 메모리와 데이터 메모리의 일부가 아니다.

프로그램 카운터(PC) 레지스터는 21비트 long 타입이다(그림 4.7). 따라서 프로그램 메모리에 대한 어드레스 공간은 최대 2 MB를 차지할 수 있다. 이것은 플래시 메모리 형태이며 32 KB 크기의 플래시 프로그램 메모리(주소값 0000h~7FFFh)를 가지고 있는데 이것은 16K 2바이트(single-word)의 명령 공간(그림 4.7)이 다. 데이터 메모리는 RAM과 EEPROM에 설치된다. 데이터 RAM은 4096(4 KB)바이트를 가지고 있고 EEPROM의 메모리 공간은 256바이트이다. C18 컴파일러를 사용하는 C 언어에서는 데이터 메모리 공간이 주어진 문제에 대해 충분하지 않을 경우 "rom" 디렉티브(directive)를 사용해 데이터 변수들을 프로그램 메모리 공간에서 할당되도록 만들 수 있다. 이와 유사하게 데이터 선언부에서 "ram" 디렉티브를 사용하면 데이터 메모리 부분에 메모리 공간을 할당할 수 있다.

```
rom char c ;
rom int n ;

ram float x ;
```

프로그램 메모리 맵 상에서 주요 위치들은 다음과 같다.

1. RESET벡터는 주소값 0x0000h를 가진다.
2. 상위 우선 순위의 인터럽트 벡터는 주소값 0x0008h를 가진다.
3. 하위 우선 순위의 인터럽트 벡터는 주소값 0x0018h를 가진다.

RESET 상태는 프로세서의 시작 상태를 나타낸다. 프로세서가 RESET되었을 때 프로그램 카운터 성분은 0x0000h로 설정된다. 따라서 프로그램은 실행하기 위한 명령어의 주소값을 얻기 위해 이 주소값으로 접근하게 된다. C 컴파일러는 이 위치에 **main()**함수의 첫 주소값을 위치시킨다. 따라서 RESET 상태에서 C 프로그램의 **main()**함수가 프로그램을 시작하는 지점이 된다. RESET의 공급원은 다음과 같다:

1. ***Power-on-reset(POR)*:** 칩의 V_{DD} 상승이 인지되면 POR 펄스가 발생한다. 전원이 공급되면 내부 power-up timer(PWRT)는 프로세서를 RESET 상태로 유지하기 위해 고정된 타임 아웃 지연을 제공해 V_{DD}가 허용가능하고 안정된 수준으로 상승되도록 한다. PWRT 타임 아웃 후에는 오실레이터의 start-up timer(OST)가 오실레이터의 주기의 1024사이클 동안의 시간 지연을 제공한다.
2. **정상 동작에서 *MCLR reset*과 *SLEEP*:** MCLR 입력 핀을 이용해서 필요한 경우에 프로세서를 RESET할 수 있다.
3. ***Brown-out reset*(*BOR*):** V_{DD}의 공급 전원이 일정시간 이상 동안 특정수준 이하(프로그램 상에서 지정 가능)로 내려가는 경우에 BOR reset이 자동으로 작동하게 된다.
4. **워치독 타이머(*WDT*)*reset*:** WDT는 프로세서의 상태를 정리하기 위해 정상 동작 중간에 휴식을 취하거나 아니면 SLEEP 모드에서 프로세서를 깨우기 위해 프로세서를 초기화하는 데 사용된다. 정상적으로 동작하는 동안 WDT reset을 동작시키면 프로그램 카운터는 0x0000h로 초기화 된다. 반면에 WDT 기상 모드(wake-up)로 할 경우에는 이전 명령을 지속하기 위해 프로그램 카운터는 2만큼 증가된다.

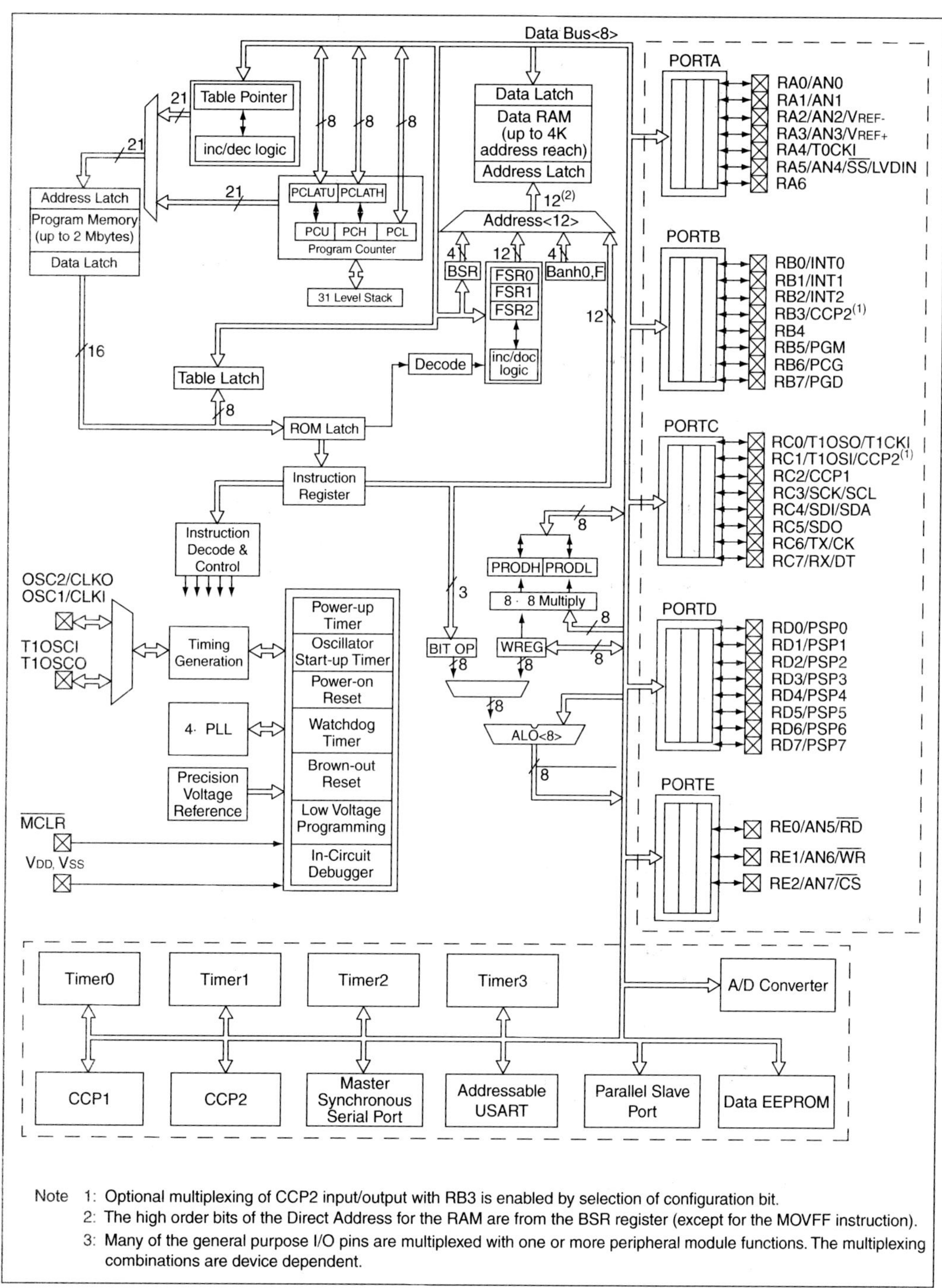

그림 4.7 ■ PIC 18F452의 블록선도: 레지스터, 버스, 주변 장치, 포트(PIC 18Fxx2 데이터 시트의 그림 1.2)

5. RESET 명령, 스택이 가득 차게 되거나 언더플로(underflow)가 되었을 경우에는 소프트웨어적으로 초기화 상태가 된다. 그러나 오버플로나 언더플로로 인한 RESET은 소프트웨어적으로 무능하게 할 수 있다.

PIC 18F452가 SLEEP 명령을 실행하는 경우 프로세서는 명령 사이클의 시작점에 위치한다. 프로세서는 SLEEP 모드로부터 외부 RESET, 워치독 타이머 초기화, 또는 외부 인터럽트에 의해 깨어날 수 있다. 특수 기능 레지스터(SFR)의 일부인 RCON 레지스터는 응용 소프트웨어가 RESET의 출처를 결정할 수 있도록 정보를 가지고 있다.

4.3.2 마이크로프로세서 소프트웨어

에드레싱 모드 PIC 18F452의 데이터 메모리 공간은 12비트 단위로 4096바이트의 크기로 접근이 가능하다. 이 공간은 256바이트 메모리씩 모두 16뱅크로 나누어져 있다(그림 4.8). bank 0~14까지는 범용 레지스터(GPR)이다. GPR은 일반적인 데이터 저장 공간으로 사용된다. 뱅크 15의 반쪽 윗부분(F80h~FFFh)은 특수 기능 레지스터(SFR)로 사용된다. PIC 18F452의 모든 레지스터들의 목록은 사용자 설명서에 기술되어 있다. SFR은 마이크로컨트롤러의 구성과 제어, 상태를 나타내는 데 사용된다. GPR은 응용 프로그램의 저장 공간을 위해 사용된다. 마이크로컨트롤러의 대부분의 기능들은 SFR을 적절히 설정함으로써 구성된다. EEPROM 데이터 메모리 공간은 256바이트로 SFR을 통해 간접적으로 접근할 수 있

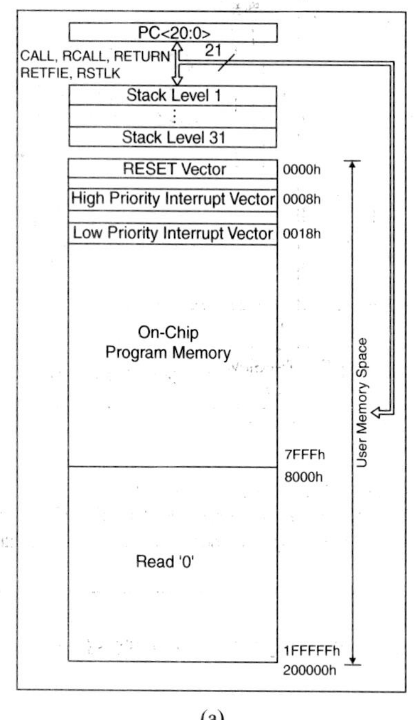

(a)

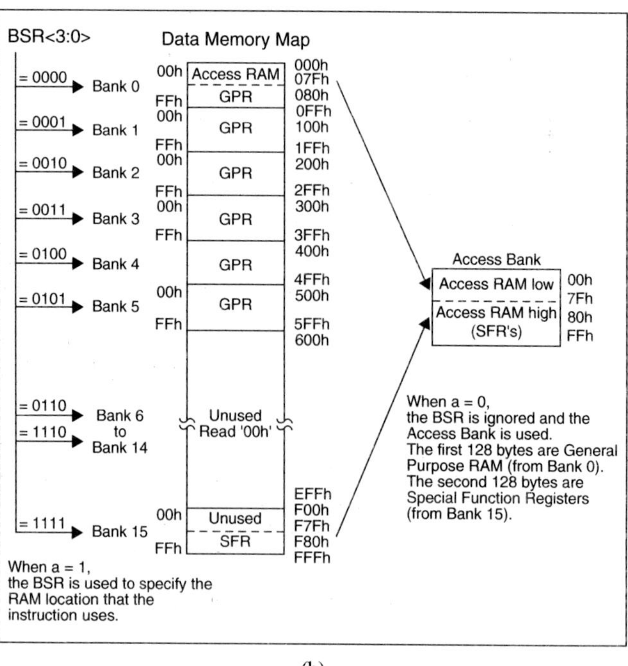

(b)

그림 4.8 ■ PIC 18F452의 기억 장치 지도. (a) 프로그램 기억 장치 지도(PIC 18Fxx2 데이터 시트의 그림 4.2), (b) 데이터 기억 장치 지도(PIC 18Fxx2 데이터 시트의 그림 4.2).

다. SFR은 2개의 그룹으로 나뉘는데, 하나는 CPU의 핵심적인 기능과 연관이 있고, 다른 하나는 주변 I/O 기능과 관련이 있다. EEPROM에 접근하기 위한 4개의 SFR이 있는데 그것은 EECON1과 EECON2, EEDATA, EEADR이다. EEDATA와 EEADR 레지스터는 EEPROM에 대한 데이터와 주소를 저장하기 위해 사용된다. EECON1과 EECON2 레지스터는 EEPROM의 접근을 제어한다.

주소값을 설정하는 두 가지 방법이 있다. (1) **직접 주소 설정**(direct addressing)과 (2) **간접 주소 설정**(indirect addressing)의 두 가지 모드이다. 직접 주소 설정 모드에서는 BSR(Bank Select Register는 데이터 RAM에서 bank 15의 SFR 부분의 FE0h 주소에 있다) 비트 3:0(4비트)은 16개의 뱅크 중 하나를 선택하는 데 사용되며 opcode로부터의 비트 11:4(8비트)는 선택된 뱅크의 256개의 기억 위치 중의 하나를 선택하는 데 사용된다.

간접 주소 설정 모드에서는 데이터 메모리의 주소가 명령어 내에서 고정되어 있지 않다. 이보다는 주소를 RAM의 데이터 메모리의 위치를 가리키는 포인터로서 파일 선택 레지스터(FSR)의 내용으로부터 획득한다. 명령어는 단순히 주소값의 위치를 가리키는 포인터를 가지고 있다. 주소값은 간접적으로 포인터를 통해 얻어지므로 간접 주소 설정 모드라고 불린다. 주소값을 가지고 있는 메모리 위치의 내용은 프로그램에 의해 바뀔 수 있음을 주목하라. 따라서 프로그램 논리에 근거해 다른 메모리 위치가 접근될 수 있다. 간접 주소 설정 모드 방식은 FSR(File Select Register)을 사용하는데 이것은 12비트 레지스터이며 INDFn (Indirect File Operand Register)이다. 각 FSRx 레지스터는 포인터이다. 3개의 FSR 레지스터인 FSR0, FSR1, FSR2가 있고 이와 연관된 INDF0, INDF1, INDF2가 있다.

명령어 집합 PIC 18Fxxx 칩의 명령어 집합은 75개의 명령어로 구성되어 있다(PIC 18F452 사용자 매뉴얼의 기본 명령어집합 목록과 설명을 참고). 3개의 명령어들을 제외하고 모든 명령어들은 16비트의 single-word 형태이다. 3개의 명령어는 double-word(32bit) 형태이다. 각 명령어들은 특정 이진 코드를 가지고 있다. 마이크로컨트롤러가 명령어코드를 해석할 때, 내부의 하드웨어 회로가 누산기의 증감이나 두 수의 합 또는 비교 등과 같은 기능을 수행한다. 1개의 명령어 주기는 4개의 오실레이터 주기와 동일하다. 하나의 명령어 주기에 대한 4개의 오실레이터 주기를 Q1, Q2, Q3, Q4주기라 부른다. 그러므로 만일 4 MHz 오실레이터가 사용되면 명령어 주기는 1μsec이 된다.

메모리에서 명령어를 획득하는 것을 **꺼내옴**(fetch)이라 한다. 명령어 코드를 해석하여 무엇을 수행할 것인지 결정하는 것을 **해독**(decode)이라 한다. 그리고 명령어의 기능을 수행하는 것을 **실행**(execute)이라 한다. 명령어의 패치와 디코드, 실행을 각각 수행하는 데 하나의 명령어 주기가 걸린다. 이 꺼내옴-해독-실행의 주기는 연결되어 있는데 이는 동시에 수행됨을 의미하며 따라서 각 명령어는 하나의 명령어 주기 동안 실행된다. 다른 말로 설명하면, 하나의 명령이 해독되고 실행하는 동안 다른 명령이 동시에 메모리로부터 꺼내옴을 말한다. Single-word형태의 명령어들이 수행되기 위해선 일반적으로 1개의 명령어 주기가 걸리고, Two-word 형태의 명령들은 2개의 명령어 주기가 소요된다.

CPU는 오직 이진 코드 형태의 명령어를 이해한다. 궁극적으로 모든 프로그램들은 대상 마이크로컨트롤러에 특정된 명령어 집합이 지원하는 이진 코드의 집합 형태로 축소되어야 한다. 그러나 이진 코드 형태로 프로그램을 짠다는 것은 힘든 일이다. **어셈블리어**(Assembly

Language)는 각 명령어에 해당하는 연상 기호 코드를 표현하는 3~5개의 문자들로 이루어져 있다. 어셈블리 명령어들을 사용하면 이진 코드를 사용하는 것보다 훨씬 더 편리하다. 어셈블러(Assembler)는 어셈블리어로 짜인 명령어들을 CPU가 인식할 수 있는 동등한 이진 코드(기계 코드)로 변환하여 주는 프로그램이다. 어셈블리어 수준에서는 명령어들을 아래의 다섯 가지 분류로 나눌 수 있다.

1. 메모리 공간상에서 데이터를 읽고, 쓰고 복사하는 데 사용되는 데이터 처리와 이동 명령어. 메모리 공간에서의 위치는 레지스터, RAM, 주변 장치 레지스터 등이 될 수 있다. 이런 범주에 속하는 명령어에는 MOV, PUSH, POP가 있다.
2. 수학적 연산 기능에는 덧셈, 뺄셈, 곱셈, 증가, 감소, 왼쪽 이동, 오른쪽 이동이 있으며, 이런 명령의 예는 ADDWF, SUBWF, MULWF, INCF, DECF, RLCF, RRCF가 있다.
3. AND나 OR, inclusive OR과 같은 논리 연산. 예를 들어 PIC 18F452는 ANDWF, IORWF, XORWF 등의 명령어를 가지고 있다.
4. 비교 연산에는 예를 들어 CPFSEQ(=), CPFSGT(>), CPFSLF(<)와 같은 명령어들이 있다.
5. 어떤 논리에 근거해 프로그램 실행 순서를 변경하기 위한 프로그램 흐름 제어 명령어로는 GOTO, CALL, JUMP, RETURN이 있다.

어셈블리어를 효과적으로 사용하기 위해서는 특정 마이크로프로세서의 하드웨어와 소프트웨어 구조(핀 배치, 버스, 레지스터, 주소 형태)를 자세히 이해하고 있어야 한다. C와 같은 고급언어는 어셈블리어보다 편리하게 프로그램 작성할 수 있게 해준다. 예를 들면, 어셈블리어로 긴 수치 연산 표현을 하기 위해서는 덧셈과 뺄셈, 곱셈 연산을 순차적으로 수행해야 하는데, C에서는 그 표현을 1개의 문장으로 입력할 수 있다. C에서는 다른 형태의 프로세서에 대해서도 기본 수치 연산과 논리 연산이 동일한 형식으로 표현되지만 해당 프로세서의 하드웨어적인 기능은 포괄적으로 만들 수는 없다. 예를 들어 C 언어를 사용한다 하더라도 특정 마이크로컨트롤러를 사용하고자 하는 경우에 인터럽트 구조를 반드시 이해해야 한다. 특히 I/O와 관련된 기능을 사용하려면 각 마이크로컨트롤러 설계에 국한된 특정 레지스터에 접근해야 한다. 그러므로 C 언어 같은 고급 언어를 이용하더라도 사용하는 특정 마이크로프로세서의 구조를 충분히 이해하고 있어야 좋은 프로그래머라 할 수 있을 것이다.

4.3.3 PIC 18F452의 입출력 주변 장치

외부 세상과의 입출력(I/O) 하드웨어 연결은 마이크로컨트롤러의 핀들에 의해 제공된다. 그림 4.6은 PIC 18F452의 핀들과 그 기능을 보여주고 있다

I/O 포트 PIC 18F452는 5개의 포트를 가지고 있다. PORTA(7핀), PORTB(8핀), PORTC(8핀), PORTD(8핀), PORTE(8핀). 각 핀의 기능은 소프트웨어적으로 2개나 3개 기능들 중에서 선택된다(즉, 디지털 I/O 중 선택 또는 RBO 핀을 외부 인터럽트 0을 선택, RA2 핀을 세 가지 기능 중 하나, 디지털 I/O, 아날로그 입력 2, AID 기준 입력 중에 선택한다). 각 포트는 그 기능을 위해서 다음과 같은 세 가지 레지스터를 가지고 있다.

- TRISx 레지스터, 여기서 'x'는 포트 이름 A, B, C, D, E이다. 이것은 데이터 방향이나 셋업 레지스터이다. 어떤 포트에 대한 TRISx 레지스터 값은 해당 포트가 입력(즉, 포트의 핀에 제공된 값을 포트의 레지스터로 읽어온다). 또는 출력(포트 데이터 레지스터 내용을 포트 핀에 전달한다) 기능을 설정한다. TRISx 레지스터 비트를 1로 설정하면 PORTx 핀은 입력의 기능을 하고 0으로 설정하면 출력의 기능을 한다.
- PORTx 레지스터: 이것은 포트의 데이터 레지스터이다. 입력 핀의 상태를 읽기 원할 때, 이것을 읽는다. 이 레지스터를 쓸 때는 이것의 내용이 출력 래치 레지스터에 의해서 써진다.
- LATx 레지스터(출력 래치): 이 래치 레지스터의 내용은 포트에 출력된다. 데이터 래치(LAT 레지스터)는 I/O 핀이 작동 중인 값의 read-modify-write 작동에 유용하다.

아래의 예제 코드는 PORT C의 모든 핀을 출력으로, PORT B의 모든 핀을 입력으로 설정한다.

```
TRISC = 0; /* Binary 00000000 */
PORTC = value ; /* write value variable to port C
TRISB = 255; /* Binary 11111111 */
value = PORTB; /* read the data in port B to variable
                 value.
```

MPLAB C18 컴파일러는 I/O 포트를 셋업하고 사용하기 위해 C 라이브러리 함수를 제공한다. 이 함수들을 이용해 포트 B interrupt-on-change와 풀업 레지스터 기능을 가능하게 하거나 무능하게 만들 수 있다.

```
#include <portb.b>

OpenPORTB (PORTB_CHANGE_INT_ON & PORTB_PULLUPS_ON) ;
                   /* Configure interrupts and internal
                      pull-up resistors on PORTB */
ClosePORTB ();     /* Disable ............................
                      ...................... */

OpenRBxINT (PORTB_CHANGE_INT_ON & RISING_EDGE_INT &
  PORTB_PULLUPS_ON);
                   /* Enable interrupts for PORTB pin x */
CloseRBxINT () ;   /* Disable ........................ */

EnablePullups() ;  /* Enable the internal pull-up
                      resistors on PORTB */
DisablePullups();  /* Disable ...........................
                      .......... */
```

획득/비교/펄스폭 변조 획득/비교/ 펄스폭 변조(Capture/Compare/Pulse Width Modulation (PWM, (CCP)) 모듈은 다음 세 가지 기능 중의 하나를 수행하는 데 사용된다. (1) 획득, (2) 비교, (3) PWM신호 생성. PIC 18F452는 2개의 CCP모듈을 가지고 있다. (1) CCP1과 (2) CCP2. 이 모듈들의 작동은 특별한 이벤트 트리거를 제외하고는 동일하다. CCP의 작동은 다음을 포함한다.

1. 입출력 핀(Input/output pin): CCP1과 CCP2 각각을 위한 RC2/CCP1과 RC1/CCP2 핀. 획득 기능을 위해서는 이 핀이 입력으로 설정되어 있어야 한다. 비교와 PWM 기능을

위해서는 출력으로 설정되어야 한다.

2. 타이머 소스(Timer source): 획득과 비교 모드에서는 TIMER1 또는 TIMER3이고 PWM모드에서는 TIMER2가 타이머 소스로 선택될 수 있다.
3. 레지스터: CCP1/CCP2 모듈의 구성과 작동
   - **(a)** CCP1CON(또는 CCP2CON) 레지스터: CCP1(CCP2)모듈을 구성하고 원하는 동작을 선택하기 위해 사용되는 8비트 레지스터(획득, 비교 또는 PWM)
   - **(b)** CCPR1(CCPR2) 레지스터 : 데이터 레지스터로 사용되는 16비트 레지스터. 획득 모드에서 정의된 이벤트가 RC2/CCP1 핀에서 발생할 때 TIMER1 또는 TIMER3의 획득된 값을 유지한다. 비교 모드에서 TIMER1과 TIMER3값과의 계속적인 비교를 통해 데이터값을 유지한다. 그것들이 동일할 경우 출력 핀의 상태가 변하거나 인터럽트가 생성된다(취하는 동작은 CCP1CON 또는 CCP2CON 레지스터 설정에 의해 프로그램화될 수 있다). PWM모드에서는 CCP1(CCP2) 핀이 10비트 PWM 출력 신호를 제공한다. PWM 신호 주기 정보는 PR2에서 부호화된다. CCP1CON에서 효율 주기는 비트 5:4(2비트)로 되어 있고 CCPR1(8비트) 레지스터는 10비트 PWM 효율주기 분해능을 만든다. TIMER2와 레지스터 설정은 원하는 PWM 신호를 생성하는 데 사용된다.
   - **(c)** PR2 레지스터: PWM 주기를 마이크로초 단위로 설정하는 데 사용된다.
   - **(d)** T2CON 레지스터: PWM 기능을 위해 TIMER2의 축척하기 전 값을 선택하는 데 사용된다.

획득 모드에서 CCPR1(CCPR2) 레지스터는 RC2/CCP1(RC1/CCP2)핀에서 외부 이벤트가 발생할 때 TIMER1과 TIMER3의 16비트 값을 획득한다(설정에서 어떤 값을 선택하였는가에 좌우된다). CCP1CON(CCP2CON) 레지스터 비트는 다음 방법 중 하나를 이용해 획득 모드를 선택하도록 설정된다. 매 하강 경계(every falling edge), 매 상승 경계(every rising edge), 네 번째 매 상승 경계(every fourth rising edge), 매 16번째 상승 경계(every 16th rising edge). 획득이 발생할 때 인터럽트는 플래그 비트 CCP1IF(PIR 레지스터, 비트 2)를 설정하고 소프트웨어적으로 지워지도록 요구한다. 만일 CCPR1 레지스터값이 읽혀지기 전에 다른 획득 인터럽트가 발생하면 새롭게 획득된 값으로 겹쳐 쓰게 된다. C18 컴파일러 라이브러리는 획득을 수행하기 위해 다음과 같은 기능을 제공한다.

```
#include <capture.h>
#include <timers.h>

OpenCapture1(C1_EVERY_4_RISE_EDGE & CAPTURE_INT_OFF) ;
  /* Configure capture 1 module: capture at every 4th
     rising edge of capture 1 pin signal, no interrupt on
     capture. */

OpenTimer3(TIMER_INT_OFF & T3_SOURCE_INT) ;
  /* Timer3 is the source clock to capture on trigger. */

while (!PIR1bits.CCP1IF) ; /* Wait until Capture module 1
                              has captured */
result = ReadCapture1() ;  /* Read the captured value */
```

```
result = ReadCapture1() ;  /* Read the captured value */
....                       /* Process captured data */
if(!CapStatus.Cap1OVF)     /* Check (if needed) if there
                              was any overflow condition*/
{
  ...                      /* Further processing of
                              captured data if needed */
}
```

비교 모드에서 16비트 CCPR1(CCPR2)레지스터 값은 지속적으로 TIMER1 또는 TIMER3 레지스터값과 비교된다. 이것들이 동일할 경우에 RC2/CCP1 핀(RC1/CCP2 핀)이 high, low, toggle 또는 unchanged 상태 중 하나로 제어된다. 더 나아가서 인터럽트 플래그 비트 CCP1IF(또는 CCP2IF)가 설정된다. 비교 필적(compare match) 이벤트에서 동작의 선택은 CCP1CON(CCP2CON)레지스터를 적절하게 설정해 이루어진다. 비교 모드에서 RC2/CCP1(RC1/CCP2) 핀은 출력으로 구성되어야 한다. 비교 필적 이벤트에서 인터럽트를 생성하도록 선택하는 것도 가능하다. 이 경우에 출력 핀 상태는 바뀌지 않는다. 이 동작은 인터럽트 서비스 루틴(ISR)으로 넘겨진다.

PWM 모드에서, CCP1 핀은 10비트 분해능으로 PWM 출력을 생성한다. CCP1 핀은 PORTC 데이터 래치를 가지고 다중송신(multiplex)되고 출력은 PORTC 2(RC2) 핀으로부터 얻어진다. TRISC 2비트는 CCP1 핀이 출력이 되도록 지워져야 한다. PWM 출력은 두 가지 변수를 가지고 있다. (1) PWM 신호의 주파수를 정의하는 주기(period), (2) 매 주기마다 신호의 ON-time 백분율을 정의하는 **복무 주기**(duty cycle)가 얻어지는 PWM 주기는 PIC 18F452를 구동하는 데 사용되는 오실레이터 주파수의 함수이다.

예제 레지스터 값이 아래 코드에 주어져 있다. 이 코드는 CCP2 포트를 0.256 ms 주기(3.9 kHz 주파수)와 25%의 복무 주기로 PWM을 설정한다.

```
PR2 = 255;      /* Sets the period for the PWM1 output
                   channel in microseconds*/
CCP1CON = 12;   /* Activates the PWM mode in the CCP
                   register*/
CCP1RL = 63;    /* Sets the duty cycle for the PWM output */
TRISC = 0;      /* Configures PortC for output */
T2CON = 62;     /* Configures Timer 2 for prescale value of
                   1:1 and postscale 1:8*/
```

PR2 레지스터는 PWM 주기를 설정하는데 복무 주기는 CCP1RL과 CCP1CON <5 : 4> 비트로 설정된다. PWM 주기는 다음으로 주어진다.

$$PWM_{period} = (PR2 + 1) \times 4 \times (Clock\ Period) \times (Timer\ Prescale\ Value) \tag{4.1}$$

$$= 256 \times 4 \times \frac{1}{4\text{ MHz}} \times 1 = 0.256\text{ ms} \tag{4.2}$$

$$PWM_{dutycycle} = CCPR1L : CCP1CON < 5 : 4 > \times \tag{4.3}$$

$$(ClockPeriod) \times (Timer\ Prescale\ Value) \tag{4.4}$$

$$= 252 \times \frac{1}{4\ \text{MHz}} \times 1 = 0.063\ \text{ms} \tag{4.5}$$

PWM 출력을 설정하고 동작시키는 데 사용되는 C 라이브러리 함수는 다음과 같다:

```
#include <pwm.h>
#include <timers.h>

OpenTimer2(TIMER_INT_OFF & T2_PS_1_4 & P2_POST_1_8) ;
           /* Setup TIMER2: disable interrupt, set pre and
              post scalers to 4 and 8 */

OpenPWM1(char period) ;
           /* Enable and setup PWM1 module output signal
              "period" (8-bit value). */
...        /* PWM period=(period+1)*4*Tosc*(TIMER2
              Prescaler)*/

SetDCPWM1(unsigned int duty_cycle) ;
           /* Set "duty cycle" of PWM output signal
              (10-bit value) */
           /* High Time of PWM = (duty_cycle *Tosc) */
...
ClosePWM1() ; /* Disable PWM1 output module */
```

아날로그로부터 디지털로 변환하는 장치(ADC) 아날로그로부터 디지털로 변환하는 장치(Analog-to-Digital Converter, A/D 또는 ADC)는 아날로그 입력 신호를 디지털 숫자로 변환한다. PIC 18F452에서 ADC 는 10비트 범위의 8개 다중 입력 채널을 가지고 있다. 사용되지 않은 아날로그 입력 채널 핀은 디지털 I/O핀으로 설정될 수 있다. 아날로그 전압 기준은 칩의 POSITIVE와 NEGATIVE 공급부(V_{DD}와 V_{SS}) 또는 RA3/V_{REF+}와 RA2/V_{REF-} 핀에서의 기준 전압으로 소프트웨어적으로 선택된다.

ADC 동작을 제어하는 2개의 주요 레지스터가 있다.

1. **ADCON0** 와 ADCON1 레지스터: ADC를 설정하고 그 동작을 제어한다. 즉 어떤 채널을 사용해 신호를 추출할 것인지, 변환율의 설정, 변환 결과의 형식 결정, ADC를 구동하고 변환을 시작하는 동작을 설정한다.
2. ADRESH와 ADRESL 레지스터: 10비트 형식의 ADC 변환값을 이 2개의 8비트 레지스터에 보관한다.

10비트 ADC 변환은 12 × TAD 시간 주기가 걸린다. TAD시간은 다음 일곱 가지 가능한 값 중에서 소프트웨어적으로 선택된다. 2 × T_{OSC}, 4 × T_{OSC}, 8 × T_{OSC}, 16 × T_{OSC}, 32 × T_{OSC}, 64 × T_{OSC}, 또는 내부 A/D 모듈 RC오실레이터. 최소 $T_{AD} = 1.6\ \mu s$ 변환 시간 여유가 있도록 선택되어야 한다.

ADC는 적합한 레지스터 값을 설정해 구성해야 한다. ADCON0 비트:2로 설정되었을 경우 ADC변환 과정이 시작된다. 이 시점에서 신호의 표본추출(sampling)은 멈춰진다. 전하 커패시터는 추출된 전압을 유지하고 ADC변환 과정은 연속적인 근사 방법을 사용해 아날로그 신호를 디지털 값으로 변환한다. 변환과정은 12 × T_{AD} 시간 주기가 걸린다. ADC변환이 완료되면 다음과 같은 일이 일어난다.

1. 결과가 ADRESH와 ADRESL 레지스터에 저장된다.
2. ADCON0비트: 2가 지워지는데 ADC 변환이 완료되었음을 나타낸다.
3. ADC 인터럽트플러그 비트가 설정된다.

프로그램은 ADCON 비트:2(지워진)를 검사하거나 ADC 변환 완료 인터럽트가 구동되었을 경우에는 그 인터럽트를 기다려 ADC 변환이 완료 여부를 결정할 수 있다. 표본추출 회로는 자동으로 입력 신호로 다시 연결되고 전하 커패시터는 아날로그 입력 신호를 추적한다. 그 다음 ADCON0 비트:2 설정에 의해 변환이 다시 시작된다.

ADC 변환 과정은 CCP2 모듈의 특별한 이벤트 트리거로 시작될 수 있다. 이것을 사용하기 위해서는 CCP2 CON 비트 3:0을 1011로 설정해야 하고 ADCON0 비트 0이 설정되어야 한다. TIMER1(또는 TIMER3) 주기는 ADC 변환 주파수를 제어한다.

ADC는 레지스터에 직접 쓰거나 C18 컴파일러에 있는 C 라이브러리 함수를 사용해 설정될 수 있다. C함수들 OpenADC(..), ConvertADC(), BusyADC(), ReadADC()는 각각 ADC 모듈의 설정, 변환 과정의 시작, 변환 결과를 읽는 데 사용된다. 이 함수들을 사용하는 예가 다음과 같다.

```
#include <p18f452.h>
#include <adc.h>
#include <stdlib.h>

OpenADC(ADC_FOSC_RC & ADC_RIGHT_JUST & ADC_1ANA_0REF,
ADC_CH0 & ADC_INT_OFF);
  /* Enable ADC in specified configuration. */
  /* Select: clock source, format, ref. voltage source,
     channel, enable/disable interrupt on ADC-conversion
     completion*/

ConvertADC();      /* Start the ADC conversion process*/
while ( BusyADC() ) ; /* Wait until conversion is
                         complete: return 1 if busy, 0
                         if not.*/
result = ReadADC();   /* Read converted voltage; store in
                         variable 'result' 10-bit
                         conversion result will be stored
                         in the least or most significant
                         10-bit portion of result
                         depending on how ADC was
                         configured in OpenADC(...) call.
                         */
closeADC();          /* Disable ADC converter*/
```

여기서 `OpenADC(..)` 함수의 인수들은 ADC 모듈이 특정 클록 소스, 기준 전압, ADC 채널 설정을 할 수 있도록 설정된다. 인수들에 대한 상세한 설명은 C-18 사용자 설명서에 나와 있다.

타이머와 카운터 실시간 응용에 있어 서로 다른 주기를 가지고 서로 다른 과업을 수행해야 할 필요가 있다. 예를 들어 산업용 제어 응용에 있어 건물의 문 상태는 매 분마다 점검이 필요하고 주차장 문 상태는 매 시간 점검이 필요할 수 있다. 서로 다른 주파수를 가지는 그런 주기 인터럽트를 생성하는 가장 좋은 방법은 프로그래밍이 가능한 타이머/카운터 칩을 사용하는 것이다. 타이머/카운터 칩은 타이머 또는 카운터로써 작동한다. 타이머 모드의 동작에서 명령 주기의 숫자를 카운트한다. 따라서 이것은 시간 측정 장치로 사용될 수 있다. 클록 소스는 내부 클록 또는 외부 클록일 수 있다. 카운터 모드에서는 특정 핀의 신호 상태 변이, 즉 상승 경계면 또는 하강 경계면의 수를 카운트한다.

PIC 18F452 칩은 4개의 타이머/카운터(Timer and Counters)를 지원한다. TIMER0, TIMER1, TIMER2, TIMER3. TIMER0은 8비트 또는 16비트 소프트웨어적으로 선택이 가능한 타이머이고, TIMER1은 16비트, TIMER2는 8비트 타이머의 8비트 주기 측정 장치이며, TIMER3은 1비트 타이머/카운터이다. 타이머/카운터(Timer and Counters) 동작은 적절한 레지스터 비트를 설정해 제어된다. 타이머 동작 설정은 enable/disable, 신호 소스, 동작 형태(타이머 또는 카운터) 등을 요구한다. 타이머가 넘칠 때 인터럽트가 생성된다. 타이머 동작은 여러 개의 레지스터들에 의해 제어된다.

1. INTCON 레지스터는 마이크로컨트롤러의 인터럽트들을 설정하는 데 사용된다.
2. TxCON 레지스터는 TIMERx를 설정하는 데 사용된다. 여기서 'x'는 관련된 타이머에 대한 0, 1, 2, 3이 된다. 타이머 설정은 타이머 소스 신호(내부 또는 외부), 소스 신호의 전, 후 스케일링, 소스 신호의 경계면 선택, 그리고 타이머의 enable/disable의 선택을 포함한다.
3. TRISA 레지스터 포트는 포트 A의 핀 4(RA4)에서 타이머를 위한 외부 소스를 선택하는 데 사용된다.
4. TMRxL과 TMRxH는 8비트 레지스터 쌍으로 16비트 타이머/카운터 데이터 레지스터를 구성한다. 전 스케일러를 사용함으로써 타이머에 의해 계측이 가능한 최대 범위와 시간 주기의 분해능이 소프트웨어적으로 제어된다.

TIMER2는 그 데이터 레지스터의 PR2 레지스터와 동일한 경우에 인터럽트 상태 플래그를 설정한다. 반면에 TIMER0, TIMER1, TIMER3은 초과되었을 때 인터럽트 상태 플래그를 최대에서 0으로 설정한다(8비트 모드에서는 FFh에서 00h, 16비트 모드에서는 FFFFh에서 0000h로 변경한다). 인터럽트 상태를 표시하는 데 사용되는 레지스터들은 INTCON, PIR1, PIR2이다. 인터럽트는 타이머 인터럽트 제어 레지스터의 적절한 타이머 인터럽트 마스크 비트를 지움으로써 숨겨진다.

카운터 모드는 T0CON 레지스터 비트 5를 1로 설정함으로써 선택된다. 카운터 모드에서는 핀 RA4/T0CK1의 매 상태 변이(하강 경계면이나 상승 경계면)에 의해 TIMER0이 증가한다.

타이머를 설정하고 동작시키는 C 라이브러리 함수들은 다음과 같다(다음 함수들은 PIC 마이크로컨트롤러 상의 모든 타이머들, TIMER0, TIMER1, TIMER2, TIMER3에 대해 사용 가능하다).

```
#include <timers.h>

OpenTimer0(char config) ; /* Open and configure timer 0:
                             enable interrupt, select
                             8/16-bit mode, clock source,
                             prescale value */
...
result = ReadTimer0() ;    /* read the timer 0*/
...
WriteTimer0(data) ;        /* write to timer register 0 */
...
CloseTimer0() ;            /* close (disable) timer 0 and
                             its interrupts */
```

가끔 특정한 양의 시간 지연이 프로그램 로직에서 필요로 할 경우가 있다. C 라이브러리는 프로그램이 가능한 지연 함수를 제공하는데 여기서 가장 작은 지연 단위는 한 번의 구동 주기이다. 그러므로 이들 함수들에 의해 성취되는 실제 실시간 지연은 프로세서의 동작 속도에 좌우된다.

```
#include <delays.h>
....
Delay1TCY(); /* Delay 1 instruction cycle */
Delay10TCYx(unsigned char unit);
             /* unit=[1,255], Delay period = 10*unit
                instruction cycle */
Delay100TCYx(unsigned char unit);
             /* unit=[1,255], Delay period = 100*unit
                instruction cycle */
Delay1KTCY(unsigned char unit);
             /* unit=[1,255], Delay period = 1000*unit
                instruction cycle */
Delay10KTCY(unsigned char unit);
             /* unit=[1,255], Delay period = 10000*unit
                instruction cycle */
....
```

워치독 타이머 워치독 타이머(Watchdog Timers, WDT)는 하드웨어 타이머인데 시간이 만료되면 재부팅 또는 정해진 동작을 취하는 데 사용된다. 워치독 타이머는 시스템 성능에 감시하는 눈(watch eye)을 유지한다. 만일 어떤 것이 걸리면 워치독 타이머는 모든 것을 재설정하는 데 사용될 수 있다. 워치독 타이머는 내장형 제어기에 있어 핵심 부품이다. 워치독 타이머는 프로그램이 가능한 사전 값으로부터 카운트를 한다. 만일 그 값이 소프트웨어가 카운터 값을 미리 정한 값으로 리셋하기 전에 0에 도달하면 무언가가 걸린 것으로 가정한다. 이 경우 프로세서의 리셋 선이 가동된다.

PIC칩에서 워치독 타이머(WDT)는 칩(on-chip)의 RC 오실레이터이다. CPU의 주 클록이 구동하지 않더라도 이것은 구동한다. 워치독 타이머는 사용여부(enable/disable)가 결정될 수 있는데 시간이 끝나는 주기도 소프트웨어 제어로 변경될 수 있다. 워치독 타이머 시간이 끝나는 경우 RESET 신호를 생성하는데, 이것은 CPU의 재구동이나 CPU를 SLEEP 모드에서 깨우는 데 사용될 수 있다. PIC 18F452 상의 워치독 타이머의 설정과 사용에 관련된 3개의 레지스터가 있다. CONFIG2H, RCON, WDTCON. 만일 CONFIG2H 레지스터 비트 0(WDTEN 비트)이 1이면 WDT는 다른 소프트웨어에 의해 사용될 수 없다. 만일 이 비트가 지워져 있으면 WDT는 WDTCON 레지스터 비트 0(1 가능, 0 불가능)에 의해 사용여부가 결정된다. 워치독 타이머 시간이 끝나면 RCON 레지스터 비트 3(TO 비트)은 지워진다. 시간 종료(time-out) 주기는 하드웨어에서 결정되어지며 소프트웨어에서는 후 스케일러에 의해 연장될 수 있다(CONFIG2H 레지스터, 비트 3:1).

4.4 인터럽트

4.4.1 인터럽트의 일반적인 특징

인터럽트(interrupts)는 마이크로프로세서가 현재 실행하고 있는 과업을 멈추게 하고 다른 과업을 수행하도록 만드는 이벤트이다. 과업이 종료되면 마이크로프로세서는 원래 하던 과업을 다시 시작한다. 인터럽트는 두 가지 다른 소스들을 이용해 생성할 수 있다. (1) 하드웨어 인터럽트(외부), (2) 소프트웨어(내부)로 생성한 인터럽트인데 명령어는 어셈블리 언어로 생성된다. 예를 들어 **INT n**이다. 인터럽트가 발생하면 CPU는 다음 과정을 수행한다.

1. 현재 실행하고 있는 명령을 끝낸다.
2. STACK에 있는 상태, 플래그, 레지스터를 저장한다. 이를 통해 나중에 현재 작업을 다시 시작할 수 있다.
3. 인터럽트 코드를 검사하고, 인터럽트 서비스 루틴(ISR)의 위치를 결정하기 위해서 인터럽트 서비스 표(벡터)를 본다. ISR은 인터럽트가 발생할 때 실행되는 함수이다.
4. ISR로 분기해서 이것을 실행한다.
5. ISR이 완료되면 스택으로부터 원래 작업을 복원해 그 작업을 계속한다.

인터럽트가 생성되면, 시스템의 운용에 관련되지 않은 과업들을 수행한 후 주요 과업이 멈춘다. 그리고 이 인터럽트를 위한 ISR의 주소 위치를 결정할 필요가 있다. 이 정보는 인터럽트 서비스 벡터에 저장되어 있다. 표는 기본 ISR 주소를 가지고 있다. 만일 인터럽트 숫자에 대해 다른 ISR을 할당하고 싶다면 옛 주소를 저장해야 한다. 그리고 새로운 ISR 주소를 적어야 한다. 나중에 응용 문제가 종료되면 이전 ISR 주소가 복원된다.

주어진 컴퓨터 제어 시스템에서 하나 이상의 인터럽트소스가 있을 수 있고, 동시에 발생할 수도 있다. 그러므로 어떤 인터럽트가 다른 인터럽트에 비해 더 중요한지에 관한 우선권 수준에 근거해 여러 개의 인터럽트를 할당할 필요가 있다. 우선권이 높은 인터럽트는 우선권이 낮은 인터럽트를 제지할 수 있다. 그러므로 네스트(nest)화된 인터럽트가 생성될 수 있다(그림 4.9).

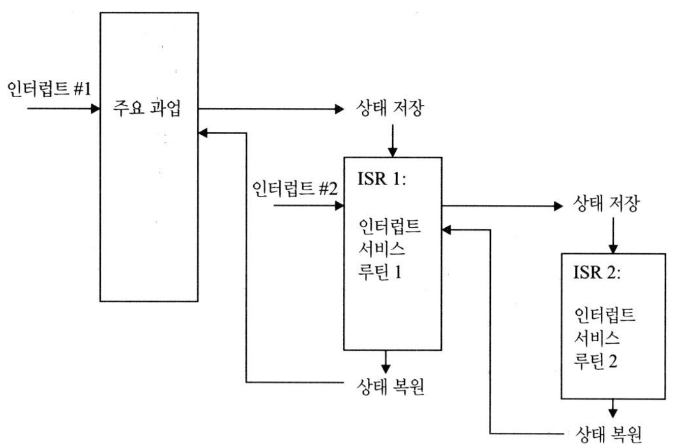

그림 4.9 ■ 우선권 수준 관리를 통해 가능해진 인터럽트의 네스팅

인터럽트의 생성과 프로그램이 그 인터럽트에 대해 ISR로 분기하기까지의 시간(마이크로프로세서의 현재 상태를 저장하고 컴퓨터의 운용과 관련 없는 작업을 하고 우선권이 높은 인터럽트를 처리한 후) 차이를 **인터럽트 지연 시간**(interrupt latency time)이라고 부른다. 인터럽트 지연 시간이 되도록 작은 것이 일반적으로 원하는 것이다. 다중 인터럽트 소스와 우선권들 때문에 가장 최악의 인터럽트 지연 시간을 산정하는 것은 불가능할 수 있다. 왜냐하면 동시에 발생하는 우선권이 높은 인터럽트의 개수에 좌우되기 때문이다.

아주 중요한 응용 문제에 있어 현재 과정을 방해하는 것이 허용될 수 없다면 적절한 어셈블리 명령어나 C 함수를 이용해 일시적으로 인터럽트를 사용불가로 만들 수 있다.

2개의 인터럽트 소스가 있다고 가정하자. 인터럽트 1과 인터럽트 2(그림 4.9). 인터럽트 2가 인터럽트 1보다 우선권이 있다고 가정하자. 주 프로그램이 실행되고 있는 동안에 인터럽트 1이 발생되었다고 가정하자. 프로세서는 마이크로프로세서의 현 상태를 저장할 것이고 인터럽트 수를 결정할 것이다. 그리고 이 특정 인터럽트를 위한 **인터럽트 서비스 루틴**(*ISR*)을 위해서 **인터럽트 서비스 벡터 표**를 보게 된다. 그 다음 ISR-1로 점프한다. ISR-1이 실행되는 동안에 인터럽트 2가 발생했다고 가정하자. 프로세서는 현 상태를 저장하고 ISR-2로 점프할 것이다. ISR-2가 완료되면 프로세서는 ISR-1로 되돌아가고 이전 상태를 복원해 인터럽트가 발생했던 ISR-2로부터 작업을 계속한다. ISR-1이 끝나면 프로세서는 인터럽트 1이 발생하기 이전의 주 과업의 상태를 복원해 주 과업을 계속 수행한다.

4.4.2 PIC 18F452의 인터럽트

PIC 18F452는 외부와 내부 인터럽트를 지원한다(그림 4.10). 18개의 인터럽트 소스가 있다. 더 나아가서 외부 인터럽트는 입력 신호의 상승 또는 하강 국면에 의해 활성화되도록 정의될 수 있다.

이것은 두 가지 인터럽트 우선권 수준을 지원한다. 높은 우선권과 낮은 우선권이다. 각각의 인터럽트 소스는 적절한 레지스터 비트를 설정해 두 수준 중 하나로 할당된다. 높은 수준의

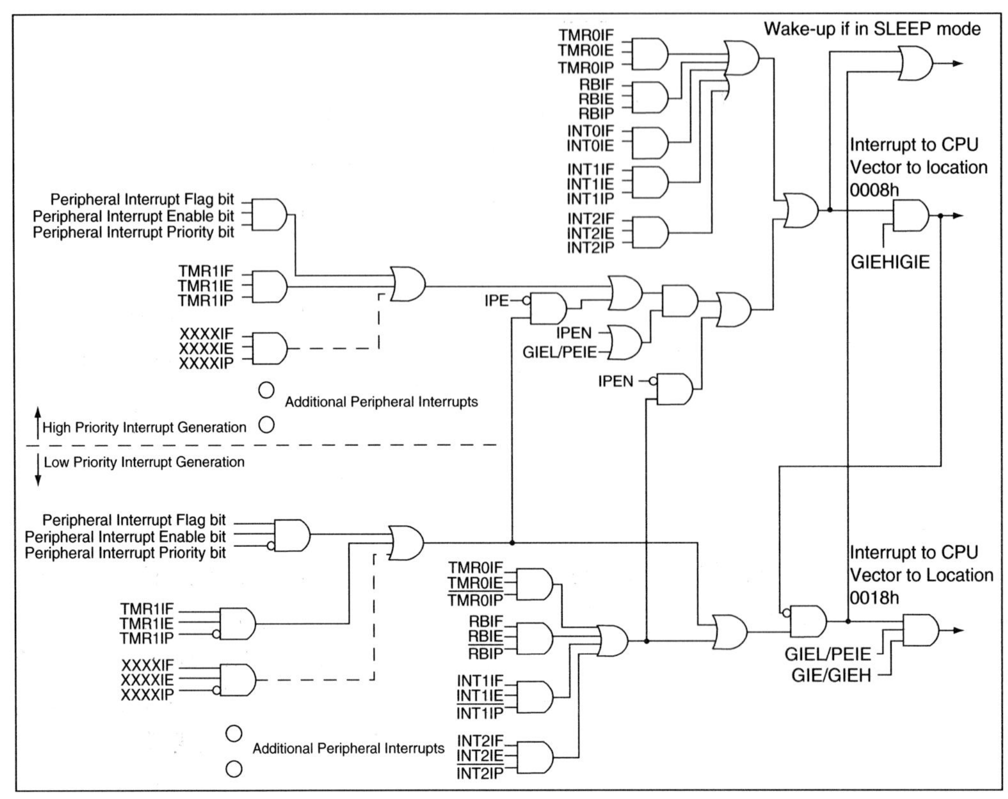

그림 4.10 ■ PIC 18F452내의 인터럽트와 그 논리 회로(PIC 18Fxx2 데이터 시트의 그림 8.1)

우선권 인터럽트 벡터는 000008h에 있고, 낮은 수준의 우선권 인터럽트 벡터는 0000018h에 있다. 각 인터럽트 범주에 대한 ISR루틴의 주소는 이들 주소에 저장되어야 한다. 높은 우선권 인터럽트는 어떤 낮은 우선권의 인터럽트를 무효로 한다. 오직 단 하나의 높은 우선권 인터럽트가 주어진 시간에 활성화될 수 있고, 네스트화될 수 없다. 낮은 우선권 인터럽트는 ISR의 시작점에서 INTCON 레지스터 비트 6(GIEL 비트 = 1)을 설정해 네스트화 할 수 있다.

PIC 18F452의 인터럽트를 제어하는 데 사용되는 10개의 레지스터들이 있다. RCON, INTCON, INTCON2, INTCON3, PIR1, PIR2, PIE1, PIE2, IPR1, IPR2이다. 각각의 인터럽트 소스는 항상 높은 우선권의 인터럽트인 INT0을 제외하고는 사용여부와 우선권 설정, 그리고 인터럽트 상태(플래그 또는 요청으로도 불린다) 레지스터 공간을 결정하기 위한 3개의 비트를 가지고 있다.

1. 인터럽트의 사용여부를 결정하는 1개의 비트(사용가능 비트)
2. 우선권 설정을 위한 1개의 비트(우선권 비트)
3. 인터럽트의 현 상태를 나타내는 1개의 비트(플래그 비트)

이들 비트들은 위에서 언급한 8비트 레지스터에 걸쳐 분포되어 있다.

인터럽트 소스들은 다음을 포함한다.

1. 3개의 외부 인터럽트 핀: RB0/INT0, RB1/INT1, RB2/INT2는 위에서 언급한 10개의

레지스터 내의 비트를 적절하게 설정해 상승 또는 하강 국면에서 작동하는 경계 시동 인터럽트로 프로그램화 될 수 있다. 특정 인터럽트 소스에 대해 사용 가능한 전역 인터럽트나 개별 인터럽트 모두 사용 가능해진 인터럽트에 대해 사용가로 만들어져야 한다. 인터럽트가 발생하면 이와 관련된 인터럽트 상태 비트(인터럽트 플래그로도 불린다)가 설정(INTxF)되는데 이것은 ISR내의 인터럽트의 소스를 결정하는데 사용될 수 있다. INT0은 항상 우선권이 높다. 반면에 INT1과 INT2의 우선권은 높거나 낮게 프로그램화될 수 있다. 이 인터럽트들은 SLEEP상태로부터 프로세서를 깨울 수 있다.

2. PORTB 핀 4,5,6,7은 상태 변화에 대한 인터럽트를 생성하도록 프로그램될 수 있다. PORTB 핀 4~7의 상태 변화 인터럽트는 사용 가능 또는 불가능으로 만들 수 있으며 또한 우선권은 프로그램 제어 하에 하나의 그룹으로 설정될 수 있다.
3. 종료된 ADC 변환은 ADC 변환이 종료된 후에 생성되는 또 다른 인터럽트이다. ADC 변환 완료 인터럽트가 생성되면(이것이 사용가로 설정되어 있다는 가정 하에) PIR1 비트 6이 설정된다. ADC 변환의 시작을 유발하는 논리는 별도로 취급되어야 한다(예를 들어 ISR 루틴에서의 현재 ADC 변환을 읽은 후나 TIMER 생성 신호에 근거한 주기적인 ADC 변환 수행 후).
4. TIMER 인터럽트(넘치는 상태의 인터럽트)는 TIMER0, TIMER1, TIMER3, TIMER2 데이터 레지스터가 PR2 레지스터와 동일할 경우에 생성된다. 타이머 인터럽트가 사용될 수 있고, 타이머 넘침이 발생하여 이로 인해 인터럽트가 생성되는 경우 이와 관련된 레지스터의 비트들이 인터럽트의 소스를 결정하기 위해 ISR 루틴에서 사용될 수 있도록 설정된다(TIMER0에 대해서 INTCON 비트 1, TIMER1에 대해서는 PIR1-비트 0, TIMER2에 대해서는 PIR1 비트 1, TIMER3에 대해서는 PIR2 비트 1).
5. CCP1, CCP2 인터럽트(한번 사용가로 설정되면 우선권이 높거나 낮은 것으로 선택된다)는 다음처럼 생성된다. 획득 모드에서는 TIMER1 레지스터 획득이 발생하고 비교 모드에서는 TIMER1 레지스터 매치가 발생한다.
6. 통신 장치 인터럽트(주 동기 직렬 포트, 주소 변경이 가능한 USART, 병렬 종속 포트, EEPROM 쓰기 인터럽트).

INT0-INT2(RB0-RB2) 핀 또는 PORTB 핀 4~7(RB3-RB7) 입력 변화 인터럽트에서의 외부 인터럽트를 위해 예상되는 인터럽트 지연 시간은 3~4 명령 주기이다. PIC 18F452가 모든 인터럽트를 2개의 범주로 나누고 2개의 ISR 주소를 제공함을 주목하라. 000018h에 저장된 ISR 주소를 가지는 우선권이 낮은 그룹과 000008h에 저장된 높은 우선권을 가지는 그룹이다. 각 그룹 내에서 응용 소프트웨어는 높고 낮은 우선권 그룹 내에서 어느 인터럽트 소스가 인터럽트를 시동할 것인지를 결정하기 위해 인터럽트 플래그 비트(위에서 언급한 10 레지스터 내에 포함된 비트)를 시험해 운용되어야만 한다.

RESET 신호는 감춰질 수 없는 인터럽트로서 고려될 수 있다. RESET 신호에 의해 실행되는 프로그램 코드의 주소는 벡터 주소 0000h에 저장되어 있다.

다음 예제 C 코드는 외부 인터럽트의 사용과 PIC 18F452 마이크로컨트롤러의 소프트웨어 취급을 보여준다. 먼저, 높은 우선권과 낮은 우선권에 대한 인터럽트 서비스 벡터 위치가 이와 관련된 ISR 루틴 지점(분기)까지 설정되어 있어야 한다. 그러면 각각의 ISR 함수가 정의될 수 있다. ISR 루틴은 함수가 ISR이고 일반적인 C 함수가 아님을 나타내기 위해 `#pragma interrupt ISR_name`에 의해 선행되어야 한다. 더 나아가서 ISR은 인자를 가질 수 없으며 복귀형도 아니다.

```
#pragma code HIGH_INTERRUPT_VECTOR = 0x8
    /* Place the following code starting at address 0x8,
       which is the location for high priority interrupt
       vector */
  ...
  ...
#pragma code
    /* Restore the default program memory allocation. */
#pragma code LOW_INTERRUPT_VECTOR = 0x18
    /* Place the following code starting at address 0x18,
       which is the location for low priority interrupt
       vector */
  ...
  ...
#pragma code
    /* Restore the default program memory allocation. */

#pragma interrupt High_ISR_name
void High_ISR_name(void)
{
  ....
}

#pragma interruptlow Log_ISR_name
void Low_ISR_name(void)
{
  ....
}
```

▶▶ 예제 PICDEM 2 Plus 데모 보드의 PIC 18F452를 이용한 인터럽트 취급

1. **하드웨어:** PIC 18F452 마이크로컨트롤러 칩을 가지고 있는 PICDEM 2 Plus 데모 보드와 MPLAB ICD 2(회로상 디버거) 하드웨어
2. **소프트웨어:** MPLAB IDE v6.xx와 MPLAB C18 개발 도구

INT0 핀은 외부 인터럽트인 스위치에 연결되어 있다. 이것은 우선권이 높은 인터럽트이다. 그러므로 이 인터럽트가 발생하면 프로그램은 인터럽트 벡터 표 위치 0x0008h로 분기하여 분기할 인터럽트 서비스 루틴의 위치를 얻는다. 기본적으로 이 주소는 `high_ISR`로 불리는 인터럽트 서비스 루틴의 주소를 포함하고 있다. 그러므로 INT0이 발생하면 프로그램은 특정 레지스터의 내용과 스택 내의 복귀 주소를 저장한 후 `high_ISR` 함수로 분기하게 된다. `high_ISR` 내의 인터럽트 서비스 루틴에 대해 코드를 적거나 거기서 다른 함수를 불러오거나 그냥 `high_ISR` 함수 내에 "call"또는 "goto"명령을 포함할 수 있다. 추가로 인터럽트가 적절하게 기능하도록 하기 위해 특정 레지스터를 설정할 필요가 있다. 예를 들어

인터럽트를 사용가능으로 만들거나 인터럽트의 활성 상태를 정의하는 것이다. 인터럽트 서비스 루틴(ISR)은 입력 인자를 가질 수 없다.

```
#include <p18f452.h> /* Header file for PIC 18F452
                        register declarations */
#include <portb.h>   /* For RB0/INT0 interrupt */

/* Interrupt Service Routine (ISR) logic */

void toggle_buzzer(void) ;

#pragma code HIGH_INTERRUPT_VECTOR = 0x8
                     /* Specify where the program address
                        to be stored */
void high_ISR(void)
{
  _asm
    goto toggle_buzzer
  _endasm
}
#pragma code         /* Restore the default program
                        memory allocation. */

#pragma interrupt toggle_buzzer
void toggle_buzzer(void)
{
  CCP1CON = ~CCP1CON & 0x0F
                     /* Toggle state of buzzer: OFF if
                        ON, ON if OFF */
  INTCONbits.INT0IF = 0
                     /* Clear flag to avoid another
                        interrupt due to same event*/
}

/* Setup of the ISR */

void EnableInterrupt(void)
{
RCONbits.IPEN = 1 ; /* Enable interrupt priority levels*/
INTCONbits.GIEH = 1 ; /* Enable high priority interrupts*/
}

void InitializeBuzzer(void)
{
  T2CON = 0x05 ;            /* postscale 1:1, Timer2 ON,
                               prescaler 4 */
  TRISCbits.TRISC2 = 0 ;    /* configure CCP1 module for
                               buzzer operation */
  PR2 = 0x80 ;              /* initialize PWM period */
  CPPR1l = 0x80 ;           /* ......... PWM duty cycle */
}
```

```
void main (void)
{

EnableInterrupts() ;
InitializeBuzzer() ;

OpenRB0INT(PORTB_CHANGE_INT_ON & PORTB_PULLUPS_ON &
  FALLING_EDGE_INT) ;
  /* Enable RB0/INT0 interrupt, configure RB0 pin for
     interrupt, trigger interrupt on falling edge */

CCP1CON = 0x0F ; /* Turn ON buzzer */

while (1) ; /* Wait indefinitely. */
            /* when the interrupt occurs, the
               corresponding ISR will be executed */
}
```

▶▶ **예제 Timer0 인터럽트** 아래 코드는 인터럽트 생성을 하기 위해 Timer0을 설정하는 예제 코드이다. Timer0은 우선권이 낮은 인터럽트로 정의된다. 우선권이 낮은 인터럽트를 위한 인터럽트 벡터 표 위치는 0 x 18이다. 앞의 예제에서 보았듯이 우선권이 낮은 인터럽트 주소에 대한 낮은 우선권의 ISR의 외곽 형태가 0 x 18 벡터 주소에 놓여있으며 “goto” 문장이 프로그램 실행을 Timer0 ISR로 바꾸기 위해 사용되었다.

```
#include <p18f452.h> /* Header file for PIC 18F452
                        register declarations */
#include <timer.h>    /* For timer interrupt */

/* Interrupt Service Routine (ISR) logic */

void Timer0_ISR(void) ;

#pragma code LOW_INTERRUPT_VECTOR = 0x18
                      /* Specify where the program address
                         to be stored */

void Low_ISR(void)
{
  _asm
    goto Timer0_ISR
  _endasm
}

#pragma code          /* Restore the default program
                         memory allocation. */

#pragma interruptlow Timer0_ISR
void Timer0_ISR(void)
{
  static unsigned char led_display = 0 ;
```

```
  INTCONbits.TMR0IF = 0 ;
  led_display = led_display  & 0x0F/* toggle LED
  display */
  PORTB = led_display ;

}

/* Setup of the ISR */

void EnableInterruptTimer0(void)
{
  TRISB = 0 ;
  PORTB = 0 ;
  OpenTimer0 (TIMER_INT_ON & T0_SOURCE_INT & T0_16BIT) ;
  INTCONbits.GIE = 1 ;
}

void main (void)
{

  EnableInterruptTimer0() ;

  while (1) ; /* Wait indefinitely. */
              /* when the interrupt occurs, the
                 corresponding ISR will be executed */
}
```

4.5 문 제

1. PIC 18F452 마이크로컨트롤러에서 RESET 상태가 어떻게 생성되며, 이 상태에서 무슨 사건이 연차적으로 발생하는가?

2. 워치독 타이머(Watchdog timer)의 역할이 무엇인가? PIC 18F452에서 워치독 타이머가 어떻게 작동하는가?

3. PIC 18F452에서는 몇 개의 하드웨어 인터럽트 우선권이 지원되는가? 이들 인터럽트들이 어떻게 사용가 또는 사용불가로 되는지 묘사하라. 인터럽트가 어떻게 취급되는지 설명하라. 인터럽트 이벤트가 발생할 경우 마이크로컨트롤러에서 발생하는 이벤트의 순서를 설명하라.

4. PIC 18F452 마이크로컨트롤러에서 사용가능한 입출력(I/O) 포트를 열거하라. 입출력 포트를 어떻게 설정하고 실시간 응용 소프트웨어에서 어떻게 사용되는지에 대한 예제 C 코드를 예시하라.

5. PIC 18F452 마이크로컨트롤러의 획득/비교/PWM 포트의 역할을 무엇인가? 이 포트가 어떻게 설정되고 다른 용도로 어떻게 사용되는지 묘사하라.

6. 폴링 구동(polling-driven) 대 인터럽트 구동(interrupt-driven) 프로그래밍의 차이를 토론하라. 폴링 구동과 인터럽트 구동을 적용한 예를 제시하라. 마이크로컨트롤러에 사용되는 내부와 외부 인터럽트 소스는 어떤 것들이 있는가?

7. PIC 18F452 칩에서 사용가능한 아날로그 디지털 컨버터(ADC) 입력에 대해 논하라(채널 수와 각 채널의 분해능). 소프트웨어적으로 어떻게 제어하는지(아날로그 신호를 디지털 신호를 변환하는데 어떻게 설정되는지)에 대해 논하라.

CHAPTER 05

메카트로닉스 시스템을 위한 전자 소자

5.1 소 개

아날로그와 디지털 전자 소자는 메카트로닉스 시스템에서 필수 불가결한 소자이다. 대부분의 아날로그와 디지털 소자들이 이 장에서 다루어진다. 선형 회로, 반도체로부터 다이오드와 트랜지스터 등 전자 스위칭 소자에 대하여 다루며, 연산 증폭기 회로에 대하여 설명한다. 연산 증폭기를 이용한 PID 제어, 저역 또는 고역 통과 필터에 대하여 자세히 다룬다. 마지막으로 디지털 전자 회로 소자에 대하여 다룬다. 이장에서는 개별 소자의 입력과 출력 관계에 대하여 주로 다루며, 입출력 모델링 및 상세한 구조에 대해서는 생략한다.

5.2 기본 선형 회로

전기 회로에서 기본 수동 소자는 저항(resistor), 커패시터(capacitor), 인덕터(inductor)이다(그림 5.1). 수동 소자라 함은 2개의 단자로 회로에 연결되며, 소자 자체의 별도 전원 공급 단자는 없는 경우를 말한다. 전기 회로의 기본 물리량은 유공압 시스템의 압력과 유사한 전위차를 나타내는 전압과 유체의 흐름과 유사한 전자의 흐름을 나타내는 전류이다. 전류는 도체를 흐르는 전하의 비율을 나타낸다.

$$i(t) = \frac{dQ(t)}{dt} \tag{5.1}$$

여기서 $Q(t)$는 도체를 통과하는 전하의 양을 나타낸다. 전하의 가장 작은 단위는 전자 또는 양성자 하나의 전하량이며, 전자와 양성자 하나의 전하량인 e^-와 p^+는 극성만 반대일 뿐 크기는 같다.

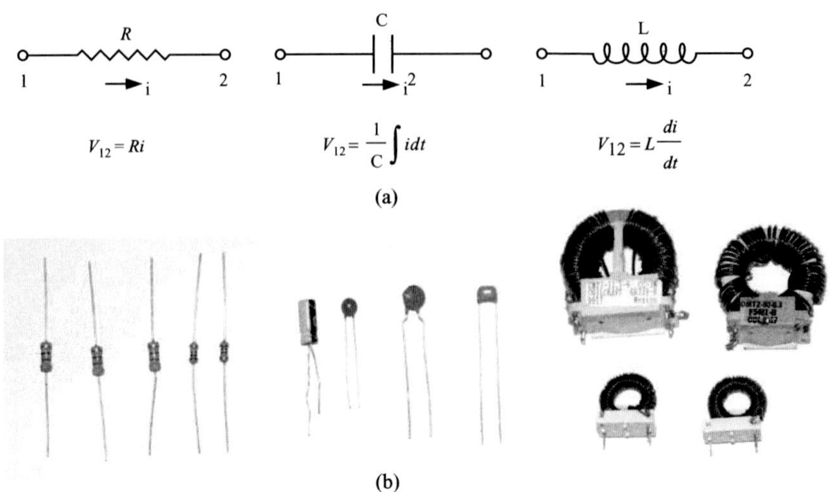

그림 5.1 ■ 전기 회로의 기본 수동 소자. (a) 저항(R), 커패시턴스(C), 인덕턴스(L)의 기호, (b) 저항, 커패시터, 인덕터의 사진

$$|e^-| = |p^+| = 1.60219 \times 10^{-19}[\text{C}] \tag{5.2}$$

수동 소자에서는 양단자 사이의 전압과 전류의 관계가 정의된다. 이상적인 **저항**에서는 양단자 사이의 전압차와 흐르는 전류 사이에 비례 관계가 성립하며, 비례 상수는 저항성 R이다.

$$V_{12}(t) = R \cdot i(t) \tag{5.3}$$

이를 **옴의 법칙**(Ohm's Law)이라 부른다. 저항성은 재료의 물성적 특성인 **저항률**(ρ)과 기하학적 구조에 의하여 결정된다. 도체의 단면적이 증가할수록 전하가 통과할 공간에 여유가 있으므로 저항성은 감소하는 반면, 도체의 길이가 증가할수록 저항성은 증가하여 다음과 같은 관계가 성립한다.

$$R = \rho\frac{l}{A} \tag{5.4}$$

여기서 ρ는 물질의 저항률을 나타내며(구리의 $\rho = 1.7 \times 10^{-8}\ \Omega \cdot m$, 알루미늄의 $\rho = 2.82 \times 10^{-8}\ \Omega \cdot m$, 게르마늄의 $\rho = 0.46\ \Omega \cdot m$, 실리콘의 $\rho = 640\ \Omega \cdot m$, 고무의 $\rho = 10^{13}\ \Omega \cdot m$, 유리의 $\rho = 10^{10}\sim10^{14}\ \Omega \cdot m$), l은 길이, A는 단면적을 나타낸다. 저항률에 의한 저항성은 온도에 따라 변한다. 온도에 의한 저항성의 변화는 물질에 따라 차이가 있으며, 모든 물질에서 적용되지는 않지만 다음과 같은 저항성과 온도의 관계가 성립한다.

$$R(T) = R_0[1 + \alpha(T - T_0)] \tag{5.5}$$

여기서 $R(T)$는 온도 T에서 저항성을 나타내며, R_0는 T_0에서의 저항성, 그리고 α는 온도에 따른 저항성의 변화율을 나타낸다. **초전도체**(superconductor)는 특정한 임계 온도 T_c 이하에서 거의 0의 저항성을 갖는 물질을 일컬으며, 개별 초전도체에서는 임계 온도 T_c 이하에서는 위 관계가 성립하지 않으며, T_c보다 낮은 온도에서 갑자기 저항성이 0으로 감소한다.

수은의 임계 온도 T_c는 4.2°K이다.

저항의 종류는 권선형과 탄소 피막 저항으로 분류된다. 권선형 저항은 축열 재생에 의한 모터 제어와 같은 대전력 분야에 활용된다. 탄소 피막 저항은 저전력 신호 처리 회로에서 활용되는데, 이 경우 저항성은 4개의 색깔로 표기된다. 저항의 최대 전력은 저항 자체에서 최대로 소모할 수 있는 전력을 의미하며, 저항 양단의 최대 전압차 또는 최대로 통과시킬 수 있는 전류량을 의미한다.

$$P = V_{12} \cdot i = V_{12} \cdot (V_{12}/R) = R \cdot i^2 = \frac{V_{12}^2}{R} < P_{max} \tag{5.6}$$

커패시터는 전하를 저장하여 양단자 사이에 전자장을 생성하는데, 물을 저장하고 저장된 물의 높이에 의하여 수압을 생성하는 수조와 유사하다. 커패시터는 공기, 진공, 유리, 고무, 종이 등의 절연체를 사이에 두고 일정 간격 떨어진 2개의 도체로 구성되며, 각각의 도체 표면에는 각기 반대 극성의 전하를 저장하고, 결과적으로 커패시터 양단에는 전위차가 발생한다. 이 전위차는 저장된 전하의 양과 커패시터의 특성에 비례한다. 운모, 세라믹, 필름, 전해 커패시터 등 4종의 커패시터가 있으며, 전해 커패시터에는 극성이 있으므로 양극성 단자는 반드시 회로의 양전압에 연결되어야 한다.

이상적인 커패시터에서는 양단에 저장된 전하량에 비례하는 전압을 발생한다.

$$V_{12}(t) = \frac{Q}{C} = \frac{1}{C}\int_0^t i(\tau) \cdot d\tau \tag{5.7}$$

여기서 C는 커패시턴스이다. 이상적인 커패시터에서는 전압과 전류 사이에 적분기에 의한 90도 위상차가 발생한다. 커패시터가 충전되면 일정량의 전하를 저장하게 된다.

$$Q = \int_0^t i(\tau) \cdot d\tau = C \cdot V_{12} \tag{5.8}$$

커패시터의 용량은 저장할 수 있는 전하량으로 표시된다(커패시턴스, C). 커패시터는 V_{max}로 표시되는 일정 전압까지 충전할 수 있다. 커패시턴스 C는 주어진 전위차 V에 대하여 얼마나 많은 전하 Q를 저장할 수 있는지를 표현한다. 커패시터는 V_{max}보다 큰 전압을 유지할 수는 없으며, 이보다 높은 전압이 인가되면 소자가 파괴되어 전하를 저장할 수 없게 된다. 커패시턴스는 커패시터의 도체 표면적에 비례하며, 두 도체 사이의 거리에 반비례한다. 커패시턴스에 적용되는 비례 상수는 도체 사이 물질의 유전율 ϵ이다.

$$C = \frac{\epsilon \cdot A}{l} = \frac{\kappa \epsilon_0 \cdot A}{l} \tag{5.9}$$

여기서 κ는 유전 상수이며, ϵ_0는 자유 공간의 유전율이다. 몇몇 물질의 유전 상수는 다음과 같다(진공의 유전 상수 κ =1.00, 나일론의 유전 상수 κ = 3.4, 유리의 유전 상수 κ = 5.6, 종이의 유전 상수 κ = 3.7). 절연체의 유전 상수가 증가할수록 커패시턴스는 증가함을 확인할 수 있다. 또한, 커패시터의 표면적에 비례하고, 도체 사이의 거리에 반비례한다. 커패시터의 최대 전압인 **브레이크다운 전압**(breakdown voltage 또는 rated voltage)은 유전 상수의 증가에 따라 같이 증가하며, 도체 사이의 거리 l이 증가함에 따라 같이 증가한다.

커패시터에 저장된 에너지는 다음과 같이 연산된다.

$$dW = V \cdot dQ = \frac{Q}{C} dQ \tag{5.10}$$

$$W = \frac{1}{2} \frac{Q^2}{C} \tag{5.11}$$

커패시터에 저장 가능한 최대의 에너지를 W_{max}라고 했을 때, $W \leq W_{max}$가 성립한다.

$$W_{max} = \frac{1}{2} C \cdot V_{max}^2 \tag{5.12}$$

커패시터는 DC 전압은 차단하고 AC 전압은 통과시킨다. 다르게 표현하면, 인가된 DC 전압이 브레이크다운 전압보다 작은 경우에 커패시터의 전위차가 같아질 때까지 전하를 축적한다. 반면, AC 전압에 대해서는 충방전을 반복함으로써 전압을 차단하지 않고 회로에 통과시킨다.

이상적인 **인덕터**는 전류의 변화량에 비례하는 전위차를 생성한다.

$$V_{12} = L \cdot \frac{di(t)}{dt} \tag{5.13}$$

여기서 L은 인덕턴스를 의미한다. 전류의 방향($i > 0$ 또는 $i < 0$)에 관계없이 인덕터 양단의 전압은 전류의 변화량에 비례하게 발생한다. V_{10}과 V_{20}을 인덕터 양단에서의 접지에 대한 절대 전위라고 하면 다음의 관계가 성립한다.

$$V_{10} > V_{20} \quad \text{when} \quad \frac{di}{dt} > 0$$

$$V_{10} < V_{20} \quad \text{when} \quad \frac{di}{dt} < 0$$

인덕터는 솔레노이드처럼 코어 주변에 도체 코일 형태로 만든다. 코어는 자성체 또는 부도체이다. 인덕턴스 L은 물질의 투자율, 코일을 감은 횟수, 단면적, 길이에 의하여 결정된다. **투자율**은 전자기장을 전달하는 성능을 나타내며, 전도율과 유사하다. 솔레노이드와 같이 인덕터 주변 공간의 구성이 변화하면 인덕턴스도 같이 변하게 된다.

전기 회로의 수식을 유도하는 과정에서는 키르히호프(kirchhoff)의 **1. 전류 법칙**과 **2. 전압 법칙**을 주로 활용한다(그림 5.2). 전류 법칙에서는 모든 노드로 드나드는 전류의 대수적 합은 0임을 나타낸다. 전압 법칙에서는 회로의 모든 루프에서 전위차의 합은 0임을 나타낸다. 예를 들어, 그림 5.2에서의 전류 법칙과 전압 법칙은 다음과 같다.

$$i_1 - i_2 - i_3 = 0 \tag{5.14}$$

$$V_{12} + V_{23} + V_{34} + V_{41} = 0 \tag{5.15}$$

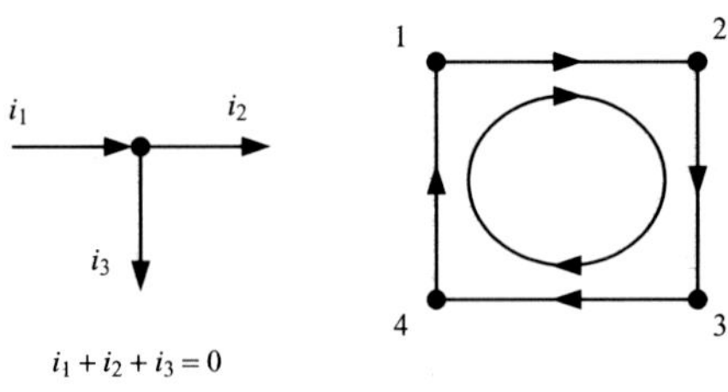

그림 5.2 ■ 키르히호프의 전기 회로 법칙. (a) 전류 법칙: 각 노드에서 전류의 합은 0이다. (b) 전압 법칙: 각 루프에서 전압의 합은 0이다.

5.3 등가 회로

다수의 소자로 구성된 2개의 터미널을 가지는 복잡한 회로는 전압원과 임피던스 또는 전류원과 임피던스로 구성되는 단순한 형태의 등가 회로로 표현하는 것이 회로 해석에 용이하다. 여기서 **임피던스**는 당분간 일반화된 **저항성**으로 가정된다. 이 절에서는 두 가지의 대표적인 등가 회로 해석 방법에 대하여 설명하는데, 이 방법들은 입력과 출력의 부하 오차, 예를 들면 측정 장치의 측정 오차를 설명하는데 매우 유용하다.

5.3.1 테브닌(Thevenin) 등가 회로

테브닌 등가 회로는 전압원과 등가 저항이 직렬로 구성된다. 다수의 저항과 전압 또는 전류원으로 구성된 어떠한 회로의 일부분이더라도 테브닌 등가 회로로 대체가 가능하다. 그림 5.3에서는 점선으로 둘러싸인 부분을 대체할 수 있는 전압원과 등가 저항을 구해야 한다. 결국, 부하 저항 R_L과 나머지 회로 사이의 상호 작용에 대하여 확인할 수 있다. 테브닌 등가 회로에서는 V_T와 R_{eqv}로 표현되는 두 매개변수를 구해야 한다. AC 전압원, 커패시터, 인덕터, 저항을 포함한 보다 일반적인 회로에 대한 등가 회로 매개변수는 $V_T(jw)$와 $Z_{eqv}(jw)$로 표현되는 일반화된 복소수 표현을 사용한다. 여기서 $Z_{eqv}(jw)$는 임피던스라고 불리며, 다음 절에서 다룬다.

테브닌 등가 회로를 위한 정형화된 방법은 다음과 같다.

1. 테브닌 등가 회로로 표현할 회로를 명시한다. 두 터미널 a와 b를 표시한다. 그림 5.3(a)의 부하 저항을 제거한다.
2. 그림 5.3(b)에 표시한 a와 b 양단의 개회로 전압 V_{ab}를 계산한다.
3. 그림 5.3(c)에 표시한 바와 같이 모든 전압원은 단락시키고(0 V), 모든 전류원은 개방(open)한다. 이 상태에서 R_L을 제외한 a와 b 양단의 등가 저항 R_{eqv}를 계산한다. R_{eqv}는 a와 b 양단에 생성된 등가 저항으로 **출력 저항**(output resistance)이라고 불린다.

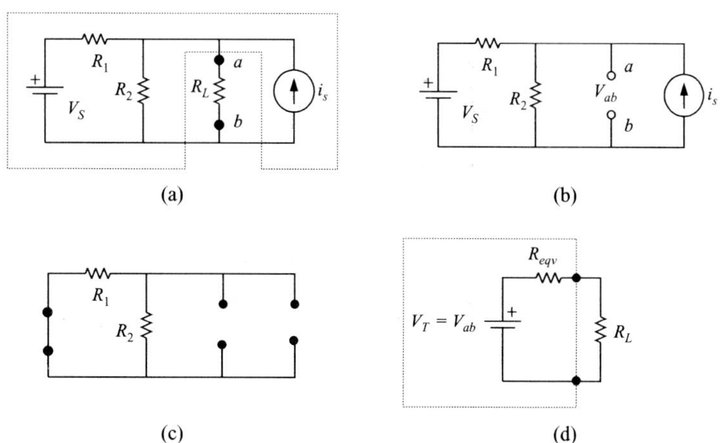

그림 5.3 ■ 테브닌 등가 회로 절차. 등가 회로는 전압원과 등가 저항이 직렬로 구성된다.

4. 그림 5.3(d)와 같이 점선 안의 회로는 $V_T = V_{ab}$의 전압원과 부하 저항 R_L 이외의 등가 저항 R_{eqv}의 직렬 연결로 표현된다.

회로에서 a와 b의 두 터미널 관점에서 점선 내부의 회로는 전압원 $V_T = V_{ab}$와 직렬 등가 저항 R_{eqv}와 같다.

5.3.2 노턴(Norton) 등가 회로

노턴 등가 회로는 전류원과 병렬의 등가 저항으로 구성된다(그림 5.4). 등가 저항은 테브넌 등가 회로의 등가 저항과 같다. 전류원(i_N)은 출력단이 단락되었을 때 흐르는 전류, 즉 R_L을 단락으로 바꾸었을 때 흐르는 전류와 같다. 노턴 등가 회로를 구하는 순서는 테브넌 등가 회로를 구하는 순서와 기본적으로 동일하다. 테브넌 등가 회로와 노턴 등가 회로는 상호간의 변환이 가능하다. 즉, 회로에서 두 터미널 사이에 구성된 전압원과 직렬 저항은 전류원과 병렬 저항으로 대체할 수 있다. 여기에는 다음과 같은 관계가 성립한다.

$$V_T = i_N \cdot R_{eqv} \tag{5.16}$$

그림 5.4에 나타낸 회로의 노턴 등가 회로를 구하는 단계는 다음과 같다.

1. 부하 저항을 제거하고 두 단자를 단락하였을 때 (그림 5.4(b)) 흐르는 전류 i_N을 구한다.
2. 그림 5.4(c)에 표시한 바와 같이 모든 전압원은 단락시키고(0 V), 모든 전류원은 개방(open)한다. 이 상태에서 R_L을 제외한 등가 저항 R_{eqv}를 계산한다.
3. 그림 5.4(d)와 같이 노턴 등가 전류원과 노턴 등가 저항을 병렬로 연결한 회로를 그린다. 부하 저항을 등가 회로의 개방 위치에 다시 연결한다.

▶▶ **예제** 그림 5.3(d)의 회로에서 다음의 매개변수를 설정한다.

$$V_s = 10\ \text{V}, \quad R_1 = 7\ \Omega, \quad R_2 = 3\ \Omega, \quad i_s = 5\ \text{A} \tag{5.17}$$

그림 5.3(b)에서는 다음의 관계가 성립한다.

$$V_s = R_1 \cdot i_1 + R_2 \cdot (i_1 + i_s) \tag{5.18}$$

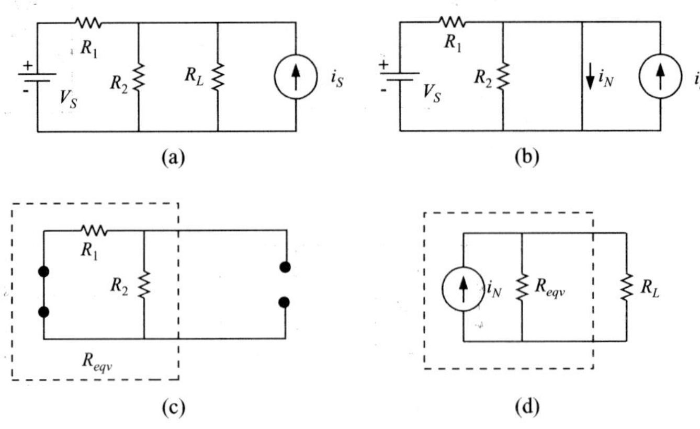

그림 5.4 ■ 노턴 등가 회로 절차. 등가 회로는 전류원과 등가 저항이 병렬로 구성된다.

$$10\ \text{V} = 7 \cdot i_1 + 3 \cdot (i_1 + 5) \tag{5.19}$$

$$= 10 \cdot i_1 + 15 \tag{5.20}$$

$$i_1 = -0.5\ \text{A} \tag{5.21}$$

V_{ab} 전압은 다음과 같다.

$$V_{ab} = 3 \cdot (-0.5 + 5.0) = 13.5\ \text{V} \tag{5.22}$$

그림 5.3(c)와 같이 전압원과 전류원을 단락 및 개방한 후의 등가 저항은 다음과 같이 계산된다.

$$\frac{1}{R_{eqv}} = \frac{1}{7} + \frac{1}{3} \tag{5.23}$$

$$R_{eqv} = \frac{7 \cdot 3}{7 + 3} \tag{5.24}$$

$$= 2.1\ \Omega \tag{5.25}$$

그림 5.3(d)에서 테브닌 등가 회로는 $V_T = 13.5$ V, 등가 저항 $R_{eqv} = 2.1\ \Omega$으로 계산된다. 부하 저항 R_L을 통한 전류는 부하 저항에 의한 함수로 계산된다.

$$i_R = \frac{V_T}{R_L + R_{eqv}} \tag{5.26}$$

$$= \frac{13.5}{R_L + 2.1} \tag{5.27}$$

$$i_R = i_R(R_L\ ;\ V_T, R_{eqv}) \tag{5.28}$$

동일한 회로에 대하여 노턴 등가 회로를 구한 후 $V_T = R_{eqv} \cdot i_N$의 관계가 성립함을 확인한다. 그림 5.4(b)에서 전류 i_N은 전류원과 전압원에 의한 전류의 합이다.

$$i_N = i_s + i_1 \tag{5.29}$$

R_2와 병렬의 저항 0이 연결되었으므로 R_2로는 전류가 흐르지 않는다.

$$i_1 = \frac{V_s}{R_1} \tag{5.30}$$

$$i_N = 5\ \text{A} + \frac{10}{7} A = \frac{45}{7}\ \text{A} \tag{5.31}$$

그림 5.4(c)에서 점선 내부의 등가 저항은 다음과 같다.

$$\frac{1}{R_{eqv}} = \frac{1}{R_1} + \frac{1}{R_2} \tag{5.32}$$

$$= \frac{1}{7} + \frac{1}{3} \tag{5.33}$$

$$R_{eqv} = \frac{7 \cdot 3}{7 + 3} = 2.1\ \Omega \tag{5.34}$$

이 결과로부터 테브닌 등가 회로와 노턴 등가 회로는 다음과 같은 관계가 성립한다.

$$V_T = R_{eqv} \cdot i_N \tag{5.35}$$

$$= 2.1 \cdot \frac{45}{7} = 13.5 \text{ V} \tag{5.36}$$

5.4 임피던스

5.4.1 임피던스의 개념

임피던스(impedance)는 저항성의 일반화된 개념이다. 회로가 전압/전류원과 저항으로만 구성되면 임피던스는 저항성과 같다. 회로에 저항 이외에 커패시터와 인덕터가 함께 사용되면 저항성의 보다 일반화된 개념인 임피던스를 사용한다. 저항으로 구성된 회로의 입력과 출력의 관계인 전압과 전류의 관계는 다음과 같다.

$$\frac{V(t)}{i(t)} = R \tag{5.37}$$

다음 수식에서 푸리에 변환을 적용하면 주파수 영역에서도 입출력 관계는 상수 R이며, 주파수 w와 복소근 $j = \sqrt{-1}$에 무관하게 된다. 저항의 임피던스는 실수의 상수이다.

$$\frac{V(jw)}{i(jw)} = R \tag{5.38}$$

그림 5.5(a)에는 RL 회로를 나타내었으며, 주파수 영역에서의 전압과 전류의 관계를 나타내면 다음과 같다.

$$V(t) = R \cdot i(t) + L\frac{di(t)}{dt} \tag{5.39}$$

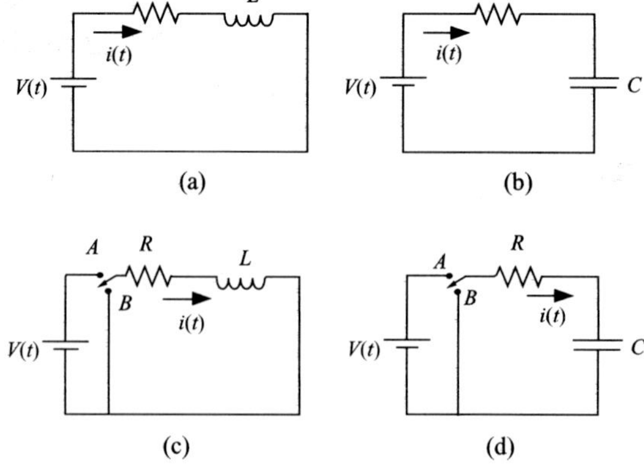

그림 5.5 ■ (a) RL 회로, (b) RC 회로, (c) RL 회로와 스위치, (d) RC 회로와 스위치

$$\frac{V(jw)}{i(jw)} = (R + jwL) \tag{5.40}$$

$Z(jw)$를 임피던스라고 정의할 때 다음과 같은 주파수의 복소 함수로 표현되는 일반화된 저항성을 구할 수 있다.

$$Z(jw) = \frac{V(jw)}{i(jw)} = (R + jwL) \tag{5.41}$$

주파수의 복소 함수는 주파수에 대한 크기와 위상 성분으로 나타낼 수 있다.

어드미턴스(admittance) $Y(jw)$는 임피던스의 역수로 정의된다.

$$Y(jw) = \frac{1}{Z(jw)} = Re(Y(jw)) + jIm(Y(jw)) \tag{5.42}$$

여기서 어드미턴스의 실수부($Re(Y(jw))$)는 전도체 또는 컨덕턴스(conductonce)라고 불리고, 허수부($Im(Y(jw))$)는 민감부 또는 서셉턴스(susceptance)라고 불린다.

그림 5.5(b)에는 이와 유사한 RC 회로를 나타내었으며 전압과 전류의 관계는 다음과 같다.

$$V(t) = R \cdot i(t) + \frac{1}{C}\int_0^t i(\tau)\,d\tau \tag{5.43}$$

$$V(jw) = \left(R + \frac{1}{Cjw}\right) \cdot i(jw) \tag{5.44}$$

$$\frac{V(jw)}{i(jw)} = \frac{1 + RC\ jw}{Cjw} \tag{5.45}$$

RC 회로의 임피던스는 다음과 같이 정의된다.

$$Z(jw) = \frac{V(jw)}{i(jw)} = \frac{1 + RC\ jw}{Cjw} \tag{5.46}$$

만약 입력 전압에 대한 커패시터 양단의 전압 $V_C(t)$를 구하고자 하면 다음과 같은 전달 함수를 구할 수 있다.

$$V_C(t) = \frac{1}{C}\int_0^t i(\tau)\,d\tau \tag{5.47}$$

$$V_C(jw) = \frac{1}{C \cdot jw} \cdot i(jw) \tag{5.48}$$

$$i(jw) = C \cdot jw \cdot V_C(jw) \tag{5.49}$$

그리고

$$\frac{V_C(jw)}{V(jw)} = \frac{1}{1 + RC\ jw} \tag{5.50}$$

여기서 전달 함수는 입력과 출력 전압에 대한 저역 통과 필터로 정의된다.

그림 5.6의 저항, 커패시터, 인덕터에 대한 임피던스는 다음과 같이 간략히 표시된다.

$$Z_R(jw) = R \tag{5.51}$$

$$Z_C(jw) = \frac{1}{Cjw}\text{; 커패시터형 리액턴스(reactonce)로 불린다.} \tag{5.52}$$

$$Z_L(jw) = jw\,L\text{; 인덕터형 리액턴스로 불린다.} \tag{5.53}$$

두 노드 사이의 임피던스는 전압과 전류 비의 푸리에 변환이며, 이는 전압과 전류 사이의 전달 함수로 불린다. 임피던스는 복소량이며, 주파수에 의하여 결정되는 크기와 위상을 갖는다. 임피던스의 크고 작음을 논할 때에는 임피던스의 크기를 지칭한다.

▶▶ **예제** 그림 5.5(c)와 (d) RL 회로와 RC 회로를 나타내었다. 각각의 회로의 스위치는 전원측 A와 B에 일정 시간 연결된다. 회로 매개변수에 따라 다음을 고려한다. $L = 1000$ mH $= 1000 \times 10^{-3}$ H $= 1$ H, $C = 0.01\ \mu$F $= 0.01 \times 10^{-6}$ F, $R = 10$ kΩ. 전원 전압은 $V_s(t) = 24$ VDC이다. 각각의 회로에서 전류와 커패시터에 저장된 전하는 0의 초기 조건을 가정한다. $t_0 = 0.0$초에서 시작하여 $t_1 = 100\ \mu$sec에 스위치는 전원쪽 A에 연결되고, $t_2 = 500\ \mu$sec에 전원에서 분리되어 B에 연결된다. $t_0 = 0.0$ sec에서 $t_f = 1000\ \mu$sec 사이의 시간에서 개별 소자의 전압과 전류를 시간의 함수로 그려라.

RL 회로에서 전원측으로 스위치가 연결되면 다음의 관계가 성립한다.

$$V_s(t) = L \cdot \frac{di(t)}{dt} + R \cdot i(t); \quad t_1 \le t \le t_2 \tag{5.54}$$

그리고 전원에서 분리되어 B에 연결되면 다음의 관계가 성립한다.

$$0 = L \cdot \frac{di(t)}{dt} + R \cdot i(t); \quad t_2 \le t \le t_f \tag{5.55}$$

여기서 초기 조건 t_2에서의 전류와 전압값이 된다. 이 문제를 다루는 또다른 방법은 첫 번째 수식에서 전원을 펄스 전원으로 가정하는 것이다.

$$V_s(t) = L \cdot \frac{di(t)}{dt} + R \cdot i(t); \quad 0 \le t \le t_f \tag{5.56}$$

여기서 $V_s(t)$는 24 VDC와 0 VDC의 펄스 신호이며, 다음과 같이 표현된다.

$$V_s(t) = 24 \cdot (1(t - t_1) - 1(t - t_2)) \tag{5.57}$$

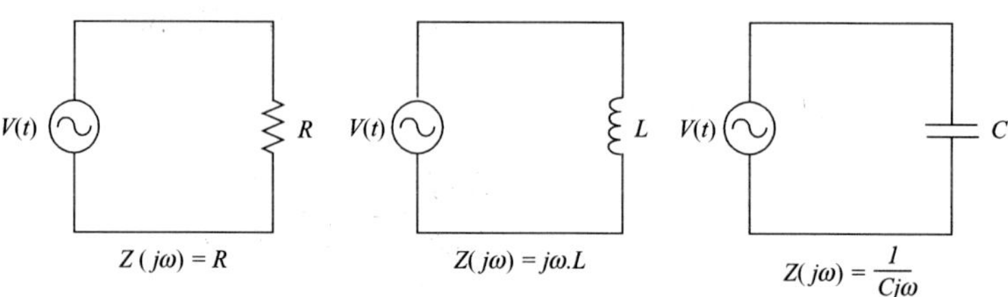

그림 5.6 ■ 임피던스의 개념: 일반화된 저항으로서의 임피던스

여기서 $1(t)$는 단위 계단 함수를 의미하며, $1(t - t_1)$은 시간축으로 t_1만큼 이동한 단위 계단 함수이다.

위 미분 방정식의 해는 다음과 같다(자세한 풀이는 부록 B의 마지막 절에 나타내었다).

$$i(t) = 0.0\,; \quad t_0 \le t \le t_1 \tag{5.58}$$

$$i(t) = 24/(10 \times 10^3) \cdot \left(1 - e^{-(t-t_1)/(L/R)}\right) \text{A} \tag{5.59}$$

$$= 2.4 \times \left(1 - e^{-(t-0.0001)/0.0001}\right) \text{mA}\,; \quad t_1 \le t \le t_2 \tag{5.60}$$

$$i(t) = i(t_2) \cdot \left(e^{-(t-t_2)/(L/R)}\right) A = 2.356 \cdot e^{-(t-0.0005)/0.0001}\ \text{mA}\,; \quad t_2 \le t \le t_f \tag{5.61}$$

결과적으로 저항과 인덕터 양단의 전압은 다음과 같이 표현된다.

$$V_R(t) = R \cdot i(t) \tag{5.62}$$

$$V_L(t) = L \cdot \frac{di(t)}{dt} = V_s(t) - R \cdot i(t) \tag{5.63}$$

RC 회로에 대해서는 전원에 연결되었을 때와 연결되지 않았을 때 다음의 관계가 성립한다.

$$V_s(t) = R \cdot i(t) + V_c(t) \tag{5.64}$$

$$= R \cdot i(t) + \frac{1}{C}(Q(t_1) + \int_{t_1}^{t} i(\tau)\,d\tau); \quad t_1 \le t \le t_2 \tag{5.65}$$

전원으로부터 끊기고 B측에 연결되면

$$0.0 = R \cdot i(t) + \frac{1}{C}\left(Q(t_2) + \int_{t_2}^{t} i(\tau)\,d\tau\right); \quad t_2 \le t \le t_f \tag{5.66}$$

특정 시간 t의 커패시터 양단의 전압은 t_0에서의 초기 전압과 t_0에서 t 사이에 발생한 전하의 변동에 의한 전압 변동 성분의 합이다.

$$V_c(t) = \frac{1}{C}\left(Q(t_0) + \int_{t_0}^{t} i(\tau)d\tau\right) \tag{5.67}$$

다시, RC 회로에서의 수식을 펄스 입력으로 대체하면 다음의 관계가 성립한다.

$$V_s(t) = R \cdot i(t) + \frac{1}{C}\left(\int_{t_1}^{t} i(\tau)d\tau\right); \quad t_1 \le t \le t_f \tag{5.68}$$

여기서 커패시터의 초기 전압은 0으로 가정하였으므로 $Q(t_1) = 0.0$이 성립하고, 입력 펄스 전압은 다음과 같다.

$$V_s(t) = 24 \cdot (1(t - t_1) - 1(t - t_2)) \tag{5.69}$$

위의 미분 방정식은 라플라스 변환에 의하여 $i(t)$를 구하고 $V_c(t)$와 $V_R(t)$를 커패시터와 저항의 전류-전압 관계에 의하여 구할 수 있다(자세한 풀이는 부록 B의 마지막 절에 라플라스 변환 방법과 Simulink로 나타내었다).

$$i(t) = 0.0; \quad t_0 \le t \le t_1 \tag{5.70}$$

$$i(t) = 2.4 \cdot e^{-(t-0.0001)/0.0001} \text{mA}; \quad t_1 \le t \le t_2 \tag{5.71}$$

$$i(t) = -2.356 \cdot e^{-(t-0.0001)/0.0001} \text{mA}; \quad t_2 \le t \le t_f \tag{5.72}$$

$$V_c(t) = 0.0; \quad t_0 \le t \le t_1 \tag{5.73}$$

$$V_c(t) = 24 \cdot (1 - e^{-(t-t_1)/(RC)})\ V = 24 \cdot (1 - e^{(t-0.0001)/0.0001})\ V; \quad t_1 \le t \le t_2 \tag{5.74}$$

$$V_c(t) = V_c(t_2) \cdot (e^{-(t-t_2)/(RC)})\ V = 23.56 \cdot e^{-(t-0.0005)/0.0001}\ V; \quad t_2 \le t \le t_f \tag{5.75}$$

두 회로는 모두 1차의 필터이며, 응답 속도는 각각의 시정수에 의하여 결정되는데, RL 회로의 시정수는 $\tau = L/R = 100\ \mu$sec이며, RC 회로의 시정수는 $\tau = RC = 100\ \mu$sec이다.

5.4.2 증폭기: 이득, 입력 임피던스, 출력 임피던스

전자 회로는 한 소자의 출력이 다른 소자의 입력으로 연결되는 방식으로 구성된다. 연결된 소자의 입력과 출력 임피던스는 전송되는 신호에 심각한 영향을 미치는 중요한 역할을 한다. 예를 들면, 연산 증폭기는 입력 신호를 다음 소자로 연결하기 전에 증폭과 필터링 역할을 수행한다.

이상적인 증폭기는 그림 5.7에 나타낸 바와 같이 입력 신호를 증폭하여 출력한다. 증폭기는 입력 신호의 형태를 변화시키지는 않는다. 연산 증폭기가 센서 신호와 같은 입력 신호에 연결되고, 부하 저항에 출력한다고 가정한다. 연산 증폭기는 K_{amp}의 이득, Z_{in} 또는 R_{in}의 입력 임피던스, Z_{out} 또는 R_{out}의 출력 임피던스를 갖는다. 이상적인 연산 증폭기의 경

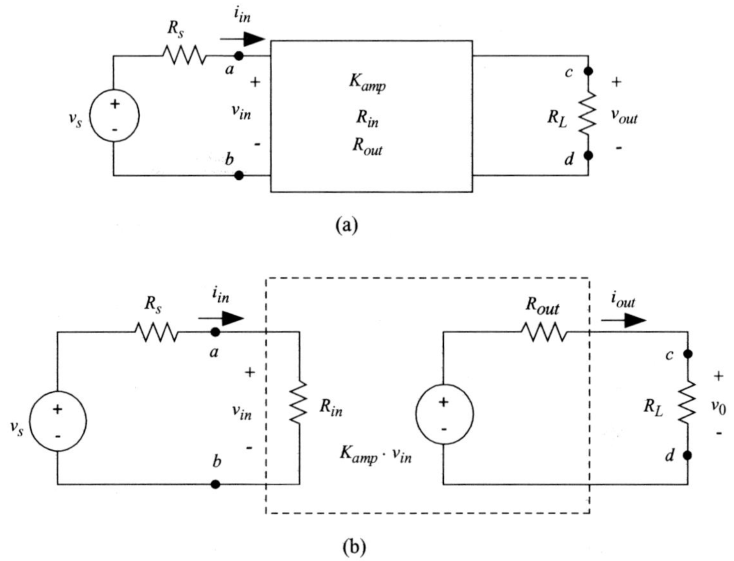

그림 5.7 ■ 연산 증폭기를 입력 신호원과 출력 부하에 연결함에 따라 발생하는 입력과 출력 부하 효과. (a) 연산 증폭기에서 입력과 출력 연결, (b) 입력 임피던스, 출력 임피던스, 개회로 전압 이득을 활용한 연산 증폭기의 모델

우에는 무한대의 입력 임피던스와 0 출력 임피던스를 가지지만, 실제의 연산 증폭기에서는 매우 큰 입력 임피던스와 매우 작은 출력 임피던스를 갖는다. Z_{in}은 R_{in}의 일반화된 표현이며, Z_{out}은 R_{out}의 일반화된 표현이다.

개회로 전압 이득 K_{amp}는 증폭기의 주파수 대역폭에 비하여 충분히 낮은 주파수의 입력 신호에 대해서는 상수로 간주할 수 있으므로 다음과 같은 관계가 성립한다.

$$V_{out,open} = K_{amp} \cdot V_{in} \tag{5.76}$$

여기서 V_{in}은 증폭기 입력 단자의 전압이고, $V_{out,open}$은 개루프 상태에서의 출력단 전압이다.

저항성의 일반화된 표현이 임피던스로 정의된다는 점을 고려하면, 그림 5.7의 증폭기 모델에서 입력과 출력 임피던스는 다음과 같이 정의된다.

$$Z_{in}(jw) = \frac{V_{in}(jw)}{i_{in}(jw)} \tag{5.77}$$

$$Z_{out}(jw) = \frac{V_{out}(jw)}{i_{out}(jw)} \tag{5.78}$$

입력 임피던스는 입력 신호원에서 바라본 일반화된 저항성이다. 출력 임피던스는 테브넌 등가 회로의 등가 저항과 동일한 값의 일반화된 저항성이다. 이득, 입력/출력 임피던스는 증폭기의 성능과 특성을 결정하는 3개의 매개변수이다.

5.4.3 입력과 출력 부하 오차

그림 5.7에는 전압원과 부하 저항에 연결된 증폭기 회로를 나타내었다. 입력 전압은 증폭기의 입력 임피던스로 인하여 다음과 같은 영향을 받는다.

$$V_{in} = \frac{R_{in}}{R_{in} + R_s} v_s \tag{5.79}$$

또한, 출력 전압은 출력 임피던스에 의하여 다음과 같이 영향을 받는다.

$$V_{out} = \frac{R_L}{R_L + R_{out}} K_{amp} V_{in} \tag{5.80}$$

이상적인 경우에 입력 임피던스는 $R_{in} \to \infty$이고 $R_{out} \to 0$이므로 $V_{in} = v_s$, $V_{out} = K_{amp} v_s$의 관계가 성립하여 부하 효과가 발생하지 않는다. 하지만 현실적으로는 입력과 출력 임피던스에 의하여 신호 증폭에 부하 효과가 발생하게 된다. 이러한 오차는 입력 임피던스가 소스 임피던스보다 충분히 크고, 출력 임피던스가 부하 저항보다 충분히 작은 경우에 최소화할 수 있다. 실제 증폭기에서의 증폭률은 다음과 같이 정리된다.

$$v_o = \left(\frac{R_L}{R_L + R_{out}}\right)\left(\frac{R_{in}}{R_{in} + R_s}\right) K_{amp}\, v_s \tag{5.81}$$

여기서 다음의 증폭기 이득은 입력과 출력의 부하 효과에 의한 양이다.

$$\frac{R_L}{R_L + R_{out}} \frac{R_{in}}{R_{in} + R_s} \tag{5.82}$$

입력에서의 부하 효과를 최소화하기 위해서는 다음의 관계가 성립해야 한다.

$$R_{in} \gg R_s \tag{5.83}$$

유사하게, 출력에서의 부하 오차를 최소화하기 위해서는 다음의 조건을 만족해야 한다.

$$R_{out} \ll R_L \tag{5.84}$$

주파수에 의한 영향을 고려한 보다 정밀한 증폭기 해석을 위해서는 R_{in}과 R_{out} 대신에 $Z_{in}(jw)$와 $Z_{out}(jw)$를 사용해야 한다.

▶▶ **예제** 그림 5.7에 나타내었듯이 센서, 증폭기, 측정 장비가 모두 직렬로 연결된 상황을 고려한다. 센서는 측정한 물리량을 비례하는 전압으로 출력한다. $v_s(t) = 10$ V를 정상 상태 조건으로 정한다. 문제를 단순화하기 위하여 증폭기의 이득은 $K_{amp} = 1.0$으로 설정한다. 측정 장비에서 측정된 전압을 다음의 두 가지 경우에 대하여 구하라.

1. $R_s = 100\ \Omega$, $R_L = 100\ \Omega$, $R_{in} = 100\ \Omega$, $R_{out} = 100\ \Omega$
2. $R_s = 100\ \Omega$, $R_L = 100\ \Omega$, $R_{in} = 1{,}000{,}000\ \Omega$, $R_{out} = 1\ \Omega$

첫 번째 경우에 대하여 측정된 전압은 다음과 같으며, 75%의 오차를 나타낸다.

$$v_{out} = \left(\frac{R_L}{R_L + R_o}\right)\left(\frac{R_{in}}{R_{in} + R_s}\right) K_{amp}\, v_s \tag{5.85}$$

$$= \left(\frac{100}{100 + 100}\right)\left(\frac{100}{100 + 100}\right) 1\, v_s \tag{5.86}$$

$$= 0.25 \cdot v_s \tag{5.87}$$

$$= 2.5 \text{ V} \tag{5.88}$$

두 번째 경우에 대해서도 다음의 측정 전압이 연산되며, 이 경우에는 단 1%의 오차만이 발생한다.

$$v_{out} = \left(\frac{R_L}{R_L + R_{out}}\right)\left(\frac{R_{in}}{R_{in} + R_s}\right) K_{amp}\, v_s \tag{5.89}$$

$$= \left(\frac{100}{100 + 1}\right)\left(\frac{1{,}000{,}000}{1{,}000{,}000 + 100}\right) \cdot 1 \cdot v_s \tag{5.90}$$

$$= \left(\frac{100}{101}\right)\left(\frac{1{,}000{,}000}{1{,}000{,}100}\right) \cdot v_s \tag{5.91}$$

$$= 0.990 \cdot v_s \tag{5.92}$$

$$= 9.90 \text{ V} \tag{5.93}$$

입력과 출력의 부하 효과에 의한 오차는 입력 부하 효과에 의한 오차 K_1과 출력 부하 효과에 의한 오차 K_2가 있다.

$$v_{out} = K_2 \cdot K_1 \cdot K_{amp}\, v_s \tag{5.94}$$

여기서

$$K_1 = \left(\frac{R_{in}}{R_{in} + R_s}\right) \tag{5.95}$$

$$= \frac{1,000,000}{1,000,100} = 0.9999 \tag{5.96}$$

$$K_2 = \left(\frac{R_L}{R_L + R_{out}}\right) \tag{5.97}$$

$$= \frac{100}{101} = 0.990 \tag{5.98}$$

이 예제에서는 부하 효과를 제거하기 위해 매우 높은 입력 임피던스와 매우 작은 출력 임피던스를 가져야 함을 나타내고 있다.

5.5 반도체 소자

전자 시스템은 다이오드, 실리콘 제어 정류기(SCR; silicon controlled rectifier) 트랜지스터, 집적 회로 등의 **반도체**(semiconductor)로 만들어진 소자들로 구성된다. 그림 5.8에는 몇몇 주요 반도체 소자들을 예시하였다. 전류의 흐름이 반도체의 고체 결정 구조 내부에서의 전자 흐름에 의하여 결정되므로 반도체 물질로 구성된 소자들 또한 **고체 소자**(solid-state device)라 부른다. 전자 회로는 다이오드, 트랜지스터, 집적 회로 등 고체 소자가 회로에 포함되는 점에서 전기 회로와 구별된다.

5.5.1 반도체 물질

반도체 물질은 주기율표의 4족 원소로 이루어지며, 가장 보편적인 반도체 물질은 실리콘(Si)이나 게르마늄(Ge)이다. 반도체 물질은 전기적인 전도 특성이 도체와 부도체의 중간 정도에 해당한다. 그림 5.9(a)에 나타내었듯이 실리콘 원자는 총 14개의 전자를 가지고 있으며, 그 중 4개는 원자 핵의 최외각 궤도에서 회전한다. 순수한 실리콘은 반도체로서 큰 효용이 없다. 실리콘의 결정 구조는 그림 5.9(b)에 나타내었듯이 탄소로 구성된 다이아몬드의 결정 구조와 매우 흡사한 안정적인 구조를 갖는다. 그림 5.9(a), (b), (c)에 나타낸 3차원 결정 구조와 같이 하나의 실리콘 원자는 4개의 다른 원자에 둘러싸여 있으며, 모든 결합에서 하나의 전자를 공유하는 구조를 가진다.

3족과 5족 원소의 불순물을 순수한 실리콘에 섞으면 **박막 실리콘**이 형성된다. 붕소(B)와 같은 주기율표의 3족 원소를 첨가하면 결정 구조에서 첨가된 불순물 원자 1개당 하나의 전자가 부족하게 된다. 즉, 3족 원소 주변의 4개 중 하나의 결합에서 그림 5.9(d)와 같이 전자가 하나 부족하게 된다. 이러한 실질적인 양전하를 **정공**(hole)이라 부르며, 원자에 약하게 속박되어 결정 구조에서 움직일 수 있으며, 결과적으로 전기 전도성을 가지게 된다. 첨가된 전

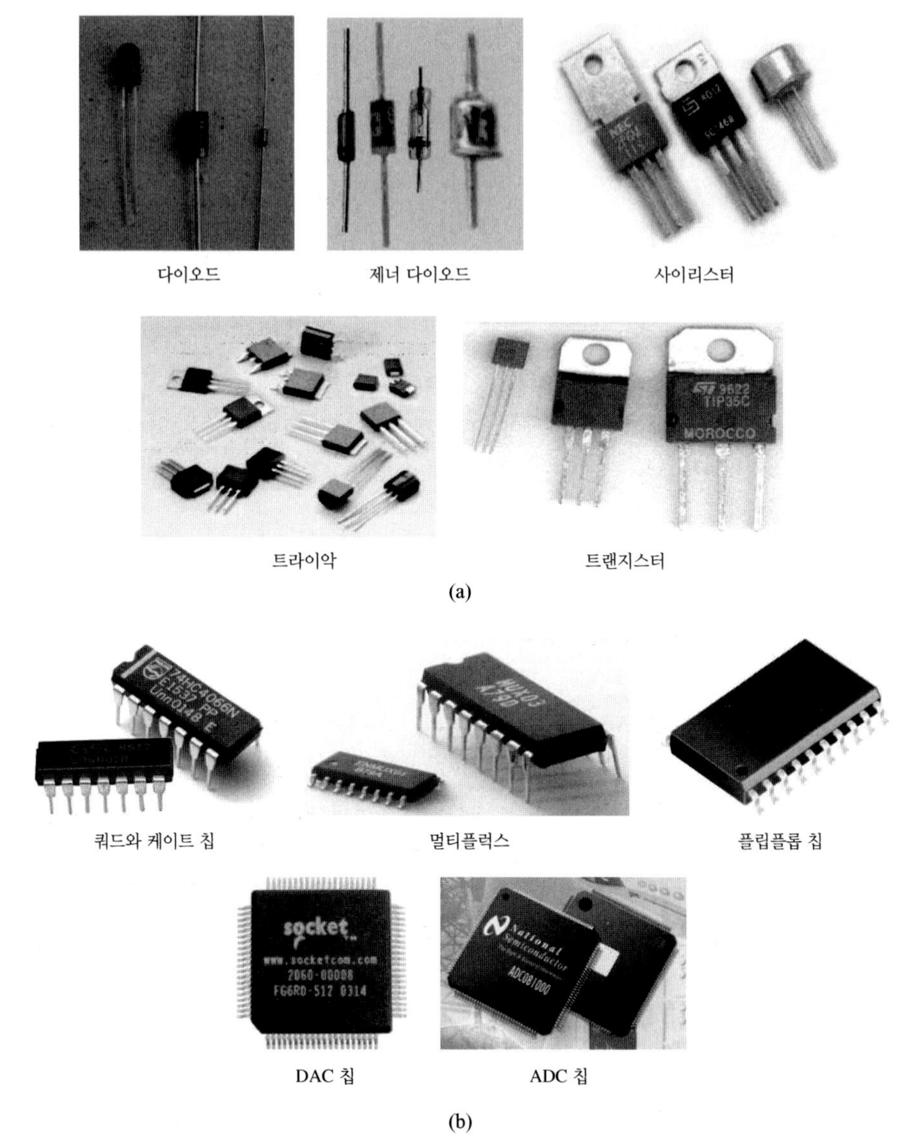

그림 5.8 ■ 통상적으로 활용되는 반도체 소자의 사진. (a) 개별 소자(다이오드, 트랜지스터), (b) 집적 회로(ICs)

하는 양의 극성을 가지므로 이러한 반도체를 p형 **반도체**(p-type semi conductor)라고 부른다(그림 5.9(d)). 이와 유사하게, 첨가된 불순물이 인(P)이나 비소(As)와 같은 주기율표의 5족 원소이면 첨가된 불순물 원자 주변에 전자가 남으며, 이에 의하여 반도체는 전기 전도성을 가진다. 결정 구조에 추가된 총 전하는 음의 극성을 가지므로 이러한 반도체를 n**형 반도체**(n-type semiconductor)라고 부른다(그림 5.9(e)). 모든 반도체 물질은 첨가된 불순물에 의한 정공과 전자에 의하여 전기 전도성을 가진다.

반도체 물질은 n형 반도체와 p형 반도체의 다양한 접합을 포함하는 전자 스위치의 기본이 된다. 이와 같은 접합에서의 전도 특성은 베이스(base) 전류에 의하여 제어되고, 동작 환경에 따라 도체 또는 부도체로 동작한다.

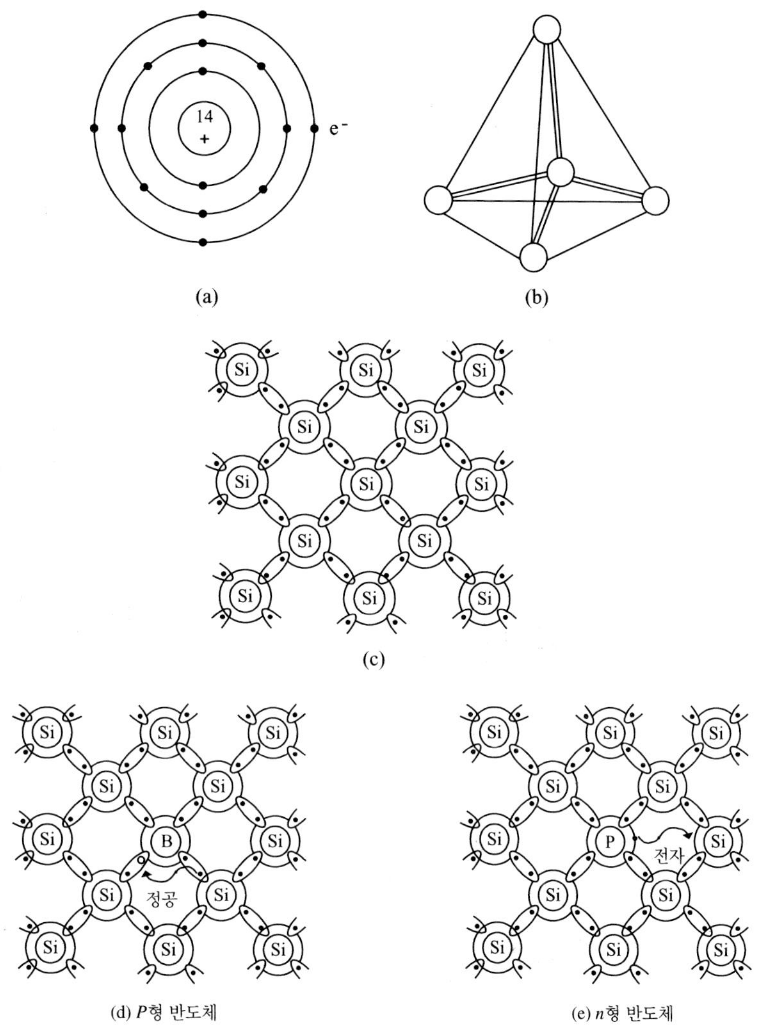

그림 5.9 ■ 반도체 물질. (a) 실리콘 원자는 4개의 최외각 전자를 가지고 있다, (b)(c) 각각의 실리콘 원자는 결정 구조에서 4개의 다른 원자로 둘러싸여 있으며, 이를 3차원과 2차원 그림으로 표현, (d) *p*형, (e) *n*형 반도체 물질의 결정 구조

5.5.2 다이오드

그림 5.10(a)와 같이 다이오드(diode)는 하나의 *p-n* 접합으로 구성된 2단자 소자이며, 마치 단방향 체크 밸브처럼 한 방향으로의 전류 흐름만을 허용하는 전자 스위치로 동작한다. 체크 밸브는 압력이 일정 수준 이상일 경우에 한 방향의 흐름만을 허용하고, 반대 방향으로의 흐름은 허용하지 않는다. 다이오드는 한 방향으로는 도체이지만 반대 방향으로는 부도체이다. 일단 전류가 통하기 시작하면 마치 닫힌 스위치처럼 저항 성분이 무시할 정도로 작아진다. 다이오드의 전압과 전류 관계는 다음과 같은 총 3개의 영역으로 구분된다. (1) 순방향 바이어스 영역, (2) 역방향 바이어스 영역, (3) 역방향 항복 영역. 전압이 순방향 바이어스 전압보다 큰 $V_D > V_F$의 경우, 다이오드는 도체 또는 닫힌 스위치처럼 동작하며, 게

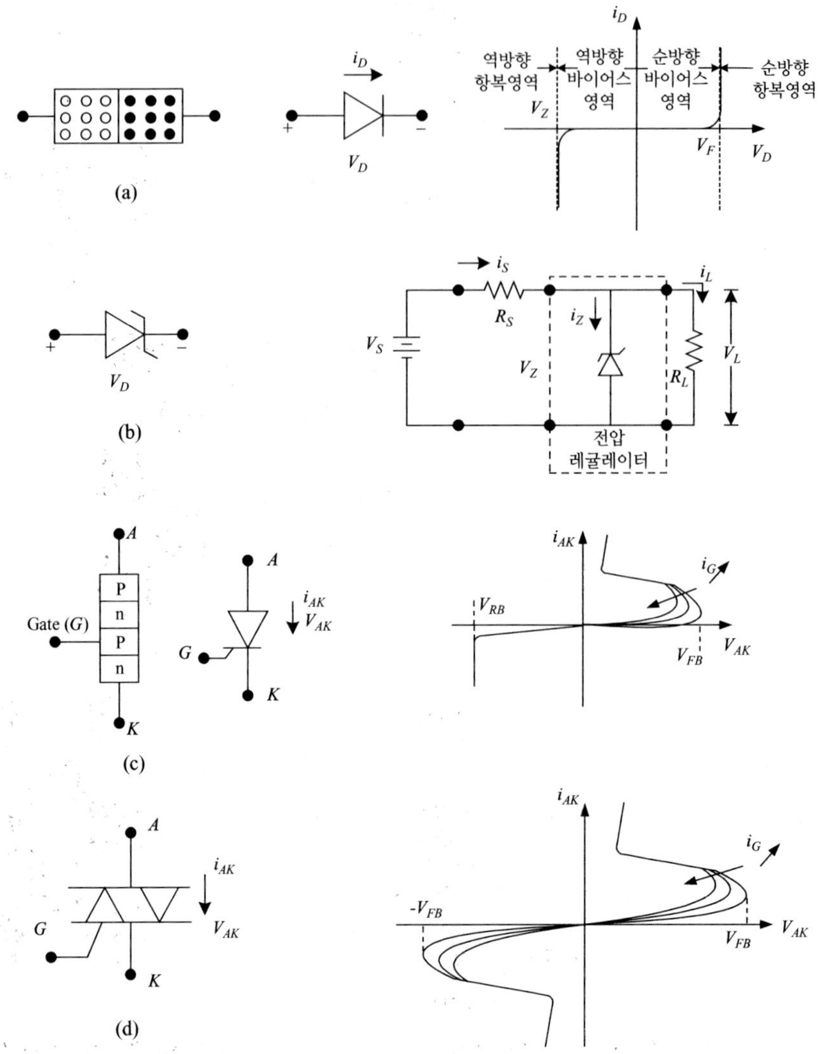

그림 5.10 ■ 주요 반도체 소자. (a) *p*–*n* 접합 다이오드, (b) 제너 다이오드, (c) 사이리스터(SCR), (d) 트라이악

르마늄 소자의 경우는 $V_F = 0.3$ V이고 실리콘 소자의 경우는 $V_F = 0.6$~0.7 V이다. 결과적으로 전류는 매우 급격하게 증가하여 저항 성분이 매우 작음을 나타낸다. 실제 전류의 양은 다이오드 주변 회로에 의하여 결정된다. 이 경우에 다이오드는 매우 작은 저항 성분과 V_F 정도의 작은 전압 강하가 발생하는 닫힌 스위치로 간주될 수 있다. 다이오드가 역방향 바이어스 영역에 있는 경우는 $V_Z < V_D < V_F$로 표현되며, 다이오드는 열린 스위치 또는 부도체와 같아서 저항 성분이 매우 크다. $V_D < V_Z$인 항복 영역에서 동작하는 경우에는 닫힌 스위치로 동작하는데, 이 현상을 사태 효과(avalanche effect)라고 하며, 역방향으로 큰 전류가 흐른다. 만약 역방향 전류가 다이오드의 허용 한계를 넘어서는 경우 소자는 소실된다. 다이오드의 설계 사양은 다음과 같은 항목을 포함한다.

1. V_F, 순방향 바이어스 전압
2. V_Z, 역방향 항복 전압
3. f_{sw}, 다이오드가 동작하는 최대 스위칭 주파수

가장 보편적인 다이오드의 활용은 AC 신호를 DC 신호로 변환하는 반파/전파 정류기이다.

제너 다이오드 제너 다이오드(Zener diode)는 역방향 항복 전압 V_Z를 활용하는 특수한 다이오드이다. 제너 다이오드는 다이오드 자체의 파괴없이 항복 영역에서 동작한다. 역방향 항복 전압이 알려진 경우에 제너 다이오드는 전원이나 부하가 변동되는 상황에서 그림 5.10(b)와 같이 정전압 조정기로 동작한다. 제너 다이오드의 항복 전압 V_Z보다 큰 입력 전압은 제너 다이오드의 높은 전도도에 의하여 제너 다이오드의 양단에서 V_Z로 줄어들고, 결과적으로 제너 다이오드와 병렬 연결된 부하 저항에도 V_Z를 공급한다. 결과적으로 부하와 다이오드를 통한 전류는 다음과 같이 표현된다.

$$i_L = \frac{V_Z}{R_L}; \quad V_S \geq V_Z \tag{5.99}$$

$$i_S = \frac{V_S - V_Z}{R_S}; \quad V_s \geq V_Z \tag{5.100}$$

$$i_Z = i_S - i_L; \quad V_S \geq V_Z \tag{5.101}$$

제너 다이오드에서의 전력 소모는 다이오드의 최대 허용치보다 작아야 하며, 다음과 같이 표현된다.

$$P_Z = i_Z \cdot V_Z = \left[\frac{(V_S - V_Z)}{R_S} - \frac{V_Z}{R_L}\right] \cdot V_Z \tag{5.102}$$

주요 설계 매개변수는 최대 전력 소모 용량($P_{Z,\max}$, i.e., 0.25 W to 50 W)과 역방향 항복 전압 V_Z(i.e., 5 V to 100V range)이다.

사이리스터 실리콘 제어 정류기(SCR)로 불리는 사이리스터는 3단자 소자이며, 그림 5.10(c)에 나타내었듯이 PNPN 조합에 의한 3개의 접합으로 구성된다. 3개의 단자는 어노드(A), 캐소드(K), 그리고 게이트(G)로 불린다. 정상 상태에서의 입출력 관계는 A와 K 사이의 전압 V_{AK}와 전류 i_{AK} 사이의 관계이며, 게이트 전류 i_G의 함수로 표현된다. SCR은 제어 가능한 다이오드이다. 게이트는 SCR을 ON시키는 입력이지만 OFF시킬 수는 없다. SCR은 i_{AK}가 0이 되어야 OFF되고, 그 후에 게이트를 이용하여 다시 ON시킬 수 있다. SCR을 ON하기 위해서는 순방향으로 바이어스되어 $V_{AK} \geq V_{FB}(i_G)$를 만족해야 하고, 게이트 전류는 $i_G > i_{G,min}$을 만족하여 잠금 전류(latching current)보다 커야한다. 여기서 잠금 전류는 SCR을 ON하기 위하여 최소로 필요한 게이터 전류이다. 순방향 전압 강하 V_{FB}는 0.5~1.0 V 범위를 갖는다. SCR에서의 전력 소모는 전압 강하와 전류의 곱이며 다음과 같이 표현된다.

$$P_{SCR} = V_{drop} \cdot i_{AK} < P_{max} \tag{5.103}$$

SCR이 순방향 바이어스 된 상태에서 게이트 전류의 타이밍을 조절하면 순방향 교류 전압

의 제어치가 전달되며, 이는 AC 전원을 이용하여 DC 모터의 속도를 조절하는 데 활용할 수 있다. SCR이 50 V/μsec의 속도 이상으로 갑자기 순방향 바이어스되면, 베이스 전류가 인가되지 않더라도 SCR이 ON 될 수 있다. 이러한 문제를 해결하기 위하여 R과 C를 직렬로 연결한 차단 회로(snubber circuit)를 SCR과 병렬로 사용한다. 또한, SCR이 ON 상태에서 전류의 변화율이 매우 클 수 있으므로 이 변화율을 낮추기 위하여 부하는 일정 용량 이상의 인덕턴스 성분을 가져야 하며, 이 값이 작을 경우 전류 변화율은 매우 클 수 있다.

트라이악 트라이악(Triac)은 그림 5.10(d)에 나타내었듯이 2개의 SCR을 반대 방향으로 병렬 연결한 것과 동일하다. SCR은 순방향으로만 ON될 수 있는 반면, 트라이악은 양방향 모두로 ON될 수 있다. ON 상태에서 트라이악의 평균 전압 강하는 대략 2 V정도 된다. 이 전압과 부하 전류의 곱은 트라이악에서 열로 소모되는 전력을 결정한다. SCR과 트라이악은 일반적으로 AC 부하를 스위칭하는 목적으로 활용된다. 전달되는 전력의 양은 A와 K 단자에 인가된 AC 전압에 대한 SCR과 트라이악의 타이밍 게이트 전압에 의하여 제어된다.

▶▶ **예제** 그림 5.10(b)에는 제너 다이오드 응용 회로를 나타내었다. $V_s = 24$ V, $R_s = 1000$ Ω, $V_Z = 12$ V, R_L 1000~2000 Ω 사이에서 변한다고 가정한다. 회로의 전류, 부하에 인가되는 전압, 그리고 제너 다이오드에서 소모되는 전력을 계산한다. 전원과 제너 다이오드를 포함하는 루프에서 KVL을 적용하면 다음과 같이 정리된다.

$$V_s = R_s \cdot i_s + V_Z \tag{5.104}$$

$$24 = 1000 \cdot i_s + 12 \tag{5.105}$$

$$i_s = \frac{24 - 12}{1000} = 0.012 \text{ A} = 12 \text{ mA} \tag{5.106}$$

제너 다이오드에서의 전압 강하는 $V_S > V_Z$를 만족하는 상황에서는 항상 $V_Z = 12$ V이므로, 병렬의 부하 저항에도 동일한 전압차가 발생한다.

$$V_{R_L} = V_Z = R_L \cdot i_L \tag{5.107}$$

$$12 = R_L \cdot i_L \tag{5.108}$$

$$i_L = \frac{12}{R_L} \tag{5.109}$$

$R_L = 1000$ Ω이면 $i_L = 12.0$ mA이고, $R_L = 2000$ Ω이면 $i_L = 6.0$ mA이다. i_s, i_Z, i_L에는 다음의 관계가 성립한다.

$$i_s = i_L + i_Z \tag{5.110}$$

따라서, 제너 다이오드를 통과하는 전류는 다음과 같다.

$$i_Z = i_s - i_L \tag{5.111}$$

결국, 부하 저항에 따라 제너 다이오드를 흐르는 전류가 변화한다. 즉, $R_L = 1000$ Ω인 경우 제너 다이오드의 전류는 $i_Z = 0.0$ mA이고, $R_L = 2000$ Ω인 경우에는 $i_Z = 6.0$ mA가 된다.

제너 다이오드는 부하 저항 양단에 12 V를 제공한다. 부하 저항이 변함에 따라 양단 전압이 12 V로 고정된 상황에서 남는 전류를 소모한다. 만약, $R_L = 500\ \Omega$으로 $1000\ \Omega$보다 작으면 제너 다이오드는 ON되지 않는다. 제너 다이오드가 ON되지 않으면 즉, $i_Z = 0$이면 다음의 관계가 성립한다.

$$i_s = i_L = \frac{V_s}{R_L + R_s} = \frac{24}{1500} = 0.016\ \text{A} = 16\ \text{mA} \tag{5.112}$$

$$V_L = R_L \cdot i_L = 500\ \Omega/6\ \text{mA} = 8\ \text{V} < V_Z \tag{5.113}$$

결국, 제너 다이오드는 남는 전압을 제거하는 용도로 활용되지만, 입력 전압이 낮은 경우에는 동작하지 않는다. 이 예제 회로에서 제너 다이오드가 소모하는 최대 전력은 다음과 같다.

$$P_Z = V_Z \cdot i_Z = 12\ \text{V} \cdot 6\ \text{mA} = 72\ \text{mW} \tag{5.114}$$

따라서, 1/4 W 용량의 12 V 제너 다이오드이면 이 회로에 충분히 사용할 수 있다.

그림 5.11에는 인덕턴스 성분이 있는 부하에 대한 **과전압 방지 회로**(voltage surge protection)를 나타내었으며, 이와 같이 활용되는 다이오드를 **프리휠 다이오드**(freewheeling diode)라고 한다. 모터 제어 회로에서 트랜지스터에 병렬 연결된 다이오드를 **바이패스 다이오드**(bypass diode)라고 부르며, 다이오드는 컬렉터 전압을 V_{CC}보다 다이오드 순방향 전압만큼 높은 전압으로 제한한다. 릴레이, 솔레노이드, 모터 등의 코일에 의한 인덕턴스 성분의 부하에서 갑작스러운 스위칭이 전기적 또는 기계적으로 발생하는 경우에 부하의 인덕턴스로 인하여 다음 수식에 의한 높은 과전압이 생성된다.

$$V(t) = L \cdot \frac{di(t)}{dt} \tag{5.115}$$

스위치가 갑자기 닫히면 전류의 미분치가 매우 커지므로 과전압이 생성된다. 특히, 전류의 흐름이 ON에서 OFF로 변경되는 경우에 전류가 흘러갈 경로가 없어지므로 스위칭 소자를 손상시키면서 흘러나가게 되며, 도체의 절연 피막도 손상시킬 정도로 큰 과전압이 발생한다. 이러한 과전압에 의한 문제를 제거하기 위하여 인덕턴스 성분의 부하에 병렬로 다이오드를 연결한다. 전원 전압이 직류인 경우 하나의 다이오드를 사용하면 충분하며, AC 전원인 경우에는 그림 5.11에서와 같이 양방향으로의 과전압으로부터 보호하기 위하여 2개의

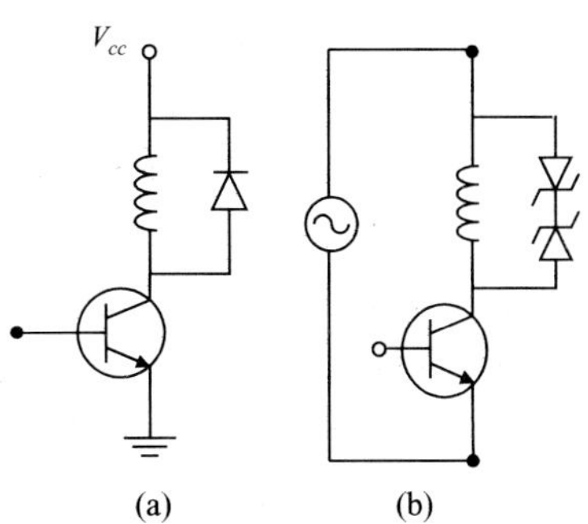

그림 5.11 ■ 다이오드의 응용: 회로에 유도성 부하가 사용되는 경우 전압 서지 보호 회로. (a) DC 회로용, (b) AC 회로용

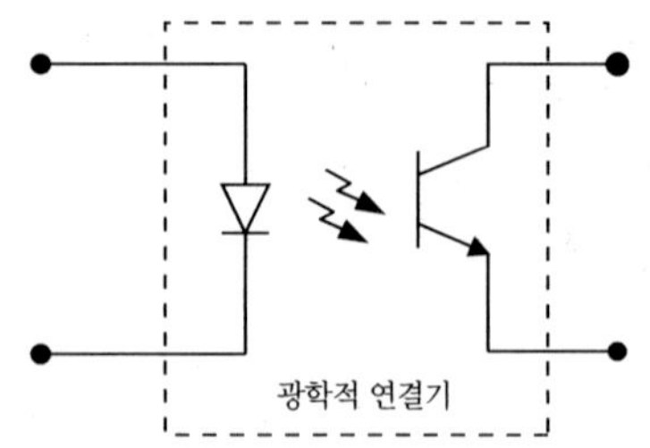

그림 5.12 ■ 광학적 연결기(Opto-coupler) 기호: 발광 다이오드(LED)와 광트랜지스터(LST) 조합에서 광을 연결 물질로 활용하여 두 회로를 분리한다.

제너 다이오드를 반대 방향으로 사용한다. 스위치가 열린 직후에 인덕턴스 성분의 부하에 흐르는 전류를 빨리 소모하기 위하여 다이오드와 직렬로 저항을 사용하기도 한다.

발광 다이오드와 수광 다이오드는 각각 흐르는 전류에 비례한 세기의 빛을 생성하거나, 빛의 세기에 비례한 전류를 통과시킨다. 게다가, 빛의 주파수를 변조하거나 10 MHz 이하의 펄스를 생성할 수 있다. 발광 다이오드와 수광 다이오드를 함께 사용하면 빛을 이용하여 신호를 전달함으로써 전기적으로 두 회로를 차폐할 수 있는데, 이러한 용도의 소자를 광학적 연결기(opto-coupler)라고 한다(그림 5.12).

5.5.3 트랜지스터

트랜지스터(Transistor)는 ON/OFF 스위치와 증폭기 회로로 활용될 수 있다. 전체적으로 또는 절반만 ON되거나 OFF될 수 있는 전자적 스위치로 동작할 수 있다. 트랜지스터는 또한 게이트 전류에 의하여 조절되는 가변 저항으로 간주할 수 있다. 능동 소자로서 전력을 소스에서 부하로 전달한다. 트랜지스터는 *P*형 반도체와 *N*형 반도체로 구성되며 2개의 접합으로 구성된다. 접합이 *npn* 순서로 이루어지면 *npn* 트랜지스터이고, 반대의 경우에는 *pnp* 트랜지스터이다. 두 소자의 차이는 전원 연결이 반대인 관계로 전류의 흐름이 반대라는 점이다. 3개의 단자는 그림 5.13과 같이 컬렉터(C), 에미터(E), 베이스(B)로 이루어진다. 트랜지스터 입출력 관계에서의 특징은 입력은 출력에 결정적인 영향을 미치는 반면에 출력은 입력에 영향을 주지 않는다는 것이다. 결과적으로 트랜지스터의 베이스는 항상 입력 회로의 일부분으로 출력 회로를 제어한다. 저항, 커패시터, 인덕터와 달리 트랜지스터는 능동 소자로서 별도의 전원이 필요하며, 입력에서 출력으로 파워를 증가시킨다. 트랜지스터의 입력 회로는 작은 전력으로 출력의 큰 전력을 제어하며, 유공합 밸브와 유사한 개념의 전자 소자이다.

주요 트랜지스터에 대하여 다음에 설명한다. 양극성 접합 트랜지스터(BJT)는 가장 일반적인 트랜지스터이고, 산화막 반도체 전기장 효과 트랜지스터(MOSFET)는 매우 적은 게이트 전류를 필요로 하므로 보다 효율적이며, 스위칭 성능이 우수하다. 절연 게이트 양주성 트랜지스터(IGBT)는 BJT와 MOSFET의 장점을 결합한 최근의 트랜지스터 소자이다. 트랜지스터 성능은 최대 베이스 전류, 최대 컬렉터/드레인 전류, 순방향 바이어스 전압, 역방향 항복 전압, 최대 스위칭 주파수, 순방향 전류이득, 역방향 전압 이득, 그리고 입출력 임피던스 등에 의하여 결정된다.

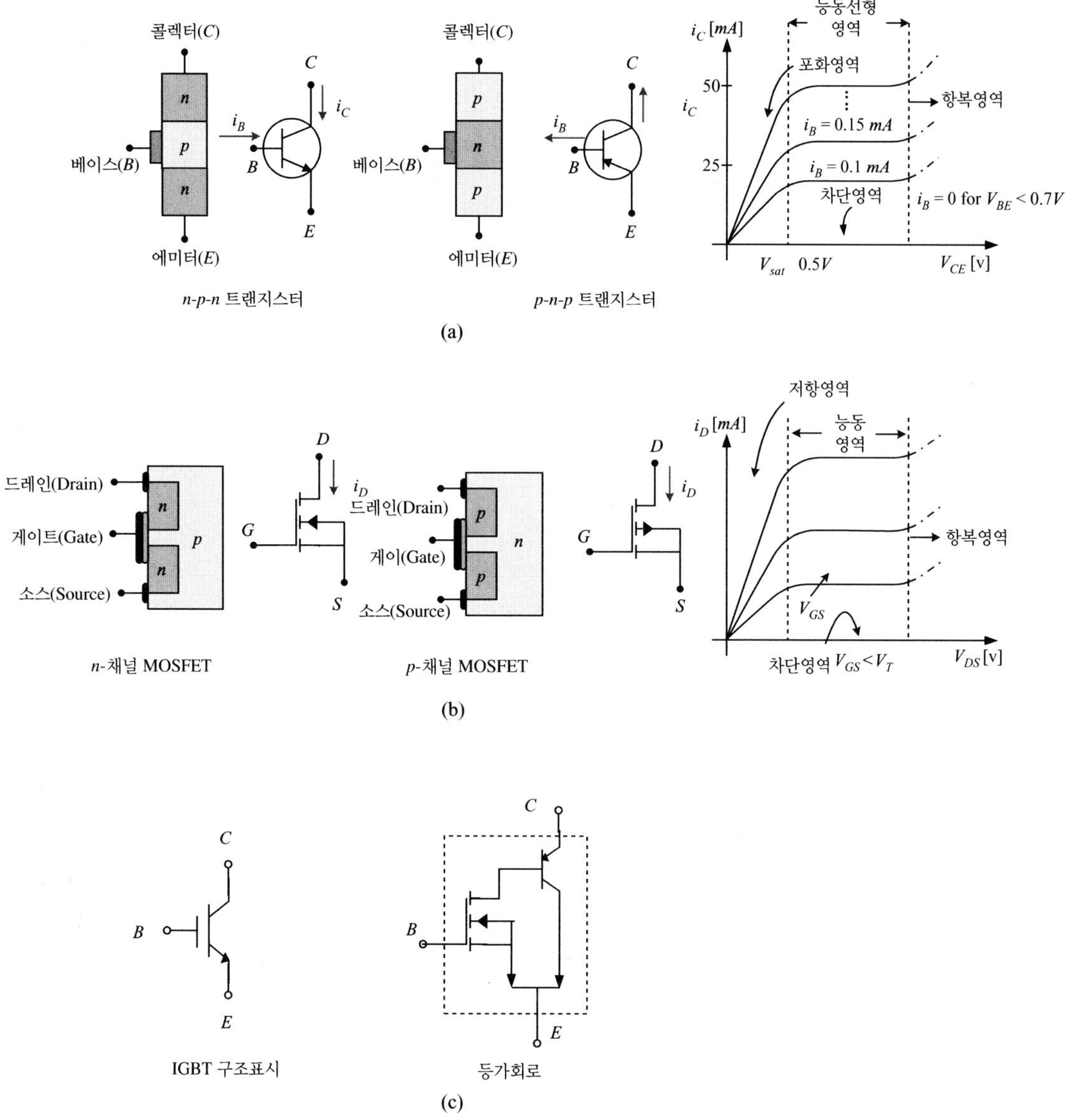

그림 5.13 ■ 주요 반도체 소자: 트랜지스터. (a) BJT, (b) MOSFET, (c) IGBT

양극성 접합 트랜지스터(BJT) 그림 5.13(a)에 나타내었듯이 BJT는 *npn*과 *pnp*형이 존재하며, 각각은 3단자 소자이다. 컬렉터와 에미터 단자 사이의 입출력 관계는 베이스 신호에 의하여 결정된다. BJT는 전자 스위치 또는 증폭기로 활용될 수 있다. C와 E단자 사이의 전압 V_{CE}와 전류 i_{CE}의 관계는 베이스 전류의 함수에 의하여 결정된다. 3개의 대표적인 설계 매개변수가 있는데, 전류 이득 β, 트랜지스터가 ON일 때의 베이스와 에미터 사이의 전압 강하 V_{BE}, 그리고 컬렉터와 에미터 사이의 포화가 발생하지 않는 최소 전압 등이다. $i_E = i_B + i_C$는 항상 성립한다.

정상 상태에서 BJT가 동작하는 3개의 주요 동작 모드가 있다.

1. **차단 영역(Cut-off region)**: $V_{BE} < V_{FB}$, $i_B = 0$, 따라서 $i_C = 0$, $V_{CE} > V_{supply}$. 트랜지스터는 OFF 상태의 스위치와 같아서 컬렉터와 에미터 사이의 전류 흐름이 없다. V_{FB}는 제조 허용 오차에 따라 0.6~0.8 V의 범위를 갖는다.
2. **능동 선형 영역(Active linear region)**: $V_{BE} = V_{FB}$, $i_B \neq 0$; $i_C = \beta i_B$, $V_{SAT} < V_{CE} < V_{supply}$. V_{SAT}는 통상적으로 0.2~0.5 V의 범위를 갖는다. 트랜지스터는 전류 증폭기로 동작하며, 출력 전류 i_C는 베이스 전류 i_B에 비례한다. 여기서 비례 상수는 트랜지스터의 설계 매개변수 중 하나인 β이며, 50~200의 범위를 가지며 통상적으로 100의 값을 갖는다. 이 전류 증폭 이득 β는 동일한 트랜지스터 종류더라도 값에 편차가 있으며 온도에도 변화하는 성질이 있기 때문에 안정적으로 동작하는 회로의 설계에서는 전류 증폭 이득에 둔감하도록 설계해야 한다. 전류 i_C는 또한 V_{CE} 전압에도 영향을 받는데, 베이스 전류가 일정한 상태에서 컬렉터와 에미터의 전압 V_{CE}가 증가하면 전류 i_C도 약간 증가한다.
3. **포화 영역(Saturation region)**: $V_{BE} = V_{FB}$, $i_B > i_{C,max}/\beta$, $V_{CE} \leq V_{SAT} \approx 0.2 \sim 0.5$ V. 이 경우에 트랜지스터는 컬렉터와 에미터 단자가 마치 닫힌 스위치처럼 동작한다. 실제 전류 i_C는 트랜지스터 주변의 회로에 의하여 결정되는데, 이는 유공압 시스템에서 완전히 열린 밸브에서의 유량이 유압원과 부하의 압력에 의하여 결정되는 것과 같은 원리이다.

근사적으로 계산하면, $V_{FB} = V_{SAT} = 0.0$이며 $i_E = i_C$로 간주할 수 있다.

BJT는 100 mA에서 10 A까지의 컬렉터 전류를 사용할 수 있으며, 500 mA 이상의 컬렉터 전류가 허용되는 트랜지스터를 **파워 트랜지스터(power transistor)**라고 부르며 반드시 방열판에 부착되어야 한다.

높은 전류이득 β를 확보하기 위하여 그림 5.14에 나타낸 달링턴 트랜지스터(Darlington transistor)를 사용하는데, 이 경우의 전류 증폭 이득은 두 트랜지스터의 전류이득의 곱으로 500~20,000의 범위를 가질 수 있으며 다음과 같이 표현된다.

$$\beta = \beta_1 \cdot \beta_2 \tag{5.116}$$

BJT에서 소모하는 전력은 다음과 같이 표현된다.

$$P_{BJT} = V_{CE} \cdot i_{CE} \tag{5.117}$$

이 소모 전력은 반드시 트랜지스터의 허용 소모 전력보다 작아야 한다. 트랜지스터에서의

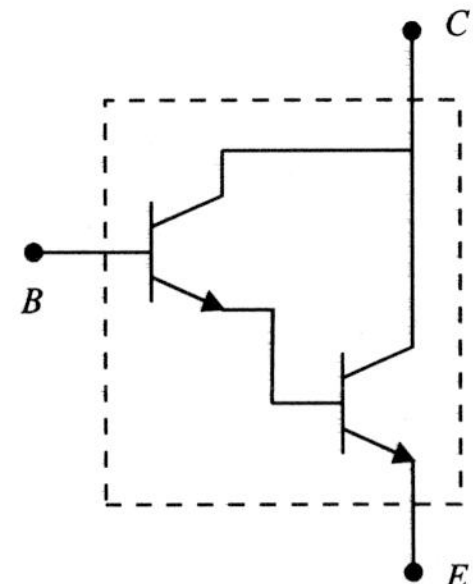

그림 5.14 ■ 달링턴 트랜지스터 기호

전력 소모는 다음의 두 가지 이유로 인하여 매우 중요한 의미를 갖는다.

1. 과도한 열 발생에 따른 소자 파괴의 가능성과 이를 방지하기 위한 열 방출 문제
2. 열 에너지로 낭비하는 효율 문제

트랜지스터가 완전히 ON되어 포화 영역에서 동작하면 $V_{CE} \approx 0.4$ V 정도로 매우 작기 때문에 전력 소모량도 매우 적다. 또한, 트랜지스터가 완전히 OFF되어 차단 영역에서 동작하면 컬렉터와 에미터 사이의 전압차는 크더라도 흐르는 전류가 $i_C \approx 0.0$으로 매우 작으므로 이 경우에도 트랜지스터 자체에서의 전력 소모량은 매우 적다. 결론적으로, 트랜지스터와 완벽한 ON 또는 OFF 상태에서 동작하면 트랜지스터에서의 전력 소모가 최소화되어 동작 효율을 향상시킬 수 있다. 트랜지스터의 게이트를 10 kHz의 높은 주파수로 제어하고 있다고 가정하면, 게이트 신호의 한 주기는 $t_{sw} = 100\ \mu$sec가 된다. 만약, 트랜지스터의 ON 구간과 OFF 구간의 시간을 제어하게 되면, 트랜지스터의 평균 이득은 게이트 신호의 ON/OFF 평균에 의하여 결정된다. 즉, 100 μsec의 주기 내에서 ON 구간과 OFF 구간을 늘리거나 줄이면 평균 이득을 조절할 수 있게 된다. 트랜지스터는 오직 두 가지 상태에서만 동작하므로 게이트 신호는 트랜지스터를 포화시키기 위한 HIGH 전압 상태와 트랜지스터를 차단하기 위한 LOW 전압 상태의 두 가지 전압 레벨만 나타내게 된다. 결국, 제어 문제는 게이트의 스위칭 입력의 ON/OFF 펄스 폭의 제어로 귀결되며, 이러한 방식을 **펄스폭 변조**(pulse width modulated, PWM) 제어라 부른다. PWM 제어 방식에서는 트랜지스터를 차단 영역과 포화 영역에서만 동작시키므로 매우 효율이 높다.

트랜지스터가 **능동 영역**에서 동작하면 출력 전류는 게이트 전류에 비례하게 되고, 결과적으로 트랜지스터는 선형적으로 동작한다. 이 경우에 i_C와 V_{CE}는 적당히 제한된 값을 가져야 하므로 트랜지스터에서의 전력 소모가 다른 두 동작 영역에 비하여 크다. 따라서, 선형 동작 모드에서는 PWM 제어 모드보다 동작 효율이 낮다.

그림 5.15에는 **공통 에미터** 형태의 회로를 나타내었는데, 입력과 출력이 모두 에미터 단자를 공통 그라운드로 활용하고 있다. 이 경우에 베이스 전류는 입력 전압과 베이스 단자에 연결된 저항에 의하여 결정되고, 트랜지스터의 전류 증폭 이득에 의하여 컬렉터 전류가 결정된다. 결과적으로 컬렉터와 에미터 단자 사이의 전압 강하는 출력단 회로의 전원, 전류, 저항에 의하여 결정된다. 만약, 계산된 i_C의 값이 V_{CE}가 포화 전압인 0.2 V보다 낮은 전압을 요구하게 되면 트랜지스터는 포화 영역에 존재하게 되므로 i_C는 전류 증폭 이득과 베이스 전류에 의하여 결정되지 않고, 트랜지스터 외부 회로에 의하여 결정된다.

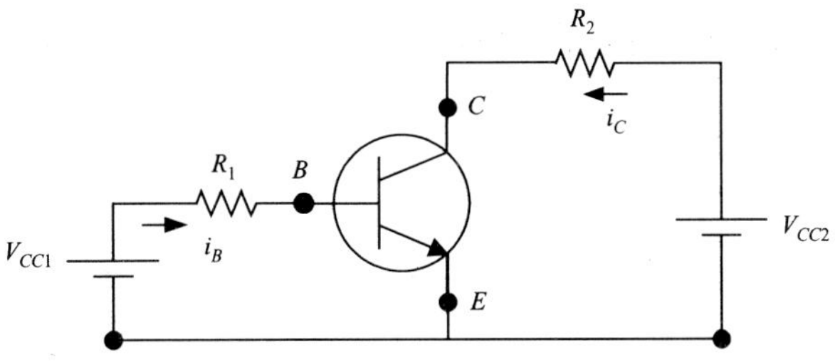

그림 5.15 ■ 공통 에미터 구조의 전압 증폭기에 활용된 트랜지스터

산화막 반도체 전기장 효과 트랜지스터(MOSFET) 그림 5.13(b)에 나타내었듯이 MOSFET도 드레인(D), 소스(S), 게이트(G)의 3개의 단자로 구성된 3단자 트랜지스터이다. BJT와 마찬가지로 MOSFET도 *npn*형과 *pnp*형의 두 종류가 있다. 입력은 게이트 전압 V_G이고 출력은 드레인 전류 i_D이다. MOSFET은 3개의 동작 영역이 있다.

1. 차단 영역(Cut-off region): $V_{GS} < V_T, i_G = 0$, 따라서 $i_D = 0$이며, 여기서 V_T는 게이트-소스 사이의 문턱 전압이다. 문턱 전압은 FET의 종류에 따라 각기 다른 값을 갖는다. JFET의 $V_T \approx -4$ V, 공핍형 MOSFET의 $V_T \approx -5$ V, 증가형 MOSFET의 $V_T \approx 4$ V이다. 드레인 전류는 매우 작은 값을 가지며, 드레인과 소스 단자는 개방 스위치처럼 동작한다.
2. 능동 영역(Active region): $V_{GS} > V_T, i_D \propto (V_{GS} - V_T)^2, V_{DS} > (V_{GS} - V_T)$. 트랜지스터는 마치 전압 제어 전류 증폭기처럼 동작하며, 출력 전류는 GS 전압의 제곱에 비례한다. MOSFET이 능동 영역에서 동작하기 위해서는 V_{DS}는 일정 전압 이상이 되어야 하고, 그렇지 않으면 저항 영역에서 동작하게 된다.
3. 저항 영역(Ohmic region): V_{GS}가 충분히 커서 $V_{GS} > V_T$와 $V_{DS} < V_{GS} - V_T$를 만족하면 i_D는 트랜지스터 외부 회로에 의하여 결정되고, 트랜지스터는 마치 닫힌 스위치 처럼 동작한다. $V_{GS} \gg V_T$를 만족하면, $i_D = V_{DS}/R_{ON}(V_{GS})$에 의하여 결정된다. MOSFET은 비선형 저항처럼 동작하고, 저항값은 게이트 전압의 비선형 함수로 표현된다.

MOSFET은 BJT에 비하여 효율이 높고, 높은 스위칭 주파수에 반응하며, 열적 안정성이 우수한 반면, 정전기에는 매우 취약하다. 일반적으로 MOSFET은 500 V 이하의 저전압 응용 분야에서부터 BJT를 대체해오고 있다.

절연 게이트 양극성 트랜지스터(IGBT) IGBT는 500 V 이상의 고전압 응용 분야에서 BJT를 대체하고 있으며, BJT와 FET의 장점을 결합한 특징을 갖는다. 그림 5.13(c)에 나타내었듯이 IGBT는 4층 소자이면서 BJT와 마찬가지로 3단자 소자이다. IGBT는 모터 구동 회로에 널리 활용되며, PWM 모드에서 높은 효율을 위하여 활용된다.

▸▸ 예제 그림 5.15에서 $V_{CC1} = 5$ V, $V_{CC2} = 25$ V, $R_1 = 100$ KΩ, $R_2 = 1$ KΩ이다. $V_{BE} = 0.0$으로 단순화하면 베이스 전류는 다음과 같다.

$$i_B = \frac{5\text{ V}}{100\text{ K}\Omega} = 0.05\text{ mA} \tag{5.118}$$

트랜지스터의 전류이득 $\beta = 100$을 가정하면 컬렉터 전류는 다음과 같이 연산된다.

$$i_C = i_C(i_B, V_{CE}) \tag{5.119}$$

$$i_C \approx \beta \cdot i_B = 5\text{ mA} \tag{5.120}$$

결국, 출력단의 회로에 의하여 컬렉터 전압은 다음과 같이 결정된다.

$$25\text{ V} = 1000 \cdot 5 \cdot 10^{-3} + V_{CE} \tag{5.121}$$

$$V_{CE} = 25 - 5 = 20\text{ VDC} \tag{5.122}$$

일반적으로 그림 5.15의 공통 에미터 구조에서의 출력 전압은 $V_{out} = V_{CE}$, $V_{in} = V_{CC1}$, $V_s = V_{CC2}$라고 표시하면 다음과 같이 정리된다.

$$V_{out} = V_s - \frac{R_2}{R_1} \cdot \beta \cdot V_{in} \tag{5.123}$$

출력단의 저항 R_2 양단의 전압 강하 V_{R2}는 다음과 같다.

$$V_{R2} = \frac{R_2}{R_1} \cdot \beta \cdot V_{in} \tag{5.124}$$

그림 5.15의 공통 에미터 구조의 트랜지스터 회로는 전압 증폭 회로로 활용된다. 트랜지스터에서의 전압 강하를 출력 전압으로 간주하면 다음과 같이 정리된다.

$$V_{out} = V_s - K_1 \cdot V_{in} \tag{5.125}$$

반면, 저항 양단의 전압을 출력 전압으로 간주하면 다음의 출력 전압이 된다.

$$V_{out} = K_1 \cdot V_{in} \tag{5.126}$$

▶▶ **예제** 트랜지스터가 증폭기뿐만 아니라 ON/OFF 스위치로 동작할 수 있음을 보이기 위하여 그림 5.15에서 다음 경우의 입력 전압에 대하여 해석한다. 또한, 베이스와 에미터 사이의 최대 전압 강하는 $V_{BE} = 0.7$ V로 가정하고, 컬렉터와 에미터 사이의 최소 전압 강하는 $V_{CE} = 0.2$ V로 가정한다.

1. ***Case1:*** $V_{CC1} = 0.0$ V이면 $i_B = 0$이고, 결과적으로 $i_C = 0$이 된다. 따라서, 출력 전압인 컬렉터와 에미터 양단의 전압은 $V_{out} = V_{CC2} = 25$ VDC가 되며, 트랜지스터는 OFF상태가 된다.
2. ***Case2:*** $V_{CC1} = 30.7$ V (또는, 그 이상의 충분히 큰 전압으로 베이스 전류를 증가시켜서 트랜지스터 출력단을 포화시킬 수 있는 전압)를 인가하면, $i_B = (30.7 - 0.7)/100K = 0.3$ mA가 되고, $i_C = \beta i_B = 30$ mA가 된다. 따라서, 컬렉터와 에미터 사이의 전압 강하인 출력 전압은 $V_{out} = V_{CC2} - R_2 \cdot i_C = 25 - 1000 \cdot 30 \text{ mA} = -5$ V로 연산된다. 하지만, 컬렉터 전압은 에미터 전압보다 컬렉터-에미터 최소 전압인 0.2 V보다 작아질 수 없으므로 출력 전압은 $V_{out} = 0.2$ V가 되어야 한다. 결국, 실제 컬렉터 전류는 $i_C = (V_{CC2} - V_{CE})/R_2 = (25 - 0.2)/1000 = 24.8$ mA로 포화되며, 컬렉터에서의 출력 전압은 $V_{out} = 0.2$ V가 되며, 이 상태에서 트랜지스터는 ON 상태가 된다.
3. ***Case3:*** 입력 전압이 차단 전압인 $V_{BE} = 0.7$ V보다 크고 포화 전압보다 작으면, 트랜지스터는 전압 증폭기로 동작한다. 포화 전압은 다음과 같이 계산된다. 트랜지스터가 포화되면 컬렉터와 에미터의 전압 강하는 다음과 같다.

$$V_{CE} = 0.2 \text{ V} \tag{5.127}$$

여기서 컬렉터 전류는 다음과 같이 연산된다.

$$i_C = \frac{V_{CC2} - V_{CE}}{R_2} = \frac{25 - 0.2}{1000} = 24.8 \text{ mA} \tag{5.128}$$

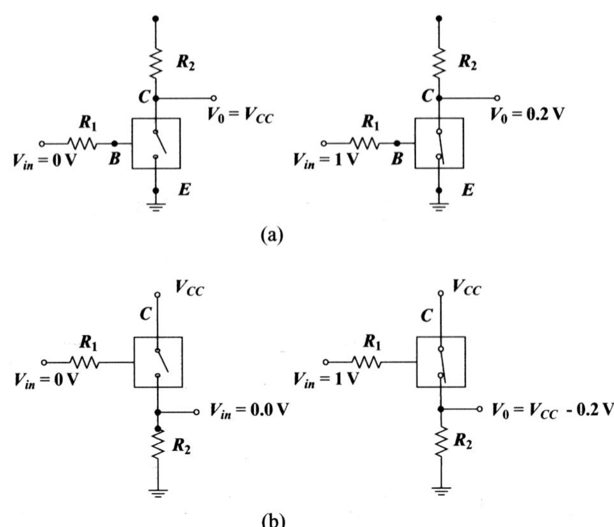

그림 5.16 ■ 기계적 스위치와 트랜지스터의 유사성. (a) 부하로부터 전류를 인출, (b) 부하에 전류를 공급

베이스 전류와 포화 입력 전압은 전류 증폭률에 의하여 다음과 같이 연산된다.

$$i_B = \frac{1}{\beta} i_C = \frac{1}{100} i_C \tag{5.129}$$

$$= \frac{V_{in,sat} - V_{BE}}{R_1} \tag{5.130}$$

$$V_{in,sat} = 0.248 \text{ mA} \cdot 100 \text{ K}\Omega - 0.7 = 24.1 \text{ V} \tag{5.131}$$

입력 전압이 이보다 크게 입력되면 트랜지스터는 포화된다.

$$V_{in} < V_{BE}; \text{ 트랜지스터가 충분히 OFF 상태} \tag{5.132}$$

$$V_{BE} < V_{in} < V_{in,sat}; \text{ 선형영역} \tag{5.133}$$

$$V_{in} > V_{in,sat}; \text{ 포화영역(충분히 ON상태)} \tag{5.134}$$

Case1과 2는 그림 5.16에 나타낸 것처럼 기계적 스위치로 동작한다. 그림 5.16(a)에는 싱킹 연결을 나타내었고, 그림 5.16(b)에는 소싱 연결을 나타내었다. 싱킹(sinking)과 소싱(sourcing)은 트랜지스터가 부하로부터 전류를 끌어오거나 부하로 전류를 제공하는 것에 따라 결정된다.

▸▸ **예제** 그림 5.17의 트랜지스터 회로는 기계적 스위치 입력에 따라 부하에 전원 공급을 제어하는 데 활용된다. $V_{BE} = 0.7$ V와 $V_{CE} = 0.2$ V를 가정한다. 부하에 인덕턴스 성분이 있으면 반드시 과전압 보호용 다이오드를 부하에 병렬로 사용해야 한다. 트랜지스터가 빠르게 ON과 OFF 스위칭하면 인덕턴스 성분에 의한 큰 유도 전압이 발생하며, 이 전압은 트랜지스터의 순방향 브레이크다운 전압보다 커서 트랜지스터를 손상시킬 수 있다. 다이오드는 과

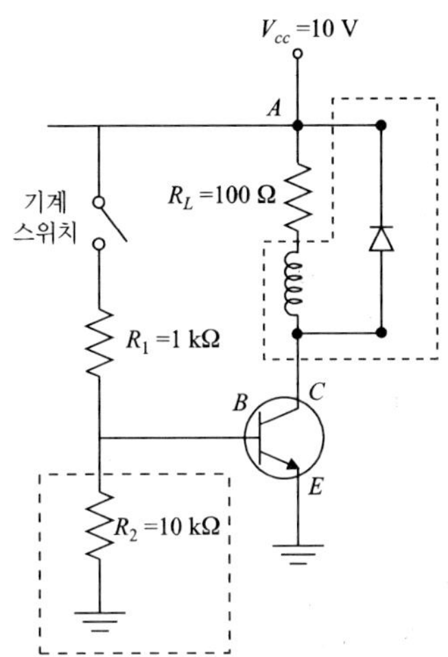

그림 5.17 ■ 전기 스위치로 활용되는 트랜지스터 회로. 트랜지스터가 ON에서 OFF로 변경될 때 인덕턴스 성분에 의한 전압 스파이크로부터 트랜지스터를 보호하기 위한 다이오드 활용

도 응답 구간에서 전류가 흐를 경로를 제공함으로써 과전압을 제한할 수 있다. 유도 전압에 의한 전류는 짧은 시간동안 다이오드를 통하여 소모된다. 저항 R_2는 반드시 필요한 저항은 아니지만, 기계적 스위치가 열린 동안 베이스를 접지하는 효과를 가져오므로 보다 우수한 회로가 된다. 나머지 설명에서는 점선 블록 내부의 소자는 없는 것으로 단순화하여 $L = 0$이고 $R_2 = 0$을 가정한다. 기계적 스위치가 OFF일 때, 베이스 전류와 전압은 0이고, 트랜지스터는 OFF이며 부하를 통하는 전류는 없다. 기계적 스위치가 ON일 경우에는 베이스 전류와 컬렉터 전류는 $\beta = 100$인 가정하에서 다음과 같이 정리된다.

$$i_B = \frac{V_{AB}}{R_1} = \frac{(10 - 0.7)V}{1000\ \Omega} = 9.3 \text{ mA} \tag{5.135}$$

$$i_C = \beta \cdot i_B = 0.93 \text{ A} \tag{5.136}$$

하지만, 컬렉터 전류의 최대치는 포화 전압에 의하여 다음과 같이 결정된다.

$$i_{C,max} = \frac{V_{CC} - V_{CE}}{R_L} = \frac{10 - 0.2}{100} = 0.098 \text{ A} \tag{5.137}$$

따라서, 트랜지스터는 부하에 최대 전압 강하인 $V_L = 10 - 0.2$를 발생시키면서 포화되고, 트랜지스터에는 0.2 V의 최소 전압 강하가 발생한다. 트랜지스터는 포화 상태에서 저항 성분이 매우 작으며, 전압 강하는 0.2 V이다. 트랜지스터를 포화 영역에서 충분히 ON하기 위해서는 베이스에 충분한 전류를 공급해야 하며, 결과적으로 부하 저항에는 최대 전압 강하를 발생시킨다. 트랜지스터가 ON인 상태에서 R_2를 통하여 흐르는 전류는 다음과 같이 매우 작다.

$$i_2 = \frac{V_{BE}}{R_2} = \frac{0.7}{10000} = 0.07 \text{ mA} \tag{5.138}$$

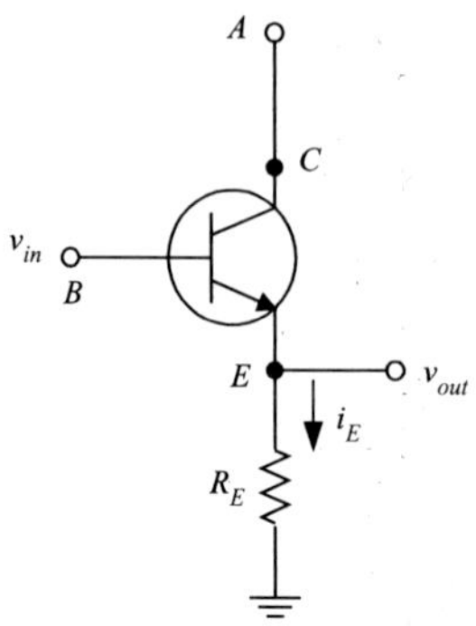

그림 5.18 ■ 전류원으로서의 트랜지스터 회로

▶▶ **예제** 널리 활용되는 또 다른 트랜지스터 회로는 그림 5.18의 전류원 회로이다. 이 회로는 전압 증폭은 없으며 전류 증폭만이 발생한다. 출력 전압은 베이스 전압보다 $V_{BE} = 0.6$ V 정도 낮은 전압으로 유지되며, 다음의 관계가 성립한다.

$$V_{out} = V_{in} - 0.6; \quad when \quad V_{in} \geq 0.6 \text{ V} \tag{5.139}$$

$$V_{out} = 0; \quad when \quad V_{in} < 0.6 \text{ V} \tag{5.140}$$

R_E를 통하는 에미터 전류와 컬렉터 전류 사이에는 트랜지스터가 포화되지 않는 $V_C > V_E + 0.2$의 영역에서 다음과 같은 관계가 성립한다.

$$i_E = \frac{V_{out}}{R_E} = \frac{V_{in} - 0.6}{R_E} \tag{5.141}$$

$$i_C = \beta \cdot i_B \tag{5.142}$$

$$i_E = i_C + i_B = (\beta + 1) \cdot i_B \tag{5.143}$$

$$= \frac{(\beta + 1)}{\beta} i_C \tag{5.144}$$

$$i_C = \frac{\beta}{\beta + 1} i_E = \frac{\beta}{\beta + 1} \frac{V_{in} - 0.6}{R_E} \tag{5.145}$$

출력 전류 i_E는 베이스 전압 V_{in}에 비례하게 된다.

$$V_{in} = V_{BE} + V_E \tag{5.146}$$

$$V_E = V_{in} - V_{BE} \geq 0.0 \tag{5.147}$$

$$V_C = V_{CE} + V_E \tag{5.148}$$

다음의 수식에 의하여 에미터 전압은 베이스 전압을 추종하게 되고, 컬렉터와 에미터의 전류는 베이스 전압에 비례하게 된다.

▶▶ **예제** 부하 저항이 변하더라도 일정한 전류를 공급해야 하는 경우가 많다.

그림 5.19와 같이 이전 예제의 회로를 변경하였다. 이전 회로와 다른 점은 V_{CC1}의 별도 전

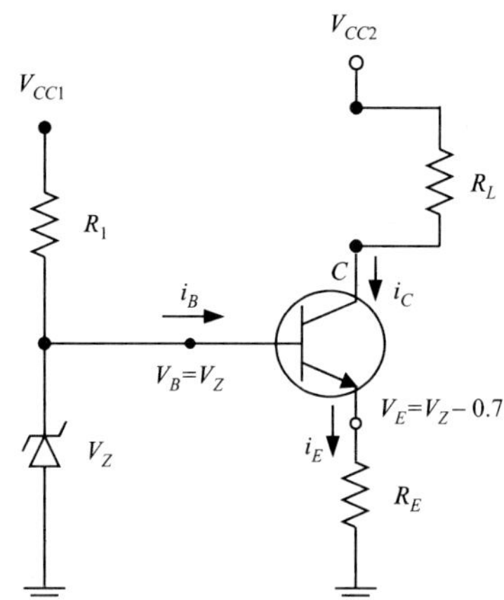

그림 5.19 ■ 정전류원으로 활용되는 트랜지스터 회로

원과 저항 R_1, 그리고 V_Z의 제너 전압을 가지는 제너 다이오드를 추가한 것이다. 출력단에는 V_{CC2}의 출력 전압원과 트랜지스터의 컬렉터 사이에 부하 저항을 연결하였다.

$V_{CC1} > V_Z$의 관계를 만족하면 베이스와 접지 사이에는 $V_B = V_Z$의 전압이 형성되고, 베이스 전류는 다음과 같다.

$$i_B = (V_{CC1} - V_Z)/R_1 \tag{5.149}$$

에미터와 접지 사이의 전압은 다음과 같다.

$$V_E = V_Z - V_{BE} = V_Z - 0.7 \tag{5.150}$$

따라서, R_E를 통하는 에미터 전류는 다음과 같이 정리된다.

$$i_E = V_E/R_E = (V_Z - 0.7)/R_E \tag{5.151}$$

부하 전류인 컬렉터 전류는 다음의 관계가 성립한다.

$$i_C = i_E - i_B \tag{5.152}$$

베이스 전류는 에미터 전류에 비하여 매우 작다. 따라서, R_E가 고정되어있고, $V_{CC1} > V_Z$의 관계가 성립하면 에미터 전류는 고정되고, 결과적으로 R_L이 변경되더라도 컬렉터 전류는 변하지 않게 된다. 컬렉터의 전압 V_C는 포화되지 않는 경우의 R_L의 따라서 다음과 같은 관계로 변화한다.

$$i_C = \beta \cdot i_B = \frac{V_{CC2} - V_C}{R_L}$$
$$V_C = V_{CC2} - R_L \cdot i_C$$

바이어스 전압 지금까지는 전류와 전압을 증폭하고, 입력 신호가 0인 경우에 출력 신호도 0인, 다음의 관계를 만족하는 트랜지스터 증폭기에 대하여 다루었다.

$$V_{out} = K_v \cdot V_{in} \tag{5.153}$$

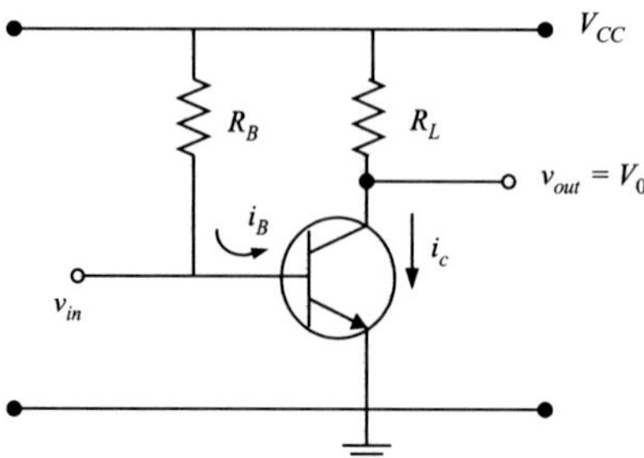

그림 5.20 ■ 증폭기를 위한 바이어스 회로

하지만, 많은 응용 회로에서는 입력과 출력 전압 관계에 오프셋 전압이 필요하며, V_0가 바이어스 전압인 경우에 다음의 관계가 성립한다.

$$V_{out} = V_0 + K_v \cdot V_{in} \tag{5.154}$$

많은 종류의 바이어스 회로가 존재하며, 그 중 하나를 그림 5.20에 나타내었다. 입력 전압이 0인 경우에도 전원 전압 V_{CC}와 R_B에 의하여 베이스 전류가 존재한다. 전원 전압 V_{CC}, 부하 저항 R_L, 전류 증폭률 β, 바이어스 전압 V_0에 대하여 R_B 저항값을 계산할 수 있다.

예제 회로의 입력단은 다음의 관계가 성립한다.

$$V_{CC} = R_L \cdot i_C + V_{CE} = R_L \cdot i_C + V_{out} \tag{5.155}$$

$$i_C = \frac{V_{CC} - V_{out}}{R_L} \tag{5.156}$$

$V_{in} = 0$인 경우에 트랜지스터가 선형 능동 영역에서 동작한다고 가정했을 때, 트랜지스터의 입력단 회로는 다음의 관계가 성립한다.

$$i_B = \frac{1}{\beta} \cdot i_C \tag{5.157}$$

$$i_B = \frac{V_{R_B}}{R_B} \tag{5.158}$$

$$= \frac{V_{CC} - V_{BE}}{R_B} \tag{5.159}$$

$$\approx \frac{V_{CC}}{R_B} \tag{5.160}$$

$V_{in} = 0$이므로 $V_{out} = V_0$로 표현할 수 있다. 위의 관계에 의하여 주어진 전원, 부하 저항, 트랜지스터에 대하여 바이어스 전압을 생성하기 위한 베이스 저항을 계산할 수 있다.

$$V_0 = V_{CC} - R_L \cdot i_C \tag{5.161}$$

$$= V_{CC} - R_L \cdot \beta \cdot i_B \tag{5.162}$$

$$= V_{CC} - R_L \cdot \beta \cdot \frac{V_{CC}}{R_B} \tag{5.163}$$

$$V_0 = V_{CC}\left(1 - \frac{\beta \cdot R_L}{R_B}\right) \tag{5.164}$$

결과적으로 베이스 저항은 다음과 같다.

$$R_B = \beta \cdot \frac{V_{CC}}{V_{CC} - V_0} \cdot R_L \tag{5.165}$$

이 회로는 매우 다양한 종류 중에서 하나의 단순한 바이어스 회로이다. 이 회로에서는 바이어스 전압이 증폭기의 전류 증폭률인 β에 선형 함수의 형태로 나타나는데, β는 양산 과정에서의 오차와 온도에 의해 영향을 받는다. 바이어스 전압 V_0가 β의 변동에 의하여 예상보다 크게 나오는 경우 R_B 저항값을 늘리거나 줄여야 한다.

▸▸ **예제** 그림 5.20의 바이어스 전압 회로에서 다음의 매개변수를 가정한다.

$$V_{CC} = 12\text{ V}, \quad \beta = 100, \quad R_L = 10\text{ K}\Omega \tag{5.166}$$

바이어스 전압 V_0가 6 V가 되도록 베이스 저항 R_B를 결정한다.

위 수식에 의하여 바이어스 저항은 다음과 같이 결정된다.

$$R_B = \beta \cdot \frac{V_{CC}}{V_{CC} - V_0} \cdot R_L \tag{5.167}$$

$$= 100 \cdot 2 \cdot 10\text{ K}\Omega \tag{5.168}$$

$$= 2\text{ M}\Omega \tag{5.169}$$

이상의 초기 설계 이후에, V_0가 β의 편차에 의하여 다르게 발생하는 경우에 R_B의 값을 위 수식에 의하여 조절하여 예상 바이어스 전압이 발생하도록 조정한다.

5.6 연산 증폭기

연산 증폭기는 1940년대 후반에 처음으로 개발되었다. 오늘날, 연산 증폭기는 저렴하고 신뢰성이 높은 선형 집적 회로로서 연간 수억 개 이상이 생산된다. 이름이 암시하듯이 연산 증폭기는 덧셈, 뺄셈, 곱셈, 필터, 비교, 변환 등의 연산 증폭 기능을 수행한다. 연산 증폭기는 매우 높은 개루프 이득을 가진 소자이다(이상적으로는 무한대, 실질적으로는 유한하지만 매우 높음). 연산 증폭기의 주요 기능은 주로 외부의 피드백 소자에 의하여 결정된다. 많은 연산 증폭기가 특허에 따라 여러 제조사에서 생산된다. 예를 들면, 741 연산 증폭기는 LM741, NE741, μA741 등의 제품명으로 각기 다른 제조회사에서 생산된다. LM117/LM217/LM317 등은 741 연산 증폭기의 고성능 버전이다. LM117, LM217, LM317은 각각 군사용, 산업용, 상업용 제품이다. 301, LM339, LM311(비교기 IC), LM317(전원 공급기), 555 타이머 IC 칩, 그리고 XR2240 카운터/타이머 등이 널리 활용되는 연산 증폭기이다. 집적 회로 설계는 다수의 개별 소자(트랜지스터, 저항, 커패시터, 다이오드)를 하나의 작은 칩에 통합하는데, 통상적으로 DIP(dual-inline-package) 형태로 제작된다.

741 연산 증폭기는 17개의 BJT, 12개의 저항, 1개의 커패시터, 4개의 다이오드로 구성된다. 실제 내부 소자의 수는 제조사에 따라서 다르다. 연산 증폭기를 구분하기 위한 코딩 표준은 연산 증폭기 기능 코드, 상업용 또는 군사용 등급, 물리적 패키지(예를 들면 DIP) 등을 포함한다. 연산 증폭기를 이용하기 위해 설계자는 물리적 크기와 기능을 기술한 데이터 시트, 그리고 핀에 대한 정보가 필요하다. 연산 증폭기의 높은 활용성과 검증된 설계에 의하면, 아날로그 신호 처리를 위해 트랜지스터, 저항, 커패시터 등의 개별 소자를 이용하여 회로를 설계하는 예는 매우 드물다. 거의 모든 아날로그 신호 처리 용도에 알맞은 연산 증폭기 IC는 쉽게 구할 수 있다. 대부분의 경우에 설계자는 연산 증폭기 내부의 세부 회로에 대해서는 알 필요가 없다. 연산 증폭기 IC에 대한 필요한 정보는 입출력 관계(예를 들면 저역 통과 필터), 이득, 대역폭, 그리고 입출력 임피던스 등이다. 대부분의 연산 증폭기 IC는 여러 단으로 구성된다. 예를 들면, 입력 임피던스를 키우기 위한 차동 증폭기 입력단, 중간의 증폭단, 그리고 출력단으로 구성된다. 연산 증폭기는 저전력 신호를 처리하는데, 신호의 대역폭은 대략 50 MHz 정도이다. 통상적으로 연산 증폭기의 출력 전류는 약 10 mA 정도이다.

5.6.1 기본 연산 증폭기

그림 5.21에는 DIP 패키지와 기본 연산 증폭기의 기호를 나타내었다. 8핀 DIP 패키지에서 집적 회로 칩이 차지하는 면적은 DIP 패키지 전체의 극히 일부분이다. 전자 회로에서 삼각형은 항상 증폭 기능을 나타내는 기호이다. 기본 연산 증폭기는 다음과 같은 5개 단자를 포함한다.

1. 전원 공급(양극) 단자(V^+, V^-, 즉 ±15 VDC, ±12 VDC, ±9 VDC, ±6 VDC)
2. 반전(−) 비반전(+) 입력 단자. 각각은 접지에 대하여 v^-와 v^+의 전압
3. 접지에 대한 출력 단자로서 출력 전압은 V_0로 나타낸다.

이상은 개루프 연산 증폭기이다. 대부분의 경우, 연산 증폭기의 활용에서는 목적한 기능을 구현하기 위하여 외부 단자를 연결하는 소자를 사용한다. 하지만, 연산 증폭기의 개루프 특성은 연산 증폭기 응용을 이해하는 데 있어서 매우 중요하다. 개루프 연산 증폭기를 위한 이상적인 가정은 다음과 같다. 실제 매개변수는 이상적인 가정과 매우 비슷하므로 이에 의한 성능의 차이는 대부분의 경우 매우 미미하다.

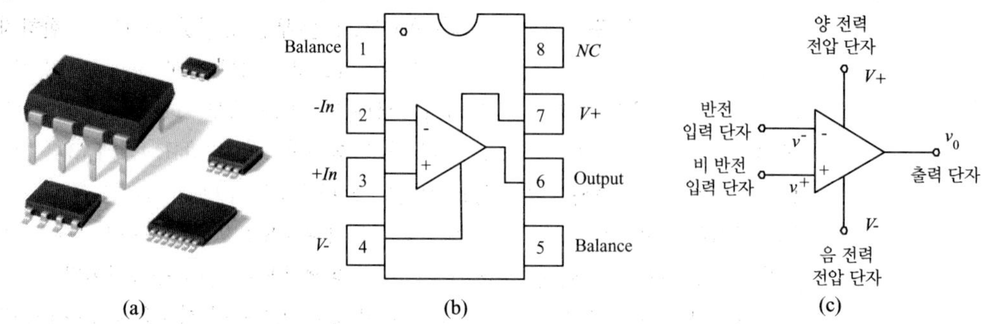

그림 5.21 ■ 연산 증폭기. (a) DIP 형태의 연산 증폭기, (b) 연산 증폭기 단자, (c) 연산 증폭기 기호

이상적인 연산 증폭기에 대한 가정은 다음과 같다(그림 5.22).

1. 연산 증폭기는 무한대의 입력 임피던스를 갖는다. 실제로는 소스의 임피던스와 비교하여 매우 큰 값이다.
2. 연산 증폭기의 출력 임피던스는 0이다. 실제로는 부하 저항과 비교하여 매우 작은 값이다.
3. 연산 증폭기의 개루프 이득(K_{OL})은 무한대다. 실제로는 10^5~10^6정도의 매우 큰 값이다.
4. 무한한 주파수 대역을 갖는다. 하지만 실제로는 제한된 대역을 갖는다. 대부분의 경우 1 MHz의 신호까지 동작하며, 몇몇 특별한 경우는 50 MHz의 대역폭을 갖는다.

위 가정들로부터 다음과 같은 관계를 예상할 수 있는데, 이는 어떠한 연산 증폭기 구성에 대해서도 입출력 관계 유도에 매우 유효하다는 것이다.

1. 입력 저항이 무한대이므로 2개의 입력 단자를 통하여 흐르는 전류는 0이다. $i^- = i^+ = 0$
2. 또한, 두 입력 단자에 걸리는 전압은 0이다. 즉, $v^+ = v^-$ 또는 $E_d = v^+ - v^- = 0$

위 관계는 앞에서 언급한 이상적인 가정을 기반으로 한 대략적인 결론이다. 실제로는 정확히 0이 아니고 0에 매우 가깝다. 출력 전압은 $V_o = K_{OL} \cdot E_d$로 표현하되, K_{OL}은 매우 크고, E_d는 매우 작기 때문에 출력 전압은 유한하다. 연산 증폭기의 출력 전압이 포화되면, 출력 전압은 기껏해야 전원 전압과 같다.

$$V_o = V_{sat} = V^+ \quad \text{또는} \quad V_o = -V_{sat} = -V^- \tag{5.170}$$

통상적으로 포화 전압은 전원 전압보다 1~2 V 낮다. 연산 증폭기의 높은 입력 임피던스와 낮은 출력 임피던스는 신호원(입력 신호)과 부하(출력 신호) 사이에서 이상적인 버퍼로 동작할 수 있음을 의미한다. 연산 증폭기(예를 들면 단위 이득 연산 증폭기)는 신호원과 부하 사이에 사용하면 입력 신호에 끼치는 부하의 영향을 제거할 수 있다. 이것은 기본적인 장점이며 센서 신호 처리에 널리 활용된다.

신호 전압이 신호를 운반하는 도선과 접지 사이에서 측정되면 이 신호를 단선 신호(single-

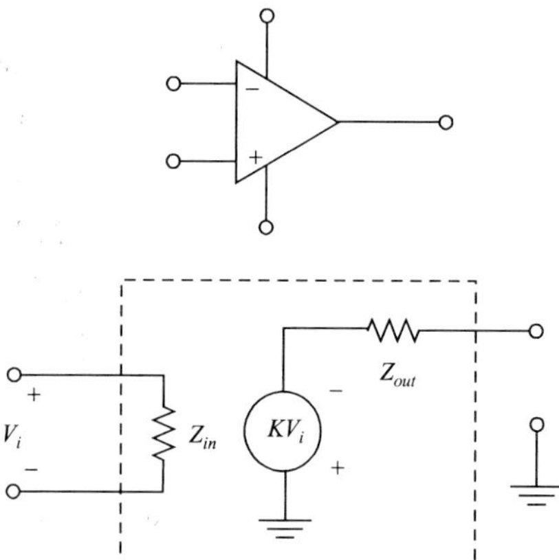

그림 5.22 ■ 연산 증폭기의 모델: 단일 출력 연산 증폭기. 이상적인 모델에서는 무한대의 입력 임피던스와 개루프 이득, 0 출력 임피던스를 가정한다. $Z_{in} = \infty$, $Z_{out} = 0$, $K = \infty$

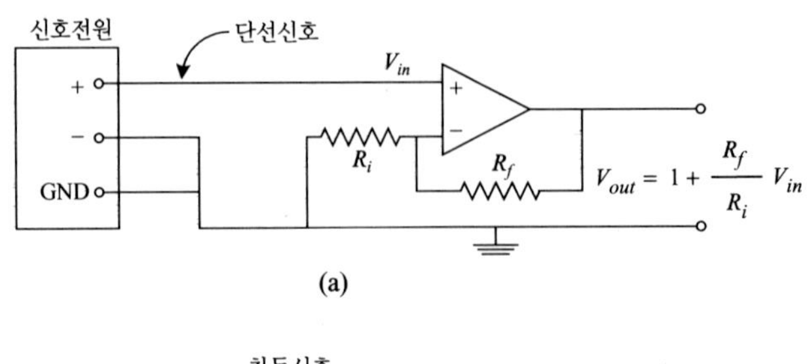

(a)

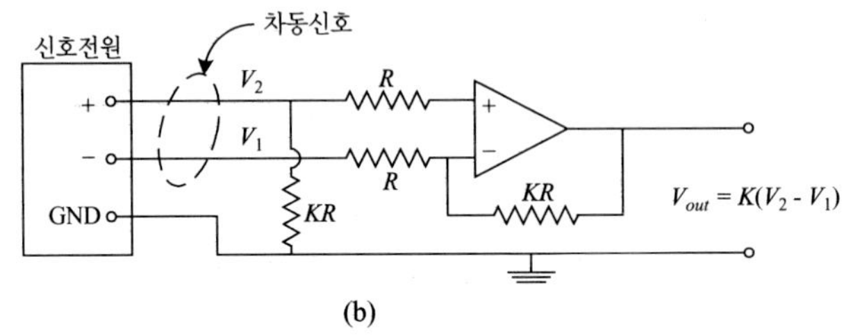

(b)

그림 5.23 ■ (a) 단일 입력 모드의 연산 증폭기에서는 궤환 신호와 접지를 공통으로 활용한다, (b) 차동 모드 연산 증폭기

ended signal)라 한다(그림 5.23(a)). 신호 전압이 접지와 상관없는 두 도선 사이에서 측정되면 이 신호는 **차동 신호**(differential-ended signal)라 한다(그림5.23(b)). 실제 신호 정보는 두 도선의 전위차에 나타난다. 도선에 영향을 미치는 외부 잡음은 두 도선에 거의 동일한 영향으로 나타난다. 차동 증폭기는 두 신호의 차동 성분만을 통과시키고 동상 신호는 제거하므로 잡음에 의한 영향을 상쇄시킬 수 있다.

차동 증폭기의 성능은 차동 이득, 동상 이득, 그리고 동상 모드 제거비(CMRR; common-mode rejection ratio)로 정의된다.

$$K_{diff} = \frac{V_{out}}{V_{in1} - V_{in2}} \tag{5.171}$$

$$K_{cm} = \frac{V_{out}}{((V_{in1} + V_{in2})/2)} \tag{5.172}$$

$$CMRR = \frac{K_{diff}}{K_{cm}} \tag{5.173}$$

우리는 위 세 가지 중에서 두 가지만 알면 된다. 통상적으로 K_{diff}와 $CMRR$을 참조한다. 이상적인 차동 이득은 우리가 목적하는 증폭기 이득(예를 들면 1.0 또는 10.0)이고, 이상적인 동상 이득은 0이다. 즉, 두 신호선에 동일하게 유도된 잡음 성분은 차동 증폭기에 의하여 완전히 제거된다. 그러므로, 이상적인 차동 증폭기는 무한대의 CMRR을 갖는다. 따라서, 실제 동상 모드 이득은 작지만 0이 아니고, CMRR은 크지만 유한하다. 통상적인 CMRR의 범위는 80~120 dB이다.[1] 이는 증폭기가 차동 신호를 동상 신호보다 10^4~10^6배 더 증폭시킴을 의미한다.

---

1) $K_{dB} = 20\ log_{10} K$ 또는 $K = 10^{\frac{K_{dB}}{20}}$, 예를 들면 $K = 0.01, 0.1, 1, 10, 100$은 각각 $K_{dB} = -40, -20, 0, 20, 40$과 같음을 의미한다.

설계자에게 유용한 실제 연산 증폭기의 매개변수는 다음과 같다.

1. 개루프 이득(10^4~10^7 범위)
2. 대역폭(1 MHz 범위)
3. 입력 임피던스($Z_{in} = R_{in} = 10^6\ \Omega$)
4. 출력 임피던스($Z_{out} = R_{out} = 10^2\ \Omega$)
5. 동상 모드 제거비(CMRR)($CMRR = 60$~120 dB)
6. 전원 전압(1.5~30 VDC, 단전원 또는 양전원)
7. 연산 증폭기 내부의 소모 전력(대략적으로 전원 전압에 비례하여 증가)
8. 최대 입력 전압과 차동 입력 전압
9. 동작 온도 범위(상업용: 0~70°C, 공업용: −25~85°C, 군사용: −55~125°C)

부궤환 매우 높은 이득을 가지는 증폭기에 부궤환을 적용하면 부궤환에 사용된 소자에 의하여 회로의 이득이 정밀하게 결정된다. 부궤환은 증폭기의 폐루프 전달 함수 특성에 영향을 미치는 증폭기의 개루프 이득 변화의 영향을 줄이기 위하여 사용된다. 연산 증폭기의 개루프 이득은 10^5~10^7 범위 내에서 변화한다. 그림 5.24(a)에는 연산 증폭기의 부궤환 회로를 나타내었다. $V_{in}(s)$로부터 $V_{out}(s)$까지의 전달 함수는 다음과 같이 결정된다.

$$V_{out}(s) = G(s) \cdot V_1(s) = G(s) \cdot (V_{in}(s) - V_2(s)) \tag{5.174}$$

$$= G(s) \cdot (V_{in}(s) - F(s) \cdot V_{out}(s)) \tag{5.175}$$

$$= \frac{G(s)}{1 + G(s)F(s)} \cdot V_{in}(s) \tag{5.176}$$

그러므로 폐루프 전달 함수 특성은 다음과 같다.

$$\frac{V_{out}(s)}{V_{in}(s)} = \frac{G(s)}{1 + G(s)F(s)} \tag{5.177}$$

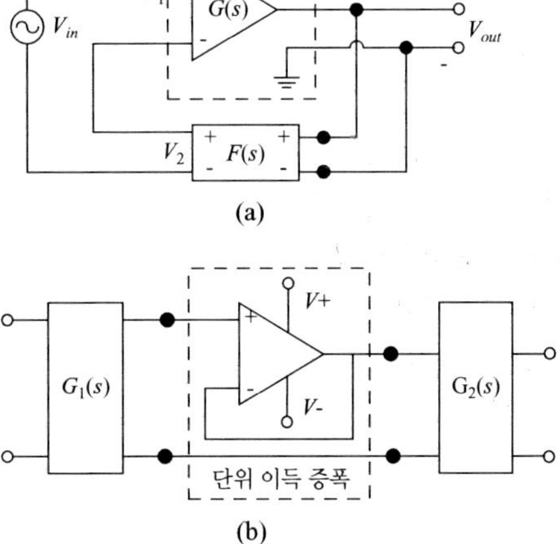

그림 5.24 ■ (a) 부궤환 연산 증폭기, (b) 두 필터 사이에 사용된 단일 이득 연산 증폭기

입력과 출력 사이의 전달 함수에 부궤환이 미치는 영향의 가장 중요한 사실은 $G(s)F(s) >> 1$를 만족하는 경우에 다음의 관계가 성립한다.

$$\frac{V_{out}(s)}{V_{in}(s)} \approx \frac{1}{F(s)} \tag{5.178}$$

이는 폐루프 전달 함수가 연산 증폭기의 개루프 전달 함수 특성에 거의 영향을 받지 않는다는 것을 의미하며, 연산 증폭기의 폐루프 전달 함수 특성은 개루프 전달 함수의 변화에 거의 영향받지 않는다.

$F(s) = 1$을 사용하는 특별한 경우를 생각하면, 단위 이득을 갖는 증폭기 전달 함수를 얻을 수 있다(그림 5.24(b)). $G(s)$의 이득이 10^5~10^7 사이에서 변하는 일반적인 경우에 $F(s)$가 1인 경우를 생각하면, 그에 따른 폐루프 전달 함수의 이득은 다음 수식과 같이 나타난다.

$$\frac{V_{out}(s)}{V_{in}(s)} = \frac{G(s)}{1 + G(s)F(s)} \tag{5.179}$$

$$= \frac{10^5}{1 + 10^5} \sim \frac{10^7}{1 + 10^7} \tag{5.180}$$

$$= 0.999990 \sim 0.99999990 \tag{5.181}$$

즉, 연산 증폭기의 개루프 이득이 100정도 변화하더라도 폐루프 이득의 변화는 거의 없음을 확인할 수 있다. 단위 이득의 연산 증폭기 회로는 신호원과 부하 저항 사이의 임피던스 정합을 위하여 버퍼의 용도로 활용되어 $G_1(s)$에 나타나는 $G_2(s)$의 부하 저항 영향을 제거할 수 있다. 즉, $G_1(s)$와 $G_2(s)$ 사이에서 버퍼 역할을 수행하는데, 그 입력 임피던스는 무한대에 가까울 정도로 매우 크며 출력 임피던스는 0에 가까울 정도로 매우 작다.

5.6.2 일반 연산 증폭기 회로

연산 증폭기는 개루프와 폐루프 회로 모두로 활용된다. 특정 목적을 위한 다양한 연산 증폭기 회로를 세 가지 종류로 구분하면, 비교기 회로, 정궤환 회로, 그리고 부궤환 회로로 나눌 수 있다.

(1) 비교기로 활용되는 연산 증폭기 비교기의 동작은 두 입력 신호를 비교하여 출력을 ON($V_o = V_{sat}$) 또는 OFF($V_o = -V_{sat}$)로 설정한다(그림 5.25). 기준 전압 V_{ref}는 부극성(−) 입력 단자에 연결되고, 다른 입력 신호 V_i는 정극성(+) 입력 단자에 연결된다. V_i 신호가 기준 전압 V_{ref} 보다 크거나 작은 경우에 대하여 연산 증폭기의 출력은 $V_o = V_{sat}$ 또는 $V_o = -V_{sat}$로 설정된다. 입력 V_{ref}와 V_i의 위치를 서로 뒤바꾸면 출력 극성은 반대로 나타난다. 비교기로 활용되는 개루프 연산 증폭기 회로의 입출력 관계는 다음과 같이 요약된다.

$$V_o = K_{OL} \cdot (V_i - V_{ref}); \tag{5.182}$$

$$\text{if} \quad -V_{sat} < K_{OL} \cdot (V_i - V_{ref}) < V_{sat} \tag{5.183}$$

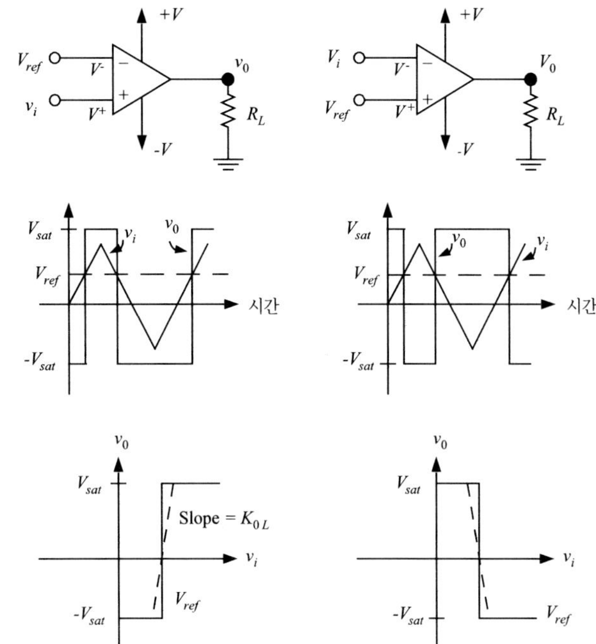

그림 5.25 ■ 비교기로 활용되는 개루프 연산 증폭기: 정극성과 부극성

$$= V_{sat}; \quad \text{if} \quad K_{OL} \cdot (V_i - V_{ref}) > V_{sat} \tag{5.184}$$

$$= -V_{sat}; \quad \text{if} \quad K_{OL} \cdot (V_i - V_{ref}) < -V_{sat} \tag{5.185}$$

다음과 같은 연산 증폭기의 특성을 고려하자.

$$K_{OL} = 10^6, \quad V_{sat} = 12 \text{ VDC} \tag{5.186}$$

두 입력 단자의 전압이 $+/-12\ \mu$V 이내의 차이를 가지면 출력 전압은 이 전압 차이에 비례하는 전압이 출력되지만, 그렇지 않은 경우는 출력 전압이 포화되어서 12 V 또는 −12 V의 전압을 나타내게 된다

V_i에 기준 전압을 입력하고 V_{ref}에 고정된 주기의 삼각파나 정현파를 입력하면 이 회로는 PWM 모듈레이터로 활용될 수 있다. 이와 유사하게, 비교기 연산 증폭 회로는 신호 생성기로도 활용될 수 있다. LM311(LM211/LM111) 소자는 고속 비교기로 동작하는 연산 증폭기 IC이다.

▶▶ **예제** 그림 5.26에 나타낸 연산 증폭기 비교 회로를 보자. 입력단의 저항은 다음과 같다.

$$R_1 = 4 \text{ k}\Omega \quad R_2 = 6 \text{ k}\Omega \tag{5.187}$$

전원 전압은 $V_{c1} = 10$ VDC이고 출력의 포화 전압은 $V_{sat} = 13$ VDC이다. 입력 전압은 $V_{in} = 9\ sin(2\pi t)$이다. 두 회로의 차이는 기준 전압과 입력 전압이 연산 증폭기의 서로 반대 위치에 연결되었다는 점이다. 두 회로에 대한 출력 신호를 시간에 대하여 그려라. 기준 전압은 다음과 같다.

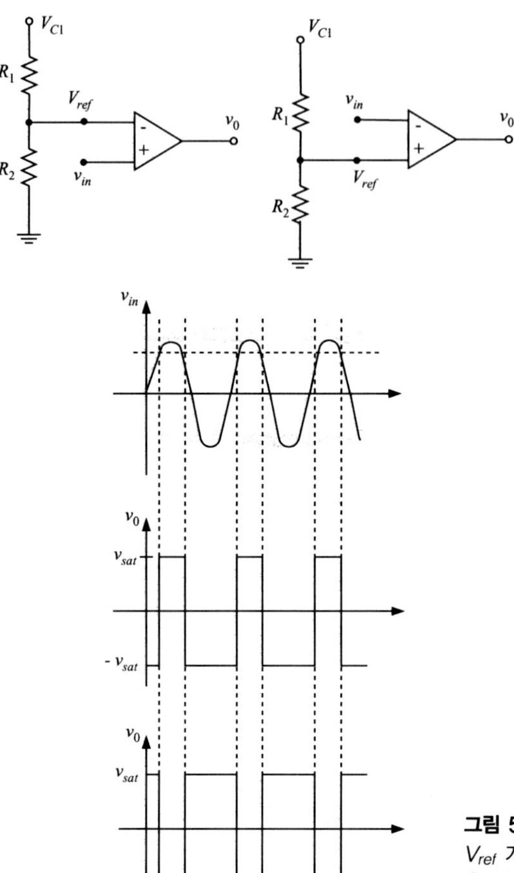

그림 5.26 ■ 비교기로 활용되는 개루프 연산 증폭기: V_{ref} 기준 전압, V_{in} 입력 전압(즉 센서로부터의 전압)을 서로 반대로 연결한 두 회로에서 출력의 극성이 반전된다.

$$V_{ref} = \frac{R_2}{R_1 + R_2} V_{C1} = \frac{6}{4+6} \cdot 10 = 6 \text{ V} \tag{5.188}$$

이 회로는 비교기로 활용되는 연산 증폭기이다. 출력 전압 변화에서 나타나는 상승 시간을 무시한다면 출력 전압은 계단 함수 형태로 변화한다. $(v^+ - v^-) > V_{sat}/K_{OL} \approx 0.0$의 경우에 출력 전압은 $V_o = V_{sat}$이 성립하고, 그렇지 않은 경우에는 출력 전압 $V_o = -V_{sat}$으로 출력된다. 첫 번째 회로에서는 $V_{in} > 6$ V를 만족하는 경우에 출력 전압은 $V_{out} = V_{sat} = 13$ V가 되고, $V_{in} < 6$ V인 경우에는 $V_{out} = -V_{sat} = -13$ V가 된다. 두 번째 회로는 첫 번째 회로와 위상이 반대가 된다. 입출력 전압 관계는 그림 5.26과 같다.

▶▶ **예제** 그림 5.27의 회로는 입력 전압 V_{in}이 두 기준 전압 $V_{ref,l}$과 $V_{ref,h}$ 사이에 있는지 검사한다. 입력 전압이 이 두 기준 전압 밖에 있을 때 V_{sat}이 되고, 반대의 경우에 $-V_{sat}$이 된다. 결국, 입력 전압이 두 기준 전압 밖에 있을 때 LED는 ON된다.

(2) 정궤환 연산 증폭기 연산 증폭기의 궤환 루프를 정극성 입력 단자로 바꾸면 비교

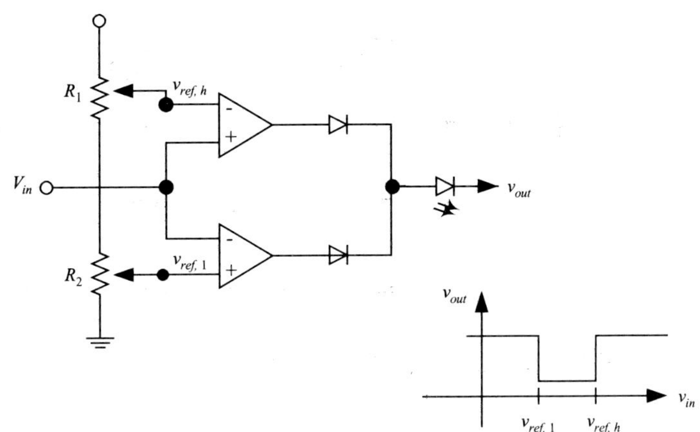

그림 5.27 ■ 윈도우 비교기로 활용되는 2개의 개루프 연산 증폭기: $V_{ref,l} \leq V_{in} \leq V_{ref,h}$

기 회로는 히스테리시스 특성을 가지게 되는데, 이 특성은 가정용 온도 조절 회로에서 릴레이 ON/OFF 기능에 적용될 수 있다. 이 원리를 이용한 대표적인 회로가 슈미트 트리거(schmitt triger)이다(그림 5.28). 연산 증폭기에 정궤환 루프를 적용하면 히스테리시스 특성을 가지게 되는데, 정궤환은 히스테리시스 특성 구현에 핵심 원리이다. ON/OFF 제어 시스템에 활용되는 회로는 히스테리시스 크기보다 작은 잡음 성분을 제거할 수 있다(그림 5.28). 보다 범용적인 슈미트 트리거 회로에서는 히스테리시스 크기와 그 중심 전압을 조절할 수 있다. 슈미트 트리거 회로는 디지털 회로에서 잡음에 의한 ON/OFF 상태 변화를 제거하기 위하여 활용되는데, LM7414 IC에는 6개의 슈미트 트리거 논리가 하나의 IC에 내장되어 있다.

그림 5.28(b)에는 반전 슈미트 트리거 연산 증폭기를 나타내었다. (+)단자의 전압은 R_2에 걸리는 전압과 같다.

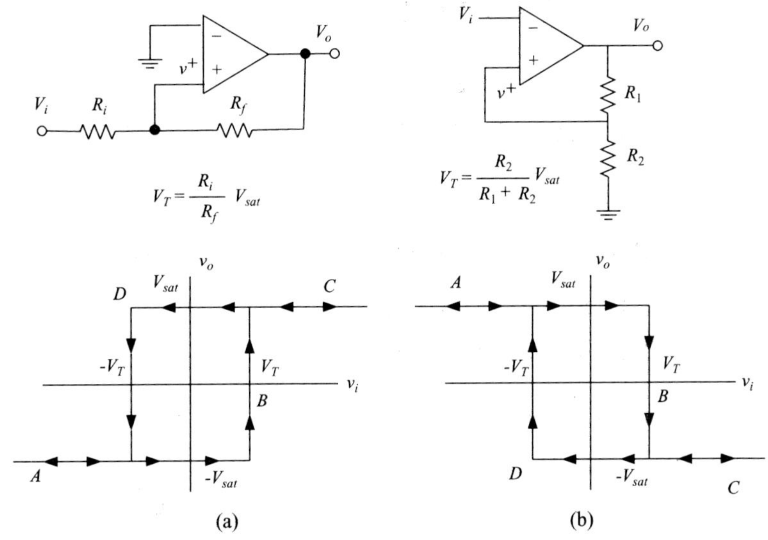

그림 5.28 ■ 슈미트 트리거. (a) 비반전, (b) 반전. 히스테리시스 기능을 포함한 ON/OFF 출력 변화

$$V_{R_2} = \frac{R_2}{R_1 + R_2} \cdot V_o = \frac{R_2}{R_1 + R_2} \cdot V_{sat} \tag{5.189}$$

여기서 출력 전압은 두 입력 단자의 상태에 따라 $V_o = V_{sat}$ 또는 $V_o = -V_{sat}$으로 포화된다.

$$v^+ = \frac{R_2}{R_1 + R_2} \cdot V_{sat} \quad \text{during} \quad V_o = V_{sat} \tag{5.190}$$

$$v^+ = -\frac{R_2}{R_1 + R_2} \cdot V_{sat} \quad \text{during} \quad V_o = -V_{sat} \tag{5.191}$$

입출력 특성 그래프를 관찰하면 히스테리시스 루프가 표시되어 있다. 초기 상태를 그래프 왼쪽 위치로 가정하자.

$$V_o = V_{sat}, \quad v^+ = \frac{R_2}{R_1 + R_2} \cdot V_{sat}, \quad v_i < 0 \tag{5.192}$$

연산 증폭기의 출력 상태가 그래프의 C 영역으로 변하여 $V_o = -V_{sat}$가 되기 위해서는, 부극성 입력 단자의 전압이 $(v_i = v^-) > (v^+)$를 만족해야 한다. 즉, 연산 증폭기의 입출력 상태는 입출력 관계 그래프의 B를 따라서 이동해야 하는데, 이는 v^-의 입력이 $v^+ = \frac{R_2}{R_1+R_2} V_{sat} > 0$ 보다 커야한다. 여기서 연산 증폭기의 출력 상태 변화에 따른 자세한 과도 응답 특성은 생략하였는데, 그 때의 v^+ 와 v^-는 $v^+ = \frac{R_2}{R_1+R_2} V_{sat}$ 과 $V_o = -V_{sat}$을 만족한다. 다시 처음의 상태로 복귀하기 위해 반전 입력 단자의 전압이 $v^+ = -\frac{R_2}{R_1+R_2} V_{sat}$ 으로 표현되는 비반전 입력 단자의 전압보다 더 작아야 하는데, 이 상태 변화는 그래프의 D 영역에 해당한다. 결국 연산 증폭기의 출력은 ON 상태로 되돌아온다. 비반전 슈미트 트리거 회로는 출력의 극성이 반대인 점을 제외하고 이와 동일한 원리에 의하여 동작한다.

이러한 비선형 히스테리시스 동작은 출력을 비반전 입력 단자에 연결하는 정궤환에 의하여 발생한다. 반전 입력 단자에 연결하는 부궤환 회로는 연산 증폭기를 이용한 선형 함수를 구현하는 데 활용된다.

▶▶ **예제** 그림 5.28(b)의 연산 증폭기 회로에서 포화 전압 V_{sat}은 ±13 V이고, 입력 신호 $V_i(t)$는 크기 10 V, 주파수 10 Hz의 정현파로 가정하자.

$$V_i(t) = 10\, sin(2\pi t) \tag{5.193}$$

다음의 궤환 저항값에 대한 연산 증폭기의 출력 전압 파형을 그려라.

1. $R_1 = 100\ \text{k}\Omega, R_2 = 100\ \Omega$
2. $R_1 = 100\ \text{k}\Omega, R_2 = 100\ \text{k}\Omega$

1번의 경우에는 히스테리시스 전압의 폭 V_T는 다음과 같다.

$$V_T = \frac{R_2}{R_1 + R_2} \cdot V_{sat} = \frac{100}{100{,}000 + 100} \cdot 13 \tag{5.194}$$

$$= 13/1001\ \text{V} \approx 13\ \text{mV} \tag{5.195}$$

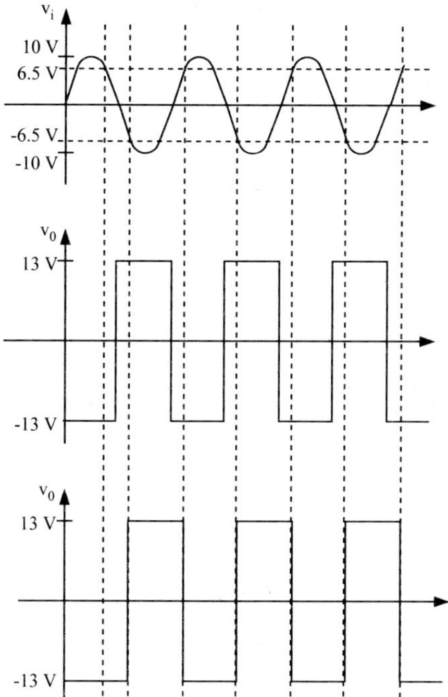

그림 5.29 ■ 주기적인 입력 신호를 구형파로 출력하는 반전 슈미트 트리거 연산 증폭기 회로

출력 전압은 $V_{sat} = 13$ V와 $-V_{sat} = -13$ V 사이를 스위칭하는데, 입력 신호가 0 V 근처에 -13 mV로 형성된 히스테리시스 밴드를 가로지를 때 발생한다. 이러한 히스테리시스의 영향으로 출력 상태의 전환은 입력 전압이 히스테리시스 밴드를 가로지르는 방향에 의하여 결정된다.

2번의 경우, 히스테리시스 전압의 폭 V_T는 다음과 같다.

$$V_T = \frac{R_2}{R_1 + R_2} \cdot V_{sat} = \frac{100{,}000}{100{,}000 + 100{,}000} \cdot 13 \tag{5.196}$$

$$= 6.5 \text{ V} \tag{5.197}$$

이 경우에도 출력 전압은 ± 13 V 사이를 스위칭하는데, 1번의 경우와는 다르게 입력 전압이 ± 6.5 V로 형성된 히스테리시스 밴드를 가로지를 때 발생한다. 그림 5.29에는 두 가지 경우의 입출력 그래프를 표현하였다. 1번의 경우는 히스테리시스 크기가 매우 작으므로 히스테리시스 동작이 보이지 않지만, 2번의 경우에는 뚜렷한 히스테리시스 동작을 확인할 수 있다.

(3) 부궤환 연산 증폭기

반전 연산 증폭기 회로 입력 전압을 음의 이득만큼 증폭하여 출력하는 동작을 한다. 입력에서 출력까지의 시간 지연 현상을 무시하면 다음과 같은 입출력 관계를 갖는다.

$$V_o(t) = K_{CL} \cdot V_i(t) \tag{5.198}$$

비반전 연산 증폭기(그림5.30(a))에서는 (+)입력 단자는 접지하고, 입력 신호를 반전 입력 단자(−)에 연결하고, 주변에 R_i와 R_f의 저항을 사용한다. 이상적인 연산 증폭기를 가정하였을 때, $i^+ = i^- = 0, E_d = v^+ - v^- = 0, i_f = i_{in}$ 으로 표현되는 가정이 성립한다. 비반전 입력 단자가 접지되어 있으므로 두 입력 단자의 전압은 앞의 가정에 따라 다음과 같이 정리된다.

$$v^+ = v^- = 0 \tag{5.199}$$

$$i_{in} = V_i/R_i \tag{5.200}$$

$$i_f = i_{in} \tag{5.201}$$

$$V_f = R_f \cdot i_f = R_f \cdot V_i/R_i \tag{5.202}$$

출력 전압은 V_f와 반대의 극성을 가지게 되므로 다음의 입출력 관계가 성립한다.

$$V_o = -V_f = -\frac{R_f}{R_i} \cdot V_i \tag{5.203}$$

$$V_o = K_{CL} \cdot V_i \tag{5.204}$$

여기서 반전 연산 증폭 회로의 이득은 다음과 같이 요약된다.

$$K_{CL} = -\frac{R_f}{R_i} \tag{5.205}$$

비반전 연산 증폭기 회로 그림 5.30(b)에 나타낸 비반전 증폭 회로에서는 입력 전압을 양의 이득만큼 증폭하여 출력한다. 반전 증폭 회로에서 사용한 이상적인 연산 증폭기에서의 가정($i^+ = i^- = 0, v^+ = v^-$)에 의하여 다음과 같은 입출력 관계를 얻을 수 있다.

$$v^+ = v^- = V_i \tag{5.206}$$

$$i_{in} = V_i/R_i \tag{5.207}$$

$$i_f = i_{in} \tag{5.208}$$

$$i_{in} = V_i/R_i \tag{5.209}$$

비반전 증폭 회로이므로 다음과 같은 입력과 출력의 관계로 요약된다.

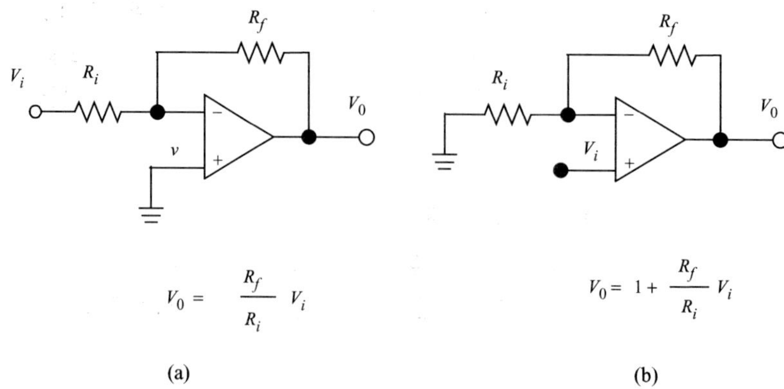

그림 5.30 ■ 연산 증폭기의 기본 궤환 회로. (a) 반전, (b) 비반전 증폭기

$$V_o = \frac{R_i + R_f}{R_i} \cdot V_i \tag{5.210}$$

$$= K_{CL} \cdot V_i \tag{5.211}$$

여기서 비반전 연산 증폭기 회로의 이득은 다음과 같이 1보다 큰 값이 된다.

$$K_{CL} = 1 + \frac{R_f}{R_i} \tag{5.212}$$

▶▶ **예제** $R_f = 0$과 $R_i = \infty$의 값을 적용하면 저항을 하나도 사용하지 않는 특별한 비반전 연산 증폭기 회로를 구성할 수 있다. 이러한 특별한 경우의 비반전 연산 증폭기 회로의 이득은 1이며, 전압 폴로어 연산 증폭기 또는 버퍼 연산 증폭기 회로로 불린다. 주로 입력과 출력을 분리하는 용도로 사용된다(그림 5.24(b)). 전압 이득은 1이지만 입력과 출력을 분리하기 위하여 전류이득은 1보다 큰 값이 된다.

▶▶ **예제** 포화 출력 전압이 $V_{sat} = 13$ V, $R_i = 10$ kΩ, $R_f = 10$ kΩ인 비반전 연산 증폭기 회로에서 입력 전압과 출력 전압의 관계는 다음과 같이 결정된다.

$$V_o = \frac{R_i + R_f}{R_i} \cdot V_i \tag{5.213}$$

$$= 2.0 \cdot V_i \tag{5.214}$$

결과적으로, 입력 전압은 ±6.5 V의 범위로 제한되어야 하며, 그 범위를 넘어서는 경우에 출력 전압은 13 V로 포화된다.

보통의 연산 증폭기에서는 입력 전압으로 전원 전압보다 약간 적은 범위를 모두 사용할 수 있다. 하지만, 궤환 저항값에 따라서 출력 전압은 최대 입력 가능 전압에 도달하기 이전에 포화될 수 있다. $R_i = 1$ kΩ과 $R_f = 99$ kΩ을 사용한 비반전 연산 증폭기 회로를 가정하면, 100.0의 전압 이득을 가지므로 출력의 포화 전압이 13 V인 경우에 입력이 ±0.13 V 범위를 넘어서면 출력 전압은 포화된다.

차동 입력 연산 증폭기 회로 차동 증폭기는 다음 수식과 같이 두 입력 신호의 차이를 증폭하여 출력하는 동작을 수행한다.

$$V_o = K \cdot (V_1 - V_2) \tag{5.215}$$

폐루프 제어 회로에서 기준 신호와 센서 신호의 차이를 감지하는 기능을 수행하는 용도로 활용할 수 있다. 그림 5.31(a)에는 차동 입력 연산 증폭기 회로를 예시하였다. 이와 같은 일반적인 회로에서 입력과 출력의 관계는 중첩 원리에 의하여 구할 수 있다. 즉, 출력은 반전 입력 단자에 의한 출력 성분과 비반전 입력 단자에 의한 출력 성분을 더함으로써 구할 수 있다. 수퍼포지션 원리는 다음과 같이 적용할 수 있다. (1) V_2를 접지하고 $v'_o = K_1 \cdot V_1$의 관계를 구한다. (2) V_1을 접지하고 $v''_o = K_2 \cdot V_2$의 관계를 구한다. (3) 앞에서 구한 두 관계를 $V_o = v'_o + v''_o$ 의 형태로 더한다. 그림 5.30(b)에서 비반전 입력 단자와 반전 입력 단자에 의한 각각의 출력 성분은 다음과 같다.

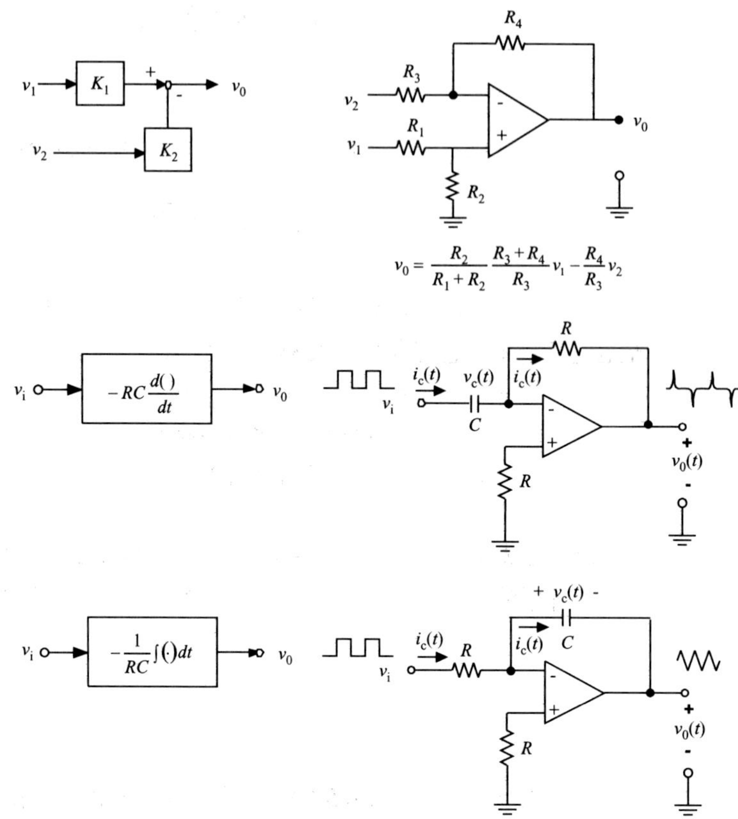

그림 5.31 ■ 주요 연산 증폭기 회로: 차동 입력 증폭기, 미분기, 적분기

$$v^+ = \frac{R_2}{R_1 + R_2} V_1 \tag{5.216}$$

$$v_o' = \frac{R_3 + R_4}{R_3} v^+ \tag{5.217}$$

$$= \frac{R_3 + R_4}{R_3} \frac{R_2}{R_1 + R_2} \cdot V_1 \tag{5.218}$$

$$P_Z = i_Z \cdot V_Z = \left[\frac{(V_S - V_Z)}{R_S} - \frac{V_Z}{R_L} \right] \cdot V_Z \tag{5.219}$$

결과적인 출력 전압은 다음과 같다.

$$V_o = v_o' + v_o'' \tag{5.220}$$

$$V_o = \left(\frac{R_2}{R_1 + R_2} \right) \left(\frac{R_3 + R_4}{R_3} \right) \cdot V_1 - \left(\frac{R_4}{R_3} \right) \cdot V_2 \tag{5.221}$$

$R_1 = R_2 = R_3 = R_4$의 관계가 성립하면 입력과 출력의 관계는 다음과 같다.

$$V_o = V_1 - V_2 \tag{5.222}$$

유사하게, $R_1 = R_3 = R$과 $R_2 = R_4 = K \cdot R$의 관계가 성립하면 다음과 같은 출력 전압이 결정된다.

$$V_o = K \cdot (V_1 - V_2) \tag{5.223}$$

차동 연산 증폭기 회로는 주로 잡음에 민감한 신호를 증폭하는 용도로 활용된다. 그림 5.23에서 살펴보았듯이, 단일 출력 신호는 접지를 기준으로 신호가 형성된다. 연산 증폭기에 연결된 신호선에 잡음이 유입되면 이 잡음도 신호와 함께 증폭된다. 잡음 성분의 크기가 신호 성분과 비슷한 경우에 심각한 문제를 유발할 수 있다. 이러한 경우에는 차동 출력으로 신호 전압을 전송하는 것이 바람직하다. 즉, 두 가닥의 신호선을 활용하여 두 신호선의 전압 차를 이용하여 신호를 표현하는 것이다. 전송 도중에 잡음이 유입되면 두 신호선에 동일한 크기의 영향을 미치므로 그 차이는 잡음에 영향을 받지 않는다. 차동 연산 증폭기 회로의 대표적인 응용 예가 차동 출력 신호를 증폭하는 것이며, 나중에 차동 연산 증폭기 보다 더 향상된 계측용 증폭기에 대하여 소개한다.

예제 그림 5.31의 차동 연산 증폭기 회로에서 $v_o = v_1 - 2v_2$ 의 관계를 만족하기 위한 저항값을 구하라.

차동 연산 증폭기에서의 입출력 관계는 다음 수식과 같다.

$$v_o = \frac{R_2}{R_1 + R_2} \frac{R_3 + R_4}{R_3} \cdot v_1 - \frac{R_4}{R_3} \cdot v_2 \tag{5.224}$$

v_2에 의한 출력 성분은 2의 이득을 가져야 하므로 다음과 같은 관계를 만족해야 한다.

$$\frac{R_4}{R_3} = 2 \tag{5.225}$$

$$R_4 = 2 \cdot R_3 \tag{5.226}$$

v_1에 의한 출력 성분은 1의 이득을 가져야 하므로 다음과 같은 관계를 만족해야 한다.

$$\frac{R_2}{R_1 + R_2} \frac{R_3 + R_4}{R_3} = 1 \tag{5.227}$$

$$R_1 = 2 \cdot R_2 \tag{5.228}$$

$R_2 = R_3 = 10\ \text{k}\Omega$, $R_1 = R_4 = 20\ \text{k}\Omega$을 적용하면 위 설계 사양을 만족할 수 있다.

미분 연산 증폭기 회로 이 회로의 목적은 다음 수식과 같이 입력 신호를 미분한 결과를 출력하는 것이다.

$$V_o(t) = K \frac{d}{dt}(V_i(t)) \tag{5.229}$$

그림 5.31에는 이를 위한 회로를 나타내었다. 이상적인 연산 증폭기 가정을 적용하면 다음과 같은 입출력 관계를 구할 수 있다.

$$i_c = C \cdot \frac{dV_i(t)}{dt} \tag{5.230}$$

$$i_f = i_c \tag{5.231}$$

$$V_f = R \cdot i_f \tag{5.232}$$

$$V_o = -V_f \tag{5.233}$$

따라서

$$V_o = (-RC) \cdot \frac{dV_i(t)}{dt} \tag{5.234}$$

적분 연산 증폭기 회로 미분 연산 증폭기 회로에서 저항과 커패시터의 위치를 바꾸면 그림 5.31과 같은 적분 연산 증폭기 회로를 구성할 수 있으며 동작 특성은 다음 수식과 같다.

$$V_o(t) = K \int (V_i(\tau)\, d\tau) + V_o(0) \tag{5.235}$$

여기서 $V_o(0)$는 초기 전압을 의미한다. 입출력 관계를 구하면 다음과 같다.

$$i_c = V_i(t)/R \tag{5.236}$$

$$i_f = i_c \tag{5.237}$$

$$V_f(t) = \frac{1}{C} \int_0^t i_f(\tau)\, d\tau \tag{5.238}$$

$$V_o(t) = -V_f(t) \tag{5.239}$$

$$= -\frac{1}{RC} \int_0^t V_i(\tau)\, d\tau \tag{5.240}$$

여기서는 초기 전압값은 무시하였다.

다음으로는 신호 처리와 제어 시스템에 활용하는 필터 연산에 관련된 회로와 입출력 관계를 설명한다. 저역 통과, 고역 통과, 대역 통과 그리고 대역 저지(notch) 필터에 대하여 자세히 다룬다. 소프트웨어에 의한 디지털 방식의 필터 구현은 보다 유연한 필터 특성을 제공할 수 있다. 하지만, 연산 증폭기에 의한 필터 구현에는 소프트웨어가 필요하지 않으므로 보다 간단한 장점이 있다.

저역 통과 필터 그림 5.32와 같이 저역 통과 필터는 입력 신호의 낮은 주파수 성분은 통과시키고 높은 주파수 성분은 억제한다. 고역과 저역을 구분하는 차단 주파수는 필터 매개변수에 의하여 결정되며, 저역과 고역에서의 응답 특성 변화 비율과 위상 지연 특성은 필터의 차수에 의하여 결정된다. 저역 통과 필터의 주파수 응답 특성은 다음의 수식으로 표현된다.

$$\frac{V_0(jw)}{V_{in}(jw)} = \frac{1}{\tau_1 jw + 1} \tag{5.241}$$

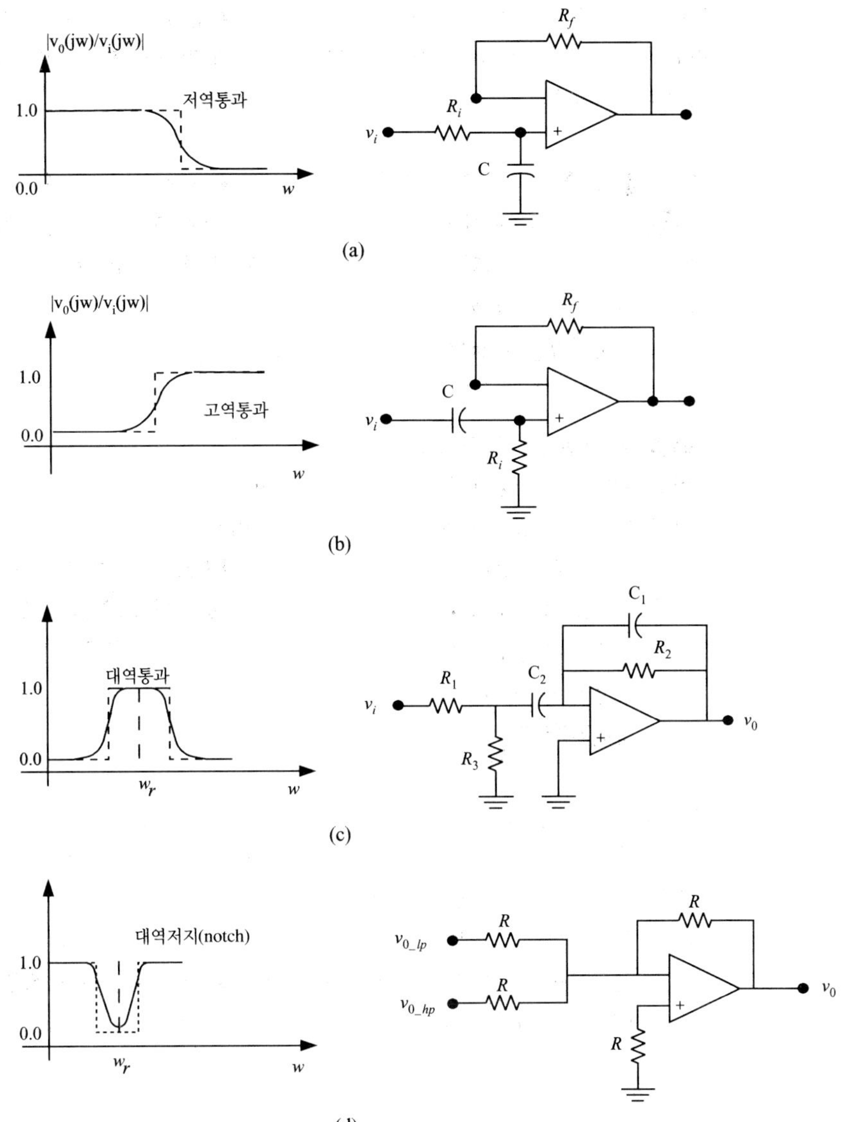

그림 5.32 ■ 주요 연산 증폭기 필터 회로: 저역 통과, 고역 통과, 대역 통과, 대역 저지(notch) 필터

이 1차 필터의 시정수는 $R_i = R_f = R$이라는 가정하에 $\tau_1 = RC$로 표현된다. 이 외에 부궤환 연산 증폭기 회로를 이용하여 동일한 특성의 필터를 구현할 수도 있다.

고역 통과 필터 그림 5.32와 같이 고역 통과 필터는 입력 신호의 높은 주파수 성분은 통과시키고 낮은 주파수 성분은 억제한다. 고역 통과 필터의 주파수 응답 특성은 다음의 수식으로 표현된다.

$$\frac{V_0(jw)}{V_{in}(jw)} = \frac{j\tau, w}{1 + j\tau, w} \tag{5.242}$$

이 1차 필터의 시정수는 $R = R_i = R_f$ 이라는 가정하에 $\tau_1 = RC$로 표현된다. 저역 통과 필터와 고역 통과 필터의 차이는 (+) 입력 단자에 연결된 저항과 커패시터의 위치만이 변경되었을 뿐이다.

대역 통과 필터 그림 5.32에 나타낸 대역 통과 필터에서는 특정 주파수 대역에 포함되는 신호 성분은 통과시키고, 나머지 주파수 성분은 제거한다. 통과시킬 주파수 대역의 선택은 중심 주파수 w_r과 중심 주파수를 중심으로 하는 대역폭 Δw_B의 설계 매개변수에 의하여 결정된다. $C_1 = C_f = C = 0.01\ \mu$F이라 가정할 때, 주어진 설계 매개변수 w_r과 Δw_B에 의하여 저항값은 다음과 같이 결정된다($R_1 = \frac{1}{\Delta W_B \cdot C}$, $R_2 = 2R_1$, $R_3 = \frac{R_2}{4\left(\frac{w_C}{\Delta w_B}\right)^2 - 2}$).

대역 저지 필터 그림 5.32에 나타낸 대역 저지 필터는 선택된 주파수 대역의 신호 성분을 제외한 나머지 주파수 성분을 모두 통과시킨다. *notch* 필터로도 불리며, 기본적으로 대역 통과 필터와 정 반대의 특성을 갖는다. notch 필터에서 통과가 저지되는 주파수 대역의 선택은 중심 주파수 w_r과 중심 주파수를 중심으로 하는 대역폭 Δw_B의 설계 매개변수에 의하여 결정된다. 대역 저지 필터는 저역 통과 필터와 고역 통과 필터를 병렬로 사용한 후 덧셈 연산 증폭기 회로에 의하여 두 출력을 더함으로써 구현할 수도 있다. 여기서 원하는 대역 저지 필터 특성을 위해서는 저역 통과 필터와 고역 통과 필터의 교차 주파수를 적절히 선택해야 한다.

계측용 증폭기 그림 5.33의 계측용 증폭기는 잡음이 많은 환경에서 작은 센서 신호를 증폭하는 용도로 활용된다. 차동 연산 증폭기에서 입력 임피던스를 향상시키고 이득 조절을 용이하게 하여 보다 개선된 성능을 가질 수 있다. 계측용 증폭기에서는 잡음이 많은 환경에서 사용될 수 있도록 보다 높은 CMRR(동상 모드 제거 비율, common mode rejection ratio) 특성을 가지며, 하나의 저항값(R_x)을 가변함으로써 전체 이득을 조절할 수 있다. 계측용 증폭기의 두 입력 단자 중 어떤 것도 접지되지 않으므로 접지 루프도 형성되지 않는다.

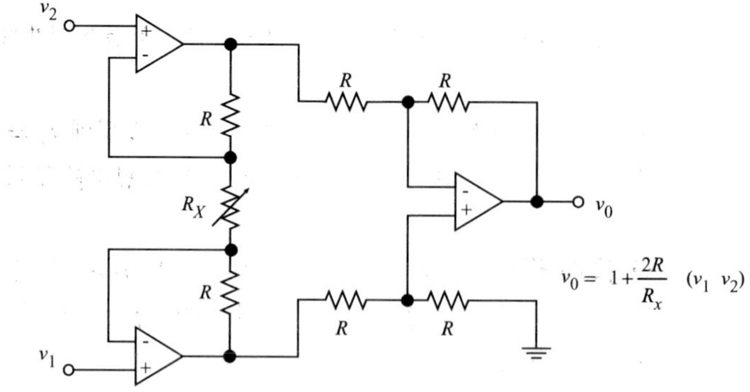

그림 5.33 ■ 계측용 연산 증폭기: 잡음이 많은 환경에서 센서 신호의 증폭 특성을 향상하기 위하여 차동 연산 증폭기를 변형한 회로

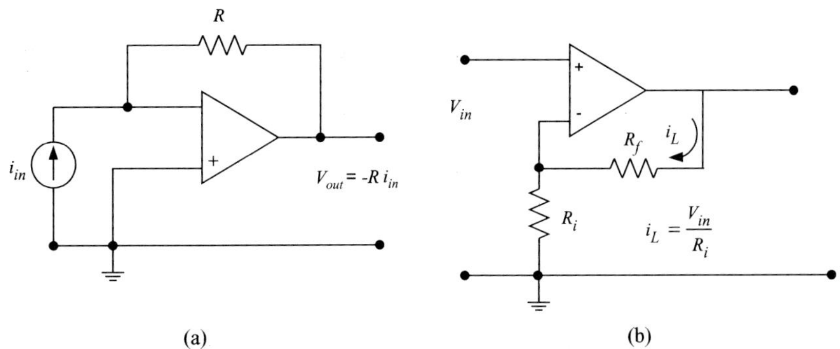

그림 5.34 ■ (a) 전류 전압 변환 연산 증폭기 회로, (b) 전압 전류 변환 연산 증폭기 회로

전류 전압 변환기와 전압 전류 변환기 전자 회로에서 전류 신호를 전압으로 변환하거나 전압 신호를 전류로 변환하는 경우가 있다. 전류에서 전압으로의 변환은 센서 신호처리가 대표적이다. 센서에서 측정된 값은 전류 신호로 변환되며, 제어기에서는 이 전류 신호를 전압으로 변환해야 한다. 그림 5.34(a)에는 반전 연산 증폭기 회로를 수정한 전류 전압 변환기를 나타내었다. 연산 증폭기의 두 입력 단자에서의 전류는 0이므로 전류는 R을 통하여 흘러야 한다. 또한, 연산 증폭기의 (+)입력단이 접지되어 있으므로 전류가 양의 값일 때 출력은 항상 음의 값으로 나타난다. 입력 전류에 대한 출력 전압의 변환 관계는 다음 수식과 같다.

$$V_{out} = -R \cdot i_{in} \tag{5.243}$$

그림 5.34(b)에는 전압을 전류로 변환하는 회로를 나타내었다. 연산 증폭기는 전류원으로 활용되고 있으며, 비반전 연산 증폭기 회로를 응용하였다. 유일한 차이점으로 이 회로에서는 R_f를 통하여 흐르는 전류가 중요하다. 이와 같은 기능은 소형 DC 모터와 솔레노이드를 구동하는 데 유용하게 활용될 수 있다. 예를 들면, 입력 전압은 원하는 출력 토크에 비례하는 기준 신호로 활용된다. DC 모터에서 토크는 권선에 흐르는 전류에 비례하게 된다. 따라서, 원하는 출력 토크를 얻기 위해서는 기준 전압 신호에 비례하는 전류를 모터에 공급해야 한다. 그림에서 부하인 모터의 권선은 R_f의 저항으로 표현하였으며 연산 증폭기의 궤환 저항으로 나타내었다. 이 회로는 비반전 연산 증폭기 회로이므로 출력 전압과 부하에 흐르는 전류의 관계는 다음과 같이 표현된다.

$$V_{out} = \frac{R_i + R_f}{R_i} \cdot V_{in} \tag{5.244}$$

$$i_L = \frac{V_{out}}{R_i + R_f} = \frac{1}{R_i} V_{in} \tag{5.245}$$

부하전류는 부하 저항 R_f 또는 그 변화량에 무관하다. 출력 포화가 나타나지 않는 선형 영역에서 출력 전압은 다음과 같이 표현된다.

$$V_{out} = (R_i + R_f) \cdot i_L < V_{sat} \tag{5.246}$$

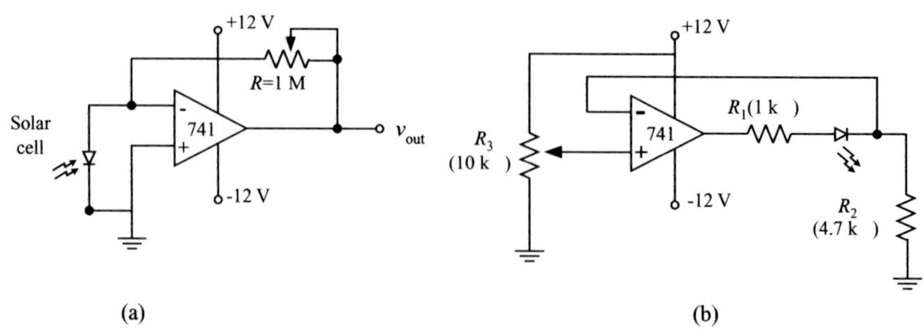

그림 5.35 ■ 연산 증폭기 회로의 예제. (a) 태양 전지판에서 생성된 전류를 전압으로 변환하는 전류 전압 변환 연산 증폭기 회로, (b) R_3에 의하여 결정된 전압에 비례하는 전류를 LED에 공급하는 전압 전류 변환 연산 증폭기 회로

출력 전류가 0.5 mA 이상이 필요한 경우에는 연산 증폭기의 출력 전류를 BJT, MOSFET, IGBT 등의 파워 소자를 이용하여 증폭해야 한다.

그림 5.35에는 전류 전압 변환기와 전압 전류 변환기의 예를 나타내었다. 태양전지는 빛의 세기에 비례하는 전류를 생성하는데, 연산 증폭기에 의하여 이 전류에 비례하는 출력 전압이 생성된다. 결국 출력 전압은 빛의 세기에 비례하게 되며, 이러한 회로는 아날로그 광센서로 활용될 수 있다. 또다른 예제에서는 입력 전압은 R_3에서 수동으로 조절되며, 출력 전류는 이 전압에 비례하여 발생한다. 출력 전류는 이 입력 전압에 비례하며, 여기서 비례상수는 R_2의 값에 의하여 결정된다. 결국 LED에서 발생하는 빛의 밝기는 입력 전압에 비례하며, 741 연산 증폭기는 이와 유사한 연산 증폭기로 대치될 수 있다.

5.7 디지털 전자 소자

논리 ON 상태는 1로, 논리 OFF 상태는 0으로 표현된다. TTL(transistor-transistor logic)과 CMOS(complementary metal oxide silicon)는 대표적인 두 가지 디지털 소자의 종류이다. 논리 소자군은 전력 소모와 동작 속도에 따라 다른 소자군과 구별된다. 하나의 회로에 서로 다른 종류의 논리 IC가 사용될 때에는 전류 부하와 전류 공급 능력을 고려하는 것이 매우 중요하다. 각각의 소자는 연결된 소자의 입력단에 충분한 전류를 공급할 수 있어야 하며, 다른 소자에 과전류를 공급해서는 안된다.

TTL 소자에서 논리 1은 일반적으로 5 VDC이며, 논리 0은 0 VDC이며, 공급 전원은 반드시 4.75~5.25 V 범위여야 한다. TTL 소자에서 게이트별 소모 전력은 수 mA 수준이며, 출력단에서는 30 mA 정도의 전류를 흡수할 수 있다. CMOS 소자의 공급전원은 3~18 VDC의 범위이며, 게이트별 소모 전력은 TTL 소자보다 80% 적다. 디지털 논리 소자는 트랜지스터의 복잡한 회로로 구성되며, 집적 회로(IC)의 형태로 구현된다. TTL NAND 게이트의 대표적인 소자 번호는 7400(온도 범위가 넓은 군사용은 5400)이며, 4개의 NAND 게이트가 포함된다. 74L00은 소모 전력이 적지만 속도가 느리다. 74H00은 소모 전력이 큰 대신에 동작 속도가 빠르다. 최근에 개발된 74LS00은 적은 전력 소모에도 불구하고 빠른 동작 속도가 장점이다. TTL 계열의 IC들은 74LSxxx 형태의 번호를 가지는데, xxx 코드는 각각의 소자가 시장에 나온 연대학적 순서에 의하여 결정된다. CMOS 논리 소자들은 전원 전압이 엄격하지 않아도 되며, 적은 전력을 소모하지만 정전기에 민감한 단점이 있다.

IC가 회로에서 사용될 때, 몇몇 사용되지 않는 단자들은 공통 전압 또는 높은 전압 상태로 풀업되어야 한다. 개방 단자에서는 전압이 결정되지 않는 좋지 않은 논리 상태가 되므로 가능한 피해야 한다.

5.7.1 논리 소자

AND, OR, XOR, NOT, NAND, NOR가 가장 널리 활용되는 논리 소자이다. AND 게이트는 2개의 입력과 하나의 출력을 가진다. 두 입력이 모두 1인 경우에 출력은 1이 되며, 그 외의 경우에는 논리 0의 출력 상태를 가진다. 하나의 칩에 많은 AND 게이트를 순차적으로 연결함으로써 2개보다 많은 입력에 대한 AND 게이트를 구현할 수 있다. NOT 게이트는 입력의 논리 상태를 반대로 출력한다. AND, OR, NOT 게이트를 조합하면 NAND와 NOR 게이트를 구현할 수 있다. 그림 5.36과 37에는 게이트 기호와 논리표를 나타내었다.

또하나의 중요한 논리 소자는 3상 버퍼다. 3상 버퍼는 디지털 소자들의 인터페이스에 활용된다. 이 소자는 입력, 출력, 인에이블 등 3개의 포트를 가지고 있다. 버퍼가 인에이블 되면, 입력은 출력에 연결된다. 출력은 ON 또는 OFF 상태를 가질 수 있다. 버퍼가 디스에이블되면, 출력은 하이 임피던스(high-impedance)라고 불리는 제3의 상태가 되며, 출력은 입력에 연결되지 않고 개방된 회로 상태가 된다.

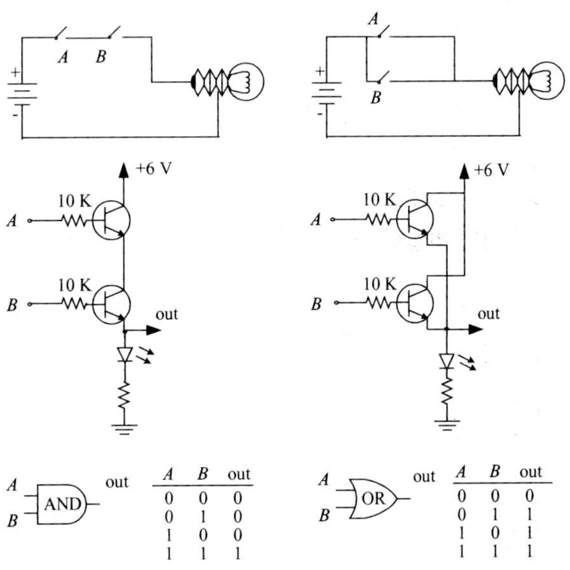

A	B	out
0	0	0
0	1	0
1	0	0
1	1	1

A	B	out
0	0	0
0	1	1
1	0	1
1	1	1

그림 5.36 ■ 논리 게이트: AND와 OR 게이트- 개념, 트랜지스터 구현, IC 기호

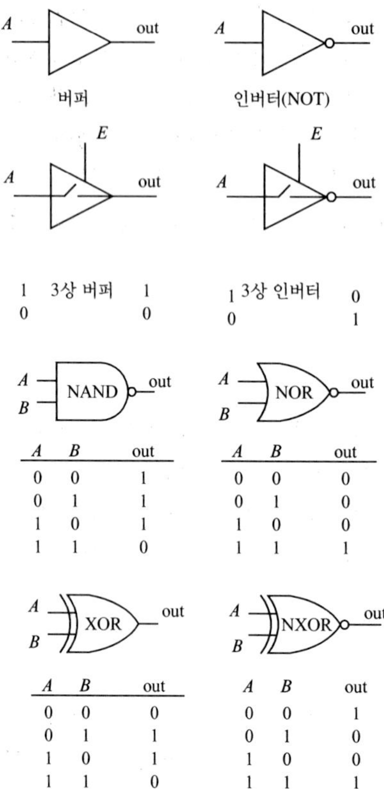

그림 5.37 ▪ 논리 게이트: 버퍼, NOT, 3상 버퍼와 인버터, NAND, NOR, XOR, NOT XOR 게이트

5.7.2 디코더

디코더는 컴퓨터 버스 시스템의 소자 선택용으로 활용된다. 컴퓨터가 버스에 연결된 소자의 주소를 출력하면 개별 소자에 장착된 디코더는 주소를 검사하여 자신의 주소에 해당하면 ON 또는 OFF 출력을 발생시킨다. 따라서, 하나의 주소에 대하여 버스에 연결된 모든 소자들 중에서 단 하나의 디코더만이 논리 1을 출력해야 한다. AND와 NOT 게이트를 활용하면 주소 디코더를 손쉽게 구현할 수 있다. 8비트 범용 디코더는 8개의 딥 스위치를 ON 또는 OFF로 조작하여 특정 주소에만 반응하게 할 수 있는데, 그 딥 스위치의 상태가 디코더가 연결된 소자의 주소가 된다(그림 5.38).

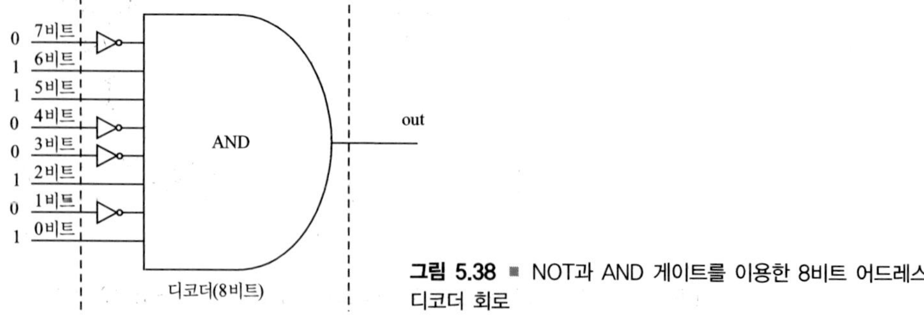

그림 5.38 ▪ NOT과 AND 게이트를 이용한 8비트 어드레스 디코더 회로

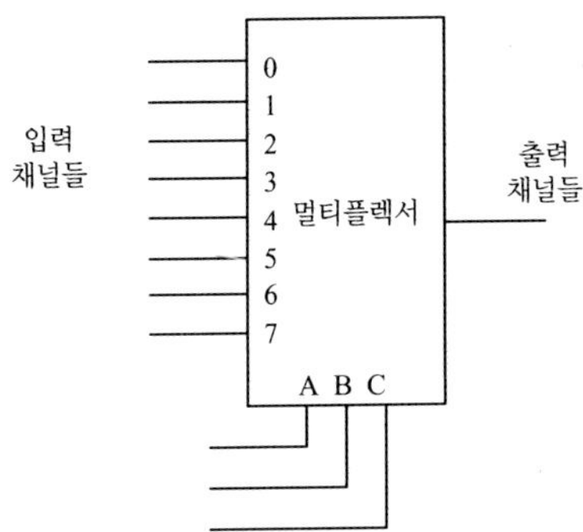

그림 5.39 ■ 멀티플렉서 회로와 동작

5.7.3 멀티플렉서

멀티플렉서는 다수의 입력 중에서 하나를 선택하여 출력에 연결한다. 멀티플렉서는 AD 변환기에 활용된다. 예를 들면, 4개 또는 8개의 아날로그 신호 입력이 하나의 ADC에 연결될 수 있다. 프로그램은 각각의 아날로그 신호를 ADC에 연결되도록 제어한다. 이러한 ADC를 4채널 또는 8채널 멀티플렉스 ADC라고 부른다. 멀티플렉서에 제어 신호를 입력하여 원하는 채널을 선택할 수 있는데, 4채널 멀티플렉서에는 2개, 8채널 멀티플렉서에는 3개의 신호가 필요하다(그림 5.39). 4채널 멀티플렉서 회로를 그림 5.40에 나타내었다. 채널 선택 신호 A와 B(00, 01, 10, 11)의 상태에 따라, 4개 채널 중 하나가 출력에 연결되도록 프로그램이 제어한다.

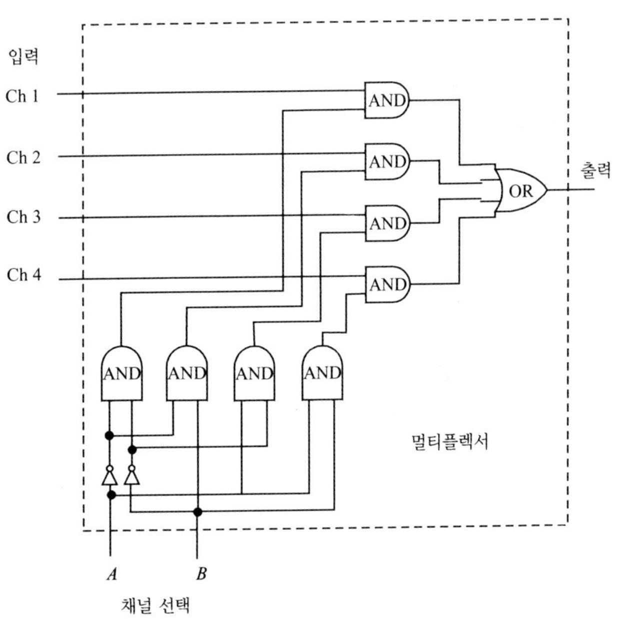

그림 5.40 ■ 4개의 디지털 입력 채널 중 하나를 선택하는 멀티플렉서 회로. 채널 선택 단자 AB에 따라 다음의 신호가 출력됨: 00인 경우 채널 1, 01인 경우 채널 2, 10인 경우 채널 3, 11인 경우 채널 4

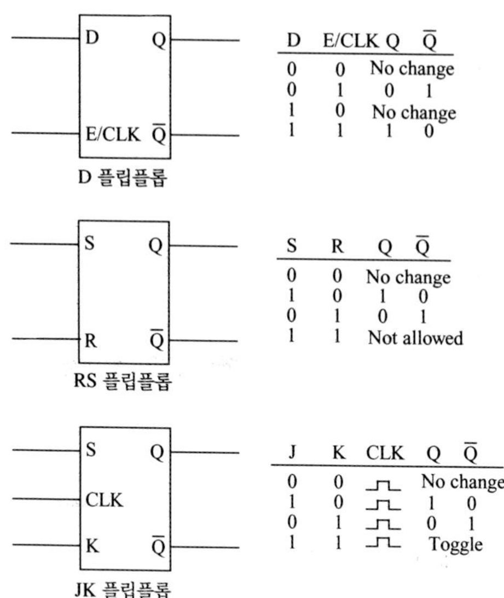

D
Q
E/CLK
Q̄
D 플립플롭
D E/CLK Q Q̄
0 0 No change
0 1 0 1
1 0 No change
1 1 1 0
S
Q
R
Q̄
RS 플립플롭
S R Q Q̄
0 0 No change
1 0 1 0
0 1 0 1
1 1 Not allowed
S
Q
CLK
K
Q̄
JK 플립플롭
J K CLK Q Q̄
0 0 No change
1 0 1 0
0 1 0 1
1 1 Toggle

그림 5.41 ■ 플립플롭: D, RS, JK 플립플롭

5.7.4 플립플롭

플립플롭 회로는 AND, OR, NOT 게이트를 조합하여 구현한다. 가장 보편적인 플립플롭은 D, RS, JK 플립플롭이다(그림 5.41). RS 플립플롭은 SPDT(Single-pole double-throw) 기계 스위치의 디바운서로 널리 활용된다. SPDT 기계 스위치가 열리거나 닫힐 때에는 수 밀리초 수준의 다수의 ON/OFF 동작이 발생한다. 사람의 관점에서는 단 한번 스위치가 ON되거나 OFF되지만, 디지털 회로의 관점에서는 많은 수의 ON/OFF 동작이 관측된다. RS 플립플롭은 기계 스위치 입력의 디바운싱 용도로 활용된다(그림 5.44).

D 플립플롭 E 입력 단자에 ON 상태로 천이가 발생할 때, D 입력 단자의 논리 상태가 출력 Q에 저장된다. E 입력 단자가 low 상태인 경우에는 D 입력 단자는 무시되고, Q는 이전 상태를 유지한다. D 래치는 입력 신호 상태를 저장하기 위하여 활용된다. D 플립플롭은 n 비트 데이터 버퍼를 구현하기 위하여 다수가 함께 활용된다(그림 5.42). 디지털 컴퓨터에서 D/A 변환기 또는 개별 출력 라인으로의 출력을 위해서는 컴퓨터 버스의 데이터는 D 플립플롭에 의하여 래치되어 저장된다.

RS 플립플롭 리셋-셋 플립플롭은 R과 S의 두 입력 단자와 Q와 $\bar{Q}$의 서로 반대 상태의 두 출력 단자가 있다. 입출력 단자의 관계는 다음과 같다. S = 1이고 R = 0이면 Q는 1로 저장된다. S = 0이고 R = 1이면 Q는 0으로 리셋되어 저장된다. S와 R이 모두 0이면, 출력은 변하지 않는다. R과 S가 모두 1인 경우는 허용되지 않지만, 만일 발생한 경우에는 두 출력 모두 0이 된다. 기본적으로 출력 Q는 S와 R 펄스에 의하여 1이나 0이 된다.

JK 플립플롭 JK 플립플롭은 RS 플립플롭과 매우 유사하지만 두 입력이 모두 1인 경우에 출력 상태가 반전되는 차이가 있다. 출력으로의 입력 신호 전달은 클록의 에지에서 발

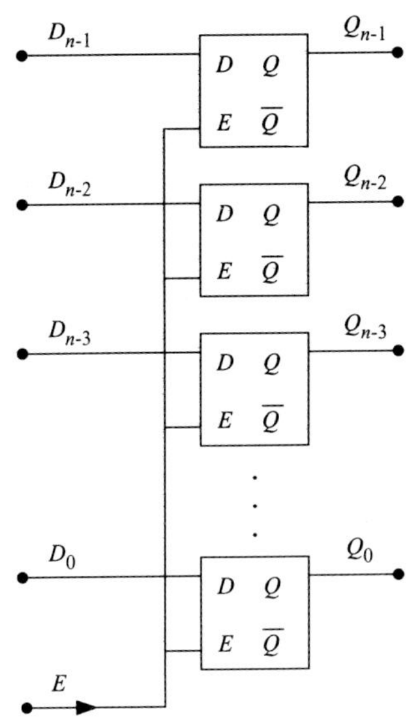

그림 5.42 ■ 디지털 컴퓨터 버스와 IO 디바이스에서 데이터 입출력을 위하여 n개의 D 플립플롭으로 구성한 n비트 데이터 래치 버퍼. 데이터는 데이터 버스($D_0 \ldots D_{n-1}$)에 연결된 상황에서 E 신호에 펄스가 인가되면, 데이터 버스의 데이터가 D 플립플롭의 출력에 저장되고, 이 후의 데이터 버스의 변화는 D 플립플롭의 출력에 E 단자에 펄스가 인가되기 전에는 영향을 주지 않는다.

생하거나, 클록의 ON 구간에서 샘플된 입력 신호가 OFF 구간의 에지에서 출력으로 전달된다. JK 플립플롭은 카운터로 활용되는데, 16까지 카운트하기 위해서는 4개의 JK 플립플롭이 필요하다.

5.8 디지털/아날로그 I/O와 컴퓨터 인터페이스

그림 5.43에는 일반적인 컴퓨터 버스와 병렬 입출력 장치의 인터페이스를 나타내었다. 여기서는 CPU와 버스를 가지는 디지털 컴퓨터에 대하여 다루며, 여기서의 CPU는 클록, CPU, RAM과 ROM을 포함한 메모리를 모두 포함한 것으로 가정한다. 버스는 크게 3개의 그룹으로 분류된다. (1) 어드레스 버스는 주변 장치와 메모리 접근을 위하여 CPU에서 설정한다. (2) 제어 버스는 읽기와 쓰기 동작을 구별함과 동시에 CPU와 I/O 장치의 인터페이스에서 핸드쉐이킹 용으로 활용된다. (3) 데이터 버스는 CPU와 I/O 장치 간의 데이터 이동을 담당한다. CPU는 외부장치와 함께 논리와 I/O 동작을 미리 프로그램된 명령을 이용하여 수행한다.

개개의 I/O 장치에 내장된 어드레스 디코더는 버스에서 하나의 I/O 장치를 선택한다. I/O 장치의 데이터 라인은 컴퓨터의 데이터 버스에 연결된다. 우선 CPU가 데이터를 주고받으려는 각각의 장치의 주소를 출력해야 한다. 어드레스 버스에 출력된 주소와 동일한 주소를 갖는 특정한 장치가 내장된 어드레스 디코더에 의하여 선택된다. 디코더가 반응하는 주소는 점퍼 또는 딥 스위치에 의하여 선택되며, 이는 각각의 어드레스 버스 라인을 그대로 또는 반전하여 연결하는 것을 결정한다.

컴퓨터의 제어 버스는 I/O 장치에 데이터 버스에 관한 정보를 알리는 데 활용된다. CPU에 의한 읽기 또는 쓰기 동작은 다음과 같은 기계어 수준의 순서로 발생한다.

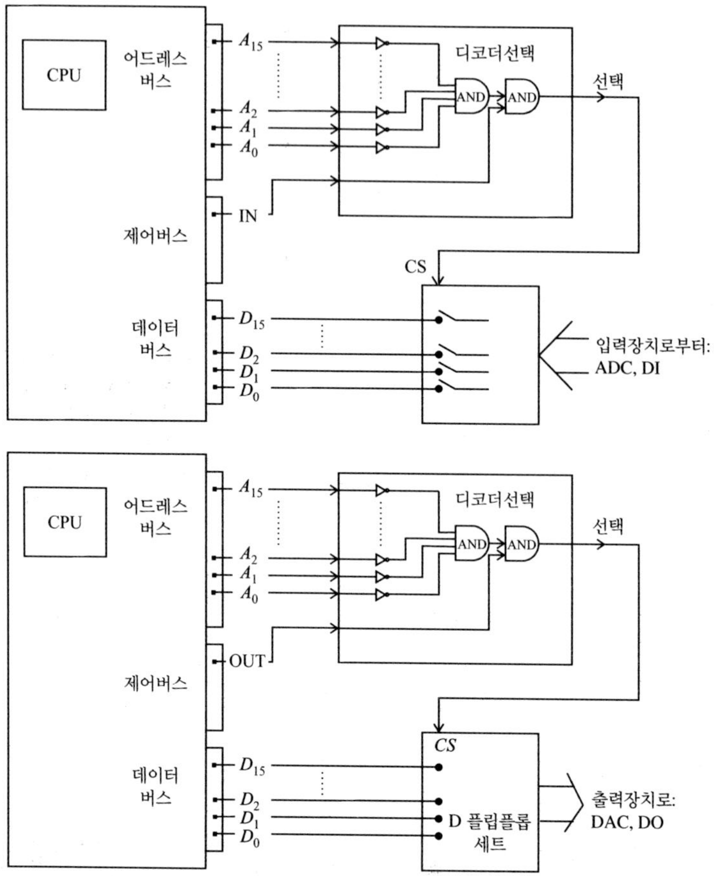

그림 5.43 ■ 디지털 컴퓨터와 병력 데이터 입출력 디바이스의 인터페이스. 예를 들면, 병렬 데이터 입력은 ADC의 레지스터이며, 병렬 출력은 DAC의 레지스터이다.

1. CPU는 어드레스 버스에 I/O 장치의 주소를 출력하고, 오직 하나의 장치만이 이 주소에 대하여 반응한다.
2. 데이터 쓰기 동작을 위하여 CPU가 데이터 버스에 데이터를 출력한다.
3. I/O 장치에 데이터가 준비되었음을 알리기 위하여 제어 버스의 OUT 신호를 출력한다.
4. I/O 장치에 충분한 시간이 주어진 후에(또는 주변 장치가 CPU에 데이터 쓰기 동작이 완료되었음을 제어 버스를 이용하여 알려주면), OUT 신호는 사라지고 CPU는 다음 동작으로 넘어간다.

데이터 읽기 동작을 위해서는 위의 2단계와 3단계가 변경된다.

1. CPU는 어드레스 버스에 I/O 장치의 주소를 출력하고, 오직 하나의 장치만이 이 주소에 대하여 반응한다.
2. CPU는 제어 버스의 IN 신호를 출력함으로써 I/O 장치에게 자신이 데이터를 읽을 준비가 되었음을 알린다.
3. CPU가 데이터 버스의 상태를 읽어서 저장한다.

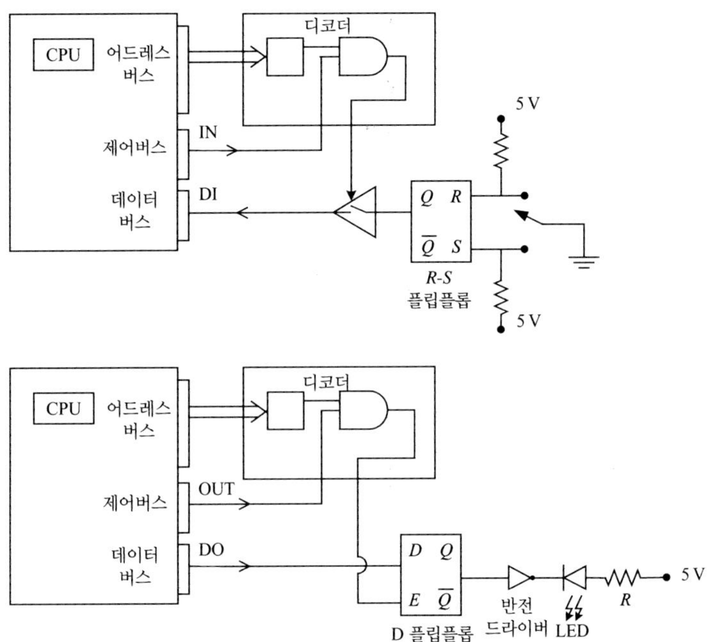

그림 5.44 ■ 디지털 컴퓨터와 개별 입출력 소자의 인터페이스. RS 플립플롭은 스위치의 디바운스 문제 해결을 위하여 활용하였다. D 플립플롭은 디바이스가 선택되지 않아도 데이터를 저장하기 위하여 사용되었다.

4. CPU가 데이터 버스의 데이터를 내부 레지스터에 저장한 후에 IN 신호를 제거하고 다음 동작으로 넘어간다.

공정 제어에서, 출력 장치는 개별 출력 라인에 연결된 D 플립플롭이나 D/A 변환기가 될 수 있으며, 입력 장치는 개별 입력 라인에 연결된 RS 플립플롭 또는 A/D 변환기가 될 수 있다(그림 5.44).

▶▶ **예제** 그림 5.45에는 디지털 컴퓨터의 데이터 출력 라인과 릴레이 인터페이스를 나타내었다. 디지털 데이터 라인은 소프트웨어에 의하여 high 또는 low로 제어되며, 이에 의하여

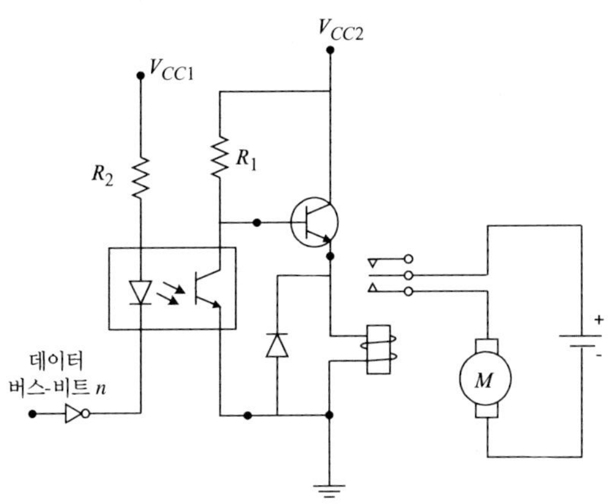

그림 5.45 ■ 공학적 연결기와 트랜지스터를 이용한 릴레이의 ON/OFF 제어. 데이터 버스 비트 n은 그림 5.44의 회로로부터 연결될 수 있다.

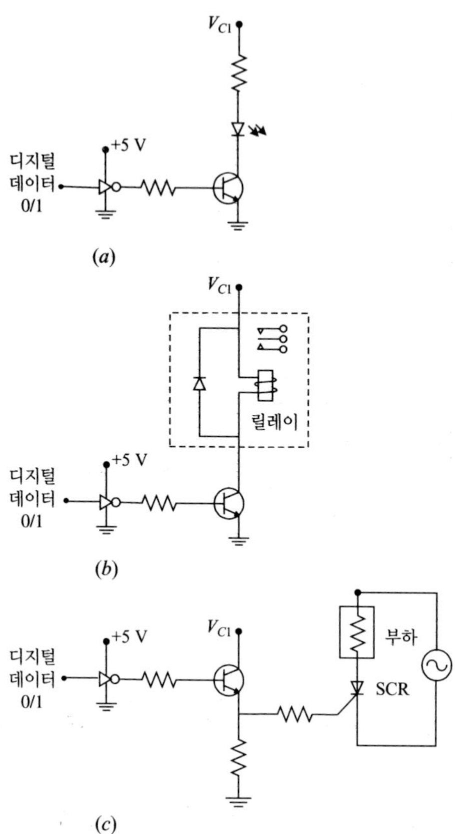

그림 5.46 ■ 디지털 컴퓨터 데이터 버스를 이용한 ON/OFF 제어: (a) LED (ON/OFF) 제어, (b) 릴레이 ON/OFF 제어, (c) 교류 회로에서 SCR의 제어. 모든 경우에 트랜지스터는 컴퓨터와 출력 회로 사이의 스위치로 동작한다.

광학적 연결기는 트랜지스터를 ON 또는 OFF로 제어하고, 트랜지스터는 릴레이 코일에 전원을 공급한다. 릴레이 코일에 전원이 공급되면 접점은 출력 회로에 전류를 공급하고, 결과적으로 빛 또는 모터 장치를 구동하게 된다. 이 예제에서는 플립플롭이 사용되지 않았으므로 데이터 라인은 이 릴레이를 구동하는 전용 신호로 활용된다.

▶▶ **예제** 그림 5.46에는 트랜지스터를 이용한 디지털 컴퓨터의 데이터 출력 라인과 ON/OFF 출력 장치의 인터페이스를 나타내었다. case 1의 경우에는 LED의 빛이 데이터 버스와 트랜지스터에 의하여 ON/OFF 제어된다. case 2와 3의 경우에는 각각 릴레이와 SCR이 제어된다. SCR의 게이트 신호의 타이밍을 제어하면 근사적인 비례 제어가 가능한다. 인덕턴스 성분의 릴레이 소자와 병렬로 장착된 다이오드는 트랜지스터가 ON에서 OFF로 변할 때 발생할 수 있는 과전압으로부터 트랜지스터를 보호하는 용도로 활용된다.

5.9 DAC, ADC의 컴퓨터 인터페이스

D/A 변환기는 디지털 숫자를 아날로그 전압으로 변환하고, A/D 변환기는 아날로그 신호를 디지털 수로 변환하는 반대의 동작을 수행한다. D/A와 A/D는 디지털과 아날로그 시스템을

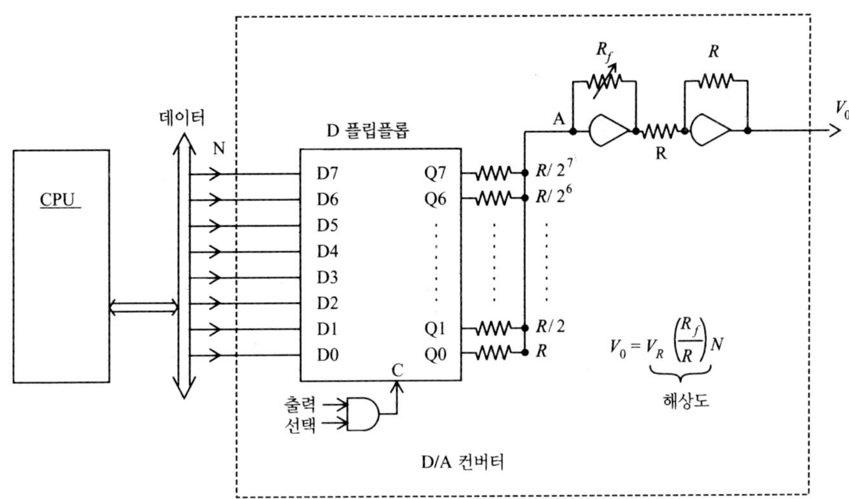

그림 5.47 ■ D/A 변환기의 동작 원리

연결하는 필수 소자이다. 아날로그에서 디지털로의 변환 과정에서는 샘플링과 n비트 ADC의 해상도로의 양자화 동작이 수행된다.

샘플링은 연속 신호의 제한된 수의 샘플을 이산 시간 신호로 변환하는 과정으로, 샘플은 컴퓨터에서 사용 가능한 유일한 정보이다. 샘플링에 대한 보다 자세한 내용은 다음 장에서 다룬다.

D/A 변환기에서 디지털 수를 아날로그 신호로 변환하는 과정은 다음과 같다(그림 5.47). 그림에서 8개의 저항에 걸리는 전압 V_h는 10 VDC로 고정된다. R_f는 DAC의 출력 범위를 조절하기 위하여 네 가지 다른 값으로 설정 가능하다. 8개 중 1개의 비트가 ON이면, 해당 저항을 통하여 전류가 흐르게 되고, OFF이면 전류는 흐르지 않는다. A 노드에서의 전류 흐름은 0이므로 디지털 수 N에 해당하는 DAC의 출력은 다음과 같이 연산된다.

$$V_0/R_f = V_h(b_0/R + b_1/(R/2) + \cdots + b_7/(R/2^7))$$
$$V_0 = V_h(R_f/R)N$$

여기서 b_i는 i번째 비트를 나타내는 0 또는 1의 값이고, N은 DAC로 전달된 수이다. 이 DAC가 변환 가능한 출력 전압은 0에서 V_{range}이며, V_{range}는 다음과 같이 표현된다.

$$V_{range} = V_h(R_f/R) * (2^n) \tag{5.247}$$

DAC의 출력에서 발생할 수 있는 최소 전압 변화인 해상도는 다음과 같다.

$$\Delta V = V_h(R_f/R) = V_{range}/2^n \tag{5.248}$$

DAC는 2^n 개의 다른 전압 레벨을 출력할 수 있다.

기본적인 ADC는 DAC와 추가 회로에 의하여 동작한다(그림 5.48). 아날로그 신호는 안티 앨리어싱 필터를 통하여 공급되는데, 이 필터는 ADC의 내부 또는 외부에 존재할 수 있다. 전달된 신호는 샘플링되고 홀드 회로에 의하여 샘플된 전압 레벨로 유지된다(그림 5.49). 그 동안 DAC는 샘플된 신호와 동일한 출력이 발생하도록 일련의 검색 알고리즘에 의하여 해

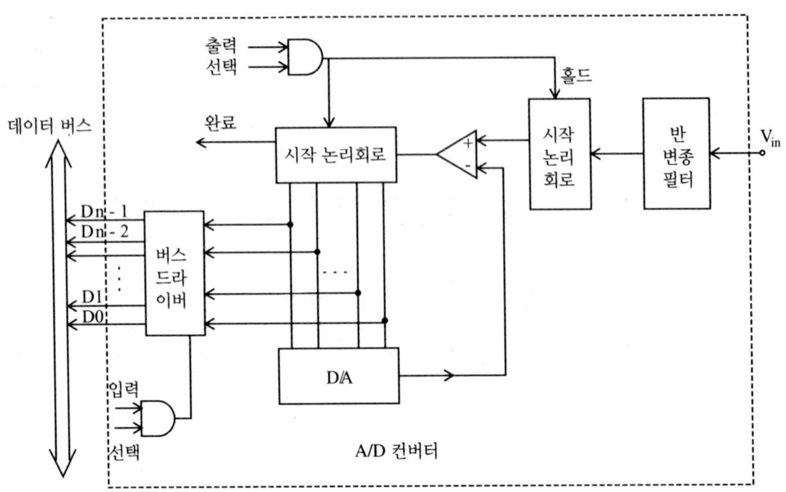

그림 5.48 ■ A/D 변환기의 동작 원리

당하는 수를 찾는다. DAC의 출력과 샘플된 신호가 동일한 전압일 때, 비교기는 D/A 변환기에 의한 전압이 올바름을 알린다. 샘플된 아날로그 신호에 대응하는 디지털 값은 동일한 전압을 생성하기 위하여 사용된 D/A 변환기의 입력과 같다. 변환 결과는 ADC의 해상도 수준으로 정밀하며, 변환이 완료되면 CPU는 변환이 완료되었음을 통보받는다. 이와 같은 ADC는 내부의 DAC가 수차례 동작해야 하므로 일반적으로 DAC의 변환보다 시간이 오래 걸린다. 물론 이와는 다르게 보다 빠른 변환을 위한 다른 구조의 ADC도 있지만 가격이 비싸다.

샘플 홀드 회로는 A/D 변환을 위한 필수 회로이다. 변환을 위해서는 입력 신호의 주파수

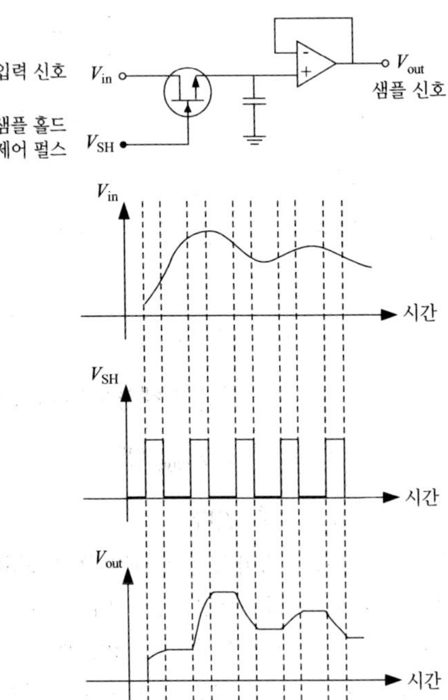

그림 5.49 ■ 버퍼 연산 증폭기, JFET 트랜지스터 스위치, 커패시터를 사용하는 샘플 홀드 회로

성분을 충분히 표현할 수 있도록 빠르고 정주기로 동작해야 하며, 홀드 회로는 ADC가 입력 아날로그 신호에 대응하는 디지털 값을 찾는 동안 샘플된 신호를 유지해야 한다. 기본적인 샘플 홀드 회로는 버퍼용 전압 폴로어, 입력 신호의 연결을 제어하는 JFET, 그리고 입력 신호에 따라 충/방전되고 일정 전압으로 유지되는 커패시터 등으로 구성된다. 샘플링은 일정한 주파수로 수행되는데, 예를 들면 $f_s = 1$ kH로 나타낼 수 있다. 입력단의 트랜지스터는 $T_s = 1/f_s$의 주기로 ON되는데, 아주 짧지만 커패시터를 입력 전압으로 충전하기에 충분한 시간인 예를 들면 $T_{on} = 0.05\ T_s$의 시간 동안만 ON된다. 트랜지스터가 OFF되면 커패시터는 충전된 전압을 일정한 레벨로 유진한다. T_{on}은 출력 전압이 입력 전압과 비교하여 비슷하도록 충분히 길어야 하는데, 통상적인 T_{on}은 마이크로세컨드 단위이다. 그림 5.49의 샘플 홀드 회로는 기본 개념만을 소개하는 회로이며, 실제 샘플 홀드 회로는 2개 이상의 연산 증폭기를 포함한 보다 복잡한 구조를 갖는다. 하나의 연산 증폭기는 입력 신호 버퍼로 활용되고, 다른 연산 증폭기는 샘플 홀드 회로의 출력 버퍼로 활용된다.

A/D 변환기는 종종 여러 채널의 아날로그 신호를 변환하도록 활용된다. 멀티플렉서는 여러 개의 입력 채널과 하나의 출력 채널을 가지므로 입력 채널 중 하나를 출력으로 연결할 수 있다. 입련 신호의 선택은 인터페이스에 활용되는 디지털 신호에 의하여 결정된다. 그림 5.50은 서로 다른 구현 예를 나타내었다. (a)의 경우에는 단 하나의 샘플 홀드 회로를 사용하였으므로 동시에 여러 개의 신호를 변환하는 것을 고려하지 않았다. 즉, A/D 변환기가 채널 1을 샘플 홀드 변환하는 데 T_{conv}의 시간을 소모하고, 그 다음 채널 2를 샘플 홀드 변환하는 데 또다른 T_{conv}의 시간을 소모하면 채널 3은 채널1보다 $2T_{conv}$의 시간 후에 변환되게 된다. (b)의 경우에는 채널마다 개별 샘플 홀드 회로를 사용하고 있다. 모든 채널은 동시에 샘플링된다. 샘플된 신호가 모두 홀드되어 있는 동안 멀티플렉서를 이용하여 A/D 변환을 수행하게 된다. 이러한 회로를 **동시 샘플 홀드 회로**(simultaneous sample and hold circuit)라 한다.

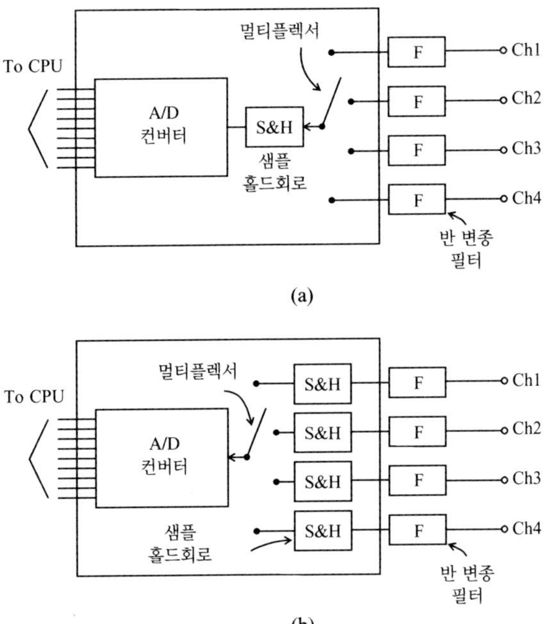

그림 5.50 ■ 멀티플렉서와 단일 AD 변환기를 활용한 다중 입력 AD 변환기. (a) 다중 샘플 홀드 회로, (b) 동시적 샘플 홀드 회로

A/D, D/A 변환기의 양자화 오차: 해상도 n 비트 소자는 2^n개의 다른 상태를 표현할 수 있다. 해상도는 전체 변환 범위를 2^{n-1}로 나눈 값이다. 따라서, n 비트 ADC 또는 DAC의 해상도는 다음과 같이 요약된다.

$$V_{range}/(2^{n-1})$$

양자화는 ADC, DAC, CPU 모두 제한된 워드 길이와 제한된 해상도를 갖는 소자이기 때문에 발생한다(그림 5.51). 0~7 VDC 범위의 신호를 3비트 A/D 변환기를 이용하여 변환한다고 가정하면, A/D 변환기는 정확히 0, 1, 2, 3, 4, 5, 6, 7 VDC의 전압을 표현할 수 있다. 아날로그 전압이 4.6 V이면 이 A/D 변환기에서는 4 또는 5로 표현된다. 버림에 의하여 양자화하면 4가 될 것이며, 반올림에 의한 양자화이면 5가 된다. ADC와 DAC의 발생 가능한 최대의 양자화 오차는 해상도 자체가 된다.

예를 들면, 8비트의 ADC는 256개의 다른 상태를 표현한다. 0~10 VDC의 출력 신호 범위를 갖는 아날로그 센서를 연결하면, A/D 변환기에서 감지할 수 있는 최소 전압 변동은 10/255 VDC이다. 즉, 10/255 VDC보다 작은 변화는 컴퓨터에 의하여 감지되지 않는다. 유사하게, 12비트 A/D 변환기를 활용하면 감지가 가능한 가장 작은 전압 변화는 변환 범위를 $2^{12} - 1 = 4095$로 나눈 값이다. 이 값이 해상도이며, 16비트 A/D 변환기를 사용하면 해상도는 변환 범위를 $2^{16} - 1 = 65{,}535$로 나눈 값이다.

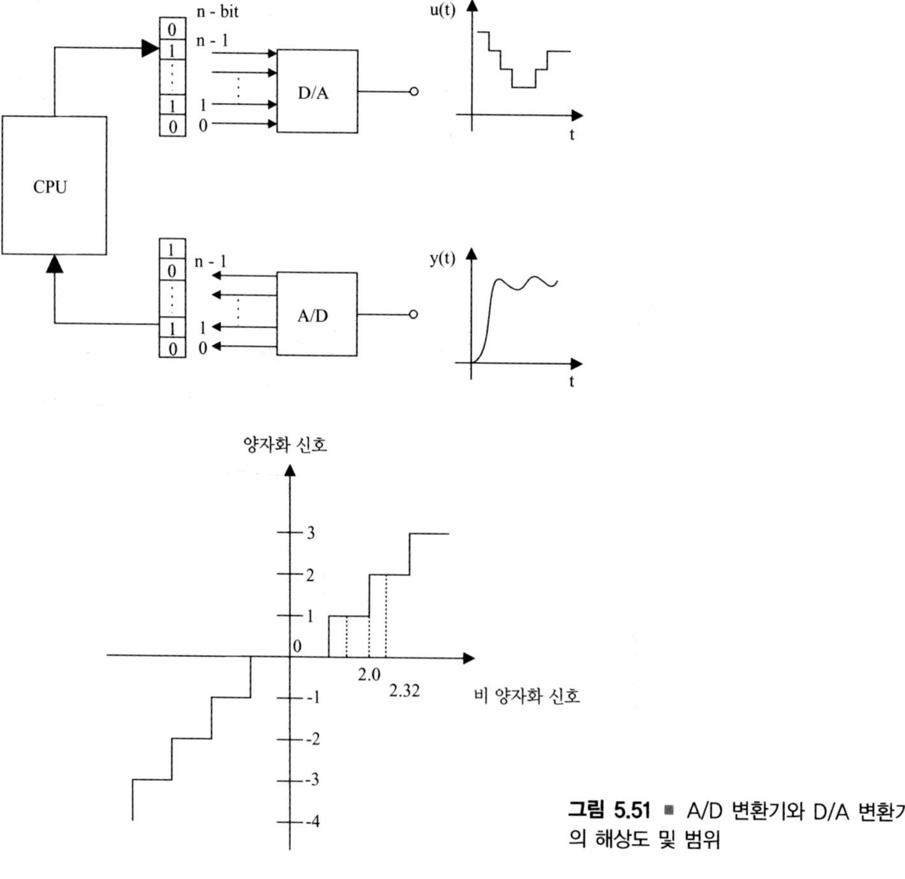

그림 5.51 ■ A/D 변환기와 D/A 변환기의 해상도 및 범위

그림 5.52 ■ PC 버스에 활용 가능한 상용 데이터 획득 보드(Model-KPCI-1801HC). 12비트 32채널 차동 모드 또는 64채널 단일 입력 모드 아날로그 입력, 12비트 2채널 D/A 변환기, 4채널 디지털 입력, 8 채널 디지털 출력, 최대 333 kHz 샘플링 주파수

D/A 변환기는 디지털 수를 아날로그 전압으로 변환하며, 신호복원단(signal reconstruction stage)으로 지칭된다. 샘플링 주기마다 한번씩 제어기 출력은 D/A 변환기에 제공된다. D/A 변환과 변환 사이에 발생하는 인터폴레이션은 신호복원 근사화(reconstruction approximation)라고 불린다. 가장 일반적으로 활용되는 D/A 변환기는 0차 홀드(zero-order hold)이며, 현재의 값이 다음 D/A 변환까지 그대로 유지된다. D/A 변환기의 해상도는 출력할 수 있는 최소 전압 변동이다. n 비트 D/A 변환기에서의 해상도는 전체 출력 범위를 $2^n - 1$로 나눈 값이다. D/A 변환기의 출력 범위가 -10~10 VDC이면 $R = 10 - (-10) = 20$ VDC로 표현한다. 8비트 D/A 변환기의 경우에 $N = 2^8$개의 서로 다른 상태로 표현되며, 출력에 발생 가능한 최소 전압 변동은 $R/N = R/(2^n) = 20/255$이다. ADC와 DAC의 비트수가 증가할수록 해상도와 양자화 오차는 별로 중요하지 않게 된다.

그림 5.52에는 PC용 상용 데이터 획득 카드를 나타내었다. 이 보드는 12비트 해상도의 32채널 차동 입력 또는 64채널 단일 입력 멀티플렉스 방식의 A/D 변환기와 12비트 2채널 D/A 변환기, 4채널 디지털 입력, 그리고 8채널 디지털 출력 라인이 내장되었다. 최대 샘플링 주파수는 333 kHz(333 샘플/초)이다.

5.10 문제

1. 그림 5.5 c~d의 RC와 RL 회로에서 $V_s(t) = 12$ VDC, $R = 100$ kΩ, $L = 100$ mH, $C = 0.1$ μF이다. 전류가 없었으며, 커패시터에 충전된 전하가 없는 초기 조건을 가정한다. 스위치가 시간 0에서 전원 전압에 연결되고, $t = 250$ μsec에서 B 위치로 옮겨질 때, 각각의 소자에서의 전류와 전압을 시뮬레이션하라. 이 문제는 Simulink를 이용하여 풀되, 시간에 대한 스위치의 상태를 포함하여 $i(t)$, $V_L(t)$, $V_R(t)$, $V_C(t)$ 등 5개의 그래프를 그려라. R, C, L의 값을 변화하면서 시스템의 응답을 실험하라. R의 값을 증가시킬 때, RC 회로와 RL 회로의 시정수는 어떻게 영향을 받는가?

2. 그림 5.15의 BJT 전압 증폭기에서 $R_1 = R_2 = 10\ k\Omega$이고, 전원 전압이 $V_{cc2} = 24$ VDC이다. 트랜지스터의 전류 이득은 100이고, 베이스와 에미터에 전류가 흐를 때 전압 강하는 0.7 VDC로 가정한다. 입력 전압이 $V_{in} = V_{cc1} = 0.0, 0.5, 0.7, 0.75, 0.80, 0.85, 0.9, 1.0$으로 변할 때, 베이스 전류($i_b$), 컬렉터 전류($i_c$), 에미터 전류($i_e$), 그리고 컬렉터와 에미터 사이의 출력 전압(V_o)을 연산하여 표로 답하라.

3. 오프셋과 입력 전압의 기울기를 변화시켜서 출력하는 연산 증폭기 회로를 설계하라. 목적하는 연산 증폭기의 입출력 전압 관계는 다음과 같다.

$$V_{out} = K_1 \cdot (V_{in} - V_{offset}) \tag{5.249}$$

수치 연산을 위하여 V_{in}의 범위는 2.0~3.0 V 범위로 제한한다. 희망하는 출력 전압의 범위는 0.0~10V이다. 그림 5.53에는 이러한 회로가 유용하게 활용될 수 있는 예제를 나타내었다.

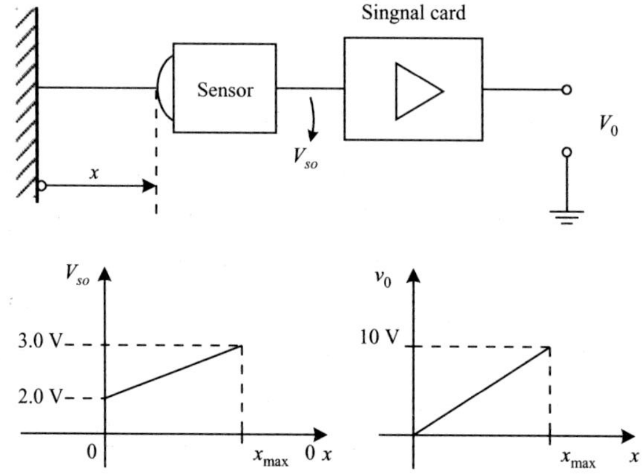

그림 5.53 ■ 센서 헤드(변환기)와 오프셋 및 이득 변화를 위한 신호 처리 회로

4. 그림 5.54의 연산 증폭기 회로에서 입력 전압 V_{in1}, V_{in2}와 출력 전압 V_{out}의 관계를 R_1, R_2, R_3, R_4, R_5로 나타내라. 다음의 입출력 관계를 위한 저항값을 구하라.

$$V_{out} = 5.0 \cdot (V_{in2} - 3.0 \cdot V_{in1}) \tag{5.250}$$

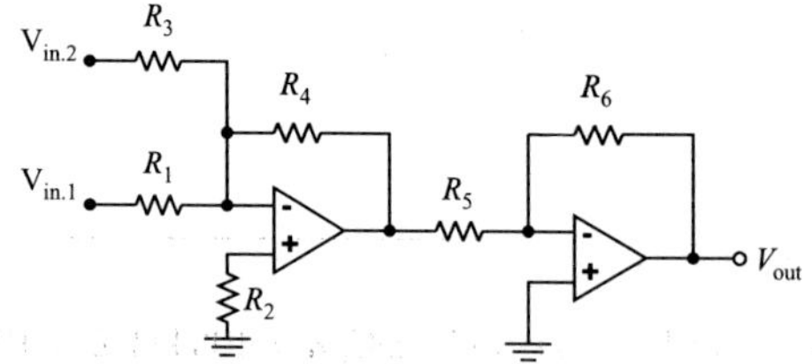

그림 5.54 ■ 문제 4를 위한 연산 증폭기 회로

5. 그림 5.55의 회로에서 트랜지스터를 포화시켜서 LED를 가장 밝게 할 수 있는 최소 입력 전압을 구하라. 다만, LED의 순방향 바이어스 전압은 2.5 V이며, 트랜지스터의 컬렉터와 에미터에서 최소 전압 강하는 $V_{CE} = 0.3$ V(트랜지스터가 포화되었을 때), 그리고 트랜지스터의 $\beta = 100$을 가정한다.

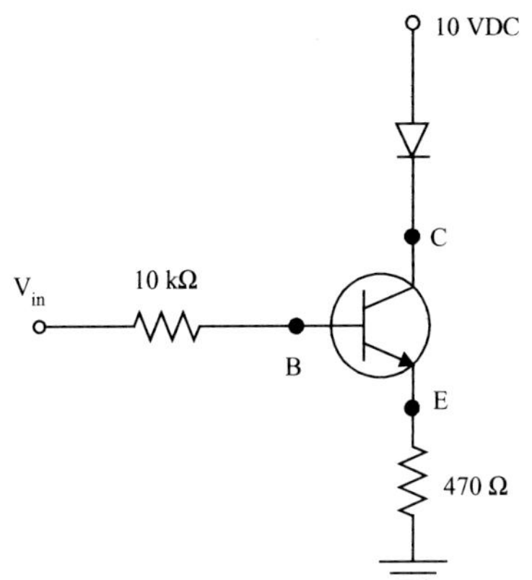

그림 5.55 ■ 문제 5를 위한 연산 증폭기 회로

6. P 이득과 D 이득을 조절할 수 있는 PD 제어기를 연산 증폭기 회로로 구현하라. 입력은 $V_{i1}(t)$, $V_{i2}(t)$이며, 출력 전압은 $V_o(t)$이다. 연산 증폭기로 구현할 기능의 수학적 표현은 다음과 같다.

$$V_o(t) = K_p \cdot (V_{i1}(t) - V_{i2}(t)) + K_d \cdot d/dt(V_{i1}(t) - V_{i2}(t)) \tag{5.251}$$

7. 그림 5.56의 연산 증폭기 회로에서 입력 전압과 출력 전압의 관계를 유도하라.

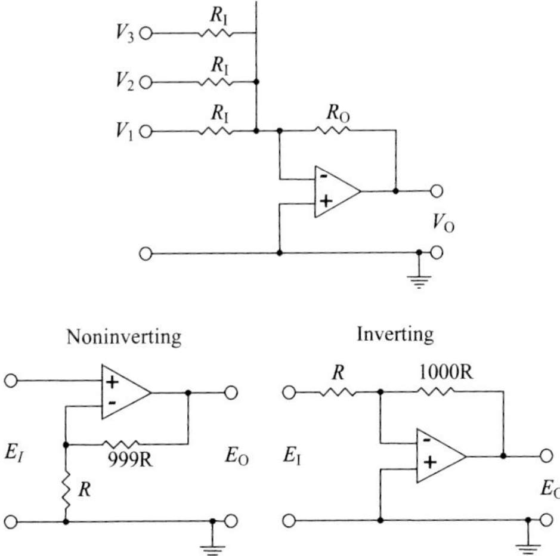

그림 5.56 ■ 문제 7을 위한 연산 증폭기 회로

8. 그림 5.57의 연산 증폭기 회로에서 입력 전압이 $V_i = 0.1$ V일 때, 출력 전압과 반전 입력 단자로 유입되는 전류를 구하라.

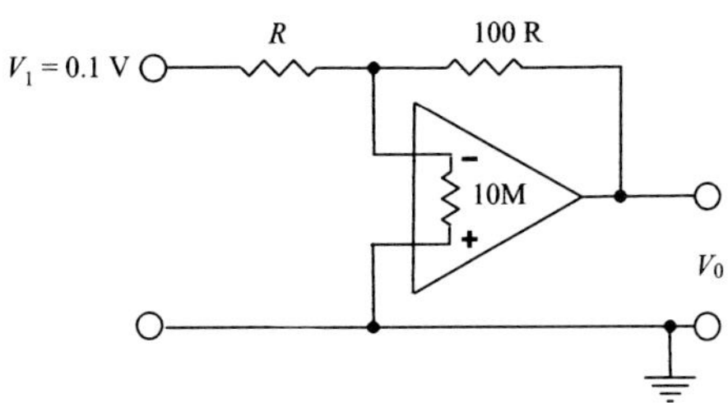

그림 5.57 ■ 문제 8을 위한 연산 증폭기 회로

9. 다양한 센서 신호를 샘플링하는 데이터 수집 장치를 이용하여 4개의 센서 신호를 샘플링한다. 각 센서의 출력 전압 범위는 ±10 VDC, ±1 VDC, 0~5 VDC, 0~2 VDC이고, 각 신호의 최대 주파수 성분은 각각 1 kHZ, 100 Hz, 20 Hz, 5 Hz이다. 샘플링에 의한 오차는 ±0.01%를 넘어서는 안된다. 요구 사양을 만족하는 4채널 ADC의 사양을 결정하라. 샘플링 이론에 의한 최소 샘플링 주파수와 실제 사용할 샘플링 주파수를 언급하라.

10. 그림 5.3(d)의 회로에서 부하에 최대의 전력을 공급하기 위해서는 부하의 저항과 전원 저항이 $R_l = R_i$로 같아야 함을 증명하라.

CHAPTER 06

센 서

6.1 계측 소자의 개요

제어 및 모니터를 위해서는 물리량의 측정이 필요하다. 데이터 수집 및 제어 시스템에서 측정하는 통상적인 물리량은 다음과 같다.

1. 위치, 속도, 가속도
2. 힘, 토크, 변형, 압력
3. 온도
4. 유량
5. 습도

그림 6.1에는 계측 소자의 기본 개념도를 나타내었으며, 계측 소자를 **센서**(sensor)라 부른다. 여기서는 위에 명시한 각종 물리량을 측정하기 위한 다양한 센서에 대하여 다룬다. 측정하려는 대상 물체의 환경에 위치된 센서는 측정 물리량에 의한 효과에 노출된다. 모든 센서의 동작에 나타나는 기본 현상은 다음과 같다.

1. 측정하려는 물리량의 변화 (예를 들면, 압력, 온도, 변위) 또는 절대량은 센서의 특성(저항, 커패시턴스, 자속)을 변화시키며, 이것을 **변환**(transduction)이라고 한다. 측정하려는 물리량의 변화는 그에 상응하는 등가의 센서 특성 변화로 나타난다.

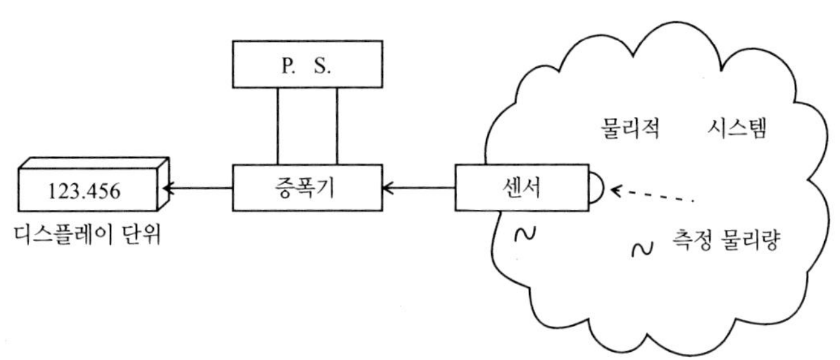

그림 6.1 ■ 센서의 구성 요소: 센서 헤드, 증폭기, 전원, 디스플레이, 공정 단위

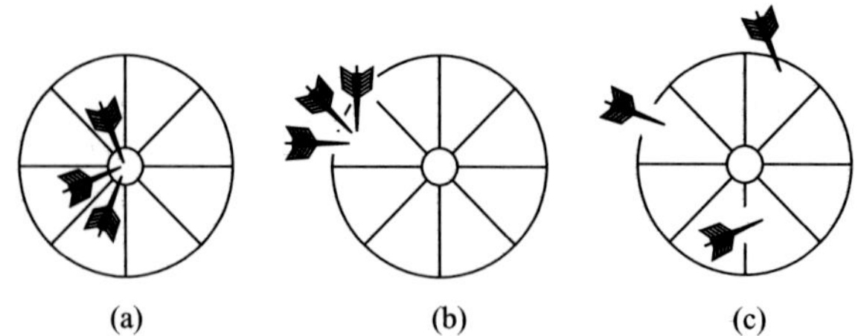

그림 6.2 ■ 정확성과 반복성의 정의. (a) 정확성, (b) 정확하지는 않지만 반복성, (c) 정확하지도 않고 반복성도 나쁨. 해상도는 화살이 표적에 위치할 수 있는 최소 위치 변화량(표적에 매우 많은 구멍이 근접하여 배치되고, 화살은 이 구멍들 중 하나에만 들어갈 수 있음)

2. 센서의 특성 변화는 저전압 또는 저전류의 작은 전기 신호의 변화로 나타난다.
3. 저전력 센서 신호는 증폭 및 필터 처리되어 표시 및 폐루프 제어 알고리즘 등의 지능형 소자로 전송된다.

센서의 종류는 물리량을 측정하는 변환 단계에 따라 나뉜다. 센서는 물리량의 변화에 따라 저항, 커패시턴스, 인덕턴스, 유도 전류 및 전압이 변경되도록 설계된다.

측정 시스템에서 정밀도는 가장 중요한 사양이다. 정밀도에 대한 용어를 명확히 설명하기 위하여 그림 6.2에는 **정밀도**(accuracy), **반복성**(repeatability), 그리고 **해상도**(resolution)의 의미를 나타내었다. 해상도는 센서에서 감지되는 가장 작은 물리량의 변화이며, 정밀도는 실제 물리량과 측정된 물리량의 차이를 의미한다. 정밀도는 동일한 물리량의 변화를 측정하는 다른 측정 시스템이 있어서 두 측정 시스템의 출력을 비교함으로써 판단할 수 있다. 즉, 정밀도는 정확한 실제 물리량이 알려졌거나, 보다 정밀한 계측 시스템이 존재하는 경우에만 판단할 수 있다. 반복성은 동일한 물리량을 반복 측정하였을 때의 측정값 간의 평균 오차이다. 동일한 정의가 제어 시스템의 정밀도에도 적용된다. 계측 시스템에서의 반복성은 아무리 좋아도 해상도와 같은 값을 가진다. 해상도(측정 가능한 가장 작은 물리량의 변화)는 센서의 특성이며, 반복성(동일한 물리량에 대한 반복 측정 데이터 간의 차이)은 특정 응용 분야에서의 센서 특성이다. 따라서, 반복성은 센서 자체의 특성과 측정 시스템에서의 활용 방식에 의하여 결정된다.

그림 6.3에는 일반적인 센서의 입출력 관계를 나타내었다. 센서는 정적인 정상 상태 응답 특성뿐만 아니라 동적인 특성인 제한된 응답 대역폭을 가지며, 센서의 동적 응답 특성

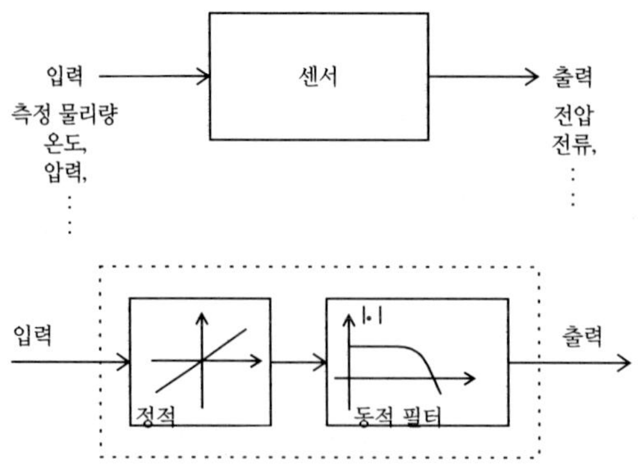

그림 6.3 ■ 센서의 입출력 모델: 정상 상태(정적) 입출력 관계와 필터에 의한 동특성

은 주파수 응답 특성 또는 주파수 대역폭으로 표현된다. 센서의 주파수 대역폭은 센서가 측정 가능한 물리량의 변화 주파수이다. 동적 신호의 정밀한 계측을 위해서는 센서의 대역폭은 측정 물리량의 최고 주파수 성분보다 적어도 10배 이상 커야 한다.

센서는 정적인 입출력 관계와 함께 특정 대역폭을 가지는 필터로 생각할 수 있다. 일반적인 센서의 정적인 입출력 관계만을 고려한다면, 이상적인 센서는 측정 물리량(입력)과 출력 신호 사이에 선형적인 관계가 존재한다. 이러한 선형 관계는 **변환 단계**(transduction stage)와 증폭 단계에 의하여 결정된다. 그림 6.4에는 다음과 같은 비이상적인 센서의 특성을 나타내었다.

1. 이득 변화(Gain changes)
2. 바이어스 등에 의한 오프셋 변화(Offset(bias or zero-shift) changes)
3. 포화(Saturation)
4. 이력 현상(Hysterisis)
5. 사역(Deadband)
6. 시간에 따른 변화(Drift in time)

센서의 정적인 입출력 관계는 물리량을 정확히 알려진 양으로 증가시키고, 센서 출력이 정상 상태가 될 때까지 충분한 시간을 기다린 후 측정값을 기록하는 방식으로 모든 측정 범위에 대하여 동일한 작업을 수행함으로써 확인될 수 있다. 결과는 특정 센서의 정적인 입출력 특성을 나타내는 그래프로 표현된다. 이 입출력 관계가 이상적이지는 않지만 반복성은 있다면 디지털 신호 처리기에서는 입출력 관계에 대한 정보를 신호 처리 알고리즘에 포함하여 올바른 측정 데이터를 출력할 수 있다. 정밀한 센서 신호 처리를 위해서는 반복성이 반드시 보장되어야 한다. 만약 비선형적인 입출력 특성이지만 반복성이 보장된다면

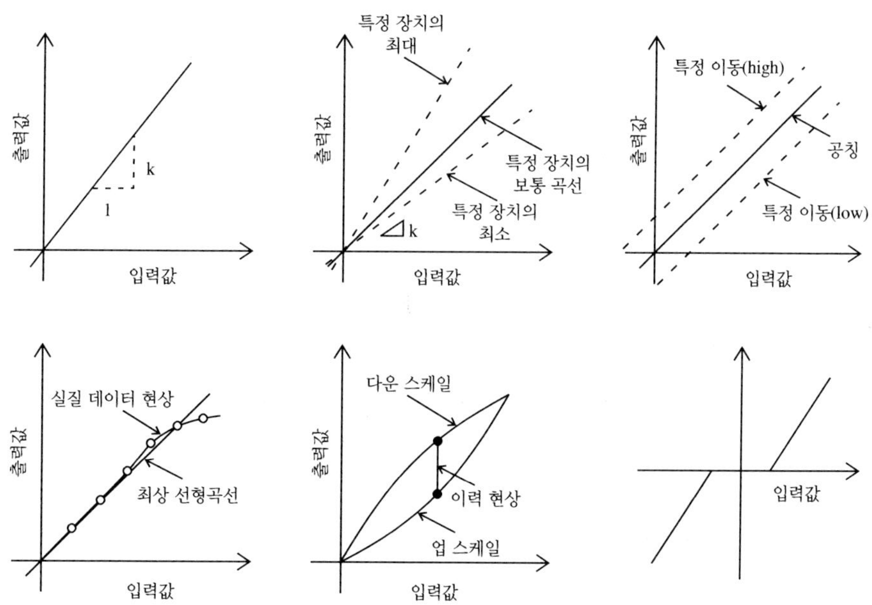

그림 6.4 ■ 전형적인 비선형 정적 입출력 관계의 변화는 이상적인 선형 입출력 관계로부터 변화됨

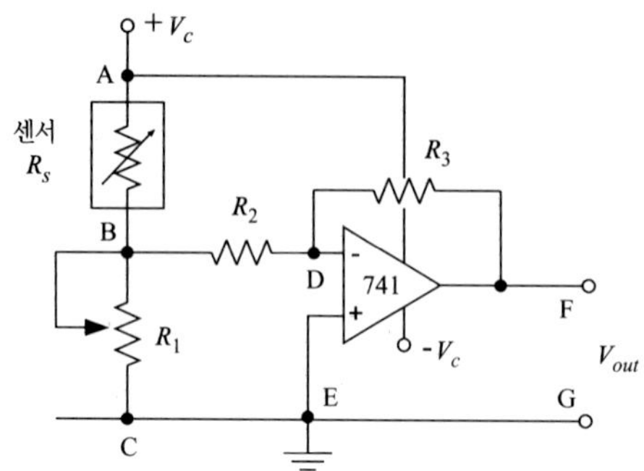

그림 6.5 ■ 연산 증폭기를 이용한 저항형 센서 신호 증폭. 센서의 변환 원리는 측정하려는 물리량에 대하여 센서의 저항 변화로 나타나는 물리 현상을 이용

소프트웨어를 이용하여 보상함으로써 정밀한 측정 결과를 얻을 수 있다.

통상적으로 센서는 응용 분야에 활용되기 위해 정밀하게 **조절**(calibrate)되어야 한다. 만약 센서가 시간의 흐름에 따라 변화한다면 주기적으로 조절되어야 한다. 센서 조절은 센서 증폭기를 조정하여 시간에 의한 변화를 보상하여 입력과 출력의 관계가 항상 일정하도록 조정하는 작업이다. 센서 조절 과정은 이득, 오프셋, 포화, 이력 현상, 사역, 그리고 시간에 의한 변화 등의 보상을 포함한다.

그림 6.5에는 연산 증폭기를 이용한 저항형의 센서 신호 증폭 회로를 나타내었다. 센서의 동작은 측정하려는 온도, 변형, 압력에 따라 저항이 변화하는 특성에 기반한다. 저항의 변화는 전압의 변화를 수반하는데, 그 전압의 변화는 매우 적다. 이러한 작은 전압 변화는 반전 연산 증폭기 회로를 이용하여 사용할 만한 수준의 전압으로 증폭된다. 여기서 R_1은 센서의 오프셋을 조절하기 위하여 사용된다. R_1와 R_s는 전압 분배기처럼 동작하며, R_2와 R_3는 반전 증폭기 회로의 이득을 결정한다. 센서 저항 성분에 의한 출력 전압의 변화는 다음과 같이 정리된다.

$$V_{out} = -\frac{R_3}{R_2} \cdot \frac{R_1}{R_s(x) + R_1} \cdot V_c \tag{6.1}$$

여기서 x는 측정 물리량이며, $R_s(x)$는 물리량에 의하여 결정되는 센서의 저항값이다.

6.2 계측 소자의 부하 오차

계측 시스템에서는 센서와 그 외의 관련 신호 처리 회로에 의하여 부하 오차가 발생한다. 부하 오차는 다음과 같이 크게 두 가지로 분류할 수 있다.

1. 기계적 부하 오차
2. 전기적 부하 오차

기계적 부하 오차의 예를 설명하기 위하여 다음과 같이 용기에 담겨진 액체의 온도를 측정하는 시스템을 가정한다. 온도 측정을 위하여 수은 온도계를 액체에 담그는 순간 액체로부터 온도계로 일정량의 열이 전달되며, 열전도는 온도계 자체의 온도가 액체의 온도와 동일해지는 순간 평형을 유지하게 된다. 따라서, 액체에 온도계를 담그면 열전도가 발생한다는 것은 액체의 원래 온도를 변화시켰다는 의미가 된다. 분명한 것은 액체의 용량에 비하여 온도계의 크기가 크다면 열전달은 매우 클 것이며, 반대로 액체의 용량에 비하여 온도계의 크기가 작다면 기계적 부하 오차는 거의 무시할 수 있는 수준이 된다. 엄밀한 의미에서 센서를 사용한다는 것은 원래 물리적 환경을 변화시키는 것이므로 원래의 물리량을 완벽하게 측정한다는 것은 불가능하다. 모든 계측 시스템은 약간의 기계적 부하 오차를 피할 수 없으며, 설계 문제는 이러한 부하 오차를 얼마나 줄일 수 있느냐의 문제로 귀결된다.

전기적 부하 오차 문제는 계측 시스템에서 활용하는 전기회로에서 발생한다. 그림 6.6에 나타낸 것처럼 저항 양단의 전압을 측정하는 시스템에서 측정 소자는 내부 저항 R_m을 가진다고 가정한다. 측정 소자가 없는 경우에 이상적인 측정 전압은 다음과 같다.

$$V_o^* = \frac{R_1}{R_1 + R_2} \cdot V_i \tag{6.2}$$

일단 측정 소자가 회로의 A와 B에 연결되는 순간 전기 회로는 변화하게 되며, A와 B 사이의 등가 저항은 다음과 같다.

$$R_1^* = \frac{R_1 R_m}{R_1 + R_m} \tag{6.3}$$

결국, A와 B 양단의 측정 전압은 다음과 같이 요약된다.

$$V_o = \frac{R_1^*}{R_1^* + R_2} \cdot V_i \tag{6.4}$$

그래서

$$V_o = V_i \frac{R_1 R_m/(R_1 + R_m)}{R_1 R_m/(R_1 + R_m) + R_2} \tag{6.5}$$

만약 $R_m \to \infty$를 만족하면 $V_o = V_o^*$가 된다. 하지만, R_m이 R_1의 값과 비슷하면 V_o/V_o^*는 1이 아니며, $R_m = R_1$인 경우에 다음과 같이 요약된다.

$$V_o = V_i \frac{R_1}{R_1 + 2R_2} \tag{6.6}$$

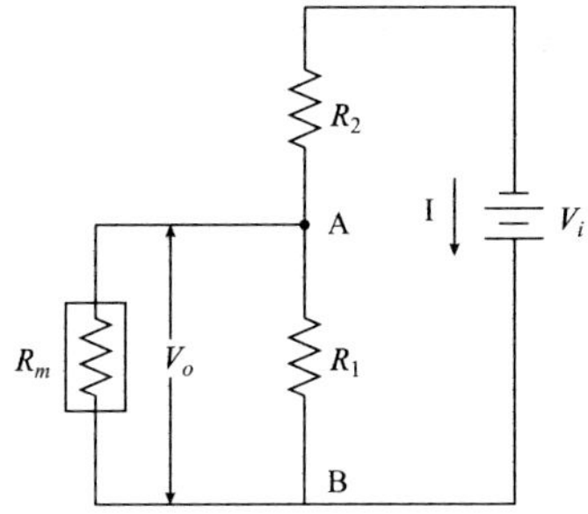

그림 6.6 ■ 측정 시스템과 센서 사이의 전기적 부하 오차

대부분의 계측 시스템에서 R_m과 R_1의 관계는 다음을 만족한다.

$$R_m = 10^3 \cdot R_1 \tag{6.7}$$

$R_1 = R_2$를 만족하는 단순한 경우를 가정한다. 이 경우에 측정된 전압과 R_m이 무한대인 경우의 이상적인 측정 전압은 다음과 같이 요약된다.

$$V_o = V_i \frac{1000}{2001} \tag{6.8}$$

이상적인 전압은

$$V_o^* = V_i \frac{1000}{2000} \tag{6.9}$$

이 경우의 전기적 부하 오차에 의한 전압 측정 오차는 다음과 같이 요약된다.

$$e_v = \frac{(1000/2001) - (1/2)}{(1/2)} \cdot 100 = -0.0499\% \tag{6.10}$$

측정 소자의 입력 임피던스가 측정하려는 소자의 등가 저항보다 1000배 큰 경우에는 전기적 부하 효과에 의한 전압 측정 오차는 무시할 만하다.

따라서, 전기적 부하 오차에 의한 효과를 최소화하기 위해서는 측정 소자는 가능한 큰 입력 저항을 가져야 한다. 입력 저항이 크면 클수록 전압 측정에서 전기적 부하 오차는 작아진다.

6.3 휘스톤 브리지 회로

저항의 변화를 출력 전압으로 변환하기 위하여 휘스톤 브리지(Wheatstone Bridge) 회로를 센서 신호 처리를 위한 표준 회로로 활용한다. 휘스톤 브리지 회로는 그림 6.7과 같이 전원 전압 V_i와 브리지 형태의 R_1, R_2, R_3, R_4의 4개의 저항으로 구성되며, 4개 중 하나는 센서의 저항 성분에 해당한다. 센서의 저항 성분은 측정하는 물리량에 의하여 결정되는데, RTD 저항은 온도에 의하여 결정되며, 스트레인게이지(strain-gauge)의 저항 성분은 변형률에 의하여 결정된다.

브리지의 평형 상태가 유지되는 조건을 가정하면(strain-gauge), B와 C 간의 전압 V_{BC}는 0 V가 되며, 측정 소자(검류계, 디지털 전압계, 데이터 수집을 위한 ADC)를 통과하는 전류 i_m은 0이 된다. $V_{BC} = 0$과 $i_m = 0$을 만족하므로 다음의 수식이 성립한다.

$$i_1 R_1 - i_3 R_3 = 0 \tag{6.11}$$

$$i_2 R_2 - i_4 R_4 = 0 \tag{6.12}$$

and $i_m = 0$

$$i_1 = i_2 \tag{6.13}$$

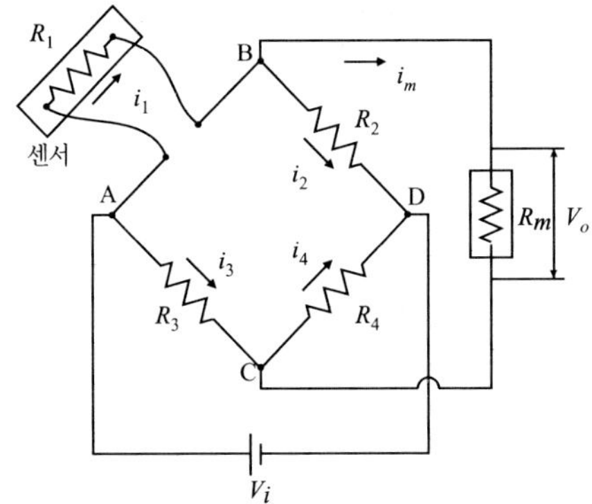

그림 6.7 ■ 다양한 센서 신호 처리를 위하여 활용되는 휘스톤 브리지 회로

$$i_3 = i_4 \tag{6.14}$$

위 방정식을 풀면 브리지 회로가 평형 상태인 $V_{BC} = 0$, $i_m = 0$의 상황에서 다음의 관계가 성립한다.

$$\frac{R_1}{R_2} = \frac{R_3}{R_4} \tag{6.15}$$

이제 출력 전압을 이용하여 저항 성분의 변화를 측정하기 위한 두 가지 방법에 대하여 설명한다.

6.3.1 영위법(Null Method)

R_1은 측정되는 물리량에 의하여 저항 성분이 변하는 센서를 나타내며, R_2는 수동 또는 자동으로 조절이 가능한 저항이다. R_3과 R_4는 저항값이 알려진 고정 저항이다. 초기에 회로에서 B와 C 사이의 전압이 0 V인 평형 상태를 유지하도록 조절한다. 센서의 저항 R_1이 측정하려는 물리량에 의하여 변경되면, R_2를 변경하여 다시 평형 상태를 유지하도록 조절하고, 이 경우에 다음의 관계가 성립한다.

$$\frac{R_1}{R_2} = \frac{R_3}{R_4} \tag{6.16}$$

다시 평형 상태가 유지되었을 때, R_3와 R_4는 알려진 고정된 값이고 R_2는 가변 저항값을 읽어낼 수 있으므로 R_1의 값은 위 수식에 의하여 결정된다. 이 방법에서는 입력 전원 V_i의 변화에 둔감하다는 장점이 있지만, 천천히 변하는 정상 상태에서의 온도, 변형률, 압력 등의 측정에만 활용할 수 있다는 단점이 있다.

6.3.2 편향법(Defletion Method)

시간 변화 또는 과도 구간의 신호를 측정하기 위해서는 반드시 편향법을 활용해야 한다. 이 경우에는 R_2, R_3, R_4 3개의 저항이 고정된 값을 가져야 하며, R_1은 센서의 저항 성분이다. 센서의 저항 성분이 변함에 따라 출력 전압 V_{BC}가 0이 아닌 값으로 측정된다. 측정 소자가 무한대의 저항 성분이 있어서 $R_m \rightarrow \infty$이 만족하면 B와 C 사이의 전압이 0이 아닌 경우에도 측정 소자를 통하는 전류는 없으며, 따라서 다음의 관계가 성립한다.

$$V_o = i_1 R_1 - i_3 R_3 \tag{6.17}$$

$i_1 = i_2$ 이고 $i_3 = i_4$이므로 다음의 수식이 성립한다.

$$i_1 = V_i/(R_1 + R_2) \tag{6.18}$$

$$i_3 = V_i/(R_3 + R_4) \tag{6.19}$$

결국, 출력 전압은 다음과 같이 정리된다.

$$V_o = V_i \left(\frac{R_1}{R_1 + R_2} - \frac{R_3}{R_3 + R_4} \right) \tag{6.20}$$

휘스톤 브리지 회로를 센서 신호 처리의 용도로 활용하는 대부분의 경우에 브리지 회로는 기준 상태에서 $V_o = 0$이 되도록 평형 상태를 만족하며, 4개의 저항 성분은 $R_1 = R_2 = R_3 = R_4 = R_0$의 값으로 초기화된다. ΔR을 센서 저항 성분의 변화량이라고 했을 때, 센서 저항 성분은 다음과 같이 나타난다.

$$R_1 = R_o + \Delta R \tag{6.21}$$

이 수식을 식 6.20에 대입하면 전원 전압과 출력 전압 사이에는 다음의 관계가 성립한다.

$$V_o/V_i = \frac{\Delta R/R_o}{4 + 2\Delta R/R_o} \tag{6.22}$$

통상적으로 $\Delta R/R_o << 1$의 관계가 성립하므로 위의 관계식은 다음과 같이 근사화된다.

$$V_o/V_i = \frac{\Delta R/R_o}{4} \tag{6.23}$$

이 관계식을 좀 더 쉽게 표현하자면

$$V_o = \frac{V_i}{4R_o} \Delta R \tag{6.24}$$

만약 측정 소자가 마이크로프로세서와 ADC로 구성된다면 위에 언급한 근사화 수식은 필요하지 않으며, 식 6.20을 이용하여 보다 정밀한 측정을 위한 소프트웨어 작성이 가능하다.

이제 측정 소자의 저항 성분이 무한대가 아닌 크지만 제한된 저항 성분으로 가정하면, 측정 소자를 통과하는 전류는 매우 작지만 존재하게 되고, 실제 출력 전압의 측정치는 다음과 같다. 기준 전압 V_i는 저항에서의 전압 강하의 합과 같으므로 다음과 같이 정리된다($i_m \neq 0$).

$$V_i = i_1 R_1 + i_2 R_2 \tag{6.25}$$

$$= i_3 R_3 + i_4 R_4 \tag{6.26}$$

측정 소자를 통과하는 전류는 더 이상 0이 아니므로 다음과 같이 수식에 반영된다.

$$i_1 = i_2 - i_m \tag{6.27}$$

$$i_1 = i_2 - i_m \tag{6.28}$$

R_1, R_m, R_3로 구성된 폐회로의 전압 강하와 R_2, R_m, R_4의 폐회로에서의 전압 강하는 각각 0이 되어야 하므로 다음의 수식으로 요약된다.

$$i_1R_1 + i_mR_m - i_3R_3 = 0 \tag{6.29}$$

$$i_1R_1 + i_mR_m - i_3R_3 = 0 \tag{6.30}$$

$V_o = i_m \cdot R_m$의 관계와 $R_1 = R_2 = R_3 = R_4 = R_0$의 통상적인 설정을 활용하면 다음과 같은 입출력 관계를 얻을 수 있다.

$$V_o = V_i \frac{(\Delta R/R_o)}{4(1 + (R_o/R_m))} \tag{6.31}$$

위 수식에서 R_m의 값이 충분히 크다면 다음과 같이 $R_m \to \infty$인 경우와 같은 결과를 얻을 수 있다.

$$V_o = \frac{V_i}{4R_o}\Delta R \tag{6.32}$$

출력 전압의 측정 소자는 아날로그/디지털 전압계 또는 ADC 변환기가 활용될 수 있다. 측정 소자의 입력 저항이 휘스톤 브리지 회로에 사용된 다른 저항 성분에 비하여 충분히 큰 경우에는 측정된 출력 전압은 이상적인 경우에 가깝게 나타난다.

▸▸ **예제** 온도 측정을 위하여 RTD 형태의 온도 센서를 활용하는 경우를 가정한다. 센서의 두 단자가 휘스톤 브리지 회로의 R_1에 연결되고, 센서의 온도 저항 관계는 다음과 같이 정리된다.

$$R = R_o(1 + \alpha(T - T_o)) \tag{6.33}$$

여기서 $\alpha = 0.004°\text{C}^{-1}$, $T_0 = 0°\text{C}$ 기준 온도, 그리고 온도 T_o에서 $R_o = 200\ \Omega$이다. $V_i = 10$ VDC, $R_2 = R_3 = R_4 = 200\ \Omega$을 가정하였을 때, $V_o = 0.5$ VDC이면 온도는 몇 도인가?

측정 소자의 입력 저항을 무한대로 가정하면 다음의 관계가 성립한다.

$$V_o = V_i \cdot \frac{\Delta R/R_o}{4} \tag{6.34}$$

ΔR을 찾아내고, $R = R_o + R$과 다음의 관계를 이용하여 T를 계산한다.

$$R = R_o(1 + \alpha(T - T_o)) \tag{6.35}$$

결과적으로 $\Delta R = 40\ \Omega$이며, 온도는 $T = 50°\text{C}$가 출력된다.

이제 측정 소자의 입력 저항이 $R_m = 1\ \text{M}\Omega$으로 무한대가 아닌 경우를 가정하면, 다음의 관계가 성립한다.

$$V_o = V_i \cdot \frac{\Delta R / R_o}{4(1 + R_o / R_m)} \tag{6.36}$$

이 관계로부터 다음의 저항 변화량을 구할 수 있다.

$$\Delta R = 40 \cdot 1.0002 \ \Omega \tag{6.37}$$

이로부터 보다 정밀한 온도는 다음과 같이 구할 수 있다.

$$T = 40 \cdot 1.0002/0.8 \tag{6.38}$$

$$= 50 \cdot 1.0002 \tag{6.39}$$

$$= 50.01°\text{C} \tag{6.40}$$

만약 측정 소자의 입력 저항이 휘스톤 브리지 회로의 다른 저항에 비하여 작은 경우에는 측정 오차가 훨씬 커질 수 있다. 예를 들면, $R_m = 1000 \ \Omega$인 경우에 온도 측정은 다음과 같다.

$$T = 50 \cdot 1.2 = 60°\text{C} \tag{6.41}$$

여기서 측정 소자의 낮은 입력 저항으로 인하여 20%의 측정 오차가 발생함을 확인할 수 있다.

6.4 위치 센서

길이(length)를 측정하는 방식에는 (1) 두 점 간의 거리를 측정하는 절대 위치와 (2) 위치의 변화량을 측정하는 증가형 위치가 있다. **절대 위치 센서**(absolute position sensor)는 기동시에 기준 위치로부터의 물체 위치를 측정할 수 있다. 기동시에 기준 위치로부터 물체까지의 거리를 알려주지는 못하지만 기동 위치로부터의 위치 변화량을 알 수 있다면 **증가형 위치 센서**(incremental position sensor)라고 한다. 절대 위치 센서의 예는 보정된 가변 저항, 절대 광 엔코더, 선형 가변 차동 변환기, 리졸버, 용량성 간격 센서 등이 있다. 증가형 위치 센서는 증가형 광 엔코더와 광 간섭계가 있다. 위치 센서는 주로 회전형과 병진형(선형)으로 분류된다.

6.4.1 가변 저항

그림 6.8과 6.9에 나타낸 바와 같이 가변 저항은 선형 또는 회전 위치의 변화가 저항의 변화로 나타난다. 저항의 변화는 센서의 전자 회로에 의하여 이에 비례하는 전압으로 변환된다. 따라서, 이상적인 가변 저항에서 직선 변위 x 또는 회전 각도 θ 등의 물리량과 출력 전압 사이에는 다음의 관계가 성립한다.

$$V_{out} = k \cdot V_r \cdot x \tag{6.42}$$

$$V_{out} = k \cdot V_r \cdot \theta \tag{6.43}$$

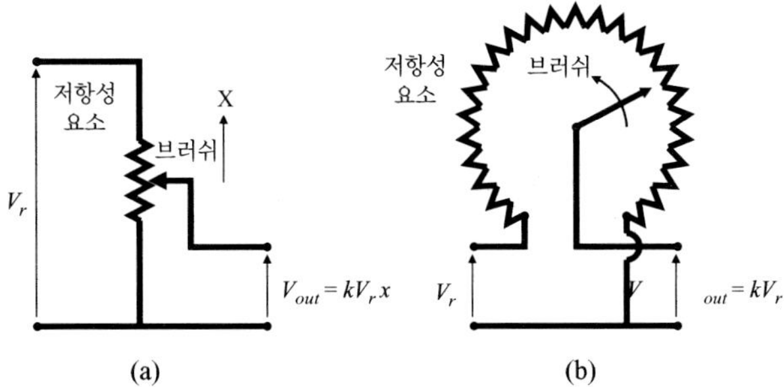

그림 6.8 ■ 위치 측정을 위한 선형 및 회전형 가변 저항

위 수식에서의 $k \cdot V_r$은 가변 저항의 감도로서 권선의 저항 성분과 권선의 물리적 형태에 의하여 결정된다. 가변 저항의 동작 범위와 해상도는 서로 상충하는 관계가 있어서 좋은 해상도에는 작은 동작 범위가 적용되므로 두 특성을 균형적으로 만족해야 한다. 브러시 형태의 저항 접점으로 인하여 정밀도는 제한되는데, 접점이 저항 권선 위를 움직임에 따라 전압변화는 작지만 불연속적으로 변하며, 이로 인하여 가변 저항의 분해능이 결정된다. 5 m 이상의 곡선 형태의 길이를 측정하는 경우에는 다중 회전형 가변 저항의 끝에 줄을 연결하고, 측정하려는 곡선 거리를 이동한다. 줄이 당겨짐에 따라 다중 회전형 가변 저항은 변화하게 되고, 출력 전압은 당겨진 줄의 길이에 비례한 값으로 출력된다. 가변 저항은 정밀도는 낮고, 제한된 범위에서만 활용이 가능하지만 가격이 저렴하고, 단순하며, 비교적 안정적인 절대 위치 센서이다. 통상적인 저항값은 1인치에 1 KΩ을 사용하며, 전원 전압이 있으므로 가변 저항에서의 전력소모가 있지만 1 W/in로 매우 작다.

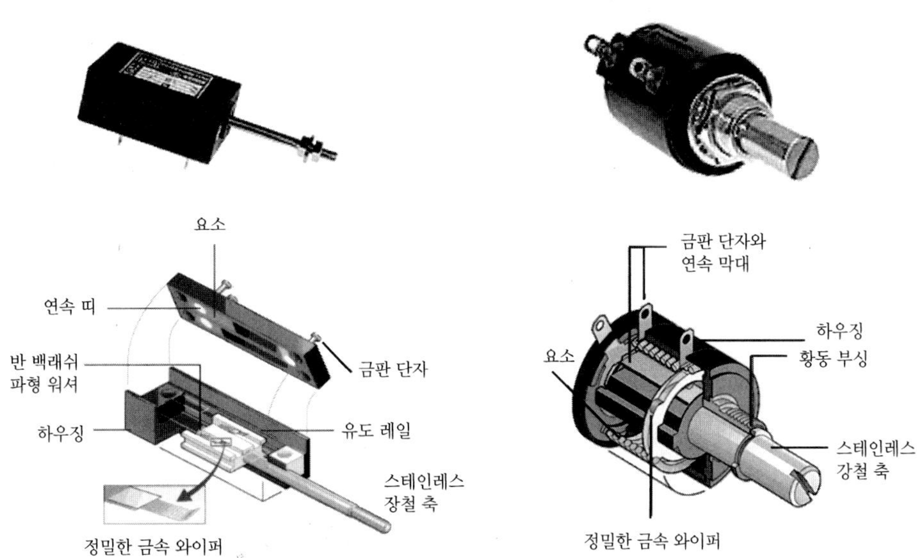

그림 6.9 ■ 선형 및 회전형 가변 저항의 사진

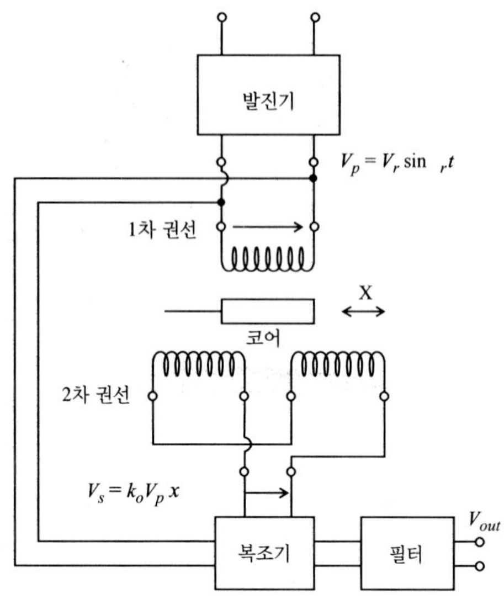

그림 6.10 ■ 변위 센서와 동작 원리. 발진 회로는 1차 권선에 발진 신호를 생성하고, 복조 회로는 고주파 신호를 제거하고, 코어의 위치와 관련된 유도 전압의 크기를 추출한다.

6.4.2 변위 센서, 리졸버, 싱크로

변위 센서(Linear variable differential transformer, LVDT), 리졸버(Resolver), 그리고 싱크로(Syncro)는 모두 변압기 원리(transformer prineiple)를 활용하는 센서이다. 동작 원리의 핵심은 회전자의 위치 변화에 따라 두 권선 사이의 전자기적 결합 용량이 변화하는 것을 활용하는 것이다(그림 6.10과 6.11). 결과적으로 두 권선 사이의 유도 전압이 위치에 따라 변화하게 되며, 따라서 유도 전압과 위치 사이의 정확한 관계를 확인할 수 있다. LVDT에서는 두 권선 모두 고정되어 있으며, 투자율이 높은 재질의 회전자가 두 권선을 전자기적으로 연결한다. 회전형 LVDT(리졸버와 싱크로)에서는 1차 권선은 회전자에 장착되고, 2차 권선은 고정자에 장착된다. 두 권선 중 하나에는 알려진 전압이 외부에서 인가되며, 유도 전압이 반대편 권선에서 측정되는데, 측정된 전압이 위치와 연관된다. LVDT, 리졸버, 싱크로의 동작 원리는 그림 6.10~6.15에 나타내었으며, 싱크로는 리졸버의 3상 고정자 형태이다.

LVDT는 절대 위치 센서로서 전원이 인가된 직후에 중립 위치에 대한 자기 코어의 위치를 알려준다. LVDT의 1차 권선에는 정현파 전압 신호가 인가되며, 2차 권선에 유도된 전압은 동일한 주파수를 갖지만 그 크기는 자기 코어의 위치에 의하여 결정된다. 다시 말하면, 자기 코어의 변위가 유도 전압의 크기를 변조하게 된다. 코어의 변위가 중심에서 증가할수록 2개의 고정자에 유도되는 전압의 차이는 증가한다. 코어의 재질은 공기보다 투자율이 높은 철-니켈 합금과 같은 재질을 사용해야 한다. 자화되지 않는 스테인리스 강철

그림 6.11 ■ LVDT와 리졸버의 사진

막대를 이용하여 코어와 변위를 측정할 물체를 연결해야 한다. 전위차의 부호(방향)는 유도 전압과 기준 전압의 위상차에 의하여 결정되며, 중립 위치에 대한 자기 코어의 변위 방향에 의하여 결정된다. 1차 권선에 인가되는 전압은 다음과 같이 정의된다.

$$V_p(t) = V_r \cdot sin(w_r t) \tag{6.44}$$

그리고, 2차 권선에 유도되는 전압차는 다음과 같다.

$$V_s(t) = k_0 \cdot V_p(t) \cdot x \tag{6.45}$$

$$= k_0 \cdot V_r \cdot sin(w_r t) \cdot x \tag{6.46}$$

$V_s(t)$를 복조하면 출력신호는 다음과 같은 DC 전압이 되며, 이 전압은 코어의 변위에 비례한 값이 된다.

$$V_{out}(t) = k_1 \cdot V_r \cdot x(t) \tag{6.47}$$

LVDT는 1/10,000인치 정도의 고해상도 위치 측정에 적합하지만, 최대 측정 범위가 10인치 정도로 제한되는 단점이 있다. 1차 권선에 인가되는 전압의 주파수는 대략 50 Hz~25 kHz의 범위에 포함되며, 센서의 대역폭은 대략 이 주파수의 1/10에 해당한다(그림 6.11).

그림 6.12의 리졸버와 그림 6.13의 싱크로 센서는 LVDT와 거의 동일한 동작 원리에 의하여 작동한다. 리졸버는 위치 측정 분야에서 엔코더와 함께 널리 사용되는데, 일반적으로 리졸버가 기계적 안정성은 높지만 엔코더에 비하여 동작 주파수 대역이 낮다. 리졸버는 90° 간격으로 배치된 2개의 고정자 권선이 있는 반면 싱크로는 3개의 고정자 권선이 120° 간격으로 배치된다. 리졸버의 동작 원리에 대하여 설명하기 위하여 회전자 권선에 정현파 전압이 외부에서 인가되는 상황에서 고정자에 유도된 전압을 측정하는 것을 가정한다. 유도 전압의 크기는 회전자의 각도 변위에 의하여 결정된다. 두 고정자 권선은 90°의 각도를 가지도록 배치되었으므로 각각의 고정자 권선에 유도된 전압도 90°의 위상차를 가지며, 따

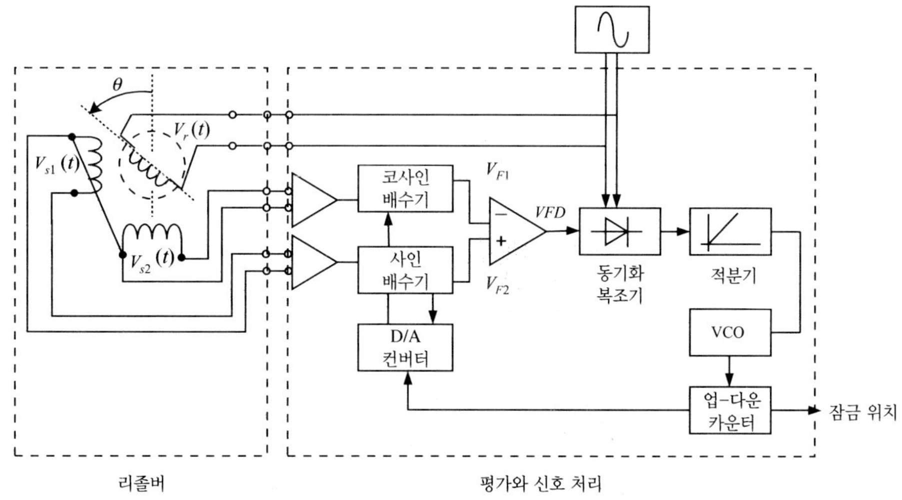

그림 6.12 ■ 리졸버와 동작 원리: 리졸버 센서와 신호 처리 회로(resolver-to-digital converter, RTDC)

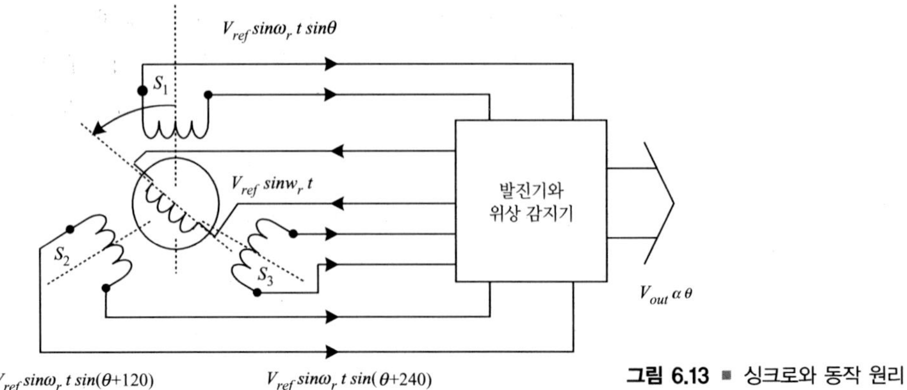

그림 6.13 ■ 싱크로와 동작 원리

라서 리졸버는 1회전 범위 내에서 절대 회전 변위 센서로 활용될 수 있다. 1회전을 넘어서는 각도 변위는 디지털 카운터에 의하여 저장된다. 회전자 권선에 인가되는 정현파는 다음과 같이 표현된다.

$$V_r = V_{ref} \cdot sin(w_r t) \tag{6.48}$$

그림 6.14에 나타내었듯이 고정자 권선에 유도된 전압은 다음 두 수식으로 표현된다.

$$V_{s1} = k_0 \cdot V_r \cdot sin(\theta) = k_0 \cdot V_{ref} \cdot sin(w_r t) \cdot sin(\theta) \tag{6.49}$$

$$V_{s2} = k_0 \cdot V_r \cdot cos(\theta) = k_0 \cdot V_{ref} \cdot sin(w_r t) \cdot cos(\theta) \tag{6.50}$$

다음으로 RTDC(Resolver to digital converter) 회로에서 V_{s1}과 V_{s2}에 sin과 cos 함수를 곱하면 다음과 같다.

$$V_{f1} = k_0 \cdot V_r \cdot sin(\theta) \cdot cos(\alpha) \tag{6.51}$$

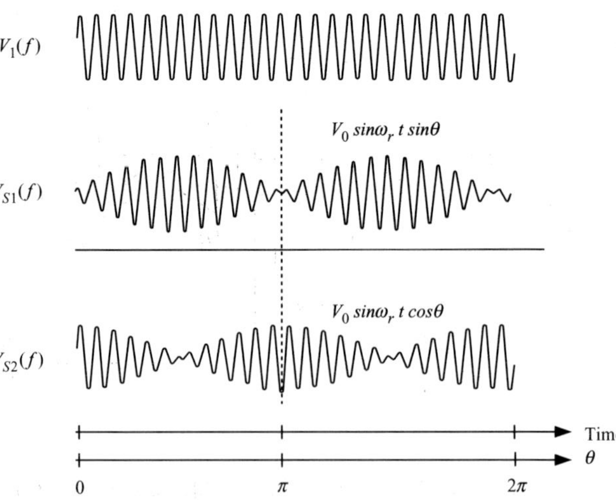

그림 6.14 ■ 로터 권선에 인가되는 발진 전압과 유도된 고정자 전압. 일정 속도의 로터 회전에 대하여 유도 전압은 시간의 함수로 표현된다.

$$V_{f2} = k_0 \cdot V_r \cdot cos(\theta) \cdot sin(\alpha) \tag{6.52}$$

오류 증폭기의 출력은 다음과 같다.

$$\Delta V_f = k_0 \cdot V_{ref} \cdot sin(w_r t) \cdot sin(\theta - \alpha) \tag{6.53}$$

이제 $sin(w_r t)$ 성분을 제거하기 위하여 동기화 정류기와 저역 통과 필터를 이용하여 복조 과정을 거친 후, 적분기를 통과하여 VCO(voltage controlled oscillator)에 입력된다. 이 회로는 결과적으로 $sin(\theta - \alpha)$가 0이 되도록 카운터를 이용하여 α를 증감하는 동작으로 나타난다. 카운터의 값은 DAC를 통하여 각도 α에 해당하는 아날로그 전압으로 변환되고, sin/cos 곱셈 회로에 입력된다. α의 값은 $\alpha = \theta$를 만족하도록 반복적으로 조정되며, 회전자의 위치 정보는 카운터에 디지털 데이터로 저장된다. 회전 각도 θ는 α를 반복적으로 변화시킴으로써 찾게 되며, 반복적인 조정 동작은 $\alpha = \theta$를 만족하여 ΔV_f가 0이 되는 순간 멈추게 된다. 최종 결과로 출력되는 값은 다음 수식과 같이 회전자의 각도에 비례하는 값으로 출력된다.

$$V_{out} = k_1 \cdot \theta \tag{6.54}$$

이 회로는 그림 6.15에 나타낸 아날로그 디바이스 사의 프로그래머블 오실레이터 집적 회로

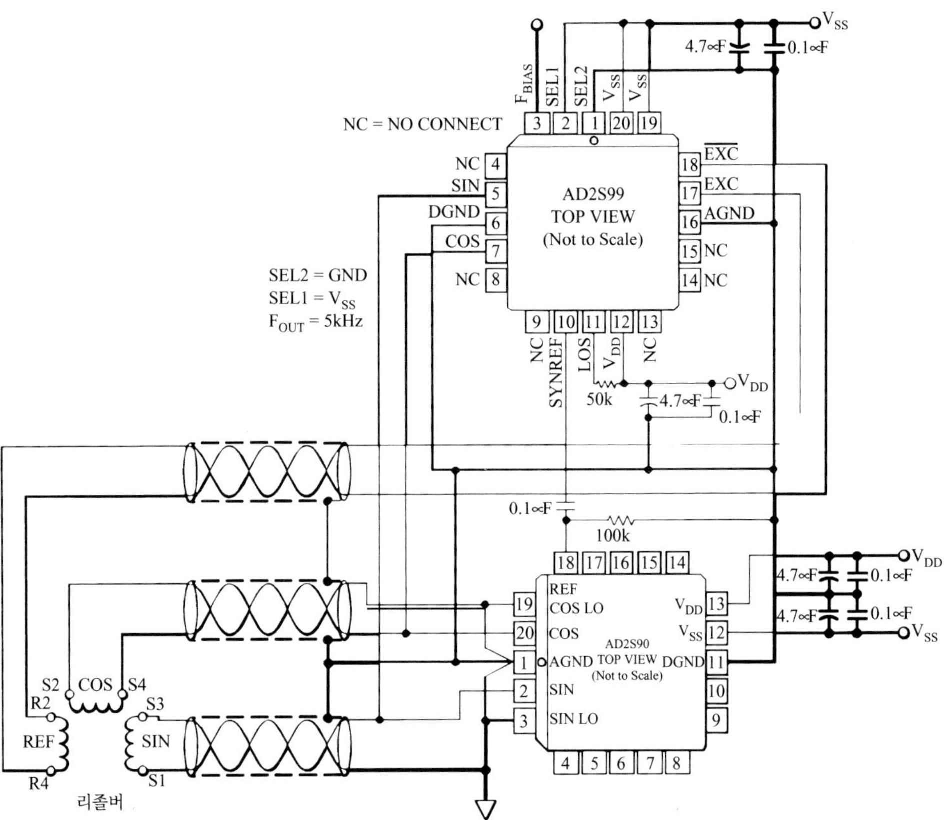

그림 6.15 ■ 리졸버 신호 처리를 위한 예제 회로. 이 회로는 하나의 로터 권선과 2개의 고정자 권선을 가지는 리졸버에 활용할 수 있다. AD2S99는 기준 발진 신호를 제공하고, AD2S90은 리졸버 신호를 디지털 데이터로 변환한다.

AD2S99와 AD2S90 RTDC IC를 이용하여 구현할 수 있다. AD2S99 IC는 프로그래머블 정현파 발진기로서 ±5 VDC의 전원 전압을 이용하여 1차 권선에 정현파 발진 전압을 공급하는데, 발진 주파수는 2 kHz, 5 kHz, 10 kHz, 20 kHz로 가변할 수 있다. 2차 권선에 유도된 전압은 IC의 SIN과 COS 단자를 통하여 입력된다. 이 두 신호와 위상이 동기된 구형파 신호를 생성하여 AD2S90에서는 리졸버 신호를 디지털 신호로 변환하는 데 활용한다. AD2S90은 리졸버의 아날로그 신호를 디지털 형태로 변환하는 핵심 IC로서 12비트 시리얼 디지털 코드 또는 증가형 엔코더의 A와 B 채널 신호로 출력이 가능하다. 모터 제어 분야에서는 많은 증폭기들이 리졸버 신호를 이용하여 전류의 정류자 기능을 수행하며, 엔코더와 동일한 형태로 출력되는 신호를 이용하여 궤환 위치 제어기 구동에 활용한다. AD2S90에서는 1024펄스의 해상도를 갖는 엔코더의 동작을 에뮬레이션한다. A와 B채널 신호를 4체배 하여 활용하면 총 4096펄스/회전의 해상도를 가질 수 있으며, 이는 12비트의 해상도에 해당한다. LVDT 신호 처리를 위해서는 AD2S93 IC가 AD2S90 대신 활용될 수 있다.

리졸버 신호로부터 각도의 정보를 추출하기 위한 다른 형태의 신호 처리 회로가 있다. 두 고정자의 출력 전압을 $w_r/2\pi$ Hz의 주파수로 샘플링하는데, 다만 샘플링을 $V_r(t)$의 90도 위상 지점으로 동기화하여 최대 전압을 측정하도록 한다. 즉, V_{s1}과 V_{s2}를 w_r과 동일한 주파수로 샘플링하면 복조 과정을 샘플링에 의하여 수행할 수 있다. 샘플된 신호는 다음과 같이 표현된다.

$$V_{s1}^{adc} = V_{mag} \cdot sin(\theta) \tag{6.55}$$

$$V_{s2}^{adc} = V_{mag} \cdot cos(\theta) \tag{6.56}$$

여기서 V_{mag}는 $k_0 \cdot V_{ref} \cdot sin(w_r t)$ 신호의 샘플된 값에 해당한다. 이제 두 신호를 *Arctan* 함수로 연산함으로써 각도 정보를 다음과 같이 구할 수 있다.

$$\theta = Arctan\left(\frac{V_{s1}^{adc}}{V_{s2}^{adc}}\right) \tag{6.57}$$

이 방법은 2개의 채널이 있는 ADC와 $Arctan(\cdot)$함수를 연산할 수 있는 디지털 컴퓨터 알고리즘을 활용한다. 이 RTDC 회로는 ADMC401 ADC와 AD2S99 발진기 IC를 이용하여 구성할 수 있다.

싱크로의 동작 원리는 리졸버와 거의 동일하다. 단 하나의 차이가 있다면 고정자 권선의 위치가 120도 각도로 배치된 것이며, 이에 따라 3개의 고정자에 유도되는 전압도 다음과 같이 120도의 위상차를 갖는다.

$$V_{s1} = k_0 \cdot V_{ref} \cdot sin\,(w_r t) \cdot sin\,(\theta) \tag{6.58}$$

$$V_{s2} = k_0 \cdot V_{ref} \cdot sin\,(w_r t) \cdot sin\,(\theta + 120) \tag{6.59}$$

$$V_{s3} = k_0 \cdot V_{ref} \cdot sin\,(w_r t) \cdot sin\,(\theta + 240) \tag{6.60}$$

이 세 신호를 이용하여 각도 정보를 추출하는 회로는 리졸버의 신호 처리 회로와 거의 유사하다.

상용 LVDT와 리졸버 센서는 입력과 출력이 DC 전압이 되도록 구성된다. 입력 회로는

DC 입력으로부터 AC 발진 전압을 생성하는 변조기 회로를 포함하며, 출력 회로는 2차 권선에서 측정는 AC 전압 출력을 DC로 변환하는 복조 회로로 구성된다. 예를 들면, 트랜스텍사의 LVDT Model 240의 경우에는 0.05~3인치의 거리를 측정할 수 있으며, 24 VDC 전원을 사용하고, 300 Hz의 대역폭에 13 kHz의 내부 발진 주파수를 활용한다.

6.4.3 엔코더

엔코더는 (1) 절대형 엔코더와 (2) 증가형 엔코더로 크게 분류할 수 있다. 절대형 엔코더는 언제든지 물체의 위치를 기준 위치에 대하여 측정할 수 있으며, 출력 신호는 디지털 코드 형식으로 절대 위치를 나타낸다. 증가형 엔코더는 절대 위치를 측정할 수 없으나 위치의 변화량은 측정할 수 있다. 따라서, 증가형 엔코더를 이용해서는 기준 위치에 대한 상대 위치를 측정할 수 없다. 만약 증가형 엔코더를 활용하여 절대 위치를 측정할 필요가 있는 경우에는 전원 인가 후 반드시 원점(homeing) 동작을 수행하여 기준 위치를 설정하는 과정을 거쳐야 하며, 기준 위치 설정 후에는 디지털 카운터를 이용하여 지속적으로 절대 위치를 저장한다. 절대형 엔코더의 경우에는 전체 위치 이동량이 해당 절대형 엔코더의 측정범위에 포함되는 경우에는 별도의 카운터 회로를 사용할 필요는 없다.

엔코더는 측정 위치의 형태에 따라 직선형과 회전형으로 구분되며, 그림 6.16에는 선형(직선형) 엔코더와 회전형 엔코더를 예시하였다. 엔코더는 직류 모터, BLDC 모터, 스텝 모터, 그리고 유도 전동기에 이르기까지 다양한 모터 제어 분야에 활용되며, 전체 모터 제어 시스템에 활용되는 위치 센서의 70% 가량을 담당하는 것으로 추산된다.

선형 엔코더와 회전형 엔코더에서는 동일한 동작 원리를 활용한다. 선형 엔코더에서는 선형 눈금자를 활용하고, 회전형 엔코더에서는 회전형 디스크를 활용한다. 그림 6.17에는 선형과 회전형 엔코더에 대하여 각각 절대형과 증가형 엔코더에 활용되는 부품을 예시하였다. 회전형과 선형 엔코더에서의 차이는 빛의 투과를 조절하는 프린트 패턴의 형상에 차이가 있다.

엔코더는 그림 6.18과 6.19에 나타낸 것처럼 다음과 같은 소자들로 구성된다.

1. 명암이 인쇄된 디스크 또는 선형 눈금
2. 초점 렌즈가 조합될 수 있는 LED와 같은 발광원

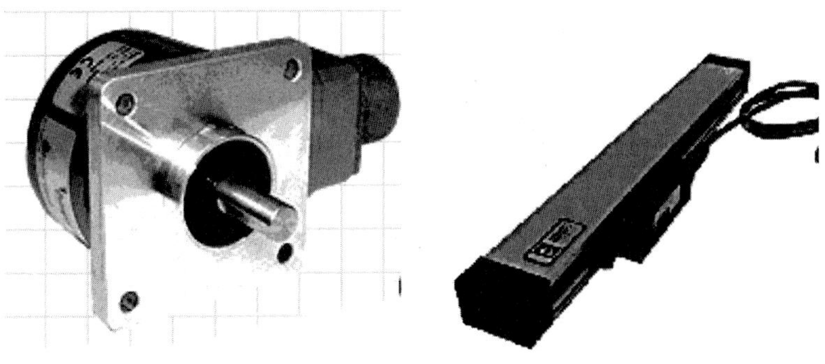

그림 6.16 ■ 회전형 및 선형 엔코더의 사진

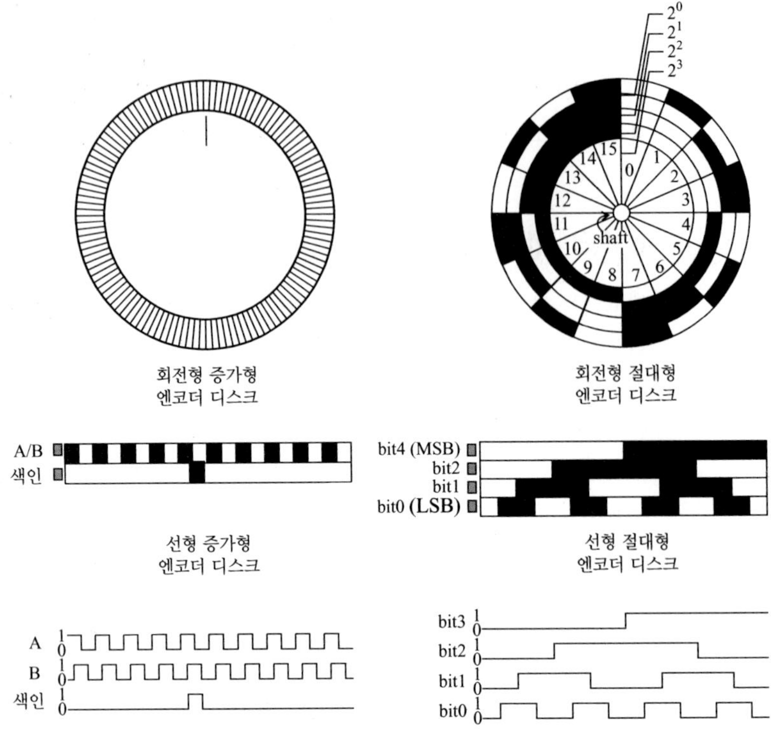

그림 6.17 ■ 증가형(회전형 및 선형) 및 절대형 엔코더의 디스크와 전형적인 엔코더 출력 신호

3. 2개 또는 그 이상의 수광 소자
4. 고정 마스크

증가형 엔코더의 경우에는 디스크에 검정과 불투명한 패턴이 균일하게 형성된다(그림 6.18). 디스크가 회전하여 각도가 변경되면 디스크의 패턴은 빛을 통과시키거나 차단시킨다. 동작 환경이 열악하여 진동, 충격, 온도에 강인하게 하기 위하여 금속으로 디스크를 제작하는 경우에는 빛의 투과/차단 대신에 빛의 반사를 조절하게 되며, 반사된 빛을 위치 측정을 목적으

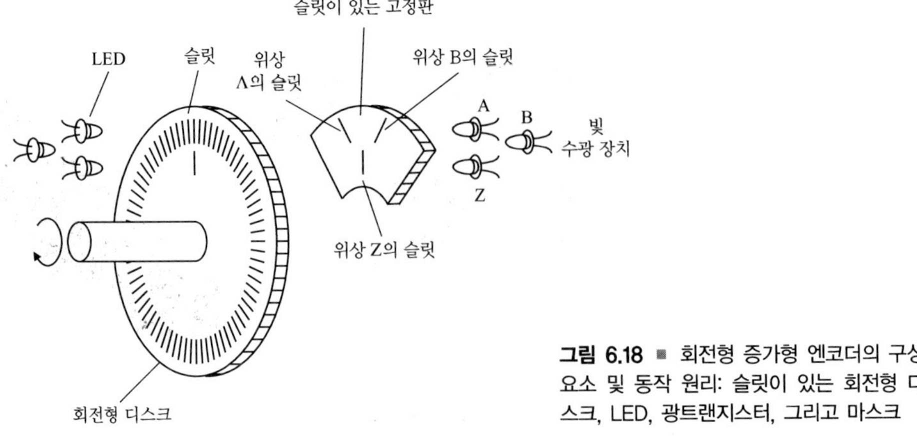

그림 6.18 ■ 회전형 증가형 엔코더의 구성 요소 및 동작 원리: 슬릿이 있는 회전형 디스크, LED, 광트랜지스터, 그리고 마스크

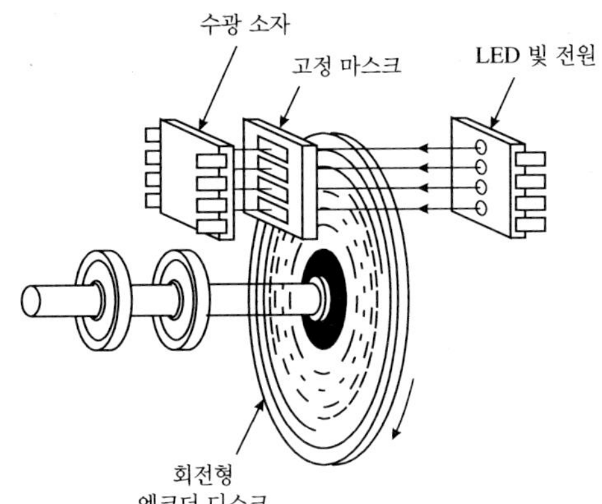

그림 6.19 ■ 회전형 절대 엔코더의 구성 요소 및 동작 원리: 절대 위치를 위하여 그레이 코드를 활용한 회전형 디스크, LED, 광트랜지스터, 그리고 마스크

로 카운트한다. 수광 소자의 출력은 디스크 패턴이 LED 위로 이동함에 따라 ON/OFF된다. 따라서, 각도의 변화는 수광 소자의 출력 상태 변화를 카운트함으로써 측정할 수 있다. 디스크에 1000개의 패턴이 있다면 디스크 1 회전당 수광 소자는 1000번 상태를 변경하게 된다. 수광 소자의 펄스폭은 360/1000°의 축 회전에 해당한다. 하나의 수광 소자를 활용하는 경우에는 변화량은 알 수 있지만 각도의 변화 방향을 알아내지는 못한다. 2개의 수광 소자를 디스크 패턴의 정수배 +1/2배에 해당하는 거리로 배치하면 두 수광 소자의 출력을 엔코더의 A, B 채널 신호라 부르고, 디스크 회전 방향이 바뀌는 경우에 A와 B 채널 신호의 위상은 +90°에서 −90°로 변경되므로 회전 방향을 감지할 수 있다. A와 B 수광 소자 이외에 3번째 수광 소자와 디스크에 1개의 슬릿을 활용하면 디스크 1회전당 1개의 펄스를 생성할 수 있다. 이 신호를 C 또는 Z 채널이라 부르며, 이 신호를 활용하여 기준 위치를 설정하고 절대 위치를 측정할 수 있다. 전원 인가 직후에는 기준 위치에 대한 절대 위치를 측정할 수는 없지만, C 채널이 ON이 될 때까지 엔코더의 디스크를 회전하고 이때를 기준 위치로 설정하면 절대 위치를 측정할 수 있다.

각각의 엔코더 신호인 A, B, C는 상보적인 신호 $\bar{A}$, $\bar{B}$, $\bar{C}$를 동반하여 잡음에 강인하게 할 수 있다. 그림 6.20에는 잡음에 강인한 특성을 위하여 상보적인 신호를 활용하는 방법을 나타내었는데, 여기서는 두 상보 신호에 동일한 잡음 성분이 인가되는 경우를 가정해야 한다. 결론적으로, 상보적인 채널 신호를 활용하면 잡음에 강인한 특성을 얻을 수 있으나, 모든 잡음 상황에 대한 완벽한 해결방안은 아님을 알 수 있다.

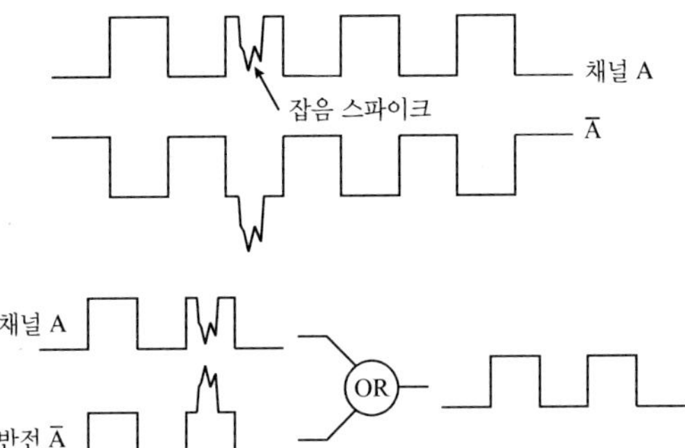

그림 6.20 ■ 잡음 제거를 위한 A와 B 신호의 상보 신호인 $\bar{A}$와 $\bar{B}$의 활용으로 센서의 잡음에 대하여 강건한 동작이 가능하다.

선형 증가형 엔코더도 회전형 엔코더와 동일한 원리로 동작하지만, 디스크 형태가 아닌 선형 눈금자를 활용한다는 것과 선형 눈금자는 고정되고 발광/수광 소자의 조합이 이동한다는 차이만 있다.

절대형 엔코더는 인쇄되는 패턴의 형태와 발광/수광 소자의 구성에서 증가형 엔코더와 구별된다. 그림 6.19에는 절대형 엔코더의 구성을 나타내었으며, 디스크에는 회전 각도에 해당하는 절대 위치 코드가 패턴으로 형성된다. 디스크의 2개의 서로 다른 각도 위치에서는 서로 다른 고유한 수광 센서 상태의 조합이 결정된다. 따라서, 전원 인가 후 언제든지 축의 절대 위치를 측정할 수 있다. 절대형 엔코더는 디스크 1회전의 범위 내에서 그 절대 위치를 알려주며, 여러 회전에 해당하는 절대 위치를 측정하는 엔코더도 활용 가능하다. 절대형 엔코더의 해상도는 사용되는 수광 센서의 수에 의하여 결정된다. 각각의 수광 소자는 각도를 디지털 코드로 표현할 때의 1비트에 해당하므로 8개의 수광 소자를 활용하는 경우에는 측정 가능한 최소 각도는 360/256°이며, 12비트 엔코더에서는 360/4096°의 각도를 측정할 수 있다. 절대형 엔코더에서 각각의 각도에 대한 엔코더의 출력은 고유한 코드(unique code)로 표현된다. 코딩 형태는 반드시 이진수 형태일 필요는 없으며, 그레이 코드(gray code)가 이진수 코드에 비하여 각도를 잘못 읽을 위험이 적은 것으로 알려져 있다.

엔코더의 성능은 다음의 항목으로 설명된다.

1. **해상도:** 1 회전당 카운트 개수. 증가형 엔코더에서는 디스크 또는 선형 눈금자에 표시된 패턴의 개수이며, 절대형 엔코더에서는 N비트 해상도의 경우에 N 세트의 발광/수광 소자 쌍을 사용하여 회전당 2^N 카운트가 가능하다.
2. **최대 속도:** 엔코더의 동작 최대 속도는 전기적 또는 기계적으로 제한된다. 전기적으로는 수광 센서의 응답 속도에 의하여 엔코더의 동작 속도가 제한되며, 기계적으로는 축에 장착하는 베어링에 의하여 동작 속도가 제한된다.
3. **엔코더 출력 채널:** 증가형 엔코더에서 A, B, C, $\bar{A}$, $\bar{B}$, $\bar{C}$ 채널
4. **전기적 출력 신호:** TTL, 오픈 컬렉터, 차동 출력 형. 차동 출력 라인 드라이버는 신호선이 길거나 잡음이 많은 환경에서 활용된다.
5. **기계적 한도:** 반지름 또는 축방향 최대 부하, 먼지와 방수 처리, 진동과 온도 제한 등이 있다.

체배와 보간법 증가형 엔코더에서는 A와 B 채널 신호의 위상을 감지함으로써 패턴 수에 비하여 1, 2, 4배의 펄스를 카운트할 수 있다. A와 B 채널 신호는 90° 위상차를 가지므로 패턴 하나에 해당하는 이동에 대하여 각각의 신호 변화를 조합하면 최대 4개 상태를 카운트할 수 있다(그림 6.21). 산업계에서는 4체배 카운트가 일반적이며, 이에 따라서 디스크의 패턴 총 수의 4배에 해당하는 펄스를 카운트할 수 있다.

4체배 카운트보다 높은 해상도를 활용하기 위해서는 정현파 출력 형태의 수광 소자를 활용해야 한다. 정현파형 엔코더의 출력 신호는 ON/OFF 형태가 아니며 하나의 디스크 패턴 이동에 따라 정현파 1주기가 출력되며, 통상적으로 1.0 Vpp 크기의 신호 레벨을 갖는다. 이 신호를 샘플링함으로써 엔코더의 해상도를 향상시킬 수 있는데, 10비트 ADC를 이용한 샘플링에서는 1024배 좋은 해상도를 얻을 수 있다. 이와 같은 보간법(interpolation)은 특수하게 설계된 회로를 활용해야 하며, 디스크에 인쇄된 패턴의 반복 정밀도가 궁극적으로는 가장 작은

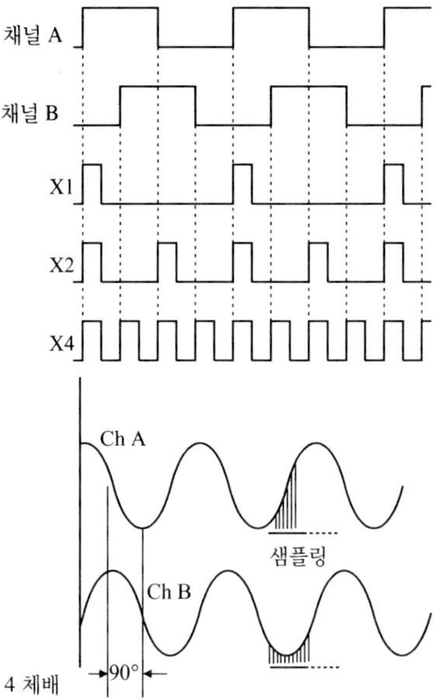

그림 6.21 ■ 해상도 향상을 위한 증가형 엔코더 신호 A와 B에 대한 디지털 신호 처리: 해상도 향상을 위한 4체배 방식과 정현파 형태의 엔코더 신호에 대한 오버 샘플링

해상도가 된다. 전자 회로적인 보간법은 정현파 신호를 샘플링하고 예측함으로써 달성되는데, 이와 같은 보간법은 정현파 출력 신호에 잡음이 발생하면 그 정밀도가 매우 떨어지게 된다. 정현파 출력 형태의 선형 증가형 엔코더로는 Dynapar 사의 LR/LS 시리즈가 있으며, 이 엔코더에서는 10비트 ADC 및 샘플링 회로에 의하여 250 nm의 해상도를 얻을 수 있다.

▶▶ **예제** 회전당 2500개의 펄스가 출력되는 증가형 엔코더에서 4체배 카운트 로직을 활용하는 경우에서 해상도는 1회전당 10000개의 카운트가 가능하다. 이 엔코더에 사용된 A, B 채널의 수광 소자가 1 MHz까지의 신호를 다룰 수 있는 것을 가정한다.

1. 엔코더와 디코더 회로가 다룰 수 있는 최대 속도를 구하라.
2. 회전당 25000개의 펄스가 출력되는 엔코더의 경우에 디코더에서 다룰 수 있는 최대 속도를 구하라.

디코더가 1 MHz까지의 A, B 채널 신호를 다룰 수 있으므로 측정 가능한 최대 속도는 다음과 같다.

$$w_{max} = \frac{1 \cdot 10^6 \text{ pulse/sec}}{2500 \text{ pulse/rev}} = 400 \text{ rev/sec} = 24000 \text{ rpm} \tag{6.61}$$

각도 해상도는 360/10,000°이며, 이 각도가 감지 가능한 최소 각도이다.

엔코더의 해상도가 10배 향상되면, 각도 측정의 해상도도 같은 비율인 10배 향상된다. 하지만, 디코더에서 다룰 수 있는 최대 속도는 다음과 같이 같은 비율로 저하된다.

$$w_{max} = \frac{1 \cdot 10^6 \text{ pulse/sec}}{25000 \text{ pulse/rev}} = 40 \text{ rev/sec} = 2400 \text{ rpm} \tag{6.62}$$

반면, 각도 해상도는 360/100,000°로 향상된다. 결국, 측정 해상도를 엔코더 자체의 해상도를 향상하여 높이려고 하면 동일한 디코더 회로에서는 같은 비율만큼 저하된 최대 측정 속도가 결정된다. 따라서, 최대 측정 속도의 저하 없이 측정 해상도를 향상하기 위해서는 디코더 회로의 성능도 같은 비율만큼 향상해야 한다. 2 MHz까지의 엔코더 신호 처리용 디코더 회로가 통상적으로 활용되며, 50 MHz 주파수까지 다룰 수 있는 제품도 있다.

6.4.4 홀 센서

홀 효과(Hall effect, Edward Hall의 이름에서 나옴. 1879년)는 반도체 또는 도체 물질이 자기장 내부에서 전류를 통과시킬 때 유도 전압이 발생하는 현상을 지칭한다. 유도 전압, 전류, 그리고 자장의 세기 사이에는 그림 6.22와 같이 벡터 관계가 있다. GaAs, InSb와 같은 반도체와 도체 물질을 통하여 전류가 흐르는 상황에서 외부의 자장이 형성되면 자장과 전류의 방향에 동시에 수직인 방향으로 전압이 유도된다. 전류나 자장의 방향이 바뀌면 유도 전압의 방향도 바뀐다. 이러한 유도 전압의 크기는 물질에 따라 다르며, 도체에서는 매우 작고, 센서에 활용되는 반도체 물질에서는 충분히 크다.

$$V_{out} = V_{out}(B, i, material) \tag{6.63}$$

센서 응용 회로에서는 전류 i는 외부 전원 전압과 저항 R_s에 의하여 고정된다. 홀 센서는 이러한 전류와 자장 밀도(B)를 형성하기 위하여 외부 전원을 필요로 한다. 센서의 물질은 고정되며, 출력 전압은 홀 소자와 자장에 따라서 변화하게 된다. 따라서, 측정할 물리량의 변화가 홀 소자에 영향을 미치는 자기장의 세기를 변화시킬 수 있도록 소자들이 배치되어야 한다. 예를 들면, 측정할 물리량이 홀 소자에 대한 자석의 상대 위치가 될 수 있다. 유사하게, 자석도 센서의 일부가 되고, 금속이 자석과 센서 사이에 삽입되는 양을 조절함으로써 투자율을 변경시킴에 따라 자기장의 밀도 B를 변화시킬 수 있으며, 결과적으로 그림 6.22에서와 같이 출력 전압이 변화하게 된다. 이 원리는 ON/OFF 2개의 상태만을 가지는 물체 근접 센서로도 활용될 수 있다. 홀 소자에 의하여 발생하는 전압은 수 mV 수준이므로 측정 및 제어 시스템에서 활용하기 위해서는 연산 증폭기를 이용하여 적절히 증폭해야 한다. 연산 증폭기는 거리 측정을 위하여 센서 출력 전압을 선형적으로 증폭할 수도 있으며, 물체 감지 센서를 위하여 ON/OFF 상태로 변환할 수도 있다. 홀 소자 자체가 반도체 소자이므로 센서 소자와 디지털 신호 처리 회로가 단일 실리콘 위에 집적될 수 있으며, 아날로그 디바이스사의 AD22151 IC가 이러한 범주에 해당한다. 이 IC는 5VDC 전원에서 −40~150℃의 온도 범위에서 사용이 가능하다. 이와 같은 홀 소자를 활용하는 집적 회로에서는 온도 센서를 같이

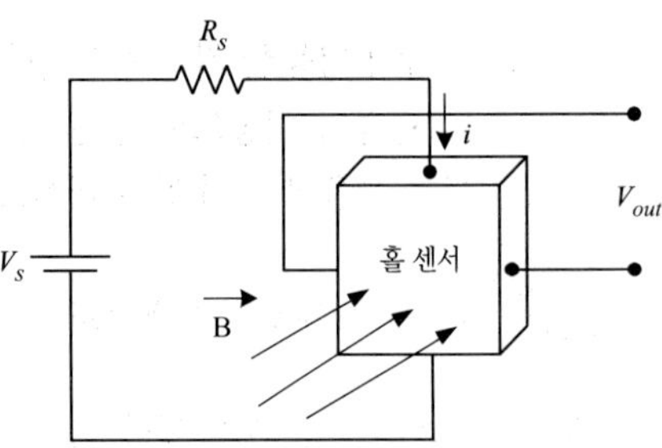

그림 6.22 ■ 홀 센서의 원리와 이를 이용한 센서 설계

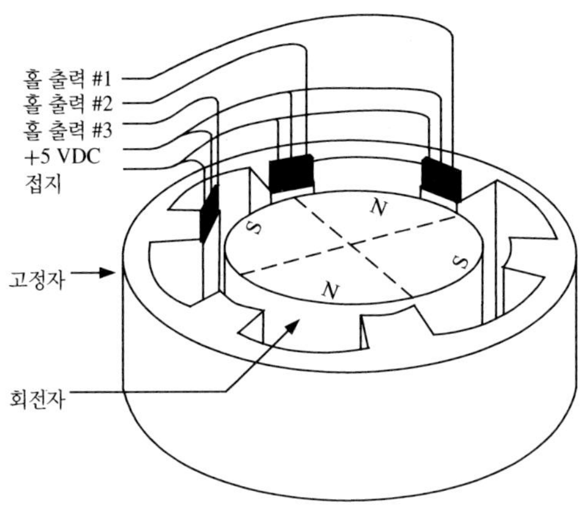

그림 6.23 ■ BLDC 모터에서 정류자 위치 감지를 위한 3개의 홀 센서

채용하여 온도에 따라 변화하는 센서의 특성을 보상할 수도 있다. 그림 6.23에는 BLDC 모터에서 홀 소자를 이용한 회전자의 위치 감지 응용의 예를 나타내었다. BLDC 모터에서는 회전자의 위치에 따라 전기적인 정류자가 동작해야 하는데, 이를 위해서는 6개 구간으로 회전자의 위치를 파악해야 하고, 이러한 목적으로 홀 센서를 활용한다. 3개의 홀 센서를 ON/OFF 방식으로 사용하고, 동시에 하나 또는 2개의 센서가 ON이 되도록 영구 자석을 배치함으로써 회전자의 위치를 파악하여 정확한 전류 방향 제어가 가능하다.

6.4.5 정전용량형 간극 센서

정전용량형 간극 센서(capacitive gap sensor)는 물체와 센서 표면의 거리를 측정하는 비접촉 방식의 센서이다. 물체는 높은 상대 유전율[1)]을 가져야 하는데, 금속 또는 탄소계 플라스틱은 감지에 좋은 물질이다. 센서와 목표 물체 사이의 커패시턴스는 다음과 같이 표현된다(그림 6.24).

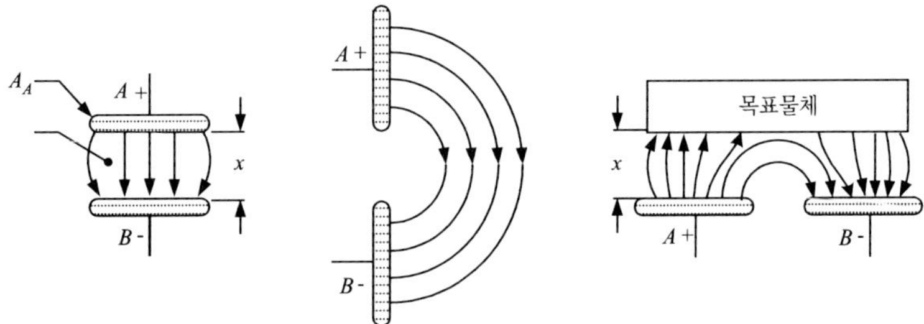

그림 6.24 ■ 정전용량형 간극 센서의 동작 원리: 표적이 존재하면 유효 커패시턴스가 변경된다.

---

1) 자유 공간에서 거리 r 만큼 떨어진 전하 q_1과 q_2 사이에 존재하는 힘 F는 다음과 같이 요약된다.

$$F = k_e \frac{q_1 \cdot q_2}{r^2} \tag{6.64}$$

여기서 $k_e = 1/(4\pi \cdot \epsilon_0) = 8.9875 \cdot 10^9 [Nm^2/C^2]$는 **쿨롱상수**(Coulomb constant)라 불리고, ϵ_0는 자유 공간의 유전율이다.

$$C = \frac{\epsilon \cdot A}{x} \tag{6.65}$$

여기서 $\epsilon = \kappa \cdot \epsilon_0$이며 κ는 센서와 목표 물체 사이에 존재하는 물질의 유전율이다. A는 면적이며, x는 측정하는 거리이다. 이와 같이, 측정하려는 간격과 커패시턴스 사이에는 잘 정의된 관계가 있으며, 센서 소자와 목표 물체 사이의 실질 유전율 K는 목표 물질에 따라 결정된다(철, 알루미늄 등의 도체와 플라스틱 같은 비금속 부도체). 순수한 커패시턴스는 목표 물체의 물질에 의하여 결정되므로 목표 물질에 따라 측정된 거리도 변화하게 된다. 센서의 동작을 위해서 외부 회로는 물체와 센서 사이에 일정한 전기장이 형성되도록 동작한다. 커패시턴스가 변화함에 따라 전기장 형성에 필요한 전류도 같이 변화하게 되므로, 커패시턴스와 측정 가능한 전류에는 상관관계가 존재한다. 일정한 전기장 형성을 위한 외부 인가 전류는 20 kHz 정도의 변조 주파수를 활용한다.

정전용량형 간극 센서의 일반적인 해상도는 마이크로미터 수준이며, 특별한 용도를 위해서는 수 나노미터 수준으로 만들 수 있다. 최대 측정 거리는 10 mm 수준으로 제한된다. 특정한 간극 센서의 주파수 응답특성은 측정되는 간극 거리에 따라서 변화하고, 센서의 주파수 대역은 전체 측정 범위에 대한 측정 간극에 따라 변화하여, 보다 작은 간극 거리를 측정할 때보다 높은 센서의 주파수 대역이 확보된다. 예를 들면, 측정 가능 범위의 10% 정도의 간극 거리를 측정할 때는 1000 Hz 정도의 주파수 대역이 보장되는 반면, 측정 가능 범위의 80%에 해당하는 간극 거리를 측정하는 경우에는 100 Hz 정도의 대역이 확보된다.

근접 센서에서서는 ON/OFF의 두 가지 상태만이 출력되며, 발진 회로의 신호 크기의 변화만을 관측한다. 물체가 측정 센서의 전기장 내로 삽입되면 커패시턴스는 증가하게 되고, 이에 따라 발진 진폭도 증가하게 된다. 감지 및 출력 회로는 이에 따라 출력 트랜지스터의 ON/OFF 상태를 전환한다.

정전용량형 간극 센서는 부도체 물질의 감지, 밀도, 두께 등을 측정하는 용도로 활용될 수 있다. 에폭시, PVC, 유리와 같은 부도체 물질은 공기와 다른 유전율을 가지며, 이러한 유전율의 변화는 커패시턴스의 변화를 유발하므로 측정에 활용될 수 있다.

6.4.6 자기변형 위치 센서

자기변형 위치 센서(magnetostriction linear position sensor)는 유공압 실린더에서 널리 활용되며, 그림 6.25에는 이 센서의 기본 동작 원리를 나타내었다. 영구 자석이 측정하려는 물체에 장착되어 움직이고, 센서 헤드에서는 전류 펄스를 도파관을 통하여 전송한다. 영구 자석에 의한 자기장과 전류 펄스에 의한 전자기장의 상호 작용에 의하여 도파관에는 비틀림 변형 펄스가 생성되며, 이 펄스는 9000 ft/sec의 속도로 이동하며, 이 펄스가 센서 헤드에 도달하는 시간은 영구 자석과 센서 헤드의 거리에 비례하게 된다. 따라서, 전류 펄스 출력 시점과 반사파가 센서 헤드에 도달하는 시점의 시간차이를 측정하면 거리를 다음과 같이 측정할 수 있다.

$$x = V \cdot \Delta t \tag{6.66}$$

여기서 V는 비틀림 펄스가 이동하는 속도로서 알려진 값이며, Δt는 측정되는 시간 차이이

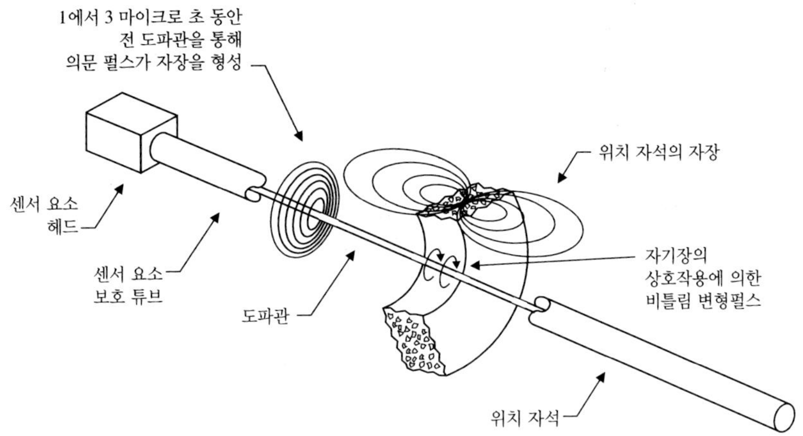

그림 6.25 ■ 자기변형 위치 센서의 동작 원리- 전기 유압식 동작 제어 시스템에서 실린더의 위치 측정을 위한 산업 표준

므로 위치 x는 측정거리가 된다.

통상적인 해상도는 2 μm이며, 측정 가능 거리는 10 m이다. 센서의 통상적인 동작 주파수 범위는 50~200 Hz 범위에 포함되며, 비틀림 펄스의 이동 속도와 센서의 범위에 의하여 결정된다.

6.4.7 초음파 거리 센서

소리는 공기의 압력이 진행함에 의하여 전파되며, 0°C 건조한 공기중에서의 음파의 이동 속도는 331 m/sec(20◦C 상온의 건조한 공기에서는 343 m/sec)이다. 음파의 중요한 속성은 **주파수**(frequency)와 **강도**(intensity)이다. 사람은 20 Hz~20 kHz 주파수 범위의 소리를 들을 수 있으며, 이 범위를 넘는 주파수를 초음파 주파수(ultrasonic frequency)라고 한다.

초음파 거리 센서(sonic distance sensor)는 그림 6.26에 나타낸 것과 같이 초음파 펄스를 전송한 시점과 반사 펄스가 되돌아오는 시간을 측정함으로써 거리를 측정한다. 센서 헤드는 200 kHz 정도의 높은 주파수의 초음파 펄스를 출력하고, 출력으로부터 반사파가 수신되는데 소요된 시간을 측정한다. 예를 들면, 200 kHz의 일정한 강도의 초음파 펄스를 10 msec마다 전송하고 펄스의 폭은 수 msec로 제한한다. 새로운 펄스를 출력하기 전에 되돌아온 펄스의 도착 시간을 측정한다. 이러한 동작은 10 msec 단위로 주기적으로 시행한다. 음파의 속도

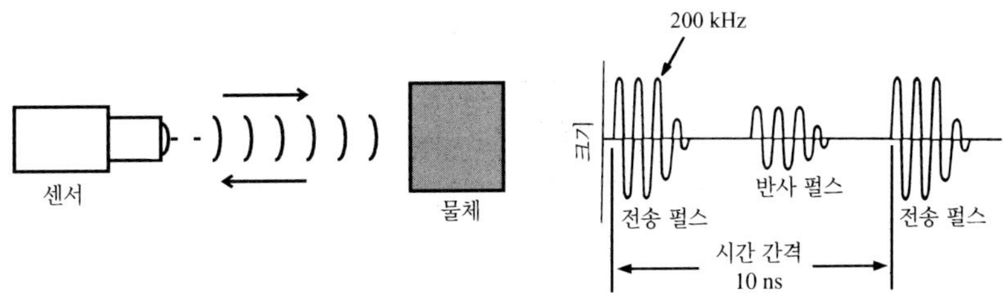

그림 6.26 ■ 초음파 거리 센서의 동작 원리

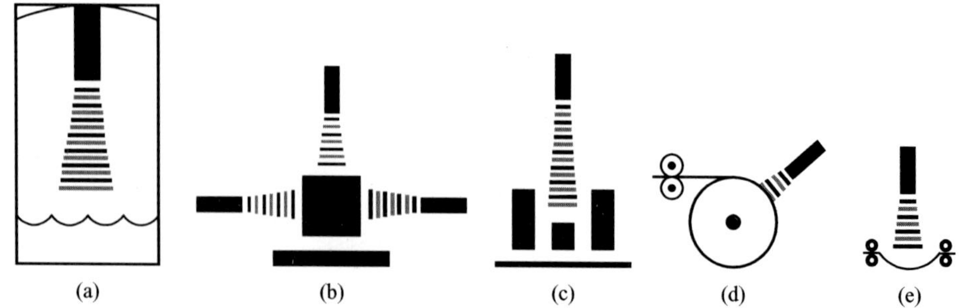

그림 6.27 ■ 다양한 제조 공정에서의 초음파 거리 센서의 응용. (a) 액체의 수위 센서, (b) 상자의 높이 및 폭 등의 2차원 감지, (c) 상자의 높이 등 1차원 감지, (d) 통의 직경 감지, (e) 줄의 처진 정도 측정

를 알고 있다면 센서에 내장된 디지털 신호 처리 시스템은 다음의 관계를 이용하여 거리를 측정할 수 있다.

$$x = V_{sound} \cdot \Delta t \tag{6.67}$$

여기서 V_{sound}는 알려져 있으며, Δt는 측정되고, 거리 x는 계산된다. 센서의 통상적인 측정 범위는 5 cm~20 m 범위이다. 초음파 거리 센서는 아주 짧은 거리는 측정이 불가능하다. 센서의 주파수 응답 특성은 측정하는 거리에 따라 달라지는데 통상적으로 100 Hz정도 된다. 분명한 것은 1 msec 또는 이보다 빠른 위치 제어 루프에서는 초음파 센서의 적용이 불가능하다는 점이다. 그림 6.27에 나타내었듯이 통상적인 응용 분야는 통의 직경 측정, 줄의 의 느슨한 정도 측정, 액체의 수위 측정, 그리고 컨베이어 벨트에서의 상자의 존재 유무 등을 감지한다.

6.4.8 광전자 거리 및 근접 센서

광을 이용한 물체의 거리 측정 또는 존재 유무를 감지하는 센서를 광전자 센서(photoelectric sensor)라 통칭한다. ON/OFF의 두 가지 상태만을 출력하는 광센서를 **광전자 근접 센서**(photoelectric presence sensor)라 부른다(그림 6.28). 센서 방사체는 빛을 방출한다. 수신기

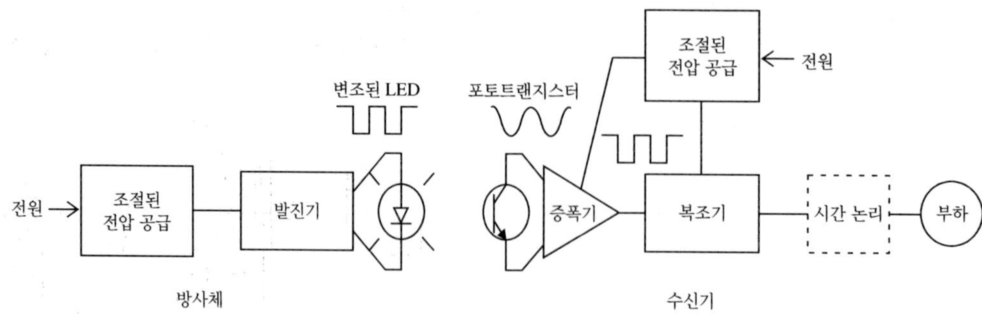

그림 6.28 ■ 투과형 광 근접 센서의 구성 요소 및 동작 원리. 거리 측정을 위하여 반사형 또는 확산형 센서도 활용이 가능하다.

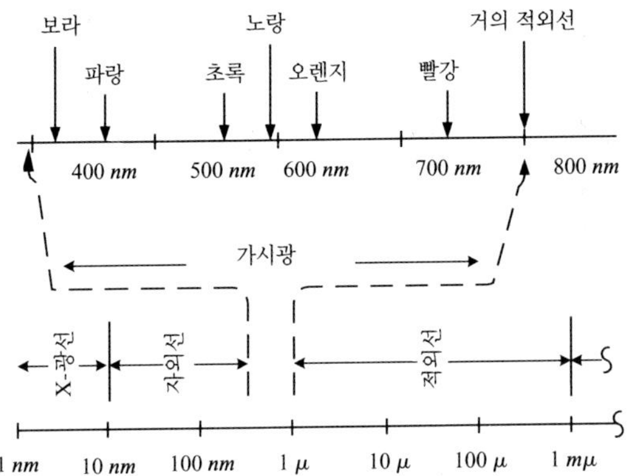

그림 6.29 ■ 빛의 주파수 스펙트럼

인 광트랜지스터는 수신된 광에 따라서 출력의 상태를 ON/OFF로 전환하며, ON과 OFF를 구분하는 기준은 센서의 전자 회로에 내장된 연산 증폭기에 의하여 가변할 수 있다. 광센서는 방광되는 빛이 변조되어 있으므로 주변의 다른 빛에 강인한 특성이 있다. LED는 높은 주파수로 변조된 빛을 방출하도록 조절된다. 그림 6.29에는 빛의 주파수 스펙트럼을 나타내었다. 광트랜지스터는 마치 라디오 채널을 튜닝하는 것과 같이 미리 정의된 빛의 주파수에만 반응하고 다른 주파수 성분은 무시하도록 제어된다. 결과적으로 센서의 출력은 주변의 조명 상황에 매우 강인한 특성을 가지게 된다. 수신기가 에미터 반대편에 위치하면 **투과형 광센서**(through light sensor) 또는 투과형 광전자 센서(through beam photoelectric sensor)로 불리고, 에미터와 수신기가 동일한 센서 헤드에 장착되고 반사되어 수신되는 빛에 의하여 출력이 ON/OFF로 변경되면 **반사형 광센서**(reflective light sensor) 또는 반사형 광전자 센서(reflective beam photoelectric sensor)로 불린다.

빛을 이용한 아날로그 거리 센서는 반사형 근접 센서의 변형된 형태이다. 수신기의 출력은 ON/OFF 상태만을 출력하지 않고 반사광의 강도에 비례하는 전압을 출력한다(그림

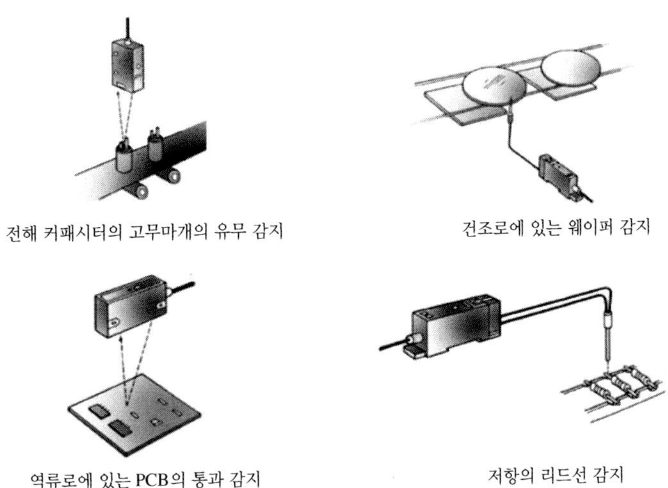

전해 커패시터의 고무마개의 유무 감지
건조로에 있는 웨이퍼 감지
역류로에 있는 PCB의 통과 감지
저항의 리드선 감지

그림 6.30 ■ 다양한 광센서의 응용: ON/OFF 출력을 가지는 근접 센서(투과형, 반사형, 확산형) 및 거리 센서

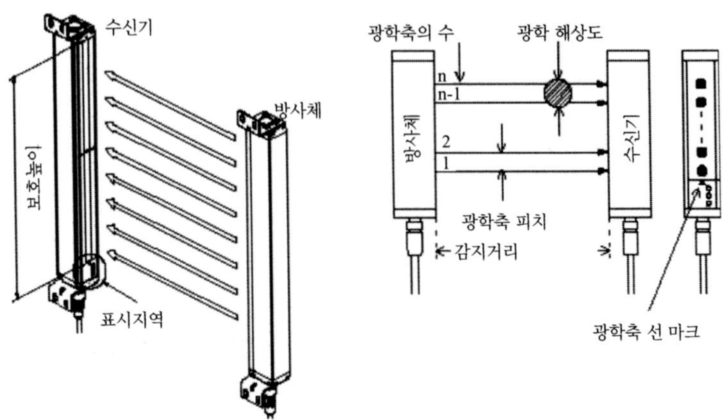

그림 6.31 ■ 안전 광커튼으로 활용되는 투과형 광센서 배열

6.30). 변환 과정은 다음과 같다: 에미터는 광신호를 출력한다. 출력된 광신호는 물체 등에 반사되어 되돌아오며, 반사광의 강도는 센서 헤드에서 물체까지의 거리에 비례한다. 센서의 출력 전압은 수신된 반사광의 강도에 비례하므로 결국 물체까지의 거리를 반영한다.

광센서는 가장 높은 측정 범위 대비 해상도 비를 갖는다. 동작 주파수 범위는 수 kHz로 매우 높으며, 측정 거리에 무관하게 일정하다. 또한, 물리적 크기가 작아서 장착이 매우 간편하다.

광전자 센서는 산업 현장에서 그림 6.31과 같은 안전 설비로 널리 활용된다. 방사체와 수신기 쌍이 그림과 같이 직선을 형성하도록 배치되면, 물체에 의해서 어떤 광이라도 차단되면 센서 출력은 ON 상태가 되며, 센서의 출력은 기계의 전원을 차단하는 회로를 구동하도록 연결된다. 안전 설비에 장착되는 방사체와 수신기 쌍은 10~100개 정도로 제한되므로 빔과 빔 사이의 거리보다 두꺼운 물체만 감지가 가능하다. 통상적인 해상도는 25~30 mm이며, 이보다 얇은 물체는 센서에 감지되지 않고 통과할 수 있다.

6.4.9 근접 센서: ON/OFF 센서

위치 측정과 관련하여 특별한 예는 감지 범위 내에 물체의 존재 유무를 판별하는 경우로 출력 상태는 ON/OFF의 두 가지 상태만 존재하는 경우이다. 이러한 센서를 통칭하여 **근접 센서**(presence sensor) 또는 *ON/OFF* 센서라고 통칭한다.

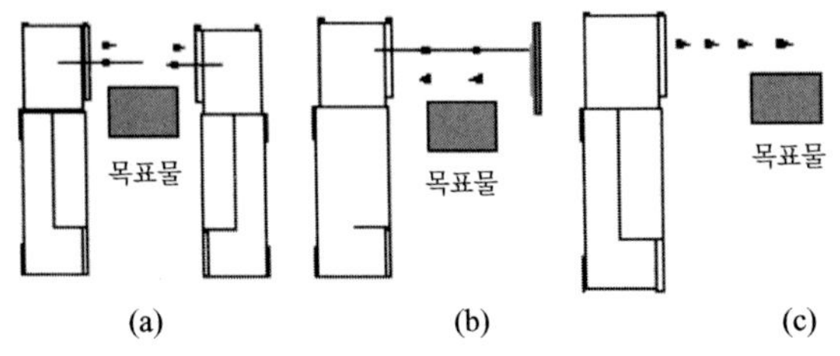

그림 6.32 ■ 광전자 근접 센서의 동작 원리. (a) 투과형, (b) 반사형, (c) 확산형

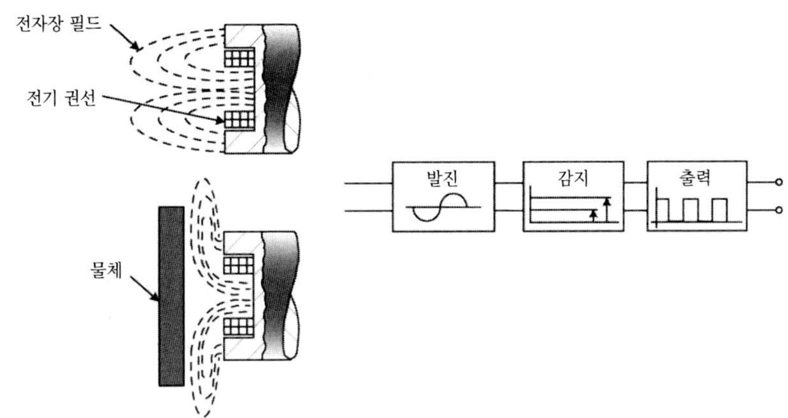

그림 6.33 ■ 근접 센서의 동작 원리

앞절에서 빛을 이용한 물체의 존재 유무를 감지하는 센서에 대하여 다루었다. 빛을 이용한 근접 센서는 그림 6.32에 나타내었듯이 투과형, 반사형, 그리고 확산형으로 구분할 수 있다. 센서는 주파수 동조 방사체와 수신기 헤드로 구성된다. 수신 광과 가변할 수 있는 기준값(threshold)에 따라 센서의 출력은 ON/OFF 상태로 전환한다.

유도성(inductive) 또는 용량성(capacitive) 근접 센서는 산업계에서 널리 활용되는 비접촉 센서이며, 이들의 동작 원리는 그림 6.33에 나타내었다. 이들 센서의 동작 범위는 1~10 cm 범위에 속하며, 유도성 근접 센서의 스위칭 주파수는 약 1 kHz이고 용량성 근접 센서의 스위칭 주파수는 약 10 kHz이다. 유도성 근접 센서는 금속 물체만을 감지할 수 있는 반면, 용량성 근접 센서는 비금속 물체까지도 감지가 가능하다.

유도성 센서는 철심과 그 주위에 감긴 권선으로 구성된 센서 헤드, 발진 전류 공급 회로, 감지 및 출력 회로 등으로 구성된다. 발진 전류 공급 회로에서는 발진하는 전류를 이용하여 센서 헤드 주변에 전자기장을 형성한다. 금속 물체가 이 전자기장 내부로 근접하면 센서 주변의 투자율 변화에 의하여 전자기장의 밀도가 변한다. 전자기장은 금속 물체의 표면에 맴돌이 전류(eddy current)를 형성하며, 이로 인한 에너지의 손실은 발진 진폭을 감소시키는 역할을 한다. 감지 회로에서는 이 발진 진폭의 감소를 감지하여 출력 트랜지스터의 상태를 ON/OFF 전환한다. 유도성 센서는 전자기장에 의하여 동작하며, 금속 물체를 감지하는 용도로 활용한다. 감지 범위는 철, 스테인리스 강철 등에서 비철금속인 알루미늄, 구리 등보다 넓다. 용량성 센서는 정전기장에 의하여 동작한다. 용량성 센서에 의하여 감지되는 물체는 커패시턴스를 변화시켜서 결과적으로 센서 주변의 정전기장을 변화시켜야 한다. 이는 센서 주변의 유전율을 변화시킴으로써 유효 커패시턴스를 변화시키게 된다. 두 경우에서 모두 감지되는 물체가 센서 주변에 근접함에 따라 센서 주변에 형성된 전기장이 점차적으로 변하게 된다. 이러한 전자기장 또는 정전기장의 변화는 감지되는 물체의 위치에 의하여 결정되므로, 기준값을 설정하여 ON과 OFF 상태를 결정하게 된다.

유도성 근접 센서와 기어는 위치 및 속도 센서로서 해상도는 낮지만 매우 열악한 환경에서도 활용될 수 있다(그림 6.34). 기어의 요철이 근접 센서를 지날 때, 센서의 출력은 ON

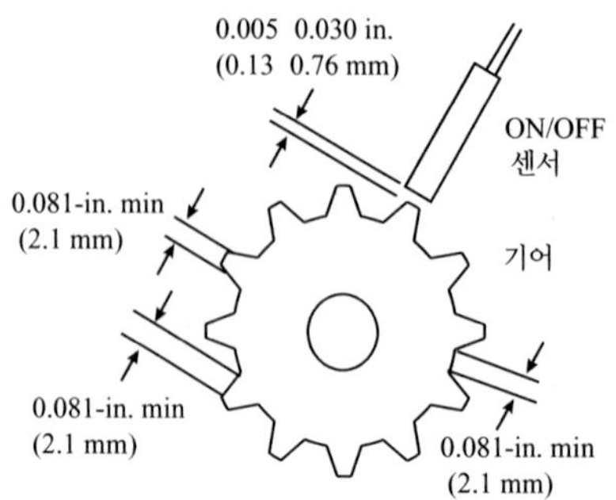

그림 6.34 ■ 유도성, 용량성, 홀 소자형 근접 센서의 동작 원리와 회전 위치 및 속도 감지를 위한 축의 기어

/OFF 상태를 스위칭하며, 이는 기본적으로 단일 채널 엔코더와 동일한 결과를 출력한다. 단일 채널 근접 센서를 활용하는 경우에는 변화의 방향을 알 수 없으므로 이러한 센서는 항상 같은 방향으로 회전하는 엔진의 출력 축의 위치 또는 속도를 측정하는 용도로 적합하다. 속도는 근접 센서의 출력 신호의 주파수를 측정함으로써 판별할 수 있다.

6.5 속도 센서

6.5.1 타코미터

타코미터(Tachometers)는 직류 모터의 구조와 동일하지만 모터는 전기적 에너지를 기계적 에너지로 변환하는 목적인 반면 타코미터는 측정을 위한 목적으로 사용되므로 그 크기가 전기 모터에 비하여 작다. 타코미터는 그림 6.35에 나타내었듯이 회전자 권선, 고정자로서의 영구 자석, 그리고 브러시 형태의 정류자 등으로 구성된다.

타코미터는 축의 회전 속도를 이에 비례하는 전압으로 변환하여 출력하는 수동 아날로그 센서이다. 따라서, 외부의 전원 또는 전기적 신호를 인가할 필요가 없다. 직류 모터의 구조가 타코미터의 구조와 동일하므로 직류 모터의 동역학 모델을 기술하면 다음과 같다. 회전자 권선의 저항과 인덕턴스 성분을 각각 R과 L로 표기한다. 역기전력 상수(back EMF constant)를 K_{vw}로 할 때, 단자 전압 V_t, 권선의 전류 i, 회전자의 각속도를 w라 표시하면 다음과 같은 관계가 성립한다.

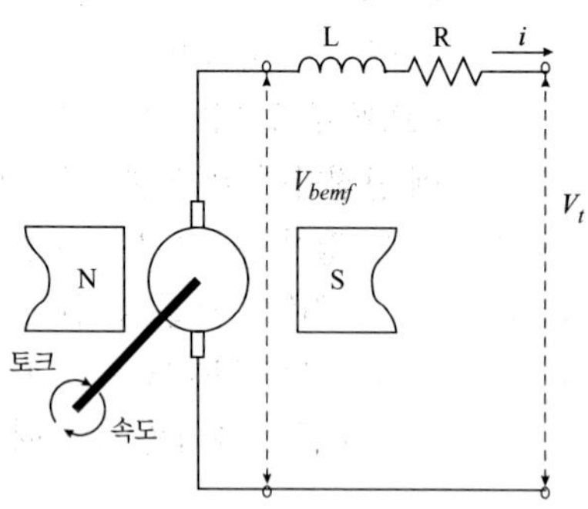

그림 6.35 ■ 속도 측정을 위한 타코미터의 동작 원리

$$V_t(t) = L \cdot \frac{d}{dt} i(t) + R \cdot i(t) + K_{vw} \cdot \dot{\theta}(t) \tag{6.68}$$

여기서 역기전력에 의한 전압은 다음과 같다.

$$V_{bemf} = K_{vw} \cdot \dot{\theta}(t) \tag{6.69}$$

타코미터는 작은 전류가 출력되도록 L과 R 파라미터가 결정되며, 정상 상태에서의 출력 전압은 축의 회전 속도에 비례한다. 이 비례 관계에서의 비례 상수는 타코미터의 크기, 권선의 종류, 그리고 영구 자석 고정자 등에 의하여 결정된다. 이상적인 상황에서는 타코미터는 고정된 이득을 가져야 하지만 실제 상황에서는 온도가 변화하고 제한된 수의 정류자를 가지므로 회전자의 각도에 따라 타코미터의 이득은 변하게 된다. 따라서, 센서의 출력 전압과 각속도의 관계는 다음의 수식에 의하여 결정된다.

$$V_{out}(t) = K_{vw} \cdot \dot{\theta}(t) \tag{6.70}$$

$$K_{vw} = K_{vw}(T, \theta) \tag{6.71}$$

기준 온도와 회전자의 기준 위치에서의 이득을 K_{vw0}라 하는데, 온도에 따라 이득이 변하며 정류자의 수가 제한되므로 회전자의 위치에 따라 주기적인 리플(ripple; 잔물결)이 이득에 반영된다. 리플의 주파수는 정류자의 수에 의하여 결정되며, 정류자에 의한 리플은 출력 전압에 반영되지만 통상적으로 최대 출력 전압의 0.1%보다 작다.

타코미터의 성능을 결정하는 파라미터는 다음과 같다.

1. 속도 대 전압 이득 K_{vw} [V/rpm]
2. 최대 속도인 W_{max}는 베어링 또는 자기장의 포화에 의해 제한된다.
3. 회전자의 관성
4. 최대 리플 전압 및 주파수

타코미터의 통상적인 시정수는 10~100 μsec이다.

매우 높은 속도에 적용하기 위해서는 K_{vw} [V/krpm]이 작아지도록 권선과 자석을 설계해야 하며, 낮은 속도에서 민감한 반응을 위해서는 K_{vw}를 높은 값으로 설정해야 한다.

▶▶ **예제** 이득이 2 V/1000 rpm = 2 V/krpm인 타코미터가 ±10 V 입력 범위를 가지는 12 비트 ADC에 연결되어 있다. 센서 사양서에는 정류자에 의한 리플이 최대 출력 전압의 0.25%로 명시되었다.

1. 센서와 데이터 처리 시스템이 측정할 수 있는 최대 속도를 구하라.
2. 리플 전압과 ADC 해상도의 제한으로 인한 측정 오차는 얼마인가?
3. ADC가 8비트였다면 리플과 ADC의 해상도에 의한 오차 중에 어느 것이 보다 심각한 문제를 발생시키는가?

ADC의 입력은 10 V에서 포화되므로 타코미터의 최대 출력 전압은 10 V로 제한되어야 한다. 따라서 측정 가능한 최대 속도는 다음과 같이 계산된다.

$$w_{max} = \frac{10\text{ V}}{2\text{ V/krpm}} = 5\text{ krpm} = 5000\text{ rpm} \tag{6.72}$$

리플에 의한 측정 오차는 다음과 같다.

$$E_r = \frac{0.25}{100} \cdot 10\text{ V} = 0.025\text{ V} \text{ 또는 } \frac{0.25}{100} \cdot 5000\text{ rpm} = 12.5\text{ rpm} \tag{6.73}$$

ADC의 해상도에 의한 오차는 12비트 해상도이므로 전체 측정 범위의 $1/2^{12}$이며 이는 다음과 같이 계산된다.

$$E_{ADC} = \frac{20\text{ V}}{2^{12}} = \frac{20}{4096} = 0.00488\text{ V} \text{ 또는 } \frac{1}{4096} \cdot 10{,}000\text{ rpm} = 2.44\text{ rpm} \tag{6.74}$$

12비트 ADC에서는 대부분의 오차는 리플 전압에 의하여 발생하며, ADC에 의한 오차는 매우 작다. ADC의 해상도가 8비트인 경우에는 ADC의 해상도에 의한 오차는 다음과 같다.

$$E_{ADC} = \frac{20\text{ V}}{2^{8}} = \frac{20}{256} = 0.078\text{ V} \text{ 또는 } \frac{1}{256} \cdot 10{,}000\text{ rpm} = 39.0625\text{ rpm} \tag{6.75}$$

이 경우에는 ADC의 해상도에 의한 오차가 센서의 리플 전압에 의한 오차보다 크게 발생한다.

6.5.2 디지털 방식에 의한 위치 신호로부터의 속도 유도

대부분의 제어 시스템에서 속도는 위치 측정으로부터 유도한다. 유도(추정)된 속도의 정확성은 위치 센서의 해상도에 의하여 좌우된다. 속도는 측정된 위치 정보로부터 연산 증폭기를 이용한 아날로그 미분기 또는 위치 신호를 샘플링하여 디지털 방식의 미분기를 이용하여 구할 수 있다.

$V_{in}(t)$를 위치 센서 신호라 하고 $V_{out}(t)$를 추정된 속도 신호라 하면 연산 증폭기를 이용한 이상적인 미분기는 다음의 입출력 관계를 갖는다.

$$V_{out}(t) \approx -K\frac{d}{dt}(V_{in}(t)) \tag{6.76}$$

디지털 방식에 의한 속도의 추정은 보다 다양한 필터 적용 및 미분의 근사화가 가능하므로 더 유연한 특징이 있다.

$$V = \Delta X / T_{sampling} \tag{6.77}$$

저속 동작 응용 분야에서 속도를 추정에서 정확도를 향상하기 위한 방법으로 엔코더 신호의 펄스 가장자리 사이의 시간을 측정하는 방법이 있다. 매우 낮은 속도에서는 샘플링 주기 동안에 발생하는 엔코더 펄스의 수가 하나 또는 둘 정도로 매우 적다. 이러한 경우 샘플링 시점 근처에서 엔코더 펄스가 발생하는 경우에 해당 엔코더 펄스의 발생 시점이 샘플링 시점보다 앞서느냐 뒷서느냐에 따라 50%의 속도 추정 오차가 발생한다. 통상적인 샘플링 주기는 1 msec이며, ΔX가 저속에 해당하는 1 또는 2인 경우에 카운트 값에 1의 차이가 발생하면, 즉 샘플링 시점 직전이냐 직후냐에 따라 추정된 속도는 100%의 차이가 발생하는 것이다.

일정한 샘플링 주기 동안에 발생하는 엔코더 펄스의 수를 이용하여 속도를 추정하는 대신 연속하는 엔코더 펄스 사이의 시간을 μsec 단위의 고속 카운터를 이용하여 측정하면, 추정 속도는 다음과 같다.

$$V = 1[count]/T_{period} \tag{6.78}$$

펄스 사이의 시간 측정이 매우 정밀하므로 속도 추정치도 첫 번째 방식보다 정확하게 된다. 해상도가 10000[cnt/rev](4체배 카운팅 포함)인 엔코더가 6 rpm의 저속으로 회전하는 축에 연결된 경우는 1 msec당 1개의 펄스가 발생한다.

회전 속도에 작은 변화가 발생하여 하나의 샘플링 구간에서 평균적인 1개의 펄스 대신에 2개의 펄스가 각각 샘플링 시작 직후와 900 μsec 지점에서 발생하는 경우를 가정한다. 고정된 샘플링 주기를 이용한 속도 측정은 다음과 같은 결과를 나타낸다.

$$V = 2\text{ cnt}/1.0\text{ msec} \tag{6.79}$$

$$= 2\text{ cnt}/1.0\text{ msec}\,(60{,}000\text{ msec}/1\text{ min})\,(1\text{ rev}/10{,}000\text{ cnt}) \tag{6.80}$$

$$= 12\text{ rev/min} \tag{6.81}$$

두 번째 펄스가 900 μsec에서 발생하지 않고 1.001 msec 지점에 발생했다면 추정 속도는 다음과 같다.

$$V = 1\text{ cnt}/1.0\text{ msec} \tag{6.82}$$

$$= 1\text{ cnt}/1.0\text{ msec}\,(60{,}000\text{ msec}/1\text{ min})\,(1\text{ rev}/10{,}000\text{ cnt}) \tag{6.83}$$

$$= 6\text{ rev/min} \tag{6.84}$$

속도가 엔코더 펄스 간격 측정 방법(the time period measurement method)에 의하여 추정된 경우에는 보다 정확한 순간 속도를 얻을 수 있다. 1 μsec의 고속 카운터를 이용하여 엔코더 펄스 간격을 측정하는 경우에 펄스 간격이 900 μsec인 경우와 901 μsec인 경우의 추정 속도는 각각 다음과 같다.

$$V_1 = 1\text{ cnt}/0.9\text{ msec} = 6/0.9\text{ rpm} = 6.6667\text{ rpm} \tag{6.85}$$

$$V_2 = 1\text{ cnt}/0.901\text{ msec} = 6/0.901\text{ rpm} = 6.6593\text{ rpm} \tag{6.86}$$

엔코더 펄스 간격 측정 방법에 의한 속도 추정에서 1 μsec의 타이머를 활용하는 경우에 0.11%의 작은 측정 오차가 발생하는 반면, 일정 시간 동안의 엔코더 펄스 개수를 이용하여 속도를 추정하는 경우에는 100%의 오차가 발생한다.

6.6 가속도 센서

가속도계(accelerometer)는 다음과 같은 세 가지 변환 원리(transduction principle)에 의하여 동작한다.

1. 관성 동작에 의한 가속도계는 작은 질량 댐퍼 스프링(mass-damper-spring) 구조가 측정하려는 물체의 표면에 부착되어 사용된다. 가속도의 주파수 성분이 센서의 주파수 대역 범위 내에 있을 때 센서의 변위는 물체의 가속도 크기에 비례하게 된다.

$$\ddot{X} \rightarrow x \rightarrow V_{out} \tag{6.87}$$

2. 압전(Piezoelectric) 효과에 의한 가속도계는 가속도에 의한 관성력에 비례하는 전하를 출력한다. 압전 소자는 관성력에 비례하는 인장력에 의하여 이에 비례하는 전하를 제공한다.

$$\ddot{X} \rightarrow F \rightarrow q \rightarrow V_{out} \tag{6.88}$$

3. 센서가 가속도에 비례하는 인장력(ϵ)을 변환할 수 있다면 스트레인게이지를 이용하여 가속도를 측정할 수 있다. 인장력의 변화는 스트레인게이지의 저항 변화로 나타나며, 휘스톤 브리지 회로와 연산 증폭기를 이용하여 전압으로 측정할 수 있다.

$$\ddot{X} \rightarrow F \rightarrow \epsilon \rightarrow R \rightarrow V_{out} \tag{6.89}$$

6.6.1 관성 가속도계

관성 가속도계(inertial accelerometer)는 기본적으로 높은 자연 주파수(natural frequency)를 갖는 작은 질량 스프링 댐퍼 시스템이다. 그림 6.36에는 가속도 측정 대상 물체에 부착된 관성 가속도계의 개념을 나타내었으며, 그림 6.37에는 다양한 가속도계 사진을 나타내었다. 센서 관성의 상대 위치 x와 측정하려는 가속도 $\ddot{x}_{base}$ 사이에는 다음과 같은 관계가 성립한다.

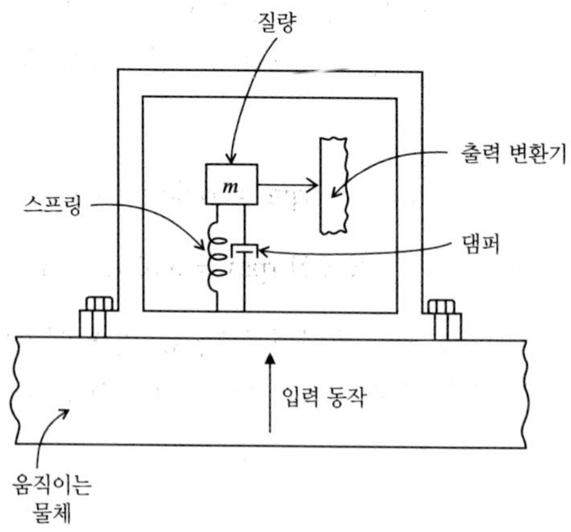

그림 6.36 ■ 관성 가속도계의 동작 원리

그림 6.37 ■ 다양한 가속도계의 사진

$$m \cdot (\ddot{x}(t) + \ddot{x}_{base}(t)) + c \cdot \dot{x}(t) + k \cdot x(t) = 0 \tag{6.90}$$

$$\ddot{x}(t) + (c/m) \cdot \dot{x}(t) + (k/m) \cdot x(t) = -\ddot{x}_{base}(t) \tag{6.91}$$

가속도계의 m, c, k 파라미터가 임계제동(critical damping)을 만족하도록 설정되면 가속도계의 상대 위치 $x(t)$는 정상 상태에서 가속도에 비례하게 되며, 응답속도는 c/m과 k/m의 비에 의하여 결정된다. 여기서 c/m과 k/m을 다음과 같이 표현한다.

$$c/m = 2\xi w_n \tag{6.92}$$

$$k/m = w_n^2 \tag{6.93}$$

m, c, k 값은 $\xi = 0.7$~1.0 범위와 w_n이 수백 Hz의 범위를 만족하도록 선정한다. 질량이 작고 스프링 탄성 계수가 클수록 더 높은 대역폭을 가질 수 있다.

다음과 같이 시간에 대하여 정현파 특성을 가지는 변위와 가속도를 가정한다.

$$x_{base}(t) = A\, sin\,(wt) \tag{6.94}$$

일정한 크기의 정현파 형태의 위치 변화에 대하여 가속도도 다음과 같은 정현파 특성을 갖는다.

$$\ddot{x}_{base}(t) = -A\, w^2\, sin\,(wt) \tag{6.95}$$

정상 상태에서의 센서의 상대 위치는 다음과 같은 수식으로부터 구할 수 있다.

$$\ddot{x}(t) + (c/m) \cdot \dot{x}(t) + (k/m) \cdot x(t) = -\ddot{x}_{base}(t) \tag{6.96}$$

$$\ddot{x}(t) + (c/m) \cdot \dot{x}(t) + (k/m) \cdot x(t) = A\, w^2\, sin\,(wt) \tag{6.97}$$

위 수식은 정상 상태에서 다음과 같은 해를 갖는다.

$$x_{ss}(t) = \frac{A\,(w/w_n)^2\, sin\,(wt - \phi)}{\{[1-(w/w_n)^2]^2 + [2\,\xi(w/w_n)]^2\}^{1/2}} \tag{6.98}$$

$$\phi = tan^{-1}\frac{2\xi(w/w_n)}{1-(w/w_n)^2} \tag{6.99}$$

센서의 정상 상태 위치는 다음과 같은 특성을 갖는다.

1. 센서의 변위는 기단부(base)의 가속도와 동일한 주파수 성분을 갖는다.
2. 센서의 변위와 기단부의 가속도 사이에는 위상차가 존재하며, 이 위상각은 가속도의 주파수(w)와 센서의 매개변수(ξ, w_n)에 의하여 결정된다.
3. 센서 변위의 크기는 가속도의 크기에 비례한다. 그러나, 비례 상수는 가속도의 주파수(w)와 센서의 매개변수(ξ, w_n)에 의하여 결정된다.

정현파 함수인 센서 변위의 크기는 다음과 같다.

$$x_{ss}(t) = \frac{A\,(w/w_n)^2}{\{[1-(w/w_n)^2]^2 + [2\,\xi(w/w_n)]^2\}^{1/2}} \tag{6.100}$$

이러한 센서는 두 가지 용도로 활용된다.

1. 센서를 기단부의 가속도를 측정할 목적으로 사용한다면 입력에 대한 출력의 크기 비가 중요하다.

$$\left|\frac{x_{ss}(t)}{A\,w^2}\right| = \frac{(1/w_n)^2}{\{[1-(w/w_n)^2]^2 + [2\,\xi(w/w_n)]^2\}^{1/2}} \tag{6.101}$$

2. 센서를 지진 관측용이나 기단부의 위치 측정을 위하여 사용한다면 다음의 비가 중요하다.

$$\left|\frac{x_{ss}(t)}{A}\right| = \frac{(w/w_n)^2}{\{[1-(w/w_n)^2]^2 + [2\,\xi(w/w_n)]^2\}^{1/2}} \tag{6.102}$$

(1)의 방식에 해당하는 가속도 크기에 대한 센서 변위의 비를 주파수에 대하여 나타내면 그림 6.38과 같다. 센서 출력과 측정값(가속도) 사이의 비례 관계(일정한 크기 비)가 성립하기 위해서는 w_{max}를 측정하려는 가속도의 최대 주파수 성분이라 할 때 다음의 관계가 성립해야 한다.

$$w \ll w_n; \quad w\ in\ [0, w_{max}] \tag{6.103}$$

반면 센서를 지진 관측기와 같이 기단부의 이동량을 측정할 목적으로 활용하는 경우에는 센서 출력과 측정값(기단부의 변위) 사이의 비례 관계를 위하여 다음의 관계가 성립해야 한다.

$$w \gg w_n; \quad w_{min} < w < w_{max} \tag{6.104}$$

이 관계에 의하면 관성 가속도계를 지진 관측용도로 활용하기 위해서는 최저 주파수 w_{min}보다 큰 주파수 대역에서 활용해야 하며, 또한 최저 주파수 w_{min}은 센서의 자연 주파수보다 커야 한다.

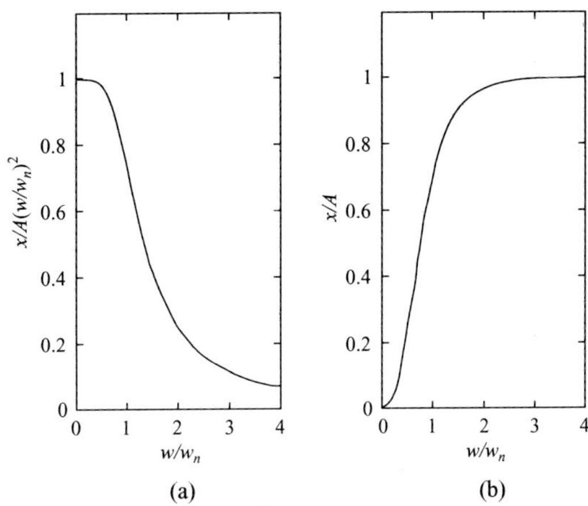

그림 6.38 ■ 관성 가속도계의 출력과 입력 크기 비. (a) 기단부 가속 크기에 대한 센서 출력의 비, (b) 기단부 변위에 대한 센서 출력의 비

$$w_n < w_{min} < w \tag{6.105}$$

즉, 지진파 측정을 위한 가속도계의 자연 주파수는 가능한 작아야 하며, $w_n = \sqrt{k/m}$ 의 관계가 성립하므로 지진 관측기의 질량은 커야 하며 스프링 탄성 계수는 작아야 한다. 이러한 이유로 지진 관측용 가속도계는 일반 가속도계보다 사이즈가 크다.

관성 가속도계는 자연 주파수보다 작은 주파수 성분의 가속도를 측정할 수 있으며, 자연 주파수보다 큰 주파수 성분의 위치를 측정할 수 있다. 관성 가속도계는 센서의 자연 주파수 보다 낮은 주파수 성분의 지진에 의한 변위는 정확히 측정할 수 없다. 이와 유사하게, 센서의 자연 주파수보다 높거나 같은 주파수 성분의 가속도는 측정이 불가능하다. 따라서, 지진 변위 측정을 위한 관성 가속도 센서는 가능한 낮은 자연 주파수를 가져야 하며, 가속도 측정을 위한 관성 가속도계는 가능한 높은 자연 주파수를 가져야 한다.

6.6.2 압전 가속도계

수정 결정, 산화규소, PZT(lead zirconate titanate) 등 압전 소자(piezo crystal)라 불리는 물질은 외부에서 힘이나 변형이 발생하는 경우에 전하를 생성하며, 이를 압전 효과(direct piezoelectric effect)라 한다. 이러한 물질은 반대로 전하가 공급되는 경우에는 힘을 발생시키며, 이를 역 압전 효과(reverse piezoelectric effect)라 한다. 그리스어인 'piezo'는 '압착하다' 또는 '압력을 가하다'라는 의미가 있다. 압전 효과는 1880년대에 피레(Pierre)와 자크 퀴리(Jacque Curie)에 의하여 처음 관측되었다. 수정은 온도에 대하여 매우 안정적인 특성을 보이며 장시간 사용하더라도 그 특성에 거의 변함이 없다. PZT는 높은 온도에서 매우 높은 직류 전압을 인가하면 극성이 발생하는데, PZT는 시간이 지남에 따라 압전 효과가 서서히 줄어드는 현상이 나타나므로 주기적으로 캘리브레이션 등의 작업이 필요하다. 압전 세라믹의 제조는 다음과 같은 단계를 따른다.

1. 원재료 분말을 섞어서 화합물 형태로 만들기 위하여 고온으로 가열한다.
2. 매우 미세한 가루로 가공한다.
3. 바인터를 이용하여 막대기, 원통, 원판 등의 형태로 가공한다.
4. 형태를 유지하기 위하여 열처리 한다.
5. 표면을 매끄럽게 가공한다.
6. 표면에 전극을 부착한다.
7. 압전 특성을 부여하기 위하여 강한 전기장이 형성된 전기가 통하지 않는 오일에서 열처리한다.

이 단계에 의하여 극성이 발생하게 되고, 압전 특성이 생성된다. 이러한 압전 특성은 시간에 따라 감소하는데, 시간에 대한 로그 함수적으로 감소하므로 초반에 감소량이 크며, 과도한 열, 전압, 변형에 의하여 극성이 사라질 수 있다.

압전 가속도계는 센서 관성과와 가속도의 곱에 해당하는 힘이 센서에 가해진다는 원리를 활용한다. 기계적으로 압전 소자는 매우 정밀하고 탄성 계수가 큰 스프링으로 간주될 수 있다. 압전 효과에 의하여 발생한 전하는 전압으로 출력되고, 이는 가속력에 비례하게 된다.

$$\ddot{x} \rightarrow F \rightarrow q \rightarrow V_{out} \tag{6.106}$$

$$q = C \cdot V_{out} \tag{6.107}$$

여기서 q는 압전 물질에 의하여 생성된 전하량, C는 유효 커패시턴스, 그리고 V_{out}은 출력 전압에 해당한다.

캘리브레이션된 압전 가속도계는 다음의 입출력 관계를 갖는다.

$$V_{out} = K \cdot \ddot{x} \tag{6.108}$$

압전 소자가 매우 강직한 스프링으로 작용하므로 실제 압전 소자의 변형은 매우 작아서 변형이 없다고 간주할 수 있다. 압전 가속도계는 $1000 \cdot g$에 해당하는 가속도를 100 kHz 성분까지 측정할 수 있다. 센서의 주파수 특성은 출력 증폭기의 주파수 특성보다 훨씬 빠르므로, 센서의 동작 상한 주파수는 출력 증폭기의 주파수 대역 제한에서 발생하며, 센서와 증폭기의 특성을 고려한 주파수 대역의 상한은 수 kHz 범위가 된다. 압전 센서는 시간 변화 신호를 측정하는 데 매우 유용하며, 멈추어 있거나 낮은 주파수 성분의 신호는 부하에 의한 방전 효과로 인하여 측정이 불가능하다.

압력, 힘, 변형률, 그리고 가속도 등의 측정을 위한 압전 센서의 설계 원리는 매우 유사하다. 외력은 압전 소자의 변형을 발생시키며, 출력 전하량은 그림 6.39에 나타내었듯이 이 변형에 비례하여 발생한다. 여기서 힘을 측정할 때는 힘 자체를 감지하고, 압력 센서에서는 격막의 면적에 비례하는 압력을 감지하며, 가속도 센서에서는 센서의 질량과 가속도의 곱인 가속력이 감지된다.

압전 센서의 변환 원리는 생성된 전하량이 측정하는 가속도, 변형, 압력, 그리고 힘에 비례한다는 점이다. 변환 소자로부터 신호를 출력하여 증폭하는 데 있어서는 신호선의 커패시턴스 성분과 잡음에 의하여 그림 6.40과 같이 심각한 오차가 발생한다. 예를 들면, 센서의 출력과 연산 증폭기의 입력 전압은 다음과 같이 표현된다.

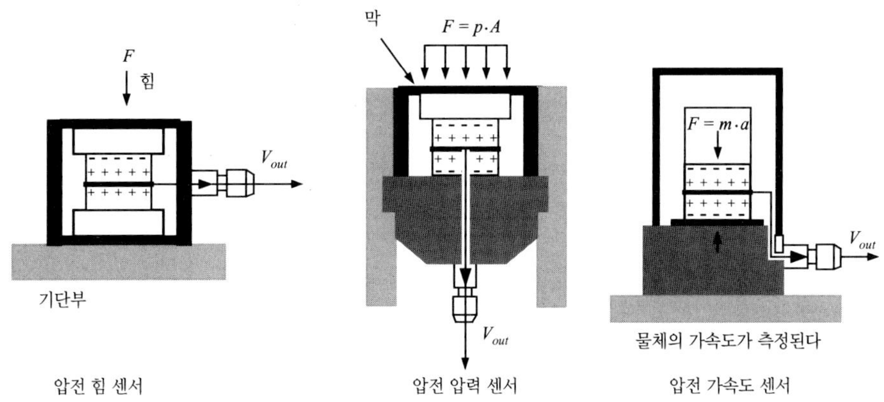

그림 6.39 ■ 압전 소자의 원리 및 힘, 압력, 가속도 센서로의 활용

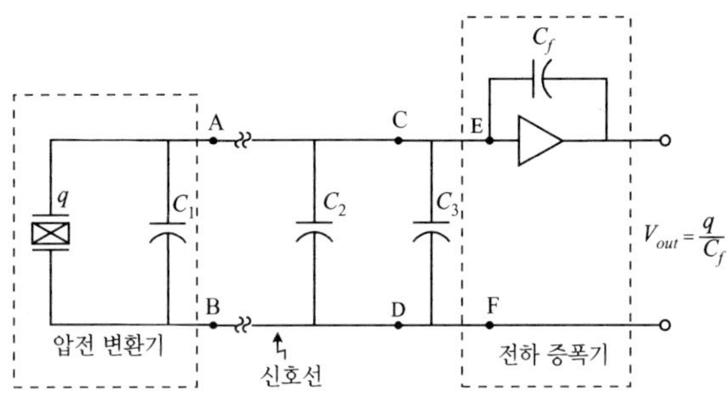

그림 6.40 ■ 압전 센서의 동작 원리: 압전 소자는 측정하는 물리량에 의하여 전하를 생성하고, 신호선을 따라 전송되어 전하 증폭기에서 증폭되는데, 신호선의 커패시턴스는 캘리브레이션에 영향을 미친다.

$$V_{AB} = \frac{q}{C_1} \tag{6.109}$$

$$V_{EF} = \frac{q}{C_1 + C_2 + C_3} \tag{6.110}$$

연산 증폭기가 연결되지 않았고 C_2와 C_3가 신호선과 장비의 커패시턴스 성분이라 가정하면 EF에서의 센서 출력 전압은 신호선의 길이와 계측 장비의 커패시턴스 성분에 의하여 결정된다. 따라서, 이러한 시스템에서는 고정된 신호선에 대하여 캘리브레이션을 수행해야 하며, 신호선의 길이가 변경되는 경우에는 다시 캘리브레이션을 수행해야 한다. 전압 V_{EF}가 증폭되는 경우에 출력 전압은 압전 소자, 신호선, 그리고 계측장비의 커패시턴스 성분에 의한 영향을 무시했을 때, 다음과 같이 표현된다.

$$V_{out} = \frac{q}{C_f} \tag{6.111}$$

출력 전압은 생성된 전하량과 궤환 커패시턴스에 의하여 결정되지만 증폭기의 출력에서의 잡음은 C_f에 대한 $(C_1 + C_2 + C_3)$의 비에 비례하게 된다. 따라서, 증폭기에 있어서 신호선

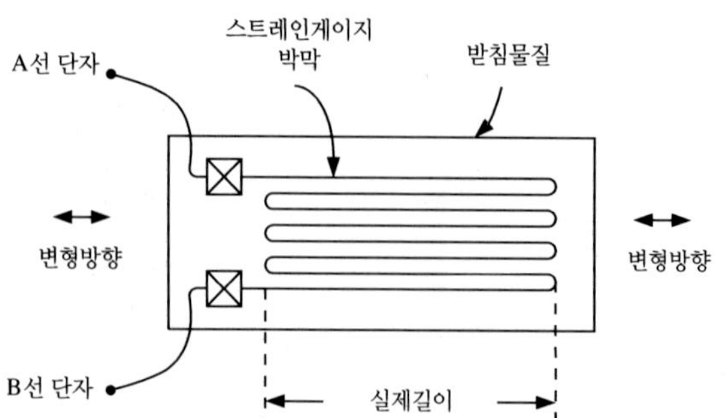

그림 6.41 ■ 변형률 측정을 위한 전형적인 스트레인게이지

의 길이는 여전히 중요한 문제이며, 이러한 이유로 전하량을 전압으로 변환하는 기능을 센서 위치에서 수행하거나, 센서와 다른 별도의 위치에서 전압으로 변환하는 경우에는 동축 신호선의 길이에 따라 캘리브레이션을 수행해야 한다.

예를 들면, PCB Piezotronics의 가속도계 Model 339B01의 경우에는 전압 감도는 $K =$ 100 [mV/g]이고, 2 kHz의 주파수 대역을 가지며, 0.002 g의 해상도로 50 g까지 측정이 가능하다.

6.6.3 스트레인게이지 방식의 가속도계

스트레인게이지 방식의 가속도계의 원리는 관성 가속도계와 매우 유사하다. 다만, 스프링 대신에 그림 6.41~6.44(a)에 나타낸 유연한 외팔보(cantilever flexible beam)을 활용하여 변위 대신에 유연한 외팔보의 변형을 측정한다. 변형은 가속도, 즉 가속력에 비례한다. 변형에 비례하는 센서의 출력 전압은 표준 휘스톤 브리지 회로를 이용하여 측정한다.

$$\ddot{x} \rightarrow F \rightarrow \epsilon \rightarrow R \rightarrow V_{out} \qquad (6.112)$$

$$V_{out}(t) = K \cdot \ddot{x}(t) \qquad (6.113)$$

이러한 센서를 이용하여 측정 가능한 가속도의 범위는 압전 가속도계와 거의 유사하여 1000 g까지의 가속도를 수 kHz의 주파수 범위 내에서 측정할 수 있다.

6.7 변형률, 힘, 그리고 토크 센서

6.7.1 스트레인게이지

가장 대표적인 변형률 측정 센서가 **스트레인게이지**(strain gauge)이다. 스트레인게이지의 변환 원리는 길이의 변화가 저항의 변화로 나타난다는 점이다. 대표적인 스트레인게이지 물질은 콘스탄탄(구리 55%와 니켈 45%)이며, 가는 와이어 형태의 스트레인게이지 물질을

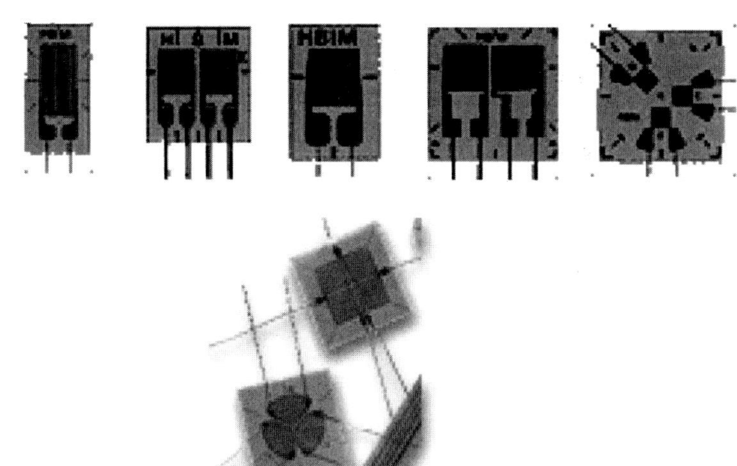

그림 6.42 ■ 스트레인게이지의 사진

방향성에 따라 물질의 표면에 부착하게 된다. 변형률과 저항 성분의 관계는 다음과 같다.

$$\frac{\Delta R}{R} = G\frac{\Delta L}{L} \tag{6.114}$$

여기서 G는 센서의 게이지 팩터(gauge factor)이다. 동일한 변형에 대하여 저항 성분의 변화를 크게 만들기 위해서는 보다 긴(L) 스트레인게이지 와이어를 사용해야 하며, 이러한 이유로 스트레인게이지의 형태는 와이어를 길게 사용하도록 그림 6.41과 6.42의 형태를 갖는다. 이상적으로 변형량은 물질의 한 점에서의 특성이고 전체 길이에 대한 길이 변화의 비로 나타난다.

$$\epsilon = \frac{\Delta L}{L} \tag{6.115}$$

이에 의한 스트레인게이지의 저항 성분 변화는 휘스톤 브리지 회로의 전압 변화에 비례하게 된다.

$$V_{out} = K_1 \cdot \frac{\Delta R}{R} \tag{6.116}$$

$$= K_1 \cdot G \cdot \frac{\Delta L}{L} \tag{6.117}$$

$$= K_2 \cdot \frac{\Delta L}{L} \tag{6.118}$$

$$= K_2 \cdot \epsilon \tag{6.119}$$

그러나, 스트레인게이지의 면적은 제한되며, 물체에서 이 면적에 해당하는 부분으로 한정되므로 측정된 변형량은 이 면적에서 발생한 변형의 평균에 해당한다. 이러한 스트레인게이지를 물체에 부착할 때는 (1) 물체의 표면과 스트레인게이지가 완벽하게 밀착되어야 하며, (2) 전기적으로 절연되어야 한다. 스트레인게이지는 그 자체로는 매우 높은 주파수 대역폭을 가져서, 1 MHz 대역의 스트레인게이지 센서를 제작할 수 있다. 또한, 실리콘 결정 물질을 이용하면 크기는 매우 작으면서도 대역폭은 매우 넓은 센서를 제작할 수 있다.

6.7.2 힘과 토크 센서

힘과 토크 센서는 동일한 원리로 동작하는데, 다음과 같은 세 가지 형태로 나눌 수 있다.

1. 스프링 변위에 의한 힘/토크 센서
2. 스트레인게이지에 의한 힘/토크 센서
3. 압전 소자 방식의 힘/토크 센서

힘 센서의 응용 분야로 저울을 가정할 때, 알려진 스프링 탄성 계수 K_{spring}의 값으로 캘리브레이션된 스프링을 이용하여 그 변위를 측정함으로써 힘을 측정할 수 있다.

$$F = K_{spring} \cdot x \tag{6.120}$$

위치 센서를 활용하면 변위 x에 비례하는 전압으로 변환할 수 있고, 결과적으로 힘 또는 토크를 측정할 수 있다.

$$V_{out} = K_1 \cdot x \tag{6.121}$$

$$= K_2 \cdot F \tag{6.122}$$

스트레인게이지 방식의 힘/토크 센서는 측정된 변형량에 따라 힘과 토크를 측정하는데, 이것도 역시 탄성이 있는 센서 소자를 활용하며, 이러한 힘/토크 센서를 로드셀(load cells)라 부른다. 로드셀은 그림 6.43과 같이 기계적 탄성이 있는 물체에 스트레인게이지를 부착하는 형태인데, 로드셀에 힘 또는 토크가 인가되면 스트레인게이지의 작은 변형이 발생되

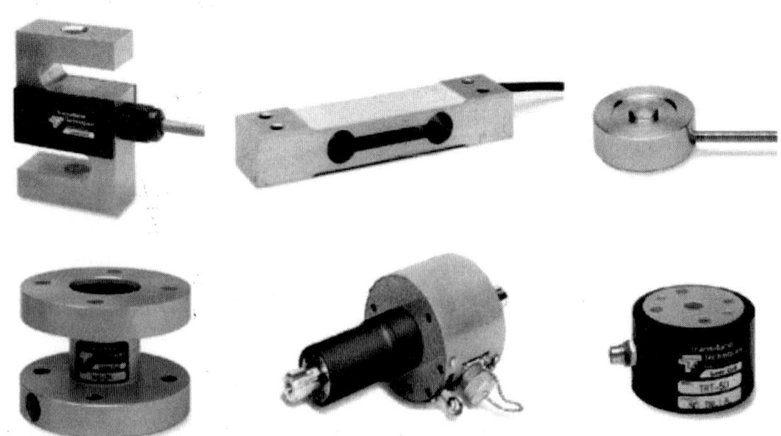

그림 6.43 ■ 힘과 토크 측정을 위하여 스트레인게이지를 장착한 다양한 로드셀

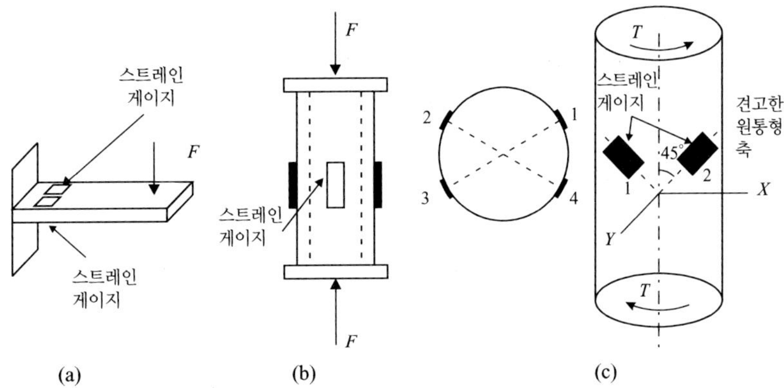

그림 6.44 ■ 샤프트나 빔에 가해지는 힘과 토크 측정을 위한 스트레인게이지의 장착

며, 이를 측정하게 된다. 따라서, 로드셀의 설계에 있어서 외부의 힘/토크와 변형량은 선형 관계가 성립하므로 측정값은 힘과 토크에 비례하게 된다.

또 다른 형태의 스트레인게이지 방식의 힘/토크 센서는 측정 대상 물체에 스트레인게이지를 직접 부착하는 것이지만, 측정 대상인 축에 기계적인 변형이 없어야 하는 경우에는 적용이 불가능하다. 그림 6.44에는 하나의 축에 4개의 스트레인게이지를 설치한 경우를 나타내었는데, 대부분의 힘/토크 센서는 온도 변화에 의한 효과와 스트레인게이지 출력의 편차를 제거하기 위하여 대칭적으로 센서를 활용한다. 스트레인게이지 방식의 힘/토크 센서를 사용하기 위해서는 두 가지 필수 가정이 필요하다.

1. 물질의 변형은 탄성체가 감당할 수 있는 범위 내에 있어야 한다.

$$\epsilon = \frac{1}{E}\sigma = \frac{1}{E}\frac{F}{A} \tag{6.123}$$

2. 스트레인게이지는 동일한 변형을 받아야 한다. 변형량과 저항 변화의 관계는 다음과 같다.

$$\epsilon = \frac{1}{G}\frac{\Delta R}{R} \tag{6.124}$$

여기서 저항의 변화는 휘스톤 브리지 회로에 의하여 다음의 관계에 따라 전압으로 변환된다.

$$\frac{\Delta R}{R} = \frac{4}{V_i} \cdot V_o \tag{6.125}$$

결과적으로 스트레인게이지의 출력 전압과 힘은 다음의 관계를 만족한다.

$$F = \left(\frac{4 \cdot E \cdot A}{V_i \cdot G}\right) \cdot V_o \tag{6.126}$$

스트레인게이지 출력 전압을 힘에 대하여 캘리브레이션하기 위해서는 스트레인게이지가 부착된 물질(E), 물질의 단면적(A), 센서 게이지 팩터(G), 그리고 휘스톤 브리지 회로의 기준 전압(V_i)에 대한 정보가 필요하다.

마지막으로, 압전 압력 센서와 동일하게 압전 센서를 이용한 힘의 측정이 가능하다. 압전 센서는 가해지는 외력에 비례하는 전하를 생성하게 된다. 압전 센서의 장점으로는 추가적인 휨 증상이 발생하지 않는다는 점으로 수정 결정에 의한 압전 소자의 경우 100 GPa $= 100 \cdot 10^9$ [N/m^2]의 탄성 계수를 가지며, 측정가능한 주파수 대역은 대략 10 kHz이다.

▶▶ **예제** 그림 6.44(b)에 나타낸 축에 부착된 스트레인게이지를 이용한 힘 측정 시스템에서 축은 강철로 $E = 2 \cdot 10^8$ [kN/m^2]이고, 축의 단면적은 $A = 10.0$ cm^{2}이다. 장력 방향으로 스트레인게이지를 설치하였으며, 스트레인게이지의 공칭 저항은 $R_0 = 660\ \Omega$이고 게이지 팩터 $G = 2.0$이다. 휘스톤 브리지 회로의 저항은 모두 $R_2 = R_3 = R_4 = 600\ \Omega$ 이며, 기준 전압은 10.0 VDC로 사용하였다. $V_{out} = 2.0$ mV일 때, 힘은 얼마인가?

변형이 탄성체의 탄성 범위에 포함될 경우 다음과 같은 관계가 성립한다.

$$\sigma = \frac{F}{A} \tag{6.127}$$

$$\epsilon = \frac{1}{E}\sigma \tag{6.128}$$

$$\frac{\Delta R}{R} = G \cdot \epsilon \tag{6.129}$$

$$V_{out} = \frac{V_i}{4 \cdot R_o}\Delta R \tag{6.130}$$

$$V_{out} = \frac{V_i \cdot G}{4 \cdot E \cdot A} \cdot F \tag{6.131}$$

따라서, $V_{out} = 2$ mV에 해당하는 힘은 $F = 80{,}000$ [N]이다. 또한, 이 상태에서의 스트레인게이지의 저항 변화를 알아보면 다음과 같다.

$$V_{out} = \frac{V_i}{4 \cdot R_o}\Delta R \tag{6.132}$$

$$2 \cdot 10^{-3} = \frac{10}{4 \cdot 600}\Delta R \tag{6.133}$$

$$\Delta R = 0.480\ \Omega \tag{6.134}$$

따라서, 저항의 변화율은 다음과 같은 백분율로 나타난다.

$$\frac{\Delta R}{R} \cdot 100 = \frac{0.480}{600} \cdot 100 = 0.08\% \tag{6.135}$$

게이지 팩터가 $G = 2$이므로 축의 길이 변화는 다음과 같이 요약된다.

$$\epsilon = \frac{\Delta l}{l} \tag{6.136}$$

$$= \frac{1}{G}\frac{\Delta R}{R} \tag{6.137}$$

$$= \frac{1}{2} \cdot 0.08\% \tag{6.138}$$

$$\frac{\Delta l}{l} = 0.04\% \tag{6.139}$$

$$\Delta l = \frac{0.04}{100} \cdot l \tag{6.140}$$

6.8 압력 센서

절대 압력은 압력이 0인 진공 상태에 대하여 측정된다. 그림 6.45에 나타내었듯이 대기압은 특정 위치에서 공기의 무게에 의한 압력이다. 따라서, 대기압은 측정 위치의 해수면으로 부터의 고도 등에 따라 서로 다른 값을 갖는다. 공기의 무게에 의한 평균 대기압은 대략 14.7 lb/in^2 = 14.7 psi이다. 이것은 1 in^{2}의 면적에 가해지는 공기의 무게는 평균적으로 14.7 lb에 해당한다는 의미이며, 따라서 해수면에서의 절대 대기압은 14.7 lb/in^2(14.7 psia)가 된다.

파스칼의 법칙(Pascal's law)에 의하면 액체의 압력은 모든 방향으로 균일하게 출력된다.

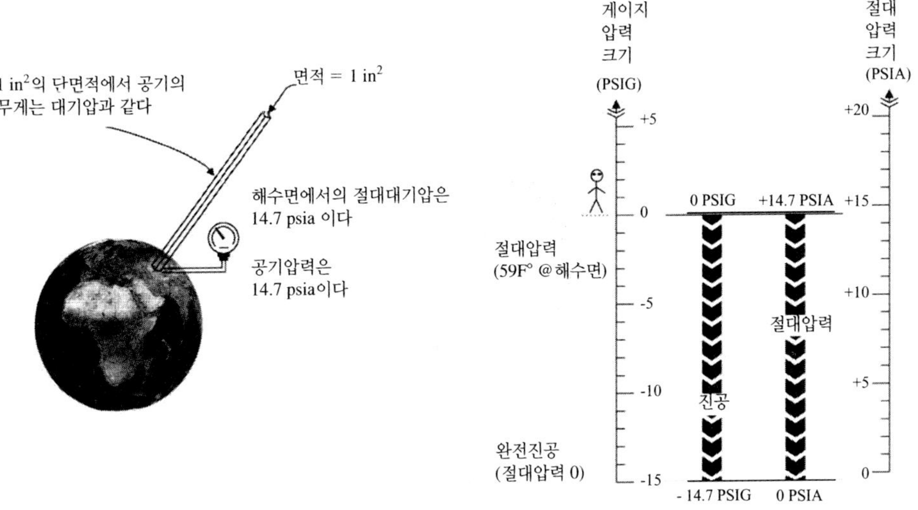

그림 6.45 ■ 절대 압력, 게이지 압력, 그리고 대기압의 정의

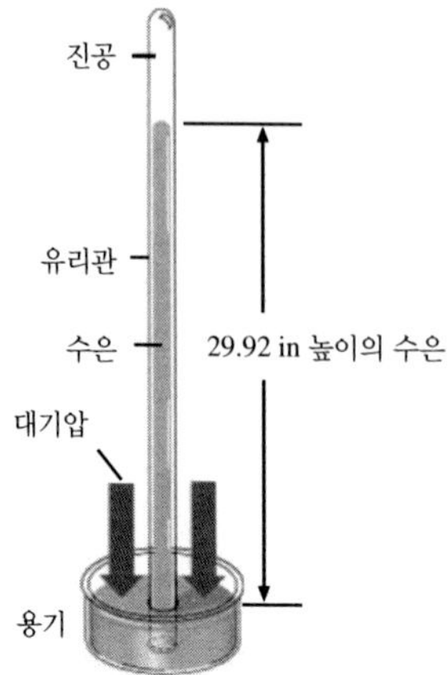

그림 6.46 ■ 절대 대기압 측정을 위한 기압계

이 물리 원칙에 의하여 **기압계**(barometer)는 절대 압력을 측정하게 되며, 그림 6.46에 나타낸 바와 같이 대기에 의하여 유체(수은)에 가해지는 압력은 튜브 내부의 수은의 무게에 의한 압력과 평형을 이룬다. 이 측정 방법을 이용하여 대기압은 29.92 in(760 mm) 높이의 수은 무게에 의한 압력과 동일하다. 1 in^2의 단면적에 29.92 in의 높이를 가지는 수은의 무게는 14.7 lb에 해당한다. 수은이 아닌 물을 튜브에 채우는 경우에는 33.95 in의 높이에 해당하며, 수은보다 물의 밀도가 낮으므로 이 경우에 압력이 14.7 lb/in^2에 해당한다. 이때, 튜브의 위쪽은 진공 상태가 유지되어야 하며, 이 조건을 만족하기 위하여 튜브는 수은이 채워진 채로 수은이 채워진 용기에 거꾸로 세워져야 한다. 수은의 높이는 29.92 in가 되도록 높이가 낮아지며, 이 경우의 수은 용기 표면에 가해지는 압력은 14.7 psi이다.

대부분의 압력계에서는 주변 대기압에 상대적인 **상대 압력**(relative pressure)을 측정한

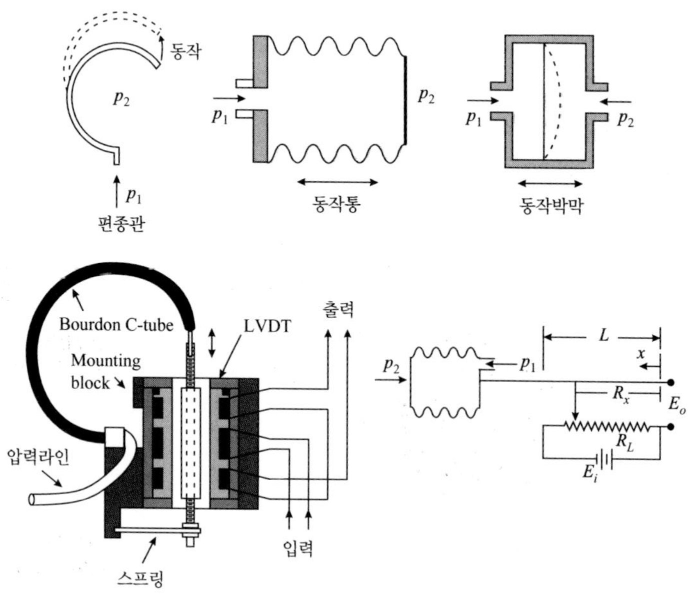

그림 6.47 ■ 다양한 압력 센서의 개념: 압력을 변위로 변환하고, 변위를 측정함으로써 압력으로 환산할 수 있다.

다. 하지만, 그림 6.45에 나타낸 대로 절대 압력을 출력하도록 캘리브레이션될 수 있다. 진공 상태에 대한 상대 압력을 절대 압력이라 하며, 단위로는 [psia]를 사용하며, 주변 대기압에 상대적은 압력을 상대 압력 또는 게이지 압력(gage pressure)이라 하고, 단위로는 [psig]를 사용한다. [psi] 단위는 [psig]를 의미한다.

대기압은 다음의 원인에 의하여 공칭 대기압인 14.7 lb/in^2(14.7 psia)과 달라지게 된다.

1. 해수면으로부터의 고도
2. 온도와 이로 인한 공기 밀도의 변화

$$p_{atm} = p_{atm,0} + \Delta p(h, T) \tag{6.141}$$

$$= 14.7 + \Delta p(h, T)[\text{psia}] \tag{6.142}$$

6.8.1 변위 방식의 압력 센서

이 방식에서는 압력을 이에 비례하는 거리로 변환하고, 거리를 이에 비례하는 전압으로 출력하는 **변환**(transduction) 방식을 사용한다. 그림 6.47에는 압력을 거리로 변환하는 다양한 센서(편종관, 통, 박막)를 예시하였다. 이러한 센서들의 동작은 위치 감지, 커패시턴스 변화 또는 변형량, 압전 효과 등에 의하여 위치 정보로 변환된다. 예를 들면, 편종관 방식의 압력 센서에서는 LVDT 또는 선형 가변 저항을 이용하여 압력에 비례하는 전압으로 변환할 수 있다.

$$\Delta x = k_p \cdot \Delta P \tag{6.143}$$

$$V_{out} = k_{vx} \cdot \Delta x \tag{6.144}$$

$$= (k_p \cdot k_{vx}) \cdot \Delta P \tag{6.145}$$

$$= k_{pv} \cdot \Delta P \tag{6.146}$$

그림 6.47에서는 p_1과 p_2 사이의 상대 압력인 $\Delta p = p_1 - p_2$를 측정한다. p_1 또는 p_2가 진공에 해당하는 압력 0의 상태라면 절대 압력을 측정하게 된다.

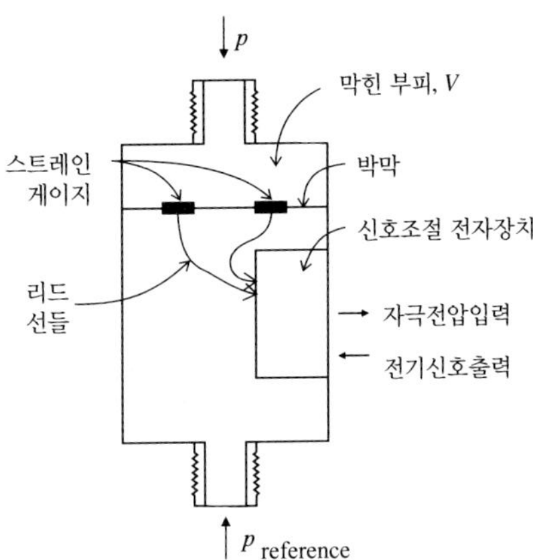

그림 6.48 ■ 박막과 스트레인게이지를 이용한 압력 센서. 압력은 박막에 유도되는 변형에 비례한다.

6.8.2 스트레인게이지 방식의 압력 센서

압력에 의한 박막의 변형을 스트레인게이지를 이용하여 측정한다. 박막의 변형량은 압력에 비례하고, 이에 비례하는 스트레인게이지의 저항 변화로 나타난다. 휘스톤 브리지 회로를 이용하여 이에 비례하는 전압으로 변환할 수 있다. 그림 6.48의 압력에 대한 스트레인게이지의 전압 출력은 다음과 같은 관계를 갖는다.

$$\Delta x = k_p \cdot \Delta P \tag{6.147}$$

$$\epsilon = k_1 \cdot \Delta x \tag{6.148}$$

$$V_{out} = k_2 \cdot \epsilon \tag{6.149}$$

$$= k \cdot \Delta P \tag{6.150}$$

스트레인게이지 방식의 압력 센서로 Schaevitz 사의 Model P2100 시리즈가 있는데, 이 센서는 2개의 압력 입력 단자가 있어서 압력 차이를 5000 psi까지 측정할 수 있다. 이 센서는 75 psi의 압력까지는 4 kHz의 자연 주파수를 가지며, 1000 psi까지는 15 kHz의 자연 주파수를 가진다. 센서의 저항은 평균 350 Ω이며, 유공압 실린더의 양쪽 압력 측정에 적합하다.

6.8.3 압전 소자 방식의 압력 센서

압전 소자 방식의 압력 센서는 가장 범용의 압력 센서로서, 그림 6.39에 나타낸 것과 같이 박막에 가해지는 압력을 압전 소자에 가해지는 힘으로 변환한다. 압전 소자는 힘에 비례하는 전압으로 출력하므로 결과적으로 압력에 비례하게 된다. 압전 소자 방식의 압력 센서는 수 kHz의 주파수 대역에서 동작한다.

압력에 의하여 생성되는 전하량, 출력 전압 등은 다음의 관계를 만족한다.

$$q = K_{qp} \cdot p \tag{6.151}$$

출력 전압은 다음과 같다.

$$V_{out} = \frac{q}{C} \tag{6.152}$$

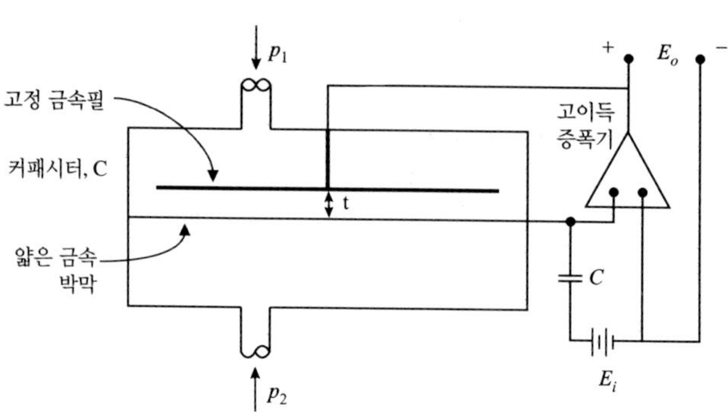

그림 6.49 ■ 용량성 압력 센서와 동작 원리

그러므로

$$V_{out} = \frac{K_{qp}}{C} \cdot p \tag{6.153}$$

$$= K_1 \cdot p \tag{6.154}$$

6.8.4 커패시턴스 방식의 압력 센서

다이어프램 방식의 압력 센서에서는 센서 내부의 금속판 사이의 커패시턴스를 변화시키는 용도로도 활용이 가능하다. 박막의 위치는 커패시턴스의 변화로 나타나게 되고, 그림 6.49에 나타낸 기준 전압, 기준 커패시터 등을 이용하여 커패시턴스의 변화를 전압의 변화로 출력할 수 있다.

$$x = K_1 \cdot \Delta P \tag{6.155}$$

$$C = \frac{K_2 \cdot A}{x} \tag{6.156}$$

연산 증폭기의 출력은 다음과 같다.

$$V_{out} = V_r \cdot (C_r/C) \tag{6.157}$$

$$= \frac{V_r \cdot C_r}{K_2 \cdot A} \cdot x \tag{6.158}$$

$$= \frac{V_r \cdot C_r \cdot K_1}{K_2 \cdot A} \cdot \Delta P \tag{6.159}$$

센서의 동작과 관련된 신호는 다음과 같이 변경된다.

$$\Delta P \rightarrow x \rightarrow C \rightarrow V_{out} \tag{6.160}$$

여기서 압력의 차이는 두 금속판 사이의 거리를 변화시키고, 이에 의하여 센서의 커패시턴스가 변화하게 된다.

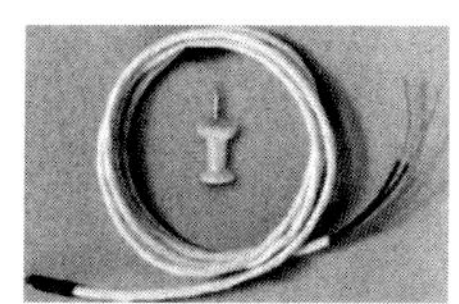

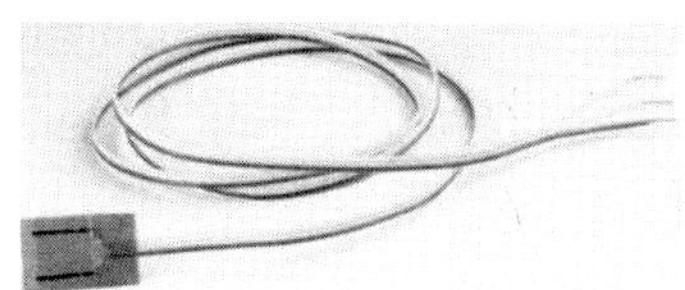

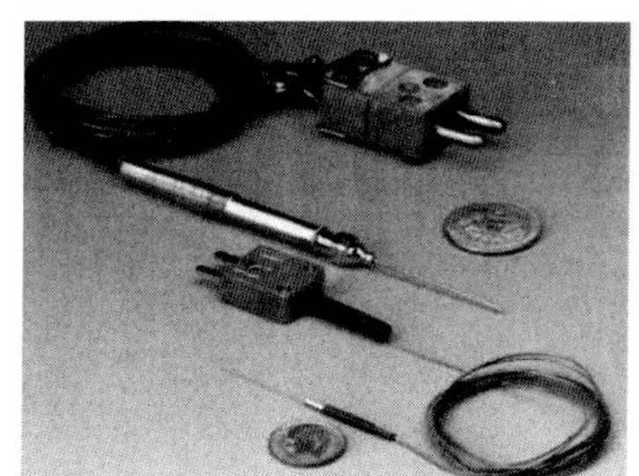

그림 6.50 ■ 다양한 온도 센서의 사진: 열전쌍과 RTD

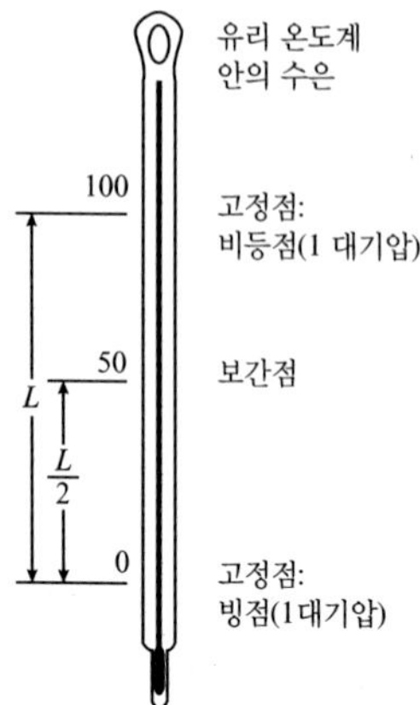

그림 6.51 ■ 수은 온도계를 이용한 수동 온도 측정. 온도의 변화에 따라 수은의 부피가 선형적으로 변화하는 원리를 활용한다.

6.9 온도 센서

세 가지 대표적인 온도 센서를 다음과 같이 분류할 수 있다.

1. 온도에 따라 물리적 크기가 변화하는 센서
2. 온도에 따라 전기적 저항 성분이 변화하는 센서(RTD와 서미스터)
3. 열전자 현상에 의한 센서(열전쌍)

그림 6.50에는 다양한 RTD와 열전쌍 방식의 온도 센서를 나타내었다.

6.9.1 크기 변화에 의한 온도 센서

온도는 분자의 운동 상태를 나타내는 척도로서, 대부분의 금속과 액체는 온도에 따라 그 크기가 변화한다. 특히, 수은의 경우에는 온도에 따라 그 부피가 비례하여 증가하므로 유리 온도계로 널리 활용된다. 그림 6.51과 같이 유리관에 온도를 나타내는 눈금을 표시하게 되며, 통상적인 정밀도는 대략 ±0.5°C에 해당한다. 이와 유사하게, 바이메탈 고체 재료도 온도에 따라 크기가 변화하는데, 바이메탈 소자의 변화를 전압의 변화로 나타내어 온도를 측정할 수 있다.

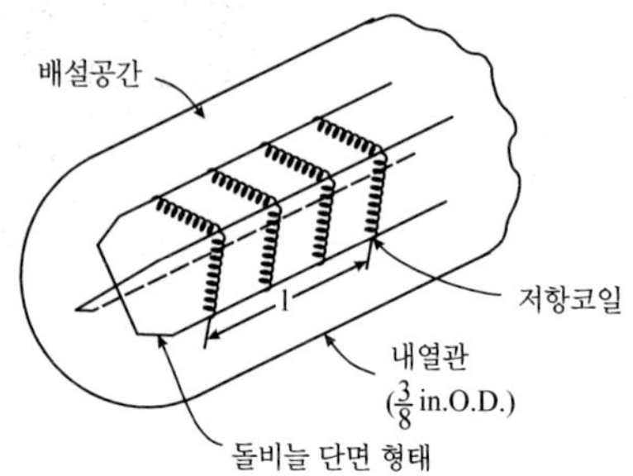

그림 6.52 ■ 온도 측정을 위한 RTD 센서

표 6.1 ■ RTD 온도 센서 물질과 저항-온도 민감 계수

재료	α
알루미늄	0.00429
구리	0.0043
금	0.004
플라티늄	0.003927
텅스텐	0.0048

6.9.2 저항의 변화에 의한 온도 센서

RTD 온도 센서 RTD(resistance temperature detector) 온도 센서는 RTD 재료의 저항 성분이 온도에 따라 변화하는 특성을 이용하며, 이 저항의 변화는 휘스톤 브리지 회로에 의하여 전압으로 변환된다.

RTD 재료의 온도와 저항 사이의 관계를 온도에 대한 저항 변화의 민감도로 나타낼 때 다음 수식으로 표현된다.

$$R = R_o(1 + \alpha(T - T_o)) \tag{6.161}$$

그림 6.52에는 RTD 센서의 구조를 나타내었으며, 다양한 재료의 민감도 상수 α를 표 6.1에 정리하였다.

RTD는 대략 700°C 범위의 저온의 측정에 적합하다. 백금을 가장 널리 RTD 센서에 활용하며, 온도에 대한 저항의 변화가 매우 선형적이어서 ±0.005°C의 정밀도로 측정이 가능하다. 또한, 장시간 활용하여도 측정 오차가 매우 적어서 1년에 0.1°C 정도 변화하게 된다. 이러한 이유로 RTD는 빈번한 캘리브레이션을 필요로 하지 않는다. RTD는 수동 소자로서 온도에 대하여 저항 성분이 거의 선형적으로 변화하며, 저항을 측정하기 위하여 전류원에 의하여 전원을 공급하고 전압을 측정해야 한다. 이를 위한 좋은 방법이 휘스톤 브리지 회로를 이용하는 것이다. RTD 센서의 다른 온도 센서에 비하여 그 동특성이 느린 편이므로 빠르게 변화하는 온도의 측정에는 적합하지 않다.

서미스터 온도 센서 서미스터 센서는 반도체 물질의 저항 성분이 온도에 대하여 지수적으로 감소하는 특성을 활용한다. 서미스터에서의 온도에 대한 저항의 변화는 다음의 관계가 성립한다.

$$R = R_o \cdot e^{\beta(1/T - 1/T_o)} \tag{6.162}$$

여기서 β도 온도의 함수이며, 반도체 물질의 고유한 특성이다. 동일한 온도 변화에 대하여

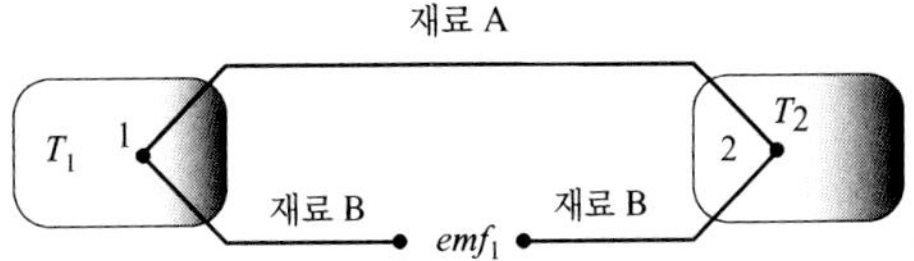

그림 6.53 ■ 열전쌍 온도 센서와 동작 원리

표 6.2 ■ 열전쌍 종류와 응용 분야

형태	재료A	재료B	응용
E	크로멜(90% 니켈 10% 크롬)	콘스탄탐(55%구리, 45% 니켈	고 민감도, < 1000°C
J	철	콘스탄탐	비산화 상황, < 700°C
K	크로멜(90% 니켈, 10% 크롬)	알루멜(94% 니켈, 3% 마그네슘, 2% 알루미늄, 1% 실리콘	< 1400°C
S	플라티늄과 10% 로듐	플라티늄	장기정 안정, < 1700°C
T	구리	콘스탄탐	진공 상황, < 400°C

서미스터의 저항 변화는 RTD에서의 저항 변화보다 매우 크고, RTD 센서에 비하여 높은 감도, 높은 주파수 대역이 필요한 용도에 활용될 수 있다. 하지만, 제조 공정에서의 편차가 크게 나타나므로 사용을 위해서는 캘리브레이션이 선행되어야 한다.

6.9.3 열전쌍

열전쌍은 가장 보편적이고, 사용하기 쉬우며, 가격이 저렴한 온도 센서이다. 열전쌍은 2개의 서로 다른 금속 도체로 구성되어 그림 6.53과 같이 연결되며, 두 금속을 연결할 때 양 쪽의 접합이 전기적으로 좋은 특성을 가져야 한다. 여기에 적용되는 **열전자 현상**(thermoelectric phenomenon)은 개방된 회로 양단에 두 접합 사이의 온도 차에 비례하는 전압이 형성되다는 점이다. 이것은 열과 전기가 모두 도체를 통하여 전달되는 현상으로 1821년 최초로 이 현상을 관찰한 Thomas J. Seebeck의 이름을 따서 *Seebeck* 효과라 부른다. 열전쌍 양단에서 측정된 전압은 대략 그림 6.53의 두 단자 사이의 전압에 비례하여 다음과 같이 표현된다.

$$V_{out} \approx K \cdot (T_1 - T_2) \tag{6.163}$$

여기서 비례 상수는 열전쌍 물질에 의하여 결정되며, 열전쌍 물질은 도체 A와 B의 물질을 의미하고, 이 값은 정확한 상수가 아니며 온도에 따라 약간 변화한다.

이 비례 상수는 다양힌 열전쌍에 대한 넓은 온도 범위에서의 근사화이며, 이러한 넓은 온도 범위에서의 선형성을 열전쌍의 장점으로 꼽을 수 있다. 출력 전압은 수 mV 단위이므로 데이터 처리를 위해서는 연산 증폭기 회로를 이용하여 증폭해야 한다.

열전쌍은 두 접합 사이의 온도 차이를 측정한다. 하나의 접합에서의 온도 측정을 위해서는 반대편 접합의 온도를 알고 있어야 하므로 열전쌍을 위해서는 기준 온도가 필요하다. 이러한 기준은 **얼음물**(ice-water) 또는 내장 전자 기준 온도를 활용할 수 있다. 열전쌍에 의한 온도 측정에서의 측정 오차는 대략 ±1~2°C이며, 표 6.2와 같이 표준 문자를 이용하여 다양한 열전쌍 물질을 나타낸다.

대부분의 경우 열전쌍의 출력은 디지털 컴퓨터에 의하여 처리된다. 기준 전압은 DAQ

회로의 서미스터에 의하여 제공된다. 센서의 출력 전압을 더할 목적으로 여러 열전쌍을 직렬로 활용하기도 하고, 특정 영역의 평균 온도를 측정하기 위하여 병렬로 활용하기도 한다. 컴퓨터에서는 선형 수식을 이용하기 보다는 전압과 온도 사이의 관계를 정리한 표준 테이블을 이용하여 온도를 측정하며, 다양한 열전쌍에 대한 표준 테이블은 NIST(National Institute of Standards and Technology)와 같은 기관에서 제작한다.

6.10 유량 센서

유체(액체 또는 가스)의 유량을 측정하기 위한 센서는 크게 네 가지로 분류된다.

1. 기계적 유량 센서
2. 차동 압력 측정에 의한 유량 센서
3. 온도 유량 센서
4. 질량 유량 센서

6.10.1 기계적 유량 센서

기계적 유량 센서는 크게 세 종류로 구분된다: (1) 용적식 유량 센서, (2) 터빈 유량 센서, 그리고 (3) 공기 저항계. 이들의 동작 원리는 유체의 흐름에 의한 부피의 이동, 유체와 센서 사이의 공기 저항 등을 이용한다.

용적식 유량 센서 용적식 유량계는 용적식 유압 펌프와 모터(전기 유압 시스템 장 참조)와 동일한 원리를 이용한다. 용적식 펌프(모터)는 회전에 따라 일정 부피의 유체를 전달하기 때문에 붙여진 이름이다. 예를 들면, 기어 펌프 또는 피스톤 펌프는 회전당 일정한 용량을 밀

그림 6.54 ■ 용적식 유량계: 기어와 로브 타입의 용적식 유량계

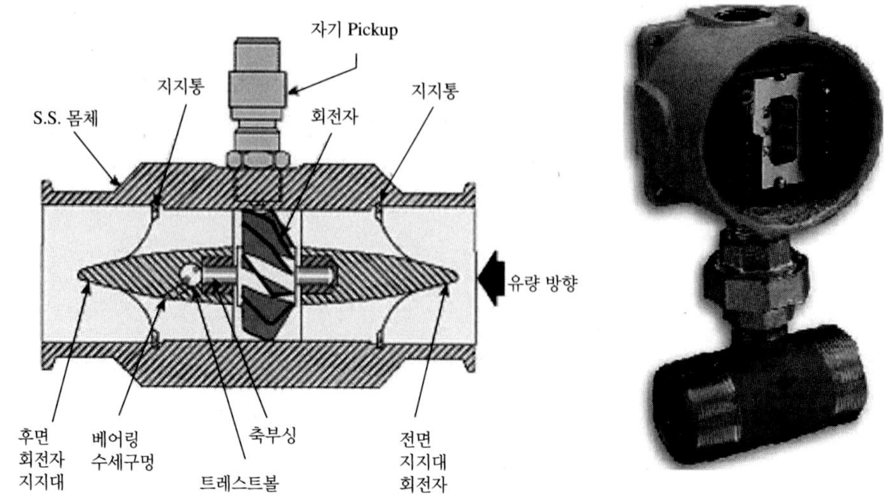

그림 6.55 ■ 터빈형 유량 센서

어내며, 이를 단위 D = *volume*/*revolution*으로 표현하는 펌프의 **용적**(displacement)이라 한다. 펌프의 회전 속도를 w_{shaft}라 할 때, 펌프 또는 모터를 통과하는 유량(Q)는 다음과 같이 표현된다.

$$Q = D \cdot w_{shaft} \tag{6.164}$$

동일한 원리를 **용적식 유량 센서**(PDFM; Positive Displacement Flow Meters)에 적용할 수 있으며, 가장 널리 사용되는 PDFM은 그림 6.54에 나타내었듯이 기어 방식이다. 유량계의 활용은 유압 펌프보다는 유압 모터와 유사하여, 유체의 힘에 의하여 유량계가 동작하며, 유량계의 동작을 위하여 사용되는 유압 에너지가 최소화되도록 유량계를 설계해야 한다. 유량계의 **용적**(*D*)가 알려져 있으므로, 축의 회전 속도를 측정할 수 있으면, 위의 수식에 의하여 유량을 계산할 수 있다.

타코미터와 DC모터 사이의 관련성은 용적식 유량계와 유압 모터의 관령성과 유사하다. 즉, 모터와 센서는 모두 동일한 원리에 의하여 동작하지만, 센서는 전기 또는 유압 에너지를 **기계적 에너지로 변환하려는** 목적이 아니며 속도나 유량을 측정하는 용도로 활용된다.

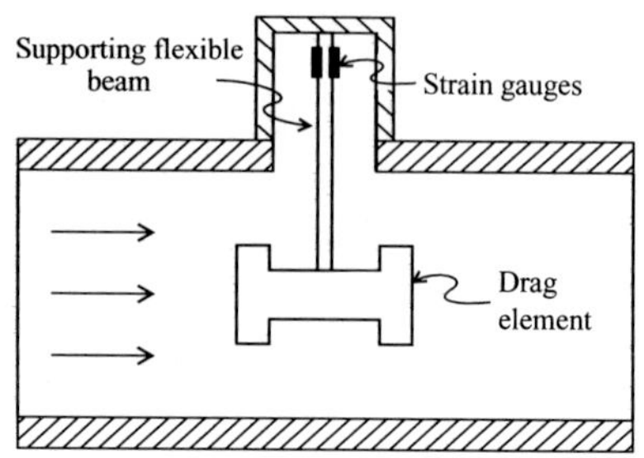

그림 6.56 ■ 스트레인게이지 저항계형 유량 센서

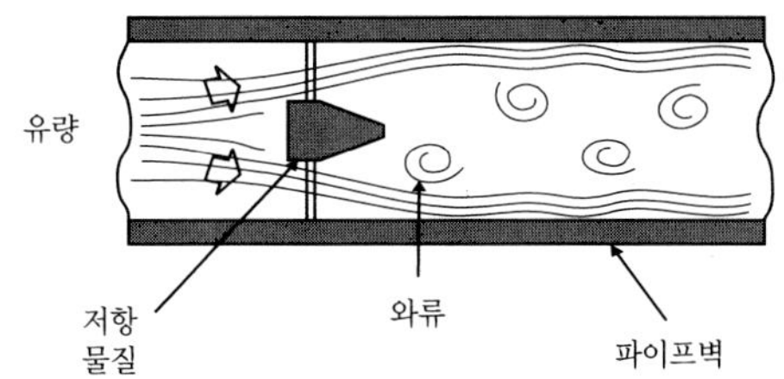

그림 6.57 ■ 와류 주파수 측정형 유량 센서

터빈 유량 센서 터빈 유량 센서(그림 6.55)는 유체의 흐름 방향으로 터빈을 설치하여 활용한다. 터빈과 유체의 흐름에 의한 저항 성분으로 터빈은 축을 중심으로 회전한다.

$$\text{유량} \rightarrow \text{터번속도} \rightarrow \text{속도센서} \rightarrow V_{out} \tag{6.165}$$

터빈의 회전 속도는 유속(결과적으로는 유량)에 비례하게 된다. 이 선형 관계는 근사화된 관계로 높은 유속에서 잘 적용되며, 저속의 유체에는 적용이 부적절하다. 터빈의 회전 속도는 속도 센서에 의하여 전압으로 변경된다.

공기 저항계 또는 와류 유량 센서 공기 저항계 방식의 유량 센서에서는 유체의 흐름에서 저항력을 생성하기 위하여 센서 물체를 삽입한다. 저항력은 그림 6.56에 나타낸 것과 같이 스트레인게이지 방식의 힘 센서에 의하여 측정되며, 저항력은 속도의 제곱에 비례한다.

$$F_{drag} = \frac{C_d\ A\ \rho\ u^2}{2} \tag{6.166}$$

여기서 C_d는 캘리브레이션된 저항 상수이고, A는 센서 물체의 면적, ρ는 유체의 밀도, 그리고 μ는 유속이다. 변환 원리와 센서 출력의 관계는 다음과 같다.

$$\text{유량} \rightarrow \text{저항력} \rightarrow \text{변형율} \rightarrow V_{out} \tag{6.167}$$

와류 유량 센서는 그림 6.57에 나타내었듯이 소용돌이를 형성하기 위한 물체를 이용한다. 소용돌이의 주파수는 유속에 비례한 것으로 알려져 있으며, 결과적으로 유량에 비례하게 된다. 소용돌이의 주파수를 비례하는 전압으로 변환할 수 있으며, 센서 출력은 유량을 나타내도록 캘리브레이션할 수 있다.

6.10.2 차동 압력 유량 센서

차동 압력 측정에 의한 유량 센서는 압력과 유속의 관계를 규정한 베르누이 방정식(Bernoulli's equation)을 활용한다. 유량을 측정하는 소자의 50% 이상이 이러한 차동 압력 측정 방식을 적용하는 것으로 추정된다. 두 점 사이의 기준판에 대하여 유체의 높이가 변하지 않는다고 가정할 때, 두 단면에서의 압력과 속도는 다음의 관계를 만족한다.

$$p_1 + \frac{\rho\ u_1^2}{2} = p_2 + \frac{\rho\ u_2^2}{2} \tag{6.168}$$

피토관 피토관(Pitot Tube)은 그림 6.58과 6.59에 나타내었듯이 베르누이 방정식의 특별한 예에 해당하는 차동 압력 측정 센서이다. 압력은 두 점에서 측정되며, 그 중 한 점에서의 유속은 $u_2 = 0$을 만족한다.

차동 압력 $p_2 - p_1$을 측정함으로써 유속을 연산할 수 있다. 일단 유속이 알려지면, 이를 평균 유속으로 가정할 때 다음의 관계를 이용하여 단면적에 대한 정보를 활용하여 유량을 계산할 수 있다.

$$u_1 = \frac{2}{\rho}(p_2 - p_1)^{1/2} \tag{6.169}$$

베르누이 방정식은 마하 0.2에 해당하는 유속에 대하여 적용이 가능하다. 이 속도를 벗어나는 경우에는 위 관계식으로 유속을 구하기 위해서 압력차와 마하 넘버에 의하여 캘리브레이션해야 한다.

유체가 피토관을 통과할 때 유체와 관 표면의 상호작용으로 소용돌이가 발생한다. 이러한 소용돌이의 주파수는 피토관의 직경과 유속에 의하여 결정된다. 피토관에서는 이러한 소용돌이 주파수가 피토관의 자연 주파수와 일치할 가능성이 있으므로, 피토관 센서의 사양서에는 자연 주파수 성분을 피하여 측정할 수 있는 유량의 범위를 규정하고 있다.

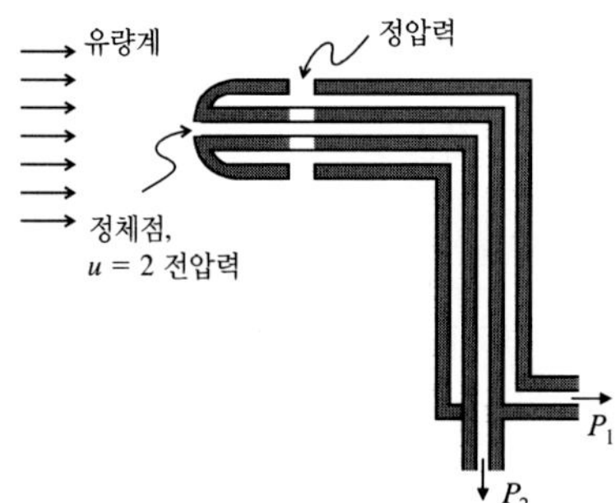

그림 6.58 ■ 차동 압력 측정에 의한 유량 센서의 피토관

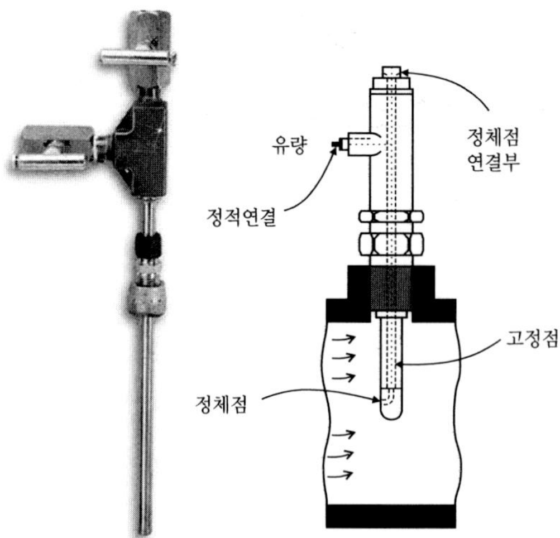

그림 6.59 ■ 피토관 센서의 사진과 응용

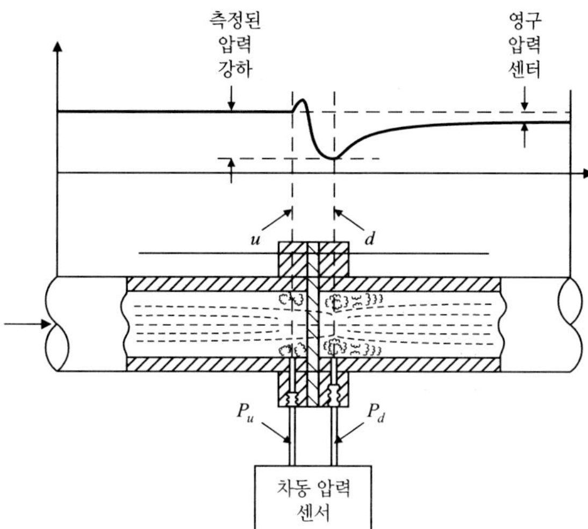

그림 6.60 ■ 차동 압력 측정에 의한 유량계의 표준 방해 입구

방해 입구 또 다른 유량 측정 방법으로 그림 6.60과 같이 표준 방해 입구(standard obstruction orifices)를 유량 측정이 필요한 위치에 장착하는 방법이 있다. 이러한 표준 방해 입구 입력과 출력의 압력 차이는 유량과 관련이 있다. 매우 다양한 표준 방해 입구가 존재하며, 유량은 측정된 압력 차, 단면적, 그리고 방해 입구의 기하학적 형태에 의하여 결정된다.

$$Q = f(p_1, p_2, A, geometry\ of\ obstruction) \tag{6.170}$$

여기서 A는 단면적을 의미한다. 차동 방해 입구의 형태와 크기는 보다 정밀한 유량 센서를 이용하여 캘리브레이션함으로써 위 수식의 관계가 차동 압력에 의하여 결정되도록 조절할 수 있다. 따라서, 기하학적 형태와 크기별 방해입구에 대하여 차동 압력에 의한 유량의 관계는 캘리브레이션 데이터 테이블 형태로 존재한다.

$$Q = f(\Delta p) \tag{6.171}$$

6.10.3 온도 유량 센서: 핫 와이어 풍속계

가장 널리 알려진 온도 측정 방식의 유량 센서는 핫 와이어 풍속계(hot wire anemometer)이며, 다음의 변환 원리를 이용한다. 두 물체 사이의 서로 다른 온도에 의하여 열전도가 발생하며, 열전도량은 온도 차이에 비례한다. 그림 6.61에 나타내었듯이 유량 센서에서의 두

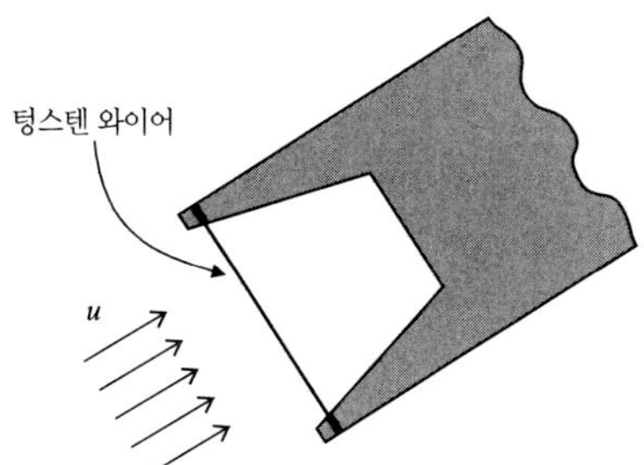

그림 6.61 ■ 열 전달 원리를 이용한 유량계의 핫 와이어 풍속계

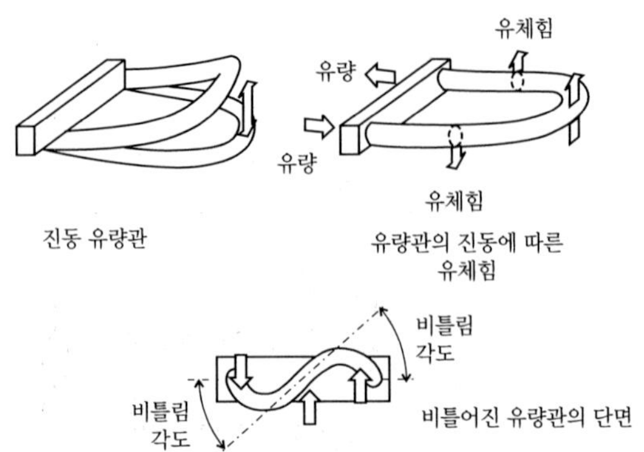

그림 6.62 ■ 코리올리 유량계의 동작 원리

물체는 센서 헤드와 주변의 유체로 구성된다. 유효 열전도 상수는 유체의 속도에 의하여 다음과 같이 결정된다.

$$\dot{H} = (T_w - T_f)\,(K_o + K_1 u^{1/2}) \tag{6.172}$$

여기서 $\dot{H}$는 열전도율, T_w는 텅스텐 와이어 센서의 온도, T_f는 유체의 온도, u는 유체의 속도, 그리고 K_0와 K_1은 센서 캘리브레이션 상수이다.

핫 와이어 풍속계에서는 이 관계를 활용한다. 1~10 mm 길이의 1~15 μm 직경의 작은 탐침을 흐르는 유체에 설치한다. 텅스텐 와이어 탐침의 저항값은 다음 수식과 같이 온도에 비례한다.

$$R_w = R_w(T_w) \tag{6.173}$$

텅스텐 와이어를 통하여 전류가 흐를 때, 와이어에서 유체로 다음과 같은 열이 전달된다.

$$\dot{H} = R_w \cdot i^2 \tag{6.174}$$

열전도율은 온도차와 유체의 속도에 의하여 결정된다. 텅스텐 와이어의 전류는 온도(결국 저항값)가 일정하게 유지되도록 제어된다. 전달된 열의 양은 전류와 저항을 측정함으로써 추정할 수 있다. 유체의 온도가 거의 일정하게 유지된다면(또는 별도의 온도 센서로 측정한다면), 유속을 계산할 수 있다.

6.10.4 질량 유량 센서: 코리올리 유량계

코리올리 유량계는 부피 유량 대신 질량 유량을 측정한다. 따라서, 온도, 압력, 유체의 점성 등의 변화에 민감하지 않다. 센서는 U자 형태의 관을 활용하여 80 Hz 성분으로 U자 관을 자기력으로 가진한다(그림 6.62). U자 관의 한쪽에서 유체에 가해지는 가속력과 튜브의 진동에 의하여 진동과 유체의 흐름에 동시에 수직인 힘이 발생하며, 이 힘은 U자 관의 양쪽에서 서로 반대 방향으로 형성되어 U자 관이 비틀리는 현상이 발생한다. 이러한 비틀림 토크에 의한 관의 비틀림 각도는 유체의 흐르는 질량에 비례하게 된다.

비틀림 주파수는 튜브의 진동 주파수와 동일하며, 비틀림 동작은 진동하는 각도를 측정하게 되고, 비틀림 진동량은 유량에 비례한다.

6.11 습도 센서

상대 습도(relative humidity)는 공기의 온도와 기압에서 포화 상태의 수증기 양에 대한 측정하려는 공기의 수증기 양으로 정의되며, 상대 습도는 온도에 크게 영향받는다.

습도 센서는 커패시턴스, 저항 성분, 그리고 변환기에서의 광학적 반사 원리를 활용한다. 커패시티브 습도 센서는 습도에 따라 커패시턴스를 변화하는 폴리머 물질을 이용한다. 이 관계는 매우 선형적이 특성이 있으며, 다공성 전극 형태의 평행판으로 구성되며, 전극은 부도체 폴리머 물질로 코팅되어 수증기를 흡수하게 된다. 이에 의한 유전율의 변화는 커패시턴스의 변화로 나타나고, 연산 증폭기를 이용한 회로를 이용하여 커패시턴스의 변화에 비례하는 전압을 출력할 수 있다.

저항 성분에 의한 습도 센서는 습도에 따라 저항 성분이 변하는 물질로 구성된 전극을 활용한다. 일반적으로, 저항과 습도의 관계는 지수함수적 관계를 가지며, 따라서 출력 전압을 습도에 비례하게 하기 위하여 디지털 신호 처리가 필요하다. 커패시티브 습도 센서가 저항 성분의 습도 센서보다 온도에 덜 민감하여 강인한 동작 특성을 갖는다.

CMH(chilled mirror hygrometer)는 가장 정확한 습도 센서로 그림 6.63에 나타내었듯이 이슬점 방식에 의하여 습도를 측정한다. 동작 원리는 냉각된 거울 위에 형성된 응축층에서 반사되는 빛을 측정하는 방식을 활용한다. 우수한 열전도 특성을 가지는 금속 거울의 온도를 냉각기를 이용하여 온도를 낮추며, 금속 거울 표면에 이슬이 맺히기 시작하는 온도로 평형을 유지한다. 거울 표면에 입사된 광은 표면에 형성되는 수증기에 의하여 산란되고, 수광 센서를 이용하여 산란된 빛이 일정하게 유지되도록 거울의 온도를 조절한다. 결국 측정된 온도는 가스 샘플의 습도와 관련이 있으며, 이러한 CMH는 측정 범위의 1/100 정도의 해상도를 갖는다.

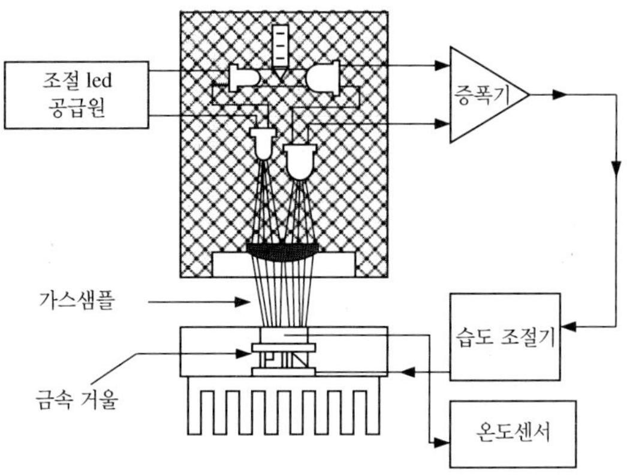

그림 6.63 ■ 습도 센서: CMH

6.12 비전 시스템

컴퓨터 비전 또는 머신 비전으로도 불리는 비전 시스템은 범용 센서로서 영상 처리 소프트웨어에 의하여 결정되므로 스마트 센서(Smart sensor)라고 불린다. 일반적인 센서는 온도, 압력, 길이 등의 물리량을 측정하는 반면, 비전 시스템은 모양, 방향, 면적, 결성, 부품의 차이 등을 측정할 목적으로 활용된다. 비전 시스템은 지난 10년간 비약적으로 발전하여 대부분의 공장 자동화 시스템에서 부품 검사 및 위치 감지 등에 사용되는 표준 스마트 센서가 되었으며, 저렴한 가격 또한 자동화 공정에서의 큰 장점으로 분석된다.

그림 6.64와 6.65에 나타내었듯이 비전 시스템은 크게 세 가지로 구성된다.

1. 비전 카메라: 센서의 헤드에 해당하는 장비로서 감광 소자 어레이와 AD 변환 회로에 의한 디지털 변환기로 구성된다.
2. 영상 처리 컴퓨터 및 소프트웨어
3. 조명 시스템

그림 6.64에는 비전 시스템의 기본 동작 원리를 나타내었다. 비전 시스템은 물체에 반사되는 빛을 측정함으로써 영상을 형성한다. 광원으로부터의 빛은 물체에 반사되고, 그 중 일부분은 센서 헤드에 도달하게 된다. 센서 헤드는 감광성의 고체 물질 소자의 어레이로 구성되는데, 수광 다이오드나 CCD(charge-coupled devices) 등 수신된 광의 세기를 시간에 대하여 적분한 값에 비례한 전압이 출력되는 특징이 있다. 센서 어레이는 CCD 소자 512 또는 1024개를 일직선으로 배열한 **라인 스캔 카메라**(line-scan cameras), 또는 512 × 512, 640 × 640, 1024 × 1024 등 2차원 형태로 배열하여 그림 6.66 형태로 사용한다. 실제 환경에서의 $[x_f, y_f]$에 해당하는 가시 영역은 $[n_x, n_y]$의 이산적인 센서 소자로 매핑된다. 여기서 개별 센서 소자는 **픽셀**(pixel)이라 불린다. 카메라의 공간 해상도는 x와 y 방향으로 카메라가 감지할 수 있는 최소 길이로서 픽셀의 수와 가시 영역의 크기에 의하여 다음과 같이 결정된다.

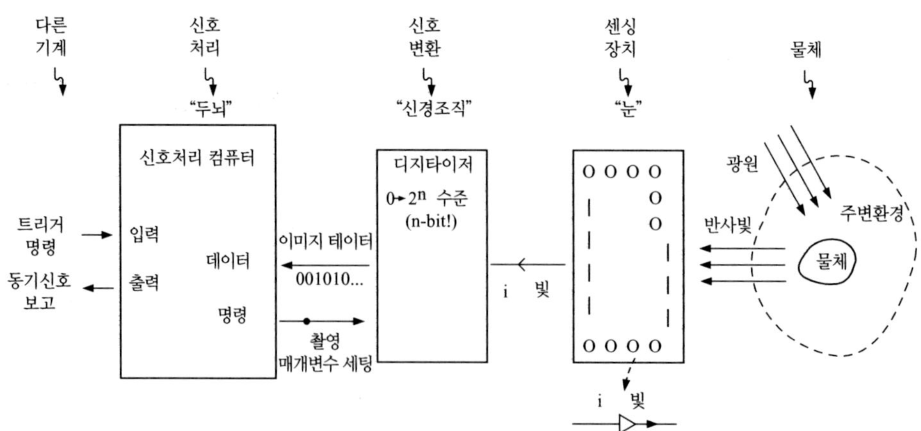

그림 6.64 ■ 비전 시스템의 구성 요소 및 기능

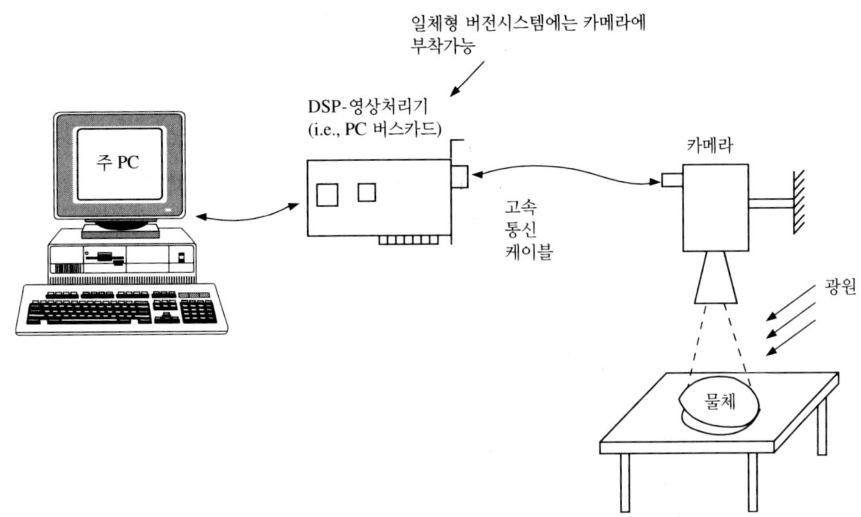

그림 6.65 ■ 비전 시스템의 하드웨어 구성: DSP와 센서를 결합 또는 센서 헤드와 DSP를 분리하고, 고속 통신 인터페이스를 이용한 데이터의 전송

$$\Delta x_f = \frac{x_f}{n_x} \tag{6.175}$$

$$\Delta y_f = \frac{y_f}{n_y} \tag{6.176}$$

여기서 Δx_f, Δy_f가 x와 y 방향으로 비전 시스템이 측정할 수 있는 최소 단위이다. 픽셀의 수가 증가할수록 비전 시스템의 해상도는 향상된다. 포커스 렌즈를 가변할 수 있는 카메라의 경우에는 카메라의 위치를 조정하지 않고도 가시 영역을 변경할 수 있으므로 초점을 조절함에 따라 비전 시스템의 공간 해상도를 변경할 수 있다.

조명은 매우 중요하면서도 종종 간과되는 비전 시스템의 일부분이다. 비전 시스템은 가시 영역 내의 물체에 반사된 빛을 이용하여 영상을 구성하며, 반사되는 빛은 조명에 의하여 영향을 받는다. 비전 시스템에서 활용하는 조명 방식은 다음의 네 가지로 크게 분류된다.

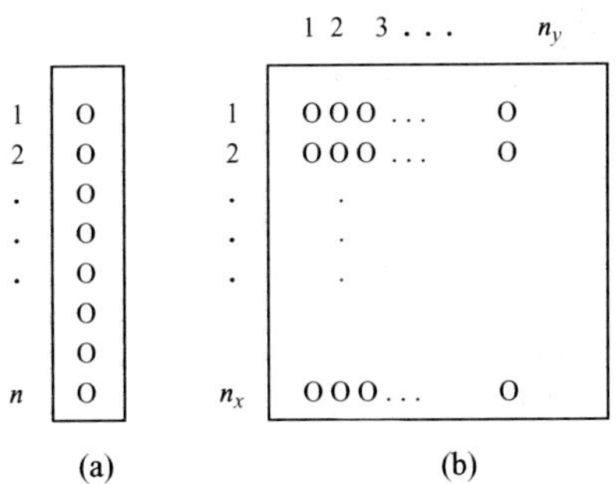

그림 6.66 ■ 비전 센서 헤드의 형태. (a) 센서 어레이가 선형으로 배열된 라인스캔 카메라, (b) 센서 어레이가 직사각형 형태로 배치된 2차원 카메라

1. 백라이팅(Back lighting)은 에지와 경계선 추출의 응용 분야에 매우 적합하다.
2. 카메라에 장착된 조명은 가시 영역을 균일하게 비추며, 주로 표면 검사 등의 응용 분야에 적합하다.
3. 비스듬한 각도에서의 조명은 반짝거리는 표면을 검사하는 데 적합하다.
4. 동축 조명(Co-axial lighting)은 주로 작은 물체의 검사에 적합한데, 예를 들면 작은 물체의 구멍에서 실 등을 확인할 때 사용한다.

개별 픽셀에서의 영상은 AD 변환되는데, 가장 낮은 ADC의 해상도는 1비트로 이는 이미지 픽셀을 흑백 영상으로 다루게 되며, 이러한 영상은 **2진 영상**(binary image)이라 부른다. ADC가 픽셀별로 2비트의 해상도를 가지는 경우 각각의 픽셀에서의 영상은 4단계의 명암 또는 컬러를 나타낼 수 있으며, 이와 유사하게 8비트의 ADC를 사용하는 경우에는 $2^8 = 256$ **단계의 명암**(gray scale image) 또는 컬러를 나타낼 수 있다. 픽셀 데이터의 샘플링 해상도가 증가할수록 비전 시스템의 명암 또는 컬러 해상도는 향상된다. 흑백 카메라에서는 각각의 픽셀은 하나의 CCD 소자에 해당하며, 명암 단계에 비례하는 전압을 출력한다. 컬러 카메라에서는 개별 픽셀이 빨강, 파랑, 녹색의 빛의 3원색에 해당하는 CCD 소자에 해당하며, 3원색의 빛을 적절한 비율로 섞음으로써 다양한 색상이 형성된다.

디지털 카메라는 오랜 시간 후에 활용하기 위하여 사진을 찍는다면, 비전 시스템에서는 획득된 영상을 주기적으로 주어진 시간 내에 자동화된 방식에 의하여 영상 처리해야 한다. 예를 들면, 컨베이어 벨트에 설치된 로봇 제어기의 경우에는 부품이 벨트 위를 지나가기 전에 존재 유무를 알아낼 수 있어야 한다. 영상을 처리하는 시간은 수 msec 단위이며, 비주얼 서보잉 응용 분야에서의 경우는 이보다 더 짧기 때문에 영상 처리를 위한 시간은 최소화되어야 한다. 영상 획득 및 처리에 관련된 사항은 다음과 같다.

1. 제어 신호에 의하여 카메라의 센서 헤드 어레이가 대상 피사체에 노출되는데, 이 시간을 **노출 시간**(exposure time)이라 한다. 이 시간 동안에 각각의 소자는 반사된 빛에 비례하는 출력 전압을 생성한다. 이 시간은 외부 조명과 노출 정도와 관련된 카메라 설정에 의하여 결정된다.
2. 센서 어레이의 영상은 잠시 홀드되고, 디지털 신호로 변환된다.
3. 디지털 데이터가 센서 헤드에서 영상 처리 컴퓨터로 전송된다.
4. 영상 처리 소프트웨어는 획득된 영상을 평가하여 측정 관련 정보를 추출한다.

카메라의 픽셀 수가 증가함에 따라 A/D 변환 시간, 데이터 전송 시간, 영상 처리 시간 등이 증가하므로 모든 처리 시간이 증가하게 된다. 통상적인 상용 2D 카메라에서의 영상 갱신 빈도는 적어도 30 frame/sec 이상이며, 1D 방식의 라인 스캔 카메라(line-scane camera)의 경우에는 대략 1000 frame/sec의 속도로 동작한다.

비전 시스템의 효용성은 소프트웨어에 의하여 결정되는데, 여기에는 영상으로부터 추출하는 정보의 종류, 안정성, 처리 속도 등이 포함된다. 표준 영상 처리 소프트웨어는 다음의 기능을 포함하고 있다.

1. 영상 이진화(Thresholding an image): 영상이 디지털 형태로 획득되면, 컬러 또는 그레이 레벨의 쓰레숄드 레벨을 설정하고, 이 값보다 큰 값의 픽셀은 HIGH(검은색), 낮

은 값은 LOW(흰색)으로 변환함으로써 이진 영상으로 변환할 수 있다. 경계선 추출을 포함한 다양한 처리 함수가 이진 영상에서 보다 빠르게 처리될 수 있다.

2. 물체의 경계선 추출: 이웃하는 픽셀들 간에 급격한 명암 차이가 존재하는 경우에 경계선으로 추출될 수 있다. 검색 방향에서 두 픽셀 사이에 이러한 현상이 발생하면 해당 픽셀 주변의 모든 픽셀을 검사함으로써 경계선을 추출할 수 있다.
3. 컬러 또는 그레이 스케일 분포(영상의 히스토그램): 영상에서 얼마나 많은 픽셀(y축)이 해당 그레이 스케일 값(x축)을 가지는지 분포를 표시할 수 있다.
4. 물체의 연속성(connectivity)(불연속성을 감지)
5. 메모리에 저장된 기준 영상과의 비교(템플릿 매칭): 메모리에 기준 영상을 저장해 두고, 실시간으로 획득되는 영상을 이와 비교하여 기준 영상과 일치하는지를 검사한다.
6. 물체의 위치와 방향을 추출할 수 있다.
7. 크기(길이, 면적) 추출: 물체의 경계선이 추출되면 크기와 면적 정보를 쉽게 연산할 수 있다.
8. 문자 인식
9. 영상의 기하학적 변형: 영상을 이동, 회전, 확장(stretch) 등의 수학적 연산

▶▶ **예제** 1024 × 1024 픽셀 해상도를 가지는 비전 시스템에서 영상은 초당 60프레임이 출력되며, ADC의 해상도는 8비트이다. 초당 처리되는 데이터는 몇 바이트인가? 카메라의 가시 영역이 10 cm × 10 cm의 면적이면, 공간 해상도는 얼마인가?

ADC의 해상도가 8비트이므로 개별 픽셀은 1바이트에 해당하며, 초당 처리되는 바이트 수는 프레임당 바이트 수와 초당 프레임 수의 곱으로 나타난다.

$$N = 1024 \times 1024 \times 60 \tag{6.177}$$

$$= 62{,}914{,}560 \text{ bytes/sec} \tag{6.178}$$

$$\approx 63 \text{ MB/sec} \tag{6.179}$$

고해상도 카메라에서 초당 처리되는 데이터 양은 매우 크다. x와 y 방향으로 시스템에서 감지할 수 있는 최소 단위는 다음과 같다.

$$\Delta x_f = \frac{10 \text{ cm}}{1024} = 0.00976 \text{ cm} = 0.0976 \text{ mm} \tag{6.180}$$

$$\Delta y_f = \frac{10 \text{ cm}}{1024} = 0.00976 \text{ cm} = 0.0976 \text{ mm} \tag{6.181}$$

즉, 이 비전 시스템에서는 x와 y축 방향으로 0.1 mm의 정밀도로 측정이 가능하다.

6.13 문제

1. 그림 6.15에 나타낸 회전형 가변 차동 변압기인 싱크로의 동작 원리를 설명하고, 인가 전압, 유도 전압, 그리고 출력 전압의 관계를 유도하라. 싱크로에 전압을 인가하고, 출력 신호를 처리하여 로

터의 회전에 비례하는 아날로그 전압이나 디지털 출력 신호를 생성하기 위하여 IC를 이용한 신호 처리 회로를 설계하라.

2. 그림 3.3의 서보 모터에 의하여 구동되는 선형 위치 제어 스테이지에서 테이블의 구동 범위는 50 cm이며, 요구되는 위치 정밀도는 0.1 μm이다.

(a) 이 예제에 적합한 위치 센서를 나열하고, 각각에 대한 장단점을 기술하라. 이 예제에 가장 적합한 센서는 무엇인가?

(b) 위치 센서로 회전형 증가형 엔코더를 활용하는 경우를 가정한다. 볼 스크루의 피치가 0.5 rev/mm일 때, 엔코더의 해상도는 얼마이어야 하나? 디코더 회로에서 처리가 가능한 엔코더 신호의 주파수가 1 MHz일 때, 이에 의한 동작상의 제약은 무엇인가?

(c) 스테이지에는 도구가 장착되어 있어서 이 도구와 부품의 접촉을 감지해야 한다. 접촉이 감지된 후 같은 방향으로 스테이지를 0.1 mm 더 이송시켜야 할 때, 이러한 목적으로는 어떤 센서가 적합한가?

(d) 위치 센서를 모터의 축에 부착하는 것과 도구에 장착하는 경우의 장단점을 비교하라.

3. 회전 동작에 대한 회전 속도 제어에서 3600 rpm의 고속 회전과 1 rpm의 저속 회전에서 0.01 rpm의 회전 속도 오차 이내로 제어하고자 한다.

(a) 속도 제어 요구 조건을 만족하기 위한 타코미터의 사양을 결정하라.

(b) 광학 증가형 엔코더를 선정하고, 엔코더 펄스를 이용하여 속도 정보를 추출하라. 샘플링 주기가 1 msec일 때, 최소 속도에서의 속도 추정 정밀도는 얼마인가? 주기 측정 방법에 의한 속도 추정은 정밀도가 얼마나 향상되나? 선정한 엔코더에서 최대 속도로 회전하는 경우 펄스의 최대 주파수는 얼마인가?

4. 다음의 측정 문제를 가정한다. (1) 지진 관측을 위한 지진 변위량 측정, (2) 운행 중 차체에 발생하는 3차원 방향의 가속도, (3) 차량 충돌 시험에서 동일한 3차원 방향의 가속도 측정. 각각의 응용에서 예상되는 신호의 주파수 대역과 가장 적합한 센서를 선정하라.

5. 그림 6.67에 나타내었듯이 직사각형 빔의 한쪽은 벽에 고정되고, 반대 방향으로 수평 방향의 힘이 가해지는 경우를 가정한다. 스트레인게이지를 빔의 중앙 표면에 변형 방향으로 부착하였다.

(a) 빔에 가해지는 변형률, 스트레스, 외력을 측정하기 위해서는 어떠한 정보가 필요한가?

(b) 가해지는 최대 힘의 크기가 10 kNt일 때, 측정을 위한 스트레인게이지와 휘스톤 브리지 회로를 선정하라. 빔의 재질은 강철이며, 가해지는 외력에 수직의 단면적은 10 cm × 5 cm이다.

(c) 수직방향으로의 힘을 측정하기 위하여 동일한 측정 시스템을 활용할 수 있나? 만약 그렇다면, 더 필요한 정보는 무엇인가?

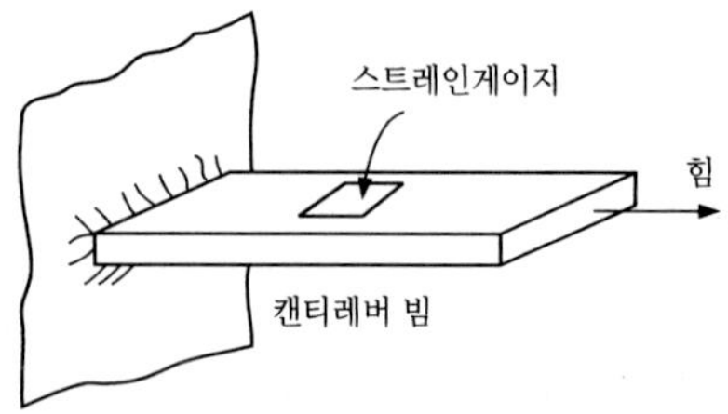

그림 6.67 ■ 외력에 의한 빔의 변형, 스트레스, 그리고 힘의 측정

6. **(a)** 공칭저항 120 Ω의 스트레인게이지가 구조물의 표면에 부착되었다. 구조체의 공칭 변형은 0.001 변형 레벨($\epsilon = \Delta l/l = 0.001$)이며, 스트레인게이지의 게이지 팩터는 2.0으로 가정한다. 이 상황에서 스트레인게이지의 저항 변화를 구하라.

(b) 0~5 V의 입력 범위를 가지는 데이터 획득 보드에 변형률에 비례하는 전압을 공급하기 위한 회로를 설계하라. 변형 레벨이 0.001일 때, 출력 전압은 5.0 V이어야 한다.

7. 그림 7.2의 유압 동작 제어 시스템에서 펌프와 밸브의 출력 압력 차이를 측정하려고 한다. 즉, 다음의 항목을 측정하여 밸브에서의 일정한 압력이 강하되도록 펌프의 변위를 제어하려고 한다(부하 감지 펌프 제어).

$$\Delta p = max(p_P - p_A, p_P - p_B) \qquad (6.182)$$

펌프의 최대 출력 압력은 15 MPa로 예상되며, A와 B에서의 압력은 이보다 작을 것으로 예상된다. 주파수 영역 0 Hz ~1 kHz 대역에서 1%의 오차 이내로 압력을 측정할 수 있는 압력 변환기를 선택하라.

8. **(a)** 다음의 세 가지 온도 센서에서 온도 측정 원리는 무엇이고 주요 차이는 무엇인지 설명하라. (1) RTD, (2) 서미스터, (3) 열전쌍

(b) 다음의 경우에 대하여 어떠한 온도 센서가 적합한 지 이유를 설명하라. (1) 매우 급격하게 온도가 변하는 작은 전자 부품에서의 온도 측정. (2) 큰 용기에 담겨진 액체의 온도 측정

9. PC 기반의 온도 측정 시스템에서 데이터 획득 카드는 16채널 MUX 방식에 12비트 해상도를 가지고 있다. ADC 카드는 AD 샘플링 직전에 신호를 10배의 이득으로 증폭한다. 보드의 입력 전압 범위는 0~100 mV이며, 0~1.0 V로 AD 변환 직전에 증폭된다. 16채널에 모두 J형 열전쌍을 사용하며, PC 카드는 0 에 해당하는 기준 온도를 제공하는 기준 접합 보상기가 장착되어 있다. 이 데이터 획득 시스템의 블록선도를 그려라. 온도가 100°C 인 경우와 200°C인 경우의 입력 전압은 얼마인가? 기준 접합 보상기의 오차가 0.5°C 이고, 열전쌍의 오차가 ±0.25°C 일 때, 측정 오차는 °C 단위로 얼마인가? 측정 오차를 연산할 때, 측정 오차가 더해지는 최악의 상황을 가정하라. ADC로부터 디지털 데이터가 입력되면, 소프트웨어에서 전압을 온도로 환산하기 위하여 필요한 정보는 무엇인가? 각각의 채널에 J형, R형, B형, T형 등 다른 형태의 열전쌍을 사용하는 경우 소프트웨어 작성에 필요한 정보는 바뀌는지 설명하라.

10. 패러데이의 법칙에 의하면 전자기력(EMF) 전압은 자속의 변화에 대하여 이 자속의 변화를 상쇄하는 방향으로 도체에 발생한다. 이를 응용한 예가 8.2절의 전기 모터와 전기 센서이다. 그림 8.9(d)에서 나타내었듯이 자석에 의하여 형성된 자기장 내부에서 도체가 이동하는 경우에 백EMF가 발생한다. 도체가 자기장 내에서 이동하면 도체 내부의 전하에 힘이 가해지는데, 이는 자기장 내에서 전하가 이동할 때 받는 힘과 동일하다. 일정한 자기장 B와 길이 l의 도체가 자기장의 수직인 방향으로 $\dot{x}$ 의 속도로 이동한다. 이러한 동작에 의하여 유도되는 전압은 다음과 같다.

$$V_{emf} = B \cdot \dot{x} \cdot l$$

이와 동일한 원리는 유량 센서에 적용할 수 있는데, 자기장 B는 영구 자석 또는 전자석에 의하여 형성하고, $\dot{x}$ 는 단면적 A를 통과하는 유체의 유량이다. 이동하는 유체에서 B와 $\dot{x}$ 에 모두 수직인 방향으로 형성되는 유도 전압은 $B\ \dot{x}$ 에 비례한다. 이에 의하여 $Q = A \cdot \dot{x}$ 를 적용하여 계산할 수 있다. 이를 위해서는 유체가 전기에 대하여 도체여야 한다.

(a) 이 원리에 기초하여 자기장 유량 센서를 설계하라.

(b) 자기장 유량 센서를 웹에서 검색하여 동작 특성을 확인하라(즉, 유체의 최소 전도도, 측정 가능한 최대 유량, 정밀도와 주파수 대역 등).

CHAPTER 07

전기 유압식 동작 제어 시스템

7.1 소 개

유압 시스템에서는 고압의 유체에 의하여 동력이 전달된다. 고압의 유체 흐름이 전기적 방식에 의하여 제어되는 경우에 이를 전기 유압식 시스템(electrohydraulic systems)이라 부른다. 유체의 제어가 기계적인 방식과 유압 방식의 조합에 의하여 수행되는 경우에는 유압 기계식 시스템(hydromechanical systems)이라 부른다.

그림 7.1에는 유압 시스템의 개념을 나타내었으며, 그림 7.2에는 전기 유압식 동작 제어 시스템의 구성요소를 나타내었다. 그림 7.3에 나타낸 6축 전기 유압식 궤환 제어 시스템에서는 밸브, 실린더, 응용 도구 등이 디지털 궤환 제어 시스템의 일부분으로 포함되었다. 유압 시스템은 유압의 **공급과 제어, 유량과 방향** 등을 다룬다.

기계적 동력원(이동 장치에서는 내연 기관, 산업용에서는 전기 유도 전동기), 유압 펌프, 그리고 저장소가 **유압식 동력 공급원**(hydraulic power supply unit)을 구성한다. 탱크는 유압 공급 및 저장소로 활용된다. 펌프는 기계적 동력원으로부터 받은 기계적 동력을 고압의 유압식 동력으로 변환하는데, 펌프는 유압 시스템의 핵심으로서 펌프가 없으면 유압식 동력을 최종단의 구동기로 전달할 수 없다. 펌프에 기계적 동력을 공급하기 위하여 산업 분야에서는 전기 모터를 활용하고, 이동 장비 분야에서는 내연 기관을 활용한다. 그림 7.4에는 유압식 동력 기관의 대표적인 두 가지 예를 나타내었다. JIC 방식은 가장 보편적인 유압 동력 공급원으로, 구성요소는 단순하며 손쉽게 구할 수 있는 장점이 있으나 펌프의 입구 단자가 유체 저장실보다 높은 위치에 있는 단점으로 인하여 펌프 입구 단자에서 공동화 문제가 발생할 가능성이 있다. 오버헤드(Overhead) 디자인에서는 이러한 공동화(Cavitation) 문제를 해결하였으며, 펌프를 유체 저장실 내에 장착함으로써 유체의 흐름에 의하여 펌프를 냉각시킬 수 있는 장점이 있으나, 펌프를 유체 저장실 내부에 장착하면 펌프의 유지/관리가 어려워지는 단점이 있다. 유압식 동력원에는 모터를 유체 저장실 위에 수직으로 탑재한 L형(L-shape)과 T형 유체 저장실 등의 다른 형태도 있다.

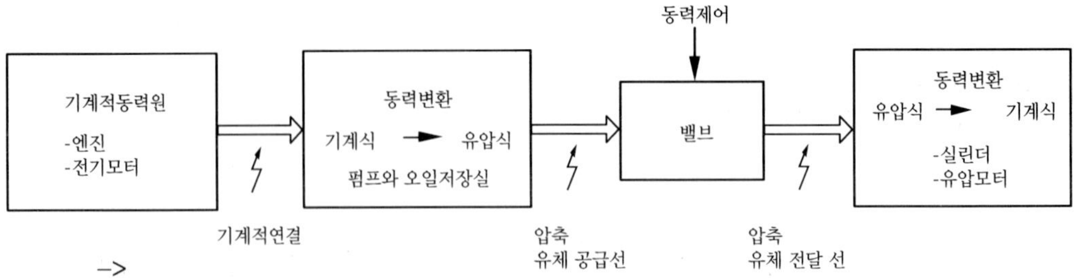

그림 7.1 ■ 유압 동력 시스템의 개념: (1) 기계적 동력원, (2) 기계에서 유압으로의 동력 변환, (3) 유압 동력 제어, (4) 유압에서 기계 동력으로의 변환

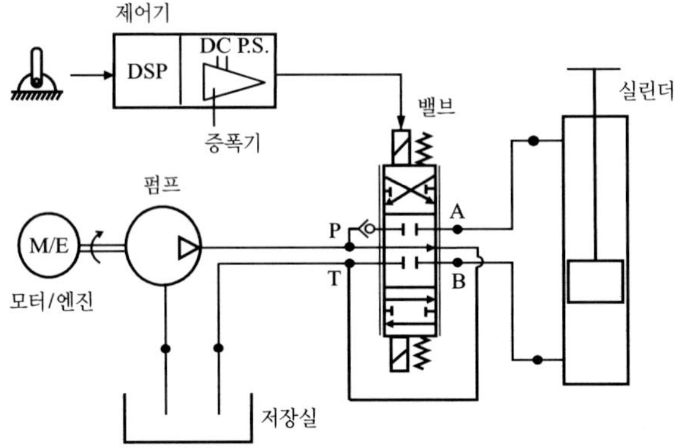

그림 7.2 ■ 1축 동작을 위한 전기 유압 동작 시스템의 기호도: 유압 동력 장치(펌프와 저장실), 밸브, 구동기, 그리고 제어기. 제어 의사 결정을 위한 센서가 없으므로 이것은 개루프 제어 시스템이다. 또한, 조작자가 루프에 포함된 시스템으로 표현하기도 한다.

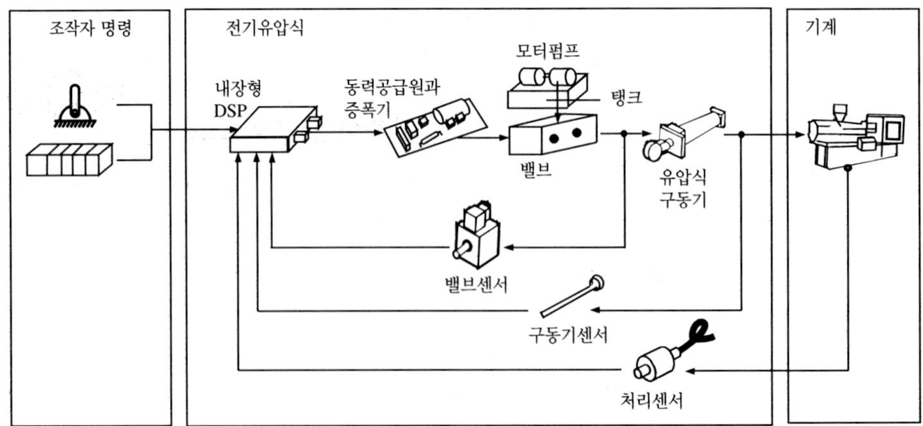

그림 7.3 ■ 축 동작을 위한 폐루프 전기 유압 동작 제어 시스템의 기본 구성요소(펌프, 밸브, 실린더, 제어기, 센서)

(a)

(b)

그림 7.4 ■ 산업용 유압 동력 장치에는 전기 모터, 펌프, 저장실, 여과기, 열교환기 등이 포함된다. (a) JIC형 유압 동력 장치에서 펌프는 저장실 위에 배치되며, 펌프의 입력 단자에서의 공동화를 방지하기 위하여 흡입력이 좋아야 한다. (b) 오버헤드 저장실에서는 가장 낮은 오일 높이이더라도 펌프보다 높은 위치에 있어서 공동화 문제의 발생 가능성이 작다. 펌프를 저장실 내부에 실장하면 펌프의 냉각이 용이하지만, 유지/보수에 어려움이 있다.

밸브는 제어 소자의 핵심으로서 유체의 흐름을 **가감**또는 **조절**(throttle) 또는 **계량**(meter)) 하기 위하여 활용한다. 밸브는 계량 소자로서 유체의 흐름은 이의 비율, 방향, 그리고 압력에 의하여 결정된다. 밸브의 형태와 밸브의 제어 목적은 응용 분야에 따라 매우 다양하다. 가장 일반적인 형태는 비례 방향성 흐름 제어 밸브로서 솔레노이드 또는 토크 모터에 의하여 제어되며, 권선에 흐르는 전류에 비례하는 스풀 변위(spool displacement)가 발생한다. 스풀 변위는 계량 단자를 개방하여 유량을 제어한다. 밸브 증폭기(그림 7.2에서는 제어기의 일부분으로 표현됨)는 제어기로부터 저전력 제어 신호를 증폭하여 공급한다.

전기 유압식 동작 시스템에서 동력을 전달하는 구동기는 선형 실린더 또는 회전형 유압 모터이다. 정상 상태 관점에서 구동기의 속도는 유량에 비례하게 된다.

유압식 동작 시스템의 응용 분야는 다음과 같다.

1. 건설장비와 같은 이동 장비로서 내연 기관에서 생성한 동력을 고압의 유체로 변환하여 작업 공구에 전달하기 위해 펌프, 밸브, 실린더/모터 등을 활용하는 경우
2. 산업용 공장 자동화 응용 분야
 (a) 프레스(펀치 프레스, 트랜스퍼 프레스)
 (b) 사출성형기
 (c) 제철소에서 강판의 두께 제어
 (d) 권양기와 승강기
3. 민간 또는 군용 항공기 제어 시스템 및 군함
 (a) 날개 표면, 방향타, 승강타 등 주 비행 제어 시스템
 (b) 앞면과 가장자리 표면 등 부 비행 제어 시스템
 (c) 엔진의 연료 공급 제어 시스템
4. 군용 육상 차량

(a) 포탑 제어 시스템
(b) 유체 견인 시스템

전기 유압식 동작 시스템은 밸브와 펌프를 모두 포함할 수 있으며, 제어 시스템은 개루프 또는 폐루프 형태를 적용할 수 있다. 작업자가 제어 루프에 참여하는 경우에는 조작자의 페달 입력에 의하여 엔진의 속도를 제어하고, 조작자의 레버 입력에 의하여 밸브를 제어할 수 있는 기능만으로 충분하다. 즉, 조작자는 펌프의 속도를 페달을 이용하여 제어함으로써 유압 동력을 제어할 수 있고, 동시에 조작자의 관측에 따라 조작 레버를 이용하여 구동기에 전달되는 유압 동력을 제어할 수 있다. 자동화 시스템에서는 밸브와 펌프를 궤환 제어하는 시스템이 필요하다. 전기 유압식 동작 제어 시스템의 설계는 다음의 과정을 포함한다.

1. **사양:** 모든 설계의 첫 단계로서 시스템 요구 사항, 즉 성능, 동작 모드, 안전 장치 등을 규정한다.
2. **시스템 개념 설계:** 주어진 사양에 따라 적절한 시스템의 개략적인 설계를 수행하는데, 예를 들면 개회로 또는 폐회로 유압 시스템, 개루프/폐루프 제어 시스템 등을 결정한다.
3. **구성요소 선정:** 적절한 구성요소의 형태와 크기 등을 선정해야 한다. 여기서는 해당 부품이 설계 사양에서 필요로 하는 동력, 압력, 유량 등에 관한 설정을 만족하는지 확인해야 한다.
4. **제어 알고리즘 설계:** 컴퓨터 제어 전기 유압식 시스템에서는 제어용 하드웨어와 실시간 소프트웨어를 동시에 고려해야 한다.
5. **모델링과 모의실험:** 가능하다면 전체 시스템의 성능을 확인할 목적으로 전기 유압식 시스템의 하드웨어와 소프트웨어를 모델링하고 오프라인 모의실험을 수행한다.
6. **하드웨어 테스트:** 마지막으로 시작품을 제작하여 제어 알고리즘과 하드웨어를 이용한 전기 유압식 시스템을 테스트해야 한다. 기대했던 성능에 부족한 경우에 설계 단계를 반복적으로 수행한다.

EH 시스템(전기 유압식 시스템)에서 제어를 위하여 측정하는 물리량은 다음과 같다.

1. 부하의 위치와 속도를 구동기와 부하에서 측정
2. 구동기 포트 또는 밸브의 A, B 출력 포트에서 측정하는 부하 압력
3. 부하에 가해지는 힘 또는 토크
4. 스풀 변위
5. 유량
6. 펌프의 출력 압력
7. 펌프의 변위
8. 펌프의 속도

위에 언급한 측정치들은 실시간으로 폐루프 제어 알고리즘을 구동하는 목적으로 활용할 수 있으며, 이들로부터 중간값을 유도하여 사용할 수도 있다. 예를 들어, 유량과 부하에서의 압력 측정으로부터 출력 동력을 연산할 수 있으며, 연산된 출력 동력을 일정하게 유지하도록 폐루프 제어 알고리즘을 구동할 수 있어서 결국 EH 제어 시스템은 지령 출력 동력으로 동작시킬 수 있다.

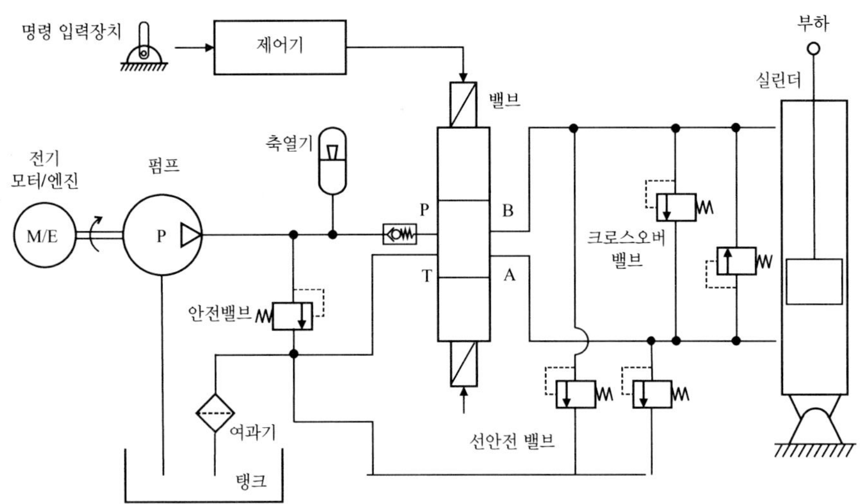

그림 7.5 ■ 유압 동작 시스템에 사용되는 안전 밸브: 펌프측 안전 밸브와 부하측 안전 밸브(선-탱크 안전 밸브, 크로스오버 안전 밸브), 유체의 흐름을 한 방향으로 제어하는 체크 밸브(P에서 A 또는 B 포트로는 흐를 수 있으나, A 또는 B 포트에서 P로 되돌아가지는 못함.)

그림 7.5에는 통상적인 유압 동작 시스템에 안전 장치가 추가된 경우를 나타내었다. 일반적으로 모든 유압 회로에는 과도한 압력으로부터 (1) 펌프와 (2) 구동기를 보호하기 위한 안전 장치용 밸브가 활용된다. 통상적인 안전 밸브는 다음과 같다.

- 펌프의 최대 출력 압력을 제한하는 펌프의 압력 안전 밸브
- 선에 가해지는 압력이 기준치를 초과하는 경우 탱크로 연결시키는 선 안전 밸브와 구동기 양쪽의 압력 차이가 일정 수준 이상일 때 동작하는 크로스오버 밸브

축열기 축열기(Accumulators)는 압축된 유체를 저장하는 구성요소로서 과도 응답에서 다음과 같은 두 가지 방식으로 동작한다.

- 펌프의 출력에 대한 수요가 갑자기 증가하거나 감소하는 경우에 대하여 선의 압력을 일정 수준으로 유지하는 기능
- 갑작스러운 부하의 변화에 의한 큰 압력 변화를 흡수하는 댐퍼 기능

반면, 축열기는 EH 시스템에서 유체의 강직성 저하로 개루프 자연 주파수를 낮추는 효과를 가져오며, 결과적으로 제어 시스템의 주파수 대역이 감소한다. 축열기의 종류는 크게 세 가지로 구분되는데, 중량 부하, 스프링 부하, 그리고 유공압 방식이 있다. 유공압 방식의 축열기에서는 압축 가스로 질소를 사용한다. 유공압 방식의 축열기는 유압과 압력 저장 용기의 방식에 따라 (a) 피스톤형식(piston type), (b) 격막형식(diaphram type), (c) 부레형식(bladder type)으로 나뉜다(그림 7.6) 축열기는 유체를 저장할 수 있는 용량(또한 작업용량(working volume)이라 불린다), 최대/최소 동작 압력, 선충전 압력, 견딜 수 있는 최대 압력 충격 등에 따라 등급이 나뉘며, 축열기의 압력비는 최대 동작 압력과 최소 동작 압력의 비이다.

축열기의 크기는 필요 방출 부피와 최대 압력 충격에 따라 정할 수 있다. 방전 부피를

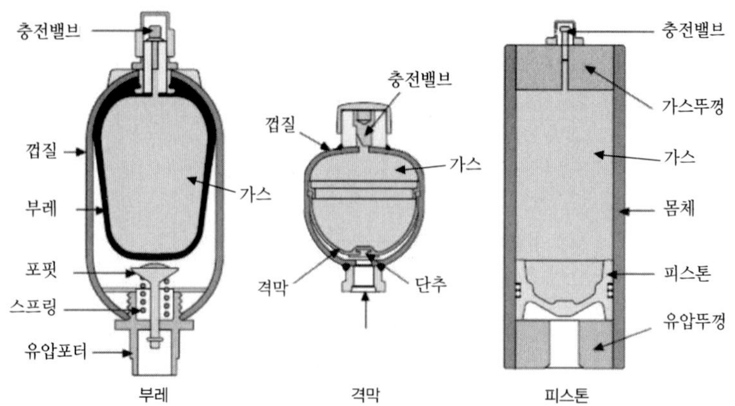

그림 7.6 ■ 세 가지 형태의 유공압 축열기: 부레형식, 격막형식, 피스톤형식

V_{disch}라 할 때, 축열기의 크기 V_{acc}는 다음의 관계에 의하여 결정된다.

$$V_{acc} = V_{disch} \cdot \frac{p_{min}}{p_{pre}} \Bigg/ \left[1 - \left(\frac{p_{min}}{p_{max}} \right)^{1/n} \right] \tag{7.1}$$

여기서 P_{pre}, P_{min}, P_{max}는 각각 축열기의 선충전 압력, 최소 및 최대 선 압력을 의미하고, n은 1.2와 2.0 사이에서 축열기의 방출 시간과 최대 선 압력에 따라 경험적으로 결정하게 된다.

선충전 압력은 최소 선 압력보다 100 psi정도 낮아서 다음의 관계가 성립한다.

$$p_{pre} = p_{min} - 100 \text{ [psi]} \tag{7.2}$$

축열기가 선 충전된 후, 선 압력은 당연히 최대 선 압력과 최소 선 압력 사이에 있다는 가정하에 축열기를 충전한다. 유체는 최대 압력 설정에 도달할 때까지 축열기로 흘러 들어가고, 최대 압력에 도달하면 안전 밸브가 작동하여 축열기의 유체를 배출한다. 갑작스러운 압력 감소로 선 압력이 축열기의 압력보다 낮아지는 경우 축열기의 유체가 선으로 흐르며, 이러한 동작은 축열기의 압력이 최소 압력에 도달하여 포핏(poppet) 밸브가 닫힐 때까지 반복된다. 선 압력이 축열기의 압력보다 높은 경우, 유체는 다시 축열기로 흘러 축열기를 충전한다. 선충전 후, 축열기의 압력은 최대 압력과 최소 압력 사이로 제한된다.

$$p_{min} \le p_{acc} \le p_{max} \tag{7.3}$$

$P_{acc} \le P_{line}$인 경우 축열기는 충전되고, $P_{acc} \ge P_{line}$인 경우 축열기는 방전된다. $P_{acc} = P_{min} \ge P_{line}$인 경우 파핏 밸브는 닫히고, $P_{acc} = P_{max} < P_{line}$인 경우 축열기를 보호하기 위한 안전 밸브가 동작한다.

통상적으로 축열기의 부피는 방출 부피보다 3~4배 이상 크다. 일반적으로 보다 높은 동특성이 요구될 때, 방출 부피에 비하여 더 큰 축열기를 사용해야 한다. 통상적인 축열기에서 전체 방출 부피는 수백 밀리초 내에 방출된다. 예를 들어, 20리터의 방출 부피를 갖는 피스톤형 축열기에서 축열기와 선 압력 차이가 3000 psi인 상황에서 분당 3600리터를 방출할 수 있다. 따라서, 이 축열기는 초당 60리터를 방출할 수 있으므로 전체 부피를 방출하는데 1/3초 이내의 시간이 소요된다. 부레형과 격막형에서는 피스톤형보다 마찰력이 작은 관계로 조금 더 빠른 응답 특성을 보인다. 유압 회로에서는 축열기의 충전과 방전을 위하여 밸브를 이용한 제어를 수행한다.

여과기 여과기(Filteration)는 유체에서 고체 입자를 제거하는 용도로 활용된다. 여과기는 그림 7.7에 나타낸 것과 같이 흡입, 압력, 반송, 배출 선에 위치할 수 있다. 또한, 연속적인 여과 기능을 위하여 저장실 내에 전용 여과 루프를 활용할 수 있으며, 이를 **신장 여과 루프**(kidney loop filteration)라 부른다. 펌프가 회로에서 먼지 등에 가장 민감한 부분이라면, 여과기는 저장실과 펌프의 입력 사이에 장착할 수 있으며, 이 경우에 여과기의 앞과 뒤의 압력 차이를 유지하여 펌프의 입력에서 발생 가능한 공동화를 방지하는 것이 중요하다. 만약 밸브가 가장 민감한 요소라면 어과기는 펌프의 출력과 밸브 사이에 장착할 수 있으며, 이 경우에 여과기는 최대 압력과 유량에 대응할 수 있어야 한다.

여과기는 일정 크기 이상의 이물질을 제거하기 위한 소모품을 포함하고 있는데, 개별 여

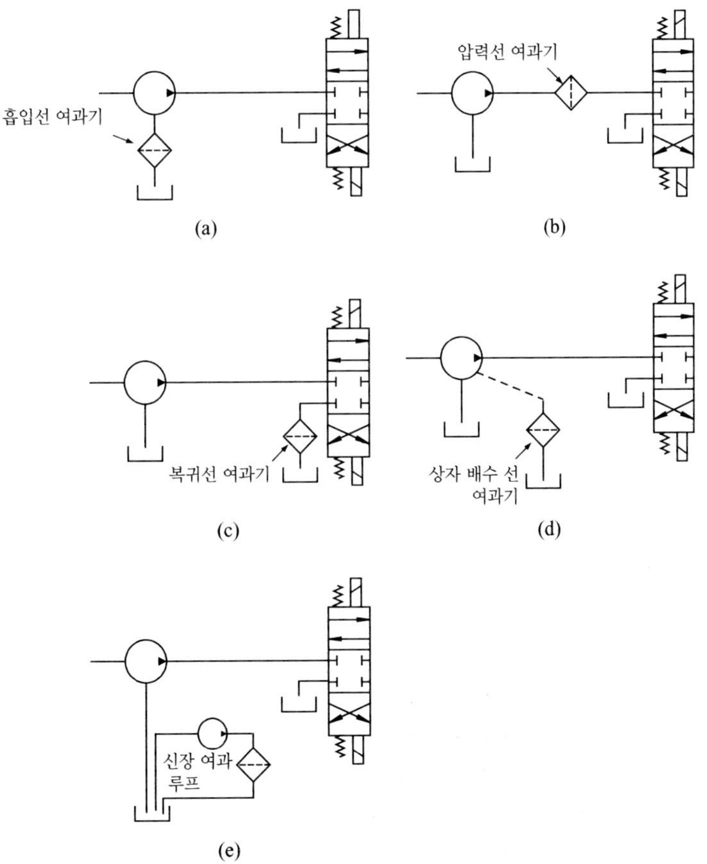

그림 7.7 ■ 유압 회로에서 여과기의 위치: (a) 흡입 선, (b) 펌프 출력의 압축 선, (c) 탱크로 연결되는 복귀 선, (d) 배수 선, (e) 신장 여과 루프 여과기. 통상적으로 여과기와 병렬로 바이패스 선이 있어서 여과기가 이물질로 막힌 경우에 유체의 경로로 활용된다.

과기는 병렬 바이패스 밸브를 안전 장치로 포함하고 있다. 여과기의 여과기에 과도한 이물질이 쌓이고, 이로 인하여 압력이 상승하면, 여과기를 보호하기 위한 바이패스 밸브가 열려서 여과된 유체는 아니더라도 계속 순환하게 된다. 여과되지 않은 유체에 포함된 이물질은 매우 정밀한 공차를 가지는 고성능 유압 서보 시스템의 구성요소에서 고장을 일으키는 주된 원인이다. 여과기에서 중요한 세 가지 사양은 다음과 같다.

1. 여과할 수 있는 최대 이물질 크기(예를 들면, 10마이크론, 5마이크론)
2. 최대 허용 압력(공급 또는 회수 선)
3. 최대 허용 유량

유체의 점성 유체의 점성(Viscosity of Hydraulic Fluid)은 유체의 흐름에서 저항에 해당하는 것으로 오일의 진한 정도와 움직임의 난이도를 나타내는 척도이다. 점성에 대해서는 **운동학**과 **동역학**적(절대 점성)인 정의가 있다. 동적 점성(dynamic viscosity)은 2개의 조각이 점성 유체를 사이에 두고 있을 때, 두 조각을 각각 나머지에 대하여 일정한 속도로 움직이는 데 필요한 힘의 비로 다음과 같이 정의된다.

$$F = \mu \frac{A}{\delta} \dot{x} \tag{7.4}$$

여기서 A는 두 조각 사이의 유체로 채워진 단면적이고, δ는 유체 막의 두께, $\dot{x}$는 두 조각 사이의 상대 속도이다. 운동학적 점성은 다음과 같이 동적 점성에 대하여 정의된다.

$$\upsilon = \frac{\mu}{\rho} \tag{7.5}$$

여기서 ρ는 유체의 밀도이다. 운동학적 점성은 표준 입구를 통하여 표준 양의 유체를 흘리는 데 필요한 시간으로 측정할 수 있다. 절대 점성은 운동학적 점성에 유체의 밀도를 곱하여 구할 수 있다. 운동학적 점성을 측정하는 표준은 매우 다양하며, 그 중에서 Saybolt Universal Seconds(SUS) 측정 방법이 가장 널리 사용되는 표준이다. SUS 점성 측정은 60밀리리터의 유체가 표준 온도에서 표준 입구를 통과하는 데 소용되는 시간을 나타낸다. 다른 점성 지표로는 SAE(SAE-20, SAE-30W)와 ISO 규격이 있다. 일반적으로 SUS 점성은 45~4000 SUS 내에 포함된다.

유압 시스템에서의 유체의 점성은 온도에 따라 변하며, 특히 기동 시에 많이 변화한다. 따라서, 오일의 온도는 일정한 범위 내에서 유지되어야 하며, 이를 위하여 공기와 오일 또는 물과 오일 사이의 열교환기가 유압 시스템에서의 유체 온도를 제어할 목적으로 활용된다. **열교환기**(heat exchanger)는 물과 유체, 공기와 유체의 두 유체 사이의 열을 교환한다. 열이 유압 시스템의 유체에서 차가운 물로 전달되면 열교환기는 냉각기로 활용되며, 반대로 뜨거운 물이 유압 시스템의 유체로 열이 전달되면 열교환기는 가열기로 동작한다. 대부분의 경우 유압 시스템에서는 냉각기를 활용하나, 온도가 매우 낮은 환경에서 활용하는 경우에는 가열기를 활용해야 한다. 통상적인 열교환기에서는 유체의 저장실에 온도 센서를 설치하고, 이를 이용하여 폐루프 온도 제어를 수행한다. 일반적으로 온도가 낮아지면 유체의 점성은 증가하며 오일이 끈적끈적해져서 저항이 증가한다. 이렇게 오일의 점성이 증가하면 펌프의 유량이 감소하고 펌프의 흡입 동작이 충분한 오일을 끌어들이지 못하게 된다.

유압 회로 개념 그림 7.8(a)에는 유압 동력이 조작자에 의한 레버의 작동에 의하여 제공되는 단순한 예를 나타내었다. 레버를 올리면 압력 차이에 의하여 체크 밸브 1은 열리고 체크 밸브 2는 닫혀서 결과적으로 저장실에서 유체를 흡입하게 된다. 레버를 아래로 내리는 경우에는 체크 밸브 1은 닫히고 체크 밸브 2는 열린다. 레버와 실린더의 압력은 거의 같아지며, 결과적으로 힘은 면적비만큼 증폭되고 부하가 움직인 거리는 레버가 움직인 거리보다 같은 비율로 감소한다. 이는 동력을 집중한 결과이다.

그림 7.8(b)에는 고정 변위 기어 방식의 펌프에 의하여 동력이 공급되는 유압 시스템을 나타내었다. 기계적인 동력은 전기 모터에 의하여 공급되며, 조작자는 수동 방식으로 밸브

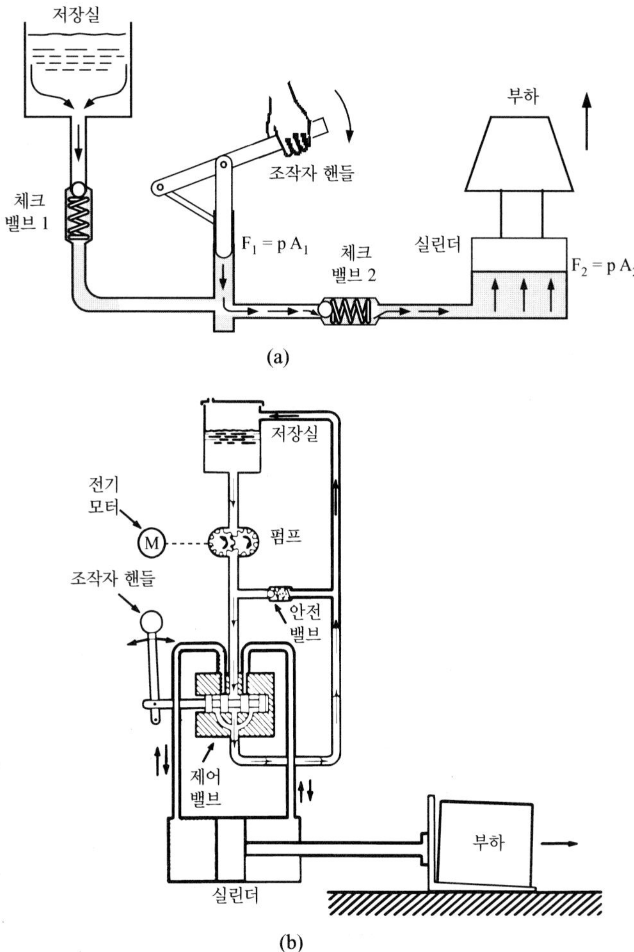

그림 7.8 ■ (a) 수동 구동 방식의 유압 실린더. 펌프의 동력과 유량은 레버를 이용하여 수동으로 제어된다. 유량은 펌프 동작과 단위 시간당 회수에 의하여 결정된다. (b) 전기 모터에 의한 유압 시스템. 펌프는 고정 변위형 기어 펌프이며, 유량은 밸브 레버의 수동 조작에 의하여 제어된다.

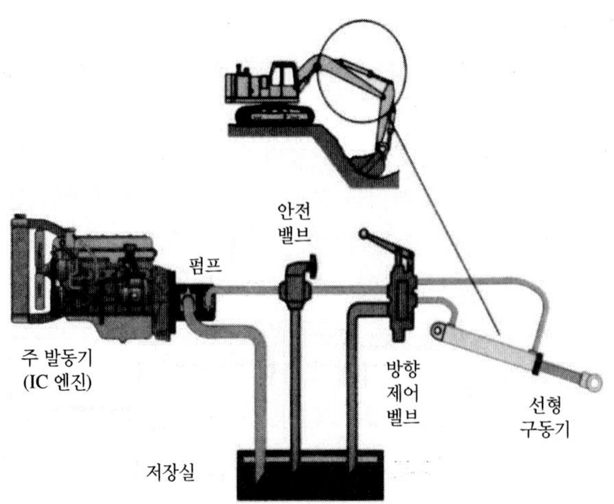

그림 7.9 ■ 굴착기의 실린더 구동을 위하여 수동으로 조작되는 유압 회로. 주 방향 밸브는 조작자에 의한 기계적 페달을 통하여 구동된다.

를 조작하여 실린더에 유입되는 유체의 흐름을 제어한다. 밸브는 **중앙 열림형**(open-center)으로 밸브가 중립 위치에 있을 때 펌프에서 탱크 방향으로 순환한다.

그림 7.9에는 굴착기의 실린더 동작을 위한 유압 회로의 구성요소를 나타내었다. 동력원은 내연 기관을 사용하며, 유압 펌프는 엔진에서 기계적 기어를 사용하여 동력에 연결된다. 방향 제어 밸브는 수동 조작된다.

그림 7.10에는 회전형 유압 모터의 동작을 위한 전기 유압식 회로의 구성요소를 나타내었다. 유압 모터는 펌프에서 동력을 공급받으며, 이 동력은 엔진에서 발생하고, 회전 속도는 방향 제어 밸브와 조작자의 입력 스위치에 의하여 제어된다. 여기서 유압 모터의 회전 속도는 타코미터를 속도 센서로 활용하여 폐루프 제어된다.

그림 7.11에는 다기능(다자 유도) 유압 동작 시스템을 나타내었다. 일반적으로 모든 기능에 적합한 충분히 큰 용량의 펌프 하나를 사용하며, 밸브-구동기 조합을 각각의 동작을 위하여 활용한다. 이 그림에는 모든 밸브-구동기 조합이 펌프와 탱크에 **병렬로 연결된** 예를

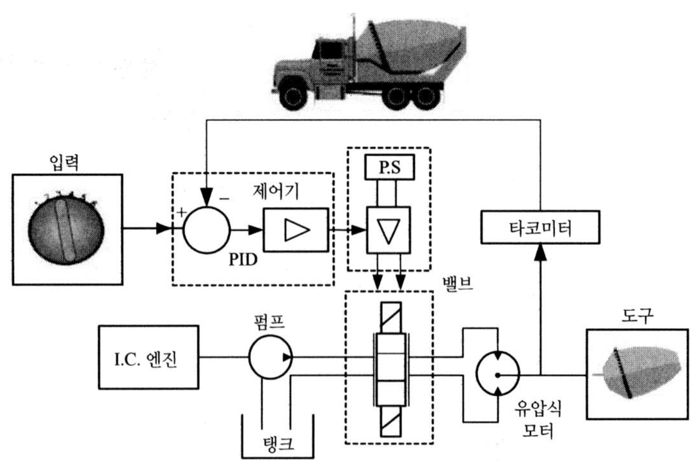

그림 7.10 ■ 전기 유압 폐루프 속도 제어 시스템의 예

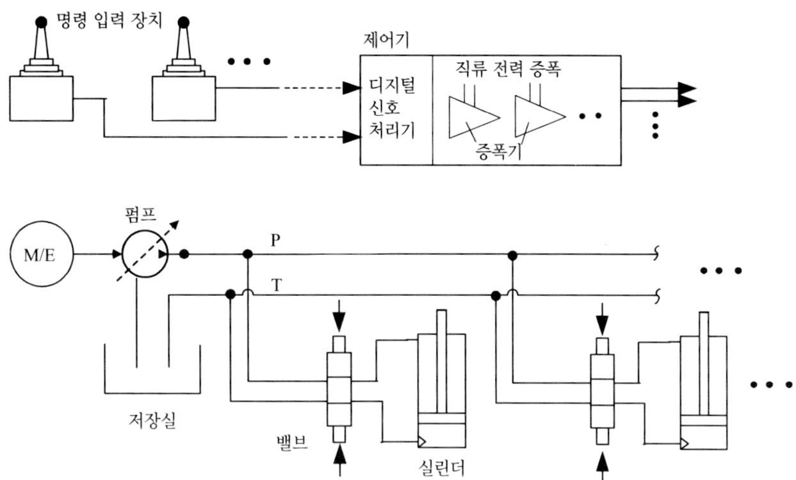

그림 7.11 ■ 다자 유도(다중 기능) 유압 회로. 이 예제에서는 2개의 구동기-밸브 회로가 병렬로 연결된 구조를 나타내었다. 밸브는 중앙 닫힘형을 사용하였으며, 펌프는 가변 또는 공정 변위 형태를 활용할 수 있다.

나타내었으며, 응용 분야에 따라서 우선순위가 결정되는 **직렬 연결**도 가능하다. 이러한 직렬 연결은 모든 동작에 충분한 크기의 펌프를 활용하기 어려운 경우 또는 하나의 회로가 다른 회로보다 중요한 동작을 수행할 때 종종 채택되는데, 휠 방식의 로더를 위한 유압 회로가 좋은 예이다. 그림 7.12에는 상승과 경사 동작을 위한 밸브-실린더 조합이 직렬 연결된 예를 나타내었다. 펌프는 두 동작을 동시에 수행할 수 있을 정도로 충분한 용량은 아니며, 경사 밸브가 최대로 개방된 상황에서는 경사 실린더로 펌프에서 제공하는 대부분의 유

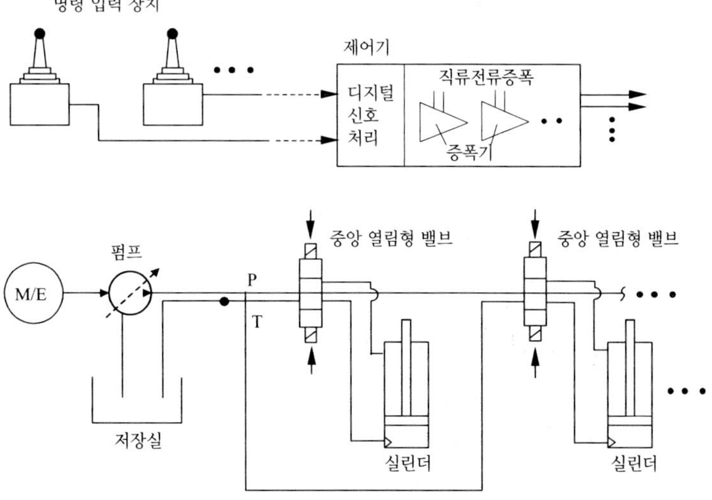

그림 7.12 ■ 다자 유도(다중 기능) 유압 회로. 이 예제에서는 2개의 구동기-밸브 회로가 직렬로 연결된 구조를 나타내었다. 밸브는 직렬 구조에서 앞의 밸브가 중립위치에 있어도 회로에 압력을 공급하기 위하여 중앙 열림형을 사용한다. 펌프에 가깝게 배치된 밸브가 다른 밸브 보다 우선순위가 높으며, 펌프는 가변 또는 공정 변위 형태를 활용할 수 있다.

체가 통과하고 일부분만이 상승 실린더로 통과된다. 이러한 유압 회로에서는 경사 동작이 상승 동작보다 우선순위가 높다고 말할 수 있다.

앞에서 예시한 모든 전기 유압식 회로에서 유체는 저장실에서 펌프, 밸브, 구동기를 지나 다시 저장실로 돌아오도록 순환하며, 이러한 경우를 **개회로** 시스템(open-circuit systems)이라 한다. 또한, 유체 정역학적 전송에 활용되는 **폐회로** 시스템(closed-circuit systems)도 있다. 동력 선에서의 유체의 흐름이 적은 손실 외에는 모두 저장실로 돌아오도록 순환하는 경우에 폐회로라 부르며, 그림 7.13에는 이러한 폐회로 전송에 사용되는 구성 요소와 유압 회로를 나타내었다. 여기에는 3개의 유체 회로가 존재한다. 펌프와 모터 사이의 주 루프, 펌프의 변위를 구동하기 위한 동력 공급 및 주 루프에 유체를 보충하는 충전 루프, 그리고 유체의 손실을 모아서 다시 저장실로 보내는 배수 루프로 구성된다. 펌프의 제어 방식은 뒤에 자세히 설명할 것이며, 펌프의 변위는 펌프의 출력 압력과 유량 등 다양한 값을 제어하도록 충전 펌프에 의하여 구동된다. 펌프의 변위는 제어 목적에 따라 제어 밸브에 의하여 제어된다. 폐회로 유압 시스템에서는 이상적인 경우에 유체의 손실이 없어서 보충할 필요가 없다. 실제로는 일정량의 누설 유체가 있으며, 주 루프의 고압으로 인하여 누설된 유체는 열교환기에서 냉각되고 여과기에 의하여 이물질을 제거하고 다시 주 루프로 주입된다. 따라서, 누설 유체를 다시 보충하는 시스템은 폐회로 유압 시스템에서 필수적이다. 이러한 누설양은 회로의 설계에서부터 고려되며, **루프 플러싱 밸브**(loop flushing valve)에 의하여 계획된 양으로 제어된다. 또한, 유압 선로상에는 서로 다른 두 위치에서의 압력에 따라 동작하는 안전 밸브도 장착된다.

펌프는 가변 변위 방식의 양방향 펌프로서 유체의 흐름 방향을 변경하여 유압 모터의 속도를 제어할 수 있다. 펌프를 제어함에 따라 유량이 제어되고 유압 모터의 회전 속도와 방향이 변경된다. 이와 유사하게, 압력을 일정하게 유지하면 유압 모터에서 제공되는 토크를 제어할 수 있다.

유압 시스템은 유압 밸브를 제어하기 위한 동력원에 따라 분류될 수 있다. 그림 7.14와 같이 네 가지의 대표적인 밸브 구동 방식이 있다.

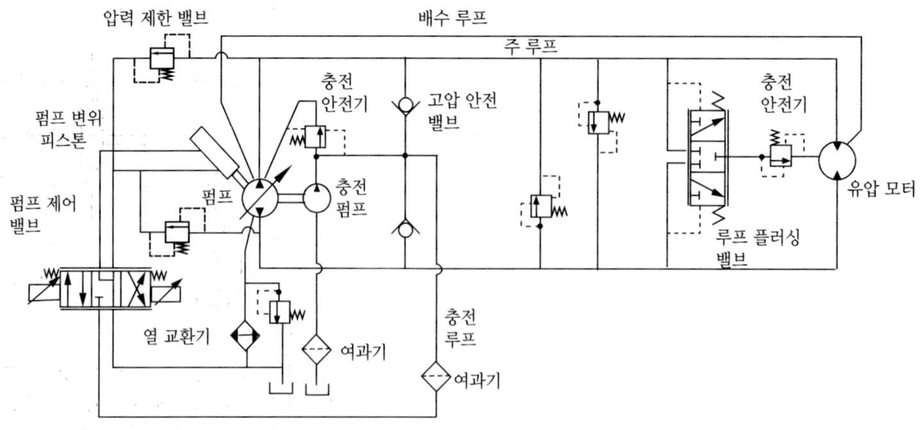

그림 7.13 ■ 폐회로 유체정역학 전송 회로의 예

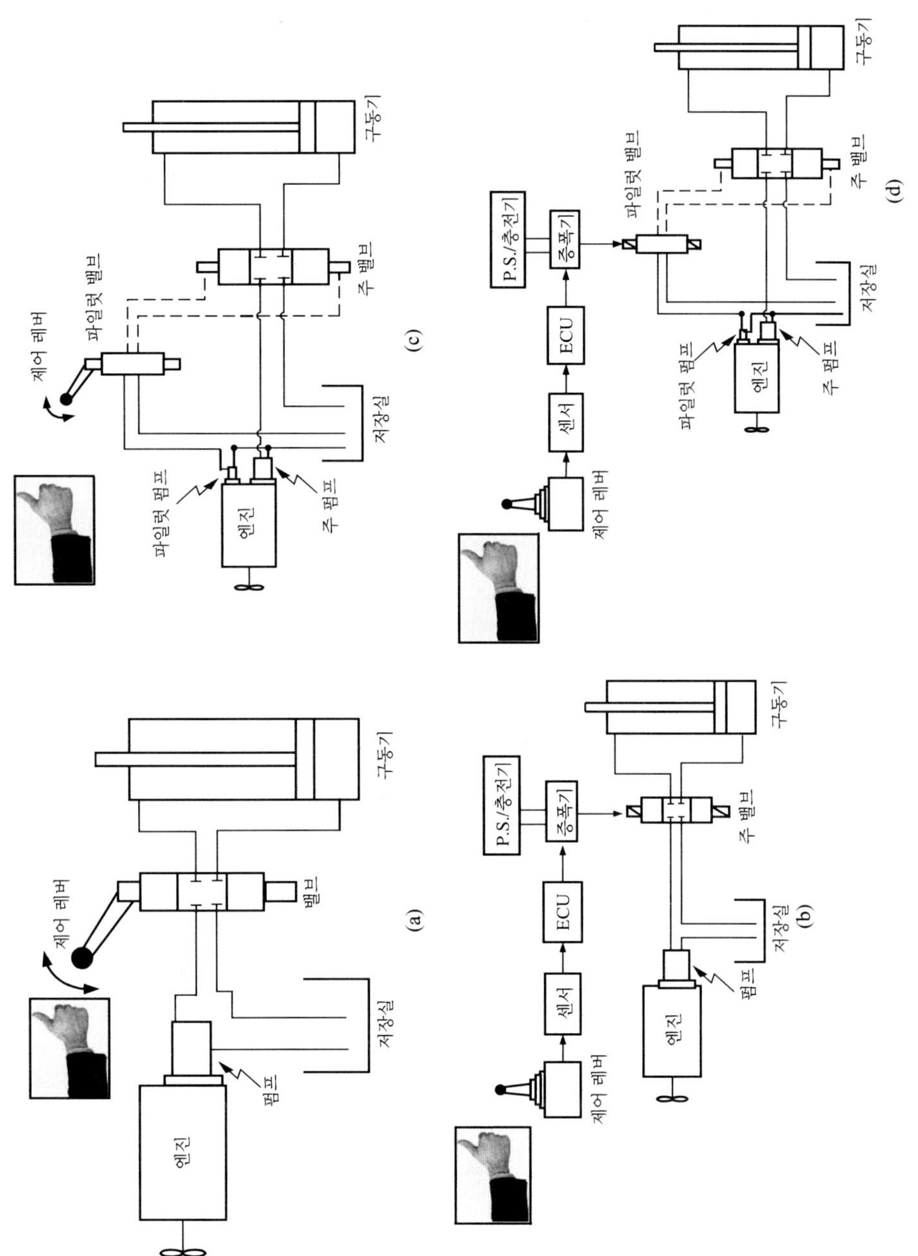

그림 7.14 ■ 유압 밸브 제어 방법. (a) 기계적 직접 구동 밸브(단일 스테이지 밸브), (b) 전기적 직접 구동 밸브(단일 스테이지 밸브), (c) 기계적 파일럿 유압 구동 밸브(2단 밸브), (d) 전기적 파일럿 유압 구동 밸브(2단 밸브)

1. 기계적 직접 구동 밸브
2. 전기적 직접 구동 밸브
3. 기계적 파일럿 유압 구동 밸브
4. 전기적 파일럿 유압 구동 밸브

구분의 핵심은 밸브 스풀을 구동하는 동력원에 있다. 기계적으로 제어되는 밸브에서는 조작자가 레버를 밀면 주 스풀에 기계적으로 연결되며, 이러한 경우는 비교적 소형의 이동장비에 활용된다. 동일한 원리는 규모가 큰 시스템의 구동을 위하여 중간에 파일럿 압력 회로를 사용하여 주 밸브를 구동하는 용도로 확장되며, 파일럿 밸브는 여전히 기계적 레버에 의하여 직접 구동된다. 파일럿 밸브는 필연적으로 압력을 일정 비율로 감소시키는 밸브이며, 일정한 파일럿 압력 단자와 탱크의 연결 단자가 있다. 파일럿 밸브의 출력 압력은 레버의 변위에 따라 탱크의 압력과 파일럿 공급 압력 사이의 압력을 가진다. 주 밸브의 스풀은 출력 파일럿 압력에 비례하여 구동된다.

스풀의 변위를 구동하는 동력이 솔레노이드의 권선 등에 의한 전자기력에서 생성되는 경우 전기적 구동 밸브로 분류되며, 이러한 유압 시스템을 전기 유압식 시스템이라 부른다. EH 밸브는 작은 용량의 동력으로는 단일 스테이지로 구성되며, 큰 동력이 필요한 응용 분야에서는 다중 스테이지로 구성된다. 다중 EH 밸브에서는 솔레노이드를 통하는 전류에 따라 첫 번째 스테이지인 파일럿 스풀이 구동되고, 이 파일럿 스풀의 동작은 파일럿 출력 압력으로 증폭되어 주 밸브의 스풀을 구동한다. 즉, 파일럿 구동 방식의 다중 스테이지 밸브는 제어 레버에 의한 기계적 연결(그림 7.14(b)) 또는 전기 구동기에 의하여 구동(그림 7.14(d)) 될 수 있다.

7.1.1 기본 물리 원리

이 절에서는 유압 회로에 적용되는 기본 원리에 따라 파스칼의 법칙과 베르누이 방정식에 대하여 다룬다.

파스칼의 법칙 파스칼은 가둬진 유체에서는 모든 방향으로 동일한 크기의 압력이 발생한다는 현상을 그림 7.15에 나타낸 실험 장치를 통하여 관찰하였다. 그림에서 양쪽 유압 시스템의 압력은 서로 같다.

$$p_1 = p_2 \tag{7.6}$$

$$\frac{F_1}{A_1} = \frac{F_2}{A_2} \tag{7.7}$$

$$F_2 = \frac{A_2}{A_1} \cdot F_1 \tag{7.8}$$

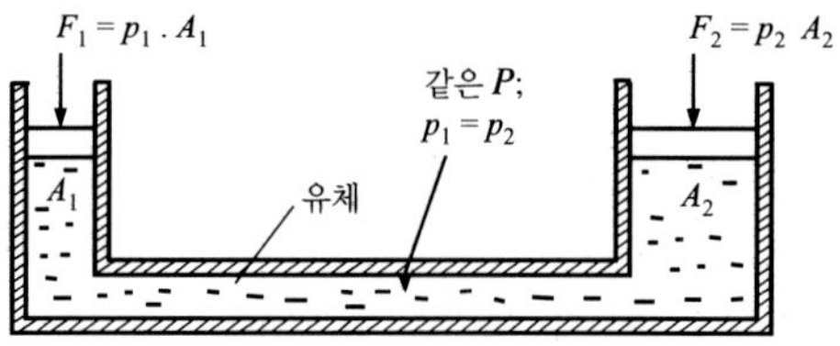

그림 7.15 ■ 유압 회로에서 유체 흐름의 기본 법칙: 파스칼의 법칙

한쪽의 가벼운 무게를 이용하여 반대편의 보다 무거운 무게를 움직일 수 있어서, 이 회로는 힘 증폭기의 역할을 수행한다. 에너지 보존의 법칙에 따라 다음의 관계가 성립한다.

$$\text{에너지 입력} = \text{에너지 출력} \tag{7.9}$$

$$F_1 \cdot \Delta x_1 = F_2 \cdot \Delta x_2 \tag{7.10}$$

$$F_1 \cdot \Delta x_1 = F_1 \cdot \frac{A_2}{A_1} \cdot \Delta x_2 \tag{7.11}$$

$$A_1 \cdot \Delta x_1 = A_2 \cdot \Delta x_2 \tag{7.12}$$

$$\Delta x_2 = \frac{A_1}{A_2} \cdot \Delta x_1 \tag{7.13}$$

이에 따라 유체의 부피가 보존됨을 확인할 수 있다. 이와 유사하게 이 유압 회로는 감속기로 동작한다. 즉, 마찰에 의한 손실을 무시할 경우, 에너지는 보존되고 힘은 증폭되며 이동 변위는 감소한다.

질량 보존: 연속 방정식 유압 회로에서 질량 보존의 법칙은 그림 7.16의 두 단면에 적용된다. 두 위치의 부피에서 유체의 무게가 변하지 않는다고 가정하면 일정 시간동안 유입된 유체의 질량은 같은 시간동안 유출된 유체의 질량과 같다.

$$\dot{m}_{in} = \dot{m}_{out} \tag{7.14}$$

$$Q_1 \cdot \rho_1 = Q_2 \cdot \rho_2 \tag{7.15}$$

유압 회로에서는 유체의 압축률은 일반적으로 무시된다. 만약 압축률을 무시할 수 있다면 $\rho_1 = \rho_2$를 만족하고, 두 단면을 통하여 흐르는 압축이 불가능한 유체에 대하여 다음의 연속 방정식이 성립한다.

$$Q_1 = Q_2 \tag{7.16}$$

에너지 보존: 베르누이 방정식 그림 7.16의 유압 회로에서 두 단면에서의 에너지 보존의 법칙은 베르누이 방정식으로 변환될 수 있다. 에너지의 추가와 감소가 없고 마찰에 의한

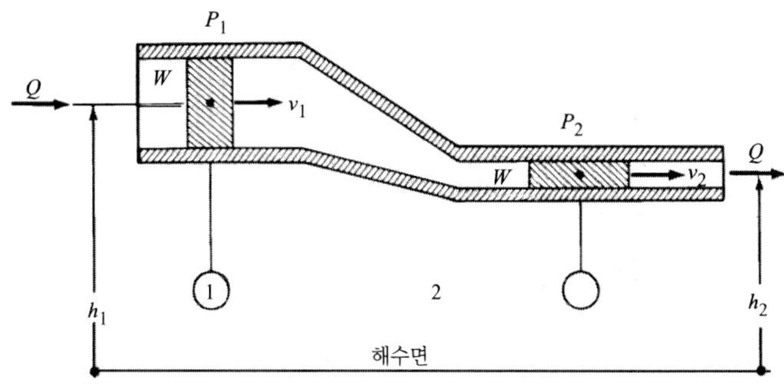

그림 7.16 ■ 유압 회로에서 유체 흐름의 기본 법칙: 질량 및 에너지 보존(베르누이 방정식)

손실이 무시할 수준으로 작으면 베르누이 방정식은 다음과 같은 표준 형식으로 표현된다.

$$h_1 + \frac{p_1}{\gamma_1} + \frac{v_1^2}{2g} = h_2 + \frac{p_2}{\gamma_2} + \frac{v_2^2}{2g} \tag{7.17}$$

여기서 h_1과 h_2는 기준 위치에서의 유체의 높이이고, p_1과 p_2는 압력, v_1과 v_2는 속도, γ_1과 γ_2는 위치 1과 2에서의 무게 밀도, 그리고 g는 9.81 m/s^{2}의 중력가속도이다. 유체의 압축률을 무시할 수 있다면 $\gamma_1 = \gamma_2$이다.

에너지 E_p가 펌프 등에 의하여 더해지거나 모터 등에 의하여 E_m의 에너지가 소모되고, 마찰에 의한 에너지 손실을 E_l이라 하면 베르누이 방정식은 다음과 같이 변형된다.

$$h_1 + \frac{p_1}{\gamma_1} + \frac{v_1^2}{2g} + E_p - E_m - E_l = h_2 + \frac{p_2}{\gamma_2} + \frac{v_2^2}{2g} \tag{7.18}$$

여기서 추가되거나 소모된 에너지 E_p, E_m, E_l은 유체의 단위 무게당 에너지이다. 에너지의 단위는 힘과 변위로 나타나는데, 단위 무게당 에너지는 에너지를 힘과 같은 단위의 무게로 나누어 구할 수 있다. 따라서, E_p, E_m, E_l은 결과적으로 길이의 단위를 갖는다. 유체에는 세 가지 형태의 에너지가 존재한다. 유체의 속도에 의한 운동에너지, 압력에 의한 위치에너지, 그리고 유체의 높이에 의한 위치에너지 등이다. 많은 경우 유체의 높이에 의한 위치에너지는 무시할 수준이므로 h_1과 h_2항은 방정식에서 삭제된다. 베르누이 방정식은 유체 시스템에서의 에너지 보존의 법칙을 표현한 예로 인식할 수 있다.

7.1.2 유압 소자와 전기 소자의 유사성

그림 7.17에는 유압 회로와 전기 회로의 유사성을 나타내었다. 대부분의 전기 회로 소자에 대하여 이와 동일한 기능을 수행하는 유압 소자가 존재한다. 전기 회로에는 전압, 전류, 저항, 커패시터, 인덕터, 그리고 다이오드 등이 포함되며, 유압 회로에는 압력, 유체의 흐름, 입구의 저항, 축열기, 그리고 체크 밸브 등이 포함된다. 그러나, 전기 회로와 유압 회로 사이에는 세 가지 차이가 존재한다.

1. 전류와 전압(i, V)의 관계는 선형인 반면, 유체의 흐름과 유압(P, Q)의 관계는 비선형이다.

$$Q = K(x_s)\sqrt{\Delta P} \tag{7.19}$$

$$i = (1/R)\,V \tag{7.20}$$

여기서 x_s는 밸브 스풀의 변위이고, $K(x_s)$는 x_s의 함수로 표현되는 유효 단자 입구의 면적과 배출 상수, ΔP는 밸브 양단에서의 압력 차, R은 전기 저항, 그리고 V는 전압이다.

2. 동력의 전달을 위한 매개체가 유압 시스템에서는 압축이 가능하며, 그 정도는 유체에 따라 다르다.
3. 전압은 상대량으로 절대 전위 0은 없다. 하지만, 유압 시스템에서는 진공이 절대 압력 0에 해당한다.

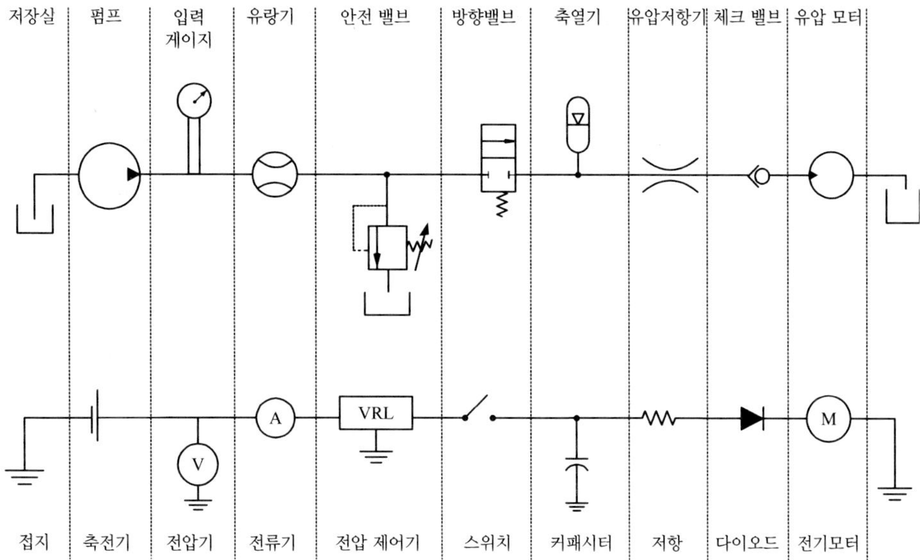

그림 7.17 ■ 유압 회로 소자와 전기 회로 소자의 유사성

커패시터(C)와 축열기(C_H)의 유사성은 다음과 같다.

$$V = \frac{1}{C}\int i(t)\cdot dt \qquad p = \frac{1}{C_H}\int Q(t)\cdot dt \tag{7.21}$$

여기서 C_H는 축열기의 크기와 경직성에 의하여 결정되는데, 단위는 *Length*^{5}/*Force*(즉, 체적/압력 $m^3/(Nt/m^2) = m^5/Nt$)이다. 유압 회로에서 커패시턴스는 압력 변화에 대한 부피의 변화로 정의된다.

$$\frac{dp(t)}{dt} = \frac{1}{C_H}\cdot Q(t) \tag{7.22}$$

$$C_H = \frac{Q(t)}{dp(t)/dt} \tag{7.23}$$

$$= \frac{(dV/dt)}{(dp/dt)} \tag{7.24}$$

$$= \frac{dV}{dp} \tag{7.25}$$

유체의 부피 V와 체적 탄성률 β에 대하여 커패시턴스는 다음과 같이 정리된다.

$$C_H = \frac{V}{\beta} \tag{7.26}$$

체적 탄성률 β는 유체의 부피에 대한 압축률을 나타낸다.

$$\beta = -\frac{dp}{dV/V} \tag{7.27}$$

여기서 마이너스 기호는 압력이 증가함에 따라 부피가 감소하는 현상을 나타낸다. 체적 탄성률은 압력과 동일한 단위를 사용하며, 유체의 경직성을 나타내는 척도이다. 유체의 체적 탄성률이 높을수록 압축률은 낮다. 체적 탄성률은 또한 공칭 압력과 온도의 함수로서 유압 시스템에서의 유체의 공칭 체적 탄성률은 $\beta = 250{,}000$ psi이다.

전류에서의 저항(R)은 유체의 흐름에서의 유압 저항(R_H)과 유사하다. R_H는 단자 입구의 면적과 기하학적 구조에 의하여 결정된다. 앞에서 언급한 유압과 유체 흐름 사이의 관계에서 $K(x_s)$는 등가의 역 저항이며 단자 구멍(x_s)에 의하여 결정된다.

흐르는 유체의 관성은 인덕터와 동일하게 동작한다. 단면적이 A, 길이 l, 유체의 질량 밀도 ρ, 두 위치에서의 압력 p_1과 p_2, 그리고 유량을 Q로 나타낼 때, 다음을 가정한다.

1. 파이프에서의 마찰은 무시할 수 있다.

2. 파이프에서 유체의 압축률은 무시할 수 있다.

파이프에서의 유체의 움직임은 다음과 같이 표현된다.

$$(p_1 - p_2) \cdot A = m \cdot \ddot{x} \tag{7.28}$$

$$= (\rho \cdot l \cdot A) \cdot \frac{\dot{Q}}{A} \tag{7.29}$$

여기서 $m = \rho \cdot V = \rho \cdot l \cdot A$이며, $Q = \dot{x}\, A$이다. 압력과 유체의 흐름 사이에는 다음의 관계가 성립한다.

$$p_1 - p_2 = \left(\frac{\rho \cdot l}{A}\right) \cdot \dot{Q} \tag{7.30}$$

$$p_1 - p_2 = L \cdot \dot{Q} \tag{7.31}$$

여기서 유압 인덕턴스는 $L = \rho \cdot l/A$로 정의된다. 압력, 유출률, 유압 인덕턴스와 전압, 전류, 인덕턴스는 다음의 유사성이 있다.

$$\Delta p(t) = L \cdot \frac{dQ(t)}{dt} \tag{7.32}$$

$$\Delta V(t) = L \cdot \frac{di(t)}{dt} \tag{7.33}$$

다이오드와 체크 밸브는 각각 전류와 유체에 대하여 한쪽 방향으로의 흐름만을 허용한다는 유사성이 있다.

$$i_o = i_i \quad V_i \ge V_o \tag{7.34}$$

$$= 0.0 \quad V_i < V_o \tag{7.35}$$

$$Q_o = Q_i \quad p_i \ge p_o \tag{7.36}$$

$$= 0.0 \quad p_i < p_o \tag{7.37}$$

여기서 i_i, i_o는 입출력 전류, V_i와 V_o는 입출력 전압이며, Q_o, Q_i, p_i, p_o의 유출률과 압력에

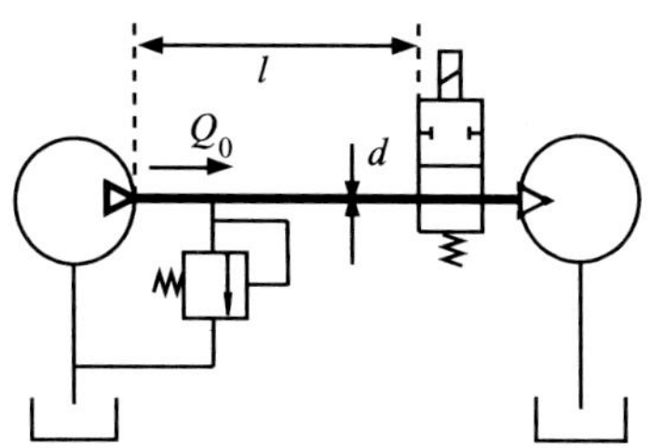

그림 7.18 ■ 유압 회로에서 밸브가 갑작스럽게 닫히면 이동하는 유체에 의하여 압력 변동이 발생한다.

대하여 동일한 표기법을 적용한다.

예제 체적 탄성률 $\beta = 250{,}000$ psi의 유체에서 공칭 체적이 $V_0 = 100\ \text{in}^3$이다. 유체가 대기압에서 2500 psi로 압축될 때 유체의 체적 변화를 구하라.

체적탄성률은 다음과 같이 정의된다.

$$\beta = -\frac{dp}{dV/V_0} \tag{7.38}$$

따라서, 다음과 같이 유체의 체적이 변화한다.

$$dV = -\frac{V_0 \cdot dp}{\beta} \tag{7.39}$$

$$= -\frac{100 \cdot 2500}{250{,}000} \tag{7.40}$$

$$= -1\ \text{in}^3 \tag{7.41}$$

$$= 1\% V_0 \tag{7.42}$$

즉, 일반적인 유압 유체에서 2500 psi의 압력이 가해지면 1%의 체적이 변화하며, 음의 기호는 체적이 감소함을 의미한다.

예제[1] 그림 7.18의 유압 회로에서 파이프의 규격은 $d = 20$ mm, $l = 10$ m이다. 정상 상태에서 $Q_0 = 120$ liters/min $= 2$ liters/s $= 0.002\ \text{m}^3/\text{s}$에 해당하는 일정한 유체의 흐름이 있고, 유체의 질량 밀도는 $\rho = 1000\ \text{kg/m}^3$이다. 밸브가 $\Delta t = 10$ msec의 짧은 시간 동안에 갑자기 닫혀서 압력에 급격한 변동(pressure spike)이 발생하면, 이러한 현상을 워터 해머링(water hammering)이라 한다. 안전 밸브는 동작하지 않았다고 가정한다.

갑작스러운 밸브의 닫힘으로 발생하는 압력의 변화는 다음과 같이 표현된다.

$$\Delta p = p_1 - p_2 = L\dot{Q} \tag{7.43}$$

$$= \frac{\rho \cdot l}{A}\frac{Q_0}{\Delta t} \tag{7.44}$$

1) Dr. Daniele Vecchiato의 허락에 의해.

$$= \frac{1000 \cdot 10}{\pi(0.02)^2/4}\frac{0.002}{0.01} \tag{7.45}$$

$$= \frac{0.2}{\pi}10^8\,[\text{Nt/m}^2] \tag{7.46}$$

$$= \frac{20}{\pi}\,[\text{MPa}] = 6.36\,[\text{MPa}] \tag{7.47}$$

이 예제에서 유체의 압축률에 의한 압력의 변화 성분은 무시하였다. 길이가 긴 관(인덕턴스)과 축열기(커패시턴스)의 조합은 유압 회로에서의 LC 여과기로서 파이프 압력의 진동을 제거할 수 있다.

7.1.3 유압 회로에서의 에너지 손실 및 압력 강하

압력이 강하하고 유체가 흐르는 모든 경우에는 에너지의 손실이 발생하며, 이러한 에너지의 손실은 열로 변환된다. 유압 동력은 압력 손실과 유량의 곱으로 표현된다. 따라서, 일정 시간 동안 두 위치에서의 에너지 차이는 압력 차이와 총 유출량의 곱으로 표현된다. 일반적인 유압 회로에서 유체는 높은 압력으로 펌프에서 출력되어 그림 7.19(a)에 나타낸 바와 같이 파이프, 밸브, 그리고 구동기를 거침에 따라 압력이 저하된다. 이는 펌프에서 부하로 유체가 이동하는 과정에서 에너지가 손실되는 것을 의미한다. 유압 시스템에서의 효율을 증가시키기 위해서는 펌프와 부하 사이의 압력 차이를 최소화해야 한다.

$$Power_{12} = \Delta P_{12} \cdot Q_{12} \tag{7.48}$$

$$Energy_{12} = \int_{t_1}^{t_2} \Delta P_{12}(t) \cdot Q_{12}(t) \cdot dt \tag{7.49}$$

유압 파이프에서의 압력의 감소는 다음의 매개 변수에 의하여 결정된다.

1. 온도와 직접 관련이 있는 유체의 점성
2. 파이프의 지름
3. 파이프의 길이
4. 파이프를 구부린 횟수
5. 유량률

위의 매개 변수에 대하여 압력의 감소는 경험적인 표로 관리된다.

▶▶ **예제** 그림 7.19(b)의 유압 회로의 예에서 펌프의 입력 속도(w_{in})는 일정하여 유출량이 $Q_p = 120$ liters/min $= 2$ liters/sec로 주어진다. 압력 안전 밸브(밸브 1)는 일정한 압력 $p_{relief} = 2$ MPa $= 2 \times 10^6$ N/m^{2}로 설정된다. 유량 제어 밸브(밸브 2)는 최대 펌프 유량의 절반을 다룰 수 있어서 $Q_{v,max} = 0.5 \cdot Q_p$로 주어진다. 실린더의 단면적은 $A_{he} = 0.01$ m^{2}이고 부하의 힘은 $F_l = 10000$ N 임을 가정한다. 정상 상태에서 위의 동작 조건의 경우 두 밸브에서의 열손실률을 구하라.

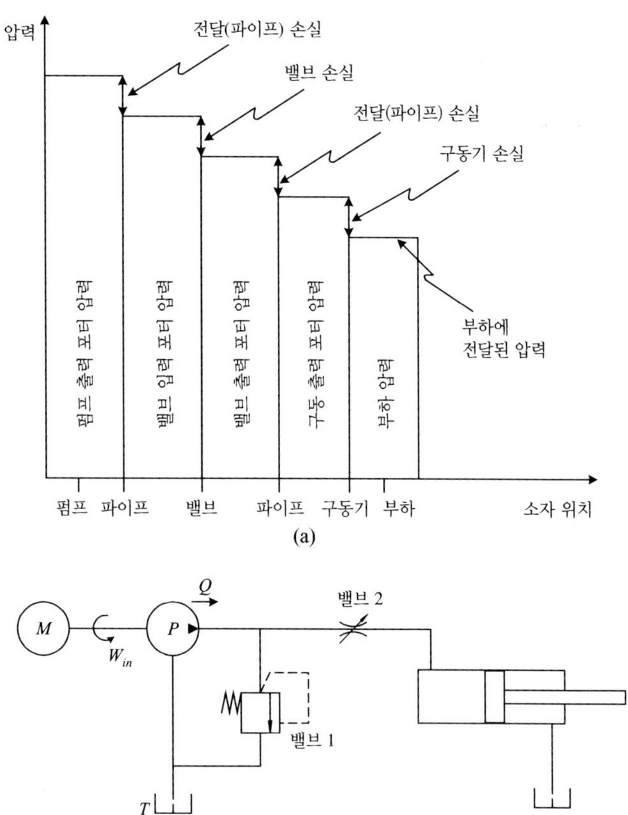

그림 7.19 ■ 유압 회로에서 압력 및 동력 손실. (a) 유압 회로의 다른 소자에서의 압력 강하, (b) 밸브에서의 압력 강하에 의한 동력 손실이 열로 나타나는 예제

열손실률은 압력 차이와 유량을 곱한 것으로, 밸브 2는 펌프 최대 유출량의 절반을 적용할 수 있으므로 나머지는 압력 안전 밸브인 밸브 1로 흘러야 한다.

$$Q_{v1} = 0.5 \cdot Q_p = 1.0 \text{ liter/sec} = 10^{-3} \text{ m}^3/\text{sec} \tag{7.50}$$

$$Q_{v2} = Q_{v1} \tag{7.51}$$

밸브 1의 반대쪽은 탱크에 연결되어 있으므로 밸브 1에서의 압력 강하는 펌프의 출력 압력과 같다. 밸브 2에서의 압력 강하는 입력 압력 p_s에서 부하 압력 p_l을 뺀 것과 같다.

$$\Delta p_{v1} = p_s - p_t = p_s = 2 \times 10^6 \text{ N/m}^2 \tag{7.52}$$

$$\Delta p_{v2} = p_s - p_l = 2 \times 10^6 - \frac{10000}{0.01} = 1 \times 10^6 \text{ N/m}^2 \tag{7.53}$$

전체 열손실률은 다음과 같이 계산된다.

$$P_{loss} = p_{v1} \cdot Q_{v1} + p_{v2} \cdot Q_{v2} \tag{7.54}$$

$$= 2 \times 10^6 \cdot 1.0 \times 10^{-3} \text{ N/m}^2 \cdot \text{m}^3/\text{sec} + 1 \times 10^6 \cdot 1.0 \times 10^{-3} \text{ N/m}^2 \cdot \text{m}^3/\text{sec} \tag{7.55}$$

$$= 2000\text{ W} + 1000\text{ W} \quad (7.56)$$

$$= 3000\text{ W} \quad (7.57)$$

안전 밸브에서의 열손실이 주 밸브에서의 열손실 2배에 해당함을 확인할 수 있다. 펌프의 총 동력 출력은 다음과 같다.

$$P_{pump} = p_s \cdot Q_p = 2.0 \times 10^6 \cdot 2.0 \times 10^{-3}\text{ N/m}^2 \cdot \text{m}^3\text{/sec} \quad (7.58)$$

$$= 4000\text{ W} \quad (7.59)$$

따라서, 전체 유압 회로의 효율은 25%에 해당한다. 즉, 펌프에 의하여 생성된 유압 동력의 25%만이 부하에 전달되었고, 나머지는 다양한 압력 강하에 의하여 손실되었다. 이 예제는 고정 변위 펌프의 낮은 효율에 의한 단점을 예시하고 있다. 펌프의 출력은 유압의 사용 필요에 상관없이 일정하게 유지되므로, 사용되지 않는 유압은 안전 밸브를 통하여 버려지게 된다.

그림 7.20에는 유압 회로에서 사용하는 ANSI/ISO 표준 기호를 나타내었으며, 유압 회로의 이해를 위해서는 이 기호들을 숙지해야 한다.

7.2 유압 펌프

그림 7.21(a~d)에서는 펌프의 기능적 블록 선도와 작동원리를 볼 수 있다. 펌프는 기계력을 유압으로 변환하는 장치이다. 그림 7.21(b~d)는 용적형 펌프의 개념을 나타낸다. 감압(In-Stroke, 흡입, $p_3 < p_1$)동안 탱크로부터 오일을 빨아들인다. 가압(Out-Stroke, 압축, $p_3 \geq p_2$)동안 부하로 오일을 공급한다. 펌프 배출 압력 p_3는 부하 압력에 의해 결정($p_3 \approx p_2 = p_{load} + p_{spring}$)된다 할 수 있다. 만약 부하 저항이 없다면 그 펌프는 압력을 생성할 수 없다. 펌프-밸브-실린더-탱크를 포함하는 유압 시스템에서 펌프 배출구 포트와 탱크 사이의 압력차는 밸브에서의 압력 강하와 실린더-부하의 상호작용에 의해 생긴 부하 압력에 의해 결정된다. 이 개념도에서 체크 밸브(check valve)는 흐름의 방향을 제어한다. 선 안전 밸브(line relief valve, 그림 7.21(d))는 보호하기 위한 선 압력을 최대치로 제한해주고, 선 압력이 제한을 초과하려 할 때 선 압력 흐름을 탱크로 돌려준다. 그렇기 때문에 안전 밸브는 선 압력이 최대 안전 압력과 같거나 낮은 수준을 갖도록($p_3 \leq p_{max}$) 보장해준다. 감압 동안 부피가 팽창하고 있음에 주목하라. 이와 비슷하게 가압 동안에는 부피가 수축되고 있다. 이와 같은 현상이 펌프에서 흡입과 펌프 작용을 일으킨다. 펌프의 스트로크 당 피스톤수에 의해 확장된 부피를 "스트로크 당 펌프 용적"이라고 한다. 만약 주어진 펌프에서 부피가 고정되어 있다면(가변될 수 없다면) 그것을 **고정 용적 펌프**라고 한다. 주어진 펌프에서 부피가 변경가능하다면 그것을 **가변 용적 펌프**라고 한다. 만약 펌프가 고정 용적 형식이라면 스트로크마다 펌프로 올려진 유량(flow volume)은 고정된다. 그러므로 유량을 제어할 유일한 방법은 스트로크의 비율(기계적 입력 속도)을 제어하는 것이다. 만약 펌프가 가변 용적 형식이라면 유율은 입력 속도를 제어하거나 스트로크 당 펌프의 용적을 수정함으로써 제어될 수 있다.

펌프	
유압 펌프 고정 용적 단 방향	
유압 모터 가변 용적 단 방향	
모터와 실린더	
유압 모터 고정 용적	
유압 모터 가변 용적	
단구동 실린더	
양구동 실린더 단말로드 신린더	
양말로드 실린더	
제어 쿠션 전진	
차등 피스톤	
잡다한 단위	
전기 모터	M
스프링에 의한 축열기	
가스 충전식 축열기	
가열기	
냉각기	
온도 제어기	
여과기	
압력 스위치	
압력 표시기	
온도 표시기	
회전축 방향 화살표가 축의 가까운면으로 추정	

밸브(형식)	
체크	
온/오프 (수동 잠금)	
배수 압력 장치	
압력 저하 배수	
비보상 제어형 유량 제어	
온도, 압력 보상 제어형 유량 제어	
양 위치 양 연결	
양 위치 세 개 연결	
양 위치 네 개 연결 세 개 위치 네 개 연결 변환 양 위치	
비례 위치 가는 밸브	
밸브(구동 방식)	
스프링	
수동	
미는 단추	
밀고 당기는 레버	
페달 혹은 트레들	
기계식	
걸쇠	

보상된 압력	
솔레노이드, 단 감김	
역 모터	M
파일럿 압력 원격 공급	
파일럿 압력 내부 공급	
선	
선 작업(주)	
선, 파이롯(제어용)	
선, 액체 배수	
유압 공압	
선(건넘)	
선(합침)	
고정 제한 선	
선(가변)	
테스트, 측정 혹은 동력 출발 지점	
온도 원인 혹은 효과	
저장실 배출형	
저장실 압력형	
선 액체 수위보다 높은 저장실로	
선, 액체 수위보다 낮은 저장실로	

그림 7.20 ■ 유압 부품에 대한 ANSI/ISO 표준 기호. 이 부품의 기호는 유압 시스템의 개요적인 회로 설계에 사용된다.

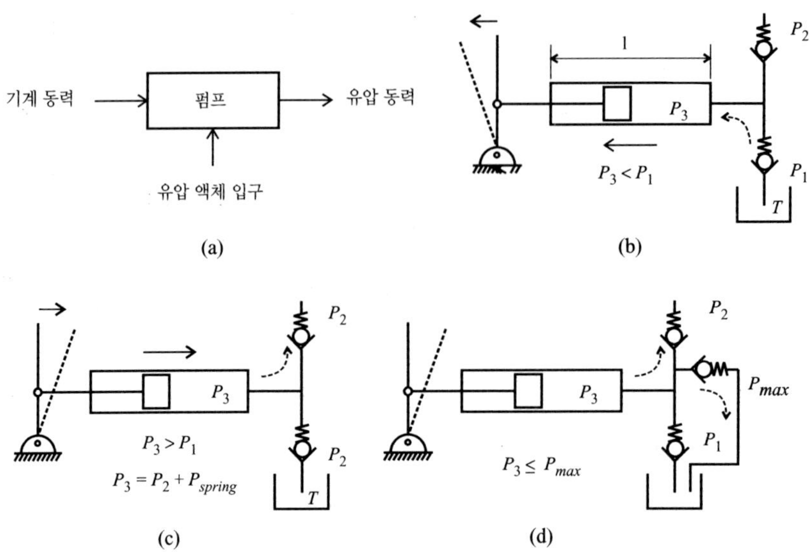

그림 7.21 ■ 용적형 펌프의 개념. (a) 펌프 입출력 블록 선도, (b) 감압(흡입), (c) 가압(펌핑), (d) 압력 제한 밸브

7.2.1 용적형 펌프의 형태

용적형 펌프의 다른 형식이 다음 그림 7.22에 간단히 기술되어 있으며, 각각의 차이점을 나타내고 있다.

(i) 기어 펌프 기어 펌프는 두 톱니바퀴의 톱니사이의 유동체 원리에 의해 동작한다(그림 7.23). 두 축 중의 하나는 구동축인데 구동 기어라고 부르며, 나머지 하나는 처음의 것에 의해 구동되며 피동기어라 한다. 용적실은 펌프 외장과 측면 판에 의해 밀폐된 기어들 사이의 공간에 의해 형성된다. 기어 펌프는 고압에서 저압 방향으로 기어를 밀기 때문에 디자인에 의해 항상 불균형하다. 구동축과 피동축 사이의 관계는 베어링에 의해 들어올려져야 할 불균형을 야기한다. 기어 펌프는 항상 고정 용적형으로 고정되어 있다. 이런 단점에도 불구하고 단순성, 저가 그리고 견고성 때문에 기어 펌프는 보편적으로 사용된다. 입력단 주변의 기어의 어긋남이 낮은 압력을 만들어 내어 흡입 작용을 일으킨다. 마찬가

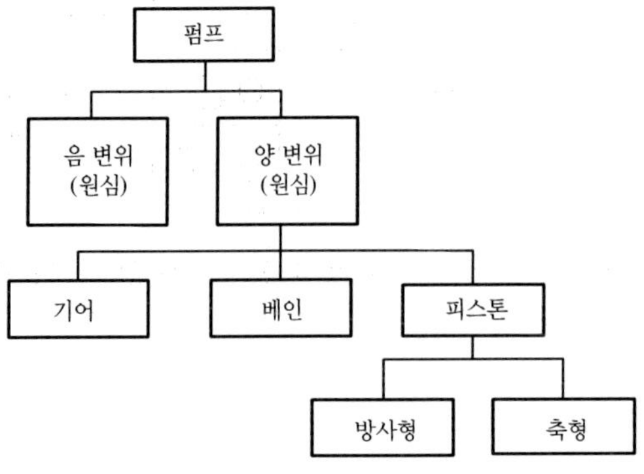

그림 7.22 ■ 유압 펌프 분류: 용적형 펌프 형식–기어, 날개, 피스톤(방사형과 축형)

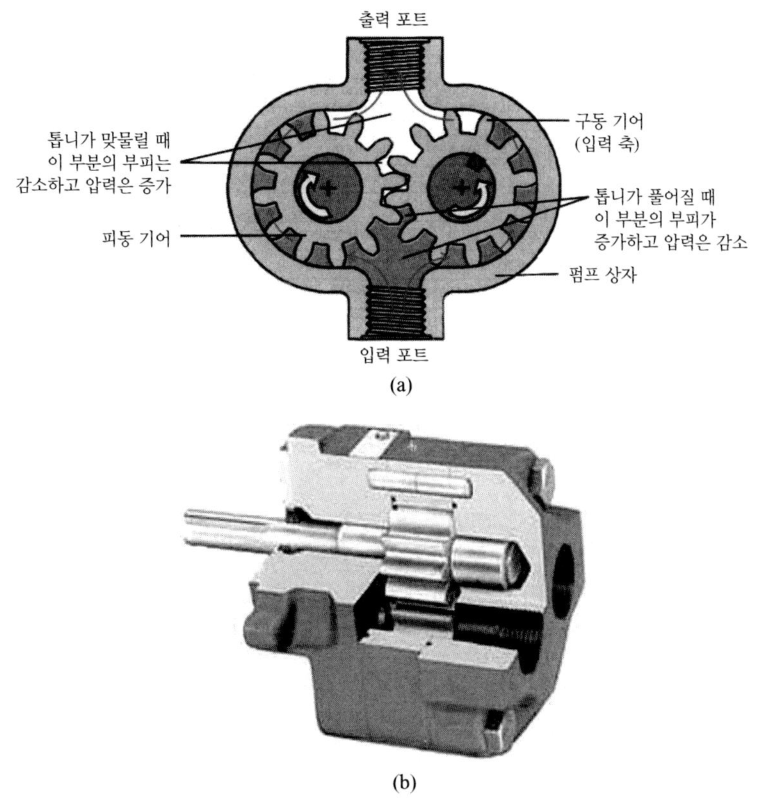

그림 7.23 ■ 기어 펌프 절단면. (a) 2차원 단면도, (b) 3차원 단면도

지로, 톱니와 펌프 외장 사이의 유동체에서 기어의 압착되는 동작뿐만 아니라 출력 포트 주변에서 톱니가 맞물릴 때도 출력 포트에서 증가된 압력을 만든다. 이상적으로, 유량과 압력 관계는 일정하다. 유동 비율은 펌프의 입력축 속도와 고정된 용적에 의해 결정된다. 압력은 너무 높아서 입력축이 지연되거나 펌프 외장이 깨지는 점에 이를 만큼 너무 높지 않은 부하에 의해 결정된다. 그러나 압력이 높아짐에 따라 누출량도 많아진다. 그러므로 압력 대 유량의 곡선은 출력 압력이 증가할수록 약간씩 떨어진다.

(ii) 베인 펌프 베인 펌프는 기어 펌프보다 좀 더 조용하게 동작하고 피스톤 펌프보다 비용 이점이 있는 것으로 알려져 있다. 더욱 최근에 더 조용하고 값싼 피스톤 펌프가 개발되어 이동형 유압기 시장을 장악하였다. 그림 7.24는 가변 용적 베인 펌프의 구조이다. 이는 증가하는 용적과 회전자에 연결된 베인에 의해 줄어드는 용적의 펌프 부분으로 오일이 밀리면서 출력단에 도달하기 전에 유압이 증가하여 오일이 끌어들여지는 원리로 동작한다. 캠링(cam ring)이라 부르는 이것은 기본적으로 디자인을 불균형하게 만드는 펌프의 회전자와 비교되도록 결합되어있다. 회전자에 관하여 캠 링의 위치를 바꿈에 따라서 입력 부분과 출력 부분의 비율의 변화는 펌프의 용적을 변화시킨다. 캠링은 한쪽에서는 제어 피스톤에서 안정되고 다른 쪽에서는 바이어스 피스톤을 가진다. 제어 피스톤에서 압력을 변화시킴에 따라, 펌프의 용적이 달라진다. 제어 피스톤은 펌프 용적을 수정하는 데 사용된다. 최

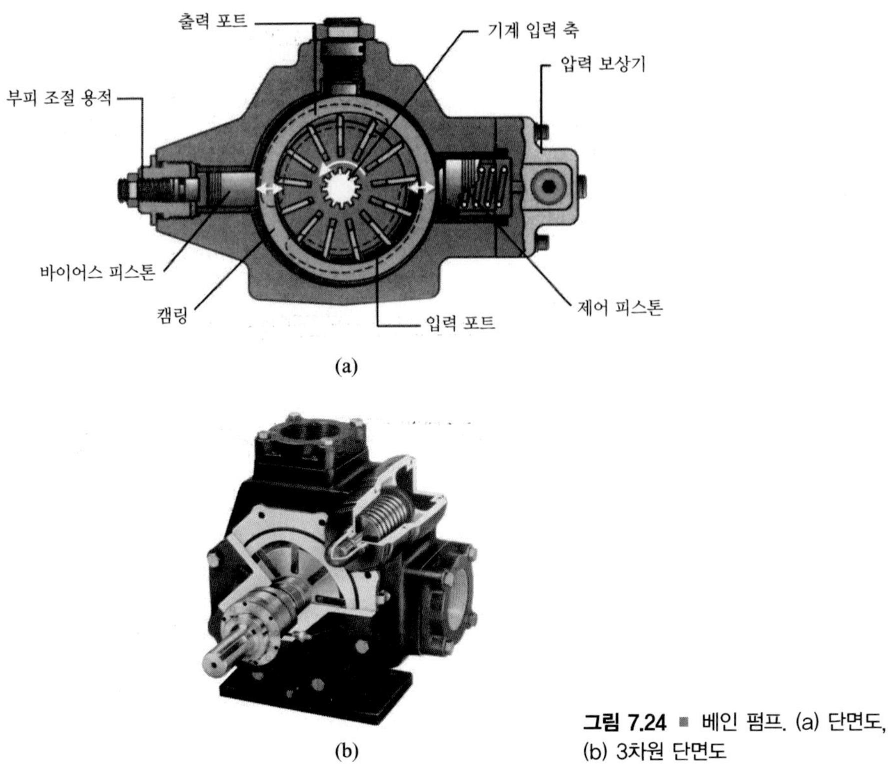

그림 7.24 ■ 베인 펌프. (a) 단면도, (b) 3차원 단면도

대 용적은 바이어스 피스톤의 행정을 제한하는 용적 부피 제어에 의해 정해진다.

(iii) 방사형 피스톤 펌프 방사형 피스톤 펌프(그림 7.25)는 바깥쪽에 돌아가는 실린더 블록에 있는 회전축으로 만들어진다. 피스톤이 슬리퍼 위의 펌프 외장을 따라가면서 중심 위치로부터 오프셋이 가압 운동을 만들어낸다. 피스톤은 언제든지 바깥쪽 링에 대한 접촉 상태를 유지한다. 입력 회전축은 피스톤이 미끄러지는 평면과 수직이다. 회전 핀에서의 수송은 실린더 블록이 지나갈 때에 (내부 지름면에서부터) 실린더 안으로 저압에서 흡입하게 한다. 그리고 실린더 블록이 (내부 지름면을 통해) 외부 포트를 지나갈 때 출력 포트에 압력을 가하게 한다. 피스톤의 수, 피스톤의 지름, 그리고 스트로크의 길이는 펌프의 용적을 결정한다. 고객의 높은 내구성 요구에 맞추어 피스톤과 실린더 슬리브들은 제작된다. 방사형 피스톤 펌프는 저압과 고압 사이에 전이가 용이하게 하기 위해 하나 이상의 포트가 동시에 유동체를 내보내고, 하나 이상의 펌프가 동시에 흡입을 위해 열려 있도록 만들어 진다. 이 디자인은 한 회전당 회전자의 각위치의 기능으로써 주기적인 유량을 줄이고 외부흐름에서의 유압 진동을 주려고 한다. 전형적 방사형 피스톤 펌프는 출력을 거의 350 bar의 압력과 200 lpm의 유량으로 올려준다.

(iv) 축형 피스톤 펌프 축형 피스톤 펌프는 이동 유압 적용에서 가장 널리 쓰이는 형식이다. 두 가지 주요 형태는 다음과 같다.

- 인라인 피스톤 펌프(그림 7.26)

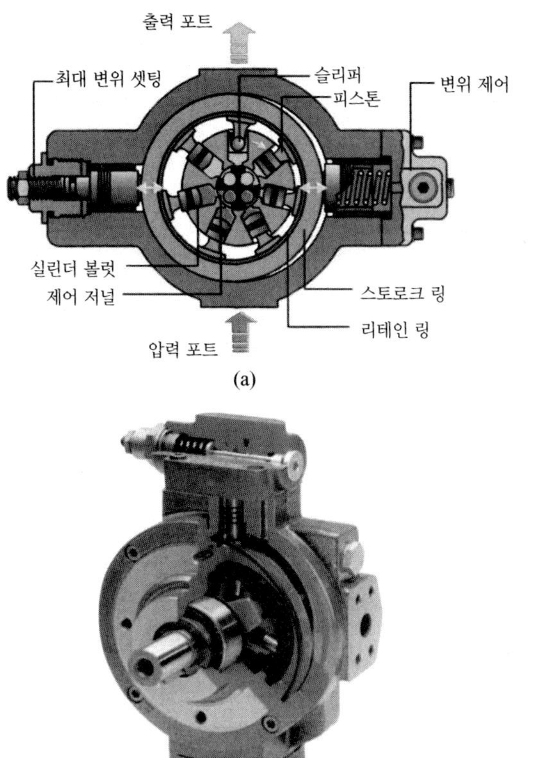

그림 7.25 ■ 방사형 피스톤 펌프

• 경사축형 피스톤 펌프(그림 7.27)

이들 펌프들의 두 가지 유일한 차이점은 입력 축에 피스톤의 회전축이 놓인 상태이다. 인라인 피스톤 펌프의 경우 기계적 입력 축과 피스톤의 회전축이 직선인 반면 경사축식은 직선이 아니다. 펌프의 사판 각도를 제어하여 용적을 변화시킬 수 있다. 사판 각회전의 전

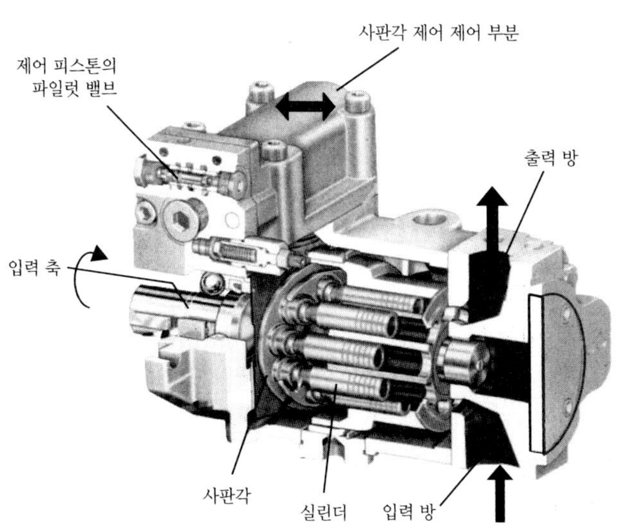

그림 7.26 ■ 인라인 축 피스톤 펌프 (가변 용적) 단면도

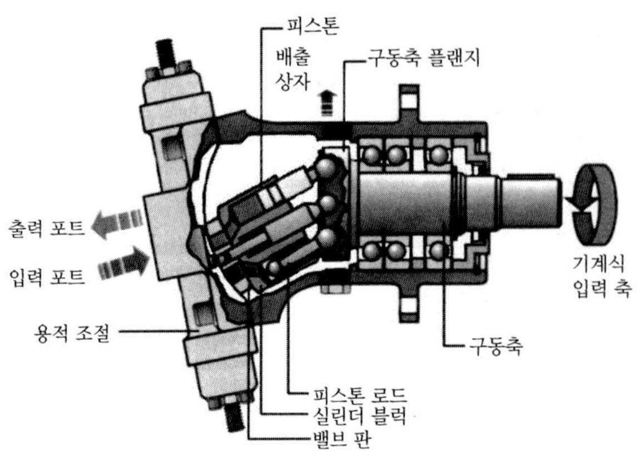

그림 7.27 ■ 경사축식 피스톤 펌프 (가변 용적)

형적 범위는 약 15도이다. 펌프의 용적은 0~15도의 제한 안에서 사판각을 제어할 수 있다. 오일이 포트 판의 흡입구쪽을 통해 펌프로 밀려 흐르게게 되는데, 때때로 포트의 모양 때문에 신장판이라고 불리기도 한다. 실린더가 안쪽 영역을 지나고 오일이 신장판의 다른 면으로 밀려 올라갈 때 실린더가 채워진다. 실린더가 따라서 움직일 때, 사판은 신장판을 향해 가둬진 오일을 밀어내고 압력이 높아진다. 사판이 회전축과 수직이 될 때, 용적은 0이 된다. 그러면 펌프는 준비 위치에 있게 되고 어떤 유동도 생기게 하지 않는다. 더 정확하게 준비 상태에서 펌프는 새는 유량을 보상해주는 유량을 공급하는 것이다. 그것은 원하는 수정 유량을 공급함으로써 가변 용적 펌프의 에너지 절감 크기를 가늠할 수 있다.

축형 피스톤 펌프는 고정 용적이나 가변 용적일 수도 있고, 한 방향이나 양방향일 수도 있으며, 오버센터 제어이 가능할 수도 있다(그림 7.28). 고정 용적 펌프에서는 사판의 각이 일정하다. 가변 용적 펌프에서는 사판의 각이 제어 기구학 기구에 의해 다양해질 수 있다. 한 방향 펌프는 시계 방향이나 반시계 방향으로 입력 축에 의해 구동되는 경향이 있다. 펌프에 다른 방향에서 중립점에 대한 사판각을 변화시키는 오버센터 제어 기능이 있다면, 펌프 출력의 유동 방향은 입력 축 속도 방향이 같을지라도 오버센터 제어에 의해 변화될 수 있다. 양방향 펌프는 어느 방향으로도 입력 축에 의해 구동될 수 있고 오직 한 방향으로만 회전할 수도 있다. 오버센터 제어는 입력 흐름의 방향이 바뀌지 않아도 모터의 출력 방향이 바뀌도록 허용한다.

7.2.2 펌프 성능

가변 용적 펌프는 추가적 제어의 복잡성을 위해 높은 융통성을 제공한다. 이 경우, 펌프의 입력 속도는 다른 조건(즉, 조작자는 다른 고려 사항(기관 행정 속도)을 위해 엔진을 제어 할 것이다)에 의해 결정되도록 남겨질 수 있고, 요구된 펌프 출력은 사판각을 조정함으로써 제어된다. 사판 작동 논리는 유량, 압력, 다른 파생된 변수(그림 7.29)의 제어에 기초를 두고 있다. 그림 7.30은 크기와 효율의 항목에서 펌프의 전형적인 정상 상태의 작동 특성을 보여준다. 펌프의 압력, 흐름, 용적은 곧바로 펌프의 크기와 직결된다.

펌프의 기본 작동량은 다음 요인으로써 분류된다.

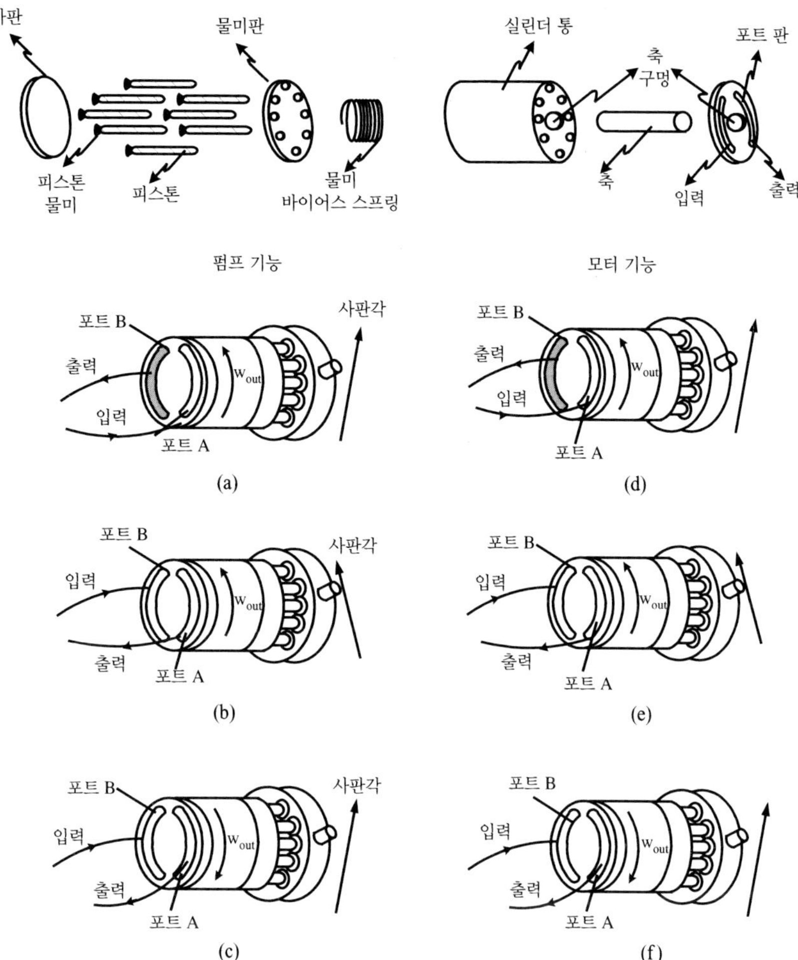

그림 7.28 ■ 축형 피스톤 펌프와 모터: 부품과 작동원리. (a) 한 방향 펌프 기능, (a)와 (b) 오버센터 제어 펌프 기능, (a)와 (c) 양방향 펌프 기능, (d) 한 방향 모터 기능, (d)와 (e) 오버센터 제어 모터 기능, (d)와 (f)양방향 모터 기능

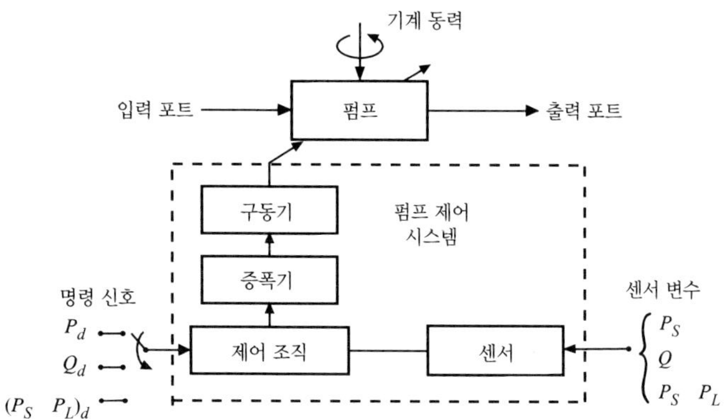

그림 7.29 ■ 가변 용적 펌프에 대한 제어 시스템 블록 선도. 펌프는 출력 압력과 흐름, 그에 파생되는 변수들을 제어하기 위해 제어될 수 있다. 제어 요소는 펌프의 사판각 위치 기구이다.

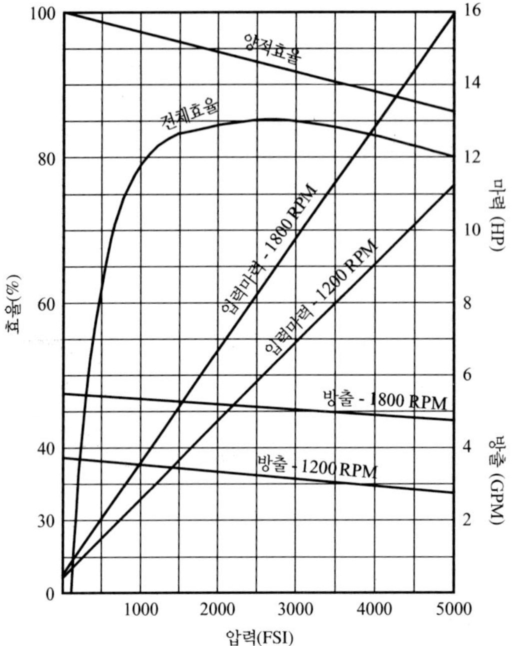

그림 7.30 ■ 펌프의 정상 상태 동작 특성: 유량, 동력, 다른 입력축 속도에서 작동 압력 범위의 함수로서의 효율

1. 용적[in^3/rev](또는 펌프의 크기를 정의하는 [cc]는 [cm^3/rev]의 약어이다, 1 liter $= 10^3$ cm^3) , $D_p(\theta)$
2. 정격 속도, 정격 압력에서의 유량 Q_r
3. 정격 압력 p_r
4. 정격 동력(정격 압력과 정격 유량에서 파생된 양)
5. 펌프가 가변 용적 형식이면 펌프 용적 제어 시스템 동적 응답폭

그 다음 동작 특성은 다음을 포함한다.

1. 효율: 양적, 기계적 통틀어서
2. 최대 속도
3. 무게
4. 잡음 수준
5. 비용

펌프의 양적 용적으로 출력 유동률을 양적 효율(η_v)이라 한다. 이것은 펌프에서의 누출량이다. 누출보다는 마찰이나 기계적 손실의 요인에 의한 손실을 기계적 효율(η_m)이라 한다. 펌프의 입력 기계력과 출력 유압의 비율을 전체 효율(η_o)이라 한다. 각 단위가 D_p[m^3/rev], w_{shaft}[rev/sec], p[N/m^2]를 따른다고 하자. 이 효율은 펌프의 압력과 속도의 함수이다.

$$\eta_v = \frac{V_{out}}{V_{disp}} \tag{7.60}$$

$$= \frac{Q_{out}}{D_p \cdot w_{shaft}} \tag{7.61}$$

그리고

$$\eta_m = \frac{Power^*_{out}}{Power_{in}} \tag{7.62}$$

$$= \frac{p_{out} \cdot D_p \cdot w_{shaft}}{T \cdot w_{shaft} \cdot (2\pi)} \tag{7.63}$$

$$= \frac{p_{out} \cdot D_p}{2\pi T}; \ D_P\text{의 단위는 [m}^3\text{/rev] 이라면} \tag{7.64}$$

그리고

$$\eta_o = \frac{Power_{out}}{Power_{in}} = \frac{p_{out} \cdot Q_{out}}{T \cdot w_{shaft}} \tag{7.65}$$

$$= \eta_v \cdot \eta_m \tag{7.66}$$

만약 D_p의 단위가 [m³/rad]라면, 기계적 효율은 다음과 같이 정의된다.

$$\eta_m = \frac{p_{out} \cdot D_p}{T}; \ \ D_P\text{의 단위는 [m}^3\text{/rad] 이라면} \tag{7.67}$$

기계적 효율과 전체 효율의 정의에서의 차이는 출력 동력의 정의이다. 기계적 효율은 누출이 0일 때, 즉 100% 양적 효율일 때의 힘으로 출력 동력을 정의한다. 전체 효율은 누출과 다른 기계적 효율 둘 다 고려한다.

주요 동작 특성의 관심 사항 중의 하나는 펌프의 잡음 수준이다. 공동화로 인한 잡음은 아주 심각할 수 있다. 펌프 입력단에서의 저압 수준은 펌프 입구 포트로 들어가는 기포를 발생시킬지 모른다. 고압과 기포 붕괴하에서 높은 잡음 수준을 일으키게 한다. 그러므로 어떤 펌프는 입구 포트 압력의 보통 수준보다 더 높은 수준, 즉 주 펌프와 탱크 사이의 (차지 펌프라고 부르는) 작은 펌프를 사용한 부스트 인렛 프레셔(boost inlet pressure)를 필요로 할 것이다. 또한 너무 높은 유압액 점도에 의해 공동화가 야기되어 펌프가 유액을 충분히 빨아들이지 못할 지도 모른다. 이것은 특별히 차가운 시동 조건에서 일어날 것이다. 유액의 점성을 제한하기 위해 펌프의 입구에 가열기가 포함될 수도 있다.

▸▸ 예제 $D_p = 100$ cm³/rev의 고정 용적을 가진 펌프를 대상으로, 작동 조건: 입력축 속도 $w_{shaft} = 100$ rpm, 입력축에서의 토크 $T = 250$ Nt.m, 출력 압력, $p_{out} = 12$ MPa, 출력 유량 $Q_{out} = 1750$ cm³/sec. 작동 조건에서 펌프의 양적, 기계적, 전체 효율을 결정하라.

$$\eta_v = \frac{Q_{out}}{D_p \cdot w_{shaft}} \tag{7.68}$$

$$= \frac{1750 \text{ cm}^3\text{/s}}{100 \text{ cm}^3 \cdot 20 \text{ rev/sec}} = 87.5\% \tag{7.69}$$

$$\eta_m = \frac{p_{out} \cdot D_p}{2\pi \cdot T} \tag{7.70}$$

$$= \frac{12 \times 10^6 \text{ N/m}^2 \cdot 100 \times 10^{-6} \text{ m}^3\text{/rev}}{2 \cdot \pi \cdot 250} = 76.4\% \tag{7.71}$$

$$\eta_o = \eta_v \cdot \eta_m \tag{7.72}$$

$$= 0.875 \cdot 0.764 \cdot 100\% = 66.85\% \tag{7.73}$$

효율 계산이 100%보다 크게 나온다면 그것은 주어진 정보나 측정된 변수에 오류가 있다는 것이다. 왜냐하면 효율은 100%를 넘길 수 없기 때문이다. 결과를 확인하기 위하여 펌프로의 입력 기계력과 펌프에서 나오는 유압력을 계산해보자.

$$Power_{out} = p_{out} \cdot Q_{out} \tag{7.74}$$

$$= 12 \cdot 10^6 \text{ N/m}^2 \cdot (1750 \text{ cm}^3\text{/sec}) \cdot (1 \text{ m}^3/10^6 \text{ cm}^3) \tag{7.75}$$

$$= 12 \cdot 1750 \text{ N.m/sec} \tag{7.76}$$

$$Power_{out} = p_{out} \cdot Q_{out} \tag{7.77}$$

$$= 12 \cdot 10^6 \text{ N/m}^2 \cdot (1750 \text{ cm}^3\text{/sec}) \cdot (1 \text{ m}^3/10^6 \text{ cm}^3) \tag{7.78}$$

$$= 12 \cdot 1750 \text{ N.m/sec} \tag{7.79}$$

$$= 21 \cdot 10^3 \text{ N.m/sec} = 21 \text{ kW} \tag{7.80}$$

$$\frac{P_{out}}{P_{in}} = \frac{21}{31.41} \tag{7.81}$$

$$= 66.85\% \tag{7.82}$$

$$= \eta_v \cdot \eta_m \tag{7.83}$$

$$= \eta_o \tag{7.84}$$

펌프	모터
$D_p = 10 \text{ in}^3/\text{rev}$	$D_m = 40 \text{ in}^3/\text{rev}$
$\eta_v = 0.9$	$\eta_v = 0.9$
$\eta_m = 0.85$	$\eta_m = 0.85$
$w_p = 1200 \text{ rpm}$	$w_m = ?$
$p_p = 2000 \text{ psi}$	$p_m = ?$
$Q_p = ?$	$Q_m = ?$
$T_{in} = T_p = ?$	$T_{out} = T_m = ?$
$PumpPower_{in} = ?$	$MotorPower_{out} = ?$

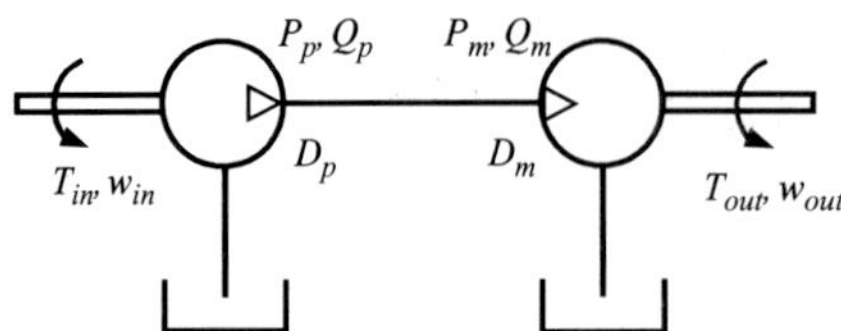

그림 7.31 ■ 유압 펌프와 유압 모터로 된 유압 회로

▶▶ **예제** 그림 7.31의 정압 전동을 보라. 연결된 유압 선을 가로지르는 압력 강하는 200 psi다. 펌프 변수와 모터 변수는 부피 효율과 기계적 효율이 다음 표에 함께 나와 있다.

먼저 펌프와 펌프의 입력 동력원을 보자. 주어진 입력 속도에서 펌프로부터 나오는 순수 유량은 다음과 같다.

$$Q_p = \eta_v \cdot D_p \cdot w_p \tag{7.85}$$

$$= 0.9 \cdot 10 \cdot 1200 \text{ in}^3/\text{rev} \cdot \text{rev/min} \tag{7.86}$$

$$= 10800 \text{ in}^3/\text{min} \tag{7.87}$$

펌프를 구동시키는 데 필요한 입력 토크는 다음과 같이 나타낼 수 있다.

$$\eta_0 = \eta_v \cdot \eta_m = \frac{PumpPower_{out}}{PumpPower_{in}} \tag{7.88}$$

$$= \frac{p_p \cdot Q_p}{T_p \cdot w_p} \tag{7.89}$$

$$T_p = \frac{1}{\eta_0} \frac{p_p \cdot Q_p}{w_p} \tag{7.90}$$

$$= \frac{1}{0.9 \cdot 0.85} \frac{2000 \text{ lb/in}^2 \cdot 10800 \text{ in}^3/\text{min} \cdot \frac{1 \text{ min}}{60 \text{ sec}}}{20 \cdot 2\pi \text{ rad/sec}} \tag{7.91}$$

$$= 3744.8 \text{ lb} \cdot \text{in} \tag{7.92}$$

그리고 펌프에 공급되어야 하는 입력 동력은 다음과 같이 나타난다.

$$PumpPower_{in} = T_p \cdot w_p \tag{7.93}$$

$$= 3744.8 \cdot 20 \cdot 2\pi \text{ rad/sec} \cdot \frac{1 \text{ HP}}{6600 \text{ lb.in/sec}} \tag{7.94}$$

$$= 71.3 \text{ HP} \tag{7.95}$$

이제 모터를 살펴보자. 펌프 출력 압력과 흐름은 모터와 연결되어 있다. 유압 선에는 200 psi의 압력 강하가 있고, 전송 선에서의 누출은 없다고 가정한다. 그러므로 입력 압력과 모터로 들어가는 유량은 다음과 같다.

$$p_m = p_p - 200 \text{ psi} = 1800 \text{ psi} \tag{7.96}$$

$$Q_m = Q_p = 10800 \text{ in}^3/\text{min} \tag{7.97}$$

모터의 부피 효율은 그 입력의 100%보다 흐름이 적게 용적으로 바뀐다는 것을 가리킨다.

$$\eta_v = \frac{Q_a}{Q_m} \tag{7.98}$$

$$Q_a = \eta_v \cdot Q_m = 0.9 \cdot 10800 = 9720 \text{ in}^3/\text{min} \tag{7.99}$$

그리고 모터의 출력 속도를 결정할 수 있다.

$$Q_a = \eta_v \cdot Q_m = D_m \cdot w_m \tag{7.100}$$

$$w_m = \frac{Q_a}{D_m} = 243 \text{ rpm} \tag{7.101}$$

모터의 출력 동력은 모터의 전체 효율에서 주어진 입력 동력과 출력 동력의 비율로부터 결정된다.

$$\eta_o = \eta_v \cdot \eta_m = \frac{T_m \cdot w_m}{p_m \cdot Q_m} \tag{7.102}$$

$$T_m = \frac{\eta_o \cdot p_m \cdot Q_m}{w_m} \tag{7.103}$$

$$= \frac{0.9 \cdot 0.85 \cdot 1800 \text{ lb/in}^2 \cdot 10800 \text{ in}^3\text{/min}}{243 \text{ rev/min} \cdot 2\pi \text{ rad/rev}} \tag{7.104}$$

$$= 61200/(2\pi) \text{ lb} \cdot \text{in} = 9740 \text{ lb} \cdot \text{in} \tag{7.150}$$

그러므로 모터의 출력축에서의 기계적인 힘은 다음과 같이 나타난다.

$$Motor\ Power_{out} = T_m \cdot w_m = \frac{(61200/(2\pi)) \cdot 243 \cdot 2\pi}{6600} = 37.55 \text{ HP} \tag{7.106}$$

7.2.3 펌프 제어

펌프 제어 요소는 사판의 각도위치를 제어하는 구동 기구이다. 사판각을 제어하는 기구를 보상기(Compensator)라고 한다. 펌프 제어 시스템은 다음과 같은 요소를 가진다.

1. 사판각을 이동하기 위해 사용되는 하나 또는 한 쌍으로 되어 있는 작은 제어 실린더(용적 피스톤이라 불리기도 한다).
2. 펌프 사판 구동기 실린더로 흐르는 흐름을 계량하고, 확실한 제어 목적으로 전기적 또는 유체역학에 의해 제어되는 비례를 이룬 밸브(즉, 그 펌프나 부하 감지 펌프로 부터의 일정한 압력 산출).
3. 제어 목적을 구현하는 데 사용되는 제어 센서나 센서들(유압 감지 선 또는 전기적 센서). 즉 펌프가 일정한 압력 산출을 제공하기 위해 제어된다면 오직 필요로 하는 센서 신호는 펌프 산출 압력이다. 만약 펌프가 밸브를 지나 일정한 압력 강하를 제공하기 위해 제어된다면(부하 감지 제어), 펌프 산출 압력과 밸브 출력 포트 압력 센서 둘다 필요하게 된다.

사판각은 다음의 범위에서 제한된다.

$$\theta_{min} \leq \theta \leq \theta_{max} \tag{7.107}$$

θ_{min}는 최소값, θ_{max}는 최대 사판각이다. 만약 펌프가 두 출력 포트를 가진다면, 그것은 양방향 펌프라고 한다. 출력 흐름은 사판각의 제어에 의해 어떤 하나 또는 다른 포트로 향하게 된다. 만약 사판의 용적이 중심의 한 쪽에 있다면 출력 흐름은 한 방향일 것이다. 만약 사판 용적이 중심의 다른 쪽에 있다면 출력 흐름은 반대 방향으로 바뀔 것이다. 그러므로 흐름의

방향은 정압 전동처럼 폐회로 유압 시스템에서 펌프 제어에 의해서 바뀔 수 있다.

대부분의 펌프에서 최대와 최소 사판각은 기계적으로 세트 스크류에 의해 수정될 수 있다. 유체역학적으로 제어되는 펌프에서 압력 궤환 신호는 구멍과 함께 유압 선에 의해 제공된다. 응답 신호(즉, 요구되는 산출 압력)는 수정 가능한 스프링과 스크류의 조합에 의해 구현된다. 사판을 옮기는 구동기는 제어 실린더나 제어 피스톤이라 하기도 한다. 어떤 펌프에서는 구동기가 비례적인 밸브의 제어 하에서 양방향으로 사판을 옮길 동력을 제공한다. 반면에 어떤 펌프에서는 구동기가 한 방향으로 동력을 제공하며, 다른 한 방향의 힘은 전부하 스프링에 의해 제공된다. 시작할 때의 대부분의 경우에서 전부하 스프링은 사판을 최대 용적으로 옮길 것이다. 펌프의 산출 압력이 올라갈 때 보상기 기구(비례 밸브와 제어 피스톤)는 사판각을 줄여줄 제어 동력을 제공한다.

사판각의 함수인 펌프 용적 $D_p(\theta)$의 제어인 펌프 제어는 다음과 같은 다른 목적에 근거할 것이다.

1. 압력 보상과 제한
2. 보상된 흐름
3. 부하 감지
4. 용적 제어(흐름 공급과 요구와 매치됨)
5. 토크 제한
6. 동력 제한

다른 펌프 제한 방법 중에, 압력 보상식 밸브 제어와 부하 감지 밸브 제어는 가장 널리 쓰이는 두 가지 방법이다.

(1) 압력 보상식 펌프 제어: 요구된 펌프 산출 압력에 대해 정제된 실제 펌프 산출 압력(P_s)과 같은 펌프 용적..을 제어하는 제어(P_{cmd})

$$\theta_{cmd} = \theta_{offset} + K \cdot (P_{cmd} - P_s) \tag{7.108}$$

이다. θ_{cmd}은 응답형식 사판각이고, θ_{offset}는 사판각의 오프셋 값이고, K는 압력 제어기에 대한 비례 이득이다. 단순화를 위해, 비례 제어 논리를 이곳에서 설명했다. 명백히 더 진보된 제어 논리가 요구되는 변수와 측정된 변수사이의 관계가 제어기의 출력에서 구현될 수 있다. 이런 펌프 제어의 형식을 **압력 보상 펌프 제어**라 하고 일정한 압력 산출을 낸다. 유량은 요구된 압력을 최대 유량에 이르기까지 유지할 필요가 있는가 없는가에 의해 결정될 것이다(그림 7.32(a)). 응답 압력은 반드시 일정해야 하거나 주어진 펌프에서 최소와 최대 밸브사이를 일정하게 세팅해야 하는 것은 아니다. 유량이 증가하면 정제된 압력은 약간 줄어드는 경향이 있다. 그러나 이런 영향은 디지털로 제어된 펌프에서 소프트웨어 제어 알고리즘으로 해소될 수 있다. 외부 부하가 너무 커서 그것을 옮길 수 없을 때에는, 압력 보상 제어 하의 펌프는 정제 요구된 산출 압력을 거의 제로 유량에서 낼 것이다. 이것을 **압탕 조건**(dead head condition)이라 한다.

압력 제한 제어는 외부에서의 압력이 체크 밸브로 궤환되면서 확립된다. 리셋 압력 제한 값이 다다르면 체크 밸브가 열려서 오일이 제어 피스톤 안으로 들어가게 되고 펌프 사판은 더 낮은 산출 압력으로 디스트로크(destroke)된다. 펌프가 시스템에서 허용된 최대압력보

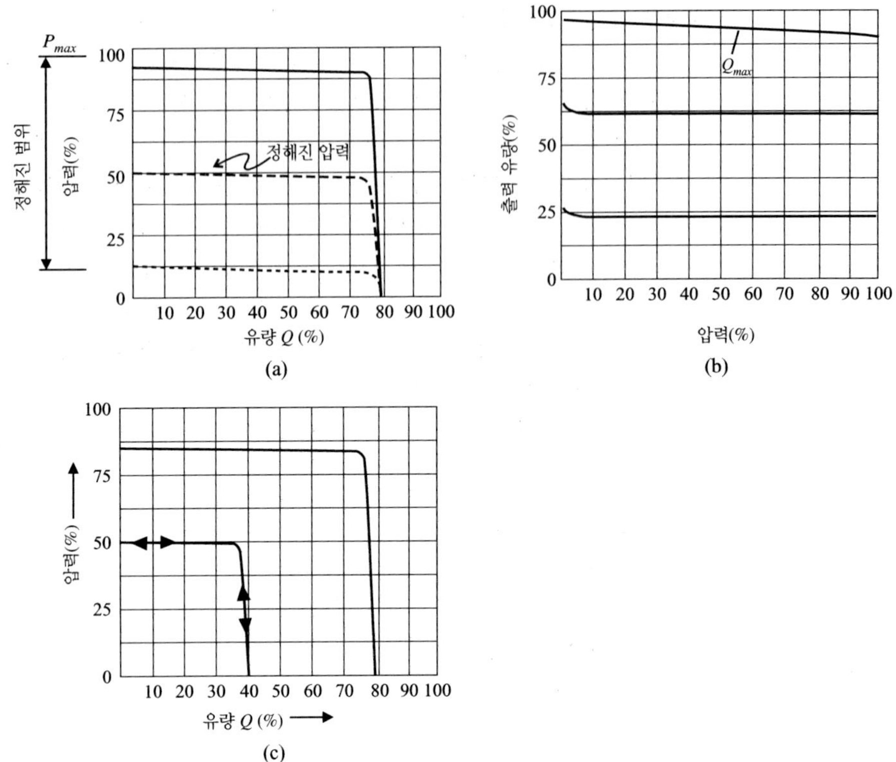

그림 7.32 ■ 여러 가지 제어 방법에서의 펌프 동작 특성. (a) 제어된 압력, (b) 제어된 유량, (c) 압력 제한으로 제어된 유량 또는 유량 제한으로 제어된 압력

다 높은 압력을 산출하지 않도록 확실하게 하는 안전으로서 압력 제한이 설치된다.

(2) 유량 보상식 펌프 제어: 요구된 산출 유량(Q_{cmd})에 대해 제어된 실제의 산출 유량(Q_p)과 같은 펌프 용적을 제어하는 제어

$$\theta_{cmd} = \theta_{offset} + K \cdot (Q_{cmd} - Q_P) \tag{7.109}$$

유량 보상식 펌프 제어의 유량 압력 곡선을 그림 7.32(b)에서 볼 수 있다. 안정적인 출력유량을 유지하기 위해 펌프의 기계적 입력 속도는 최소값을 넘어야 할 것이다. 이 제어 논리를 위한 유체역학적 구현에서 측면에 두 압력 궤환이 있는 간단한 세 가지 방식의 조절기를 사용한다. 펌프의 출력 포트에는 고정된 구멍이 있고 그것을 지나는 일정한 압력 강하를 제어함으로써 유량을 제어한다. 그러므로 두 압력 궤환은 고정된 구멍의 두 포트에서 온다. 3개의 포트 유량 보상식 밸브는 펌프 바깥쪽과 연결된 하나의 포트와 탱크로 연결된 하나의 포트, 그리고 펌프의 사판을 움직이게 하는 실린더와 연결된 하나의 포트를 갖는다. 압력 밸런스에 따라 유량 보상식 밸브는 실린더 포트를 펌프 출력 포트나 탱크 포트로 누른다. 원하는 압력차, 즉 원하는 유량은 보상식 밸브의 스프링 계수에 의해 정해진다. 그림 7.32(b)에 나타난 동작 곡선은 펌프의 유량 보상기 제어의 유체역학적 구현을 위함이다. 보상식 밸브는 펌프 출력 포트에 고정된 구멍을 지나는 일정한 압력 강하를 유지하기 위해 작동한다. 그러한 제어 기구는 오직 보상기를 지나는 잉여 압력이 있을 때만 동작한다. 만

약 부하 압력이 매우 낮다면, 유량 보상기의 제어의 질이 아주 떨어지고 유량이 아주 낮은 부하 압력 수준에서 증가하는 경향이 있다. 이것이 저압 영역 근처에서 곡선이 위로 움직이는 이유이다. 결국 잘 작동하기 위해, 그리고 원하는 값에 대한 유량을 제어하기 위해 기계적 축 입력 속도와 부하 압력은 확실한 최소값을 넘어서야 한다. 반면에 펌프는 압력과 유량 제어의 조합에 근거해 제어될 수 있다(그림 7.32(c)).

(3) 부하 보상식(부하 감지): 실제 펌프 출력 압력과 부하 압력 사이의 차이와 같은 펌프 용적 제어는 원하는 차이 압력에 대해 제어될 수 있다.

$$\theta_{cmd} = \theta_{offset} + K \cdot (\Delta P_{cmd} - (P_s - P_L)) \tag{7.110}$$

ΔP_{cmd}는 원하는 압력차이고, P_s 는 펌프 바깥 압력, P_L은 구동기(실린더나 유압 모터 포트 A와 B)의 두 포트로부터 감지되는 두 압력 중에 더 큰 압력인 부하 압력이다. ΔP_{cmd} 의 전형적인 값은 10~30 bar 범위 안에 있다. 부하 보상(또는 부하 감지)펌프 제어 방법이 밸브에서의 일정한 압력차를 유지하기 때문에 실린더의 속도가 (최대 출력 압력이 미치지 않을 만큼의) 부하와 독립되어 있고 밸브 스풀 용적에 비례한다는 점에 주의하라. 이것은 밸브에서의 유량 방정식을 풀어봄으로써 보여질 수도 있다. 펌프는 펌프 외부 포트의 압력과 부하 압력 사이에 원하는 압력차를 유지하기 위해 (최대 용적에서 포화값을 가질 만큼) 충분한 유량을 공급한다. 대부분의 부하 감지 펌프 제어 기구는 스프링 로딩형 밸브에 의해 정해지는 최대값까지 펌프 출력 압력을 제한하는 밸브를 가지고 있다. 이 밸브 출력 유량은 펌프 압력이 최대 압력 제한을 초과할 때까지 0이다.

부하 감지 제어는 펌프가 모든 시스템 압력과 유량에서 필요하지 않을 때 에너지 낭비를 줄이기 위해 사용된다. 그것은 부하 압력 감지와 펌프 압력 감지가 요구된다. 이 두 신호에 근거하 였을때, 사판각은 밸브와 피스톤 기구에 의해 제어되는 펌프이다. 그림 7.33은 완전

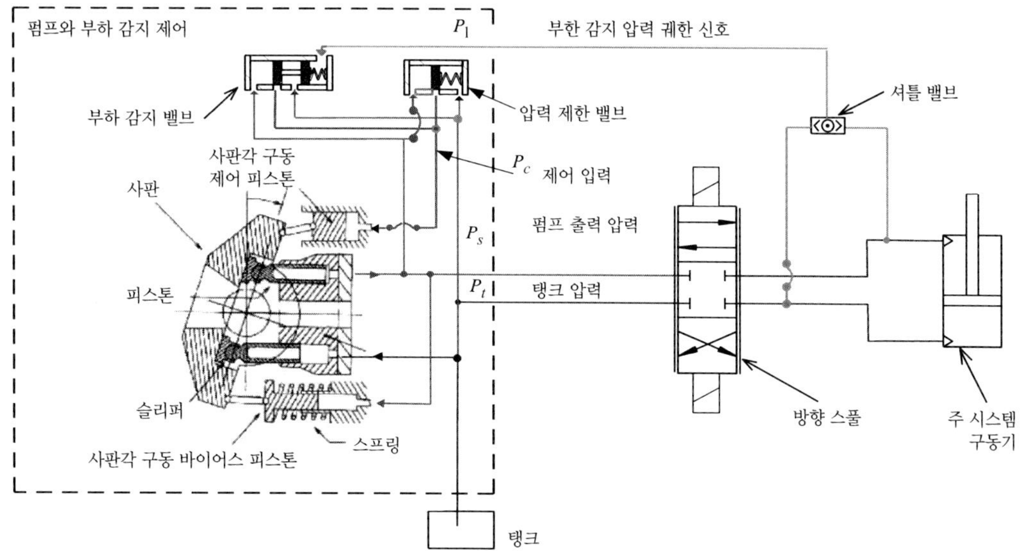

그림 7.33 ■ 축형 피스톤 펌프에 유압 기계식 궤환을 사용한 압력 제한과 부하 감지 제어 원리; 제어 요소는 사판각이다.

하게 유체역학적 요소를 가진 부하 감지 펌프 제어 시스템을 보여준다. 이 시스템은 완전한 유체역학적 감지 궤환과 밸브를 지나는 일정 압력 강하를 제어하기 위한 사판각에서의 폐루프 제어 함수를 수행하기 위한 작동 기구를 사용한다. 여기엔 전기적 센서나 수반된 디지털 제어가 없다. 부하 감지 밸브는 펌프 외부 압력(P_s)와 부하 압력(P_L)사이의 차이에 비례하여 제어 피스톤으로 가는 유량을 제어한다. 압력차 $P_s - P_L$가 더 커지면(즉 P_L이 낮아지면), 피스톤을 제어하는 부하 감지 밸브의 유량은 증가한다. 제어 피스톤이 왼쪽으로 움직이면 사판각, 펌프 출력 유량, 펌프 출력 압력은 감소된다. 이것은 P_s 을 감소시킨다. 만일 압력차가 더 작아지면 (즉, P_L이 커지면) 부하 감지 밸브로부터 나오는 유량은 작아지고, 결국 제어 피스톤은 사판각을 증가시키기 위해 오른쪽으로 움직인다. 이것은 차례대로 P_s를 증가시키도록 펌프 출력(압력과 유량)을 증가시킨다.

최대 펌프 외부 압력 제한에 이르는 모든 부하 조건에서 밸브를 지나는 압력 강하의 일정한 유지는 최대 펌프 외부 압력이 미치지 않는 밸브를 통해 긴 부하 압력을 고려하지 않은 스풀 용적에 비례한 유량을 만든다. 이것은 좋은 제어 능력을 준다. 왜냐하면 밸브를 통과하는 유량, 즉 실린더(구동기) 속도는 부하를 고려하지 않은 방향의 스풀의 용적에 비례할 것이기 때문이다. 부하 감지는 보통 압력 제한 장치와 함께 탑재된다. 사판은 펌프 출력 압력 사이의 압력 차이와 부하가 일정한 값에서 유지되도록 제어 된다. 즉, 제어의 이런 형식은 부하에 의존해 압력 제한 밸브에 의해 정해지는 최대 제한까지 펌프출력 압력을 증가 또는 감소시킨다.

부하 감지 밸브와 압력 제한 밸브의 결합을 **부하 감지 밸브**(또는 부하 감지 보상 밸브, 그림 7.33)라 부른다. 부하 감지 보상기는 4개의 포트를 갖는다: (1) 펌프 출력 압력 입력, (2) 부하 압력 입력, (3) 탱크 포트, (4) 사판 제어 피스톤을 향한 출력 포트. 압력 제한 밸브는 오직 펌프 외부 압력이 압력 제한 밸브 안에서 스프링에 의해 미리 결정되어 설치된 제한점에 이를 때에만 부하 감지 밸브를 작동하지 못하게 한다. $p_s > p_{limit}$ (즉, 방향 밸브는 위치를 재고 있고, 부하가 아주 클 때)일 때, 피스톤을 제어할 입력 제한 밸브로부터 나오는 유량은 사판을 디스트로크(destroke)할 것이고 방향 밸브는 중립 위치에 있지 않을 것이며, 펌프압력은 그것의 행정 제한에 미칠 것이지만, 그것은 거의 0의 유량까지 디스트로크(destroke)될 것이다. 이것을 **고압 대기 조건**이라고 부른다. 반면에 부하 감지 밸브는 사판각을 제어하고 압력 제한 밸브는 펌프 외부 압력이 최대 제한보다 낮은 한 사판각 제어를 바꾸지 못한다. 펌프 출력 압력은 일정한 바이어스 피스톤과 부하 감지의 압력 제한을 위한 밸브로 먹여진다. 바이어스 피스톤은 최대 용적에서 유량이 구동기나 펌프의 방전 포트에서 압력을 만들어낼 시스템의 방향 밸브에 의해 제한될 때까지 펌프를 놓는다. 방향 밸브 하류의 압력은 항상 구동기의 두 편의 가장 높은 압력을 주는 셔틀 밸브를 통해 궤환된다.

비록 그림에서는 보여지지 않았지만, 부하 감지 셔틀 밸브는 오직 방향 제어 밸브가 중립 폐중심 위치에 있지 않을 때에만 동작된다. 중립 위치에 있을 때 실린더는 정지되어 있고 펌프와 실린더 포트 사이에는 아무 연결도 없다. 그러므로 펌프는 부하의 지원에 관계될 필요가 없다. 결론적으로 셔틀 밸브로부터의 신호는 막히게 되고, 부하의 유지 압력은 펌프 제어로 궤환되지 않는다. 방향 제어 밸브의 중립 위치에서 펌프는 **저압 대기 조건**으로 갈 것이다.

그림 7.34는 2개의 밸브(부하 감지 밸브와 압력 제한 밸브)를 가진 가변 용적 축형 피스톤 형식 펌프 단면도를 보여준다. 펌프와 부하 감지 제어 밸브 짝은 일반적으로 함께 묶여진

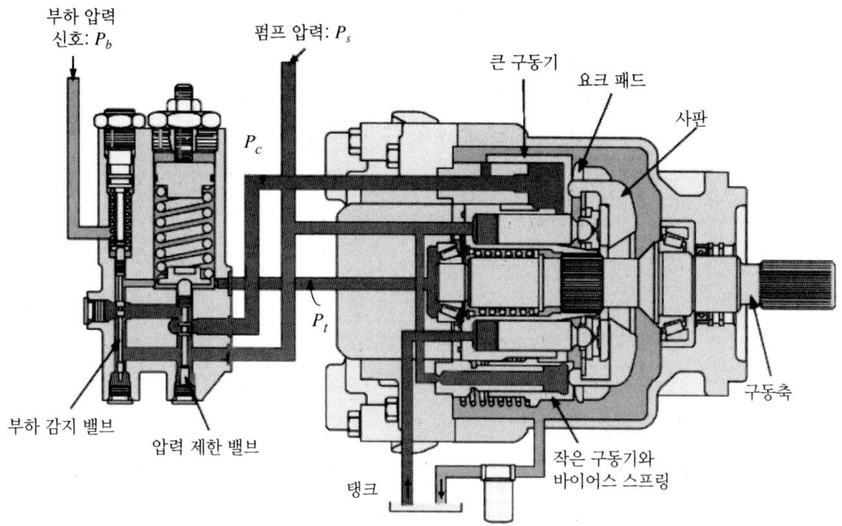

그림 7.34 ■ 가변 용적 축형 피스톤 형식 펌프와 부하 감지 제어 시스템의 구성요소 단면도

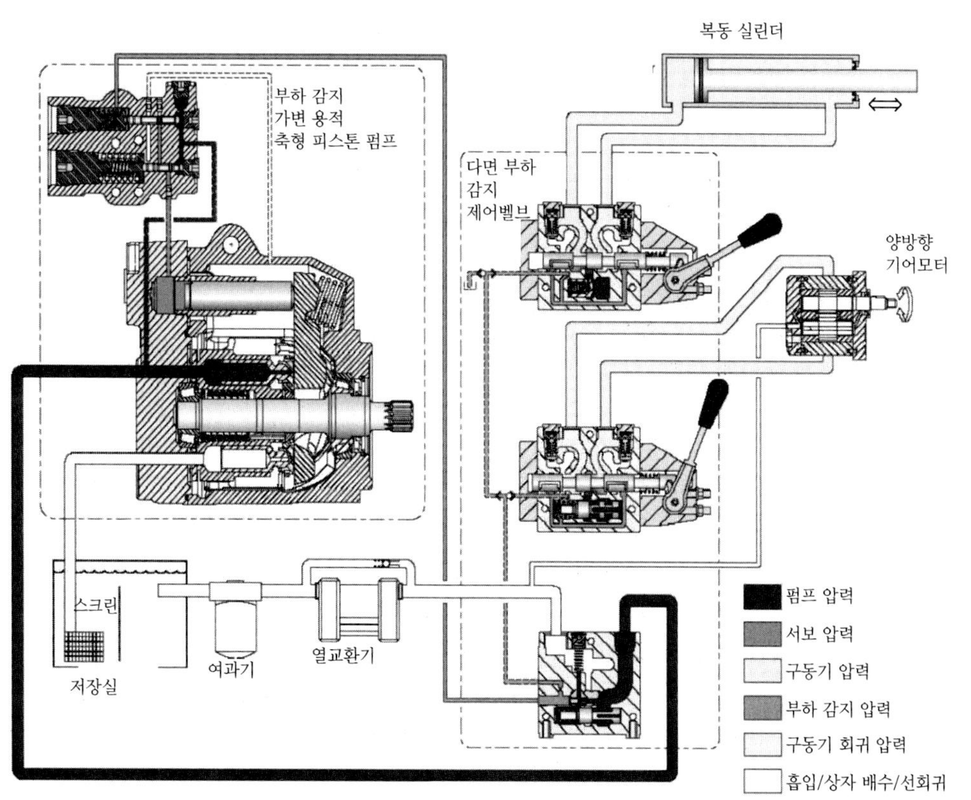

그림 7.35 ■ 두 축 유압 동작 제어 시스템의 요소: 펌프는 (유체역학적으로 구현된) 부하 감지 제어가 부착된 가변 용적 축형 피스톤 펌프, 선형 실린더, 양방향 기어 모터, 2개의 수동제어 비례 밸브이다. 2개의 비례 펌프와 탱크 포트 접합은 단순성을 위해 그림에서 나타나지 않았다(*Sauer–Danfoss*의 의례).

다. 가변 용적 펌프가 기능을 하기 위해서는 부하 압력 궤환 선이 부하와 연결된 적절한 위치로 연결되어야만 한다.

그림 7.35는 부하 감지 유체역학적 제어를 가진 가변 용적 축형 피스톤 펌프 두 축 유압 회로를 보여준다. 펌프의 꼭대기에 있는 부하 감지 제어 밸브는 3개의 포트((1) 부하 압력 감지 포트, (2) 펌프 출력 압력 감지 포트, (3) 펌프의 사판각을 제어하는 출력 포트)를 가지고 있다는 것에 주목하라. 부하 압력은 실린더축과 회전 기어 모터 사이에 감지되는 두 압력의 최대값이다. 각 구동기로 들어가는 유량은 수동으로 작동되는 비례 유량 제어 밸브에 의해 제어된다. 두 유량 제어 밸브는 전형적으로 그것들 사이의 내부 포트 **P, T**와 함께 신호 프레임 밸브 위에 설치되어 있다. 내부 포팅은 각각의 밸브에 **P, T** 선이 병렬 또는 직렬로 연결되어 있을 것이다. **P**와 **T** 연결을 그림에서 볼 수 있다. 각각의 밸브가 포트에 위치해 있고 그것은 출력 포트에서 최대 압력을 감지한다. 2개의 리졸브 밸브를 사용하여 최대 압력이 펌프 제어 밸브로 궤환된다. 이런 배열에서는 제어 밸브로 궤환될 수 있는 가장 작은 부하 압력 신호는 탱크 압력인데, 실린더를 제어하는 밸브로 옆의 리졸브 밸브로 가는 입력의 하나로 보여진다.

(4) 펌프의 정유량 제어(*PFC*): 펌프의 용적을 선의 요구 유량과 맞추도록 제어하라. 선의 요구 유량을 Q_p라 하자. w_{eng}는 펌프의 입력축 속도이다. 원하는 유량을 제공하는 데 필요한 펌프 용적은 펌프 동작 특성에 의해 계산될 수 있다.

$$Q_P = w_{eng} \cdot D_P(\theta) \tag{7.111}$$

$$\theta = D_P^{-1}(Q_P/w_{eng}) \tag{7.112}$$

유량 센서없이 PFC 알고리즘을 구현하는 것이 요구된다. 그러므로 예측된 요구유량과 펌프 지도에 근거하여 원하는 펌프 용적을 산출해보자.

$$Q_{Pcmd} = Q_P(x_{s1}, x_{s2}, \ldots) \tag{7.113}$$

$(x_{s1}, x_{s2}, \ldots)$에서 펌프에 의해 공급되는 다중 밸브의 스풀 용적이다. 원하는 펌프 용적은 다음에 의해 결정된다(오프셋 가치는 처음 명목상 작동점을 위한 계정에 추가된다).

$$\theta_{cmd} = \theta_{offset} + D_p^{-1}(Q_{Pcmd}/w_{eng}) \tag{7.114}$$

PFC 방법을 구현하기 위해 주의할 것은 펌프에 제공된 규격화된 밸브는 펌프 도해 함수 $D_P^{-1}(Q_P, w_{end})$가 필요하다는 점이다. 이와 같은 펌프도해의 정밀도는 요구유량과 공급유량 사이의 불일치가 심각한 성능저하를 초래할수 있기 때문이다.

PCF 중앙-닫힘형 EH 시스템의 증가된 에너지 효율 장점을 위해 투자된 비용은 제어 알고리즘의 복잡성을 증가시키게 된다.

토오크 제한과 동력 제한 제어 기술들은 시스템에 고압과 고유속이 동시에 발생했을 때 지연현상을 방지하기 위하여 펌프에 구현된다. 이동형 장비에 적용시에 지연현상은 펌프에 더 많은 동력을 요구하게 되고 이는, 디젤 엔진의 출력을 증가시키고 결과적으로 디젤 엔진을 멈추게 한다. 토오크 제한은 디젤엔진이 펌프를 운전하기 위한 충분한 동력을 필요로 할 때에 펌프를 제한시킬 수 있다. 이것은 또한, 설계자로 하여금 시스템에 좀더 작은 크기의 엔진을 사용할 수 있게 하고 결국, 무게와 에너지를 절약할 수 있다.

펌프의 과도 응답 펌프 용적 제어기가 계정 안으로 취해진다는 가정과 펌프 용적은 응답 펌프 용적과 같다는 가정 대신 만약 펌프 용적 제어기의 동적 응답과 관련된 지연이 계정 안으로 취해지는 것이라면 1차 또는 2차 여과기 역학은 다음과 같은 펌프 모델이 포함되어야만 한다.

$$\theta = \frac{1}{(\tau_{p1}s + 1)(\tau_{p1}s + 1)}\theta_{cmd}(s) \tag{7.115}$$

τ_{p1}와 τ_{p2}는 펌프 용적 응답과 실제 펌프 용적 사이의 역학적인 관계의 시간 상수이다. 이러한 펌프 역학의 유효 시간 상수는 폐중심 EH 시스템(폐중심 밸브와 가변 용적 펌프 EH 시스템)에서 아주 중요하다. 그 이유는 주요 유동 제어 밸브의 대역폭이 펌프 제어의 대역폭보다 훨씬 더 빠르기 때문이다. 어느 종류의 밸브 폐쇄기라도, 만약 밸브가 영 지점에 오면(즉, 거의 0의 요구 유량) 펌프가 디스트로크되는 것보다 훨씬 더 빠르고 펌프 유량은 갈 곳이 없게 될 것이며, 큰 압력 변동이 생길 것이다. 이것은 거의 확실하게 압력 안전 밸브를 타격하여 저성능 동작으로 나타날 것이다.

펌프의 수학적 모델은 다음에 근거하여 파생될 수 있다.

1. 유동성과 관성 동작의 물리적 원리
2. 고정 이득(비선형일 수 있다)과 더불어 다이나믹 여과기 효과로서 실험적 데이터와 모델을 이용한 입출력 관계

펌프의 입력 변수는 다음과 같다.

1. 사판각(또는 동일 제어 요소 변수)
2. 입력축 속도

관심 출력 변수는 다음과 같다.

1. 바깥쪽 압력
2. 바깥쪽 유량

유압 펌프(와 모터)의 어떤 취급되어 지지 않는 특성은 다음과 같다.

1. 1 회전 안에 회전자의 함수로서 용적의 변화이다. 액체 구멍(피스톤 펌프 안에 실린더-피스톤 쌍)의 한정적 수이기 때문에 용적은 구멍 위치와 피스톤-실린더상의 숫자(이것은 DC 브러시 형태의 DC 모터에서 대체 리플로서 원리안에서 같다)의 함수로서 리플을 갖는다.
2. 모든 유압 펌프, 밸브, 모터 그리고 실린더는 누출이 있고, 그것은 압력을 증가시킨다.

7.3 유압 구동기: 유압 실린더와 회전 모터

변환 실린더와 회전 유압 모터는 각기 변환과 회전 시스템에서 힘을 전달하는 구동기이다. 구동기의 기본 기능성은 유압 액체힘을 펌프 함수의 반대인 기계적인 힘으로 변환하는 것

이다(그림 7.36). 단방향 펌프와 모터는 잡음을 줄이고 효율성을 높이는 면에서 한 방향에서 작동하도록 최적화되어 있다. 양방향 유압 펌프와 모터는 어느 방향이든 대칭적인 동작을 가진다. 보통은 펌프는 펌핑 또는 모터링 모드 둘다 수행할 수 있다. 비슷하게, 유압 모터도 펌핑 또는 모터링 모드 둘다 수행할 수 있지만 예외가 있다. 어떤 펌프는 디자인은 모터링 모드에서 작동 불가능하도록 디자인에 있는 체크 밸브를 통합한다. 비슷하게, 어떤 모터 디자인은 유압 모터가 **과작동 부하** 조건이라 하더라도 펌핑 모드에서 작동하지 않도록 되어 있다(그림 7.28).

오버센터 모터는 사판이 중립 위치에서 반대 방향으로 움직일 때 입출력 유압 포트가 동일하게 유지될지라도 모터의 출력축 속도의 방향이 바뀐다는 걸 의미한다. **오버센터** 펌프는 사판이 중립 위치에서 반대 방향으로 움직일 때, 기계적 입력축 속도의 방향이 동일하게 유지될 때 유압 액체 흐름의 방향이(입력 포트는 출력 포트로, 출력 포트는 입력 포트가 된다) 바뀐다는 것을 의미한다.

주어진 회전 유압 모터의 용적(D_m, 고정 또는 가변)과 모터 출력 속도(w)는 유동비(Q) 입력에 의해 결정된다.

$$w = Q/D_m \tag{7.116}$$

비슷하게 선형 실린더에서는 유사한 방법으로 같은 관계가 성립이 된다.

$$V = Q/A_c \tag{7.117}$$

w는 모터의 속도이고 V는 실린더의 속도, D_m는 모터의 용적(volume/rev), 그리고 A_c는 실린더의 단면적이다. 만약 구동기의 동력 변환 효율성을 무시한다면 전달되는 유압력은 회전 모터의 출력축에서 기계적인 힘과 같아야 한다.

$$Q \cdot \Delta P_L = w \cdot T \tag{7.118}$$

실린더에서는 다음의 식과 같다.

$$Q \cdot \Delta P_L = V \cdot F \tag{7.119}$$

ΔP_L는 2개의 포트(A와 B)사이에서 구동기(실린더 또는 모터)에서 부하 압력 차이 반응이다. T는 토크 출력, F는 출력 힘이다. 따라서 부하 압력을 지원하는 대신 개발된 토크/힘 ΔP_L는 다음에 보이는 식과 같다.

$$T = \Delta P_L \cdot D_m \tag{7.120}$$

$$F = \Delta P_L \cdot A_c \tag{7.121}$$

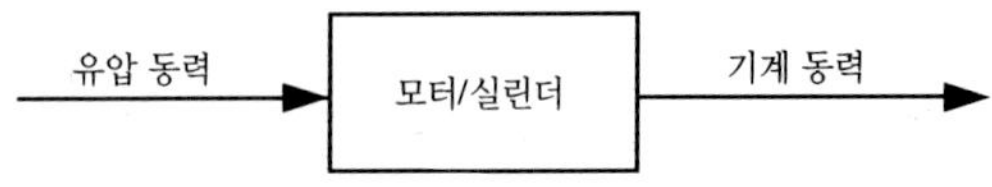

그림 7.36 ■ 유압 구동기 기능성: 유압 동력을 기계 동력으로 바꾼다. 유압 실린더는 유압 동력을 변환 장치 힘으로 변환시키고, 유압 모터는 유압 동력을 회전 장치 힘으로 변환시킨다.

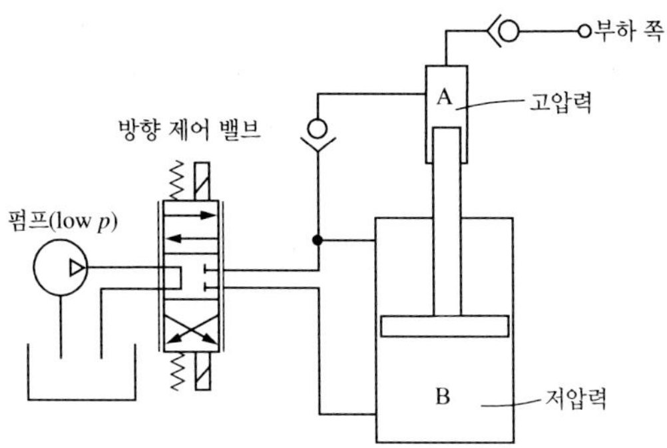

그림 7.37 ■ 압력 증강 장치 회로

만약 회전 펌프와 모터가 가변 용적 형태라면 입출력 모델은 실제 용적으로 제어된 용적, 1차 또는 2차 여과기 동역학은 D_m와 D_{cmd} 사이에서 사용될 수 있는 다음의 식으로부터 요구된다.

$$D_m(s) = \frac{1}{(\tau_{m1} \cdot s + 1)(\tau_{m2} \cdot s + 1)} D_{cmd}(s) \tag{7.122}$$

펌프에 의해 직접적으로 제공될 수 없는 작은 유동률을 가진 극히 높은 압력이 요구되는 응용이다. 이와 같은 경우, **압력 증강 장치**가 사용된다. 압력 증강 장치의 기본적 원리는 기계적 기어처럼 유압 동력 전달 부분이라는 것이다. 마찰과 열손실 효과를 무시하면 입력 동력과 출력 동력은 같다. 그것을 수행하는 유일한 기능은 유동률이 감소하는 동안 압력이 증가하는 것이다. 그것은 기계적 기어 감소기의 연속이다(출력토크를 증가시키고 출력 속도를 감소시킨다). 그림 7.37은 유압 회로에서 압력 증강 장치를 보여준다. B와 A 압력실 사이의 이상적 동력 전달은 다음을 의미한다.

$$Power_B = Power_A \tag{7.123}$$

$$F_B \cdot V_{cyl} = F_A \cdot V_{cyl} \tag{7.124}$$

$$p_B \cdot A_B \cdot V_{cyl} = p_A \cdot A_A \cdot V_{cyl} \tag{7.125}$$

$$p_B \cdot A_B = p_A \cdot A_A \tag{7.126}$$

실린더의 정 사이클에서의 증가된 압력은 실린더 머리와 끝 그리고 증강 장치 램(i.e., 10)의 면적과 같다.

$$\frac{p_A}{p_B} = \frac{A_B}{A_A} \tag{7.127}$$

전진 스트로크동안 A실의 압력은 위의 방정식에 의해 정의된 면적률에 의해 증폭된다. 수축 스트로크동안 증강 장치와 실린더의 로드엔드가 유압액으로 채워지고 작업 사이클에 고려되지 않는다.

▶▶ **예제** 이중 작동 실린더에 $Q_p = 60$ liter/min의 일정한 흐름이 공급되는 펌프를 고려해 보라. 실린더 구멍 지름은 $d_1 = 6$ cm, 로드 지름 $d_2 = 3$ cm이다. 로드가 실린더의 양쪽을

통해 확장된다고 가정하라. 실린더 로드에 연결된 부하는 $F = 10000$ Nt이다. 흐름은 펌프와 실린더 사이에 4로 비례 제어 밸브에 의해 통한다. 실린더에서의 압력, 속도와 확장 사이클일 때의 실린더에 의해 전달되는 동력을 구하라. 전체 펌프 효율이 80%라고 가정하고, 펌프를 구동하는데 필요한 힘을 구하라.

확장과 축소 사이클동안 Δp_l, V와 P를 구해야 한다. 실린더의 면적을 구해보자.

$$A_c = \frac{\pi\left(d_1^2 - d_2^2\right)}{4} = \frac{\pi(6^2 - 3^2)}{4}\ \text{cm}^2 = 19.63\ \text{cm}^2 \tag{7.128}$$

$$= 19.63 \times 10^{-4}\ \text{m}^2 \tag{7.129}$$

부하 힘을 보조하기 위해 실린더의 양쪽 사이의 압력 차이로써 나타나야 하는 확장 스트로크에서의 압력은 다음과 같다.

$$F = \Delta p_L \cdot A_c \tag{7.130}$$

$$\Delta p_L = \frac{F}{A_c} = \frac{10000}{19.63 \times 10^{-4}} \tag{7.131}$$

$$= 5.09 \times 10^6\ \text{N/m}^2 = 5.09\ \text{MPa} \tag{7.132}$$

선형 속도는 흐름의 보존성에 의해 결정된다.

$$Q = A_c \cdot V \tag{7.133}$$

$$V = \frac{Q}{A_c} = \frac{60\ \text{liter/min}\ 10^{-3}\ \text{m}^3/\text{liter} \cdot 1\ \text{min}/60\ \text{sec}}{19.63 \times 10^{-4}\ \text{m}^2} \tag{7.134}$$

$$= 0.509\ \text{m/s} \tag{7.135}$$

실린더에 의해 부하에 전달되는 동력은

$$Power_m = F \cdot V = \Delta p_L \cdot Q \tag{7.136}$$

$$= 10000\ \text{Nt} \cdot 0.509\ \text{m/s} = 5090\ \text{Watt} = 5.09\ \text{kW} \tag{7.137}$$

그리고 필요한 펌프 동력 비율은

$$Power_p = \frac{1}{\eta_o} \cdot Power_m \tag{7.138}$$

$$= \frac{1}{0.8} \cdot 5.09\ \text{kW} = 6.36\ \text{kW} \tag{7.139}$$

▶▶ **예제** 이중 작동 실린더와 그것의 포트와 연결된 유압 선을 고려하라(그림 7.38). 전달선에서의 유액의 최대 선형 속도는 흐름의 방해와 흐름의 저항의 결과를 가져오기 위해 15 ft/sec로 제한된다고 가정하자. 선 지름, 로드 지름, 실린더 헤드엔드 지름의 차이 값에서 수행될 수 있는 실린더의 정,역속도를 구하라(표 7.1 참조). 로드 지름은 실린더 내부 지름

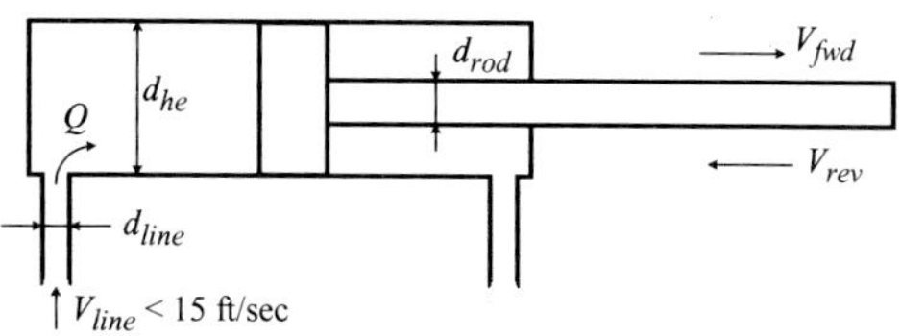

그림 7.38 ■ 정, 역방향에서의 최대 실린더 속도, 주어진 유동흐름의 최대 선형 속도(15ft/sec), 실린더와 연결선의 차원

의 반이라 가정하라. 선 지름은 $d_{line} = 0.5$ in., 0.75 in., 1.0 in., 1.5 in.와 $d_{he} = 4.0$ in., 6.0 in., 8.0 in이다.

흐름의 연속성에서

$$Q = A_{line} \cdot V_{line} = A_{he} \cdot V_{fwd} \quad \text{정방향에서} \tag{7.140}$$

$$= A_{re} \cdot V_{rev} \quad \text{역방향에서} \tag{7.141}$$

$V_{line} = 15$ ft/sec로 제한하면

$$V_{fwd} = \frac{A_{line}}{A_{he}} \cdot V_{line} \tag{7.142}$$

$$V_{rev} = \frac{A_{line}}{A_{re}} \cdot V_{line} = \frac{A_{he}}{A_{re}} \cdot V_{fwd} \tag{7.143}$$

만약 실린더 내부 지름이 로드 지름의 두 배인 경우에 초점을 맞춘다면(표 7.1)

$$V_{fwd} = \frac{\pi d_{line}^2/4}{\pi d_{he}^2/4} \cdot V_{line} \tag{7.144}$$

$$V_{rev} = \frac{d_{he}^2}{d_{he}^2 - d_{re}^2} \cdot V_{fwd} \tag{7.146}$$

$$= \frac{4}{3} \cdot V_{fwd} \tag{7.146}$$

표 7.1 ■ 선파이프 지름과 실린더 지름의 차이값에서 실린더 속도(정,역방향. 단위 in/sec). 1로드 지름은 실린더 내부 지름의 반이라 가정한다. 유액의 선형선 속도는 15 ft/sec로 제한한다.

	d_{line}			
d_{he}	0.5	0.75	1.0	1.5
4.0	(3.75, 5.0)	(8.44, 11.25)	(15.0, 20.0)	(33.75, 45.0)
6.0	(1.67, 2.23)	(3.75, 5.0)	(6.67, 8.89)	(15.0, 20.0)
8.0	(0.94, 1.25)	(2.11, 2.81)	(3.75, 5.0)	(8.44, 11.25)

7.4 유압 밸브

밸브는 유압 회로에서 주요 제어 부품이다. 그것은 유동 흐름을 **재는**(metering) 부품이다. 유액을 재는 것은 구멍의 면적을 수정하기 위해 스풀을 옮기는 것에 의해 끝난다. 스풀이동에 의해 제어될 수 있는 두 가지 관심 주요 밸브 출력 변수가 있다.

1. 흐름(비율과 방향)
2. 압력

만약 스풀이나 양판의 이동이 원하는 압력을 유지하기 위해 결정되면, 그 밸브는 **압력 제어 밸브**라 한다. 만약 흐름의 방향이 셋 또는 그 이상의 포트에서 바뀐다면 그것은 **방향성있는 흐름 제어 밸브**라고 한다.

만약 밸브의 스풀 위치가 오직 두 이산 위치에 의해 제어된다면 그것은 **온오프 밸브**이다(그림 7.39). 만약 밸브의 스풀의 위치가 완전 개방과 완전 폐쇄 사이 어디에서나 제어될 수 있다면(예를 들면 신호에 비례하여), 그것은 **비례 밸브**라고 한다. 온오프 형태 밸브는 이산 위치를 요구하는 응용분야, 즉 문을 열거나 닫는것에 사용된다. 여기에서는 우선 비례적, 서보 제어 밸브에 관심을 둔다.

밸브는 세 가지 주요한 고려에 근거해 크기가 된다.

1. **유량률**: 밸브 포트를 지나는 확실한 압력 강하를 보충할 수 있는 유량률(즉, 서보 밸브에서 1000 psi 압력 강하, 비례 밸브에서의 150 psi에서의 최대 흐름)
2. **압력률**: 밸브를 지나는 정격 압력 강하와 최대 공급 포트 압력
3. **응답 속도**: 전류 신호에서 스풀 용적까지 밸브의 대역폭

온오프 밸브와 비례 밸브 사이의 주요 차이점은 다음과 같다.

1. **솔레노이드 디자인**: 비례 밸브에서, 전류의 이득과 힘과의 관계는 온오프 밸브에 반하여 솔레노이드의 행정 범위에서 공평하게 상수이다. 중요한 것은 최대힘과 선형전교-힘 이득 관계가 발생하는 것은 결정적이지 않다는 것이다.
2. 비례 밸브에서의 중심 스프링 상수는 비교 크기 온오프 밸브보다 더 커지는 경향이 있다.
3. 비례 밸브와 온오프 밸브의 밸브 몸통는 거의 동일할지 모르지만, 스풀 디자인은 다르다. 비례 밸브 스풀은 흐름을 비례적으로 재기 위해 요구된 구멍 측면도를 주의하여 디자인한다.

가장 비례적인 밸브 외형은 흐름이 일정한 압력 강하 조건 하에서 스풀 용적에 근사적으로 비례하도록 디자인된다.

밸브는 다음에 따라 분류된다.

1. 포트의 수, 즉 2, 3, 4포트
2. 스풀의 이산 위치의 수, 즉 1, 2, 3, 4 이산위치 또는 행정 범위 안에서 비례적으로 스풀의 위치를 잡는 능력
3. 중심 위치에서의 밸브의 흐름 상태, 즉 열린 중심, 닫힌 중심

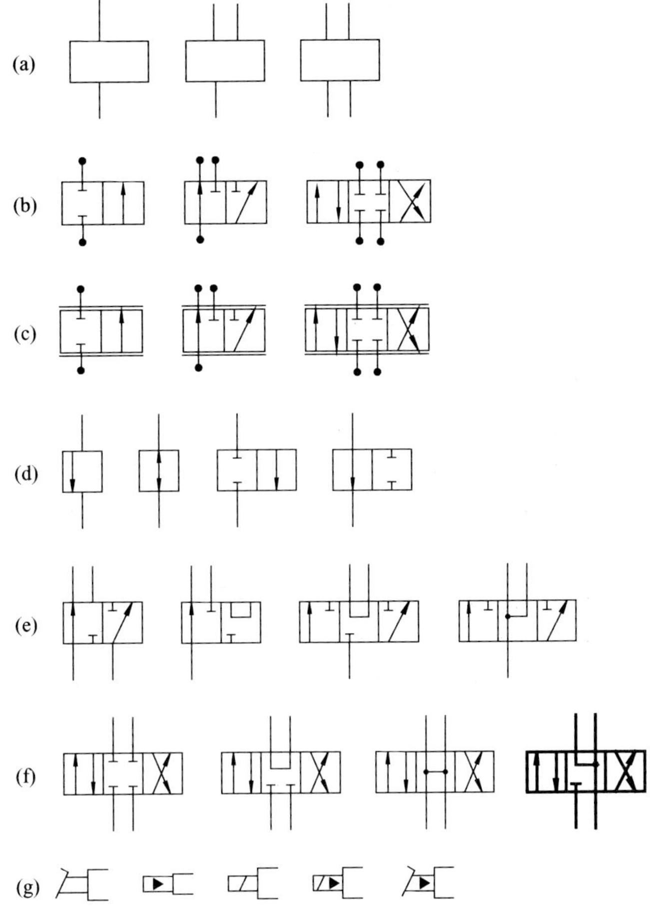

그림 7.39 ■ 밸브 카테고리: (a) 포트(또는 통로)의 수: 두 포트(또는 두 통로), 세 포트, 네 포트 밸브, (b) 2~4개의 위치구성을 가진 2~4포트 밸브, (c) 비례적인 흐름 측량 성능을 가진 같은 밸브, (d) 정상닫힘, 정상개방 조건, 밸브의 흐름 조건, 기초 조건일 때, (e) 다양한 이산 위치를 가진 세 포트 밸브, (f) 네 포트 밸브가 중심 위치(닫힌 중심, 직렬 중심, 열린 중심, 부양 중심)에 있을 때의 여러 흐름 조건, (g) 밸브의 구동방법: 수동, 파일롯, 솔레노이드, 또는 그것들의 결합

4. 밸브의 구동 방법, 즉, 수동, 전동 구동기, 파일롯 구동기, 또는 그것들의 결합
5. 측정 기본 형식: 슬라이딩 스풀, 회전 스풀, 포핏(또는 볼)
6. 밸브의 주요 제어 목적: 압력, 흐름(방향만, 방향과 비례로써 언급되는 유동률)
7. 회로안으로 밸브를 넣는 방법: 독립형 몸체, 밸브 블록에 합쳐지는 다기능, 아래판 넣는 방법, 다양한 블록, 쌓인(샌드위치)블록. 마운팅 표준은 NFPA, ISO, DIN에 의해 특성화된다. NFPA 표준은 문자 D와 관련되고, DIN 표준은 NG와 ISO 표준은 CETOP와 관련된다. 동등한 표준 특성은 DO3/NG6/CETOP03, D05/NG10/ CETOP05, D07/NG16/CETOP07, D08/NG25/CETOP08, D101/NG32/CETOP10이 있다. 넣는 방법 표준은 포트와 넣는 방법 판 위의 스크루 구멍뿐만 아니라 위치의 기계적 차원을 특성화한다.

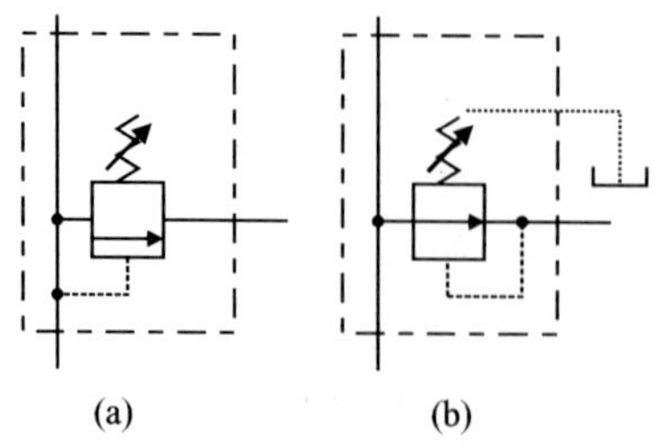

그림 7.40 ■ 압력 조절 밸브: (a) 안전 밸브, (b) 압력 감소

7.4.1 압력 제어 밸브

압력 제어 밸브 2 또는 3포트 연결을 수반한다. 구멍의 면적을 제어하는 스풀은 감지된 압력에 근거해 구동된다. 안전 밸브, 압력 감소 밸브, 카운터 밸런스 밸브, 순차적 밸브, 브레이크 밸브는 압력 제어 밸브의 실례들이다(그림 7.40). **안전 밸브**는 탱크를 향한 흐름에 구멍을 냄으로써 밸브의 최대 압력을 제한한다. 기계적 안전 밸브에서 스프링은 최대 압력을 정해준다. 그러므로 EH 제어 안전 밸브는 다양한 선 압력을 제어하는 데 사용될 수 있다. 두 가지 주요 형태의 압력 안전 밸브가 있는데 직접 작용과 간접 작용 방식이다(그림 7.41). 직접 작용 안전 밸브에서는 안전 압력이 스프링에 의해 정해진다. 선 압력이 정해진 압력을 초과할 때 포핏 스풀의 면적에 직접 작용하고, 포핏은 위로 움직이고, 탱크쪽으로 선을 연다.

$$p_{line} \cdot A_{poppet} \leq k_{spring} \cdot x_{spring}; \quad valve\ closed \tag{7.147}$$

$$p_{line} \cdot A_{poppet} \approx k_{spring} \cdot x_{spring}; \quad valve\ open \tag{7.148}$$

$$p_{line} \approx p_{spring} = (k_{spring} \cdot x_{spring})/A_{poppet}; \tag{7.149}$$

간접 작용 안전 밸브는 중간의 구멍과 포핏 밸브 섹션과 선 압력 사이의 스프링을 사용한다. 간접 압력 안전 밸브에 있는 구멍의 기능은 다음과 같다. 파일롯 단계의 세트압력이

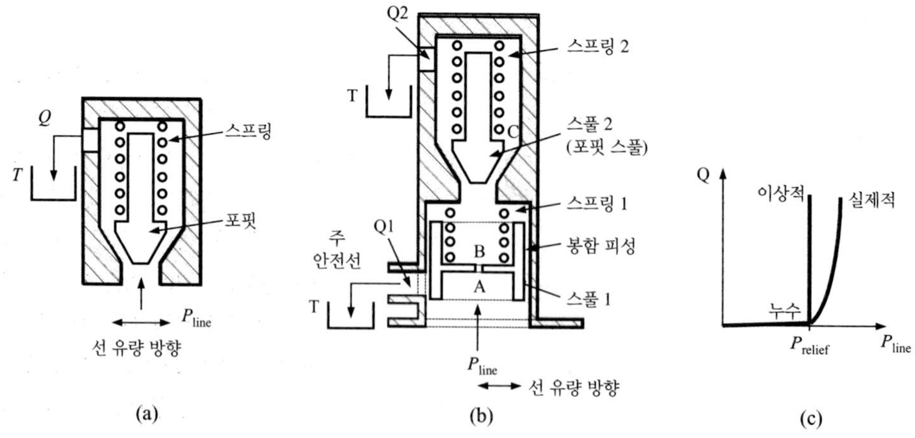

그림 7.41 ■ 압력 안전 밸브. (a) 직접 작용, (b) 간접 작용, (c) 정상 상태에서 탱크로 가는 선 압력, 세트 안전 압력, 유량률의 관계(이상적인 경우와 실제적인 경우)

초과되었을 때(그림 7.41에서 스프링 2), 포핏 스풀이 열리고 흐름이 구멍을 지날 때이다. 구멍의 역할은 A와 B 위치 사이의 압력 강하를 효율적으로 만들어내는 것이다. 그러므로 주요 안전 선을 열어 스프링 1의 전부하를 극복하기 위한 흐름을 허용한다. 포핏 밸브가 열리면, 선 압력은 포핏 밸브 구멍을 통해서가 아니라 측변에 분리된 구멍을 통해 탱크를 완화시킨다. 포핏 구간은 탱크로 가는 누출 흐름이 작다(거의 0이다). 직접 작용 안전 밸브와 비교해보면, 간접 작용 밸브 동작은 유량률에 덜 민감하고 더 안정적이지만 구멍까지 훨씬 느린 응답을 보인다. 직접 작용 안전 밸브가 고주파에서 동작할 수 있는 것과 선에서 압력 변동까지 개폐 동작을 할 수 있다는 것은 특별한 게 아니다. 그러므로 큰 동력 응용에서 분의 문제로 인해 밸브 실패의 결과를 가져온다.

포핏 밸브는 공통적으로 압력 조절기나 압력 안전 밸브로 사용된다(그림 7.42). 포핏 밸브의 주요 부품은 (구 모양의 공 또는 원뿔 모양의) 포핏, 시트, 밸브 몸통, 스프링을 포함하는 포핏 구동기이다. 포핏 밸브는 제조하기 쉽고, 누출이 적으며 다른 형태의 스풀 밸브와 비교했을 때 세밀한 먼지에 의한 장애에 둔감하다. 따라서 포핏 밸브는 누출과 부하의 이동을 최소화하기 위한 로드 홀딩 응용에서 종종 사용된다. 밸브에 의해 지원되는 유량률 여하로 작은 유량률 밸브에 대해 힘 솔레노이드에 의하거나 큰 유량률 밸브에 대해 제2의 파일롯 단계 증폭을 통하여 직접 구동될 수 있다. 포핏 밸브는 다양한 블록을 가진 스크루-인 카트리지 밸브로 사용된다. 포핏 밸브의 동작은 최대 동작 압력(p_{max})과 그것을 지나는 압력 강하에서 밸브를 통한 흐름(Q_r과 Δp_v)의 관점에서 정격이다. 최근 몇 년간 포핏 밸브는 비례적인 흐름 제어 밸브로써 개발되어 왔다. 그러나 밸브 구동력이 동적 유동력에 대해 직접적으로 작용하기 때문에 밸브의 동적 안정 제어는 매우 어려운 일이다. 포핏의 단면모양과 그것의 시트는 유동력과 포핏 밸브의 비례 유동 측정 능력에서 중요한 차이점을 만든다.

압력 감소 밸브는 입력 압력보다 더 낮은 외부 압력을, 탱크로 가는 과다한 흐름에 구멍을 내거나, 요구된 실제 출력 압력 감지에 근거한 구멍 면적을 제한함으로써 유지한다.

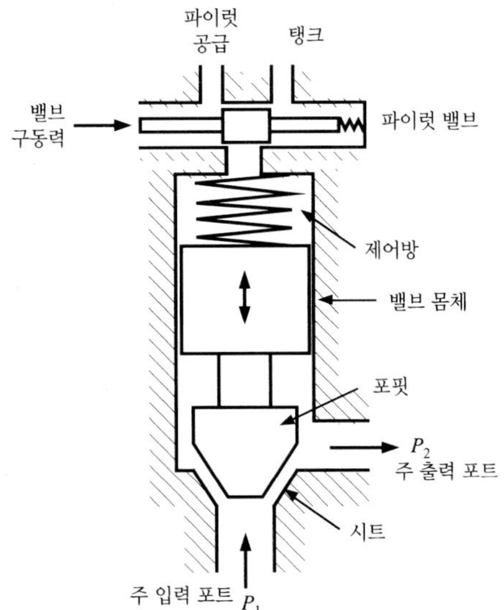

그림 7.42 ■ 포핏 밸브 구조: 밸브 몸체와 구멍 시트, 포핏, 압력이나 포핏의 직접 구동을 제어하는 기구를 지닌 제어실

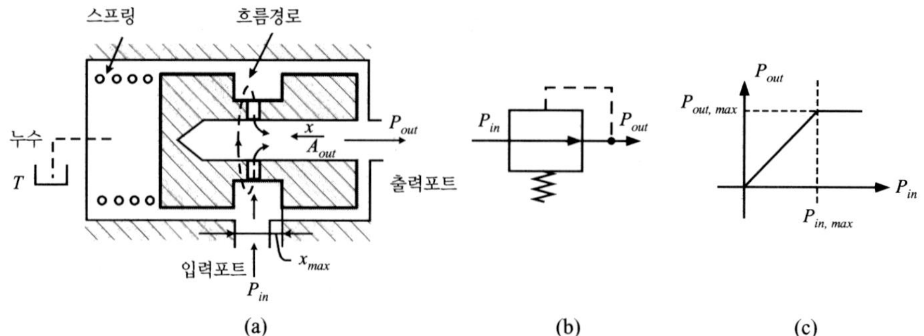

그림 7.43 ■ 압력 감소 밸브: (a) 밸브 디자인, (b) 밸브 기호, (c) 정상 상태 입력과 출력 관계. 단지 출력 압력은 스풀의 움직임과 미터링 오리피스에 영향을 주기 위해 피드백이 됨을 주의하라. 유체의 흐름이 스풀 주위를 돌기 때문에 입력 압력은 이론상 스풀에 작용하는 힘에 영향을 주지 않는다.

그림 7.43은 기본 디자인, 기호, 정상 상태에서 밸브의 입출력을 보여준다. 외부 압력이 스프링에 의해 정해지는 외부 압력보다 더 작을 때, 스풀은 움직이지 않는다. 외부 압력은 입력 압력과 아주 근접하다.

$$p_{out} \cdot A_{out} < F_{spring,0} \tag{7.150}$$

외부 압력이 입력 압력이나 부하에서 증가할 때, 압력 궤환까지 스풀 힘이 증가할 것이다. 스프링 힘이 외부 압력 궤환 힘을 제어할 때까지 스프링에 대해 스풀이 움직이기 시작할 것이다.

$$p_{out} \cdot A_{out} \approx k_{spring} \cdot x_{spring} = F_{spring} \tag{7.151}$$

스풀이 움직일 때, 그것은 입력과 출력 포트 사이에서 흐름 구멍을 제한한다. 결국 출력 압력이 입출력 포트 사이의 구멍을 닫아 옮길 만큼 충분히 고압일 때, 출력 압력은 스프링과 밸브의 구멍 디자인에 의해 정해진 최대값으로 제한된다. 밸브는 그때 이 포인트의 근접한 곳 안에서 정류하고 입력 압력이 정해진 (외부)압력보다 더 클 때 스프링에 의해 정해진 일정한 외부 압력을 유지해준다.

같은 밸브 개념(압력 감소 밸브)의 수정된 버전은 레버나 솔레노이드 동작 **파일롯 밸브**에서 수정 가능한 압력 감소 밸브로서 사용된다. 그림 7.44는 압력 감소 밸브의 수정을 보여준다. 스프링의 베이스는 레버(또는 EH 형태 압력 감소 밸브의 경우 전기 구동기)에 의해 옮겨진다. 즉 정해진 스프링 압력이 바뀐다. 그러므로 외부 압력은 각각의 압력 감소 밸브와 비례할 것이고 두 단계 비례 밸브에서 파일롯 단계로 사용된다. 기계적으로 구동되는 버전에서는 레버가 레버 응답에 기반을 둔 솔레노이드에 의해 구동되는 압력 감소 밸브를 움직인다. 그런 밸브의 최종적인 결과는 외부 압력이 입력 파일롯 압력이 되는 최대값을 가진 레버 용적에 비례하다는 것이다.

파일롯 밸브 응용에서 입력 압력은 파일롯 공급 압력이고 외부 압력($p_{pilot,s}$)은 더 큰 흐름 제어 밸브의 스풀을 이동시킬 때 사용하는 파일롯 제어 압력($p_{pilot,c}$)이다.

$$p_{pilot,c} = [k_{spring}(x_{spring})]/A_{out} \leq p_{pilot,s} \tag{7.152}$$

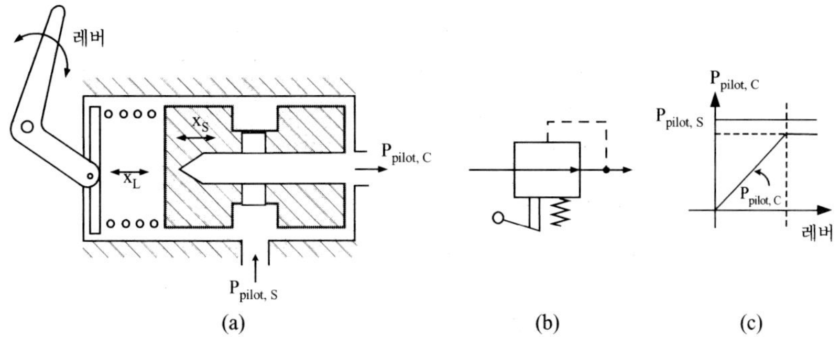

그림 7.44 ■ 레버형 제어 파일롯 밸브: 파일롯 밸브로 사용되기 위해 수정된 압력 감소 밸브. 출력 압력은 언제나 입력 압력과 작거나 같다. 출력 압력은 레버 용적에 비례한다. $P_{pilot,c} \leq P_{pilot,s}$인 동안 $P_{pilot,c} \propto x_L$, (a) 밸브 디자인 개념, (b) 기호, (c) 내부 포트와 외부 포트 압력 그리고 제어 레버 관계. 레버 움직임은 요구된 출력 압력을 정한다. 출력 전압에서 스풀로 가는 궤환은 균형을 잡고 정해진 압력을 정류하기 위해 움직인다.

$$\approx K \cdot x_{spring} \leq p_{pilot,s} \tag{7.153}$$

파일롯 밸브의 다른 버전은 2 입력 포트: 파일롯 압력 공급 포트와 탱크 포트이다. 출력 파일롯 제어압력은 탱크압력과 파일롯 공급 압력 사이의 레버 움직임에 의해 정류된다.

$$p_{tank} \leq p_{pilot,c} \approx K \cdot x_{spring} \leq p_{pilot,s} \tag{7.154}$$

그림 7.44에서 $x_{spring} = x_l + x_s$ 이다.

언로딩 밸브는 밸브를 열기 위해 구동하는 파일롯 압력이 선으로부터 밸브를 지나 오는 압력 안전 밸브에 있다. 예를 들면, 고정 용적 펌프는 선 압력을 유지할 축전지를 충전할 필요가 있을지도 모른다. 축전지 압력이 펌프의 출력 압력을 초과할 때, 파일롯 압력은 안전 밸브를 열고, 체크 밸브를 닫고, 펌프 흐름은 부하에 대한 일 없이도 탱크로 보내진다. 그러므로 언로딩 밸브라 이름한다(그림 7.45(a)).

순차적 밸브는 회로에서 유압 선이 다른 위치에서 만났을 때(그림 7.45(b)) 확실한 압력 요구가 있을 때까지 열리지 않도록 보장하는 압력 안전 밸브이다. 예를 들면, 압력 안전 밸브는

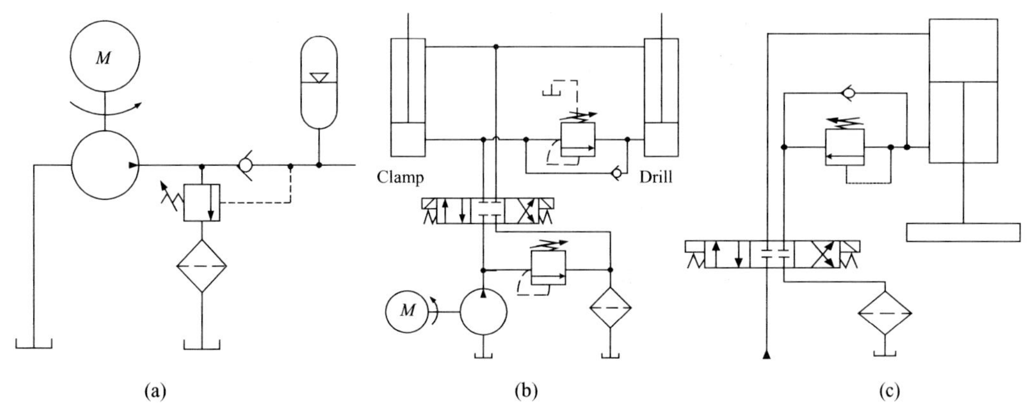

그림 7.45 ■ 유압 회로에서의 압력 안전 밸브 응용 (a) 언로딩 밸브, (b) 순차적 밸브, (c) 카운터 밸런스 밸브

회로에서 다른 세 번째 지점으로부터 압력 궤환에 근거한 두 점 사이에서 유압 선을 열거나 닫는 데 사용할 수 있다. 세 번째 지점의 압력이 초기값에 도달할 때까지, 1과 2 지점 사이의 선은 막혀있다. 그러한 밸브가 단방향 제어 밸브와 두 실린더(클램프 실린더, 드릴 실린더) 사이에서 사용된다. 드릴 실린더의 목적은 클램프 실린더 압력이 확실한 값에 도달할 때까지 움직이면 안 되는 것이다. 이것은 드릴 실린더와 방향 제어 밸브 출력 선 사이의 압력 안전 형태 순차적 밸브에 의해 달성된다. 순차 밸브에서의 제어 신호는 클램프 실린더에서 압력으로부터 온다. 방향 밸브가 열릴 때, 먼저 흐름은 클램프 실린더로 간다. 그 이유는 순차적 밸브는 더 많은 저항을 가진 드릴 실린더로 흐름의 통로를 만들어주기 때문이다. 클램프 실린더가 확장되고 선에서 압력이 증가할 때, 순차적 밸브는 열리고 흐름을 드릴 실린더로 유도한다. 만약 압력이 작용 클램핑 동작 전에 클램프 실린더에서 어떤 이유로 압력이 증가한다면 동작의 순서를 주목해야 한다. 드릴 실린더는 여전히 구동될 것이다.

카운터 밸런스 밸브(또는 부하 홀딩 밸브라고 불린다)는 압력 안전 밸브이다. 그것은 갑작스런 운동이 가해지는 것을 피하기 위해 요구된 압력 차이가 만족될 때까지 열리지 않는다(그림 7.45(c)). 밸브는 실린더의 속도에 큰 부하가 걸릴 때까지 제어할 수 없게 움직이지 않도록 실린더와 탱크 포트 사이의 후방 압력을 제어하는 데 사용될 수 있다. 그러나 탱크 선으로 가는 실린더는 밸브에 의해 제어된다.

셔틀 또는 리졸버 밸브는 통상적으로 유압 회로(그림 7.46)에서 셀렉터 밸브로 사용된다. 밸브는 두 입력 포트와 하나의 출력 포트를 가진다. 출력 포트는 두 입력 포트 압력보다 더 큰 압력을 가진다.

$$p_o = max(p_{i1}, p_{i2}) \tag{7.155}$$

7.4.2 예제: 포핏 밸브를 지닌 다기능 유압 회로

그림 7.47(그림 7.11 동시 참조)은 볼보에서 만든 휠로더 모델 L120에 대한 버킷 제어의 유압 회로 도식이다. 부하 감지 신호는 펌프 용적을 제어하기 위해 같은 방법으로 사용된다. 그것은 최대 부하 압력 신호가 셔틀 밸브의 직렬의 쓰임에 의해 해결된다는 것이고, 결과 압력이 펌프의 용적을 제어하는 데 사용된다는 것이다. 최대 부하 신호는 버킷 수역학과 제어 유압 시스템으로부터 오는 부하 신호와 비교함으로써 결정된다.

레버 응답과 파일롯 밸브(각각의 주 흐름 제어 밸브의 스풀을 옮기기 위한 압력 감소 밸브 한

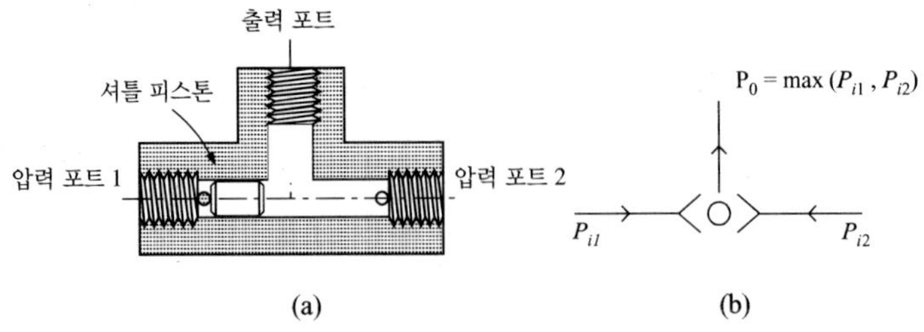

그림 7.46 ■ 셔틀 밸브는 최대 기능으로 사용된다. 입력 포트에서 두 압력 중 큰 것을 택하여 출력 포트로 되먹임한다.

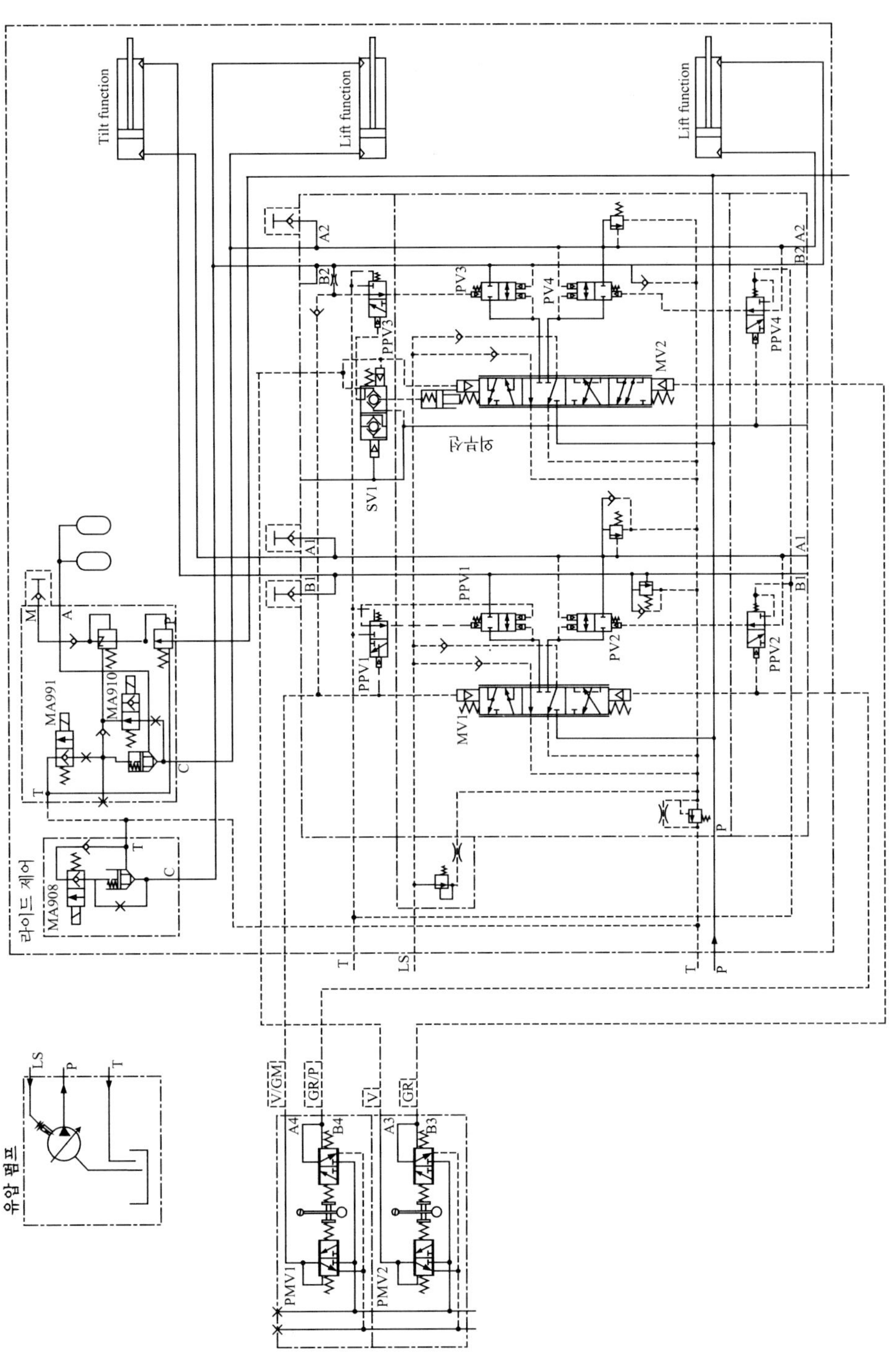

그림 7.47 ■ 볼보 휠로더 모델 120E의 버킷 동작 유압 시스템 회로도: 오직 버킷 동작에 대한 유압 회로만 나타나있다. 펌프는 가변 용적 축형 피스톤 형식이다. 주요 흐름 제어 밸브는 유압 공급과 병렬 배치로 연결되어 있고, 폐중심, 비압력 보상형이다. 포핏 밸브는 실린더 각각의 끝에 부하를 막는 데 사용된다.

쌍)는 앞의 경우와 아주 비슷하다. 경사와 상승 밸브는 폐중심, 비례 흐름 제어 밸브(MV1, MV2)이다. 상승 밸브는 또한 버킷이 지면을 타고 있을 때, 그리고 땅에 자연스러운 윤곽을 남기고 싶을 때 사용되는 **플롯 위치**을 갖는다. 플롯 위치에서 실린더의 양쪽은 탱크와 연결되어 있다. 이 방법에서 실린더는 지면의 자연적 윤곽을 따른다. 셔틀 밸브(SV1)은 응답 신호가 확실히 정해진 값보다 더 클 때 플롯 위치로 주 밸브 스풀을 구동하는 데 쓰인다. 또한 **라이드 제어**나 노면과 상승 실린더 사이에 기계 프레임으로 전달되는 진동을 감소시키는 **붐 서스펜션** 회로가 그림에 나타나 있다.

주 제어 밸브의 각 서비스 포트(A와 B)와 실린더 포트 사이의 흐름은 포핏 밸브를 지난다. 밸브-실린더 한 쌍마다 2개의 포핏이 있고, 밸브-실린더 포트 연결의 각각마다 하나씩 있다. 포핏 밸브는 한 선에 누출 방지 봉인을 제공한다. 약간의 누출이 부득이한 스풀 형태의 밸브와 달리, 포핏 밸브는 누출 방지 봉인에 탁월하다. 이런 배치에서는 주 흐름 밸브가 중립 위치에 있을 때, 포핏 밸브는 흐름을 막고 선을 밀폐한다. 그러므로 부하는 누출 문제에 이르기까지 위치에 표류하지 않는다. 그러므로 상승과 경사 회로가 결합된 동안 거기엔 4개의 포핏 밸브(PV1, PV2, PV3, PV4)가 있다. 포핏 밸브의 스풀 용적은 파일롯 밸브(PPV1, PPV2, PPV3, PPV4)에 의해 제어된다. 파일롯 밸브(PPV1)가 작동하는 지렛대로부터의 파일롯 제어 압력은 주 스풀(MV1)에 작용한다. 또한 포핏 밸브를 구동시키는 파일롯 밸브(PPV1)에 작용한다.

7.4.3 흐름 제어 밸브

구멍이나 제한을 따라 유량률은 입구의 면적과 구멍을 지나는 압력차 사이의 함수이다.

$$Q = K \cdot A(x_s) \cdot \sqrt{\Delta p} \tag{7.156}$$

Q는 유량률, Δp는 밸브를 지나는 압력 강하, $A(x_s)$는 스풀 용적 x_s의 함수로서 밸브 구멍 입구 면적, 그리고 K는 비례 상수(방전 계수)이다. 비보상 흐름 제어 밸브는 스풀을 움직이거나 응답 신호에 근거한 니들에 의해서만 정해진다. 그림 7.48(a)는 니들 위치가 수동적으로 수정되어 흐름 제어 밸브로 사용되는 니들 밸브를 보여준다. 구멍 면적은 대략적으로 니들 지점과 비례한다. 만약 입력과 출력 압력이 바뀐다면 흐름률은 위의 개구부 방정식에 따라 세트 니들 지점에 대해 변화할 것이다.

만약 유량률이 압력 다양성에 대해 바뀌지 않아야 한다면, 표준 흐름 제어 밸브는 압력 보상 스풀과 개구부로 수정될 수 있다. 그러한 밸브를 **압력 보상 흐름 제어 밸브**라고 한다: 제한 형태, 바이패스 형태(그림 7.48(b, c))

압력 보상 흐름 제어 밸브에는 두 스풀과 두 개구부가 있다. 한 쌍은 명목상의 개구부 개방을 정하는 니들-개구부쌍이다. 다른 쌍은 니들-개구부 면적을 지나는 일정한 압력 강하를 유지하기 위해 입출력 압력 궤환 신호에 근거한 두 번째 개구부 개방을 변조한다. 결과적으로 일정한 유량률은 밸브 동작 조건이 포화 상태에 이르지 않는 한 입력과 출력 압력이 변할지라도(두 번째 스풀은 그것을 보상하기 때문에) 일정한 니들의 세팅에서 유지된다. 이런 형태를 **제한 형태 압력 보상 흐름 제어 밸브**라고 한다. 그 이유는 유동 선(그림 7.48(b))에서 제한이 추가됨으로써 압력의 다양성에 대해 흐름이 정류되기 때문이다. 랩브는 니들 개구부

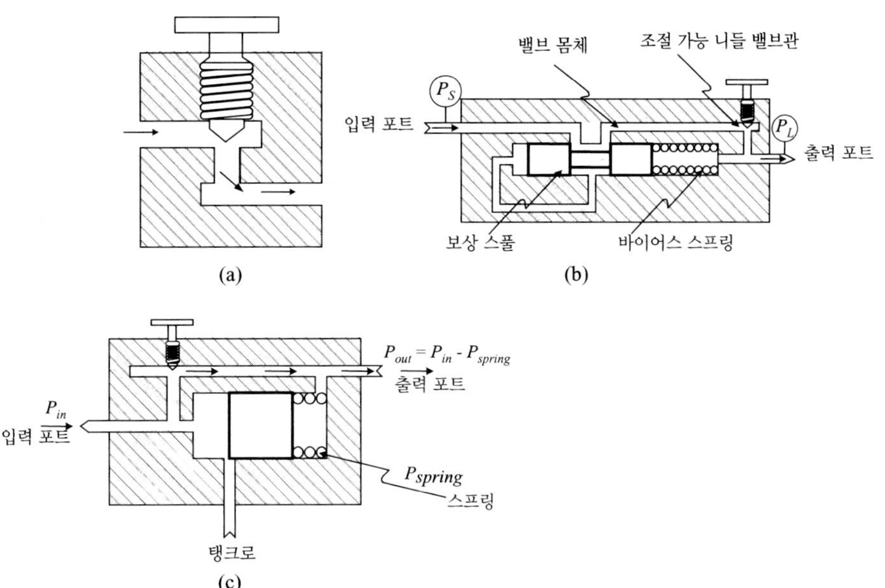

그림 7.48 ■ 흐름 제어 밸브. (a) 니들 형태 흐름 제어 밸브, (b) 압력 보상 니들 형태 흐름 제어 밸브, (c) 우회형 압력 보상흐름 제어 밸브. 니들 위치는 수동적으로 또는 원격 제어될 수도 있다.

를 지나는 압력 강하(일정한 값에서 유지하려 한다)를 정류한다.

다른 형태는 **바이패스** 형태이다. 개구부의 열림이 압력 궤환 신호의 함수로써 탱크 포트에 초과 흐름이 지나간다. 출력 압력은 부하 압력 + 압력까지의 스프링에서 유지된다. $p_{out} = p_l + p_{spring}$(그림 7.48(c))

원하는 유량률은 그림에서 나타나듯 수동적으로 움직인 니들-스크루에 의해 제어되고 있는 것처럼 주요 개구부 열림에 의해 정해진다는 점을 주목하라. 기구는 많은 압력 보상 EH 흐름 제어 밸브에서 또한 비례 솔레노이드와 같은 전기 구동기에서 제어된다(www.Hydra-Force.com 참조).

압력 보상 밸브에서 보상기 스풀은 두 압력 궤환 신호 사이의 차이에 비례해서 움직인다. 그것은 수정 가능한 **압력 보상 제어 밸브**라 불린다. **전보상기 밸브 구성**에서 한 압력은 보상기 밸브의 출력으로부터 궤환되고 다른 압력은 유동 제어 밸브의 출력으로부터 궤환된다(그림 7.49). **후보상기 밸브 구성**에서 한 압력 궤환은 보상기 밸브로 가는 입력 압력으로부터 오고, 다른 압력 궤환은 부하 압력으로부터 온다(그림 7.50).

보상기 밸브의 목적은 주 흐름 제어 밸브를 지나는 일정한 압력 강하를 유지하기 위해서다. 그러므로 주 흐름 제어 밸브 스풀이 확실한 지점에 있을 때, 그것을 지나는 유량률은 압력의 변화가 포화 상태에 이르지 않는 한 펌프의 공급 또는 부하쪽에서의 압력의 변화에 의해 영향을 받지 않을 것이다. 보상기 밸브의 기능은 유압 회로에서 제한을 더하는 것이다. 직렬에서 압력 보상 밸브을 가진 방향 흐름 제어 밸브는 **압력 보상 방향 흐름 제어 밸브** **또는 단지 압력 보상된 방향 밸브**라고 한다. 보상기 밸브는 다음에서 사용된다.

1. 부하가 변하고 유량률이 밸브가 포화되지 않는 한 부하의 함수로써 변하지 않아야 하는 회로

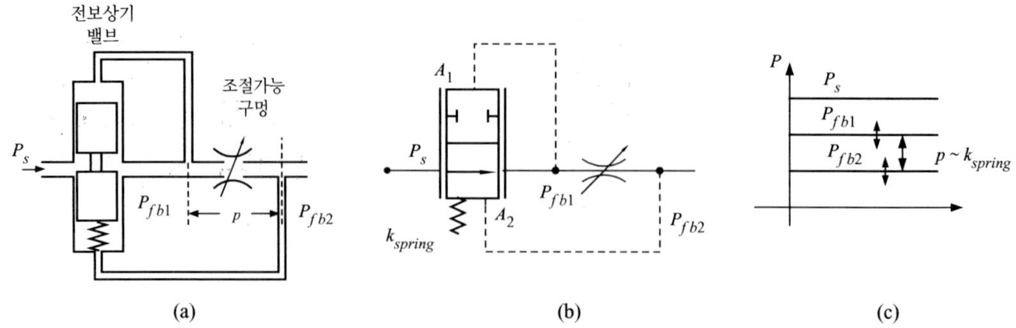

그림 7.49 ■ 전보상기 밸브 구성. 보상기 밸브는 개구부를 지나는 일정한 압력 강하를 유지하기 위해 사용된다. 이것은 회로에 유압 저항(압력 강하)을 더해줌으로써 이뤄진다. 전보상기 밸브는 제어에 두 압력 궤환 신호를 사용한다: 보상기 출력 포트 압력 신호와 보상기 밸브를 따르는 흐름 제어 밸브의 출력(만약 흐름 제어 밸브가 실린더와 연결되어 있다면 실린더의 두 압력의 최대치). 주 흐름 제어 밸브를 지나는 정류된 압력 강하는 전보상기 밸브의 스프링 계수에 비례하다. (a) 부품 단면 회로 선도, (b) 기호화된 회로 선도, (c) 압력 관계

2. 모든 회로가 같은 펌프 공급 압력을 공유해야 하는 다중 병렬 유압 회로. 그러나 각 실린더 안의 부하 압력은 다를 것이다. 보상기 밸브가 사용되지 않는다면 대부분의 흐름은 가장 낮은 부하를 가진 밸브로 흐를 것이고 다른 회로는 아주 작은 흐름을 얻을 것이다. 다른 회로에서의 부하 압력에 상관없이 각 회로의 요구에 맞는 같은 흐름을 제공하기 위해 모든 회로가 효과적으로 같은 부하 압력을 볼 수 있는 회로에서 보상기 밸브는 각 회로에서 추가적 제한을 더해주기 위해 사용된다.

그림 7.49에서 압력 관계는 다음과 같다.

$$p_s \geq p_{fb1} \geq p_{fb2} \tag{7.157}$$

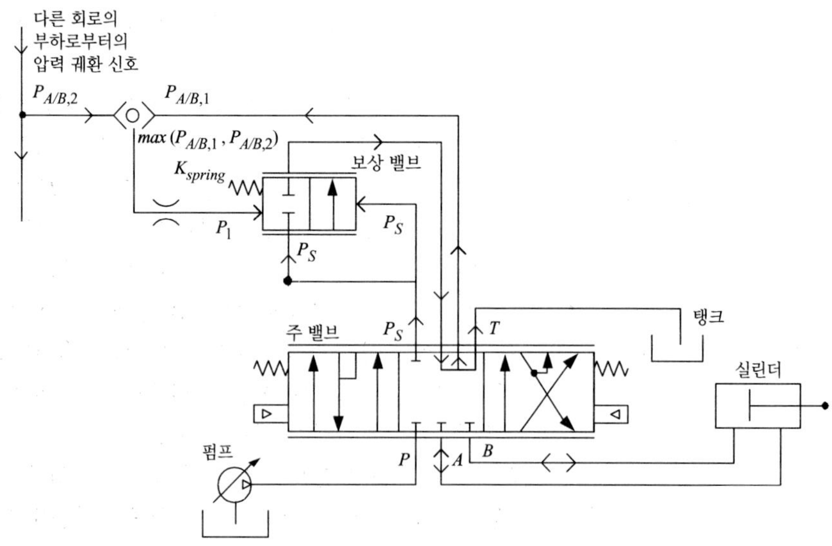

그림 7.50 ■ 후보상기 밸브 구성. 두 압력 궤환 신호 소스는 보상기 밸브로 가는 입력 압력 신호와 부하 압력이다. 다중 회로 구성에서 부하 신호는 회로 사이의 모든 부하 신호 중 최대치이다.

보상기 밸브의 외부 압력은 입력 압력보다 작거나 같다. 이와 비슷하게, 흐름 제어 밸브의 출력 압력은 입력에서의 압력보다 작거나 같다. p_{fb2}압력은 하류쪽의 부하 조건에 의해 결정된다. 보상기 압력의 일은 주요 흐름 제어 밸브의 입출력 포트 사이의 일정한 압력 차이를 유지하는 것이다. 그림 7.49에서 수정가능한 개구부로 표현되어 있다.

$$\Delta p_{set} = p_{fb1} - p_{fp2} \tag{7.158}$$

보상기 밸브 스풀의 움직임을 통해 중간 압력 p_{fb1}의 제어에 의해

$$\Delta x_s = \frac{1}{K_{spring}}(p_{fb1} \cdot A_1 - p_{fb2} \cdot A_2) \tag{7.159}$$

그리고 이것은 $p_s \geq p_{fb1}$이기 때문에 p_s가 충분히 큰 값을 제공하도록 이루어져 있다. 만일 p_s와 p_{fb2} 사이의 압력 차이는 원하는 압력 차이 보다 작을 만큼 부하 압력(p_{fb2})이 너무 크다면 보상 밸브 변조는 포화되고 그것은 (제한을 최소화하는) p_s가 가능할 만큼 가깝게 p_{fb1}를 만듦으로써 최선을 다하려고 노력할 것이다. 그러므로 공급 압력이 일정하고 부하 압력이 두 포트 사이에 원하는 압력차가 가능하지 않을 만큼 큰 레벨이 증가할 때, 보상 밸브는 완전히 열리고 압력 강하를 최소화하려 할 것이다.

$$p_{fb1} \approx p_s \tag{7.160}$$

$$\Delta P_v \approx p_s - p_{fb2} \leq \Delta P_{set} \tag{7.161}$$

이것은 펌프 압력 공급이 최대 레벨에 도달하고 부하 압력이 아주 높은 조건이다.

후보상기 구성(그림 7.50)은 스풀로 가는 두 압력 궤환을 사용한다: 한쪽으로 가는 입력 포트 압력 궤환과 다른쪽으로 가는 출력(최대 부하)압력 궤환.

보상기 밸브의 스풀 이동은 다음의 관계(그림 7.50)에 의해 제어된다.

$$\Delta x_s = \frac{1}{K_{spring}}(p_s \cdot A_s - p_l \cdot A_l) \tag{7.162}$$

그리고 스풀 이동은 공급과 부하 압력 사이의 압력 차이에 비례한다. 압력 p_l은 실린더의 A나 B 서비스 포트로부터 오는 부하 압력 궤환 신호이다. p_s가 일정한 것을 고려해보자. 부하 압력 p_l은 더 작은 부하까지 떨어진다. 같은 요구 압력 강하를 유지하기 위해 보상기 밸브 스풀 용적(x_s)은 차례대로 효과적인 부하 압력을 증가시킬 것이다. 마찬가지로 만약 부하 압력이 증가하면, 보상기 스풀 용적은 주 흐름 제어 밸브를 지나는 일정한 압력 강하를 유지하기 위해 감소될 것이다. 요약하자면, 보상기 밸브는 펌프 압력과 부하 압력 사이의 함수로써 펌프 선과 출력 선 (A나 B) 사이의 제한을 더한다.

다중 회로에서는 셔틀 밸브의 집합은 모든 회로에서 최대 부하 압력을 선택하는 데 사용된다. 최대 부하 압력은 두 가지 목적을 위해 필요하다: (1) 펌프가 가장 큰 부하에서의 (최악의 경우) 회로를 지원해줄 수 있도록 펌프 용적을 제어하기 위해 (2) 다중 보상기 밸브를 제어하고 회로에서 흐름 배분을 똑같이 하기 위해. 다기능 회로에서 압력 보상의 주요한 형태이 있다. 전보상기 형태와 후보상기 형태이다(그림 7.51과 7.52).

그림 7.51은 가변 용적 펌프에 의한 다기능 유압 회로이다. 각 회로는 비례적인 방향 흐

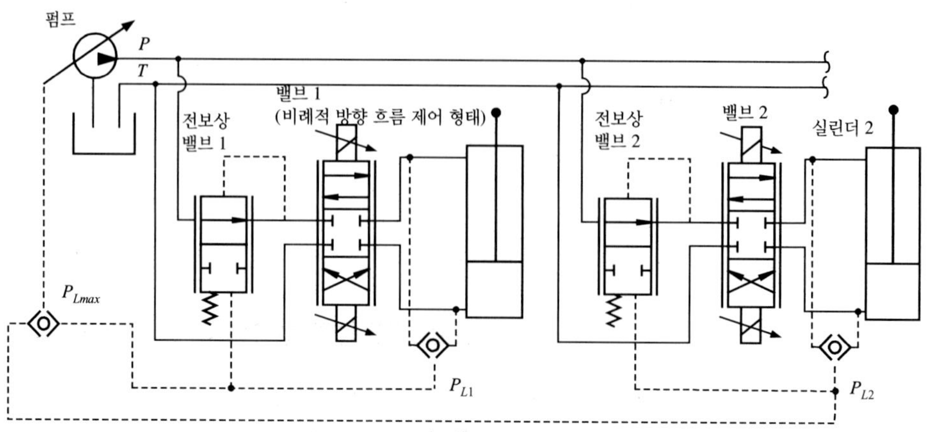

그림 7.51 ■ 다기능 유압 회로의 전치 보상 밸브의 구조

름 제어 밸브를 가진 전보상 밸브를 가지고 있다. 각 보상기 밸브는 주 밸브를 지나는 압력차를 정류하기 위한 두 압력 궤환을 사용한다. 각각의 보상기 밸브에서의 압력 궤환 신호는 저 회로에 한정적이다: 보상기의 출력 압력과 실린더의 부하 압력(A와 B 사이드의 실린더의 최대 압력은 셔틀 밸브에 의해 선택된다) 결국, 펌프 용적은 펌프가 모든 회로 중에 가장 큰 부하를 지원할 수 있는 용적에서 작동하도록 모든 회로 사이 중에 최대 부하 압력에 의해 제어된다.

그림 7.52는 비슷한 다중 회로를 보여준다. 유일한 차이점은 보상기 밸브의 위치이다: 후보상기 구성. 각 회로에서 보상기 밸브로의 두 압력 궤환의 소스는 모든 로컬에 있지 않다: 압력 궤환의 하나는 후보상기로 향하는 입력 선 압력이 있는 펌프 압력 선이고 두 번째 부하 압력 궤환은 모든 회로 중에 최대 부하 압력이다. 그러므로 후보상 구성에서 각 보상기 밸브

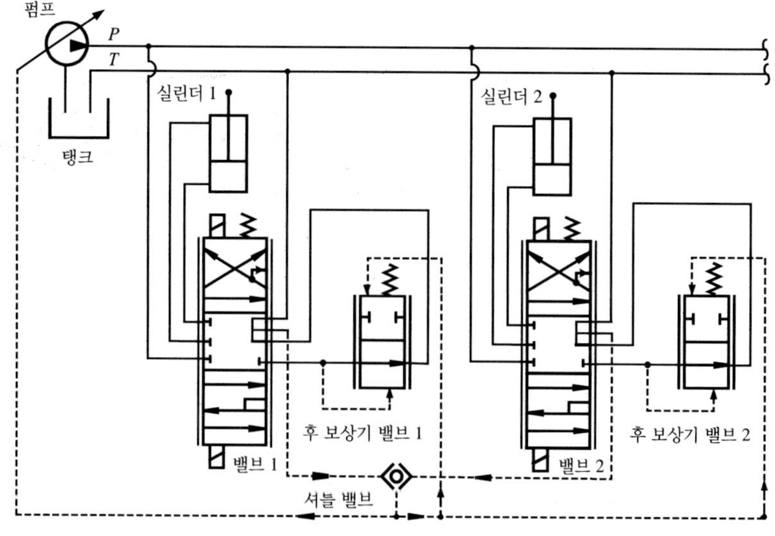

1**그림 7.52** ■ 다기능 유압 회로의 전치 보상 밸브의 구조

로 가는 부하 압력 궤환은 회로의 잔여에 의해 결정된다. 그것은 항상 모든 부하 압력의 최대값이다. 같은 최대 부하 압력 신호는 펌프 용적을 제어하는 데 사용된다.

불포화 조건하에서는 다중 회로 유압 시스템의 전보상과 후보상 구성의 수행이 아주 비슷하다. 펌프 수용량이 포화되어 있을 때 후보상기 구성은 각 선으로부터 흐름 요구보다 비례적으로 물러서고 각 회로의 요구에 근거해 흐름 전달을 유지하려 한다. 전보상 다중 회로임에 반해 펌프가 포화될 때 최대 부하 압력을 가진 회로는 더 작은 흐름을 얻고 결국 0의 흐름을 얻을 것이다. 3개 또는 그 이상의 기능 회로에서 점진적으로 더 높은 부하 압력 회로는 더 작은 흐름을 얻게 되고 단지 최저 압력 회로는 가장 많은 흐름을 얻을 것이다. 부하로부터의 압력 궤환 선에서의 개구부는 고주파 압력 변동이 궤환 신호에서 보상기 밸브가 증가된 완충 효과(게다가 추가된 유압 저항)를 가진다.

압력 보상 흐름 제어 밸브는 압력 변화에도 불구하고 일정한 흐름을 유지하는 기본적인 작동 원리로 동작한다. 식 7.156은 주어진 스풀 용적에서 유량률이 부하와 공급 압력 변화의 함수로써 다양해질 수도 있는 밸브를 지나는 압력차의 함수로서 변화될 것이다. 기본적인 원리는 스풀을 입력 궤환의 함수로 움직이므로 밸브 열림 $A(x_s)$를 바꾸는 것이다. 결과적으로 효율적인 스풀 용적은 흐름의 함수일 뿐만 아니라 압력 강하다. 그러므로 만약 압력 강하가 증가한다면 궤환은 스풀의 개구부 면적을 감소시키기 위해 움직일 것이다. 만약 비슷하게, 압력 강하가 줄어든다면, 궤환은 개구부 면적을 증가하도록 움직일 것이다. 마지막 결과는 다양한 부하 조건에서 일정한 흐름 신호를 유지하는 것이다. 압력 강하의 함수로써의 스풀을 움직이는 궤환 기구는 유체역학적으로나 전기적 의미로 구현될 수 있다. 보통 압력 보상 흐름 제어 밸브는 직렬로 연결된 두 밸브로 구현된다: 한 밸브는 비례적 방향 흐름 제어 밸브이고 다른 밸브는 압력 보상기 밸브이다. 그런 구현의 예가 그림 7.50~52에 나와 있다. 만약 압력 센서가 비례 밸브의 입출력 포트에서 유용하다면 동시에 흐름을 재는 동안 솔레노이드 흐름은 두 번째 밸브의 함수를 수행하는 것을 제어할 수 있다. 즉, 스풀을 움직일 솔레노이드 흐름을 결정하는 제어 알고리즘이 원하는 응답 신호뿐만 아니라 결과적으로 안으로 두 압력 신호까지 취할 수 있다는 얘기다. 그러므로 우리는 솔레노이드로 제어된 비례 밸브, 두 압력 센서, 디지털 제어 알고리즘을 사용한 압력 보상 흐름 제어 밸브를 구현할 수 있다.

7.4.4 예 : 후압력 보상 비례 밸브를 이용한 다기능 유압 회로

그림 7.53(그림 7.11 동시 참조)은 John Deere가 만든 휠로더 모델 644H 버킷 제어의 유압 회로 도면을 보여주고 있다. 이 회로는 후압력 보상 비례 흐름 제어 밸브의 좋은 예이다. 그림은 오직 유압 시스템이 버킷(상승, 경사, 보조의 기능)제어에 관련되어 있음을 보여준다. 기계(스티어링, 브레이크, 냉각 팬 구동기) 등의 유압 회로의 나머지는 보여지지 않았다. 이 유압 회로의 주요 특징은 다음과 같다.

1. 펌프는 가변 용적 형태이고 부하 감지 유압 기구에 의해 제어된다.
2. 각 기능의 밸브-실린더 짝은 폐중심 형태이고 유압 공급 선(P와 T)과 병렬 구성으로 연결되어 있다.

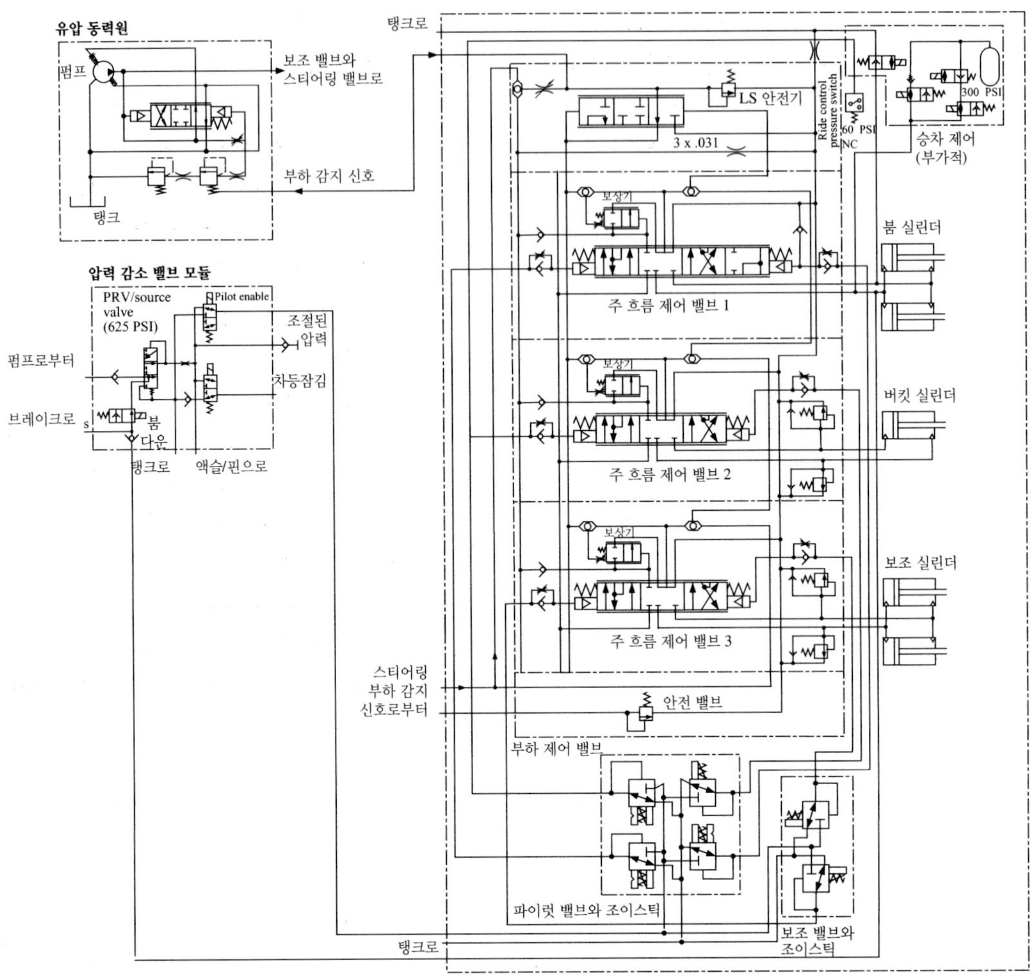

그림 7.53 ■ John Deere 휠로더 모델 644H의 유압 시스템 회로 구성도

3. 각 비례적인 방향 주 흐름 제어 밸브는 각 주 밸브에서의 일정한 압력 강하를 유지하기 위해 후보상 밸브를 가진다.

유압 회로(스티어링, 도구가 되는 수역학, 브레이크 수역학)는 하나의 가변 용적 축형 피스톤 펌프에 의해 공급된다. 펌프는 부하 감지 유압 회로에 의해 제어된다. 같은 펌프가 다른 부하를 가질지 모르는 다중 유압 회로를 지원하기 때문에 펌프 제어의 제어에서 모든 부하를 감지하고 가장 높은 부하 신호를 사용할 필요가 있다. 그러므로 펌프 용적은 스티어링 회로, 붐 회로, 버킷, 보조 회로 중에서 최대 부하 압력 신호에 의해 결정된다. 최대 부하 압력의 모음은 셔틀 밸브의 직렬 연결에 의해 만들어진다.

각 기능별 밸브-실린더 짝은 펌프와 탱크 선에 병렬 구성으로 연결되어 있다. 게다가 각 방향 흐름 제어 밸브(비례형)는 후보상기 밸브를 동반한다. 그림 7.52에 논의된 것처럼 후보상기 밸브는 주 밸브의 일정한 압력 강하를 유지하도록 동작한다. 기능 속도는 부하가 펌프를 포화시킬 만큼 크지 않는 한 부하와 상관없이 레버 응답에 비례한다. 부하 압력 궤환은 모든 회로 부하 압력 중에 가장 큰 부하 압력이다. 셀렉션은 일련의 셔틀 밸브에 의해 만들어진다. 보상기에 필요한 부하 감지 신호까지 주 밸브가 3개의 추가라인(P, T, A, B 주선)을 가진다는 것에 주목하라. 2개는 보상기 밸브 연결의 입출력이고, 하나는 보상기의 궤환 제어를 위한 부하 압력 감지 선이다. 추가로 거기엔 2개의 파일롯 압력 포트와 파일롯 밸브에서 온 스풀의 각 면에 하나가 있다. 양 옆에서 주 밸브 스풀로 가는 파일롯 제어 밸브 신호 사이에서 병렬로 연결된 체크 밸브와 고정 개구부는 파일롯 제어 선 위에서 압력 진동을 감쇠시키는 효과를 가지고 주 밸브에서 더 부드러운 작동을 하게 한다.

구현된 수역학의 주 밸브 제어를 위한 파일롯 압력은 압력 감소 밸브를 사용하는 주 펌프 압력의 출력에서 비롯된다. 압력 감소 밸브의 출력은 일정한 파일롯 공급 압력이다. 파일롯 밸브는 주 밸브로 가는 파일롯 출력 압력을 제어하기 위해 조작자를 따른다. 각 기능(상승, 경사, 보조)을 위해 두 파일롯 밸브가 있다. 각 밸브는 두 내부 포트(파일롯 압력 공급 포트와 탱크 압력 포트)와 하나의 출력 포트(주 밸브를 제어하기 위해 사용되는 출력 파일롯 압력)를 가진다. 출력 파일롯 압력은 대략 조작자에 의해 제어되는 레버의 기계적 움직임에 비례한다. 조작기가 레버를 움직임으로써, 즉 버킷을 들어 올림으로써 레버를 들어올리기 위해 연결된 파일롯 밸브는 주 밸브 스풀의 제어포트로 파일롯 압력을(레버 용적에 비례하여) 보낸다. 주요 밸브 스풀은 스프링 중앙에 있고, 그 용적은 두 면(한쪽은 탱크 압력에 있고, 다른 쪽은 파일롯 밸브 출력에 의해 변조된다) 사이의 파일롯 압력차에 비례한다. 그러므로 만약 주 밸브의 일정한 압력 강하를 가정한다면 실린더 속도는 차례대로 레버 용적에 비례한 주 스풀 용적에 비례할 것이다.

7.4.5 방향 흐름 제어 밸브: 비례 밸브와 서보 밸브

방향 흐름 제어 밸브는 다음 디자인 특성(ISO 6404 표준)들에 근거하여 범주화된다.

1. 외부 포트의 숫자: 2포트, 3포트, 4포트. 포트의 숫자는 2, 3, 4개 그 이상이 될 수도 있는 밸브에 배관 연결을 표시한다. 4포트 밸브는 펌프와 탱크 포트를 두 부하 포트(A, B)에 연결한다(그림 7.39).
2. 이산 또는 연속 수정가능한 스풀 위치의 숫자: ON/OFF 두 위치, ON-OFF 세 위치, 비례 밸브
3. 중립 스풀 위치 흐름 특성: 하나 또는 그 이상의 포트가 탱크와 연결된 개중심 또는 모든 포트가 막힌 폐중심. 폐중심 밸브는 보편적으로 가변 용적 펌프에 사용되고 그에 반하여 개중심 밸브는 고정 용적 펌프에 사용된다(그림 7.54와 7.2).
4. 구동 단계의 숫자: 하나의 단계, 2단계, 3단계 밸브 스풀 구동
5. 구동 방법: 기계적 레버(수동), 전자 구동기(솔레노이드, 토크 모터, 선형 힘 모터), 다른 변조된 파일롯 압력 소스에 의해 첫 번째 단계 구동을 표시한다.

“서보”밸브와 “비례”밸브는 둘다 응답 신호에 비례한 밸브의 스풀 용적 제어를 표시하는 이름이다. 서보 밸브는 스풀과 슬리브에 상응되는 습관을 가지고, 비례 밸브에서 스풀보다 더 높은 공차(tolerance)를 위해 기계화된다. 비례 밸브는 스풀과 밸브 몸체를 가진다. 서보 밸브의 스풀 슬리브 사이에서 꼭 맞는 제거는 2~5마이크론 범위 안에 있고, 그에 반

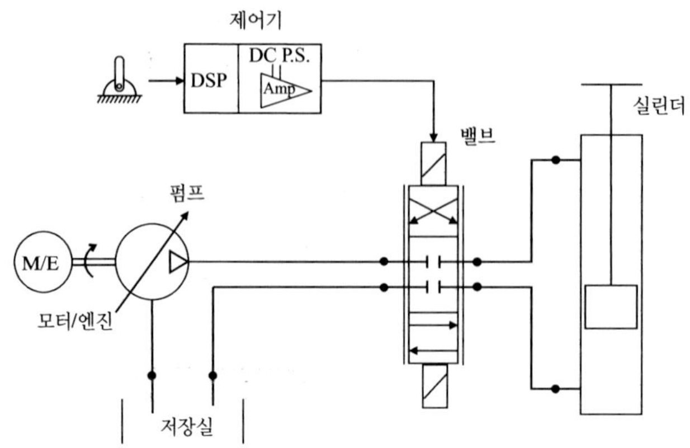

그림 7.54 ■ 단방향축 운동의 폐로-중심 EH 운동 시스템

해 비례 밸브의 스풀과 몸체 사이의 제거는 8~15마이크론 또는 그 이상의 범위 안에 있다. 모든 실제적인 목적을 위해, 밸브의 두 형태를 갖는 유일한 차이점은 다음과 같다.

- 서보 밸브는 제어 신호를 결정하는 주 스풀의 위치로부터 오는 궤환을 사용한다 (궤환은 완벽하게 유체역학 의미나 전기적 의미에 의해 구현될 것이다). 반면에 비례 밸브는 주 스풀 위치 궤환을 사용하지 않는다. 결론적으로 서보와 비례 밸브 사이의 차이점은 소멸되기 시작하는 스풀 위치 궤환에 근거한다.
- 서보 밸브는 일반적으로 더 높은 대역폭 밸브를 표시한다.
- 서보 밸브는 스풀의 영 지점 주위에 더 나은 이득 제어를 제공한다. 결과적으로 서보 밸브는 더 높은 위치 제어 정확성을 제공할 수 있다. 서보 밸브의 평균적 데드밴드는 최대 용적의 1~3% 안에 있지만, 비례 밸브는 30~35% 만큼 높을 수도 있다.

반면에 구성과 제어는 매우 비슷하다.

비례 방향 EH 밸브의 수행 특성은 다음을 포함한다.

1. 확실한 표준 압력 강하에서의 유량률, 즉 밸브가 완전히 열렸을 때, 밸브에서의 표준 압력 강하에서 180 liter/min이다. 서보 밸브의 유량률에서의 표준 압력 강하는 1000 psi이고 비례 밸브에서는 150 psi이다.
2. 최대와 최소 작동 압력, p_{max}, p_{min}
3. 최대 탱크 선 압력, $p_{t,max}$
4. 단계의 수(1단계, 2단계, 3단계)
5. 제어 신호 형태: 수동, 파일롯 압력, 또는 제어된 전기적 신호
6. 파일롯 압력이 사용되었을 때에 파일롯 압력 범위($p_{pl,max}, p_{pl,min}$)와 요구된 파일롯 흐름(Q_{pl})
7. 개중심 또는 폐중심 형태 스풀 디자인
8. 일정한 압력 강하에서의 전류-흐름 관계의 선형성
9. 전류의 양과 음 극 사이에 전류와 흐름 관계의 대칭성
10. 명목상의 데드밴드

11. 명목상의 히스테리시스
12. 솔레노이드가 작동할 때 증폭 단계로부터 오는 최대 전류(그리고 만약 사용한다면 PWM 주파수와 혼란(dither) 주파수)
13. 특정 공급 압력에서의 밸브 대역폭이나 최대 유량률의 확실한 퍼센티지에서의 흐름 안에서 단계적 응답 변화를 위한 상승 시간
14. 작동 온도 범위

전기적 드라이버의 특성은 다음을 포함한다.

1. 입력 동력 공급 전압(가상의 24 VDC, ±15 VDC)과 구동 동력 공급 섹션을 평가하는 전류
2. 제어 신호 형태와 범위(+/−10 VDC, ±10 mA, 또는 4~20 mA, 아날로그 또는 PWM 신호)
3. 스풀과 밸브 몸체 사이에서 마찰 효과를 감소시키기 위한 응답 혼란(dither)신호 주파수와 크기(즉, 밸브 대역폭보다 더 고주파에서 평가된 신호의 10%보다 작은)
4. 궤환 센서 신호 형태(만약 스풀 위치를 제어하기 위해 로컬 밸브 스풀 위치 궤환을 사용하는 구동기에서라면)

20~50 gal/min(gpm) 하에서의 유량률에서 밸브를 구동하는 첫 번째 단계 방향은 보편적으로 충분하다. 50과 500 gpm 사이의 유량률 범위에서 2단계 밸브가 사용된다. 500 gpm 이상의 유량률은 전형적으로 3단계 밸브가 사용된다. 단일 스테이지 밸브에서 전류는 전자기력을 만드는 솔레노이드(또는 선형 토크 모터)로 보내지고 직접 주 스풀에 힘을 주고 그것을 움직인다(그림 7.55). 주 스풀을 이동하는 전기적 구동 신호를 증폭시키기 위해 파일롯 압력을 사용하는 다단계 밸브(2 또는 3단계)는 주 공급 압력의 50% 또는 그 이상에서 전형적으로 파일롯 압력을 사용한다. 이것은 1단계 전기 구동기 신호와 2단계 파일롯힘 사이에 아주 큰 증폭 이득을 제공한다. 이 이득은 최근에 어떤 직접 구동 전기 모터 기술과 상응될 수 없다. 움직이는 동력을 발생시키는 큰 파일롯 단계 이득은 밸브를 주 단계 오염문제에 더 둔감하게 만든다. 왜냐하면 파일롯 단계의 큰 움직이는 압력은 아주 오염문제를 통해 강제적으로 일으킬 수 있을 것 같기 때문이다. 그러나 오염문제는 밸브의 파일롯 단계에서 더 많이 일어날 것이다. 왜냐하면 파일롯 단계의 개구부는 주 단계에서의 그것보다 훨씬 작기 때문이다.

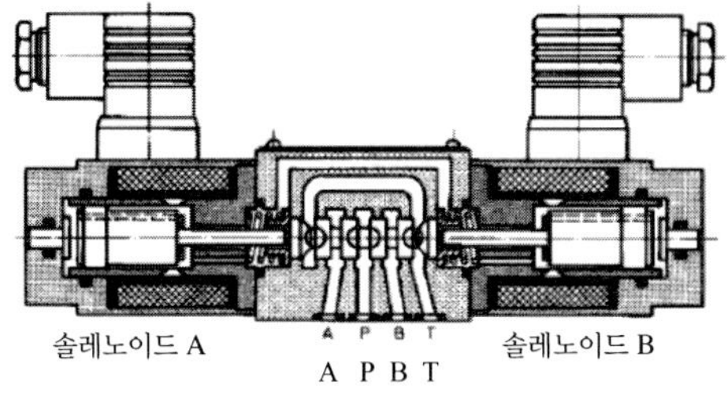

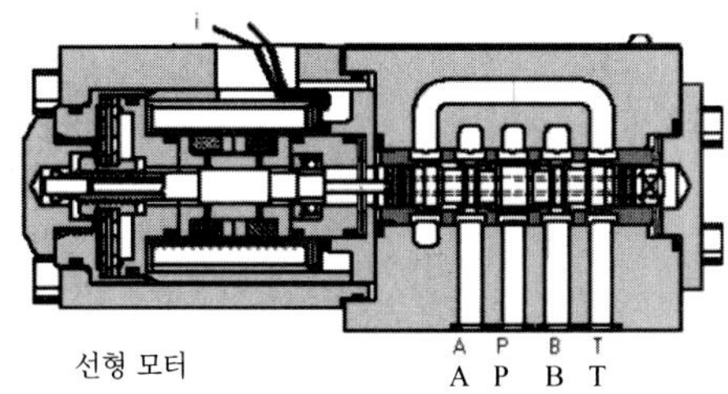

그림 7.55 ■ 단일 스테이지 EH-밸브-솔레노이드

2단계 밸브 디자인의 세 가지 주요 형태는 다음과 같다.

1. 스풀-스풀(이중 스풀) 디자인
2. 이중-노즐 플래퍼 디자인
3. 제트 파이프 디자인

2단계 밸브 안에서 전류는 중간 스풀을 움직인다. 그 뒤 중간 스풀은 두 가지 주 스풀을 움직이는 파일롯 압력 선을 사용한 동력을 증폭한다(그림 7.56). 다단계 밸브의 경우 밸브는 솔레노이드에 의해 전기적으로 발생되는 힘이 주 스풀을 움직일 만큼 크지 않다.

같은 개념이 밸브 안에 3개의 스풀(또는 포펫)이 있는 3단계 밸브에 적용된다(그림 7.57). 3개의 스풀의 처음 두 작동은 증폭기로서 마지막 3단계 주 밸브 스풀이다. 이동장치응용에서 사용되는 밸브의 대다수는 2단계 밸브에 있다. 제어 시스템 전망으로부터, 한 단계와 다단계 밸브의 기능: 입력 전류는 (물론 어떤 동적 지연 효과를 가진) 주 스풀 용적 안에서 비례적으로 전달된다. 그 뒤 밸브의 일정한 압력 강하 하에서 유량률에 비례할 것이다.

만약 주 스풀 위치로부터 파일롯 스풀 위치까지 궤환이 없다면 2단계 밸브의 두 번째 단계 스풀 위치(주 스풀)는 첫 번째 단계 스풀 위치의 전체다. 2단계 스풀 밸브는 기본적으로 하나의 단계의 두 번째 밸브 스풀과 연결된 직접 작용 밸브이다. 두 번째 밸브는 1단계 밸브에 연결되어있는 작은 실린더로 보여질 수 있다. 그러므로 전류-주 스풀 용적의 관계는 비례적이지 않지만 필수 관계다.

$$x_{main}(s) = \frac{1}{s} K_{mp} \cdot x_{pilot}(s) \tag{7.163}$$

$$= \frac{1}{s} K_{mi} \cdot i_{sol}(s) \tag{7.164}$$

전류-주 스풀 용적 비례 관계를 만들기 위해서는 1단계 밸브에서의 경우처럼, 주 스풀 위치에서 "궤환 기구"이어야 한다. 파일롯 스풀 위치는 솔레노이드 힘과 주 스풀 위치의 궤환에 의해 결정된다. 주 스풀에서 파일롯 스풀로 가는 궤환은 기계적 결합, 탄성, 압력 또는 제어기에 전기적 센서 신호의 형태에 있을 것이다. 파일롯과 주 압력을 사이에 압력 궤환을 사용하는 2단계 밸브를 고려해보자(그림 7.56). 주 스풀 위치로부터 온 압력 궤환은 솔레노이드 힘에 대한 균형 잡힌 탄성처럼 작용한다.

$$x_{main}(s) = \frac{1}{s} K_{mp} \cdot x_{pilot}(s) \tag{7.165}$$

$$x_{pilot}(s) = K_{pi} \cdot i_{sol}(s) - K_{pf} \cdot x_{main}(s) \tag{7.166}$$

$$x_{main}(s) = \frac{K_{mp} \cdot K_{pi}}{s + (K_{pf} \cdot K_{mp})} \cdot i_{sol}(s) \tag{7.167}$$

궤환 기구는 유체역학적 수단에 의하거나 스풀 위치 센서와 폐루프 제어 알고리즘을 사용함으로써 구현될 수 있다.

이 궤환이 물리적인 유체역학적 의미로 이루어질 수 있는지 논해보자(그림 7.56). 솔레노이드 B가 활성화될 때, 응답하는 힘은 파일롯 압력 공급으로 가는 파일롯 포트 A를 열도록

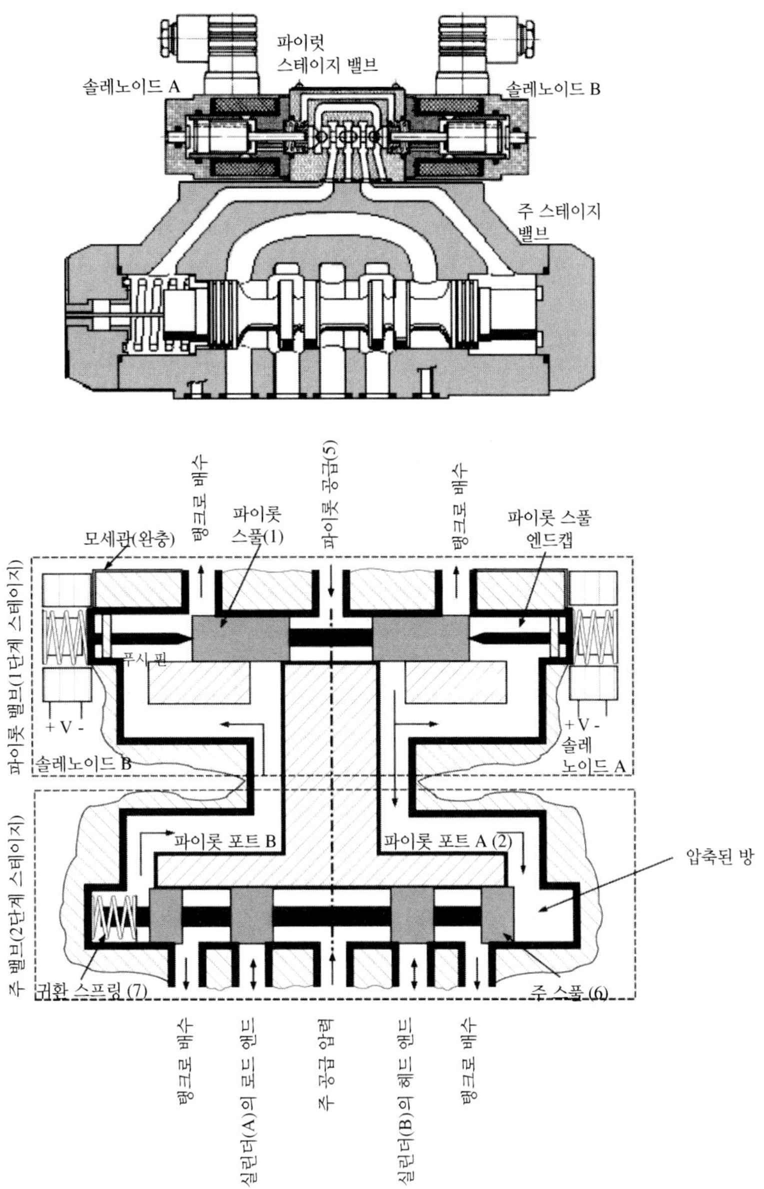

그림 7.56 ■ 2단계 밸브: 1단계 스풀은 파일롯 스테이지이며, 2단계 스풀은 주 스테이지이다.

직접 파일롯 스풀을 누른다. 주 스풀의 오른쪽 방에서 만들어진 압력은 또한 직접 파일롯 스풀의 엔드캡(A)으로 궤환된다. 엔드캡 안의 압력이 B안의 솔레노이드로부터 나오는 힘과 같거나 높을 때, 스풀은 뒤로 이동하고 파일롯 공급의 열림을 닫는다. 솔레노이드-궤환 조합은 솔레노이드로 가는 입력 전류에 비례한 포트 A에서 압력을 가지고 있을 것이다. 주 스풀은 엔드캡에서의 압력이 중앙 스프링에서의 힘과 같거나 초과할 때까지 스프링-중심 위치를 유지한다. (만약 데드밴드 범위가 벗어난다면) 주 스풀은 재는 위치를 옮길 것이다. 이 이동은 포트 A의 부피를 증가시키게 할 것이고 압력이 떨어질 것이다. 이 압력 강하는 파일

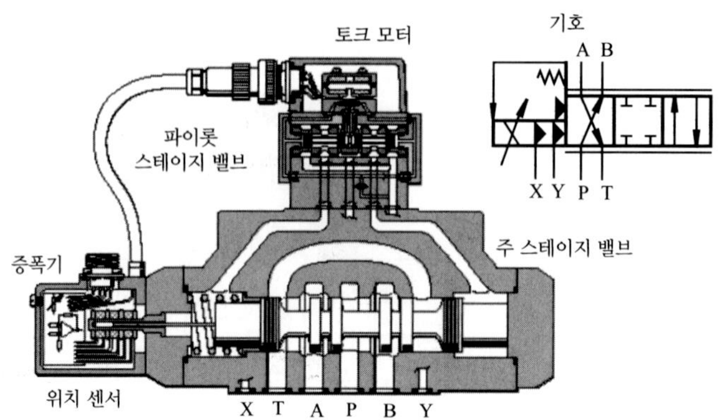

그림 7.57 ■ 3단계 밸브 구조

롯 스풀에서 궤환 힘을 떨어지게 할 것이고, 파일롯 스풀이 솔레노이드 입력으로 응답하는 압력에 이르도록 한 번 더 압력을 공급하기 위해 열림을 움직이도록 허락한다. 솔레노이드로 가는 전류가 끊어지면, 파일롯 스풀은 탱크쪽으로 열리도록 뒤로 옮겨지고 탱크 압력으로 압력이 더 낮게 떨어진다. 따라서 주 스풀은 모든 밸브가 중립 위치로 돌아올 때까지 중심 스프링 안의 힘 때문에 뒤로 돌아올 것이다. 요약하자면 파일롯 스풀은 솔레노이드 전류에 비례하여 움직이고 파일롯 포트에서 발생한 압력은 주 스풀을 움직인다. 같은 파일롯 압력은 파일롯 스풀 엔드캡으로 궤환 된다. 정상 상태에서 주 스풀은 스프링 힘이 발생된 파일롯 압력과 균형을 이루는 위치에 있다. 발생된 파일롯 압력은 솔레노이드 전류에 비례하다. 파일롯 스풀은 일정한 전류가 적용되고 주 스풀이 비례적 위치에 닿았을 때 과도현상 이후에 중립 위치로 돌아간다. 파일롯 스풀 엔드 캡으로 압력 궤환이 없이 일정한 흐름 하에 파일롯 스풀은 일정한 양을 이동할 것이고 주 스풀위치는 파일롯 스풀의 적분, 따라서 솔레노이드 전류의 그것만큼 증가시킬 것이다. 정상 상태에서 비례한 전류와 주 스풀 위치를 만드는 핵심은 주 스풀과 파일롯 스풀 엔드캡 사이의 압력 궤환이다.

거기에는 2단계 주 스풀이 2 압력 감소 밸브에 의해 옮겨진 비례 밸브가 각각의 면에 하나씩 있다(그림 7.58). 그런 밸브는 건축장비응용에 널리 쓰인다(그림 7.47과 7.85). 압력감소밸브의 짝은 주단계에서 파일롯 밸브로서 작용한다. 파일롯 밸브의 출력 압력은 지렛대 용적이나 솔레노이드 전류에 비례한다. 비례하는 주 스풀 용적은 압력 감소 밸브와 주 스풀의 중심 스프링 사이에 파일롯 압력 출력의 결과로써 개발된다. 첫 번째 단계가 압력 감소 밸브인 2단계 안에서의 입출력 관계는 다음과 같다.

$$p_{pc} = \frac{K_{pi}}{(\tau_{pi}s + 1)} \cdot i_{sol} \tag{7.168}$$

$$x_{main} = \frac{1}{K_{spring}} A_{main} \cdot p_{pc} \tag{7.169}$$

$$= \frac{K_{pi} A_{main}}{K_{spring}(\tau_{pi}s + 1)} \cdot i_{sol}(s) \tag{7.170}$$

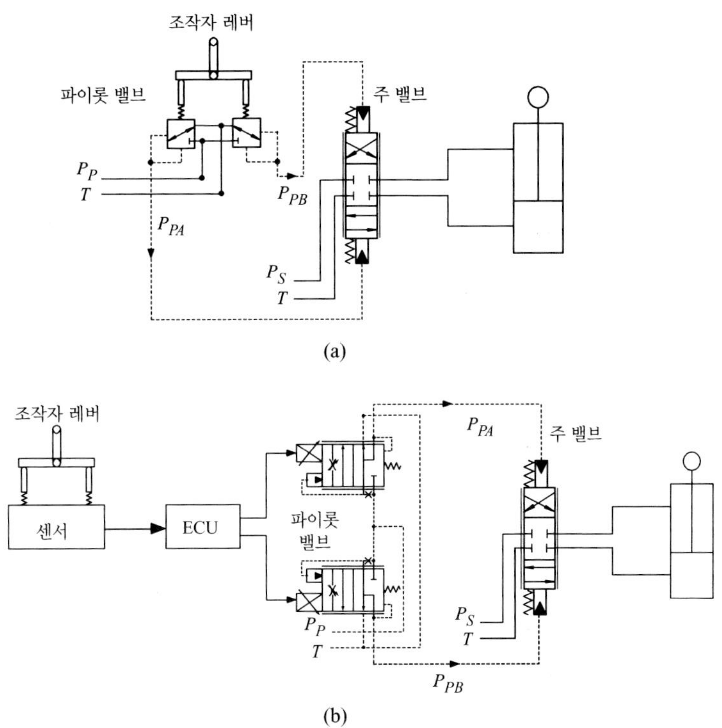

그림 7.58 ■ 2개의 감압 밸브가 있는 2단 비례 밸브의 구조

p_{pc}는 압력 감소 파일롯 밸브에서 주 스풀 엔드캡으로 가는 파일롯 압력 출력 형태이다. i_{sol} 은 솔레노이드 전류이고, x_{main}은 파일롯 제어 압력이 작용하는 엔드캡에서의 주 스풀의 단면적이다. τ_{pi}는 전류와 용적 사이의 지연 응답의 시간 상수이다. 각 파일롯 제어 밸브(압력 감소 파일롯 밸브)는 전기적으로 솔레노이드나 수동적으로 기계적 레버에 의해 제어될지 모른다는 것에 주목하자(그림 7.45). 기계적으로 구동되는 파일롯 밸브 버전에서 압력 감소 파일롯 밸브 쌍은 조작기 제어 레버 아래에서 오른쪽에 마운트된다. 출력 파일롯 제어 압력 선은 실린더에 더 가까워질 것 같은 주 밸브에 순서를 정하게 된다. 전기적으로 제어된 버전(EH 버전)에서 솔레노이드 짝을 따르는 주 밸브와 파일롯 밸브는 같은 위치에서 자리잡을 수 있고 조작기 레버에서 온 제어 신호는 솔레노이드로 전기적으로 보내진다. 따라서 EH 버전은 파일롯 제어 압력 전달과 관련된 일시적 지연을 거의 갖지 않는다.

압력 감소 파일롯 밸브짝을 가진 2단계 비례 밸브의 변수는 그림 7.59에 나와 있다. 두 버전(그림 7.58과 7.59) 사이의 차이점은 다음과 같다.

1. 파일롯 밸브 짝(압력 감소 밸브 짝)은 주 스풀과 함께 선에 있고, 기계적 탄성 궤환이 파일롯 단계 스풀 사이에(주 스풀의 각 면에 하나씩) 있다. 게다가 유압 압력 궤환도 있다.
2. 주 스풀은 앞선 버전에서 그것을 증가시키는 것과 반대되는 면에서 파일롯 제어 압력을 감소함으로써 구동된다. 주 스풀을 왼쪽으로 옮기기 위해 왼쪽에 있는 솔레노이드는 전압을 가하고 파일롯 압력은 그 면에 비례적으로 더 낮은 값으로 떨어진다. 그러므로 주 스풀은 왼쪽 중심 스프링이 양쪽의 힘과 균형을 맞출 때까지 왼쪽으로 움직인다.

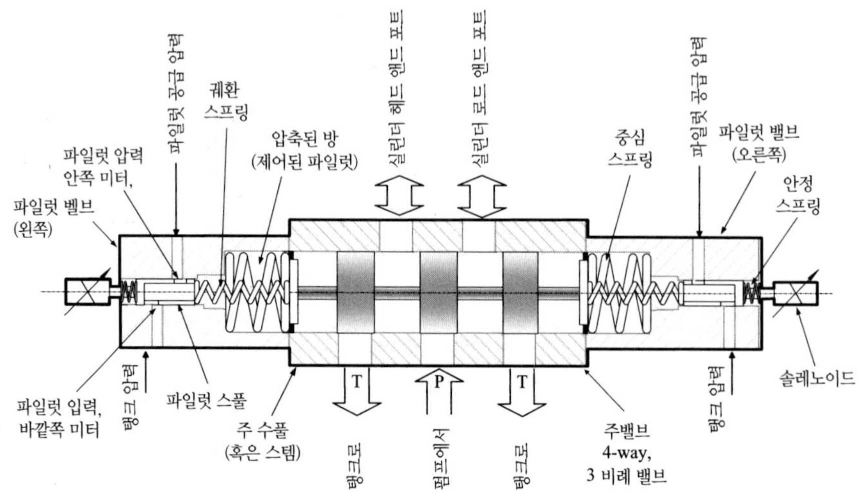

그림 7.59 ■ 2개의 감압 밸브가 있는 2단 비례 밸브의 구조도

솔레노이드로 가는 전류가 감소되면 파일롯 제어 압력은 증가하고 주 스풀을 중립 위치로 누른다. 오른쪽으로 주 스풀을 이동시키는 동작은 비슷한 관계를 따른다.

3. 중심 스프링은 파일롯 쪽으로 가는 주 스풀을 따라가지만 주 스풀 몸통 쪽으로는 들어가지 않는다. 결론적으로 주 스풀이 왼쪽으로 이동할 때 그것은 오직 왼쪽에서 중심 스풀에 대하여 작동한다. 그것이 오른쪽으로 이동할 때는 오른쪽에서 중심 스풀에 대하여 작동한다.

이중 노즐 플래퍼 디자인은 고성능 적용에서 가장 공통적인 2단계 서보 밸브이다. 이것은 가장 정확하지만 비싼 서보 밸브 형태이다. 1단계는 토크 모터 플러스 이중 노즐 플래퍼 기구이다. 2단계는 주 밸브 스풀이다. 그림 7.60은 단면도와 2단계 이중 노즐 플래퍼 형태 밸브의 동작원리를 보여준다. 토크 모터는 제한된 회전 코일이 감겨있는 영구적인 전자기 모터다. 감은 선 안에 전류의 방향은 발생한 토크의 방향을 결정한다. 영구 자기력과 전기자와 감은 선 사이의 에어갭(air gap)은 토크 이득을 결정한다. 그러므로 전류 크기는 토크의 크기를 결정한다. 전기자와 굴곡 튜브는 토크를 발생하는 모터로써 회전하는 낮은 마찰 피봇 포인트 주위에 장치되어 있다. 전류가 토크 모터 감은선에 적용될 때 영구자석 전기자는 전류 방향에 근거하고 전류 크기 방향으로 비례한 양에 의해 회전한다. 마찰 슬리브는 전기자-플래퍼 조립이 기울어지도록 허용한다. 결론적으로 플래퍼의 팁에서 노즐이 바뀌고 다른 압력 격차가 두 면 사이에서 생긴다. 이때 주 스풀이 입력 전류에 비례해서 위치한다. 플래퍼의 더 가까이 있는 노즐 면 위의 압력은 더 커진다. 이 압력 격차는 압력이 이중 노즐 포인트에서 플래퍼의 양쪽에서 균형을 이룰 때까지 주 스풀과 그것을 따라 궤환 스프링을 움직인다. 입력 전류는 주 스풀 용적 안에 비례적으로 전달된다. 이중 노즐에서의 작은 노즐과 플래퍼 인터페이스와 파일롯 단계에서 유액의 걸러짐은 파일롯 단계에서의 밸브의 동작 실패와 관련된 오염을 피하기 위해 아주 중요하다.

제트 파이프 밸브 디자인은 파일롯 단계 증폭 기구와 다르다는 것을 제외하고 이중 노

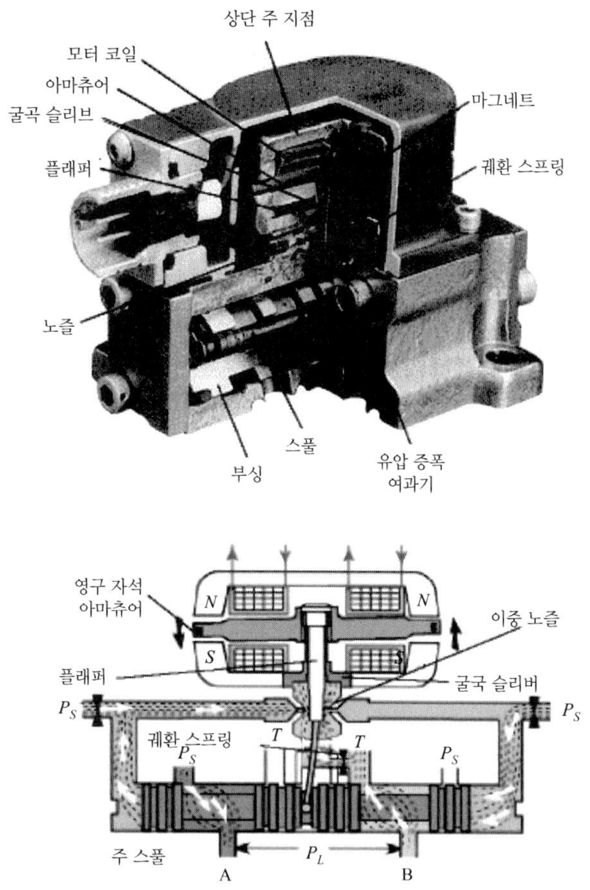

그림 7.60 ■ 이중 노즐 플래퍼형의 2단 서보 밸브

즐 플래퍼 디자인과 아주 비슷하다(그림 7.61). 1단계는 토크 모터 플러스 제트 파이프 노즐과 두 리시버 노즐이다. 2단계는 주 스풀이다. 파일롯 압력은 두 리시버로 유액의 아주 좋은 흐름을 가리키는 제트 파이프 노즐로 흘러간다. 토크 모터 안의 전류가 0일 때(영 지점), 제트 파이프는 이것을 "제트" 흐름의 아주 좋은 흐름을 양쪽 리시버와 동일하게 가리킨다. 그리고 영 지점에서 주 스풀을 잡고 있는 두 제어 포트 사이에서 균형을 잡는다. 전류가 적용될 때 토크 모터는 전기자와 제트 파이프를 비례적으로 빗나가게 한다. 결과적으로 제트 파이프는 두 리시버로 가는 유액 흐름의 다른 양을 가리키므로 그것은 제어 포트(주 스풀의 양쪽)에서 압력 격차를 만들어 낸다. 이 압력 격차는 압력 격차가 제어 포트에서 안정화될 때까지 주 스풀을 움직인다. 주 스풀 이동으로부터 제트 파이프까지의 궤환은 노즐과 주 스풀 위치 사이의 굴곡 스프링에 의해 기계적으로 제공되거나 스풀 위치 센서(전형적으로 LVDT)와 토크 모터 전류를 결정하는 데 사용되는 폐루프 스풀 위치 제어 알고리즘에 의해 전기적으로 제공된다(그림 7.61).

일반적으로 제트 파이프 디자인은 더 낮은 대역폭을 가지고 더 낮은 제조 오차 허용도를 가지며 이중 노즐 플래퍼 밸브와 비교할 때 더 많은 오염에 견딜 수 있다. 제트 파이프

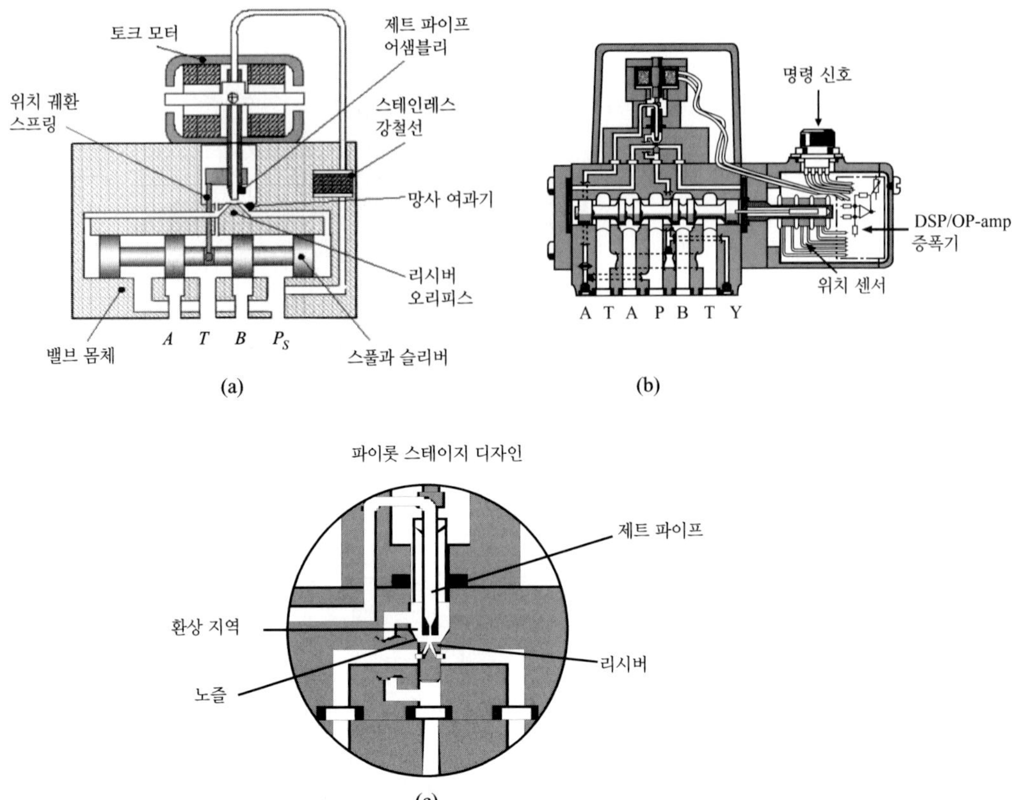

그림 7.61 ■ 제트 파이프형 2단 서보 밸브: (a) 기계적 궤환 구조, (b) 전기센서 궤환 구조, (c) 제트 파이프와 수신 노즐의 확대 모습

파일롯 단계는 이중 노즐 플래퍼 밸브보다 더 큰 파일롯 힘을 지원할 수 있고 넓은 밸브에 더 자주 사용되는 경향이 있다. 높은 유량률 적용(1500 liter/min)에서, 이중 노즐 플래퍼 또는 제트 파이프 밸브는 3단계 서보 밸브의 파일롯 단계로 사용된다. 최근의 3단계 비례 또는 서보 밸브에서는 주 스풀(3단계) 위의 위치 루프는 일반적으로 전기적 위치 센서를 사용하여 닫힌다. 서보 밸브의 양쪽 형태에서 유압 증폭 단계를 위한 압력은 분리된 파일롯 압력 공급 소스로부터 오거나 압력 감소 밸브나 개구부를 사용한 주 공급 선 압력으로부터 파생될 수 있다. 특별히 유압 증폭 단계(파일롯 단계)에서의 유액의 여과는 노즐과 리시버가 아주 작은 지름 크기를 가지고 오염되기 쉬운 경향이 있기 때문에 아주 중요하다.

단일 단계 서보 다이렉트 서보 밸브(DDV)는 최근에 약 150 liter/min(lpm) 유량률을 보장한다(Moog D633 through D636 series). 2단계 제트 파이프 서보 밸브는 밸브에서의 70 bar 압력에서 약 550 lpm까지 보장한다. 처음 두 단계에 이중 노즐 플래퍼나 제트 파이프형 서보 밸브 2개가 있는 3단계 밸브는 1500 lpm의 유량률을 지원한다(Moog D665 and D792 series).

카트리지 밸브는 다기관 위에 조립되도록 설계된다. 일반적인 경우, 다기관은 하나의 카트리지 밸브(단 기능의 기관) 또는 다중 밸브(다기능 기관)로 만들어질 수 있다. 다기관 블록

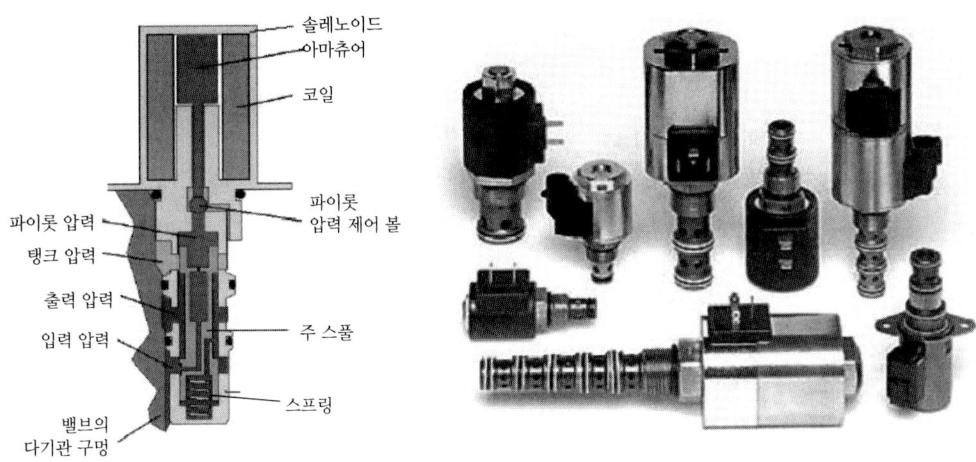

그림 7.62 ■ 카트리지 밸브와 단면도

은 전형적으로 다양한 카트리지와 밸브의 다른 형태(그림 7.62와 7.63)을 잡을 것이다. 다기관 위의 구멍 크기(지름, 깊이, 스레드)는 다른 기관에서 온 카트리지 밸브도 호환적으로 사용할 수 있도록 표준화되어 있다.

카트리지 밸브는 다음과 같은 다른 기준에 의해 범주화될 수 있다.

1. 다기관과의 기계적 연결

(a) 다기관 구멍 스레드안으로 들어가는 스크루 밸브 스레드에 의해 설치된 스크루-인 형태이다.

(b) 다기관에 고정된 커버에 의해 다기관안에 설치된 슬립-인 형태. 스크루-인 형태 카트리지 밸브는 유량률을 약 150 lpm까지 보장한다. 그리고 슬립-인 형태는 150 lpm 이상을 보장한다. 슬립-인 형태는 포트로 쏟아져 들어오 지 않는 스크루인 형태의 장점을 가지고 있다. 그래서 조립에서 더 나은 반복능력을 수행한다. (ISO 7368과 DIN 24342로 특징지어진)7가지 표준 슬립-인 카트리지 밸브 크기가 있다. 16 mm, 25 mm, 32 mm, 40 mm, 50 mm, 63 mm, 100 mm가 있다. 밸브를 지나는 약 5 bar의 압력에서 200~7000 lpm 정도 범위의 유량률을 보장한다.

2. 측정요소

(a) 스풀 형태: 스풀 밸브 몸체 조립은 표준과 비슷한 스풀이 될 수 있는 흐름 측정 요소다. 스풀 형태 카트리지 밸브는 2-way, 3-way, 4-way 그리고 그 이상의 형태이 있다.

(b) 포핏 형태: 흐름은 포핏과 시트에 의해 제어된다. 포핏 형태 카트리지 밸브는 전형적으로 2-way 밸브이다. 카트리지 밸브는 각각 밸브 포트를 봉하고 누출을 최소화하기 위해 밸브 몸체의 움직이지 않는 요소 O링을 사용한다. O링은 또한 밸브의 감쇠 효과 증가에 도움을 주지만 밸브 입력 전류-흐름 특성에 이력 현상을 더해준다.

3. 밸브 구동 방법

(a) 직접 ON/OFF나 비례 제어를 가진 솔레노이드에 의해 구동시킨다.

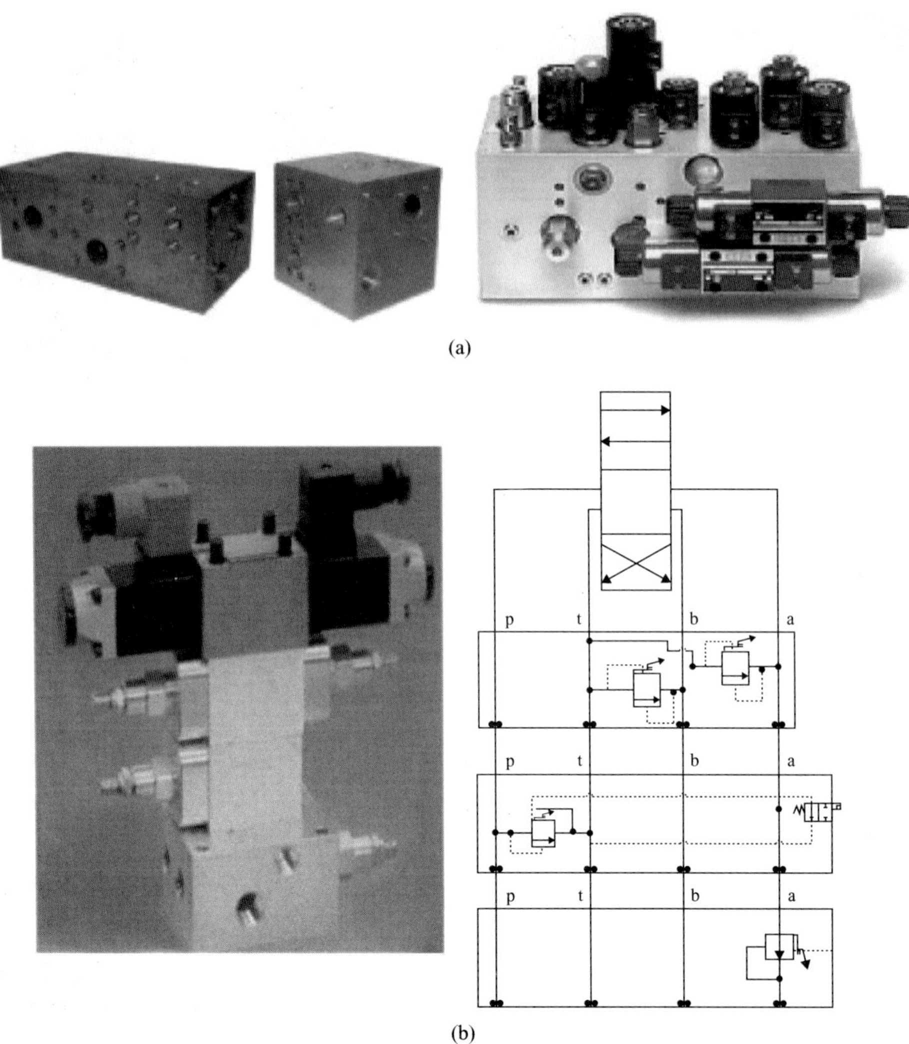

7.63 ■ 다기관 블록의 구조와 외관

(b) 첫 단계 응답 신호에 비례해짐에 따라 마지막 구동 단계에서 파일롯 압력을 가지는 2단계 구동. 응답 신호는 수동 제어나 솔레노이드에 의해 발생될 것이다.

(c) 아주 큰 유량률 응용을 위한 3단계 구동이 있다.

일반적으로 다기관 베이스 플러스 카트리지 밸브의 집합은 낮은 누출과 신뢰할만한 동작을 합한 유압 밸브 시스템이다. 카트리지 밸브는 방향 흐름과 압력 제어 밸브 기능을 수행할 수 있다(비례 흐름 측정, 압력 안전, 체크 밸브, 언로딩 밸브).

작은 유량률을 위한 **카트리지 밸브**는 솔레노이드에 의해 직접 구동될 수 있다. 큰 유량률을 위한 카트리지 밸브는 전형적으로 첫 번째 단계 전기적 구동기와 두 번째 단계 파일롯 증폭기를 포함한 2단계 구동 기구를 사용한다. 예를 들어, 비례 스풀 형태의 카트리지 밸브를 고려해보자(그림 7.62). 밸브는 3포트를 갖는다. 입력 포트(주 입력 압력, 펌프 공급), 탱크 포트, 출력 포트이다. 출력 포트 압력은 입구와 탱크 포트 압력 사이 어딘가에서 정류된다. 본질적으로 압력 감소 밸브이다. 출력 압력은 파일롯 단계에 의한 두 제한 압력(입력과 탱크 압력) 사이의 값으로 정류된다. 파일롯 단계 공급 압력은 주 압력 압력으로부터 압력 감소 밸브 섹션에 의해 구해진다. 파일롯 제어 방안에서의 실제 파일롯 압력은 솔레노이드에 의해 제어되는 포핏 볼에 의해 정류된다. 그러므로 솔레노이드 전류는 차례대로 스프링으로부터 온 균형잡는 힘을 가진 파일롯 압력에 비례한 주 단계 스풀에 위치한 그것에 비례한 파일롯 방 압력을 정류한다. 출력 압력은 주 스풀 위치에 비례하고 솔레노이드 전류로 흐른다.

밸브 구동기는 파일롯 단계처럼 이중 노즐 플래퍼나 제트 파이프 밸브의 형태를 가진다. 그러한 밸브는 아주 높은 유량률을 지원할 수 있다(약 9600lpm by Moog DSHR series). 그러나 포핏 위치 궤환에 따른 파일롯 단계 서보 밸브의 추가가 밸브의 비용을 비례 스풀형태의 밸브의 비용보다 더 높게 만들 것이다. 스크루-인 카트리지 밸브는 2, 3, 4 그 이상의 포트 구성을 위해 체크, 안전, 흐름, 압력, 방향 제어 등의 기능들을 제공한다.

최근 **직접 구동 밸브** 개념의 디자인은 2단계 밸브의 주 스풀을 직접 이동할 더 높은 힘의 밀도를 가진 전기 구동기를 사용한다. 그러면 밸브는 2단계 밸브의 주요 스풀의 유동력을 가진 단일 단계가 된다. 전기적 구동기는 회전 모터(하이브리드 영구 자기 계단식 모터나 회전-선형 동작 변환 기구를 가진 부러시리스 DC 모터, 헬리컬 캠, 볼 스크루)나 직접 구동 선형 전기 모터(선형 힘 모터, 선형 부러시리스 DC, 선형 스테퍼 포터)가 있다. 직접 구동기의 주요 장점은 전기적 구동기(최근 디자인에서는 솔레노이드)와 주 스풀 동작 사이에서 파일롯 압력 단계를 제거한다는 데에 있다. 동력밀도와 가격 탓에, 현재 적용에서는 아직도 낮은 유량률을 가진 밸브에 제한되어 있다. 전기 구동기(영구 자기와 동력 증폭기)의 힘 밀도가 더 커지고 가격이 더 낮아질수록, 직접 구동 밸브 기술의 응용은 다가오는 해에 증가할 것으로 보인다.

7.4.6 유압 회로에서의 밸브의 마운팅

유압 동작 시스템에서 밸브 기능의 집합은 하나의 기관 블록 안에 기계화될 수 있다. **기계 블록**(카트리지의 집합뿐만 아니라 다른 비카트리지 밸브)은 아주 신뢰할 만하고 누출없는 디자인을 유압 밸브 그룹에 제공한다. 기계 블록은 P와 T포트로부터 다른 밸브까지 내부적으로 유압 연결을 제공한다. P와 T와 서비스 포트(A1, B1, A2, B2 등)사이의 유압 배관연결 기능은 블록안에서 기계화된다. 예를 들면 다기능 회로에서 P와 T 선으로 가는 밸브포트의 병렬 또는 직렬 유압 연결은 기계 안에서 기계화될 수 있다. 각 기능에 대해, 각 포트 사이의 유압 흐름 밸브(전형적으로 스크루-인 카트리지 밸브)를 제어하는 밸브가 있다. 기술적으로 하나의 P 포트와 T 포트는 모든 기계 블록에 충분하다. 거기에는 사용되는 밸브 기능 숫자만큼 많은 A와 B 포트가 있다. 게다가 기계 블록은 선택적으로 기계 위에 확실한 흐름을 틀어막음으로써 개구부 개중심이나 폐중심 기능을 조정하기 위해 기계화된다. 체크 밸브, 안전 밸브, 여과기 연결은 기계설계 안에서 지어질 수 있다. 개개의 밸브 대신 다중 밸브 유압 회로에 접근하는 기계 블록의 주요 이점은 다음과 같다.

- 기계 블록은 설치와 유지면에서 유압 배관 연결을 모듈화하고 단순화한다.
- 누출을 감소시키고 더 높은 압력 회로를 보장한다.
- 크기가 작다.

기계 블록 포트 위치와 크기는 ISO-4401 표준에 의해 표준화 되어 있다(ISO-4401-03,-05,-06,-07,-08,-10 다른 포트 숫자, 크기, 외부연결에 대한 위치를 특징짓는다). 때론 CETOP-03, . . . , CETOP-10 표준을 참고하기도 한다. 3000 psi에 이르는 압력에 대해서, 알루미늄 기계가 요구되고, 더 높은 (5000 psi) 압력에 대해 주철이 요구되기도 한다. 기계 블록에 더하여, 밸브도 또한 더 쉽게 밸브 사이에서 공급과 탱크라인을 연결되게 만들어주는 쌓을 수 있는 **표준 마운팅 판**으로 만들어진다.

유압 배관 연결을 위한 다른 마운팅 방법은 **서브플레이트, 인라인 바 기계, 마운팅 플레이트, 밸브 어댑터, 샌드위치형 마운팅 플레이트**가 있다. 부분적으로 샌드위치 마운팅은 전형적인 방향이나 비례 밸브와 안전, 체크의 숫자와 압력 감소 기능을 한 스택에 집적하기 위해 사용한다. 샌드위치 형태 마운팅 플레이트는 또한 DIN, ISO, NFPA 표준 인터페이스 크기를 가진다.

7.4.7 비례 밸브와 서보 밸브의 수행 특성

영 지점 주위의 스풀과 개구부 모양은 밸브 성능에서 중요한 요소다. 스풀은 영 지점에서 흐름 개구부를 오버랩, 제로랩, 언더랩하도록 가공될 것이다. 제로랩된 스풀은 이상적인 스풀이다. 그러나 빡빡한 제조허용때문에 이루기 어렵다. 오버랩된 스풀은 전류와 흐름 관계 사이에 기계적 데드밴드를 가져온다. 언더랩된 스풀은 영 지점 주위에서 큰 이득을 제공한다(그림 7.64).

영 지점은 스풀 위치에 대한 압력의 커브(ΔP_L, x_s 또는 ΔP_L, i)가 압력 축에서 0의 값으

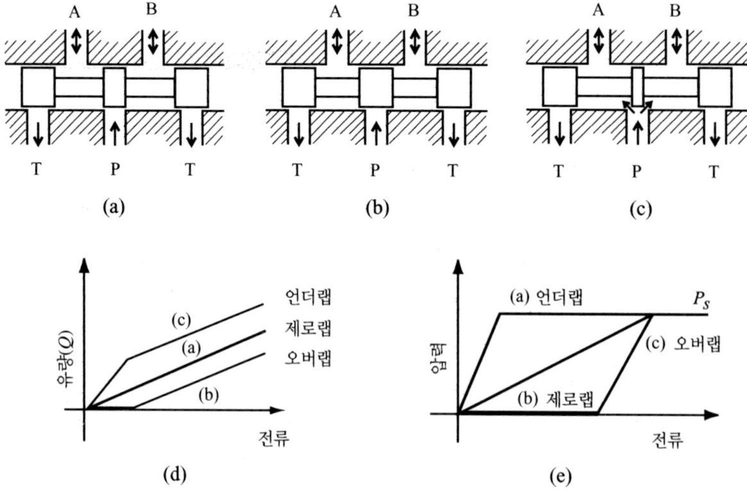

그림 7.64 ■ 중립 위치에서의 스풀과 슬리브의 구조도

로 갈 때 스풀의 위치로 정의한다. 영 지점 테스트는 P-T와 A-B 사이의 포트를 완전히 막음으로써 밸브 위에서 진행된다. 밸브의 영 지점은 항상 영전류 조건하에서 기계적으로 수정된다. 영 지점의 기계적 수정은 작은 양에 의한 중심 위치 주위의 스풀을 움직이는 데 쓰이는 수정가능한 스크루온 밸브에 의해 제공될 것이다. 이것은 밸브 교정 과정의 일부이다.

영 지점 수행은 스풀랜드, 슬리브, 밸브 개구부, 압력 등의 가공 허용치에 아주 의존적이다. 높은 정확성에도 불구하고 서보 밸브는 입력 전류의 함수로써의 영 지점 근접에서 흐름 이득에 변수를 나타낸다. 흐름이 스풀 위치와 압력의 함수임을 상기해보자.

$$Q = Q(x_{spool}, \Delta P_v) \tag{7.171}$$

영 지점 주위의 밸브 특성은 흐름 이득, 압력 이득, 흐름-압력 이득(누출 상수라고도 한다)으로써 표현된다. 흐름 이득은

$$K_q = \frac{\partial Q}{\partial x_{spool}} \tag{7.172}$$

최대 전류값의 ±2.5% 안에서 가상의 이득의 50~200%사이에서 변할 수 있다. 밸브의 압력 이득은 출력 포트(A, B)가 막혔을 때(그림 7.65) 솔레노이드 전류의 함수로써 출력 압력의 변화율로써 정의된다.

$$K_p = \frac{\partial P_L}{\partial x_{spool}} \tag{7.173}$$

흐름-압력 이득은 다음 식으로 정의된다.

$$K_p q = \frac{\partial Q_L}{\partial P_{spool}} = \frac{K_q}{K_p} \tag{7.174}$$

이러한 조건하에서의 출력 압력은 공급 압력에 아주 빨리 도달한다. 제로랩 스풀에서, 출력 압력은 최대 전류의 3~4%안에서 공급 압력에 도달한다. 언더랩 스풀에서 같은 결과가 약 2배의 전류값에서 나온다. 오버랩 스풀은 압력 이득이 0인(그림 7.64와 7.65) 데드밴드

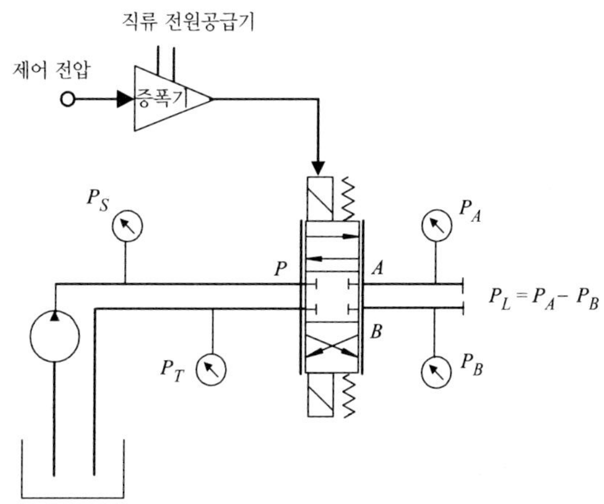

그림 7.65 ■ 영 지점에서의 테스트 방법

범위를 지나간 후에 제로랩 스풀의 그것과 비슷한 수행을 가진다. 영 지점 주위의 밸브의 압력 이득은 서보 위치 제어 응용에서 아주 중요하다. 왜냐하면 그것은 아주 강하게 외부 힘에 대해 위치 루프의 경직에 영향을 미치기 때문이다.

공급 압력과 온도에서 변화에 의해 영 스플 위치가 영향을 받는다는 것을 주목하는 건 굉장히 중요하다. 공급 압력과 온도의 함수로써 영 지점에서의 변화를 **압력 널 이동과 온도 널 이동**이라고 한다.

영 지점 근접에서 밸브의 흐름 특성은 중요한 동작특성이다. 영 지점에서 만약 밸브가 펌프 포트를 탱크 포트로 연결한다면 부하는 어떤 것도 요구하지 않을 뿐만 아니라 펌프와 탱크 사이에 유액이 순환하기를 계속할 것이다. 이것을 **개중심** 밸브라고 부른다(그림 7.2). 만약 영 지점에서 펌프에서 탱크로 가는 흐름을 밸브가 막는다면 그것은 **폐중심** 밸브라고 부른다(그림 7.54). 실제 폐중심 밸브은 여전히 누출 때문에 어떤 개중심 특성을 나타낸다. 개중심 밸브는 고정된 용적 펌프로 사용될 수 있음에 주목하라(그림 7.2). 제어작업은 더 간단하지만 시스템은 에너지가 충분치 않다. 왜냐하면 그것은 부하가 원하지 않아도 시스템안에서 흐름이 계속적으로 순환하고 있기 때문이다. 밸브가 영 지점에 있을 때처럼 폐중심 밸브는 가변 용적 펌프를 요구하고 펌프는 흐름을 멈추거나 누출을 보강하기에 충분한 흐름을 제공하기 위해 디스트로크된다(그림 7.54). 그것은 에너지가 충분하다. 왜냐하면 원하는 만큼 눌려진 유액 흐름이 제공되고 요구가 없을 경우 그것을 닫아버리기 때문이다. 제어 작업은 조금 더 복잡하다. 왜냐하면 큰 압력 변동을 피하도록 밸브와 펌프 둘다 제어되거나 꾸며져야 하기 때문이다(밸브를 영 지점로 닫는 것, 높은 용적에서 펌프가 동작하는 것을 유지하는 것은 시스템에 압력 변동을 가져오고 그것은 안전 밸브를 폭발시킬 것이다). 이런 이유로 개중심 특성의 몇 가지는 밸브안에서 지어진다. 밸브와 펌프의 꾸며진 제어를 단순화시키기 위해 영 지점에서 유량률의 작은 퍼센티지를 순환시키는 것은 밸브와 펌프 사이의 타이밍 오류를 제어하는 것에 대한 시스템 실수 허용치를 증가시킨다.

밸브로부터 온 출력 흐름 Q는 개구부(A_{valve})와 포트를 지나는 압력차(ΔP_{valve})의 함수이다. 개구부는 스풀 용적(x_{spool})과 스풀 개구부 모양의 기하학적 디자인의 함수이다. 스풀 용적은 솔레노이드 전류(i_{sol})와 비례한다. 그러므로

$$Q = Q(A_{valve}, \Delta P_{valve}) \tag{7.175}$$

$$A_{valve} = A_{valve}(x_{spool}) \tag{7.176}$$

$$x_{spool} = K_{ix} \cdot i_{sol} \tag{7.177}$$

비례 밸브를 고려해보자. 최대 전류, i_{max}에서의 유량률 Q_{nl}이고 부하 조건은 없다(공급 압력의 전부가 밸브를 지나 떨어진다). 따라서 어떤 압력 강하($\Delta\ p_{valve}$)에서의 유량률과 솔레노이드 전류(i_{sol})는 다음과 같이 표현될 수 있다.

$$Q/Q_{nl} = (i_{sol}/i_{max})\sqrt{\Delta P_{valve}/P_s} \tag{7.178}$$

$$= (i_{sol}/i_{max})\sqrt{1-(\Delta P_l/P_s)} \tag{7.179}$$

밸브에서의 압력은 펌프와 탱크 압력(공급 압력 네트) 빼기 부하 압력 사이의 차이이다.

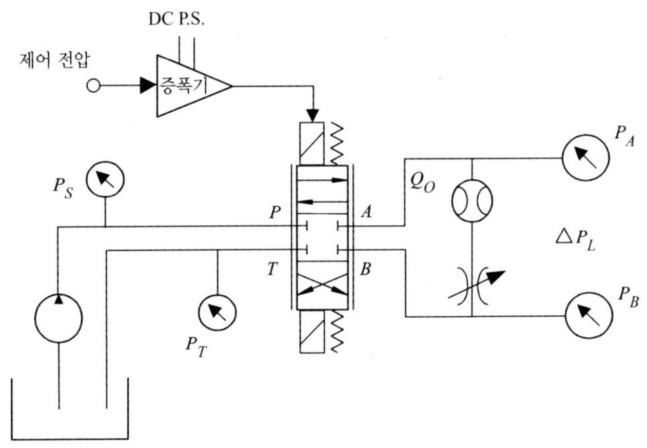

그림 7.66 ■ 유량과 부하 압력, 솔레노이드 전류 테스트 방법

$$\Delta P_{valve} = P_s - P_t - \Delta P_l \tag{7.180}$$

$$= P_s - P_t - |P_A - P_B| \tag{7.181}$$

$$= (P_s - P_A) + (P_B - P_t) \quad \text{또는} \tag{7.182}$$

$$= (P_s - P_B) + (P_A - P_t) \tag{7.183}$$

공급 압력이 일정하다고 가정하자. 부하 압력이 일정할 때 유량률은 선형적으로 솔레노이드 안에서 전류에 비례하다. 마찬가지로 일정한 솔레노이드 전류(동일하게 일정한 스풀 개구부 열림)에 대해 유량률은 제곱근 관계를 가진 부하 압력과 관계가 있다. 부하 압력이 증가함에 따라 가용한 밸브의 압력은 감소하고 따라서 유량률은 감소한다. 부하 압력이 탱크 압력과 같을 때, 공급 압력의 모든 것을 밸브를 지나면서 잃어버릴 것이고, 최대 유량률이 수행될 것인데 이것을 **무부하 흐름**이라 한다. 그러나 밸브의 출력부에서의 흐름은 힘을 가할 압력이나 구동기(실린더나 회전 유압 모터)로 가는 토크가 없다. 그러므로 좋은 디자인에서는 공급전압의 일부분이 밸브를 지나는 충분한 유량률을 지원해주기 위해 사용되고, 또 일부는 구동기 힘/토크를 발생시키는 데 사용된다.

$$P_s - P_t = \Delta P_{valve} + \Delta P_l \tag{7.184}$$

실제로 밸브 유량률(Q_r)은 스풀이 완전히 옮겨졌을 때 밸브(서보 밸브에서 $\Delta P_r = 1000$ psi고 비례 밸브에서 150 psi이다)에서의 표준 전압이다. 스풀이 완전히 이동되었을 때 밸브를 지나는 다른 압력(ΔP_{valve})에 대한 밸브의 유량률(Q)은 다음식으로 대략 계산될 수 있다.

$$Q = Q_r \cdot \sqrt{\Delta P_{valve}/\Delta P_r} \tag{7.185}$$

밸브 측량에 있어서 P_s와 P_t는 일정한 값으로 고정되고, 압력은 이상값의 숫자로 고정된다(그림 7.66). 부하 압력(ΔP_L), 전류(i) 각각의 값들은 0에서 최대값(i_{max})까지 다양하고, 유량률(Q)이 측정된다. 결과는 밸브 유량률, 부하 압력, 그리고 전류의 관계로 그림 7.67처럼 표시된다. P_s와 P_t는 고정값이다. 그림 7.67에서 밸브 데드밴드는 명백히 관찰된다. 실제에서 밸브 전류-흐름 관계는 또한 데드밴드와 함께 이력(hysteresis)현상의 특성이 표시된다(그림 7.68).

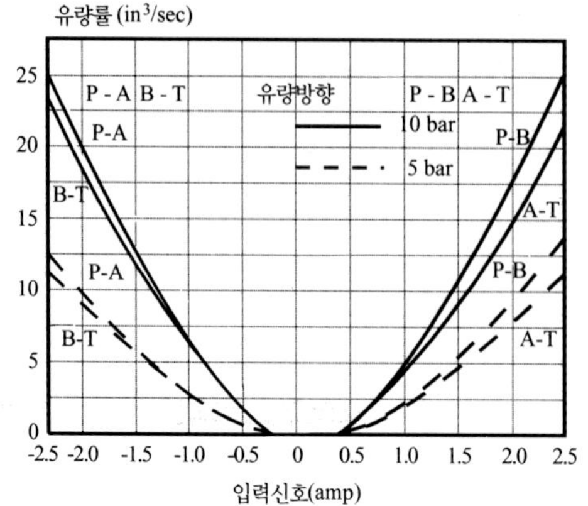

그림 7.67 ■ 압력이 변화할 때의 솔레노이드 전류와 밸브 흐름의 비율 변화 곡선

위에 주어진 흐름-전류-압력 관계는 밸브에서의 누출 흐름을 무시한다. 보편적으로 정확인 위치 적용에 사용되는 서보와 비례 밸브는 극히 래핑된(거의 제로 래핑된) 스풀을 가지고, 따라서 영스풀 용적에서 측정가능한 누출을 가진다. 전류는 0이고 스풀이 겉보기에 영지점일 때 밸브를 지나는 압력이 증가함에 따라, 누출 흐름이 증가한다. 이러한 사실을 취함으로써 두 극단 조건 주변에서의 흐름-전류-차이압력 관계에 초점을 맞춰보자(그림 7.69(a), $i = 0$ 곡선).

$$Q/Q_{nl} = (i/i_{max})\sqrt{1 - (\Delta P_L/P_s)} - K_{pq} \cdot (\Delta P_L/P_s) \tag{7.186}$$

스풀이 중립위치 일때 누설량을 나타내는 마지막 항인 K_{pq}는 누설계수이다. 일정한 전류의 다른 값들에 대하여 유량대 부하 압력 곡선은 그림 7.69(a)와 같다. 부하 압력이 펌프압력과 같을 때 유량은 스풀의 변위값에서 누설 유량이다. 여기서 두가지 극한조건에서 유량-전류-변위 압력 간의 관계를 살펴보자:

1. 무부하 조건, $\Delta P_L = 0$
2. 막힌 부하 조건

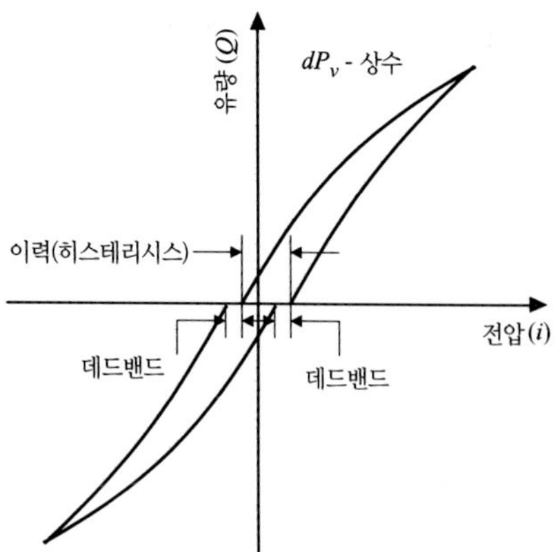

그림 7.68 ■ 일정 압력에서의 밸브 전류 흐름의 비선형 특성 곡선

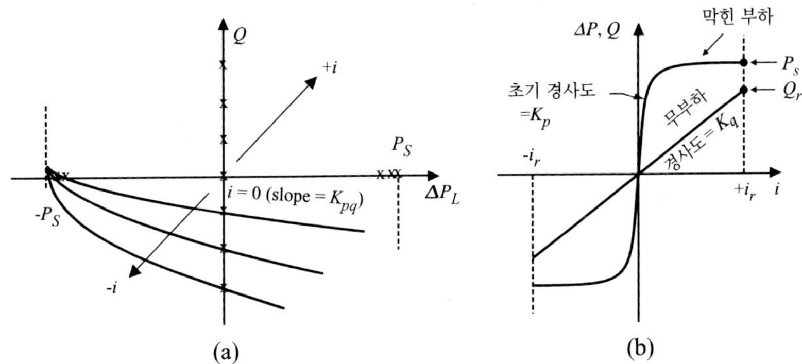

그림 7.69 ■ (a) 밸브-전류 변화 곡선, (b) 무부하시의 전류 특성과 부하시의 전류 관계

그림 7.69(b)의 막힌 부하 조건 데이터는 그림 7.69(a)를 시사한다. 포트에서의 전류에 대한 압력 데이터(그림 7.69(b))는 i와 ΔP_L의 차이값에 대한 제로 케이스($Q = 0$)와 같은 유량률에 대해 그림 7.69(a)의 자료와 같다. 이것들은 x축 교차부분을 따라 계산된 데이터 포인트이다. 그림 7.69(b)에서 전류에 대한 무부하 흐름에서의 데이터는 부하 압력이 0일 때, $\Delta P_L = 0$, 그림 7.69(a)로부터 계산된다.

무부하 흐름에 대한 전류와, 부하가 막혔을 때 밸브를 지나는 압력 강하에 대한 전류는 그림 7.69(b)에 나와 있다. K_q는 무부하 경우에 전류에서 흐름 이득이고, K_p는 막힌 부하의 경우 전류에서 압력 이득이다. 흐름 압력 이득(누출 상수)은 $K_{pq} = K_q/K_p$이다.

비례 밸브의 이상적이지 않은 특성 중 몇 가지가 그림 7.68에 나와 있다. 그것은 다음과 같다.

- 스풀과 슬리브 사이의 마찰에 의한 데드밴드와 누출
- 솔레노이드(토크)의 전자기 회로에서 자기적 이력현상에 의한 이력현상
- 스풀안에서의 제조 오차 허용치와 궤환 스프링에 의한 제로 위치 전류

사실, 밸브의 데드밴드와 이력현상의 원인은 정확히 마찰과 자기적 이력현상으로 분리될 수는 없다. 데드밴드와 밸브안에서 입출력 수행의 이력현상이 생겨나 결합된 효과다.

밸브 제어는 흐름과 압력 또는 둘다를 정류하는 것에 근거될 수 있다. EH 밸브의 제어변수는 전류다. 밸브에서의 제어 신호(솔레노이드 전류 응답)와 유량률(또는 스풀 용적)사이의 지연 응답 관계는 주파수의 함수로써 작은 신호 계단 응답과 주파수 응답(EH 밸브에서의 전류 응답 사이에서의 크기와 위상)과 출력 신호(유량률이나 스풀 용적)로 특징지어진다(그림 7.70). 밸브의 주파수 응답은 또한 공급 압력일 뿐만 아니라 입력 신호의 크기의 함수이다. 주파수 응답은 전형적으로 무부하 조건에서 측정된다. 서보 밸브의 작은 신호 계단 응답은 수 milisecond 단위이고 대역폭은 수백 hertz 단위라는 것에 주목하라. 밸브 유량률이 점점 커질수록, 주어진 밸브 형태의 대역폭은 점점 작아진다. 전기 구동기(솔레노이드, 토크 모터 또는 선형 힘모터) 전류와 주 스풀 용적 사이의 동적 대역폭은 두 요인에 의해 결정된다.

1. 전기 구동기의 대역폭
2. 파일롯 증폭 단계의 대역폭(직접 구동 밸브에서 파일롯 단계는 없다)

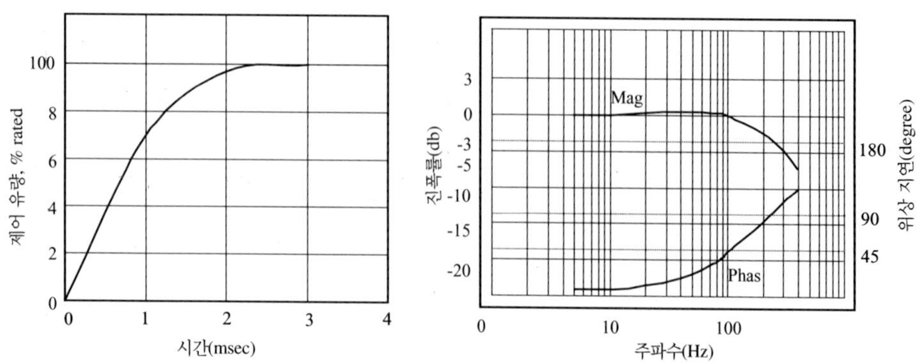

그림 7.70 ■ 일반적인 서보 밸브의 동적 특성. (a) 단위 계단 응답 특성, (b) 주파수 응답 특성

주어진 밸브에서 압력을 공급하는 파일롯 단계가 증가함에 따라 이 단계의 대역폭은 약간 증가한다.

파일롯 단계는 외부 파일롯 펌프에서 공급되거나 주요 선 압력으로부터 내부적으로 파생될 것이다. 파일롯 공급이 주 선에서 내부적으로 파생될 때, 흐름은 파일롯 압력이 공급 압력과 함께 변동하지 않도록 일정한 파일롯 압력을 정류하기 위하여 압력 감소 밸브를 통하여 간다(만약 주 압력 공급이 부하 감지 펌프라면 부하가 변함에 따라 주 공급 압력이 변한다). 파일롯 공급은 공급 압력이 변화함에 따라 작은 양에 의해 변화한다. 그러나 만약 압력 감소 밸브의 변조된 대역폭이 주 밸브와 구동기보다 훨씬 더 높다면, 파일롯 압력에서의 각 변화의 지연 효과는 중요하지 않다. 예를 들어, 파일롯 압력이 부하감기 궤환을 사용하여 제어된 주 선 펌프로부터 파생된다면, 펌프의 가장 낮은 준비 압력 세팅은 파일롯 공급이 적당하게 유지되도록 보장하는 확실한 최소값 이상이 되어야 한다.

서보 밸브를 정류하는 압력 서보 밸브는 지역적으로 부하 압력을 정류하기 위해 제어될 수 있다. 그림 7.71과 7.72는 부하 압력을 정류하기 위해 제어되는 두 가지 형태의 밸브를 보여준다. 하나는 완전하게 기계적 압력 궤환 시스템(그림 7.71)이고 나머지 하나는 센서와 내장 디지털 제어기를 포함한다(그림 7.72). 일정한 솔레노이드 전류 조건하에서 주요

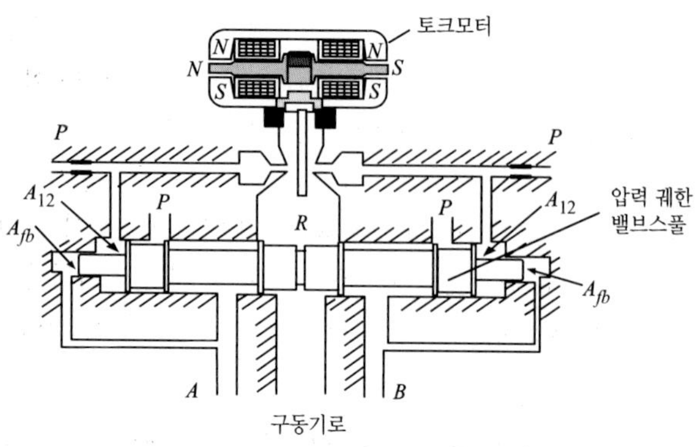

그림 7.71 ■ 유압 기계 장치의 궤환 서보 개념

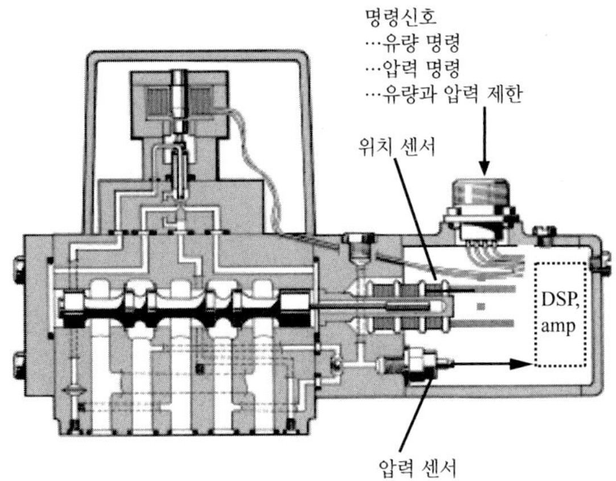

그림 7.72 ■ 유압과 유량 제어의 전기적 제어 장치 구조도

스풀은 정상 상태에서 위치된다. ΔP_{12}는 스풀 면적 A_{12}에서 작용하는 파일롯 압력차이고, ΔP_{AB}는 A와 B 포트 사이의 부하 압력차이다. A_{fb}는 부하 압력 차이가 작용하는 스풀의 단면적이다. 압력 제어 밸브의 목적은 이런 밸브에 의해 수행되는 것처럼, 솔레노이드 전류에 비례한 출력 압력 격차를 제공하는 것이다.

$$\Delta P_{12} = K_{pi} \cdot i_{sol} \tag{7.187}$$

$$\Delta P_{AB} \cdot A_{fb} = \Delta P_{12} \cdot A_{12} \tag{7.188}$$

$$\Delta P_{AB} = \frac{A_{12}}{A_{fb}} \cdot K_{pi} \cdot i_{sol} \tag{7.189}$$

보편적으로 압력 제어 밸브를 가진 EH 시스템의 동적 특성은 부하역학에 많이 의존한다.

디지털로 제어되는 밸브의 버전은 흐름제어 플러스로 프로그램할 수 있는 압력 제한 제어 논리를 쉽게 소프트웨어로 수정할 수 있다(그림 7.72, 7.73). 일단 스풀의 위치와 압력 센서가 사용가능하면, 밸브의 스풀 구동기는 단순히 다른 소프트웨어 모드를 선택함으로써 흐름이나 압력을 둘다 수행하도록 제어되기 쉽다. 밸브 기술에서의 현 추세는 메카트로닉 제어 요소에 의해 기계적 제어 기구를 구현하는 것이다. 이는 유체역학 제어 기구를 사용하는 대신, 전기적 센서, 구동기, 내장 디지털 제어기를 사용하는 것이다.

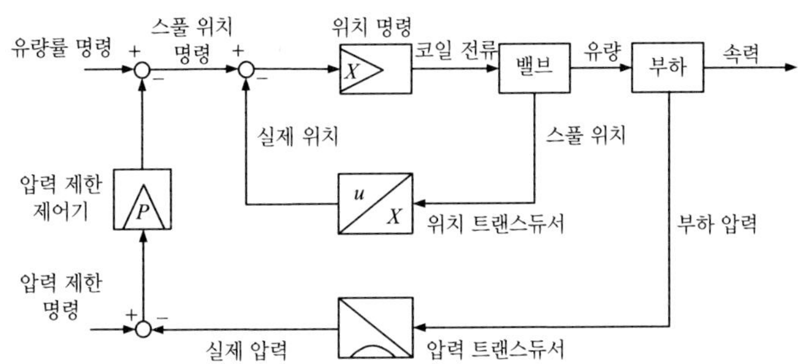

그림 7.73 ■ 압력 제어 알고리즘 구성도

7.5 유압 동작 시스템 부품의 크기

그림 7.74에서 보여진 한 축 유압 동작 제어 시스템에 대한 부품 크기 문제에 대해 고려해 보자. 부품 크기의 질문은 유압 모터나 실린더와 밸브, 펌프의 크기를 정하는 것이다. 부품의 초과 크기는 낮은 정확성, 낮은 대역폭, 높은 가격이라는 결과를 가져온다. 언더 크기는 원하는 전력 수용량보다 더 낮아지게 한다.

엄지의 법칙에 따라 서보 밸브 크기는 최대흐름에서 밸브의 압력 강하가 공급 압력의 약 1/3정도로 선택되어야 한다. 일반적으로 밸브와 부하 사이의 공급 압력의 균형잡힌 분배는 서보 밸브 응용에서 가능하다. 그런 응용에서 정확성 동작 제어는 결정적이지 않다. 부하에 전달되는 유압력 이상, 그리고 그것을 재는 것의 과정에서 덜 잃도록 요구 가능하다. 만약 밸브가 너무 크기가 크게 되고 그것을 지나는 압력 강하가 충분히 크지 않다면 흐름은 밸브가 거의 닫힐 때까지 잘 변조되지 않을 것이다. 결과적으로 동작 제어의 해상도는 낮아질 것이다. 밸브가 너무 낮다면 원하는 유량률이나 압력 강하를 보장해줄 수 없을 것이다. 밸브는 흐름 측정 부품이다. 흐름 측정에 있어서 좋은 해상도를 가져야 한다. 일반적으로는 더 높은 측정 해상도를 요구하고, 더 높은 압력 강하가 밸브에 존재해야만 한다. 더 높은 압력 강하는 더 높은 손실과 더 낮은 효율을 가져온다. 그러므로 측정 해상도와 효율은 유압 제어 시스템에서 충돌되는 2개의 변수이다. 좋은 디자인은 가장 작은 압력 강하를 가진 수용할 수 있는 측정 해상도를 목표로 삼는다.

부품 크기 요구를 결정하는 두 가지 변수가 있다. **요구된 힘과 속도가 그것이다.** 통계를 내는 다른 방법은 **요구된 압력과 유량률**이다. 두 요구 사항에 근거하여 공급(펌프)과 구동기(실린더와 모터)의 크기가 된다. 흐름을 변조하고 돌리는 밸브는 유량률과 원하는 압력을

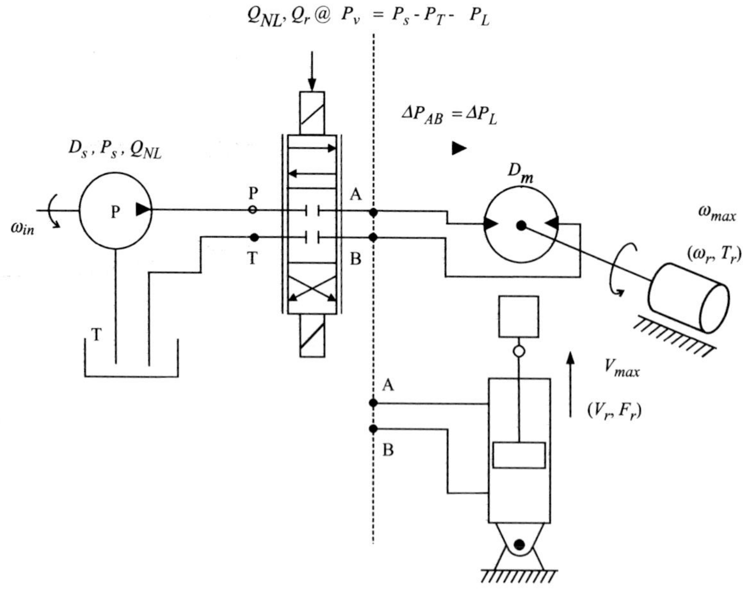

그림 7.74 ■ 단일축 EH 운동 시스템의 부품 크기

다룰 수 있는 크기가 된다. 유압 시스템에서 제어질문은 항상 유량률과 방향 그리고/또는 압력의 제어를 수반한다.

일반적으로 부하 속도 요구는 유량률로 쓰고, 부하힘/토크 요구는 작동 압력으로 쓴다. 유압 구동기로서의 실린더를 고려해보라. 주어진 부하 힘/토크 요구는 다른 압력과 실린더 단면적에서 만날 수 있다. 예를 들어, 확실한 힘을 제공하기 위해, 많은 압력과 실린더 면적 결합이 가능하다. $F = p \cdot A$. 비슷하게도, 주어진 부하 속도 요구는 유량률과 실린더 단면적의 다른 결합으로 만족될 수 있다. $Q = V \cdot A$. 최근 산업동향은 작은 부품을 낳는 높은 작동 압력을 사용하는 것이다. 그러나 고압 회로는 더 빈번한 유지와 낮은 수명을 가진다.

응용은 전형적으로 3개의 변수 항목에서 부하 조건을 특성화한다: 무부하 최대 속도(회전 구동기 w_{nl} 또는 전달 구동기 V_{nl}) 그리고 정량된 부하에서의 속도(T_r에서 w_r, F_r에서 V_r). 회전 그리고 선형 시스템 특성은 각각 다음과 같다.

$$\{w_{nl}, (w_r, T_r)\} \quad \text{또는} \quad \{V_{nl}, (V_r, F_r)\} \tag{7.190}$$

구동기(유압 회전 모터나 유압 선형 실린더)에서의 유압적 변수와 기계적 변수 사이의 관계를 상기해보자.

$$w = Q/D_m \quad \text{또는} \quad V = Q/A_c \tag{7.191}$$

$$T = \Delta P_L \cdot D_m \quad \text{또는} \quad F = \Delta P_L \cdot A_c \tag{7.192}$$

ΔP_L은 구동기(또는 실린더) 양쪽 사이의 압력 차이고, D_m은 유압 모터 용적(부피 용적/순환)이고 A_c는 (대칭 실린더라고 가정하면) 실린더의 단면적이다.

부하 힘(또는 토크)이 정해져 쓸 때, 구동기로부터 나온 총 힘 출력은 외부 부하(F_{ext})에서 가해지는 힘을 포함해야 한다. 그리고 총 움직이는 질량을 가속시키기 위해 필요한 힘(실린더 피스톤, 로드, 부하 관성, $m \cdot \ddot{x}$), 그리고 마지막으로 마찰을 극복하기 위해 필요한 어떤 힘이다(F_f).

$$F = F_L = m \cdot \ddot{x} + F_f + F_{ext} \tag{7.193}$$

마찰력(F_f)을 추정해보는 것은 꽤 어렵다. 그것을 구하는 일반적 방법은 안전 인자를 사용하는 것이다.

$$F = F_L = SF \cdot (m \cdot \ddot{x} + F_{ext}) \tag{7.194}$$

$SF(SF = 1.2)$는 안전 인자이다. 회전 구동기에서 아날로그 관계는 다음과 같다.

$$T = T_L = SF \cdot (J \cdot \ddot{\theta} + T_{ext}) \tag{7.195}$$

J는 회전 부하의 관성의 총 질량 모멘트이고, $\ddot{\theta}$는 각 가속도이고 T_{ext}는 부하로 전달되는 토크이다. 펌프 공급 선과 부하 선 사이에 위치한 비례 또는 서보 밸브의 흐름-전류-압력 차이의 관계이다.

$$Q/Q_{nl} = (i/i_{max})\sqrt{1 - (\Delta P_L/P_S)} \tag{7.196}$$

$$= (i/i_{max})\sqrt{(\Delta P_v/P_S)} \tag{7.197}$$

ΔP_L은 부하 압력이다(선형 실린더의 경우, 실린더의 양쪽 사이의 압력 차이이고 회전 유압 모터의 경우, 내부 포트와 외부 포트 압력차이다). 즉, ΔP_L은 밸브의 A와 B 사이의 압력차이다. $\Delta P_v = P_S - \Delta P_L - P_T$는 밸브의 압력 강하이고 P_S는 펌프로부터 온 공급 압력, P_T는 탱크 리턴 선 압력이다. P_T는 종종 0압력으로 취해진다. Q_{nl}은 밸브가 완전히 열렸을 때 밸브를 흐르는 흐름이고 밸브를 지나는 압력 강하는 P_S이다. 부하가 없을 때, 모든 공급 압력은 밸브를 지나면 떨어진다. 밸브가 완전히 열렸을때, 특별한 압력 강하 $(P_S - \Delta P_L)$에서 밸브의 유량률(Q_r)을 결정하기 위해, 식 7.197에서 $i = i_{max}$를 정한다.

$$Q_r / Q_{nl} = \sqrt{1 - (\Delta P_L / P_S)} \tag{7.198}$$

$$= \sqrt{(\Delta P_v / P_S)} \tag{7.199}$$

비례 밸브는 밸브는 $\Delta P_v = 150$ psi의 압력 강하를 위해 카탈로그에서 유량률 수용성의 면에서 비례 밸브가 정격된다. 서보 밸브는 $\Delta P_v = 1000$ psi로 정격된다.

부품 크기 알고리즘 1

1단계: 부하 요구에 근거한 동작 특성을 결정하라.

$$\{w_{nl}, (w_r, T_r)\} \text{ 또는 } \{V_{nl}, (V_r, F_r)\}$$

2단계: 구동기에서의 단위 스트로크당 각 용적(D_m 또는 A_c)이나 공급 압력 P_s을 골라라. 이 선택은 구동기 크기(유압 모터나 실린더)를 결정한다.

3단계: 특성에 대한 식 7.191과 7.192를 이용하여 Q_{nl}, Q_r, ΔP_L을 계산하라.

$$Q_{nl} = D_m \cdot w_{nl} \qquad Q_{nl} = A_c \cdot V_{nl} \tag{7.200}$$

$$Q_r = D_m \cdot w_r \qquad Q_r = A_c \cdot V_r \tag{7.201}$$

$$\Delta P_L = T_r / D_m \qquad \Delta P_L = F_r / A_c \tag{7.202}$$

4단계: $i = i_{max}$를 가정하고 P_s를 식 7.198로부터 계산하라. 안전 인자로써 P_s에 10~20% 안전 인자를 더하라.

$$Q_r / Q_{nl} = \sqrt{1 - \Delta P_L / P_S} \tag{7.203}$$

5단계: 펌프를 구동하는 기계적 동력 소스 장치에 의해 결정된 주어진 Q_{nl}의 계산된 값과 주어진 펌프의 작동 입력축 속도 w_{in}, 식 7.191을 이용하여 펌프 용적 D_p을 계산하라. 적당한 펌프 주어진 Q_{nl} , P_s, D_p를 선택하라.

$$D_p = Q_{nl} / w_{in} \tag{7.204}$$

6단계: 계산된 Q_{nl} , P_s, Q_r이 주어져 있다. 식 7.198을 이용하여 $i = i_{max}$에서의 정격 압력 ΔP_v에서의 밸브에서의 정격 흐름을 계산하라. 밸브의 정격 흐름은 밸브의 표준 압력 강하에서, 그리고 완전히 이동된 스풀 위치에서 정의된다(즉, 전형적으로 서보 밸브에서 $\Delta P_v = 1000$ psi이고, 비례 밸브에서 $\Delta P_v = 150$ psi이다). 계산된 Q_v와 가정된 ΔP_v에 근거해 적당한 밸브 크기를 정하라.

$$Q_v = Q_{nl}\sqrt{\Delta P_v / P_S} \tag{7.205}$$

요약하면 부하 조건은 특성을 결정한다.

- 주어짐: $\{w_{nl}, (w_r, T_r)\}$ [선형 구동기 $\{V_{nl},(V_r, F_r)\}$]
- 디자인을 정함으로써 D_m유압 모터 용적(선형 구동기에서 실린더 단면적 A_c)와 밸브 압력률 ΔP_v을 골라라.
- 식 7.191, 192, 198을 이용하여 나머지 크기 매개 변수를 계산하라: Q_{nl}, Q_r, ΔP_L, P_s, D_p, Q_v는 펌프, 밸브, 포터/실린더의 크기 요구이다.

부품 크기 알고리즘 2

1단계: 부하 요구에 근거한 동작 특성을 결정하라.

$$\{w_{nl}, (w_r, T_r)\} \quad 또는 \quad \{V_{nl}, (V_r, F_r)\}$$

2단계: 구동기에서의 단위 스트로크당 각 용적(D_m 또는 A_c)이나 공급 압력 P_s을 골라라. 펌프 압력 P_s라 가정하라.

3단계: 부하를 구동하기 위해 구동기에 전달되는 압력 차이 ΔP_L을 고르고 유압 모터 용적(D_m)이나 실린더 단면적(A_c)을 골라라.

$$D_m = T_r / \Delta P_L \qquad A_c = F_r / \Delta P_L \tag{7.206}$$

4단계: 식 7.191로부터 Q_{nl}을 계산하고 ΔP_L, P_s, $i = i_{max}$에서 Q_r을 식 7.198을 이용하여 계산하라.

$$Q_{nl} = D_m \cdot w_{nl} \qquad Q_{nl} = A_c \cdot V_{nl} \tag{7.207}$$

$$Q_r = Q_{nl}\sqrt{1 - (\Delta P_L / P_s)} \tag{7.208}$$

5단계: Q_{nl}의 계산된 값이 주어져있다. 펌프의 작동 입력축 속도 w_{in}도 주어져있다. 식 1.191을 이용하여 펌프의 용적 D_p을 계산하고 적당한 펌프를 골라라.

$$D_p = Q_{nl} / w_{in} \tag{7.209}$$

6단계: 계산된 Q_{nl}, P_s, Q_r이 주어져 있다. 정격 압력 ΔP_v에서 밸브의 정격 흐름 Q_v을 계산하라. 계산된 Q_v와 가정된 ΔP_v에 근거하여 적당한 밸브 크기를 골라라.

$$Q_v = Q_{nl}\sqrt{\Delta P_v / P_s} \tag{7.210}$$

요약하면, 부하 조건은 세 가지 특성을 결정한다.

- 주어짐: $\{w_{nl},(w_r, T_r)\}$(선형 구동기 $\{V_{nl},(V_r, F_r)\}$)
- 디자인을 정함으로써 유압 펌프 정격 압력 출력 P_s과 부하 압력차 ΔP_L를 골라라.
- 식 7.191, 192, 198을 이용하여 나머지 크기 매개 변수를 계산하라: D_m, D_p, Q_{nl}, Q_r, ΔP_L, Q_v는 펌프, 밸브, 포터/실린더의 크기 요구이다.

펌프와 모터 용적과 압력의 비율은 표준 크기에서 유용하다는 것을 주목하라.

$$D_p, D_m = 1.0, 2.5, 5.0, 7.5 \text{ in}^3/\text{rev} \tag{7.211}$$

$$P_s = 3000 \text{ psi}, \ldots, 5000 \text{ psi} \tag{7.212}$$

비슷하게도 밸브는 표준 정격 흐름 수용성(서보 밸브에서 $\Delta P_v = 1000$ psi와 최대 전류 $i = i_{max}$에서 유용하다)

$$Q_v = 1.0 \text{ gpm}, 2.5 \text{ gpm}, 5.0 \text{ gpm}, 10 \text{ gpm} \tag{7.213}$$

계산된 치수와 안전여유에 근거해 각 부품의 가장 근접한 사이 중에 하나를 적당한 안전여유를 두고 골라야 한다.

▸▸ **예제** 그림 7.75에서 하나의 축 EH 동작 제어 시스템을 고려하라. 아마 유압 프레스에 사용되었을 것이다. 시스템은 두 가지 가능한 모드 중 하나에서 제어될 것이다.

- **모드 1:** 프로그램된 응답 발생기나 조이스틱의 용적으로부터 온 응답 속도가 얻어진 폐루프 속도 제어. 실린더 속도가 측정되고 폐루프 제어 알고리즘이 밸브를 제어하는 전기적 제어 단위(ECU)에서 얻을 수 있다.
- **모드 2:** 프로그램된 응답 발생기나 조이스틱의 용적으로부터 온 힘 응답이 얻어진 폐루프 힘 제어. 실린더 힘은 실린더의 양쪽 끝에서 압력 센서의 짝을 이용해서 측정된다.

조작기에서 작동할 모드와 응답 신호를 얻을 곳으로부터 ECU를 말하기 위해서는 2개의 두 위치 이산 스위치가 있어야 한다. 스위치 1 OFF 위치는 속도 제어 모드를 의미하고, ON 위치는 힘 제어 모드를 의미한다. 스위치 2 OFF 위치는 응답 신호의 소스가 ECU안에 프로그램된 것을 의미하고, ON 위치는 조이스틱이 응답 신호를 제공함을 의미한다(그림 7.75).

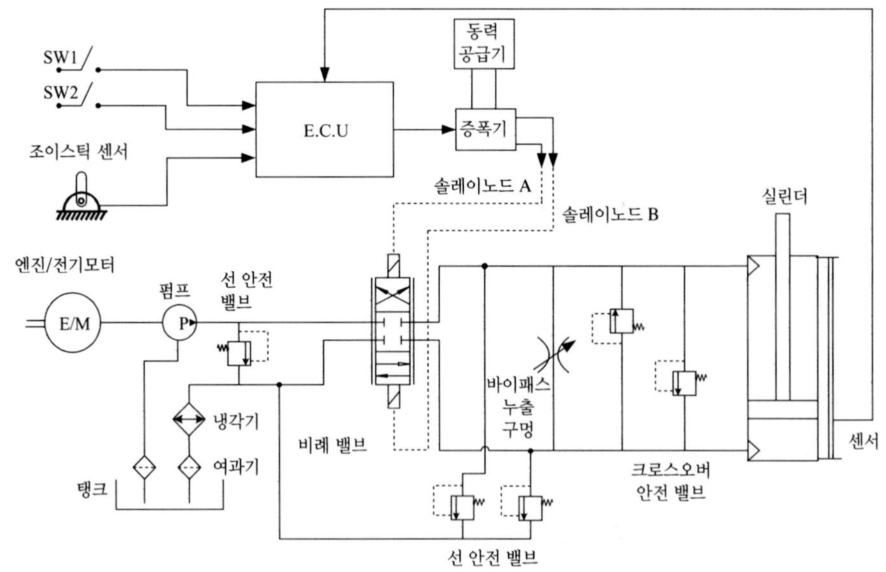

그림 7.75 ■ 단일축 EH 제어 시스템의 제어 시스템 부품과 회로도

펌프, 밸브, 실린더에서 다음의 특성을 얻기 위해 적당한 부품을 골라라(가변 용적이나 고정 용적 펌프, ON/OFF 또는 비례 또는 서보 밸브와 같은 적절한 기술이 있는 부품).

1. 무부하 조건하의 실린더의 최대 속도는 $V_{nl} = 2.0$ m/sec
2. $V_r = 1.5$ m/sec의 속도에서 움직이는 동안 실린더 로드에서 $F_r = 10{,}000$ Nt의 효과적 출력 힘을 제공하라.
3. 속도 제어 루프의 요구 정격 정확성은 최대 속도의 0.01%이다.
4. 힘 제어 루프의 요구 정격 정확성은 최대 힘의 0.1%이다.

추가로, 적당한 센서를 가진 조작기 입력 장치, 아날로그-디지털 인터페이스를 필요로하는 전기적 제어 유닛(ECU), 폐루프 제어를 위한 실린더에서의 위치 센서와 힘 센서를 골라라(그림 7.76).

측정된 변수에서 범위와 해상도 요구는 센서와 ECU 인터페이스 요구(DAC와 ADC 부품)를 결정한다. 최대 속도는 최대 아날로그 센서 궤환 신호에 매핑될 것이고 원하는 정확성은 10,000에서 한 부분인 최대값의 0.01%이다. 일반적으로 측정 해상도는 적으로 요구된 정류(제어)정확성보다 두세 배는 작아야 한다. 그러므로 속도 센서와 30,000 해상도의 일부분을 가질 데이터 취득 요소가 필요하다. 속도 정보가 디지털적으로 계산되는 것으로부터 자기장에 엄격한 위치 센서를 고른다고 가정하라(**템포소닉 센서**라고 한다). 센서의 출력은 속도가 2.0 m/sec일 때 10 VDC를 주도록 스케일될 수 있다. 센서의 비선형성은 최대 범위의 0.01%가 더 좋을 것이다. 추가로, 아날로그에서 디지털로 바꿔주는 컨버터(ADC)는 모든 범위에서 1/30,000 parts보다 더 좋은 샘플링 해상도를 주기 위해 적어도 16비트 해상도에 있어야 한다(그림 7.76).

응답 신호(속도와 힘 제어 모드 둘다)는 실시간 프로그램이나 조이스틱 둘 다로부터 얻을 수 있다. 실시간 프로그램은 제어 알고리즘에서 사용되는 데이터 형태에 의존하는 10,000 안에서 일부분인 원하는 정확성에서 동작을 응답할 수 있다. 만약 2바이트 signed integer가 사용되고 모든 범위를 덮을 만큼 확장되어 있다면 응답 신호 해상도는 $(2^{15} - 1)$의 일부분이 될 수 있다. 만약 4바이트 signed long integer가 서보 제어 알고리즘에서 사용되고 숫자가 모든 동작 범위를 덮을 만큼 확장된다면, 응답 신호 해상도는 $(2^{31} - 1)$의 일부분이 될 수 있다.

만약 응답 신호가 조이스틱 센서에서 얻어진다면 조이스틱의 최대 용적 범위 1%보다 더 낮게 그의 손을 흔드는 것 없이는 조작자가 동작에 응답할 수 없다. 그러므로 조이스틱

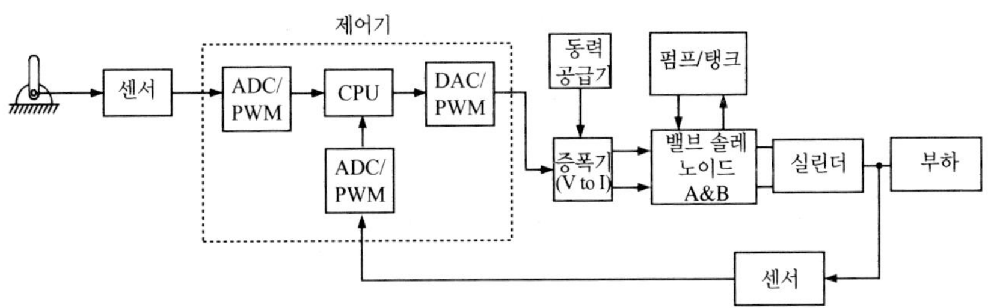

그림 7.76 ■ 단일축 전기 유압 동작 제어 시스템의 부품과 구성도

응답의 해상도 요구는 아주 작다. 심지어 높은 해상도 센서와 ADC를 제공한다해도, 조작자는 100안에서 일부분과 더 나은 해상도에서도 실제로 응답을 바꿀 수 없다. 그러므로 1%정확성을 가진 10 VDC를 제공하는 아날로그 속도 센서를 가진 8비트 ADC 컨버터는 충분하다. 만약 증가 인코더가 센서에서 사용된다면 512 lines/rev를 가진 인코더는 충분한 범위와 해상도를 응답 신호에서 가진다.

ECU는 다음 영역에서 자원을 가져야 한다.

1. 제어 논리를 충분히 빠르게 구현하기 위한 CPU(마이크로프로세서나 DSP 칩)의 속도. 보편적으로 이것은 설계의 흐름 상태에서 문제가 되지는 않는다.
2. 제어 코드를 저장할 메모리 자원과 오프라인 분석 목적뿐만 아니라 제어 목적의 센서 데이터(프로그램 저장을 위한 ROM이나 배터리백 RAM, 실시간 데이터 저장과 프로그램 실행을 위한 RAM)
3. I/O 인터페이스 회로: ADC, DAC, 이산 I/O를 위한 인터페이스, 인코더 인터페이스, PWM 신호 입출력 인터페이스. ECU는 모든 I/O 인터페이스 형태를 가지지 않아도 되고 오직 선택된 센서 입력과 증폭기 출력이 요구하는 형태만 가져도 됨을 주목하라.
4. 인터럽트 선과 인터럽트 조작 소프트웨어. 인터럽트는 적용이 인터럽트의 사용없이 풀릴지 모른다 하더라도 대부분의 실시간 시스템 동작에 열쇠가 된다.

보편적으로 ADC와 DAC 컨버터 회로 중에 더 높은 해상도(비트의 숫자)가 더 좋은 것이다. 만약 프로그래밍이 설계자에 의해 서보 루프로 완료되었다면 그것은 C 컴파일러를 가진 마이크로프로세서나 DSP에 근거한 ECU를 가지는 것이 오히려 낫다. 서보 제어 루프를 구현하기 위해 높은 레벨 프로그래밍 언어를 사용할 수 있고 integer, long integer, floating point 데이터 형태를 사용할 수 있다. 어셈블리 언어에서 ECU를 프로그램해야 한다면 레이터와 크기를 명백하게 관리해야 한다. 일반적으로 속도, 메모리, ECU의 신호 인터페이스 자원은 설계에서 제한 요소가 아니다.

밸브 정격이 $\Delta P_V = 1{,}000$ psi(6.8948 MPa = 6.8948 × 10^6 Pa = 6.8948 × 10^6 Nt/m^2) 압력 강하, 그리고 펌프에서의 입력축 속도가 $w_{in} = 1000$ rpm일 때 특징지어진다고 가정하자. 부품 크기 알고리즘을 따라 단면적 A_C를 결정하는 실린더 지름 크기 $d_c = 0.05$ m라고 하라. 식 7.191~192를 이용하여 Q_{nl}, Q_r, ΔP_L을 계산하라.

$$A_c = \pi d_c^2/4 = 0.0019635 \text{ m}^2 \approx 0.002 \text{ m}^2 \tag{7.214}$$

$$Q_{nl} = V_{nl} \cdot A_c = 240 \text{ liter/min} \tag{7.215}$$

$$Q_r = V_r \cdot A_c = 180 \text{ liter/min} \tag{7.216}$$

$$\Delta P_L = F_r/A_c = 5 \times 10^6 \text{ Nt/m}^2 = 5 \text{ MPa} \tag{7.217}$$

$i = i_{max}$라 가정하고 식 7.198을 사용하여 P_s를 계산하고 그것에 10% 안전 마진을 더하라. 그 다음 필요한 서보 밸브 유량률을 계산하라.

$$Q_r/Q_{nl} = \sqrt{1 - (\Delta P_L/P_s)} \tag{7.218}$$

$$\Delta P_L / P_s = 1 - \left(Q_r^2 / Q_{nl}^2\right) = \left(Q_{nl}^2 - Q_r^2\right) / Q_{nl}^2 \tag{7.219}$$

$$P_s = \frac{Q_{nl}^2}{Q_{nl}^2 - Q_r^2} \cdot \Delta P_L \tag{7.220}$$

$$= 11.42 \text{ MPa} = 1658 \text{ psi} \tag{7.221}$$

$$Q_v = Q_{nl} \sqrt{\frac{\Delta P_v}{P_s}} \tag{7.222}$$

$$= 240 \cdot \sqrt{1000/1658} \text{ lt/min} \tag{7.223}$$

$$= 186 \text{ lt/min} \tag{7.224}$$

유량률에 대해 밸브를 지나는 압력 강하를 1000 psi로 가정하라. 필요한 최대 유량률과 펌프로 가는 입력 속도를 알기 때문에 식 7.191로부터 D_p 용적을 계산할 수 있다.

$$D_p = 0.140 \text{ liter/rev} \tag{7.225}$$

요약하면 다음 부품 크기가 요구된다. 구멍 지름 $d_c = 0.05$ m(구멍 단면적 $A_c = 0.002$ m^2), 1000 psi 압력 강하에서 $Q_v = 200$ lt/min 또는 더 높은 밸브 유량률, 용적 $D_p = 0.140$ lt/rev인 펌프와 $P_s = 2000$ psi나 더 높은 값의 출력 압력 수용력.

마지막으로 적절한 동력 공급기를 가진 증폭기가 밸브를 구동하기 위해 필요하다. 전류 궤환 루프를 가진 증폭기 형태는 솔레노이드로 보내지는 전류가 온도의 함수로써 파워서플라이나 솔레노이드 저항에서의 변화에 상관없이 ECU로부터 신호에 비례하여 유지되도록 하는 것이 좋다. 상업적 증폭기는 입력 전압 오프셋, 이득, 최대 출력 전류값을 수정하기 위해 조율가능한 매개 변수를 가진다(특히 파커 BD98A나 EW 554 시리즈 증폭기는 서보 밸브를 위해 ±15 VDC 동력 공급기를 즉 Model PD15는 DC 버스 전압 ±15 VDC와 정규 85-132 VAC 단상 선 동력을 사용한 1.5 amp까지 증폭할 수 있도록 제공한다). 만약 가변 용적 펌프가 사용되고 펌프 용적을 제어하는 밸브가 EH 제어된다면 우리는 펌프 제어 밸브의 크기에 다른 증폭-동력 공급기를 맞출 필요가 있을 것이다. EH 동작축이 오직 조이스틱의 입력을 통해서만 제어된다면 프로그래밍이 필요없고 폐루프 제어 알고리즘은 증폭기에서 알고리즘 연산 증폭기 회로로 구현될 수 있다. 그리고 ECU의 필요는 없어질 수 있다. 구동은 조이스틱 센서로부터 오는 응답 신호와 실린더 동작으로부터 오는 궤환 신호가 연산

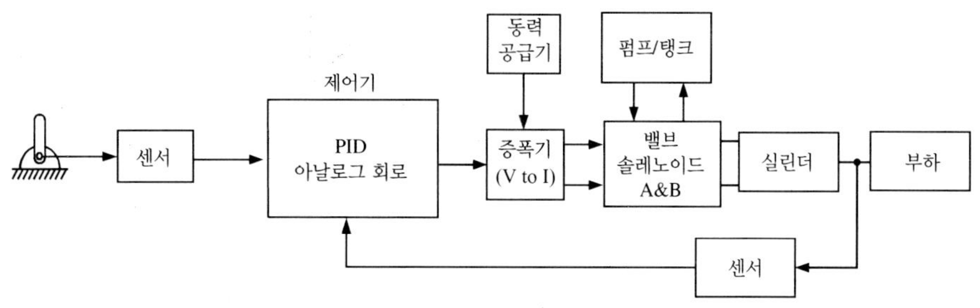

그림 7.77 ■ 단일축 전기 유압 동작 제어 시스템의 부품과 구성도

증폭기의 입력과 연결된 PID 회로를 가질 수 있다(그림 7.77). 연산 증폭기의 오류 신호 출력은 솔레노이드로 가는 전류 신호로써 증폭된다. 그러나 동작 시스템의 소프트웨어 프로그래밍 능력이 이 경우에서는 가능하지 않다. 시리즈 BD98A 증폭기와 함께 사용되는 파커시리즈 EZ595가 그런 구동이다. EZ595는 PID 함수와 인터페이스를 구현하고 BD98A는 전압을 전류로 증폭하는 기능을 구현한다.

설계를 위해 선택된 부품 리스트는 다음과 같다.

1. **펌프와 저장소:** 2000 psi의 압력 정격을 가지고 1800 rpm에서 전기적 모터(AC 인덕션 모터)에 의해 구동될 때 60 gpm의 유량률을 가지는 오일 기어 모델 PVWH-60 축형 피스톤. 저장소는 냉각기와 압력 안전 밸브뿐만 아니라 저장소로부터 나오는 리턴 선과 펌프 입력 선에서 여과기와 맞는 유압 유액의 150 gal(펌프의 분당 정격 흐름의 3~5배)를 다뤄야 한다.
2. **실린더:** 2인치의 구멍과 40인치의 스트로크, 부하 연결을 위해 꼬인 로드엔드를 가지고 양 끝에 옵션이 마운트된 베이스자루가 있는 파커 공업 실린더(시리즈 2 H)이다.
3. **밸브:** MOOG 서보 밸브 모델 D791, 밸브가 완전히 열렸을 때 밸브에서 1000 psi 압력 강하에서 65 gpm에 이르는 정격 흐름, 동일한 일차 여과기 시간 상수는 약 3.0 msec이다.
4. **밸브 드라이브(동력 공급기와 증폭기):** 서보 밸브와 맞는 MOOG 동력 공급기와 증폭기 회로: MOOG 모델 "snap track" 서보 밸브 드라이브
5. **센서:** 위치 센서: 선형 증가 인코더. DYNAPAR 시리즈 LR 선형 스케일, 범위 1.0 m, 5.0 마이크론 (0.0002 in.) 선형 해상도, 최대 속도 20 m/sec, 주파수 응답 1 MHz, 네 모 출력 채널 $A, B, C, \bar{A}, \bar{B}, \bar{C}$.

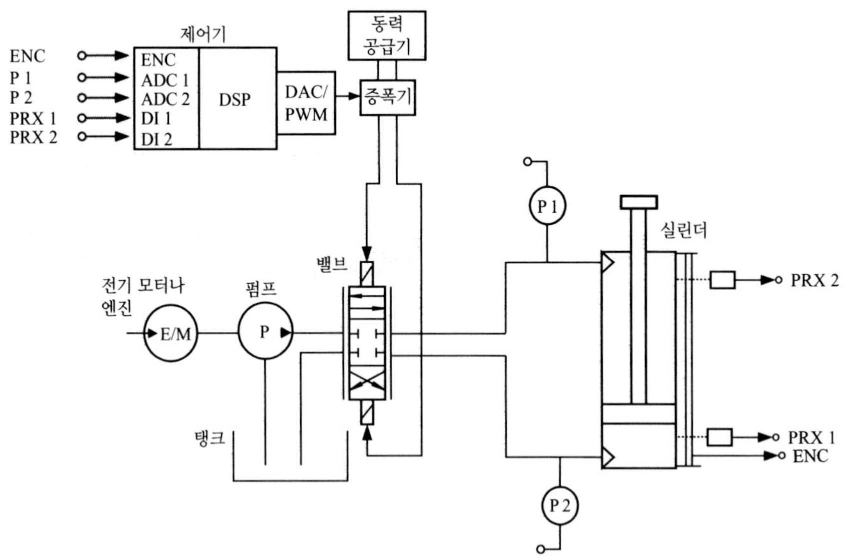

그림 7.78 ■ 폐루프 제어를 사용하여 두 가지 모드를 작동할 수 있는 단축 EH 제어 시스템의 제어 시스템 부품과 회로 선도; (1) 속도 모드 (2) 힘 모드

압력 센서: 차이 압력 센서, 5000 psi 선 압력, 3500 psi의 차이 압력, 15 KHz 범위에서의 대역폭을 가진 샤에비츠 시리즈 P2100. 압력 센서는 밸브 기구 위에 놓여질 수 있다.

6. **제어기:** PC에 근거한다. 엔코더 인터페이스를 위해 I/O인터페이스 가능성을 가진 데이터 취득 카드(내쇼날 인스트루먼트: NI-6111), 16비트 DAC 출력 두 채널. 12비트 ADC 컨버터의 두 채널, TTL I/O 선 8채널. 제어 논리는 PC에서 구현될 수 있고 데이터 취득 카드는 I/O 인터페이스로 사용된다.
7. **조작기 입력/출력 장치:** 조이스틱과 모드 선택 스위치(스위치 1과 2). 0~10 VDC 범위에서 분압기 동작 센서와 아날로그 전압 출력을 가진 자유 조이스틱의 한 눈금 —페니와 자일스 모델 JC 150이나 ITT 산업용모델 AJ3.

▶▶ **예제** 이전 예제의 확장이다. 유압 실린더에서 두 센서가 선택되었다고 가정하자(그림 7.78).

1. 위치 센서(기계적 행정이 제한을 가리키고, 절대적 레퍼런스 위치를 잡기 위해 절대적 인코더 또는 증가 인코더는 두 이산 근접 센서를 더한다: ENC1, PRX1, PRX2)
2. 실린더의 양 끝에서 압력을 측정하는 압력센서 한 쌍(P1, P2)

구동기는 프로그램된 모드에서 작동하고 조이스틱 입력을 무시하는 것이 필요하다. 압력차이의 확실한 양이 P1과 P2 신호 사이에서 감지되기까지 먼저 정의된 속도에서 부하에 구동기가 접근하는 것이 목적이다. 기대되는 구동기 주변의 위치범위는 알려져있다. 확실한 압력차이가 감지될 때, 제어 신호는 자동적으로 힘(압력)정류 모드로 바뀌게 되어있다. 확실한 시간의 양이 지나가거나 다른 이산 ON/OFF 상태 센서 입력이 하이일 때까지 요구된 압력을 유지하라. 압력을 얼마나 크게 적용하는가를 결정하는 시간 기간 옵션을 사용한다고 가정하자. 그러면 동작을 뒤로하고 프로그램된 속도 윤곽하에 원점위치로 돌아온다. 그런 EH 동작 제어 시스템은 상품의 기계적 테스팅, 접합 몰딩, 소량의 롤 위치와 압력 적용에 사용된다(그림 7.79).

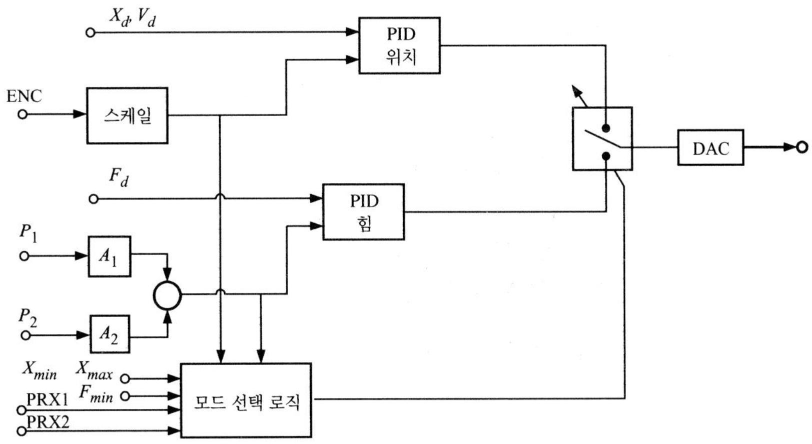

그림 7.79 ▪ EH 제어 시스템의 실시간 제어 알고리즘

(a) 이전 예제에서 사용한 EH 시스템의 디자인을 수정하라.

(b) 위치와 힘 서보 모드에서의 제어 논리와 폐루프 서보 알고리즘의 블록 선도을 그려라. 두 모드 사이의 충돌없는 전달을 만드는 길을 제안하라.

두 폐루프 제어 모드가 있다: (1) 엔코더(ENC, PRX1, PRX2)를 사용하여 실제 위치가 감지되는 위치 서보 모드, 요구된 위치가 프로그램되고, (2) 힘 정보가 측정된 차이 압력(P1, P2)에서 파생된 힘 서보 모드. 요구된 힘 프로파일(일정한 도는 시간 가변적인)은 미리 프로그램되고 그 크기는 각 제품에 따라 다를 수 있다. 그러므로 우리는 두 서보 제어 알고리즘이 필요하다(PID type). 각 루프는 그것의 응답 신호(요구된 위치, 요구된 힘)와 궤환 신호(인코더 신호나 차이 압력 센서 신호)를 가진다. 동력업에서 실린더는 사이클이 같은 위치에서 시작하도록 절대 레퍼런스 위치(또한 home position이라 부른다)를 찾기 위해 홈 서치 동작 시퀀스를 만든다. 절대 엔코더를 사용하면서 제어기가 동력업에서 현재의 위치와 홈 레퍼런스에서 축이 원하는 위치로 움직이는 응답을 읽을 수 있다. 증가 엔코더가 사용된다면 외부 ON/OFF 센서는 절대 레퍼런스를 설립하는 데 사용될 수 있다.

동력업 후에 시작점이 정확하게 정해지면, 시스템은 힘 서보 모드에 의해 따르거나 시작 위치로 다시 돌아오기 위해 위치 서보 모드에 의해 따르는 위치 서보 모드에서 작동하기 위함이다. 그러므로 필요한 모든 것은 두 모드 사이에서 바뀔 때 결정하는 논리다.

동작에서 매개 변수를 가지고 변수에 매핑된 I/O 레지스터를 가정해보자.

주어진 것: 프로그램 가능한 동작 매개 변수:

$v_{d\text{-}fwd}$ 원하는 정동작 속도
$a_{d\text{-}fwd}$ 원하는 정동작 가속도
$v_{d\text{-}rev}$ 원하는 역동작 속도
$a_{d\text{-}rev}$ 원하는 역동작 가속도
x_{min} 압력이 증가할 것으로 기대되는 실린더 위치의 최소값
x_{max} 압력이 증가할 것으로 기대되는 실린더 위치의 최대값
t_{press} 압력이 적용되기 위한 시간 주기

I/O 신호레지스터:

Enc 홈 사이클에 끝까지 가속되는 인코더 카운트
P_1 압력 센서 신호 1
P_2 압력 센서 신호 2
Prx_1 홈레퍼런스를 세우기 위한 ON/OFF 센서
Prx_2 힘사이클의 끝을 세우기 위한 ON/OFF 센서
DAC 디지털에서 아날로그로 변환시키는 레지스터

제어 알고리즘을 위한 수도 코드가 아래에 있다.

```
Home_Motion_Sequence() ;
while(true)
{
  1. Wait until cycle start command is received, or
     trigger signal is ON or a predefined time period
     expires,
  2. Enable position servo mode and move forward with
     desired motion profile,
  3. Monitor pressure differential and switch mode if it
     reaches above a certain value when cylinder position
     is within the defined limits,
  4. Operate in force servo mode until the predefined
     time period expired,
  5. Then switch to position servo mode and command
     reverse motion to home position.
}
void function PID_Position(x_d, v_d)
{
  static float K_p = 1.0, K_d = 0.0, K_i=0.01 ;
  static float u_i = 0.0 ;
  static Scale = 1.0 ;

   u_i = u_i + K_i * (x_d - Scale * ENC) ;
   DAC = K_p * (x_d - Scale * ENC) + u_i ;

  return ;
}
void function PID_Force(F_d)
{
  static float K_pf = 1.0, K_df = 0.0, K_if=0.01 ;
  static float u_if = 0.0 ;
  static float A1= 0.025, A2=0.0125 ;

   u_if = u_if + K_if * (F_d - (P1*A1-P2*A2) ) ;
   DAC = K_pf * (F_d - (P1*A1-P2*A2)) + u_if ;

  return ;
}
```

7.6 EH 동작축 자연 주파수와 대역폭 제한

일반적인 "엄지손가락의 법칙"의 따르면, 제어 시스템은 개루프시스템의 자연적 주파수 (w_n)의 1/3보다 낮게 폐루프 시스템의 대역폭(w_{bw})을 제한하는 것을 목적으로 삼아야 한다.

$$w_{bw} < \frac{1}{3} w_n \tag{7.226}$$

반면에 너무 큰 폐루프 제어 이득은 폐루프를 불안정하게 하거나 너무 점차적으로 감소된 진동 응답의 결과를 낳을 것이다. 그러므로 주어진 EH 동작축의 개루프 자연적 주파수를 추정하는 것은 상당히 중요하다. EH 축의 자연적 주파수에 영향을 주는 가장 중요한 요인은 유액의 압축 가능성과 축의 관성 부하이다. 유액 스프링 효과는 대량 계수와 유액 부피에 의해 모형화된다. 가장 낮은 자연적 주파수는 대략 다음과 같다.

$$w_n = \sqrt{K/M} \tag{7.227}$$

M은 축에 의해 옮겨진 총 관성이다. 다양한 부하 조건을 위해서 가장 나쁜 경우의 관성이 고려되어야 한다. 축의 탄성 계수 K는 대략 다음과 같다.

$$K = \beta\left(\frac{A_{he}^2}{V_{he}} + \frac{A_{re}^2}{V_{re}}\right) \tag{7.228}$$

A와 V는 단면적과 부피를 나타내고 $_{he}$와 $_{re}$는 각각 실린더의 머리끝과 로드끝을 나타낸다. 유액 체적 탄성률 β는 다음과 같이 정의된다.

$$\beta = \frac{-\Delta P}{\Delta V/V} \tag{7.229}$$

전형적인 β 값의 범위는 2~3 · 10^5 psi이다.

유압액에 갇힌 공기가 효과적인 체적 탄성률을 아주 심각하게 감소시킨다. 용해된 공기는 거의 효과를 주지 못한다. 액체의 체적 탄성률이 β_l이 되게, 갇힌 공기가 β_g, 그리고 호스(컨테이너)가 β_c이다. 효과적인 대량 계수는 [67]로 보여질 수 있다.

$$\frac{1}{\beta} = \frac{1}{\beta_l} + \frac{1}{\beta_g}\frac{V_g}{V_t} + \frac{1}{\beta_c} \tag{7.230}$$

여기서

$$\beta_l = 2.2 \times 10^5 \text{ psi}; \quad \text{대부분의 유압식 액체에서는} \tag{7.231}$$

$$\beta_c = \frac{\delta x}{D} \cdot E; \quad \text{컨테이너에서는} \tag{7.232}$$

$$\beta_g = 1.4 \times p; \quad \text{가스에서는} \tag{7.233}$$

δx는 컨테이너 벽두께이고, D는 컨테이너나 호스 지름의 반지름이고, E는 Young의 컨테이너 물질의 계수이고, p는 명목상의 선 압력이고 V_t는 총 부피이고 V_g는 갇힌 가스의 부피다.

V_{he}와 V_{re}가 실린더 위치의 함수인 것과 마찬가지로 효과적인 강도는 실린더 위치의 함수이기 때문에 축의 자연적 주파수는 실린더 스트로크의 함수처럼 다양하다. 자연적 주파수의 최소값은 실린더 스트로크의 중간 위치 부근에 있다. 진전된 제어 알고리즘이 사용되지 않는한, 폐루프 제어 시스템 이득은 폐루프 시스템 대역폭이 개루프 자연 주파수의 1/3 아래에서 머무르도록 수정되어야 한다. 일반적으로 밸브의 자연적 주파수는 실린더와 부하 유압 자연적 주파수보다 훨씬 더 크다. 그러므로 밸브의 자연적 주파수는 대부분 응용의 폐루프 동작에서 제한하는 요인은 아니다.

개루프 시스템과 부하 동역학이 낮은 감쇠를 가질 때 위치 궤환을 사용한 폐루프 시스템 대역폭은 1/3 w_n보다 훨씬 낮은 값을 가지는 감쇠율 때문에 미약하게 감쇠된다(w_n는 개루프 시스템의 자연적 주파수다). 그러므로 더 높은 폐루프 대역폭을 이루기 위해 폐루프 시스템 안으로 들어가는 감쇠가 더해져야 한다. 여기에 두 가지 방법이 있다.

1. 구동기의 양쪽 사이의 밸브에 있는 우회 누출 개구부. 그러나 두 가지 결점이 있다. (1) 에너지 낭비 (2) 부하 방해에 대한 폐루프 시스템의 정적인 두께가 감소한다.
2. 밸브 제어 안에서의 속도와 압력 궤환

표준 압력 보상 흐름 제어 밸브는 밸브의 압력 흐름 특성을 수정함으로써 폐루프 시스템 안에서 효과적인 감쇠가 증가된다. 밸브는 압력(일정한 시간 압력)의 함수로써 속도에 간접적 영향을 준다. 왜냐하면 유량률과 구동기 속도는 밀접하게 연관되어 있기 때문이다. 그러므로 **속도**나 **압력**의 형태에서 궤환은 감쇠를 더한다. 그러나 가격은 폐루프 시스템의 감소된 정적인 두께다. 압력 궤환은 감쇠를 증가시키는 효과를 가지는 밸브 선형의 압력 흐름 특성을 만든다.

▶▶ **예제** 실린더와 부하에서 다음의 매개 변수를 가진 EH 동작축을 고려해보자.

$$A_{he} = 2.0 \text{ in}^2 \tag{7.234}$$

$$A_{re} = 1.0 \text{ in}^2 \tag{7.235}$$

$$L = 20 \text{ in} \tag{7.236}$$

$$W = 1000 \text{ lb} \tag{7.237}$$

중간 스트로크 점에서 자연적 주파수를 고려해보자.

$$V_{he} = A_{he} \cdot L/2 = 20 \text{ in}^3 \tag{7.238}$$

그리고

$$V_{re} = A_{re} \cdot L/2 = 10 \text{ in}^3 \tag{7.239}$$

2.5×10^5 psi가 되는 유압 유액의 대량 계수로 대략 근사해보자. 로드의 무게와 부하 $W =$ 1000 lb이다. 그러므로 질량 $M = \text{W/g} = 1000 \text{ lb}/386 \text{ in/sec}^2$이다. 실린더가 중간 스트로크 포인트에 있을 때 EH 축의 개루프 자연적 주파수는 다음과 같다.

$$w_n = \sqrt{K/M} \tag{7.240}$$

$$M = \frac{1000}{386} \text{ lb/[in/sec}^2\text{]} = 2.59 \text{ lb/[in/sec}^2\text{]} \tag{7.241}$$

$$K = 2.5 \cdot 10^5 \cdot \left(\frac{2^2}{20} + \frac{1^2}{10}\right) \text{ lb/in}^2 \text{ (in}^2)^2/\text{in}^3 \tag{7.242}$$

$$= 7.5 \cdot 10^4 \text{ lb/in} \tag{7.243}$$

그러면

$$w_n = \sqrt{K/M} \tag{7.244}$$

$$= \sqrt{7.5 \cdot 10^4 / 2.59 \text{ (lb/in)/(lb} - \text{sec}^2\text{/in)}} \quad (7.245)$$

$$= 170 \text{ rad/sec} \quad (7.246)$$

$$= 27 \text{ Hz} \quad (7.247)$$

그러므로 폐루프 제어기는 대역폭이 다음 식보다 더 높게 도달할 시도를 해서는 안된다.

$$w_{bm} < (1/3 \cdot w_n) = 9.0 \text{ Hz} \quad (7.248)$$

이런 부분적 EH 동작축은 9.0 Hz보다 더 높은 주파수의 순환하는 작은 동작 응답을 정확하게 따르지 못한다.

7.7 하나의 축 유압 동작 시스템의 선형 동역학 모델

선형 모델은 유압 시스템이 명목상의 작동 조건에 대하여 작동하는 것을 가정한다. 그 조건은 밸브가 작은 이동에서 영 지점에 대해 작동하는 것이다(그림 7.64). 유액 압축 가능성 효과는 무시한다. 펌프는 일정한 압력을 제공하고 전류에서 유량률로 가는 밸브의 이득은 일정하다고 가정한다. 그림 7.80은 폐루프 제어 EH 시스템의 블록 선도이다. 그림 7.81은 시스템의 위치 서보 루프 버전을 보여준다. 각 부품은 선형 모델로 표현된다. 밸브의 동역학, 부하 관성, 센서 동역학은 무시된다. 그러므로 밸브-흐름, 전류, 그리고 압력의 관계는 대략적으로 흐름과 전류(흐름 이득, K_q), 그리고 부하와 누출(K_{pq})의 선형적 관계에 의한다. 설치에 기초를 두는 구동기의 수락(K_s), 그리고 부하와 유압 오일 압축 가능성(k_a) 때문에 한 수락은 선형 모델 분석에서 무시된다. 그러한 수락은 폐루프 시스템 대역폭을 위한 상한선을 정하는 개루프 자연적 주파수를 결정한다.

그림 7.82는 부하위치 대신 제어 요소에 의해 정류되는 한 축 EH 동작 시스템을 보여준다. 선형 블록 선도 모델에서 기호는 다음의 물리적 의미를 가진다.

K_{sa}는 전류에 대한 증폭 응답 전압 이득이다.
K_q는 유량률에 대한 밸브 솔레노이드 전류 이득이다.
K_p는 압력 이득이다.
K_{pq}는 누출 이득이다.
A_c는 실린더 단면적이다(양쪽이 같다고 가정한다).

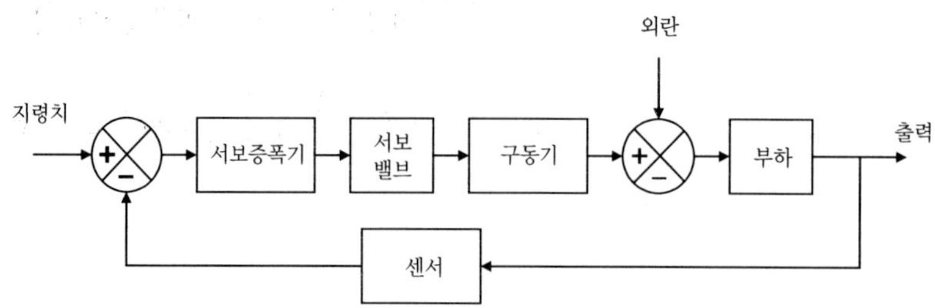

그림 7.80 ■ 단일축 전기 유압 동작 제어 시스템의 폐루프 제어기

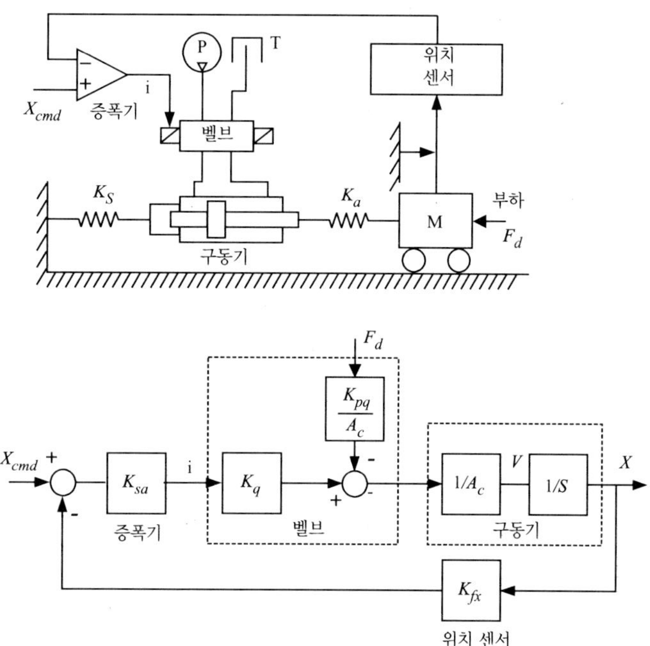

그림 7.81 ■ 단일축 전기 유압 동작 제어 시스템의 (a) 부품, (b) 구성도

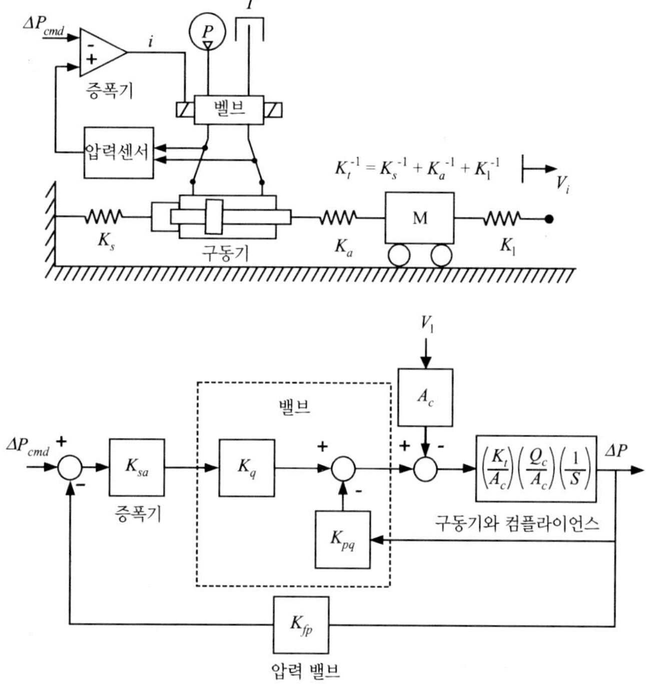

그림 7.82 ■ 단일축 전기 유압 동작 제어 시스템의 (a) 부품, (b) 힘-서보 제어기의 구성도

K_{fx}는 위치 센서 이득이다.
K_{fp}는 압력 센서 이득이다.
Q_c는 수락 흐름이다.

7.7.1 움직이는 축에서의 전기 유압 위치 제어

제어되었던 출력 위치 (x)는 명령 위치 (x_{cmd})의 신호와 힘 (F_d)에 의해 결정된다. x_{cmd}로부터의 이전 기능과 x에의 F_d는 각 구성 요소의 선형 모델들을 사용하면서 블록 선도 대수학을 사용하여 계산될 수 있다.

$$X(s) = \frac{1}{A_c \cdot s} \cdot (K_q \cdot i(s) - \left(\frac{K_{pq}}{A_c}\right) \cdot F_d(s)) \tag{7.249}$$

$$X(s) = \frac{1}{A_c \cdot s} \; (K_q \cdot K_{sa} \cdot (X_{cmd}(s) - K_{fx} \cdot X(s)) \tag{7.250}$$

$$- \left(\frac{K_{pq}}{A_c}\right) \cdot (F_d(s)) \tag{7.251}$$

$$(A_c \cdot s + K_{sa} \cdot K_q \cdot K_{fx}) \cdot X(s) = K_{sa} \cdot K_q \cdot X_{cmd}(s) - \left(\frac{K_{pq}}{A_c}\right) \cdot F_d(s) \tag{7.252}$$

$$X(s) = + \frac{(K_{sa} \cdot K_q / A_c)}{s + (K_{sa} \cdot K_q \cdot K_{fx}/A_c)} \cdot X_{cmd}(s) \tag{7.253}$$

$$- \frac{K_{pq}/A_c^2}{s + (K_{sa} \cdot K_q \cdot K_{fx}/A_c)} \cdot F_d(s) \tag{7.254}$$

이전 수식에 대한 표현과 라플라스 변환에 대한 마지막의 정리를 사용하면서, 우리는 폐루프의 중요한 다음의 특성이 시스템을 제어한다는 것을 결정할 수 있다.

- 외란이 없는 단위 계단 위치 명령에 대한 정상 상태 오차, $X_{cmd} = X_o/s$, $F_d(s) = 0$

$$\lim_{t \to \infty} x(t) = \lim_{s \to 0} s \cdot X(s) \tag{7.255}$$

$$= \lim_{s \to 0} s \cdot \frac{(K_{sa} \cdot K_q / A_c)}{(s + (K_{sa} \cdot K_q \cdot K_{fx}/A_c)} \cdot X_o/s \tag{7.256}$$

$$= (1/K_{fx}) X_o \tag{7.257}$$

일정량의 전치가 명령되고 방해 힘이 없을 때 실제의 위치는 궤환 센서 이익에 의한 신호에 비례하게 될 것이다. 명령되었던 신호를 축척하는 것에 의해 요구되고 실제의 위치 사이의 효과적인 비율은 단일로 만들어질 수 있다. 즉, 명령되었던 위치가 일정한 값일 때 그 출력 위치는 명령되었던 위치와 같다.

- 외부의 힘에 의해 그 위치가 방해받는다면 최대 속도 오류 V_e를 초래한다: $X_{cmd}(s)$

$= 0.0$, $X(s) = X_e$, $F_d(s) \neq 0$? V_e와 X_e의 비율의 관계는 램프 명령 신호의 반응으로서의 $X_{cmd}(s) - K_{fx}X(s)$의 오차와 같은 비율이다(램프 위치 명령은 계단 속도 명령을 의미한다).

$$X_{cmd}(s) = V_0/s^2 \tag{7.258}$$

$$F_d(s) = 0 \tag{7.259}$$

추종 오차의 전달 함수는

$$X_e(s) = X_{cmd}(s) - K_{fx}X(s) \tag{7.260}$$

$$= X_{cmd}(s) - \frac{K_{fx} \cdot K_{sa} \cdot K_q/A_c}{s + (K_{sa} \cdot K_q \cdot K_{fx}/A_c)} \cdot X_{cmd}(s) \tag{7.261}$$

$$= \frac{s}{(s + K_{fx} \cdot K_{sa} \cdot K_q/A_c)} \cdot V_o/s^2 \tag{7.262}$$

최종 이론값을 이용하여, 단위 램프 위치 명령에 대한 정상 상태 위치 오차는

$$\lim_{t\to\infty} X_e(t) = \lim_{s\to 0} s \cdot X_e(s) \tag{7.263}$$

$$= \frac{1}{(K_{sa} \cdot K_q \cdot K_{fx}/A_c)} \cdot V_o \tag{7.264}$$

이득은 제어 시스템의 루프 속도 이득이라 불리고,

$$K_{vx} = \frac{K_{sa} \cdot K_q \cdot K_{fx}}{A_c} \tag{7.265}$$

그리고 만일 위치 $X(s)$가 X_e의 값이 외부의 이유에 의해 어지럽히게 되면, 그것을 정정하려고 하는 동안 일시적인 응답은 다음의 속도를 만들 것이다.

$$V_e = K_{vx} \cdot X_e \tag{7.266}$$

- 다른 중요한 특징은 위치 시스템 폐루프의 단단함이다. 만일 일정의 방해 힘이 시스템에 있으면 안정 상태는 위치에서 바뀐다. $F_d(s) = F_{do}/s$, $X_{cmd}(s) = 0.0$, $K_{cl} = F_{do}/X$ 마지막 이론을 정리하면 다음과 같다.

$$X(s) = -\frac{\left(K_{pq}/A_c^2\right)}{s + (K_{sa} \cdot K_q \cdot K_{fx}/A_c)} \cdot F_d(s) \tag{7.267}$$

$$\lim_{s\to 0} s \cdot X(s) = -s \cdot \frac{\left(K_{pq}/A_c^2\right)}{s + (K_{sa} \cdot K_q \cdot K_{fx}/A_c)} \cdot F_{do}/s \tag{7.268}$$

$$x(\infty) = \left(K_{pq}/A_c^2\right)/K_{vx} \cdot F_{do} \tag{7.269}$$

$$\frac{F_{do}}{x(\infty)} = K_{cl} \tag{7.270}$$

폐루프의 안정 상태의 단단함은 다음의 식과 같다.

$$K_{cl} = \frac{K_{vx} \cdot A_c^2}{K_{pq}} \tag{7.271}$$

$$= \frac{\frac{K_{sa} \cdot K_q \cdot K_{fx}}{A_c} \cdot A_c^2}{K_{pq}} \tag{7.272}$$

$$= \frac{K_{sa} \cdot K_q \cdot K_{fx} \cdot A_c}{K_{pq}} \tag{7.273}$$

일반적으로 서보 밸브들의 누수 계수는 다음과 같다.

$$K_{pq} = 0.02 \cdot \frac{Q_r}{P_S} \tag{7.274}$$

따라서 그런 밸브를 가진 닫힌 위치 제어 서보의 단단함은 대략 다음의 식으로 나타난다.

$$K_{cl} = 50 \cdot K_{vx} \frac{A_c^2 \cdot P_S}{Q_r} \tag{7.275}$$

닫힌 루프의 단단함은 누수 계수의 효과를 가리킨다.

전기 유압학의 시스템과 그 로드의 자연의 주파수가 위의 한계를 닫힌 루프 시스템 대역폭에 이용하는 것을 생각해내는 것은 중요하다. 위에서 기술하는 위치 서보 제어 시스템은 대략 그것의 K_{vx}와 닫힌 고리 대역폭이 안정성 고려 때문에 시스템의 자연의 주파수에 의해 제한된다.

$$w_{bw} = K_{vx} \leq \frac{1}{3} \cdot w_n \tag{7.276}$$

영 지점가 의미심장하게 주위 밸브의 특징에 닫힌 루프 시스템의 정상 상태 위치의 정확성에 영향을 끼친다. 선형 블록 선도 분석에서 무시되었던 영 지점 주변의 밸브 결점들은 다음과 같다. (1) 데드밴드, (2) 히스테리시스, (3) 중간 한계 이동. 밸브의 이 성질은 이 장에서 더 일찍 논의되었다. 밸브의 영 지점와 관련되는 결점들의 결과가 되고 결과로서 생기는 위치 잘못은 총괄한 도형으로부터 계산될 수 있다. 위치 정정이 되지 않는 밸브에서, 전류의 전부인 데드밴드, 히스테리시스, 그리고 한계 값들은 입력되었던 전류의 범위가 된다. 그 결과, 정상 상태 위치 잘못이 결정될 수 있는 무가치한 위치 결점들 i_{err} 때문에 위조의 밸브 전류의 총 값을 준다.

$$X_e = \frac{i_{err}}{K_{sa} \cdot K_{fp}} \tag{7.277}$$

▶▶ **예제** 그림 7.80에서 그림 7.81과 그 블록 선도 표현에서 나타낸 바와 같이 단일축 전기 유압의 운동 제어 시스템을 고려하라. 우리는 실린더가 엄격히 그 기초와 로드에 접속하고 있다고 가정한다. 그 영 지점 주위에 작은 움직임들을 밸브의 것으로 간주하자. 즉 명령되었던 위치를 유지하고 있는 경우이다. 이하의 조건들을 위해 오차를 바른 위치에 두고 있

는 실린더를 결정한다.

1. 증폭기의 이득은 $K_{sa} = 200\ \text{mA}/10\ \text{V} = 20\ [\text{mA/V}]$
2. 영 지점 조작 주변의 밸브 이득은 $K_q = 20\ [\text{in}^3/\text{sec}]/200\ [\text{mA}] = 0.1\ [\text{in}^3/\text{sec}]/[\text{mA}]$
3. 실린더의 단면 부분은 양측 위에의 $A_c = 2.0$
4. 센서의 이득은 $K_{fx} = 10\ \text{V}/10\ [\text{in}] = 1\ [\text{V/in}]$
5. 밸브의 데드밴드 최대 입력 전류의 10%이고, $i_{db} = 0.1 \cdot i_{max} = 0.1 \cdot 200\ \text{mA} = 20\ \text{mA}$

오차 크기는 증폭기의 이득의 시간이고 데드밴드보다 더 작다. 조금의 흐름도 밸브를 통하여 없을 것이고 위치 정정이 되지 않을 것이다. 이득이 밸브의 데드밴드보다 커 오차의 증폭기 시간을 재고 난 후에, 흐름이 위치 잘못에 밸브와 정정을 통하여 있을 것이다. 그러므로 그것이 시스템에서 조금의 흐름 또는 운동을 가져오지 않는 이래로 이하의 범위의 잘못은 이 시스템의 고유의 제한이다.

$$X_{e,max} \cdot K_{sa} = i_{db} \tag{7.278}$$

$$X_{e,max} = \frac{i_{db}}{K_{sa}} \tag{7.279}$$

$$= \frac{20\ \text{mA}}{20\ \text{mA/V}} \tag{7.280}$$

$$= 1\ \text{V} \tag{7.281}$$

그것은 총 전치 범위의 10%이다.

명령되었던 위치를 유지하는 동안 조금의 위치 오차도 본래적으로 정정되는 값보다 더 작다. 그것은 1.0와 $K_{fx} = 1\ [\text{V/in}]$ 이후 물리 유닛들 중에서 같다.

$$X_e \leq X_{e,max} \tag{7.282}$$

$$\leq \frac{i_{db}}{K_{sa}} \tag{7.283}$$

$$\leq 1\ \text{V} \tag{7.284}$$

만일, 증폭기 이득을 10배 늘리게 되면, 같은 밸브 데드밴드때문에 위치 오차가 같은 요인에 의해 줄어들게 된다.

$$X_e \leq \frac{i_{db}}{K_{sa}} = \frac{20\ \text{mA}}{200\ \text{mA/V}} = 0.1\ \text{V} \tag{7.285}$$

그것은 0.1과 $K_{fx} = 1\ [\text{V/in}]$ 이후 물리 유닛들 중에서 같다.

밸브 데드밴드때문에 위치 오차가 요구되었던 값보다 적은 것을 확실하게 하기 위해, 증폭기 이득은 다음과 같은 최소한의 값보다 커야 한다.

$$K_{sa} \geq \frac{i_{db}}{X_{e,max}} \tag{7.286}$$

$$\geq \frac{20\ \text{mA}}{X_{e,max}\ \text{V}} \tag{7.287}$$

그러나 증폭기 이득은 열린 루프 시스템의 자연의 주파수에 의해 설정되는 닫힌 루프 대역폭 한계들 때문에 크게 만들어질 수 없다.

$$f_1(i_{db}, e_{max}) \leq K_{sa} \leq f_2(w_{wb}) \tag{7.288}$$

$$w_{bw} = K_{vx} = \frac{K_{sa} \cdot K_q \cdot K_{fx}}{A_c} \leq \frac{1}{3} \cdot w_n \tag{7.289}$$

증폭기 이득 안에서 더 낮은 것은 데드밴드의 기능에 의해 설정되고, 위치의 정확과 위의 한도가 유압의 축의 열린 고리 대역폭에 의해 설정되는 것을 가리킨다.

7.7.2 부하 압력 제어형 전기위압 동작축

우리는 또한 EH 운동 시스템에 대해서도 고려해야 한다. 부하 압력은 밸브 2개의 출력 포트의 차이를 측정한다. 우리는 2개의 출력 포트와 포트의 구동기의 동적인 압력은 무시해도 좋다고 가정한다. 부하 압력 명령은 ΔP_{cmd}과 같이 표현한다. 기본 블록 선도 대수학을 이용하여 명령되었던 부하 압력으로부터의 전달 함수와 압력의 외부 부하 속력을 다음과 같이 얻게 된다.

$$\Delta P(s) = \frac{K_t}{A_c}\frac{Q_c}{A_c}\frac{1}{s} \cdot (K_q \cdot i(s) - K_{pq} \cdot \Delta P(s) - A_c \cdot V_l(s)) \tag{7.290}$$

만기된 내부의 누출 기간 $K_{pq} \cdot \Delta P(s)$는 서보값이 비교적 작고 분석 시 소홀히 할 수 있다는 것을 알아야 한다. 누출 기간 소홀히 할 때, 폐루프 전달 함수는 다음과 같이 표현된다.

$$\Delta P(s) = + \frac{\left(K_t \cdot Q_c/A_c^2\right) \cdot K_{sa}K_q}{\left(s + K_{fp}K_{sa}K_qK_tQ_c/A_c^2\right)} \cdot \Delta P_{cmd}(s) \tag{7.291}$$

$$- \frac{(K_tQ_c/A_c)}{\left(s + K_{fp}K_{sa}K_qK_tQ_c/A_c^2\right)} \cdot V_l(s) \tag{7.292}$$

명령 신호와 출력 신호의 관계에 대해서 힘 서보의 전달 함수와 위치 서보는 동일하다. 폐루프 시스템은 첫 번째 명령을 동적인 행동을 여과해 받는다. 압력 루프(힘 서보) 시스템을 위한 속도 이득은 다음과 같다.

$$K_{vp} = \frac{K_{fp}K_{sa}K_qK_t}{A_c^2} \tag{7.293}$$

선형 모델에 포함되는 유일한 동력학은 작동 장치의 통합 행동이다. 전류 흐름으로부터의 순간적인 응답은 모델화 되지 않는다. 실험적인 학습은 비례적인 순간적인 응답이나 서보값의 답이 필요로 한 접근의 정확성에 따라 첫 번째 명령 또는 두 번째의 명령 여과기에 의해 접근될 수 있는 것을 가리킨다.

$$\frac{Q_o(s)}{i(s)} = \frac{K_q}{(\tau_{v1}s+1)(\tau_{v2}s+1)} \tag{7.294}$$

순간적인 응답 모델은 그 때 τ_{v1}와 τ_{v2}가 두 번째의 명령 모델을 위한 2개의 시간 상수들이다. 그 중 하나는 최초의 명령 모델을 위해 0으로 조정된다.

7.8 유압 운동 시스템의 비선형 동적 모델

작동 장치가 실린더인 단일 축의 선형 유압 운동 시스템의 비선형 동적인 모델은 아래와 같이 논의된다. 일치하는 식들은 회전하는 유압의 운동 시스템을 지원하고, 작동 장치는 유사한 매개 변수 치환으로 회전하는 유압의 발전기이다. 유체의 압축성 또한 모델에서 고려된다(그림 7.2, 7.81). 그들은 서로 단단하게 접속되어 있다고 가정하고 위치 로드 부하의 운동을 고려하자. 실린더와 로드의 힘-운동 관계는 뉴턴의 두 번째의 법칙을 사용한다.

(1) 확장동작:

$$m \cdot \ddot{y} = P_A \cdot A_A - P_B \cdot A_B - F_{ext}; \quad 0 \le y \le l_{cyl} \tag{7.295}$$

그리고 실린더 양면의 제어 볼륨 압력의 일시적 현상들은 다음 식에서 나타낼 수 있다.

$$\dot{p}_A = \frac{\beta}{y \cdot A_A}(Q_{PA} - \dot{y} \cdot A_A) \tag{7.296}$$

$$\dot{p}_B = \frac{\beta}{(l_{cyl} - y) \cdot A_B}(-Q_{BT} + \dot{y} \cdot A_B) \tag{7.297}$$

$$\dot{p}_P = \frac{\beta}{V_{hose,pv}}(Q_P - Q_{PA} - Q_{PT}) \tag{7.298}$$

여기서

$$Q_P = w_{pump} \cdot D_p(\theta_{sw}) \tag{7.299}$$

$$Q_{PT} = C_d \cdot A_{PT}(x_s) \cdot \sqrt{(2/\rho) \cdot (P_P - P_T)} \tag{7.300}$$

$$Q_{PA} = C_d \cdot A_{PA}(x_s) \cdot \sqrt{(2/\rho) \cdot (P_P - P_A)} \tag{7.301}$$

$$Q_{BT} = C_d \cdot A_{BT}(x_s) \cdot \sqrt{(2/\rho) \cdot (P_B - P_T)} \tag{7.302}$$

(2) 수축동작:

$$m \cdot \ddot{y} = P_A \cdot A_A - P_B \cdot A_B - F_{ext}; \quad 0 \le y \le l_{cyl} \tag{7.303}$$

그리고 실린더의 양면의 제어 볼륨의 압력 일시적 현상들은 다음과 같다.

$$\dot{p}_A = \frac{\beta}{y \cdot A_A}(-Q_{AT} - \dot{y} \cdot A_A) \tag{7.304}$$

$$\dot{p}_B = \frac{\beta}{(l_{cyl} - y) \cdot A_B}(Q_{PB} + \dot{y} \cdot A_B) \tag{7.305}$$

$$\dot{p}_P = \frac{\beta}{V_{hose,pv}}(Q_P - Q_{PB} - Q_{PT}) \tag{7.306}$$

여기서

$$Q_P = w_{pump} \cdot D_p(\theta_{sw}) \tag{7.307}$$

$$Q_{PT} = C_d \cdot A_{PT}(x_s) \cdot \sqrt{(2/\rho) \cdot (P_P - P_T)} \tag{7.308}$$

$$Q_{PB} = C_d \cdot A_{PB}(x_s) \cdot \sqrt{(2/\rho) \cdot (P_P - P_B)} \tag{7.309}$$

$$Q_{AT} = C_d \cdot A_{AT}(x_s) \cdot \sqrt{(2/\rho) \cdot (P_A - P_T)} \tag{7.310}$$

여기서 유압시스템의 각각의 매개변수들과 변수들은 다음과 같다.

m—관성

A_A, A_B—실린더 헤드 끝과 로드 끝의 횡면적

β—유한 강도에 따른 유압흐름의 용적계수

$V_{hose,\ pv}$—펌프와 밸브간 호수의 부피

l_{cyl}—실린더의 이동범위

D_p—펌프의 유량률[부피/주기]

C_d—밸브유량 이득 상수

$A_{PA}(x_s), A_{PB}(x_s), A_{AT}(x_s), A_{BT}(x_s), A_{PT}(x_s)$ —펌프, 실린더, 탱크 사이의 스풀변위 함수로 밸브 유량면적

$Q_P, Q_{PT}, Q_{PA}, Q_{PB}, Q_{AT}, Q_{BT}$—펌프, 펌프에서 탱크, 펌프에서 실린더, 실린더와 탱크간의 유량률

x_s —밸브스풀 변위

θ_{sw}—사판각

θ_{sw0}—사판각의 상수 값

y—실린더 변위

P_P, P_A, P_B, P_T—펌프, 헤드 끝, 로드 끝, 탱크에서 압력

w_{pump}—펌프의 속도

릴리프 밸브 릴리프 밸브는 유압의 선들에서 압력을 제한하기 위해 사용된다. 그러므로 선들을 과대한 압력으로부터 보호한다. 경감 밸브의 최대 압력 한도는 제어할 수 있다. 최대 압력은 펌프 side의 $P_{max,p}$와 선 side의 $p_{max,l}$로 조정된다고 가정하자. 만약 $P_p > p_{max,p}$, $P_p = p_{max,\ p}$; 이라면 펌프 옆의 릴리프 밸브들은 펌프의 최대 출력 압력을 열고 제한한다. 만일 실린더 옆의 선 압력들의 어느 쪽이라도 경감 밸브 설정들을 초과하면, $P_A, P_B > p_{max,l}, P_A, P_B = p_{max,l}$; 실린더 옆의 릴리프 판은 열린다.

방향성 체크 밸브 여러 가지 EH 응용에서 압력이 $P_A > P_P$ 또는 $P_B > P_P$ 경우 실린더로부터 펌프에 이르기까지 유체의 흐름이 필요한 것은 아니다. 이것은 각 선에 1개의 지향

적인 로드 체크 밸브에 의해 완성된다. 로드 체크 밸브는 역류에 대해 펌프로 퍼올리는 실린더를 방해하기 위해 닫힌다. 확장하는 동안이라면 $P_A > P_P$일 때 $Q_{PA} = 0.0$; 이고, 수축하는 동안이라면 $P_B > P_P$ 일 때 $Q_{PB} = 0.0$이다.

열린 센터 EH 시스템 열린 센터 EH 시스템은 고정 변위형 펌프이며 펌프와 탱크 사이에 구멍이 있는 열린 센터 밸브이다. 그리고 변위의 크기는 일정하다.

$$A_{PT}(x_s) \neq 0 \tag{7.311}$$

$$Q_P = w_{pump} \cdot D_p(\theta_{sw0}) \tag{7.312}$$

닫힌 센터 EH 시스템 닫힌 센터 EH 시스템은 변화하는 전치 펌프와 닫힌 중앙 밸브를 가진다. 거기서 조금의 구멍도 펌프와 탱크의 사이에 직접 없다. 그리고 펌프 전치는 변화한다.

$$A_{PT}(x_s) = 0; \tag{7.313}$$

$$Q_P = w_{pump} \cdot D_p(\theta_{sw}) \tag{7.314}$$

7.9 전기유압에서의 현재의 동향

현재의 경향은 미래의 전기 유압 기술을 증가하는 것이다.

- 힘/무게 비율은 구성 요소들의 물리적인 크기를 줄이는 것이다. 그러므로 가격을 줄여야 한다.
- 소프트웨어 프로그램의 구성 요소들

힘/무게 비율을 늘리기 위해, 시스템은 압력을 증가해야 한다. 그 결과 같은 힘을 전달하고 구성 요소 크기를 더 작게 할 수 있다. 그러나 증가했던 시스템 압력은 기름 압축성 때문에 유압 시스템의 공명하는 주파수를 줄인다. 그러므로 제어 루프 시스템 대역폭 한도는 더 낮아진다. 공급 압력이 더 높아지는 것처럼 유압의 선들에서 캐비테이션과 기포들을 최소로 하는 것은 더 중요하다. 만약 그렇지 않으면 시스템 응답은 의미심장하게 더 느려질 것이다. 또한 심지어 폐루프 제어의 경우 불안정하게 된다. 게다가 캐비테이션은 유압의 구성 요소와 소음의 증가로 손해를 가져오게 한다.

구성 요소의 크기와 비용을 줄이는 또 하나의 방법은 구성 요소들을 더 효과적으로 이용하는 것이다. 유압의 회로들(도구, 스티어링, 브레이크, 쿨링 팬, 파일럿 유압)을 고려하면 그 펌프는 구조 장치 적용에 지원하기 위해 사용된다. 전통적인 디자인들은 회로에 대하여 하나 이상의 펌프들을 제공한다. 모든 시스템은 언제라도 최대 흐름 요구에서 사용되지 않으므로 펌프들의 모두는 그들의 최대 능력에서 사용되지 않는다. 더욱이 한 쌍의 펌프들은 중대한 시스템들의 안전 백업 이유들에 대해 마련되고 있다(즉, 스티어링).최근에는 제어할

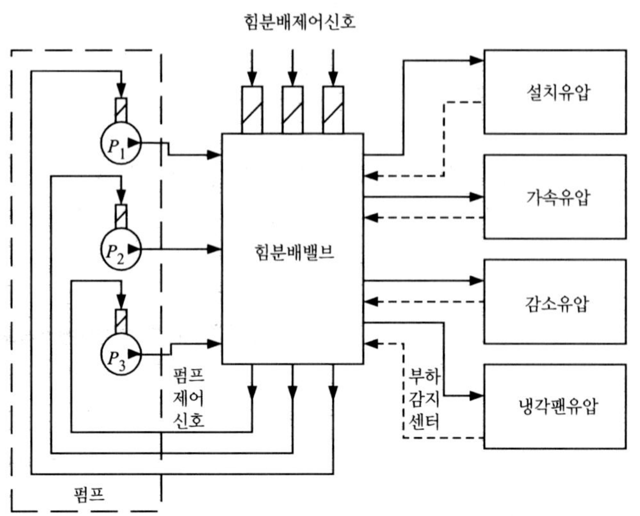

그림 7.83 ■ 다중 유압 시스템의 프로그램 동력 할당

수 있는 힘을 분배 밸브를 통하여 펌프들을 복수의 회로들의 사이에서 나눌 수 있는 개념이 나오고 있다(그림 7.83). 하드웨어에서 펌프들를 각 회로에 제공하는 대신에, 모든 펌프들의 총 유압의 힘은 분배 밸브에 결합된다. 프로그램 제어의 아래에서 유압의 힘은 요구한대로 기초를 형성하게 되는 다른 서브 시스템들에 분배된다. 이 접근은 구성 요소 능력을 더 좋게 사용할 수 있고, 비용을 줄이고, 기능을 향상시켰다.

밸브는 제어 시스템 시각으로부터 유압 시스템의 주된 비판적인 구성 요소이다. 지금까지 논의했던 판들의 전부는 각 상태를 위해 1개의 스풀을 가진다. 1개의 스풀 구조는 4개의 밸브 포트 사이에서 구멍 지역들을 정의한다: 펌프(P), 탱크(T), 실린더 사이드에 있는 A와 B. 단일 변수인 것은 스풀 전치 x_{spool}가 구멍 지역의 크기를 결정한다.

$$A_{PA}(x_v),\ A_{PB}(x_v),\ A_{AT}(x_v),\ A_{BT}(x_v),\ A_{PT}(x_v) \tag{7.315}$$

스풀의 변위와 구멍 면적 간의 이러한 구조적 관련성은 각각의 밸브 스풀속에 물리적으로 설계되고 가공된다. 일단 밸브가 가공이 되면 그 구멍의 특성이 고정된다. 구멍의 기능들 위에 많은 특정 적용의 필요 조건들을 적응시키기 위해, 다양한 스풀 구조의 변화가 필요하다. 이것은 다른 적용들을 위해 근본적으로 같은 스풀 구조의 많은 변화들이 기계로 가공되는 것을 필요로 한다. 예를 들면, 주요한 구조 장치 중의 1개가 1600의 이상의 다른 밸브의 스풀 구조를 혼자서 가공한다고 하자. 물리적으로 가공되어야 하는 다른 스풀 구조의 수를 줄이는 것은 바람직할 것이다. 이 생각은 **독립하여 계량기로 측정하는 밸브**(IMV) 개념의 발전을 가져오게 했다. 그 생각은 개개의 스풀에 의해 각 구멍 지역들을 제어하는 것에 의해 활발히, 그리고 자주적으로 소프트웨어에서 구멍 지역들을 정의하는 것이다(그림. 7.84). IMV 밸브는 독립하여 동작된 여섯 스풀과 솔레노이드까지를 가진다. 그것은 각각의 포트 연결 구멍 영역을 위한 하나이다.

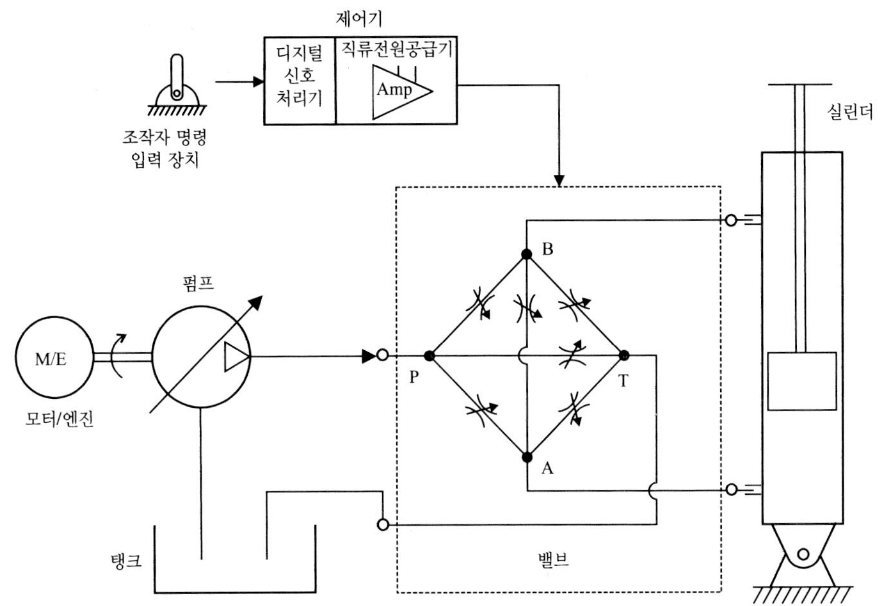

그림 7.84 ■ 독립구조 밸브(IMV)의 구조

$$A_{PA}(x_1),\ A_{PB}(x_2),\ A_{AT}(x_3),\ A_{BT}(x_4),\ A_{PT}(x_5),\ A_{AB}(x_6) \tag{7.316}$$

각각 스풀의 위치가 연관된 솔레노이드 흐름과 비례한다. 그러므로 구멍 지역 기능들은 현재의 통형 코일의 기능들로 똑같이 나타낼 수 있다.

$$A_{PA}(i_1),\ A_{PB}(i_2),\ A_{AT}(i_3),\ A_{BT}(i_4),\ A_{PT}(i_5),\ A_{AB}(i_6) \tag{7.317}$$

몇 개의 특허가 이 개념에 있다([99]). 밸브 흐름 구멍 압력 차액 관계는 각각의 흐름 비율이 그만큼 IMV의 케이스에 독립하여 계량기로 잴 수 있는 것을 제외하고는 여전히 같다.

$$Q_{PA} = C_d \cdot A_{PA}(i_1)\sqrt{(P_P - P_A)} \tag{7.318}$$

$$Q_{PB} = C_d \cdot A_{PB}(i_2)\sqrt{(P_P - P_B)} \tag{7.319}$$

$$Q_{AT} = C_d \cdot A_{AT}(i_3)\sqrt{(P_A - P_T)} \tag{7.320}$$

$$Q_{BT} = C_d \cdot A_{BT}(i_4)\sqrt{(P_B - P_T)} \tag{7.321}$$

$$Q_{PT} = C_d \cdot A_{PT}(i_5)\sqrt{(P_P - P_T)} \tag{7.322}$$

$$Q_{AB} = C_d \cdot A_{AB}(i_6)\sqrt{(P_A - P_B)} \tag{7.323}$$

각각의 솔레노이드 쌍이 독립하여 관리돼 각각의 구멍 영역은 단일 스풀 밸브에 있는 케이스가 소프트웨어에서 정의될 수 있고 서로 관계를 맺을 수 있다. 그러므로 같은 IMV 밸브는 그 제어 소프트웨어를 변화시킴으로써 다른 구조를 가진 밸브처럼 행동하기 위해 관리될 수 있다. 즉, 그 효과적인 밸브 구조는 소프트웨어에서 정의된다. 예를 들면, IMV 제어가 표준이 되는 닫힌 센터 밸브를 모방하는 것이라면, i_5, i_6는 그만큼 그렇게 관리되어야 한다.

$$A_{PT}(i_5) = 0 \quad A_{AB}(i_6) = 0 \tag{7.324}$$

열린 센터 밸브 경쟁이 요구된다면, i_6는 그만큼 관리되어야 한다.

$$A_{AB}(i_6) = 0 \tag{7.325}$$

재생시키는 동력 능력이 닫힌 센터 밸브 경쟁에 요구된다면, i_5, i_6는 그만큼 그렇게 관리되어야 한다.

$$A_{PT}(i_5) = 0 \quad A_{AB}(i_6) \neq 0 \tag{7.326}$$

IMV 개념은 다음의 이점과 단점이 있다. 이점은 다음과 같다.

- 밸브 구조는 소프트웨어에서 정의된다. 그러므로 단지 셋이거나 넷인 기계적인 밸브는 low와 medium과 high-power 응용을 덮는 것이 필요할 것이다. 특정한 스풀 구조가 있는 응용은 그 소프트웨어에서 정의된다.
- 소프트웨어에 있는 모방된 밸브 구조는 하나의 기계적인 밸브의 등가물일 필요가 없다. 그것은 다른 경영 조건 동안의 기계적인 밸브의 다른 형태의 등가물로서 그 실행을 최적화하기 위한 기능을 할 수 있다.
- 밸브 제어에 있는 추가의 융통성을 통해, 재생시키는 에너지는 EH 시스템의 더 많은 에너지를 능률적으로 동작시키는 데 이용될 수 있다.

단점은 다음과 같다.

- 표준이 되는 밸브가 하나의 지배하의 솔레노이드를 가지고 있는 동안, IMV는 관리된 여섯 솔레노이드를 가지고 있다.
- 전기 구성 요소의 증가된 수 때문에, 가능한 실패의 수는 더 높아진다.

IMV 개념은 앞으로 가장 중요한 새로운 EH 기술 중의 하나이다. 밸브 증가의 디지털의 내장된 제어로서, 밸브 구성 요소의 기능성은 소프트웨어에서 정의된다. 그 기능성은 그 밸브가 기계적일 필요는 없으므로, 기계적인 디자인은 더 간단하게 된다. 그러나 그 밸브의 주요 관점이 되는 소프트웨어는 복잡하게 되고 그 구성요소 없이 기능적으로 될 것이다.

7.10 사례 연구

7.10.1 사례 연구: 캐터필러 휠로더의 다기능 유압 회로

그림 7.85(그림 7.12 참조)는 캐터필러의 휠로더 모델 950G의 완전한 유압의 시스템 개략도를 보여주고 있다. 그 조종하는 하부 조직은 다음에서 상세하게 독립적으로 논의된다. 유압의 시스템 힘은 4대의 주요한 펌프들로 공급된다: 스티어링 시스템의 변위형 펌프, 주 압력 선과 브레이크 충전, 파일럿 압력 선, 팬 모터의 냉각을 위한 세 종류의 고정 변위형 펌프. 또한 시스템을 조종하는 것은 전지와 전기 모터, 펌프(다섯 번째 펌프)를 사용하는 안

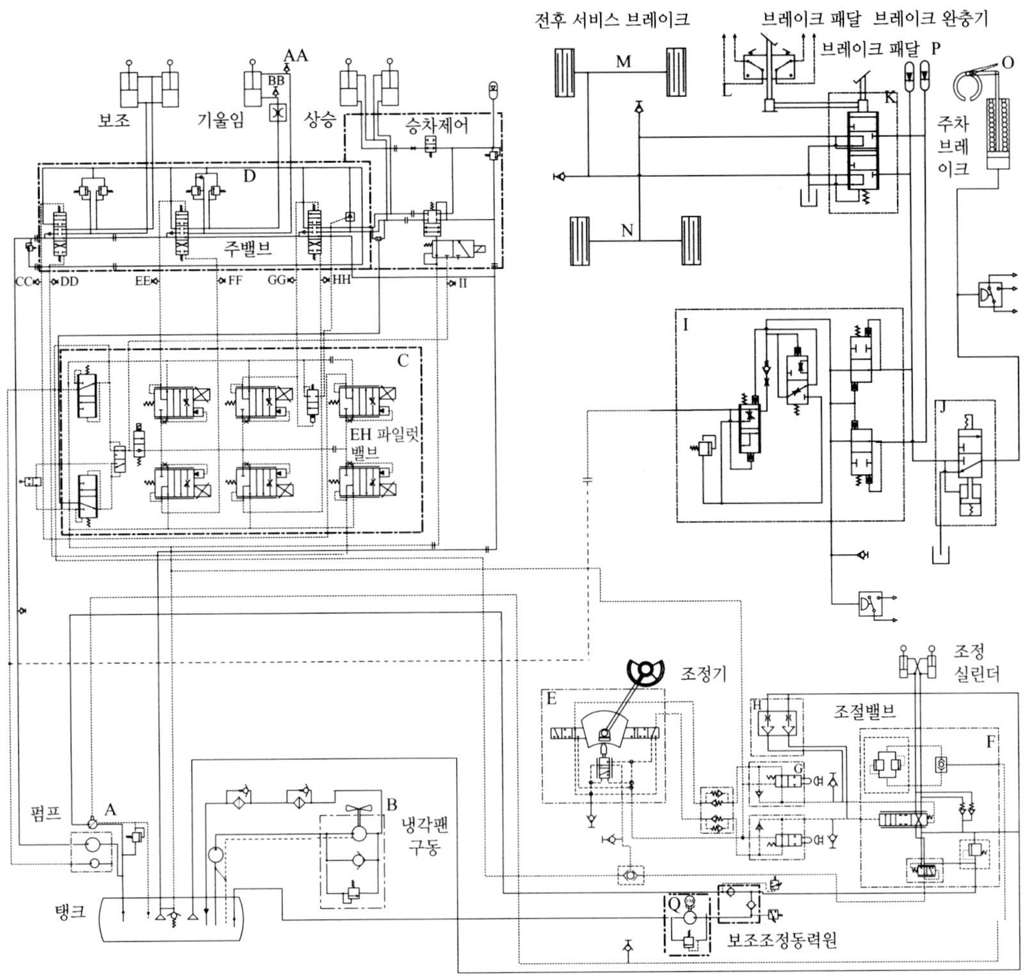

그림 7.85 ■ 캐터필러 휠로더 모델 950G의 유압 시스템 회로 구성도

전 대안으로 제2의 동력 원천을 가지고 있다. 다음 디자인을 이용한다.

1. 대부분 고정된 치환 펌프와(기본적인 조종 펌프를 제외하고) 각각의 펌프는 한번 순환한다(펌프를 조종하는 것은 하부 조직을 조종하는 지원 전용이고 도구 펌프는 그 도구 하부 조직 전용이다).
2. 들어올림, 기울어짐, 보조의 기능들과 밸브 실린더의 기능들은 유압 공급 선들(P와 T)의 시리즈에서 접속되고, 반드시 열린 센터 형이다(그림 7.12). 또한 그 펌프로 닫힌 기능은 그것을 따르는 기능 위에 우선권을 가지고 있다.
3. 주가 된 흐름 제어 밸브는 압력 보상을 가지지 않는다(비 보정기 밸브); 그런 까닭에, 그 기능 속력은 주어진 명령을 위해 로드에 따르고 변화할 것이다.

도구 유압의 밸브들은 전기 유압의(EH) 형이다. 감독 제어 밸브들이 각 감독 밸브들을 위해 솔레노이드에게 보내어지는 전류에 비례하여 제어되는 것을 의미한다. 그 유압학적

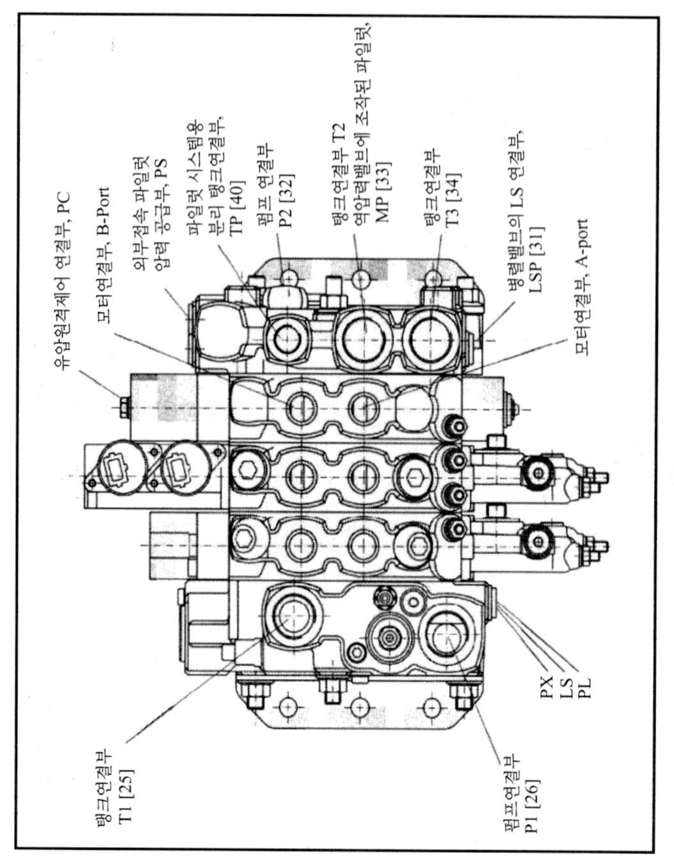

(b)

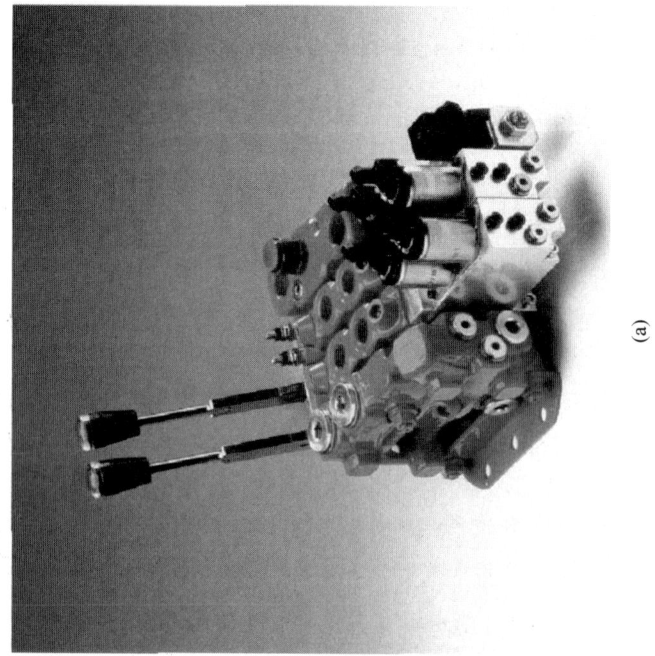

(a)

그림 7.86 ■ 이동형 응용 제품인 쌓는 밸브, (a) 외관 그림, (b) 정면도

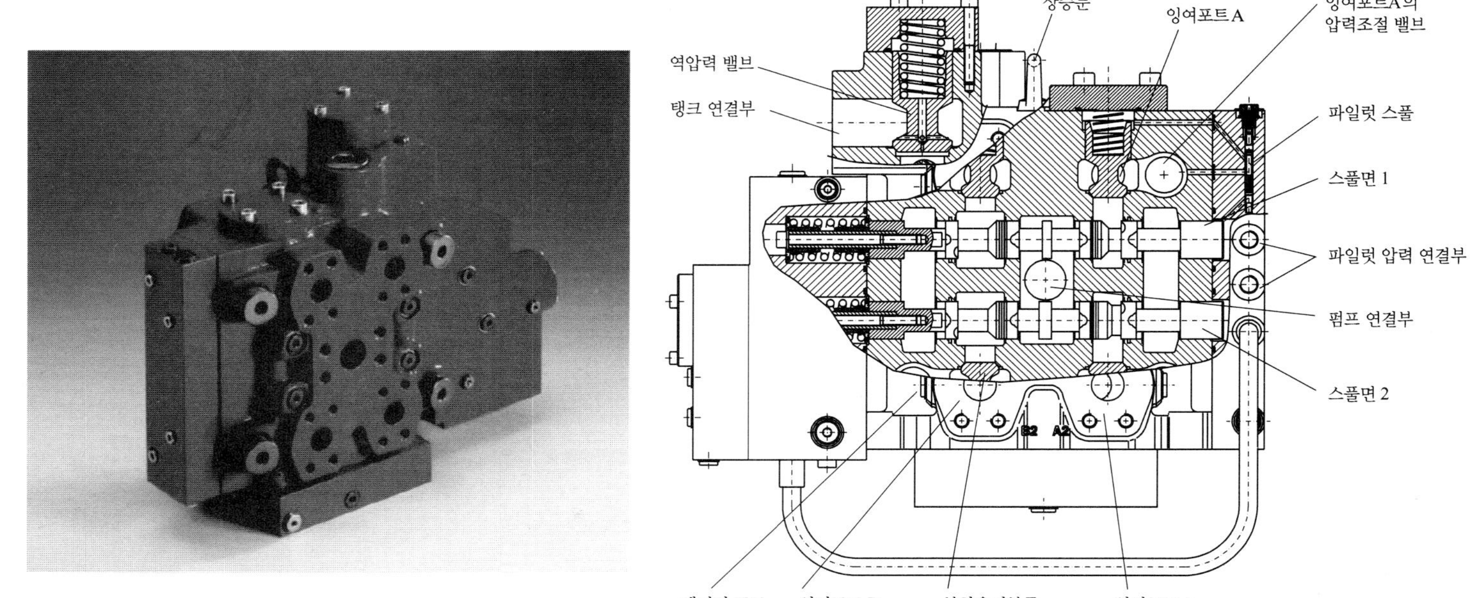

그림 7.87 ■ 이동형 제품에 적용된 다양한 유압 회로와 밸브 블록

인 시스템은 또한 기계적으로 작용하게 만들어진 EH 감독 밸브 대신 감독 밸브로 사용가능하다. 이동하기 쉬운 설비에 비례한 흐름 제어 밸브는 쌓는 블록에서 일반적으로 제조된다. 밸브 스택은 다른 10기능을 위해 10밸브 부분까지 가질 것이다(그림 7.86).

몇몇 밸브 케이스와 감독, 주 흐름 부분은 분리된 블록으로 설계된다. 그 밸브의 주 부분이 그 조종사 제어 압력을 받아들이는 것이 이것의 이점이다. 그 감독 제어 압력은 기계적으로 작용하게 만들어진 밸브나 솔레노이드가 EH 밸브를 작용하게 만든 감독에 의해 관리될 것이다. 그런 까닭에, 그 밸브의 부분이 사용될 수 있는 주가 된 흐름은 감독 밸브를 작용하게 만들거나 전기로 (솔레노이드) 감독 밸브를 작용하게 만들었다. 그것은 주된 흐름이 다기능의 유압의 회로들을 위해 밸브를 제어한다 라고 하는 노트에 도움이 된다. 다음 그림 7.47의 들어올림과 기울어짐 회로도는 외부의 포트 접속들을 가지는 1개의 블록 디자인에 편입한 개개의 밸브 기능들이 있으면서 한 개의 밸브 덩어리로 제작된다(그림 7.87).

제어되는 기계의 레버와 전기의 통형 코일의 차이가 파일럿 제어 밸브들을 줄여 압력을 제어했던 파일럿 밸브들의 스풀을 움직이는 힘의 근원이다(그림 7.58). 기계의 레버에 제어되었던 시스템 안에서, 조작원이 레버를 움직이는 것처럼, 파일럿 밸브 스풀을 움직이고, 출력되었던 파일럿 제어 압력을 바꾸는 파일럿 밸브 안에 레버 운동은 스프링을 움직인다. 통형 코일 제어되었던 파일럿 밸브들 안에서 전치는 감지 장치와 전자 제어에 의해 측정된다. 모듈 EMC는 감지 장치 신호의 견본을 뽑고, 그때 그 스풀을 움직이기 위해 파일럿 밸브에 전류를 보낸다. 힘 유압 회로의 나머지는 같은 것이다.

2개의 파일럿 밸브의 실린더 기능이다. 즉, 들어올림 회로를 위한 들어올림 증가이고, 들어올림 하부의 파일럿 밸브이다. 각 파일럿 밸브는 EH 시스템에서 통형 코일에 의해 비례하여 제어된다. 그러므로, 기능당 2개의 통형 코일 출력들이 있다. 각 파일럿 밸브는 2개의 입력 포트를 가진다. 파일럿 압력은 제공과 탱크 포트이다. 외항은 파일럿 제어 압력을 주된 플로우 제어 밸브에 나른다. 외항 파일럿 제어 압력은 탱크 압력(최소한의 외항 파일럿 압력)과 파일럿 압력 공급(최대 외항 파일럿 압력)사이의 통형 코일 전류에 의해 비례하여 제어된다. 간단하게, 이것들은 밸브들을 압력 감소시키면서 제어하는 비례항 통형 코일이다. 조작원이 레버를 움직이는 것처럼, 감지 장치는 레버의 전치를 감지하고 신호는 전자 제어 단위(ECM)에 의해 샘플링된다. ECM은 대략 파일럿 밸브의 레버 전치 신호에 비례항 전류를 전송한다. 휠로더 적용에서 ECM으로 보내지는 솔레노이드 전류는 레버 변위에 정확히 비례하는 것은 아니며 레버의 중립 위치 주변에서 데드밴드와 완전히 선형이 아닌 데드밴드를 초과하는 변조 곡선을 포함한다. 파일럿 밸브 제어는 통형 코일에 제어되었던 2위치 밸브(E1)에 의해 가능/무능하게 한다. 조작자는 cab의 스위치로 요구되었던 기능을 선택하고 ECM는 스위치 상태(ON/OFF)에 의거하는 통형 코일(ON/OFF)을 제어한다.

밸브 스풀의 측들에 대해 행동하고 있는 힘(파일럿 제어 압력에 의한)이 한 쌍의 중심에 있는 스프링까지 균형을 잡게 되기 때문에 주된 플로우 제어 밸브의 흐름 비율의 전치는 조종사 제어 압력의 비례항이다. 주된 플로우 제어 밸브들은 조금의 흐름 보정기 밸브도 가지지 않는 점에 주의하라. 결과적으로, 로드가 바뀌는 것처럼, 실린더 속력은 같은 레버 명령을 위해 바뀐다. 실린더 속력들은 의존하는 로드이다. 더욱이, 들어올림, 기울어짐과 보조의 주된 기능, 플로우 제어 밸브들은 시리즈에서 수압으로 접속되고 그들은 열린 센터 형들이다. 열린 센터 유압의 시스템(고정된 전치 펌프와 열린 센터 밸브 조합)은 닫힌 센터 유압의 시스템(변화하는 전치 펌프와 닫힌 센터 밸브 조합)보다 적은 효율의(더 많은 에너지를 낭비한다) 에너지이다. 기울어진 밸브의 연속적인 접속에서 펌프에 더 가까운 이래로, 회로가 승강기에 대한 우선권을 순회해 받는 기울어짐은 승강기 회로에 대한 우선권을 가진다. 기울어짐과 보조의 기능 실린더들은 압력 경감 밸브들에 선을 그을 뿐만 아니라, 탱크에 접속하고 있는 반공동화 구성 밸브들을 가진다. 상승 실린더는 선택 스위치를 사용함으로써 게이지를 제어하는 제어 회로를 갖고 있다.

7.11 문제

1. 고정된 $D_p = 50$ cm^3/rev와 가동 조건들로 펌프를 고려한다: 입력 축 속력 $w_{shaft} = 600$ rpm, 입력되었던 축 $T = 50$ N · m에서의 토크, 출력되었던 압력 $p_{out} = 5$ MPa와 출력 흐름은 $Q_{out} = 450$ cm^3/sec의 평가를 얻는다. 이 조작의 조건에 펌프의 용적 측정, 기계이고 전면의 효율을 결정하라. 다른 하나의 밸브를 $p_{out} = 10$ MPa와 다른 모든 자료들이 같은 것임을 주목하라. 어떤 오차가 이 펌프 자료들에 있는가? 만약, 그렇다면 무엇이 잘못의 근원이며, 자료들을 정정하는 방법에 관해 논의하라.

2. $D_m = 100$ cm^3/rev의 고정된 전치로 두 방향으로 작용하는 유압의 발전기를 간주하라. 그것이 그 출력되었던 축에 제공할 필요가 있는 로드 토크는 100 N · m이다. 그리고 그것은 600 rpm의 회전의 속력을 유지해야 한다. 유압의 회로, 즉, 유압 발전기 앞의 펌프와 밸브로 공급되어야 하는 2개의 발전기 포트들(입력과 출력) 사이에서 필요한 흐름의 비율과 차이의 압력을 결정하라. 힘은 80% 전면의 펌프 효율을 가정하고, 밸브의 손실을 무시하는 모터를 공급하기 위해 펌프의 안에서 무엇을 정격하고 있는가?(그림. 7.74)

3. 그림 7.11에서 나타나는 2축들을 유압의 운동 시스템이라고 간주하라. 시스템은 조작자의 제어의 아래에서 움직이는 것이다. 조작자는 2개의 조이스틱으로 각 실린더에 요구되었던 속력을 명령한다. 이것이 루프 제어 시스템의 조작자이기 때문에 감지 장치들이 필요없다. 실린더 1은 0.5 m/s의 정격되었던 속력과 1.0 m/s의 최대 로드가 없는 속력으로 5000 Nt의 힘을 제공할 필요가 있다. 실린더 2는 같이 정격되었던 속력으로 2500 Nt 힘을 제공할 수 있고, 실린더 1과 같은 최대 로드가 없는 속력을 가질 필요가 있다.

(a) 구성 요소들을 선택하고 시스템의 완전한 유체 역학의 제어를 위해 그들을 어떤 크기로 만들어 보아라. 포함되는 디지털 또는 아날로그 컴퓨터가 없어야 한다. 제어 시스템을 총괄한 도형을 그리고 회로에서 각 구성 요소의 기능을 가리켜라. 고정된 전치 펌프를 사용한다고 가정하라. 설계자로서 실린더에 인가되는 실제 압력을 고려한 결정과 실제 실린더의 크기를 결정하라.

(b) 임베디드 컴퓨터 제어 시스템을 위해 구성 요소들을 선택하라. 구성 요소들과 그들의 차이에 관해서 이 디자인과 이전 디자인의 차이를 논의하라. 어떤 공기를 가지는 유압의 주유관에서 유압의 유체를 고려하라.

4. 지름이 $D = 6$인치이고 관의 벽 두께가 $\delta x = 1$인치일 때, 압력이 500 psi와 5000 psi일 때 작용하는 압력이 0과 1%인 효과적인 벌크 모듈을 결정하라.

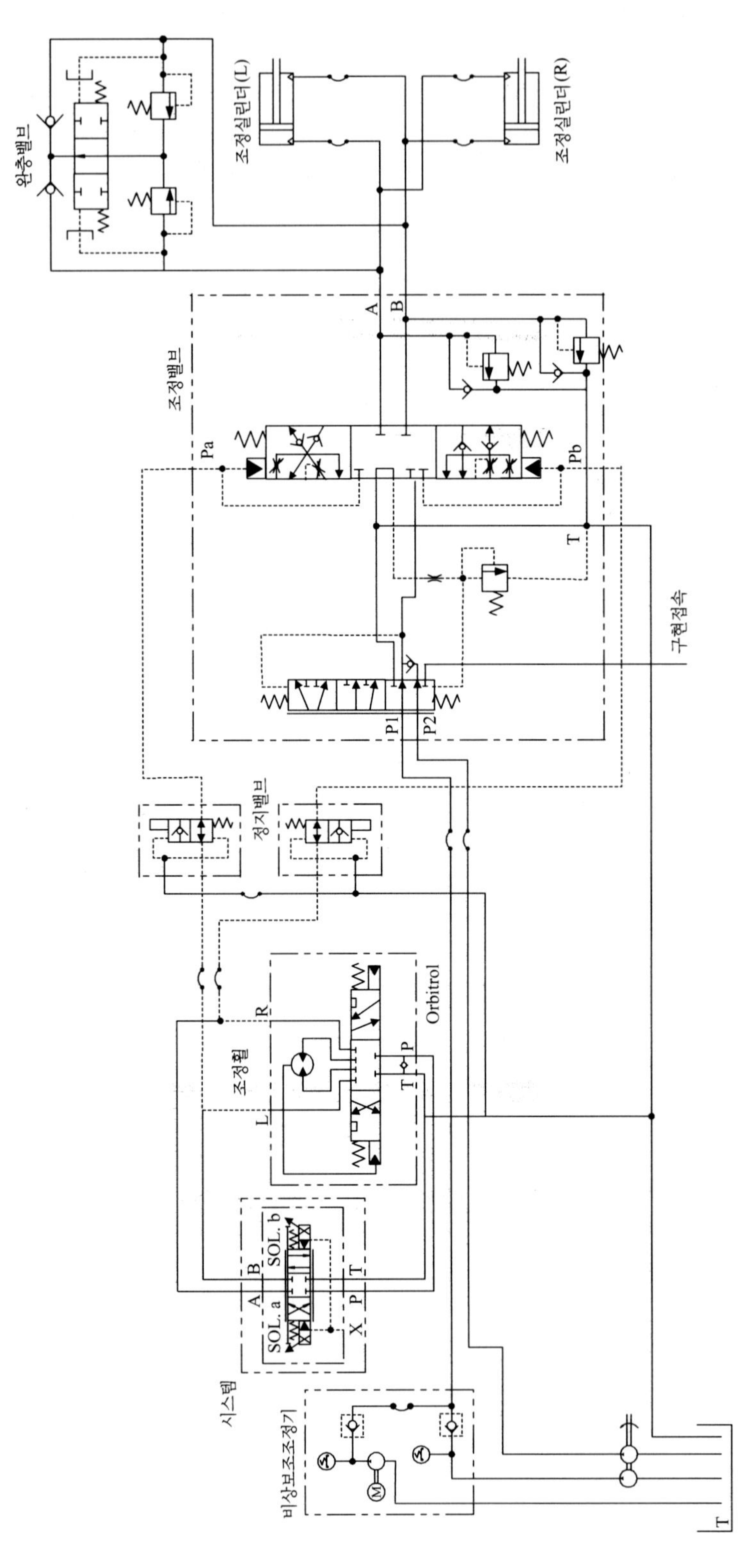

그림 7.88 ■ 휠로더 모델 WA450-5L 시스템의 유압 구조도

다른 것들이 저항기들을 통하여 열로써 재생하는 에너지를 떨어뜨리는 동안 몇몇의 드라이버들은 생성되었던 전력을 바꿀 수 있고, 그것을 전기의 공급선으로 되돌릴 수 있다. 재생하는 에너지의 총계는 부하 관성, 감소 비율, 시간 주기와 부하 힘에 의존한다.

재생하는 에너지가 존재하고, $T \cdot w < 0$ 조건을 만족하게 하는 2개의 다른 운동 필요 조건들이 있다.

1. 부하의 감속, 그 적용된 토크는 관성의 속도에 대한 반대이다.
2. 부하에 의한 적용, 즉 적용들을 취급하고 있는 장력 제어 공정(tension-controlled web) 안에서, 모터는 요구되었던 긴장을 유지하기 위해 모터와 줄의 운동에 대립하고 있은 방향에서 토크를 줄에 적용할 필요가 있을지도 모른다. 다른 하나의 예는 중력이 필요한 것보다 그 이상을 제공하는 곳이 관성을 움직일 것을 강요하는 경우이고 작동 장치는 요구되었던 속도를 제공하기 위해 운동의 반대쪽에 방향에서 힘을 적용할 필요가 있다.

예제 그림 8.3과 8.4의 전기 모터를 고려하라. 부하가 평행이동한 관성이고 전동기가 완전한 선형적인 힘 발전기라고 가정하라. 위치 x_1에서 정방형의 힘 입력을 사용하고 있는 x_2 위치까지 관성을 움직이는 증가하는 운동을 고려하라. 간단하게 하기 위해 그 손실을 무시하라. 전동부 결합이 발전기 모드에서 100%의 효율로 전력에 모드와 기계의 힘을 자동차로 운반할 때에 100%의 효율로 전력($P_e(t)$)를 기계의 힘($P_m(t)$)에 변환한다고 가정할 것이다.

$$P_e(t) = P_m(t) \tag{8.4}$$

뉴턴의 두 번째 법칙으로부터 힘-운동 관계는 다음과 같다.

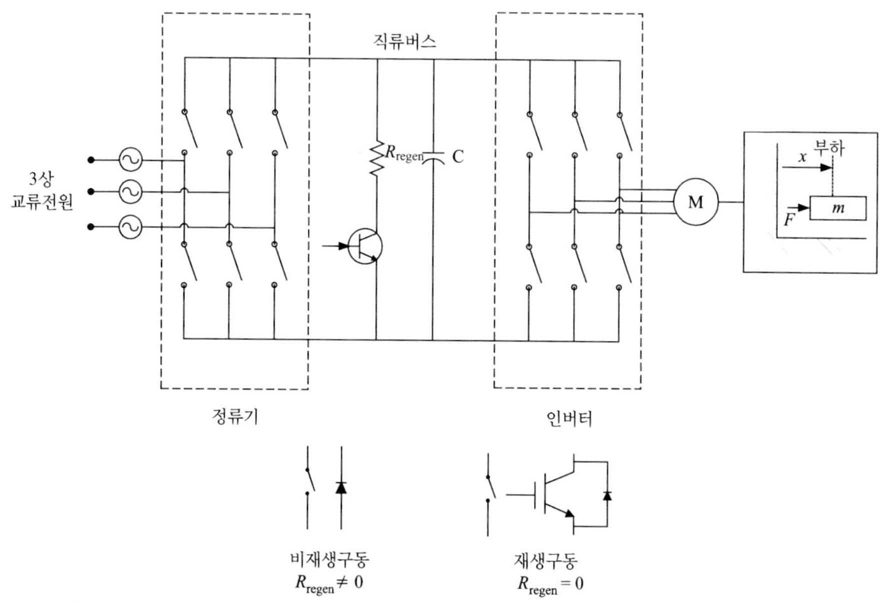

그림 8.3 ■ 모터 구동에서의 에너지의 생성, 저장, 그리고 소진에 대한 회로도

$$F(t) = m \cdot \ddot{x}(t) \tag{8.5}$$

관성에 전달되는 기계의 힘은 다음과 같다.

$$P_m(t) = F(t) \cdot \dot{x}(t) \tag{8.6}$$

그리고 그것은 전동기와 운전 결합에 의해 공급된다.

힘과 속도가 같은 방향에 있을 때, 관성에 배달되는 기계의 힘이 명백하다는 것을 알아야 한다. 그러면 전동부는 전기에너지를 기계적 에너지에 변환하기 위해 구동 모드일 때에 움직인다. 마찬가지로, 힘의 방향이 속도 방향과 정반대일 때, 그 기계력은 반대이다. 그런데 그것은 그 관성이 에너지를 잡는 완전한 에너지를 통해 밖으로 준다는 것을 의미한다. 그것이 이 조건에서 발전기처럼 행동하기 때문에 이 에너지는 발전기로 전기에너지에 변환된다.

$$P_m(t) = P_e(t) = F(t) \cdot \dot{x}(t) \tag{8.7}$$

$$P_m(t) = P_e(t) = F(t) \cdot \dot{x}(t) > 0 \quad \text{구동 모드} \tag{8.8}$$

$$P_m(t) = P_e(t) = F(t) \cdot \dot{x}(t) < 0 \quad \text{발전기 모드} \tag{8.9}$$

구동 모드에서 모터 구동은 부하에 에너지를 제공한다. 발전기 모드에서 모터 구동은 에너

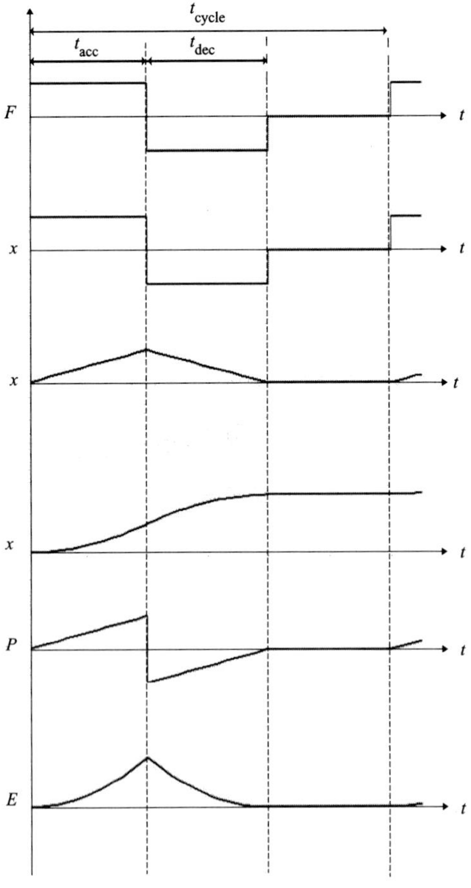

그림 8.4 ■ 동작의 감속기간 동안의 에너지 재생에 의한 부하, 동작변화, 재생에너지의 전형적인 출력 힘의 변화.

지를 부하에서 없앤다. 이 에너지는 저장되거나 선으로 돌아가거나 또는 저항에 의해 분산된다. 외부의 저항기들의 위의 열이 이 목적을 위해 특히 더해졌던 것처럼 서보(servo) 적용들에서 가장 보통의 방법들 중의 1개는 DC 버스 축전기의 에너지의 작은 부분을 저장하고, 나머지를 분산시키는 것이다. 응용하면 이 재생시키는 에너지가 크고 외부인 저항기는 그것을 덤핑(dumping) 목적을 위해 더해진다.

주어진 응용에 재생시키는 에너지의 양은 관성과 감속 비율 그리고 시간 기간의 기능이다. 이 보기에서 그 재생시키는 에너지는 다음과 같다.

$$E_{reg}(t) = \int_0^{t_{dec}} P_m(t) \cdot dt \tag{8.10}$$

$$= \int_0^{t_{dec}} F(t) \cdot \dot{x}(t) \cdot dt \tag{8.11}$$

$$= \int_0^{x_{dec}} F(x) \cdot dx \tag{8.12}$$

$$= \int_0^{x_{dec}} m \cdot \ddot{x}(t) \cdot dx \tag{8.13}$$

$$= \int_0^{x_{dec}} m \cdot \dot{x}(t) \frac{d\dot{x}}{dx} \cdot dx \tag{8.14}$$

$$= \int_0^{x_{dec}} m \cdot \dot{x}(t) \cdot d\dot{x} \tag{8.15}$$

$$= \frac{1}{2} \cdot m \cdot \left(\dot{x}_1^2 - \dot{x}_2^2\right) \tag{8.16}$$

이 에너지(E_{reg})는 재생 저항기(E_{ri})에 낭비되고, 부분적으로 DC 버스 축전기(E_{cap})에 보관되어야 한다.

$$E_{reg} = E_{cap} + E_{ri} \tag{8.17}$$

$$E_{cap} = \frac{1}{2} \cdot C \cdot \left(V_{max}^2 - V_{nom}^2\right) \tag{8.18}$$

축전기에 보관될 수 있는 에너지 양은 C가 정전 용량인 식 8.18이고 V_{max}는 오류가 일어나기 전에 버스 전압이 허락했던 최대 DC이다. 그리고 V_{nom}는 명목상의 DC 버스 전압이다. 분명히 축전기는 유한의 에너지 양을 저장할 수 있다. 그리고 필수의 에너지 기억 용량이 증가하는 것처럼 그 크기는 성장한다. 그러므로 재생하는 에너지 필요의 남음은 역용 회전 변류기를 통제하고 있는 전압을 통한 공급선에 되돌리게 되거나 재생하는 저항기에 열로서 없어졌다.

$$P_{peak} = \frac{E_{reg} - E_{cap}}{t_{dec}} \tag{8.19}$$

$$P_{cont} = \frac{E_{reg} - E_{cap}}{t_{cycle}} \tag{8.20}$$

$$P_{peak} = R_{reg} \cdot i^2 \tag{8.21}$$

$$= \frac{V_{reg}^2}{R_{reg}} \tag{8.22}$$

$$R_{reg} \leq \frac{V_{reg}^2}{P_{peak}} \tag{8.23}$$

여기서 P_{peak}, P_{const}는 재생시키는 저항의 등급이 어디로부터 계산될 수 있는 절정과 연속적인 동력은, 절정과 그 재생시키는 저항기로부터 요구된 연속적인 파워 손실 용량, 그 재생시키는 순회가 활동적인 명목상의 DC 버스 전압 V_{reg}, 그리고 재생 저항기의 저항값 R_{reg}, 이라는 것이다. 몇몇의 응용에, 그 재생시키는 파워는 매우 작을 수도 있다. 그래서 DC 버스 축전기는 저항기 위에 열로써 그것을 분산시키는 데 대해 그 필요 없는 에너지를 저장할 정도로 충분히 크다.

부하 구동 응용 분야인 장력 제어 공정 또는 중력 구동 부하 모터는 연속적으로 재생 전력 모드에서 동작한다. 그리고 반대 방향으로 속도를 유지하려는 저항 장력 힘 성분을 제공하는 모터의 저항 크기에 비례한다.

$$P_{peak} = max(F_{tension}(t) \cdot \dot{x}(t)) \tag{8.24}$$

$$P_{cont} = RMS(F_{tension}(t) \cdot \dot{x}(t)) \tag{8.25}$$

8.1.2 전기장과 자장

전기 시스템들에는 두 종류의 장(field)이 있다: 전기와 자기(EH는 전자기라고 불리는) 장이다. 비록 우리가 전기의 모터의 연구를 위해 전자석의 장에 흥미가 있을지라도, 우리는 간단히 양쪽 모두를 논의할 것이다. 전기장($\vec{E}$)은 정적인 충전에 의해 생성된다. 자기장은(전자기장이라 불리는$\vec{H}$) 동적인 충전에 의해 생성된다(전류).

전기장은 위치에서의 힘이 공간에 있는 전하 분배에 의존하는 공간에 있는 분포 벡터 장이다. 그것은 정적인 장소의 전하와 전하의 총계의 기능이다. 관습적으로 전기장은 양전하에서 시작되어 음전하로 끝이 난다(그림 8.5(a)). 커패시터들은 일반적으로 전하를 비축하고 전기장을 생성시킨다. 알려진 가장 작은 전하는 전자와 *Coulomb*[C]의 단위인 전자이다.

$$|e^-| = |p^+| = 1.60219 \times 10^{-19}[C] \tag{8.26}$$

n개 전하($q_1, q_2, \ldots, q_n$)들에 의한 공간 (s)의 점에서 전계 $\vec{E}$ 여러 가지 요소들에서 결정된다(그림 8.5(b)).

$$\vec{E}(s) = k_e \sum_{i=1}^{n} \frac{q_i}{r_i^2} \cdot \vec{e}_i [\text{N/C}] \text{ 또는 } [\text{V/m}] \tag{8.27}$$

$k_e = 8.9875 \times 10^9$ $[\text{N} \cdot \text{m}^2/\text{C}^2]$는 쿨롬 상수라고 부르고, r_i은 전하 (i)의 위치와 고려되는 (s)의 공간 점 사이의 거리이다. 그리고 $\vec{e}_i$는 각 전하 위치와 점 (s)사이의 단위 벡터이고 q_i은 위치 i에서의 전하이다. 음전하들을 위해, 단위 벡터는 전하 쪽으로 향하게 된다. 양전하들

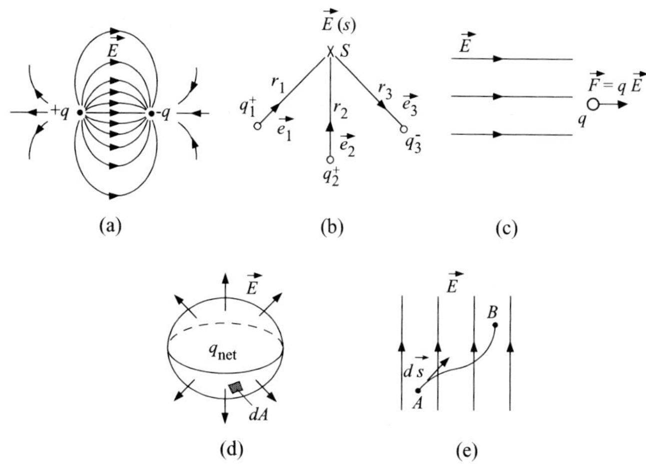

그림 8.5 ■ 전기 전하에 의한 전기장. (a) 전기장의 구성, (b) 전하에 의한 전기장 구성, (c) 힘의 변화, (d) 전기장의 적분, (e) 두 점간의 전압

을 위해 전하로부터 떨어져서 이동하게 된다. 쿨롬 상수는 다음과 같이 다른 기지 상수와 가까이 관계가 있다.

$$k_e = \frac{1}{4 \cdot \pi \cdot \epsilon_o} \tag{8.28}$$

$\epsilon_0 = 8.8542 \times 10^{-12}$ [$C^2/N \cdot m^2$]은 자유 공간의 유전율이다. 전계($\vec{E}$) 안에 있는 전하(q) 위에 쓰이는 힘($\vec{F}$)가 있다(그림 8.5(c)).

$$\vec{F} = q \cdot \vec{E} \tag{8.29}$$

그리고 만일 전하가 자유롭게 움직인다면, 그 운동의 결과는 다음에 의해 결정된다. 즉 음극선관(CTR)의 전자 운동이다. 전하의 운동은 잉크젯 프린터 기계의 작은 드롭플렛이다.

$$\vec{F} = m_q \cdot \vec{a} \tag{8.30}$$

생성되었던 힘은 뉴턴의 두 번째 법칙에 의해 전하 질량(m_q)과 가속도($\vec{a}$)의 결과로 나타난다. 이 마지막 식은 전계에서 전하 입자들의 움직임을 사용한다. 알려진 질량의 입자의 운동 궤도는 그것에 대해 행동하고 있는 힘을 제어하는 것에 의해 제어될 수 있다. 힘은 그것이 통과하는 그 전하 또는 전계를 제어하면서 어느 쪽이라도 제어할 수 있다. 일반적으로, 전계는 일정하게 유지되고, 그것이 전계로 들어가기 전에 소량의 전하들은 제어된다. 중요한 다른 하나의 전계 양은 **전기의 유동**(Φ_E)이다. 그것은 소량 표면의 위의 전계의 지역 전체이다. 닫힌 표면 위의 전기의 유동은 표면의 내부에 단위 전하에 비례항이다(그림 8.5(d)).

$$\Phi_E = \oint_A \vec{E} \cdot d\vec{A} = \frac{q_{net}}{\epsilon_o} \tag{8.31}$$

$d\vec{A}$는 표면에 보통 차이의 벡터이다. 어떤 2개의 점들이라도 사이 전계의 선 전체는 2개의 점들(전압) 사이의 전기의 전위차이다(그림 8.5(e)).

$$V_{AB} = -\int_A^B \vec{E} \cdot d\vec{s} \tag{8.32}$$

벡터 $d\vec{s}$는 A에서 B를 통과하는 길에 접촉하는 차이의 벡터이다.

자장은 전하들의 움직임에 의해 생성된다(그림 8.6). 자장을 생성하고 유지하는 2개의 소스가 있다.

1. 컨덕터 위의 흐름(움직이는 전하)

2. 영구자석의 물질들

현재의 움직이는 전류의 컨덕터들 경우 전류(움직이는 전하들)에 의해 생성되는 자장은 전자기계라고 불린다. 영구자석 재질들의 경우 자장은 그들 자신의 축 주위에 있는 전자들의 핵 중심의 회전 운동 주위의 전자 궤도의 회전에 의해 생성된다. 거시적인 저울 재질의 그물 자장들은 그 전자들의 자장들의 벡터 합계의 결과이다. 그들이 방향은 임의적이고, 크기에서 더 작고, 서로를 상쇄하는 경향이 있기 때문에 전하와 양자들의 운동에 의해 핵중심의 자장들은 많은 차이가 만들어지지 않는다. 자기가 아닌 물질에서 전자 자장의 순 효과는 서로 나오는 것이 상쇄된다. 어떤 방향으로의 그 정렬은 특정한 방향으로 0(zero)이외의 자화를 준다. 어떤 방법이라도 결과적으로 자장은 전하들을 움직인다. 전계 벡터는 부하(즉 양전하)에서 시작되고 전하들(음전하들)에서 끝난다. 자장 벡터는그림 8.6을 생성하는 흐름을 둘러싼다. 그것이 생성하는 흐름과 자장의 벡터 관계는 오른손 법칙에 따른다. 만일 전류가 엄지손가락의 방향에 있으면, 자장이 엄지손가락을 둘러싸고 있는 손가락들의 방향에 있다. 만일 흐름이 방향을 바꾸면, 자장은 방향을 바꾼다.

비오-사바르(*Biot-Savart*) 법칙은 자장($\vec{B}$, 또한 자기의 유동 밀도라고 정의)이 전선으로부터 거리 r로 점 P에 긴 전선 위의 전류에 의해 생성했다고 표현한다(그림 8.6(a), (b)).

$$d\vec{B} = \frac{\mu \, i \, \vec{dl} \times \vec{e}_r}{4\pi \, r^2} \tag{8.33}$$

μ가 컨덕터(자유 공간을 위한 $\mu = \mu_0$)와 $\vec{e}_r$ 주변의 중간 정도의 투과성인 곳은 $\vec{r}$의 단위 벡

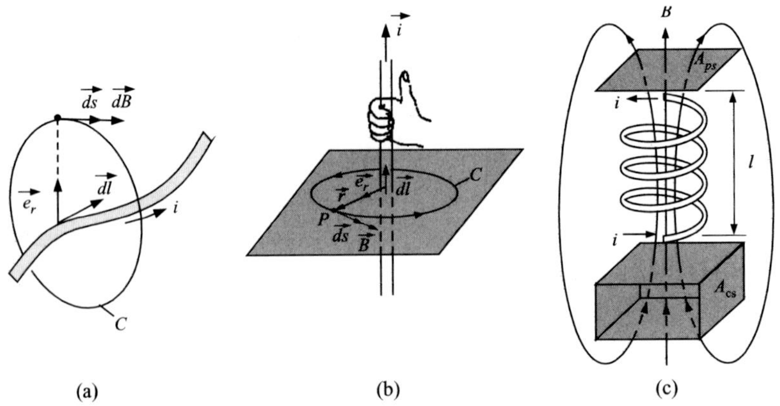

그림 8.6 ■ 전류에 의한 자장. (a) 자기장, (b) 도체에 흐르는 전류에 의한 자기장, (c) 전류에 의한 코일 내부의 자기장

터이다. 이것을 비오-사바르 법칙이라 부른다. 자유 공간의 투과성은 μ_0로 한다.

$$\mu_0 = 4\pi \cdot 10^{-7} \text{ [Tesla} \cdot \text{m/A]} \tag{8.34}$$

재질(μ_m)의 투과성은 자유 공간의 투과성에 주어진 관계이다.

$$\mu_m = \mu_r \cdot \mu_0 \tag{8.35}$$

μ_r는 자유 공간에 관하여 재질과 관련하고 있는 투과성이다. 만일 비오-사바르 법칙이 l의 길이 이상 컨덕터에 적용하게 되면, 우리들은 전류에 의해 컨덕터로부터 거리 r에 점 P에 자기의 유동 밀도($\vec{B}$)를 얻는다(그림 8.6(a)).

$$\vec{B} = \int_0^l \frac{\mu\ i\ d\vec{l} \times \vec{e}_r}{4\pi\ r^2} \tag{8.36}$$

$\vec{B}$의 단위는 SI 단위들에서 [Tesla] 또는 [T]로 나타나게 된다.

암페어(*Ampere*) 법칙은 닫힌 길 위의 자장 전체가 매체의 투과성이 통합의 닫힌 길에 의해 닫힌 길이 덮어질 때 덮이는 지역을 통하는 전류의 통과와 같다고 진술한다(그림 8.6(a), (b)).

$$\oint_C \vec{B} \cdot d\vec{s} = \mu \cdot i \tag{8.37}$$

전류와 선과 자장에 관련된 점 P의 위치 벡터의 관계는 오른손 법칙에 따른다. 그것은 전자기장이 알려진 자기의 투과성으로 주어진 매체에서 전류에 의해 어떻게 만들어지느냐에 관해 기술한다. 자기의 유동 밀도는 연속의 벡터장이다. 그것은 오른손 법칙에 기초하여 생성되는 전류를 둘러싼다. 자기의 유동 밀도 벡터들은 항상 닫혀 있고, 연속의 벡터들이다.

비오-사바르 법칙 또는 암페어 법칙을 이용하여 전기 회로의 어떤 형체라도 컨덕터를 통한 전류의 흐름으로 자장은 결정될 수 있다. 예를 들면 그것으로부터 거리 r에 자유 공간에서 전류 i를 가지고 있는 무한히 길고 곧은 컨덕터 주위에 생성되는 자장은 계산될 수 있다(그림 8.6(b)).

$$|\vec{B}| = B = \frac{\mu_0 \cdot i}{2\pi \cdot r} \tag{8.38}$$

유사하게 솔레노이드의 내부 자장이 있다(그림 8.6(c)).

$$|\vec{B}| = B = \frac{\mu_0 \cdot N \cdot i}{l} \tag{8.39}$$

N은 솔레노이드들의 회전 수이고, l은 솔레노이드의 길이이다. 솔레노이드 내부의 자장 배포가 균일하고 내부의 매체는 자유 공간이라 가정하자. 만일 코일의 내부의 매체가 다르면, 즉 $\mu_m \gg \mu_0$이면 자유 공간에 코일의 내부에서 생성되는 자기의 유동 밀도는 매우 더 높을 것을 알아야 한다.

자기의 유동(Φ_B)는 자력선에 교차지역 평면의 수직 위에 자기 유동 밀도($\vec{B}$)의 전체로서 정의된다(그림 8.6(c)).

$$\Phi_B = \int_{A_{ps}} \vec{B} \cdot d\vec{A}_{ps} \text{ [Tesla} \cdot \text{m}^2\text{] or [Weber]} \tag{8.40}$$

$d\vec{A}_{ps}$는 보통 표면 (A_{ps})의 차이를 가진 벡터이다. 이 지역은 자장 벡터에의 효과적인 수직인 지역이다. 이 관계를 가우스(Gauss) 법칙과 혼동해서는 안 된다.

가우스 법칙은 체적을 둘러싸는 닫힌 표면 위의 자장의 전체가 0일 때 나타내게 되는 닫힌 표면 A_{cs}의 통합이라고 표현한다(그림 8.6(c)).

$$\oint \vec{B} \cdot d\vec{A}_{cs} = 0 \tag{8.41}$$

$d\vec{A}_{cs}$는 자력선에 교차 평면의 수직인 지역이 아니라 닫힌 표면(A_{cs})에서 위의 차이 지역인 것이다. 이 전체가 닫힌 표면 위에 있다. 바꾸어 말하면, 닫힌 표면 위의 단위 자기의 유동은 없음이다. 이 결과의 물리적인 해석은 자장 형태가 자력선을 닫았다는 것이다. 전계들과 달리, 자장들은 1개의 장소에서 시작하지 않고, 다른 하나의 장소에 끝나지 않는다. 그러므로 닫힌 표면 위의 순 입력 유량과 출력 유량 선들의 합은 0이다(그림 8.6(c)).

유동 결합의 개념을 정의하자. 자기의 유동(Φ_B)이 코일 또는 영구자석 또는 유사한 외부의 소스에 의해 생성되는 것으로 가정하자. 만일 그것이 컨덕터 전선의 하나를 교차시키면, 전선을 빠져나가고 있는 자기 유동은 기존의 자기 유동과 컨덕터 사이의 유동 결합이라고 부른다.

$$\lambda = \Phi_B; \quad 1 \text{ 회전 권선당} \tag{8.42}$$

만일 컨덕터 코일이 1 대신에 N 회전이라면, Φ_B와 N 회전들이 감는 외부의 자기 유동 사이의 유동 결합 총계는

$$\lambda = N \cdot \Phi_B; \quad N \text{ 회전 권선당} \tag{8.43}$$

자장 힘 ($\vec{H}$)는 재질의 투과성으로 자기의 유동 밀도 $\vec{B}$와 관계가 있다,

$$\vec{B} = \mu_m \cdot \vec{H} \tag{8.44}$$

동 자력의 힘(MMF)는 다음과 같이 정의된다.

$$MMF = H \cdot l \tag{8.45}$$

l은 자기 유동 길의 길이이다.

자기의 유동 흐름에 매체 저항은 전류 흐름에 매체 전기의 저항과 유사하다. 교차평면 지역 A와 두께 l의 저항은 다음과 같이 정의된다.

$$R_B = \frac{l}{\mu_m \cdot A} \tag{8.46}$$

μ_m은 매체, 즉 공기와 철의 투과성이다. 자기의 매체 투과는 저항의 역으로 정의된다.

$$P_B = \frac{1}{R_B} \tag{8.47}$$

자기 저항은 저항과 유사하고 투자도는 전도성과 유사하다.

자석 회로를 모양짓는 디자인의 역할은 그 회로에 있는 자력선의 흐름에 대한 자기 저항을 결정하게 된다. 그것은 재질과 구조적 구조의 기능이다. 직렬과 병렬의 자기 저항은 전기

의 저항에 대한 같은 규칙들에 따른다. 철과 그 유사 재질은 전기 작동 장치들의 디자인에서 자기 회로를 모양 지을 때에 가장 일반적으로 사용되는 재질들이다. 자기 회로의 재질과 기하적 구조는 저항의 자기 유동 흐름을 결정한다.

예를 들면 코일에서 자석 유동은 결정될 수 있다.

$$B = \frac{\mu_0 \cdot N \cdot i}{l} \tag{8.48}$$

$$= \mu_0 \cdot H \tag{8.49}$$

$$H = \frac{N \cdot i}{l} \tag{8.50}$$

$$= \frac{MMF}{l} \tag{8.51}$$

$$MMF = N \cdot i \tag{8.52}$$

자기 유동은 유동 밀도 벡터에 표면 수직 위에 자기 유동 밀도의 전체로서 정의된다.

$$\Phi_B = B \cdot A = \frac{\mu_0 \cdot N \cdot i}{l} \cdot A \tag{8.53}$$

$$= \frac{N \cdot i}{[l/(\mu_0 \cdot A)]} \tag{8.54}$$

$$= \frac{MMF}{R_B} \tag{8.55}$$

예를 들면 N 회전과 현재의 i를 가진 코일은 그림 8.7과 같이 직렬로 MMF 소스(전압 소스와 유사)와 자기의 자기 저항(전기의 저항과 유사)으로서 전자기의 회로에서 모델링될 수 있다.

$$MMF = N \cdot i \tag{8.56}$$

$$R_B = \frac{l}{\mu \cdot A} \tag{8.57}$$

코일을 통한 자기 유동(전류와 유사한)은 식 8.58이다.

$$\Phi_B = \frac{MMF}{R_B} \tag{8.58}$$

자주 전기 회로들과 자기 회로들 사이에 유사하게 사용된다.

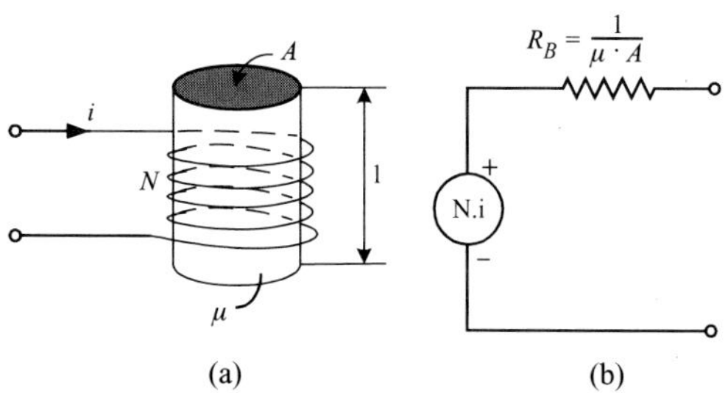

그림 8.7 ■ (a) 코일 감기, (b) 자석 모델

전기 회로들의 유사성에 의해, 다음에 사용되는 3개의 주된 원리들이 같은 자기 회로들을 분석하는 데 사용된다.

1. 폐쇄되었던 길을 가로지른 MMF 저항의 합계는 없다. 이것은 전압을 위한 키르히호프 (Kirchhoff)의 법칙과 비슷하다. 그런데 그것은 닫혀진 길에 대한 전압의 총계는 0이라고 말한다.

$$\sum_i MMF_i = 0; \quad \text{폐경로} \tag{8.59}$$

2. 자기 회로의 어떤 횡단면이라도 유동의 합계는 없다. 즉 횡단면을 통해 들어오고 나가는 유동의 합계와 같다. 이것은 키르히호프 법칙과 유사하다. 각 노드의 전류 합계는 0이다(들어오고 나가는 전류의 합).

$$\sum_i \Phi_{Bi} = 0; \quad \text{횡단면에서} \tag{8.60}$$

3. 흐름과 MMF는 자기 매체의 자기 저항과 관계가 있다. 이것은 전압, 전류, 저항 관계와 유사하다(표 8.1).

$$MMF = R_B \cdot \Phi_B \tag{8.61}$$

자기의 흐름을 이끌기 위해 자장, 영구자석, 철에 대하여 재질의 기본이 되는 코일 형태에서 자기 회로들은 일반적으로 전류 운반 컨덕터가 있다. 매체의 구조와 재질은 공간에서 유일하게 자기 저항 배포를 결정한다.

자기의 근본과 자기 저항 둘 사이의 상호 작용은 자기의 유동을 결정한다. 자장 ($\vec{B}$)과 움직이는 전하(q)의 힘($\vec{F}$)은 벡터 관계를 가진다(그림 8.8(a)).

$$\vec{F} = q\vec{v} \times \vec{B} \tag{8.62}$$

$\vec{v}$는 움직이는 전하의 속도 벡터이다. 이 관계는 1개의 전하 대신 전류의 운반 컨덕터를 위해 확장될 수 있다. 흐름과 자장 때문에 길이 이상 상호 작용의 컨덕터에 대해 행동하고 있는 힘이 있다(그림 8.8(b)).

$$\vec{F} = l \cdot \vec{i} \times \vec{B} \tag{8.63}$$

이 관계는 [Tesla] 또는 [T] 단위를 얻는 데 편리하다.

$$1\ \text{Tesla} = 1\ \frac{N}{\text{C} \cdot \text{m/s}} = 1\ \frac{N}{\text{A} \cdot \text{m}} \tag{8.64}$$

표 8.1 ■ 전기와 전자기장 회로의 분석

전기 회로	전자기장 회로
V	MMF
i	Φ_B
R	R_B
$i = \frac{V}{R}$	$\Phi_B = \frac{MMF}{R_B}$

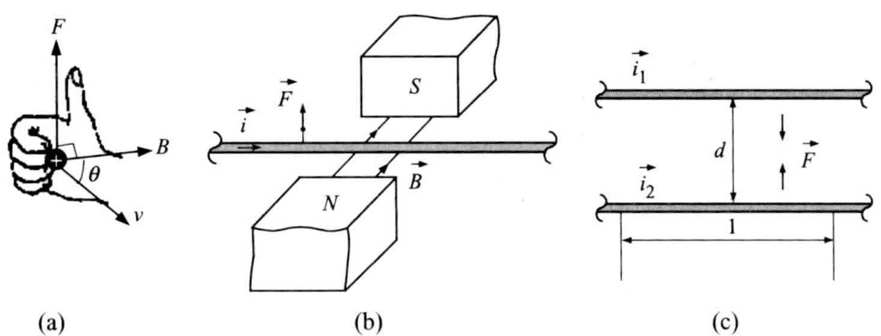

그림 8.8 ■ 자력의 힘. (a) 자기장의 움직이는 전하에 의한 자력, (b) 자기장의 도체의 자력, (c) 두 도체 사이의 자력

이것은 발전기 움직임을 위한 기계의 힘 전환을 위한 기초적인 물리적인 원리이다. 힘이 흐름과 자기 유동 밀도의 벡터 기능인 것을 알아야 한다. $\vec{B}$는 영구자석이나 전자석에 의해 생성된다.

병렬의 컨덕터들을 나르고 있는 2개의 전류 운반의 힘은 다른 컨덕터들에서 흐름에 의해 생성되는 전자 기계로 1개의 컨덕터 흐름의 상호 작용이라고 기술할 수 있다. 2개의 컨덕터들은 서로 평행이고 전류 i_1와 i_2를 운반하고, 각 거리 d와 l 길이로부터 분리된다. 이 힘이 그들 사이에 행동하고 있는 힘이다(그림 8.8(c)).

$$|\vec{F}| = \mu_o \cdot \left(\frac{l}{2\pi \cdot d} \right) \cdot i_1 \cdot i_2 \tag{8.65}$$

μ_o은 2개의 컨덕터들 사이의 공간 투과성이다. 만일 2개의 전류가 같은 방향이면 인력이 있고 다른 방향이면 거부하게 된다.

똑같이, 발전기 움직임이라고 불리는 이중의 현상이 있다. 그것은 패러데이 유도 법칙의 결과이다. 패러데이 유도 법칙은 전동의 힘(EMF) 전압이 자기의 유동을 바꾸는 것 때문에 회로 위에 유발되는 전압이 자기 유동 변화에 반대한다고 진술한다. 우리는 자기와 전기장의 관계를 생각할 수 있다. 바뀌는 자장은 유발되었던 전계가 자장의 변화에 반대하는 전계(전압을 유발했다)를 유발한다(그림 8.9(a)).

$$V = \int \vec{E} \cdot d\vec{s} = -\frac{d\Phi_B}{dt} \tag{8.66}$$

양쪽 다 효과적인 자기 저항의 변화를 가져오는 일정의 자장 내부에서 자기 유동의 시간 변화율이 자장 소스의 변화에 의한 것일 수 있거나 구성 요소의 운동 때문이라는 점에 주의해야 한다(그림 8.9(a), (b), (c), (d)). 만일 우리들이 회전들과 자기 유동으로 코일 위에 유발되었던 전압을 고려하면 회전들의 각각을 통과하는 것은 Φ_B이다.

$$V = -n \cdot \frac{d\Phi_B}{dt} = -\frac{d\lambda}{dt} \tag{8.67}$$

$\lambda = n \cdot \Phi_B$를 유동 결합이라고 부르고 그것은 코일의 n 회전들을 연결하고 있는 유동의 총계이다.

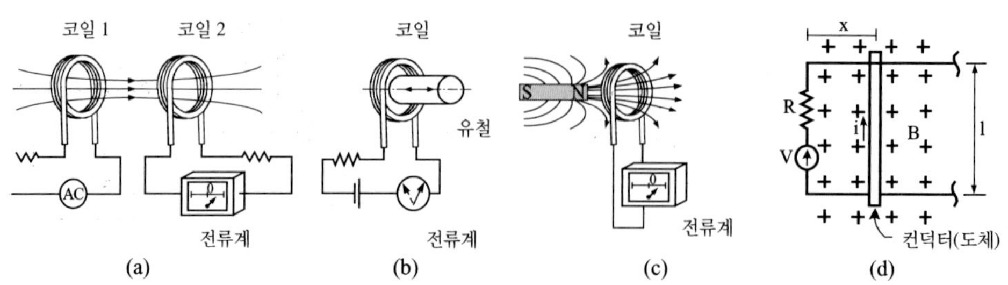

그림 8.9 ■ 자속에 의한 패러데이의 법칙

전자기 안에서 전류는 소스(원인)이고 자장은 그것의 효과이다.

패러데이 유도 법칙은 자기의 유동의 시간 변화율이 그것에 의해 영향을 받는 회로 위에 기전력 전압을 유발한다고 진술한다. 이 변화는 이하의 출처들에 기인한다(그림 8.9).

1. **그 바뀌는 자기력 선속. 즉 현재의 바뀌는 소스에 의해 만들어지는 바뀌는 자기력 선속.** 변압기의 경우, 주요한 감긴 것의 AC 전류는 바뀌는 자기력 선속을 만든다. 유동은 두 번째의 감긴 변압기의 철심에 의해 이끌린다. 바뀌는 자기력 선속은 두 번째의 감긴 것에서 전압을 유발한다(그림 8.9(a), 그림 8.12).
2. **유도 계수를 바꾸는 결과와 만들어진 자기력 선속을 바꾸는 것.** 회로에서 비록 전류가 일정하다고 해도, 자기력 선속의 변화는 구조의 변화와 매체(자기 저항의 변화)의 투과성에 기인할 수 있다. 이것은 유발되었던 역 기전력(EMF)의 결과이다. 이 현상은 솔레노이드들과 자기 저항 발전기들의 경우 작용한다(그림 8.9(b)). 일반적으로 이 전압은 형태를 가진다.

$$V_{bemf} = -\frac{d\Phi_B}{dt} \tag{8.68}$$

$$= -\frac{d(L(x)i(t))}{dt} \tag{8.69}$$

$$= -L(x)\frac{di(t)}{dt} - \frac{dL(x)}{dx} \cdot i(t) \cdot \dot{x}(t) \tag{8.70}$$

첫 번째 용어가 회로 ($L(x)$)와 두 번째의 용어의 자기 인덕턴스 때문에 역 기전력인 곳은 인덕턴스($dL(x)/dx$)의 변화 때문에 유발되는 역 기전력이다.

3. **인덕터에서의 기전력은 자석(영구자석 혹은 전자석)에 의해 생성된 고정된 전자장에 의해서 이동한다**(그림 8.9(d)). 컨덕터가 자장에 움직이는 것처럼 움직이고 있는 전하들에 대해 행동하고 있는 힘, 즉 자장에 있는 그때 행동하고 있는 힘이 그것 안에 전하들에 있을 것이다. 일정의 자장 B, 자장 벡터에 수직인 방향에 움직이고 있는 길이 l를 가진 컨덕터와 그 현재의 위치 x(그림 8.9(d))를 고려하자. **이동 기전력** 때문에 역 기전력을 포함한다.

$$V_{bemf} = -\frac{d\Phi_B}{dt} = -\frac{d(B \cdot l \cdot x)}{dt} = -B \cdot l \cdot \dot{x} \tag{8.71}$$

브러시형 DC 모터의 경우, 컨덕터는 감겨진 회전자와 고정자 자석의 관계를 움직인다. 브러시형 DC 모터의 경우, 회전자의 영구자석은 감겨진 고정자의 관계는 고정된다. 결과로서 생기는 유발되었던 역 기전력 전압 효과는 같은 것이다.

우리들은 SI 단위들의 관계를 지적해야 하고 실제 문제로서 일반적으로 사용되는 CGS 단위들은 다음과 같다.

$$1\ [\text{A turn/m}] = 4\pi \cdot 10^{-3}\ [\text{Oerstead}] \tag{8.72}$$

$$1\ [\text{Tesla}] = 10^4\ [\text{Gauss}] \quad \text{또는} \quad 1\ [\text{T}] = 10^4\ [\text{G}] \tag{8.73}$$

$$1\ [\text{Weber}] = 10^8\ [\text{Gauss} \cdot \text{cm}^2] \quad \text{또는} \quad 1\ [\text{Wb}] = 10^8\ [\text{Maxwell}] \tag{8.74}$$

N번 회전시킨 코일과 외부의 전압 소스를 통하여 전류의 힘을 고려해야 한다. 회로가 첫 번째 회전하여 ON일 때 자기력 선속의 변화 때문에 변화에 반대하고 있는 역 기전력 전압이 있을 것이다. 이것은 패러데이 유도 법칙의 결과이다. 코일 안에서, 변화가 항상 변화에 비례항인 것을 반대하는 유발되었던 역 기전력은 항상 흐름의 변화에 비례항이다. 일정의 비례하는 코일을 **자기 인덕턴스** (L)이라고 한다. **유동 결합** λ을 정의하면

$$\lambda = N \cdot \Phi_B \tag{8.75}$$

자기력 선속(또는 유동 결합)의 변화에 의해 코일 위에 유발되는 전압은 유동 결합의 시간 변화율과 같다.

$$V = -N \cdot \frac{d\Phi_B}{dt} = -L \cdot \frac{di}{dt} = -\frac{d\lambda}{dt} \tag{8.76}$$

그러므로 일정한 코일의 유도 계수는(선형 자기의 회로, $\lambda = L \cdot i$)

$$\lambda = L \cdot i = N \cdot \Phi_B \tag{8.77}$$

$$L = \frac{N \cdot \Phi_B}{i}\ [\text{V} \cdot \text{sec/Amp}]\ \text{또는}\ [\text{Henry}] \tag{8.78}$$

컨덕터의 코일은 자기 유도 계수를 가지고 그것은 주위 자장의 변화에 반대한다. 자기 유도 계수 L을 통하여 코일은 대립하고 있는 방향의 흐름의 변화율에 비례항인 기전력 전압을 생성한다(그림 8.10). 만일 회로 구조와 그 재질 성질이 변화하면(즉 솔레노이드의 경우에 공극은 변화한다), 유도 계수는 일정하지 않다. 유도 계수는 구조(즉 코일의 회전들의 수)의 기능과 매체의 투과성이다. 만일 감겨 있는 유도자의 중심이 움직이는 철의 부분을 가지고 중심이 움직이는 것처럼 매체의 투과성이 바뀌면 코일의 유도 계수는 바뀐다. 길이가 l인 자기 유도 계수 L을 솔레노이드이라고 간주하면 총 N 회전하고, A의 교차 구역 지역이다. 코일의 내부 매체가 공기라고 가정하자.

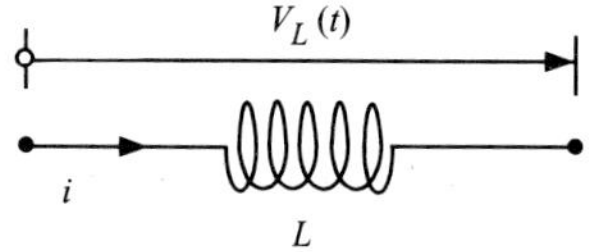

그림 8.10 ■ 코일과 자기 인덕턴스

$$L = \frac{N \cdot \Phi_B}{i} \tag{8.79}$$

$$B = \mu_o \cdot (N/l) \cdot i \tag{8.80}$$

$$\Phi_B = B \cdot A = \mu_o \cdot (N/l) \cdot i \cdot A \tag{8.81}$$

$$L = \frac{N \cdot \mu_o \cdot (N/l) \cdot i \cdot A}{i} \tag{8.82}$$

$$= \frac{\mu_o \cdot N^2 \cdot A}{l} \tag{8.83}$$

$$\Phi_B = B \cdot A = \mu_o \cdot (N/l) \cdot i \cdot A \tag{8.84}$$

그것은 유도 계수가 코일 구조의 기능과 매체의 투과성을 나타낸다. 만일 코일 중심이 철이라면 약 1000배 정도 공기의 투과성보다 높은 철을 위해 μ_o는 μ_m와 바꾸게 될 것이다. 그러므로 코일의 인덕턴스는 같은 비율에 의해 더 높을 것이다.

전기의 작동 장치 디자인 안에서 더 많은 유동 ($\Phi_B = MMF/R_B$)가 단위 자기력 힘(MMF)에 대하여 실시될 수 있게 작은 자기의 자기 저항 R_B을 가지는 것은 바람직하다. 한편 발전기의 전기의 시상수가 작을 수 있게, 작은 인덕턴스(L)를 가지는 것은 바람직하다. 이것들은 2개의 모순되는 디자인 필요 조건들이다. 특별한 디자인은 그들 사이의 좋은 균형이 적용에 어울리는 것을 알아야 한다. 2개의 코일들을 컨덕터들, 각 가지고 있는 N_1와 N_2회전들(그림 8.11, 8.9(a))인 것으로 간주하자. $i_1(t)$가 코일 1을 통해 전류가 통과하게 한다. 코일 1에 관한 흐름의 변화는 바뀌는 자기력 선속을 생성할 것이다. 결과로서, 바뀌는 자기력 선속은 두 번째의 코일 위에 전류 $i_2(t)$를 유발할 것이다. 게다가 코일 2에 관한 유도 전류 $i_2(t)$는 코일 1위에 순번대로 역 기전력을 유발할 것이다. 유발되었던 자기력 선속과 흐름 사이에 비례하는 상수는 2개의 코일들 사이의 상호 관계가 있는 유도 계수이다. 코일 1에 관한 흐름 때문에 코일 2에 관한 유동 결합이 생긴다.

$$\lambda_{12} = N_2 \cdot \Phi_{12} \tag{8.85}$$

$$= L_{12} \cdot i_1 \tag{8.86}$$

상호 관계가 있는 유도 계수를 통하여 코일 1 위에 전류에 의해 코일 2 위에 유발되는 전압은

$$V_{12} = -L_{12}\frac{di_1}{dt} \tag{8.87}$$

이다. 그리고 상호 관계가 있는 유도 계수를 통하여 코일 2에서 전류 때문에 코일 1 위에 유발되는 전압,

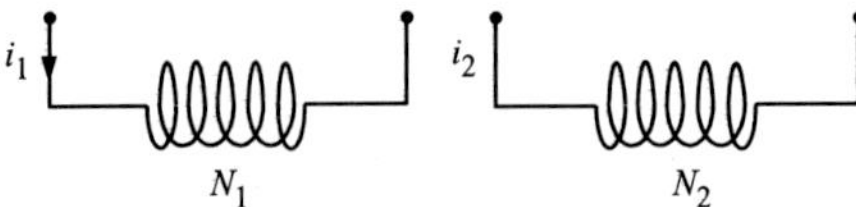

그림 8.11 ■ 두 코일 N_1과 N_2의 감긴 횟수에 의한 전류

$$V_{21} = -L_{21}\frac{di_2}{dt} \tag{8.88}$$

상호 관계가 있는 유도 계수 L_{12}와 L_{21}는 같은 것을 나타내게 될 수 있다.

$$L_{12} = L_{21} = f(\mu_m, geometry) \tag{8.89}$$

상호 관계가 있는 유도 계수는 2개의 회로들과 구조(형체, 크기와 서로에 관계하다 관련하고 있는 오리엔테이션) 사이의 매체 투과성 기능이다.

그림 8.12에서 나타내고 있는 변압기를 고려하자. 변압기는 자기로 그들을 잇는 주요하고 두 번째의 2개의 구부러진 것들과 중심을 가진다. 변압기는 패러데이 유도 법칙에 의거한다. 즉 전압은 자장의 변화 때문에 컨덕터에 유발된다. 변압기의 경우 자장의 변화는 교류 전류(AC) 성질에 의해 감겨진 것이다. 변압기는 실제로는, 감겨진 것의 약간의 저항과 정전 용량이지만 불순물이 없는 유도 계수를 보일 수 있다.

패러데이 법칙은 감겨져 있는 것을 가로지른 전압이 자기력 선속의 변화율에 비례항이고, 변화를 방해한다.

$$\upsilon_1(t) = V_1 \cdot sin\,\omega t \tag{8.90}$$

$$\upsilon_1(t) = -N_1\frac{d\Phi_B}{dt} \tag{8.91}$$

$\upsilon_1(t)$는 감겨진 것에 적용하게 되는 전압이고, N_1은 코일의 회전들의 수이고, 그리고 Φ_B는 자기력 선속이다.

자기력 선속의 손실이 없다고 가정하면, 제2의 감겨진 것의 유발되었던 전압이다.

$$\upsilon_2(t) = -N_2\frac{d\Phi_B}{dt} \tag{8.92}$$

$$\upsilon_2(t) = \frac{N_2}{N_1}\upsilon_1(t) \tag{8.93}$$

$N_2 > N_1$때, 변압기는 전압을 늘리고(step-up transformer), $N_2 < N_1$일 때, 전압을 줄인다(step-down transformer, 그림 8.12). 변압기가 AC 전압에 계속 활동한다는 것을 알아야 한다. 주요한 감겨진 것의 전압 구성 요소가 아무것도 일으키지 않는 DC는 자장에서 바뀐다. 그러므로 그것은 두 번째 감겨진 것에서 유발되는 전압에 공헌하지 않는다. 따라서 변압기는 때때로 연산 증폭기들 사이에서 신호 처리 적용들의 전압 *DC* **구성 요소를 고립**(또는 덩어리) 시키기 위해 사용된다.

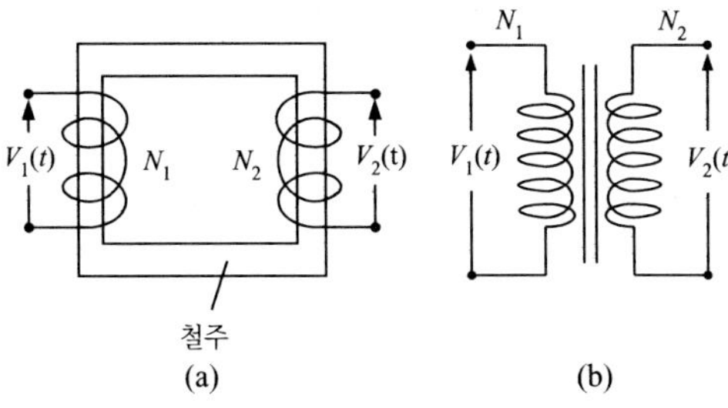

그림 8.12 ■ (a) 이상적인 변압기, (b) 변압기의 회로도

공동에너지(Co-Energy) 개념 회로에 저장되었던 에너지는 다음과 같이 정의될 수 있다. 만일 우리들이 손실 없는 자기 회로를 고려하면, 저장되는 에너지는 힘 $P = v \cdot i$의 시간 전체이다.

$$dW_m = P \cdot dt = v \cdot i \cdot dt = \frac{d\lambda}{dt} \cdot i \cdot dt = i \cdot d\lambda \tag{8.94}$$

$$W_m = \int_0^{\lambda_f} i \cdot d\lambda \tag{8.95}$$

선형 자기 시스템 $\lambda = L \cdot i$

$$W_m = \int_0^{i_f} L \cdot i \cdot di = \frac{1}{2} L \cdot i_f^2 \tag{8.96}$$

자기 서킷들의 공동에너지 개념은 $\lambda - i$ 곡선의 반대쪽 위에 지역으로서 정의된다. 공동에너지 개념은 전자기의 작동 장치들에서 힘과 토크를 결정하는 데 매우 도움이 된다. 자기 회로가 정의되는 공동에너지는

$$W_c = \int_0^{i_f} \lambda \cdot di \tag{8.97}$$

이다. 그것은 [18]을 힘(F)(또는 토크 T)을 보이고 저장되었던 자기에너지로부터 기계의 시스템에 전달된다.

$$F = -\left. \frac{\partial W_m(x)}{\partial x} \right|_{\lambda_f = constant} \tag{8.98}$$

$$T = -\left. \frac{\partial W_m(\theta)}{\partial \theta} \right|_{\lambda_f = constant} \tag{8.99}$$

같은 관계는 공동에너지에 관해서 나타내게 될 수 있다.

$$F = \left. \frac{\partial W_c(x)}{\partial x} \right|_{i_f = constant} \tag{8.100}$$

$$T = \left. \frac{\partial W_c(\theta)}{\partial \theta} \right|_{i_f = constant} \tag{8.101}$$

상기의 힘과 에너지 관계들은 자기 회로가 손실이 없고, 이력 현상을 가지지 않는다고 가정한다.

▶▶ **예제** 그림 8.13에서 나타내게 되는 전자기의 회로를 고려하라. 감겨 있는 코일의 중심은 μ_c의 투과성 계수로 자석으로 전도성의 재질로 만들고 있다. 교차 평면 지역, 중심 재질의 길이, 솔레노이드의 회전들의 총 수는 각각 A_c, l_c, N이다. 공극의 거리는 l_g이다. 공극에서의 횡단(cross-sectional) 지역은 A_g이다. 회로의 효과적인 저항과 유도 계수를 결정하라.

자석으로 투과할 수 있는 중심의 저항과 공극은 전기의 저항 같은 직렬로 더해진다.

$$R = R_c + R_g \tag{8.102}$$

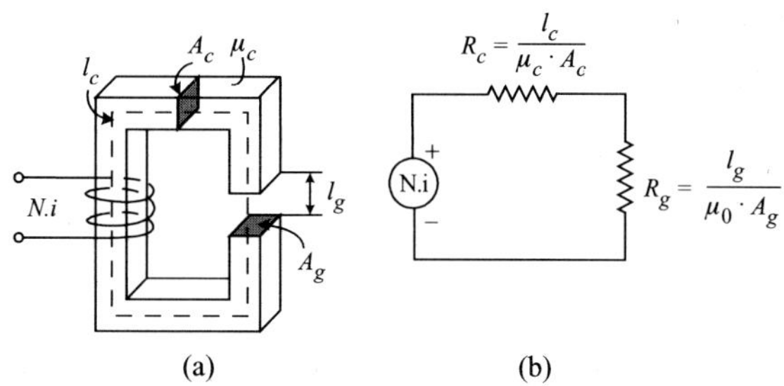

그림 8.13 ■ 전자기 회로도

$$= \frac{l_c}{\mu_c \cdot A_c} + \frac{l_g}{\mu_0 \cdot A_g} \tag{8.103}$$

만약 $\mu_c \gg \mu_0$이면, $R \approx R_g$인 것을 알아야 한다. 동자력의 힘(MMF)는 코일과 전류에 의해 발생된다.

$$MMF = N \cdot i \tag{8.104}$$

중심과 공극을 통하여 폐쇄되었던 길에서 순환하고 있는 유동이 있다.

$$\Phi_B = \frac{MMF}{R} \tag{8.105}$$

코일의 유동 결합은

$$\lambda = N \cdot \Phi_B \tag{8.106}$$

$$= L \cdot i \tag{8.107}$$

$$= N \frac{N \cdot i}{R} \tag{8.108}$$

$$L = \frac{N^2}{R} \tag{8.109}$$

이다. 이것은 코일을 포함하고 있는 자기 회로의 자기 인덕턴스가 회로의 본의가 아님에 회전들과 반대로 비례항 수의 제곱과 비례하는 것을 나타낸다. 구동기 구동에서, 보다 많은 흐름과 힘 또는 토크를 만들기 위해서는 작은 릴럭턴스가 필요하다. 그러나 더 작은 자기저항은 큰 인덕턴스를 가져오게 한다. 그것은 더 큰 전기의 시상수를 가져온다. 전동기 설계에서 이 모순되는 디자인의 필요 조건은 균형을 잡게 되어야 한다. 큰 힘/토크를 위해 자기 저항은 작기를 원한다. 그러나 인덕턴스와 자기 저항은 반대의 관계가 있다. 하나가 증가하면 다른 하나는 감소한다.

8.1.3 영구적인 자기 재질

재질은 자기의 특성과 관련해서 세 가지로 분류된다.

1. 상자성(알루미늄, 마그네슘, 플라티나, 텅스텐)

2. 반자성(구리, 다이아몬드, 금, 납, 은, 규소)
3. 강자성(철, 코발트, 니켈, 가돌리늄)

이 재질들의 차이는 그들 원자의 구조로부터 시작된다. 자장 강함, $\vec{H}$, 그리고 주어진 공간의 장소의 관계가 "투과성"에 의존하는 자기력 선속 밀도 $\vec{B}$, 주위의 재질 μ_m,

$$\vec{B} = \mu_m \cdot \vec{H} \tag{8.110}$$

$\mu_m = \mu_r \cdot \mu_0$은 자기 투자율이라고 부르며 물질이 얼마나 자화가 잘 일어나는 정도를 나타내며, μ_0는 상대 투자율이다. 강한 자장 ($\vec{H}$)와 자기력 선속 밀도 ($\vec{B}$)의 관계는 선형적으로 상자성이고 반자성이다. 비록 같은 관계가 강자성의 재질들의 자기의 행동을 기술하기 위해 사용될 수 있지만 관계는 선형이 아니고, 자기의 이력 현상(그림 8.14)을 보여준다. **자화율** χ는 다음과 같이 정의한다.

$$\mu_r = 1 + \chi \tag{8.111}$$

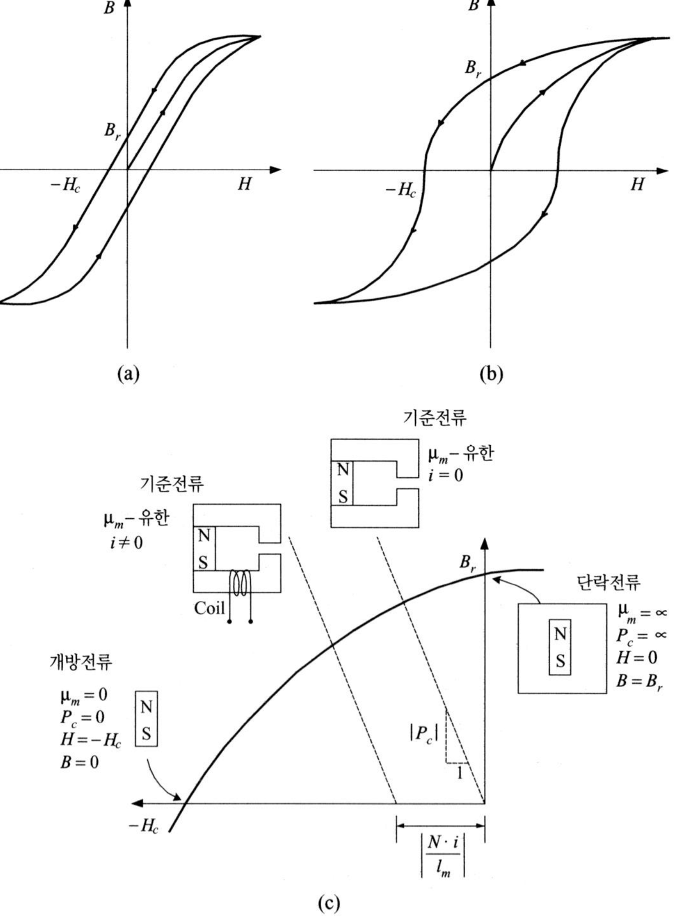

그림 8.14 ■ 자석의 비선형 특성. (a) 중간급 자석 재질의 특성, (b) 고자화급 재질의 비선형 특성, (c) 영구자석의 B–H 특성 곡선

자화율은

1. 명백하지만, 상자성의 작은 재질들(즉 10^{-4}에서 10^{-5} 범위에)
2. 부정적인, 그러나 반자성의 작은 재질들(즉 -10^{-5}에서 -10^{-10} 범위에)
3. 강자성체에 비해 수천 배나 값이 크다. 더욱이 $\vec{B}$과 $\vec{H}$의 관계에서 효율적인 μ_m은 선형적이지 않지만, 비선형의 히스테리시스를 나타낸다. 강자성체 물질들은 히스테리시스의 크기에 대해서 두 가지로 분류된다.
   (a) B-H 곡선에서 작은 히스테리시스를 나타내는 물질은 **유연한 강자성체**이다(그림 8.14(a)).
   (b) B-H 곡선에서 큰 히스테리시스를 나타내는 물질은 **견고한 강자성체**이다(그림. 8.14(b)).

외부의 자장이 없어지고 난 후에, 남겨진 자화(B_r)도 없어진다. 그것은 자기의 이력 현상의 결과이다. 영구히 강자성의 재질들을 자화하는 것으로 사용한다. 이 영원한 자화 성질은 재질의 **잔존하는 자화** 또는 **잔류 자기**(B_r)라고 한다. 그것은 남아 있는 자화를 의미한다. 남겨 두는 자기의 유동 밀도(B_r)의 크기가 증가하는 것처럼, 영구자석(PM)의 역할을 하는 재질 능력은 증가된다. 그런 재질들은 작은 남겨 두는 자화를 가지는 "부드러운 강자성의 재질들"과 비교되는 "굳은 강자성의 재질들"이라고 한다. 가치를 위해 남겨 두는 자성(완전히 그것으로부터 자기를 제거하기 위해)이 재질의 **포화 보자력**이라고 불리는 것을 삭제하기 위해 필요한 외부의 자기장 강도(H_c)이다. 여자기를 제거하는 것(물질을 비자화시킨다)은 재질이 외부 전자장이 재질을 자화시키는 것을 어렵게 만드는 성질을 얼마만큼 가지고 있는지를 알 수 있다. 이력 현상 곡선 내부의 $\vec{H}$와 $\vec{B}$ 사이에서 자화의 각 주기 동안 소실하는 에너지라는 것을 알아차려야 한다. 이것은 **이력 현상 손실**(hysteresis loss)이라고 한다. 이 에너지는 재질에서 열에 모인다. 전동기 같은 전자기의 작동 장치의 영구자석(PM)은 B-H 곡선의 2사분면에서 보통 움직인다. 외부 장이 H_c의 밑에 있는 한, 자석 상태는 2사분면의 곡선을 따라 앞뒤로 움직인다. 이 경우, 매우 작은 이력 현상 손실이 있다(그림 8.14(c)). 만일 영구자석의 상태가 B-H의 2사분면 안에 선형의 지역의 밑에서 움직이는 것은 외부의 장에 노출되면, 그것은 영구히 그 자화성분의 약간을 잃어버릴 것이다. B-H 곡선의 2사분면이거나 3사분면의 선형의 지역을 넘은 이 점을 **무릎점**(knee-point)이라고 부른다. 만일 조건점을 조작하고 있는 영구자석이 무릎점을 도착하거나 통과하면 그것은 영구히 그 자기 성분의 약간을 잃어버린다. 그것은 **다시 감기는** 선을 따라 회복할 것이다. 다시 감기는 선의 경사는 영구자석의 **투과성**이라고 한다. 코발트와 NdFeB 성분의 영구자석 재질과 자기 영구 성질은 공기와 밀접한 관계가 있다. 그러므로 영구자석들을 B-H 곡선의 2사분면에서 정의되는 **감기는 투과성**이 희토 산화물 영구자석들을 위해 1.1까지 1.0의 범위 안에 있다.

$$\mu_{rec} = \frac{1}{\mu_0}\frac{dB}{dH} \tag{8.112}$$

잃어버린 자화는 자석을 자화하는 것에 의해 회수될 뿐이다. 전기 구동기에서 전자기 회로는 영구자석이 자화 성질을 영원히 잃어버리게 되는 **무릎점**에 도달하지 않도록 설계해야 한다.

영구자석의 힘은 유동의 조건들과 그것이 지탱할 수 있는 MMF에서 측정된다.

$$MMF = H \cdot l_m \tag{8.113}$$

$$\Phi_B = B \cdot A_m \tag{8.114}$$

l_m은 자화 방향의 자석 길이이고, A_m은 자화 방향의 자석 수직 횡단면이다. B-H 특징들로 주어졌던 영구자석은 MMF를 늘리기 위해 자화 (l_m)의 방향에 큰 두께를 가져야 한다. 똑같이, 유동을 늘리기 위해 그 자화(A_m)에 수직인 큰 표면 지역을 가져야 한다.

만일 영구자석이 무한히 투과할 수 있는 매체에 놓이면 MMF가 아닌 것은 잃게 될 것이고 자석으로부터 나오고 있는 자장 강도는 $B = B_r$, $H = 0.0$일 것이다(그림 8.14(c)). 만일 반면에 영구자석이 투과성이 없는 매체에 놓이면, 자기력 선속은 그것을 나올 수 없다. 자석 조작의 포인트는 $B = 0$과 $H = -H_c$이다. 실제의 적용은 주위 매체의 효과적인 투과성은 유한이다. 그러므로 영구자석은 B-H 곡선의 두 번째의 사분면에서 2개의 극점들 사이에서 곡선을 따라 움직인다. 조작점은 주위 매체의 투과에 의해 결정된다. 명목상의 조작점을 접속하고 있는 선의 경사의 절대치는 **투과 계수** P_c라고 한다. 그리고 선은 **흘수선**(lead line)이라고 한다. 적용되는 코일 전류는 그물 MMF(또는 H)를 이동시킨다. 그리고 움직임은 H-축을 따라 자석의 안으로 흐른다. 코일의 전류가 적용되는 자석에 자기 지역을 강요하는 데 충분히 커서는 안 된다는 것은 중요하다. 영구자석 발전기들 안에서 발전기들의 전자기 회로는 일반적으로 $P_c = 4–6$ 범위인 만재 흘수선을 갖는다. 유동의 닫힌 길이 공극으로 만들고 있는 자기 회로들에서 매우 투과할 수 있는 재질, 그리고 영구자석 그것은 보이게 될 수 있다.

$$P_c \approx \frac{l_m}{l_g} \tag{8.115}$$

l_m의 자화와 l_g 방향의 영구자석 두께인 것은 효과적인 공극 길이이다.

희토 산화물 영구자석들을 위해 두 번째의 사분면의 B-H 곡선은 가까이 가게 될 수 있다.

$$B = B_r + \mu_r \, \mu_0 \, H \tag{8.116}$$

자기 회로가 $P_c = \infty$이면 $H = 0.0$, $B = B_r$이다. 유사하게 자기 회로가 $P_c = 0.0$이면 $H = -H_c$, $B = 0.0$이다. 많은 전기 작동 장치들의 회로에서도 코일 내를 움직이고 있는 자기 흐름을 포함한다. 영구자석과 코일의 자장이 연속일 때 회로에서 코일의 회전하는 수가 N이고 전류는 i이다. 그러면 단위 자기장 H는 영구자석과 코일의 $N \cdot i$의 합이 된다. 즉 B-H 관계는 식 8.117로 간략화할 수 있다.

$$B = B_r + \mu_r \, \mu_0 \left(H + \frac{N \cdot i}{l_m} \right) \tag{8.117}$$

주어진 전자기 회로의 P_c의 단위 값은 영구자석의 흐름 기능으로서 두 번째의 사분면 안에 B-H 선을 따라 움직인다. 이는 회로 설계를 하기 위해서는 전류는 무릎점을 넘어서는 비자화 지역을 상회하지 않도록 해야 하며 B-H 곡선의 3사분면으로 들어가지 않도록 하여야 한다.

자석 조작의 주안점은 다음과 같은 어떤 조건에 의해서도 결정될 수 있다. 주어진 전자기 회로의 P_c는 회로의 구조와 재질에 의해 결정되고 어떤 주어진 형상이라도 계산될 수 있다.

(즉 전동기의 회전자 위치)우리들은 B-H 곡선과 만재 흡수선(P_c 선)의 교차로부터 H_m, B_m점을 계산할 수 있다. 그때, 주어진 N번 회전한 코일의 전류값으로 효과적인 $H_{op} = -H_m + N\,i/l_m$를 계산할 수 있고, B-H 곡선으로부터 B_{op}를 결정할 수 있다. 전류의 그물 효과는 H_m주위에 H를 이동하는 것에 의해 B-H 곡선을 따라 점을 관리하고 있는 자석을 움직이는 것이다.

전자기의 회로에서 영구자석은 그것과 평행한 유동 Φ_r과 자기 저항 R_m으로 모델화하게 될 수 있다(그림 8.15).

$$\Phi_r = B_r \cdot A_m \tag{8.118}$$

$$\Phi_r = B_r \cdot A_m \tag{8.119}$$

l_m는 자화 방향에 따른 길이인 곳에, A_m는 자화 방향의 교차 구역에 수직이다. 그리고 μ_r는 자석 재질의 되감긴 투과성이다.

부드러운 강자성 재질들의 경우, 재질들은 외부 자장의 같은 주파수에 자화와 소자의 강한 주기를 지난다. 예를 들면 고정자와 전동기 회전자 재질들은 부드러운 강자성의 재질들로 만들고 있다. 또한 고정자 전류는 주기적인 방향을 바꾼다. 강철에 대한 B-H 곡선은 이력 현상 고리를 지나간다. 이력 현상 고리의 에너지는 열로 소실된다. **이력 현상 손실**은 자장 강도 크기와 그 주파수의 최대값에 비례한다. 그러므로 발전기와 변압기 중심들에서 에너지 손실을 최소로 하기 위해, 박층구조 재질들은 부드러운 강자성의 재질들에서 고르게 나타난다. 부드러운 강자성의 재질들은 이력 현상 손실이 조금 더 작다. 그러나 같은 성질의 경우, 외부의 자장이 제거되어 작은 잔류 자화를 가진다. 그러므로 일시적으로 자화되었던 재질들로서 생각할 수 있다. **단단한 강자성**의 재질들은 큰 남겨진 자화를 가진다. 심지어 외부장이 제거되었을 때 강한 자기력 선속 밀도를 유지한다. 그러므로 영구자석이라 부른다. 그러나 같은 성질의 결과, 만일 그들이 외부의 자장 변화 주기에서 움직이면 그들은 큰 이력 현상 손실들을 가지게 된다. 이력 현상 곡선의 $B \cdot H$ 스칼라곱의 최대값은 재질의 자기 강함을 가리킨다. BH 용어가 다음과 같은 에너지 단위들을 가지는 것은 확인하기 쉽다.

$$[\text{Tesla}] \cdot [\text{A/m}] = \frac{[\text{Nt}]}{[\text{A}][\text{m}]}[\text{A/m}] = \frac{\text{Nt}}{\text{m}^2} = \frac{\text{Nt} \cdot \text{m}}{\text{m}^3} \tag{8.120}$$

$$[\text{Tesla}] \cdot [\text{A/m}] = \frac{[\text{Nt}]}{[\text{A}][\text{m}]}[\text{A/m}] = \frac{\text{Nt}}{\text{m}^2} = \frac{\text{Nt} \cdot \text{m}}{\text{m}^3} \tag{8.121}$$

또는 CGS 단위에서, BH가 [Gauss · Oerstead]의 단위들을 가진다. 1 [GOe] $= \frac{1}{4\pi} \times 10^3$ [Joule/m^3].

즉 잔류 자기 B_r, 포화 보자력 H_c, 최대 에너지$(BH)_{max}$와 투과성 μ_m는 강자성의 재질의

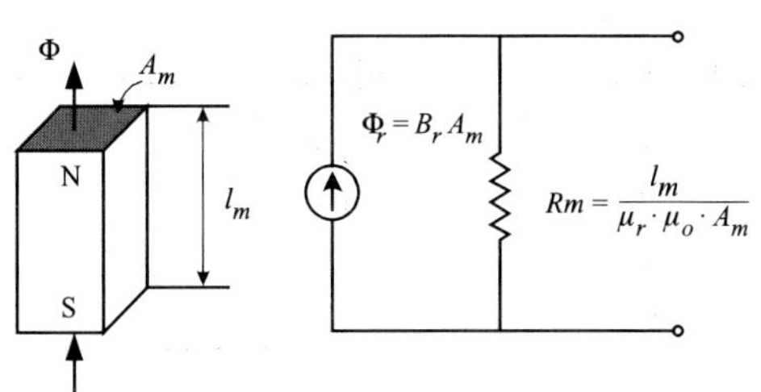

그림 8.15 ■ 영구자석의 자석 모델

자기 성질을 특성을 부여하는 4개의 명목상의 매개 변수들이다.

4개의 주요한 종류들은 자연히 굳은 강자성의 재질들의 영구자석으로 사용될 수 있다.

1. 알루미늄-니켈 코발트 혼합인 알니코
2. 스트론튬, 바륨, 페라이트 혼합물로 이루어져 있는 세라믹의 자기의 재질들
3. 사마륨 코발트(사마륨과 코발트의 혼합물, $SmCo_5$, $Sm_2 Co_{17}$)
4. 네오디뮴(네오디뮴, 철, 붕소는 다른 혼합물의 작은 총계들을 가진 주된 혼합 구성 요소들이다), 이상적인 혼합은 $Nd_2Fe_{14}B_1$이다.

알니코와 세라믹의 페라이트 영구자석 재질들은 가장 낮은 비용형이고, 더 낮은 자기의 힘을 사마륨과 네오디뮴에 비교해서 받는다(표 8.2). 각 형의 최대 자기에너지는 다음 표에서 나타내고 있다. 요즘은 알니코 영구자석들(PM)은 자동차의 전자 공학에서 사용된다. 세라믹의 영구자석 재질들은 소비자 전자 공학에서 사용된다. 그리고 사마륨과 네오디뮴은 고성능의 작동 장치들과 감지 장치들에서 사용된다. 영구자석 재질들의 가격 증가는 자기력의 수준 증가이다. 테이블에서 주어는 에너지 수준들이 최대 일반적으로 성취할 수 있는 수준들이다. 더 낮은 에너지 수준 판들은 더 싼 가격에 이용할 수 있다. 예를 들면 MGOe에서의 45와 MGOe 30일 때 NdFeB는 2배이다. 네오디뮴 영구자석 재질 위의 사마륨-코발트 영구자석 재질의 가장 큰 이점은 사마륨-코발트 영구자석 재질이 더 높은 온도에서 움직일 수 있는 사실이다.

상기의 재질들 중의 1개로부터 영구자석들을 만들기 위해 처리를 제작하는 것은 다음 과정을 가진다(구성과 제조업 처리에서의 작은 변화들에 의해 자석의 최종적인 자기이고 기계의 소유지들의 차이가 태어나는 점에 주의해야 한다).

1. 합성 자석을 만들어 내고, 화로에서 그것을 녹이기 위해 요소들의 적당한 총계를 섞어라. 그리고 주형을 만들어라.
2. 품질이 좋은 가루를 눌러 부수고 가루를 분쇄하라. 가루를 섞어라.
3. 주형의 텅 빈 구멍 안에 혼합한 가루를 놓아라. 자기의 방향들을 지향하기 위해 최초의 전자기계를 적용하라. 그리고 그 가루 상태 크기의 약 50% 정도 눌러라. 이것은 가루 야금학 처리이다. 이 상태에서의 제품은 초록이라고 한다.
4. 화로(즉 네오디뮴–철–보론을 위한 1100~1200°F에서의 진공 방)의 열은 크기에 있어서 줄임을 가져올 것이다. 침전되었던 영구자석은 자기의 99.9%의 재질 밀도를 가지고, 고온들의 아래에서 그들의 기계의 성질을 유지할 수 있다. 자화되었던 영구자석은 그

표 8.2 ■ 4개의 영구자석 재료의 비교분석

영구자석재질	최대자기 에너지(MGOe)	퀴리 온도계수(°C)	최대 작동온도(°C)	가격($)
Alnico	5	~1000	~500	저
Ceramic	12	~450	~300	적정
SmCo	35	~800	~300	고
NdFeB	55	~350	~200	중

밀도를 줄이고, 기계의 성질을 고온들의 면에서 유지할 수 없는 재질이 된다. 이 처리는 뒤에 600℃의 온도로 열처리를 계속한다.

5. 요구되었던 형체(직사각형의, 원통형의)와 크기를 톱으로 깎고 갈아야 한다.
6. 희망하는 경우 자석의 표면을 덮어라.
7. 외부 전자기계 펄스에 의해 각 부분을 자화하라(즉 자석을 그 포화 수준에 도착하게 하는 높은 충분한 H를 가진 외부의 자장 펄스로 처리한다(수 밀리세컨드 지속)). 자화되었던 영구자석 부분들의 취급이 어렵기 때문에 자기 제품 적용을 위해 처리를 제작할 때에 가능한 한 늦게 그들을 자화하는 것은 바람직하다.
8. 마지막으로 영구자석 한 묶음은 안정화와 교정 처리로 다뤄져야 한다. 교정 처리는 각 부분의 자기의 강함이 요구되었던 규정 내의 허용오차 내에 있는지를 확인한다(즉 ±1%).

영구자석들의 전형적인 형체와 자화 방향들은 그림 8.16에서 나타내고 있다.

규리 온도는 철은 1043°K이고 코발트는 1394°K, 니켈은 631°K이다. 실제로 영구자석 재질을 위한 최대 동작 온도는 퀴리 온도보다 매우 낮다.

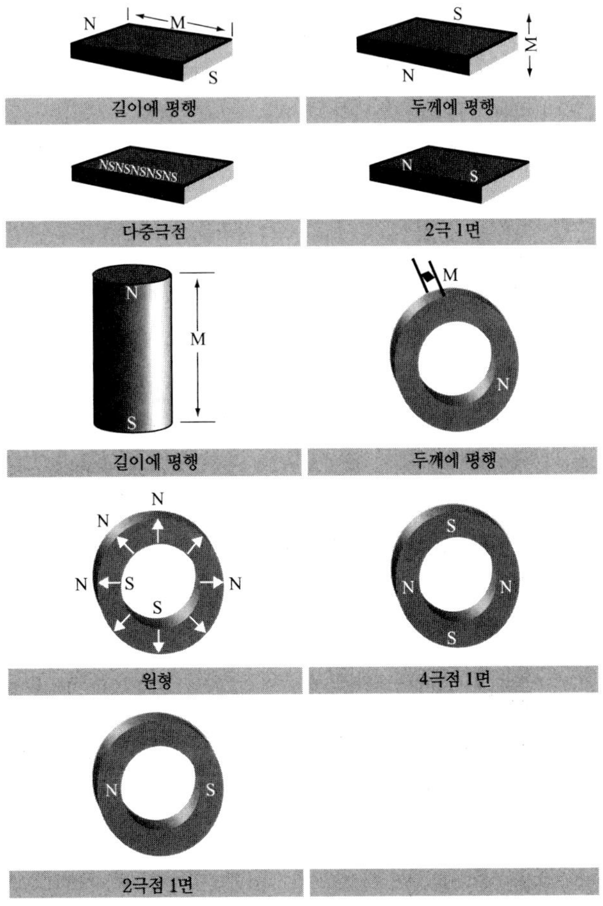

그림 8.16 ■ 영구자석의 일반적인 모양과 자석의 특징

그 온도가 퀴리 온도에 영구자석 속성을 증가시키고 마침내 영구히 잃음에 따라 영구자석의 자장의 힘은 더 약하게 된다. 안정화 처리는 거꾸로 할 수 없는 자기의 성질에게 운동시킨다. 그러므로 최종적인 제품은 온도 변화들에 반대하여 회수 가능한 자기의 성질만을 가질 것이다. 그것은 그 원료 속성 이전의 변화이다.

각 영구자석 재질은 환경의 조건에 민감하다. 게다가 온도에 환경의 화학 구성은 가장 중요하다. 알니코, 세라믹과 사마륨 자석들은 부식에 저항한다. 반면에 네오디뮴 자석들은 부식에 매우 민감하다. 영구자석(PM) 원료의 선택에서 환경에 대해 고려하는 논점이 있다.

1. 산화와 습도의 레벨
2. 산 성분
3. 염 성분
4. 알카리 성분
5. 방사능 레벨

이하의 규정들은 적당한 영구자석을 선택할 때에 설계자들에 의해 일반적으로 사용된다:

1. 영구자석 재질
2. 전류자기, 포화 보자력, 최대 에너지, B_r, H_c, $(BH)_{max}$
3. 기계의 치수들(형체와 크기)
4. 자화 방향(방경, 축, 기타)
5. 영구자석을 소결시키거나 접합시키느냐
6. 표면 코팅(즉 2~20 μm 범위에서 20 μm 범위 두께, 알루미늄, 니켈 또는 티타늄의 코팅 재질)

선택되었던 영구자석 재질은 주되게 온도 상승들로 자장과 장치에서 중요한 기계의 치수들의 열팽창 계수를 잃는 것을 위해 온도 계수를 결정한다. 네오디뮴 자석들은 온도를 늘리는 것으로 영구자석은 철강의 회전자[M 점착성이 있는 것들] 위에 전동기들의 경우 발전기에서 점착성이 있는 것들을 사용하고 있는 철강의 반대 재질로 된 것을 넣는다. 긴밀한 재질 형들로는 에폭시들을 가열하면 굳어지는 것들을 포함한다(구조상의 점착성이 있는 것들).

특히 설계되는 많은 점착성이 있는 것들(3M 점착성이 있는 것들)이 발전기에 적용되고 있다. 영구자석 사이의 점착의 힘 그리고 회전자는 접촉 표면의 기능이다. 일반적으로 표면은 접착하고 있는 장점을 얻기 위해 거칠게 된다. 점착성이 있는 것의 적용 후, 영구자석은 회전자 위에 놓여지고, 고온에 보존된다. 매우 강한 자력 힘을 가지기 때문에 높은 힘의 영구자석은 주의하여 취급되어야 한다. 그러므로 접합 처리에서 가능한 한 늦게 그들을 자화하는 것은 바람직하다.

▶▶ **예제** 두 자장이 있는 그림 8.17에 보인 전자석의 순회를 고려하라. (1) 영구자석, (2) 코일. 코일은 N번의 회전과 전류 i를 가진다. 중심의 투과성 상수는 μ_c이다. 공기간극과 영구자석 코아 단면적이 같다고 하면, 즉 $A_m = A_c = A_g$일 때, (a) 회로의 인덕턴스를 구하라. (b) $\mu_c = \infty$일 때 부하선의 기울기 P_c의 크기를 구하라.

(a) 영구 자석(PM)은 자속원($\Phi_r = B_r \cdot A_m$)과 그에 평행한 릴럭던스(R_m)으로 수치화된다. 그러므로 여러층의 자석으로 접속된 상태의 공기-틈과 코어부의 잉여 릴럭던스가 발생

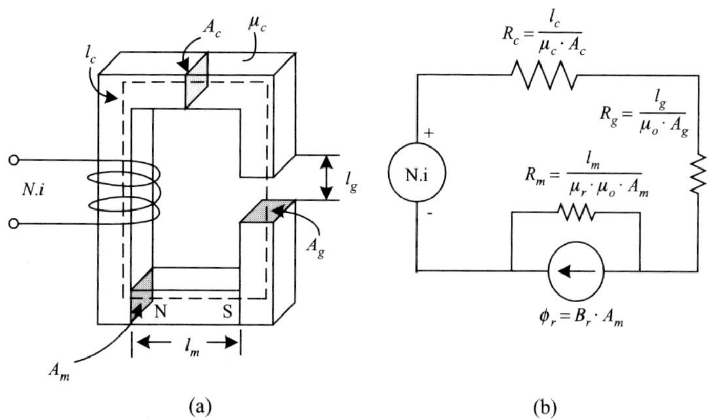

그림 8.17 ■ (a) 전자석 회로, (b) 자석 회로 모델

된다. 그림 8.17(b)는 자기회로이다. 코어부, 공기-틈, 자석을 따라 폐회로상의 전체 자속은 영구자석과 권선전류에 의해 생성된 MMF로서 다음식으로 주어진다.

$$\Phi = \Phi_m + \Phi_c \tag{8.122}$$

영구자석 Φ_m를 남겨 주고 있는 유동과 코일 전류 Φ_c때문에 유동은 다음과 같다.

$$\Phi_m \cdot (R_c + R_g) = (\Phi_r - \Phi_m) \cdot R_m \tag{8.123}$$

$$\Phi_m = \frac{R_m}{R_m + R_c + R_g} \cdot \Phi_r \tag{8.124}$$

$$\Phi_c = \frac{N \cdot i}{R_m + R_c + R_g} \tag{8.125}$$

$$\Phi = \frac{R_m}{R_m + R_c + R_g} \cdot \Phi_r + \frac{N \cdot i}{R_m + R_c + R_g} \tag{8.126}$$

유동 결합은 다음과 같다.

$$\lambda = N \cdot \Phi = L \cdot i + N \cdot \Phi_m \tag{8.127}$$

$$L \cdot i = N \cdot \Phi_c \tag{8.128}$$

$$L = \frac{N^2}{R_m + R_c + R_g} \tag{8.129}$$

$$L = \frac{N^2}{R_{eqv}} \tag{8.130}$$

(b) 뒤이어 계속되는 것처럼 만재 흡수선 경사의 크기는 결정될 수 있다. 우리들은 이 회로에 영구자석을 남기고 있는 유동 밀도를 결정할 필요가 있다. 자석의 조작의 주안점의 제로 이외의 코일 흐름의 효과는 다음 예에서 고려된다. 영구자석을 남기고 있는 그물 유동은

$$\Phi_m = B_m \cdot A_m \tag{8.131}$$

$$B_m \cdot A_m = \frac{R_m}{R_m + R_c + R_g} \cdot B_r \cdot A_m \tag{8.132}$$

$$B_m = \frac{R_m}{R_m + R_c + R_g} \cdot B_r \tag{8.133}$$

이다. 간단하게 우리는 $\mu_c = \infty$ 이면 $R_c = 0.0$이라고 가정하였다.

$$B_m = \frac{R_m}{R_m + R_g} \cdot B_r \tag{8.134}$$

그때 H_m을 찾을 수 있다.

$$B_m = B_r + \mu_r \cdot \mu_0 \cdot H_m \tag{8.135}$$

$$\mu_0 H_m = \frac{B_m - B_r}{\mu_r} \tag{8.136}$$

만재 흡수선은 영구자석의 $\mu_0 H$ 곡선 대립 B의 기원에 자석의 조작점($\mu_0 H_m$, B_m)을 접속하고 있는 선으로서 정의된다.

$$B_m = -P_c \cdot (\mu_0 H_m) \tag{8.137}$$

만재 흡수선의 경사 크기는 다음과 같다.

$$P_c = \left| \frac{B_m}{\mu_0 H_m} \right| \tag{8.138}$$

만재 흡수선 경사에 대한 더 이상의 통찰을 위해 우리들이 자석을 위해 저 $\mu_r = 1.0$를 당연한 것으로 가정한다.

$$R_m = \frac{l_m}{\mu_0 A_m} \tag{8.139}$$

$$R_g = \frac{l_g}{\mu_o A_g} = \frac{l_g}{\mu_o A_c}; \quad A_c = A_g \text{임} \tag{8.140}$$

영구자석을 남기는 유동은 다음과 같다.

$$B_m = \left(\frac{R_m}{R_m + R_g} \right) B_r \tag{8.141}$$

$$= \left(\frac{l_m}{l_m + l_g} \right) B_r \tag{8.142}$$

그리고 B-H 곡선의 자석 상응하는 자장 강도는 다음의 식에서 보여진다.

$$\mu_0 H_m = \frac{B_m - B_r}{\mu_r} \tag{8.143}$$

$$= \frac{\left(\frac{l_m}{l_m + l_g} - 1\right) B_r}{\mu_r} \tag{8.144}$$

$$= -\left(\frac{l_g}{l_m + l_g}\right) B_r \tag{8.145}$$

그러므로 만재 흡수선의 경사는(자기의 회로의 투과 계수) 다음과 같이 나타난다.

$$P_c = \left| \frac{B_m}{\mu_0 H_m} \right| \tag{8.146}$$

$$= \left| \frac{\frac{l_m}{l_m + l_g} B_r}{-\frac{l_g}{l_m + l_g} B_r} \right| \tag{8.147}$$

$$= \frac{l_m}{l_g} \tag{8.148}$$

▶▶ **예제** 그림. 8.17에서 나타내는 같은 예를 고려하라. 그러면 코일에 주었던 0으로 이외의 전류의 조건에서 영구자석의 조작의 주안점을 결정하라. 자석과 공극의 자기 저항과 관계가 있는 중심의 자기 저항을 방치하라. 그리고 자석 투과성이 공기($\mu_r = 1.0$)의 저것과 같게 하여라. 또한 $A_m = A_g$, 자석의 교차면 부분들과 공극이 같게 하여라. 코일의 전류는 i이고 코일의 감긴 수는 N이다.

공극을 통한 회로의 총 유동은 영구자석과 코일에 의한

$$\Phi = \Phi_m + \Phi_c \tag{8.149}$$

이다. 자석 Φ_m 때문에 유동이 있는 것을 나타내게 될 수 있다(닫힌 회로로 자석을 나오고 있는 유동).

$$\Phi_m = \frac{R_m}{R_m + R_g} \cdot \Phi_r \tag{8.150}$$

자기 저항은 다음과 같다.

$$R_m = \frac{l_m}{\mu_r \cdot \mu_0 \cdot A_m} = \frac{l_m}{\mu_o \cdot A_g}; \quad \text{여기서 } \mu_r = 1.0,\ A_g = A_c \text{이다.} \tag{8.151}$$

$$R_g = \frac{l_g}{\mu_0 \cdot A_g} \tag{8.152}$$

코일 전류에 의한 유동 Φ_c는 다음과 같다.

$$\Phi_c = \frac{N \cdot i}{R_m + R_g} \tag{8.153}$$

$$= \frac{\mu_o A_g}{l_m + l_g} N \cdot i \tag{8.154}$$

영구자석과 코일에 의한 총 유동은 다음의 식에서 보여진다.

$$\Phi = \Phi_m + \Phi_c \tag{8.155}$$

$$= \frac{l_m}{l_m + l_g}\Phi_r + \frac{\mu_o A_g}{l_m + l_g} N \cdot i \tag{8.156}$$

$$B = \frac{\Phi}{A_c}; \quad note \quad A_c = A_g \tag{8.157}$$

$$= \frac{\Phi}{A_g} \tag{8.158}$$

$$= \frac{l_m}{l_m + l_g} B_r + \frac{\mu_o}{l_m + l_g} N \cdot i \tag{8.159}$$

$$= \frac{l_m}{l_m + l_g}\left(B_r + \mu_o \frac{N \cdot i}{l_m}\right) \tag{8.160}$$

자기 유동 밀도의 이 값을 위해 영구자석의 B-H의 두 번째 사분면 위에 상응하는 $\mu_0 \cdot$ H점을 결정하자.

$$B = B_r + \mu_r \mu_0 H \tag{8.161}$$

$$\mu_o H = \frac{B - B_r}{\mu_r} \approx B - B_r; \quad \text{assuming} \quad \mu_r \approx 1.0 \tag{8.162}$$

$$= \left(\frac{l_m}{l_m + l_g} - 1\right) B_r + \frac{\mu_o}{l_m + l_g} N \cdot i \tag{8.163}$$

$$= \frac{-l_g}{l_m + l_g} B_r + \frac{\mu_o}{l_m + l_g} N \cdot i \tag{8.164}$$

이 관계식에 양식에 $\mu_0 \cdot N \cdot i / l_m$을 대입하면 다음과 같이 나타난다.

$$\mu_0 \left(H - \frac{Ni}{l_m}\right) = \frac{-l_g}{l_m + l_g} B_r + \frac{\mu_o}{l_m + l_g} N \cdot i - \mu_o \cdot \frac{N \cdot i}{l_m} \tag{8.165}$$

$$= \frac{-l_g}{l_m + l_g} B_r + \frac{l_m - (l_m + l_g)}{l_m \cdot (l_m + l_g)} \mu_0 \cdot N \cdot i \tag{8.166}$$

$$= -\frac{l_g}{l_m + l_g} \cdot \left(B_r + \mu_0 \frac{N \cdot i}{l_m}\right) \tag{8.167}$$

그리고 만재 흡수선 경사를 다음 식으로 표현한다.

$$P_c = \left| \frac{B}{\mu_0 \left(H - \frac{Ni}{l_m}\right)} \right| \tag{8.168}$$

$$= \left| \frac{\frac{l_m}{l_m + l_g}\left(B_r + \mu_o \frac{N \cdot i}{l_m}\right)}{-\frac{l_g}{l_m + l_g} \cdot \left(B_r + \mu_0 \frac{N \cdot i}{l_m}\right)} \right| \tag{8.169}$$

$$= \left| \frac{l_m}{l_g} \right| \tag{8.170}$$

그리고 현재의 코일의 영향이 있는 것을 포함하고 있는 새로운 만재 흡수선 식은 다음과 같다.

$$B = -P_c \cdot \mu_o \left(H - \frac{Ni}{l_m}\right) \tag{8.171}$$

코일의 전류 영향은 $\frac{N \cdot i}{l_m}$ 총계에 의해 H축을 따라 만재 흡수선을 이동하는 것이다.

전류가 없을 때, 자석은 자석을 둘러싸고 있는 자기 회로의 투과 계수(P_c)에 의해 결정되는 명목상의 점에서 움직인다. 코일 전류의 영향은 자석에게 소자 지역을 강요하기에는 너무나 커서는 안 된다.

8.2 솔레노이드

8.2.1 동작 원리

솔레노이드은 제한된 운동 범위를 가진 운동 작동 장치이다. 솔레노이드들은 유체의 흐름 제어 판들과 작은 범위 이동형 전치 작동 장치들에서 사용된다. 솔레노이도는 코일, 자기의 유동을 이끄는 높은 투과성을 가진 재질인 프레임, 플런저, 마개(그리고 중심에 있는 스프링 대부분의 경우)와 보빈(그림 8.18)으로 만들고 있다. 보빈(*bobin*)은 코일이 감기는 구조이거나 자기를 띠지 않는 금속이다. 단락이 코일과 플런저의 사이에 유동을 없앨 수 있게, 자기를 띠지 않는다. 솔레노이드들의 조작 원리는 강자성 플런저의 영향에 기초한다. 그리고 코일은 최소한의 자기 저항점을 찾기 위해 자기의 유동을 생성한다. 결과로서 코일이 전압을 가하게 될 때, 플런저는 마개 쪽으로 바싹 조인다. 자기장의 강도가 높아질수록(코일 회전 수에 전류를 곱한 $n_{coil} \cdot i$) 영구자석이 플런저로 자속의 흐름이 커진다. 플런저는 잡아당기는 성질이 있다. 그러나 우

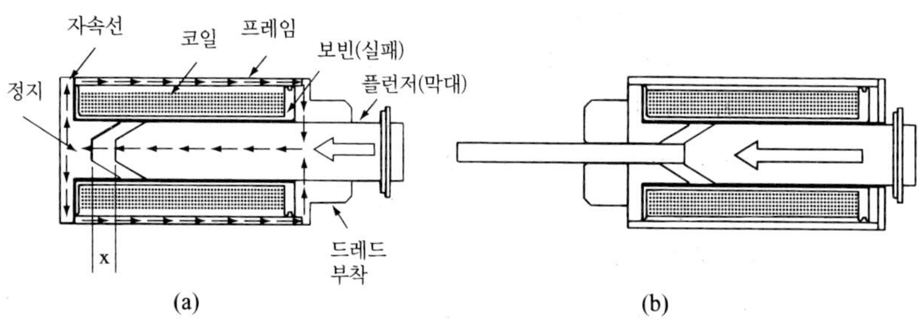

그림 8.18 ■ 솔레노이드의 동작 특성

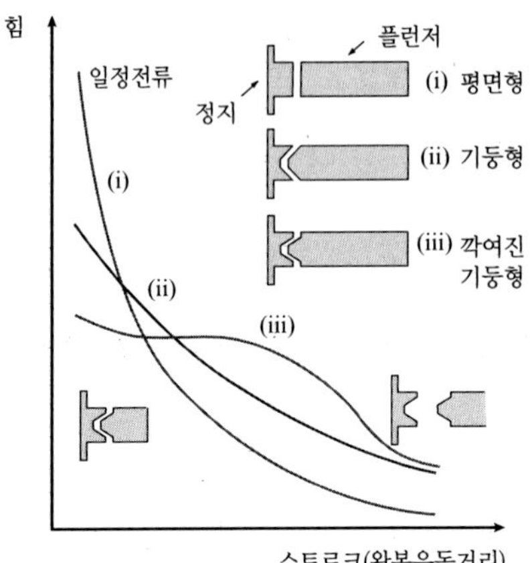

그림 8.19 ■ 솔레노이드의 변위에 따른 힘의 변화

리들이 얻을 수 있는 기계의 디자인에 의해 솔레노이드로부터 끌거나 민다(그림 8.18). 플런저 기계의 접속은 강자성 재질의 안에서 만들었다. 그리고 도구가 자기를 띠지 않는 재질을 통하여 있을 것임에 틀림없다. 예를 들면 추천형 솔레노이드의 경우에는, 미는-핀은 자기를 띠지 않는 재질(즉 스테인리스 강철)로 만들고 있다(그림 8.18(b)). 자기 회로의 성질과 자기의 자력선을 이끄는 그 기능은 코일 프레임의 투과성이 플런저와 코일(고정된 갈라진 틈), 공극, 플런저 마개(변화하는 갈라진 틈) 사이의 공극에 의존하게 한다. 주어진 전류에서, 솔레노이드에 의해 생성되는 힘은 플런저와 마개의 사이에서 공극의 기능에 따르고 변화한다. 이 공극이 작을수록 자속의 유효한 릴럭턴스는 적어지고 생성되는 힘은 커진다. 일정 흐름 아래의 플런저 전치의 기능으로서의 힘은 그림 8.19에서 나타낸 바와 같이 변화한다. 일정한 전류를 위한 힘-전치 곡선의 형체가 플런저와 마개 머리의 형체에 의해 영향을 받을 수 있다는 것을 알아야 한다. 고성능의 적용들을 위해, 솔레노이드에서 맴돌이 전류의 손실들을 줄이기 위해, 감겨진 것과 플런저의 철심은 절연하게 되는 철의 엷은 조각으로 잘린 시트들로부터 만들어진다.

솔레노이드는 **단동식형**이거나 **복동식형**의 장치이다. 즉 전류가 적용하게 될 때 플런저는 전류의 방향에 관계없이 자기 저항을 최소로 하기 위해 한 방향으로 움직인다. 힘은 항상 한 방향으로 밀고 당긴다. 복동의 솔레노이드들은 1개의 패키지에서 2개의 솔레노이드들을 사용하여 힘을 생성하는 것에 의해 밀고 당기는 양 방향을 움직일 수 있다. 그러므로 복동의 솔레노이드들은 근본적으로 1개의 플런저, 2개의 코일들과 2개의 마개를 가진 2개의 솔레노이드들이다.

방향 플로 제어 밸브는 그것을 2개 또는 3개로 분리된 위치들에 두기 위해 1개 또는 2개 솔레노이드들을 가질지도 모른다. 예를 들면 복동의 솔레노이드(1개의 패키지에 2개의 솔레노이드들)는 3개의 위치를 가질 수 있다. (1) 2개의 솔레노이드들이 에너지를 배출하게 되는 센터 위치, (2) 왼쪽의 솔레노이드이 전압을 주게 되는 왼쪽의 위치, 그리고 (3) 오른쪽 솔레노이드가 있는 오른쪽 위치는 전압을 내었다. 만일 각 솔레노이드의 전류에 비례 하여 제어되면, 완전한 ON 또는 완전한 OFF의 대신으로, 그때 플런저의 전치는 2개, 3개로 분리되어 있은 위치들에 비례하여 제어될 수 있다. 이것은 비례항 밸브에서 사용되는 방법이다. 솔레노이드들은 그들의 코일 전압, 최대 플런저 전치(즉 1/4 in.)와 최대 힘(즉 0.25 oz 100 lb 범위)에 관해서 정격된다. ON/OFF 형과 비례하는 형 솔레노이드들의 2개의 주요한 차이들이 있다.

1. 플런저, 코일, 프레임이 디자인되는 솔레노이드들 기계의 구성은 다른 유동 길을 제공한다(그림 8.19(a~c)). 비례항 솔레노이드들은 일반적으로 형의 안에서 나타내게 된다(그림 8.19(c)).
2. 코일의 흐름은 on/off에서 또는 비례항 모드에서 제어된다.

유압의 플로우 제어 밸브에서 사용되는 솔레노이드들은 플런저 주위에 튜브 디자인을 집어넣는다. 튜브는 2개의 기능들을 실행한다.

1. 플런저를 수압으로부터 분리한다.
2. 유동 흐름을 위해 적당한 가이드를 제공한다.

플런저로 유동을 이끌기 위해, 튜브는 중간의 섹션들이 자기를 띠지 않는 재질인 3개의 섹션들로 만들고 있다. 예를 들면 튜브의 3개의 섹션들의 재질은 낮은 탄소강, 놋쇠들과 낮은 탄소강일 수도 있다.

코일은 모든 전기적 작동 장치들에서 전자석의 역할을 한다. 전류(i), 감긴 횟수(n_{coil}), 그리고 자기 매체(중심 재질, 공극, 기타)의 효과적인 투과는 코일에 의해 생성되는 전자기계의 강함을 결정한다. 동시에 기계의 크기와 열에 대해 고려해야 한다. 정격되었던 흐름은 컨덕터 전선의 최소한의 지름 필요 조건을 결정한다. 전선 지름과 회전 수는 코일의 기계의 크기를 결정한다. 일반적으로 절연 재질은 약 10% 정도 효과적인 컨덕터 지름을 늘린다. 다른 절연 재질들은 다른 온도 평가를 가진다(즉 테르맬렉스(thermalex) 절연 재질을 위한 폼바(formvar)를 위해 합성했다). 코일의 전선 지름, 회전들의 수, 그리고 기구의 크기를 알면, 코일의 저항은 결정된다. 그러므로 저항성의 열 소실을 알게 된다. 절연 평가를 코일의 온도가 그 코일의 범위 내로 머무른다고 생각하기 위해, 코일으로부터 실시되는 열기의 열은 저항성 열의 균형을 잡아야 한다. 코일 디자인은 전기의 용량(전류와 회전들의 수), 기계의 크기와 열기의 열의 균형을 잡는 것을 필요로 한다.

솔레노이드에 의해 생성되는 힘은 코일의 전류(i), 코일의 회전들의 수(n_{coil}), 자기의 자기 저항(플런저 전치, x, 디자인 형체와 재질 투과성 μ의 기능인 R_B)과 온도(T)의 기능이다.

$$F_{sol} = F_{sol}(i, n_{coil}, R_B(x, \mu), T) \tag{8.172}$$

주어진 솔레노이드를 위해, n_{coil}은 고치게 되고 $R_B(x, \mu)$는 감겨진 코일과 플런저의 사이에서 플런저와 공극의 전치에 따르고 변화한다. 온도의 주된 효과는 코일의 저항의 변화이다. 이것은 주어진 말단의 전압을 위해 흐름의 변화를 가져오게 한다. 만일 제어 시스템이 코일에서 전류를 통제하면, 저항에 대한 그 효과 이외의 힘에 관한 온도의 효과는 보잘것없다. 그러므로 주어진 솔레노이드를 위해 생성되었던 힘은 다음과 같은 조작의 변수들의 기능이다.

$$F_{sol} = F_{sol}(i, x) \tag{8.173}$$

제어의 기초적인 모드는 힘을 제어하기 위해 코일의 흐름의 제어이다. 전류와 토크의 관계가 일정하고 축의 회전 위치에 독립적인 회전형 DC 모터와 달리 솔레노이드의 힘-전류 관계는 플런저의 위치에 비선형이다.

일반적으로 솔레노이드의 힘 용량은 25°C에서 평가된다. 힘 용량은 약 100°C 온도에서 일반적으로 80%의 값으로 줄어들 것이다. 정격되었던 전류에, 힘은 감소할 수 있거나 솔레노이드의 형에 따라 플런저 전치의 기능으로서 증가할 수 있다. 밀어내는 타입에서 플런저의 전치의 기능은 힘을 줄이고 당기는 타입의 솔레노이드는 증가한다(그림 8.19). 남겨진 왼쪽의 전류가 OFF로 변할 때(전류가 0) 전자기의 이력 현상 성질에 의해 항상 중심에 있는 것을 알아야 한다. 중심과 플런저 재질을 위한 *annelead* 강철의 사용은 효과를 최소로 한다.

가동의 기초적인 모드에서, 솔레노이드가 DC 전압 V_t(즉 12 V, 24 V, 48 V)에 의해 움직여지는 것은 그 코일 말단들과 전류 i의 저항 비율(코일의 인덕턴스를 방치하는 것)에 의해 개발된다.

$$i = \frac{V_t}{R_{coil}} \tag{8.174}$$

솔레노이드의 물리적인 크기는 그것이 전기로부터 기계의 힘에 변환할 수 있는 힘의 최대 총계를 결정한다. 솔레노이드의 연속의 힘 평가는 과열하는 것을 피하기 위해 능가하게 되어서는 안 된다.

$$P = V_t \cdot i = \frac{V_t^2}{R_{coil}} < P_{rated} \tag{8.175}$$

약간의 적용은, 더 큰 전류(인러시 전류)을 제공하는 것은 바람직하고 최초의 움직임 후, 전류는 더 작은 값에 끌어 내리게 되고 잡고 있는 전류라고 한다. 인러시 전류의 가지고 있는 전류를 줄이는 한 가지 방법은 2개의 저항기 섹션으로 감겨있는 코일을 나누고, 2개의 시리즈 저항기의 사이에서 전기의 접촉을 제공하는 것이다. 전류의 큰 인러시가 필요할 때, 부족해서 흐름을 늘리기 위해 스위치(즉 전자 트랜지스터 스위치)를 통하여 두 번째의 저항기 섹션을 순회하라. 큰 인러시 전류가 필요할 때, 단락 회로의 스위치(즉 전자 트랜지스터 스위치)를 통하여 두 번째의 저항기 섹션의 전류를 증가시켜라. 전류를 줄이는 것을 요구할 때 시리즈에서 회로에서 저항기의 두 번째의 일부를 포함하는 스위치를 OFF로 바꾸어 주고 주어진 말단의 전압을 위해 전류를 줄인다. 솔레노이드들 또한 첫 번째와 두 번째의 감김으로 만들어진다. 그런 솔레노이드들은 50 Hz 또는 60 Hz의 AC 전압(24, 120, 204 VAC) 에 의해 움직여질 수 있다. 힘은 전류의 정방형 관계가 있다. 그러므로 생성되었던 힘의 방향은 AC 전류의 방향 변화로 진동하지 않는다. 그러나 크기는 공급 전류의 주파수의 두 배로 진동한다. 즉 만일 AC 공급이 60 Hz이라면, 힘 크기는 120 Hz로 진동할 것이다. 바꾸어 말하면, 솔레노이드의 전자기의 회로는 전류의 공급 사이의 "정류기"처럼 행동하고, 힘을 생성한다.

8.2.2 DC 솔레노이드: 전기계적 동적 모델

그림. 8.18에서 보여주는 솔레노이드를 보면, 코일은 n_{coil} 회전들을 가지고 전압 $V(t)$은 코일의 말단들을 가로질러 제어된다. 플런저는 x를 향하여 내부에서 움직인다. 솔레노이드의 기계의 동적인 모델은 3개의 식들을 포함한다. (1) 전압, 코일의 전류와 플런저의 운동을 기술하는 기계의 관계,

$$V(t) = R \cdot i(t) + \frac{d}{dt}(\lambda(x, i)) \tag{8.176}$$

$\lambda(x, i)$은 유동 결합이다. 유도자 타입의 코일 회로에서 $\lambda(x, i)$는

$$\lambda(x, i) = L(x) \cdot i(t) \tag{8.177}$$

그러므로 전압-전류 운동의 관계는 표현될 수 있다.

$$V(t) = R \cdot i(t) + \frac{dL(x)}{dx}\frac{dx}{dt} \cdot i(t) + L(x) \cdot \frac{di(t)}{dt} \tag{8.178}$$

$$V(t) = R \cdot i(t) + \frac{dL(x)}{dx}\frac{dx}{dt} \cdot i(t) + L(x) \cdot \frac{di(t)}{dt} \tag{8.179}$$

전자기의 에너지 전환 기계 장치는 코일에 생성되었던 전자 기계와 플런저-공극 어셈블러에 변화하는 자기 저항의 사이에서 상호작용의 결과, 힘을 생성한다(Gamble 1996). 솔레노이드에서 자기력 선속의 길을 고려하자(그림 8.18). 플런저, 프레임과 마개의 투과성은 공극의 투과성에 비해 높은 투과성을 가진다고 가정하자. $\mu_c \gg \mu_0$. 자기의 에너지가 공극에 보관된다고 가정할 수 있다. 어딘가 저장되는 자기의 에너지를 무시한다. 이 모델은 솔레노이드들의 경우에는, 공극은 변화하는 것 외에는 그림 8.13의 자기의 회로에 비슷하다. 자장의 힘과 유동 밀도 그리고 유동 자신은 다음 관계와 같다.

$$H_g \cdot x = n_{coil} \cdot i \tag{8.180}$$

$$B_g = \mu_0 \cdot H_g = \mu_0 \cdot \frac{n_{coil} \cdot i}{x} \tag{8.181}$$

$$\Phi_b = B_g \cdot A_g = \mu_0 \cdot \frac{n_{coil} \cdot i}{x} \cdot A_g \tag{8.182}$$

결합과 유도자가 정의되는 유동은

$$\lambda(x, i) = \Phi_b \cdot n_{coil} = L(x) \cdot i(t) \tag{8.183}$$

$$= \mu_0 \cdot \frac{n_{coil}^2 \cdot i(t)}{x} \cdot A_g \tag{8.184}$$

이고, 플런저 전치의 기능으로서의 유도자는

$$L(x) = \mu_0 \cdot \frac{n_{coil}^2}{x} \cdot A_g \tag{8.185}$$

이며, 힘은 공동에너지 식으로부터 계산된다.

$$W_{co}(\lambda, i) = \frac{1}{2}\lambda(x, i) \cdot i = \frac{1}{2}L(x) \cdot i^2 \tag{8.186}$$

$$F(x, i) = \frac{\partial W_{co}(x, i)}{\partial x} \tag{8.187}$$

$$= \frac{1}{2}\frac{\partial L(x)}{\partial x} \cdot i^2 \tag{8.188}$$

$$F(x, i) = -\frac{1}{2}\mu_0 \cdot \frac{n_{coil}^2}{x^2} \cdot A_g \cdot i^2 \tag{8.189}$$

이것은 전류를 힘과 관계 짓는 두 번째의 식이다.

힘 방향이 전류에 의존하지 않는다는 것을 주의하고 그것은 공극의 정방형에 전류와 반대로 비례항의 정방형과 비례한다. 전치의 기능으로서의 힘의 형체는 플런저와 마개 횡단면들의 디자인으로 모양 지어질 수 있다(그림 8.19). 결국 세 번째 식은 힘-합성 관계이다. 그것은 플런저의 운동과 그것이 움직이고 있는 어떤 부하라도 정의한다.

$$F(t) = m_t \cdot \ddot{x}(t) + k_{spring}(x(t) - x_0) + F_{load}(t) \tag{8.190}$$

m_t는 부하를 더한 다수의 플런저이고, F_{load}는 부하의 힘이고, x_0은 스프링의 부하의 전치이다.

L이 클 때 솔레노이드 $\tau = L/R$의 전기의 시상수가 크게 될 수 있는 것을 주의하라. 빠른 응답을 위해 전기의 시상수를 줄이기 위한, 1개의 방법은 코일과 직렬로 외부의 저항을 추가하는 것에 의해 효과적인 저항을 늘리는 것이다. R이 증가하는 것처럼 τ은 감소한다. $i = V/R$ 때문에 그 전류를 제공하기 위해서 증가된 저항에서, 그 공급 전압 레벨은 비례하여 증가되어야 한다. 회전은 저항성의 손실 $P_{Ri} = R \cdot i^2$을 늘린다.

솔레노이드의 큰 유도자 때문에 전기 회로에서 전압 스파크들을 줄이기 위해 솔레노이드와 평행에 서지 진압자에게 구성 요소를 제공하는 것 또한 공통이다.

▶▶ 예제 그림 8.20에서 나타내게 되는 솔레노이드형을 고려하라. 3개의 공극에는 1개의 x_g와 2개의 y_g가 있다. 감겨 있는 것은 N의 회전을 가지고 제어되었던 전류 i는 감겨진 것에 공급된다. 전류의 i와 공극 x_g의 기능으로서 생성되는 힘을 결정하자. 공극 y_g는 일정하다. 철심의 투과성이 공극보다 매우 크다고 가정하고 철에서 MMF 손실을 무시하라. 그때, 총 MMF는 공극 x_g와 y_g에 보관된다. A_x와 A_y는 공극들에 교차 구역의 지역들을 보여준다.

MMF의 보존으로부터 우리는 움직이고 있는 유동은 위 또는 아래 부분이고 다음을 얻을 수 있다.

$$H_x \cdot x_g + H_y \cdot y_g = N \cdot i \tag{8.191}$$

대칭으로부터

$$\Phi_x = 2 \cdot \Phi_y \tag{8.192}$$

$$B_x \cdot A_x = 2 \cdot B_y \cdot A_y \tag{8.193}$$

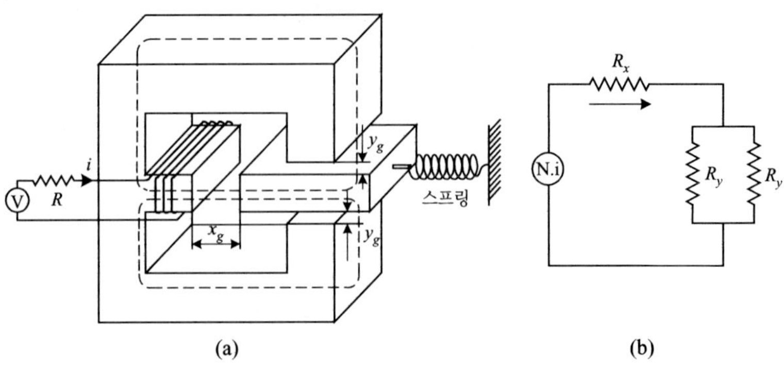

그림 8.20 ■ 솔레노이드의 자장 회로

다음을 주의하라.

$$B_x = \mu_o \cdot H_x \tag{8.194}$$

$$B_y = \mu_o \cdot H_y \tag{8.195}$$

그러므로

$$\Phi_x = 2 \cdot \Phi_y \tag{8.196}$$

$$\mu_o \cdot H_x \cdot A_x = 2 \cdot \mu_o \cdot H_y \cdot A_y \tag{8.197}$$

이것은 자장의 힘 관계에 따르는 결과이다.

$$H_y = \frac{A_x}{2A_y} H_x \tag{8.198}$$

따라서

$$H_x = \frac{N \cdot i}{\left(x_g + \frac{A_x}{2\,A_y} y_g\right)} \tag{8.199}$$

$$H_y = \frac{A_x}{2A_y} \frac{N \cdot i}{\left(x_g + \frac{A_x}{2\,A_y}\, y_g\right)} \tag{8.200}$$

MMF와 자기 저항에 의하여 이것을 보는 다른 방법이 있다. 회로의 MMF와 효과적인 자기 저항 때문에 유동은

$$\Phi = \Phi_x = \frac{1}{2}\Phi_y \tag{8.201}$$

$$= \frac{MMF}{R_{eqv}} = \frac{N \cdot i}{R_x + (R_{y,eqv})} \tag{8.202}$$

$$= \frac{\mu_o\, N\, i\, A_x}{\left(x_g + \frac{A_x}{2\,A_y}\, y_g\right)} \tag{8.203}$$

효과적인 자기 저항은

$$R_x = \frac{x_g}{\mu_o \cdot A_x} \tag{8.204}$$

$$R_y = \frac{y_g}{\mu_o \cdot A_y} \tag{8.205}$$

이고, 2개의 자기 저항의 평행의 접속으로부터의 $R_{y,eqv}$

$$R_{y,eqv} = \left(\frac{1}{R_y} + \frac{1}{R_y}\right)^{-1} = R_y/2 \tag{8.206}$$

유동 결합은 변화하는 다량들의 i와 x_g의 기능이며(y_g는 일정하다),

$$\lambda(x_g, i) = \Phi_x \cdot N = L(x_g, i) \cdot i \tag{8.207}$$

$$= B_x \cdot A_x \cdot N = \mu_o \frac{N^2 \cdot i}{\left(x_g + \frac{A_x}{2\,A_y} y_g\right)} A_x \tag{8.208}$$

$$L(x_g, i) = \mu_o \frac{N^2}{\left(x_g + \frac{A_x}{2\,A_y}\, y_g\right)} A_x \tag{8.209}$$

유동 결합과 전류의 기능으로서의 공동에너지 표현은

$$W_{co} = \frac{1}{2}\lambda(x_g, i) \cdot i = \frac{1}{2} L(x_g, i) \cdot i^2 \tag{8.210}$$

$$F(x_g, i) = \frac{\partial W_{co}(x_g, i)}{\partial x_g} \tag{8.211}$$

$$= -\frac{1}{2} \frac{\mu_o\, N^2\, A_x}{\left(x_g + \frac{A_x}{2\,A_y}\, y_g\right)^2} \cdot i^2 \tag{8.212}$$

생성되었던 힘은 작동 장치 기구, A_x, A_y, x_g, y_g갈라진 틈의 투과성 μ_0, 코일 회전 N, 전류 i의 기능이다.

이 작동 장치의 완전한 기계의 동적인 모델은 다음과 같다.

$$V(t) = L(x_g)\frac{di(t)}{dt} + R_{coil}\, i(t) + \left(\frac{dL(x_g)}{dx}\right) i(t) \frac{dx(t)}{dt} \tag{8.213}$$

$$F(x_g, i) = -\frac{1}{2} \frac{\mu_o\, N^2\, A_x}{\left(x_g + \frac{A_x}{2\,A_y}\, y_g\right)^2} \cdot i^2 \tag{8.214}$$

$$F(x_g, i) = m_p \frac{d^2x(t)}{dt^2} + k_{spring} \cdot x(t) \tag{8.215}$$

기계이고 전기 식들 사이의 연결이 유동 결합 $\lambda = L \cdot i$를 통하여 있는 것을 알아야 한다. 플런저가 움직이는 것처럼, 그것은 중심과 플런저 사이에서 유동 결합을 바꾼다. 이것을 보는 다른 하나의 길은 플런저가 움직이는 것처럼, 작동 장치 구조의 효과적인 자기의 자기 저항의 분배가 바뀐다는 것이다. 유동 결합의 변화는 기계의 운동의 결과처럼 공동에너지의 변화를 가져온다. 전치에 관계하다 공동에너지의 유도되었던 일부분은 생성되었던 힘이다.

8.3 DC 서보 모터와 드라이브

DC 서보 모터는 그들의 교환 기계 장치에 관해서 2개의 일반의 범주들로 나눠질 수 있다. (1) 브러시형 DC 모터와 (2) 브러시리스 DC 모터이다. 브러시형 DC 모터는 모터의 기계의 브러시 쌍을 제작하고 1개의 감겨진 스위치 전류를 정류하기 위해 회전자 위에 정류기 고리를 만든다. 1개의 감겨진 것으로부터 다른 것으로 전류를 바꾼다. 회전자 위치의 기능으로 자장은 회전자와 고정자를 항상 90도 각도로 서로 관계가 있다. 브러시형의 영구자석 DC 모터에서, 고정자가 감겨진 코일을 가지고 고정자는 영구자석을 가진다.

브러시리스 DC 모터는 브러시형 DC 모터를 뒤집은 것이다. 회전자는 영구자석을 가지고 고정자는 감겨진 코일을 가진다. 브러시형 모터와 같은 기능성을 이루기 위해서 회전자와 고정자의 자장은 모든 회전자 위치에서 서로 수직이어야 한다. 회전자가 순환하는 것처럼, 자장은 그것으로 순환한다. 회전자와 고정자의 자장에서 서로 수직 관계를 유지하기 위해서 고정자의 전류는 회전자의 위치와 관계가 있는 벡터량(크기와 방향)으로 제어되어야 한다. 이 벡터 관계를 유지하는 전류의 제어는 **교환**이라 불린다. 교환은 회전자 위치 감지 장치에 의거하는 솔리드 스테이트의 파워 트랜지스터를 기반으로 하게 된다. 회전자 위치 감지 장치가 브러시리스 DC 모터를 조작하기 위해 필요하다는 것을 알아야 한다. 이에 반해서 브러시형 DC 모터는 토크로서 어떤 위치 또는 속도 감지 장치 없이 조작될 수 있다. 모터가 위치 또는 속도 감지 장치에 관련되어 제어될 때, 그것은 "서보" 모터라고 간주된다.

브러시형 DC 모터의 자장은 영구자석(이름은 **영구자석 *DC* 모터**)이나 전자석(이름은 필드-운드(*field-wound*) *DC* **모터**)으로 설계될 수 있다. 필드-운드 DC 모터는 높은 파워 애플리케이션에서 사용된다(즉 20 HP와 이상). 영구자석은 효과적인 가격으로는 사용되지 않는다. 영구자석(PM) DC 모터는 20 HP 아래의 응용에서 사용된다.

감겨있는 코일은 모터의 가동에 있어 필수의 자장들 중의 1개를 결정한다(브러시리스 DC 모터, AC 유도 모터, 스테퍼 모터의 경우는 고정자에, 브러시형 DC 모터인 경우는 회전자). 코일 디자인 문제는 고정자 또는 회전자 주변부 주위에 코일을 분배하는 방법의 문제이다. 디자인 매개 변수들은 [85]이다.

1. 전기의 면 수
2. 각 면의 코일 수
3. 각 코일의 회전 수
4. 전선 지름
5. 슬롯의 수와 각 코일이 슬롯에서 분배되는 방법

고정자 전선의 공간의 분배에 의하여 감긴 2개의 타입이 있다(그림 8.21).

1. 감겨 있는 각 면이 복수의 슬롯에 분배되고 감겨 있는 1개의 면이 가지는 배포되었던 감긴 것들은 다른 감겨진 것들과 겹쳐지는 것(즉 AC 유도 모터, DC 브러시리스 모터).
2. 개개의 감겨진 것이 1개의 막대기에 밀집되도록 감겨진 것(즉 고정자 모터).

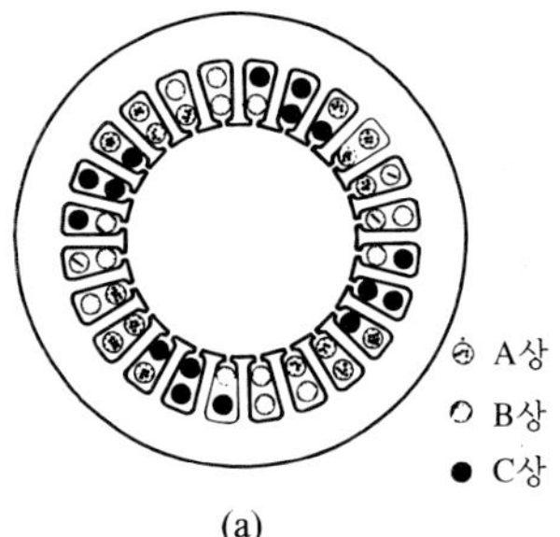

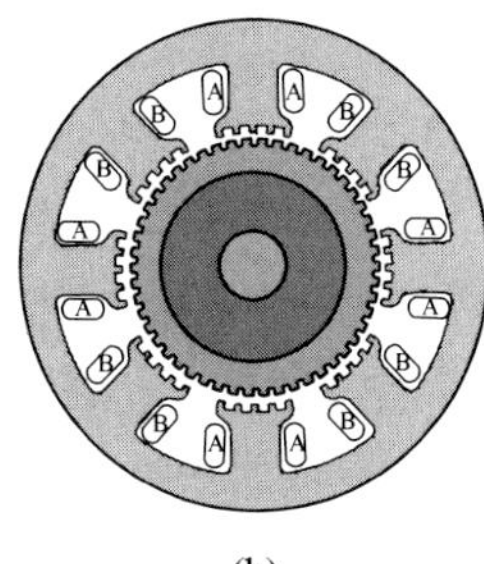

그림 8.21 ■ 고정자(Stator)의 감기 방식. (a) 분산감기(예, AC 유도 모터, 브러시 DC 모터), (b) 집중 감기(예, 스테퍼 모터)

대부분의 보통의 스텝 모터들은 집중되어 감겨 있다. 반면에 AC와 DC 모터들은 감겨진 것을 분배했다. 밀집되게 감겨진 것 안에서, 1개의 코일은 1개의 이 주위에 놓인다. 특별한 코일의 전류의 방향을 제어하는 것에 의해 이의 자기의 극정(N 또는 S)은 제어된다. 그러므로 요구되었던 N과 S 막대기 원형은 각 코일 현재의 방향과 크기를 제어하는 것에 의해 생성될 수 있다. 분배되었던 감겨진 것 안에서, 많은 변화들은 코일들을 분배하는 방법에 있다. 가장 보통의 타입은 3상으로 감겨진 것이고 각 슬롯은 2개의 코일 부분들을 가진다. 코일은 고정자에 주어진 어떤 전류의 교환 조건이라도 2극, 4극, 8극 등을 생성하기 위해 분배될 수 있다. 각 면에서 전류를 제어하는 것에 의해 자장 원형의 크기와 방향은 제어된다. 모터의 고정자와 회전자의 펼쳐진 판을 간주하는 것에 의해 선의 도형에서 슬롯들에서 코일 분배를 보는 것은 보통이다.

8.3.1 DC 모터의 조작 원리

영구자석 DC(PMDC) 모터가 운반하는 브러시형의 3개의 주요한 클래스들이 있다.

1. 철심 전기자
2. 프린트-디스크 전기자
3. 셸-전기자 DC 모터

철심 전기자 PMDC 모터는 표준의 DC 모터이고 고정자는 영구자석을 가지고 회전자는 컨덕터를 가진다(그림 8.22(a), 8.23, 8.24)). 관성 비율에 매우 큰 토크를 필요로 하는 적용들을

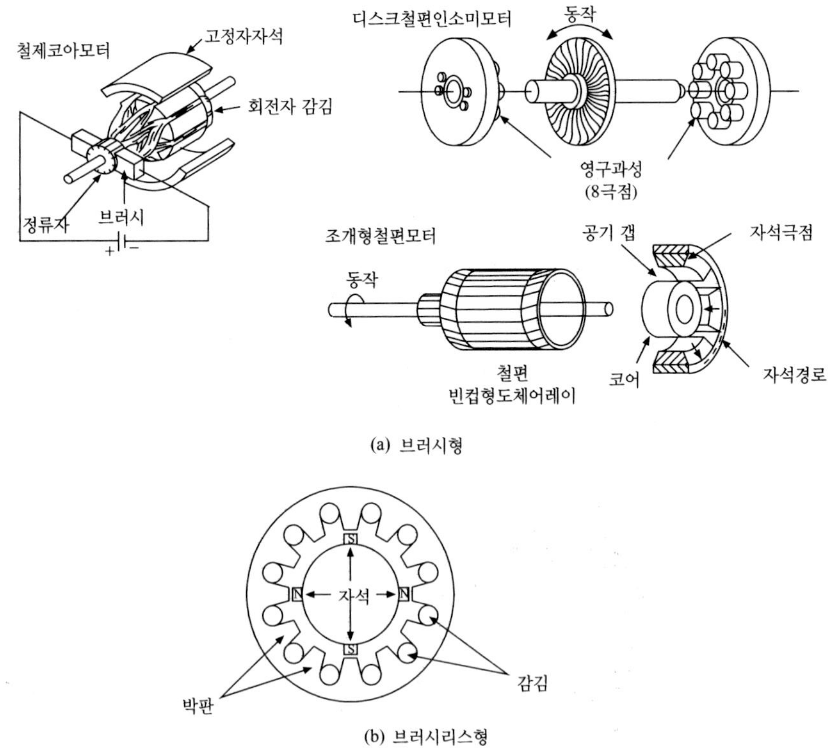

그림 8.22 ■ 영구자석 DC 모터. (a) 브러시형, (b) 브러시리스형

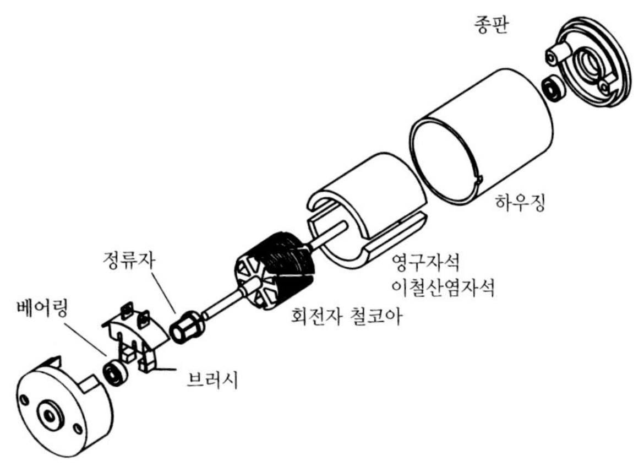

그림 8.23 ■ 브러시형 DC 모터의 부품 구성

위해 다른 2개의 타입들은 개발된다. 그러므로 매우 빨리 가속되고 감속하는 능력이다(그림 8.22). 프린트-디스크와 철심 전기자형의 모터의 사용은 최근 몇 년 동안 의미심장하게 줄었다. 토크와 관성의 비율들이 필적하거나 더 좋은 신뢰성으로 낮은 관성의 브러시리스한 DC 모터들로 더 좋은 신뢰성을 이룰 수 있게 되었기 때문이다(그림 8.22(b), 8.25).

브러시형 DC 모터들은 고정자의 영구자석을 가지고(일반적으로 2극 또는 4극 형상), 그리고 철심 회전자는 감겨 있다(그림 8.23). 회전자는 하우징에서 2개의 볼 베어링으로 지탱 된다. 하우징의 끝은 단판과 표면 오르기 판에 의해 덮인다. 작은 고리쇠는 온도 변화 때문에 회전자와 하우징 팽창의 공간을 제공하기 위해 베어링과 단판들 사이에 놓인다. 회전자는 일반적으로 얇은 판으로 된 철 시트 금속으로 만들고 각 박층 구조는 서로 절연하게 된다. 얇은

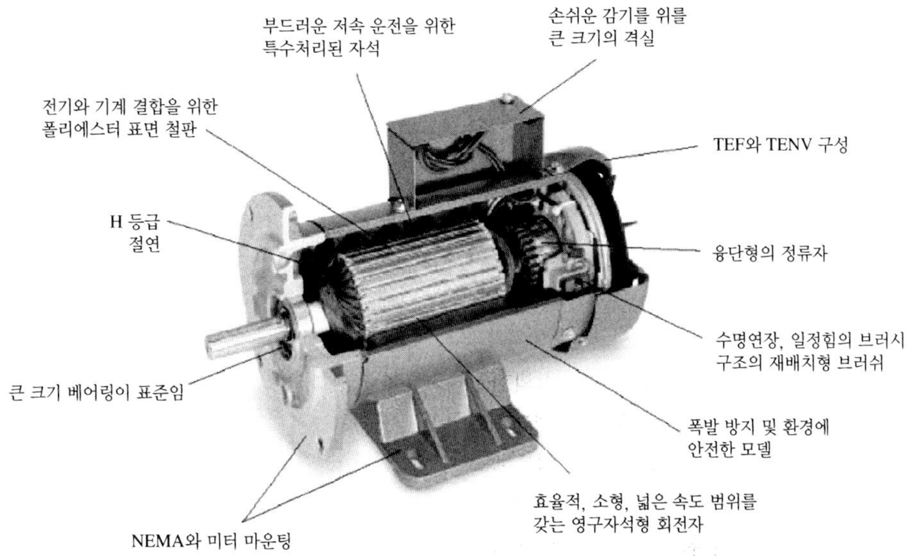

그림 8.24 ■ 브러시형 DC 모터의 조립도

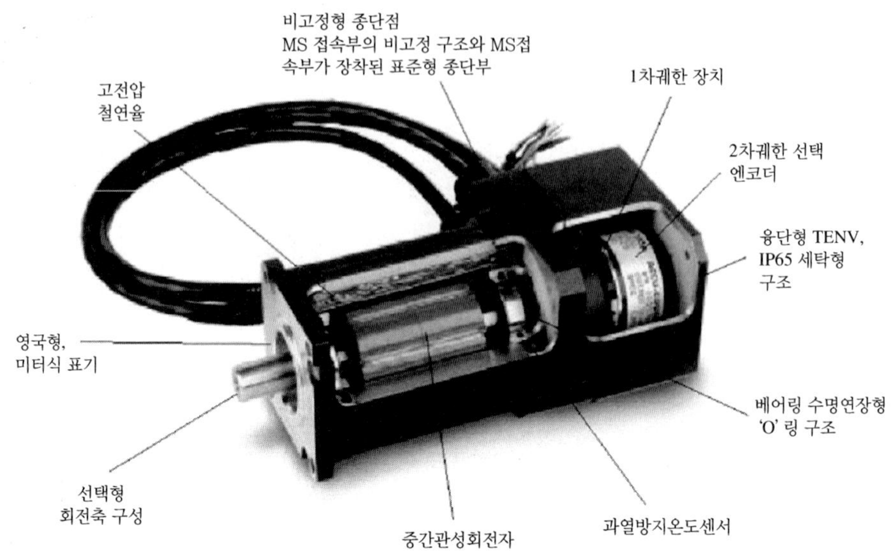

그림 8.25 ■ 브러시리스형 DC 모터의 단면도

판으로 된 회전자는 감긴 것들의 하우징 슬롯을 가진다. 중심 표면과 감겨진 것들은 절연 재질, 코어의 코팅에 의해 전기적으로 절연하게 되거나 종이의 얇은 시트를 절연하고 있다. 슬롯들은 더 낮은 최대 토크의 힘으로 토크 리플을 줄이기 위해 주변부 위에 비스듬하게 한다.

거의 일치하는 기계의 구성 요소들은 3개의 예외들로 브러시리스한 DC 모터들 안에 존재한다.

1. 교환이 운전에 의해 전자적으로 하게 되므로 정류기 또는 브러시들은 없다.
2. 회전자는 영구자석들을 회전자의 표면에 고정시키고 고정자는 감긴 것을 가진다.
3. 회전자는 현재의 교환을 위해 사용되는 위치 감지 장치(즉 홀 효과 감지 장치들 또는 보통의 엔코더)의 약간의 형태를 가진다.

영구자석 DC(PMDC) 모터의 원리를 조작하기 위해 전자기의 기초들을 복습해야 한다(그림 8.26). 전류의 운송 컨덕터는 그것 주위의 자장을 확립한다. 전자기계 힘은 전류의 크기에의 비례항이고 방향은 오른손 법칙에 의거하여 전류의 방향에 의존한다. 자장 형체는, 즉 컨덕터의 감겨 있는 솔레노이드의 경우 고리들을 이루는 것에 의해 전류의 운송 컨덕터의 물리적인 형체를 바꾸는 것에 의해 변할 수 있다. 전류가 솔레노이드를 감고 빠져나갈 때, 코일의 내부의 자장은 1개의 방향에서 집중하게 된다. 그것은 순번대로 일시적으로 솔레노이드의 철심을 자화하고 당긴다. 이것은 선형의 운동을 위한 기계의 힘 전환의 예이다.

전류의 운송 컨덕터가 2극의 영구자석 막대기들에 의해 확립되는 자장에 놓인다고 간주하자(또는 자장은 필드-운드 DC 모터들의 경우 필드-윈딩 전류에 확립하게 될 수 있다). 전류의 흐름의 방향에 따라, 힘은 "고정자 자장"과 "회전자 자장" 사이에서 상호 작용의 결과, 컨덕터 위에 생성된다(그림 8.27(a), 8.28).

$$\vec{F} = l\,\vec{i} \times \vec{\mathbf{B}} \tag{8.216}$$

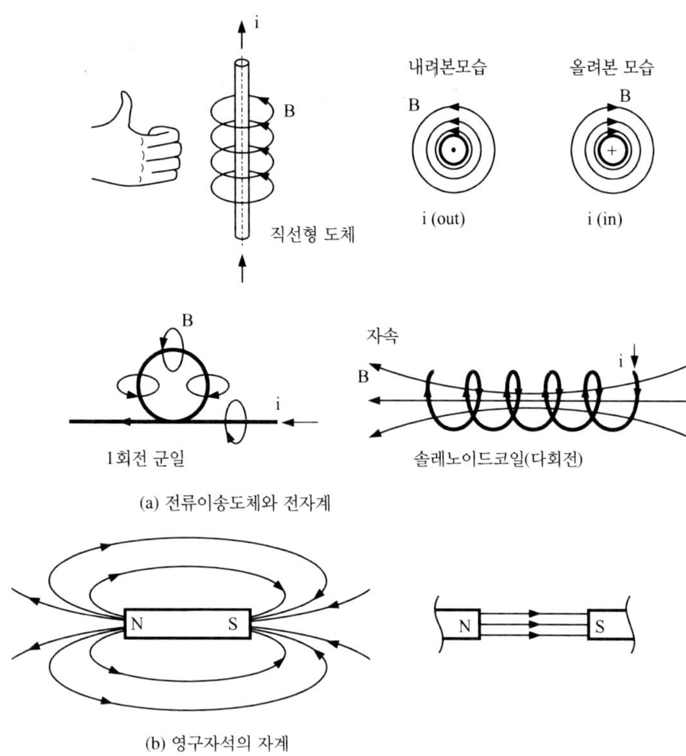

그림 8.26 ■ 전자기의 기본 원리. (a) 자장 형성의 전류 운반 도체, (b) 영구자석의 자장 형성

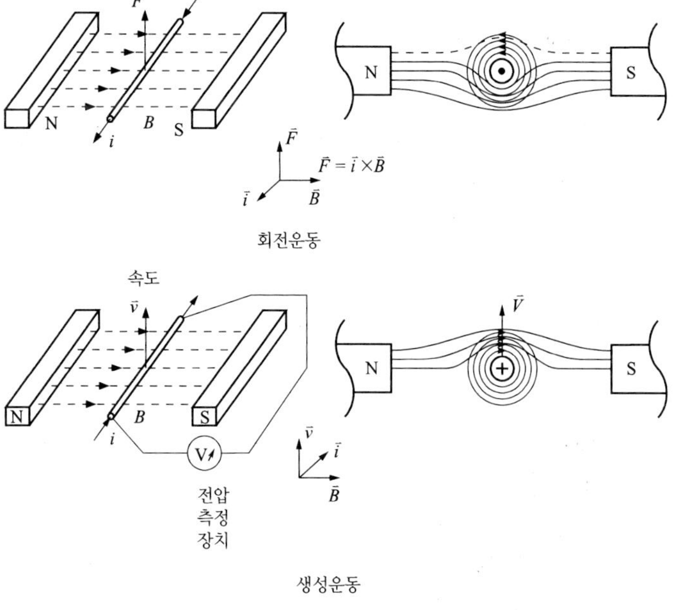

그림 8.27 ■ DC 모터의 동작 원리

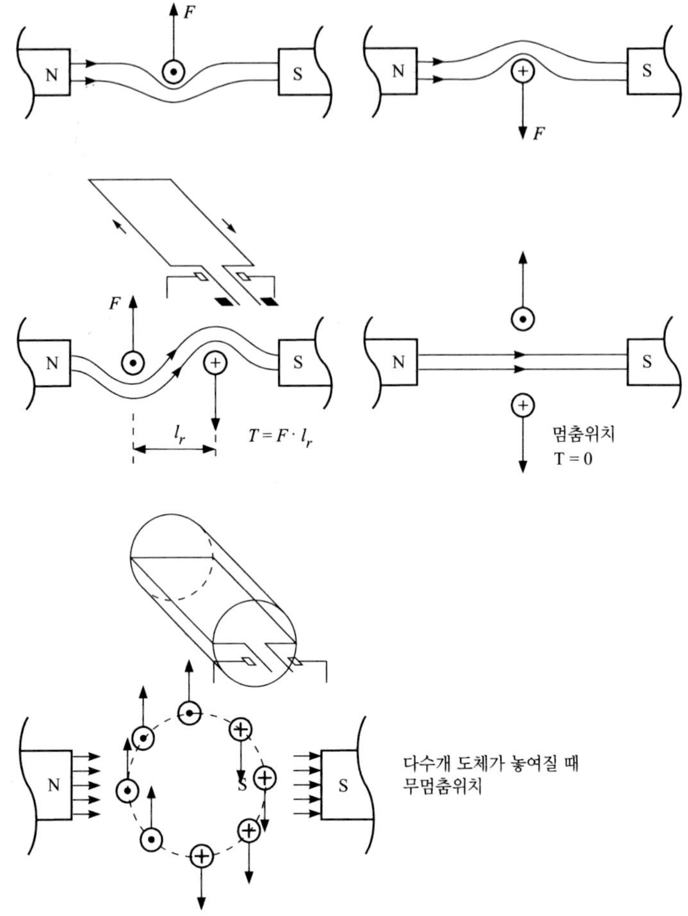

그림 8.28 ■ DC 모터 동작 원리

다음으로 자장에의 컨덕터의 고리를 놓고, 그것에 DC 전류에 한 쌍의 브러시를 사용하는 것을 간주하라(그림 8.28). 컨덕터의 2개의 반대쪽들의 전류의 방향들이 대립하고 있는 방향들에 있기 때문에 컨덕터 고리의 각 레그에 쓰였던 힘이 대립하고 있은 방향들에 있다.

$$T_m = F \cdot d \tag{8.217}$$

$\vec{B}, l, d$가 일정하다는 사실에 의해 우리는 추론할 수 있다.

$$T_m = K_t \cdot i \tag{8.218}$$

$K_t(B, l, d)$는 자장의 힘과 모터의 크기의 기능이다. 실제적인 모터를 위해, 컨덕터 고리는 1개의 쌍이 아닌 복수의 회전을 할 것이다. 결과로서, 일정의 K_t는 또한 컨덕터들 회전(n) 수 또는 같도록 유동 밀도가 컨덕터들($K_t(B, l, d, n) = K_t(B, l, d, A_c)$)에 대해 행동하는 표면 지역($A_c$)의 기능이다. 이것은 전력이 기계의 힘에 변환되는 DC 모터의 주된 조작의 원리이다. 이것은 **모터 움직임**이라고 불린다. 코일의 전류는 말단의 전압들을 제어하는 것에 의해 제어되고, 저항력이 있으며, 유도적이고, 역 기전력 전압들에 의해 생기게 된다.

$$V_t(t) = R \cdot i(t) + \frac{d\lambda(t)}{dt} \tag{8.219}$$

$$= R \cdot i(t) + L\frac{di(t)}{dt} + K_e \cdot \dot{\theta}(t) \tag{8.220}$$

전기의 회로 관계 $d\lambda(t)/dt$는 패러데이 유도 법칙의 결과로서 유발되었던 전압이다. 그것은 2개의 구성 요소들을 가진다. 첫 번째 하나는 코일의 자기 인덕턴스에 의한 것이고, 두 번째는 모터의 발전기 작용에 의한 것이다.

회전자가 90도로 돌릴 때, 힘 사이의 모멘트 암(moment arm)은 없음을 알아야 한다. 그리고 비록 컨덕터의 각 레그가 같은 힘을 가진다고 해도 토크는 생성되지 않는다. 주어진 자장의 강함과 전류를 위해, 회전자 위치로부터 독립해 있은 일정의 토크를 제공하기 위해 복수의 회전자 컨덕터들은 고르게 회전자 전기자에 분배된다. 연속의 토크의 방향을 위해 전류의 방향을 교환하기 위해, 한 쌍의 브러시와 정류기가 사용된다. 전류의 스위칭과 교환 없이, 토크의 방향이 모든 180도의 회전을 위해 시계 방향과 반시계 방향 회전 사이에서 진동하는 것처럼 모터도 진동할 뿐일 것이다. 브러시와 코일의 윗부분과 아랫부분에 이어지고 있는 선이라고 간주하라. 어떤 주어진 위치라도, 코일들의 1개의 1/2 전류가 코일들의 순서 1/2안의 전류에 대립하고 있는 방향에 있다.

또한 같은 장치의 모터 움직임은 그림 8.27에서 나타내게 된다. 이것은 컨덕터가 자장에 움직이게 될 때, 전압이 운동의 속도와 자장의 힘에 비례하여 그것을 가로질러 유발되는 패러데이 유도 법칙의 결과이다. 이것은 식 8.220에서 $K_e\dot{\theta}(t)$로 표현된다. 그러므로 모터와 모터의 움직임들은 DC 모터의 가동 동안 동시에 일하고 있다.

그림 8.29는 정류기 부분들의 다른 수를 위해 회전자 위치의 기능으로서 브러시와 정류기 정렬과 토크를 나타낸다. 이상적으로 정류기의 숫자가 더 커지면 토크의 리플은 더 작아진다. 그러나 실제적인 한도는 어떻게 브러시-정류기 어셈블리가 더 작을 수 있냐는 것이다. 만일 우리들이 교환 때문에 토크를 무시한다면, 토크는 주어진 영구자석 장을 위한 전기자 전류와 회전자 각(angular) 위치의 독립한 비례항이다. PMDC 모터에서, 자장 힘은 고정되어 있다. 그리고 전류는 운전에 의해 제어된다. "구동"이란 증폭기와 전원공급이 하나의 형태로 표현이다.

브러시리스한 영구자석 DC(BPMDC) 모터기는 근본적으로 "뒤집어서" 브러시형 PMDC 모터의 판이다(그림 8.30). 회전자는 영구자석들을 가지고 고정자는 컨덕터 감겨진 것들 보통 전기적으로 3개의 독립 면들을 가진다. 브러시리스 서보 모터의 감겨있는 고정자는 구식의 유도 모터의 감겨있는 고정자와 유도 모터를 제작할 때 사용되는 안정된 감겨있는 프로세서와 비슷하다.

조작의 목표는 같다. 장(고정자)과 전기자(회전자) 자장이 서로 항상 수직을 유지해야 한다. 만일 이것이 완성될 수 있으면, 영구자석 DC 모터 안의 기계의 힘 전환 관계와 토크의 생성은 브러시형 영구자석 DC 모터와 동일할 것이다. 물론 차이는 정류에 있다(그림 8.30). 브러시형 모터의 자기력 선속이 생성되는 고정자의 영구자석은 공간에 고정되어 있다. 전기장에 의해 생성되는 자장 또한 브러시 정류기 어셈블리와 고정자와 수직을 이루는 것에 의해 공간에서 고정을 유지한다. 브러시리스한 영구자석 DC 모터의 경우, 우리들은 같은 목

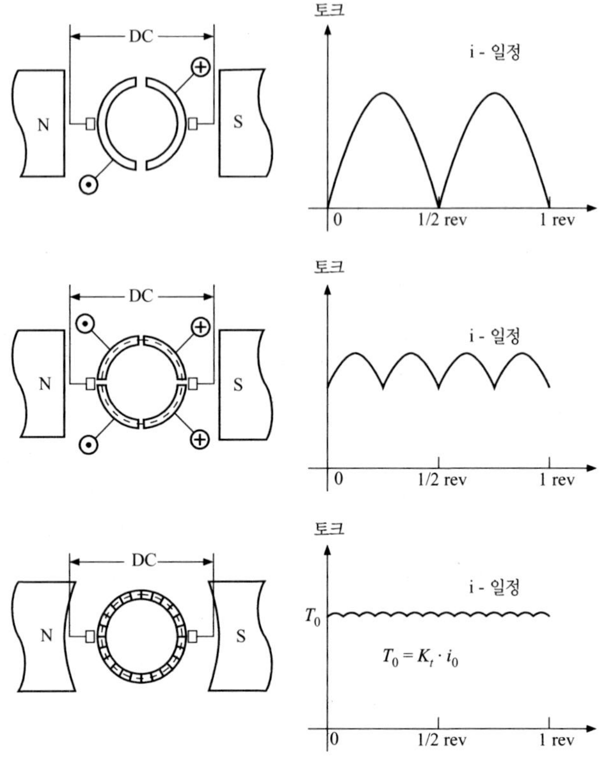

그림 8.29 ■ 회전자의 각 위치 특성과 토크 변화

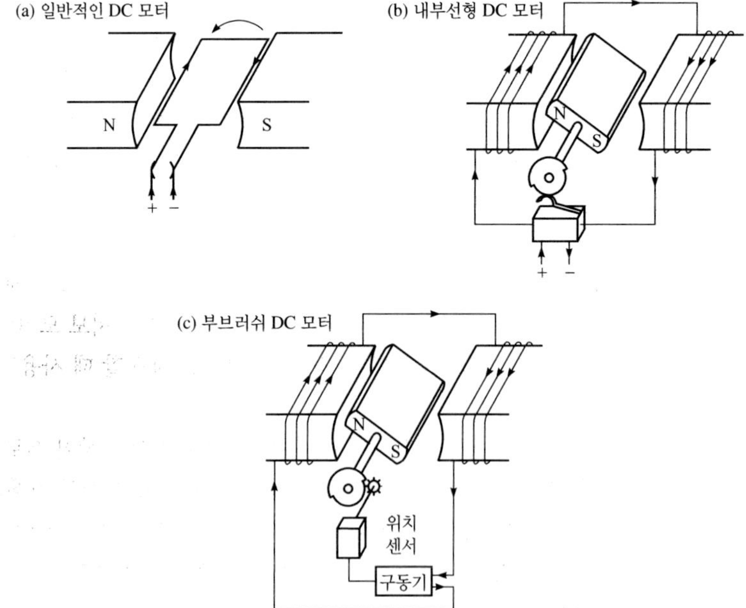

그림 8.30 ■ DC 브러시형과 브러시리스형

적을 가진다. 그러나 자기학은 회전자와 회전자로 공간의 회전으로 확립된다. 바꾸어 말하면 감겨진 고정자 전류 크기뿐만 아니라 또한 벡터 방향도 제어되어야 한다. 그러므로 브러시리스 모터는 그 힘 스테이지를 위해 회전자 위치 감지 장치를 필요로 한다.

8.3.2 DC 브러시형과 브러시리스 모터의 구동

전동기의 파워 증폭은 스테이지로서 결정된다. 그것은 전동기의 성능을 정의하는 구동 성능이다. DC 브러시형 모터에 사용되는 파워 스테이지 증폭기의 가장 보통의 타입은 H-브리지 증폭기이다(그림 8.31). H-브리지는 4개의 파워 트랜지스터를 사용한다. 쌍으로 제어될 때 (Q1 & Q4와 Q2 & Q3) 전류의 방향이 바뀌면서 토크의 방향도 생성된다. Q1 & Q3 쌍 또는 Q2 & Q4 쌍이 결코 동시에 ON으로 바뀌지 않는다는 것을 알아야 한다. 왜냐하면 공급과 그라운드 사이에서 단락의 형태를 이루기 때문이다. 각 트랜지스터를 가로지른 다이오드들은 전압 스파크를 억제하는 목적에 맞고, 따르는 전류를 위해 분방한 길을 제공한다. 큰 전압 스파크들은 코일들의 인덕턴스 때문에 역의 방향에서 트랜지스터를 가로질러 일어난다. 만일 전류의 흐름이 제공되지 않으면, 트랜지스터들은 손해를 입히게 될지도 모른다. 다이오드들은 유도 부하들을 대신하여 전류의 길을 제공하고, 전류는 코일을 통과한다.

다른 모터형을 위한 모든 파워 증폭기들의 다이오드들의 사용은 같은 목적이다. 파워 트랜지스터들을 통하여 전류의 크기를 제어하는 것에 의해, 토크의 크기는 제어된다. 매우 작은 크기 모터들(작은 마력) 안에서, 선형으로 움직이게 되었던 트랜지스터 증폭기를 사용한다. 펄스 폭 변조(PWM) 회로는 효율을 늘리기 위해 모두 ON 또는 OFF 모드에서 트랜지스터들을 조작한다. 선형의 증폭기는 더 낮은 노이즈를 제공하지만, PWM 증폭기보다 효율적이 아니다.

PWM 회로는 아날로그 입력 신호를 변화하는 펄스 폭 신호 이외의 고정된 주파수에 변

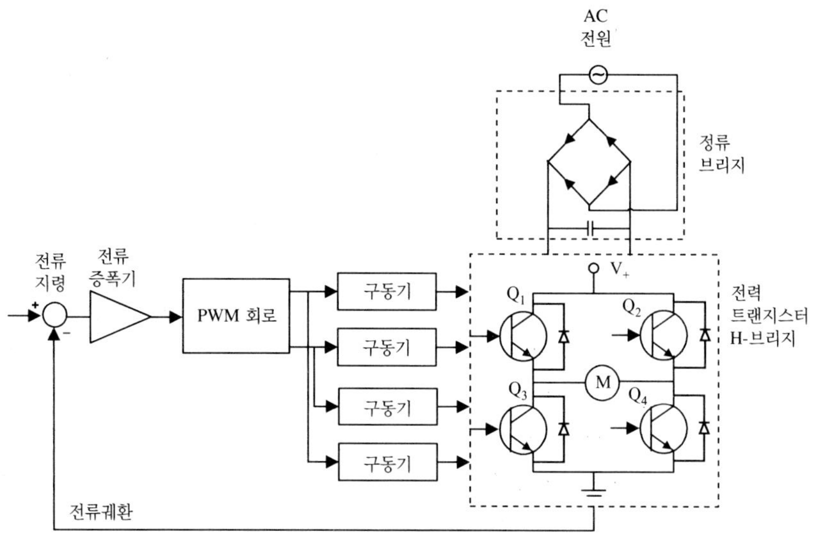

그림 8.31 ■ 브러시형 DC 모터의 구조와 동작 원리(PWM)

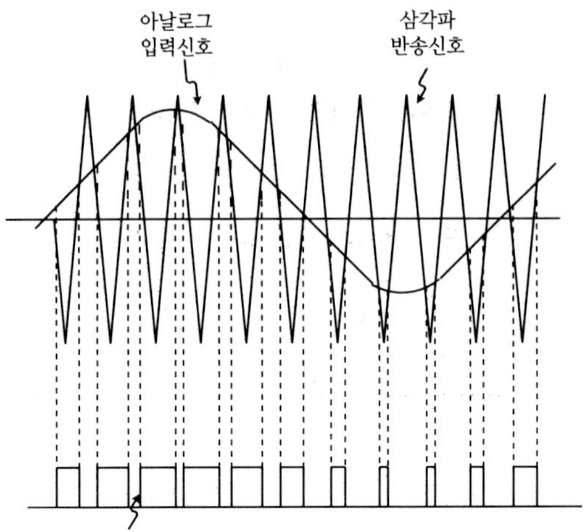

그림 8.32 ■ PWM 회로와 주파수 특성

환한다(즉 아날로그 신호인 전류의 고리로부터 오차 신호를 증폭한다). 높은 스위칭 주파수에 펄스 폭의 ON-OFF 시간을 조정하는 것에 의해 요구되었던 평균 전압은 제어될 수 있다. 그러므로 그 이름은 "펄스 폭 변조"라고 한다. PWM 회로(그림 8.32)는 높은 주파수(또한 스위칭 주파수라고 부르기도 한다)로 삼각형의 운반인 신호를 사용한다. 아날로그 입력 신호가 운반인 신호보다 클 때, 펄스 출력은 ON이고 그것이 더 작을 때, 펄스 출력은 OFF이다. PWM은 최소값과 최대값 사이의 값을 아날로그 신호로 보내는 다른 하나의 방법이다. 즉 0 VDC과 10 VDC 또는 −10~+10 VDC 사이의 값이다. 아날로그 전압 레벨에 의해 신호를 보내는 대신에, PWM는 고정된 주파수 신호의 ON 주기의 퍼센트로서 정보를 보낸다. 신호의 값이 최소값을 가질 때, 신호의 의무 주기(ON 주기)는 0퍼센트에 조정된다. 신호의 값이 최대값을 가질 때, 의무 주기(ON 주기)는 100퍼센트에 조정된다. 다른 말로, 신호의 아날로그 값은 신호의 의무 주기 퍼센트로써 전달된다. 대표적인 운전들의 주파수를 스위칭하는 것은 2~20 kHz의 범위에 있다.

그림 8.33은 3상의 브러시리스 DC 모터의 전류 억제되는 운동의 블록 선도를 나타낸다. H-브리지의 각 레그가 2개의 파워 트랜지스터를 가질 때, 브러시리스 모터 드라이브는 6개의 파워 트랜지스터를 가진다. 감겨진 고정자는 그림 8.33에서 나타낸 바와 같이 3 브리지 레그의 사이에서 접속된다. 나타내게 되는 이른바 Y접속은 접속을 감고 있는 면의 가장 보통형이다. Δ-접속은 드문 케이스들에 사용된다. 어떤 주어진 시간이라도, 트랜지스터 중의 3개는 ON이고 그들 중의 3개는 OFF이다. 더욱이 감겨진 것들 중의 2개는 잠재적인 DC 버스 전압의 사이에서 접속되고, 잠재적인 같은 전압에 접속하고 균형 회로로서의 행위 둘 다 제3의 감겨진 말단들이 있는 까닭에 명백하거나 부정적인 방향에서 그들을 빠져나가고 있는 흐름을 가진다(V_{DC} 또는 0 V). ON/OFF 트랜지스터들의 조합은 고정자 전류의 원형을 결정한다. 그러므로 유동 장 벡터는 고정자에 의해 생성된다. 단위 전류의 최대 토크를 위하여 고정자의 자장과 회전자를 수직으로 유지하는 것이 목적이다. 감겨진 고정자 페이저의 페이저 전류를 제어하기 위해, 고정자의 자장을 제어한다(크기, 방향, 벡터량). 그러므로 토크의 방향과 크기는 고정자의 자장과 회전자의 관계를 제어함으로써 제어될 수 있다.

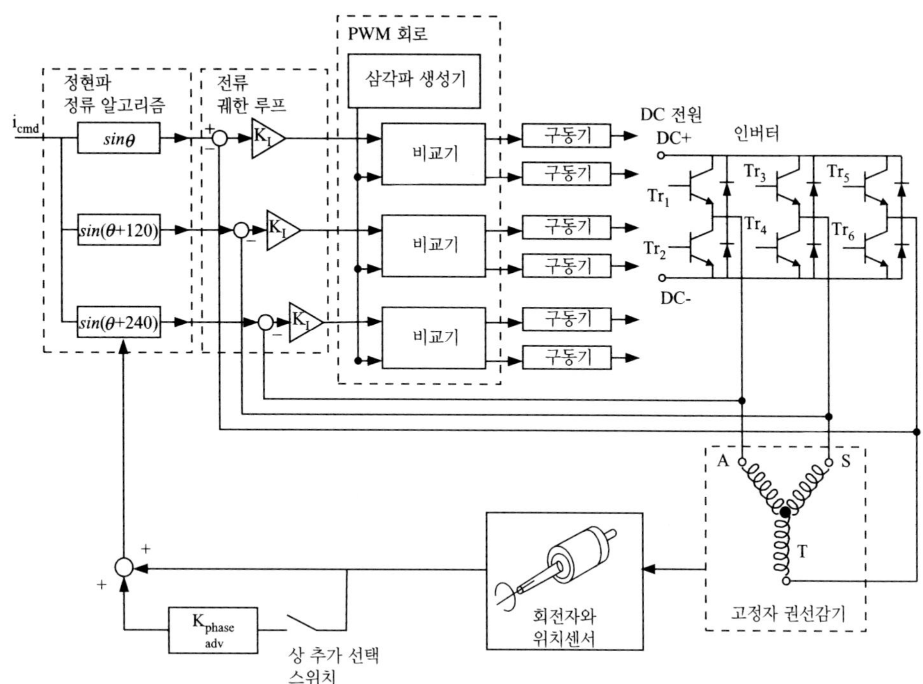

그림 8.33 ■ 브러시리스 서보 모터의 동작 특성과 구조

브러시리스 구동 방식의 정류 알고리즘에는 두 가지 형이 있다.

1. 정류
2. 사다리꼴 정류

사인파의 교환 운전은 어떤 속도 또는 비트는 힘에 최고 회전의 동일성을 제공한다. 2개의 종류들의 운전들의 주요한 차이는 더 복잡한 제어 문제 해결을 위한 단계적 수법이다. 최고의 실행을 위해, 운전의 교환 방법은 모터 역 기전력 형과 조화시키게 된다. 모터 역 기전력은 그 감겨진 분배, 래미네이션 프로파일(lamination profile), 자석들로 주로 결정된다. 궤환 센서와 파워 전자 공학 구성 요소들은 같은 것인 채로 유지된다. 최근 고성능의 디지털 신호의 프로세서들의 가격이 떨어졌던 것처럼, 브러시리스한 운전이 가지는 사인파의 교환 사용은 모든 다른 것들을 능가했다.

3개 면의 각각의 전류는 서로 관계가 있는 120도 위상 시프트에 의해 제어된다. 회전자 위치는 위치 센서로 추적된다. 위상 전류의 벡터 합계는 2개의 자장들이 항상 서로 수직인 회전자 위치의 정류되는 관계이다. 벡터의 합계가 아닌 3개의 위상의 전류의 대수의 합계는 0이다(그림 8.34). 전류의 궤환 루프는 충분한 동적인 대역폭으로 각 면에서 흐름을 통제하기 위해 PWM 회로에서 사용된다. 영구자석들에 의해 생성되는 자장의 크기가 일정하고, 활발히 제어되지 않는, 그리고 그것이 회전자로 순환하는 데 반해서, 고정자 장(크기와 방향을 가지는 벡터 양)은 운전 전류의 제어 루프에 의해 활발히 제어된다.

디지털 구현에서, 전류의 명령, 교환과 전류의 제어 문제 해결을 위한 단계적 알고리즘들

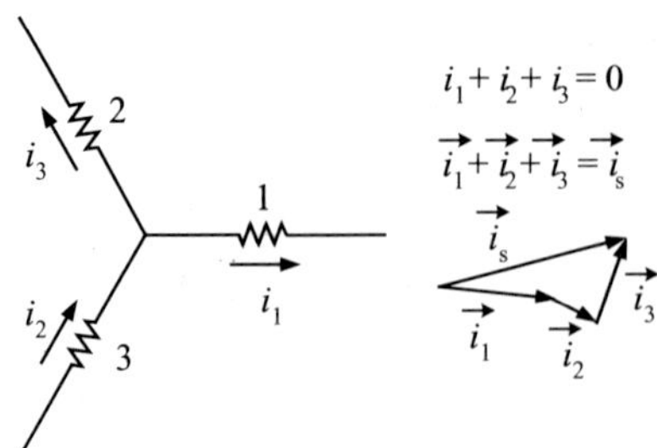

그림 8.34 ■ 기본적인 컴퓨터와 사람의 유사성

은 운전에서 또는 더 상급의 컨트롤러에서 존재할 수 있다. 대부분의 경우, 전류의 교환과 변동률의 문제 해결을 위한 단계적 수법들은 운전에서 실현된다.

정의에 의해 고정자가 정적이면 각 고정자 위상의 각도는 그림처럼 고정되어 있다(그림 8.34). 주어진 총 전류의 벡터($\vec{i_s}$)를 위한 각 위상 전류(i_a, i_b, i_c)의 크기는 위상(그림 8.34)의 위의 전류 벡터의 투영이다.

$$i_n = \vec{i}_s \cdot \vec{u}_n \tag{8.221}$$

$\vec{u}_n$는 위상의 단위 벡터이고, a의 위상은 $\vec{u}_a$, b의 위상은 $\vec{u}_b$, c의 위상은 $\vec{u}_c$이다.

아래의 유도는 3상의 브러시리스 모터(그것은 사인파의 역 기전력을 가지기 위해 디자인하게 된다)를 위한 사인파의 교환 알고리즘이 브러시형의 DC 발전기의 토크 전류 관계를 생산하는 것을 나타낸다. 브러시리스 모터가 3상의 감겨진 것을 가진다고 가정하자. 그러면 각 위상은 회전자 위치의 기능으로서 정현파 역 기전력을 가진다. 그 결과, 각 개개의 위상을 위한 전류 토크 이득은 같은 사인파의 기능을 가진다. 각 위상을 위해, 고정자의 주위에 감겨진 것의 물류 유통의 결과 120도 각도에 의해 서로 옮기게 된다.

회전자는 θ, 각도의 위치이고, 고정자의 위상 서로는 전류 i_a, i_b, i_c 값을 가진다. 각 감겨진 것에 의해 생성되는 토크의 힘은 T_a, T_b와 T_c이다.

$$T_a = i_a \cdot K_T^* \cdot sin(\theta) \tag{8.222}$$

$$T_b = i_b \cdot K_T^* \cdot sin(\theta + 120°) \tag{8.223}$$

$$T_c = i_c \cdot K_T^* \cdot sin(\theta + 240°) \tag{8.224}$$

정류자와 전류 궤한제어 알고리즘에서 전류제어는 각 상별로 120도 각도로 분리되어 회전자 위치의 기능에 따라 정현파 형태로 변조된다.

$$i_a = i \cdot sin(\theta) \tag{8.225}$$

$$i_b = i \cdot sin(\theta + 120°) \tag{8.226}$$

$$i_c = i \cdot sin(\theta + 240°) \tag{8.227}$$

총 토크의 발달은 각 위상의 공헌의 결과이다.

$$T_m = T_a + T_b + T_c \tag{8.228}$$

$$= K_T^* \cdot i \cdot (sin^2\theta + sin^2(\theta + 120°) + sin^2(\theta + 240°)) \tag{8.229}$$

삼각법의 관계를 주의하라.

$$(sin(\theta + 120°))^2 = (cos\,\theta\; sin120° + sin\,\theta\; cos120°)^2 \tag{8.230}$$

$$= \left(\frac{\sqrt{3}}{2}cos\,\theta - \frac{1}{2}sin\,\theta\right)^2 \tag{8.231}$$

$$= \frac{3}{4}cos^2\theta + \frac{1}{4}sin^2\theta - \frac{\sqrt{3}}{2}sin\,\theta\; cos\,\theta \tag{8.232}$$

$$(sin(\theta + 240°))^2 = \frac{3}{4}cos^2\theta + \frac{1}{4}sin^2\theta + \frac{\sqrt{3}}{2}sin\,\theta\; cos\theta \tag{8.233}$$

$$T_m = K_T^* \cdot i \cdot \frac{3}{2}(sin^2\theta + cos^2\theta) \tag{8.234}$$

그러므로 토크는 전류의 선형의 기능이고, 회전자 각도 위치의 독립, 선형성 상수 토크의 이득 (K_T)는 자장 힘의 기능이다.

$$T_m = K_T \cdot i \tag{8.235}$$

여기서

$$K_T = K_T^* \cdot \frac{3}{2} \tag{8.236}$$

그러므로 정현파로 정류되었던 브러시리스 DC는 모터가 전류와 토크의 같은 선형의 관계를 가지는 브러시형 DC 모터를 가진다. 대부분의 구현들은 3개의 위상 전류들의 대수 합계가 0이라는 사실을 이용한다. 그러므로 위상 전류의 명령들과 전류의 궤환 측정들 중의 2개만은 구현된다. 명령과 궤환 신호를 위한 제3의 위상 정보는 대수의 관계(그림 8.33과 8.34)로부터 얻게 된다.

실제 모터의 실제 역 기전력은 결코 정현성에 관계하지 않고, 사다리꼴(trapezodal)이지도 않다. 정류의 궁극의 목표는 회전자 위치로부터 독립해 있는 전류의 토크 이득, 즉 일정의 토크 이득을 유지하는 것이다. 그것을 이루기 위해, 전류의 정류 알고리즘은 개개의 모터 역 기전력 기능과 조화되어야 한다. 분명히, 만일 정현파 역 기전력 기능을 가지는 모터로 사다리꼴 전류의 정류 알고리즘이 사용되면, 전류 토크의 이득은 일정하지 않는다. 결과로서 생기는 모터는 큰 토크 리플을 가질 것이다.

모터의 전류 토크 관계에 관해 효과를 정류 각도 오차로 간주하자. θ_e는 회전자 각의 측정 오차이다. 즉 θ_m는 실제의 모터 각도이고, θ_m는 $\theta_e = \theta_a - \theta_m$ 정류 알고리즘을 사용한 각도의 측정값이다. 제로 이외의 정류 각도 오차 조건들의 전류 토크 관계가 있는 것을 나타내게 될 수 있다.

$$T_m = K_T \cdot i \cdot cos(\theta_e) \tag{8.237}$$

다음을 주의하라.

1. $\theta_e = 0$이면 이상적인 조건이다.
2. $\theta_e = 90°$이면 전류에 의해 토크가 발생하지 않는다.
3. $-90 \leq \theta_e \leq 90$이면 이상적인 것보다 효과적인 토크의 상수는 적다.
4. $90 \leq \theta_e \leq 270$이면 이상적이고 부정적인 것보다 효과적인 토크의 상수는 적다. 만일 보통의 위치 궤환과 극성이 닫힌 위치에서 사용되는 명령이 루프를 제어하면, 모터는 폭주할 것이다. 바꾸어 말하면, 모터의 닫힌 루프 위치 궤환 제어는 불안정할 것이다.

가장 안쪽의 루프에, 각 위상으로 공급되는 전압은 각 위상의 전류가 명령되었던 전류에 따르는 방법에 PWM 증폭기로 제어된다. 동적인 응답은 전압 변조와 작지만, 유한인 고정자의 전류 응답의 사이에서 뒤처진다.

$$\phi_{lag} = tan^{-1}(\tau_e \cdot \omega_m) \tag{8.238}$$

ϕ_{lag}가 위상 지연인 곳에 τ_e가 전류 루프의 전기의 시상수이기 때문에 이 지연은 높은 속도에서 중요한 요인이 된다. 그리고 ω_m는 회전자 속도이다. 모터의 속도가 증가하는 것처럼, 전류의 제어 루프의 위상 지연은 중요하게 될 수 있다. 결과로서, 장과 전기자 자장들 사이의 효과적인 각도는 90도가 아닐 것이다. 그러므로 모터는 더 낮은 효율에 비트는 힘을 생산할 것이다. 다른 말로 위상 지연을 예상하고, 전류의 정규 루프($\tau_e \simeq L/R$) 때문에 위상 지연을 상쇄하기 위해 위상을 이끌어서 명령 신호를 공급할 수 있다. 이것은 브러시리스 운전 정류 알고리즘에 있어서 진보하고 있는 위상이라고 불리는데, 그림 8.33에서 나타낸 바와 같이 회전자 위치 센서 신호를 수정하는 것에 의해 리얼 타임에 능숙할 수 있다.

마침내 브러시리스 정류 알고리즘은 1개의 주기 내에서 회전자의 절대 위치 측정을 필요로 한다. 이것은 파워 업 위에 정류 알고리즘을 초기화하기 위해 필요하다. 파워 업에, 증가하는 위치 감지 장치들(즉 증가하는 광학의 엔코더)은 이 정보를 제공하지 않기 때문에 리졸버와 완전한 엔코더들로 한다. 브러시리스 모터들의 70% 이상은 증가하는 형의 엔코더들로 사용된다. 그러므로 증가하는 위치 센서가 위치 궤환 장치로서 사용될 때 파워 업에 알고리즘을 찾고 있는 위상의 절대 위치 정보를 확립하기 위해 필요하다.

▶▶ 예제 드라이버 크기 모터와 드라이버(증폭기와 파워 서플라이) 크기들은 능숙하게 설계된 시스템으로 매치되어야 한다. 우리들이 모터의 크기를 선택해서 가진다고 가정하자.

운전 크기 결정은 DC 버스 전압($V_{DC,max}$)의 결정과 운전이 공급해야 하는 전류 (i_{max}, i_{rms})을 의미한다. 그 결과 최대수와 RMS는 전류의 필요 조건들은 계산한다.

$$i_{max} = T_{max}/K_T \tag{8.239}$$

$$i_{rms} = T_{rms}/K_T \tag{8.240}$$

최대 DC 버스 전압은 최악의 조건을 즉 최대 토크와 최대 속도의 러닝과 과도(transient) 인덕턴스 효과의 무시를 요구한다.

$$V_{DC} = L \cdot \frac{di(t)}{dt} + R \cdot i(t) + K_E \cdot w(t) \tag{8.241}$$

$$V_{DC,max} \approx R \cdot i_{max} + K_E \cdot w_{max} \tag{8.242}$$

모터의 전기 모델 $L \cdot d_i/d_t$ 용어는 무시하게 된다. 그 다음에 필수의 DC 버스 전압과 전류의 필요 조건들을 약간의 안전 한계로 제공하고 운전은 선택되어야 한다. 주었던 토크 용량에, 이용할 수 있는 공급 전압의 선두 룸이 운전이 지탱할 수 있는 최대 속도 용량을 제한하는 것을 알아차려라.

$$V_{head-room} = V_{DC,max} - R \cdot i_{max} \tag{8.243}$$

$$= K_E \cdot w_{max} \tag{8.244}$$

$$w_{max} = \frac{(V_{DC,max} - R \cdot i_{max})}{K_E} \tag{8.245}$$

최고의 속도는 모터의 역 기전력에 의해 제한된다. 어떤 주어진 토크의 레벨이 T_r이고, 토크를 생성하는 것을 요구되는 전류는 $i_r = T_r/K_T$이다. 이용할 수 있는 버스 전압의 $R \cdot i_r$부분이 사용되는 이 수단은 토크에 필요로 한 전류를 생성한다. 남아 있는 전압 $V_{DC,max} - R \cdot i_r$는 역 기전력 전압의 균형을 잡기 위해 이용할 수 있다. 그러므로 주어진 토크 출력에서의 최대 속도은 이용할 수 있는 "선두 룸 전압(head-room voltage)" 이다.

예제 브러시형 DC 모터 브러시형 DC 모터의 보통 동작 온도에 고정자 코일 저항이 0.25 Ω이라 하자. DC 파워 서플라이는 24 VDC이다. 모터 역 기전력 상수는 15 V/krpm이다. 모터의 전압은 전기 기계의 릴레이에 의해 ON/OFF된다. 2개의 경우를 고려하라. (a) 발전기 샤프트는 잠기게 되고, 순환하는 것이 허락되지 않는다, 그리고 (b) 모터의 속도는 표면상 1200 rpm이다. 릴레이가 둘 다 경우들을 위해 바뀌게 되는 모터에서 개발되는 불변의 전류를 계산하라.

모터가 잠그게 되고, 순환하는 것이 허락되지 않을 때, 역 기전력 전압도 드라이브의 모터 작용 결과도 없다. 이것은 스톨(stall) 조건이다. 만약 인덕턴스의 일시적인 효과를 무시하고, 모터의 속도가 0이 아닐 때 전기적 식들을 모터에게 주면 말단의 전압에서 역 기전력을 뺀 전류를 개발하기 위해 이용할 수 있다.

$$V(t) = R \cdot i(t) + L\frac{di(t)}{dt} + K_E \cdot w \tag{8.246}$$

$$\approx R \cdot i(t) \tag{8.247}$$

$$i = \frac{24\ \text{V}}{0.25\ \Omega} \tag{8.248}$$

$$= 96\ \text{A} \tag{8.249}$$

모터가 정지하지 않았을때 전류가 발생될 때 종단전압이 역 기전력을 감소시킨다.

$$V(t) = R \cdot i(t) + L\frac{di(t)}{dt} + K_E \cdot w \tag{8.250}$$

$$\approx R \cdot i(t) + K_E \cdot u \tag{8.251}$$

$$24\ \text{V} = 0.25 \cdot i + 15/1000 \cdot 1200 \tag{8.252}$$

$$i = \frac{24 - 18}{0.25} \tag{8.253}$$

$$= 24\ \text{A} \tag{8.254}$$

제한이 없는 조건들($i = 0$)에서, 최대 속도가 역 기전력에 의해 제한된다는 것을 알아차려라.

$$V(t) = R \cdot i(t) + L\frac{di(t)}{dt} + K_E \cdot w \tag{8.255}$$

$$24 \approx R \cdot 0 + 15/1000 \cdot w_{max} \tag{8.256}$$

$$w_{max} = \frac{24 * 1000}{15} \tag{8.257}$$

$$= 1600\ \text{rpm} \tag{8.258}$$

SI 단위로, $K_T = K_E$이다. 여기서 CGS 단위로 K_T [Nm/A] = 9.5493×10^{-3} K_E [V/krpm] 이다. 그때 우리들은 스톨에서, 1200 rpm 속도로 개발되는 최대 비트는 힘을 발견할 수 있다.

$$T_{stall} = K_T \cdot i \tag{8.259}$$

$$= 9.5493 \times 10^{-3} \times 15 \times 96\ [\text{Nm}] \tag{8.260}$$

$$= 13.75\ [\text{Nm}] \quad at \quad stall \tag{8.261}$$

$$T_r = 9.5493 \times 10^{-3} \times 15 \times 24\ [\text{Nm}] \tag{8.262}$$

$$= 3.43\ [\text{Nm}] \quad at \quad 1200\ \text{rpm} \tag{8.263}$$

▶▶ 예제 브러시-DC 모터 TPIC0107B의 PWM 제어 방식 H-브리지 IC 드라이브 TI 사의 집적 회로(IC) TPIC0I07B의 H-브리지와 스위칭 제어 로직(그림 8.35)을 고려하자. 운전 공급 전압(V_{cc})이 36 VDC 범위에 27 VDC 안에 있을 것이고 그것은 전류의 최고 3A의 연속의 브리지 출력을 지탱할 수 있다. DC 모터의 2대의 단말 장치들은 OUT1와 OUT2 포트들의 사이에서 접속된다. DC 공급 전압과 지면은 V_{cc} GND 말단들에 접속하고 있다.

논리 전압은 내부적으로 V_{cc}에서 비롯된다. TPIC0107B의 작동은 2개의 입력핀들로 제어된다. DIR과 PWM. PWM 핀은 마이크로컨트롤러의 PWM 출력 포트에 접속하고 있어야 하고 DIR 핀은 어떤 디지털 출력이라도 접속할 수 있다. PWM 스위칭 주파수는 2 kHz이다. OUT1과 OUT2(H-브리지 출력)의 상태는 PWM 핀에서 신호에 뒤따른다. 실제의 PWM 신호는 마이크로컨트롤러의 PWM 포트 옆에서 이루게 될 필요가 있다. 예를 들면 전류의 제

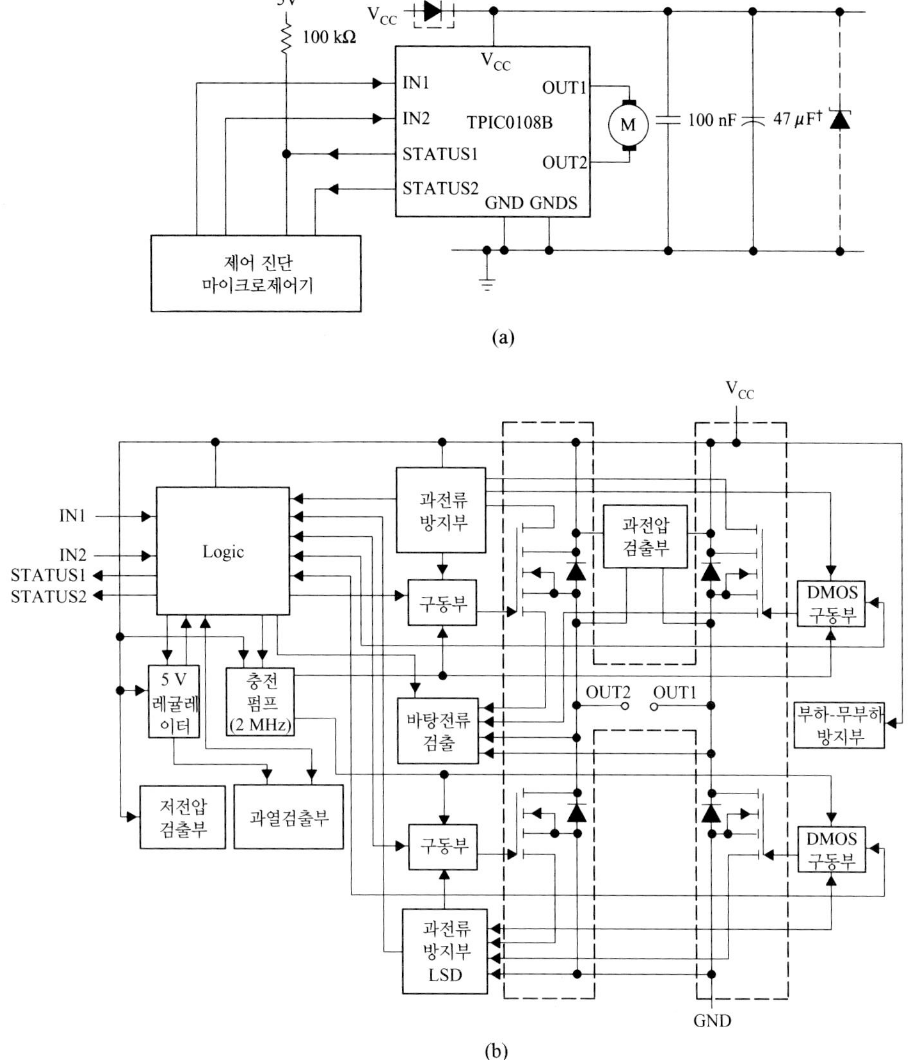

그림 8.35 ■ 브러시형 DC 모터의 PWM 제어 H-브리지 회로도

어 루프는 마이크로컨트롤러에서 실현되어야 한다. 그 IC는 과전압, 저전압, 단락, 과전류, 저전류, 온도 조절에 사용할 수 있고, 필요하면 브리지 출력을 끄고 오차코드를 가리키기 위한 상태 출력 핀을 설정한다(STATUS1과 STATUS2).

▶▶ 예제 영구자석 DC 모터 영구자석 DC 모터를 가정하자. 전기자 저항은 $R_a = 0.5\ \Omega$으로 측정된다. $V_t = 120$ V가 모터에 적용될 때, 1200 rpm 정상 상태 속도에 달하고 40 A의 전류를 당긴다. 역 기전력 전압, IR 파워 손실들, 전기자에 운반되는 파워와 속도로 생성되는 토크를 결정해야 한다.

모터를 위한 기초적인 관계는 다음과 같다.

$$V_t(t) = L\frac{di(t)}{dt} + Ri(t) + V_{bemf} \tag{8.264}$$

$$120\text{ V} = 0 + 0.5 \cdot 40\Omega\ A + V_{bemf} \tag{8.265}$$

$$V_{bemf} = 100\text{ V} \tag{8.266}$$

인덕턴스의 일시적인 효과는 안정 상태에서 무시된다. IR 동력의 손실은

$$P_{IR} = R_a \cdot i^2 = 0.5 \cdot 40^2\ \Omega\ A^2 = 800\text{ W} \tag{8.267}$$

이고, 토크의 생성,

$$K_E = \frac{V_{bemf}}{\dot{\theta}} = \frac{100\text{ V}}{1.2\text{ krpm}} \tag{8.268}$$

$$K_T = 9.5493 \cdot 10^{-3} \cdot K_E[\text{Nm/A}] = 0.7958\ [\text{Nm/A}] \tag{8.269}$$

$$T = K_T \cdot i = 31.83\ [\text{Nm}] \tag{8.270}$$

그리고 기계의 동력에 변환되는 전력,

$$P_m = T \cdot w \tag{8.271}$$

$$= 4000\text{ W} \tag{8.272}$$

$$= P_e \tag{8.273}$$

$$P_e = V_{bemf} \cdot i_a \tag{8.274}$$

$$= 100\text{ V} \cdot 40\text{ A} = 4000\text{ W} \tag{8.275}$$

모터의 속도가 일정하기 때문에 토크에 의해 생성되는 모터 토크는 같은 크기, 반대 방향의 총 부하 토크와 같다.

8.4 AC 유도 모터와 구동기

AC 유도 모터는 일정 속도를 필요로 하는 응용 예제에 널리 사용되고 있으며, 산업계의 견인차 역할을 하고 있다. 최근 AC 유도 모터는 보다 향상된 성능을 위해 구동기 내에 정교한 전류 정류 알고리즘으로 된 폐루프 위치 서보 모터로도 사용되고 있다. 3상 AC 모터는 높은 효율과 더 큰 동력을 위해 단상 AC 모터보다 더 일반적으로 사용된다. 다상 AC 유도 모터의 가장 보편적인 형태로는 다음과 같다.

1. 농형(籠型, squirrel cage) AC 유도 모터는 AC 모터의 가장 일반적인 형태이다. 스테이터는 상을 가지고 있고 회전자는 회전자 프레임에 농형의 컨덕터(구리나 알루미늄 컨

덕터 봉)로 되어 있다. 컨덕터 봉은 고리모양으로 짧게 둘러져 있다. 회전자는 외부와 전기적인 연결이 없다.

2. 권선(捲線) 회전자 AC 유도 모터는 농형과는 회전자 제작에서 다르다. 회전자는 권선형 컨덕터를 가지고 있다. 회전자 권선으로의 외부 전기적 연결은 슬립링을 거쳐서 된다.
3. 동기 전동기는 일정한 속도가 요구될 때 사용된다. 정상 상태에서 토크-속도 관계 곡선이 넓은 범위의 부하 토크에 대해서 일정한 속도를 제공하도록 모터는 설계된다. 만일 부하 토크가 최대값을 초과할 경우, 모터의 속도는 급격히 감소한다. 농형 모터와 비교하여, 동기 전동기의 속도는 부하 토크의 변화에 비해 훨씬 적게 변동한다.

스테이터와 회전자 코어는 얇은 스틸 디스크를 적층하여 만들어져 있다. 적층 형태의 코어를 사용하는 목적은 와전류 손실을 줄이기 위한 것이다.

스테이터 권선의 컨덕터는 높은 온도로부터 보호하기 위해 절연물질로 덮여 있다. IR 또는 구리 손실이라 불리는 저항 손실로 인하여 모터의 온도는 상승한다. 절연 물질 종류는 다음과 같이 분류 A는 105°C, 분류 B는 130°C, 분류 F는 155°C, 분류 H는 180°C 이하로 분류할 수 있다.

8.4.1 AC 유도 모터 작동 원리

AC 유도 모터의 주요 구성 요소는 스테이터상(相, phase)과 컨덕터를 갖춘 회전자(그림 8.36)이다. 농형 AC 유도 모터는 주변에 구멍을 가진 스틸(steel) 적층으로 구성되어 있다. 구멍은 컨덕터(구리나 알루미늄)와 짧게 둘러진 마감 링으로 되어 있다(그림 8.37). 스테이터

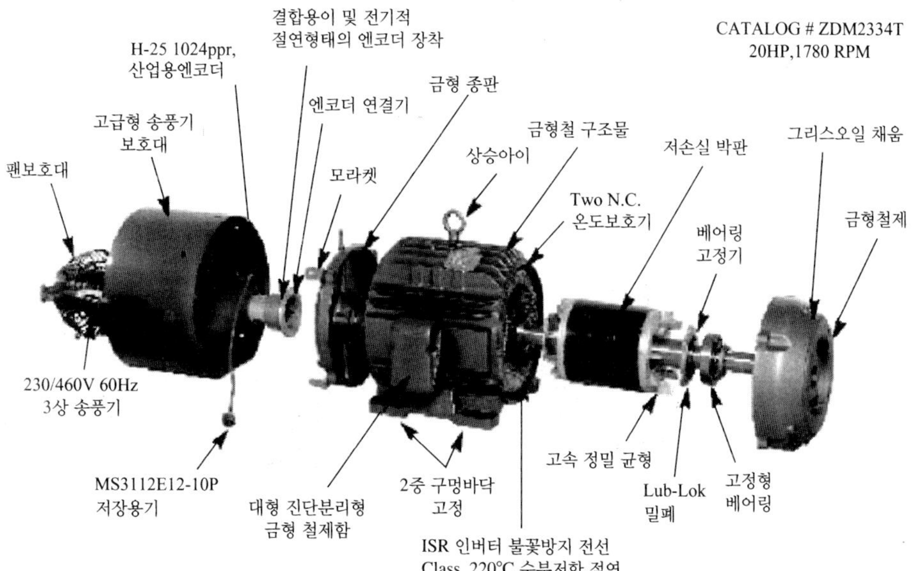

그림 8.36 ■ AC 유동전동기 소자구성

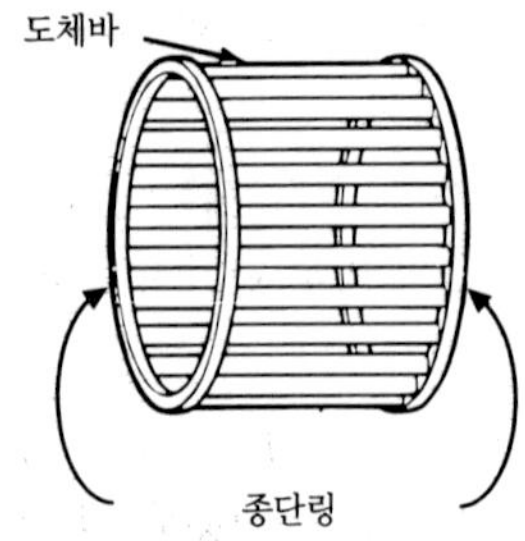

그림 8.37 ■ 다람쥐틀형태의 회전자구조의 AC 유도전동기. 도체바는 2개의 종단링에 고정됨

와 회전자의 공극은 10 kW 이하의 모터 경우 1 mm보다(즉 0.25 mm) 적은 범위이고 100 kW이하의 경우 수 밀리미터(즉 3 mm) 이하이다(그림 8.36). 공극은 최대 토크 요구량에 대비해 설계되기 때문에 모터의 경우 크다.

모터상의 수는 각 AC 공급선에 연결된 각각의 권선(winding)의 개수로 결정된다. 모터의 극수(number of poles)는 각 권선에서 발생되는 전자기적 극(pole)의 수를 의미한다. 전형적인 극수는 $P = 2, 4$ 또는 8이다(그림 8.38). 각 상의 코일선은 자속 분포를 형성하기 위해 스테이터 주변부에 분배될 수 있다.

AC 모터 또는 DC 전기 모터에서 토크는 두 자기장의 상호작용으로 생성되는데 이러한 자기장은 1~2개의 전류에 의해 발생된다. AC 유도 모터에서, 스테이터의 전류는 자기장을 형성하여 회전자 컨덕터에서 전류를 유발한다. 이러한 유도는 스테이터 자기장(교류전류 때문에 전기적으로 회전함)과 회전자의 컨덕터(초기에는 정적인 상태) 사이의 상대운동의 결과이다. 이것은 패러데이 유도 법칙의 전형적인 결과이다. 스테이터 교류 전류는 회전 자속 필드를 만든다. 전자기장의 변화는 기전력 전압을 유발하여 회전자 컨덕터에서 전류를 유발한다. 회전하는 회전자에서 유발된 전류는 고유한 전자기장을 발생한다. 두 전자기장(회전자의 전자기장은 스테이터의 전자기장을 따라가려고 한다)은 회전자 토크를 발생한다. 회전자의 속도가 스테이터 영역에서의 전기적 회전 속도와 같을 경우 회전자에서 유도 전압은 더 이상 없게 된다. 따라서 토크는 0이 된다. 이것은 AC 유도 모터의 주된 작동 원리이다.

토크가 발생되는 시각적인 그림을 그리기 위해서 2상 AC 유도 모터를 고려해 보자(그림 8.39). 다른 수의 상에 대해서도 원리는 유사하다. 단지 제1상만 활성화되었고 상 전류가 시

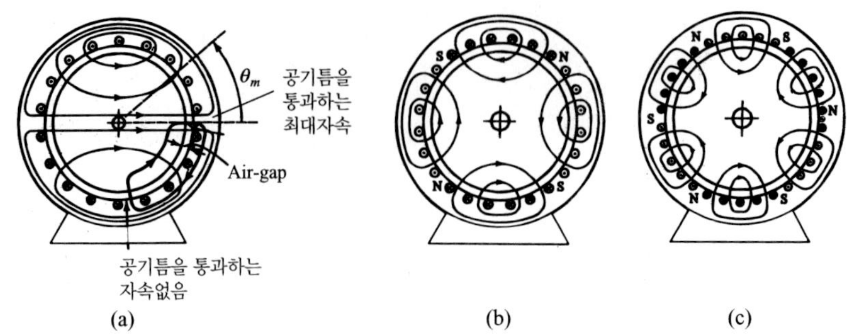

그림 8.38 ■ AC 유도전동기의 권선감기 고정자: (a) 2-극점($P = 2$) 구조, (b) 4-극점($P = 4$) 구조, (c) 6-극점($P = 6$) 구조

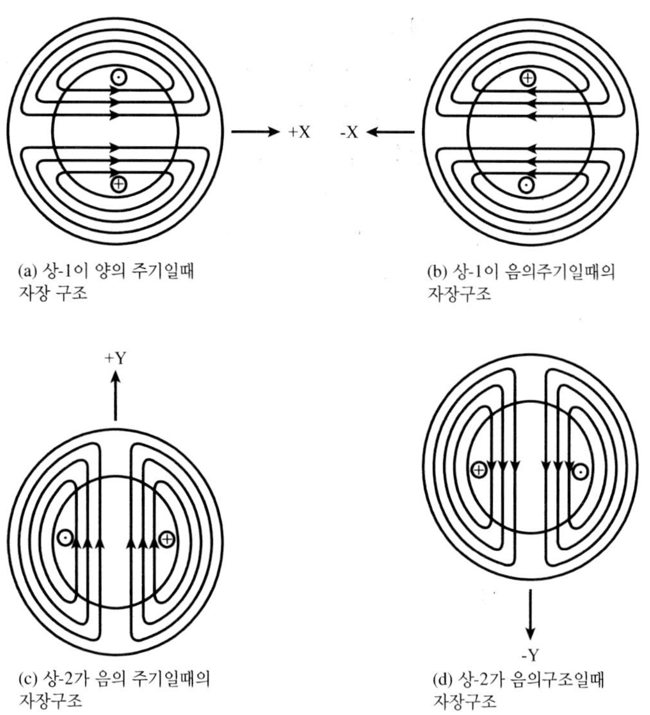

그림 8.39 ■ AC유도전동기의 동작원리: 2-상 모터의 예제

간의 조화 함수로 나타난다. 유도 자기장은 상 전류 함수로 크기와 방향이 변화한다. 그림 8.39 (a)~(b)는 X 방향으로 맥동(脈動)하는 자기장을 보여준다. 다음으로 첫 번째 상으로부터 공간적으로 90도 떨어진 두 번째 상을 고려해 보자. 자기장이 Y 방향이라는 것을 제외하면 같은 현상이 발생한다(그림 8.39(c, d)). 마지막으로 전기적으로 동일 주파수를 가지며 90도 위상 차이가 나는 2개의 상이 동시에 활성화되는 경우를 고려한다면, 두 필드의 벡터 합으로 형성되는 자기장은 가진 주파수와 동일한 주파수로 공간상에서 회전하게 된다(그림 8.40). 따라서 자기장은 권선의 분포와 전류의 결과로써 특정한 모습(즉 회전자 각도의 함수로 표시되는 공간상의 분포)을 갖게 되고, 시간에 따라 변화하는 전류의 결과로서 공간상에

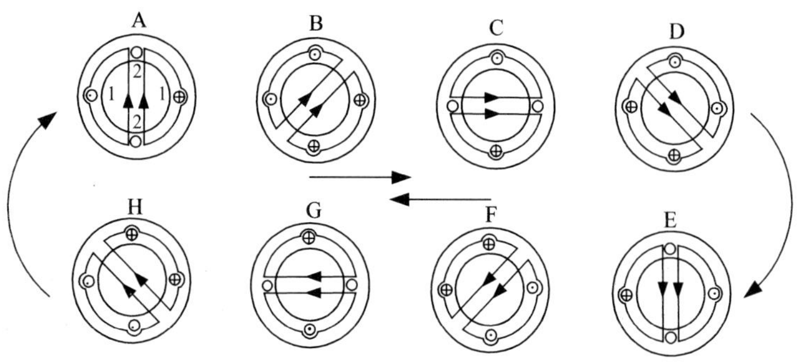

그림 8.40 ■ 8개 다른 순간에서 2상고정자의 자장변화

서 회전한다고 생각할 수 있다.

3상 모터의 경우에, 공간적으로 ±120도 떨어져 위치된 권선은 ±120도 위상차를 가지나 동일한 주파수를 갖는 전원에 의해 가지게 될 것이다. 스테이터 권선 전압에 의해 발생된 회전 자기장은 회전자 컨덕터에서 전압을 유발한다. 패러데이 유도 법칙의 결과로써 유도 전압은 회전자를 가로지르는 자속(flux) 선의 시간에 따른 변화율에 비례한다. 다시 말하면 만일 회전자가 스테이터 필드의 전기적 회전 속도와 동일하게 회전한다면 회전 토크는 발생하지 않는다.

P개의 극수를 갖는 모터에서 전기적 각도(θ_e)와 기계적 각도(θ_m)의 관계식은 다음과 같다(그림 8.38).

$$\theta_m = \theta_e/(P/2) \tag{8.277}$$

따라서 전기적 가진 주파수(w_e)는 동기 속도(w_{syn})과 관련이 있다.

$$w_{syn} = w_e/(P/2) \tag{8.278}$$

전기장 회전 속도(w_{syn})과 회전자 속도(w_{rm})의 차이 w_s는 슬립 속도(slip speed) 또는 슬립 주파수(slip frequency)라고 하며 다음과 같다.

$$w_s = w_{syn} - w_{rm} \tag{8.279}$$

$$= s \cdot w_{syn} \tag{8.280}$$

여기서, s(slip)의 정의는 다음과 같다.

$$s = \frac{w_{syn} - w_{rm}}{w_{syn}} \tag{8.281}$$

회전자가 고정되어 있을 때 ($w_{rm} = 0$)을 고려할 경우, 슬립은 $s = 1$이고 $w_s = w_{syn}$이다.

AC 모터 작동 원리는 변압기와 유사하다. 스테이터 권선은 변압기의 1차 권선 역할을 한다. 스테이터 구조는 변압기의 "철심" 역할을 한다. 회전자는 변압기의 2차 권선 역할을 한다. 유일한 차이점은 2차 권선이 회전자 컨덕터라는 것과 기계적으로 회전한다는 것이다. 전기적으로 회전하는 스테이터 자속과 기계적으로 회전하는 회전자 간의 상대운동으로 인해 회전자는 슬립 주파수에 해당하는 유효 자속의 영향을 받게 된다. 회전자에서 유도 전압은 변압기의 2차 권선에서의 유도 전압과 유사하다. 1차 권선의 전압은 다음처럼 자속을 생성한다. $P = 2$라 하면, $w_{syn} = w_e$. 스테이터 AC 전압은 다음과 같다.

$$v_s(t) = V_s\, sin(w_e\, t) \tag{8.282}$$

지속도의 결과는 다음과 같다.

$$\Phi = -\frac{V_s}{N_1 \cdot w_e} cos(w_e\, t) \tag{8.283}$$

여기서 N_1은 1차 코일의 감긴 수이다. 회전자는 $w_s = w_{syn} - w_{rm}$의 자속 주파수 영향을 받게 된다. 패러데이의 유도 법칙으로부터 유도 전압은 다음과 같다.

$$v_r(t) = N_2 \frac{d\Phi}{dt} \tag{8.284}$$

$$= -\frac{N_2}{N_1}\frac{V_s}{w_e}\frac{d}{dt}[cos(w_e - w_{rm})t] \tag{8.285}$$

$$= \frac{N_2}{N_1}\frac{(w_e - w_{rm})}{w_e}V_s\, sin(w_s\, t) \tag{8.286}$$

AC 유도 모터를 원인과 결과라는 관점에서 작동 원리를 살펴본다면 다음과 같이 설명할 수 있다. 스테이터 전류는 가해진 스테이터 볼트($v_s(t)$)의 결과이고 유도된 회전자 전류는 회전자 유도 전압($v_r(t)$)의 결과이다.

$$V_s(w_{syn}) \Longrightarrow i_s(w_{syn}) \Longrightarrow B_s(w_{syn}) \tag{8.287}$$

$$w_s \Longrightarrow V_r(t)\, induced \Longrightarrow i_r(t)\, induced \Longrightarrow B_r(w_{syn}) \tag{8.288}$$

$$B_s(w_{syn})\,\&\, B_r(w_{syn}) \Longrightarrow T_m\,(torque) \tag{8.289}$$

B_s와 B_r은 동기 속도 w_{syn}으로 돈다는 것을 명심하라. 회전자는 슬립 속도만큼의 차이를 가지고 기계적으로 동기 속도에 근접한 속도로 회전한다. 회전자의 기계적 속도가 동기속도보다 작을 경우 토크는 모터(모터링 액션)에 의해 생성된다. 반면 회전자의 기계적 속도가 동기 속도보다 더 큰 경우 토크(발전 모드)는 모터에 의해 소비된다. 회전자 주변의 기계적 속도가 동기 속도에 가까우면 토크는 슬립 속도에 비례한다. 슬립이 0이면 생성되는 토크도 0이다(그림 8.41). AC 유도 모터의 정상 상태 토크-속도 특성은 다음처럼 요약될 수 있다.

1. 작은 슬립 주변부에서, 토크는 스테이터에 의해 슬립 주파수에 비례한다. 만일 회전자 속도가 동기 속도보다 작을 경우(슬립 속도은 양수), 토크는 양수이다. 모터는 모터링 모드에 있다. 만일 회전자의 속도가 동기 속도보다 클 경우(슬립은 음수), 토크는 음수이다. 모터는 발전 모드에 있다.

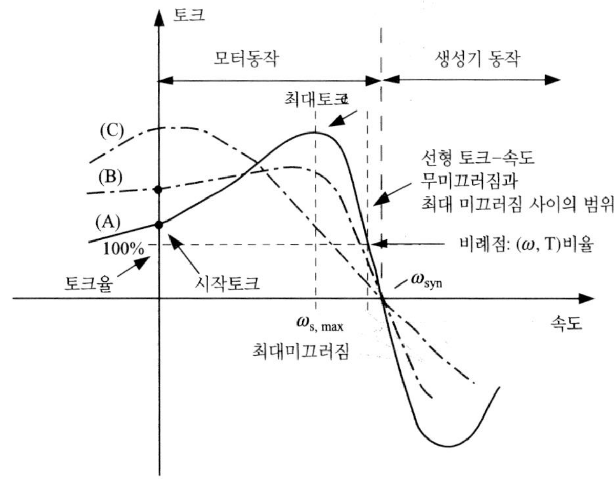

그림 8.41 ■ AC유도전동기의 개회로 토크-속도 곡선, 일정상수 AC전압크기와 주파수가 주어졌을때의 곡선임. 정상상태에서 토크-속도 관계는 비선형이다. 이 곡선은 다른 전자계 구조에 의해 서로 다른 모양이 주어진다. 곡선 A, B 그리고 다른 AC 모터의 토오크-속도 특성으로 다른 구조에 의해 얻어진 것임.

2. 슬립이 특정 값일 때, 토크는 최대값에 도달한다. 그것보다 큰 슬립 주파수인 경우, 회전자의 인덕턴스는 중요해지고 전류는 보다 높은 슬립에서 제한된다. 결과적으로 슬립 주파수의 특정 크기 이후로는 토크가 떨어진다.
3. 정상 상태 토크-속도 관계 곡선의 형태는 회전자 컨덕터 형태와 스테이터 권선 분포를 조정함으로써 조정될 수 있다.

AC 유도 모터에서 토크 생성은 스테이터와 회전자의 자속 분포 사이의 상호작용의 결과로 볼 수 있다. 스테이터 자속 밀도 분포(간단히 하기 위해 시간에 대해 일정하다고 가정)는 다음과 같다.

$$B_s = B_{sm} \cdot cos(\theta_m) \tag{8.290}$$

회전자 자속 밀도 영역(유도 원리의 결과)은 다음과 같다.

$$B_r = B_{rm} \cdot cos(\theta_m - \theta_{rs}) \tag{8.291}$$

여기서 B_{sm}과 B_{rm}은 회전자와 스테이터 자속 밀도 분포의 최대값이고, θ_m은 회전자의 기계적 각도이다. B_s와 B_r 사이의 각도 θ_{rs}는 소위 "회전자와 스테이터 사이의 동력 각도"라고 한다. 자력과 자기장(그림 8.42)의 상호작용에 대한 근본 이론으로부터 다음과 같이 결론지을 수 있다.

$$T_m = K_m \cdot \Phi_{sm} \cdot \Phi_{rm} \cdot sin(\theta_{rs}) \tag{8.292}$$

상기의 식은 토크는 모터의 크기와 설계 상수(K_m), 회전자와 스테이터의 자속 밀도, 두 자속 벡터 사이의 각도에 비례한다는 것을 나타낸다. 단위 전하당 토크 발생을 최대로 하기 위해 스테이터와 회전자 자속 밀도 벡터를 90도로 유지하기 위한 벡터 제어 알고리즘은 본 장 후반부에서 논의하기로 한다.

AC 유도 모터의 개방 루프(open loop) 정상 상태 토크-속도 특성은 그림 8.41에 나타난다. 일정 교류 전압 크기와 주파수가 스테이터 권선에 공급되는 경우에 그렇다. 곡선의 형태는 스테이터 권선과 배열을 다르게 사용함으로 바뀔 수 있음을 명심하라. 사실, 모터는 응용 목적에 따라 필요한 정상 상태 토크-속도 곡선 형태를 얻기 위해 각기 다르게 설계된다. 대부분 AC 유도 모터는 동기 속도의 5~20% 범위의 최대 슬립을 가지고 있다. 최대 슬립은

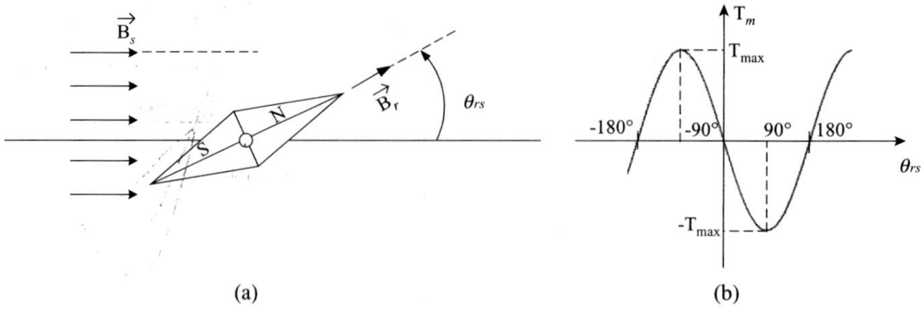

그림 8.42 ■ 두개의 자장 사이에서 간섭에 의해 발생되는 토크. (a) 외부자장에서의 영구자석, (b) 두 자속백터에서의 각도 함수에 의한 토크, AC유도전동기 경우 외부 자장 자속 밀도(B_S)는 고전자의 전류에 의해 구성됨. 외부 자속 밀도(B_r)은 유동전압에 의한 회전자에 의해 구성됨

최대 토크에 도달하는 슬립 속도로 정의된다. 명백히, 최대 슬립이 작을수록, 부하가 변동하는 환경에서 모터의 속도 변동도 작다. 마찬가지로 부하가 변함에 따라 큰 속도 변동이 요구되면 최대 슬립이 큰 모터를 사용하여야 한다.

이상의 성능 특성들은 모터-구동기 간의 교환 동작(즉 궤환 제어와 같은 동작)이 없이 단순한 전원 공급에 의해서 얻어진 것임을 명심하라. 일반적인 "필드향 벡터 제어(field-oriented vector control)" 알고리즘이 구동기에 사용되면 AC 모터는 마치 DC 모터처럼 움직일 수 있다. 따라서 모터의 성능은 항상 함께 사용하고 있는 구동기와 함께 평가되어야 한다. 사용되는 구동기에 따라서 모터의 성능 특성은 크게 다를 수 있다.

예제 공급 전원 주파수가 $w_e = 60$ Hz인 AC 유도 모터를 생각해 보자. $P = 2$인 2극 모터를 가정한다. 최대 부하에서 20%의 동기 속도(즉 $s = 20\%$)이 되도록 설계된 모터이다. 다음 조건에서 모터의 속도을 결정하여라. (a) 부하가 없을 경우 속도, (b) 최대 부하에서의 속도, (c) 최대 부하의 50%에서의 속도. 부하 변동으로 인한 속도의 변동을 최대값의 퍼센트 비율로 결정하여라. 최대 토크는 100 lb.in이다.

그림 8.41을 참고하여, "무부하 속도"와 "최대부하 속도"를 연결한 곡선가 직선이라 가정하자. 정상 상태에서 실제 모터의 속도는 부하 토크로 나타낸 토크-속도 그래프에서 일부분에 의해 결정된다. 부하 토크가 최대 부하 토크보다 작기만 하면, 모터 속도는 무부하 속도와 최대 부하 속도 사이의 값일 것이다. 부하가 최대부하 토크까지 변하면, 모터의 정상 상태 속도은 선형 토크-속도 곡선을 따른다.

모터의 무부하 속도는 다음과 같다.

$$w_{rm} = \frac{w_e}{P/2} = \frac{60\,\text{Hz}}{2/2} = 60\,\text{rev/sec} = 3600\,\text{rev/min} \tag{8.293}$$

최대 부하에서 모터 규격은 20%의 슬립을 가진다고 하였으므로 다음과 같이 나타낸다.

$$s = \frac{w_{syn} - w_{rm}}{w_{syn}} = 0.2 \tag{8.294}$$

$$w_{rm} = w_{syn} - 0.2 \cdot w_{syn} = 0.8 \cdot w_{syn} = 2880\,\text{rev/min} \tag{8.295}$$

부하가 최대 부하의 50%일 경우, 슬립은 최대 슬립의 50%가 된다. 따라서 정상 상태 회전자 속도는 다음과 같다.

$$s = \frac{w_{syn} - w_{rm}}{w_{syn}} = 0.1 \tag{8.296}$$

$$w_{rm} = w_{syn} - 0.1 \cdot w_{syn} = 0.9 \cdot w_{syn} = 3240\,\text{rev/min} \tag{8.297}$$

모터 속도는 무부하 상태의 동기 속도에서부터, 최대 부하 시 20%슬립까지 변화한다. 따라서 다음과 같이 나타낼 수 있다.

$$\frac{\Delta V}{\Delta T_l} = \frac{w_{syn} - ((1 - s) \cdot w_{syn})}{100} \tag{8.298}$$

$$= \frac{s \cdot w_{syn}}{100} \tag{8.299}$$

$$= 7.2 \text{ [rpm/lb–in.]} \tag{8.300}$$

8.4.2 AC 유도 모터용 구동기

구동기는 토크나 속도 위치와 같은 기계적으로 원하는 행동을 얻기 위해 AC 유도 모터의 스테이터 권선의 전기적 변수(전압과 전류)를 제어한다. 특히 전압 제어의 주파수와 크기는 관심분야이다. 아래에서 전압, 주파수, 전류와 같이 변동하는 한 가지 또는 그 이상의 전기적 변수에 기반을 두는 네 가지 타입의 구동기에 대해 논할 것이다.

그림 8.41은 AC 라인으로부터 스테이터 권선 페이즈가 직접적으로 퀘환되는 AC 유도 모터의 정상 상태에서의 토크-속도 곡선을 보여준다. 모터 동기 속도(w_{syn})은 선간 전압 주파수(w_e)에 의해 결정된다. 회전자의 실제 속도(w_{rm})은 동기 속도와 정상 상태에서의 실제 회전자 속도 사이의 슬립(w_s)이 존재하기 때문에 약간 낮을 것이다. 슬립 속도는 부하 토크에 달려 있다.

$$w_{syn} = \frac{w_e}{(P/2)} \tag{8.301}$$

$$w_{rm} = w_{syn} - w_s \tag{8.302}$$

최대 토크 특성은 모터 설계와 선간 전압 크기의 함수이다. 이 기본 관계는 전원 공급 라인에 의해 직접 구동은 AC 모터가 공급 전압의 주파수에 의해 크게 결정되는 속도를 가지고 있음을 나타낸다. 슬립 주파수는 부하와 모터 설계 방법의 함수이다(그림 8.42). 회전자의 정확한 기계적 속도는 동기속도 주변의 부하에 의해 결정된다.

스칼라 제어 구동기 만일 주파수는 일정하고 모터에 적용되는 전압의 크기가 변한다면 모터의 토크-속도 특성은 그림 8.44(a)와 같다. 할당된 전압에 비해 상대적으로 전압의 크기가 작다면 토크는 줄어들 것이다. 이것은 적용되는 전압 크기의 제곱에 최대 토크가 비례한다는 것을 보여준다. 만일 전압의 크기가 변화하더라도 일정한 토크의 부하이면 모터의 동기속도의 주변부에서 가변 속도 제어를 어느 정도 할 수 있을 것이다.

다음 제어 방법은 전압의 크기는 일정하게 유지하고 적용되는 전압의 주파수를 변화하는 것이다. 이러한 장비를 가진 AC 모터의 정상 상태 토크-속도 성능은 그림 8.44(b)와 같다. 모터의 동기 속도는 적용되는 전압의 주파수에 비례한다. 즉 만일 적용되는 주파수가 기본 주파수의 50%라면 동기 속도 또한 기존 동기 속도의 50%이다. 그러나 모터의 효율적인 임피던스는 저주파수에서 더 낮다. 이것은 보다 큰 전류를 초래하고 모터에서 자기적(magnetic) 포화를 초래한다. 따라서 모터의 효율을 높이기 위해 할당된 주파수보다 더 낮은 주파수가 주어져야 한다. 전류의 크기와 주파수를 일정한 비율로 유지하는 것이 더 좋다.

가변 주파수(VF) 구동기는 각 상의 교류 전압 크기(V_0)뿐만 아니라 교류 전압 주파수(w_e)까지 조절하는 능력을 가지고 있다. 3상 AC 유도 모터에서 상 전압은 다음과 같다.

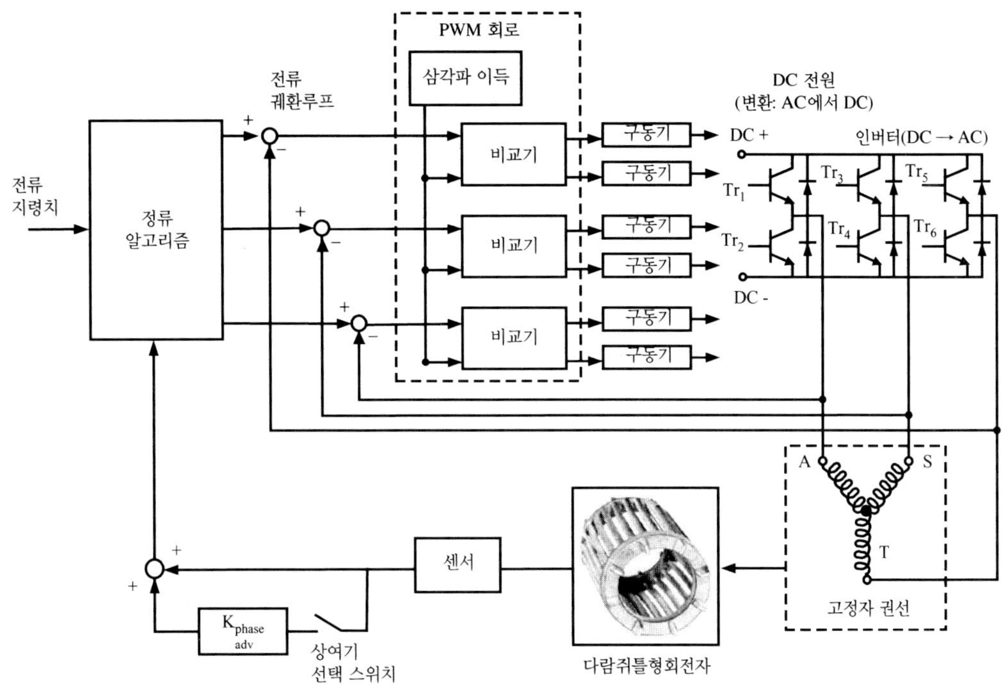

그림 8.43 ■ 자장기반 벡터제어에 의한 AC모터상들의 전류정류와 조절

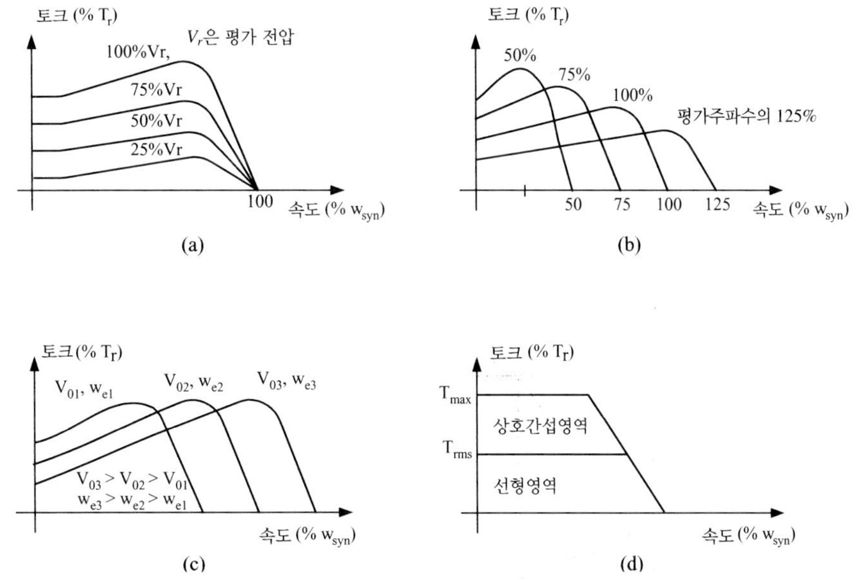

그림 8.44 ■ 전압, 주파수 전류 변화상태의 모터 고정자권선의 다양한 제어방법에서 정상상태의 AC유도전동기 토크–속도 성능, (a) 가변전압, 고정주파수, (b) 가변주파수, 고정전압, (c) 가변전압, 가변주파수, (d) 자장기반벡터제어 전압유지상태에서 가변주파수 범위의 주파수 비례상수 조정(볼트/헤르쯔 방법)

$$V_a = V_0\ sin(w_e t) \tag{8.303}$$

$$V_b = V_0\ sin(w_e t + 2\pi/3) \tag{8.304}$$

$$V_a = V_0\ sin(w_e t + 4\pi/3) \tag{8.305}$$

가변 주파수 구동기는 0에서 최대값까지 W_e와 V_0에 의해 제어된다. 따라서 정상 상태 토크-속도 곡선은 그림 8.44(c)와 같다. 가변 주파수 구동기의 전력 전자 장비는 브러시가 없는 모터 장비, 즉 3상 인버터로 특징지어진다(그림 8.43). 주된 차이점은 PWM 회로에서 작동되는 실시간 제어 알고리즘이다. PWM 회로는 우리가 원하는 모터의 토크-속도 곡선에 의존하여 변화하는 각 상 전압의 주파수와 크기를 제어한다. 따라서 전압의 주파수와 크기가 제어되기 때문에 이러한 구동기는 가변 주파수 가변 전압(VFVV) 구동기로도 불린다.

이러한 구동기 제어 방법은 *Volts/Hertz(V/Hz)* **방법**으로 불린다. 이는 다음에 논의될 **벡터 제어** 방법에 반대되는 것으로 **스칼라 제어** 방법의 한 분류이다. V/Hz의 주된 목적은 일정한 공극자속(air-gap flux)을 유지하는 것이다. 정상 상태에서 공극자속은 V_0/w_e에 비례한다. 목적하는 주파수가 증가함에 따라 전압 명령도 모터의 기본 주파수까지 일정한 비율을 유지하기 위해 증가된다. 이러한 점을 지나면, 전압 명령은 포화된다. 모터 구동기는 기본 주파수까지 일정한 토크 영역에서 작동되고 모터의 기본 주파수 점 이후 일정 전력 영역에서 작동된다. V/Hz 알고리즘에 대한 전형적인 개방 루프 룩업 테이블(look-up table)은 그림 8.45에 나타난다. 3상 AC 유도 모터를 위한 V/Hz 구동기의 파워 소자는 3상 반전기이다. 가장 보편적인 파워용 스위치 소자는 power MOSFET, IGBT 등이다. Power MOSFET는 낮은 전력손실을 가지는 전압 제어 트랜지스터이나 온도에 민감하다. IGBT(insulated gate bipolar transistors)는 본질적으로는 양극 트랜지스터이며, 베이스는 MOSFET에 의해 제어된다. IGBT는 보다 높은 스위칭 주파수를 가지고 있으나 MOSFET보다 효율은 낮다.

벡터 제어 구동기: 필드향 벡터 제어 알고리즘[1] 구동기의 역할은 스테이터 권선에서의 전류 절환(commutation)과 증폭이다(그림 8.43). 유일한 차이점은 DC 브러시리스(Brushless) 모터는 영구적인 자석 회전자를 가지고 있는 반면 AC 유도 모터는 자석이 없는 농형(籠型, 다람쥐통 형태, squirrel-cage) 회전자라는 점이다. 따라서 AC 모터의 회전자 자기

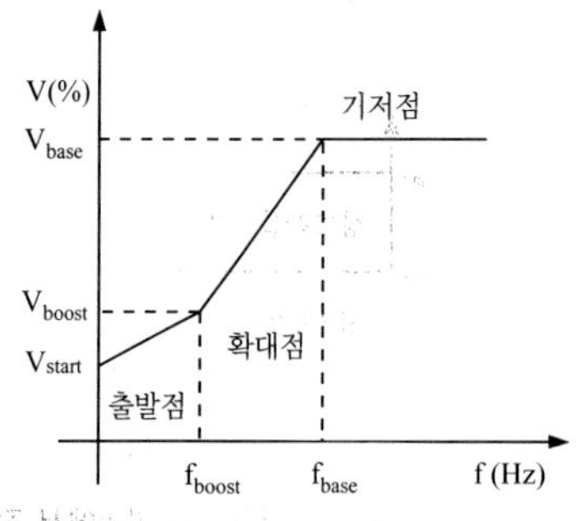

그림 8.45 ■ 속도조절 구동에서 V/Hz 방법을 사용했을 때의 관계곡선

1) 이점은 연속성 단절없이 건너뛸 수 있음.

장은 DC 브러시리스 모터와 달리 회전자에 고정되어 있지 않다. 단위 전류당 최대 토크를 내기 위하여 권선 내 두 자기장이 서로 수직하도록 권선 내의 전류를 절환하고자 할 때, 회전자의 각도 측정값은 스테이터와 회전자 자기장의 상대 각도를 알아내기에 충분하지 못하다. "필드향 벡터 제어 알고리즘(Filed-Oriented Vector Control Algorithm)"은 AC 모터의 전류 절환을 위한 방법이며, 이 방법에서는 자기장 사이의 상대 각도(스테이터의 자기장과 회전자의 유도 자기장)를 모터의 동특성 모델을 근거로 추정한다.

2개의 자기장 사이의 각을 알고 있다고 가정하면, AC 모터는 DC 브러시리스 모터와 같은 토크-속도 특성을 갖도록 전류 절환될 수 있다(그림 8.44(d)). 유일한 차이점은 과도 응답이다. 필드향 벡터 제어 알고리즘은 AC 유도 모터를 위한 전류 절환 알고리즘이다. 이 전류 절환 알고리즘은 토크와 절환 전류 사이의 선형적인 관계를 가지고 있는 DC 모터처럼 AC 유도 모터를 위한 전류 절환 알고리즘이다. 벡터 제어 절환 알고리즘을 수행하는 AC 모터를 위한 하드웨어 요소는 DC 브러시리스 모터를 위한 것과 동일하다. 양쪽 구동기 모두 필드 자속 벡터와 제어 절환 벡터 사이의 수직적인 관계를 유지하기 위한 것이다.

AC 유도 모터는 DC 브러시리스 모터와 두 가지 측면에서 다르다. 첫째, 회전자 컨덕터에서 전류를 유도하는 스테이터에서의 제어 전류이다. 이렇게 유도된 전류는 회전자 내에서 그 자체의 자기장을 만들어 낸다. 유도 자기장은 회전자에 고정되어 있지 않다. 회전자와 유도된 필드 사이에는 슬립이 존재하게 된다. 둘째, 제어되는 전류에는 두 가지 요소가 있다. (1) 회전자 필드에 수평한 요소, (2) 회전자 필드에 수직인 요소. 수평 요소(자화 전류)는 모터의 토크 이득값을 결정하는 반면에 수직 요소는 토크 대 전류의 비율을 결정한다는 것이 수학적으로 증명되었다[44, 49]. DC 모터에서 토크 전류 관계와 벡터 제어 AC 모터에서 토크 전류 관계를 나타내 보자.

$$T_m^{DC} = K_T \cdot i \tag{8.306}$$

$$T_m^{AC} = K_T(i_{ds}) \cdot i_{qs} \tag{8.307}$$

토크와 전류 사이에서 DC 모터의 선형 관계를 얻을 수 있음을 알아야 한다. 'dq' 좌표계를 회전자의 필드 벡터에 고정시켜 보자. 그러면 'dq' 좌표계는 슬립 주파수를 가지고 회전자를 상대적으로 돈다(그림 8.46). 토크 이득 K_T는 'dq' 좌표계에서 전류의 수평 요소의 함수

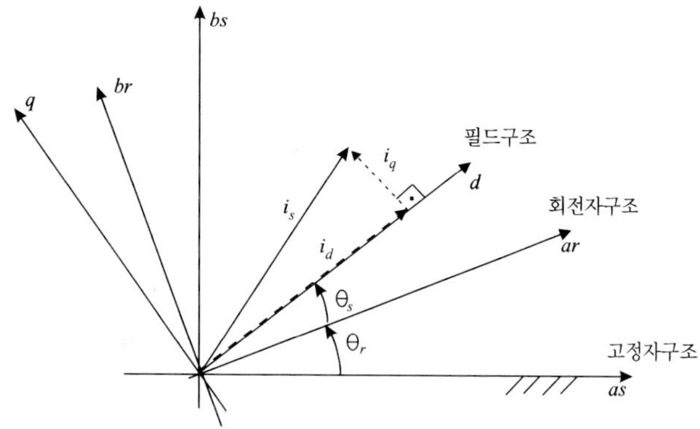

그림 8.46 ■ AC유도전동기의 동적특성을 표현한 좌표구조

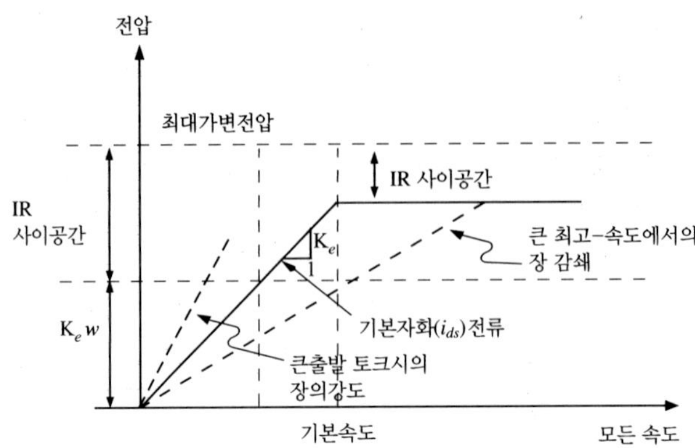

그림 8.47 ■ 최대가변 종단전압 조건에서의 모터 토크-속도이득 변화시 장 감쇄와 강도

이고, 토크 생성 전류는 전류의 'q'(수직) 요소이다[44].

이러한 관점에서 DC 브러시리스 모터는 자화와 슬립이 없는 AC 유도 모터로 간주된다. 일반적으로 일정한 토크를 가지고 있는 것은 중요하다. 따라서 자화 전류(즉 수평 요소라 불리는 전류의 d-요소)는 일정한 값으로 정해져야 한다.

$$i_{ds} = i_{dso} \tag{8.308}$$

특별한 경우, 자화 전류는 모터의 특정 성능을 위해 변경될 수 있다. 예를 들면 전류의 d-요소는 저속에서 큰 토크 이득을 주기 위해 저속에서 증가될 수 있다. 또한 역 기전력 전압(Back EMF voltage)에 의한 단자 전압의 포화 없이 더 높은 속도에서 모터가 작동할 수 있기 위해서는 자화 전류는 고속에서 감소되어야 한다(그림 8.47). 이러한 특성을 각각 필드 강화(field strenthening) 또는 필드 약화(field weakening)라고 한다.

선형 전류 토크의 관계를 어떻게 얻는가 간단히 보도록 한다(식 8.307). dq-좌표계에서 AC 유도 전류 모터의 동적 특성을 기술하는 식을 고려해 보자. 유도 회전자 전압과 생성된 토크에 대해 고려해 보자. 이러한 방정식의 미분은 보다 길고 또한 다양한 참고서에서 찾을 수 있다[44]. dq-좌표계에서 AC 모터의 가변적인 인덕턴스는 동적인 식[49]을 매우 단순화하는 상수들로 표현될 수 있다.

$$V_{qr} = 0 = R_r\, i_{qr} + \frac{d\lambda_{qr}}{dt} + \omega_s \lambda_{dr} \tag{8.309}$$

$$V_{dr} = 0 = R_r\, i_{dr} + \frac{d\lambda_{dr}}{dt} - \omega_s \lambda_{qr} \tag{8.310}$$

$$T_m = K \cdot (\lambda_{dr}\, i_{qs} - \lambda_{qr}\, i_{ds}) \tag{8.311}$$

여기서 V_{qr}, V_{dr}은 dq-좌표계에서 회전자 전압이고, T_m은 생성된 토크이다. dq-좌표계에서 자속(flux) 관계는 다음과 같이 정의될 수 있다.

$$\lambda_{qr} = L_m\, i_{qs} + L_r\, i_{qr} \tag{8.312}$$

$$\lambda_{dr} = L_m\, i_{ds} + L_r\, i_{dr} \tag{8.313}$$

그리고 슬립 주파수는 다음과 같다.

$$w_s = w_{syn} - w_{rm} \tag{8.314}$$

dq-좌표계가 회전자의 자기장에 고정되어 있다고 생각해 보자. 즉 dq-좌표계는 회전자의 자기장과 같이 돈다. 그러면 $\lambda_{qr} = 0$이고 식을 다음처럼 간단히 할 수 있다. 토크 방정식은 다음처럼 간단히 된다.

$$T_m = K \cdot \lambda_{dr} i_{qs} \tag{8.315}$$

K $\cdot\, \lambda_{dr}$을 일정하게 하면 DC 모터처럼 K_T가 일정한 토크로 작동하게 된다. 따라서 dq-좌표계에서 전류의 수직 요소와 발생 토크 사이의 선형 관계를 얻을 수 있다.

만일 $\lambda_{qr} = 0$이면 다음처럼 나타난다.

$$i_{qr} = -\frac{L_m}{L_r} \cdot i_{qs} \tag{8.316}$$

이것은 식 8.309로 나타나고 $\lambda_{qr} = 0$과 $d\lambda_{dr}/dt = 0$을 제외하고는 슬립 주파수를 풀 수 있다.

$$w_s = -\frac{1}{\lambda_{dr}} \cdot R_r \cdot \left(-\frac{L_m}{L_r}\right) \cdot i_{qs} \tag{8.317}$$

식 8.310으로부터 우리는 다음을 얻을 수 있다.

$$i_{dr} = -\frac{1}{R_r}\frac{d}{dt}(\lambda_{dr}) \tag{8.318}$$

식 8.313에서 i_{dr}을 대체하면

$$\lambda_{dr} = L_m \cdot i_{ds} - \frac{L_r}{R_r} \cdot \frac{d}{dt}(\lambda_{dr}) \tag{8.319}$$

$$\lambda_{dr} = \frac{L_m}{\tau_r \frac{d}{dt}(\cdot) + 1} \cdot i_{ds} \tag{8.320}$$

여기서 $\tau_r = L_r/R_r$은 전기적 시정수를 나타낸다. 저항이 온도에 따라 크게 변하기 때문에 (예를 들면 특정 동작 온도에서 2배로 바뀜), 전기적 시정수 또한 크게 변한다. 만일 i_{ds}이 일정하다고 하면 대략 다음과 같은 관계가 성립한다.

$$\lambda_{dr} \approx L_m \cdot i_{ds} \tag{8.321}$$

만일 이 관계를 슬립 주파수 관계식(식 8.317)에 대입한다면 다음과 같다.

$$w_s = \frac{R_r}{L_r \cdot i_{ds}} \cdot i_{qs} \tag{8.322}$$

$$= K_s \cdot i_{qs} \tag{8.323}$$

위 관계는 슬립 주파수가 전류의 직각 성분에 비례한다는 것을 말한다. 슬립각(θ_s)은 예측되는 슬립 주파수를 적분하여 얻어진다. 이 각은 회전자의 전기장 벡터와 회전자 그 자체 사이의 각도이다. 스테이터와 회전자의 상대적 위치를 측정한다면 우리는 회전자의 필드 벡터의 각을 찾기 위해 2개의 각을 더할 수 있다.

$$\theta_{ds} = \theta_r + \theta_s \tag{8.324}$$

θ_r은 스테이터와 회전자의 측정된 상대적 각도이고 θ_s는 추정된 슬립각이고 θ_{ds}는 전류 절환에 필요한 전체 각(스테이터와 dq-좌표계의 d축 사이의 각)이다. 전류 절환 알고리즘은 스테이터 영역과 회전자 영역 사이의 적절한 벡터 관계를 유지하도록 한다. 벡터 제어 알고리즘은 기본적으로 다음과 같은 제어를 한다.

1. 자화, 즉 토크 이득을 제어하기 위한 전류(i_{ds})의 수평 요소
2. 전류 토크 관계상 토크 생성 요소인 전류(i_{qs})의 수직 요소

K_s는 슬립 이득이고 전류의 수평 요소의 함수이다. 왜냐하면 λ_{dr}는 전류의 수평 요소를 통해 일정하게 유지된다. 다음 식을 통하여 토크 이득이 결정된다.

$$K_T = K \cdot \lambda_{dr} = K \cdot L_m \cdot i_{ds} \tag{8.325}$$

그리고 토크와 전류의 적절한 선형 관계는 다음과 같다.

$$T_m = K_T \cdot i_{qs} \tag{8.326}$$

일반적으로 전류의 수평 요소는 일정한 값의 집합이고(만일 필드가 강화 또는 약화되지 않는다면), 수직 성분은 토크 명령에 비례하는 서보(servo) 루프에 의해 결정된다. 계산된 각각의 스테이터상 전류로부터 i_s를 얻기 위하여 2개의 요소는 벡터 형태로 조합된다. 계산을 위해서는 스테이터에 대한 상대적인 회전자 각과 회전자에 대한 상대적인 필드의 각이 필요하다. 서술된 알고리즘은 AC 유도 모터의 정류를 위한 **간접 필드향 제어**(indirect field-oriented control, IFOC)라고 한다[96].

고려해야 할 다른 문제는 슬립 이득이 회전자 저항과 인덕턴스의 함수라는 것이다. 동작 온도가 변함에 따라 저항도 변화한다. 따라서 슬립각의 정확한 추정은 온도 센서와 온도의 함수로 된 회전자 저항 모델로 향상될 수 있다. AC 유도 모터의 토크 이득과 역 기전력(back EMF) 이득이 전류의 수평 요소로부터 조절된다는 것은 흥미로운 일이다. 영구자석 모터에서는 이러한 이득은 일정하며, 실시간으로 조절될 수 없다. 예를 들면 큰 부하 조건에서 기동시에 큰 토크가 필요하다면, 전류의 자화 요소(다이렉트 요소)가 증가되고 결과적으로 모터의 K_T와 K_E가 증가하게 된다. 이를 **필드 강화 제어**(field strengthening control)라고 한다(그림 8.47). 모터의 최대 속도 규격을 토크 이득을 낮춤으로써 증가시킨다면 역 기전력 이득은 줄어들게 된다. 이것은 고속에서 자화 전류 요소를 감소시킴으로써 가능하다. 이를 **필드 약화 제어**(field weakening control)라고 한다(그림 8.47).

기본적인 필드향 벡터 제어 알고리즘은 매 서보 샘플링 주기마다 반복되는 다음과 같은 동작으로 이루어져 있다.

1. 회전자 각(θ_r)의 측정 및 회전자 속도($\dot{\theta}_r(t)$) 예측
2. 자화 전류(i_{ds})의 결정 및 적정한 속도 범위에 따른 필드 강화, 또는 필드 약화 알고리즘 구현

3. 슬립 주파수(w_s) 예측
4. 슬립 주파수 적분 및 슬립각(θ_s) 예측
5. 목표 토크(또는 전류) 명령으로부터(물론 토크 명령은 위치 및 속도 서보 제어 루프로부터 발생될 수 있음), 전류의 수직 성분 계산, $T_m = K_T(i_{ds}) \cdot i_{qs}$
6. i_{ds}와 i_{qs}의 벡터 합과 $\vec{i_s}$의 결정. 즉 $\vec{i_s}$의 크기와 d-좌표계에서의 각도를 결정

   $i_s = \sqrt{i_{ds}^2 + i_{qs}^2}, \phi = tan^{-1}(i_{qs}/i_{ds}).$

7. i_{as}, i_{bs}, i_{cs}의 값을 이용 i_s의 상 요소들 결정

$$i_{as} = i_s \cdot cos(\theta_{cmd}) \tag{8.327}$$

$$i_{as} = i_s \cdot cos(\theta_{cmd}) \tag{8.328}$$

$$i_{as} = i_s \cdot cos(\theta_{cmd}) \tag{8.329}$$

여기서 $\theta_{cmd} = \theta_r + \theta_s + \phi$

만일 실제 전류와 목표 전류 사이의 동적 위상 지연 ϕ_{log}가 고속에서 매우 크다면, 목표 전류의 위상과 예측 위상을 더함으로써 실제의 전류 벡터가 필드 벡터와 90°위상을 유지할 수 있도록 할 수 있다.

$$\phi_{lag} = tan^{-1}(\omega \cdot \tau) \tag{8.330}$$

$$\theta_{cmd} = \theta_r + \theta_s + \phi + \phi_{lag} \tag{8.331}$$

여기서 τ는 전류 통제 루프에서의 전기적 시정수이고, w는 회전자의 속도이다.

8.5 스텝 모터

스텝 모터(스테퍼 모터)는 각 스텝별로 불연속적인 움직임을 보이는 일종의 전기 기계 장치이다. 한 상태에서 다른 상태로 상전류(phase current)를 변화시키면 회전자 위치가 한 스텝만큼 변화한다. 만일 상전류의 상태가 변하지 않는다면 회전자 위치는 안정한 상태에 있게 된다. 반대로 브러시형의 DC 모터의 경우 일정한 공급 전압 조건하에서는 역 기전력 전압이 공급 전압과 균형을 이룰 때까지 계속 가속하게 된다.

스텝 모터의 기본적인 위치 제어는 위치 센서가 필요 없다. 위치 제어를 위해 위치 센서를 사용해야 하는 DC 모터와는 대조적으로 이 모터는 개방 루프에서 위치를 제어할 수 있다(그림 8.48).

스텝 모터의 가장 큰 장점은 가격이 저렴하고 설계가 간단하며 강건함에 있다. 스텝 모터의 단점은 대부분이 "마이크로 스테핑 드라이브(microstepping drive)" 테크닉에 의해 제거되지만, 기계적 공진과 스텝 손실이라는 문제가 있다. 그림 8.49는 가장 전형적인 스텝 모터(하이브리드 스텝 모터)의 형태을 보여주고 있다. 그림 8.50은 회전자의 구조를 나타내고 있

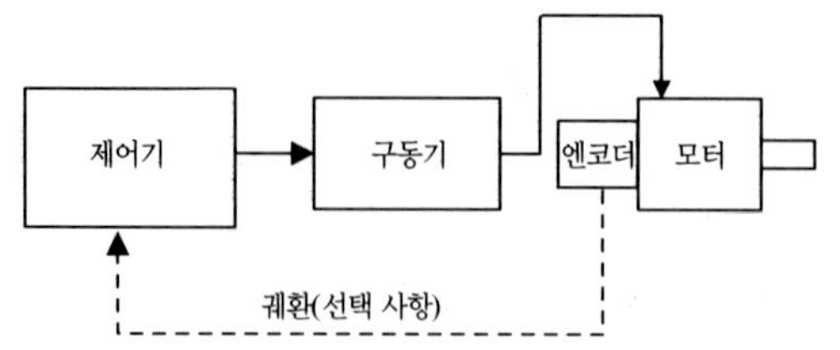
제어기
구동기
엔코더
모터
궤환(선택 사항)

그림 8.48 ■ 스텝 모터 제어 시스템 구성 요소. 위치 센서 궤환은 선택 사양

다. 영구자석 기둥의 테두리를 감싸고 있는 것이 바로 적층 코어(laminated core)이다. 그리고 N극의 적층 코어는 S극의 적층 코어로부터 1/2 피치 떨어진 지점에 장착되어 있다. 영구자석은 조립 이후에 자화된다. 회전자를 잡아 당겨서 스텝 모터의 영구자석을 분해해 버리면 자화력이 대략 2/3 정도로 감소한다.

스텝 모터에는 회전자와 고정자 권선이(하이브리드 모터의 경우 영구자석이, 스위치 저항 모터의 경우 소프트 아이언이, 그림 8.50) 있다(그림 8.49). 회전자와 고정자는 소프트 아이언 재료로 적재하여 만들어졌다. 각 고정자의 극에는 코일이 촘촘히 감겨져 있다. 고정자 권선과 회전자에는 이(teeth)가 나 있다. 자속의 자기 저항을 최소로 하려는 고유한 성질에 의해서, 회전자는 회전자과 고정자의 이(teeth)가 정렬되도록 움직임이 발생한다. 고정자와 회전자의 사이의 공극은 자속에 대한 저항을 나타낸다. 공극이 더 작아질수록 자속에 대한 저항이 줄어들며, 이는 모터가 더 큰 토크를 발생시킬 수 있음을 의미한다. 스텝 모터에서 일반적인 공극의 범위는 30~125 μm이다. 스텝 모터 제어 시스템 요소는 그림 8.51에 나타나 있다. 주어진 고정자의 스위치 상태는 필드 자속을 나타낸다. 각각의 고정자 상전류 조건마다 대응되는 안정한 회전자 위치가 존재한다. "스위치 셋(switch set)" 블록은 파워 트랜지스터를 나타낸다. "트랜스레이터" 블록은 제어기에 의해 생성된 모션을 기반으로 파워 트랜지스터가 전환되어야 되는 시간과 순서를 정해주는 로직 블록이다. "트랜스레이터" 블록은 회전

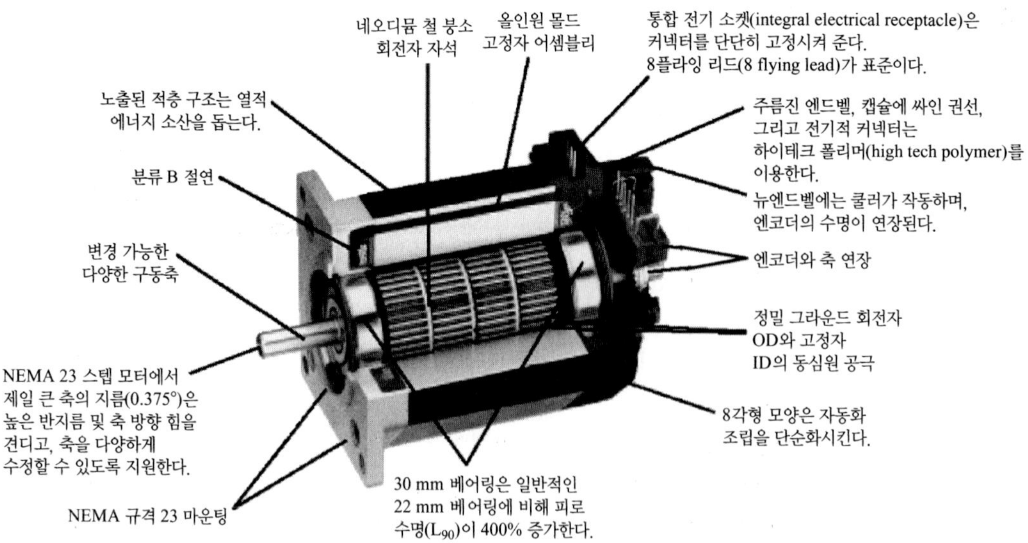
네오디뮴 철 붕소
회전자 자석
올인원 몰드
고정자 어셈블리
통합 전기 소켓(integral electrical receptacle)은
커넥터를 단단히 고정시켜 준다.
8플라잉 리드(8 flying lead)가 표준이다.
노출된 적층 구조는 열적
에너지 소산을 돕는다.
주름진 엔드벨, 캡슐에 싸인 권선,
그리고 전기적 커넥터는
하이테크 폴리머(high tech polymer)를
이용한다.
분류 B 절연
뉴엔드벨에는 쿨러가 작동하며,
엔코더의 수명이 연장된다.
변경 가능한
다양한 구동축
엔코더와 축 연장
정밀 그라운드 회전자
OD와 고정자
ID의 동심원 공극
NEMA 23 스텝 모터에서
제일 큰 축의 지름(0.375°)은
높은 반지름 및 축 방향 힘을
견디고, 축을 다양하게
수정할 수 있도록 지원한다.
8각형 모양은 자동화
조립을 단순화시킨다.
30 mm 베어링은 일반적인
22 mm 베어링에 비해 피로
수명(L90)이 400% 증가한다.
NEMA 규격 23 마운팅

그림 8.49 ■ 4스택 하이브리드형 스텝 모터의 단면도

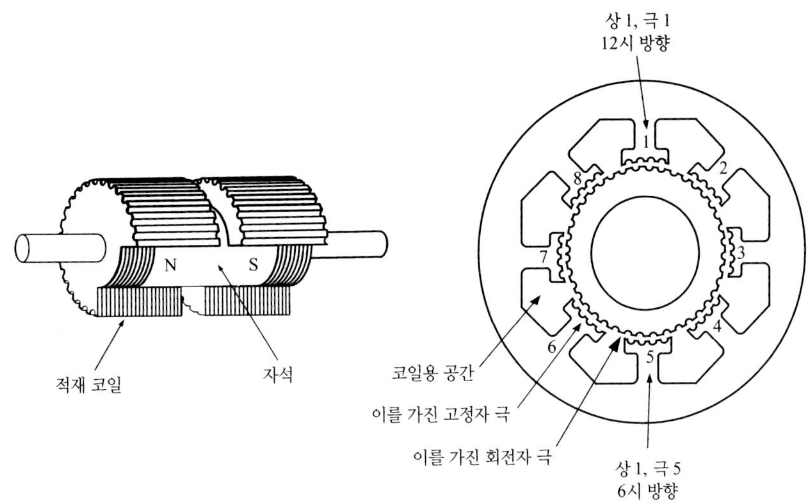

그림 8.50 ■ 하이브리드 영구자석 스텝 모터의 회전자: 영구자석은 축방향으로 자화되었고 이(teeth)로 철 코어를 적재하였다. N극의 적재된 이(teeth)그룹은 S극의 적재된 이(teeth) 그룹으로부터 1/2피치만큼 차이가 난다.

자가 스텝을 놓친 시점에서 머무르지 않도록 최대 스위치 주파수를 제한해야 한다. "트랜스레이터" 블록은 스텝 모터의 공진 주파수로 가진 되는 것을 피하기 위해 스위치 주파수의 작동 범위를 최소화해야 한다. 오늘날 스텝 모터의 사이즈는 규격화되어 있다: NEMA 17, NEMA23, NENA34, NEMA42 등이 스텝 모터의 일반적인 규격이다.

주어진 상전류 조건은 일정한 토크가 공급해 주는 것이 아니라 안정적인 회전자 위치를 발생한다. 일반적으로 구동기나 제어기는 위치 궤환이 필요 없다. 그러나 위치 궤환은 발생 가능한 스텝 손실을 찾아 필요 시 그것을 보충하기 위해 일반적으로 사용된다.

트랜스레이터, 스위치 셋, DC 전원 공급(power supply) 블록을 통틀어 "드라이브(drive)"라 부른다. 드라이버는 전류를 제어하며, 모터의 속도나 위치를 제어하기 위해 속도나 위치 궤환이 사용된다.

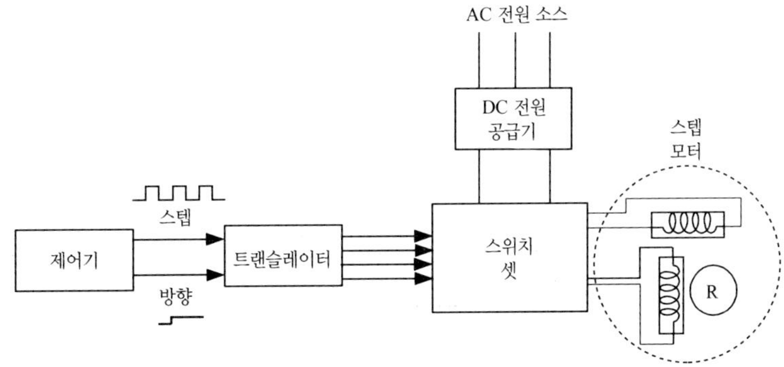

그림 8.51 ■ 스텝 모터 제어 시스템 구성 요소: 스텝 모터, DC 전원 공급기, 파워 스위치 셋, 트랜지스터, 제어기

8.5.1 기본 스텝 모터 작동 원리

스텝 모터의 기본적인 작동 원리에 대해 생각해 보자. 일반적인 스테퍼 모터의 회전자는 N극과 S극 각각에 영구자석이 하나씩 있다. 고정자는 4개의 극과 스위치를 가진 2상의 권선으로 구성되어 있다(그림 8.52). 주어진 시간에서 스위치 1 또는 2, 그리고 3 또는 4가 ON되어 있으면 전기자력의 극성이 나타난다. 각각의 스위치 상태에 따라, 이에 상응하는 안정한 회전자 위치가 존재한다. 이러한 개념에서 단극(unipolar) 권선 스텝 모터의 각 코일에 중앙 탭이 있음을 유추할 수 있다.

그림 8.52의 왼쪽 아래 4개 그림은 스위칭 시퀀스를 보여주고 있다. 이러한 경우, 주어진 어떤 특정 시간에서도 고정자의 상(phase)이 활성화된다. 각 회전자의 극은 2개의 권선 극에 항상 부착되어 있다. 다음의 네 가지 스위칭 시퀀스를 통해, 회전자가 안정한 위치에 있음을 알 수 있다. 이러한 4개의 불연속 스위치 상태에 대한 전류 패턴은 그림 8.53에 나타나

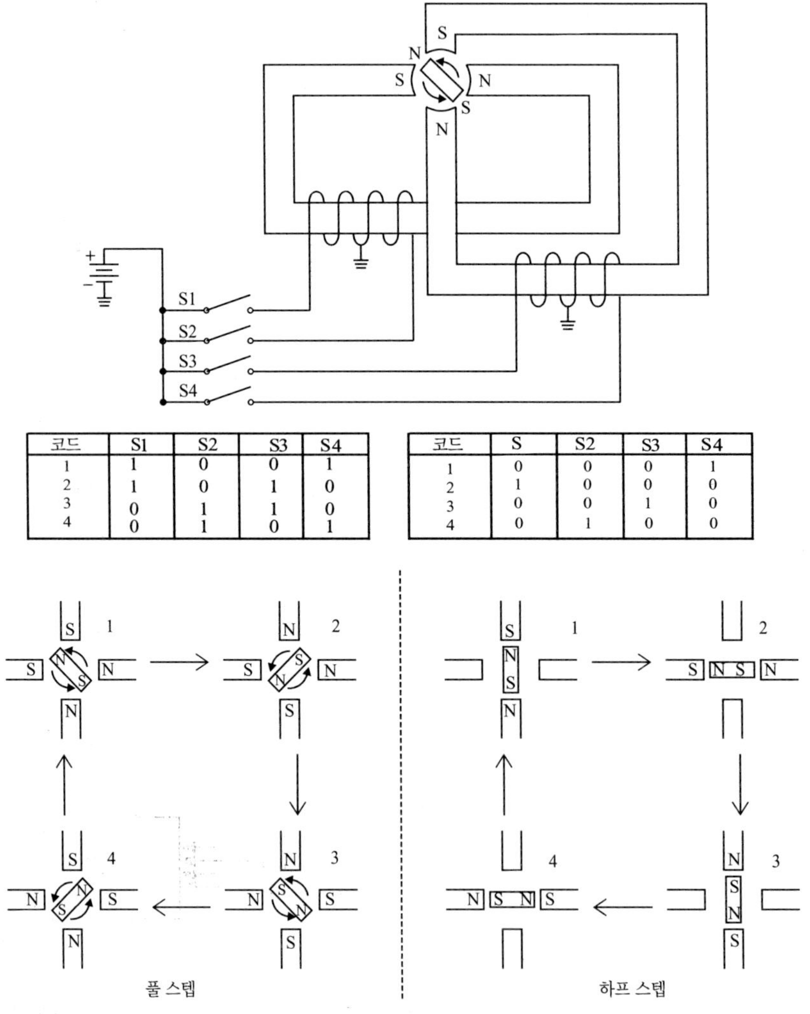

코드	S1	S2	S3	S4
1	1	0	0	1
2	1	0	1	0
3	0	1	1	0
4	0	1	0	1

코드	S	S2	S3	S4
1	0	0	0	1
2	1	0	0	0
3	0	0	1	0
4	0	1	0	0

그림 8.52 ■ 스텝 모터의 작동 원리: 단극 구동기 모델의 단극 스텝 모터 권선

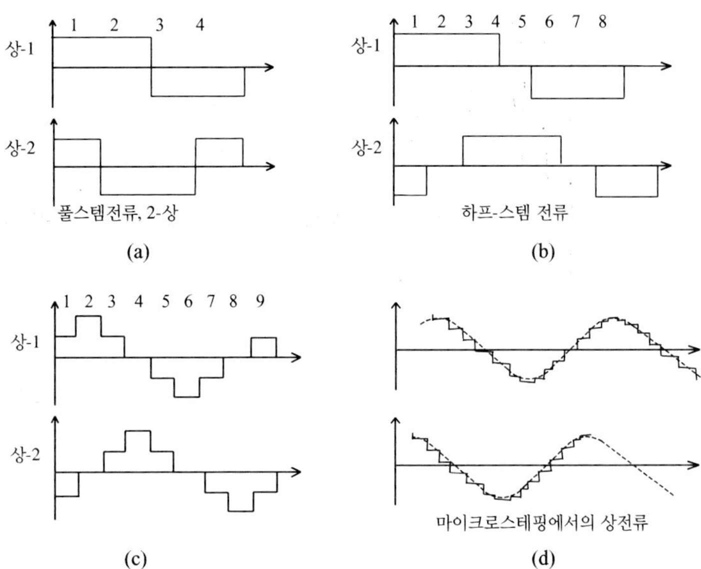

그림 8.53 ■ 다른 모델에서 스텝 모터의 상 전류. (a) 풀 스텝 모터, (b) 하프 스텝 모터, (c) 수정 하프 스텝 모터, (d) 마이크로 스테핑 모드

있다. 양쪽의 상들이 모두 활성화되었을 때, 이러한 형태의 상전류 스위칭을 "풀 스텝(full-step)" 모드라 부른다. ON/OFF의 상태가 순차적으로 변화함에 따라 고정자가 일으키는 전기장이 공간상에서 회전하게 된다. 그리고 영구자석 회전자는 이에 따라 회전한다.

이제 그림 8.52의 오른편에 나타낸 네 가지 스위치 상태를 살펴보도록 하자. 다른 상은 모두 OFF이고 고정자상의 하나만 활성화 되었다(즉 S1과 S2 모두 OFF이거나 S3와 S4 모두 OFF인 경우). 위에 표시한 그림이 바로 이에 상응하는 안정된 회전자 위치이다. 여기서 회전자를 끌어 당기는 자기력은 한 상에서만 제공된다. 따라서 이러한 스위치 상태에서 모터가 생성할 수 있는 홀딩 토크는 풀 스텝 모드의 절반 이하(약 1/2)이다. 구동기에서 스위칭 파워 트랜지스터의 모드를 "하프 스텝(half-Step)" 모드라 부른다. 따라서 위치 분해능(4개의 풀 스텝 위치에서 8개의 하프 스텝 위치까지)을 높이기 위해 다른 모드(풀 스텝이나 하프 스텝)로 모터를 활성화 해야 한다. 풀 스텝과 하프 스텝 모드의 상 권선에서 전류 패턴은 그림 8.53과 같다. 토크 용량이 모든 스텝에서 균일함을 확인하기 위해, 풀 스텝 모드의 전류에 비해 하프 스텝 모드의 전류를 증가시켰다(그림 8.53(c)).

한 상에서 다른 상으로, ON에서 OFF로, OFF에서 ON 상태로 파워 트랜지스터를 스위칭으로 인해 자기장이 끊임없이 변하게 된다. 모터는 질량-스프링 시스템처럼 행동한다. Full ON에서 Full OFF 상태로 바꾸는 것 대신 상 전류 비율로 하프 스텝 모드에 대한 개념을 잡을 수 있다. 이로 인해 회전자가 더욱 부드럽게 움직이며, 보다 정교한 스텝 크기를 얻어낼 수 있다. 이것이 바로 마이크로 스테핑 구동기의 핵심 작동 원리이다(그림 8.53(d)). 보다 부드러워진 전류 스위칭으로 인해서, 스텝간 회전축에 작용하는 토크가 더 부드러워지고 회전자의 스텝 동작의 진동이 더욱 줄어들게 된다. 게다가 마이크로 스테핑은 풀 스텝 또는 하프 스텝 모터 전류 제어 구동기가 작동하는 스텝 모터와 관련된 공진이나 스텝 손실 문제를 감소시켜 준다.

고정자 권선은 전형적인 2상을 형성한다. 만일 **단극(unipolar) 구동기**에 의해 스텝 모터가

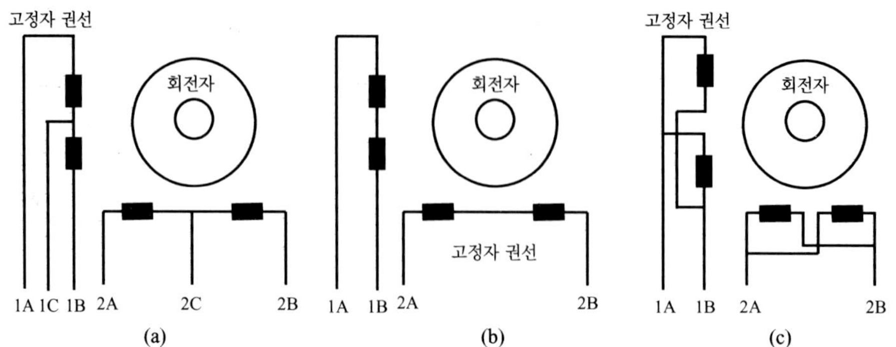

그림 8.54 ■ 2상, 4권선 스텝 모터의 고정자 권선 연결. (a) 중앙 탭 연결된 단극 구동기, (b) 직렬 연결된 양극 구동기, (c) 병렬 연결된 양극 구동기

구동한다면, 각 권선의 중앙탭이 접지 되어야 하고 양(+)극은 양끝에 연결되어야 한다(그림 8.54(a)). (파워 트랜지스터로) 전류의 방향 생성된 전자력 극성(N 또는 S)을 제어하기 위해, 권선당 하나씩만 ON으로 스위칭된다. 그리고 ON으로 스위칭된 상태에서는 특정 권선의 절반만이 사용된다(그림 8.54(a)). 만약 스텝 모터가 **양극 구동기**에 의해 작동된다면, 구동기로 전류방향을 제어할 수 있으며, 모든 권선은 ON으로 스위칭된 상태에서 사용된다(그림 8.54(b), (c)). 어떤 스텝 모터는 각 극(pole)마다 2개의 분리된 권선으로 감겨 있는데, 권선의 끝을 적절히 종결지음으로써 단극 또는 양극 구동기로 동작시킬 수 있다. 단극 작동시, 2개의 권선은 중앙탭이 그라운드에 접지되며 직렬로 연결되어 있다. 양극 작동의 경우, 2개의 권선은 병렬 또는 직렬로 연결되며, 전류의 방향은 구동기에 의해 제어된다(그림 8.54 (b), (c)). 직렬 또는 병렬 권선의 연결에 관한 모터의 정상 상태 토크-속도 특성이 그림 8.55에 나타나 있다.

다음 두 가지 주요 스텝 모터 형태를 고려해 보자.

1. 영구자석 하이브리드 스텝 모터
2. 가변 저항 모터(S.R 또는 V.R 모터)

표준 하이브리드 영구자석(PM) 스텝 모터의 작동 원리는 앞서 설명한 단순 모델과 유사하다. 회전자와 고정자에 많은 이(teeth)가 있어 스텝 크기를 더 줄일 수 있다. 또한 회전자는 축방향으로 2개의 영역을 가지고 있다. 이(teeth)가 나 있는 2개의 회전자 영역은 영구자

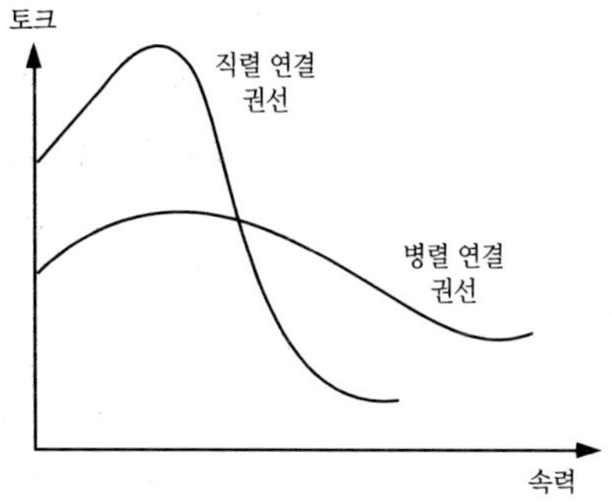

그림 8.55 ■ 직렬, 병렬 연결 권선의 정상 상태 토크-속도 곡선

석에 의해 분리되어 있다(그림 8.50). N극과 S극은 축방향으로 자성을 띤다. 따라서 샤프트를 따라 한 면은 N극이고 다른 면은 S극이다. 게다가 회전자의 2개 영역(N영역, S영역) 사이에는 1/2피치만큼의 차이가 존재한다. 하이브리드 스텝 모터에 대해 고려해 보자. 고정자는 8개의 극이 있으며, 각 극마다 5개의 이(teeth)가 있다. 따라서 총 40개의 이(teeth)를 가지고 있다(그림 8.50). 이제 50개의 이(teeth)를 가지고 있는 회전자를 생각해보자. 만일 이(teeth)가 이(teeth) 사이의 빈 공간에 하나씩 추가한다면, 이의 수는 총 48개가 되어 회전자의 이(teeth)보다 이(teeth)가 2개 부족하게 된다. 2상 스텝 모터라 한다면 각 상마다 8개의 극이 4개의 그룹으로 정렬되어있다. 코일은 지름의 반대 방향 극(pole)들은 서로 같은 극성을 띠도록 감겨져 있다. 예로 1기의 극은 3, 6, 9, 12시 방향으로 극을 가지고 있다. 만일 6과 12시 방향이 N극이라면 3과 9시 방향은 S극이다. 마찬가지로 2상의 경우도 1상과 유사한 배열로 각 극이 4개의 그룹으로 이루어져 있다. 따라서 회전자와 고정자의 이가 12시 방향에서 정렬되어있다면 6시 방향 또한 정렬되어 있다. 그러나 3, 9시 방향에서 이(teeth)는 정렬되어 있지 않다. 회전자의 N영역, S영역 간의 거리차로 인해 회전자의 이(teeth)는 3시와 9시 방향의 다른 끝점에서 정렬된다(그림 8.50).

코일의 두 번째 셋(set)의 전류를 변화하면, 고정자 자기장이 45°로 회전한다. 그러나 이 새 필드를 정렬하기 위해서는 회전자는 1.8° 돌면 된다. 이것은 회전당 200 스텝을 가지는 회전자에서 1/4피치만큼 회전한 것과 동일하다. 하이브리드 PM 스텝 모터의 스텝 각은 상(phase)의 수(N_{ph})와 회전자 이(teeth)의 수(N_r)에 의해 결정된다.

$$\theta_{step} = \frac{360^\circ}{2 \cdot N_r \cdot N_{ph}} \tag{8.332}$$

회전당 PM 스텝 모터에서의 스텝 수는 상(phase)의 수와 회전자 이(teeth)의 수를 곱한 것의 2배이다.

$$N_{step} = 2 \cdot N_r \cdot N_{ph} \tag{8.333}$$

상(phase)의 스위치를 ON으로 맞추고, 스텝 모터의 상태를 살펴보자. 이 상태에는 회전자 위치가 안정하다. 자속에 대한 저항을 최소로 하려는 경향 때문에 회전자와 고정자 자기장의 상호작용으로 인해 안정 상태를 유지하려고 할 것이다. 만일 외부 부하 토크가 회전자에 적용되고 상 전류에서 아무런 변화가 없다면 토크는 회전자 변위의 함수로 안정한 중립 상태의 모터에 의해 발생된다. 이를 스텝 모터의 홀딩(holding) 토크 곡선이라 부른다. 정상 상태의 홀딩 토크는 회전자의 부하각과 전류의 함수이다.

$$T = K \cdot i \cdot sin(\theta_r) \tag{8.334}$$

i: 전류, K: 모터 설계 함수로 비례 상수, θ_r: 부하각으로 회전자 위치 각과 다음과 같은 관계가 있다.

$$\theta_r = \frac{2\pi}{4\theta_{step}} \cdot \theta \tag{8.335}$$

θ_{step}: 모터의 스텝 각. 회전자 위치가 4스텝 각 변위를 만듦에 따라 토크는 한 사이클의 진동이 발생한다.

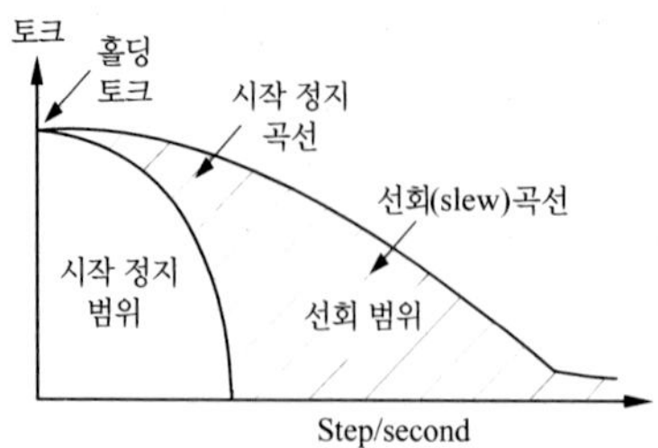

그림 8.56 ■ 스텝 모터에서 토크 용량과 스텝 비율

만일 부하 토크가 최대 홀딩 토크값을 초과하게 되면 회전자는 새로운 위치로 이동하게 된다. 주어진 스위치 상태의 안정한 위치는 2개의 풀 스텝만큼 떨어져 있다. 스텝 모터에서 정적 토크 특성은 왜 스텝 모터가 풀 스테핑(stepping) 모드에서 질량-스프링 시스템처럼 행동하는지, 어떻게 마이크로 스텝핑(micro-stepping)이 효율적으로 댐핑을 더하는지 설명하는 데 도움을 준다.

스텝 모터에서 두 가지 기본적인 문제는 스텝 손실과 공진이다. 만일 상 전류가 너무 빨리 변해서 회전자가 그것을 따라가지 못한다면 스텝 손실이 발생한다. 이 문제를 수정하는 유일한 방법은 스텝 손실을 탐지하는 센서를 사용하는 것과 손실을 보상하기 위해 추가 스텝을 발생하는 명령하는 것이다. 따라서 스위칭 주파수의 최대값은 제한되어 있다. 제한된 가속도 형상(profile)에서 높은 회전 속도로 가속되는 모터에서만 높은 스위칭 주파수가 사용될 수 있다(그림 8.56). 스위칭 주파수를 증가시키면 상 권선의 시정수에 의해 상 전류를 발생시킬 시간이 줄어들게 되고($\tau = L/R$), 따라서 높은 스위칭 주파수에서 모터의 토크 용량은 저속에서 경우와 비교해 볼 때 떨어진다.

8.5.2 스텝 모터 구동기

구동기는 각 상(phase)에서 전류의 방향과 크기를 제어한다. 즉 토크의 방향과 크기를 제어한다. 다음의 두 가지 구동기는 스텝 모터의 권선 형태과 일치해야 한다(그림 8.57).

1. 단극(unipolar) 구동기
2. 양극(bipolar)구동기

단극 구동기는 모터 권선에 중앙탭이 필요하다(그림 8.57(a), 8.54(a)). 권선 한쪽 끝의 전류가 ON되면, 권선에서 전류 방향(자속 방향)이 바뀌게 된다. 상 권선이 활성화될 때, 단극 구동기는 권선의 50%만 사용한다. 단극 구동기는 각 상마다 파워 트랜지스터 스위치가 2개가 필요하다. 단극 중앙탭 모터에서, 각각의 상은 3개의 리드(lead)가 있다. 양쪽에 2개와 1개의 센터 탭 리드(그림 8.54(a)).

양극 구동기는 각 상마다 H-브리지(파워 트랜지스터 스위치 4개)를 사용한다. 2상 스텝 모터에서 양극 구동기는 2개의 H-브리지($2 \times 4 = 8$ 트랜지스터)를 가지고 있다. 전류의 방향은 H-브리지 스위치 2개 ON으로 조정함으로써 변화한다. 비록 2배의 파워 스위치가 필요하지만, 활성화된 컨덕터를 100% 활용하게 된다. 양극 권선 스텝 모터는 각 상(phase)마다 2개의 리드를 가지고 있다(그림 8.54(b), (c)). 몇몇 모터는 단극 또는 양극 구동기로 설정할

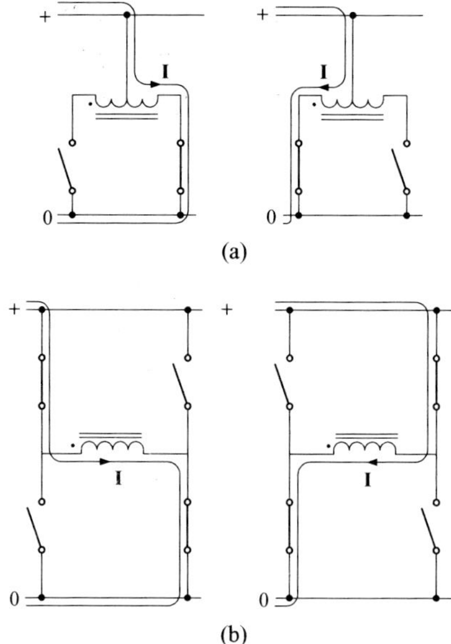

그림 8.57 ■ 스텝 모터의 구동기 타입. (a) 단극 구동기, (b) 양극 구동기

수 있게 되어 있다. 이러한 경우 각각의 권선은 리드가 4개인 동일한 권선을 2개 가지고 있다. 어떻게 리드가 연결되어 있느냐에 따라 모터는 단극 또는 양극 형의 구동기로 작동되게 할 수 있다.

3상 스테핑 모터는 3개의 분리된 H-브리지($4 \times 3 = 12$트랜지스터) 또는 브러시리스 DC 모터에서 사용되는 형상과 유사한 6트랜지스터 인버터에 의해 작동된다. 만일 각 상이 H-브리지로 분리되어 작동된다면 상이 전기적으로 독립적이다. 만일 6트랜지스터 인버터에 의해 작동된다면 3상은 별 또는 삼각형 형상으로 연결된다.

마이크로 스테핑 구동기는 공진 문제를 해결하기 위해 고안되었다. 마이크로 스테핑에서 전류는 단순히 상(phase) 사이에서 ON/OFF되는 것이 아니라 점진적으로 변화한다. 전류 벡터는 갑자기 점프하여 변하지 않고 점진적으로 변화한다. 공진은 확연히 감소하고 분해능은 급격히 증가하는데 이는 전류가 다상(multi-phase) 사이에서 할당됨으로써 평형점이 보다 많이 존재하기 때문이다. 마이크로 스테핑은 양방향의 2상으로 작동한다. 이 2상는 브러시리스 DC 모터처럼 비슷한 토크 방정식을 가지고 있다. 상전류 토크 이득이 회전자 위치의 조화 함수라고 가정해 보자. 2상은 90° 위상차가 있다. 상 전류와 토크의 관계는 다음과 같다.

$$T_a = K \cdot i_a \cdot sin(\theta_r) = K\, i\, cos(\theta_c) \cdot sin(\theta_r) \tag{8.336}$$

$$T_b = K \cdot i_b \cdot cos(\theta_r) = K\, i\, (-sin(\theta_c)) \cdot cos(\theta_r) \tag{8.337}$$

$$T_{total} = T_a + T_b = K\, i\, sin(\theta_c - \theta_r) \tag{8.338}$$

θ_r: 실제 위치, θ_c: 목표 위치, i_a, i_b: a와 b상의 전류, K: 비례상수 평형 관점에서 이 두 위치는 동일함으로 총 토크 방정식은 다음과 같이 된다.

$$T_{total} = K\, i\, [sin(\theta)cos(\theta) - sin(\theta)cos(\theta)] = 0 \tag{8.339}$$

스텝 모터 토크는 주어진 권선 전류 상태의 평형 위치로부터 벗어나도록 회전자에 힘이 가해짐에 따라 증대된다. 평형 위치는 자력 저항이 최소가 되는 점이다(인덕턴스를 최대로 하는 점). 회전자가 저항을 최소로하는 정확한 점에 있다면 토크는 0이 된다. 홀딩 토크는 권선에서 부하 또는 전류가 정류됨에 따라 이상적인 위치로부터 회전자의 위치가 벗어남에 따라 증가하게 된다.

▸▸ 예제 스텝 모터의 단극 IC 구동기 집적 회로 구동기는 그림 8.58에서 보여주는 것처럼 단극 스텝 모터를 작동하기 위해 사용된다. SLA7051M(by Philips semiconductors)은 그림 8.51의 트랜스레이터와 파워 셋 블록을 통합한 것이다. 트랜스레이터 블록은 저(low)전력 CMOS 로직 회로로 만들어 졌고 시퀀스, 방향, 풀 또는 하프 스텝 동작을 위한 로직을 다룬다. 트랜스레이터는 STEP, FULL/HALF, CW/CCW 터미널에서 입력 신호의 함수로 풀 스텝(FORWARD 또는 REVERSE 방향에서 AB, BC, CD, DA) 또는 하프 스텝(FORWARD 또는 REVERSE 방향 A, AB, B, BC, C, CD, D, DA) 권선의 시퀀스를 중단하는 결정을 한다. STEP 입력 신호가 낮음(low)에서 높음(high)으로 변화할 때마다 트랜스레이터는 풀 스텝 모드나 하프 스텝 모드가 명령되었는지를 결정하기 위해 FULL/HALF 핀의 상태를 확인하고 방향에 대한 명령을 결정하기 위해 CW/CCW 입력을 체크한다. 그리고 트랜스레이터는 앞에서 언급한 시퀀스(AB, BC, CD, DA 또는 A, AB, B, BC, C, CD, D, DA)에 따라 하나 또는 2개 권선이 제거될지를 결정한다.

PWM 전류-제어 전력 스테이지는 FET 출력을 사용하고 상마다 2 A와 46 V까지 사용할 수 있다. 최대 전류는 상대 전압과 각 상(핀 REF, SENSA, SENSB)마다 있는 전류 센서 저항에 의해 제어된다. 출력 스테이지는 IC 칩의 OUTA, OUTA\, OUTB, OUTB\의 단자에 대한 상 전류를 제어한다. 이 IC 구동기는 풀 스텝, 하프 스텝 모드만 제어할 수 있고 마이크로 스테핑 모드는 제어할 수 없다. 20 W 이상의 전력 소산이 필요한 스텝 모터를 작동하기 위해 외부 방열판(heat sink)이 FET 파워 트랜지스터 스테이지에 부착되어야 한다.

▸▸ 예제 스텝 모터용 양극 IC 구동기 LM18293은 한 채널당 1 A(2-A PEAK) 전류 용량의 칩 위에 2개의 H-브리지(4채널, push-pull 구동기)가 집적되어 있다. 따라서 2상 양극 스텝 모터를 작동하는 데 사용될 수 있다(그림 8.59). 이는 또한 2개의 독립된 DC 브러시 모터를 양방향으로 작동할 때에도 사용 가능하다. 최대 DC 공급 전압은 36 V이다. 하나의 독립된 핀(ENABLE1, ENABLE2)은 2개의 H-브리지 중 하나를 제어한다. ENABLE 핀이 저(low)일 때, 이로 인한 출력은 3상 조건으로 작동하게 된다. 만일 ENABLE 핀이 떠 있다면(연결되어 있지 않음), H-브리지가 사용 가능함을 의미한다. 입력 채널(TTL 레벨 신호) INPUT1과 INPUT2는 H-브리지 중 하나에서 전류 방향을 제어한다. 유사하게, INPUT3과 4는 다른 H-브리지에서 전류 방향을 제어한다. INPUT1과 2의 쌍, INPUT3과 4의 쌍은 인버터와 서로 반대 상태에서 연결되어 있다. 그리고 스텝 모터 또는 DC 모터 제어 응용에 대해 같은 TTL 레벨 신호 라인에 의해 작동한다. 한번 H-브리지가 가능하면 전류의 방향이 H-브리지의 INPUT 핀 쌍에 의해 제어된다. 외부 마이크로컨트롤러가 INPUT 라인의 펄스 폭을 조정해서 평균 전류를 제어한다.

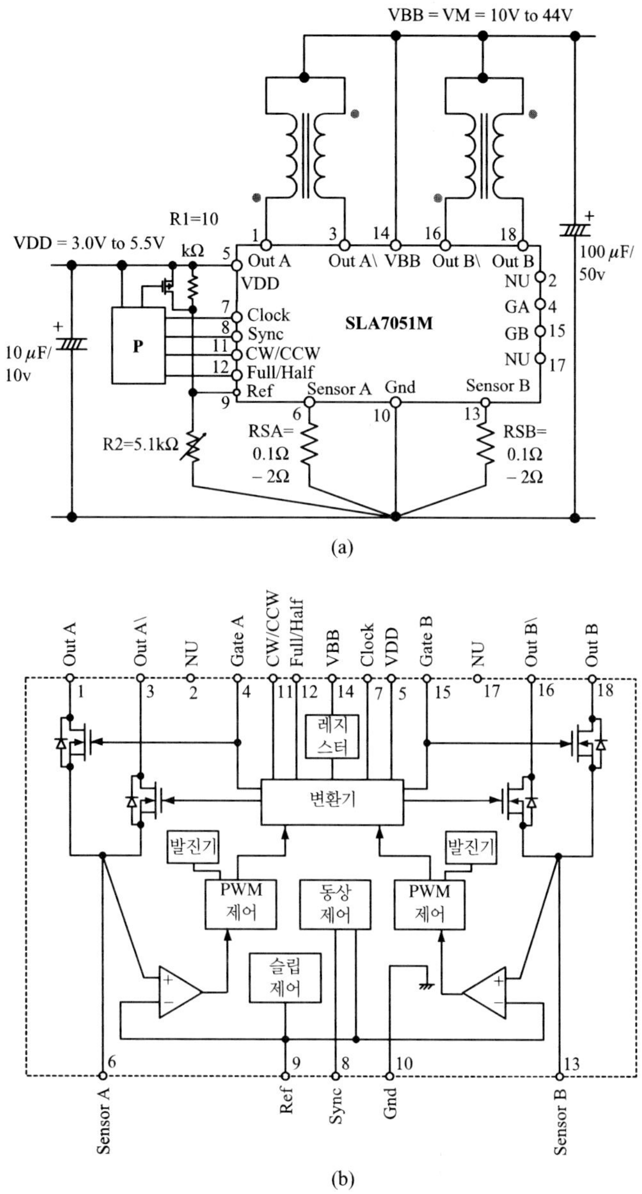

그림 8.58 ■ 단극 스텝 모터의 IC 구동기의 예: SLA7051(필립스 반도체). 단극 스텝 모터 구동기 IC는 트랜지스터와 작은 IC 패키지로 된 출력 파워 스테이지를 가지고 있다.

8.6 스위치 저항 모터와 구동

8.6.1 스위치 저항 모터

가변 저항 모터, 스위치 저항 스텝 모터로 알려진 스위치 저항(SR) 모터는 최근 서보 모터로 관심이 증대되고 있다(그림 8.60). SR 모터는 가장 싸고 간단한 모터이다. 왜냐하면 영구

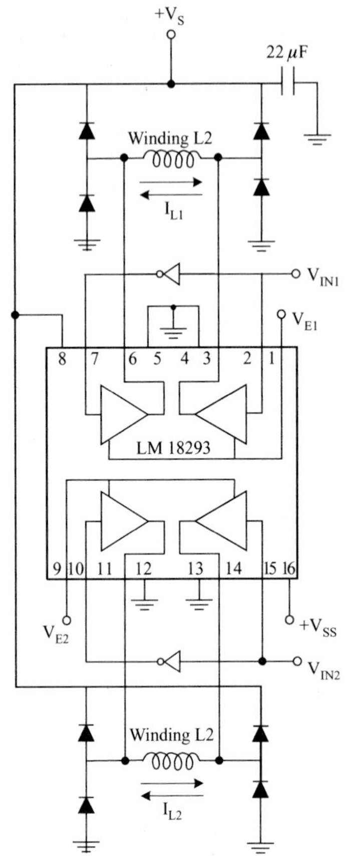

그림 8.59 ■ 양극 스텝 모터 또는 브러시 타입 DC 모터용 집적 회로 구동기 칩

자석이나 브러시가 모터에 없기 때문이다. 현재 500-HP까지 적용 가능한 SR 모터도 있다. 스위치 저항 모터는 회전자가 영구자석이 아니라 연한 강자성 철이라는 점을 제외하고는 스텝 모터와 동일하다. 자기장 인력은 저항을 최소화하는 방향으로 작용한다[47].

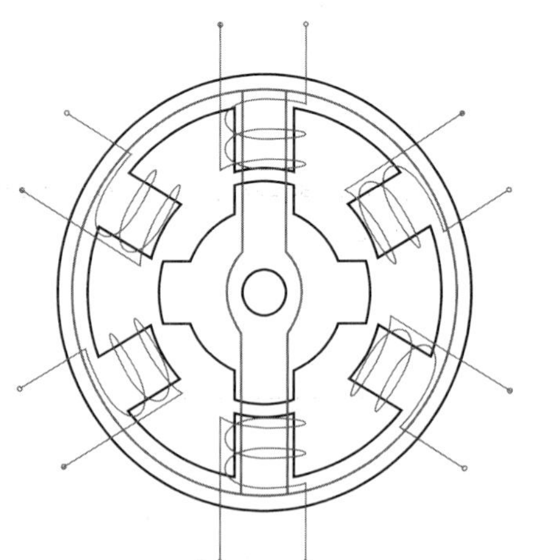

그림 8.60 ■ 변화 저항 모터. (a) 단면적 도면, (b) 모터 고정자와 회전자 어셈블리 도면

SR 모터는 다음과 같은 요소를 가진다.

1. 회전자는 많은 이(teeth)를 가진 연철을 단순히 적재한 구조를 가지고 있다(salient poles).
2. 고정자 프레임은 또한 연철을 적재한 구조로 되어 있고 각 고정자 극(보통 6, 8, 12개나 그 이상의 극)에 대해 하나씩 권선의 중앙부에 위치한다. 고정자 권선은 3개 또는 4개의 독립된 상(phase)에 감겨 있다.
3. 회전자 적재 구조가 기계적으로 고정된 회전자 샤프트, 각 끝에 2개의 베어링
4. 모터 조립에 필요한 끝판(end plate)과 하우징(housing)

회전자와 고정자에 사용된 적재 구조는 판재의 연속적인 롤으로부터 다이 펀치되었다. 판재 재료는 재료 구성이 조금씩 차이가 있는 연철 타입으로 되어 있다. 각각의 적재물은 절연물로 코팅되어 있다. 고체 금속 설계에 반하는 구조인 적재 구조의 목적은 모터에서의 와전류를 줄여서 열 발생을 줄이기 위한 것이다. 고정자 권선은 집중된 타입이다. 즉 단일 권선은 여러 이(teeth)가 공간적으로 분포되어 있는 대신 고정자의 이(teeth) 하나에 위치한다. 각각의 집중 권선은 권선 기계를 사용하여 절연 구리 컨덕터의 서플라이(supply)로부터 감겨 있다. 그리고 권선은 각각의 고정자 권선에 위치해 있다. 권선(2쌍, 4쌍) 사이의 전기적 연결은 적절한 단자를 연결함으로써 이루어진다. 권선 사이의 공간은 가열된 진공 챔버에서 에폭시로 채워진다. 에폭시를 채움으로써 권선에서 구리 컨덕터 사이의 공극이 없어지고, 열전도가 증가하며 전선의 절연 효과를 얻을 수 있다.

다음의 두 가지 기본 원리에 의해 전기 모터에서 힘이 발생된다.

1. 힘은 전기장과 전류 전달 컨덕터 사이의 상호 작용에 의해 발생한다(즉 DC, AC, PM 모터의 일의 원리).
2. 힘은 연 자기성 재료(즉 SR 모터)의 일시적인 자화 현상을 통해 형성된 자기장이 철제 금속에 작용하는 인력에 의해 발생한다.

SR 모터의 기본 작동 원리는 두 번째 원리에 근간을 두고 있다. 철제 금속이 자기 근처에 위치할 때 철의 표면에 자기 극이 유도된다. 철의 표면이 N극으로 다가가면 S극이 활성화되고 S극으로 다가가면 N극이 활성화된다. 자석을 철제 금속으로부터 멀리 떨어뜨리면 철에 의해 유도된 자기장은 순식간에 사라진다. 고정자 권선이 일정한 전류 패턴을 가지고 있을 때 고정자 이(teeth)에서 이에 상응하는 전자기극을 발생한다. 회전자의 이(teeth) 구조는 고정자 권선 전류의 각 조건하에서 안정적인 자기장을 제공한다. 회전자는 회전자의 이와 고정자의 이(teeth) 사이에서 전자기 저항을 최소화하려는 방향으로 움직인다. 토크는 저항을 최소화 하려는 고정자와 회전자의 상대적 위치의 자연적인 경향에 의해 발생한다. 회전자가 저항을 최소화하려고 이동함에 따라 "구동(motoring)" 모드에서 토크를 발생한다. 회전자가 저항을 증가하는 방향으로 이동하면 "생성(generating)" 모드이고 외부로부터 토크를 요한다.

SR 모터의 스텝 각도는 전기적 상(phase)의 수(N_{ph})와 회전자 이(teeth)의 수(N_r)로 결정된다.

$$\theta_{step} = \frac{360^\circ}{N_r \cdot N_{ph}} \tag{8.340}$$

표 8.3 ■ SR 모터 설계 변수: 상의 수, 고정자 이의 수, 회전자 이의 수

N_s/N_r 조합과 상의 수			
1상	**2상**	**3상**	**4상**
2/2	4/2	6/4	8/6
4/4	8/4	12/8	16/12
6/6	12/6	18/12	24/18
8/8	16/8	24/16	32/24

SR 모터는 PM 하이브리드 스텝 모터에 비해 반 정도의 분해능을 가지고 있다. 1회전당 SR 모터의 스텝 수는 전기적 상(phase)의 수와 회전자 이의 수의 곱이다.

$$N_{step} = N_r \cdot N_{ph} \tag{8.341}$$

SR 모터의 설계 요소는 전기적 상(phase)의 수와 고정자 극의 수(N_S), 회전자 극의 수(N_r)를 포함한다. 표 8.3은 가능한 몇몇의 상, 고정자, 회전자 극의 수의 조합을 보여준다. 그림 8.60에서 고정자와 회전자의 이의 수는 같지 않음을 보여주고 있다. 따라서 고정자 극과 회전자 이(teeth)의 각 공간(angular spacing)이 일치하지 않는다. 특정 고정자 상전류가 ON되어 있을 경우 가장 가까운 회전자의 이가 자기 저항을 최소화하기 위해 그 상에서의 고정자 극과 일직선을 맞춘다. 왜냐하면 회전자에는 영구자석이 없으므로 어느 방향에서든 자기장의 영향을 받을 수 있고(어느 방향에서의 고정자 전류에 의해) 고정자의 자기장과 방향을 일치시키기 위해 같은 방향에서 자기장이 생성될 것이다. 이것은 SR 모터의 토크가 권선의 전류 방향과 독립적임을 의미한다. 따라서 양방향으로 상전류를 유도할 필요가 없음을 의미한다.

고정자 권선 전류의 주어진 상태(즉 1상은 ON, 2상과 3상은 OFF, 그림 8.61)에 따라 회전자는 안정 상태가 된다. 각 위치(angular position)와 회전자 속도의 방향에 의존해서 주어진 고정자 전류는 모터(그림 8.61(a), (d)) 또는 발전기(그림 8.61(c), (f)) 또는 제로 토크 소스(그림 8.61(b), (e))처럼 모터가 행동하게 할 수 있다. 특정 방향에서 일정 토크는 회전자 위치 함수로 상(phase) 권선을 ON/OFF 함으로 얻을 수 있다(그림 8.62). 각 고정자 권선은 크기가 변화하는 한 방향 전류를 가진다. 토크 방향에는 영향을 미치지 않으므로 전류 방향이 바뀌지는 않는다. 중요한 것은 회전자 각 위치(angular position)에 대한 전류의 크기이다. 상 전류는 인덕턴스가 일정한 회전자 위치 범위 동안에 OFF 되어야 한다. 왜냐하면 일정한 인덕턴스 때문에 생성된 토크는 전류의 값에 관계없이 0이기 때문이다. 만일 양의 토크를 원한다면, 회전자가 이동함에 따라 전류는 인덕턴스가 증가하는 회전자 각도 범위에서 ON되어야 한다. 그리고 나머지 사이클 동안은 OFF되어야 한다.

만일 음의 토크를 원한다면, 회전자가 이동함에 따라 전류는 인덕턴스가 감소하는 회전자 각도 범위에 있을때 ON이 되어야 한다. 그러면 음의 토크가 생성된다. 따라서 속도(양 또는 음)의 주어진 모든 방향에서, SR 모터는 회전자 각도 위치를 제어함으로써 양 또는 음의 토크를 생성할 수 있다. SR 모터는 토크-속도 평면의 모든 사분면에서 작동할 수 있다. 따라서 SR 모터는 모터와 발전기로 모두다 작동될 수 있다. 그림 8.61(a), (d)에서 보여주는 것처럼, 만일 회전자의 동작이 인덕턴스를 증가시키려는 회전자 각도 범위 안에 있는 동안, 상 전류가 ON이 된다면, "구동" 토크를 생성하고, 이를 "구동" 모드라 한다. 이와 유사하게 회전

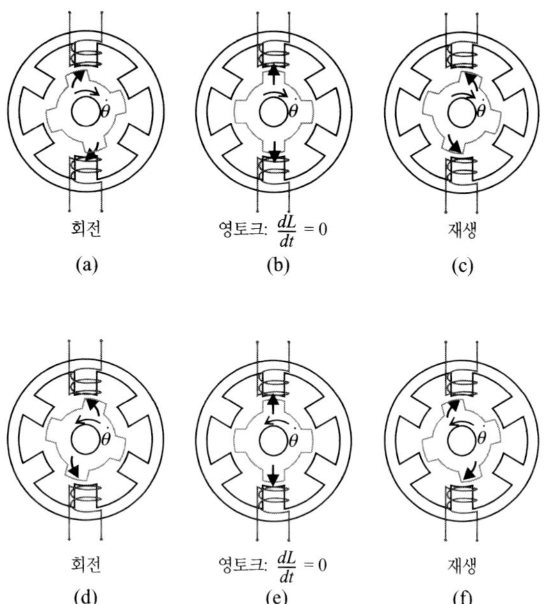

그림 8.61 ■ SR 모터 권선 전류, 회전자 위치, 속도 방향과 토크 관계. 상 전류는 활성화되고 일정하다. 회전자 위치가 변화함에 따라 발생되는 토크의 방향은 양에서 0으로 음으로 변화한다. 만일 모터 움직임이 저항이 감소하는 방향이면(이 경우, 고정자와 회전자 이(teeth) 간 정렬이 고름) 이 동작은 토크를 발생하고 "구동(motoring)" 모드라 하다. (그림 (a)(d)). 저항이 증가하는 방향이라면(이 경우, 고정자와 회전자 이(teeth)간의 정렬이 흐트러짐) 토크를 필요로 하고 이를 "발전기(generation)" 모드라 한다(그림 (b)(e)).

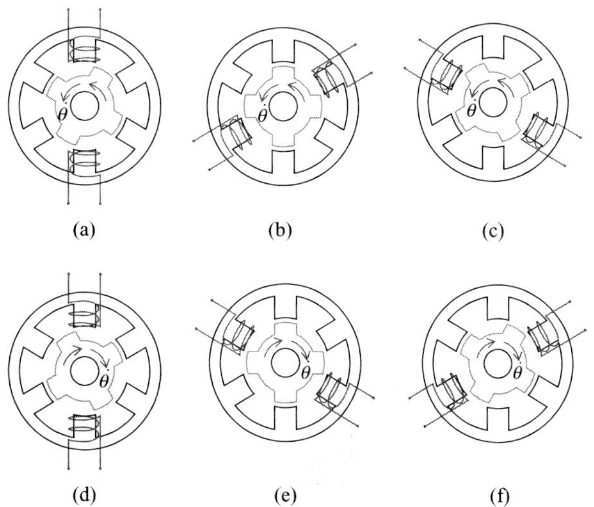

그림 8.62 ■ 상 전류에 의한 토크 발생과 방향 제어. 토크 방향은 회전자 위치에 따른 상전류의 변화에 의해 제어된다. (a)~(c), 상1~3으로의 전류 변화는 반시계 방향으로의 토크를 발생한다. 상 사이의 전류 변화는 연속적인 반시계 방향의 토크를 발생하기 위해 적절한 회전자 위치에서 수행되어야 한다. (d)~(f)에서 연속적인 고정자 상 전류 제어는 시계 방향의 연속적인 토크 발생을 보여준다.

자의 동작이 인덕턴스를 감소시키려는 회전자 각도 범위안에 있는 동안, 상 전류가 ON이 되면, 토크를 소진하게 되고, 이를 "발전기(generating)"모드라 부른다(그림 8.61(c), (f)). 회전자 위치와 속도의 방향에 대한 상 전류를 제어함으로써 토크의 방향을 제어할 수 있다. 전류 크기가 발생된 토크의 크기에 영향을 미친다. 그러나 전류의 방향은 토크에 영향을 미치지 않는다. SR 모터는 고정자 전류의 방향이 없기 때문에 단극 구동기로 사용할 수 있다.

8.6.2 SR 모터 제어 시스템 요소: 구동기

SR 모터 제어 시스템의 요소는 그림 8.63과 같다. 전원 공급기, 파워 일렉트로닉스, 파워 트랜지스터의 스위칭 제어는 스텝 모터 구동기와 유사하다. 룩업(look up) 테이블 알고리즘은 회전자 각(angle)에 대한 함수인 고정자 권선의 전류 조절을 이용해서 모터로부터 요구 토크를 얻어 내기 위해 비선형 토크 전류 관계(식 8.345)를 변환시킨다. 룩업 테이블 알고리즘은 전류 명령 레벨과 스위칭 각을 조정하기 위해 사용된다. 회전자 속도는 권선의 전기적 시정수를 보상하기 위해 스위칭 각도를 조정한다. 스위칭 제어기는 회전자 각의 함수로 각 상마다 전류를 제어하기 위해 파워 트랜지스터를 작동시킨다(그림 8.64). 따라서 전류는 회전자 각과 회전자 속도의 함수로 제어된다.

일정 전류 조건하에서 SR 모터의 회전자 권선 중에 하나에 의해 생성된 토크는 회전자의 위치 함수인 방향을 변화시킨다. 전류가 일정할 때, 토크는 인덕턴스가 증가하는 동안은 양수이고, 일정한 인덕턴스에서는 0이며, 인덕턴스가 감소하는 동안에는 음수이다(그림 8.61(a)~(c), (d)~(f), 그림 8.65). 특정 고정자 권선으로부터 단방향 토크에 기여하기 위해서, 그 권선의 전류는 반사이클 동안 OFF되어야 한다. 그렇지 않으면 권선 전류 기여로 인해 회전자 위치 함수인 부호가 바뀌게 된다. 주어진 상은 반사이클 동안 토크에 아무런 기여를 하지 못하기 때문에, 이 주기 동안에는 OFF되어야 한다.

설계에 따르면, SR 모터의 인덕턴스는 일정하지 않고 회전자각에 따라 변한다(그림 8.65). 인덕턴스는 회전자 위치와 전류에 관한 함수이다.

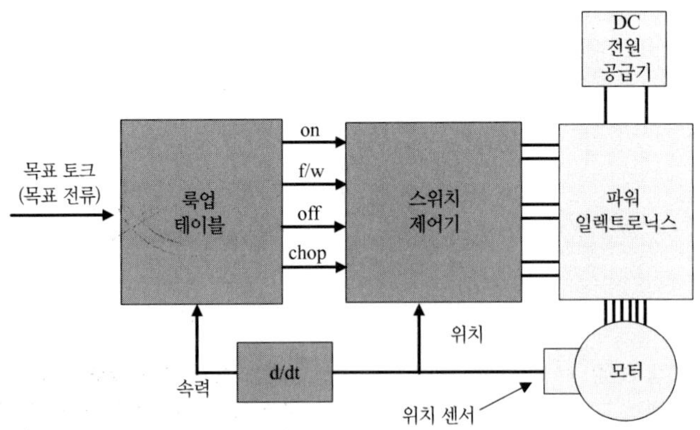

그림 8.63 ■ SR 스텝 모터 제어 시스템의 구성도. 상전류 제어를 위해 2개의 트랜지스터와 2개의 다이오드가 사용된다. 스위치 제어기는 회전자의 각도와 요구 토크의 함수인 각 상의 전류를 정류한다. 회전자 속도 정보는 과도기 지연에 대한 보상으로 높은 속도가 사용되고 이상적인 수행을 위해 전류 정류 알고리즘이 사용된다.

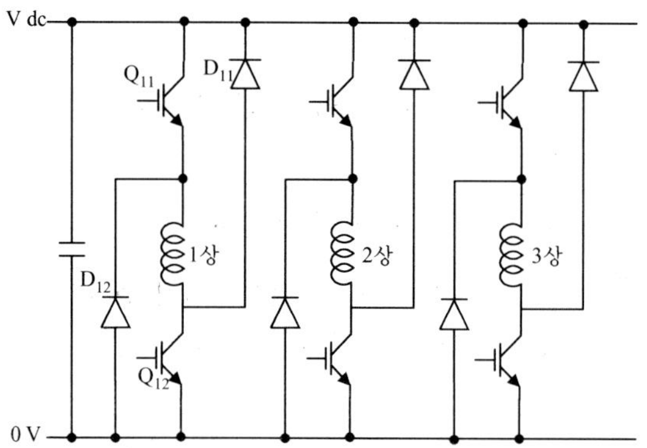

그림 8.64 ■ SR 모터의 인버터

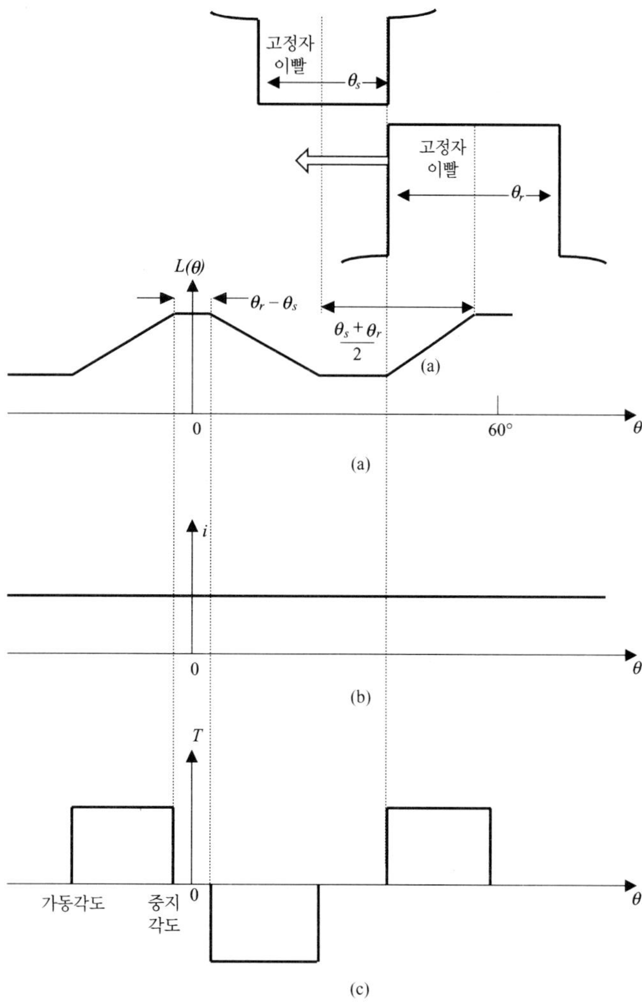

그림 8.65 ■ 회전자 각도 함수로의 SR 모터 인덕턴스, 토크, 전류의 관계

$$L = L(\theta, i) \tag{8.342}$$

회전자 위치 함수로 나타나는 인덕턴스의 정확한 형태는 회전자-고정자의 이(teeth)의 명확한 형상에 의해 일반화될 수 있다.

$$L = L(\theta);\ for\ i\ =\ constant \tag{8.343}$$

$L(\theta)$는 모터 설계에서 비롯된 것이다. 구동기 제어를 통해 전압과 전류를 조절할 수 있다. 대부분의 응용에서, 구동기는 전류 규제 모드에서 사용되고, 상의 단자 전압(terminal voltage)은 목표 전류를 조절하기 위해 PWM으로 제어된다. 초고속 응용에서, 단자 전압은 단 한번만 2개의 극값 사이에서 변하게 된다. 이를 단일 펄스 모드 전류 제어라 부른다. 회전자 각에 대한 전압의 스위치 ON, 스위치 OFF 시간은 각 상에서 전기 시정수를 설명하기 위해 회전자 속도의 함수로 조절된다. 저속 응용에서, PWM 증폭기에 기반을 둔 전형적인 전류 제어 회로는 전류 루프 제어를 위한 충분 조건이다.

SR 모터의 권선에 대해 생각해 보자. 상 권선 사이의 상호 쇄교 자속이 0이고 강자성체의 *B-H*의 특성은 선형이라 가정하자. 그리고 인덕턴스는 전류가 아니라 회전자 각도 위치만의 함수라 가정한다. 토크는 특별 권선의 가진에 의해 발생한다.

$$T_k(t) = \left.\frac{\partial W_c}{\partial \theta}\right|_{i\,=\,constant} \tag{8.344}$$

$$= \frac{\partial}{\partial \theta}\left(\frac{1}{2}L_k(\theta)\cdot i_k^2\right) \tag{8.345}$$

W_c는 공동에너지(*co-energy*)의 일반화된 개념이다.

$$W_c = \int_0^{i_k} \lambda \cdot di \tag{8.346}$$

$$= \int_0^{i_k} L_k(\theta)\cdot i_k \cdot di_k \tag{8.347}$$

$$= \frac{1}{2}L_k(\theta)\cdot i_k^2 \tag{8.348}$$

전류가 일정하다고 가정하고 회전자 위치에 대해 공동에너지(co-energy)를 미분하면 토크를 계산할 수 있다.

$$T_k(t) = \frac{1}{2}\cdot\frac{\partial L_k(\theta)}{\partial \theta}\cdot i_k^2 \tag{8.349}$$

상 권선의 전압-전류 관계는 다음과 같다.

$$V_k(t) = R\cdot i_k(t) + \frac{d}{dt}\lambda_k(t) \tag{8.350}$$

$$= R\cdot i_k(t) + \frac{d}{dt}(L_k(\theta)\cdot i_k(t)) \tag{8.351}$$

$$= R \cdot i_k(t) + L_k(\theta)\frac{di_k(t)}{dt} + \frac{dL_k(\theta)}{d\theta} \cdot i_k(t) \cdot \frac{d\theta}{dt} \tag{8.352}$$

스위치 저항(SR) 모터의 전기적 모델은 영구자석(PM) DC 모터와 비슷하다. 여기서 단자 전압, $V_k(t)$은 평형을 이루거나 다음 세 가지 요소에 의해 소비된다.

1. 저항과 전류의 곱 $R \cdot i_k(t)$
2. 인덕턴스와 전류 변화율의 곱 $L_k(\theta)\frac{di_k(t)}{dt}$
3. 역기 전압 $\frac{dL_k(\theta)}{d\theta} \cdot i_k(t) \cdot \frac{d\theta}{dt}$

SR 모터의 역 기전력 전압은 PM DC 모터의 역 기전력과 다르다. PM DC 모터의 경우, 역 기전력 전압은 회전자의 속도 그리고 영구자석과 모터 설계에 의해 결정되는 비례 상수에 비례한다.

$$V_{bemf} = K_E \cdot \frac{d\theta}{dt} \tag{8.353}$$

SR 모터에서 역 기전력 전압 항은 회전자 속도과 더불어 회전자 각에 대한 인덕턴스의 미분과 전류의 함수로 표현된다. SR 모터의 역 기전력은 다음과 같다.

$$V_{bemf} = \frac{dL_k(\theta)}{d\theta} \cdot i_k(t) \cdot \frac{d\theta}{dt} \tag{8.354}$$

만일 다음 중 하나라도 0이면 역 기전력은 0이다: 전류, 회전자 위치의 함수로 표현되는 인덕턴스의 변화, 회전자 속도. SR 모터의 역 기전력 전압은 전류와 인덕턴스의 미분에 대한 함수로 변수 이득 $K_E(i, dL/d\theta)$로 간주할 수 있다.

8.7 선형 모터

이론적으로, 회전 전기 모터는 실린더 형태의 고정자와 회전자를 평면형 선형 형태로 펼치면 선형 전기 모터로 설계, 제조할 수 있다. 이러한 선형 모터는 "**평면(flat) 선형 모터**"라 부르는 직사각형 단면적을 가지고 있다. 더구나 비구름(unrolled) 선형 모터는 **관형 선형 모터** 제조를 위해 선형 운동 축 주위를 굴릴 수 있다. 이러한 선형 모터는 원형 단면적을 가지고 있다(그림 8.66).

두 요소 사이의 전자기력 발생은 회전 상대물의 경우처럼 다음의 물리적 원리를 따른다. 그림 8.66은 실린더가 평면 형태로 펼쳐진 선형 모터의 기본 원리를 보여주고 있다. 능동 제어 고정자 상의 수는 동일하다. 각 상에서 전류의 정류는 회전 각 대신 영구자석 차원의 선형 순환 거리에 기반을 둔다. 2극 회전 브러시리스 DC 모터에서 정류 사이클은 360°인 반면 선형 브러시리스 모터에서 정류 주기는 2개의 연속된 극쌍 사이의 거리이다(즉 2개의 N 또는 2개의 S극 자석 사이의 거리, N극과 S극 자석의 총 거리). 일반적으로 회전에 사용되는 증폭기와 동일한 증폭기가 선형 모터에 사용된다. 궤환 센서는 회전 변위 센서가 아니라 선

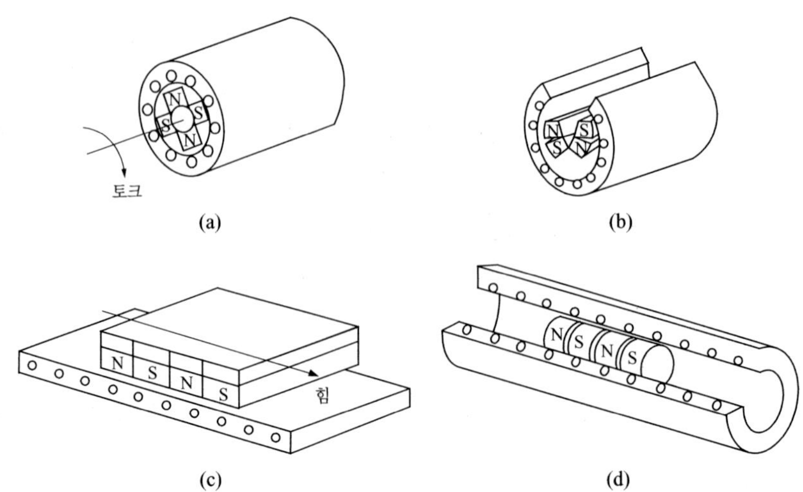

그림 8.66 ■ 비구름 회전 모터에 의한 선형 모터 설계의 원리. (a) 회전형 영구자석 타입의 전기 모터(브러시리스 DC), (b) 비구름 개념, (c) 평면 타입의 선형 브러시리스 DC 모터, (d) 원관형의 선형 모터

형 변위 센서이다. 즉 홀 효과(HALL EFFECT) 센서가 피치의 주기 거리 내에서 회전자에 대한 고정자의 상대 위치를 찾기 위해 사용된다. 비슷하게, 위치 감지를 위해 회전 엔코더 대신 선형 엔코더가 사용될 수도 있다.

선형 브러시리스 DC 모터는 3개의 기본 형태가 있다. (1) 철(iron)코어 (2) 아이언리스(에어 코어) (3) 슬롯리스(표 8.4). 각 경우의 기본적인 설계 원리는 그림 8.67에서 나타내었다. 브러시리스 DC 원형 선형모터에서 영구자석은 회전 모터축에 수직인 축 주위를 원관 형태로 감싸고 있다. 그리고 고정자는 3상이며 회전자를 감싸고 있다. 제어기와 선형 모터의 확대 스테이지는 회전용에서 사용되는 것과 동일하다. 증폭기에서 정류는 회전 모터의 경우처럼 각도 위치에 기본을 두는 것과 달리 회전자의 자석 쌍의 주기 피치 거리에 기반을 둔다.

선형 DC 모터의 동적 모델은 회전 DC 모터와 동일하다. 모터의 전기적 역학은 다음과 같다.

$$V_t(t) = R \cdot i(t) + L \cdot \frac{di(t)}{dt} + K_e \cdot \dot{x}(t) \tag{8.355}$$

표 8.4 ■ 가격, 코깅력(cogging force), 전력 밀도, 이동 요소의 무게를 고려한 선형 브러시리스 DC 모터 타입의 비교

	선형 브러시리스 DC 모터 타입		
특성	**아이언 코어**	**아이언리스(공기) 코어**	**슬롯리스**
인력	$F_{atr} \approx 10 \cdot F_{trust}$	없음	$F_{atr} \approx 5 \sim 7 \cdot F_{trust}$
가격	중간	높음	낮음
분괴력	높음	없음	중간
전력 밀도	높음	중간	중간
동력원 무게	무거움	가벼움	중간

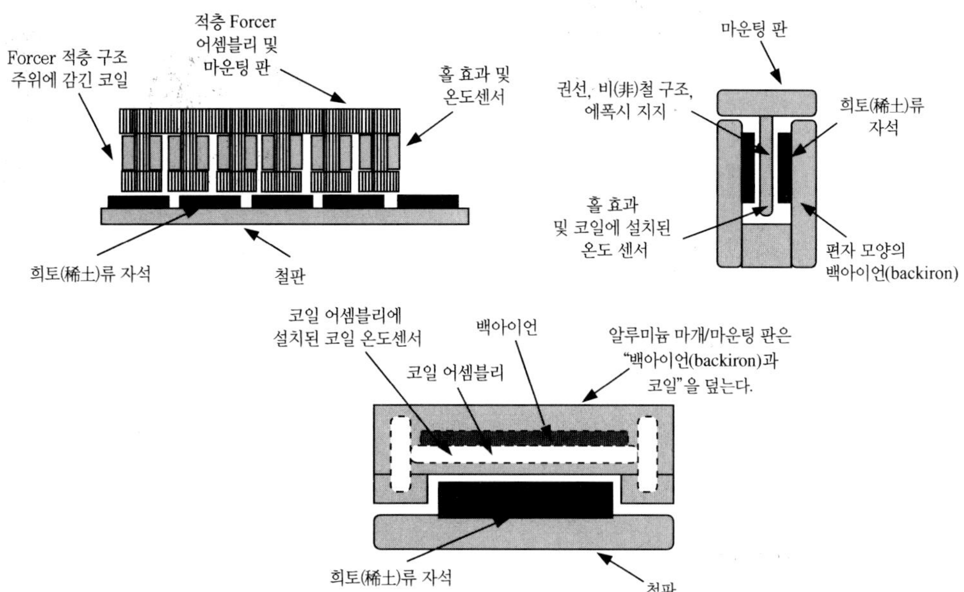

그림 8.67 ■ 선형 브러시리스 DC 모터 설계형: 아이언(iron) 코어, 아이언리스(ironless) 코어, 슬롯리스(slotless) 설계/아이언 코어는 선형 베어링에 의해 지지되는 회전자와 고정자 사이에서 큰 인력을 가지고 있다(추력(trust force)의 10배까지). 아이언리스 코어는 인력이 없다. 슬롯리스 설계는 어딘가에 인력이 존재한다.

여기서 $V_t(t)$는 단자 전압, R은 권선 저항, L은 자체 인덕턴스, K_e는 모터의 역 기전력 이득이다. 순(net) 전력은 기계적 동력으로 전환되는데 이는 다음과 같다.

$$P_e(t) = V_{bemf}(t) \cdot i(t) \tag{8.356}$$

$$P_e(t) = V_{bemf}(t) \cdot i(t) \tag{8.357}$$

$$= K_T \cdot \dot{x}(t) \cdot i(t) \tag{8.358}$$

$$= F(t) \cdot \dot{x}(t) \tag{8.359}$$

$$= P_m(t) \tag{8.360}$$

전기 동력을 기계동력으로 바꾸는 데 효율을 100%라 가정하면

$$P_m(t) = F(t) \cdot \dot{x}(t) \tag{8.361}$$

$$= P_e(t) \tag{8.362}$$

$$= V_{bemf}(t) \cdot i(t) \tag{8.363}$$

이다. 여기서 힘-전류의 관계는 다음과 같다.

$$F(t) = K_T \cdot i(t) \tag{8.364}$$

여기서 힘/토크 이득은 역 기전력 이득과 같음을 알 수 있다. 이득 K_t 는 자기력 선(컨덕터 자기장과 관련된 단면적과 유속 밀도의 곱)과 코일의 감긴 횟수의 함수이다. 즉 영구자석의 작

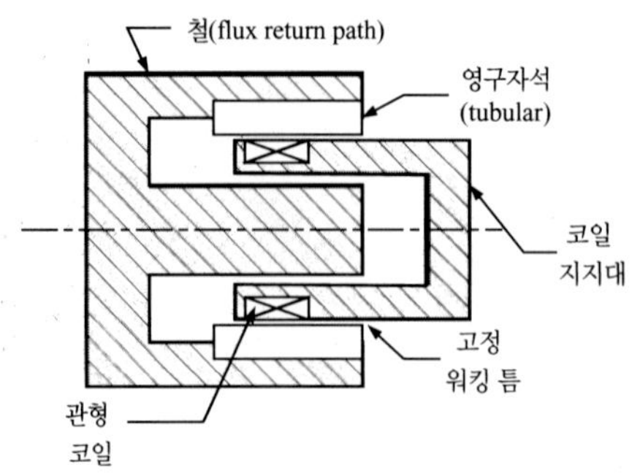

그림 8.68 ■ 음성 코일 구동기의 작동 원리와 요소

용점에서 전기력 선과 크기, 자속과 관련된 코일의 감긴 횟수의 함수이다. 실용적인 모터를 위해, 자속(flux) 해를 구하는 최상의 방법은 소프트웨어 툴을 이용한 유한요소로부터 얻어진다. 따라서 힘 이득은 간단하고 이상화된 모터 형상에서만 가능하였던 해석적인 솔루션 대신 FEA 솔루션에 의해 결정된다. **음성 코일 구동기**(voice coil actuator 또는 moving coil actuator)는 관형 영구자석과 코일 권선으로 만들어진다(그림 8.68). 전류-캐링 코일 어셈블리와 PM 사이의 상호작용으로 인해 선형 힘이 발생된다. 원리적으로 이것은 브러시 형태의 DC 모터와 동일하다. 주어지는 순간, 모터 액션과 제너레이터 액션 모두 유효하다.

$$F = k \cdot l \cdot N \cdot B \cdot i = K_F \cdot i \tag{8.365}$$

$$V_{bemf} = k \cdot l \cdot N \cdot B \cdot \dot{x} = K_E \cdot \dot{x} \tag{8.366}$$

여기서 F는 선형 힘, V_{bemf}는 역기 기전력 전압, l은 권선의 길이, N은 코일의 감긴 수, B는 회전자와 고정자 사이의 공극을 가로지르는 전기장의 크기, i는 코일의 전류, $\dot{x}$은 회전자의 선형 속도이다. 회전자와 고정자(coil과 PM) 사이에서 형상이 동일하게 겹쳐지는 한, 힘은 회전자의 변위와 독립적이고 전류만의 함수가 된다. 힘-전류-변위 관계를 제공하기 위해 PM과 코일의 축 길이는 달라야 한다(하나는 길게, 나머지는 짧게). 코일 권선의 전류는 정류되지 않는다. 정류-브러시 요소가 없다. 단지, 전류의 방향과 크기는 브러시 형의 DC 모터에 사용되는 것과 같은 타입인 H-브리지 증폭기를 사용함으로 제어된다. 음성 코일 구동기는 솔레노이드 플런저 또는 오디오-스피커 설계의 정밀 동작에 사용된다. 음성 코일 구동기는 작은 이동 범위(마이크론에서 몇 인치)와 높은 대역폭을 가지고 있다.

8.8 DC 모터: 전기기계의 동적 모델

DC 전기 모터에서 가장 일반적으로 사용되는 모델은 그림 8.69에서 보여주는 것과 같다. 동적 모델은 전기적, 전기기계 전력 변환, 기계적 동적 관계를 포함한다.

단자 전압, 전류, 회전자의 속도 사이의 전기적 관계는 다음과 같다.

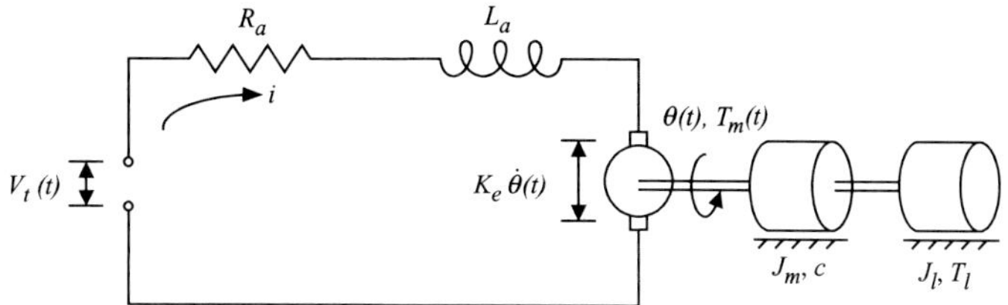

그림 8.69 ■ DC 모터 역학 모델

$$V_t(t) = L_a \frac{di(t)}{dt} + R_a i(t) + K_e \cdot \dot{\theta}(t)$$

$K_e\dot{\theta}(t)$항은 발전기 활동의 결과로 역 기전력에 의해 발생된 전압이다. L_a, R_a는 각각 권선의 인덕턴스와 저항이다. 전기기계 전력 변환은 다음과 같이 주어진다.

$$T_m(t) = K_T\, i(t)$$

K_T는 토크 이득이고 T_m은 모터에 의해 발생된 토크이다. 결과적으로 토크, 관성, 다른 부하 사이의 기계적 관계는 다음과 같이 주어진다.

$$T_m(t) = (J_m + J_l)\,\ddot{\theta} + c\,\dot{\theta}(t)\ +\ T_l(t)$$

J_m은 회전자의 관성, J_l는 부하 관성, c는 댐핑 상수, T_l은 부하 토크이다. 이러한 3개의 기본 관계로부터 우리는 단자 전압과 모터의 속도, 또는 모터의 위치 사이의 전달 함수, 아마추어(amateur) 전류에서 모터 속도으로의 전달 함수를 유도할 수 있다. 물리적으로, 증폭기는 모터의 동작을 제어하기 위해 모터 단자 전압을 조작한다. 이 전압 제어는 전류 궤환, 전압 궤환 또는 두 가지가 다 사용된다.

모터의 단자 전압에서 모터 속도까지의 전달 함수를 구해 보자. 초기 조건을 0이라 두고 주어진 식을 라플라스로 변환하면(그림 8.70) 다음과 같다.

$$V_t(s) = (L_a s + R_a)i(s) + K_e\dot{\theta}(s) \tag{8.367}$$

$$\rightarrow i(s) = \frac{1}{L_a s + R_a}[V_t(s) - K_e\dot{\theta}(s)] \tag{8.368}$$

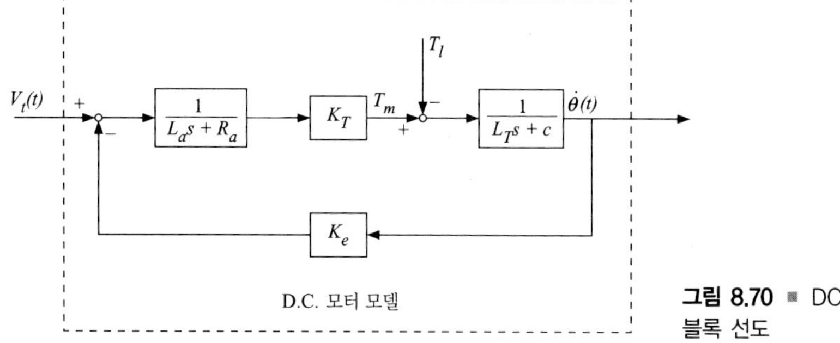

그림 8.70 ■ DC 모터 역학 모델의 블록 선도

여기서 $J_T = J_m + J_l$.

단자 전압과 부하 토크의 효과를 서술하는 전달 함수는(그림 8.70)에서 찾을 수 있다.

$$\dot{\theta}(s) = \frac{K_T}{(J_t s + c)(L_a s + R_a) + K_T K_e} V_t(s) - \frac{(L_a s + R_a)}{(J_t s + c)(L_a s + R_a) + K_T K_e} T_l(s)$$

모터 단자 전압과 모터 속도의 전달 함수는 다음과 같다.

$$\frac{\dot{\theta}(s)}{V_t(s)} = \frac{K_T}{(J_t s + c)(L_a s + R_a) + K_T K_e} \tag{8.369}$$

$$= \frac{K_T}{J_T L_a s^2 (L_a c + J_T R_a) s + (c R_a + K_T K_e)} \tag{8.370}$$

$$= \frac{K_T}{J_T L_a s^2 + \left(\frac{L_a c + J_T R_a}{J_T L_a}\right) s + \left(\frac{c R_a + K_T K_e}{J_T L_a}\right)} \tag{8.371}$$

전달 함수의 극은 다음과 같다.

$$s^2 + \left(\frac{L_a c + J_T R_a}{J_T L_a}\right) s + \left(\frac{c R_a + K_T K_e}{J_T L_a}\right) = 0$$

일반적으로 이 방정식은 2개의 복소근을 갖는다.

특별 사례: DC 서보 모터 DC 서보 모터는 매우 낮은 인덕턴스(L)와 댐핑(c)을 가지고 있다. DC 서보 모터의 경우 이러한 사실을 이용하여, 다음과 같이 대략적인 전달 함수를 나타낼 수 있다.

$$\frac{\dot{\theta}(s)}{V_t(s)} \simeq \frac{\frac{K_T}{J_T L_a}}{s^2 + \left(\frac{R_a}{L_a}\right) s + \left(\frac{K_T K_e}{J_T L_a}\right)}$$

극은 다음과 같다.

$$p_{1,2} = -\frac{R_a}{2L_a} \pm \frac{\sqrt{\left(\frac{R_a}{L_a}\right)^2 - 4\left(\frac{K_T K_e}{J_T L_a}\right)}}{2} \tag{8.372}$$

$$= -\frac{R_a}{2L_a} \pm \frac{\sqrt{4 K_T K_e J_T \left(\frac{R_a^2 J_T}{4 K_T K_e} - L_a\right)}}{2 L_a J_T} \tag{8.373}$$

$$\simeq -\frac{R_a J_T}{2 L_a J_T} \pm \frac{R_a J_T \left(1 - \frac{2 L_a K_T K_e}{R_a^2 J_T}\right)}{2 L_a J_T} \tag{8.374}$$

여기서 다음의 근사식을 이용하면

$$\sqrt{1 - x} \simeq 1 - \frac{x}{2}; \text{ for } x \ll 1$$

극은 다음과 같다.

$$p_1 = -\frac{K_T K_e}{J_T R_a} \tag{8.375}$$

$$p_2 = -\frac{2R_a J_T + \left(\frac{2L_a K_T K_e}{R_a}\right)}{2L_a J_T} \tag{8.376}$$

$$= -\frac{R_a}{L_a} + \frac{K_T K_e}{J_T R_a} \tag{8.377}$$

$\frac{R_a}{L_a} \gg \frac{K_T K_e}{J_T R_a}$ 이기 때문에 두 번째 극은 대략 다음과 같다.

$$p_2 \simeq -\frac{R_a}{L_a} \tag{8.378}$$

모터 단자 전압에 대한 모터 속도의 전달 함수는 다음과 같이 근사화할 수 있다.

$$\frac{\dot{\theta}(s)}{V_t(s)} = \frac{\left(\frac{K_T}{J_T L_a}\right)}{(s - p_1)(s - p_2)} \tag{8.379}$$

$$= \frac{\left(\frac{1}{K_e}\right)}{(\tau_m s + 1)(\tau_e s + 1)} \tag{8.380}$$

여기서

$$\tau_m = -\frac{1}{p_1} = \frac{J_T R_a}{K_T K_e} \text{ 기계적 시정수} \tag{8.381}$$

$$\tau_e = -\frac{1}{p_2} = \frac{L_a}{R_a} \text{ 전기적 시정수} \tag{8.382}$$

대부분의 모터의 경우 기계적 시정수 τ_m는 전기적 시정수 τ_e 보다 훨씬 더 크다. 모터의 속도는 외란이나 부하 토크에 영향을 받는다. 부하 토크를 포함하는 전달 함수는 다음과 같이 유도될 수 있다.

$$\dot{\theta}(s) = \frac{\frac{K_T}{J_T L_a}}{s^2 + \left(\frac{R_a}{L_a}\right)s + \left(\frac{K_T K_e}{J_T L_a}\right)} V_t(s) - \frac{\left(\frac{L_a s + R_a}{J_T L_a}\right)}{s^2 + \left(\frac{R_a}{L_a}\right)s + \left(\frac{K_T K_e}{J_T L_a}\right)} T_l(s) \tag{8.383}$$

$$= \frac{\frac{1}{K_e}}{(\tau_m s + 1)(\tau_e s + 1)} V_t(s) - \frac{(\tau_e s + 1) R_a \frac{1}{K_T} \frac{K_T}{J_T L_a}}{s^2 + \left(\frac{R_a}{L_a}\right)s + \left(\frac{K_T K_e}{J_T L_a}\right)} T_l(s) \tag{8.384}$$

$$= \frac{\frac{1}{K_e}}{(\tau_m s + 1)(\tau_e s + 1)} V_t(s) - \frac{\frac{1}{K_e}\frac{R_a}{K_T}(\tau_e s + 1)}{(\tau_m s + 1)(\tau_e s + 1)} T_l(s) \tag{8.385}$$

$$\dot{\theta}(s) = \frac{\frac{1}{K_e}}{(\tau_m s + 1)(\tau_e s + 1)} V_t(s) - \frac{\frac{1}{K_e}\frac{R_a}{K_T}}{(\tau_m s + 1)} T_l(s) \tag{8.386}$$

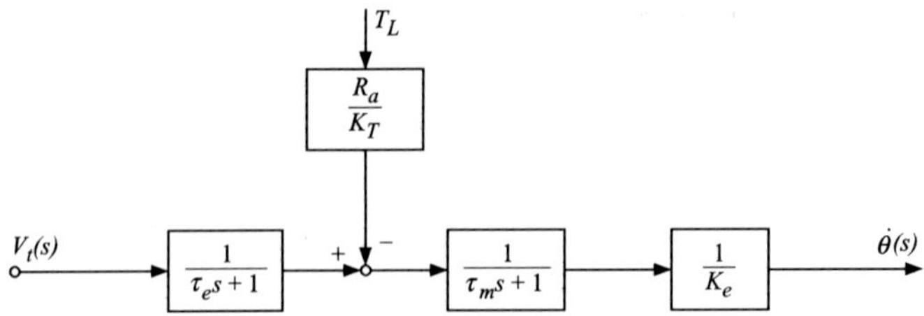

그림 8.71 ■ 모터 단자 전압과 부하 토크 사이 관계의 블록 선도

단자 전압과 부하 토크에 대한 모터 속도의 전달 함수는 시정수와 dc 이득을 이용해서 그림 8.71의 블록 선도 형태로 나타낼 수 있다.

8.8.1 DC 모터의 전압 증폭기

만일 전압 증폭기가 모터 운용에 사용된다면 전압 증폭기 입력과 모터 속도 사이의 전달 함수는 그림 8.72과 같이 주어진다.

$$\frac{\dot{\theta}(s)}{V_{in}(s)} = \frac{\dot{\theta}(s)}{V_t(s)}\frac{V_t(s)}{V_{in}(s)} = G_{amp}(s)G_{motor}(s)$$

전압 증폭기는 1차 필터 모델로 나타난다.

$$\frac{V_t(s)}{V_{in}(s)} = G_{amp}(s) = \frac{A_v}{(\tau_a s + 1)} \tag{8.387}$$

8.8.2 DC 모터에서 전류 증폭기

대부분의 경우, DC 모터 단자 전압은 아마추어 전류를 정류하는 증폭기에 의해 제어된다(그림 8.73). 정류된 전류는 모터에 의해 생성되는 토크를 직접 정류한다. 왜냐하면 생성된 토크는 전류에 비례하기 때문이다. 전류 증폭기와 DC 모터 조합에서 증폭기 입력($i_{cmd}(t)$)에 대

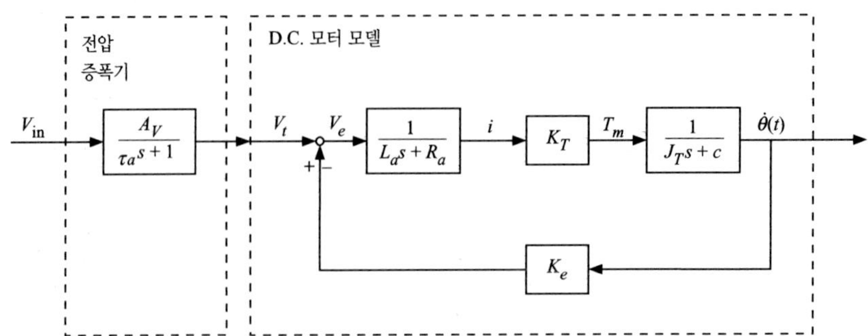

그림 8.72 ■ DC 서보 모터용 전달 함수 블록 선도

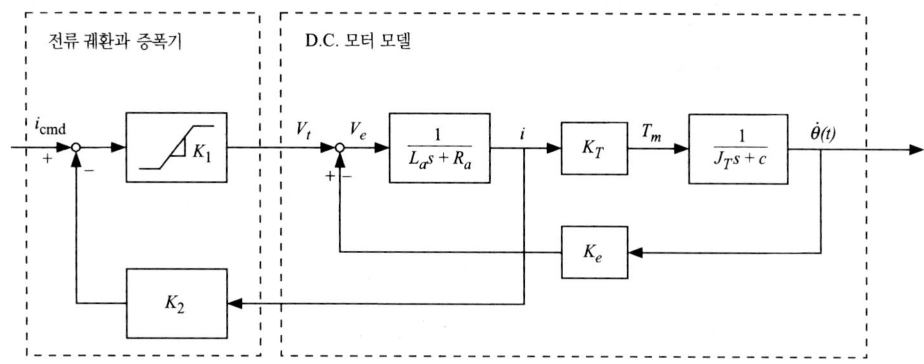

그림 8.73 ■ DC 모터와 전류 궤환을 사용한 증폭기의 블록 선도

한 모터 속도의 전달 함수는 다음과 같이 유도될 수 있다(증폭기 단자 전압 포화의 효과는 무시, 그림 8.74).

$$\frac{\dot{\theta}(s)}{i_{cmd}(s)} = \frac{K_1 \frac{K_T}{(L_a s+R_a)(J_T s+c)+K_e K_T}}{1 + K_1 \frac{K_T}{(L_a s+R_a)(J_T s+c)+K_e K_T} K_2 \left(\frac{J_T s+c}{K_T}\right)} \tag{8.388}$$

$$= \frac{\frac{K_1 K_T}{L_a J_T}}{s^2 + \left(\frac{L_a c+R_a J_T s+K_1 K_2 J_T}{L_a J_T}\right) s + \left(\frac{K_e K_T+K_1 c+K_1 K_2 c}{L_a J_T}\right)} \tag{8.389}$$

$$= \frac{K}{s^2 + bs + c} \tag{8.390}$$

$$= \frac{K_a}{(\tau_a s + 1)} \frac{K_T}{(J_T s + c)} \tag{8.391}$$

만일 아마추어 전류와 모터 속도의 전달 함수를 고려한다면

$$T_m(t) = K_T i(t) \tag{8.392}$$

$$T_m(t) = J_T \ddot{\theta} + c\dot{\theta} - T_l(t) \tag{8.393}$$

$$\dot{\theta}(s) = \frac{K_T}{(J_T s + c)} i(s) - \frac{1}{(J_T s + c)} T_l(s) \tag{8.394}$$

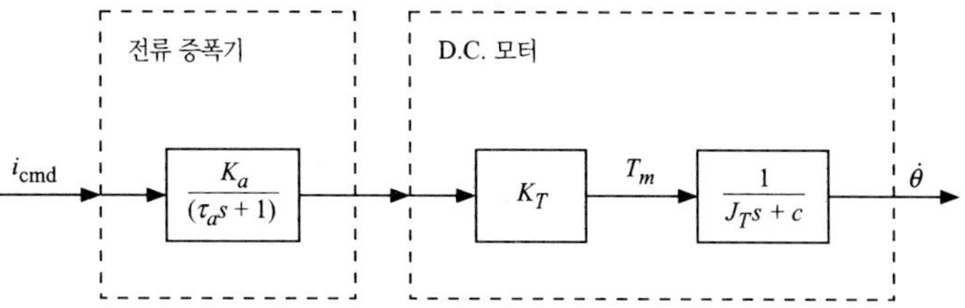

그림 8.74 ■ DC 모터 전달 함수를 더한 전류 증폭기

8.8.3 일정 단자 전압 하에서 DC 모터의 정상 상태에서 토크-속도 특성

DC모터에 대한 전기적 그리고 전기기계적 전력 변환 관계에 대해 고려해 보자.

$$V_t(t) = L_a \frac{di}{dt} + R_a i + K_e \dot{\theta}(t) \tag{8.395}$$

$$T_m(t) = K_T i(t) \tag{8.396}$$

정상 상태에서 L_a의 효과가 0일 것이다. 만일 정상 상태 분석에서 $L_a = 0$으로 한다면, 토크-속도 단자 전압 관계는 다음과 같다.

$$T_m(t) = \frac{K_T}{R_a} V_t(t) - \frac{K_T K_e}{R_a} \dot{\theta}(t) \tag{8.397}$$

이는 다음과 같은 형태의 선형 관계이다.

$$y = -ax + b \tag{8.398}$$

여러 가지 일정 단자 전압 값에 대한 방정식을 고려해 보자(그림 8.75). 정상 상태 토크-속도 곡선은 주어진 일정 단자 전압에 대해 음의 기울기($\frac{K_T K_e}{R_a}$)를 가진다. 실속에서 주어진 모터의 최대 토크는 자기장 포화점에서 포화될 것이다. 그리고 특정 전압값을 넘어서 단자 전압이 계속 증가하더라도 토크는 더 이상 증가하지 않는다. 주어진 일정 단자 전압에 대해 속도가 증가함에 따라 모터의 토크 용량은 ($\frac{K_T K_e}{R_a}$)$\Delta\dot{\theta}$로 감소할 것이다.

8.8.4 DC모터의 정상 상태에서 토크-속도 특성과 전류 증폭기

전류 증폭기로 구동되는 DC 모터를 고려할 때, 다음과 같은 관계식를 추가로 고려해야 한다.

$$V_t(t) = K_1(i_{cmd}(t) - K_2 i(t)); \quad V_t(t) \leq V_{tmax}$$

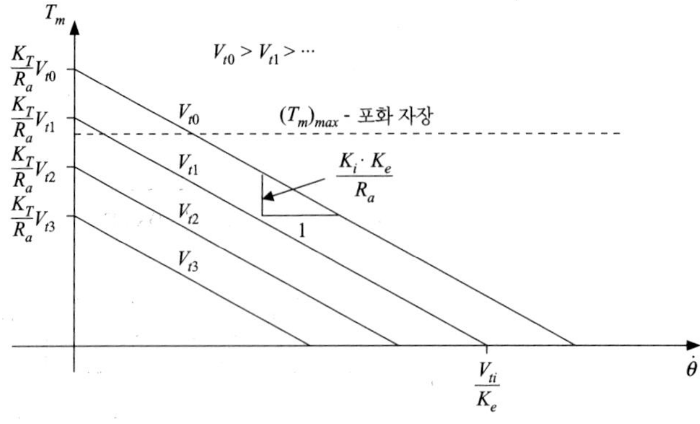

그림 8.75 ■ DC 모터의 정상 상태 토크-속도 특성

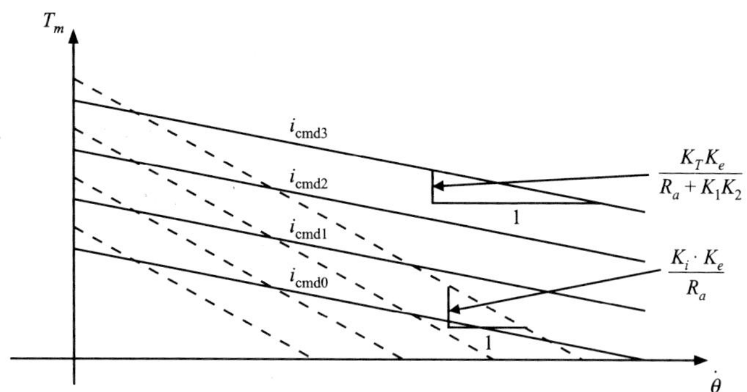

그림 8.76 ■ 전류 제어 증폭기에 의한 정상 상태에서의 속도 토크 특성

증폭기가 포화되면, $V_t(t) > V_{tmax}$

$$V_t(t) = V_{tmax}$$

전류 증폭기 제어하에서 DC 모터의 정상 상태 토크-속도 관계식은 다음과 같다.

$$T_m = \frac{K_T K_1}{R_a + K_1 K_2} i_{cmd} - \frac{K_T K_e}{R_a + K_1 K_2} \dot{\theta}$$

증폭기에 일정한 전류(i_{cmd})가 흐르도록 명령 받으면, 속도 토크 특성은 음의 선형 기울기를 가진다. 그러나 일정한 단자 전압을 가진 DC 모터의 경우보다 훨씬 더 편평하다(그림 8.76). 즉 일정 전류 조건하에서 DC 모터에 의해 생성된 정상 상태 토크(즉 전류 궤환 증폭기에 의해 제어된)는 일정한 단자 전압 조건에 의해 제어되는 모터의 경우보다 더 천천히 감소한다.

▶▶ **예제** 다음과 같은 매개변수를 갖는 DC 모터를 고려해 보자(매개변수 $K_T = \mathrm{N\,m/A}$, $K_E = 6.7 \times 10^{-2}$ V/(rad/sec), $R_a = 0.5\Omega$, $L_a = 2$ mH, $J_m = 4.8 \times 10^{-5}$ kg m^2, $J_l = J_m$). 모터의 기계적, 전기적 시정수를 구하여라(모터와 부하 관성이 연결되어 있는 경우를 고려하라). 만일 전류 루프 제어 이득이 $K_1 = 10.0$, $K_2 = 1.0$이라면 일정 전압, 일정 전류 제어 조건에서 속도 토크 기울기를 구하여라.

부하와 연관된 모터의 기계적 그리고 전기 시정수는

$$\tau_m = \frac{J_T R_a}{K_T K_E} = \frac{9.6 \times 10^{-5} \cdot 0.5}{6.7^2 \times 10^{-4}} \tag{8.399}$$

$$= 0.010\,\mathrm{sec} = 10\,\mathrm{msec} \tag{8.400}$$

$$\tau_e = \frac{L_a}{R_a} = \frac{2 \times 10^{-3} H}{0.5\,\Omega} = 4 \times 10^{-3}\,\mathrm{sec} = 4\,\mathrm{msec} \tag{8.401}$$

일정 전압 일정 전류하의 정상 상태 토크-속도 곡선의 기울기는 다음과 같다.

$$slope_v = \frac{K_T K_E}{R_a} \tag{8.402}$$

$$= \frac{6.7^2 \times 10^{-4}}{0.5} \tag{8.403}$$

$$= 89.7 \times 10^{-4} \text{ [N m/(rad/sec)]} \tag{8.404}$$

$$= 0.0857 \text{ [N m/rpm]} \tag{8.405}$$

$$slope_i = \frac{K_T K_E}{R_a + K_1 K_2} \tag{8.406}$$

$$= \frac{6.7^2 \times 10^{-4}}{0.5 + 10} \tag{8.407}$$

$$= 4.27 \times 10^{-4} \text{ [N m/(rad/sec)]} \tag{8.408}$$

$$= 0.00407 \text{ [N m/rpm]} \tag{8.409}$$

토크-속도 곡선에서 기울기 변화율은

$$\frac{slope_i}{slope_v} = \frac{4.27}{89.7} = \frac{1}{21} \tag{8.410}$$

주어진 단위 속도 변화에 대해, 전류 제어 증폭기의 작동하에서 토크의 변화는 전압 제어 증폭기 하에서의 21배 작다.

8.9 전기 모터에서 에너지 손실

전기 구동기는 전기적 에너지를 기계적으로 바꾸는 장치이다(그림 8.77). 변환 과정의 효율은 100%가 못된다 따라서 손실이 발생한다. 이러한 손실은 열의 형태이다. 에너지 손실은 다음 세 가지 그룹으로 나눌 수 있다.

1. 저항 손실(구리 손실이라고도 불림): R · i^2
2. 코어 손실(히스테리시스와 와전류 손실)
3. 마찰과 풍손(windage loss)

저항과 코일 손실은 전기적 손실인 반면 마찰과 풍손은 기계적 손실이다.

구동기의 정상 상태 온도는 이러한 손실과 주위 매체로 전도, 대류, 복사 메커니즘에 의해 결정된다. 구동기와 주변 매개 사이의 열전달량을 정확하게 예측하기는 어렵다. 에너지 평형(Q_{net})은 손실로 인해 발생한 열량(Q_{in})과 구동기에서 주변부로 전달된 열량(Q_{out}) 사이의 차이이다. 에너지는 온도상승의 형태로 구동기에 의해 흡수되어야 한다.

$$Q_{net} = Q_{in} - Q_{out} \tag{8.411}$$

$$= c_t \cdot m \cdot (T - T_0) \tag{8.412}$$

m은 열을 흡수하는 구동기의 질량이다. c_t는 [Joule/kg · °C]의 단위를 쓰는 구동기 재료의

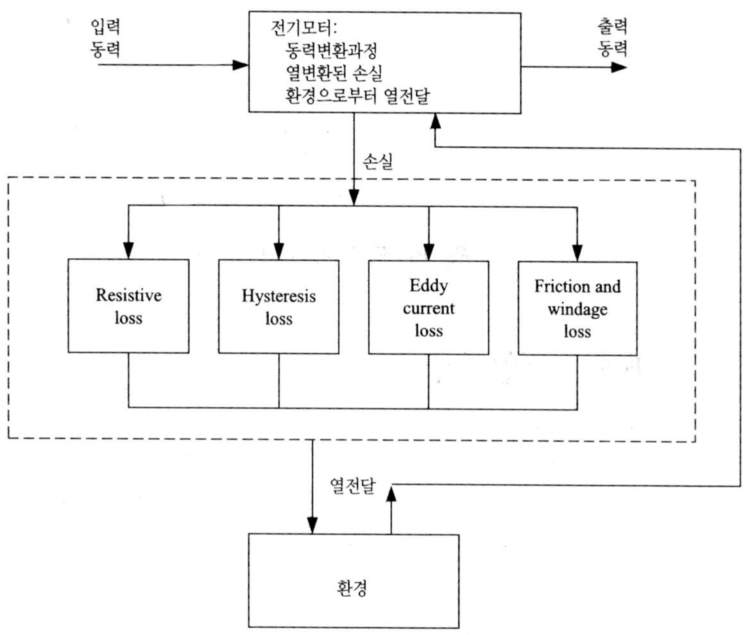

그림 8.77 ■ 전기모터에서의 에너지 손실과 모터 온도에 있어서의 효과

비열이다. T_0는 초기 온도이고 T는 정상 상태 온도이다. 손실로 인해 발생 열량은, Q_{in},

$$Q_{in} = Q_R + Q_C + Q_F \tag{8.413}$$

Q_R은 저항 손실이고 Q_C는 코어 손실이며 Q_F는 마찰과 풍손이다.

전달된 열은 대략 다음과 같이 추정할 수 있다.

$$Q_{out} = c_{out} \cdot (T - T_{amb}) \cdot \Delta t \tag{8.414}$$

T_{amb}는 주변 온도이고 c_{out}는 단위로 구동기와 주변부 사이의 유효 열전달 상수이며 Δt는 주기이다.

에너지 평형 방정식은 전력 평형을 미분 방정식 형태로 표현될 수 있다.

$$\frac{d}{dt}[Q_{net}] = \frac{d}{dt}[Q_{in} - Q_{out}] \tag{8.415}$$

$$P_{net} = P_{in} - P_{out} \tag{8.416}$$

$$c_t \cdot m \cdot \frac{dT}{dt} = P_{in} - c_{out}(T - T_{amb}) \tag{8.417}$$

$$c_t \cdot m \cdot \frac{dT}{dt} + c_{out}(T - T_{amb}) = P_{in} \tag{8.418}$$

이 모델의 전기 구동기 열적 행동은 1차 동력 시스템과 유사하다. 해석적 모델 사용에 어려운점은 정확한 예측이 어렵다는 것이다.

$$P_{in} = \frac{d}{dt} Q_{in} \tag{8.419}$$

$$= \frac{d}{dt} Q_R + \frac{d}{dt} Q_C + \frac{d}{dt} Q_F \tag{8.420}$$

$$= P_R + P_C + P_F \tag{8.421}$$

다음으로 우리는 P_R, P_C, P_F 전력 손실의 특징에 대해 논할 것이다.

8.9.1 저항 손실

전기 구동기는 전류-전달(current carrying) 컨덕터에 감겨 있는 코일을 가지고 있다. 코일은 전류 제어 전자기처럼 행한다. 구리, 알루미늄과 같은 컨덕터 재료는 유한한 전기 저항을 가지고 있다. 전자기 효과를 발생하려면 일정한 전류의 양을 통과시켜야 한다. 전기 준위가 컨덕터를 통과하는 전류를 미는데 이때 저항으로 인해 에너지 손실이 발생한다. 이것은 저항을 통과하는 일정 유체 유량을 밀 때 발생하는 에너지 손실과 유사하다. 전류 i가 전도될 때 컨덕터의 저항(R) 때문에 전력 손실이 열 형태로 발생한다(P_R).

$$P_R = R \cdot i^2 \tag{8.422}$$

따라서 모터의 가열을 최소화하기 위해 저항과 전류를 최소로 하는 것이 바람직하다. 그러나 큰 전류는 큰 힘과 토크를 발생하는 데 바람직하다. 시간 t_{cycle} 주기 동안 열로 전환되는 에너지(Q_r)는 다음과 같다.

$$Q_R = \int_o^{t_{cycle}} P_R \cdot dt \tag{8.423}$$

$$= \int_o^{t_{cycle}} R \cdot i(t)^2 \cdot dt \tag{8.424}$$

저항 손실, $P_R = R \cdot i^2$은 거의 정확히 예측할 수 있다. 저항의 온도 의존은 열 예측을 보다 정확히 설명을 하는 데 도움을 준다.

$$R(T) = R(T_0)[1 + \alpha_{cu}(T - T_0)] \tag{8.425}$$

$R(T), R(T_0)$는 각각 온도가 T와 T_0일 때의 저항이다. 구리의 경우 전도 물질의 특성이다. 구리의 경우

$$R(125°\text{C}) \approx 1.4 \cdot R(25°\text{C}) \tag{8.426}$$

온도가 100°C 증가함에 따라 코일 저항은 40% 증가한다.

8.9.2 코어 손실

코어 손실은 전자기 변화 때문에 고정자와 회전자의 전기 구동기에서 열 형태의 에너지 손

실로 언급된다. 코어 손실에 기여하는 2개의 주된 물리적 현상으로는 **히스테리시스 손실**과 **와전류 손실**이 있다.

히스테리시스 손실은 약한 강자성체 재료인 코어(회전자와 고정자) 재료의 B-H 특성에서 히스테리시스 루프 때문에 발생한다. 자기장이 변화함에 따라 히스테리시스 루프도 왔다갔다하며 에너지가 손실된다. 히스테리시스 손실은 자기장 변화와 주파수의 크기에 비례한다. 이 손실은 코어재료로 사용되는 스틸(steel) 중에서 하이(high) 실리콘 내용물과 같이 작은 히스테리시스 루프를 가지는 코어 재료를 정함으로 최소화할 수 있다.

와전류와 관련된 손실은 다음과 같이 요약될 수 있다. 한 조각의 금속(철(iron), 구리, 알루미늄)이 전기장에서 움직이거나 변화하는 자기장에서 정체되어 있을 때, 회전 전류가 금속에 유도된다. 이 전류는 **와전류**라 불리고 금속의 저항때문에 열손실로 인해 나타난 결과이다. 유도 전류는 패러데이 유도 법칙의 결과이다. 즉 변화하는 자기장(의 변화 또는 $\vec{B}$에 대한 상대적 금속 컨덕터의 동작 또는 $\vec{B}$ 둘다)은 컨덕터에서 전압을 유도한다. 이 유도 전압은 전류를 유도한다. 와전류로 인한 전력 손실은 자속밀도와 변화 주파수의 제곱에 비례한다. 따라서 와전류 손실이 고주파수에서 자명하고, 한편 히스테리시스 손실은 저주파수에서 보다 더 자명할 것이다.

절연되고 쌓아 올려진 얇은 금속의 적층은 모터 응용에서 와전류를 줄이기 위해 사용된다. 따라서 열 손실과 관련된 와전류가 감소하고 모터의 효율은 올라간다. DC와 AC 모터의 고정자는 열에너지로의 손실과 관련된 와전류를 줄이기 위해 덩어리로된 철보다 얇게 잘려진 철을 쓴다. 다른 적재 재료에 대해, 히스테리시스와 와전류 손실은 DC와 AC 모터 고정자의 필드 강도와 주파수 함수로 측정된 데이터에 바탕을 둔다.

$$P_C^* = f(B_{max}, w) \tag{8.427}$$

B_{max}는 자속 밀도의 최대값이고 w는 자속에서 변화 주파수이다. 비선형 함수 $f(B_{max}, w)$는 제조자에 의해 만들어진 다른 얇게 잘려진 재료에 대한 수많은 그래프를 사용하여 정의된다. 다른 금속에 대한 코어 손실 데이터는 재료의 단위 질량당 주어짐을 명심하라. 모터 응용에서 주어진 질량에 대한 총 코어 손실은 다음과 같다.

$$P_C = m \cdot P_C{}^* \tag{8.428}$$

설계자는 제조자가 제공한 데이터를 사용하여 주어진 설계에 대한 코어 손실을 예측할 수 있다.

8.9.3 마찰과 풍손

이러한 손실은 회전자와 고정자 사이의 공기 저항 때문에 매우 빠른 속도에서 명백하게 발생한다. 공기 저항 때문에 발생하는 손실을 풍손이라 한다. 베어링 마찰 때문에 발생하는 에너지 손실을 마찰 손실이라 한다. 안전 계수로 인하여 저항 손실의 증가가 설명되는데 이는 마찰과 풍손의 정확한 모델이 어렵기 때문이다.

$$P_F = 0.1 \cdot P_R \tag{8.429}$$

$$Q_F = 0.1 \cdot Q_R \tag{8.430}$$

8.10 문 제

1. 그림 8.18의 솔레노이드를 고려해 보자. 철(iron) 코어의 투과성이 공극의 투과성보다 훨씬 크다고 가정해 보자. 따라서 철(iron) 코어에서 경로의 저항을 무시할 수 있다.

(a) 상응하는 전자기 회로 선도를 그려라.

(b) 변화하는 공극 거리(x)의 함수로 인덕턴스의 관계를 유도하라. 공극 단면적 $A_g = 100\ \text{cm}^2$, 코일의 감긴 횟수$N = 250$. $0.0\ \text{mm} \geq x \geq 10\ \text{mm}$에서 공극에 대한 함수로 인덕턴스를 그려라.

2. 그림 3.3에 나타나는 선형 동작 기구에 대해 고려해보자. 동작 제어 시스템에 대한 폐루프 위치 제어 시스템 요소의 블록 선도를 그려라. 다음을 이용할 경우 장 · 단점을 논하라. (i) DC 모터 (ii) 스테퍼 모터 (iii) 스위치 저항 모터 (iv) 볼 스크루 기구에 기계적 동력을 제공하는 구동기로 벡터 제어 AC 모터 필요한 전력 레벨은 1.0 kW이하로 가정한다.

3. DC 모터(혹은 그와 동등한 것) 동작 제어 시스템을 고려해 보자. 유용한 DC 버스 전압이 $V_s = 90$ VDC라 하자. 모터의 역기 기전력 상수가 $K_e = 20$ V/krpm. 모터 고정자 권선의 공칭(nominal) 단자 저항은 $R = 10\ \Omega$이다.

(a) 부하가 없을 경우 최대 속도와 정상 상태에서 모터의 실속(제로 속도)에서 최대 토크 용량을 결정하라. 모터의 피크 토크와 RMS 토크 용량을 결정하는 요소에 대해 토론해 보고 모터의 피크와 RMS 토크 용량을 예측해 보라.

(b) DC 모터가 속도 모드 증폭기와 속도 센서 궤환(타코미터 같은 것)에 의해 제어된다고 가정해 보자. 증폭기는 속도 오차에 비례하는 전압 명령을 모터에 보낸다. 입력 속도는 0~10 VDC 전압원으로 명령된다. 폐루프 시스템이 좋은 폐루프 응답을 얻도록 센서 이득과 증폭기 이득을 결정하고 0에서 명령 신호가 모터 속도 범위에서 출력 속도에 비례하는 결과를 나타냄을 보여라.

4. 하이브리드 PM 스텝 모터를 구하여라.

(a) 하프 스텝과 풀 스텝 모드의 차이점은 무엇인가? 하프 스텝 모드의 주된 장점과 단점은 무엇인가?

(b) 마이크로 스텝이 어떻게 수행되는지 그리고 그것의 장단점은 무엇인지 논하여라.

(c) 스텝 모터와 브러시리스 DC 모터의 주된 수행 차이점이 무엇인지 논하여라.

5. 2상(two phase)을 가진 스텝 모터(그림 8.78)에 대해 고려해 보자. 1상은 2개의 동일한 코일로 감겨있다. 2상 또한 2개의 동일한 코일로 감겨 있다. 따라서 각 상(phase)마다 4개씩 고정자 권선으로부터 8개의 선(wire)이 있다.

(a) 단극 권선 모터(unipolar wound motor)로 사용될 수 있도록 페이즈 단자 전선을 연결하고 모터 권선의 증폭기 회로를 개략적으로 도식하여라.

(b) 모터가 권선에 직렬 연결된 양극 권선 모터로 사용될 수 있도록 페이즈 단자 전선을 연결하라(각 페이즈마다 2개의 동일 권선이 직렬로 연결되어 있다). 증폭기 회로와 모터 권선과의 연결을 그려라.

(c) 모터가 권선에 병렬 연결된 양극 권선 모터로 사용될 수 있도록 페이즈 단자 전선을 연결하라(각 페이즈마다 2개의 동일 권선이 병렬로 연결되어 있다). 증폭기 회로와 모터 권선과의 연결을 그려라.

(d) 모터의 양극 직렬 형상과 양극 병렬 형상의 가장 큰 차이점은 무엇인가?

6. 3상 브러시리스 DC 모터의 작동회로가 그림 8.33과 같다. 회전자는 각각 1개의 S, N극이 있다

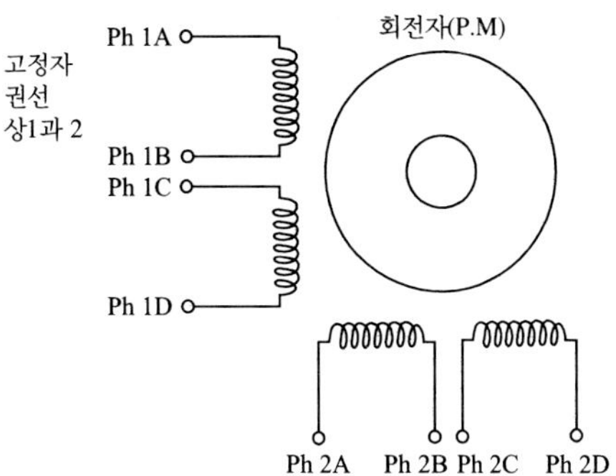

그림 8.78 ■ 2상 스텝 모터. 각 페이즈는 2개의 동일 권선으로 감겨 있다. 각각의 페이즈는 4개의 단자 전선이 있다. 각 권선은 단극이나 양극 모터를 형성하기 위해 차단될 수 있다.

(그림 8.30(C)). 정역방향으로 토크를 생산하기 위해 6개의 전력 트랜지스터($T_{r1} \ldots T_{r6}$)의 ON/OFF 상태에 초점을 맞춰보자. 정,역토크 생성을 위한 트랜지스터 ON/OFF 상태의 순서를 결정하여라. 노미널 회전자의 자기장에 따라서 정류 사이클의 시작으로 가정하여라. 힌트: 트랜지스터 1~6의 상태, 각 트랜지스터의 변화 순서의 초기에서 회전자의 위치, 특별히 변화하는 패턴으로 고정자에 의해 생성되는 자기장 벡터를 열(column)로 하는 테이블을 만들어라. 행(row)은 역 토크 생성과 비슷한 포워드 토크 생성을 위한 6개 다른 트랜지스터의 상태이어야 한다. 실제 모터에서 전력 트랜지스터는 이 문제에서 논의되고 있는 ON/OFF 변화와 반대로 회전자 위치 함수인 정현파나 사각파 전류를 생성하기 위해 PWM에 의해 제어된다. 그럼에도 불구하고 트랜지스터의 ON/OFF 변화는 DC 브러시리스 모터에서 전류 정류를 이해하는 데 유용하다.

7. DC 브러시형 모터에서 일정 전류 조건하에서 회전자 위치에 따른 토크를 고려하여라(그림8.29). 정류자에 각각의 코일이 연결되어 있고 토크는 같은 그림에서 보이는 바와 같이 일정 전류하에서 회전자 위치의 정현파 함수라고 가정하자. 일정 전류하에서 1회전당 토크 대 회전자 위치를 그려라. (a) 단지 2코일(그리고 2정류자), (b) 4코일(그리고 4정류자), (c) 8코일, (d) 16코일. 정류자가 많을수록 이득은 무엇인가? 모든 코일은 대칭분포라 가정하라. 즉 4코일의 경우 두 번째 코일은 전기적으로 180° 이다. 8코일에서는 각 코일이 1회전당 1/8만큼의 위상이 이전 것과 차이난다. Matlab /Simulink을 이용하여 그려라.

8. DC 모터, 전류 증폭기, 폐루프 PD 타입의 제어기, 위치 궤환 센서를 고려하여라(그림 8.69, 8.74, 2.35). 회전 관성과 전류당 토크 이득에 의한 모터 역학을 고려하여라. 전류 증폭기는 K_a[A/V] 의 전류 이득에 대한 전압 명령의 정적 이득으로 모델 되어야 한다. PD 제어기는 위치와 속도 오류, 제어 신호 사이의 관계로 정의되는 이득을 가지고 있다. 위치 궤환 센서가 이득(gain)에 의해 나타내고 지연을 무시할 수 있다고 가정하자.

(a) 수식 $J_m = 10^{-4}\,\text{kgm}^2$, $K_t = 0.10$ Nm/A, $K_a = 2.0$ A/V, $K_f = 2{,}000/(2\pi)$counts/rad, $K_p = 0.02$ V/counts, $K_d = 10^{-4}$V/(counts/sec) 루프의 전달 함수를 찾아라(오류 신호에 대한 센서의 출력 신호의 전달 함수). 그리고 단위(unity) 루프 전달 함수의 크기에서 주파수를 결정하여라. 이 주파수에서 루프 전달 함수의 페이즈 각도를 결정하여라.

(b) 180°와 일치하는 루프 전달 함수의 페이즈 각도에서의 주파수를 구하여라(만일 유한 주파수가 존재한다면). 그리고 그 주파수에서 전달 함수의 크기를 구하여라. DC 모터 제어 시스템에서는 그러한 주파수는 위의 분석에서 그러한 유한 주파수가 존재하지 않는다 하더라도 존재한다. 실

제 하드웨어에서는 그러한 주파수가 왜 유한한지 논하여라. (힌트: 무시한 필터링 효과와 시간 지연을 고려하여 보아라. 순수 시간 지연은 주파수 도메인에서 e^{-jwt_d}로 모델링될 수 있다. t_d 이것은 루프 전달 함수에 페이즈 래그(phase lag)를 더한다.)

CHAPTER 09

프로그래머블 로직 제어기

9.1 소 개

프로그래머블 로직 제어기(PLC)는 산업 제어, 공장 자동화, 자동화 기계 그리고 프로세서 제어 응용에 사용되는 사실상 표준 컴퓨터 플랫폼이다. PLC는 자동화 산업의 결과로 발전하게 되었다. 1960년대 초기, 제너럴 모터(GM)는 하드와이어드 릴레이 로직 패널에 기반을 둔 공장 자동화 시스템은 산업 수요 변화에 유연하지 못하다고 언급했다. 새로운 모델이 제어 로직의 다른 시퀀스를 요구할 때, 제어 패널의 배선을 바꾸는 것은 시간이 많이 소요되고 회사의 응답 시간이 새로운 모델에 비해 느리다. 하드와이어드 릴레이 로직 패널에서 자동 로직과 라인의 기능 변화가 요구될 때 패널에서 입력과 출력 신호 사이에 로직 배선을 물리적으로 변화시켜야 한다. 이것은 시간 낭비이고 금전적인 과정이다. 모든 I/O 장비의 다용도 배선을 패널로 가져가는 설계 요구 사항이 요구된다. 그러나 I/O 사이의 논리적 관계는 하드웨어 대신 소프트웨어에서 정의된다. 즉, 로직은 하드와이어드 대신 소프트와이어드가 요구된다. 이것이 PLC의 시작이다. PLC는 산업사회에서 자동화 공장에서 중요한 역할을 한다. 산업 자동화 진화는 그림 9.1에서 보여진다. PLC는 하드와이어드 릴레이 로직 패널을 대체했다. 오늘날 추세는 공장에서 PLC 사이의 큰 규모의 네트워킹과 전세계에 분배되어 있는 엔터프라이즈(enterprise) 레벨이다.

많은 다른 회사들에 의해 만들어지는 모든 PLC의 물리적 형태는 같다. I/O 인터페이스 유닛을 플러그 인(plug-in)하기 위해 규격화된 크기로 물려있는 랙(rack)이다(그림 9.2). 전형적인 PLC랙은 전력 공급원과 인터페이스 버스 후면에 꽂혀있는 CPU 모듈로 시작한다. 랙은 4슬롯, 7슬롯, 10슬롯, 15슬롯과 같은 다른 수의 슬롯을 가지고 있다. PLC는 다중(multi) I/O 랙을 지원한다(CPU를 가지고 있는 메인 랙과 확장 I/O 랙). PLC용 전형적 소프트웨어 툴은 노트북 PC, 시리얼 또는 이더넷 통신 인터페이스와 케이블, 특별 PLC에 대한 소프트웨어 개발 환경 등이 포함된다(그림 9.3). I/O 능력, CPU 속력, 프로그램 함수의 의존에 의해 PLC 는 다음과 같이 네 가지로 분류할 수 있다(그림 9.2). 모든 I/O 인터페이스 모듈은 슬롯

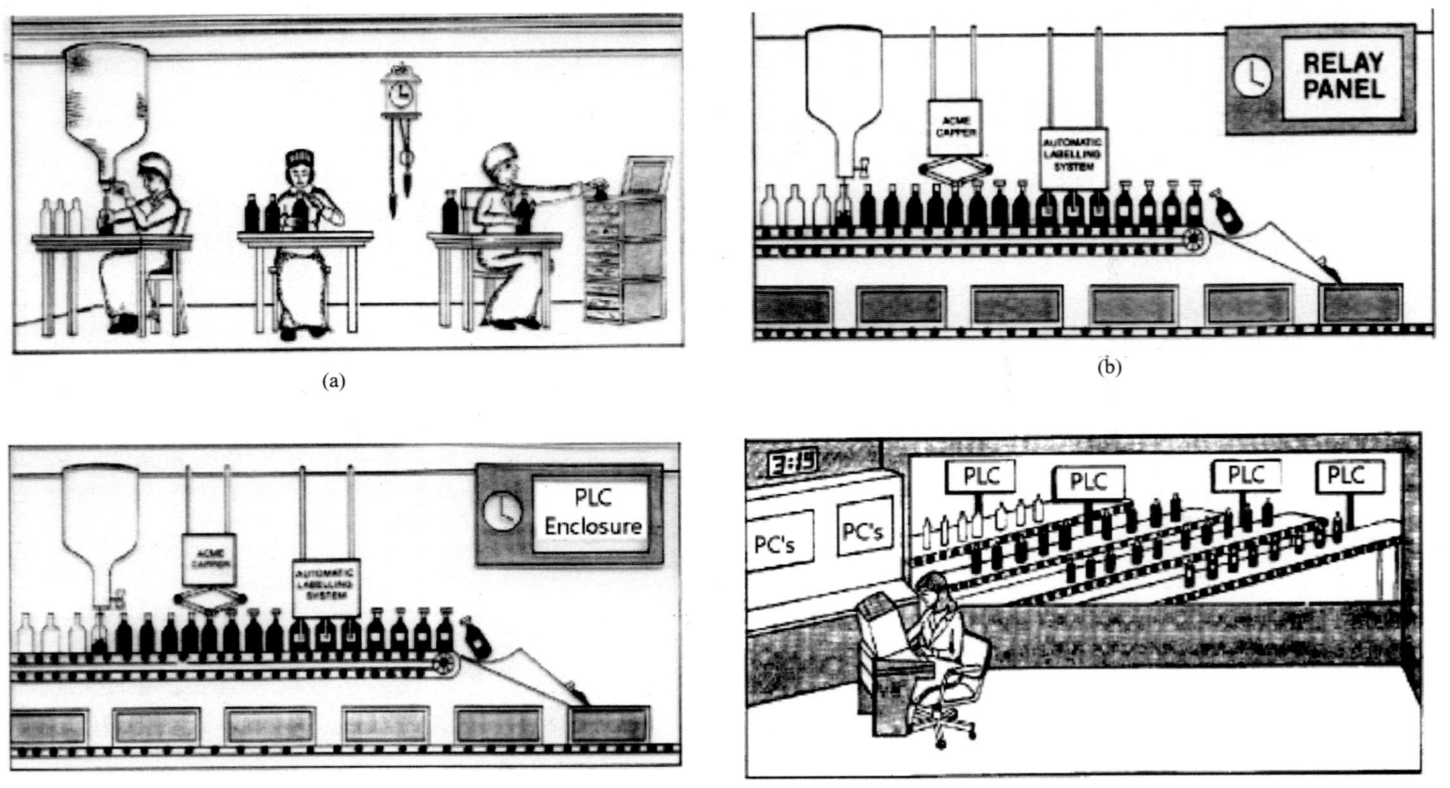

(a) (b) (c) (d)

그림 9.1 ■ 산업용 제어와 PLC 역할의 발달. (a) 수공업 생산 라인, (b) 릴레이 로직 패널을 이용한 자동화 생산, (c) PLC를 이용한 자동화 생산, (d) PLC와 PC를 이용한 네트워크화된 자동화 생산

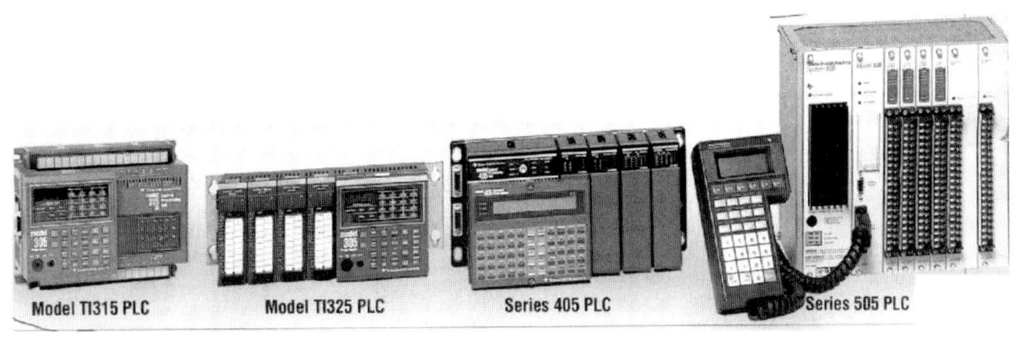

(a)

CPU 랙

CS1 확장 I/O 랙

(b)

그림 9.2 ■ PLC 하드웨어 형상과 요소. (a) I/O 성능과 CPU 속력에 의한 PLC 분류, (b) PLC CPU 랙과 3개의 I/O 확장 랙

에 플러그할 수 있다. 모든 인터페이스와 단위 전력 라인은 랙에 스냅 온(snap-on) 연결되어 제공된다. 전형적 I/O 유닛은 이산 입출력 모듈, 아날로그 입출력 모듈, 고속력 계수기(counter)와 타이머 모듈, 시리얼 통신 모듈, 통신 네트워크 인터페이스 모듈(DeviceNet, CAN, ProfiBus), 서보 모터 제어 모듈, 스테퍼 모터 제어 모듈을 포함하는 PLC 플랫폼에 의해 제공된다. 주어진 용도를 위해, 필요한 I/O 유닛을 골라 슬롯에 삽입시킨다. 게다가, 용도에 변화가 생기면 메인 랙이나 확장 랙의 이용 가능한 슬롯에 단지 추가적인 I/O 모듈을 삽입해 더하면 된다. 각각의 I/O 모듈은 PLC 메모리 공간에서 유한 개의 메모리를 차지한다. 예로, 16 포인트 이산 입력 모듈은 PLC 메모리 공간에서 2바이트를 차지한다. 4채널 12비트 아날로그 디지털 변환기(ADC)는 $4 \times 12 = 48$비트 $= 6$바이트의 메모리 공간을 차지한다. 즉, PLC 랙에서 각각 모듈의 위치를 알면, 모든 모듈의 I/O는 PLC 메모리 공간에 대응되는 메모리이다. 따라서, PLC 로직에서 이러한 메모리 위치가 사용된다.

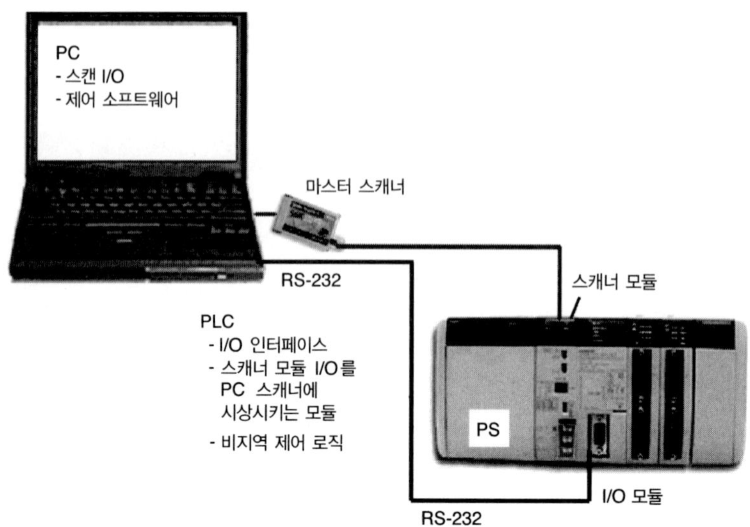

그림 9.3 ■ TPC는 온라인 디버깅과 모니터링 툴뿐만 아니라 오프라인 프로그램 개발에도 이용되었다. PLC는 제어 로직 수행과 I/O 인터페이스 제공에 사용되는 제어 시스템의 뇌에 해당된다. 다른 모드에서, PC는 실시간 제어 로직 수행에 포함된다. PLC는 단지 I/O 인터페이스 장비와 PLC와 PC 사이의 통신 버스와 I/O를 사상시키는 역할을 한다.

비록 1980년 중반 이후 PLC는 과거의 것이고 퍼스널 컴퓨터에 기반을 둔 제어가 산업 제어 세계를 대신할 것이라 하였지만 시장에서는 여전히 굳건히 명맥을 이어가고 있다. PLC 기반 제어와 PC 기반 제어를 비교해 보자.

1. PLC는 모듈러(modular) 설계를 가지고 있다. 만일 다른 종류의 I/O 신호가 필요하다면 다른 I/O 인터페이스 모듈을 추가하고 소프트웨어를 수정하면 된다. 더구나, I/O 모듈은 전기 결선 도용 단자를 포함한다. 다른 I/O에 대해서 PC 기반 시스템에서 다른 PC 카드를 삽입하고 리본 케이블을 통해 PC에 연결된 배선용 독립 단자 블록을 제공해야 한다. 이것은 복잡하고 비규정 배선(wiring) 과정이다.
2. PLC는 고온 변화, 먼지, 진동의 거친 산업환경에 적합한 강인 설계를 가지고 있다.
3. PLC 프로그래밍은 수만 명의 기술자가 이해하는 래더 로직 다이어그램을 이용한다. 이것은 PLC의 가장 큰 장점 중 하나이다. 래더 로직 다이어그램(LLD; ladden logic diagram) 프로그래밍이 PC용으로 제공되는 프로그래밍 환경 능력을 가지고 있지 못하더라도 설정된다. 작동이 잘된다는 것이 입증되어있고 많은 기술자들이 이것을 이용하여 일을 한다. "래더" 로직 선도라 불리는 이유는 로직 프로그램이 도식적으로 사다리처럼 보이기 때문이다.

산업에서 관찰된 실제 경향은 산업 제어 부분에서 PLC와 PC의 경쟁이 아니라 상호 보완이라는 것이다. PC는 PLC와 관련하여, 두 가지 다른 레벨에서 사용된다.

1. PC는 네트워킹과 사용자-인터페이스 장비로 사용된다(그림 9.1(d), 9.3).
2. PC는PLC가 I/O 인터페이스를 제공하는 동안, PLC의 CPU 역할을 대체하며 제어 로직을 수행한다(그림 9.3). 이러한 구성에서, PLC는 I/O 모듈과 PLC 랙과 PC 사이의

I/O를 업데이트하는 스캐너 모듈을 가지고 있다. PC는 PC 플랫폼 아래에서 C, Basic, PLC 그래픽 프로그램 개발 툴과 같은 프로그래밍 도구를 사용하여 개발된 제어 로직을 수행한다. 주된 관점은 실시간 작동 시스템을 사용하는 PC에서 하드 리얼 타임 수행을 보장하는 것이다. 실시간 작동 시스템이 보다 강인해지고 저렴해지면서, PC와 PLC의 조합 모델이 산업 전반에 수용되고 있다.

9.2 PLC의 하드웨어 요소

9.2.1 PLC, CPU와 I/O 성능

산업 제어에서 PLC 성공의 주된 요인은 대부분의 PLC의 하드웨어가 거의 같은 디자인이라는 것이다. 하드웨어 설계는 전력과 통신 버스를 나르는 후판에 기본을 두고 있다. 스냅 온(snap-on)의 입력/출력(I/O) 모듈은 인터페이스뿐만 아니라 전력용 전기 접촉도 필요하다(그림 9.2, 9.3). 각각의 PLC는 전력 공급원과 CPU(마스터(master) 제어기를 대신하여 PLC가 사용된다면 스캐너 카드)가 필요하다. 그러면 I/O 카드는 슬롯에 삽입된다. 슬롯은 후판의 I/O 모듈과 PLC 버스 사이에서 전기적 인터페이스를 형성한다. 버스는 라인의 4개 주요 그룹으로 나뉜다: 전력 라인, 주소 라인, 데이터 라인, 제어 라인. 최종 유저는 버스의 세부 사항을 걱정할 필요가 없다. 왜냐하면 주어진 PLC에 의해 수행되는 CPU와 모든 I/O 모듈 사이의 인터페이스는 이미 산정되었거나 사용자에 의해 수정될 수 없기 때문이다. PLC의 실시간 커널(kernel)과 사용자 프로그램은 메모리에 저장되어 있다. 메모리는 ROM(read-only memory), EPROM(electrically programmable ROM), EEPROM(ereasable electrically programmable ROM), battery backed RAM(random access memory) 타입이다.

각 유닛의 I/O 포인트는 PLC 버스의 고유 주소를 가져야 한다. I/O 주소는 일반적으로 랙 숫자, 슬롯 숫자, 그리고 채널 숫자에 기반을 두어 결정된다. 전형적으로 한 PLC에서 3~5개의 랙(rack)이 지원된다. 각각의 랙은 4~15의 슬롯이 있다. 각 슬롯은 하나의 I/O 모듈이 될 수 있다. 메인 랙에서 16포인트 이산 입력 모듈의 주소를 예로 들면 슬롯 수 3이 어드레스 코드 랙 슬롯 IO 채널에 의해 결정될 것이다: 1 - 3 - *n*, *n*은 모듈에서 1~16을 대표하는 16 I/O 채널이다. 비슷하게, 아날로그 신호 인터페이스를 가지고 있는 I/O 모듈은 PLC 메모리에 대응하는 I/O 값을 가지고 있다. 각 랙(rack)마다 12개의 슬롯을 가지고 이 슬롯은 16 포인트 이산 I/O 모듈을 지원하고 있으며 3개의 랙으로 구성된 PLC는 총 $3 \times 12 \times 16 = 576$개의 이산 I/O를 지원할 수 있다. 유사하게, 같은 PLC는 다음 이산, 아날로그 I/O의 조합을 제공할 수 있다.

1. 16비트 A/D 변환기의 8채널 ($8 \times 16 = 128$비트)
2. 16비트 D/A 변환기의 8채널 ($8 \times 16 = 128$비트)
3. 320개의 이산 I/O 채널 (320비트)

PLC의 주된 장점인 표준 형태에서 여러 종류의 I/O 모듈이 사용될 수 있다는 것은 위에서 언급되었다. 간단한 이산 I/O 모듈의 하드웨어 인터페이스도 특별한 목적의 I/O 인터페이스처럼 같은 어려움이 있다. 이것 모두는 PLC의 한 슬롯에 스냅되어 있다. 이 표준 하드웨어 인터페이스는 매우 중요한 자산으로 증명되었다. I/O 모듈과 관련된 I/O 데이터는 CPU 주소 공간에 메모리 대응된다. 아래는 대부분의 PLC에 대해 사용 가능한 I/O 인터페이스 모듈 목록이다.

1. DC와 AC 타입 신호의 이산 입력 모듈
2. DC와 AC 타입 신호의 이산 출력 모듈. 각 이산 I/O 모듈은 8, 16, 32의 I/O 포인트를 가지고 있고 다른 전압에 의해 할당된다. 즉, 5 V, 12 V, 24 V용 DC 모듈, 120 VAC, 240 VAC용 AC모듈
3. 아날로그 입력 모듈(다양한 전압과 전류 범위 분해능을 가진 ADC, 즉 0-5 VDC, 0~10 VDC, −10 ~ +10 VDC, 4~20 mAmp, 0~10 mAmp 범위, 10비트, 12비트, 16비트 분해능)
4. 아날로그 입력 모듈(다양한 전압과 전류 범위와 분해능을 가진 DAC)
5. 타이머와 카운터 모듈(하드웨어 타이머, 펄스와 이벤트 카운터). 하드웨어 타이머 모듈은 주기를 경과할 때 장치에 출력을 발생하는 것뿐만 아니라 PLC에 입력을 발생하도록 프로그램될 수 있다. 타이머 초기(trigger)에 제어, 프리 러닝(free running), 또는 입력에 의해 트리거되도록 프로그램될 수 있다. 카운터 모듈은 펄스를 세는 데 이용된다. 예로, 기어의 이를 세는 근접 센서로부터 ON/OFF의 상태 변화는 성능 제어 목적으로 기어 이의 수를 계수하는 카운터 모듈로 사용될 수 있다. 광 엔코더로부터 나온 펄스는 거리 측정을 위한 카운터 모듈의 입력이 될 수 있다.
6. 고속력 카운터 모듈은 고주파수 펄스나 트리거 신호의 매우 짧은 주기를 찾는 데 이용 될 수 있다(즉, 고분해능 엔코더 신호 입력). 예로, 이런 모듈은 고출력 응용에 고분해능 엔코더를 이용함으로써 위치를 측정할 수 있다.
7. 프로그래머블 캠 스위치 모듈은 기계 캠 스위치 집합의 기능을 모방하는 데 이용된다. 기계 캠 스위치 셋은 마스터 캠 축 위치의 함수로 많은 출력이 ON/OFF로 바뀐다. 기계적 시스템에서 출력의 상태는 만들어진 캠 스위치 형태에 의해 결정된다. 프로그래머블 캠 스위치 모듈에서, 이러한 기능은 위치 센서 신호의 함수로 프로그래밍 가능하다.
8. 열전대 센서 인터페이스 모듈(다른 특별 센서 인터페이스 모듈)
9. PID 컨트롤러 모듈(즉, 폐루프 온도 제어, 폐루프 압력 조절, 폐루프 유량 수위 조절)
10. 동작 제어 모듈(서보 모터, 스테퍼 모터, 전기 유압 밸브 제어 모듈)은 폐서보 동작 제어에 이용된다. 구동기는 전기 모터와 구동기 또는 유압 밸브와 증폭기일 것이다. 동작 제어 모듈은 구동기에 위치 명령으로 위치 펄스의 수를 보내거나 증폭기 모드에 의존하는 적당한 속력이나 토크에 비례하는 전압 명령을 보낼 것이다. 폐루프 작동에는 위치 센서 인터페이스를 가지고 있다.
11. 대부분의 PLC는 ASCII/BASIC 모듈이라 불리는 표준 모듈을 가지고 있다. 이 모듈은 RS-232 시리얼 인터페이스를 제공할 뿐만 아니라 BASIC 프로그래밍 언어를 제공하는 독립된 프로세서를 제공한다. BASIC 프로그램은 배터리백 RAM의 모듈에 저장되어있다. ASCII/BASIC 모듈의 PLC는 기본적으로 듀얼 프로세서 모듈이다.

메인 CPU에서 래더 로직 작동과 ASCII/BASIC 모듈에서 BASIC 프로그램 작동은 미리 정의된 데이터 교환 메모리에서 서로 교류한다. 래더 로직에서 복잡한 수학 계산은 ASCII/BASIC 모듈에서 행해진다.

12. PLC가 I/O 인터페이스 스테이션과 제어 로직으로 사용될 때 마스터, 슬레이브 스캐너 모듈이 마스터 제어기로 수행된다.

13. 네트워크 통신 모듈(DeviceNet, CAN, ProfiBus, Ethernet, RS-232-C 등). PLC는 네트워크 제어 시스템에서 증가하는 파트이다. 필드 버스 통신 프로토콜(fieldbus communication protocol)이 유용하다.

14. 퍼지 로직 모듈과 같은 다른 특별한 기능의 모듈. 새로운 특별 기능 모듈이 PLC 현재 기반 위에 더해지고 있다.

DeviceNet과 같은 실시간 제어 시스템에 적합한 네트워크 통신 프로토콜은 최근 PLC 제어 시스템의 하드웨어 형상을 변화시켰다(그림 9.4). 더 많은 I/O 장비(개인 센서, 모터 기동기, 폐루프 제어기)가 네트워크 인터페이스(단일 근접 센서나 DeviceNet 인터페이스를 가진 모터 기동기)를 유용하게 만든다. 따라서 I/O 장비는 PLC의 I/O 랙의 모듈에 감을 필요가 없다. 대신, 각각의 I/O 장비는 통신 버스에 연결되어 있어야 한다. 이것은 I/O와 PLC 사이의 필요한 전선의 양을 감소시켜준다. 응용 프래그램이 응용 프로그램 개발자에게 명백한 배경에서 실시간 네트워크 통신 드라이버 작동이 있다는 사실 말고 방법이 변하는 것도 아니다. 네트워크 PLC 컨트롤은 전선 가격을 줄이고 로컬 장비에 지식을 분배하고 I/O시스템 확장을 쉽게 한다(그림 9.4). 새로운 I/O장비가 추가될 때, I/O장비의 전선은 PLC 랙의 물리적인 위치에서 작동될 필요는 없다. 이런 것 보다는 I/O 장비의 통신 전선은 T 타입 커넥터를 이용하여 롱 커뮤니케이션(long communication) 버스 케이블에 연결할 필요가 있다.

9.2.2 광 절연 이산 입출력 모듈

PLC 응용에서 가장 일반적으로 사용되는 I/O 타입은 이산(2 상태: ON/OFF) 타입 입력과 출력이다. 이산 입력은 DC, AC 회로 요소의 전도, 비전도 상태(ON/OFF)이다. 유사하게, 출력도 DC, AC 회로 부품을 ON, OFF로 바꿀 수 있다. 회로의 입력과 출력 전압 순위는 순서대로 5~48 VDC이거나 120~240 VAC 범위이다. I/O 장비의 높은 전압 레벨로부터 PLC 하드웨어를 절전(isolate)하기 위해 PLC 버스와 I/O 장비 사이의 인터페이스는 광적으로 결합된 스위치 장비로 제공된다. 즉, LED, 포토트랜지스터, 포토트라이악(3 극관 교류 스위치).

그림 9.5는 PLC의 2 상태 입/출력(DC 또는 AC 회로) 장비를 인터페이스하기 위해 사용되는 광 절연 I/O모듈의 네 가지 타입을 보여준다. 모든 경우에 대해 PLC와 I/O면의 신호 커플링은 빛(또는 광 커플링)을 통해서이다. AC 입력 회로의 전도/부전도 상태가 결부되었을 때, 정류 회로는 광 I/O 모듈은 DC 전류로 변환하고 LED를 작동시킨다. 직렬에서 저항은 LED를 통과하는 전류의 양을 제한한다. LED로 발산되는 빛은 PLC의 포토트랜지스터를 ON으로 만든다. 유사하게, DC와 AC 출력은 PLC 면의 LED를 작동시킴으로 PLC로 ON/OFF를 만든다. DC 출력에서 LED는 포토트랜지스터를 작동시킨다. 교류 출력에서

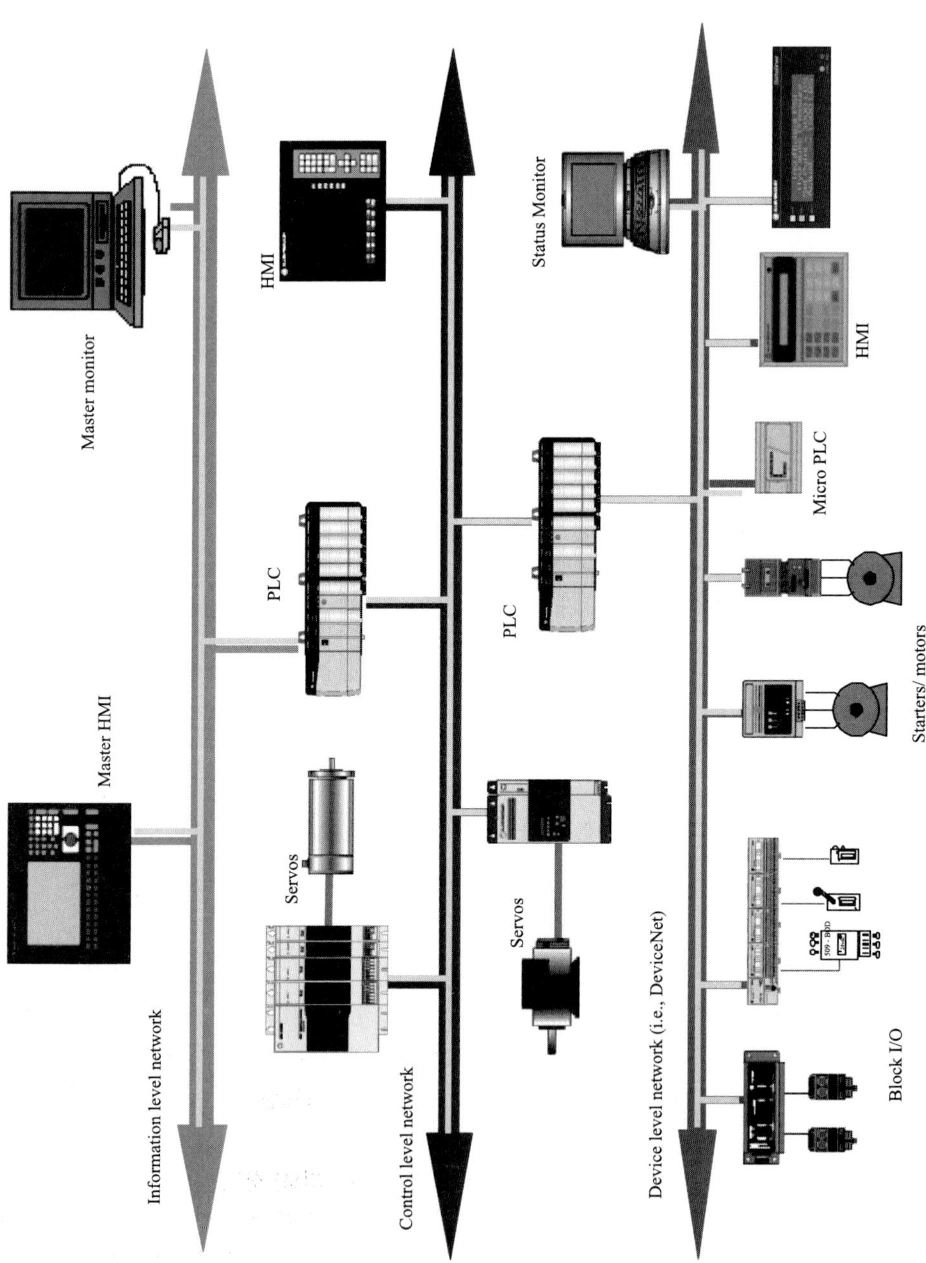

그림 9.4 ■ 네트워크된 PLC 시스템: 통신 네트워크의 3개 층. 최하위층, T 연결 케이블을 이용하여 단순 I/O 장비를 네트워크에 연결. 새로운 I/O를 시스템에 단순히 연결하려면 일반 네트워크 케이블에 연결할 장비와 케이블이 필요하다. 두 번째 레벨은 제어 네트워크이다. 세 번째 레벨은 엔터프라이즈 와이드 정보 네트워크이다.

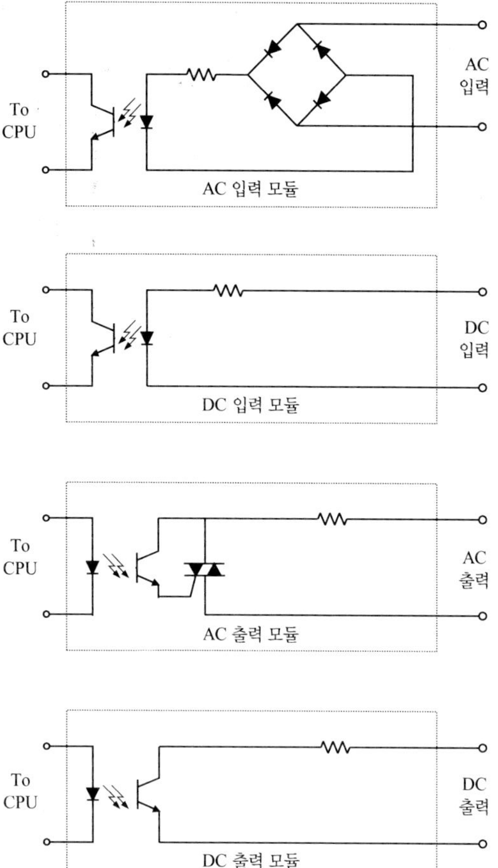

그림 9.5 ■ 2 상태에 대한 광 절연 입력과 출력 인터페이스 모듈(ON/OFF): DC 입력과 AC 입력, DC 출력과 AC 출력 타입, 5 VDC가 할당된 DC 입력과 출력 모듈을 각각 TTL 입력과 TTL 출력이라 한다.

LED는 포토트라이악을 작동시킨다. 그림으로 보여지지는 않았지만 스위치 디바운싱(debouncing) 회로와 유도 전압 서지 프로텍션과 같이, 실용적인 제어 시스템에 유용하게 사용되는 함수를 통합하는 solid -state opto-I/O 인터페이스 모듈을 아는 것이 중요하다.

PLC I/O 모듈은 8, 16, 32포인터 그룹에서 같은 타입의 I/O 인터페이스 제공한다(즉, 8포인트 DC 입력 모듈, 16포인트 AC 출력 모듈). 그림 9.6은 전형적인 I/O 모듈의 전선을 보여준다. 만일 DC I/O 모듈이 I/O 장비로부터 전류를 받고 그것을 연결한다면 이것은 전류 싱킹(sinking)이라 불린다. 만일 I/O 모듈이 I/O 장비에 전류를 제공하고 I/O 장비의 두 번째 단자를 common에 연결시키면 이것은 전류 소싱(sourcing)이라 부른다.

9.2.3 릴레이, 접촉기, 기동기

릴레이(relay), 접촉기(contactor), 기동기(starter)는 전기 기계 스위치이다. 전자기 구동 원리에 따르면, 기계적 움직임을 얻을 수 있다. 기계적 움직임은 전기 회로의 연속성을 제어하는 데 이용되는 스위치의 개/폐에 이용된다.

릴레이는 전기 기계적 스위치이다. 이것은 제어 회로에서 가장 널리 사용된다. ON/OFF의 두 가지 상태가 있다(그림 9.7). 릴레이는 접촉을 통해 전기선과 연결하는 데 이용된다.

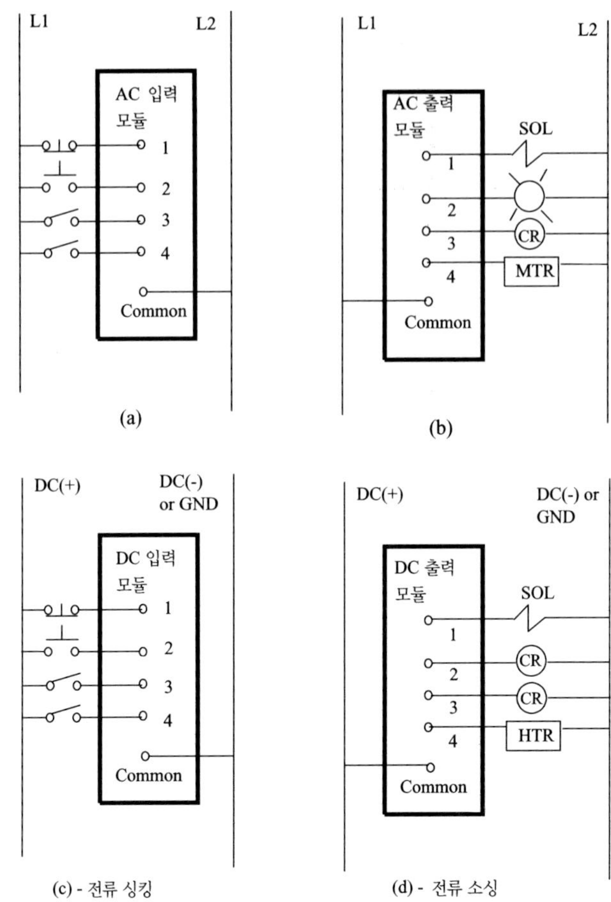

그림 9.6 ■ PLC 모듈의 와이어. (a) AC 입력 모듈, (b) AC 출력 모듈, (c) DC 입력 모듈(전류 싱킹), (d) DC 출력 모듈(전류 소싱)

이것은 전기 회로에서 수동으로 작동되는 스위치와 전기적으로 동일하다. 이는 2개의 주된 내용을 가지고 있다.

1. 메인 전기 회로를 연결하는 접촉(메인선의 ON/OFF를 바꾼다.)
2. 접촉을 이동시키는 플런저(plunger) 장치를 작동하는 코일

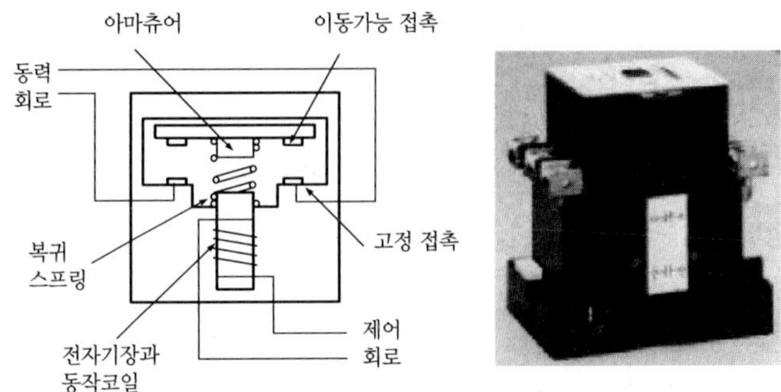

그림 9.7 ■ (a) 릴레이, 접촉기, 기동기의 작동 원리, (b) 접촉기

기본 작동 원리는 솔레노이드의 경우를 따른다. 컨덕터 권선은 코일을 형성한다. 제어 전압은 코일에 적용되고 따라서 제어 전압과 권선의 저항에 비례하는 전류를 발생한다. 그리고 코일은 전자기장을 발생한다. 플런저는 전자기장의 결과로 당겨지게 된다. 코일이 활성화되지 못하면 전자기장의 힘은 0이 되고 플런저는 스프링 효과에 의해 되돌아가게 된다. 릴레이에서 , 플런저 동작은 접촉 연결을 생성/파괴하는 메커니즘과 연결되어 있다. 플런저는 메인 라인에서 다중 출력 접촉을 활성화하기 위해 접촉되어 있다.

릴레이의 수행률은 다음과 같다.

1. **접촉률**: 최대 전압과 전류. 접촉은 메인 회로에서 전달(V_{max}, i_{max}, 24~600 V, 50 A)된다. NO(normally open)과 NC(normally closed)는 싱글 코일 릴레이에 의해 작동된다(즉, 6 NO, 6 NC).
2. **코일률**: 제어 회로 코일을 작동시키기 위한 노미날 전압(6~120 V)

기본 릴레이 설계는 접촉을 유지하기 위해 에너지를 발생하는 코일이 필요하다. 설계에서 변화는 **래칭 릴레이**(latching relay)를 포함한다. 설계에서 릴레이는 2개의 코일을 사용한다. 래칭용과 언래치용으로 각 1개. 릴레이는 접촉을 하기 위해 활성화되고 플런저로 이동한다. 기계적 래치 메커니즘은 적당한 때에 잠그고 연결되도록 접촉을 유지한다. 코일은 연결을 유지하기 위해 활성화되어 있을 필요가 없다. 연결을 끊고 기계적 래칭 메커니즘을 끊기 위해 다른 코일이 활성화되어야 한다.

접촉기는 같은 원리로 작동하고 릴레이와 유사한 설계를 가지고 있다. 주된 차이점은 기계적 구성요소이다. 메인선의 전압과 전류 용량은 릴레이의 접촉률보다 훨씬 많이 접촉되어 전도된다(그림 9.7).

기동기는 전류 형태와 관련된 '스무드 스타트'와 설계 시 메커니즘의 제약뿐만 아니라 과전류 보호기능을 가지고 있는 것을 제외하고는 릴레이와 원리가 같다. 과부하 보호는 접촉 재료에서 전류와 온도에 바탕을 두고 내장되어 있다. 확대된 주기 동안 전류가 너무 높으면 바이메탈 재료가 접촉을 끊는다. 기동기는 모터 제어 응용에 사용된다.

9.2.4 카운터와 타이머

제어 로직에서 일정 딜레이 이후 행동이 필요할 때, 카운터나 타이머가 이용된다. 만일 딜레이가 어떤 것을 계수하는 데 기반을 둔다면 카운터가 이용된다. 카운터나 타이머는 독립형 모듈이나 PLC I/O 모듈로 하드웨어에서 수행된다. 복잡한 카운터나 타이머 소프트웨어는 고주파수 계수나 고분해능 타이밍 함수를 제공한다. 하드웨어 카운터와 타이머는 PLC 소프트웨어의 관여 없이 하드와이어드 컨트롤 회로의 부분으로 사용된다. 표준 계수기와 타이머 하드웨어 모듈은 세 가지 주요 회로를 가지고 있다. (1) **전력 회로**, (2) **제어 회로**, (3) **출력 회로**. 전력 회로는 카운터와 타이머에 전력을 공급하기 위해 필요하다. 제어 회로는 모듈을 트리거(trigger)하는 데 사용되는 신호이다. 카운터에 대해 보면 한 상태에서 다른 상태로의 신호 변화를 계수한다(ON에서 OFF, OFF에서 ON). 타이머에 대해서는 주기 동안 프로세서의 시작을 트리거하는 신호이다. 한번 트리거되면 타이머는 현재 시간 값까지 작동하거나 제어 신호가 ON일 때 작동을 계속하고 OFF일 때 중단한다. 카운터와 타이머는 둘 다 현재 값을 가지고 있다. 카운터가 현재 값을 계수할 때 출력 회로는 ON으로 변한다. 타이머가 시간의 현재 양이 제어 신호가 트리거한 이후 얼마나 지나갔는지 측정할 때, 출력 회로는 ON으로 변화되어 있다. 타이머와 계수기의 출력 회로는 릴레이의 출력 회로와 유사하다. 전기적 접촉은 출력 작용으로 ON 또는 OFF이다.

9.3 PLC의 프로그래밍

모든 PLC는 PC와 PLC 사이의 통신, PLC 응용 소프트웨어의 개발, 디버그, 다운로드, 테스트를 허용하는 소프트웨어 개발 툴을 포함한다(그림 9.3). 노트북 PC는 이러한 경우 리얼 타임 컨트롤의 부분이 아니라 개발 툴로 이용된다. 다른 PLC 제조자를 위한 개발 툴은 현재 상호 호환되지 않는다. 응용 개발 엔지니어는 특별 PLC 제공자에 의해 공급된 개발 툴을 사용해야 한다.

프로그램 개발 툴을 가지고 있다고 가정해 보자. 특별한 분야의 산업 응용을 제어하는 PLC상에서 작동하는 소프트웨어에 대해 논해보자.

PLC에서 유용한 프로그래밍 언어는 세 가지 타입이 있다.

1. **래더 로직 선도(LLD)**는 하드와이어드 릴레이 로직 선도를 모방한다. 대부분의 현장 기술자가 하드웨어 릴레이 로직 선도에 친숙하기 때문에 널리 사용된다.
2. **불리언(Boolean) 언어**는 BASIC 프로그래밍 언어와 비슷한 스테이트먼트 리스트이다.
3. **플로차트(flowchart) 언어**는 그래픽 블록을 사용한다. 다른 언어보다 직관적이다. 비록 최근 플로차트 언어 사용이 증가하였지만 LLD가 우세하다.

플로차트 타입 언어는 보다 널리 사용될 것이다. 오늘날 PLC는 그것의 고유 LLD를 가지고 있다. 그리고 다른 PLC와 경쟁하지 않는다. PLC의 LLD 프로그래밍 환경은 응용 프로그램 개발 관점과 비슷하다. 이 장의 마지막 부분에서, PLC의 발달 환경보다는 LLD 프로그램에 대해서만 논의할 것이다.

PLC와 PC가 프로그램을 수행하는 데에는 기본적인 차이가 있다. PC에서 프로그램 플로는 *do-while*, *for* 루프, *if-else if-else* 블록, 함수 호출, jump 또는 go-to 명령과 같은 **플로 제어 구문**(flow control statement)에 의해 제어된다. 높은 레벨의 프로그램 언어에서, PLC 프로그램은 **스캔 모드**로 작동하는 반면에 프로그램은 로컬 루프에 의해 제한될 수 있다(그림 9.8). 전체 프로그램 로직은 PLC의 모든 스캔 주기 동안 스캔된다. 전형적인 스캔 시간은 래더 로직 코드의 천 개 라인당 몇 밀리초 정도이다. 천 개의 래더 로직 코드당 스캔 시간의 벤치마크 속력은 AND, OR, NOT, 플립플롭과 같은 기본 논리 함수에 제한을 받는다. 특별 기능 함수, 삼대각(trigonometric) 함수, PID 제어 알고리즘은 래더 로직에서 더 긴 계산시간을 소요한다. 결과적으로 특별 함수가 많으면 래더 로직 프로그램에서 스캔 타임이 많이 필요하다. 따라서 제조자에 의해 주어진 PLC 스캔 타임으로 이것을 이해해야 한다. 실제 응용에 대한 래더 로직의 스캔 타임은 PLC 소프트웨어 개발 툴에 의해 정확히 측정된다. 소프트웨어 개발 툴은 오프라인 프로그램 개발, 디버깅 목적, 프로그램 수행 동안 스캔 타

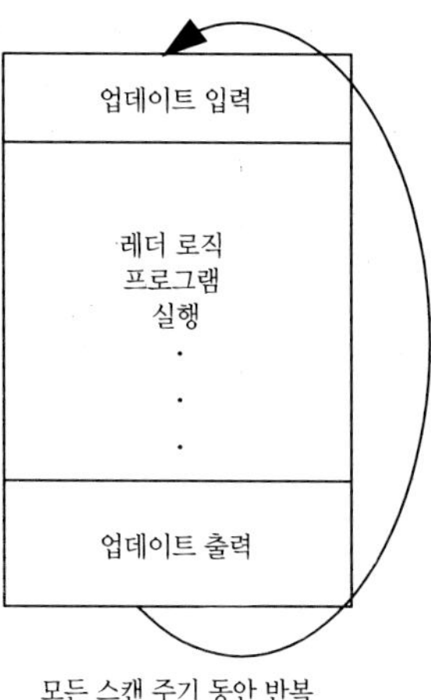

그림 9.8 ■ PLC에서 래더 로직 프로그램 실행 모듈. PLC는 스캔 모드에서 프로그램을 실행한다. 모든 코드는 매 스캔 주기마다 실행이 체크된다.

임 측정 유틸리티를 포함하는 목적으로 PC에 설치하고 운영된다. 래더 로직 프로그래밍에서 프로그램 실행 영역은 *if-else* 블록처럼 조건부이다. 서브 루틴은 코드 조건에 기반을 두고 호출 스킵될 수 있다. 모든 PLC 래더 로직 프로그램은 모든 스캔 시간 동안 스캔된다. 모든 스캔 시간 동안 CPU가 한 바퀴 돌기 때문에 PLC 래더 로직을 원형 지시 순서로 상상하는 것이 유용하다(그림 9.8).

프로그래밍 관점에서, PLC의 랙과 슬롯은 I/O 인터페이스 모듈로 정착되어 있고 모든 I/O는 메모리에 대응된다. PLC 하드웨어의 I/O 포인터와 CPU 메모리 주소 사이에는 일대일 대응된다(그림 9.9). 로직은 래더 로직 프로그램에 의해 제공되는 로직 함수를 이용하여 I/O 사이에서 수행된다. 래더 로직 프로그래밍은 높은 레벨과 객체 지향 테이터 구조가 아닌 산업 제어와 로직에 초점을 맞추고 있다. 따라서 전형적인 데이터 구조는 다음을 포함한다.

1. 이산 I/O 비트
2. 아날로그 I/O 바이트와 워드 , 문자 데이터

PLC에는 이산 입력, 출력, 타이머와 카운터 함수를 위한 표준 키워드가 있다. 예로, DIN 19239 표준은 PLC I/O와 메모리 주소와 관련된 래더 로직 프로그래밍을 위한 다음 키워드를 세분화한다.

1. I: 이산 입력 라인, 이를테면 I0에서 I1023
2. O: 이산 출력 라인, 이를테면 O0에서 O1023
3. T: 타이머 함수, 이를테면 T0에서 T15
4. C: 카운터 함수, 이를테면 C0에서 31
5. F: 저장용 '플래그'와 데이터 비트를 리콜, 즉 플립플롭 작동

릴레이, 접촉기, 기동기의 제어 코일은 래더 로직 선도의 출력부에 나타난다. 기동기와 계수기 또한 출력부에 나타난다. 이러한 장치에 작동하는 접촉부는 래더 로직 입력부의 로직 파트처럼 보인다. 접촉 이름은 출력 장치의 코일 이름 호칭과 항상 일치한다.

PLC 슬롯의 I/O 모듈에 있는 실제 I/O 단자 포인트가 한번 결정되면, 메모리와 실제 I/O 변수 사이에서 메모리 대응이 일어난다. 대부분의 PLC 프로그램 개발 툴은 상징적 이름을

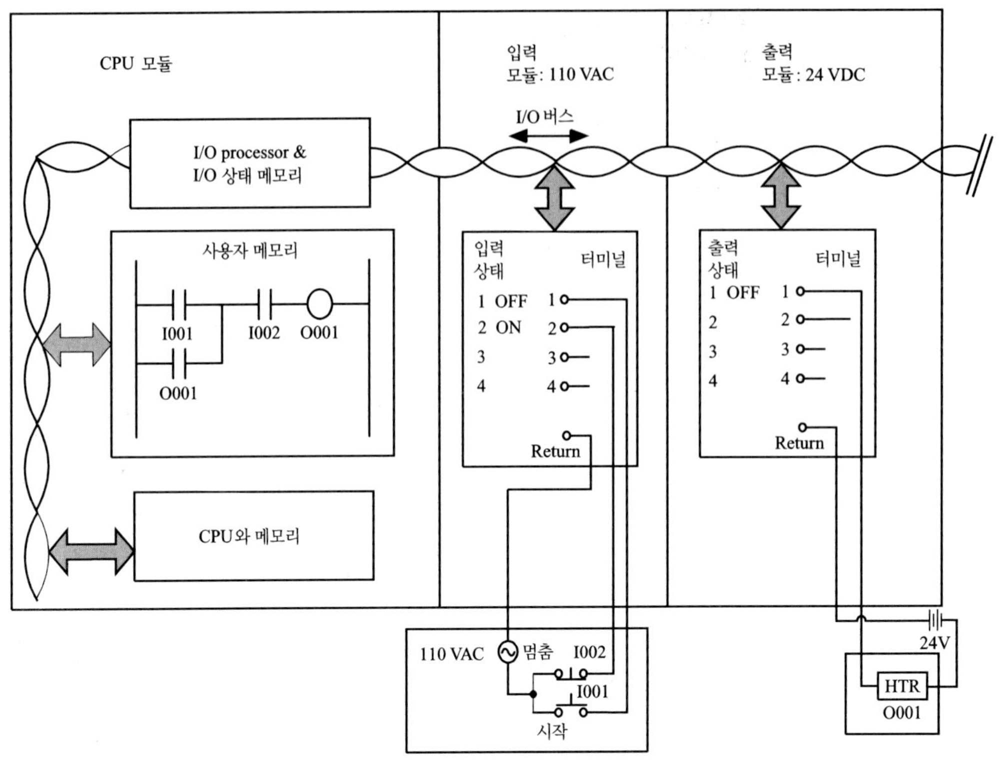

그림 9.9 ■ PLC I/O 인터페이스, 통신 버스, CPU와 메모리 관계

지원한다. 즉, 만일 이산 입력 라인 0과 1이 'START'와 'STOP'의 2개의 스위치 입력으로 연결되어 있으면, 이것은 I0와 I1에 대응한다고 정의될 수 있다. 그러면 프로그램의 모든 참고 사항에서, 이러한 스위치는 'START'와 'STOP'이라는 상징적 변수 이름을 사용함으로써 만들어질 수 있다. 이것은 보다 사실적이고 프로그램을 이해하기 쉽게 만든다.

PLC 래더 로직 프로그램에 의해 지원되는 로직 오퍼레이터와 명령문은 다음을 포함한다.

1. 논리 함수: AND, OR, NOT
2. 전이 함수: left shift, right shift
3. 수학 함수: add , substract, multiply, divide, sin, cos
4. 소프트웨어 실행 타이머와 카운터 함수
5. 소프트웨어 실행 플립플롭
6. 조건부 블록(if-else if-else와 유사)
7. 루프(do-while, while, for loops) 왜냐하면 루프는 로지을 묶을 수 있고 PLC는 모든 로직을 조사해야 하며, PLC 래더 로직에서 루프를 C나 고차원 프로그래밍 언어의 루프와 다르게 다루어야 한다.
8. 함수(서브루틴)
9. 중단된 입력에 의해 실행 중인 중단 서비스 루틴

두 상태 변수 사이에서 AND와 OR 논리 함수는 직렬 또는 병렬 연결로 래더 로직 선도에서 수행된다. NOT 함수는 접촉 신호를 가로지름으로 실행된다. 다른 함수는 일반적으로 적절한 입/출력 라인으로 사각 박스에 의해 지원된다.

모든 래더 언어 프로그램에서 일반적인 구문 법칙은 다음과 같다.

1. 래더 논리 프로그램은 rung의 연속이다. 각각의 rung은 입력과 지역 데이터로 시작되어야 한다.
2. 출력 채널은 단지 rung의 끝에서 한 번 나타날 수 있다.
3. 이산 입력 채널 상태는 2개의 수직 라인으로 나타난다.
4. 이산 출력 채널 상태는 원형 기호로 나타난다.
5. 타이머, 카운터와 다른 함수 블록은 적절한 입력 소스와 출력 라인으로 된 사각형으로 나타난다.
6. 논리 AND는 직렬에서 2개의 접촉으로 수행된다. OR은 이것을 병렬로 함으로써 수행된다(그림 9.9).

래더 로직 선도(LLD)에서 표준 로직 중 하나는 seal-in 회로이다. 이러한 생각은 출력 채널을 ON으로 만들고 순간적인 입력에 바탕을 두고 ON으로 유지한다. 그러면 다른 순간 입력 신호가 올 때까지 ON을 유지한다. 이것은 그림 9.9에 나타난다.

다음 소프트웨어 개념은 PLC 프로그램에서 일반적으로 사용된다: **시프트 레지스터**(shift register), **스퀀서**(sequencer), **드럼**(drums). 시프트 레지스터와 시퀀서는 둘다 레지스터이다. 레지스터에서 각각의 비트 위치는 멀티스테이션 조립 라인에서 부품의 위치를 가리키거나 시퀀스로부터 현재 동작되는 수를 가리키는 데 사용된다. 비트는 전류 생산이나 작동과 관련있다. 비트가 레지스터에서 이동하면 조립 시퀀스에서도 그것의 위치가 변한다. 한편, 드럼은 기계적인 캠과 유사한 소프트웨어이다. 그것에는 매스터 샤프트가 있고 복잡한 캠이 있다. 각각의 캠은 입력 캠 샤프트 위치의 함수로 출력 라인에서 구동한다. 이 기능은 소프트웨어에서 소프트웨어 드럼 개념으로 복제된다. 기계적 드럼과 비교 시 소프트웨어 드럼의 장점은 프로그래밍 가능하다는 점이다.

9.3.1 하드와이어드 seal-in 회로

기본 하드와이어드 릴레이 회로는 모든 제어 로직이 입력, 출력, 중재 제어 장치의 전기적 연결 부분에 연결되어 있다. 프로그래밍 가능한 로직 제어기가 하드와이어드 릴레이 로직으로 대체되면, 입력/출력 사이의 로직은 PLC에서 소프트웨어 프로그램이 작성될 수 있다. 제어 로직에서 하드와이어드는 거의 없다. 단, 안전(safety) 관련 함수 몇몇에서 소프트웨어가 실패한 경우 하드와이어드가 사용된다. 대부분의 긴급 잠금이나 사이클 시작 함수는 하드와이어드이다. 가장 잘 사용되는 것 중 하나가 START와 STOP 버튼에서 사용되는 *seal-in* 회로이다. 그림 9.10과 같은 다이어그램(diagram)이 사용된다. 유일한 차이점은 PLC에서 프로그램이 작성된 로직 대신 하드와이어드 로직을 사용한 점이다. 하드와이어드 seal-in 회로는 다음 요소를 포함한다.

1. START 버튼(순간적인 접촉 스위치)

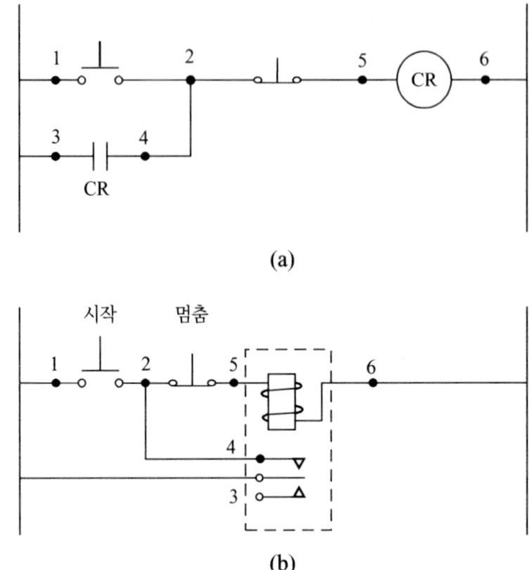

그림 9.10 ■ 래더 로직 다이어그램에서 하드와이어드 seal-in 회로. (a) 래더 로직 다이어그램 연결, (b) START와 STOP 버튼과 RELAY 사이의 연결 요소

2. STOP 버튼
3. 출력 장치를 위한 릴레이나 기동기 코일(즉, 모터를 작동시키기 위해 사용되는 기동기의 코일)

START 버튼이 순간적인 접촉을 만들 때 릴레이(기동기)의 코일은 활성화된다. 이때, 코일 접촉 중 하나는 전류 흐름을 유지한다. 왜냐하면 START 버튼이 더 이상 접촉되어 있지 않더라도 코일은 START 버튼과 병렬로 연결되어 있기 때문이다. 릴레이가 여러 개의 접촉을 할 수 있는 경우를 생각해 보자. 릴레이는 아마도 모터로 연결된 별도의 전력 라인을 ON ,OFF 할 수 있는 또 다른 접촉을 가지고 있을 것이다. 전력 라인은 언제든지 STOP 버튼을 눌러서 차단할 수 있다. 이것은 3선(three-wire) 제어라 불린다. 만일 어떤 이유로 회로에서 전력이 손실되면 모터를 다시 작동시키기 위해 순간적으로 START 버튼을 눌러야 한다. 이것은 안전을 위해서는 바람직하나, 회로에서 전력 흐름이 중단되면 사람의 힘을 필요로 한다. 즉, 사이클이 자동적으로 다시 시작되지 않는다.

9.4 PLC 제어 시스템 응용

그림 9.11은 PLC를 사용하는 오븐의 폐회로(loop) 온도 제어 시스템을 보여주고 있다. PLC 기반 제어 시스템에는 온도 센서(PLC에 연결된 열전대), 밸브의 열린 정도에 따라 화로 안에 공급하는 연료의 양을 조절할 수 있는 밸브, 실시간으로 프로세스 변수를 사용자에게 알리기 위한 디스플레이 등이 사용되고 있다. PLC는 아날로그 출력 모듈을 이용하여 밸브를 제어한다. 아날로그 구동기의 전류 용량이 밸브를 구동하기에 충분하지 못하면, 아날로그 출력 모듈과 밸브 사이에 전류 증폭기를 설치한다. 폐회로 제어 알고리즘은 PID 알고리즘 함수를 사용한 래더 로직 선도로 나타낸다. 여기서 알고리즘의 매개변수는 엔지니

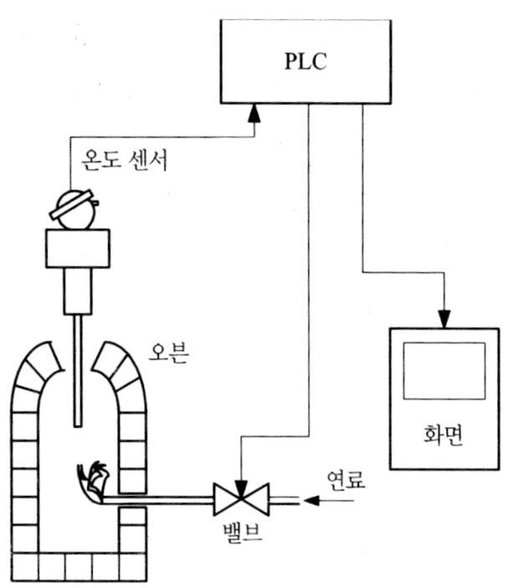

그림 9.11 ■ PID 모듈을 사용한 PLC의 온도 제어 시스템의 예

어에 의해 조정될 수 있다.

컨베이어 속도 제어는 가장 일반적인 공장 자동화 문제이다. 그림 9.12는 증가형 엔코더 입력과 PLC 랙의 펄스 출력 모듈을 이용한 모션 제어 응용을 보여주고 있다. PLC는 2개의 컨베이어의 속도(또는 위치)를 제어한다. PLC 프로그램은 증가형 엔코더를 이용해서 컨베이어의 속도를 측정하고, 모터의 전력을 조절하는 구동기에 위치 변화 펄스를 얼마나 증가시켜야 하는지 알려준다. PLC의 일반적인 응용분야는 다음과 같다.

1. 2개의 컨베이어의 독립적인 속도 조절: 각 컨베이어의 속도는 사용자 인터페이스 장치를 사용해서 설정할 수 있다. 그리고 PLC는 2개의 컨베이어 속도를 독립적으로 제어할 수 있다.

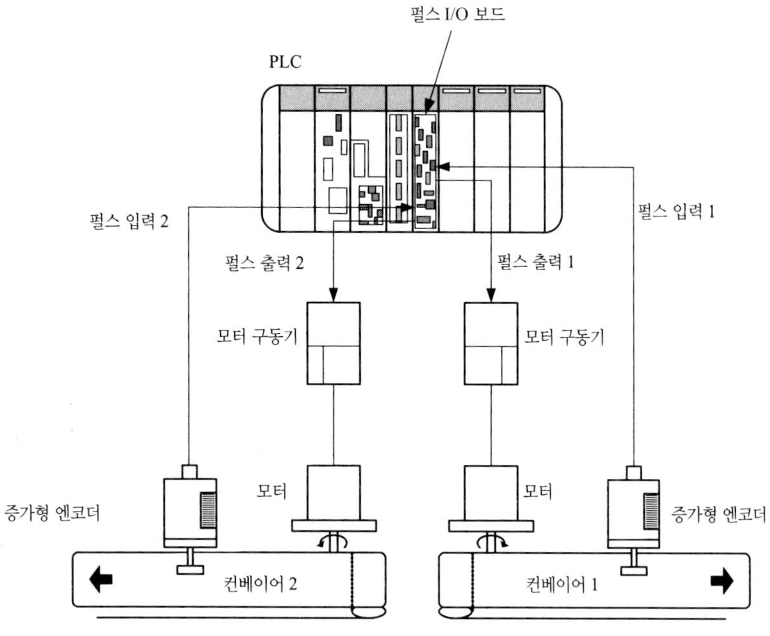

그림 9.12 ■ PLC와 펄스 입력 및 출력 모듈을 사용한 2개의 컨베이어 속도 제어

2. 주-종속 속도 제어: 한 컨베이어의 속도를 주 속도로 설정하면 다른 하나는 이에 비례하는 값을 가진다. 두 번째 컨베이어는 종속적으로 제어된다. 첫 번째 컨베이어의 속도는 센서를 이용해서 구해지거나 설정된다.
3. 위치 조절을 통한 주-종속 속도 제어: 종속 컨베이어가 주 컨베이어의 속도를 따르도록 설계하는 것뿐만 아니라, 주 컨베이어에 대한 종속 컨베이어의 위치는 위치 센서의 정보를 기반으로 조정될 수 있다. 이는 컨베이어로 제품을 운반하는 패키지 응용에서 기본적인 사항이다. 정상 상태에서, 두 컨베이어는 특정 기어 비로 작동한다(예, 1:1 주-종속 관계). 제품의 위치가 컨베이어마다 다를 수 있기 때문에, 컨테이너로 제품을 정확히 넣기 위해서 제품의 위치를 적절히 조절해야 한다.

리드 나사(또는 볼 나사) 구동기를 사용한 서보 위치조절은 고정밀 모션 제어 응용분야이다(그림 9.13). 리드 나사 위치 조절 시스템은 모든 공작 기계, 받침형 로봇, 인쇄 회로기판(PCB) 조립 머신 등에 사용된다. 다음의 예는 회전 증분 엔코더와 전기 모터(예, 스테퍼 모터, DC 비브러시(brushless) 모터, DC 브러시(brusj) 모터)를 사용하여 위치를 제어하는 PLC 기반 시스템의 각 구성요소를 보여주고 있다. 또 다른 예로는 기계적 한계를 표시해 주는 한계 센서, 기준점을 정하기 위한 근접 센서, 운전자의 작동 버튼(START 또는 STOP) 등이 있다.

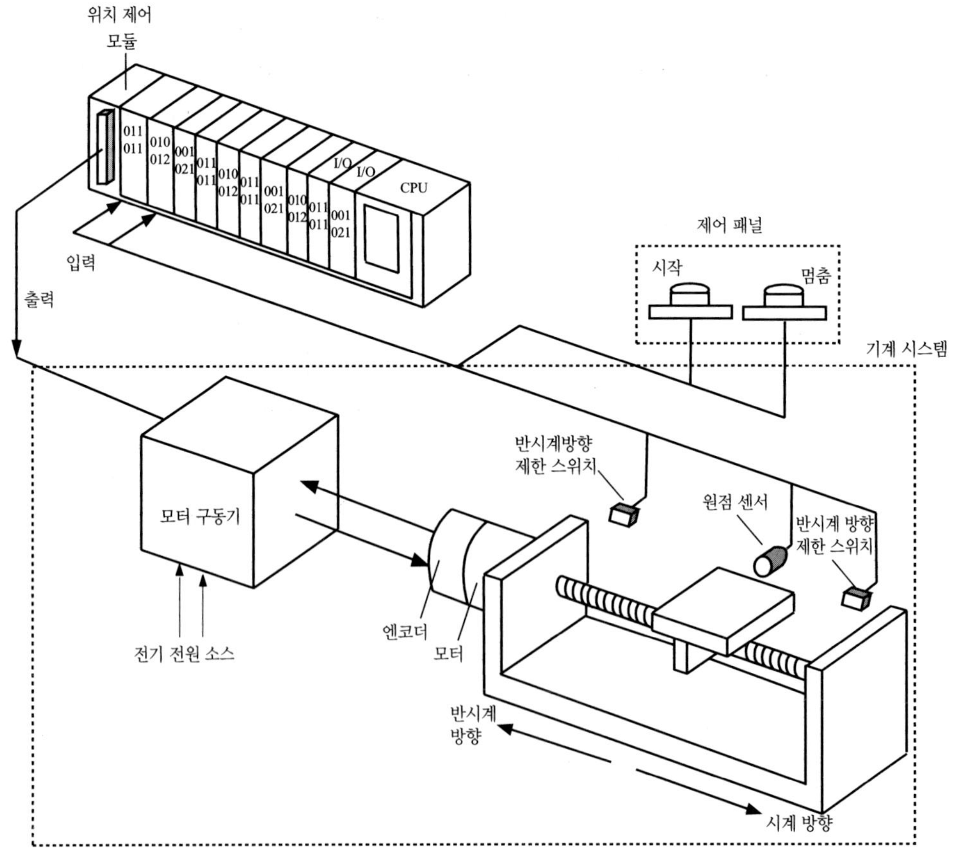

그림 9.13 ■ PLC 및 서보 제어 모듈을 이용한 서보 위치 제어

9.5 PLC 응용 예: 컨베이어 및 오븐 제어

그림 9.14에 나타난 컨베이어와 오븐을 보자. 컨베이어는 제품을 오븐 속으로 이동시킨다. 제품은 특정 시간 동안 특정 범위의 온도로, 온도 조절이 가능한 오븐 안에 놓여 있게 된다. 그런 다음 컨베이어는 제품을 다음 단계로 운반한다. 이 공정에서, PLC는 오븐의 온도와 컨베이어의 속도를 제어한다. 게다가, PLC는 오븐 문을 열고 닫으며, 출석 스위치를 사용해서 오븐 속의 제품 위치를 조절한다. 시스템 입력은 다음과 같다.

1. START 스위치(ON/OFF)
2. STOP 스위치(ON/OFF)
3. 제품 출석 센서(ON/OFF)
4. 문열림 스위치 LS1(ON/OFF)
5. 온도 범위 센서(아날로그)

시스템의 출력은 다음과 같다.

1. 가열기의 ON/OFF 릴레이 제어
2. 모터의 ON/OFF 출력
3. 도어 구동기 릴레이 제어의 ON/OFF 출력

제어 논리는 다음과 같이 슈도 코드로 표현할 수 있다.

1. START 버튼을 누르면 동작이 시작된다. STOP 버튼은 누르면 공정이 멈춘다.
2. PLC는 오븐의 문을 열고 도어 개방 스위치가 켜질 때까지 기다린다.
3. 그러면 모터가 작동되고, 모터는 제품 출석 센서가 ON이 되면 멈춘다.
4. 오븐의 문이 닫힌다.

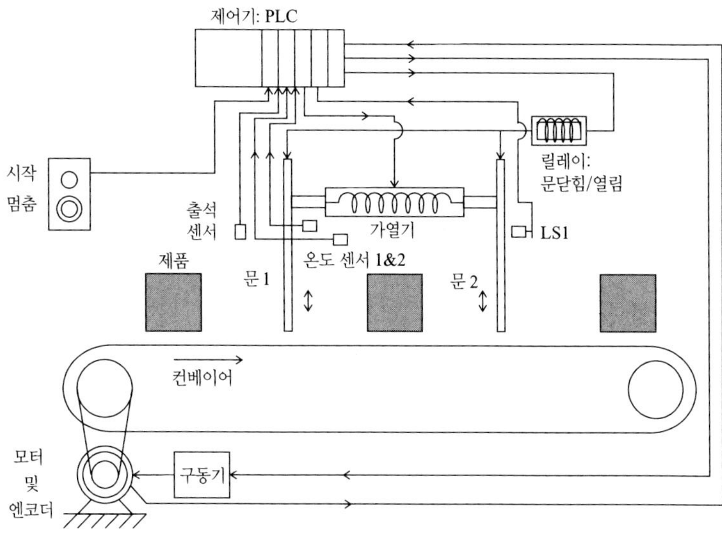

그림 9.14 ■ 히터 및 컨베이어 모터의 PLC 제어(로직과 폐루프 제어)

CHAPTER 10

프로그래머블 동작 제어 시스템

10.1 소 개

프로그래머블 동작 제어 시스템(PMCS)은 컴퓨터 제어 동작을 사용하는 모든 기계 시스템에서 사용된다. 로봇, 조립 머신, CNC 머신, XYZ 테이블, 건설 장비 제어 시스템은 모두 PMCS 응용 사례이다. 이름이 의미하는 바와 같이, PMCS는 동작 제어 장치로, 동작은 디지털 컴퓨터로 제어되고, 따라서 프로그램화할 수 있다. PMCS는 기계적인 동작 시스템과 다양한 구동기 및 센서 그리고 컴퓨터 제어를 포함한다는 점에서 메카트로닉 시스템의 좋은 예라 할 수 있다. 그림 10.1은 전기 모터 기반의 프로그래머블 동작 시스템의 전형적인 구성 요소를 보여주고 있다. 즉 모터, 증폭기 및 전원 공급기(구동기), 제어기 등이다. 이 그림은 선형 모터뿐만 아니라 여러 종류의 회전 모터와 구동기(브러시리스(brushless) 및 리브러시(brush)형 DC, AC Induction)를 보여주고 있다.

예전에는, 자동화 머신의 움직임 제어는 링크, 축, 기어와 다양한 기계 요소들을 연결시키는 기계적인 방법으로 해결되었다. 모터나 엔진에 의해 주 축이 일정한 속도로 구동되기만 하면, 나머지 동작 축의 동작은 기계적 링크 관계에 의해 주 축으로부터 유도된다. 이것이 바로 '하드 자동화(hard automation)' 이라 불리는 것이다. 높은 신뢰성, 저렴한 마이크로프로세서와 디지털 신호 프로세서를 사용할 수 있다는 점이 컴퓨터를 이용해 움직임과 여러 개의 축을 조정하는 것을 가능하게 만들었다. 축은 기계적 링크로 고정되지 않고, 소프트웨어에 의해 축의 조정이 이루어진다. 따라서, 조정 로직은 소프트웨어에서 빠르고 쉽게 바꿀 수 있다. 그리고 축 사이에 다른 조정관계를 가지도록 소프트웨어를 간단히 바꿔서, 동일한 머신을 사용해서 다른 제품을 만들 수 있다. 기계적 조정 머신에서 이러한 효과를 얻기 위해서는 기어와 링크를 교체해야 하며, 오랜 시간이 소비해야 된다. 몇몇 복잡한 조정 기능은 이런 식의 기계적 조정 자체가 불가능하지만 소프트웨어를 사용하면 어렵지 않게 변환할 수 있다. 동작 제어의 프로그램화가 가능한 이유는 바로 제어 로직을 프로그래밍할 수 있기 때문이다. 그러므로 이를 '소프트 자동화(soft automation)' 또는 '유연한 자동화(flexible automation)'라 한다. '하드 자동화'에 비해 '소프트 자동화'가 가지는 가장 중요한 장점은 제품 변경을 위한 설치 시간을 대폭 줄일 수 있다는 점이다. 그림 10.2는 이

그림 10.1 ■ 프로그래머블 동작 제어 시스템의 구성요소. 위 그림은 다양한 전기 모터(브러시리스 및 브러시형 DC 모터, AC 유도기, 선형 모터)와 구동기(증폭기 및 파워 서플라이) 그리고 제어기를 보여주고 있다. 참고로 특수한 경우 제어기는 구동기와 통합될 수도 있다.

전의 기계적 자동화를 사용하는 인쇄기와 프로그래머블 자동화 인쇄기의 예를 보여주고 있다. 기계 자동화 인쇄기에서 각 스테이션은 기어로 주 축에 연결되어 주 축에 의해 조정된다. 이러한 기계적 자동화 인쇄기에서 다른 제품을 만들려면, 기어비를 바꾸어야 한다. 그래서 여러 제품을 만들기 위해 여러 종류의 기어 감속기가 창고에 상시 보관되어야 한다. 게다가, 기어 감속기를 바꾸는 것은 노동 및 시간 낭비이다. 이는 긴 전환 시간을 필요로 한다. 전자식 조정 인쇄기의 각 스테이션 사이의 기어비는 응용 소프트웨어에서 정의할 수 있다. 축 사이에는 물리적 기어가 필요 없다. 각 축 동작을 소프트웨어를 통해 제어함으로써, 앞서 설명한 기계적 제어 방식과 동일한 기능을 수행할 수 있다. 즉, 제품을 생산 시 다른 기어비가 요구되면, 소프트웨어에서 설정 매개변수만 변경하면 된다. 따라서 다른 제품을 생산하기 위한 변경 시간은 거의 무시할 수 있다.

멀티 PLC와 프로그래머블 동작 제어기는 공장 자동화 응용에서 전제 공정을 제어하기 위해 사용된다. PLC는 일반적 용도의 I/O를 취급하며, 상대적으로 낮은 수준의 제어기들을 관리하는 더 높은 수준의 제어기처럼 작동한다(그림 9.5). 프로그래머블 동작 제어기는 각 스테이션의 고성능 조정 동작 제어를 다루고, PLC로 통신한다. 작은 자동화 응용에서는, 단 하나의 독립 프로그래머블 동작 제어기가 PLC를 사용하지 않고 머신을 제어할 수 있을 만큼 충분한 I/O 용량을 가지고 있을 수도 있다(그림 10.3).

모든 프로그래머블 동작 제어 시스템의 구성요소는 다음과 같다(그림 10.4).

1. 제어기

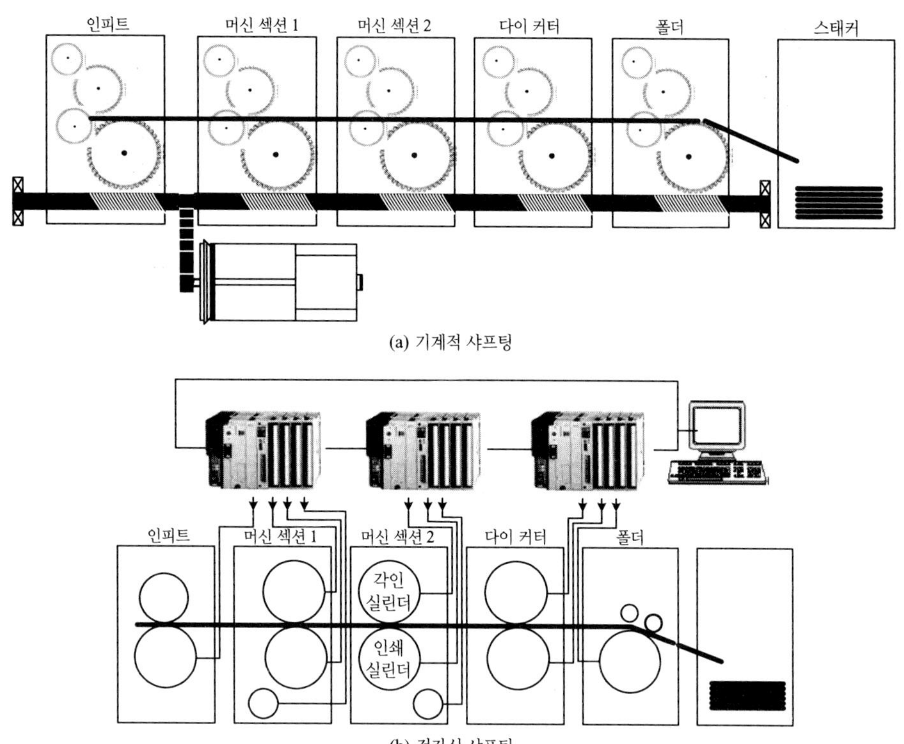

그림 10.2 ■ (a) 기계적 조정을 통한 자동 인쇄기. 큰 전기 모터가 긴 주 축을 구동한다. 모든 스테이션은 주 축에 기어로 연결되어 있다. (b) 전자식 동작 조정을 통한 자동 인쇄기. 각 스테이션은 작은 구동기(예, 위치 센서가 있는 전기 서보 모터)에 의해 독립적으로 구동된다. 각 스테이션의 동작은 컴퓨터 제어를 이용해서 주 스테이션에 의해 조정된다.

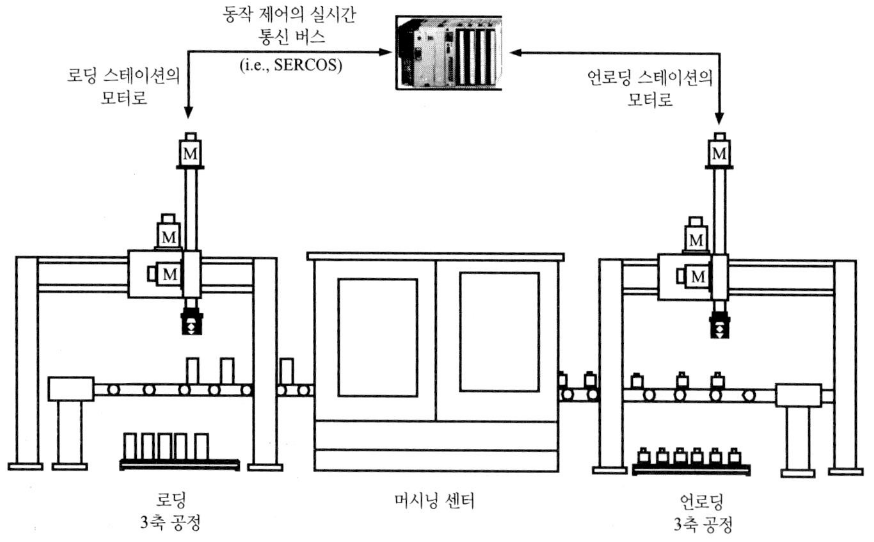

그림 10.3 ■ 로딩, 머시닝 센터, 언로딩에서의 동작 조정. 머시닝 센서는 자체적으로 CNC 제어기가 있다. 로딩 및 언로딩 스테이션은 공작 기계 작동을 고려해서 제어되고 설계되어야 한다.

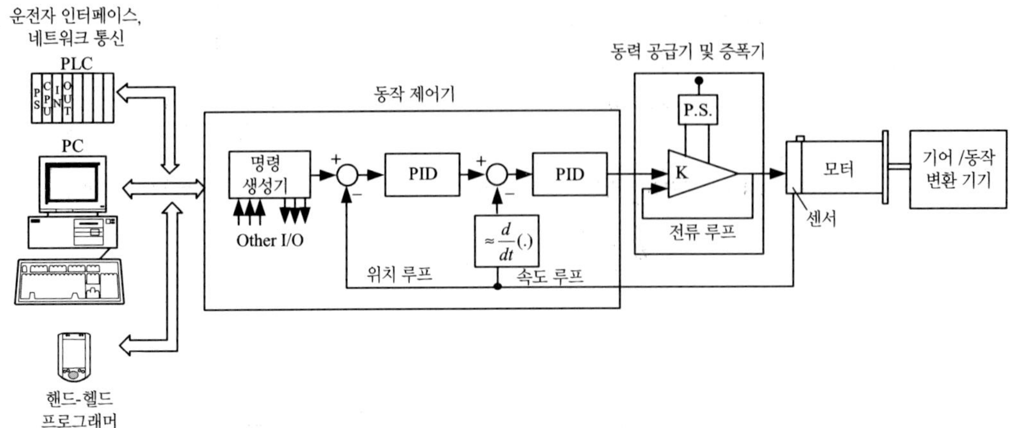

그림 10.4 ■ 단축 서보 제어 동작 축의 구성요소: 모터, 위치 센서, 동력 공급기 및 증폭기(구동기), 서보 루프의 동작 제어기, 머신 레벨 제어기(PLC), 운전자 인터페이스 장치

2. 구동기(모터, 증폭기, 파워 서플라이)
3. 센서(엔코더, 타코미터, 장력 센서 등)
4. 동작 변속 장치(기어, 리드 나사)
5. 운전자 인터페이스 장치(휴먼 머신 인터페이스, HMI)

PMCS 구성요소의 대부분의 기술은 이미 앞 장에서 다루었다. 여기서는 PMCS의 구체적인 응용 제어 소프트웨어 특징에 초점을 맞추어서 설명하도록 한다.

단축 동작 제어를 살펴보자(그림 10.4). 축의 '근육'이라 할 수 있는 '구동기'는 모터, 증폭기, 동력 공급기로 구성되어 있다. 제어기의 역할은 다음과 같다.

1. 폐루프 동작 제어(위치 루프, 속도 루프, 전류 루프): 위치나 속도 루프 제어는 일반적으로 하나의 폐루프 제어 알고리즘으로 표현된다. 가장 일반적인 서보 위치 및 속도 제어 알고리즘은 피드포워드 보상이 있는 PID 제어 알고리즘의 형태이다. 그림 10.5는 산공업에서 쓰이는 서보 위치 및 속도 제어 알고리즘을 보여주고 있다. 이것은 표준 PID 제어 알고리즘의 변형이라고 볼 수 있다.
2. 제어기는 머신 제어 함수와 관련된 다른 입력 및 출력 신호를 다룬다.
3. 제어기는 응용 소프트웨어의 로직을 기반으로 해서 폐루프(서보 루프)로 명령 동작을 보낸다(그림 10.4).
4. 축 제어기는 또한 제어 시스템의 나머지 부분과 함께 제어기의 작동을 조절하기 위해 사용자 인터페이스 장치 및 통신 버스와 통신한다(그림 10.4).

일반적으로 축 동작은 다른 외부 머신이나 다른 축의 동작에 의해 조정된다. 제어기는 다수의 축의 동작을 조정하기 위해서 축과 양방향 통신이 이루어져야 한다. 그림 10.6은 다중 축 제어기 사이의 통신을 구축하기 위한 여러 종류의 하드웨어 옵션을 보여주고 있다. 첫 번째 그림의 경우, 각 축에 독립적인 제어기가 있다. 그리고 두 축 사이에서 요구되는 조정 데이터가 간단하다. 이러한 경우에 축간의 조정 신호는 디지털 I/O선으로 처리할 수 있다. 여기서 한 축이 다른 축을 움직이게 하는 신호를 디지털 I/O선으로 보낸다(예,

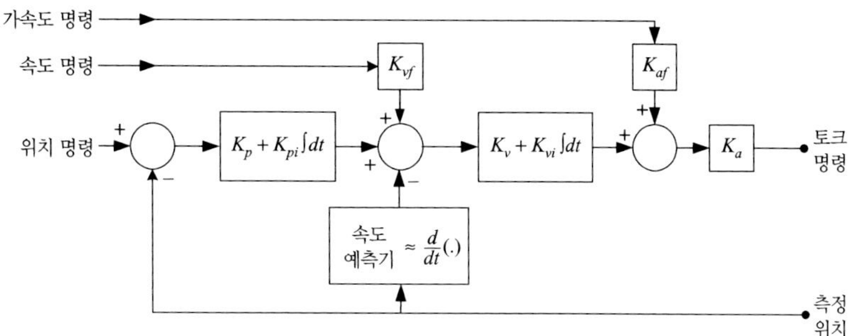

그림 10.5 ■ 상업용 PID 동작 제어기로 표현된 제어 알고리즘. 서보 동작 제어의 일반적인 PID 제어 알고리즘은 표준 PID 이득뿐만 아니라 피드포워드가 있음에 주목하라. 또한 데드밴드, 적분 제어 한계, 적분 제어의 활성 및 비활성 로직, 적분기 안티 와인드업, 마찰, 백래시 보상 로직 등이 추가될 수도 있다.

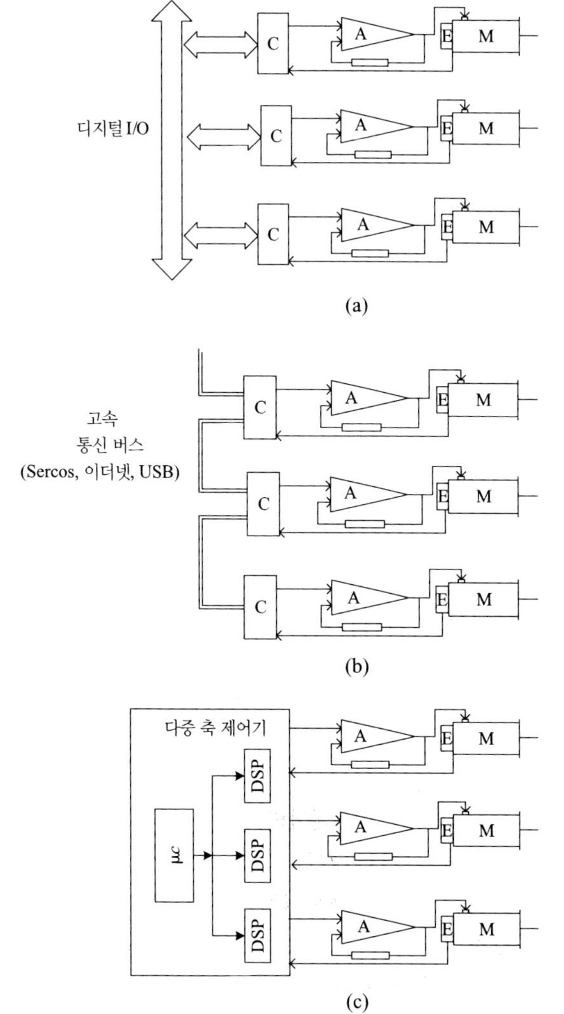

그림 10.6 ■ 다중 동작 축 사이의 조정법. (a) 디지털 I/O 선 이용, (b) 고속 데이터 통신 버스, (c) 중앙 다중 축 동작 제어기

'Go' 신호, 그림 10.6(a)) 동작 조정에 좀 더 상세한 데이터가 필요하면(예, 단순하게 'Go'신호 이외에 다른 축의 실제 속도나 위치 신호와 같은 다른 신호가 필요하면), 각 독립 축 제어기는 같은 통신 버스에서 필요한 정보를 실시간으로 교환한다. Sercos는 고성능 동작 조정 응용에 적용되는 대표적인 시리얼 통신 표준이다(그림 10.6(b)). 마지막으로 모든 조정 축과 연결된 다중 축 제어기가 있을 때, 제어기는 하나의 다중축 제어기 하드웨어만으로 모든 축의 동작 정보에 접근할 수 있다(그림 10.6(c)).

10.2 PMC 시스템의 설계 방법

다음은 간략하게 각 단계별로 요약한 일반적인 PMC 시스템 설계 방법이다.

1단계: 첫 번째 단계는 기계 장치가 수행해야 하는 기능이나 수행해야 하는 일의 양과 같이 기계의 기능과 사용 목적을 정의하는 것이다. 작동 순서는 구체적인 세부사항을 고려하지 않고 대략적으로 정의할 수 있다. 필요한 동작을 여러 개의 축의 움직임으로 분해하는 것이 필요하다. 각 축의 동작이 얼마나 복잡하냐에 따라, 적절한 동력 시스템이 선정되어야 한다. 예를 들어, 단순 2축 동작을 구현할 때, 2축 공기 실린더가 서보 모터보다 가격이 더 저렴하지만 공기 실린더의 속도가 서보 또는 스테퍼 모터보다 훨씬 더 느리다.

2단계: 기계 장치의 동작을 좀 더 상세히 기술한다.

1. 필요한 동작 모드(셋업, 매뉴얼, 오토, 파워 시퀀스)
2. 필요한 사용자 인터페이스. 예를 들어, 사용자가 내리는 명령이나 사용자가 필요한 상태 정보, 작동기기가 변화시키고 조정할 수 있는 데이터 등

3단계: 필요한 기계 장치와 전자 기계 시스템의 통합 설계를 결정해야 한다(기계장치의 조합과 각 기계 장치의 전기 배선).

1. 구동기: 서보 모터, DC 모터, 공기 실린더
2. 센서: 엔코더 궤환, 근접 스위치, 광전 스위치
3. 제어기: PLC, 서보 제어기, 센서 제어기
4. 사용자 인터페이스 장치
5. 동작 변속 장치: 기어, 엄지 나사, 타이밍 벨트

4단계: 응용 소프트웨어를 개발한다.

1. 소프트웨어의 하향식 구조 설계
2. 슈도 코드
3. 세부 프로그래밍 언어를 활용한 코드

5단계: 각 프로그래밍 동작 축을 설치한다.

1. 기초 하드웨어 확인
2. 전원 공급(power-up) 시험
3. 직렬 통신 구축

4. 서보 조정(k_p, k_v, k_i, k_{vf}, k_{af}, . . . , 값)
5. 기본 매개변수 설정(기본 가속도, 기본 감속도, 조그 속도)
6. 단순 움직임: 조그(jog), 홈(home), 단일 지표 동작 매개변수

6단계: 성능을 디버그, 시험, 확인한다.

7단계: 문서화. 나중에 누군가가 디버깅하거나 수정할 수 있도록 명확히 문서화한다.

10.3 동작 제어기의 하드웨어 및 소프트웨어

PMC 시스템의 핵심은 제어기에 있다. 이와 같은 제어기는 전기 서보, 수압 서보, 공기압 서보 동력과 같이 다양한 종류의 구동기로 사용될 수 있다. 설계될 시스템의 지능과 정교함은 제어기의 성능에 크게 의존한다. 제어기의 일반적인 응용 소프트웨어는 I/O 하드웨어를 사용하여 소프트웨어와 제어기 사이의 관계를 설정하고 기계장치의 동작을 제어한다. I/O 하드웨어는 다음과 같이 분류할 수 있다.

1. 축 I/O 그룹
  (a) 서보 제어 I/O
  - ±10 VDC 범위의 아날로그 전압이나 PWM 신호 형태의 증폭기로의 명령 신호
  - 위치 센서로부터의 궤환 신호(엔코더, 리졸버)

  (b) 축 I/O
  - 이동 제한: 양의 방향과 음의 방향의 제한
  - 홈 센서 입력
  - 부적절한 증폭기 입력
  - 적절한 증폭기 출력
  - 고속력 위치 감지 입력
  - 고속력 위치 트리거 출력(캠 기능 출력)

2. 기계 I/O 그룹
  (a) 불연속 입력(ON/OFF 센서: 근접, 광전, 리밋 스위치, 운전자 버튼)
  (b) 불연속 출력(ON/OFF 출력: 계전기, 솔레노이드)
  (c) 아날로그 입력(±10 VDC, 인장, 온도, 힘, 위치 등)
  (d) 아날로그 출력(다른 증폭기로의 ±10 VDC)

3. 통신 그룹
  (a) HMI 직렬 RS 232/422 통신
  (b) 더 높은 수준의 지능형 장치 사이의 네트워크 통신

동작 제어기의 소프트웨어 작업을 좀 더 상세히 검토해 보자. 동작 제어기에서 작동하는 실시간 기계 제어 소프트웨어는 일반적으로 여러 가지 일을 수행한다. 이러한 작업들은 한꺼번에 이루어지고 여러 작업들 사이에는 우선순위가 존재한다. 소프트웨어 작업 단위는 다음과 같다.

1. 서보 루프 제어 작업: $U_{DAC} = PID$(요구 동작과 실제 동작)
2. 경로 생성 작업(요구 동작 형상): 독립적인 움직임, 축 움직임(기어링, 컨투어링)
3. 응용 프로그램 논리 해석과 실행
4. 호스트/더 높은 수준의 제어기나 HMI와의 통신
5. 한계 점검 작업: 소프트웨어의 이동(travel) 제한, 토크 제한, 뒤따르는 오류 안전 장치 연결 점검
6. 다른 기초 작업: PLC 형 프로그램
7. 다양한 표시문자를 가진 다른 작업에 의해 불리는 오류 처리 통로
8. 간섭 처리: 다른 세부 응용 간섭처리 작업

이 작업은 다중 프로세서로 실행할 수 있다. 다시 말해, 서보 루프가 DSP에 의해 닫히고, 통신과 플래닝 작업은 또 다른 더 높은 수준의 마이크로프로세서에 의해 수행되거나 서보 루프로 명령 신호를 제공하는 DSP에 의해 수행된다.

10.4 기본 단축 동작

다음의 동작 형태는 자동 장치에서 너무나 자주 볼 수 있어서 특정 산업에서 구체적인 산업 규격 명칭이 주어지며 기본적인 동작 형태로 간주된다. **홈**, **조그**, **정지**, **인덱스** 동작. 전형적인 동작은 삼각형이나 사다리꼴 모양의 속도 함수를 가진다. 게다가, 명령된 동작의 저크(jerk) 효과를 줄이기 위해 사다리꼴의 속도 형상을 사인 함수로 바꾸는 것이 일반적이다. 또한 보통 동작 형상을 시간의 함수인 속도에 관해서 정의한다.

홈: 프로그래밍 동작 제어 산업에서는 동작 축에 대한 기준점을 정립하기 위해서 이 표준 명칭을 사용하였다. 호밍 동작의 목적은 '원점'이라 불리는 알려진 기준점으로 축을 이동시키는 것이다. 다른 모든 위치들은 그 축의 원점을 기준으로 삼는다. 예를 들어, 기계 장치 축은 한 사이클이 시작하기 전에는 반드시 미리 지정된 곳에 위치한다. 그림 10.7은 호밍 동작의 몇 가지 예를 보여주고 있다. 동작 축에 절대 위치 센서가 장착되어 있다면, 알고 있는 현재 위치에서 원하는 위치로 호밍이 수행될 수 있다. 대부분의 동작 축에는 증분 위치 센서를 사용한다. 전원을 켠 시점에는 축의 위치를 알 수 없다. 축은 위치에 대한 정보를 제공해 주는 센서를 사용해서 기준점을 찾아야 한다. 기준점을 설정하기 위해서 일반적으로 엔코더 인덱스 채널이나 외부 ON/OFF 센서가 사용된다. 기준점에서 시작할 때 요구되는 정확도에 따라, 여러 종류의 호밍 동작 시퀀스가 진행될 수 있다. 그림 10.7은 세 가지 다른 종류의 호밍 동작 시퀀스을 보여주고 있다. 이것 이외에 나머지 동작도 특수한 응용 분야의 필요에 의해서 설계될 수 있다. 첫 번째 시퀀스는 센서의 신호가 상태를 바꿀 때까지 단순히 일정한 속력을 가지고 움직인다. 그런 다음 동작은 특정 감속률로 감속되다가 멈춘다. 두 번째 시퀀스는 첫 번째 시퀀스와 동일하나, 추가로 정지 이후에 미리 설정된 거리까지 거꾸로 움직인다. 세 번째는 두 번째에서 전방을 향해 미리 설정된 거리만큼의 이

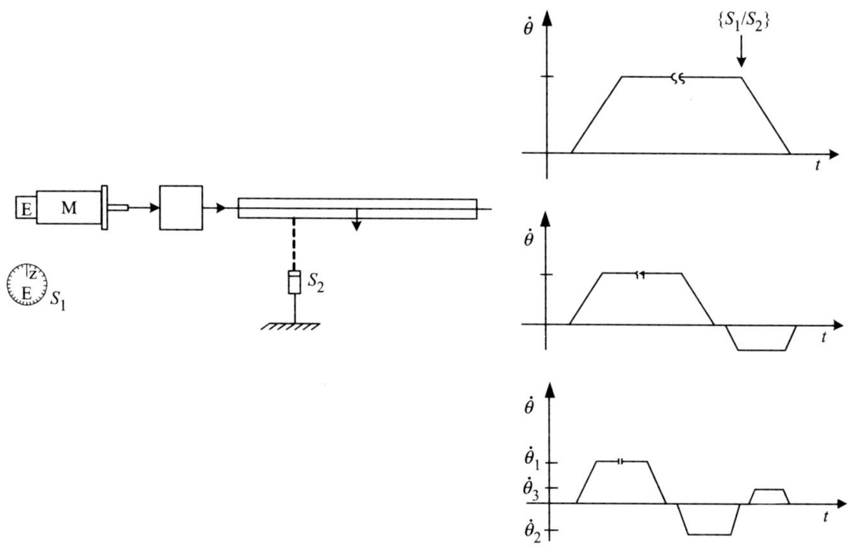

그림 10.7 ■ 모터나 센서를 이용한 호밍 경로(기준점 구축)

동을 추가적으로 수행한다. 초기 동작이 끝난 다음 미리 설정된 작은 움직임은 미리 정의된 거리 대신에 외부 센서 입력을 이용해서 정의될 수 있다. 구동 축을 멈추려 할 때, 축을 완전히 정지시키기 위해는 약간의 대기 시간이 필요하다. 호밍 동작에 사용된 매개변수는 **원점 검색 속도, 가속도와 감속률, 증분 운동 거리, 시간 간격** 등이 있다(그림 10.8).

조그: 입력 스위치가 켜져 있는 동안 축이 특정 속력으로 움직이는 것을 나타내기 위해 이 용어가 사용된다. 조그 기능을 사용하면, 어떠한 위치로도 축을 이동시킬 수 있다. 기계를 설치하거나 유지 보수할 때, 이러한 기능이 필요하다. 정해진 정지조건이 충족될 때까지 축을 일정한 속도로 움직이는 것을 조그 동작이라 한다. 조그 동작을 정의할 때 사용된 매개변수는 **조그 속력, 가속도, 감속률** 등이 있다(그림 10.8).

정지: 축을 정지시키기 위해서 요구되는 동작의 감속률은 PMC 구성 매개변수에 의해 정의된다. 정지 명령이 실행되면, 현재 속도에서 동작 속도가 0이 될 때까지 감속한다. 정지 동작은 운전자 명령, 센서 트리거, 또는 프로그램 제어에 의해 초기화할 수 있다. **감속률**만 주어지면 정지 동작을 정의할 수 있다(그림 10.8).

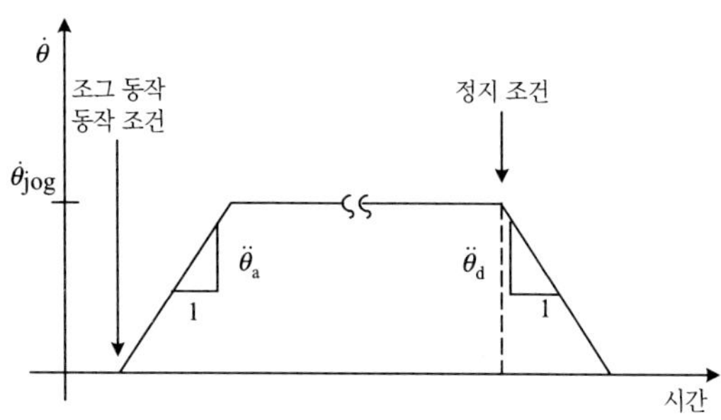

그림 10.8 ■ 조그 및 정지 명령이 실행된 동작

인덱스: 이 명칭은 미리 설정된 축의 위치를 변화시키는 동작을 기술하는 데 사용한다. 기술된 이동 위치는 절대값이나 증분 단위가 될 수 있다. 자동화의 종류에 따라, 일반적인 자동화 사이클 모드는 다른 축의 동작이나 기계 장치의 I/O 상태로 동기화된 다양한 인덱스 형태로 구성되어 있다. 인덱스 동작을 정의하기 위해 사용된 파리미터는 **거리, 가속도, 감속률, 최고 속도, 그리고 총 시간 간격** 등이 있다. 어느 동작 제어 응용에서의 인덱스 동작은 복합적인 속도를 가지고 있고, 이러한 동작을 복합 인덱스라고 부른다. 복합 인덱스는 다양한 사다리꼴이나 삼각형의 동작 형상의 조합으로 간주할 수 있다. 그리고 오직 거리와 동작의 총 시간 간격만 가지는 인덱스 동작을 정의하는 것이 매우 일반적인데, 이러한 경우 시간 간격은 세 구간으로 나누어서 이용될 수 있다. 하나는 가속도 구간, 다른 하나는 등속도 구간, 또 다른 하나는 감소율 구간이다.

▸▸ **예제** 볼나사에 연결된 DC 모터를 생각해 보자(그림 3.3, 9.13). 볼나사의 리드는 0.2 in/rev(또는 5 rev/in의 피치)이다. 기계적 한계를 표시하기 위해 볼나사 양쪽 끝에 하나씩 리밋 스위치를 설치했다고 가정한다. 또한, 원점을 나타내기 위해 볼나사의 이동 범위 중앙에 센서가 있다고 가정하자. 호밍 동작 시퀀스, 조그 동작, 정지 동작, 1.0 in 거리 이동의 증분 동작을 정의하라.

가능한 호밍 동작은 다음과 같이 정의할 수 있다. 홈 센서 트리거에서 발생된 속력은 0.5 in/sec이다. 가속도는 홈 속력에 도달하는 데 모터가 소요하는 시간에 의해서 정의된다. 그 시간은 $t_{acc} = 0.5$ sec $= 500$ msec 이다. 그리고 홈 센서 트리거를 켰을 때, 동작은 정지 동작에서 정의된 감속률에서 정지할 것이다. 그런 다음 축은 1초를 기다렸다가 1초 안에 0.2 in를 이동하고, 1초가 지난 다음 홈센서를 다시 켤 때까지 0.05 in/sec로 이동한다. 그런 후, 정지한다.

조그 동작은 가속도(또는 조그 속도에 도달하는 데 소요된 시간)와 감속률이 2개의 동작 매개변수를 이용해서 정의할 수 있다.

정지 동작 정의는 감속률과 정지 동작을 초기화하는 조건만 있으면 된다.

마지막으로 각 방향으로 1.0 in 증가 인덱스 동작에 대해, 가속도, 운전, 그리고 감속 시간을 정의할 수 있다. 다음의 식을 살펴 보자.

$$v = a \cdot t_{acc} \tag{10.1}$$

$$\Delta x_{acc} = \frac{1}{2} a \cdot t_{acc}^2; \text{ 등가속도 운동 단계} \tag{10.2}$$

$$\Delta x_{run} = v \cdot t_{run}; \text{ 등속도 운동 단계} \tag{10.3}$$

$$\Delta x_{dec} = \frac{1}{2} d \cdot t_{dec}^2; \text{ 등감속율 운동 단계} \tag{10.4}$$

$$x = \Delta x_{acc} + \Delta x_{run} + \Delta x_{dec} \tag{10.5}$$

여기서 a, d는 가속도와 감속률 값이며, v는 최고 속도이다. 그리고 t_{acc}, t_{dec}, t_{run}은 인덱스 동작의 가속, 감속, 등속 운동의 시간이다(그림 10.9).

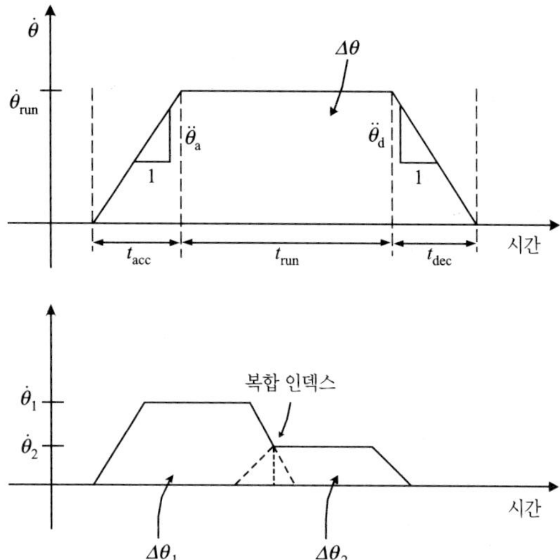

그림 10.9 ■ 인덱스는 주어진 거리의 동작 형상에 주어진 명칭이다(절대 위치 이동 또는 증분 거리 이동)

인덱스 시간은 가속도, 등속, 그리고 감속 시간이 똑같이 나눠진다고 가정하자.

$$t_{acc} = t_{run} = t_{dec} = \frac{1}{3} \cdot t_{index} \tag{10.7}$$

$t_{index} = 3.0$ sec라고 하자. 모터가 돌아야 하는 회전 수는 1.0 in · 5 rev/in = 5 rev이다. 따라서 최고 운동 속도는 다음과 같다.

$$x = \frac{1}{2} \cdot v \cdot t_{acc} + v \cdot t_{run} + \frac{1}{2} \cdot v \cdot t_{dec} \tag{10.8}$$

$$= \left(\frac{1}{2} \cdot \frac{1}{3} + \frac{1}{3} + \frac{1}{2} \cdot \frac{1}{3}\right) \cdot v \cdot t_{index} \tag{10.9}$$

$$= \frac{2}{3} \cdot v \cdot t_{index} \tag{10.10}$$

$$v = \frac{3}{2} \frac{x}{t_{index}} \tag{10.11}$$

$$= \frac{3}{2} \frac{1.0 \text{ in}}{3.0 \text{ sec}} \tag{10.12}$$

$$= 0.5 \text{ in/sec} \tag{10.13}$$

동작 시퀀스를 정의하기 위한 슈도 코드는 다음과 같다. 동작 제어 소프트웨어의 정확한 코딩 문법은 아마 특정 동작 제어기에 따라 다를 것이다.

```
% Assume we have two functions “MoveAt(...)” and “MoveFor
  (....) ” to generate the desired motion.
```

```
% If these motion command (trajectory) generator functions
  are defined in C/C++, they can be
% overloaded to accept different argument list.
%
%
% Calculate or set parameters

   Home_Speed_1 = 2.5   % [rev/sec]
   Home_Speed_2 = 0.25  % [rev/sec]
   Home_Sensor = 1      % I/O channel number for the home
                          sensor
   Home_Index = 0.2
   Jog_Speed = 1.0      % [rev/sec]
   Jog_Stop = 2         % I/O channel to indicate to stop
                          motion.
   Stop_Rate = 10.0     % [rev]/[sec^2]
   Index_Value = 5.0    % [rev]
   t_acc = 1.0          % [sec]
   t_run = 1.0          % [sec]
   t_dec = 1.0          % [sec]

% Home motion

   MoveAt (Home_Speed_1)
   Wait until Home_Sensor = ON
   MoveAt (Zero_Speed, Stop_Rate)
   Wait for 1.0 sec
   MoveFor(Home_Index)
   Wait for 1.0 sec
   MoveAt (Home_Speed_2)
   Wait until Home_Sensor = ON
   MoveAt (Zero_Speed, Stop_Rate)

% Jog Motion

   MoveAt (Jog_Speed, t_acc )
   Wait until Jog_Stop=ON
   MoveAt (0, Stop_Rate)

% Stop motion

   MoveAt (0, Stop_Rate)

% Index motion

   MoveFor (Index_Value, t_acc, t_run, t_dec )
%
```

10.5 조정 동작 제어 방법

다중 구동기(다자 유도 또는 다중 축 동작 제어 시스템)를 포함하는 PMCS에서 다른 축 사이의 동작 조정(동작 동기화)은 다음과 같이 분류될 수 있다(그림 10.10).

1. 점 대 점 제어 응용(삽입 장치, 조립 장치, Pick and Place 장치)
2. 속도비(전자식 기어링) 응용(코일 권선, 패키징, 인쇄, 종이 절단, 직조 기계)
3. 컨투어링 응용(CNC 기계 장치, 로봇, 레이저 절단 장치, 편물 장치)
4. 센서 기반의 동작 계획과 독립 동작 제어

줄을 다루는 산업에서 많이 사용되는 속도비 기반의 동작 조정은 두 가지가 있다.

1. 외부 센서로부터 '등록' 신호를 받는 동작 조정(등록 응용)
2. 장력 제어 응용(종이, 플라스틱, 전선 취급 장치)

위 두 가지는 동작 조정의 기반으로 전자식 기어링을 사용하며, 외부 센서(등록 센서나 장력 센서)를 이용한 동작 조정이 더 추가된다.

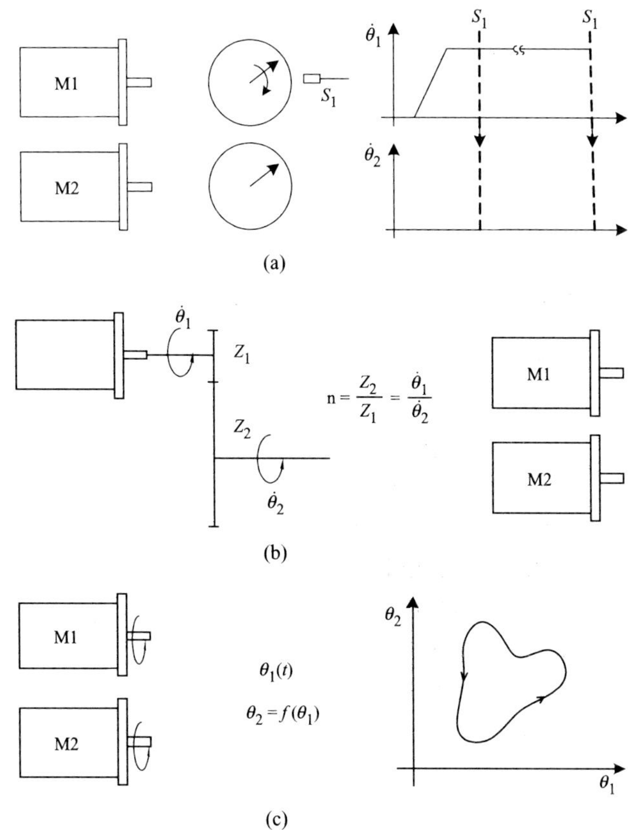

그림 10.10 ■ 두 축 사이의 동작 조정. (a) 특정 위치에서의 트리거, (b) 전자식 기어링, (c) 캐밍

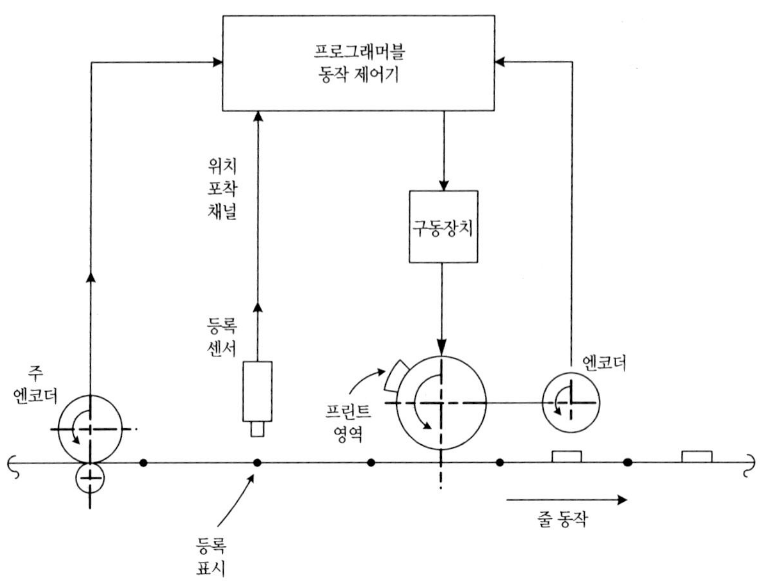

그림 10.11 ■ 등록표시 응용 줄 처리. 프린트 헤드(또는 절단 헤드)는 줄 속도와 일치시키기 위해 주 엔코더를 따라 움직인다. 이를 위해서는 등록 센서를 이용한 위상 조절이 필요하다. 등록 센서 트리거가 켜졌을 때, 프린트 헤드 위치는 매우 정확하게 감지되어야 한다. 프린트 헤드가 높은 위치 정확성을 가지기 위해서는 등록 센서가 빠른 응답 및 반복능력을 갖춰야 한다.

정(25 μsec보다 빠르게)하고 응답하는 것이다(몇 msec로).

예를 들어, 종이 절단기에서 칼날은 종이를 움직이는 주축에 연결될 수 있는데(그림 10.11, 10.12), 그 종이는 등록표시로부터 특정 간격으로 절단되어야 한다. 그러나 등록표시는 각각 정확한 거리만큼 기계 장치에 인쇄되지 않는다. 주축의 종이는 살짝 미끄러질 수도 있다. 그래서 엔코더가 인식하는 종이의 움직임이 항상 정확하지는 않다. 이러한 피해갈 수 없는 문제를 극복하기 위해서, 절단 지점으로부터 특정 거리에 있는 종이의 등록표시가 항상 감지되어야 한다. 미끄럼으로 인한 인쇄나 위치 정확성 상실과는 상관없이, 절단칼과 표시 사이에 고정된 관계가 존재해야 한다. 그러므로 이에 대한 해결 방안은 다음과 같다:

1. 주축에 대해 상대적인 공칭 기어비로 절단칼을 움직인다(즉, 주축 엔코더 위치를 주 위치로 이용).
2. 각각의 표시 센서 트리거에서, 절단칼 축의 위치를 감지하고, 실제 위치와 요구 위치를 비교한 다음 위상 오차를 수정한다.

표시 센서에서의 위치 감지는 매우 빠르게 이루어져야 한다. 따라서 보통 일반적인 용도의 기계 I/O가 아닌 고속력 I/O 선을 사용해야 한다. 종이 절단기를 예로 들어보자. 종이는 등록표시로부터 특정 거리에서 절단된다. 예상되는 절단 길이의 공칭 값을 기반으로, 종이의 속도(주축)와 회전 절단칼 축(종속 축) 사이에서 공칭 기어비가 설정된다. 제어기가 표시 신호를 받았을 때, 절단칼의 위치를 감지한다. 그런 다음 정확한 위치에서 종이를 절단하기 위해 절단칼이 위치해야 하는 위치와 감지된 위치를 비교한다. 그러면 종이를 절단하기 전 절단칼은 위치를 보정하기 위해서 증분 움직임을 명령 받는다. 1200 ft/min의 선속도로

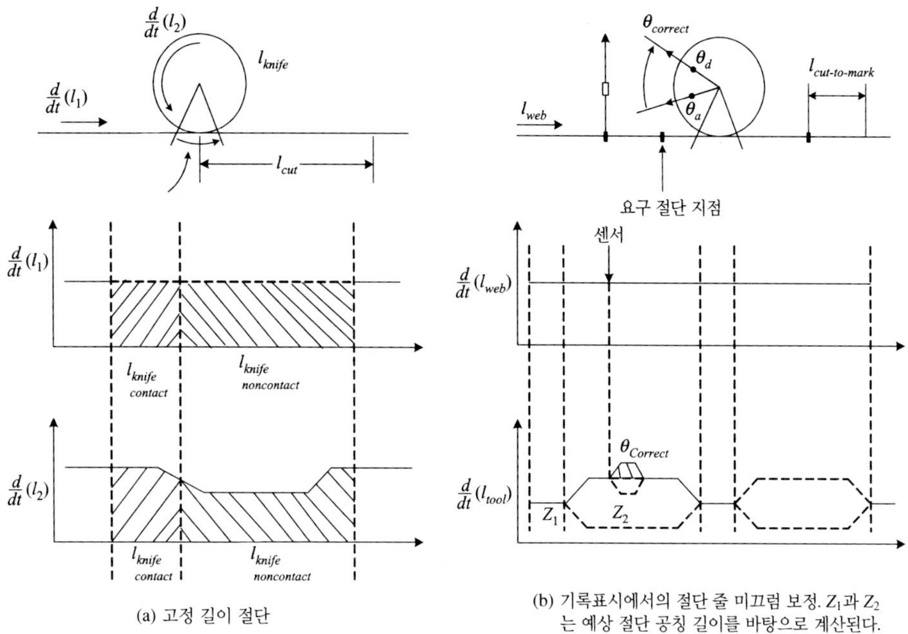

(a) 고정 길이 절단

(b) 기록표시에서의 절단 줄 미끄럼 보정. Z_1과 Z_2는 예상 절단 공칭 길이를 바탕으로 계산된다.

그림 10.12 ■ 등록표시 응용 줄 처리. (a) 특정 등록표시 없이 주어진 길이만큼 절단, (b) 표시된 특정 길이만큼 절단

동작하는 종이 절단기가 있다고 생각해보자. 등록표시가 감지되면 제어기는 특정 시간 내에 절단칼의 위치를 감지해야 할 것이다. 1200 ft/min의 속도면 종이가 20 ft/sec 또는 240 in/sec 또는 240/1000 in/msec로 움직이는 것이다. 종이가 ±5/1000 in의 정확도로 절단된다면, 5/1000 in만큼 종이가 지나가기 전에 위치가 감지되어야 한다. 5/1000 in만큼 종이가 움직이는 데 걸리는 시간은 0.021 msec이다. 그러므로 위치 감지는 21 μsec 안에 이루어져야 한다. 이러한 종류의 응답은 고속력 I/O를 필요로 한다. 위치 오차의 수정은 21 μsec 안에 이루어질 필요는 없고 일반적으로 사이클의 한 주기 안에 이뤄지면 되는데, 보통 주기는 대략 10 msec 정도이다.

10.5.3 CAM 형상과 컨투어링 조정 동작

모터와 같은 독립된 구동원에 의해 작동되는 축과 캠을 생각해 보자. 캠은 축 표면이나 그 주위에 위치한다. 공구는 보통 캠 공이를 통해 캠 형상에 연결된다. 축이 회전하면 캠 형상을 따라 공구가 위아래로 움직인다. 축이 회전할 때, 캠과 공구가 접촉하는 모든 점은 이에 대응하는 점이 있다(그림 3.9). 이러한 관계는 캠 설계 시 얻어진다. 축의 매 회전마다, 캠과 공구 사이의 관계가 반복된다. 캠은 더 많은 종속 공구를 구동하기 위해서 축에 1개 이상 연결될 수 있다. 각 공구의 종속 동작 동기화는 캠 형상에 의해 결정된다. 이러한 형태의 동기화는 일정 기어비 관계보다 더 복잡하다.

캠 동기화의 상관관계는 종속 축의 위치가 곧바로 주축 위치에 관한 함수로 표현된다는 것이다. 이 관계는 주축의 출력 축의 각 회전마다 반복된다.

이 같은 상관관계는 **전자식 캠**이나 **소프트웨어 캠** 동작 조정에 의해 좀 더 유연하게 이루어질 수 있다. 주축과 종속 축은 각각 독립적인 구동원을 가지고 있어야 한다(모터 증폭기). 종속 축에 요구되는 동작은 주축이 이동함에 따라 주축의 위치를 기반으로 해서 유도될 수 있다. 이 경우 캠 형상에서 이러한 관계를 얻을 수 있다. 캠 형상은 수학 공식이나 검사표를 가지고 소프트웨어에서만 정의할 수 있다. 주축의 위치는 또한 주축이 움직임에 따라 주기적으로 샘플링된다. 대게, 이러한 샘플링률은 서보 루프의 갱신율과 같다. 그러면 종속 축의 상응하는 요구 위치를 검사표나 캠 형상식으로부터 얻을 수 있다. 소프트웨어를 프로그래밍할 때, 전체 사이클에서 얻은 캠 관계에 의해 종속 축이 구동되어서는 안 된다. 캠 추종 모드는 한 사이클 동안 여러 지점에 들어가고 나갈 수 있다.

컨투어링 조정은 기계 장치나 플라즈마 절단 형태의 기계에 대부분 사용된다. 컨투어 조정은 캠 조정보다 좀 더 복잡한 형태를 취하고 있다. 기본 개념은 장치 자취를 특정 경로로 만들기 위해서는 2개 이상의 축이 이동해야 한다는 것이다. 이는 2차원 x-y 동작에서 평면에 임의의 곡선을 그리는 것이다. 또한 3차원 x-y-z 동작에서는 3-d 곡선을 그려야 한다. 주어진 시간에서 모든 축은 요구 경로를 따르기 위해서 있어야 할 지점에 위치해야 한다. 각 축에 대한 목표 동작이 생성되는 방법은 다양하다. 이러한 방법 중에 하나는 경로의 이동 속도(접선 속도)가 독립 변수가 될 수 있다는 것이다. 이동 속도는 응용분야의 세부적인 요구에 따라 정해진다. 장치가 경로를 따라 이동하면, 각 축의 요구 동작이 계산된다. 이러한 경우, 이동 속도는 주축의 역할을 담당한다(축이 아니라도). 그리고 모든 동작 축은 종속 축이 된다. 다른 방법은 주축을 선택해서 그 동작을 설정한 다음, 장치가 요구 경로를 추종하도록 다른 축의 요구 동작을 구하는 것이다. CNC 공작 기계는 컨투어 조정이 활용되고 있는 조정 동작 응용분야의 대표적인 예이다.

컨투어를 추적하기 위해 2개의 축이 필요한 2축 동작 제어 응용, 즉 X-Y 스테이지를 고려해보자. X-Y 평면에서 어떤 경로를 추적하기 위해서는 특정 장치가 필요하다. 기어링 조정은 직선 경로를 생성한다. 컨투어링은 좀 더 일반적인 조정법이며, 어떠한 경로도 추종할 수 있는 능력을 갖추고 있다.

경로는 다음의 함수로 정의된다.

1. 시간–각각의 축 동작은 경로 설정을 위해 각각 시간의 함수로 정의된다.
2. 한 축이 주축으로 정의되면 그 축의 경로 동작이 정의된다. 나머지 축 동작은 주축 동작의 함수로 정의된다.
3. 경로 길이나 속도 매개변수–각각의 축 동작은 경로 길이나 속도에 관해서 정의된다.

CNC 프로그래밍 컴퓨터 수치 제어(CNC) 프로그래밍은 공작 기계가 원하는 동작으로 동작하도록 좌표를 정의하기 위해 사용하는 프로그래밍 언어이다. 요즘 사용되는 대표적인 언어는 G 코드이다. G 코드의 표준은 미국전자공업협회(EIA) 표준 274 D에 따라 정의되었다. 비록 표준이 있더라도, 사용자마다 G 코드 구현에 있어 약간씩 변경하는 것은 가능하다. 공작 기계의 형태에 따라 한 코드의 활용이 다를 수도 있다. 예를 들어, G70 코드는 머시닝 센터에서 인치 단위로 프로그래밍되는 반면에 전기 방전기(EDM)에는 모서리를 찾으라는 의미가 된다.

10.5.4 센서 기반 실시간 조정 동작

컴퓨터 제어기기가 점점 복잡해짐에 따라, 요구 동작의 형태가 점점 더 복잡해졌다. 특히 로봇분야에서 요구되는 동작은 미리 알 수 없다. 기계 장치는 비전 시스템을 이용해서 주변 환경을 인식하고 동작 방법을 결정한 다음 각 축에 대한 동작 명령 신호형상을 생성한다. 사용된 동작의 싱크로나이제이션은 그 동작의 위상에 따라 다르다. 게다가, 어떤 방법을 사용할지 결정하는 것은 제어 소프트웨어에 의해 정해진다. 센서 데이터 분석과 지능형 동작 계획 방법을 실시간으로 구현하는 것이 현재 로봇 시스템에서 동작 제어의 도전과제 중의 하나이다.

10.6 조정 동작의 응용

10.6.1 등록표시 줄 처리

다음의 응용분야는 유사한 동작 조정을 요구한다(그림 10.11, 10.12).

1. 표시에 따라 줄(종이, 플라스틱 등의 재질의 판재형 재료)을 일정한 길이로 자르는 회전 절단칼
2. 줄에 인쇄를 하기 위한 회전 프린트 헤드
3. 줄이나 가방을 밀봉하기 위한 밀봉 헤드

다음 세 가지는 일반적인 표시 줄 처리가 안고 있는 문제점이다.

1. 접촉 단계 동안 줄과 공구 사이의 속도 일치
2. 비접촉 단계 동안 요구되는 줄 길이를 맞추기 위한 장치 속도 조절
3. 표시에 대한 장치 위치 조절

이러한 응용에서 공통된 주된 동작 조정 요구는 줄이 한 사이클에 특정 길이만큼 움직이는 동안, 장치(절단칼, 프린트 헤드, 밀봉 헤드 등)는 줄과 동일한 속도로 움직이는 것이다. 보통 장치가 줄과 접촉할 시(즉, 절단칼이 종이 절단 과정에 있거나, 프린트 헤드가 인쇄 중이거나), 장치와 줄의 속도는 반드시 같아야 한다. 어떤 프린트 헤드는 프린트 실린더 전체영역을 인쇄한다. 이 경우도 반드시 속도가 일치해야 한다. 사이클 전체는 접촉 단계이다. 어떤 응용분야에서는 적절한 지점에 인쇄하기 위해 위치 수정만 이루어질 수 있다.

장치가 줄에 접촉하지 않을 때는 줄이 적당한 거리만큼 통과할 수 있도록 장치 속력을 조절한다. 설계가 프로그래밍 동작 제어 시스템이 아니라 기계 기어 시스템이면, 절단기기는 절단칼의 크기만한 길이 정도로만 종이를 자를 수 있다. 절단칼이 줄에 접촉 시 줄과 절단칼의 속도를 일치시키고, 절단칼이 줄에 비접촉 시 속도를 늘리거나 줄여서 정확한 길이로 종이를 절단할 수 있게 절단칼 동작을 프로그래밍하는 것은 회전칼로 줄을 여러가지 다양한 길이로 절단할 수 있도록 해 준다. 이러한 사항은 프린트 헤드나 밀봉 헤드에도 똑같이 적용된다.

10.6.2 전자식 기어링을 이용한 줄 장력 제어

줄 처리는 연속적인 줄을 움직이며 가공 처리하는 공정에서 제조 과정을 기술하기 위해 사용하는 정식명칭이다. 줄 재료로는 보통 다음과 같은 것이 있다(그림 10.13, 10.14).

1. 인쇄기나 절단기의 종이
2. 포장기기나 이름표 기기의 플라스틱
3. 와이어 감기와 인발공정
4. 제철소의 강판

줄 처리 동작 제어 문제는 두 가지가 있다.

1. 줄은 일정한 '생산라인속도'라고 불리는 공정 속도로 움직여야 한다.
2. 줄이 움직이는 동안, 줄의 장력이 원하는 정도로 유지가 되어야 한다.

일반적으로 생산율은 '생산라인 속도' 와 밀접한 관계가 있다. 줄이 이동할 때, 줄의 장력을 측정해야 하고 원하는 장력으로 유지하기 위해 궤환 제어가 계속 이루어져야 한다. 줄의 장력과 속도를 제어하기 위해서는 2개의 동력원이 필요하다. 하나는 공칭 공정 속도를 다루고, 다른 하나는 보통 첫 번째 동력원과 같이 작동하지만 원하는 장력을 조절하기도 한다.

요구되는 공정 속도에 따라 설정되는 닙(nip) 롤러와 같은 장치에 의해 줄 속도가 정해진다. 줄이 이동하는 동안 줄의 장력을 적당하게 유지하기 위해서 풀기/되감기 롤 속도를 조절해야 한다. 줄을 풀 때 장력이 요구 장력보다 작다면, 롤을 푸는 속도를 줄여야 한다. 반대로 되감는 경우도 마찬가지이다. 즉, 장력이 요구 장력보다 작다면, 롤을 되감는 속도는 증가해야 한다. 이것이 바로 장력 제어 루프의 극성이다.

$$\Delta V = (sign) \cdot k \cdot (T_d - T_a) \tag{10.14}$$

여기서 부호가 +1이면 풀기, 부호가 −1이면 되감기이다. 이 극성은 장력 제어에 필요한

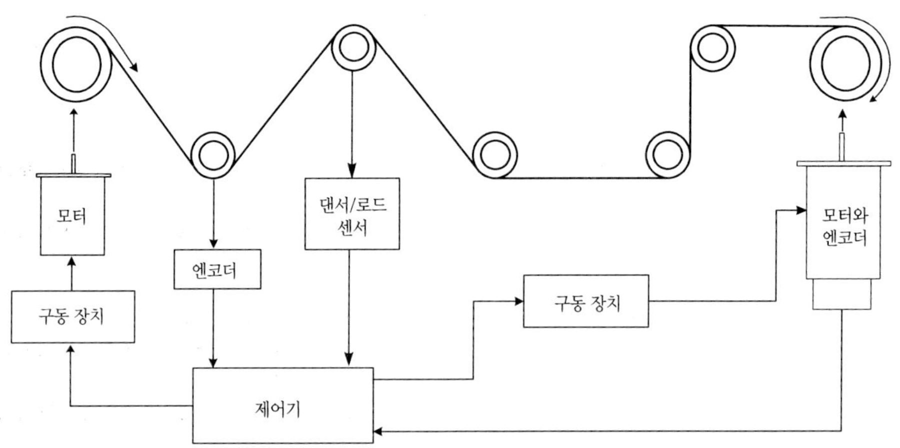

그림 10.13 ■ 장력 제어를 통한 줄 동작 제어. 2개의 모터 중 하나는 장력을 조절하는 곳에 사용되고, 다른 하나는 줄의 이동 속도를 조절하는 곳에 사용된다. 댄서/로드 센서는 줄의 장력을 측정하는 데 사용된다. 원하는 장력을 유지하면서 원하는 속도로 줄을 이동시키는 것이 목적이다.

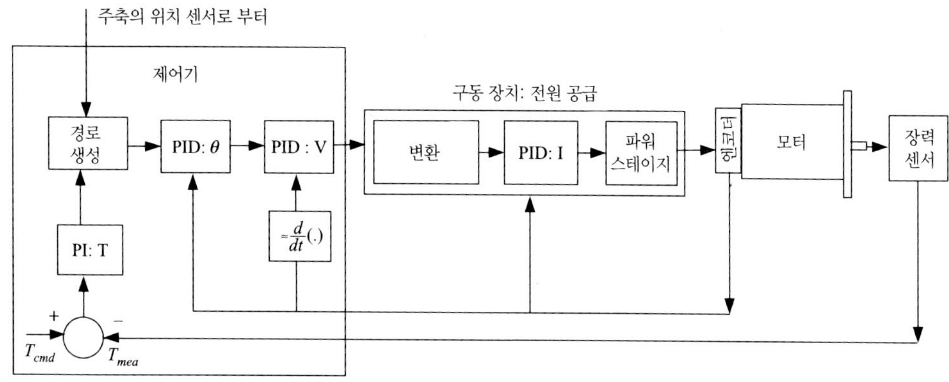

그림 10.14 ■ 줄의 장력 조절을 위한 서보 제어 루프. 일반적인 두 종류의 구현방식이 있다. (1) 정해진 주축의 속도가 없다. 주축의 속도는 장력 제어 루프에 의해 조절(증가 또는 감소)된다. 즉, $\dot{\theta}_{cmd} = \dot{\theta}_{cmd0} + \Delta\dot{\theta}_{cmd0}(T_d - T_a)$, (2) 주축의 속도가 정해져 있으며, 주축과 종속 축의 기어비는 장력 제어 루프에 의해 조절된다. 즉, $\dot{\theta}_{cmd} = z \cdot \dot{\theta}_{master}$, $z = z_0 + \Delta z(T_d - T_a)$

구동 속도의 변화와 장력 변화의 부호(양이나 음) 비로 정의된다. 풀기와 되감기 장력 제어의 극성은 서로 반대이다(식 10.14).

장력 감지 방법은 스트레인게이지와 댄서 암 센서를 이용한가 두 가지 방법이 있다. 스트레인게이지나 댄서 암 장력 센서의 차이점은 다음과 같다.

1. 스트레인게이지 장력 센서(로드 셀)은 줄의 출입 속도변화가 작으면 댄서 암 장력 센서에 비해 응력변화가 크기 때문에 더 큰 루프 이득을 가진다. 만약 줄이 너무 팽팽하면, 줄의 출입 속도의 차이를 작게 만드는 루프 이득은 너무 크기 때문에 큰 진동이나 폐루프 불안정을 초래할 수 있다. 반대로 충분히 유연한 줄은 가장 빠른 폐루프 응답을 제공해 줄 것이다. 줄 강성과 장력 센서 감도의 조합은 큰 루프 이득을 가지고 적절한 폐루프 성능을 보여줄지 큰 이득으로 인해 시스템 불안정을 초래할지를 결정하기 위해 세심하게 이루어져야 한다.
2. 댄서 암 장력 센서는 줄의 출입 속도가 서로 같이 변화하면 더 작은 장력변화를 야기하므로 더 작은 루프 이득을 가진다. 이는 폐루프 시스템의 루프 이득을 효과적으로 줄이며, 불안전성 문제가 더 적게 발생한다. 내재된 문제로는 이 장력 센서의 관성과 스프링 효과를 들 수 있다. 댄서 암 센서는 관성이 있고 스프링이 초기에 어느 정도 늘어나 있다. 줄의 장력 하에 댄서가 움직이면 진동을 일어난다. 진동은 높은 가속이나 감속에서 현저하게 나타난다. 댄서 암의 진동은 줄에 가해지는 장력이 요동하게 만든다. 그리고 공진이나 큰 진동을 야기할 수도 있다. 이 문제를 해결하려면 댄서 암을 너무 빠르게 움직이지 않도록 줄을 이동시키는 방법밖에 없다. 즉, 출입 속도를 충분히 천천히 변화시켜야 한다.

이제 알고리즘이 다른 두 가지의 제어 방식을 고려해 보자. 두 제어 방식의 차이는 롤을 풀고 되감을 때의 장력을 제어하는 방법에 있다. 다음의 모든 방식은 이상적으로 롤을 풀고 되감을 때 적용 가능하다. 롤을 풀 때의 장력 제어 알고리즘은 장력 제어 루프의 출력 부호만 바꿈으로써 롤을 되감을 때에도 적용할 수 있다.

입력 컨베이어의 제품 이송량이 일정하지 않은 경우를 생각해 보자. 컨베이어 시스템이 이러한 상황을 적절히 제어할 수 있어야 한다면, 센서를 추가로 설치해야 한다. L_p, L_3를 알고 있다고 가정하자. 우선 제품의 이송량(N_1)을 측정해야 한다. 이로부터 지능형 컨베이어와 출력 컨베이어의 공칭 속도를 계산할 수 있다. 게다가, 상태가 고(high), 저(low), 공(empty)인지를 측정하기 위해서 지능형 컨베이어에 ON/OFF 센서를 3개 더 추가할 수 있다. 만약 저 상태이면, 컨베이어 속도(V_2)는 감소해야 한다. 만약 고 상태라면, V_2는 증가해야 한다. 공 상태라면 컨베이어는 정지되며, 정상적인 동작을 재개하기 전에 빈 부분을 채우기 위해 원위치로 되돌아간다. 지능형 컨베이어의 동작을 조정함에 따라, 출력 컨베이어는 지능형 컨베이어에 따라 적절하게 조정될 것이다. 왜냐하면 출력 컨베이어의 속도는 지능형 컨베이어와 기어비로 연결되어 있기 때문이다. 자동화 사이클이 시작하기 전에 가능한 호밍 시퀀스는 그림 10.15에 나타내었다.

```
Algorithm: Constant Gear Ratio Spacing Conveyors with a
Queue Conveyor

 I/O Required:

  Sensors (Inputs):
   One presence sensor (Photo electric eye or proximity
   sensor) and control logic to count the part rate input
   Three presence sensors to detect queue conveyor part
   level: high, low, empty

  Actuators (Outputs):
   Queue conveyor speed control,
   Output conveyor speed control by electronically
   gearing (slaved) to the speed of the queue conveyor

Control Algorithm Logic:

Initialize:

  Given the process parameters: L_p - part length, L_3-
                                desired part spacing,
  Given algorithmic parameter: V_percent (i.e. 0.9 = 90 %
                               speed reduction if queue is
                               full)

  Output conveyor speed is electronically geared to the
  queue conveyor speed by:    V_3 = ((L_p+L_3)/L_p ) * V_2
  Where the gear ratio between queue conveyor (master) and
  the output conveyor (slave) is   (L_p+L_3)/L_p.

Repeat Every Cycle:

  Measure, N_1, the part rate,
  Calculate queue conveyor speed: V_20 = L_p * N_1
  Check queue level and modify V_2 accordingly,
  Update speed command to the queue conveyor (V_2)
```

```
    If V_2 = 0, call homing routine to fill-up the queue
    conveyor.
 Repeat Loop End

 Return

 Check queue level and modify queue speed algorithm:
    If (Queue is low (PRX-1 and PRX-2 are OFF) and PRX-3
    is ON)
       V_2 = V_20 / V_precent
    Else if (Queue is High (PRX-1 and PRX-2 are ON ) and
    PRX-3 is ON )
       V_2 = V_20 * V_precent
    Else if (Queue is Empty: PRX-3 is OFF)
       V_2 = 0.0
    Else
       V_2 = V_20
    End if
 Return

 Homing Routine:
 ' Queue conveyor is empty.
   Start input conveyor if it is stopped
   Disengage electronic gearing of output conveyor
   While (PRX-H is OFF)
     Wait until PRX-L triggers, then move for L_p
     distance.
   Repeat
   Engage gearing of output conveyor
 ' On return, queue conveyor is full and all parts are
   touching each other.
 Return
```

위치 조절 컨베이어: 입력 컨베이어와 출력 컨베이어 사이의 지능형 컨베이어 일반적으로 지능형(셔틀이라고도 함) 컨베이어는 입력과 출력 컨베이어와 함께 제품의 동작을 조절해야 한다. 어떤 응용분야에서는 입력과 출력 컨베이어만으로도 충분한 경우가 있다. 지능형 컨베이어는 입출력 컨베이어보다 매우 빠르게 동작한다(그림 10.16).

사이클은 세 가지 단계로 나누어진다. (1) 입력 컨베이어에서 위치조절 컨베이어까지 전송하는 단계(입력 컨베이어의 속도와 일치), (2) 제품이 이웃하는 컨베이어와 접촉하지 않는 단계(어떠한 컨베이어와도 속도 불일치), (3) 출력 컨베이어로의 전송 단계(출력 컨베이어와 속도가 일치).

제품이 전송되는 각 단계 동안(입력 컨베이어와 지능형 컨베이어 사이, 지능형 컨베이어와 출력 컨베이어 사이)에는 두 가지 동작이 있다. (1) 접촉 단계, (2) 비접촉 단계. 접촉 단계 동안 제품은 두 컨베이어에 놓이게 되므로 이 단계 동안에는 두 컨베이어는 속도가 일치해야 한다. 비접촉 단계 동안 지능형 컨베이어 위에서 제품이 있으므로 다른 컨베이어에 대

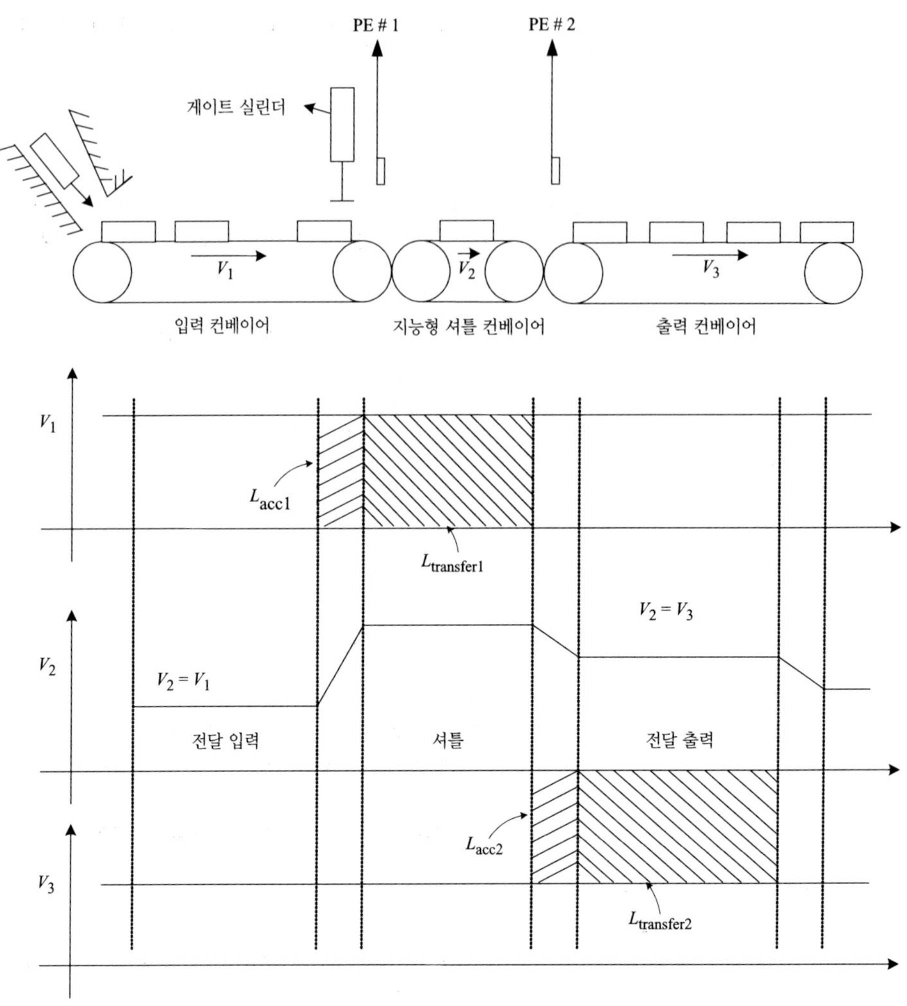

그림 10.16 ■ '지능형 셔틀 컨베이어'를 이용한 지능형 컨베이어 개념도

해 독립적으로 작동할 수 있다. 이 단계에서 지능형 컨베이어는 제품 간의 간격을 일정하게 조절한다. 이러한 작업이 진행되기 위해서는 제품이 입력 컨베이어에서 지능형 컨베이어로 이동하는 시간과 지능형 컨베이어에서 출력 컨베이어로 이동하는 시간이 겹쳐지면 안 된다. 지능형 컨베이어가 제품을 정해진 시간에 전송한다면, 이 조건이 자동으로 충족되었음을 의미한다. 지능형 컨베이어는 종속 컨베이어이고, 입력과 출력 컨베이어가 주 컨베이어이다.

지능형 컨베이어는 그림 10.16과 같이 설계될 수 있다. 광전 센서 #1(PE #1)은 제품이 입력 컨베이어에서 지능형 컨베이어로 이동할 때 접촉 단계의 시작을 감지하는 데 사용된다. 이 센서는 제품과 지능형 컨베이어가 물리적인 접촉이 일어나기 전에 감지가 이루어져야 한다. 제품이 제품 감지 지점에서 지능형 컨베이어에 접촉하는 지점까지 움직이는 동안, 지능형 컨베이어는 입력 컨베이어와 속도를 일치해야 하며, 제품이 입력 컨베이어를 완전히 벗어날 때까지 속도를 맞춰주어야 한다. 그 다음 지능형 컨베이어는 속도를 올리거나 줄여서 출력 컨베이어까지 제품을 이동시킨다. 또 다른 제품 접근 센서는 제품이 출력 컨베이어로 들어가는 때를 감지한다. 다시, 지능형 컨베이어는 특정 간격을 두고 제품을 출력 컨베이어로 전달한다. 전달 중에는 지능형 컨베이어의 속도가 출력 컨베이어와 일치해야 한다. 출력 컨베이어로 제품이 완전히 전달되기 전에 새로운 제품이 지능형 컨베이어로 전송되려고 한다면, 게이트 실린더가 작동해서 제품이 지능형 컨베이어로 전달되지 못하게 막아주어야 한다. 왜냐하면 지능형 컨베이어는 동시에 두 가지 조건을 충족시킬 수 없기 때문이다. 제품이 완전히 출력 컨베이어까지 전달되면 게이트 실린더는 새로 전달된 제품이 지능형 컨베이어로 이동하도록 허락한다.

10.7 문 제

1. Y축 맨 위에 X축이 놓여 있는 XY 평판을 고려해 보자. 각 축상 BLDC(브러시리스 DC) 모터로 구동된다. 각 볼 나사의 피치는 2.0 rev/in이다. 모터에는 1024 line/rev의 증분 엔코더가 있으며 제어기는 x4 엔코더/디코더 회로를 가지고 있다.

(a) 전원이 켜진 후 각 축이 원점에 위치하도록 하고 제한된 공간을 넘지 않도록 하기 위해 필요한 외부 센서를 결정하라.

(b) 축이 원점으로 이동하는 속도가 1.0 in/sec일 때, 원점이동 동작의 슈도 코드를 작성하라.

(c) 300 msec 동안 0.1 in 증분의 증분 이동 매개변수를 계산하라. 앞으로 5번, 뒤로 5번 이동하는데 각 증분 동작 사이에 200 msec 동안 정지하는 동작을 명령하라.

2. 독립적으로 구동되는 2개의 회전축을 고려해 보자. 축 1, 축 2. 축 2와 축 1이 특정 기어비로 연결되어 있는 것처럼 축 2가 축 1을 따라 움직이도록 만들려고 한다. 기어비를 z라 하자.

(a) 주 동작이 축 1에 명령된 동작인 경우 축 2에 대한 명령 동작의 재생 블록 선도를 그려라.

(b) 주 동작이 축 1의 실제 동작인 경우 축 2에 대한 명령 동작의 재생 블록 선도를 그려라.

(c) 축 1은 롤을 푸는 데 사용되는 축이고, 축 2는 롤을 되감는 데 사용되는 것이라 하자. 축 2는 센서에 의해 감지된 장력의 함수인 기어비를 정정할 필요가 있다. 블록선도를 그리고 슈도 코드를 완성하라.

3. 그림 10.11에서 볼 수 있는 표시(감지) 응용을 고려해 보자. 엔코더에 의해 측정되는 줄의 속도에 관해 특정 기어비로 움직이는 회전축이 있다. 등록표시가 등록 센서를 지나갈 때 회전축이 1회전 내에 특정 위치에 있는지 확인하려 한다. 등록표시 센서가 켜지면, 회전 축의 위치를 감지하고 요구된 위치와 비교를 한다. 그런 다음 기어비 동작을 잘 유지하도록 축을 교정한다. 줄의 속도는 2000 ft/min이고, 사이클은 1.0 ft마다 반복된다고 가정하자. 줄에 대해 회전축에 의해 작동되는 위치조절의 요구되는 정확도는 ±1/1000 in이다.

(a) 회전축의 최소 위치 센서 분해능을 결정하라.

(b) 감시 표시 센서가 표시에 응답하는 시간이 1.0 msec의 오차가 있다면 정확도에 어떤 일이 발생하겠는가?

(c) 감지 표시 센서의 응답시간의 최대 허용 오차는 얼마인가?

(d) 위치 감지는 소프트웨어에 의해 작동하고 응용 소프트웨어 회전 축의 위치를 측정할 때 5 msec의 오차를 가지고 있다면, 위치 감지 오차는 얼마인가?

(e) 이러한 응용분야에서 실용적인 위치 감시 방법은 무엇인가?

4. 평판이 있다. 다양한 곡선 움직임을 요구하는 제어 시스템을 설계하는 것이 목적이다. 평판의 XY 축은 원점에 위치해 있다고 가정하자.

(a) 주어진 기울기와 길이의 곡선을 XY 평판에 그리는 슈도 코드를 작성하라.

(b) 원의 중심 좌표와 지름이 주어졌을 때, XY 평판에 원을 그리는 슈도 코드를 작성하라.

5. 그림 1.6, B.30, 10.13, 10.14에서 주어진 장력 제어 시스템을 고려해 보자. 597쪽의 두 번째 예는 장력에 비례해서 롤의 속도를 바꾸는 줄 제어 방식을 보여주고 있다. 그림 10.13은 아날로그 OP 증폭기를 디지털 제어기로 대체함으로써 그림 1.6을 더 완벽하게 수정한 그림이다. 게다가, 와인드 오프(wind-off)롤은 모터로 구동되며, 위치 센서(엔코더)가 장착되어 있다. 와인드 업 롤을 제어하기 위해 전자식 기어링 방식을 이용해서 제어 시스템을 업데이트하라. 와인드 업 롤은 일정 속도로 작동한다고 가정하라. 제어 알고리즘은 그림 10.13의 선속 엔코더를 사용해야 한다. 기어비는 장력 오차를 이용해서 PI형 제어기를 통해 수정된다(그림 10.14). 전통적인 장력 센서 방식의 속도 제어에 비해 전자식 기어링의 이점을 보여라.

APPENDIX **A**

표

단위 변환 표

기본 단위	SI 단위	US 단위	변환
시간	second (s) minute (min) hour (h)	second (s) minutes (min) hour (h)	60 s = 1 min 1 h = 60 min = 3600 s
길이	meter (m)	inch (in) foot (ft) mile	1 m = 39.37 in 1 in = 0.0254 m 1 ft = 0.3048 m 1 mile = 1,609.344 m
질량	kilogram (kg)	pound mass (lbm) slug	1 slug = 14.59390 kg 1 lbm = 1 lbf/386 in/s^2
중력	m/s^2	in/s^2 ft/s^2	9.80665 m/s^2 = 386.087 in/s^2 9.80665 m/s^2 = 32.174 ft/s^2
유도 단위	**SI 단위**	**US 단위**	**변환**
면적	m^2	in^2 ft^2	1 in^2 = 6.4516 × 10^{-4} m^2 1 ft^2 = 0.09203 m^2
부피	m^3 liter (lt) = 10^{-3} m^3	in^3 ft^3 gallon (gal)	1 in^3 = 1.6387 × 10^{-5} m^3 1 ft^3 = 0.028317 m^3 1 gal = 3.785412 lt
힘	Newton (N)	pound (lb or lbf)	1 N = 1 kg · 1 m/s^2 1 lb = 4.448222 N 1 N = 0.2248 lb 1 lbf = 1 lbm · 32.176 ft/s^2 = 1 lbm · 386.087 in/s^2.
토크	Nm	lb in lb ft	1 lb ft = 1.355818 Nm 1 lb in = 0.112985 Nm 1 Nm = 8.850745 lb in
압력	N/m^2 = Pa	pound/in^2	1 psi = 6.894757 kPa 1 bar = 10^5 Pa = 100 kPa 1 Pa = 0.145 × 10^{-3} psi 1 lbf/ft^2 = 47.88026 Pa

(계속)

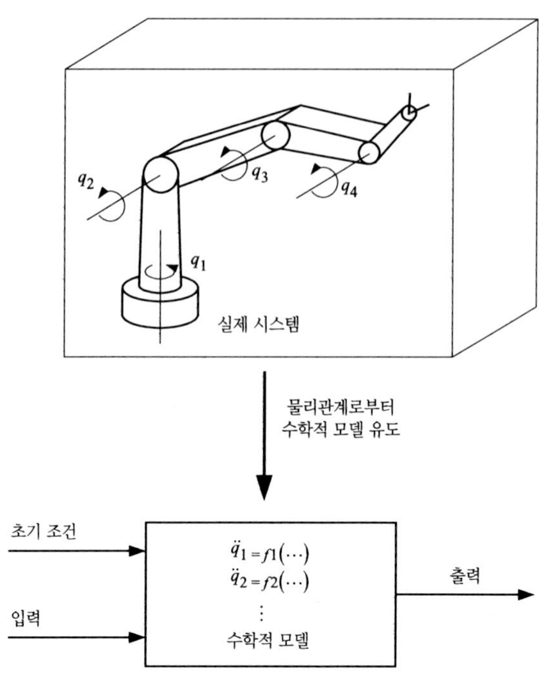

그림 B.1 ■ 수학적 모델과 물리 시스템의 동역학적 응답 예측

절에 가해지는 토크 사이의 관계를 나타내 주는 미분 방정식으로 되어 있다. 비선형 미분 방정식은 로봇 동작에서 살펴볼 수 있다.

물리 시스템의 동역학 모델은 대부분 비선형이다. 대부분의 제어 시스템 설계 방법이나 해석적 기법은 선형 시스템에만 적용할 수 있다. 따라서 다양한 종류의 제어 시스템을 해석하기 위해서는 비선형 모델을 선형 시스템으로 근사화하는 과정이 필요하다.

다음 절에서는 선형 시스템의 모델링이나 분석에 많이 활용되는 기초적인 복소 함수와 라플라스 변환을 다룰 것이다. 그런 다음 일반적인 동역학 시스템의 운동을 표현하는 데 사용되는 상미분 방정식을 다룰 것이다. 마지막으로 미분 방정식의 해석적이고 수치적인 해를 구하도록 한다. 또한 라플라스 변환을 이용해서 전달 함수의 개념을 정리할 것이다. *Matlab*이나 *Simulink*에 익숙하지 않은 독자는 이 부록의 Matlab 및 Simulink에 관한 짧은 평론을 보길 권한다.

B.2 복소 변수

컴퓨터 제어 전자 기계 시스템의 분석 및 설계 시 복소 변수의 이론을 광범위하게 활용하고 있다. 복소 변수는 원점과 2차원 평면의 한 점이 이어진 벡터로 간주할 수 있다. 벡터의 x축 성분은 실수, 벡터의 y축 성분은 허수이다(그림 B.2). 복소 변수를 다음과 같이 정의하자.

$$s = x + jy \tag{B.1}$$

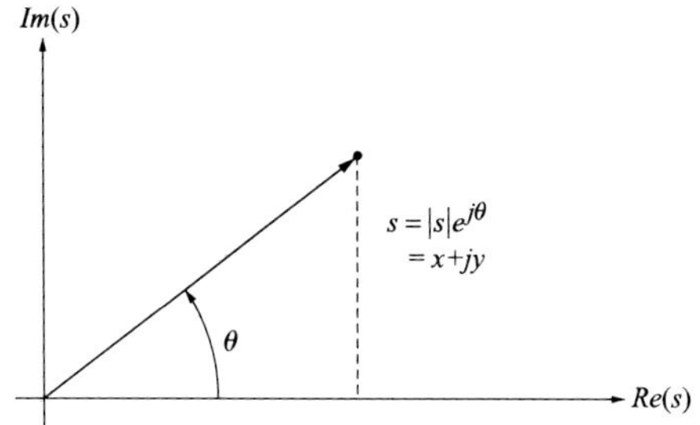

그림 B.2 ■ 복소 평면에서의 복소 S-평면과 복소 변수

여기서 j는 허수 $\sqrt{-1}$이다. 복소 변수 s는 또한 크기와 방향으로 정의될 수 있다.

$$s = |s|e^{j\theta} \tag{B.2}$$

$$= (x^2 + y^2)^{\frac{1}{2}} e^{j tan^{-1}\left(\frac{y}{x}\right)} \tag{B.3}$$

그리고 공액 복소 변수는 다음과 같이 정의된다.

$$\bar{s} = x - jy \tag{B.4}$$

다음의 지수 관계와 급수 전개는 제어 이론을 공부할 때 유용하다.

$$sin\,\theta = \frac{e^{j\theta} - e^{-j\theta}}{2j} \tag{B.5}$$

$$cos\,\theta = \frac{e^{j\theta} + e^{-j\theta}}{2} \tag{B.6}$$

$$cos\,\theta = 1 - \frac{\theta^2}{2!} + \frac{\theta^4}{4!} - \frac{\theta^6}{6!} + \cdots \tag{B.7}$$

$$sin\,\theta = \theta - \frac{\theta^3}{3!} + \frac{\theta^5}{5!} - \frac{\theta^7}{7!} + \cdots \tag{B.8}$$

$$e^{\theta} = 1 + \theta + \frac{\theta^2}{2!} + \frac{\theta^3}{2!} + \frac{\theta^4}{4!} + \cdots \tag{B.9}$$

$$cos\,\theta + j sin\,\theta = 1 + (j\theta) - \frac{\theta^2}{2!} + (-j)\frac{\theta^3}{3!} + \cdots \tag{B.10}$$

$$= 1 + j\theta + \frac{(j\theta)^2}{2!} + \frac{(j\theta)^3}{3!} + \cdots \tag{B.11}$$

$$= e^{j\theta} \tag{B.12}$$

여기서

$$e^{j\theta} = cos\,\theta + j sin\,\theta \tag{B.13}$$

오일러 정리(Euler's theorem)이다.

이 절의 나머지 부분에서는 복소 변수의 기초적인 대수 연산을 다룰 것이다. s_1과 s_2를 다음과 같이 정의하자.

$$s_1 = x_1 + jy_1 \tag{B.14}$$

$$s_2 = x_2 + jy_2 \tag{B.15}$$

복소 변수의 대수 연산(+, −, *, /)은 다음과 같이 정의한다. 두 복소 변수의 더하기와 빼기는 실수 부분과 허수 부분을 각각 더하거나 빼면 된다. 두 복소 변수의 곱셈과 나눗셈에서, $j = \sqrt{-1}$, $j^2 = -1$, $j^3 = -j$, $j^4 = 1$, $j^5 = j$ 한 관계가 성립함을 기억하라.

$$\pm \qquad s_1 \mp s_2 = (x_1 \mp x_2) + j(y_1 \mp y_2) \tag{B.16}$$

$$*/ \qquad s_1 \cdot s_2 = (x_1 x_2 - y_1 y_2) + j(x_1 y_2 + y_1 x_2) \tag{B.17}$$

두 복소 변수의 곱은 크기와 위상을 사용해서 다음과 같이 표현할 수 있다.

$$s_1 \cdot s_2 = |s_1| e^{j\theta_1} \cdot |s_2| e^{j\theta_2} \tag{B.18}$$

$$= |s_1|\,|s_2|\; e^{j(\theta_1+\theta_2)} \tag{B.19}$$

곱셈과 비슷하게 두 복소 변수의 나눗셈은 실수와 허수 부분으로 표현하거나 크기와 위상으로 표현할 수 있다. 한 복소수와 그 복소수의 공액 복소수의 곱은 항상 실수가 됨을 기억해라.

$$\frac{s_1}{s_2} = \frac{x_1 + jy_1}{x_2 + jy_2} \tag{B.20}$$

$$= \frac{(x_1 + jy_1)(x_2 - jy_2)}{(x_2 + jy_2)(x_2 - jy_2)} \tag{B.21}$$

$$= \frac{(x_1 + jy_1)(x_2 - jy_2)}{x_2^2 + y_2^2} = \frac{s_1 \cdot \overline{s_2}}{|s_2|^2} \tag{B.22}$$

두 복소수가 크기와 위상으로 표현된다면, 나눗셈은 다음과 같이 표현된다.

$$\frac{s_1}{s_2} = \frac{|s_1| e^{j\theta_1}}{|s_2| e^{j\theta_2}} \tag{B.23}$$

$$= \frac{|s_1|}{|s_2|} e^{j(\theta_1-\theta_2)} \tag{B.24}$$

s_1과 s_2의 공액 복소수 $\overline{s_1}$과 $\overline{s_2}$는 다음과 같다(그림 B.3).

$$s_1 = |s_1| e^{j\theta_1} \;\; \overline{s_1} = |s_1| e^{-j\theta_1} \tag{B.25}$$

$$s_2 = |s_2| e^{j\theta_2} \;\; \overline{s_2} = |s_2| e^{-j\theta_2} \tag{B.26}$$

마지막으로 복소 변수의 n제곱은 다음과 같다.

$${s_1}^n = |s_1|^n e^{jn\theta} \tag{B.27}$$

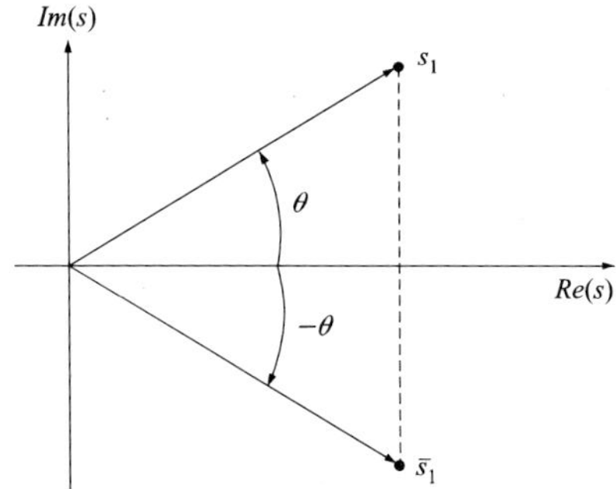

그림 B.3 ■ 복소수 s_1과 공액 복소수 $\bar{s}_1$의 도식적 표현

B.3 라플라스 변환

B.3.1 라플라스 변환의 정의

라플라스 변환은 함수 $f(t)$를 지수 함수의 연속적인 합으로 나타낼 수 있게 해주는 수학적 도구이다. 함수 $f(t)$를 $F(s)$로 라플라스 변환하고, 다시 $F(s)$를 라플라스 역변환하면 $f(t)$를 얻을 수 있다. 라플라스 변환과 라플라스 역변환의 정의는 다음과 같다.

$$L\{f(t)\} = F(s) = \int_0^\infty f(t)e^{-st}dt \tag{B.28}$$

$$L^{-1}\{F(s)\} = f(t) = \frac{1}{2\pi j}\int_{\sigma-j\infty}^{\sigma+j\infty} F(s)e^{st}ds \tag{B.29}$$

여기서 s는 복소 변수이고 $s = \sigma + jw$로 정의되며, σ는 $F(s)$의 특이점의 실수보다 더 큰 실수이다. 함수의 특이점은 함수값을 무한대로 만드는 것이다. 라플라스 변환이 존재하기 위한 조건은 다음과 같다.

$$\int_{-\infty}^{\infty} |f(t)|e^{-\alpha t}dt < \infty \tag{B.30}$$

여기서 α는 상수이며, $t \to \infty$임에 따라, $|f(t)|e^{-\alpha t}$가 한정된 값이 되도록 하는 값이다. 이러한 조건을 표현하는 다른 방법은 α, M, T가 상수이며 $t < T$를 만족하는 모든 t에 대해 $|f(t)|e^{-\alpha T} < M$의 관계가 성립해야 한다는 것이다.

$u(t)$가 단위 계단 함수이고 $t < 0$일 때 $u(t) = 0$, $t > 0$일 때 $u(t) = 1$ 이라면, 함수 $e^{-\alpha t}u(t)$를 고려해보자.

$$F(s) = \int_0^\infty e^{-at}u(t)e^{-st}dt \tag{B.31}$$

$$= \frac{-1}{(s+a)}e^{-(s+a)t}|_0^\infty \tag{B.32}$$

$$= \frac{1}{s+a} \tag{B.33}$$

$$(\sigma + a) > 0 \tag{B.34}$$

$(\sigma + a) < 0$이면, 위 식의 적분값은 무한대로 가며 라플라스 변환은 불가능하다. 따라서 수렴 범위는 $\mathrm{Re}(s) > -a$로 주어진다.

라플라스 변환의 정의는 라플라스 변환된 함수를 얻을 때 종종 사용되나, 라플라스 역변환식은 보통 수학적인 접근이 까다롭기 때문에 공학문제에서는 보통 사용되지 않는다. 라플라스 역변환을 좀 더 쉽게 얻는 방법은 부분 분수 전개를 이용하는 것이다.

존재 조건 함수 $f(t)$는 라플라스 변환이 존재하기 위해 유한한 불연속점의 집합을 제외하고는 모든 $t > 0$에 대해 정의되어야 한다. 부분적으로 연속적이고 지수 차수를 갖는 모든 함수 $f(t)$는 유일한 라플라스 변환을 가지고 있다.

정리하면, 라플라스 변환이 존재하는 함수 $f(t)$의 충분 조건(필요 조건은 아니다)은 다음과 같다.

- 부분적으로 연속
- 지수 차수, 즉 $\int_0^\infty e^{-\alpha t}|f(t)|dt < \infty$; 여기서 α는 유한한 값을 가지거나 $\forall t > T$에 대해 $|f(t)| < Me^{\alpha T}$와 상응하다.

예를 들어 e^{2t}은 지수 차수 함수이다. 그러나 $e^{(\alpha t)^2}$는 지수차수의 함수가 아니다.

함수가 지수 차수 함수라도, 그 함수의 도함수가 지수 차수 함수일 필요는 없다. 다음의 예를 살펴보자.

$$f(t) = sin(e^{t^2}) \tag{B.35}$$

$$\frac{d}{dt}f(t) = (2te^{t^2})cos(e^{t^2}) \tag{B.36}$$

여기서 $f(t)$는 지수 차수 함수이며, 1차 도함수가 아니다.

$f_1(t), f_2(t)$가 불연속 점에서만 다르다면, 두 함수는 같은 라플라스 변환을 갖는다. 함수 $f(t)$의 라플라스 변환 $F(s)$는 $s \longrightarrow \infty$임에 따라 $F(s)$는 0이 되고, $sF(s) \longrightarrow$ 유한 값이다. $F(s)$의 라플라스 역변환은 불연속점에서 $f_1(t), f_2(t)$ 값의 평균값이 되는 함수 $f^*(t)$로 된다 (그림 B.4).

B.3.2 라플라스 변환의 성질

앞에서 라플라스 변환의 정의와 라플라스 변환이 존재하기 위한 조건을 살펴보았다. 이제는 라플라스 변환의 성질에 대해 알아보도록 한다. 제어 시스템의 해석에 라플라스 변환의 성질이 유용하게 쓰이게 될 것이다.

성질 1 선형(중첩성): 함수 $f_1(t)$과 $f_2(t)$를 부분적으로 연속적인 지수 차수 함수라 하고 c_1과 c_2를 실수 상수라 하자. 두 함수의 일차 조합의 라플라스 변환은 함수 각각의 라플라스 변환의 합과 같다. 이 성질을 다음과 수식으로 표현하면 다음과 같다.

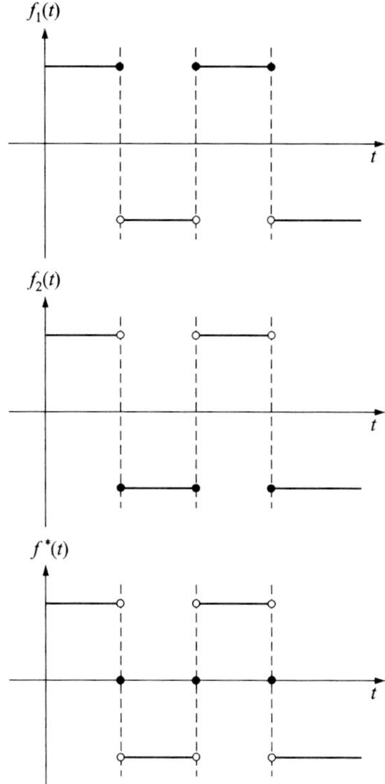

그림 B.4 ■ 불연속점에서의 함수값이 달라도 라플라스 변환은 동일하다. 라플라스 역변환하면 불연속점에서의 함수값은 산술 평균값이 된다.

$$L[c_1 f_1(t) + c_2 f_2(t)] = c_1 L[f_1(t)] + c_2 L[f_2(t)]$$

라플라스 변환의 정의를 이용하면 간단하게 이 성질을 증명할 수 있다.

$$\int_0^\infty [c_1 f_1(t) + c_2 f_2(t)]e^{-st}dt = c_1 \int_0^\infty f_1(t)e^{-st}dt + c_2 \int_0^\infty f_2(t)e^{-st}dt \tag{B.37}$$

$$= c_1 F_1(s) + c_2 F_2(s) \tag{B.38}$$

시간 영역에서의 미분과 적분과 복소 영역에서의 곱셈과 나눗셈 사이에는 상사성이 존재한다. 시간 영역에서 어떤 함수에 미분을 취하는 것은 복소 영역에서 그 함수의 라플라스 변환에 s를 곱하는 것과 같다. 이와 유사하게, 시간 영역에서 함수를 적분하는 것은 라플라스 변환에 s를 나누는 것과 같다. 성질 2와 성질 3에서 언급될 초기 조건 $f(0)$도 이러한 관계가 존재한다.

성질 2 함수 $f(t)$는 연속적인 지수 차수 함수라 하자. 또한 1차 도함수 $f'(t)$는 부분적으로 연속이고 지수 차수 함수이다. 그러면

$$L[f'(t)] = sL[f(t)] - f(0); \tag{B.39}$$

$$L[f^{(n)}(t)] = s^n L[f(t)] - s^{n-1} f(0) - s^{n-2} f'(0) \ldots - f^{(n-1)}(0) \tag{B.40}$$

여기서 $f, f', \ldots, f^{n-1}$은 연속적이고 지수 차수 함수인 고차 도함수이다. 따라서 $f^{(n)}$는 부분적으로 연속이고, 지수 차수 함수이다.

성질 7 복소 영역에서 복소 함수에 지수 함수(e^{-as})를 곱하면 시간 영역 함수를 a 만큼 이동시키는 효과를 갖는다(그림 B.7).

$$L[f(t-a)u(t-a)] = e^{-as}L[f(t)] \tag{B.55}$$

$$L^{-1}[e^{-as}F(s)] = f(t-a)u(t-a) \tag{B.56}$$

다음과 같은 형태의 함수를 라플라스 변환을 취해야 할 경우가 가끔씩 발생하므로 주의 깊게 보길 바란다.

$$L[f(t)u(t-a)]$$

여기서 $u(t-a)$는 시간 영역에서 $t=0$에서 $t=a$만큼 이동된 단위 계단 함수이다. 위의 관계를 이용해서 라플라스 변환을 하려면, 함수와 단위 계단 함수가 같아야 한다.

$$f[(t+a)-a]u(t-a) = g(t-a)u(t-a) \tag{B.57}$$

$$L[g(t-a)u(t-a)] = e^{-as}L[g(t)] \tag{B.58}$$

$$= e^{-as}L[f(t+a)] \tag{B.59}$$

그러므로

$$L[f(t)u(t-a)] = e^{-as}L[f(t+a)],\ a \ge 0 \tag{B.60}$$

성질 8 시간의 함수를 t로 곱하거나 나누는 것과 같은 미분과 적분에 관련된 성질 2와 성질 3의 상사성은 복소 영역이다.

$$L[f(t)] = F(s) \tag{B.61}$$

$$L[tf(t)] = -F'(s) \tag{B.62}$$

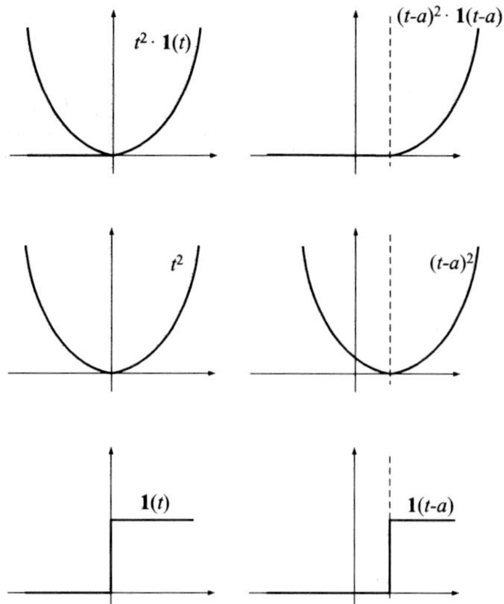

그림 B.7 ■ 시간 영역에서 함수의 이동

$$L\left[\frac{f(t)}{t}\right] = \int_s^{\infty} F(s)d(s) \tag{B.63}$$

성질 9 합성(convolution) 정리: 부분적으로 연속이고 지수 함수 차수인 $f(t)$와 $g(t)$ 두 함수를 고려해보자.

$$L[f(t)]\,L[g(t)] = L\left[\int_0^t f(t-\tau)g(\tau)d(\tau)\right]$$

위 식에서 두 함수의 라플라스 변환의 곱은 $f(t)$와 $g(t)$의 곱의 적분의 라플라스 변환과 같음을 나타내고 있다.

증명 :

$$L\left[\int_0^t f(t-\tau)g(\tau)d\tau\right] = \int_0^{\infty}\left[\int_0^t f(t-\tau)g(\tau)d\tau\right]e^{-st}dt \tag{B.64}$$

$$= \int_0^{\infty}\int_0^{\infty} f(t-\tau)g(\tau)u(t-\tau)e^{-st}d\tau dt \tag{B.65}$$

$$= \int_0^{\infty} g(\tau)\left[\int_0^{\infty} f(t-\tau)u(t-\tau)e^{-st}dt\right]d\tau \tag{B.66}$$

$$= \int_0^{\infty} g(\tau)\left[\int_0^{\infty} f(\lambda)e^{-s\lambda}d\lambda\right]e^{-s\tau}d\tau \tag{B.67}$$

$$= \int_0^{\infty} g(\tau)e^{-s\tau}d\tau \int_0^{\infty} f(\lambda)e^{-s\lambda}d\lambda \tag{B.68}$$

$$= G(s)F(s) \tag{B.69}$$

다음의 변수 관계와 변화가 위의 유도 과정에서 사용되었음을 유의하라.

$$u(t-\tau) = \begin{cases} 1 & \tau < t \\ 0 & \tau > t \end{cases}$$

$$t - \tau = \lambda \tag{B.70}$$

$$dt = d\lambda \tag{B.71}$$

그리고 식 B.64의 적분 구간 $[0, t]$은 식 B.65에서 $[0, \infty]$까지 적분 구간을 확장시켰는데, $\tau > t$이기 위해서 $[t, \infty]$의 범위는 $u(t-\tau)$의 정의에 따라 0이 되기 때문이다.

B.3.3 일반 함수들의 라플라스 변환

제어 시스템에서 종종 나타나는 많은 함수들의 라플라스 변환을 공부해보자. 라플라스 변환은 이 장에서 거론된 정의와 성질을 직접적으로 응용함으로써 얻을 수 있다. 좀 더 복잡한 함수는 기본적인 함수의 선형 조합으로 표현할 수 있다. 그 선형 조합의 라플라스 변환은 중첩(선형성)의 원리를 응용함으로써 구할 수 있다(그림 B.8, B.9).

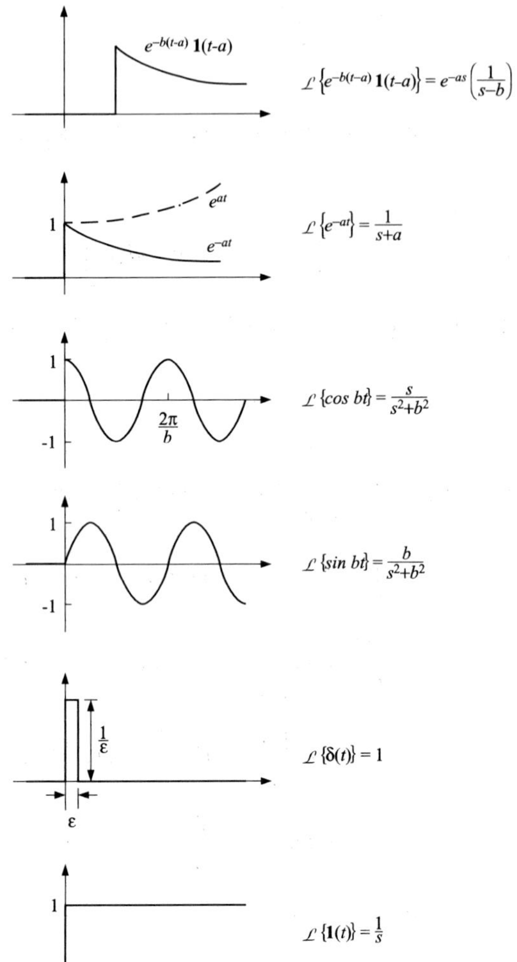

그림 B.8 ■ 일반적인 신호들의 라플라스 변환

1. 단위 펄스: 다음과 같은 단위 펄스를 생각해보자.

$$u_1(t) = \begin{cases} lim_{\varepsilon \to 0} f(t); & t = 0 \\ 0; & t \neq 0 \end{cases} \tag{B.72}$$

이 단위 펄스의 라플라스 변환은 다음과 같다.

$$L[u_1(t)] = \int_0^{\infty} u_1(t) e^{-st} dt = \int_{0^-}^{0^+} e^{-st} dt = 1 \tag{B.73}$$

2. 단위 계단: 다음과 같은 단위 계단 함수를 생각해보자.

$$u_2(t) = \begin{cases} 1; & t \geq 0 \\ 0; & t \leq 0 \end{cases} \tag{B.74}$$

여기서 라플라스 변환은 다음과 같이 주어진다.

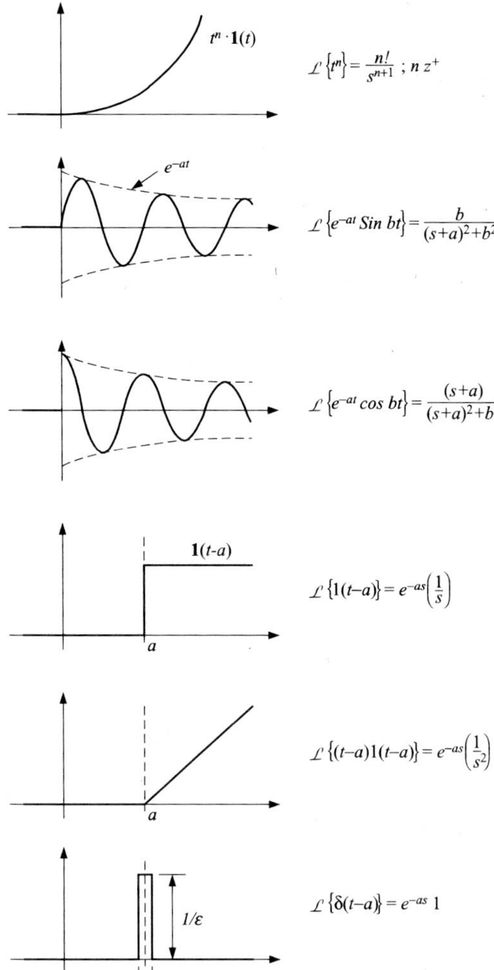

그림 B.9 ■ 일반적인 함수들의 라플라스 변환

$$F(s) = L[u_2(t)] = \int_0^\infty u_2(t)e^{-st}dt = -\frac{1}{s}[e^{-st}]_0^\infty = \frac{1}{s} \tag{B.75}$$

3. 지수 함수: 다음과 같은 함수를 생각해보자.

$$u_3(t) = e^{-at} \tag{B.76}$$

$Re(s) > -a$에 대한 라플라스 변환은 다음과 같다.

$$F(s) = L\,[u_3(t)] = \int_0^\infty e^{-at}e^{-st}dt \tag{B.77}$$

$$= \left[\frac{e^{(s+a)t}}{s+a}\right]\Big|_0^\infty \tag{B.78}$$

$$= \frac{1}{s+a} \tag{B.79}$$

그러므로 $f(t) = e^{-at}$의 라플라스 변환은 복소 평면에 있는 직선 $Re(s) = -a$의 우측에 존재한다.

4. 정현파: 다음과 같은 함수를 생각해보자.

$$u_4(t) = cos(\alpha t) \tag{B.80}$$

위 식을 라플라스 변환하면, 다음과 같다.

$$F(s) = L[cos(\alpha t)] = \int_0^\infty cos(\alpha t)e^{-st}dt \tag{B.81}$$

$$= \frac{1}{2}\int_0^\infty (e^{j\alpha t} + e^{-j\alpha t})e^{-st}dt \tag{B.82}$$

$$0 = \frac{1}{2}L[e^{j\alpha t}] + \frac{1}{2}L[e^{-j\alpha t}] \tag{B.83}$$

$$= \frac{1}{2}\left(\frac{1}{s - j\alpha} + \frac{1}{s + j\alpha}\right) \tag{B.84}$$

$$L[cos\,\alpha t] = \frac{s}{s^2 + \alpha^2} \tag{B.85}$$

위와 같이 모든 함수를 매번 정의에 의해 라플라스 변환할 필요는 없다. 대신 주어진 함수에 대한 라플라스 변환을 라플라스 변환표를 이용하면 쉽게 얻을 수 있다. 그림 B.8과 B.9는 선형 시스템 해석에서 자주 등장하는 시간 함수들의 라플라스 변환을 보여주고 있다.

예제 다음의 함수의 라플라스 변환을 구하여라(그림 B.10).

$$f(t) = u(t - a) - u(t - b)$$

이 신호는 a만큼 시간 지연된 단위 계단 함수와 b만큼 시간 지연된 단위 계단 함수의 차를 나타내고 있다(그림 B.11).

$$L[f(t)] = L[u(t - a)] - L[u(t - b)] \tag{B.86}$$

$$= e^{-as}\frac{1}{s} - e^{-bs}\frac{1}{s} \tag{B.87}$$

$$= (e^{-as} - e^{-bs})\frac{1}{s} \tag{B.88}$$

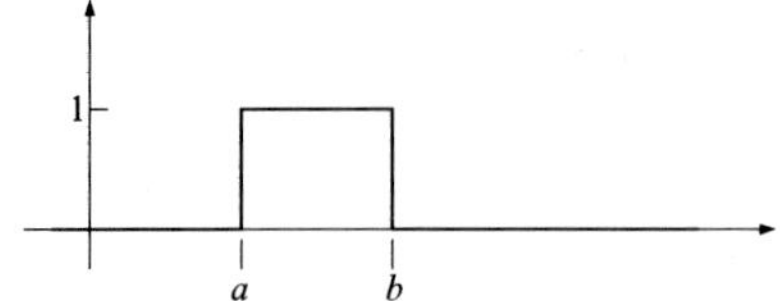

그림 B.10 ■ 신호의 예

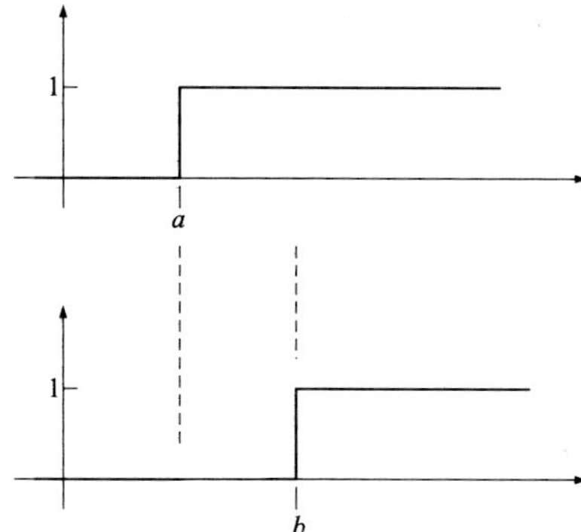

그림 B.11 ■ 신호의 분해

B.3.4 부분 분수 전개(PFE)를 사용한 라플라스 역변환

라플라스 변환을 통해 상수 계수를 가지는 선형 미분 방정식을 대수 방정식으로 변환할 수 있었다. 대수 방정식은 복소 변수 s에 대한 함수이며 출력과 입력의 비가 라플라스 변환으로 표현된다. 이런 함수를 전달 함수라 한다. 동역학 시스템 응답의 라플라스 변환은 입력 함수의 라플라스 변환과 전달 함수의 곱과 같다. 시간 영역의 응답을 구하기 위해서는 라플라스 역변환을 취해야 한다. 대부분 공학 응용의 경우 라플라스 역변환의 정의를 이용해서 라플라스 역변환하는 것은 비현실적이다. 대신, 부분 분수 전개(PFE; partial fraction expansion)를 많이 사용한다. 이는 유리 함수 $F(s)$를 그 함수의 역변환을 알고 있는 단순한 성분의 합으로 나누는 것이다.

라플라스 변환과 역변환의 정의를 다시 살펴보자.

$$L f(t) = F(s) = \int_0^{\infty} f(t)e^{-st}dt \tag{B.89}$$

$$L^{-1}[F(t)] = f(t) = \frac{1}{2\pi j}\int_{\sigma-j\omega}^{\sigma+j\omega} F(s)e^{st}dt \tag{B.90}$$

일반적인 복소 변수 s의 유리 함수 $F(s)$를 고려해보자.

$$F(s) = \frac{n(s)}{d(s)} \tag{B.91}$$

$$= F_1(s) + F_2(s) + \cdots + F_n(s) \tag{B.92}$$

여기서 함수 $F(s)$는 좀 더 단순한 함수 $F_i(s)$의 합으로 표현 가능하고 그 함수의 라플라스 역변환은 $f_i(t)$는 알고 있다고 가정한다. 그러면 라플라스 역변환은 중첩의 원리에 따라 다음과 같이 얻을 수 있다.

$$f(t) = f_1(t) + f_2(t) + \cdots + f_n(t) \tag{B.93}$$

PFE의 수학적 유도는 테일러(Tayler)와 로렌트(Laurent) 급수 전개에서 비롯되었다. $F(s)$를 복소 변수 s의 유리 다항식이라 하고, $n_1, n_2, \ldots, n_m$의 중복도(重複度, multiplicity)를 가지는 $s_1, s_2, \ldots, s_m$의 극을 가지고 있다고 하자. 또한 대부분의 공학 시스템에서 분자의 차수는 분모의 차수보다 작거나 같다는 점을 유의하자. $deg(n(s)) < deg(d(s))$. 그러면 $F(s)$는 다음과 같이 부분 분수로 전개된다.

$$F(s) = \frac{B(s)}{A(s)} \tag{B.94}$$

$$= F_1(s) + \cdots + F_m(s) + a_0 \tag{B.95}$$

$$= \frac{a_{1,1}}{(s-s_1)^{n_1}} + \cdots + \frac{a_{1,n_1}}{s-s_1} \tag{B.96}$$

$$+ \frac{a_{2,1}}{(s-s_2)^{n_2}} + \cdots + \frac{a_{2,n_2}}{(s-s_2)} \tag{B.97}$$

$$\vdots$$

$$+ \frac{a_{m,1}}{(s-s_m)^{n_m}} + \cdots + \frac{a_{m,n_m}}{s-s_m} \tag{B.98}$$

$$+ a_0 \tag{B.99}$$

주어진 유리 함수 $F(s)$에 대해서 그것의 분모의 근과 각 근의 중복도를 구할 필요가 있다. 그것을 알고나면 PFE를 분자에 상수만 존재하는 형태의 식 B.99와 같이 쓸 수 있다. 전개의 양쪽을 비교해 보면 $a_{1,1}$은 다음과 같이 계산된다고 보는 것이 쉽다.

$$a_{1,1} = \lim_{s \to s_1} \left[(s-s_1)_1^n F(s) \right] \tag{B.100}$$

계수가 a_{1,n_i}로 표현된 전개된 PFE의 근이 반복되었다는 것을 주시하면, $a_{1,2}$는 $a_{1,1}$을 구한 것과 같이 미분을 취함으로써 구할 수 있다.

$$a_{1,2} = \lim_{s \to s_1} \frac{d}{ds} \left[(s-s_1)_1^n F(s) \right] \tag{B.101}$$

이를 이용해서 부분 분수 전개의 상수를 구하는 관계를 일반화할 수 있다.

$$a_{i,j} = \lim_{s \to s_i} \frac{1}{(j-1)!} \frac{d^{j-1}}{ds^{j-1}} \left[(s-s_i)_i^n F(s) \right] \tag{B.102}$$

라플라스 역변환을 구하는 데 있어서 부분 분수 전개를 어떻게 적용하는지 예제를 통해서 알아보자. $deg(n(s)) = deg(d(s))$인 경우 a_0는 분자를 분모로 나눔으로써 구할 수 있다. 만약 $deg(n(s)) < deg(d(s))$인 경우, a_0는 0이다.

▶▶ **예제** 다음 복소 변수의 유리 함수를 고려해보고, 부분 분수 전개를 이용해서 그것의 라플라스 역변환을 구해보라.

$$G(s) = \frac{s+2}{(s-1)^2(s+1)} \tag{B.103}$$

$$= \frac{a_{1,1}}{(s-1)^2} + \frac{a_{1,2}}{(s-1)} + \frac{a_{2,1}}{(s+1)} \tag{B.104}$$

각 계수는 식 B.102를 이용해서 구할 수 있다.

$$a_{1,1} = \lim_{s\to 1}[(s-1)^2 G(s)] = \frac{3}{2} \tag{B.105}$$

$$a_{1,2} = \lim_{s\to 1}\frac{d}{ds}[(s-1)^2 G(s)] = -\frac{1}{4} \tag{B.106}$$

$$a_{2,1} = \lim_{s\to -1}[(s+1)G(s)] = \frac{1}{4} \tag{B.107}$$

따라서 각 부분 분수를 라플라스 역변환하면 다음과 같다.

$$G(s) = \frac{\frac{3}{2}}{(s-1)^2} + \frac{-\frac{1}{4}}{s-1} + \frac{\frac{1}{4}}{s+1} \tag{B.108}$$

$$g(t) = \frac{3}{2}te^t - \frac{1}{4}e^t + \frac{1}{4}e^{-t} \tag{B.109}$$

$$g(t) = \left(\frac{3}{2}t - \frac{1}{4}\right)e^t + \frac{1}{4}e^{-t} \tag{B.110}$$

▶▶ **예제** 다음 복소 함수와 그 PFE방법을 이용한 라플라스 역변환을 생각해보자.

$$Y(s) = \frac{1}{(s+1)(s+2)(s+3)} \tag{B.111}$$

$$= \frac{a_{1,1}}{s+1} + \frac{a_{2,1}}{s+2} + \frac{a_{2,1}}{s+3} \tag{B.112}$$

PFE의 각 상수는 식 B.102를 이용하면 구할 수 있다.

$$a_{1,1} = \lim_{s\to -1}[(s+1)Y(s)] = \frac{1}{2} \tag{B.113}$$

$$a_{2,1} = \lim_{s\to -2}[(s+2)Y(s)] = -1 \tag{B.114}$$

$$a_{3,1} = \lim_{s\to -3}[(s+3)Y(s)] = \frac{1}{2} \tag{B.115}$$

따라서 라플라스 역변환은 다음과 같이 쉽게 구할 수 있다.

$$Y(s) = \frac{\frac{1}{2}}{s+1} + \frac{-1}{s+2} + \frac{\frac{1}{2}}{s+3} \tag{B.116}$$

$$y(t) = \frac{1}{2}e^{-t} - e^{-2t} + \frac{1}{2}e^{-3t} \tag{B.117}$$

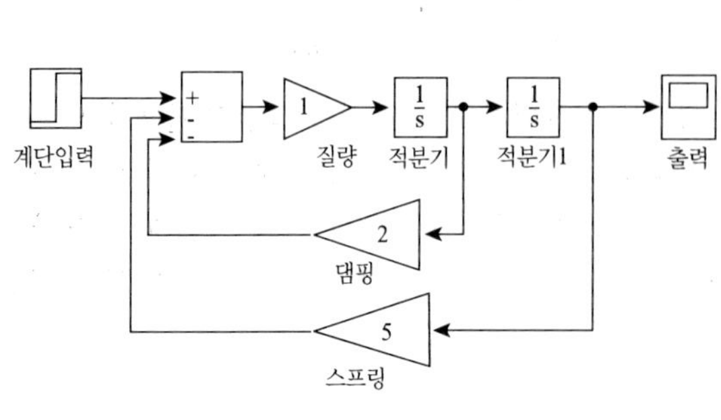

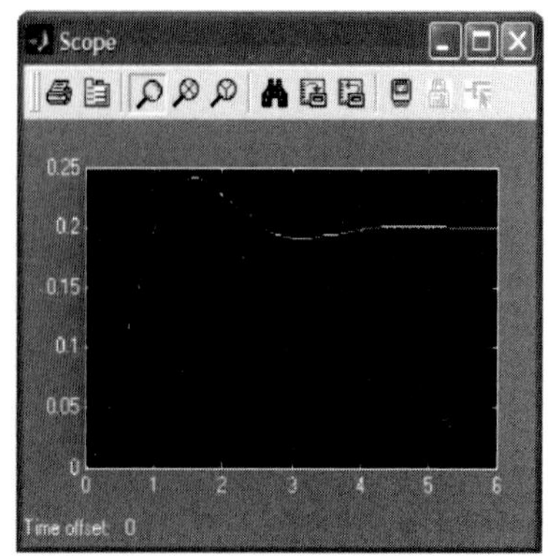

그림 B.13 ■ Simulink를 이용한 외력이 있는 질량, 댐퍼, 스프링의 모델과 시뮬레이션

$$\phi = +tan^{-1}\left(\frac{0.2}{0.08}\right) \tag{B.137}$$

위 예제에서 다음의 관계식이 사용되었다.

$$A\,cos\omega t + B\,sin\omega t = C\,sin(\omega t + \phi) \tag{B.138}$$

$$A = C\,sin\phi \tag{B.139}$$

$$B = C\,cos\phi \tag{B.140}$$

$$C = (A^2 + B^2)^{\frac{1}{2}} \tag{B.141}$$

$$\phi = tan^{-1}\left(\frac{A}{B}\right) \tag{B.142}$$

이 시스템 응답은 Matlab이나 Simulink를 사용해서 수치적으로 구할 수 있다. 그림 B.13은 Simulink 모델과 시뮬레이션 결과를 보여주고 있다.

B.4 푸리에 급수, 푸리에 변환과 주파수 응답

모든 신호는 그 신호를 주파수 개념으로 관찰할 수 있다. 푸리에 급수는 이런 것을 하기에 좋은 도구인데, 어떠한 주기 함수도 정수곱 형태의 주파수를 가지는 사인과 코사인 함수들로 표현할 수 있다는 사실을 표현한 수학적 개념이다. 따라서 주기 함수는 특정 주파수와 특정 주파수의 정수곱 주파수들을 가진 것으로 생각할 수 있다. 푸리에 전환은 무한대의 주기를 갖는 주기 함수처럼 보이는 비주기 함수에 대한 푸리에 급수의 제한적인 경우로 정의될 수 있다. 주기가 무한대인 경우, 함수의 기본 주파수는 무한히 작다. 그 결과 푸리에 급수의 급수합(Σ)은 푸리에 변환에서 적분으로 작용한다.

주기 함수 $f(t)$의 푸리에 급수와 푸리에 변환을 고려해보자.

$$f(t) = f(t+T) \tag{B.143}$$

$T > 0$은 이 함수의 주기이다. 이 주기 T가 유한하면, 함수 $f(t)$를 푸리에 급수로 표현 가능하다. 기본 주파수의 정수곱의 주파수만 포함된 주기 함수를 생각하면, 푸리에 급수는 그 함수를 주파수 영역으로 표현한 것이다. 여기서 기본 주파수는 다음과 같다. $w_1 = 1/T$ [Hz] 또는 $w_1 = 2\pi/T$ [rad]. 주기 T가 무한대이면(이럴 경우의 함수를 비주기 함수라 한다), 그 함수를 주파수를 정의역으로 주파수의 연속 함수로 나타낼 수 있다. 여기서 주파수를 정의역으로 주파수의 연속 함수로 나타내는 작업이 푸리에 변환이다.

다음 조건은 푸리에 급수와 푸리에 변환이 존재하기 위한 충분 조건이나 필요 조건은 아니다(조건 1, 2는 푸리에 급수에 관한 것이다. 조건 1, 2, 3은 푸리에 변환에 관한 것이다).

1. 함수는 부분적으로 연속이다.
2. 함수는 불연속점이 존재하나 최대값과 최소값은 유한한 값이다.
3. $\int_{-\infty}^{+\infty} |f(t)| \cdot dt < M; M$ – 유한한 값

위의 조건 1, 2를 만족하는 모든 주기 함수는 다음과 같이 무한 급수로 표현 가능하다.

$$f(t) = \frac{1}{2} \cdot a_o + \sum_{n=1}^{\infty} a_n \cdot cos\left(\frac{2\pi n}{T}t\right) + b_n \cdot sin\left(\frac{2\pi n}{T}t\right) \tag{B.144}$$

$$= \sum_{n=-\infty}^{\infty} c_n \cdot e^{j \cdot \frac{2\pi n}{T} t} \tag{B.145}$$

두 번째 급수식 B.145를 복소 형태라 부르고, 그것이 첫 번째 급수식 B.144와 같음을 보일 수 있다. 급수의 각 항에 있는 계수는 다음과 같다(응용수학책에 자세히 설명되어 있으므로, 식 유도는 생략한다).

$$a_o = \frac{1}{T/2}\int_{t_0}^{t_o+T} f(t) \cdot dt \tag{B.146}$$

$$a_n = \frac{1}{T/2}\int_{t_0}^{t_o+T} f(t) \cdot cos\left(\frac{2\pi n}{T}t\right) \cdot dt \tag{B.147}$$

$$b_n = \frac{1}{T/2}\int_{t_0}^{t_o+T} f(t) \cdot sin\left(\frac{2\pi n}{T}t\right) \cdot dt \tag{B.148}$$

$$c_n = \frac{1}{T}\int_{t_0}^{t_o+T} f(t) \cdot e^{-j(\frac{2\pi n}{T}t)} \cdot dt \tag{B.149}$$

위 식의 적분에서 t_0는 임의의 상수이지만 적분은 반드시 함수의 전체 주기 T에 대해서 이루어져야 한다. 따라서 주로 $t_0 = 0$으로 놓고 적분하면 편리하다. 계수 a_n, b_n, c_n 은 서로 연관되어 있으며, 계수 c_n은 공액 복소수 쌍으로 나타난다. 그 결과 복소수 형태의 급수 전개는 실함수의 경우에도 똑같이 적용된다.

만약 함수가 비주기 함수라면, 주기 T가 무한대인 특수한 경우라고 볼 수 있다. 이러한 경우에 기본 주파수 $w_1 = 2\pi/T$ 는 무한히 작으며, 기본 주파수의 정수곱, $w_n = (2\pi/T)n$ 은 연속 주파수 스펙트럼이다. 그림 B.14는 주기가 무한대가 될 때 주기 함수와 주기 함수

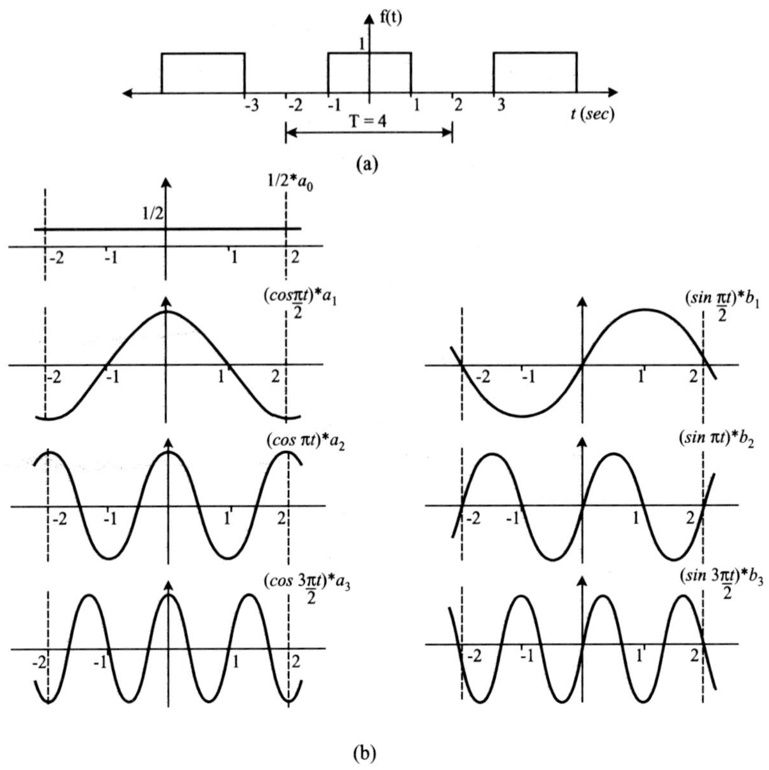

그림 B.14 ■ 주기 함수의 푸리에 급수. (a) 주기 신호, (b) 기본 주파수의 정수배에 따른 각 푸리에 급수 구성요소($cos(\frac{2\pi n}{T}t)$, $sin(\frac{2\pi n}{T}t)$, $n = 1, 2, \ldots$)와 각 구성요소의 크기(a_i, b_i)
$f(t) = f(t+T) = \frac{1}{2} \cdot a_o + \sum_{n=1}^{\infty}(a_n \cdot cos(\frac{2\pi n}{T}t) + b_n \cdot sin(\frac{2\pi n}{T}t))$

의 푸리에 급수 성분을 보여주고 있다.

푸리에 변환은 무한대의 주기를 가지며 기본 주파수가 0에 가까운 함수의 푸리에 급수의 제한적인 경우이다. 따라서 실제로 기본 주파수의 정수배는 연속 주파수 스펙트럼을 형성한다. 불연속 주파수 요소들의 급수합은 연속 주파수 요소의 적분이 된다. $f(t)$를 주기가 T이고, 그것의 푸리에 급수는 다음과 같이 표현되는 주기 함수라 하자.

$$f(t) = \sum_{n=-\infty}^{\infty} c_n \cdot e^{j \cdot \frac{2\pi n}{T} t} \tag{B.150}$$

여기서

$$c_n = \frac{1}{T}\int_0^T f(t) \cdot e^{-j(\frac{2\pi n}{T}t)} \cdot dt \tag{B.151}$$

이다. 이 c_n을 식 B.150에 대입하고, $w_n = \frac{2\pi}{T} \cdot n = \Delta w \cdot n$이라 하면

$$f(t) = \sum_{n=-\infty}^{\infty} \frac{1}{2\pi} \cdot e^{jw_n t}\left(\int_0^T f(\tau)e^{-jw_n\tau}d\tau\right)\Delta w \tag{B.152}$$

$$= \sum_{n=-\infty}^{\infty} e^{jw_n t} \cdot F(jw_n) \cdot \Delta w \tag{B.153}$$

T → ∞하면, $\Delta w \to dw$, $w_n \to w$가 되고 급수합은 적분으로 대체된다.

$$f(t) = \int_{-\infty}^{\infty} \frac{1}{2\pi} e^{jwt} \left(\int_{-\infty}^{\infty} f(\tau) e^{-jw\tau} d\tau \right) dw \tag{B.154}$$

여기서

$$F(jw) = \int_{-\infty}^{\infty} f(t) \cdot e^{-jwt} \cdot dt \quad \text{푸리에 변환} \tag{B.155}$$

$$f(t) = \frac{1}{2\pi} \int_{-\infty}^{\infty} F(jw) \cdot e^{jwt} \cdot dt \quad \text{푸리에 역변환} \tag{B.156}$$

이다. 푸리에 변환과 푸리에 역변환에서의 상수 $1/2\pi$는 그들의 곱이 $1/2\pi$가 되는 한 두 표현 사이에서 자유롭게 나눠질 수 있다. 즉 푸리에 변환의 상수가 $1/2\pi$이고 푸리에 역변환식의 상수가 1이어도 상관없다.

푸리에 변환은 선형 연산자이며 선형성, 이동, 합성과 같은 라플라스 변환과 동일한 성질을 가지고 있다. 푸리에 변환은 독립 변수(일반적으로 시간)가 $-\infty \sim \infty$의 범위를 가지는 함수에 적용된다. 라플라스 변환은 유한한 시간(즉 0)에서 무한대까지의 독립 변수에 대한 함수값이 존재하는 함수에 적용된다. 라플라스 변환을 알고 있다면, 다음의 관계를 이용해서 푸리에 변환을 얻을 수 있다.

$$F(jw) = F(s)|_{s=jw} \tag{B.157}$$

▶▶ **예제** 그림 B.14와 같이 크기가 1이고 주기가 T [sec]인 사각 함수가 있다. 다음 두 경우에 대해 답하라.

1. $T = 4.0$ 초일 때, 푸리에 급수를 구하여라(그림 B.14).

2. $T = \infty$ 초일 때, 푸리에 변환을 구하여라(그림 B.15).

주기 함수의 기본 주파수는 다음과 같다.

$$w_1 = \frac{2\pi}{T} = \frac{2\pi}{4} = \frac{\pi}{2}[\text{rad/sec}] \tag{B.158}$$

$$= \frac{1}{T}[\text{Hz}] = 0.25[\text{Hz}] \tag{B.159}$$

푸리에 급수의 사인과 코사인 함수[$cos(w_n t)$, $sin(w_n t)$]의 주파수 성분은 단순히 기본 주파수(w_1)의 정수배로 표현된다.

$$w_n = n \cdot w_1 = n\frac{\pi}{2}; \quad n = 1, 2, 3, \ldots \tag{B.160}$$

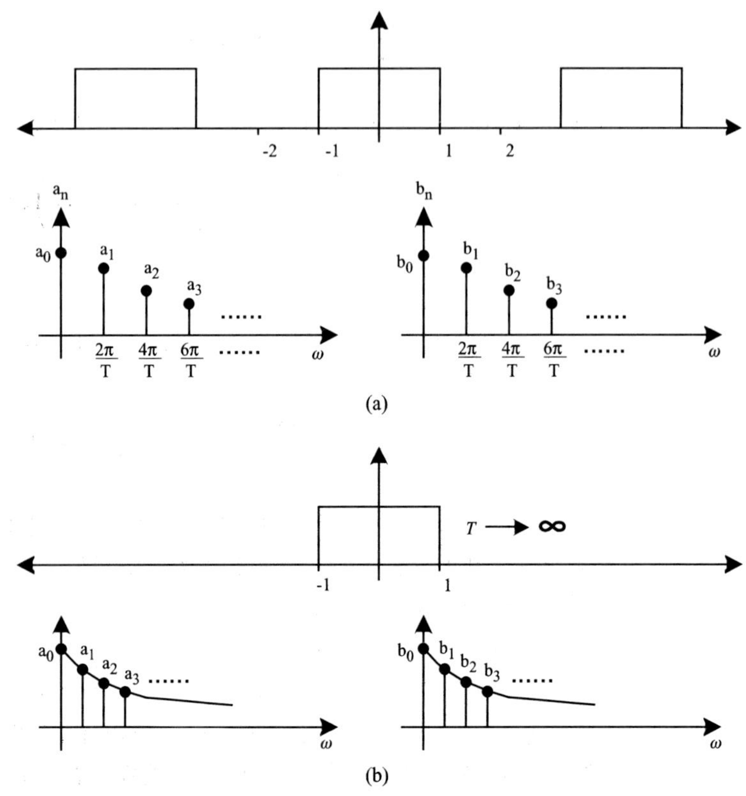

그림 B.15 ■ 비주기 함수의 푸리에 변환. (a) 주기 신호의 특별한 경우($T \to \infty$)의 비주기 신호, (b) 푸리에 급수의 특별한 경우의 푸리에 변환. 푸리에 급수는 불연속적인 주파수를 가지는 주기신호의 주파수 요소를 표현한다. 푸리에 변환은 연속 주파수의 함수를 가지는 비주기 신호의 주파수 요소를 표현한다.

$$= \frac{\pi}{2}, \pi, \frac{3\pi}{2}, \frac{4\pi}{2}, \frac{5\pi}{2}, \ldots . \tag{B.161}$$

다음 식으로부터 계수 a_0, a_n, b_n을 결정할 수 있으며, 각 사인과 코사인 함수의 크기를 나타낸다.

$$a_o = \frac{1}{2}\int_{-2}^{2} f(t)\,dt = \frac{1}{2}\int_{-1}^{1} 1 \cdot dt = \frac{1}{2}(t)|_{-1}^{1} = 1 \tag{B.162}$$

$$a_n = \frac{1}{2}\int_{-2}^{2} f(t) \cdot cos\left(\frac{\pi}{2}nt\right) \cdot dt\,; \quad n = 1, 2, 3, \ldots \tag{B.163}$$

$$= \frac{1}{2}\int_{-1}^{1} 1.0 \cdot cos\left(\frac{\pi}{2}nt\right) \cdot dt \tag{B.164}$$

$$= \frac{1}{2} \cdot \frac{2}{\pi n} \cdot sin\left(\frac{\pi}{2}nt\right)\Big|_{-1}^{1} \tag{B.165}$$

$$= \frac{1}{\pi n} \cdot (1 + 1) \tag{B.166}$$

$$= \frac{2}{\pi n} \tag{B.167}$$

$$b_n = \frac{1}{2}\int_{-2}^{2} f(t) \cdot sin\left(\frac{\pi}{2}nt\right) \cdot dt\,; \quad n = 1, 2, 3, \ldots \tag{B.168}$$

$$= \frac{1}{2}\int_{-1}^{1} 1.0 \cdot sin\left(\frac{\pi}{2}nt\right) \cdot dt \tag{B.169}$$

$$= -\frac{1}{2} \cdot \frac{2}{\pi n} cos\left(\frac{\pi}{2}nt\right)\Big|_{-1}^{1} \tag{B.170}$$

$$= -\frac{1}{2} \cdot \frac{2}{\pi n}(0 - 0) \tag{B.171}$$

$$= 0 \tag{B.172}$$

푸리에 급수를 사인과 코사인 함수의 합으로 생각할 수 있다면, 주기 함수는 불연속적인 주파수를 가짐을 알 수 있다.

$$f(t) = \frac{1}{2} + \frac{1}{\pi}\sum_{n=1}^{\infty}\frac{1}{n}cos\left(\frac{\pi}{2}nt\right); \quad n = 1, 2, 3, \ldots \tag{B.173}$$

푸리에 급수 성질에서 모든 기함수에 대해 $a_n = 0$이고, 모든 우함수에 대해 $b_n = 0$이다. 이 함수는 우함수이기 때문에 $b_n = 0$이다.

이제 비주기 함수(펄스)를 고려해보자. 펄스 함수의 푸리에 변환은 다음과 같이 얻을 수 있다.

$$F(jw) = \int_{-\infty}^{\infty} f(t) \cdot e^{-jwt} \cdot dt \tag{B.174}$$

$$= \int_{-1}^{1} 1.0 \cdot e^{-jwt} \cdot dt \tag{B.175}$$

$$= -\frac{1}{jw}e^{-jwt}|_{-1}{}^{1} \tag{B.176}$$

$$= -\frac{1}{jw}\left(e^{-jw} - e^{jw}\right) \tag{B.177}$$

$$= \frac{1}{jw}\left(-e^{jw} + e^{jw}\right) \tag{B.178}$$

$$= \frac{2}{w} \cdot sin(w) \tag{B.179}$$

위 식은 비주기 함수이고, 연속적인 주파수를 가지는 펄스의 푸리에 변환을 나타내고 있다.

$$B/A(w) = |G(jw)| \tag{B.199}$$

$$\psi(w) = tan^{-1}\left(\frac{Im(G(jw))}{Re(G(jw))}\right) \tag{B.200}$$

그러므로 다양한 주파수에서 안정한 LTI 시스템으로 정현파가 입력될 때의 정상 상태 응답은 허수축에 대한 시스템의 전달 함수와 같은 정보를 전한다. 이 복소 영역에서 계산된 전달 함수는 복소 평면의 전달 함수에 의해 전달된 모든 정보를 전한다. 이를 LTI 동역학 시스템의 주파수 응답이라 한다.

B.4.3 주파수 응답의 복소 영역 해석

주파수 응답은 정현파 입력의 정상 상태 응답에서 선형 시스템의 크기비와 위상차 또는 복소 영역에서 $s = jw$축에 따라 있는 전달 함수로 생각할 수 있다. 전달 함수가 안정할 경우에, 전달 함수 $G(jw)$는 $G(s)$의 전달 함수가 가지는 정보와 동일하다.

$$G(s)_{|s=jw} = G(jw) = |B/A(w)|e^{j\psi(w)} \tag{B.201}$$

한 주파수에서 전달 함수의 크기비는 영점에서의 위상 곱의 크기와 극에서의 위상 곱의 크기의 비와 같다.

$$G(jw) = K_1 \left.\frac{\Pi(s+z_i)}{\Pi(s+p_i)}\right|_{s=jw} \tag{B.202}$$

$$= K_1 \left|\frac{\Pi|jw+z_i|}{\Pi|jw+p_i|}\right| e^{j(\sum\psi_{z_i} - \sum\psi_{p_i})} \tag{B.203}$$

$$= |G(jw)|e^{j\psi(w)} \tag{B.204}$$

그러므로 위 식에 의해 다음의 관계가 성립한다.

$$|G(jw)| = K_1 \frac{\Pi|jw+z_i|}{\Pi|jw+p_i|} \tag{B.205}$$

$$\psi(w) = \left(\sum \psi_{z_i} - \sum \psi_{p_i}\right) \tag{B.206}$$

B.4.4 주파수 응답의 실험적 방법

그림 B.16에 표시한 시스템을 살펴보자. 이 시스템은 LTI 동역학 시스템처럼 작동하는 입력 신호 범위 안에서 가진되고 있다. 입력 신호의 크기와 위상을 결정할 수 있고, 그 응답의 크기를 측정할 수 있다고 가정하자.

주파수 응답을 얻기 위한 실험 절차는 다음과 같다.

1. A를 설정하고, 가진 주파수(w)를 w_0로 한다(즉 $w_0 = 0.001$).

2. 입력 신호를 가한다. $u(t) = Asin(wt)$

3. 과도 응답이 없어져서, 출력이 정상 상태에 도달하도록 충분히 기다린다.
4. $y(\mathrm{t}) = B \cdot sin(wt + \psi)$에서 응답의 B와 ψ를 측정한다.
5. $w, B/A, \psi$를 기록한다.
6. 주파수를 Δw 만큼 증가시키면서 우리가 관심있는 최대 주파수까지 위 과정을 반복한다. Δw는 w_0에서 w_{max}의 주파수 범위에서 주파수의 증가 정도를 나타낸다.
7. w에 대해 $B/A, \psi$의 그래프를 그린다.
8. B/A와 ψ를 w의 함수로 곡선 맞춤을 하고 유리 함수로써 주파수 응답의 수학적인 표현을 구한다.

B.4.5 주파수 응답의 도식적 표현

동역학 시스템의 주파수 응답은 주파수의 복소 함수로 간단하게 표현된다. 복소 함수는 여러 가지 그림으로 표현될 수 있다. 제어 시스템 연구에서는 다음 세 가지 방법이 널리 사용된다.

1. **보데(Bode) 선도:** $20log_{10}|G(jw)|$ 대 $log_{10}(w)$와 $Phase(G(jw))$ 대 $log_{10}(w)$를 그린다.
2. **나이퀴스트(Nyquist) 선도**(극 선도)**:** $G(jw)$의 복소 영역에 $Re(G(jw))$ 대 $Im(G(jw))$를 그린다. 여기서 w주파수는 곡선을 따라 매개변수화 된다.
3. **위상에 대한 로그 크기 선도:** $20log_{10}(G(jw))$ (y-axis) 대 $phase(G(jw))$ (x-$axis$)를 그린다. w 주파수는 곡선을 따라 매개변수화 된다.

복소 주파수 응답 함수를 도식적으로 그릴 때, 이 방법 말고도 다른 방법을 택할 수 있다. 단지 위 세 가지는 가장 많이 사용되는 표현 방법을 기술한 것이다. CAD 도구를 이용하면 주파수 응답을 위 세 가지 형태로 간단히 그릴 수 있다. 하지만, 전달 함수의 블록 선도를 직접 손으로 그릴 수 있는 능력도 설계상에 있어 아직도 강력한 도구로 여겨진다.

B.5 전달 함수와 충격 응답의 관계

입출력의 라플라스 변환과 관련이 있는 식을 전달 함수, 또는 선형 시간불변 시스템의 입출력 표현이라 한다. 전달 함수는 초기 조건의 영향을 받지 않는다. 하지만 초기 조건과 출력의 관계를 초기 조건이 출력에 영향을 주는 또 다른 전달 함수로 정의할 수 있다. 일반적으로 전달 함수는 그 자체만으론 입력과 출력의 관계를 나타낸다.

다음 상수 계수를 갖는 선형 미분 방정식의 라플라스 변환을 구하고 입출력 전달 함수와 초기 조건 출력 전달 함수를 구해보자. 다음 LTI 시스템 모델을 보자.

$$\ddot{y} + 3\dot{y} + 2y = 2\dot{u} + u \tag{B.207}$$

초기 조건은 $y_0 = y_0$, $\dot{y}(0) = \dot{y}_0$, $u(0) = u_0$라고 가정한다. 주어진 초기 조건과 입력 $u(t)$에 대한 시스템의 응답 $y(t)$는 라플라스 변환을 이용해서 구할 수 있다(그림 B.23).

$$L\{y(t)\} = y(s) \tag{B.208}$$

$$L\{u(t)\} = u(s) \tag{B.209}$$

$$L\{\dot{y}(t)\} = sy(s) - y(0) \tag{B.210}$$

$$L\{\dot{u}(t)\} = su(s) - u(0) \tag{B.211}$$

$$L\{\ddot{y}(t)\} = s^2 y(s) - \dot{y}(0) - sy(0) \tag{B.212}$$

위의 라플라스 변환 성질을 이용하면 상미분 방정식(Ordinary Differential Equation; O.D.E.)의 라플라스 변환을 얻을 수 있다.

$$(s^2 y(s) - \dot{y}(0) - sy(0)) + 3(sy(s) - y(0)) + 2y(s) = 2(su(s) - u(0)) + u(s) \tag{B.213}$$

$$(s^2 + 3s + 2)y(s) = (2s + 1)u(s) - 2u(0) + \dot{y}(0) + (s + 3)y(0) \tag{B.214}$$

입력과 초기 조건에 의한 응답의 라플라스 변환은 다음과 같다.

$$y(s) = \frac{2s+1}{s^2+3s+2}u(s) - \frac{2}{s^2+3s+2}u_0 + \frac{1}{s^2+3s+2}\dot{y}_0 + \frac{s+3}{s^2+3s+2}y_0 \tag{B.215}$$

$y(s)$는 어느 입력과 초기 조건에 대해 구해졌으며, 따라서 라플라스 역변환(즉 부분 분수 전개)을 통해 $y(t)$를 구할 수 있다. 초기 조건이 0이면, 응답은 다음과 같이 입력에 의해서만 정해진다는 점을 유의하자.

$$y(s) = \frac{2s+1}{s^2+3s+2}u(s) \tag{B.216}$$

일반적으로 $u(s)$와 $y(s)$ 사이의 관계는 전달 함수라 불리는 s의 유리 다항식으로 표현된다.

$$G(s) = \frac{y(s)}{u(s)} \tag{B.217}$$

$$y(s) = G(s)u(s) \tag{B.218}$$

이것은 입력에 따른 출력을 나타낸다.

특수한 경우 입력 $u(t)$가 단위 충격 함수 $\delta(t)$이면, 입력의 라플라스 변환은 $u(s) = 1$이 되며, $y(s) = G(s)$가 된다. 이는 LTI시스템의 전달 함수가 단위 충격 응답의 라플라스 변환임을 의미한다.

전달 함수와 단위 충격 응답은 각각 다음의 관계가 있다.

$$G(s) = L\{h(t)\} \tag{B.219}$$

$$h(t) = L^{-1}\{H(s)\} \tag{B.220}$$

이와 유사하게, 충격 응답의 푸리에 변환은 시스템의 주파수 응답과 같다.

$$G(jw) = F\{h(t)\} \tag{B.221}$$

$$= G(s)|_{s=jw} \tag{B.222}$$

$$h(t) = F^{-1}\{G(jw)\} \tag{B.223}$$

LTI 동역학 시스템의 전달 함수는 극(poles), 영점(zeros), 이득(상수)으로 구성되어 있다.

$$\{\text{전달 함수}\} = \{\{\text{극}\}, \{\text{영점}\}, \{\text{상수(이득)}\}\}$$

$$G(s) = K\frac{\prod(s+z_i)}{\prod(s+p_i)} \tag{B.224}$$

$$= K_{dc}\frac{\prod(s/z_i+1)}{\prod(s/p_i+1)} \tag{B.225}$$

여기서 전달 함수의 DC 이득 K_{dc}와 이득 K는 다음의 관계를 가진다.

$$K_{dc} = G(0) = K\frac{\prod z_i}{\prod p_i} \tag{B.226}$$

예를 들어 다음과 같은 전달 함수를 살펴보자.

$$G(s) = \frac{b(s)}{a(s)} = \frac{2s+1}{s^2+3s+2} \tag{B.227}$$

영점은 $G(s)$를 0으로 만드는 s 값이며, 이것은 $b(s)$가 0이 됨을 의미한다.

$$\{s \mid G(s) = 0 \ :\rightarrow b(s) = 0\} \rightarrow 2s+1 = 0 \rightarrow s = -\frac{1}{2} \quad (\text{영점}) \tag{B.228}$$

극은 $G(s)$를 무한대로 만드는 s 값이며, 이것은 $a(s)$가 0이 됨을 의미한다.

$$\{s \mid G(s) \rightarrow \infty \ :\rightarrow a(s) = 0\} \rightarrow s^2+3s+2 = 0 \rightarrow s = -1, -2 \quad (\text{극점}) \tag{B.229}$$

$G(s)$를 표현하는 또 다른 편리한 방법은 극, 영점, DC 이득을 사용하는 방법이다. DC 이득은 $s = 0$일 때, 전달 함수 $G(s)$의 값으로 정의된다. 다음의 전달 함수를 살펴보자.

$$G(s) = \frac{2s+1}{s^2+3s+2} \tag{B.230}$$

$$= \frac{2\left(s+\frac{1}{2}\right)}{(s+1)(s+2)} \tag{B.231}$$

$$= \frac{\left(\frac{s}{\frac{1}{2}}+1\right)}{2\left(\frac{s}{1}+1\right)\left(\frac{s}{2}+1\right)} \tag{B.232}$$

$$= \frac{1}{2}\left[\frac{\left(\frac{s}{\frac{1}{2}}+1\right)}{\left(\frac{s}{1}+1\right)\left(\frac{s}{2}+1\right)}\right] \tag{B.233}$$

일반적으로 전달 함수는 다음과 같이 표현할 수 있다.

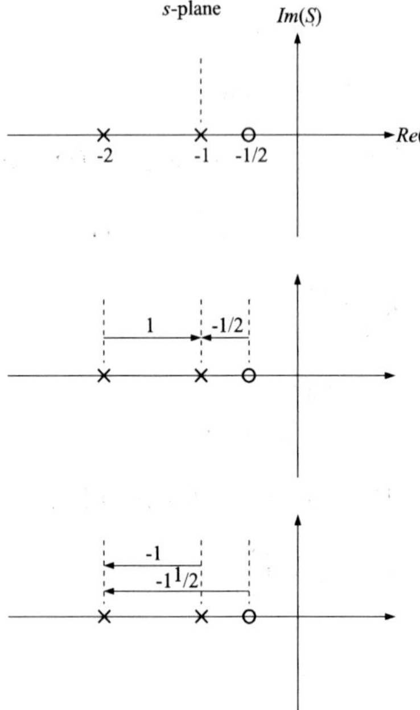

그림 B.17 ■ 라플라스 역변환에서의 유수와 유수값에서 영점들의 영향

$$G(s) = G(0)\frac{\prod_{i=1}^{m}\left(\frac{s}{z_i}+1\right)}{\prod_{i=1}^{n}\left(\frac{s}{p_i}+1\right)} \tag{B.234}$$

위의 전달 함수에 대한 시스템의 단위 충격 응답은 다음과 같다.

$$h(t) = L^{-1}\left\{\frac{2s+1}{s^2+3s+2}\right\} = \frac{2(s+1/2)}{(s+2)(s+1)} \tag{B.235}$$

$$= L^{-1}\left\{\frac{-1}{s+1}+\frac{3}{s+2}\right\} \tag{B.236}$$

$$= L^{-1}\left\{\frac{2\cdot(s+1/2)}{(s+1)(s+2)}\right\} \tag{B.237}$$

$$h(t) = -e^{-t}+3e^{-2t} \tag{B.238}$$

충격 응답에 대한 각 극의 분포는 전달 함수를 부분 분수 전개할 때 얻게 되는 극과 연관된 유수(residue)에 의해 결정된다. 각 극과 연관된 유수를 그림 B.17에 나타내었다. 각 극과 관련된 유수는 영점과 극에서 전달 함수의 이득(이 예제에서는 이득이 DC 이득 1/2이 아니라 2이다)을 곱한 극 위치까지의 벡터들의 비이다. LTI 시스템 응답에서 극과 영점의 영향을 예제를 통해 살펴보자.

▶▶ **예제** 초기 조건이 0이 아닌 LTI 동역학 시스템의 응답을 살펴보자.

$$y(s) = \frac{s+3}{s^2+3s+2}y(0^+) \tag{B.239}$$

$$y(0^+) = 1 \tag{B.240}$$

PFE법을 사용한 라플라스 역변환을 통해 시간 영역의 응답을 구할 수 있다. 분모의 근은 -1과 -2이다. 따라서, $y(s)$의 PFE는 다음과 같다.

$$y(s) = \frac{k_1}{(s+1)} + \frac{k_2}{(s+2)} \tag{B.241}$$

여기서

$$k_1 = \lim_{s \to -1} (s+1)y(s) = \left.\frac{s+3}{s+2}\right|_{s=-1} = 2 \tag{B.242}$$

$$k_2 = \lim_{s \to -2} (s+2)y(s) = \left.\frac{s+3}{s+1}\right|_{s=-2} = -1 \tag{B.243}$$

이다. k_1과 k_2를 PFE에 대입하면,

$$y(s) = \frac{2}{s+1} - \frac{1}{s+2} \tag{B.244}$$

라플라스 역변환하면,

$$y(t) = 2e^{-t} - e^{-2t} \tag{B.245}$$

영점과 극이 너무 가까이에 위치한다면, 그 극에 의한 유수(k_i)는 매우 작은 값을 가진다는 점을 주의하자. 이때 그 극이 응답에 미치는 영향은 작다(그림 B.18).

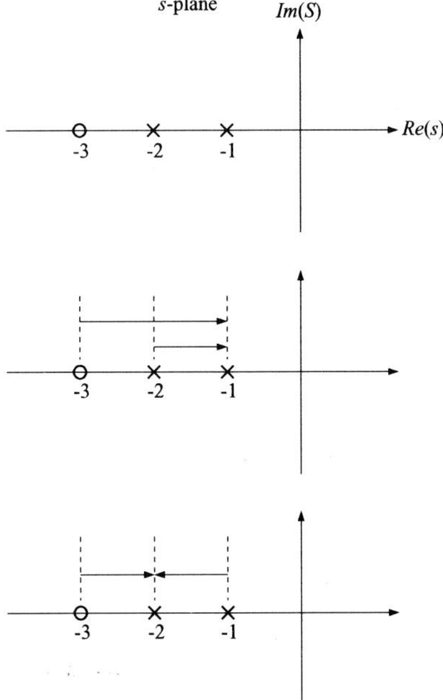

그림 B.18 ■ 라플라스 역변환에서의 유수의 실례

B.6 합성(CONVOLUTION)

선형 시스템은 중첩(superposition)의 원리가 적용된다. 입력 $u_1(t)$에 대한 선형 시스템의 응답이 $y_1(t)$이고, 입력 $u_2(t)$의 응답이 $y_2(t)$이면, 입력 $c_1u_1(t) + c_2u_2(t)$의 시스템의 응답은 $c_1y_1(t) + c_2y_2(t)$이다. 단위 충격 입력이 가해지는 LTI시스템의 응답은 충격 응답이라 하며 일반적으로 $h(t)$로 표기한다. 충격 응답의 라플라스 변환은 시스템의 전달 함수이다.

일반적인 입력 함수(부분적으로 연속이며, 지수차수)는 불연속 충격의 합으로 표현가능하다. 그러므로 LTI 시스템의 응답은 충격들의 응답의 합으로 얻어질 수 있다(그림 B.19). 다음은 일반적인 입력 $u(t)$를 충격 급수 합으로 나타낸 것이다.

$$u(t) = \sum_{i=0}^{\infty} A_i \delta(t - i.\Delta t) \tag{B.246}$$

응답은 중첩의 성질을 이용해서 계산된다.

$$y(t) = \sum_{i=0}^{\infty} A_i h(t - i\,\Delta t) \tag{B.247}$$

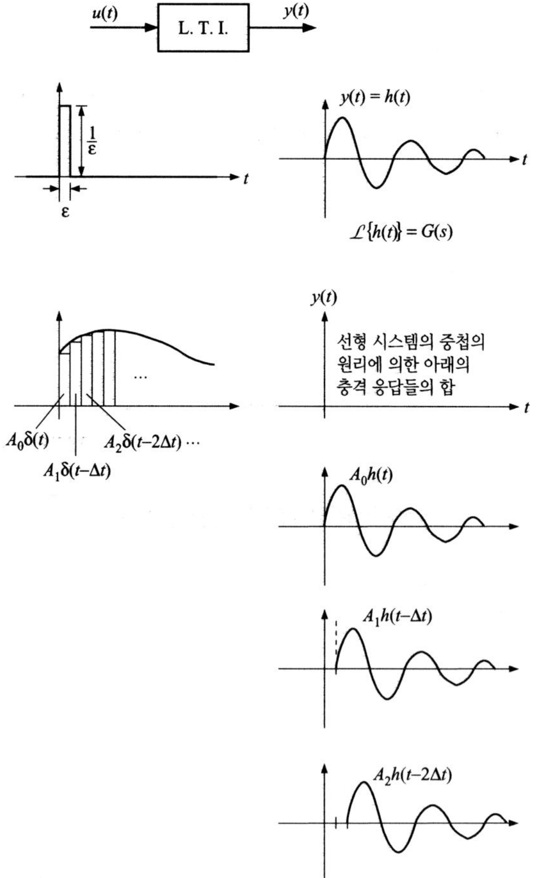

그림 B.19 ■ 선형 시간불변 시스템에 대한 합성의 실례

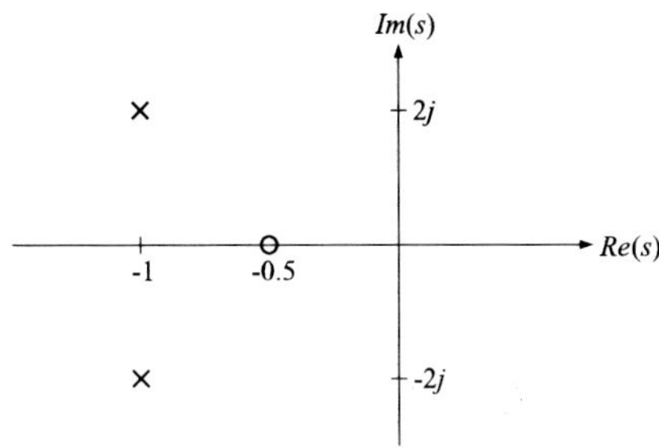

그림 B.20 ■ 전달 함수 $H(s)$의 극과 영점 ($H(s) = \frac{2s+1}{s^2+2s+5}$).

제한적으로 Δt가 0에 수렴함에 따라, 위 식은 다음과 같이 급수가 적분으로 대체된다.

$$y(t) = \int_0^t h(t-\tau)u(\tau)d\tau \tag{B.248}$$

이는 라플라스 변환에서 거론한 합성 성질과 동일하다. 위 식의 양변에 라플라스 변환을 취하면, 다음의 식을 얻을 수 있다(라플라스 변환의 합성 정리, 성질 9).

$$y(s) = G(s)u(s) \tag{B.249}$$

▶▶ **예제** 다음의 전달 함수를 고려해보자(그림 B.20).

$$G(s) = \frac{2s+1}{s^2+2s+5} \tag{B.250}$$

전달 함수의 영점은 $-\frac{1}{2}$이고 극은 $-1 \pm 2j$이다. 그러므로 $G(s)$를 부분 분수 전개하면 다음과 같다.

$$G(s) = \frac{k_1}{s+1-2j} + \frac{k_1^*}{s+1+2j} \tag{B.251}$$

여기서 $k_1 = lim_{s\to-1+2j}[s-(-1+2j)]$

$$k_1 = \frac{-1+4j}{4j} = \sqrt{1+0.25^2}e^{jtan^{-1}(0.25)} \tag{B.252}$$

참고:

$$z = x + yj = \sqrt{x^2+y^2}e^{jtan^{-1}(\frac{y}{x})} \tag{B.253}$$

$$k_1^* = \sqrt{1+0.25^2}e^{-jtan^{-1}(0.25)} \tag{B.254}$$

선형 시간불변 시스템의 단위 충격 응답은 다음과 같이 주어진다.

$$h(t) = L^{-1}\{H(s)\} \tag{B.255}$$

$$= \sqrt{1+0.25^2}(e^{jtan^{-1}(0.25)}e^{-t}e^{2tj} + e^{-jtan^{-1}(0.25)}e^{-t}e^{-2tj}) \tag{B.256}$$

$$= \sqrt{1+0.25^2}e^{-t}cos\,(2t+\theta) \tag{B.257}$$

$$= \sqrt{1+0.25^2}e^{-t}cos\,(2t+14.03^o); \quad \theta = tan^{-1}(0.25) = 14.03^o \tag{B.258}$$

B.7 미분 방정식 복습

B.7.1 정의

동역학 시스템은 미분 방정식으로 나타낼 수 있다. 미분 방정식은 독립 변수에 대해서 종속변수의 미분항을 포함하는 다음과 같은 방정식이다.

$$\frac{dy(t)}{dt} + ay(t) = 0 \tag{B.259}$$

여기서 y는 종속 변수, t는 독립 변수이다. 독립 변수가 하나인 경우 미분 방정식은 **상미분 방정식**(O.D.E; ordinary differential equation)이라 한다. 만약 2개 이상의 독립 변수가 존재한다면, 그 미분 방정식은 **편미분 방정식**(P.D.E; partial differential equation)이라 한다. 종속변수와 종속 변수의 미분항이 방정식에서 비선형 함수의 형태를 보이면, 그 미분 방정식은 **비선형**이다. 그렇지 않으면 **선형**이다. 다음의 상미분 방정식을 살펴보자.

$$\frac{d^2y(t)}{dt^2} + \left(\frac{dy(t)}{dt}\right)^2 + ay(t) = 0 \tag{B.260}$$

이 미분 방정식은 두 번째 항에 의해 비선형이다.

$$\frac{d^2y(t)}{dt^2} + 2\left(\frac{dy(t)}{dt}\right) + ay(t) = 0 \tag{B.261}$$

$y, dy/dy, d^2y/dt^2$가 선형이므로 위 식은 선형 미분 방정식이다.

방정식에서 최고차 미분항은 미분 방정식의 차수를 의미한다. 그리고 n차 미분 방정식은 n개의 임의의 상수들을 가지고 있다. 이 상수들은 종속 변수에 대한 n개의 조건에 의해 결정된다.

B.7.2 1차 상미분 방정식

모든 n차 상미분 방정식은 n개의 1차 상미분 방정식으로 표현할 수 있다. 상미분 방정식을 표현하는 방법은 무수히 많이 존재한다. 특히 미분 방정식을 상태 공간 해석이나 1차 상미분 방정식의 집합으로 표현하는 방법이 많이 쓰이고 있다.

다음의 n차 비선형 상미분 방정식을 살펴보자.

$$\frac{d^n x(t)}{dt^n} = g(t, x(t), x(t)^{(1)}, x(t)^{(2)}, \ldots, x(t)^{(n-1)}) \tag{B.262}$$

n개의 새로운 변수를 다음과 같이 정의한다.

$$x_1(t) = x(t) \tag{B.263}$$

$$x_2(t) = x(t)^{(1)} = \frac{dx(t)}{dt} \tag{B.264}$$

$$x_3(t) = x(t)^{(2)} = \frac{d^2x(t)}{dt^2} \tag{B.265}$$

$$\vdots$$

$$x_n(t) = x(t)^{(n-1)} = \frac{dx(t)^{n-1}}{dt^{n-1}} \tag{B.266}$$

그러면

$$\dot{x}_1 = x_2 \tag{B.267}$$

$$\dot{x}_2 = x_3 \tag{B.268}$$

$$\vdots$$

$$\dot{x}_{n-1} = x_n \tag{B.269}$$

$$\dot{x}_n = g(t, x, x^{(1)}, x^{(2)}, \ldots, x^{(n-1)}) \tag{B.270}$$

따라서 n차 상미분 방정식은 n개의 1차 상미분 방정식으로 벡터 형태로 표현할 수 있다.

$$\underline{\dot{x}} = \underline{f}(t, \underline{x})$$

여기서

$$\underline{x} = [x_1, x_2, \ldots, x_{n-1}, x_n]^T \tag{B.271}$$

$$\underline{f} = [x_2, x_3, \ldots, x_n, g(t, \underline{x})]^T \tag{B.272}$$

위 첨자 T는 벡터의 전치(transpose)를 의미한다.

어떠한 변환 T도 새로운 1차 상미분 방정식의 집합으로 바꿔주는 변환 T가 무수히 많기 때문에, n차 상미분 방정식을 n개의 1차 상미분 방정식으로 바꾸는 방법은 매우 많이 있다.

다음의 n차 상미분 방정식을 고려해보자.

$$a_0(t)\frac{d^n x}{dt^n} + a_1(t)\frac{d^{n-1}x}{dt^{n-1}} + \cdots + a_{n-1}(t)\frac{dx}{dt} + a_n(t)x(t) = r(t)$$

앞서 설명한 방법을 이용해서 위 상미분 방정식을 n개의 1차 상미분 방정식으로 표현할 수 있다.

$$\underline{\dot{x}}(t) = [A(t)]\underline{x}(t) + \underline{B}(t)\underline{r}(t)$$

여기서

$$A(t) = \begin{bmatrix} 0 & 1 & 0 \ldots .0 \\ 0 & 0 & 1 \quad ..0 \\ \ldots .. & & \\ -a_n(t) & -a_{n-1}(t) & \ldots -a_1(t) \end{bmatrix} \tag{B.273}$$

$$B(t) = \begin{bmatrix} 0 \\ 0 \\ \cdot\cdot \\ \cdot\cdot \\ 1/a_0(t) \end{bmatrix} \tag{B.274}$$

B.7.3 상미분 방정식의 해의 존재와 유일성

비선형 상미분 방정식 다음의 일반적인 비선형 상미분 방정식을 고려해보자.

$$\frac{dx}{dt} = f(x,t); \quad x(t_0) = x_0 \text{ 로 주어진다면} \tag{B.275}$$

$f(x, t)$가 연속이고, $|t - t_0| < \delta_1$, $|x - x_0| < \delta_2$ 인 지점에서 $f(x, t)$의 x에 관한 편도함수도 연속이면, 그 지점의 유일해가 존재한다. 이 정리는 n차 상미분 방정식이 n개의 1차 상미분 방정식으로 표현할 수 있으므로, n차 상미분 방정식에도 적용이 가능하다. 그리고 벡터 함수 $\underline{f}$와 벡터 상태변수 $\underline{x}$에 대해서도 앞의 정리가 유효하다.

선형 상미분 방정식 다음의 n차 선형 변수형 계수 미분 방정식을 고려해보자.

$$a_0(t)\frac{d^n x}{dt^n} + a_1(t)\frac{d^{n-1}x}{dt^{n-1}} + \cdots + a_{n-1}(t)\frac{dx}{dt} + a_n(t)x = r(t) \tag{B.276}$$

$a_i(t)$, $r(t)$는 $|x - x_0| < \delta_2$ 인 지점에서 연속이면 n개의 초기 조건 $x(t_0)$, $x'(t_0)$, . . . , $x^{(n-1)}(t_0)$을 만족하는 해가 존재한다.

B.8 선형화

복잡한 높은 차수의 선형화에 대해 공부해보자. 먼저 비선형 함수의 선형화에 대해 살펴보고, 1차 비선형 미분 방정식의 선형화와 n개의 1차 비선형 미분 방정식의 선형화를 알아보자.

B.8.1 비선형 함수의 선형화

다음의 선형 함수 $y = ax$ 또는$y = ax + b$를 고려해보자(그림 B.21). 선형 함수가 원점을 지나지 않는다면, 새로운 변수를 도입해서 입출력 관계가 원점을 지나도록 정의한다.

$$y^* = y - b \tag{B.277}$$

$$= ax \tag{B.278}$$

독립 변수와 종속 변수 사이의 함수가 비선형이라면,

$$y = y(x) \tag{B.279}$$

위 식은 근사점 (x_o, y_o)에 대해 선형 함수로 근사화시킬 수 있다. 선형 함수는 근사점 (x_o, y_o)에서 테일러 급수 전개를 해서, 2차 이상의 항을 무시하면 얻을 수 있다. 독립 변수와 종속 변수의 값을 임의의 값과 미소 변화의 합으로 표현해보자.

$$x = x_o + \Delta x \tag{B.280}$$

$$y(x) = y(x_o) + \Delta y(x_o + \Delta x) \tag{B.281}$$

근사점 (x_o, y_o)에 대한 테일러 급수 전개는 다음과 같다.

$$y(x) = y(x_o) + \left.\frac{dy(x)}{dx}\right|_{x_o}(x - x_o) + \left.\frac{d^2y(x)}{dx^2}\right|_{x_o}\frac{(x - x_o)^2}{2!} + \cdots \tag{B.282}$$

2차 이상의 항을 무시하면, 점 (x_o, y_o)에 근접하는 영역에서만 유효한 근사가 된다.

$$y(x) = y(x_o) + y'(x_o)(x - x_o) \tag{B.283}$$

점 (x_o, y_o)의 미소 변화는 다음의 관계를 가진다.

$$y(x) - y(x_o) = y'(x_o)(x - x_o) \tag{B.284}$$

$$\Delta y(x) = m \cdot \Delta x \tag{B.285}$$

여기서 $m = y'(x_o)$

근사점에 가까운 점일수록, 더 정확한 근사가 이루어질 수 있다. 반대로 근사점에서 멀어질수록, 오차가 더 커진다(그림 B.21).

이러한 개념을 비선형 미분 방정식에도 적용 가능하다. 상미분 방정식의 모든 비선형 함수는 근사점에 대한 1차 테일러 급수 전개를 통해 근사화될 수 있다.

특정 조건에 대해 선형화된 비선형 대수 함수는 비선형 함수의 1차 도함수와 근사점의 함수값을 포함하고 있다. 다변수 비선형 함수에 대해 선형화할 때는 각 독립 변수에 대해서 1차 편도함수를 얻어야 한다. $y = f(x)$가 변수 x의 비선형 함수라 하고, $z = h(x_1, x_2, x_3)$은 변수 x_1, x_2, x_3의 비선형 함수라 할 때, 각 근사점 x_0와 (x_{10}, x_{20}, x_{30})에 대한 이 함수들의 선형 근사식을 구해보자.

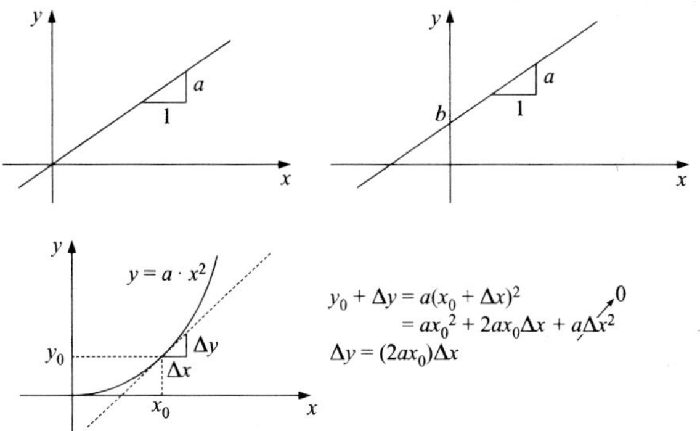

그림 B.21 ■ 함수의 선형화

$$\dot{x}_o(t) + \Delta\dot{x}(t) = f(x_o(t), u_o(t)) + \left.\frac{\partial f}{\partial x}\right|_{[x_o(t), u_o(t)]} \Delta x + \left.\frac{\partial f}{\partial u}\right|_{[x_o(t), u_o(t)]} \Delta u \tag{B.306}$$

근사값이 서로 삭제되므로,

$$\Delta\dot{x}(t) = \left.\frac{\partial f}{\partial x}\right|_{[x_o(t), u_o(t)]} \Delta x + \left.\frac{\partial f}{\partial u}\right|_{[x_o(t), u_o(t)]} \Delta u \tag{B.307}$$

$$= a(t)\Delta x(t) + b(t)\Delta u(t) \tag{B.308}$$

위 선형 근사식은 원래의 비선형 방정식의 근사식이며, 근사점에 근접한 영역에서만 정확하다. 근사점에서 멀어질수록 오차는 커진다.

이러한 개념은 다차원 시스템에도 곧바로 확장시킬 수 있다.

B.8.3 다차원 비선형 미분 방정식의 선형화

다음의 n개의 1차 비선형 미분 방정식을 고려해보자(n차 미분 방정식은 n개의 1차 미분 방정식으로 표현될 수 있다).

$$\underline{\dot{x}} = \underline{f}(\underline{x}, \underline{u}) \tag{B.309}$$

$$\underline{x}^T = [x_1, x_2, \ldots, x_n] \tag{B.310}$$

$$\underline{u}^T = [u_1, u_2, \ldots, u_m] \tag{B.311}$$

$$\underline{f}^T = [f_1, \ldots, f_n] \tag{B.312}$$

$$\dot{x} + \Delta\dot{x} = f(x_0, u_0) + \left.\frac{\partial f}{\partial x}\right|_{x_0, u_0} \Delta x + \left.\frac{\partial f}{\partial x}\right|_{x_0, u_0} \Delta u + \cdots$$

$$\Delta\dot{x} = \left.\frac{\partial f}{\partial x}\right|_{x_0, u_0} \Delta x + \left.\frac{\partial f}{\partial u}\right|_{x_0, u_0} \Delta u \tag{B.313}$$

$$\Delta\dot{x} = [A]\Delta x + [B]\Delta u \tag{B.314}$$

여기서 행렬의 각 요소는 다음과 같다.

$$[A_{ij}] = \left.\frac{\partial f_i}{\partial x_j}\right|_{x_0, u_0} \tag{B.315}$$

$$[B_{ij}] = \left.\frac{\partial f_i}{\partial u_j}\right|_{x_0, u_0} \tag{B.316}$$

선형화는 테일러 급수의 2차 이상의 항이 무시할 수 있을 정도인 작동 조건에 대해 유효하다. 근사점이 평형점인 경우, 즉 (x_o, u_o)가 상수이면, A와 B 행렬은 상수이다. 행렬 A와 B가 상수인 미분 방정식으로 표현되는 동적 시스템을 선형 시간불변(LTI; linear time invariant) 시스템이라 한다. 근사점의 경로가 시간의 함수로 정의되면, 즉 평형점이 아니면

$(x_o(t), u_o(t))$ 또한 시간의 함수이다. 따라서 행렬 A와 B는 시간의 함수가 된다. 이러한 시스템은 선형 시간변형(LTV; linear time variant) 시스템이라 한다.

```
% linear0.m
%
% Numerical linearizarion example using Matlab.
%

x0 = [ pi/2 0.0 ]' ;
     u0 = [ 0.0 ]  ;

     [A,B] = linear1('pendulum', x0, u0) ;

%
%

function [A,B] = linear1(Fname, x0, u0)
%
% Given: nonlinear function f(x,u)
%        nominal condition x0, u0
%
% Calculate linearized equation matrices A, B
%

n = size(x0) ;
     m = size(u0) ;

     delta = 0.0001 ;
     x = x0 ;
     u = u0 ;

    for j=1:n
      x(j) = x(j) + delta;
      A(:,j) = (feval(Fname,x,u)-feval(Fname,x0,u0))/delta;
      x(j) = x(j) - delta ;
    end

    for j=1:m
      u(j) = u(j) + delta;
      B(:,j) = (feval(Fname,x,u)-feval(Fname,x0,u0))/delta;
      u(j) = u(j) - delta ;
    end

%
%

function xdot=pendulum(x,u)
%
% Pendulum dynamic model: nonlinear model.
```

```
%
    g = 9.81 ;
    l = 1.0 ;
    xdot = [ x(2)
             - (g/l)*sin(x(1)) + u] ;
}
```

B.9 상미분 방정식의 수치적 해와 동적 시스템의 시뮬레이션

해석적 해 방법은 상수 계수를 가지는 선형 미분 방정식에서만 얻을 수 있다. 그리고 몇몇 특수한 형태의 1차나 2차 미분 방정식의 해를 해석적인 방법을 통해 구할 수 있다. 모든 실용적인 경우에 대해, 공학 문제의 해는 수치적인 방법을 통해서 구할 수 있다.

동적 시스템 동작은 상미분 방정식의 수학적 모델의 해를 구함으로써 얻을 수 있다. 상미분 방정식의 해석적 해는 선형 상미분 방정식과 매우 단순한 비선형 방정식에서만 가능하다. 그러므로 복잡한 동적 시스템의 시간 영역 응답은 수치적 해석으로 풀어야 한다. 주로 상미분 방정식을 시간에 대해 적분을 함으로써 수치적 해석를 구한다. 수치 적분은 미분 방정식의 미분항을 다양한 방법으로 근사화해서 각 구간에 대해 상미분 방정식을 적분하는 것이다(오일러 근사, 사다리꼴 근사, 룽게 쿠타 근사 등). 먼저 일반적인 비선형 상미분 방정식의 다양한 수치 적분 방법을 알아보자.

$$\dot{\underline{x}} = \underline{f}(\underline{x}, \underline{u}, t) \tag{B.317}$$

$$\underline{x}(t_0) = \underline{x}_0, \quad \underline{u}(t)\ \text{가 주어진다면} \tag{B.318}$$

$u(t)$를 결정하기 위하여 디지털 제어기로 제어되는 동적 시스템의 시간 영역에서의 시뮬레이션을 살펴보자.

B.9.1 상미분 방정식의 수치 해석 방법

다음에 1차 비선형 상미분 방정식과 초기 조건, 입력이 주어졌을 때, 상미분 방정식의 해를 구해보자.

$$\dot{\underline{x}} = \underline{f}(\underline{x}, \underline{u}; t) \tag{B.319}$$

$$\underline{x}(t_0) = \underline{x}_0, \quad \text{초기조건} \tag{B.320}$$

$$\underline{u}(t)\ \ \text{가 주어진다면} \tag{B.321}$$

수치 적분은 미분 방정식의 근사해를 구할 수 있게 해준다. 해가 비록 근사해이지만, 오차를 무시할 수 있을 정도로 작게 계산할 수 있다. 종속 변수의 미분항을 유한 차분으로 근사하는 것이 가장 중요하다. 다음 절에서는 다양한 미분항의 근사 방법을 알아보도록 한다.

B.9.2 상미분 방정식의 수치적 해

오일러(Euler)법 오일러 근사법은 여러 근사법 중에서 가장 단순한 방법이다. 기호 표시의 편이를 위해서 x, f, u 변수의 밑줄을 생략하기로 한다. 단, 변수 x, f, u는 벡터로 간주한다. 주어진 시간에서 종속 변수의 미분은 시간 간격으로 나눈 종속 변수의 차분으로 근사화할 수 있다(그림 B.23).

$$\dot{x} = \frac{dx}{dt} \simeq \lim_{\Delta t \to 0^+} \frac{x(t+\Delta t) - x(t)}{\Delta t} \tag{B.322}$$

$$x(t+\Delta t) = x(t) + \dot{x}\Delta t \tag{B.323}$$

$$x(t+\Delta t) = x(t) + f(x, u; t)\Delta t \tag{B.324}$$

여기서 Δt는 샘플링 간격이다. 비록 가장 효율적이고 정확한 방법은 아니지만, 비선형 미분 방정식의 해를 구할 때 이 방법을 사용할 수 있다. 주어진 초기 조건을 가지고 $f(x_0, u_0; t_0)$를 계산할 수 있으며, $x(t_0 + \Delta t)$를 다음과 같이 구할 수 있다.

$$x(t_0+\Delta t) = x(t_0) + f(x_0, u_0, t_0)\Delta t \tag{B.325}$$

이와 같이 새로 계산된 $x(t_0 + \Delta t)$ 값을 이용해서, $x(t_0 + 2\Delta t)$ 값을 계산할 수 있다.

$$x(t_0+2\Delta t) = x(t_0+\Delta t) + f(x, u, t)\Delta t \tag{B.326}$$

여기서 $f(x, u, t)$는 $(t_0 + \Delta t)$에서의 함수값이다. 이러한 과정을 원하는 구간까지 계속 반복한다.

룽게 쿠타(Runge-Kutta)법 4차 룽게 쿠타 수치 적분법은 해의 정확성과 적분법의 복

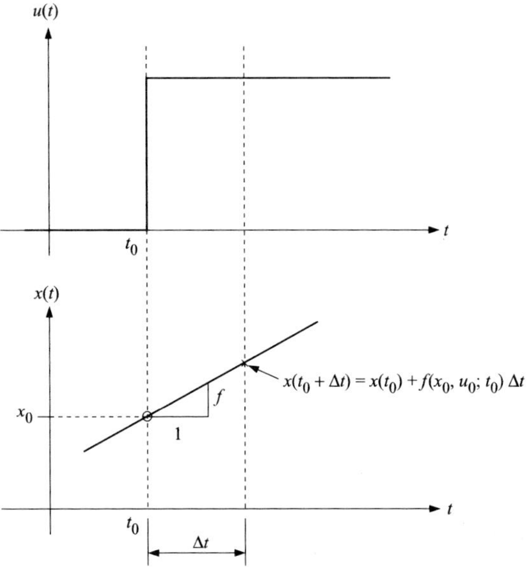

그림 B.23 ■ 상미분 방정식의 해에 대한 오일러법

잡성 사이의 가장 적절한 절충안적인 방법이다. 시간 간격이 매우 작으면, 두 방법을 이용해서 구한 해는 거의 일치한다. 위와 같은 문제에 대한 룽게 쿠타 4차 근사는 다음과 같다(그림 B.24).

$$x(t_i + \Delta t) = x(t_i) + \frac{1}{6}(k_1 + 2k_2 + 2k_3 + k_4) \tag{B.327}$$

여기서

$$k_1 = \Delta t \cdot f(t_i; x(t_i), u(t_i)) \tag{B.328}$$

$$k_2 = \Delta t \cdot f\left(t_i + \frac{\Delta t}{2}; x(t_i) + \frac{1}{2}k_1, u\left(t_i + \frac{\Delta t}{2}\right)\right) \tag{B.329}$$

$$k_3 = \Delta t \cdot f\left(t_i + \frac{\Delta t}{2}; x(t_i) + \frac{1}{2}k_2, u\left(t_i + \frac{\Delta t}{2}\right)\right) \tag{B.330}$$

$$k_4 = \Delta t \cdot f(t_i + \Delta t; x(t_i) + k_3, u(t_i + \Delta t)) \tag{B.331}$$

B.9.3 동적 시스템의 시간 영역 시뮬레이션

(a) 아날로그 제어기(그림 B.25)나 (b) 디지털 제어기(그림 B.26)가 내재된 동적 시스템의 디지털 컴퓨터 시뮬레이션을 위한 프로그램 구조를 살펴보자.

(a) 아날로그 제어기가 내재된 동적 시스템(그림 B.25): 이 시스템의 신호는 시간에 대해 연속적이며, 실제로 신호의 샘플링은 없다. 수치 시뮬레이션에서만 시스템의 신호를

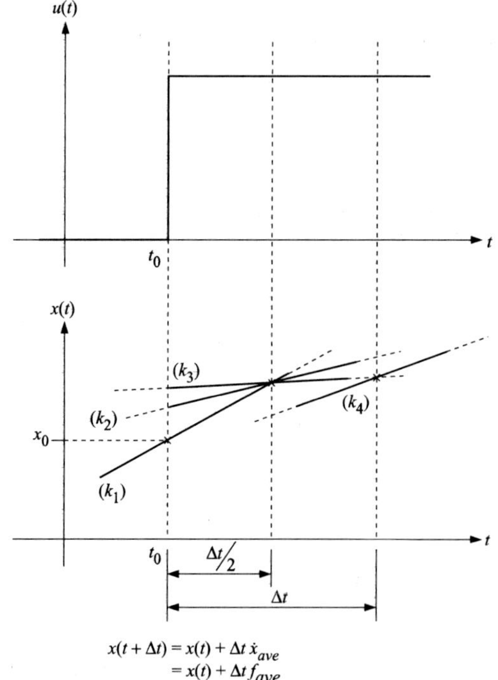

그림 B.24 ■ 4차 룽게 쿠타 유한 차분법

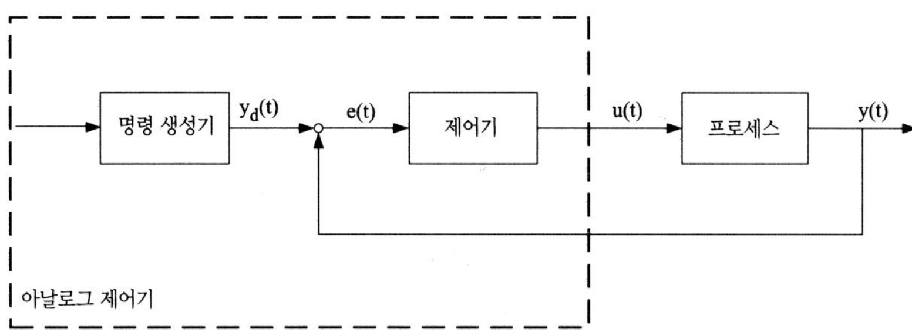

그림 B.25 ■ 피드백 제어 시스템: 아날로그 제어기 및 프로세스

샘플링한다. 제어기와 프로세스 신호의 정확도를 위해서 두 신호의 샘플링률이 같아야 한다. 상미분 방정식의 해를 구하는 수치 알고리즘은 적분 구간이 주어진 값보다 작은 경우에 지역 오차를 보장하기 위해 한 구간의 크기를 자동으로 조절한다. 이러한 경우에 제어기의 샘플링률을 프로세스와 같게 유지하기 위해서는 아날로그 제어로 시뮬레이션을 해야 하며, 제어기 함수는 반드시 프로세스가 요청해야 한다. 따라서 매시간마다 적분 경로는 프로세스의 동적 모델을 요청하고 프로세스는 제어기의 경로를 요청하게 된다.

(b) 디지털 제어기가 내재된 동적 시스템(그림 B.26): 이 시스템의 경우 2개의 샘플링 주기가 있다. 하나(T_{int})는 실제로 연속 프로세스가 정확하게 시뮬레이션되기 위해 필요한 수치 적분의 정확도에 따라 결정된다. 다른 하나($T_{control}$)는 실시간으로 작동되기 위한 디지털 제어기의 샘플링 주기이다. 거의 모든 디지털 제어기는 Z.O.H.(Zero Order Hold)형 D/A 변환기와 연결된다. 따라서 각각의 샘플링 주기로 제어 상태가 일정하게 유지된다. 정확히 실제와 동일하게 시뮬레이션하기 위해서, 제어 함수는 매시간 간격마다 갱신된 제어 신호를 보내야 한다. 제어 신호값은 Z.O.H.형 D/A 변환기를 시뮬레이션하기 위해 샘플링 간격 동안 일정하게 유지되어야 한다. 요구되는 수치 정확도에 따라 달라질 수 있지만 프로세스는 이 시간 동안 한번 이상 신호를 보내야 한다. 일반적으로 적분 간격은 제어 샘플링 간격의 정수배이다{($T_{control} = n\, T_{int}$; $n = 1, 2, \ldots$}.

- 시뮬레이션 프로그램
  - 모듈을 초기화한다.
  - 디지털 제어기를 시뮬레이션할 경우: 매 $T_{control}$ 주기마다 제어 루프를 작동하고 제어 신호를 요청하고 입력 신호를 받는다.

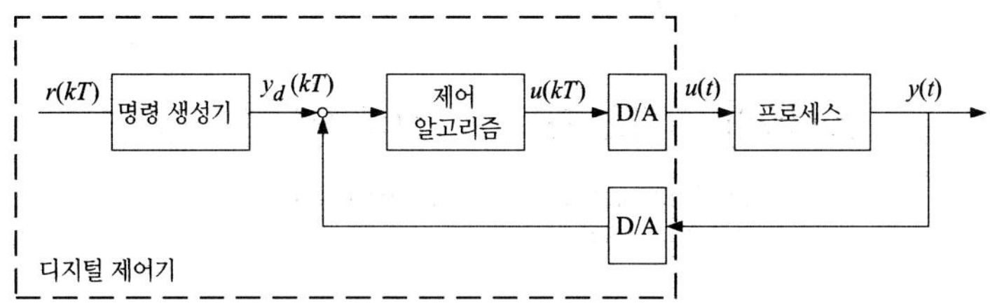

그림 B.26 ■ 디지털 제어 시스템: 프로세스는 아날로그, 제어기는 디지털

  * 시뮬레이션 루프: T_{int}
    ODE 해석기를 요청한다.
  * 다음
  – 다음(디지털 제어기를 시뮬레이션할 경우)
- 제어기
  – 요구 응답(명령 신호)
  – 센서: $y = g(x)$
  – 계산 $u = \ldots\ldots$
- *O.D.E.* 해석기
  – 입력: $t, x, u, \Delta t$, 동적 프로세스
  – 아날로그 제어기를 시뮬레이션할 경우, 아날로그 제어 함수를 이곳으로 요청한다.
  – 프로세스를 요청해서 $\dot{x}$을 구한다.
  – 출력: $x(t + h)$
- 동적 프로세스
  – $\dot{x} = f(x, u; t)$

시뮬레이션 프로그램의 구조는 아래에 상세하게 나타내었다.

- 시스템 매개변수들을 초기화한다.
  – t_0, t_f - 시뮬레이션의 초기와 마지막 시간
  – x_0 - 초기 상태
  – t_{sample}, t_{int} - 제어 루프 갱신 시간(샘플링 시간), 적분 구간 간격
- 제어기를 초기화한다.
  – 제어기 매개변수, 즉 이득, 비선형 보상 함수
  – 제어기 초기 조건, 즉 관측기 초기 상태
- 제어 샘플링 주기의 루프(디지털 제어기로 가정)
  – 시뮬레이션 루프: $t_0, t_0 + t_{sample}, \ldots, t_f$
  – 제어 계산: u
  – 제어 샘플링 주기 동안 시스템을 시뮬레이션하는 루프를 시작한다.
  – ODE 해석기
  – 루프 끝
  – 루프 끝
- 루프 끝
- 출력 결과

*Matlab*을 이용한 동적 시스템의 시뮬레이션

```
/* Implementation of dynamic system simulation program
   using MATLAB */

% mass_s.m
```

```
%
% simulates a continuous time dynamic system using
% 4 th order Runga-Kutta integration algorithm.
%
%     dynamic system: mass-force system
%     controller : PD control algorithm
%
% Initialize simulation...
%.....Dynamic system .....

    t0 = 0.0 ;
    tf = 4.0 ;
    t_sample = 0.01 ;
    t_int = 0.005 ;
    x = [ 0.0 0.0 ]' ;
    x_out = x' ;
    u_out = 0 ;

%.....initialize controller parameters....

      k_p = 16.0 ;
      k_v = 4.0 ;

% Start the simulation loop...

    for (t = t0 : t_sample : tf )
       mass_ct1 ;
       for (t1 = t : t_int : t+t_sample )
         x = rk4('mass_dyn',t1,t1+t_int, x, u) ;
       end
       x_out=[x_out ; x' ] ;
       u_out=[u_out ; u ] ;
     end

% ..Plot results....

    t_out=t0:t_sample:tf ;
    t_out = [t_out' ; tf+t_sample ] ;

    clg ;
    subplot(221)
       plot(t_out,x_out(:,1)) ;
       title('position vs time') ;
    subplot(222)
       plot(t_out,x_out(:,2)) ;
       title('velocity vs time ');
    subplot(223)
       plot(t_out,u_out) ;
       title('control vs time ');
```

```
    pause

% ... end......

% mass_ct1.m
%
% Implements a PD controller for a second order system...

%     get sensor measurements ....
%        in simulation this is readily available,
%        in hardware implementation that will require a
         call to sensor
%        device drivers i.e. A/D converters....
%         x(1) - measured position,
%         x(2) - measured velocity.

%     desired motion ...

       xd = [ 1.0
              0.0 ] ;

% PD control algorithm............

      u = k_p * (xd(1)-x(1)) + k_v * (xd(2) - x(2)) ;

%    Output to D/A converter in hardware
     implementation....
%    In simulation, the u is returned to the calling
     function...
% ..end....

function xdot=mass_dyn(t,x,u)
%
% describes the dynamic model: o.d.e's
% returns xdot vector.
%     xdot = [ x(2)
               u(1) ];
function x1=rk4(FuncName,t0,tf,x,u)
%
% implements Runga-Kutta 4th order ingetration algorithm
  on

% o.d.e's.
%
     h = tf - t0 ;
     h2= h/2 ;
     h6= h/6 ;
     th=t0+h2 ;
     xdot = feval(FuncName,t0,x,u) ;
     xt = x + h2 * xdot ;
```

```
    dxt = feval(FuncName,th,xt,u) ;
    xt = x + h2 * dxt ;

    dxm = feval(FuncName,th,xt,u) ;
    xt = x + h * dxm ;
    dxm = dxm + dxt ;

     dxt = feval(FuncName,tf,xt,u) ;

    x1 = x + h6 * (xdot + dxt + 2.0*dxm) ;

% .... End.....
```

***Simulink*를 이용한 동적 시스템의 모델링과 시뮬레이션** Simulink는 수치적 모델링과 GUI(Graphic User interface)가 내장된 시간 영역 시뮬레이션 소프트웨어이다. 상호연결된 블록을 사용해서 선형, 비선형, 아날로그, 디지털 시스템을 섞을 수 있다. Simulink에서 동적 모델과 제어 알고리즘은 블록을 서로 연결해서 모델링한다. 주어진 입력 신호에 대한 시스템의 응답을 시뮬레이션하기 위해서 입력은 다양한 원천(source) 블록에 연결된다(함수 발생기 블록, 계단 입력 블록). 응답은 다양한 출력 신호를 침하(sink) 블록(스코프 블록)으로 연결하여 기록된다. 시뮬레이션 시작 시간, 정지 시간, 샘플링 시간, 적분 방법은 Simulink의 셋업창에서 선택할 수 있다. 질량, 힘 시스템이나 PD제어기와 같은 예가 아래와 같이 Simulink로 시뮬레이션된다. Simulink 모델은 질량, 힘 시스템을 아날로그 *PD* 제어기로 시뮬레이션된다. 제어기는 적분 알고리즘이 질량, 힘 시스템 모델의 해를 구할 때 사용한 샘플링률과 동일하게 샘플링을 한다. Simulink 모델에서 입력과 출력의 관계는 서로 연결된 블록에 의해 묘사된다. 각각의 블록은 입력과 출력, 아날로그 시스템에서 라플라스 변환 형태의 전달 함수, 그리고 디지털 시스템의 z 변환 사이의 선형 또는 비선형 함수를 표현한다. 입력 함수는 시간 영역에서 표현된다. 시스템 응답 또한 시간 영역 함수이다.

▶▶ **예제** 그림 1.4에 나타낸 탱크 속의 수위와 이를 제어하는 시스템을 고려해보자. 시스템이 컴퓨터로 제어하는 경우이다. 기계적 레버를 레버 센서, 디지털 제어기, 솔레노이드로 동작하는 밸브로 대체한다. 탱크로의 유입량은 밸브에 의해 제어된다. 또한 밸브는 솔레노이드에 의해 제어된다. 솔레노이드로의 입력은 제어기로부터의 전류 신호이며, 솔레노이드로부터의 출력은 비례 힘이다. 솔레노이드에 의해 생성된 힘은 중앙화 스프링에 의해 조절된다. 따라서 밸브 위치나 오리피스의 개방은 전류 신호에 비례한다. 밸브로의 유량은 밸브의 개폐에 비례한다. 밸브의 입출력의 관계를 선형으로 가정하고 입출력 관계를 표현하면 다음과 같다.

$$F_{valve}(t) = K_1 \cdot i(t) \tag{B.332}$$

$$= K_{spring} \cdot x_{valve}(t) \tag{B.333}$$

$$Q_{in}(t) = K_{flow} \cdot x_{valve}(t) \tag{B.334}$$

$$= K_{flow} \cdot \frac{1}{K_{spring}} \cdot K_1 \cdot i(t) \tag{B.335}$$

$$= K_{valve} \cdot i(t) \tag{B.336}$$

여기서 $K_{valve} = K_{flow} \cdot K_1 / K_{spring}$이다. 이는 전류 입력과 밸브 유량 사이의 밸브 이득이다.

탱크 속의 수위는 유입량, 유출량, 탱크 단면적의 함수이다. 액체의 체적 변화량은 유입량과 유출량의 차와 같다.

$$\frac{d(\text{탱크체적})}{dt} = (\text{유입량}) - (\text{유출량}) \tag{B.337}$$

$$\frac{d(A \cdot y(t))}{dt} = Q_{in}(t) - Q_{out}(t) \tag{B.338}$$

$$A\frac{dy(t)}{dt} = Q_{in}(t) - Q_{out}(t) \tag{B.339}$$

Q_{in}은 밸브에 의해 유량이 0에서 최대 사이로 조절된다. Q_{out}은 출구의 수위와 오리피스 형상의 함수이다. 수위와 유출량의 관계를 선형으로 가정하자. 즉 수위가 높을수록, 유출량이 커진다.

$$Q_{out}(t) = \frac{1}{R} \cdot y(t) \tag{B.340}$$

여기서 R은 물의 흐름을 방해하는 오리피스 저항이다. 탱크의 동적 모델은 다음과 같이 표현된다.

$$A\frac{dy(t)}{dt} + \frac{1}{R} \cdot y(t) = Q_{in}(t) \tag{B.341}$$

히스테리시스가 있는 ON/OFF형 제어기를 고려해보자. 제어기는 측정된 수위와 실제 수위의 차에 따라 밸브가 ON이 되거나 OFF가 된다. 밸브의 ON/OFF가 수위의 작은 변화로 인해 높은 주파수로 바뀌지 않도록 하기 위해서 약간의 히스테리시스를 제어 함수에 더해준다. 이러한 제어 형태를 히스테리시스 릴레이라 부르며, 이는 집안의 온도 제어나 수위 조절과 같은 자동 제어 시스템 분야에 널리 사용되고 있다. Simulink에서는 제어 함수로 히스테리시스 블록을 제공해주고 있다. 제어 함수의 수학적 표현은 다음과 같다.

$$e(t) = y_d(t) - y(t) \tag{B.342}$$

$$i(t) = Relay_{hysteresis}(e) \tag{B.343}$$

히스테리시스 릴레이 제어 함수는 $[-e_{max}, e_{max}]$범위를 가진다. 유량은 전류 신호의 함수로 0에서 최대까지 선형적으로 변할 수 있다. 전류 신호는 0이거나 최대값이므로 유량은 0이나 최대가 된다.

$$Q_{in}(t) = K_{valve} \cdot i(t) \tag{B.344}$$

$$= Q_{max};\ i(t) = i_{max} \text{ 일때} \tag{B.345}$$

$$= 0;\ i(t) = 0 \text{ 일때} \tag{B.346}$$

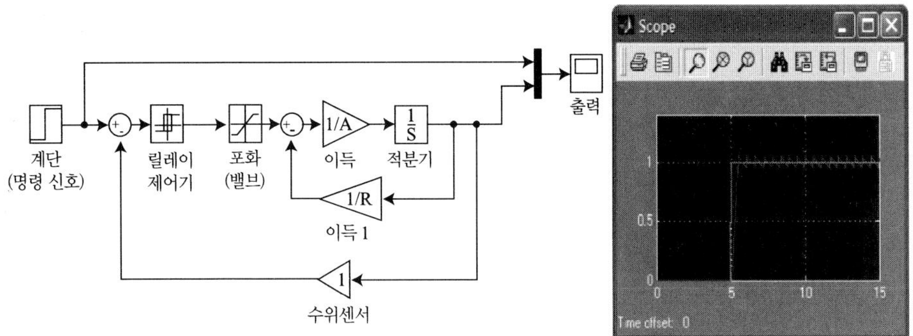

그림 B.27 ■ 수위 제어 시스템의 모델과 시뮬레이션

다음의 조건으로 수위 제어 시스템을 시뮬레이션해 보자. 시스템의 매개변수는 다음과 같다. $e_{max} = 0.05$, $i_{max} = 1.0$ A, $Q_{max} = 1200$ liter/min $= 20$ liter/sec $= 0.02$ m^3/sec, $A = 0.01$ m^2, $R = 500$ [m]/[m^3/sec]. 계단 함수 입력에 의해, 요구되는 수위는 $y_d(t) = 1.0$ m이며, 초기 수위는 0이다. 그림 B.27은 Simulink 모델과 시뮬레이션 결과를 보여주고 있다.

▶▶ **예제** 방이나 용광로의 온도 제어 시스템을 고려해보자(그림 1.7). 방안의 온도와 바깥의 온도 그리고 히터를 고려해야 한다. 히터는 히스테리시스 릴레이형 제어기에 의해 제어된다. 초기의 방안의 온도는 바깥 온도와 동일하다. 제어기가 방안의 온도를 높이기 위해 설치되었다. 히터는 방안의 온도를 조절하기 위해 제어된다. 방안의 온도가 올라감에 따라, 방안의 온도가 바깥보다 높아진다. 따라서 방 안에서 바깥으로 열손실이 발생한다. 방 안으로 공급되는 정미 열량은 히터가 방안에 공급하는 열량과 바깥으로 빠져나가는 열량의 차와 같다. 방 안의 온도 상승은 열량 차와 방의 크기의 함수이다. 열손실은 방 안쪽과 바깥쪽 온도의 선형 함수이다.

$$(\text{방안에 첨가되는 순 열량}) = (\text{공급열량}) - (\text{손실열량}) \tag{B.347}$$

$$Q_{net} = Q_{in} - Q_{out} \tag{B.348}$$

$$mc\frac{dT}{dt} = Q_{in} - \frac{1}{R}(T - T_o) \tag{B.349}$$

여기서 mc는 방안의 열용량으로 방 크기에 관한 함수이다. R은 온도차에 의한 벽으로부터의 열전달 저항이다. 열전달의 유효 저항(R)은 열전달(전도, 대류, 복사)의 지배적인 모드와 벽의 크기, 그리고 단열 형태의 함수이다. T와 T_o는 각각 내부와 외부 온도이다.

방 안의 온도 제어 시스템을 다음의 조건을 가지고 시뮬레이션해보자. $T_d = 72$°F, $T_o = 42$°F, $e_{max} = 0.5$°F, $Q_{max} = 100$, $R = 100$, $mc = 1.0$. 초기 방 안의 온도는 외부와 같다고 가정한다. 방에 들어간 다음 1초 후에 온도는 72°F 가 되도록 명령 신호가 발생한다. 릴레이 제어기는 온도 차가 명령된 온도의 2%가 넘으면 작동되도록 한다. 그림 B.28은 Simulink의 모델과 시뮬레이션 결과를 보여주고 있다.

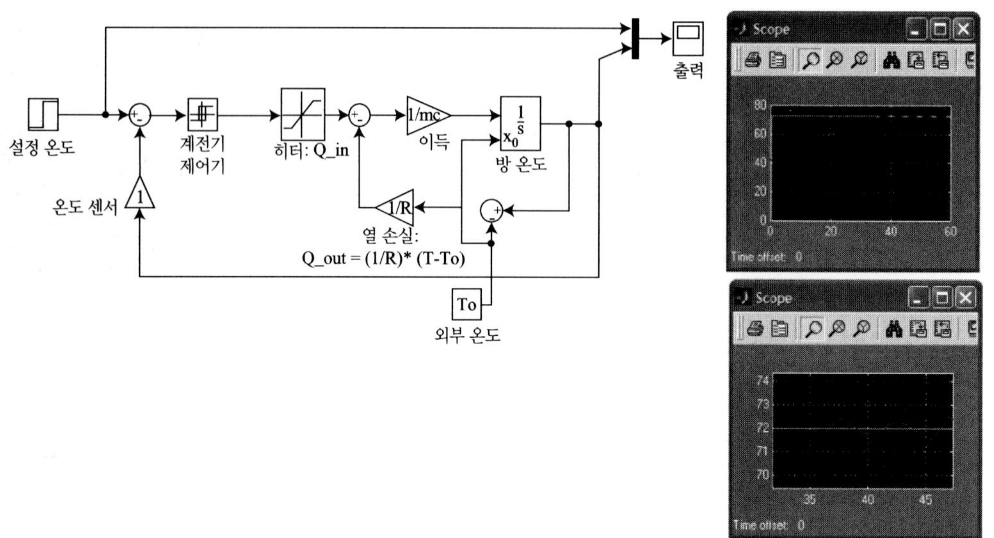

그림 B.28 ■ 화로나 방 안의 온도 제어 시스템 모델과 시뮬레이션

▸▸ **예제** 그림 1.6에 나타낸 줄 장력 조절 시스템을 고려해보자. 줄을 푸는 통은 $v_1(t)$ 속도의 기계 장치에 의해 작동된다. 여기서 속도 $v_1(t)$는 다른 고려 사항에 의해 정해진다. 줄을 감는 통은 전기 모터에 의해 작동된다. 이 모터는 줄에 작용하는 장력(F)이 일정하게 유지되고 요구되는 힘(F_d)와 일치하도록 작동되어야 한다. 그래서 줄을 푸는 통의 속력을 올리면, 줄을 감는 통의 속력이 올라간다. 유사하게, 줄을 푸는 통 속력을 낮추면, 줄을 감는 통의 속력이 빠르게 낮아진다. 줄을 푸는 통의 속력은 외부 입력이며, 제어 입력이 아니다. 줄을 감는 통의 속력은 우리가 제어해야 할 변수이다. 우리의 목적은 장력 오차를 최소화하도록 하는 것이다. $e_t = F_d(t) - F(t)$.

줄의 장력은 $v_1(t)$와 $v_2(t)$ 적분 사이의 차로부터 구할 수 있다.

$$y(t) = y(t_0) + \int_{t_o}^{t} (v_2(t) - v_1(t))\, dt \tag{B.350}$$

$$F(t) = F_o + k \cdot y(t) \tag{B.351}$$

초기에 줄의 장력이 적절한 보정에 의해 $y = y_0$에서 $F = F_0 = 0$으로 조절되면, 장력을 $y(t)$의 변화의 함수로 표현할 수 있다.

$$\Delta y(t) = y(t) - y(t_0) \tag{B.352}$$

$$= \int_{t_o}^{t} (v_2(t) - v_1(t))\, dt \tag{B.353}$$

$$\Delta Y(s) = \frac{1}{s} \cdot (V_2(s) - V_1(s)) \tag{B.354}$$

$$F(t) = k \cdot \Delta y(t) \tag{B.355}$$

$$F(s) = \frac{k}{s} \cdot (V_2(s) - V_1(s)) \tag{B.356}$$

$v_2(t)$를 제어하는 제어 시스템은 폐루프 제어 시스템이며 아날로그 제어기(그림 5.31(a)의 연산 증폭기)를 사용해서 나타낼 수 있다. 증폭기와 모터는 1차 필터, 즉 명령된 속도 $w_{2,cmd}$와 실제 속도 w_2의 전달 함수로 모델링할 수 있다.

$$\frac{w_2(s)}{w_{2,cmd}(s)} = \frac{1}{\tau_m s + 1} \tag{B.357}$$

여기서 τ_m은 증폭기와 모터의 1차 필터 시정수다. 따라서 이에 대응하는 선형 속도는 다음과 같다.

$$v_{2,cmd}(t) = r_2 \cdot w_{2,cmd}(t) \tag{B.358}$$

$$v_2(t) = r_2 \cdot w_2(t) \tag{B.359}$$

이제 비례 제어기를 고려해보자.

$$w_{2,cmd}(t) = K_p \cdot (F_d(t) - F(t)) \tag{B.360}$$

그림 B.29는 Simulink에서 시뮬레이션 상태와 모델을 나타내고 있다. 시뮬레이션에 사용된 시스템의 매개변수는 다음과 같다.

$$k = 10000\,[\text{N/m}] \tag{B.361}$$

$$K_p = 10\,[\text{m/s/m}] \tag{B.362}$$

$$\tau_m = 0.01\,[\text{sec}] \tag{B.363}$$

$$r_2 = 0.5\,[\text{m}] \tag{B.364}$$

$v_1(t)$가 주기 동안 임의의 값으로 계단 변화하도록 시뮬레이션한다.

$$v_1(t) = 10.0 + 2.5\, f_1(t) \tag{B.365}$$

$$F_d(t) = 50 \cdot step(t - 1.0); \quad \text{계단함수가 1.0초에서 시작} \tag{B.366}$$

여기서 $f_1(t)$는 주기가 $T = 30$ sec인 사각 펄스 함수로 표현된다. 다른 프로세스 매개변수나 제어 알고리즘으로 쉽게 시험해 볼 수 있다(즉, 다른 통의 지름 값 r_2).

B.10 5.4.1절의 RL과 RC 회로 예제 풀이

5.4.1절 예제의 각각 해석적이고 수치적인(using Simulink) 상세 사항이 아래에 주어졌다. 먼저 Simulink를 이용해서 해를 고려해보자. RL 회로는 다음과 같이 생각할 수 있다.

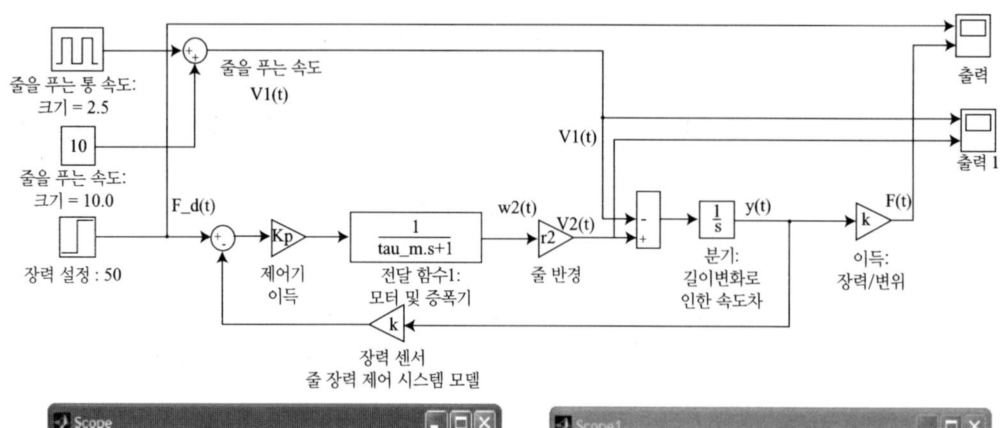

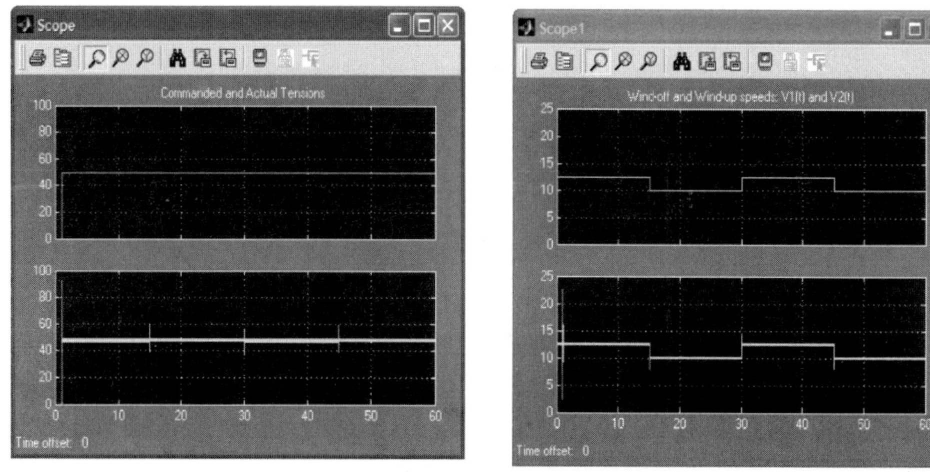

그림 B.29 ■ 줄 장력 제어 시스템의 모델 및 시뮬레이션. 그림 윗부분은 장력 제어 시스템의 Simulink 모델이다. 왼쪽 그래프는 입력한 장력과 실제 장력을 보여주고 있다. 오른쪽 그래프는 줄 풀고, 줄 감는 속도를 보여주고 있다.

$$V_s(t) = L\frac{di(t)}{dt} + R \cdot i(t) \tag{B.367}$$

$$\frac{di(t)}{dt} = \frac{1}{L}(V_s(t) - R \cdot i(t)) \tag{B.368}$$

여기서 출력이 전류인 적분기의 입력으로 나타내지는 전류 미분항으로 나타내었다. 우변에 대수합을 이용해서 적분기로의 입력되는 양을 정의한다. $V_s(t)$를 펄스 함수로 정의함으로써 모든 경우에 대해 시뮬레이션 가능하다.

$$V_s(t) = 24 \cdot (1(t - t_1) - 1(t - t_2)) \tag{B.369}$$

여기서 $1(t)$는 단위 계단 함수이며, $1(t - t_1)$은 t_1만큼 단위 계단 함수의 시간 지연을 의미한다. 이 예제에서, $t_1 = 100\ \mu\text{sec} = 0.0001$ sec, $t_2 = 500\ \mu\text{sec} = 0.0005$ sec. 이 회로의 초기 전류는 0이다.

RC 회로의 Simulink 모델은 다음과 같이 표현할 수 있다.

$$V_s(t) = R \cdot i(t) + \frac{1}{C}(Q_c(t_0) + \int_{t_0}^{t} i(\tau)d\tau) \tag{B.370}$$

$$i(t) = \frac{1}{R}(V_s(t) - \frac{1}{C}(Q_c(t_0) + \int_{t_0}^{t} i(\tau)d\tau)) \tag{B.371}$$

이 예제에서, 커패시터의 초기 전하는 0이다. 따라서 $Q_c(t_0) = 0$. 적분기로의 입력은 전류이며 적분기의 출력은 전하이다(전류의 적분). Simulink 모델과 시뮬레이션 결과는 그림 B.30과 B.31에 나타내었다.

해석적 해는 스위치의 상태를 (i) 한 미분 방정식의 해의 최종 상태가 다음 미분 방정식의 초기 조건이 되는 각각의 미분 방정식으로 간주하거나 (ii) 각 회로에 대한 미분 방정식을 사용하고 스위치 상태 변화를 입력 전압 함수에서 동등하게 변화하도록 나타냄으로써 얻을 수 있다. 첫 번째 방법을 사용해서 해를 구하도록 한다. 두 번째 방법은 라플라스 변환을 사용해서 푸는 것이 더 쉬우며, 문제로 남겨두었다.

$t = 0$에서 $t = t_1 = 100\ \mu$sec의 주기 동안 RL 회로의 전류와 전압은 0이다. $t = t_1 = 100\ \mu$sec에서 $t = t_2 = 500\ \mu$sec의 주기 동안 전압과 전류의 관계는 다음과 같다.

$$V_s(t) = L\frac{di(t)}{dt} + R \cdot i(t) \tag{B.372}$$

위의 미분 방정식을 풀어보고 해를 t_1만큼 이동시킨다(t를 $(t - t_1)$으로 대체). 라플라스 변환을 취하고, 입력 전압이 계단 변화이다.

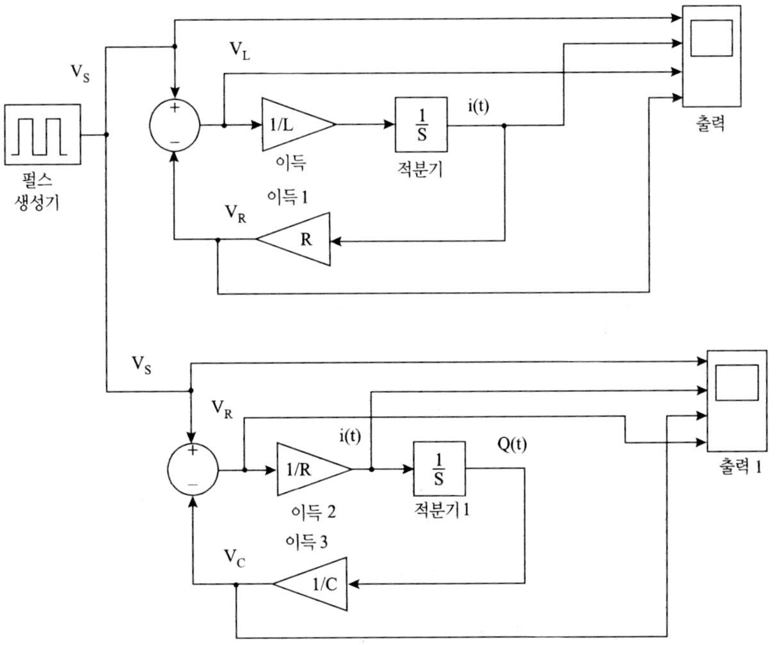

그림 B.30 ■ 그림 5.5의 RL 및 RC 회로의 Simulink 모델

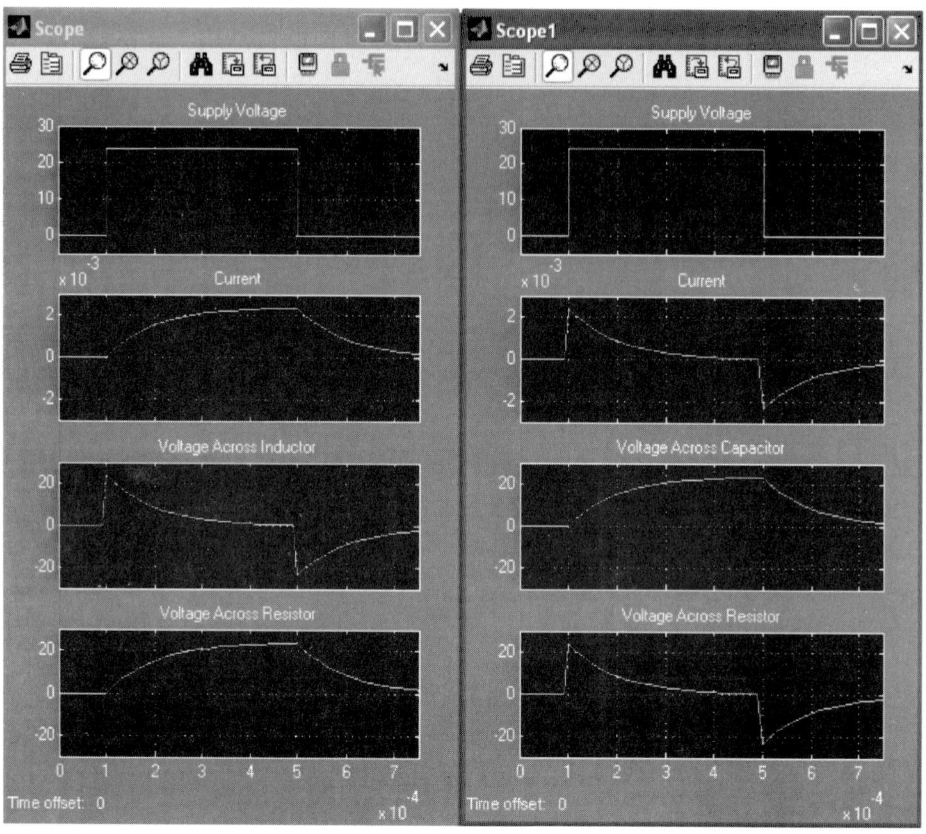

그림 B.31 ■ 그림 B.30 모델의 시뮬레이션 결과

$$(Ls + R)i(s) = V_s(s) \tag{B.373}$$

$$= \frac{V_0}{s} \tag{B.374}$$

$$i(s) = \frac{1/R}{(L/R \cdot s + 1)} \frac{V_0}{s} \tag{B.375}$$

라플라스 역변환을 취해서 해를 구한다. 그리고 t를 $t - t_1$으로 치환해서 해를 t_1만큼 이동시킨다.

$$\bar{i}(t) = \frac{V_0}{R}(1 - e^{-t/(L/R)}) \cdot 1(t) \tag{B.376}$$

$$i(t) = \frac{V_0}{R}(1 - e^{-(t-t_1)/(L/R)}) \cdot 1(t - t_1);\ t_1 \le t \le t_2 \text{일 때} \tag{B.377}$$

$$= 2.4 \cdot (1 - e^{-(t-0.0001)/0.0001})\ \text{mA};\ t_1 \le t \le t_2 \text{일 때} \tag{B.378}$$

t_2에서 t_f 동안, 전압과 전류 관계는 다음의 관계가 있다.

$$0 = L\frac{di(t)}{dt} + Ri(t) \tag{B.379}$$

여기서 $t = t_2$에서 전류의 초기 조건은 이전 단계의 해를 통해 얻는다.

$$i(t_2) = i(0.0005) = 2.4 \cdot (1 - e^{-4}) = 2.356 \text{ mA} \tag{B.380}$$

다시 라플라스 변환과 역변환을 이용해서 해를 구한다(시간축을 0에서 t로 가정하고, 해를 t_2의 시작시간으로 이동시키면),

$$0 = L(si(s) - i(o)) + Ri(s) \tag{B.381}$$

$$i(s) = \frac{L}{Ls + R}i(0) \tag{B.382}$$

$$\bar{i}(t) = i(0) \cdot e^{-t/(L/R)} \tag{B.383}$$

$$i(t) = i(t_2) \cdot e^{-(t-t_2)/(L/R)} \cdot 1(t - t_2) \tag{B.384}$$

$$= 2.356 \cdot e^{-(t-0.0005)/(0.0001)} \cdot 1(t - t_2) \text{ mA}; \quad \text{for } t_2 \le t \le t_f \tag{B.385}$$

저항과 인덕터의 전압은 다음과 같이 각각의 시간 주기에서 대해 구할 수 있다.

$$V_R(t) = R \cdot i(t) \tag{B.386}$$

$$V_L(t) = L \cdot \frac{di(t)}{dt} \tag{B.387}$$

각 구간에 대한 해는 다음과 같다.

$$V_R(t) = 0.0;\ 0 \le t \le 0.0001 \text{ sec일 때} \tag{B.388}$$

$$V_R(t) = 24 \cdot (1 - e^{-(t-0.0001)/0.0001})\ V;\ 0.0001 \le t \le 0.0005 \text{ sec일 때} \tag{B.389}$$

$$V_R(t) = 23.56 \cdot e^{-(t-0.0005)/(0.0001)}\ V;\ 0.0005 \le t \le 0.001 \text{ sec일 때} \tag{B.390}$$

$$V_L(t) = 0.0;\ 0 \le t \le 0.0001 \text{ sec일 때} \tag{B.391}$$

$$V_L(t) = 24.0 \cdot e^{-(t-0.0001)/0.0001}\ V;\ 0.0001 \le t \le 0.0005 \text{ sec일 때} \tag{B.392}$$

$$V_L(t) = -23.56 \cdot e^{-(t-0.0005)/(0.0001)}\ V;\ 0.0005 \le t \le 0.001 \text{ sec일 때} \tag{B.393}$$

RC 회로에 대해서도, 동일한 방법으로 해를 구할 수있다. 스위치가 파워 서플라이를 RC회로로 연결하기 전에 시간 구간에서 초기 조건(전류와 커패시터의 초기 전하)과 입력이 0이므로 전압과 전류는 0이다. $t = t_1 = 0.0001$ sec $= 100\ \mu$sec에서 $t = t_2 = 0.0005$ sec $=$ 500 μsec의 시간 구간 동안 전압 전류의 관계는 다음과 같다.

$$V_s(t) = Ri(t) + V_c(t) \tag{B.394}$$

$$= Ri(t) + \frac{1}{C}(Q(t_1) + \int_{t_1}^{t} i(\tau)d\tau \tag{B.395}$$

커패시터의 초기 전하 $Q(t_1)$를 0으로 두고, 라플라스 변환을 취하면,

$$V_s(t) = Ri(t) + \frac{1}{C}\left(\int_{t_1}^{t} i(\tau)d\tau\right) \tag{B.396}$$

$$V_s(s) = Ri(s) + \frac{1}{Cs}i(s) \tag{B.397}$$

$$i(s) = \frac{Cs}{RCs+1} \cdot V_s(s) \tag{B.398}$$

$$= \frac{Cs}{RCs+1} \cdot \frac{V_0}{s} \tag{B.399}$$

$$\bar{i}(t) = \frac{V_0}{R} \cdot e^{-t/(RC)} \tag{B.400}$$

$$i(t) = \frac{V_0}{R} \cdot e^{-(t-t_1)/(RC)} \cdot 1(t-t_1) \tag{B.401}$$

$$= 2.4 \cdot e^{-(t-0.0001)/(0.0001)}\ \text{mA; } 0.0001\ \text{sec} \le t \le 0.0005\ \text{sec 일 때} \tag{B.402}$$

커패시터의 전하는 다음과 같이 구해진다.

$$V_C(t) = V_s(t) + R \cdot i(t) \tag{B.403}$$

$$V_C(t_2) = V_s(t_2)r \cdot i(t_2) \tag{B.404}$$

$$= 23.56\ \text{V} \tag{B.405}$$

$V_C(t_2)$는 마지막 시간 구간에서 축적된 전하로 인한 전압이다. 이는 다음 단계 t_2에서 t_f로의 미분 방정식의 초기 조건이 된다. 이 구간에서 전압 전류의 관계는 다음과 같다.

$$0 = Ri(t) + \frac{1}{C}(Q_c(t_2)) + \int_{t_2}^{t} i(\tau)\,d\tau \tag{B.406}$$

$$= Ri(t) + \frac{1}{C}(Q_c(t_2)) + \frac{1}{C}\int_{t_2}^{t} i(\tau)\,d\tau \tag{B.407}$$

$$= Ri(t) + V_c(t_2) + \frac{1}{C}\int_{t_2}^{t} i(\tau)\,d\tau \tag{B.408}$$

라플라스 변환과 역변환을 통해 전류의 해를 다음과 같이 구할 수 있다.

$$0 = R \cdot i(s) + \frac{V_c(t_2)}{s} + \frac{1}{Cs}i(s) \tag{B.409}$$

$$i(s) = -\frac{Cs}{RCs+1}\frac{V_c(t_2)}{s} \tag{B.410}$$

$$= -\frac{V_c(t_2)}{R}\frac{RC}{RCs+1} \tag{B.411}$$

$$\bar{i}(t) = -\frac{V_c(t_2)}{R}e^{-t/(RC)} \tag{B.412}$$

$$i(t) = -\frac{V_c(t_2)}{R}e^{-(t-t_2)/(RC)}\ \text{A};\ t_2 \le t \le t_f \text{ 일 때} \tag{B.413}$$

$$= -2.356 \cdot e^{-(t-0.0005)/0.0001}\ \text{mA} \tag{B.414}$$

저항과 커패시터의 전압은 다음과 같이 구해진다.

$$V_R(t) = R \cdot i(t) \tag{B.415}$$

$$V_C(t) = V_s(t) - R \cdot i(t);\ t_1 \le t \le t_2 \text{ 일 때} \tag{B.416}$$

$$= 24 \cdot (1 - e^{-(t-0.0001)/0.0001})\ V \tag{B.417}$$

$$V_C(t) = V_c(t_2) - R \cdot i(t);\ t_2 \le t \le t_f \text{ 일 때} \tag{B.418}$$

$$= 23.24 - 23.24 \cdot (1 - e^{-(t-0.0001)/0.0001}) \tag{B.419}$$

$$= 23.24 \cdot e^{-(t-0.0001)/0.0001}\ V \tag{B.420}$$

앞에서 구한 해석적 해로 각 구간의 전류와 전압의 결과를 그려보면, 수치적 해석으로 구한 해와 일치한다(즉 Simulink를 사용하면).

B.11 문제

1. 다음의 복소수가 있다. 복소 평면에서의 복소수의 크기와 위상을 구하고, 크기와 지수 위상각의 곱으로 표현하라.

$$s = 2 + j4 \tag{B.421}$$

2. 그림 B.10에 함수를 고려해보자. $a = 2.0$ sec, $b = 12$ sec라 하면,

(a) 함수의 라플라스 변환을 구하여라.

(b) 신호의 푸리에 변환을 구하여라.

3. 1차 선형 동적 시스템이 문제 2에서 주어진 신호로 가진되고 있다고 가정하자. 라플라스 변환과 라플라스 역변환을 사용해서 시간 영역에서 시스템 응답을 계산하라. 1차 시스템의 전달 함수는 다음과 같다.

$$G(s) = \frac{10}{0.5s + 1} \tag{B.422}$$

4. 비선형 동적 시스템이 있다. 주어진 작동 조건 $(\dot{y}(t_0), y(t_0), u(t_0))$에 대한 동적 모델을 선형화하는 Matlab 프로그램을 작성하고 1차 선형 미분 방정식의 결과를 구하여라. 동일한 과정을 해석적으로 구하여라. 비선형 동적 시스템 모델은 다음과 같다.

$$\ddot{y}(t) = (\dot{y}(t))^3 + sin(y(t)) + u(t)^2 \tag{B.423}$$

선형화를 통해 해석적으로 구한 결과와 Matlab으로 구한 결과를 비교하라.

5. 진자 시스템이 있다. 토크 입력은 다음의 관계를 가지는 아날로그 제어기에 의해 결정된다.

$$u(t) = 10.0 \cdot (\theta_d(t) - \theta(t)) \tag{B.424}$$

그리고 진자 시스템의 모델은 다음과 같다.

$$m\, l^2\, \ddot{\theta}(t) + m\, g\, l \cdot sin(\theta(t)) = u(t) \tag{B.425}$$

여기서 $m = 1$ kg, $l = 1.0$ m, $g = 10$ m/s^2. $\theta_d = \pi/6$ rad. Matlab이나 Simulink를 사용해서 아날로그 제어기로 제어되는 진자 시스템의 응답을 시뮬레이션하여라.

6. 디지털 제어기에 대해서 문제 5를 풀어라. 동일한 제어 알고리즘이 적용된다.

$$u(kT) = 10.0 \cdot (\theta_d(kT) - \theta(kT)) \tag{B.426}$$

여기서 T는 제어기의 샘플링 주기이며, k는 샘플링 주기 번호이다($k = 0, 1, 2, \ldots$). 주기가 (1) $T = 0.001$이고 (2) $T = 1.0$ sec일 때, 디지털 제어기를 시뮬레이션하라.

7. 앞 장에서 언급한 수위 제어 시스템 예제가 있다. 두 가지 다른 제어기에 대해서 시스템을 시뮬레이션하라(1.0 msec 샘플링 주기). (1) $u(kT) = 1.0 \cdot e(kT)$ (2) $u(kT) = 1.0 \cdot e(kT) + 0.5 \cdot \dot{e}(kT)$

8. 앞 장에서 언급한 온도 제어 시스템 예제가 있다. 제어 시스템의 릴레이 히스테리시스 대역의 변화에 대한 영향을 실험하여라. 히스테리시스 대역을 더 크게 또는 더 작게 만드는 요소는 무엇인가?

9. 이 장의 예제에서 언급한 줄 장력 제어 시스템이 있다. 다시감는 통의 두 지름이 (1) $r_2 = 0.5$ (2) $r_2 = 5.0$인 경우에 예제와 동일한 조건에서 시뮬레이션을 하라. 특히 푸는 통의 속도가 급격히 변할 때의 과도 응답에 초점을 맞춰보자. 그리고 통의 지름이 크게 변화한 영향을 관찰할 수 있도록 그 지점의 응답을 크게 확대해서 그래프를 그려라. 통의 지름을 변화시킬 때, 동일한 응답을 얻기 위해서는 무엇을 해야 하는가? 장력 센서의 대역폭을 고려하고 센서는 1차 필터로 생각할 수 있다고 가정한다. 시정수가 $\tau_s = 0.001$ sec, $\tau_s = 0.1$ sec이면 센서가 전체 시스템에 미치는 영향은 무엇인가?

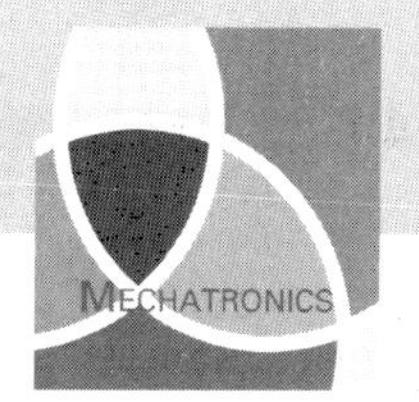

찾아보기

국문 찾아보기

영문 찾아보기

역자 소개

김정하 | jhkim@kookmin.ac.kr
국민대학교 기계자동차공학부

곽문규 | kwakm@dongguk.edu
동국대학교 기계공학과

김경수 | kyungsookim@kaist.ac.kr
한국과학기술원 기계항공시스템학부

유정래 | jrryoo@snut.ac.kr
서울산업대학교 제어계측공학과

임미섭 | mslim@kinst.ac.kr
경기공업대학 메카트로닉스과

메카트로닉스

Mechatronics

초판 1쇄 발행 : 2009년 1월 3일

지 은 이 Sabri Cetinkunt
옮 긴 이 김정하, 곽문규, 김경수, 유정래, 임미섭
발 행 인 최규학

마 케 팅 최복락
교정 · 교열 우일미디어
편집디자인 우일미디어

발 행 처 도서출판 ITC
등 록 번 호 제8-399호
등 록 일 자 2003년 4월 15일

주 소 경기도 파주시 교하읍 문발리 파주출판단지 535-7
세종출판벤처타운 307호
전 화 031-955-4353(대표)
팩 스 031-955-4355
이 메 일 itc@itcpub.co.kr

인쇄 한승문화사 용지 태경지업사 제본 한암테크

ISBN-10 : 89-90758-00-9
ISBN-13 : 978-89-90758-00-2
값 30,000원

www.itcpub.co.kr